国家科学技术学术著作出版基金资助出版

现代化学专著系列·典藏版 40

新型无机材料

郑昌琼　冉均国　主编

科学出版社

北 京

内 容 简 介

  本书全面介绍了当今国内外重要的新型无机材料的概况和几个重要的发展前景；扼要介绍了新型无机材料对现代科学技术发展的作用；重点介绍了新型无机材料的制备原理、制备新技术、新工艺和新型无机材料的结构、性能与应用；展望了各类新型无机材料的发展前景。全书共分为四篇18章：第一篇，绪论；第二篇，低维材料；第三篇，高技术陶瓷；第四篇，无机生物医学材料。全书取材丰富，既注意基础知识、概念，又重视实际工艺与应用，并注意吸收当今新型无机材料的最新成就。撰写深入浅出，理论联系实际，运用大量图表对现有的新型无机材料进行较全面的概括和反映。

  本书可供从事材料科学与工程研究、生产的科技人员和高等院校教师参考，也可作为高等院校材料学专业的高年级学生和非材料专业研究生的教材。

图书在版编目(CIP)数据

现代化学专著系列：典藏版/江明，李静海，沈家骢，等编著. —北京：科学出版社，2017.1

ISBN 978-7-03-051504-9

Ⅰ.①现… Ⅱ.①江… ②李… ③沈… Ⅲ.①化学 Ⅳ.①O6

中国版本图书馆 CIP 数据核字(2017)第 013428 号

责任编辑：胡华强 卢秀娟 杨 震/责任校对：宋玲玲
责任印制：张 伟/封面设计：铭轩堂

科学出版社 出版

北京东黄城根北街 16 号
邮政编码：100717
http://www.sciencep.com

北京厚诚则铭印刷科技有限公司印刷

科学出版社发行 各地新华书店经销

*

2017 年 1 月第 一 版 开本：720×1000 B5
2017 年 1 月第一次印刷 印张：38 3/4
字数：744 000

定价：7980.00 元（全 45 册）

前　　言

无机非金属材料（简称无机材料）是人类最先应用的材料。以硅酸盐为主要成分的传统无机材料体系（如陶瓷、玻璃、水泥、耐火材料等）在国民经济和人民生活中起着极为重要的作用，至今仍然是国民经济重要的支柱产业，仍在继续发展。同时，新材料、新工艺、新装备和新技术也不断涌现。

随着现代科学技术的发展，在无机材料领域中展现了一个新的领域——新型无机材料。它是以人工合成的高纯原料经特殊的先进工艺制成的材料，与高新技术发展相辅相成。由于它的高性能与多功能，使它在信息、航空航天、生命科学等现代科学技术各个领域中，发挥了极其重要的作用，因此，有人预计 21 世纪将是"第二个石器时代"。

新型无机材料与传统无机材料在材料的组成、制备工艺、材料的性能和用途等方面有很大差别，其结构与性能可以精确地调节与控制。

随着现代科学技术迅猛发展，新型无机材料的开发与生产发展异常迅速，新理论、新工艺、新技术和新装备不断出现，形成了新兴的先进无机材料领域和新兴产业。为适应我国经济建设和教学的需要，我们于 1991 年编写了《新型无机材料》讲义，作为无机非金属专业本科生和研究生教材；1996 年，又进行了修改和补充。这次是在原《新型无机材料》讲义的基础上，融入了作者多年教学和科研实践，吸取了有关教师、科技人员和学生的意见，进行了改写，并新编入了第三篇"高技术陶瓷"。

本书特点：（1）将发展最快的新型无机材料——低维材料（超微、纳米粉末、晶须、纤维、薄膜）归并为一篇，较全面和系统地介绍了它们的现状和发展趋势，并加强了对纳米级材料的制备和应用的介绍；（2）无机生物医学材料是一类具有特殊功能的新材料，它的开发和在医学中的应用展现出重大的社会效益和经济效益，因而，本书将"无机生物医学材料"单独作为一篇；（3）单一材料的性能很难满足实际的要求，因此本书重视材料的交叉复合及复合技术的介绍，以满足各种应用领域对高性能、多功能的需要；（4）发展新材料必须采用新技术、新工艺，因此，本书除单独编写一章"材料制备的新技术"外，在各篇章中结合材料的制备，尽可能地引入材料制备的新技术；（5）不仅综合归纳了国内外新型无机材料的研究和生产成就，吸取其他有关书籍的内容，而且，特别将作者和所在单位多年从事新型无机材料的教学和科研工作成果引入书中。

本书由四川大学材料科学与工程学院有关教师参加编写。郑昌琼教授、冉均国教授任主编。各章编写分工为：第一章，郑昌琼教授；第二章，李伯刚副教授、冉均国教授；第三章，李大成教授、冉均国教授；第四章，刘恒教授、冉均国教授；第五章，苟立教授、李伯刚副教授、冉均国教授；第六章，冉均国教授、郑昌琼教授（6.3.3.1节）；第七章，冉均国教授、郑昌琼教授（7.6和7.7节）；第八章，冉均国教授；第九章，尹光福教授；第十章，苟立教授；第十一章，周大利教授；第十二章，冉均国教授；第十三章，冉均国教授；第十四章，李伯刚副教授、冉均国教授；第十五章，郑昌琼教授；第十六章，郑昌琼教授；第十七章，郑昌琼教授、尹光福教授；第十八章，郑昌琼教授。四川大学彭少方教授仔细审阅了全部书稿，提出了许多宝贵的、建设性的修改意见；此外，李大成教授在校阅书稿中，做了大量工作，在此表示衷心感谢。本书的出版得到国家科学技术学术著作出版基金委员会和四川大学的资助和支持，在此一并致谢。

由于新型无机材料面广，又涉及多门学科知识，限于篇幅，不可能全面介绍，撰写中也难免有错误和不当之处，恳请读者和专家指正。

作　者
2002 年 5 月于成都

目 录

第一篇 绪 论

第二篇 低维材料

第三篇　高技术陶瓷

第四篇　无机生物医学材料

第一篇 绪 论

第一章 材料科学与工程发展简述[1~9]

1.1 材料科学与工程

1.1.1 材料的重要性

材料是人类生活和生产活动必需的物质基础,同人类文明密切相关。历史上,人们把材料作为人类进步的里程碑,如"石器时代"、"铜器时代"、"铁器时代"等。到20世纪60年代,人们把材料、信息、能源誉为当代文明的三大支柱;20世纪70年代又把新材料、信息技术、生物技术作为新技术革命的主要标志,现在这些技术仍然是21世纪发展的主导。现代科学技术发展的历史表明,材料对推动科学技术的发展极其重要,没有半导体材料的发现和发展,就不可能有今天的计算机技术;没有高强度、高温、轻质的结构材料的发展,现代航空、航天技术不会这样发达。相反,有些技术由于材料的研究、开发所存在的问题没有得到解决而无法实现,如太阳能的利用,便因光电转换材料的问题,而使太阳能在能源中所占比例很小。世界上工业发达国家,把材料作为优先发展的领域,就是因为材料是一切科学技术发展的先导与物质基础,也是改善人民生活质量所必需的一个重要方面。新材料的出现往往给产业和社会带来划时代的变化。没有材料的进步,一切新技术就失去生命力。新技术革命发展的要求,也刺激了新材料的发展。可以说,每一种重要的新材料的发现、开发和应用,都把人类支配自然的能力提高到一个新的水平,给社会生产和生活面貌带来巨大的改观,把物质文明程度推向前进。新材料的研究、开发、应用和一个国家的工业活力及军事力量的增长,都有着十分密切的关系。

1.1.2 材料的分类与材料学科的综合性

材料可从不同的角度进行分类。按材料化学组分,可分为:金属材料、无机非金属材料(简称无机材料)、有机高分子材料(简称高分子材料)以及由几种材料通过复合工艺组成的复合材料;按材料性质,可分为:结构材料、功能材料;按材料用途,可分为:能源材料、建筑材料、航空材料、信息材料、生物医学材料、耐火材料、研磨材料、耐酸材料等等。

金属材料有两种：纯金属状态作材料使用的，如用作导电体的铜和铝；几种金属组合或加入适当的杂质成分以改善其原有特性使用的，如合金钢和铸铁等。金属的键合无方向性，其结晶多是立方、六方的最密堆积结构，富于展性和延性，用热处理方法可以改变其结构与组织状态，赋予各种特性，是用途广、用量最大的一种材料。除特殊金属材料外，一般情况下都存在着由于腐蚀而不耐久的问题。

无机材料是由多种元素以适当的组合形成的数目庞大的无机化合物构成，包括以硅酸盐为组成的硅酸盐材料，天然的如石材，人造的如水泥、瓷器、玻璃等经典硅酸盐材料。单质的碳、硅和锗是具有金刚石结构的共价键巨大分子，也属于无机材料的一类，其中，硅和锗是主要的半导体材料，已独立成为材料的一个分支。20 世纪 40 年代以来，不断出现新型的无机材料，其组成已远远超出硅酸盐的范围，有氧化物、氮化物、硼化物、硫化物及其他盐类和单质。无机材料多是由兼有离子键和共价键的结晶构成的，因此，它们的一般特性是硬度大、强度高、抗化学腐蚀性强、对电和热的绝缘性良好，但其致命的缺点是质地脆。近年来公认的纳米陶瓷，可望解决陶瓷的韧性问题。

有机高分子材料是由 C—C 共价键为基本结构的碳氢化合物高分子构成，天然的如木材、皮革、橡胶、棉、麻、丝等都属于这一类。20 世纪 20 年代以来，已陆续合成出各种高分子材料，极大地扩大了材料的品种。有机高分子材料的一般特点是质量轻、耐腐蚀、绝缘性良好、易于成型加工，但强度、耐温性和使用寿命较差。

复合材料是由有机高分子、无机非金属和金属等材料通过复合工艺而组成的一种多相材料，其特点是不仅保持原组分的部分特性，而且还具有原组分不具备的性能。将以上原来分属不同学科的知识融为一体，是近年来材料发展的新趋势。1974 年国际上成立了材料研究协会（materials research society，MRS），协会发展很快，学术活动很活跃，反映不同材料领域的学者融合交流知识的愿望。人才培养也体现了这种趋势。美国等国家的大学中有关材料专业的变化表明，单一的冶金专业数目逐年下降，而材料专业却急剧增加。为加强材料科学的研究，从1960 年开始，各国还纷纷建立材料研究所（室）、材料科学技术中心和工程研究中心，加强对材料的综合研究与开发工作。

中国于 20 世纪 70 年代末，一些大学相继开始设立材料系或材料科学与工程系，且逐年都有增加。目前，许多大学都设有材料或材料科学与工程的院、系；同时，还设立了材料研究所（室），把材料的研究与教学融为一体。

1.1.3　材料科学与工程的性质与范围

材料虽然非常重要，发展也快，但是就材料整体来说，认为它已构成一门科学，还是近 40 年的事。20 世纪 50 年代末、60 年代初，美国学者首先提出材料科学这个名词。由于材料的获得、质量的改进以及使材料成为人们可用的器件或构件，都离不开生产工艺和制造技术等工程知识，所以，人们往往把材料科学与工程相提并论，而称为"材料科学与工程"。

材料科学与工程有以下几个特点：

（1）材料科学是多学科交叉的新兴学科 对每类材料来说，各自早就是一门学科了。例如金属材料与物理冶金与冶金学等有关；有机高分子材料传统上是有机化学的一个分支；无机非金属材料则是无机化学中的一部分。各经典学科都积累了丰富的专门知识和基础理论，材料科学理所当然地继承了其中的精粹部分。此外，材料科学与许多基础学科还有不可分割的关系，如固体物理学、电子学、光学、声学、固体化学、量子化学、有机化学、无机化学、胶体化学、表面与界面科学、数学、计算机科学等。作为正在发展中的生物医学材料，当然脱离不开生物学、医学。材料科学的边界和范围，随科学技术的发展而不断变化，研究的内涵也在变化。因此，材料科学工作者要有广阔而坚实的基础知识，也要有因需要而变更研究课题的能力和素质。

（2）材料科学与工程技术有不可分割的关系 材料科学是研究材料的组织结构与性能的关系，从而发展新材料，并合理有效地使用材料。但是，材料要能商品化，还需经过一定经济合理的工艺流程才能制成，这就是材料工程。反之，工程要发展，也需要研制出新的材料才能实现。因此，材料科学与工程是相辅相成的。广义而言，控制材料的微观结构也是一种工程。例如，界面工程就是当前控制陶瓷材料和复合材料韧性及结合力的一个有效途径。

（3）材料科学与工程有很强的背景 这和材料物理有重要区别。研究材料中的基本规律，目的在于为发展新型材料提供新的途径和新技术、新方法或新流程；或者为较好地使用已有材料，充分发挥其作用，进而能对使用寿命做出正确的估算。因此，材料科学与工程是一门应用基础科学，它既要探讨材料的普遍规律，又有较强的针对性。材料科学研究，往往通过具体的研究找出普遍的规律性，进而促进材料的发展和推广应用。

根据上述学科性质，可以把材料科学与工程定义为："关于材料组成、结构、制备工艺与其性能及使用过程相互关系的知识开发及应用的科学"。

1.2 新材料的特点及发展趋势

什么是新材料？一般是指那些正在发展的或将要发展的，具有优异性能或特殊功能，在不久的将来可能达到实用化阶段的材料。新材料和常规材料之间没有明显的界限，新材料中相当一部分是从现有材料的基础上发展出来的，但也有一部分是根据科学的新发现而研制成功的。

1.2.1　新材料的特点

新材料是知识密集、资金密集的新兴产业，它们中的多数是固体物理、固体化学、冶金学、陶瓷学、生物学、信息等学科的新成就。新材料的发展与新技术密切相关，从新材料的合成与制造来看，往往是利用极端条件或技术作为必要的手段，如超高压、超高温、超真空、超低温、超高速冷却、超高纯等等。新材料是多种学科互相渗透的结果。新材料的特点是品种多、式样多、更新换代快，对其性能的要求越来越趋向于功能化、极限化、复合化、精细化。

1.2.2　新材料的发展趋势

进入 20 世纪 80 年代后期，世界各国对新材料的研究与开发都十分重视，放到重要位置进行安排。中国对新材料的发展也采取了重要的措施，在高技术新材料的研制开发上，实施了配套的国家高技术发展计划（"863"计划）、国家重大基础研究计划（"973"计划）和高技术产业计划（火炬计划）。

20 世纪 80 年代以来，新材料发展的主要趋势简述如下：

（1）结构材料的复合化　把不同材料通过适当的复合工艺组合在一起，往往产生比原来材料性能都要好的材料，从而成为当前材料发展的一个重要趋势。20世纪 80 年代，已研制成功一些高比强度和高比模量的复合材料，如碳纤维增强树脂基复合材料、碳/碳复合材料等，取得很好的效益，预期新的品种将日益增多。

（2）信息材料的多功能集成化　由于超大容量的信息网络和超高速度计算机的发展，对集成电路的要求愈来愈高，集成度逐年增高，近年来，又由二维转向三维。除了集成度的改变外，化合物半导体材料 GaAs 受到高度重视，因用其制作的器件运算速度比硅器件高好几倍。此外，GaAs 具有光学效应，可使信息的产生、处理、检测、存储等不同功能在同一块集成电路上完成。特别是由于原子加工技术的发展，如分子束外延（MBE）、金属有机气相沉积（MOCVD）等，可以把单层分子或原子排列在一起，成为所谓超晶格材料。例如，在 GaAs 基片上，把 Ga、Al、In、P、As 或 Sb 相结合为多层堆积，通过不同掺杂，达到控制能带结构、带隙、能态密度、光学吸收系数、折射率等各种参数，从而获得多功能材料。许多先进实验室都在研究这种材料与器件一体化的新技术。

（3）低维材料迅速发展　这里所谓的低维材料，是指在三维空间中至少有一维处于微细尺度范围或由它们作为基本单元构成的材料。如果按维数，材料可分为：① 零维，指在空间三维度均在微细尺度，如超微粒子；② 一维，指在三维空间中有两维处于微细尺度，如晶须、纤维；③ 二维，指在三维空间中有一维处于微细尺度，如薄膜；④ 三维，如块体。低维材料是近年来发展最快的材料领域。20 世纪 70 年代初以来，纳米科技对新技术革命起了重要作用。纳米科技将是 21 世纪新技术革命的主导。作为低维材料的主体部分，纳米材料和科技是纳米科技领域最富有活力、研究内涵十分丰富的学科分支。由于纳米材料具有明显不同于块体材料和单个分子的独特体积效应、表面效应、量子尺寸效应、宏观量子隧道效应，从而使其具有奇异的力学、电学、磁学、热学、光学、化学活性、催化和超导性能等特性，使纳米材料在信息、生物医学、能源、环境、宇航、先进制造技术、化工、冶金、陶瓷、轻工、核技术、国防等领域，具有重要的应用价值，将发挥巨大作用。

纳米微粒（零维）是指颗粒尺寸为纳米量级（1～100 nm）的超细微粒，它展现出许多特有的性质，在催化、滤光、光吸收、医药、磁介质及新材料等方面有广阔的应用前景。

一维材料中最重要的是光导纤维，由于其信息传输量远比用铜、铝的同轴电缆大，而且光纤有很大的保密性，所以发展很快，正普遍使用光导纤维代替铜、铝电缆传输。目前，高纯石英玻璃的光耗已下降到 0.15 dB/km，中继距离在 200～500 km；发展的多组分氟化物玻璃，光损耗可降到 0.01～0.001 dB/km，中继距离可增至 500 km 以上。

纤维可以用来增强其他块状材料。细丝的直径越小，表现的强度愈高，因而，纤维就成为复合材料的重要组成部分。实用的纤维有碳纤维、硼纤维、陶瓷纤维如 SiC、Al_2O_3 纤维等。一维材料中强度和刚度最高的要算晶须了，可以接近理论强度值，金属和陶瓷都可以生长成晶须。20 世纪 80 年代，有机化合物的晶须也生长出来了。

薄膜（二维材料）的发展也很快，特别是电子技术的发展，需要各种性能的薄膜材料。当前，发展最快的要算金刚石薄膜，半导体薄膜等。此外，L-B 膜是几十年前由 Langmuir 和 Blodgett 提出和发展的一个有序、紧密排列的分子组合系统，即以某些有机或生物分子在液面上形成一层规整的单分子膜，而后移植至固体载体上。由于其电子所处状态和外界环境的影响，L-B 膜可表现出不同的电子迁移规律，完成特定的电光、光电或电子学功能，如成为绝缘体、铁电体、导体或半导体等，从而有可能作为光学薄膜用于非线性光学、光开关、放大或调幅；作为敏感与传感元件用于显示或探测器；用于环保或表面改性的保护膜。

（4）非平衡态（非稳定）材料日益受到重视　很多材料都是处于非平衡态的，钢就是其中之一。而这里所指的非平衡态材料是用现代新技术，如离子注入、激光处理、及其他快冷手段得到的某些金属或合金，它们一般处于饱和状态或非晶态，性能特殊。这不但在实用方面已制得很多新型高性能材料，在理论方面也有新的突破。

（5）正在发展中的几类材料　首先是高温超导材料，它是 21 世纪发展的重点之一。1982 年 Bednorz 和 Müller 发现超导临界温度 $T_c \approx 35$ K 的氧化物超导材料，引起世界各国科学家的极大兴趣，纷纷进行高临界温度超导材料研究，已研

制出 T_c 高达 125K 的氧化物系列超导材料。用超导材料制造电子器件已接近实用阶段，而应用于电子系统则存在许多问题，如电流密度不够高、脆性和稳定性问题等，是今后必须克服的难题。寻求 T_c 接近室温的超导材料是长期的研究课题。

中间化合物材料，也是今后发展的重点之一。它是两种以上金属或类金属所形成的化合物，涉及范围十分广泛，用途也日益扩大。半导体材料 GaAs、InSb、GaAs/GaAlAs 等都是具有重要特性的中间化合物。NdFeB 磁能积比钢的磁能积提高了 100 倍，可见中间化合物在硬磁材料方面大有可为。中间化合物具有熔点高、结合力强的优点，因而有可能成为在高温下工作的结构材料，但由于一直存在脆性问题，尚不能实际应用。20 世纪 80 年代，由于加硼对 Ni_3Al 的塑性的改善，又露出一线曙光，目前，正探索多种中间化合物及改进其塑性的途径，如通过微量元素的加入、合金化的类型和比例的选择，以及利用改进工艺的措施，有可能发现比高温合金工作温度还要高的新材料。

陶瓷材料中的功能陶瓷品种已很多，而且还在不断增加。特别值得强调的是，作为高温结构材料，陶瓷材料也是很有希望的候选者。当前，实验中的陶瓷绝热汽车发动机，可节油 30%。

高分子材料也出现新的势头。高分子结构材料正向高强度、高模量、工作温度更高的方向发展。高分子功能材料的品种增加很快，高分子材料导电性、磁性等物理性能的开发已有不少成果。

生物医学材料发展迅猛，是 21 世纪国际经济发展的支柱产业之一。

新材料发展的总趋势：一是向深层加工发展；二是功能材料和器件的一体化。

1.3 新型无机材料

传统的无机材料（玻璃、陶瓷、水泥、耐火材料）是以硅酸盐为主要原料制成的，已有漫长的历史。我国是历史上最早制造出瓷器的国家，陶瓷是中华文化的杰出成就之一。由于传统无机材料对国民经济和人民生活有极其深刻的影响，至今仍继续发展着，新材料、新工艺、新技术仍在不断涌现，生产规模也日益扩大，直到今天，它们在现代工业和人民生活中起着和继续起着多方面的重要作用。随着近代科学技术的发展，在无机材料中出现了一个新的领域——先进（新型）无机材料领域。新一代的无机材料的发展，将使它在高性能要求的领域发挥不可预料的作用。近 10 年来，一些有远见的人士认为，人类正在踏入第二个"石器时代"的边缘。据报道，无机材料需求量的增长居于各类材料之冠。

新材料的陆续出现和应用面的不断扩大，改变了原有传统无机材料——硅酸盐材料的面貌。自 20 世纪 40 年代以来，由于各种新技术的发展，在原有硅酸盐材料基础上，相继研制出许多新型无机材料。如1943～1945年制成了具有高介电常数的钛酸钡铁电体材料；在1946年制成了具有高导磁率的铁氧体磁性材料，对无线电子学技术的发展起了重要作用。这类新材料虽然是在原有硅酸盐材料的基础上发展起来的，但它的成分中，已不含有硅酸盐，应用范围和制造工艺也同原有硅酸盐材料有所不同。为了同以往用天然原料制成的经典硅酸盐材料相区别，我们把这类材料叫做新型无机材料（advanced inorganic materials）或用先进陶瓷（advanced ceramics）、精细陶瓷（fine ceramics）、高技术陶瓷（high-tech ceramics）等来表示，从而与传统陶瓷区别。现代陶瓷一词的广泛含义还包括玻璃、人工晶体、无机涂层和薄膜等。

新型无机材料与经典硅酸盐材料的主要区别如下：

（1）材料的组成已远超出了硅酸盐的范围，包括纯氧化物、复合氧化物、硅化物、碳化物、硼化物、硫化物以及各种无机非金属化合物、经特殊的先进工艺制成的材料和单质；

（2）在用途上，已由原来主要利用材料所固有的静态物理性状，发展到利用各种物理效应和微观现象的功能性，并在各种极端条件下使用；

（3）在制备的工艺方法方面有了重大的改进与革新，制品的形态也有了很大的变化，由过去以块状为主的状态向着单晶化、薄膜化、纤维化、复合化的方向发展。

新型无机材料在发展进程中是与两个方面的因素紧密联系的：一是新技术发展的需要；二是科学技术的进步。高技术发展要求研制出为信息技术服务的光电信息材料，用于发动机等动力装置的耐高温、质量轻的结构材料，以及满足现代新技术的具有特种功能的无机材料等。随着科学技术的发展，基础科学研究的深入和实验技术的进步，对材料微观结构与宏观性能关系的了解日益深入，反过来为新材料的发展创造了必要的条件。以陶瓷的发展为例，随着科学技术的发展，分成三个阶段。我们的祖先在8000年前，用泥土塑造成各种器皿的形状，再在火堆中烧制成坚硬的可重复使用的陶器。它是具有一定的强度，但含有较多气孔的未完全烧结制品。由于在原料上采用含铝量较高的瓷土、釉的发明以及高温技术的改进等三方面因素，促进了由陶器步入瓷器的进程。这是陶瓷发展史中的一个很重要的进程。从原始瓷的出现到现代的传统陶瓷，这一阶段，一直持续了4000余年。从20世纪以来，特别是在第二次世界大战之后，陶瓷研究的发展才从传统陶瓷的阶段步入第二个台阶——先进陶瓷阶段。这是由以下七个因素促成的：① 在原料上，从传统陶瓷的以天然矿物原料为主体，发展到使用高纯的合成化合物。② 陶瓷工艺技术上的进步。在传统陶瓷工艺基础上，发展和创造出新的工艺技术，如成型上的等静压成型、热压成型、注射成型、离心注浆成型、压力注浆成型、流延成膜等成型方法；在烧结上，则有热压烧结、热等静压烧结等。③ 陶瓷科学理论上的发展为陶瓷工艺提供了科学上的依据和指导，使陶瓷工艺从经验操作到科学控制，以至发展到在一定程度上可以根据实际使用的要求，进行特定的材料设计。④ 显微结构分析上的进步，使人们更精细地了解陶瓷材料的结构及其组成，从而可控制地做到工艺——显微结构——性能关系的统一，对陶瓷技术起到了指导作用。⑤ 陶瓷材料性能的研究，使新的性能不断出现，大大开拓了陶瓷材料的应用范围。⑥ 陶瓷材料无损评估技术的发展，加强了使用上的可靠性。⑦ 相邻学科的发展对陶瓷科学的进步起到了推动的作用。但是，应该指出，这一阶段的先进陶瓷，从原料、显微结构中所体现的晶粒、晶界、气孔、缺陷等，在尺度上还只是处在微米级阶段的水平。因此，可以称之为微米级先进陶瓷。

从 20 世纪 90 年代开始，已步入第三个台阶，即纳米陶瓷的阶段。所谓纳米陶瓷，首先，所用粉体原料的粒度是纳米量级的；其次，在显微结构中所体现的晶粒、晶界、气孔、缺陷分布也都处在纳米级的水平。纳米陶瓷的出现将引起陶瓷科学、陶瓷工艺、陶瓷材料的性能和应用的变革性发展。颗粒和晶粒小到纳米级的水平，由于表面与界面非常大，陶瓷中的晶粒相与晶界相在量的方面几乎处于同等的水平，晶界对材料性能的影响相对成为主导的因素，这些，使现有的陶瓷工艺以及陶瓷科学的理论都将不能完全适应。纳米陶瓷的发展，是当前陶瓷研究的一个重要趋向，它将促使陶瓷材料的研究从工艺到理论，从性能到应用都提高到一个崭新的阶段。

1.4 新型无机材料应用的重要领域

无机材料根据其应用，基本可以分为功能材料和结构材料两大类。下面就发展中的一些现代科学技术对新型无机材料提出的要求作一介绍。

1.4.1 信息技术

当代的社会和经济发展中，信息量和信息交流的迫切性与日俱增，现今，资料、情报和知识的更新速度已达到所谓"信息爆炸"的地步。为此，要求迅速地提高信息的传输、存储、运算的容量和速度。20 世纪以来，信息工程是依靠于电子学和微电子学技术，如通讯是从无线电频率到微波，存储是从磁芯到半导体集成，运算是从电子管发展到大规模集成电路为基础的电子计算机等等。所以，目前谈到信息材料，一般都是指电子信息材料。随着更高容量和更高速度的信息技术的发展，电子学和微电子学技术已不能满足社会、经济发展的需要，因此，光作为更高频率和速度的信息载体，它会使信息技术的发展产生突破性进展。信息的探测、传输、存储、显示和运算将由光子和电子共同参与来完成，光学和电子学的结合，产生光电子学技术，相应地出现一大类的信息材料，即光电信息材料。

按照在信息技术中的功能，信息材料主要是：

（1）信息的检测和传感（获取）材料　电子信息技术中，信息检测和获取，主要靠电子敏感元件和检测材料，将从环境中提取出所需的电、磁、光、热、机械、化学等信息，转换成电的信号加以处理。作为电子敏感和探测材料，就功能而言，包括压电、热电、热释电、电化学、磁声探测材料。就成分而言，可分无机和有机两大类。无机材料中，以往大部分为陶瓷材料，诸如压电、电致伸缩、电光、热敏、压敏等陶瓷。后来，半导体材料兴起，尤其是化合物半导体起了重要作用。有机材料大部分为高分子功能材料。光电探测器和传感器的主要发展方向之一，是把高灵敏度和高选择性结合起来，以便高效地捕获所需信息，并排除其他无用信息的干扰。如现代红外列阵探测器，可分辨出百万分之一度的温度变化和形成这种温差的图像，这是光电子器件作用的有力佐证。为此要发展列阵半导体和制备工艺。光学纤维传感器在灵敏度和抗干扰方面有明显的优点。

（2）信息的传输材料　光纤通信的出现是信息传输的一场革命。信息容量大、质量轻、占用空间小、抗电磁干扰、串话少、保密性强，都是光纤通信的优点。1970年，美国康宁公司研制出低损耗的石英纤维后，光纤通信才得以实现。从1975～1985年的10年中，光纤损耗降低了十多倍，售价也下降近10倍。

（3）电子信息的存储材料　电子信息技术中，信息存储原来以磁盘记录为主。20世纪80年代初出现的数字化光盘存储技术，开辟了光存储发展的新道路。光盘存储是通过调制激光束以光点的形式把信息编码记录在光学圆盘镀膜介质中。光盘存储的优点为：①存储容量大；②系统可靠，与记录介质无接触；③使用寿命长，可保持10年以上；④信息位价格低，约为磁盘的 $1/10$～$1/100$。

（4）信息的处理和运算材料　对电子信息的处理和运算的基本单元是晶体管。微电子学技术的兴起，电子信息处理和运算所需的各种固体元件向薄膜化的方向发展。随着微细加工技术（如光刻、电子束曝光、超薄层材料制备等）的发展，集成化程度愈来愈高，形成目前所谓的大规模集成电路（LSIC），而计算机的发展在很大程度上依赖于其元件的发展。光学信息处理和运算具有高速地处理和运算信号的能力。光信号的调制、变频、开关、偏转等功能的实施，主要通过非线性光学介质的光信号（强度、位相、偏振等），随着外加于介质的电、声、磁、光场的变化来实现。目前，应用的非线性光学材料，主要有无机非线性光学材料，如铌酸锂（$LiNbO_3$）、磷酸氘二钾（KDP）等；非线性半导体，如 GaAs、Ge、CdTe 等。目前，正在兴起的有机非线性材料，如尿素、磷酸精氨酸（LAP）等。

综上所述，信息材料正从电子信息材料、微电子信息材料，向光电子信息材料发展。电子信息材料已形成产业，但还在向新型和高效方面开拓。新发展的光电子材料在光通信方面已日趋成熟，形成产业，而在新一代的光纤通信上材料仍然是关键，如相干通信和超长波长光纤通信的特种光纤和激光器及探测器有关材料。光存储方面高性能光盘与磁盘相竞争，已逐步形成计算机外围的主要设备。光计算和处理材料虽然目前尚处于实验室试验阶段，但今后必将在光计算机和光、电混合上发挥重要作用。

1.4.2　航空航天技术

1.4.2.1　航空航天技术对材料的要求

航空航天飞行器如火箭、人造卫星、飞船、航天飞机等，在宇宙空间的工作条件十分苛刻、复杂，制造航天器的材料需要能适应外部环境的各种作用，而又能保持舱内处于稳定的工作状态。这种用途的材料起到的作用是多方面的，有重力场和无重力场、空气流的摩擦和冲击、振动、高温、低温、高压、真空、太阳光的照射、高能射线的辐照和地球的磁场等等，而且，又是处于极端条件下，有的是同时出现，有的是不同时间内轮流出现。为了以尽可能小的推动力，使航天器能以最大的速度发射出去，使用的材料既要具有高的强度又必须具有轻的质量。能够全面满足这些要求的材料是难以找到的，因此，需要选用各种不同类型的材料分担承受。如火箭燃料燃烧气体的温度超过 4000℃，并有腐蚀性，燃烧室内的压力高达 200atm（atm 为非法定单位，1atm＝101.325kPa），故燃烧喷嘴要用隔热性良好、比热容和潜热大的烧蚀材料制成。航天器在由空间返回到地面时，在器件前沿部分因受压缩空气的冲击波冲刷温度超过 5000℃，器件的温度高达 2000℃左右，此时，一般的高温材料已不能承受，因而要用烧蚀材料保护。人造卫星和飞行器外壳，为了减少和避免由外部辐照引起的加热，并使舱内发生的热量有效地散发出去，需要采用对太阳光谱具有不同吸收和辐射特性的温控涂层材料。各种耐高温材料、高温结构材料、烧蚀材料和涂层材料的研制成功，对发展空间技术起了重要作用。随着空间技术的向前发展，要求有更多的材料为它服务。

1.4.2.2　航空航天用的主要工程材料

1. 烧蚀防热材料

航天器使用的烧蚀材料，主要有玻璃 酚醛树脂复合材料、硅橡胶、石英纤维加环氧酚醛、酚醛树脂小球、碳/碳等复合材料。烧蚀材料防热的原理是在热流作用下能使材料发生分解、熔化、蒸发、升华等物理化学变化，借助材料表面的质量迁移，带走大量的热量，从而达到耐高温的目的。

2. 先进复合材料

先进复合材料包括①树脂基复合材料（PMC），包括热固性和热塑性树脂，常用的增强体是碳纤维、芳纶纤维和玻璃纤维等。②金属基复合材料（MMC），以铝、镁、钛和金属间化合物为基体，以硼、碳、石墨、碳化硅、氧化铝纤维或颗粒、晶须为增强体而制得的复合材料。③陶瓷基复合材料（CMC），有 SiC/SiC、C/SiC、$SiC/$石英等热防护材料和介电材料。④碳/碳复合材料，不仅是新型烧蚀防热材料和耐高温抗磨损材料，而且经渗石墨处理后的碳/碳复合材料有抗氧化能力，还作为航天飞机重复使用的热结构材料。

3．其他材料

除工程结构上使用的材料外，还有一系列功能材料，如涂层材料、隔热材料、透明材料、密封材料、润滑材料、黏合剂等。这些材料大部分属于高分子材料或陶瓷材料，也有少量使用如阻尼合金等金属材料的。现代科学技术的发展，使航空航天材料除"轻质化"外，还要向"多功能化"、"复合化"、"精细化"、"智能化"方向发展。

1.4.3 能源技术

能源是现代人类生存与发展的物质基础。20 世纪以来，科技与工业的快速发展引起能源消耗的大幅度上升，目前，每年全球耗能已超过 10TW（$1TW=10^{12}W$）。以石油燃料为主的能源结构，已不能长期满足需求，一个为建立新能源体系的浪潮正在全球掀起。一方面开发新能源，一方面改善和提高已有能源的利用率，建立合理的能源消耗结构，寻求能源发展与社会、经济及环境问题综合协调的途径。以上两个方面，都要克服许多科学技术难关，其中，材料就是一个共同存在的关键问题。

新能源种类很多，属于一次能源的有核能、太阳能、地热能、风能、海洋能等，要实现大规模利用，材料难度很大。例如，一座输出 2500kW 的风力电站的风翼长度就达 90m，比波音 747 飞机的机翼还长，没有轻质、高强、耐用的新翼片材料，建造巨大的风力电站将不可能。为了开发新型二次能源，如氢能、合成燃料、高比能电池、以及激光、微波等，各种具有特殊性能的新材料就更为重要。

为了提高利用率及减少环境污染，迫切需要发展一批新技术，如磁流体发电、超导电机、高效率燃气轮机及内燃机、大规模储能、废热发电等。当前，火力发电效率只有 40%，汽车的热效率只有 30% 左右，工业部门消耗的能量约有一半以上是以热排放掉的，因此，节能技术大有可为，但所有这些技术的实用化无一不与新材料有关。

广义地说，凡能源工业及能源利用技术所需的材料都可称为能源材料，其分类尚无明确的规定，按使用目的可分为新能源材料、节能材料和储能材料。由于应用目标与工作环境很不相同，对各种能源材料的要求也是各式各样的。作为举例，将某些能源材料的应用情况与各种特殊要求列于表 1-1。

表 1-1　能源材料应用情况

应用项目	关键部件	要求及材料举例
增值反应堆	燃料元件	耐高温、强辐射；包套材料、核燃料
铀离心分离	转筒	高比强度；高强钢及碳纤维复合材料
核聚变堆	第一壁	耐高温、中子、等离子体侵蚀
	超导磁体	耐辐射；高 Hc 超导材料
太阳光发电	光电池	高转换效率、长寿命；非晶硅、多晶硅
海洋温差发电	热交换器	耐腐蚀材料
风力发电	翼片	轻质、高强度；复合材料
地热发电	深井套管	耐高温、耐高速酸性蒸气侵蚀
高温燃气轮机	叶片、喷嘴	高温合金、陶瓷材料
磁流体发电	通道、超导体	通道材料、超导材料
储能飞轮	飞轮	高比强；复合材料
氢能源	储氢器	吸氢量大、吸-放速度大；Mg-Ni 等耐腐蚀材料、C/C 材料
燃料电池	电极	β-Al_2O_3 等
锂离子电池	电极	尖晶石锂锰氧化物（$LiMn_2O_4$）正电极材料

1.4.4　生物医学材料领域

生物医学材料学是生物医学工程学的一大分支。生物医学材料是一类用于和生物活体系统接触或结合，以诊断、治疗、替换机体中组织器官或增进其功能的材料。广义而言，它是与人体组织、体液或血液接触和相互作用相容性好，即对人体无毒、无副作用、不凝血、不溶血，不引起人体细胞的突变、畸变、癌变，不引起免疫排异反应的一类材料。不仅是植入材料，还包括那些介入疗法中需要与血液和体液直接接触的医用套管材料，医疗器械中需要进入体内的探头和电极材料，还包括大部分齿科材料、药物缓释剂材料、缝合线、皮肤创面保护材料等。从本质上说生物医学材料是一类用来达到特定生物或生理功能的材料，它是与人类生命、健康和长寿密切相关的新材料，受重视的程度与日俱增。美国在先进材料加工计划中将生物医学材料列为第一位，我国在"863"计划和"973"计划中都列入了生物医学材料的研究。世界上，一个新兴的生物医学材料产业正在兴起，其市场销售额正以每年 15％ 的速度递增，在 21 世纪将成为国际经济重要支柱产业之一。

参 考 文 献

1.《高技术新材料要览》编辑委员会．高技术新材料要览．北京：中国科学技术出版社，1993

2．师昌绪．材料大辞典．北京：化学工业出版社，1994

3．张绶庆．新型无机材料概论．上海：上海科学技术出版社，1985

4．师昌绪．新型材料与材料科学．北京：科学出版社，1988

5．干福熹．光学信息工程中的材料问题．无机材料学报，1986，(1)：13～26

6．张立德，牟季美．纳米材料和纳米结构．北京：科学出版社，2001

7．宗富重行．池文俊译．近代陶瓷．上海：同济大学出版社，1988

8．布雷克 P，舒尔曼斯 H，韦尔赫斯特 J．包素平译．无机纤维与复合材料．北京：国防工业出版社，1992

9．纪越峰，赵荣华，顾畹仪等．光纤数字通讯实用基础．北京：科学技术文献出版社，1994

第二章 制备材料的新技术

新材料与新技术总是相生相伴的，新技术的产生和发展离不开新材料的运用，而不采用新的制备技术和工艺，也不可能有新型材料。例如，没有区熔法提纯与单晶生长技术的发明就不可能有硅、锗等半导体材料；没有高温、高压技术就不能人工合成金刚石；没有急冷技术就不可能有非晶态材料；没有热等静压技术，就不可能制备出高性能的陶瓷材料；没有 CVD、PVD 薄膜制备技术就没有集成电路和光导纤维；……。正是这些新材料的运用改变着世界的面貌，成为现代技术文明发展的基石。

纵观当今制备材料新技术的发展，有两个鲜明的特点：一是利用极端条件，如超高温、超高压、超高真空、微重力、强磁场、强辐射以及快速冷却等，在极端条件下，物质结构状态往往会发生重大变化而产生新的性能；二是对材料形成过程进行精确控制，以便人为地控制材料的结构与性能，用这种方法可以制备出传统工艺得不到的"人造材料"，如超晶格、纳米相、亚稳相、准晶等等。

从材料角度看，制备材料的新技术可分为材料合成新技术和材料表面改性（或称表面工程）新技术两大类。本章将集中介绍溶胶–凝胶技术、等离子体技术、激光技术，另外一些制备材料的新技术如薄膜制备技术（化学气相沉积和物理气相沉积）、微波烧结技术、自蔓延高温合成技术、纳米技术、急冷技术、材料复合技术等将结合具体材料安排在后面的相关章节进行介绍。

2.1 溶胶–凝胶技术

溶胶–凝胶（Sol-Gel）技术是指金属有机或无机化合物（称前驱物），经溶液、溶胶、凝胶而固化，在溶胶或凝胶状态下成型，再经热处理转化为氧化物或其他化合物固体材料的方法，是应用胶体化学原理制备无机材料的一种湿化学方法。

该法始于 20 世纪 30 年代末，Geffcken 等[1]利用金属醇盐水解和凝胶化制备出氧化物薄膜。但直到 1971 年 Dislich 报导利用 Sol-Gel 法成功制得 SiO_2-B_2O_3-Al_2O_3-Na_2O-K_2O 多组分玻璃[2]，该法才引起材料科学界的重视。此后，矿物学家、陶瓷学家和玻璃学家等分别用该法制成相图研究中的均质试样，在低温下制成透明 PLZT 陶瓷和 PYREX 耐热玻璃。核化学家利用该法制备核燃料，避免了危险粉尘的产生。进入 20 世纪 80 年代以来，Sol-Gel 法的研究与应用涉及铁电材料、超导材料等功能材料以及陶瓷、薄膜、纤维、超微粉体材料等广泛的领域，文献、专利大量涌现，专题国际学术会议频繁召开，如 International Work-shop on Glasses and Ceramics from Gels、Ultrastructure Processing of Advanced Materials、Symposium on Better Ceramics through Chemistry、International Symposium on Aerogels、Symposium on Sol-Gel Optics 等都已举办了多届，掀起了 Sol-Gel 技术的研究、应用热潮，至今持续不断，成为受到普遍重视的无机材料制备新技术。

2.1.1 溶胶-凝胶合成的工艺方法

用 Sol-Gel 法制备材料的具体技术和方法很多，归纳起来，按其溶胶、凝胶的形成方式可分为传统胶体法、水解聚合法和络合物法三种，如图 2-1 所示。

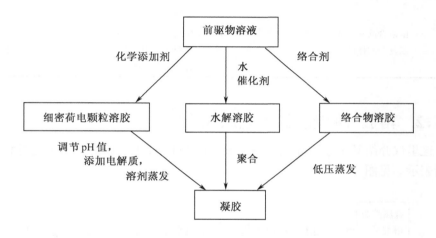

图 2-1 Sol-Gel 合成的工艺方法

三种方法的特征和主要用途列于表 2-1。

Sol-Gel 法应用早期采用传统胶体法成功地制备出核燃料，该法在制备粉体方面表现出了一定优势。水解聚合法是以可溶于醇的金属醇盐作为前驱物，其溶胶-凝胶过程易于控制，多组分体系凝胶及后续产品从理论上讲相当均匀，且易于从溶胶、凝胶出发制成各种形式的材料，所以自 Sol-Gel 法问世以来，其研究、应用主要集中于这种工艺方法。不过，由于许多低价（＜4 价）金属醇化物都不溶或微溶于醇，使该法在制备含有这些组分材料的应用方面受到一定限制。为此，人们将金属离子转化为络合物，使之成为可溶性产物，然后经过络合物溶胶-凝胶过程形成凝胶。起初是采用柠檬酸作为络合剂，但它只适合部分金属离子，且其凝胶易潮解。现在采用单元羧酸和有机胺作为络合剂，可形成相当稳定而又均匀透明的凝胶。

表 2-1　不同 Sol-Gel 工艺方法的对比

方法	特　点	前驱物	凝胶的化学特征	适用
传统胶体法	通过调节 pH 值或加入电解质来中和颗粒表面电荷，通过溶剂蒸发促使颗粒形成凝胶	无机化合物	1. 凝胶网络由浓稠颗粒通过范德华力建立 2. 凝胶中固相成分含量高 3. 凝胶强度低，通常不透明	粉体 薄膜
水解聚合法	通过前驱物的水解和聚合形成溶胶和凝胶	金属醇盐	1. 凝胶网络由前驱物产生的无机聚合物建立 2. 凝胶与溶胶体积相当 3. 可由时间参数清楚地反映凝胶的形成过程 4. 凝胶是透明的	薄膜 块体 纤维 粉体
络合物法	由络合反应形成具有较大或复杂配体的络合物	金属醇盐、硝酸盐或乙酸盐	1. 凝胶网络由络合物通过氢键建立 2. 凝胶在水中能液化 3. 凝胶是透明的	薄膜 粉体 纤维

2.1.2　溶胶-凝胶法的工艺原理[3,4]

这里仅介绍基于金属醇盐水解、聚合的 Sol-Gel 工艺原理，该工艺过程可用框图表示，见图 2-2。

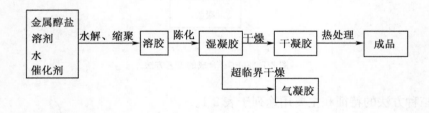

图 2-2　Sol-Gel 法的基本工艺过程

2.1.2.1　均相溶液的制备

Sol-Gel 法的第一步是制取包含醇盐和水的均相溶液，以确保醇盐的水解反应在分子级水平上进行。由于金属醇盐在水中的溶解度不大，一般选用既与醇盐互溶、又与水互溶的醇作为溶剂，其加入量既要保证不落入三元不混溶区（图 2-3），又不宜过多，因为醇是醇盐水解产物，对水解有抑制作用。

水的加入量对溶胶制备及后续工艺过程都有重要影响，是 Sol-Gel 工艺的一项关键参数。对于一些水解活性高的醇盐，如钛醇盐，往往还需控制加水速率，否则极易生成沉淀。

此外，催化剂的种类和加入量对水解速率、缩聚速率以及溶胶陈化过程中的结构演变也有重要影响。常用的酸催化剂为 HCl，常用的碱催化剂为 $NH_3 \cdot H_2O$。

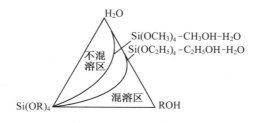

图 2-3　$Si(OR)_4$-ROH-H_2O 三元混溶图

2.1.2.2　溶胶的制备

Sol-Gel 法中，最终产品的结构在溶胶形成过程中即已初步形成，后续工艺均与溶胶的性质直接相关，因此溶胶制备的质量是十分重要的。由均相溶液转变为溶胶是由醇盐的水解反应和缩聚反应产生的。

硅醇盐（硅酸酯）的水解机理已为同位素 ^{18}O 所验证，是由水中的氧原子与硅原子发生的亲核结合：

$$(RO)_3Si—OR + H^{18}OH \Longrightarrow (RO)_3Si—{}^{18}OH + ROH \tag{2-1}$$

这里，溶剂化效应、溶剂的极性和对活泼质子的获取性等都对水解过程有重要影响。而且，在不同的介质中反应机理也不同。

在酸催化条件下，主要是 H_3O^+ 对—OR 基团的亲电取代，水解速率快。但随着水解反应的进行，醇盐的水解活性随分子中的—OR 基团的减少而下降，很难充分水解为 $Si(OH)_4$。而缩聚反应在充分水解前即开始，因而缩聚产物的交联度低；在碱催化条件下，水解反应主要是 OH^- 对—OR 的亲核取代反应，水解速率较酸催化慢。但醇盐的水解活性随分子中—OR 基团的减少而增大，4 个—OR 基很容易完全转变为—OH 基团，进一步缩聚时易得到高交联度的三维网状结构。

硅、磷、硼以及许多金属元素（如铝、钛、铁等）的醇盐在水解的同时均会发生聚合反应，如失水、失醇、缩聚、醇氧化、氧化、氢氧桥键合等。

硅酸聚合反应逐渐形成聚合物颗粒，生成溶胶，颗粒进一步交联组成三维网状结构即成为凝胶。在碱催化条件下，其缩聚反应主要为

$$RO—Si(OH)_3 + OH^- \xrightleftharpoons{快} RO—Si(OH)_2O^- + H_2O \tag{2-2}$$

$$RO—Si(OH)_2O^- + RO—Si(OH)_3 \xrightleftharpoons{慢}$$

$$RO—Si(OH)_2—O—Si(OH)_2OR + OH^- \tag{2-3}$$

属于亲核机理。在酸催化条件下的缩聚反应为

$$RO—Si(OH)_3+H^+ \xrightleftharpoons{快} RO—Si(OH)_2—O\overset{\displaystyle H^+}{\underset{\displaystyle H}{|}} \tag{2-4}$$

$$RO—Si(OH)_2—O\overset{\displaystyle H^+}{\underset{\displaystyle H}{|}}+ROSi(OH)_3 \xrightarrow{慢} RO—\overset{\displaystyle OH}{\underset{\displaystyle OH}{Si}}—O—\overset{\displaystyle OH}{\underset{\displaystyle OH}{Si}}—OR+H_3O^+$$

$$\tag{2-5}$$

这些聚合物还可能发生 Si—OH 键的重新分配，或二聚体转变为三聚体。

由于硅醇盐的水解和聚合作用几乎同时进行，总的反应过程动力学将取决于下列三个反应速率常数：

$$K_h（水解速率常数，≡Si—OR+H_2O \longrightarrow ≡SiOH+ROH） \tag{2-6}$$

$$K_{cw/2}（失水缩聚速率常数，≡SiOH+≡SiOH \longrightarrow ≡SiOSi≡+H_2O）$$

$$\tag{2-7}$$

$$K_{ca/2}（失醇缩聚速率常数，≡SiOH+≡SiOR \longrightarrow ≡SiOSi≡+ROH）$$

$$\tag{2-8}$$

而这些反应也几乎同时发生，使得在最邻近的尺度上中心 Si 原子可以有 15 种不同的化学环境，Assink 等[5]将这 15 种配位方式的关系描述为图 2-4 的形式。可见聚合后的状态是相当复杂的。

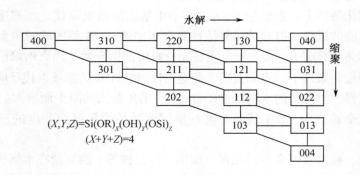

图 2-4 以矩阵形式表达的中心硅原子的 15 种不同化学环境

由醇盐水解和聚合产生颗粒，当条件得当就形成溶胶。显然控制醇盐水解缩聚的条件是制备高质量溶胶的前提，而这有赖于对水解、聚合反应过程动力学的了解。不同的醇盐体系，其水解、缩聚的情形是有所不同的。目前硅醇盐以外其他体系的详细动力学知识还不多，有待进一步研究和探索。影响溶胶质量的因素

主要有加水量、催化剂种类、溶液 pH 值、水解温度、醇盐品种以及溶液浓度和溶剂效应等。

2.1.2.3　凝胶化过程

凝胶是由细小颗粒聚集而成的由三维网状结构和连续分散相介质组成的具有固体特征的胶态体系，按分散相介质不同有水凝胶（hydrogel）、醇凝胶（alcogel）和气凝胶（aerogel）等。

溶胶向凝胶的转变过程可简述为：缩聚反应形成的聚合物或粒子聚集体长大为小粒子簇（cluster），后者逐渐相互连接成为一个横跨整体的三维粒子簇连续固体网络。在陈化过程中，胶体粒子聚集形成凝胶的过程和粒子团聚形成沉淀的过程完全不同。在形成凝胶时，由于液相被包裹于固相骨架中，整个体系失去活动性。随着胶体粒子逐渐形成网络结构，溶胶也从 Newton 体向 Bingham 体转变，并带有明显的触变性。许多实际应用中，制品的成型就是在此期间完成的，如成纤、涂膜、浇注等。这些成型工艺只有在满足一定黏度条件下才能实现，因此，这一过程溶胶流变性质的变化值得关注。例如在制备纤维时，只有当溶胶黏度在 1～1000Pa·s 范围内才能拉丝，由于凝胶化过程中黏度变化很快，溶胶在此范围保持的时间往往不能满足工艺要求，因此常加入乙酰丙酮、乙二醇等稳定黏度，以保证必要的成纤时间。影响醇盐水解、缩聚速率的因素都会对凝胶时间的长短产生影响。

2.1.2.4　凝胶的干燥

湿凝胶内包裹着大量的溶剂和水，干燥过程往往伴随着很大的体积收缩，因而容易引起开裂。防止凝胶在干燥过程中开裂是 Sol-Gel 工艺中至关重要而又较为困难的一环，特别是对尺寸较大的块体材料。

导致凝胶收缩、开裂的应力主要源于由充填于凝胶骨架孔隙中的液体的表面张力所产生的毛细管力，凝胶尺寸越厚越易开裂。此外，干燥速率也是重要因素。为了获得有一定厚度的完整凝胶，往往需要严格控制干燥条件（如温度、相对湿度等）使其缓慢干燥，有时需要数日乃至数月的时间，因此干燥是 Sol-Gel 工艺中耗时最长的工序。

解决开裂问题，可从增强固相骨架强度和减少毛细管力两方面考虑。前者包括控制水解条件使其形成高交联度和高聚合度的缩聚物，或让湿凝胶在干燥前陈化一段时间以增强骨架以及添加活性增强组分等；后者则可通过降低或消除液相表面张力入手，采用超临界干燥是受到推崇的有效方法。

凝胶干燥过程中的毛细管力来源于液气二相的表面张力，如果把凝胶中的有机溶剂或水加温加压至超过其临界温度和临界压力，液气界面就会消失，由此产生的毛细管力即不复存在，基于这一原理的干燥方法即为超临界干燥。由于水的临界温度（$T_c = 374℃$）和临界压力（$p_c = 22MPa$）较高，且高温下水有解胶作用，通常的做法是先用醇脱水，然后采用超临界干燥除去醇（甲醇：$T_c = 240℃$，$p_c = 7.93MPa$；乙醇：$T_c = 243℃$，$p_c = 6.36MPa$）。而更好的方法是在脱水后进一步用液态 CO_2 取代醇，再实施超临界干燥除 CO_2（液态 CO_2：$T_c = 31.1℃$，$p_c = 7.36MPa$）。超临界干燥不但可以大大缩短干燥时间，而且所制得的干凝胶（气凝胶）的网络与孔隙结构与湿凝胶基本相同，在制备大块凝胶制品方面显示出极大的优越性。

2.1.2.5 干凝胶的热处理

热处理的目的是消除干凝胶中的气孔，使制品的相组成和显微结构满足产品的性能要求。在加热过程中，干凝胶先在低温下脱去吸附在表面的水和醇。$265 \sim 300℃$，—OR 基被氧化。$300℃$ 以上则脱去结构中的—OH。由于热处理伴随有较大的体积收缩和各种气体（如 CO_2、H_2O、ROH）的释放，所以升温速率不宜过快。

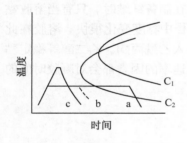

图 2-5 凝胶的温度-时间转变
图及升温制度

Brinker 等[6]认为，由多孔疏松凝胶转变成致密玻璃至少有毛细收缩、缩合-聚合、结构弛豫和黏滞烧结 4 个历程。在热处理过程中，由于凝胶的高比表面积和高活性，烧结温度常比粉料坯体低数百度，达到一定致密度所需的烧结时间可根据开孔模型或闭孔模型从理论上进行计算[7]。采用热压烧结可缩短烧结时间，提高制品质量。

热处理中的升温制度将决定制品是玻璃态还是晶态。在图 2-5 中，曲线 C_1、C_2 为两种凝胶的析晶曲线，其内部包绕的区域为析晶区，外部为非析晶区。显然升温制度 a 不会使 C_1 凝胶析晶，但会使 C_2 凝胶析晶。因此，要制备 C_2 凝胶玻璃，必须采用热压烧结，以缩短烧结时间，把途径 a 转变为 b 或 c，以避免进入 C_2 的析晶区。

2.1.3 溶胶-凝胶合成的技术意义与应用[4,8~10]

Sol-Gel 法实质上是采用介观层次上性能受到控制的各种源物质，取代传统工艺中那些既未进行几何控制又未实施化学控制（如矿物陶瓷原料）或者仅有几何控制（如普通超微、单分散粉料）的生原料。由于材料的初期结构在溶液-溶胶-凝胶过程中即已形成，通过灵活的制备工艺和胶体改性，可在材料制备的初期就对其化学状态、几何构型、粒级和均匀性等超微结构进行控制。这种从无控制状态到有控制状态的改变不是一个简单的量变递进，已在众多方面显示出其独特的价值和新的现象。这里仅举两个例子，从中可略见一斑。

第一个例子是气凝胶[11]。它由湿凝胶经超临界干燥制得，最大限度地保持了湿凝胶的网架结构。这种纳米级多孔材料已在热学、声学、光学以及催化等众多方面表现出独特的性能：①常温下硅气凝胶的热导率仅为 0.013 W／（m•K），能有效透过太阳光并阻止低温红外热辐射，是理想的透明隔热材料；②已发现 V_2O_5/MgO、Cr_2S/Al_2O_3、PbO/Al_2O_3、Fe_2O_3/SiO_2、CuO/Al_2O_3 等气凝胶具有高的催化活性和选择性，且不易失活，是催化剂及其载体的最佳材料；③硅气凝胶的声阻抗率及其可变范围均很大 $[Z=10^3\sim10^7 kg/(m^2•s)]$，是一种理想的声学延迟和高效隔声材料；④硅气凝胶具有可调的折射率，其折射率和密度满足 $n-1=2.1\times10^{-4}\rho$，可用作切伦可夫阈值探测器中的介质材料来确定高能粒子的质量和能量；⑤由于其多孔结构和巨大的活性比表面，高速粒子很容易穿入气凝胶并在其中实现"软着陆"。如选用透明的硅气凝胶可在空间捕获高速粒子，并可用肉眼或显微镜观察被阻挡、捕获的粒子[12]。

第二个例子是在用 Sol-Gel 法制备的 Al_2O_3-SiO_2 体系的氧化物材料中，观察到奇特的高温光致发光现象。在较宽的紫外激发范围内，材料在 400℃时仍有发光产生。其发光中心不是由掺杂的激活剂提供的，而是在材料制备的化学过程中产生的。发光中心的形成可能与化学键的断裂和由此产生的结构缺陷和非计量氧有关[13]。

目前 Sol-Gel 法应用研究所涉及的材料领域相当广泛，已难以做出全面的综述，但从已有的研究看，Sol-Gel 法至少在如下一些方面有其独到的优势：

（1）合成温度低。运用该法时的烧结温度通常比传统方法低约 400～500℃，这不但降低了对反应系统工艺条件的要求及能耗，而且可制得一些传统方法难以得到或根本得不到的材料。用该法可在玻璃的熔化、析晶或分相温度以下制备均匀玻璃，使一些含有难熔或高温易分解组分的特殊性能玻璃的制备成为可能，是开发新型玻璃的一种有效方法。因烧结温度大幅降低，用该法也可制备一些用传统方法难以制备的高温陶瓷材料。

（2）如图 2-6 所示，Sol-Gel 工艺是一种高集成的材料制备技术，可将玻璃、陶瓷、纤维、薄膜、超微粉体等众多独立的材料制备纳入一个统一的工艺系统中，从一种原料出发，可制备出不同形式的产品，从而使该工艺具有很强的实用性、高度的灵活性和广泛的适用性，彰显产业化的技术风范。

（3）Sol-Gel 技术特别适于薄膜、纤维的制作，在已商品化的 Sol-Gel 制品中，也以薄膜和纤维居多。从技术角度看，一方面由于尺寸的原因，Sol-Gel 工艺的主要缺点如成本高、凝胶干燥时易开裂等对于薄膜和纤维的制备则不成为问题。另一方面，与其他制膜工艺相比，Sol-Gel 制膜工艺不需要苛刻的工艺条件和复杂的设备，可以在大面积或任意形状的基体上制得薄膜，从而使薄膜应用成为目前 Sol-Gel 法最重要的应用。尤其该法还可制备多孔陶瓷分离膜[14]，这种耐温、耐腐蚀、易清洗的新型膜分离材料已在众多微滤和超滤过程中得到应用；在纤维

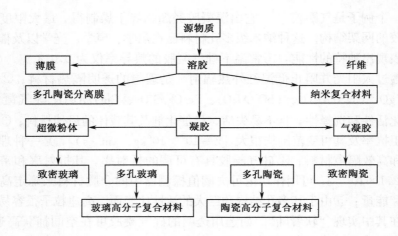

图 2-6 Sol-Gel 工艺的应用

的应用中，Sol-Gel 法可在低温下制取均匀性好、纯度高的纤维，能获得熔融法难以制得的一些纤维，而且便于掺杂改性等等，已在玻璃纤维、陶瓷纤维和功能陶瓷纤维[15]的制备方面显示出良好的前景。

（4）Sol-Gel 工艺在制备复合材料，尤其是纳米复合材料方面有其独到的优势。从图 2-6 可以看出，通过溶胶（如溶胶混合、溶胶改性等）和凝胶（如采用干燥凝胶浸渍高分子单体，然后进行室温聚合等）都可以制备纳米复合材料。而多孔陶瓷、多孔玻璃则为与高分子材料的复合提供了良好的基质。另外，在溶胶中添加纤维、粉体等填充物，还可制备微孔复合材料。采用 Sol-Gel 工艺制备复合材料非常灵活方便，可以按照特定的要求选择各种不同材料进行复合，来满足各种复杂的技术性能要求。例如 Philipp 和 Schmidt[16]选用环氧硅酮和钛醇盐为原料，并加入一些直链高分子进行力学改性，制备出可用于制作隐形眼镜的复合材料。这种材料具有良好的透氧和润湿性能，力学强度也很高，可以承受切割和抛光等必要的机械加工。另外，这种材料还具有良好的弹性和韧性，透明度及折射率等光学性能也均能满足实际应用的需要。

（5）设备简单，工艺灵活，制品纯度高，这也是 Sol-Gel 工艺的突出优点。

目前，Sol-Gel 工艺的绝大部分研究、应用是水溶液和氧化物体系，非水、非氧化物体系的溶胶-凝胶过程，还有广阔的领域有待研究和挖掘。另外，在现有工艺的工艺学方面也还有许多课题值得深入探讨，如较长的制备周期，应力松弛、毛细管力的产生和消除，非传统干燥方法，凝胶烧结动力学等。因此，对于 Sol-Gel 法的研究、应用来说，正可谓方兴未艾，任重道远。当物理学家们竭尽所能建造高温、高压、高真空、高费用的装置时，化学家们也完全可以在烧杯中开辟另一片崭新天地。有道是 "Physics has had its crack at ceramics，now let chemistry have its turn."。

2.2 等离子体技术

等离子体技术是 20 世纪 50 年代发展起来的，目前已在广泛的领域得到应用，如天体物理、受控热核反应、超音速流体力学等，尤其是在材料科学技术领域的应用、发展非常迅速。

等离子体是一种电离气体，由气体电离后产生的离子、电子及中性粒子等组成，宏观上呈电中性，是继固、液、气态之后物质存在的第四态，是物质的一种高能量聚集状态。

微观粒子的能量用电子伏特（eV）作单位，其与温度的关系为 $1eV = 1.160485 \times 10^4 K$，而等离子体中的粒子能量可达数十、甚至上千电子伏特，故可以产生常规加热方式难以企及的高温、超高温，可使通常情况下难以发生或速率很慢的化学反应和过程变为可能，即所谓"热力学效应"和"动力学效应"，正是这两种效应开拓了材料合成与制备的新领域，使等离子体技术成为创新与合成新材料的强有力手段。

2.2.1 等离子体的产生

为了使气体达到等离子体状态，必须使气体电离，而气体电离是粒子间相互碰撞的结果，因此从技术角度可以用不同的方法使气体电离，如热电离、放电电离和辐射电离等。在材料领域，应用最广泛的是气体在电场中的放电电离。用于使气体放电电离的电场可以是直流的，也可以是交流的，相应地就有直流放电和高频（交流）放电两种方式。

2.2.1.1 直流放电（DC 放电）

在 $10^{-1} \sim 10Pa$ 的稀薄气体中，于两个电极间加上直流电压，就会产生气体的放电电离。放电时极间电压和电流的关系如图 2-7 所示。

当两电极加上直流电压后，开始时，由宇宙射线作用于稀薄气体电离产生的游离离子和电子是很少的，所以极间电流非常小，AB 区域为无光放电区。随着电源功率增大，电压升高，带电离子和电子能量增加，与气体分子碰撞电离的概率也增大，到达 B 点以后，极间电压维持不变而电流平稳增加，进入微弱发光的汤森放电区。当电流增至 C 点后，发生"雪崩点火"：离子轰击阴极，释放二次电子，二次电子与中性气体分子碰撞电离，产生更多离子，这些离子再轰击阴极又产生更多的二次电子，……。在产生了足够的离子和电子后，放电达到自持，电压迅速下降，而极间电流突然增大，气体发出明亮的辉光，DE 区称为正常辉光放电区。在 E 点以后，继续增加电源功率，极间电流随着电压的升高而增大，EF 区称为异常辉光放电区。在 F 点以后，极间电压陡降，而电流激增，

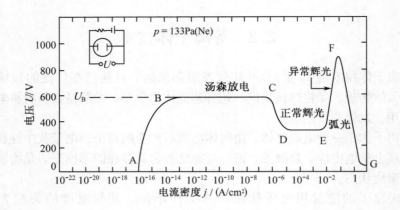

图 2-7　气体直流放电的伏安特性曲线

产生低压大电流的弧光放电。

辉光放电和弧光放电对化学反应非常有效，下面介绍其放电特征。

（1）直流辉光放电　辉光放电时极间光辉度、电压、空间电荷等的分布是不均匀的，其特征如图 2-8 所示。

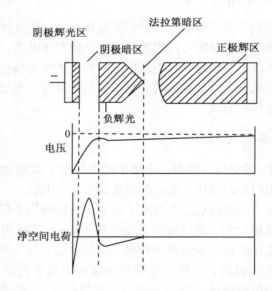

图 2-8　直流辉光放电的发光特性及电压、空间电荷分布[21]

辉光放电时，从阴极发射的二次电子的初始能量较低，在与气体分子的碰撞中，只是使气体分子受到激发，而不发生电离。受到激发的气体分子会发出固有频率的光波，称为阴极辉光。越过此区，获得足够能量的电子使气体分子发生电离，产生大量离子和低速电子，因此这个区域几乎不发光，称为阴极暗区。由于正离子的质量较大，故向阴极的运动较慢，使这一区域聚集着大量的正电荷而使电位升高，从电压变化可知，阴极暗区的电压差几乎等于全部的外加电压，这是辉光放电的一个突出特点。在阴极暗区形成的低速电子被加速，激发气体分子，又会产生气体分子发光，这就是负辉光。经过负辉区后，多数动能较大的电子都已丧失了能量，继而出现一个法拉第暗区。此后又会发生电子的加速、气体分子的激发发光乃至电离，只是由于电子数较少，产生的正离子密度较小，所以在这一较大空间内，电子与正离子密度几乎相等，电压降极小而很类似一个良导体。

直流辉光放电的这一特点，使阴极附近成为化学反应集中区域，提高了界面反应速率。正常直流辉光放电电压为 $400 \sim 500\mathrm{V}$。

（2）弧光放电　由图 2-7 可知，当放电电流密度超过某一极限 F（约 $0.1\,\mathrm{A/cm^2}$），极间电位消失，产生弧光放电，整个弧区发生强光。弧光放电如果不受外界条件约束，只能形成弧柱较粗、气体电离度较低，热量分散的自由电弧，这种电弧的温度只有 $5000 \sim 6000\mathrm{K}$，应用受到一定限制。

如果采用图 2-9 所示的装置，让电弧局限于有限空间，并用冷流体冷却电弧，则由此产生的热压缩效应、磁压缩效应和机械压缩效应会使电弧直径变细，温度急剧升高，形成一个温度高达 20000K 以上的近似音速的电磁流体从电极喷嘴喷出，这就是高能量密度的等离子弧。

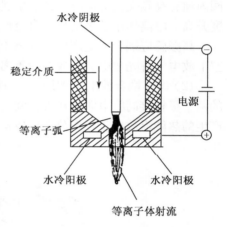

图 2-9　等离子弧产生示意图

等离子弧已广泛应用于机械加工中的切割、焊接、冶金涂层（等离子喷涂和喷焊）、冶金及化工工艺，在材料领域则可用于超微粉体的合成和薄膜的沉积。

2.2.1.2　高频放电

采用交流电使气体放电电离时，若交流电的频率低，例如从 50Hz 到几万 Hz，则每个半周期都将经历电离和消电离过程，相当于正负电极交替的直流放电。而在外加高频交变电压（约 1MHz 以上）的变化周期小于电离和消电离所需时间（约 $10^{-6}\mathrm{s}$）的情况下，等离子体浓度来不及变化，外加电压极性的改变只是使带电粒子加速的方向变化，电子在放电空间不断来回运动，导致与气体分子碰撞的次数增加，放电电压显著降低，所以高频放电的自持要比直流放电容易得多。而且，高频放电为无电极放电，不会发生电极烧损及由此引起的等离子体及产品的污染，这对制备高纯材料特别有利。

高频放电分为射频放电和微波放电。其中射频放电又有感应耦合和电容耦合两种方式。

(1)感应耦合放电　这种放电方式是基于通过环形线圈的交变电流可在线圈包围的空间内感生涡电流的原理使线圈包围的气体电离产生等离子体的（图 2-10）。根据电磁感应原理，若一圆柱形铁芯外周绕上线圈，在线圈内通以交变电流，则铁芯内会产生与铁芯横截面相垂直的交变感应磁场。这时可把铁芯看成由包围感应磁通的无数圆筒状薄壳所组成，每个薄壳相当于一个闭合导电回路，感应磁通的变化将在闭合回路中感生垂直于感应磁通、环绕中心轴流动的涡电流。涡电流产生的焦耳热与外加交变电场频率的平方成正比。如果线圈所包围的不是圆柱形铁芯，而是气体，则可近似地将其看成是受激电离的连续导体。这样当线圈内通有高频交变电流时，其感生涡电流产生的焦耳热就会加热气体，使气体温度升高，电离作用随之增强，直至形成等离子体。

高频感应耦合放电产生的等离子体，依其实现的温度分为热等离子体和在真空下放电（辉光放电）形成的冷等离子体。

(2)电容耦合放电　如图 2-10 所示，两个电容极板安装在石英管外，电容的两个极板接高频电源，在极板间的石英管内进行高频放电。其优点是等离子体产生的热能沿放电管径向分布比较均匀，使放电区壁面的热损失比电感耦合放电小。

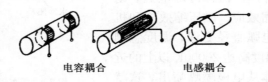

电容耦合　　　　　　　　　　　电感耦合

图 2-10　石英管式射频等离子体反应器

(3)微波放电　激励气体放电的电源工作频率从射频提高到微波波段时，传输方式发生了根本性的变化。射频传输基本上通过电路来实现，不论是感应耦合还是电容耦合，放电空间建立的电场都是纵向电场。而微波放电通常是将由磁控管和调速管组成的振荡器输出的 1000～10 000 MHz 的微波，通过波导系统（包括环形器、水负载、定向耦合器、调配器等）将微波能量耦合到发射天线，再经过模式转换，最后在石英钟罩（反应腔体）内激发流经钟罩的低压气体，形成均匀的等离子体球（如图 2-11 所示）。微波等离子体比射频放电等离子体能得到更高的气体离化率，放电非常稳定，等离子体可以不和器壁接触，有利于制备高质量薄膜。图 2-11 所示的反应器已广泛用于金刚石和类金刚石（DLC）薄膜的制备及其他用途。但微波等离子体放电空间受到限制，不易做到大面积均匀放电。

不过近年来这方面已获得较大进展，目前市场上已有 75 kW 级的微波等离子体 CVD 装置出售，可以在直径为 200 mm 的衬底上均匀沉积。

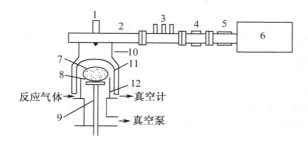

图 2-11　微波等离子体 CVD 装置示意图

1—发射天线；2—矩形波导；3—三螺针调配器；4—定向耦合器；5—环形器；6—微波发生器；7—等离子体球；8—衬底；9—样品台；10—模式转换器；11—石英钟罩；12—均流罩

2.2.2　等离子体的特性

等离子体虽然是由气体电离形成的，但作为物质的一种独立存在形态，它有着与普通气体不同的性质和特点。

2.2.2.1　等离子体的温度

对于气体，温度反映了其内部分子无规热运动的剧烈程度。根据统计热力学，其平均平动能与绝对温度具有如下关系：

$$\varepsilon = \frac{1}{2} m \overline{v}^2 = \frac{3}{2} kT \tag{2-9}$$

式中，m 为粒子质量；$\overline{v}$ 为均方根速度；k 为玻耳兹曼常数。

等离子体是由原子、分子、正离子、负离子、电子、光子等粒子组成的，在稠密高压（1atm 以上）下形成的等离子体，由于组成粒子之间的频繁碰撞，使得各种粒子的能量趋于平均化，其原子、分子、离子、电子的温度大致相同且与气体（等离子体）的温度相一致，处于热力学平衡状态，称为平衡等离子体；而在低气压辉光放电形成的等离子体中，由于粒子间碰撞概率小，自由程长，使得质量差别悬殊的电子和正离子受电场的加速不同，电子可加速到比正离子高得多的速度，导致在低压等离子体中，电子与重粒子（离子、中性原子、分子）热运动的动能相差很大，电子的温度可达几万度，而重粒子温度（即气体或等离子体温度）只有几十至几百度，因此低压等离子体是非平衡等离子体。利用低压等离子体的这一特性，可在较低的温度条件下通过高温电子的激发作用实现高温的反应过程。

按温度的不同，等离子体可分为完全电离的高温等离子体和部分电离的低温等离子体两大类，见表 2-2。

表 2-2　等离子体分类

低温等离子体		高温等离子体
冷等离子体	热等离子体	
稀薄低压等离子体。电子温度高 $(10^3\sim10^4K)$，气体温度低，如日光灯、霓虹灯和辉光放电等离子体	稠密高压（1atm 以上）等离子体。温度 $10^3\sim10^5K$，如电弧、高频和燃烧等离子体	完全电离的等离子体。温度 $10^8\sim10^9K$，如太阳、受控热核聚变等离子体

2.2.2.2　等离子体浓度（密度）

即单位体积中所含粒子的个数。等离子体中只有一价正离子时，它含有的电子和正离子浓度是相等的，可用等离子体浓度描述等离子体。但当等离子体中存在多价正离子时，则电子浓度大于正离子浓度，这时，需分别用电子浓度和正离子浓度来表征等离子体。等离子体浓度决定了等离子体的电学性质（如电导率），而活性激发粒子浓度则决定了等离子体的化学性质。由于各种活性激发源于电子的非弹性碰撞，因此必须对等离子体中的电子浓度进行研究。

2.2.2.3　等离子体的电离度

即已电离的粒子数和电离前粒子数之比

$$\alpha = \frac{N_A^+}{N_A} \tag{2-10}$$

式中，α 表示等离子体中气体的电离程度。在充分电离的等离子体中，α 趋于 1。而对弱电离的等离子体，α 为很小的分数。α 的直接测量是很困难的，但若将电离视作化学反应，则一次电离（只产生一价正离子）反应可写成

$$A \Longrightarrow A^+ + e - W_1(\text{电离能}) \tag{2-11}$$

根据质量作用定律，当气体处于热力学平衡状态时：

$$K(r) = \frac{p_{A^+} \cdot p_e}{p_A} = \frac{\alpha^2}{1-\alpha^2} p \tag{2-12}$$

$$\alpha = \sqrt{\frac{K(T)}{K(T)+p}} \tag{2-13}$$

由此可见，α 随温度增加而增加，随压力增强而减小。在一次电离情况下 α 与温度、压力和电离能关系可由 Saha 方程描述为

$$\frac{\alpha^2}{1-\alpha^2} p = 3.16 \times 10^{-7} T^{5/2} \exp\left(-\frac{W_1}{kT}\right) \tag{2-14}$$

2.2.2.4 电中性和德拜长度

等离子体中虽然有不少带电粒子，但由于粒子所带正电荷的总量等于粒子所带负电荷的总量，所以宏观地看，等离子体几乎保持电中性。即

$$n_e = n_1 + 2n_2 + 3n_3 + \cdots in_i = \sum_i in_i \qquad (2\text{-}15)$$

式中，n_e 为电子数密度；n_1，n_2，n_3，$\cdots$，n_i 分别为一价、二价、三价、$\cdots\cdots$、i 价正离子的数密度；i 为离子的电荷数。

等离子体的电中性是宏观统计意义上的，而在微观，由于粒子的热运动，在一定的空间范围内（称为"德拜球"）会出现正负电荷的分离，这一空间的尺度称为德拜长度 λ_D，即 λ_D 是等离子体保持电中性的最小空间尺度。根据德拜的推导：

$$\lambda_D = \sqrt{\frac{\varepsilon_0 k T_e}{n_e e^2}} \qquad (2\text{-}16)$$

式中，k 为玻耳兹曼常数；ε_0 为真空电容率；e 为电子电荷。由这一关系可知，λ_D 与电子动能呈正相关，而与电子的数密度呈负相关。λ_D 通常是很小的，小于粒子的平均自由程。

2.2.2.5 等离子体的振荡和频率

在德拜球内，由热运动造成的正、负电荷的分离是动态的，而非静态的。即出现分离后，由于电子和离子之间的静电引力作用又会使这种分离出现强烈的恢复电中性的趋势，导致在 λ_D 尺度内出现电荷分离-恢复电中性-电荷分离这样的往复振荡。由于离子的质量远大于电子，可认为这种电荷分离或振荡是电子相对离子的一种往复运动。分离时，电子离开离子，产生静电场，当由于静电场的作用电子相对离子往回运动时，在电场作用下不断加速，在惯性作用下，会超越平衡位置造成反方向的电荷分离，又产生相反方向的电场，使电子再次向平衡位置运动，这个过程不断重复就形成了等离子体内部电子的集体振荡，其线频率 f_p（单位为 Hz）为

$$f_p \approx 9 \sqrt{n_e} \qquad (2\text{-}17)$$

要维持这种振荡，则必须满足粒子的碰撞频率 $\nu_e \ll f_p$。在这种条件下，电子不至于因碰撞而耗散振荡的能量。

2.2.2.6 等离子体鞘

如果将等离子体放在固体壁构成的容器中，或把固体（如电极、加料器等）浸入等离子体，则在等离子体与固体交界处，等离子体不是直接与器壁接触，而是形成一个不发光带负电位的薄层暗区，称为等离子体鞘。鞘层的厚度

$$r_s = \left(\frac{ne^2}{\varepsilon_0 kT_e} + \frac{ne^2}{\varepsilon_0 kT_i} \right)^{-\frac{1}{2}} \qquad (2\text{-}18)$$

若 $T_e = T_i = T$，则
$$r_s = \sqrt{\frac{\varepsilon_0 kT}{2ne^2}} \qquad (2\text{-}19)$$

若 $T_e \gg T_i$，则
$$r_s = \sqrt{\frac{\varepsilon_0 kT_i}{ne^2}} \qquad (2\text{-}20)$$

可见 r_s 与 λ_D 是同数量级的，且温度越高，r_s 越大；粒子的密度越大，r_s 越小。在鞘层中，明显偏离电中性，即从负电位的固体壁到电中性的等离子体之间，有一个电位逐渐过渡到零的边界电位过渡层。固体壁的浮动电位 ϕ_0 为

$$-\phi_0 = \frac{kT}{e} \ln \left(\frac{m_i}{m_e} \right)^{\frac{1}{2}} \qquad (2\text{-}21)$$

可见 ϕ_0 和等离子体的温度成正比。

由于鞘层带负电位，在鞘层电位作用下，正离子受到加速，其所获得的能量将全部转变成轰击固体壁的动能

$$\varepsilon_i = \frac{kT_e}{2} \ln \left(\frac{m_i}{m_e} \cdot \frac{T_e}{T_i} \right) \qquad (2\text{-}22)$$

式中，m_i、m_e、T_i 和 T_e 分别是离子和电子的质量和温度。用于薄膜制备的等离子，kT_e 一般在 $4\sim10\text{eV}$，因此正离子轰击极板或基体薄膜表面的能量在 $31.5\sim83\text{eV}$ 之间，这是一个值得注意的能量，在等离子沉积薄膜中，它对薄膜的形成、结构与性能将产生影响。

2.2.2.7 等离子的导电性和磁控性

由于等离子体是由荷电粒子组成的，且带电粒子的浓度很大，一般为 $10^{10}\sim10^{15}\text{cm}^{-3}$，因此等离子具有很强的导电性，并可用磁场控制它的行为和运动，例如电弧的旋转、电弧的稳定以及电弧的熄灭等。

2.2.3 等离子体化学

等离子体中含有高能量的电子、离子和其他高能粒子（如处于激发态的分子、原子），它们可使其他反应物活化（如电离或生成自由基），本身也可作为反应物参与反应。等离子体化学就是利用由此产生的热力学效应和动力学效应，产生常规条件下难以发生的各种类型的化学反应，用以进行材料制备或加工处理。

由于气体都可以产生电离，因而等离子体化学的内容十分丰富，许多反应过程也十分复杂，下面仅以经常使用的氧、氢、氮及惰性气体的等离子反应为例，进行简单介绍。

2.2.3.1 电子参与的反应

等离子中含有大量运动极快的电子，它们与其他粒子的碰撞频率最高，因此电子参与的反应在等离子化学中具有突出重要的意义，在低压非平衡等离子体中尤其如此。等离子体中电子的平均能量为几个电子伏（特）（$\approx 10^4 K$），但能量分布很宽，有的电子具有比平均能量高得多的能量，它们可引起中性分子、原子的激发电离，使之成为离子，而能量较低的电子则可通过激发其他粒子或与之复合参与反应。

（1）氧的激发和电离　电子与氧分子碰撞，既可使之电离为 O_2^+、O^+ 正离子，同时由于氧原子的电子亲和势大，也可生成稳定的 O^-。前者需较高的能量，而后者所需能量较低。

（2）氢的离解和电离　可生成 H^+、H_2^+、H^- 等正负离子和原子 H。

（3）氮的离解和电离　反应结果生成 N_2^+、N^+、N_2^m（m 为亚稳态）和 N^*（* 为激发态）。

（4）卤族元素的分解和电离　卤族元素的分子、原子与电子都有相当大的亲和能，反应结果生成 I_2^-、I^-、I^+；Br_2^-、Br^-、Br；Cl_2^-、Cl。

（5）—OH 基的生成　利用放电中的电子能使 H_2O 生成—OH 基，其反应见式 (2-23)、(2-24)。

$$H_2O + e \longrightarrow OH^* + H \tag{2-23}$$

$$OH^* \longrightarrow OH + h\nu \tag{2-24}$$

这一过程会产生相当强的辐射。

2.2.3.2 其他荷能粒子参与的反应

除电子外，等离子体中还有大量荷电离子，或处于激发态的高能分子、原子、原子基团，它们都可参与化学反应，这是等离子体化学的又一特点。

（1）稀有气体参与的反应　稀有气体是单原子气体，与电子碰撞时可被电离或成为激发态原子。被电离的稀有气体离子可与一些分子发生反应：

$$Ar^+ + H_2 \longrightarrow ArH^+ + H \tag{2-25}$$

$$Ar^+ + NH_3 \longrightarrow ArH^+ + NH_2 \tag{2-26}$$

$$Ar^+ + HCl \longrightarrow ArH^+ + Cl \tag{2-27}$$

$$Ar^+ + H_2 \longrightarrow Ar + H_2^+ \tag{2-28}$$

处于激发态的稀有气体分子也可与其他分子发生反应，使其他分子电离或分解：

$$Ar^* + AB \longrightarrow Ar + AB^+ \tag{2-29}$$

$$Ar^* + AB \longrightarrow Ar + A + B \tag{2-30}$$

$$He^* + H_2O \longrightarrow He + H + OH \qquad (2\text{-}31)$$

(2)烃类离子的生成和反应 烃类在工业上很重要，因而对其进行了许多研究，以乙炔为例，在等离子体状态下，它可与电子碰撞发生反应：

$$C_2H_2 + e \longrightarrow C_2H_2^+ + 2e \qquad (2\text{-}32)$$

$$C_2H_2 + e \longrightarrow CH^+ + CH + 2e \qquad (2\text{-}33)$$

C_2H_2 与 e 反应还可生成 C_2^+、H_2、C_2H、H 等。生成的 $C_2H_2^+$ 可与其他烃类分子发生离子-分子反应：

$$C_2H_2^+ + CH_4 \longrightarrow C_2H_3^+ + CH_3 \qquad (2\text{-}34)$$

$$C_2H_2^+ + CH_4 \longrightarrow C_3H_4^+ + H_2 \qquad (2\text{-}35)$$

$$C_2H_2^+ + C_5H_6 \longrightarrow C_2H_2 + C_5H_6^+ \qquad (2\text{-}36)$$

由此可见，等离子体化学反应是极其复杂的，且许多反应是同时发生的。研究等离子体化学反应是希望弄清哪些反应起控制作用，探明反应机理及影响因素。为此需要对等离子体中存在的粒子种类、密度、能量等状况进行分析测量，目前广泛应用的方法有发光光谱法、质量分析法和探针法等。不过由于等离子体体系的复杂性，这方面的研究困难较大，比起等离子体化学的广泛应用，有关反应机理的研究还严重滞后。

2.2.4 等离子体技术在无机材料制备中的应用

等离子体在无机材料制备中的应用主要是超微粉体和薄膜的制备，尤以薄膜制备应用最为广泛。在薄膜制备中既有利用等离子体化学反应特性的等离子体化学气相沉积（PCVD）技术，也有利用等离子中高能粒子的轰击镀膜的物理气相沉积（PVD）技术（溅射镀膜和离子镀膜）。

2.2.4.1 等离子体法制取超微粉体

由弧光放电形成的热等离子体，不但温度高，流速快，而且径向和轴向都存在很大的温度梯度。这样不但能使其中的反应物在高温下迅速发生反应，而且还能使反应产物急骤冷却，使之来不及长大而成为超微粉体。例如，美国离子弧熔炼公司将锆英石（$ZrSiO_4$）粉送入直流电弧等离子体中，分解产物为 ZrO_2 和 SiO_2 的混合物，用 50% NaOH 溶液对之进行处理，使 SiO_2 转化为 Na_2SiO_3，就可得到固相的产物 ZrO_2。与一般方法制得的 ZrO_2 粉相比，该法制得的 ZrO_2 在粒度、形态以及稳定性方面都有很大不同，晶粒非常均匀，粒径只有 $0.1\sim0.2$ μm。且整个过程对周围环境污染很小，SiO_2 没有损失，还免除了经典的热处理与硫酸溶锆相结合的冗长工艺流程，工业经济和环保两方面均更为合理。

利用热等离子体还可以制得常规方法难以制得或特性不同的超微粉体，例如，低温相的六方晶体 WC 在 2900℃ 以上可生成高温相立方晶体 β-WC_{1-x}，为了在室温下得到稳定的 $\beta\text{-WC}_{1-x}$，必须以 10^4K/s 的冷却速率实施骤冷，热等离子体技术就可以达到。此外，用不同的反应气氛还可以制备氧化物、氮化物和多种碳化物超微粉体材料。

2.2.4.2 等离子体化学气相沉积

化学气相沉积（CVD）是用气态反应物经化学反应形成固态产物沉积在基片表面制取薄膜材料的一种方法（详见本书第五章），而等离子体化学气相沉积（PCVD）是使 CVD 中的原料气体成为等离子体状态，变成化学上非常活泼的激发分子、原子、离子和原子团等，促进化学反应。PCVD 方法的最大特点是利用低压非平衡等离子体电子温度高、等离子体（气体）温度低的特性，实现低温制膜，热损失少，并可在非耐热性基片上成膜。在反应虽能发生但相当迟缓的情况下，借助等离子体激发状态，可促进反应，并且还能使从热力学上讲通常难于发生的反应变为可能，可用于开发新材料，或制备高温材料薄膜。

PCVD 的应用非常广泛，下面是几个典型的应用：

（1）半导体器件工艺　制备半导体材料需要低温，PCVD 工艺恰好可提供这个条件，Si_3N_4 钝化膜的 CVD 工艺沉积温度高达 900℃，显然集成电路的金属化基层铝是不能耐这样高的温度的。采用 PCVD 工艺时，在 350℃下就可获得绝缘性、抗氧化性、耐热性好的 Si_3N_4 薄膜。PCVD 工艺沉积 SiO_2 也同样获得了良好效果。

（2）非晶半导体　在制备非晶半导体的工艺中，PCVD 制得的 α-Si 和 α-Ge 性能最好，α-Si 镀膜已成功地用于太阳能电池。用等离子体化学输运方法制备非晶态的磷、砷、锑、硒和碲，用低压等离子体从硼的卤化物或乙硼烷中分解制备非晶硼等，也同样获得成功。

（3）光导纤维　采用 PCVD 工艺可以较好地控制光纤的径向折射率分布，从而使其具有低色散性。

（4）超硬膜　硬质合金采用 CVD 方法镀膜，温度对镀膜基体的结构和机械性能有较大影响。而 PCVD 工艺镀膜温度仅 500～600℃，为硬质合金镀膜开辟了一条新路。另外，高速钢涂层，如果采用 CVD 法，高温镀膜后还要进行热处理，不但过程繁杂，而且也很难得到高质量的膜层，高速钢的相变温度一般为560℃，所以对高速钢镀膜来说，PCVD 工艺无疑是最好的方法。

目前金刚石薄膜、类金刚石薄膜作为耐磨工具材料、保护膜、光学和生物医用材料，其 PCVD 工艺的研究和开发进展很快，有关内容将在后面的章节进行专题介绍。

（5）其他薄膜　在基体表面沉积 W、Mo、Ti、Al 等金属膜层，有各自的特点和用途。在基体表面沉积 $(\text{CF})_a$ 及 $(\text{C}_2\text{F})_a$ 聚合物，可得到良好的润滑性及脱水性。TiN 仿金装饰镀膜和其他色泽的镀膜也开始受到重视。

近年来，用 PCVD 制备许多新的薄膜材料如氮化磷绝缘膜、非晶碳化硼保护膜以及将 PCVD 用于受控核聚变设备中第一壁的再沉积等新的应用，也都在吸引着人们的关注。

20 年前 PCVD 还处在发展的初期，如今已取得巨大成就。低压等离子体是一种卓越的方法，它在低温下从事"高温化学"，为许多新型薄膜材料的制备提供了可能性。不过目前，对低压等离子体化学反应机制的了解还不多，还有许多尚待研究的问题。可以预期，今后无论基础研究还是实际应用低压等离子体都会有更大的发展。

2.3 激 光 技 术

20 世纪 60 年代出现的激光技术，为材料的加工与制备提供了新的技术手段。

2.3.1 激光的产生

一个处于低能级 E_1 的原子（或分子、离子），当其受到能量为 $E = E_2 - E_1 = h\nu$，频率为 ν 的入射光照射时，该粒子就会吸收一个光子跃迁到高能级 E_2（激发态），这一过程称为受激吸收；处于激发态的原子是不稳定的，停留时间仅约 10^{-8} s，就会自发地返回到能量较低的 E_1 能级并发射出能量为 $E = E_2 - E_1 = h\nu$ 的光子，这一过程称为自发发射；处在激发态 E_2 的原子，如果在它自发发射之前，受到同样是 $E = E_2 - E_1 = h\nu$ 光的照射，由于该光子的刺激，这个原子也会从能级 E_2 跃迁到低能级 E_1，并发射一个与外来光子同频率、同相位、同方向、同偏振态的光子，这一过程称为受激发射。受激发射可使入射光的强度大为增强，即由一个入射光子受激发射一个光子，变成两个光子。如果处于激发态 E_2 的粒子数足够多，这两个光子又可使处于 E_2 能级的原子产生受激发射，产生更多光子，如此这般，尤如雪崩一样产生光放大。这种受激放大的光，就叫激光。

在受到 ν 频率的光照射时，受激吸收、自发发射和受激发射 3 个过程是同时发生的，彼此竞争。但在通常情况下，原子总是倾向于低能态，即处于低能级的原子数远大于高能级的原子数，因而受激吸收和自发发射占主导地位，而观察不到受激发射；为了得到激光，必须创造条件使处于高能级的原子数大大超过处于低能级的原子数，形成所谓"粒子数反转"。

实现粒子数反转的必要条件是该原子具有亚稳能级，如图 2-12 所示。在此前提下还要有激励手段（光激励、气体放电激励、化学激励、核能激励等），使处于 E_1 能级的粒子被激发到激发态 E_3，因原子在 E_3 能级的停留时间非常短，很快又跃迁至停留时间较长（约 10^{-4} s）的亚稳态 E_2 能级上，这样就可在 E_2 和

E_1 能级之间形成粒子数反转。

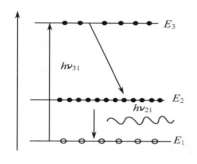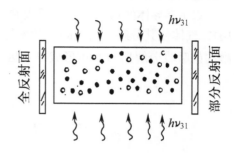

图 2-12　粒子数反转示意图　　　　　　图 2-13　谐振腔示意图

如果让这一过程在一个称之为谐振腔的激光器中进行，如图 2-13 所示，两边设有平行反射镜，则处于 E_2 能级的电子会自发发射 $\nu_{21} = (E_2 - E_1) / h$ 的光子，这种发射光在各个方向上都有，在其他方向上的发射光会离开体系，沿轴向的光则由于反射镜的反射会在两个镜面之间往复运动，碰到处于亚稳态的受激原子，便又产生一个受激发射的光子，变成两个光子，这两个光子碰到其他处于亚稳态的受激原子，又变成 4 个轴向光子，这样，轴向光 ν_{21} 在两个镜面之间就会雪崩式地被放大，于是从部分反射镜面就透射出一束激光来。

2.3.2　激光的特点

（1）单向性　由谐振腔中产生的激光是方向完全一致的轴向光。

（2）单色性　激光器中产生的激光都是 ν_{21} 频率的光，且由于原子能级谱线的频率线宽很窄，使得激光具有高度的单色性，这是任何其他光源无可比拟的。

（3）具有超高光强度　由于激光的光子密度极高，且单色、单向，能量高度集中，故能在直径为百分之几毫米到千分之几毫米范围内，产生几万度乃至几百万度以上的高温。

2.3.3　激光在材料领域的应用

2.3.3.1　激光用于材料表面改性

用激光束对材料表面进行改性处理近年来引起广泛关注，发展迅速，已成为材料领域颇具潜力的新技术手段。

激光对材料的作用属于非平衡范畴，其极高的能量，被材料表面吸收，可以在材料的表面造成迅速加热和急骤冷却，其冷却速率可以高达 $10^{14}\,\mathrm{K/s}$。激光的表面效应不限于热效应，还具有光解作用，且只改变材料的表面而不影响内部，因而可以独立地实现材料本体和材料表层的分别优化。激光束是定向束，可以聚集成细束，可以扫描，以完成局部区域结构有选择性的种种变化，如局部掺杂、局部退火、局部镀层等。

（1）半导体的掺杂、激光退火和外延生长　采用激光脉冲（200ns）作用于 B_2H_6 气体使其分解，与此同时激光射入硅的表层造成 $500\sim1200$ nm 的熔层，熔融的硅吸收分解出的 B 可形成 P 型区。这一方法可避免在掺杂时引入缺陷。

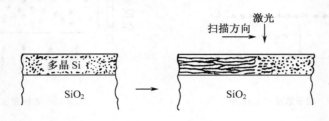

图 2-14　横向外延示意图

集成电路在制作过程中通常采用离子束注入掺杂，但由于离子辐照时引入了缺陷，因此注入之后必须退火。利用激光加热可以消除辐照损伤，进行局部退火，而无需将整体加热。

激光外延生长晶体的速度比常规方法快得多，而且提供了一个在非晶态衬底上生长出单晶的途径。人们早已能在 SiO_2 衬底上用 CVD 方法沉积出一层多晶硅，但它的晶粒度很小，只有 500 nm。如果用连续激光束扫过这样的多晶膜，如图 2-14 所示，就可以得到细长条的晶粒，长约 2.5 μm，宽约 2 μm。这虽然并非单晶，但说明在非晶 SiO_2 衬底上利用小晶粒作为籽晶沿横向也能外延生长。后来这一方法不断改善，美国斯坦福大学用它制出了一个两层结构的半导体器件，成为三维集成电路的第一个例子。

（2）激光束表面处理　该方法是通过固体表面发生相变或熔融后的快速凝固，以及在激光作用下向表面涂上一层保护层等方法，提高工件表面抗磨损的能力。经处理后的邮票钢制打孔机滚筒上小孔刃附近的硬度提高了 37 倍，寿命提高了 10 倍。

激光处理可以在表面熔化的同时加入某种合金元素，是提高表面耐蚀的途径。所得表面层可以很厚，用连续激光可得到 $100\sim150$ μm 的熔层，可以加入 Cr、Ni 等元素，也可以加入 B、P 等得到非晶态表层，还可以将含孔隙的等离子喷涂层用激光熔化以获得无孔的优良耐蚀层等等。用激光进行表面处理已是相当常用的一种方法了。

（3）形成非晶态　激光束伴有一个快速自淬火过程，因此它也是产生非晶态的有力工具。用激光照射低共晶合金如 Pd-Cu-Si 可得到非晶态。有很多合金用激光照射都可成为非晶态。

（4）材料的激光加工　激光打孔、切割、焊接已普遍应用，近来有报导采用激光平整金刚石薄膜。其原理是应用激光对金刚石薄膜表面扫描，表面的金刚石在激光束照射下转变为石墨，然后再进行研磨，去掉石墨，得到表面平整的金刚石薄膜。

（5）激光涂覆　该法是将具有某种特性的粉末材料以最小的稀释度用激光熔结在基材表面，从而获得特殊的表面性能。激光涂覆方式分为两类：一类是用黏结方式、热喷涂方式、电沉积方式将涂覆材料预先黏附在基材表面，然后用激光扫描照射，使涂材与基材实现冶金结合；另一类是涂覆材料以粉末或丝、带的方式直接向激光形成的熔池中供送，实现扩散结合的涂覆，以粉末的效果为好。

2.3.3.2　激光制取超微粉体

利用某些气体对一定波长的激光吸收率很高的特点，在瞬间加热到高温产生热合成或热分解反应。化学反应产生大量晶核，晶核离开激光区迅速冷却而停止长大，将"烟雾"中的粉尘收集起来即得到超微粉体。用这种方法可合成金属或陶瓷粉末，最成功的例子如利用 SiH_4 气体对激光很高的吸收率，通过热分解或热合成而获得 Si、SiC 或 Si_3N_4，粉末的粒径多数在 200 nm 以内。

2.3.3.3　激光化学气相沉积[18]

激光化学气相沉积（LCVD）是采用激光诱导促进化学气相沉积。按激光作用的机制可分为激光热解沉积和激光光解沉积两种。激光热解沉积用长波长激光进行，如 CO_2 激光、YAG 激光、Ar^+ 激光等，一般激光器能量较高。激光光解沉积要求光子有大的能量，用短波长激光，如紫外、超紫外激光进行，如准分子 XeCl、ArF 等激光器。由于紫外和超紫外激光器尚未完全商品化，因而激光光解沉积的工作尚停留在实验室阶段。CO_2 激光器已商品化，且使用可靠，价格较低，因此激光热解沉积的研究较为广泛，也开始工业应用。如用 LCVD 沉积 Si_3N_4 光纤传输微透镜、太阳能电池 Si:H 膜、超硬膜 TiC、TiN 等。

CO_2 激光诱导 SiH_4 的均匀分解是一个化学过程，其中 SiH_4 分子首先在一单光子吸收过程中振荡激发，然后它们的能量在被激光束碰撞激发的气体中重新分配。气相温度主要取决于由气体混合物吸收的入射激光功率。SiH_4/Ar 混合气体对入射激光的吸收随 SiH_4 分压的增加而近似线性地增加。使用 SiH_4/Ar 混合气体在基体温度为 200℃时能够沉积具有平行结构的、质量优良的 α-Si:H 膜层。膜生成的特点由总压力、流速、喷嘴角度、形状尺寸、表面温度及激光参数决定，因而可通过调整这些参数来精确控制激光化学气相沉积处理的效果。

LCVD 是近年来迅速发展的一种表面改性技术，在太阳能电池、超大规模集成电路、硬膜和超硬膜、特殊性能功能膜及光学膜等方面有重要的应用前景，除上述少量的膜已走向工业应用外，大多数的沉积膜还处于研究开发阶段，表 2-3

是其中的几个例子。

表 2-3　正在研究开发的几种 LCVD 膜层特性

膜层	基材	反 应 式	膜厚/μm	膜硬度/HK	用途
SiC	碳钢	$2SiH_4 + C_2H_4 \xrightarrow{\text{激光}} 2SiC + 6H_2$	0.1~0.3	1300	光通信、半导体器件
Fe	Si	$Fe(CO)_5 \xrightarrow{\text{激光}} Fe + 5CO$			集成电路
Fe$_2$O$_3$	Si	$4Fe + 3O_2 \longrightarrow 2Fe_2O_3$			集成电路
Ni	不锈钢	$Ni(CO)_4 \longrightarrow Ni + 4CO$			石油工业
C(功能膜)	不锈钢	$C_2H_4 \xrightarrow{\text{激光}} 2C + 2H_2$			太阳能电池
TiN	Ti	$2NH_3 \xrightarrow{\text{激光}} 2N + 3H_2$ $Ti + N \longrightarrow TiN$	0.1~2.0	1950~2050	在航空、航天、化工、电力领域有广阔应用前景
TiN-Ti(CN)-TiC 复合膜	Ti	$2NH_3 \xrightarrow{\text{激光}} 2N + 3H_2$ $Ti + N \longrightarrow TiN$ $C_2H_4 \longrightarrow 2C + 2H_2$ $Ti + N + C \longrightarrow Ti(CN)$ $Ti + C \longrightarrow TiC$	在 0.2μm 厚度的 TiN 膜基础上可调节三个膜层不同比例的厚度,总厚度 0.4~20 μm	2200~2800	膜层硬度比 TiN 还高,且保持与基材良好结合,用于航天、航空等领域

<h1 style="text-align:center">参 考 文 献</h1>

1. Geffckenw, Berger E. German Patent 736411, 1939
2. 赵文珍. 溶胶-凝胶科学技术的发展与现状. 材料导报, 1996, (6): 12~15
3. 杨南如, 金桂郁. 溶胶-凝胶法简介. 硅酸盐通报, 1992 (2): 56~63; 1993 (6): 60~66
4. 孙继红, 范文浩, 吴东等. 溶胶-凝胶的化学及其应用. 材料导报, 2000, 14 (4): 25~29
5. Assink R A, Kay B D. Sol-Gel Kinetics. J Non-Cryst Solids, 1988 (99): 359~370; 1988 (107): 35~40
6. Brinker C J, Scherer G W, Roth E P. Sol→Gel→Glass: Ⅱ. Physical and Structural Evolution during Constant Heating Rate Experiments. J. Non-Cryst Solids, 1985 (72): 345~368
7. Zarzycki J. Gel→Glass Transformation. J. Non-Cryst Solids, 1982 (48): 105~116
8. 周明, 孟广耀, 彭定坤. 溶胶-凝胶 (Sol-Gel) 过程化学和无机新材料. 材料科学与工程, 1991, 9 (3): 8~14
9. 丁星兆, 何怡贞, 董远达. 溶胶-凝胶工艺在材料科学中的应用. 材料科学与工程, 1994, 12 (2): 1~8
10. 曲喜新, 杨邦朝, 姜节俭. 电子薄膜材料. 北京: 科学出版社, 1997
11. 陈龙武, 甘礼华. 气凝胶. 化学通报, 1997 (8): 21~26
12. Emerling A, Gerlach R, Goswin J et al. Structural Modifications of Highly Porous Silica Aerogels upon Densification. J. Appl. Cryst., 1991 (24): 781~787
13. Yoldas B E. Photoluminescence in Chemically Polymerized SiO$_2$ and Al$_2$O$_3$ —SiO$_2$ Systems. J. Mat. Res.,

1990，5 (6)：1157～1158

14．罗胜成，桂林琳．多孔陶瓷膜与溶胶‑凝胶方法．大学化学，1993，8 (6)：5～9

15．包定华，张良莹，姚熹．溶胶‑凝胶工艺制备功能陶瓷纤维．功能材料，1997，28 (6)：566～569

16．Philipp G，Schmidt H．New Materials for Lenses Prepared from Si-and Ti-Alkoxides by the Sol-Gel Process．J．Non-Cryst Solids，1984 (63)：288～292

17．杨邦朝，王文生．薄膜物理与技术．成都：电子科技大学出版社，1994

18．钱苗根等．材料表面技术及其应用手册．北京：机械工业出版社，1998

19．曲敬信，汪泓宏．表面工程手册．北京：化学工业出版社，1998

第二篇　低维材料

根据材料的维数，可将材料分为零维材料、一维材料、二维材料、三维材料。零维材料指的是超微细粒子，或纳米级（1～100 nm）晶体及非晶体。一维材料指的是晶须、纤维。二维材料指的是薄膜材料。三维材料指的是各种块状材料。人们把零维、一维、二维材料称为低维材料。它是一类新型无机材料，是材料科学的前沿研究领域之一。

第三章　零维材料——超微粒子

3.1　超微粒子的概念[1,2]

超微粒子，又称超微颗粒或超细粒子、超细颗粒、超微细颗粒等等，名称使用虽不统一，而实际上"超微"，"超细"和"超微细"是同一个概念，它们来源于英文名称"ultra fine"或"superfine"。又"粒子"与"颗粒"两个名词的概念也是相同的，其英文名称为"particle"。

所谓超微粒子，通常是指粒子尺寸介于普通微粉（powder）与原子团簇（cluster）之间的一种中间物质态，是存在于宏观与微观之间的"介观体系"，是人类认识世界的一个新的层次。物质世界，大到茫茫宇宙，小至渺渺分子、原子，如果将它们按尺寸由大到小的顺序排列，可分为宇观世界—宏观世界—介观世界—微观世界。人们把肉眼可见的物质体系叫做宏观体系，把理论研究中常常遇到的以分子、原子为最大起点，而下限为核子、中子、质子、电子等为无限的领域称为微观领域。其实在宏观与微观之间还存在着一类其尺寸比可见光波（400～700 nm）波长还短，而与病毒菌大小相当，比血液中红血球（约6000～9000 nm）还小得多的一类颗粒，这就是超微粒子，可将其视为"介观体系"。

关于超微粒子的定义，无论国内外，迄今尚未完全统一。在不同学科领域和工程应用中，说法不尽相同。在各个学科领域中，认为超微粒子的尺寸下限与原子团簇（几个到几百个原子的聚集体）相交汇，通常认为是 1 nm 量级，这点比较统一。主要差别在超微粒子的上限，定义为 $0.1\ \mu m$、$0.5\ \mu m$、$1\ \mu m$、$3\ \mu m$ 乃至 $10\ \mu m$、$30\ \mu m$ 的皆有之。例如，粉末冶金中将小于 $0.5\ \mu m$ 的金属颗粒视为超微粒子；而从普通陶瓷和水泥等结构材料出发，"超微"的含义是指超越常规机械粉碎如球磨（其所获得的极限颗粒尺寸大约为 $1\ \mu m$ 左右）所获得的微颗粒为超微粒子的尺寸上限；但在先进材料科学领域中，目前看法渐趋一致，认为颗粒尺寸小于 0.1 μm（即 1～100 nm）的微小粒子才能称为超微粒子或纳米粉。因为当粒子尺寸降低到一定尺寸时，它可与光波波长、自由电子波长、超导相干长度、磁单畴尺寸等物理特征长度相当或更小时，或者粒子中分立能级的间距与热能、磁能、电能、光学能量相当或更大时，量的变化会引起某些理化性质的质变，呈现与宏观物体差异甚大的特性，这时可以说粒子尺寸已进入超微粒子的范畴。这时，"超"的含义则表明它已具有与宏观粒子显著不同的特性，而对于粒子尺寸大于 0.1 μm 的亚微粉和大于 1 μm 的普通微粉而言，虽其尺寸较通常物体为小，但其理化性质与宏观物体差别甚少。从此定义出发，超微粒子的尺寸上限以 0.1 μm 为宜。小于 1 nm 的微观粒子为原子分子团（原子簇），不属超微粒子的范围，不具超微粒子的属性。一般 0.1～1 μm 之间为亚微粒子；1～10 μm 为微细粒子；10 μm～1 mm 的颗粒是普通粉粒体。这种划分方法比较科学。但在实际应用中，人们常把 1 nm～10 μm 范围的粒子看成是超微粒子，这实际上

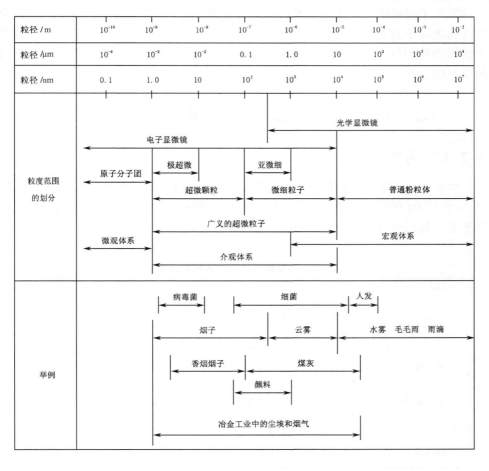

图 3-1　各种粒子粒径范围的划分

是广义的超微粒子概念，从科学意义上讲是不够严格的。鉴于目前小于 0.1 μm 的超微粒子的研究和应用尚在不断发展中，而亚微米量级和微米量级的粒子的应用又量大面广，所以在本书以后的举例中有时也涉及到它们。各种粒子粒径范围的划分和实例见图 3-1。

超微粒子位于微观和宏观的交汇处，是近二三十年来才引起人们极大兴趣和高度重视的"新天地"。超微粒子中，表面原子的比例很大，这部分表面原子既不同于长程有序的晶体，也不同于短程有序的非晶体，而是一种长程和短程均无序的"类气体"固体结构。

超微粒子的集合体，即大量的颗粒群称为超微粉体。其实，可以把超微粉体与超微粒子看成是一码事，混称无碍。其英文名称是 Ultrafine Particle 或 Ultrafine Powders，缩写为 UFP。对于超微粒子而言，其尺寸大小，肉眼和光学显微镜已不能辨认，而只能在电子显微镜，特别是在透射电镜（TEM）下观察。关于纳米粒子与超微粒子这两个术语有无差别的问题，目前有两种看法：一种认为接近超微粒子的下限部分，即 1～10 nm 左右为纳米粒子；但是更多的人认为纳米量级的粒子与超微粒子概念之间没有什么不同，只是不同学科领域的两种习惯用语而已。

3.2　超微粒子研究的历史、现状及发展趋势[3,4]

3.2.1　历史概况

世界上，超微粒子的研究虽然起步并不晚，但真正引起重视并快速发展，还是 20 世纪 60 年代以后的事。这当然与科技发展的整体水平和测试手段的进步密切相关。其历史进程如表 3-1 所示。

表 3-1　超微粒子研究的历史发展概况

	年代	研究内容	研究者
二战前和二战期间	1929 年	用某些金属作电极在空气中产生弧光放电的方法制得了 15 种金属氧化物的溶胶	Kohshuthe
		对超微粒子进行了 X 射线衍射实验研究	Welesley 等
	1940 年	首次用电子显微镜对金属氧化物的烟状物进行观察，从而开始了对超微粒子的直接观测和研究	Ardeume
	1940～1945 年	用在减压空气和惰性气体中蒸发并凝缩锌的方法制造出了探测红外线用的锌烟灰，粒径从几埃到几百埃。这种锌超微粉可用来制造进行红外线跟踪的导弹	上田和纪本
	1945 年	提出了在低压惰性气体中获得金属超微粒子的方法	Buk

年代	研究内容	研究者
20 世纪 60 年代	发现了 Mg、Cr、Fe 等金属的多面体微晶;开始了对超微粒子单个颗粒基本特性的研究	Uyeda R Kimoto, Nishida 等
1962 年	对惰性气体中蒸发-冷凝法制得的金属和金属化合物超微粒子用电镜和电子衍射方法测量了单个粒子的形态和晶体结构	上田良二
1962 年	日本理论物理学家久保针对金属超微粒子的研究,提出了超微粒子的量子尺寸效应问题,即后来人们称呼的久保效应,从而推动了实验物理学家对纳米尺度微粒的探索	久保(Kubo)
20 世纪 60 年代末至 80 年代初	日本组织了一大批科学家对超微粒子的制备方法、基本性质和应用进行了系统的研究。1975 年出版了《超微粒子特辑》,1983 年出版了《新陶瓷粉体基础》,1986 年出版了《超微粒应用技术》等有关方面的科学著作	日、美、欧学者
	美、日、法等国的科学家用核磁共振、电镜和电子衍射等先进方法对超微粒子作深入的理论研究	
	20 世纪 70 年代开始对几个原子所组成的团簇进行研究。80 年代初,西欧和美国学者开始研究原子簇的奇偶交替和幻数结构,实验研究已由几个原子组成的团簇扩展到几百个原子组成的团簇,实验方法主要采用质谱分析的方法,理论上主要采用量子力学的方法。日本学者发现原子簇为准固态,即原子簇没有固定形状,粒子内部的原子排列处于不断变化的过程中。1974 年,日本学者最早把"纳米"这个术语用到技术上,20 世纪 80 年代初,把"纳米"概念用到材料科学上,它作为一种材料的定义把纳米粒子限制到 1～100 nm 范围	
1981 年	日本将超微粒子基础研究与应用基础研究作为面向 21 世纪的重大科研项目列项。美国和西欧也都相继把超微粒子科学和技术的开发研究提到了很高的地位	
1984 年	在柏林召开了第二届国际超微粒子和原子簇会议,它使超微粒子科学和技术成为一个新的科学分支,成为一门新兴边缘学科	
1990 年	在美国的巴尔的摩召开了第一届纳米科技会议	
1991 年	美国把纳米技术列入了"政府关键技术"和"2005 年的战略技术"。日本实施了为期 10 年,耗资 2.25 亿美元的纳米技术研究开发计划	
1993 年	德国提出了今后 10 年重点发展的 9 个领域关键技术,纳米技术涉及其中 4 个领域	
1995 年	欧盟预测,10 年内纳米技术的开发将成为仅次于芯片制造的世界第二大制造业	

（左侧纵向合并单元格：二 战 后）

3.2.2　超微粒子研究的现状和展望

众所周知，人们用一般的光学显微镜是难以观察到分子、原子、离子等微观粒子的，而当今世界各国的科学家们正在向这难以看见的分子、原子逼近，甚至已经做出了近乎于肉眼看不见的马达、泵、机器人等，这些工具将在医药、航天及其他一些工业领域发挥重大作用。20 世纪 90 年代以来，由于世界各国的高度重视，以及在高技术领域的竞争加剧，超微粒子的研究已逐步从纯科学探索向着新技术、新材料的开发及应用的方向转变，使超微粒子技术开始步入产业化阶段。这就要求在加强学术研究的同时，注重市场开发，以需求牵引研究，尽快地把研究成果转化为现实生产力。

超微粒子研究现状的主要特征表现为：

（1）由于科学技术的高度发展和分析测试手段的不断进步，可以在更高层次和水平上展开对超微粒子性质的深入研究。例如，借助于高分辨率的电子显微技术，可以给出关于超微粒子的最新的科学技术信息。另外，对颗粒模型的建立和计算机模拟等基础理论研究也是当前的重要研究课题。

（2）加强超微粉体在各个学科领域和工业部门中的应用研究。世界各国对超微粒子的制备技术进行了长期的、广泛深入的研究，但对超微粒子的应用研究起步较晚，德国、美国、日本等发达国家也是在 20 世纪 80 年代末期才大力开展这方面的研究工作的。

（3）超微粒子的制备、分级和表面改性技术以及实现工程化、走向产业化是一个极为重要的问题，正引起研究者们的极大注意。例如，研究成果从实验室走向工业生产时，在保证产品纯度和超微细化的前提下，超微粒子的捕集、分离脱水，杂质洗涤，干燥而不板结，煅烧而不烧结等等实际问题并不是容易解决的，因此它在工程转化中的问题往往比一般工业生产更困难。

（4）超微粒子的下限成为科学家们普遍关注的焦点，已逐步形成纳米科学和纳米技术这一新的生长点。纳米技术是近 10 多年来发展起来的一门新兴学科，它涉及电子、材料、光学、物理、化学化工等许多领域，是一门交叉性很强的综合学科。纳米技术的发展将使人类对自然界的控制程度逼近原子、分子，并可重新组装原子。以原子为单位，人类就可以知道癌症是怎样发生的，从而控制癌症，仿生学的问题也便可以迎刃而解。纳米技术在各方面的应用，将是一次划时代的大革命。

超微粉体技术涉及凝聚态物理、原子分子物理、固体化学、胶体化学、配位化学、表面和界面科学、化学反应热力学和动力学等许多学科领域，可以说，它是多种学科交叉融合而出现的新学科生长点。超微粉体技术与材料科学、化工催化、医药、国防军工、日用化工等领域的进一步交叉、渗透是今后必然的发展趋势。

超微粉体技术是当今世界深受重视的高技术；我国在这一技术领域起步较晚，大约起始于 20 世纪 80 年代中期，比世界上发达国家晚了 20 年左右。虽然我国在这一领域起步较晚，但发展速度很快。近年来在一些高等院校和省、市相继成立了超微粉体工程研究中心、重点实验室，加强了这方面的研究工作和工程开发，并取得了相当的进展。例如，目前清华大学应用纳米技术已经做出了只有 $100\,\mu m$ 即只有头发丝那样细的泵，把这泵连同药物放入糖尿病患者体中，便可根据病人体内需要，随时放出适量药物，从而使患者痊愈。

在超微粒子制备方面，目前我国在用机械法制备超微粉体的技术方面进展较快，化学法、物理化学法和物理法制备技术也取得了很大进展。超微气流粉碎机内衬材料已从初期的普通钢、不锈钢发展到高硬度刚玉。为解决易燃易爆物质的超微粉碎防静电问题，国内研制成功了一种表面硬度与刚玉相当，韧性和耐磨性极好，导电导热优良的气流磨腔衬里，其成本不到刚玉的 1/3，而使用寿命是刚玉的 10 倍以上[5]。目前我国气流粉碎机研制的总体水平与世界先进水平接近，但在自动控制、结构设计及机型工业化方面较国外落后。我国的超微气流粉碎产品平均粒度最细为微米级，而日本奈良机械制作所研制的 MICROS 超微粉碎机，平均粒度可达亚微米级。

粉体和超微粉体的表面改性，是粉体和超微粉体技术中的一项重要内容，直接关系到超微粉体的应用前景。西方发达国家对粒子的表面改性工艺及设备等进行了广泛的研究，取得了很大的成绩。我国在粉体改性技术上还有不小差距，这方面的研究有待加强。

在超微粒子的评价（表征）和测试仪器的研制方面，国外设计制造了许多不同类型和用途的测试仪器，对测试仪器进行严格控制，并用计算机自控及处理数据。国内在这方面虽做了大量研究工作，召开过多次粒度测试全国性会议，但尚未获得非常满意的结果。目前我国不少先进的测试仪器主要依靠进口，国产测试仪器设备与国外先进设备相比，还有一定差距。

总之，我国超微粒子的开发研究，在许多方面虽取得了不小进展，但从整体水平看，仍与世界先进水平存在相当差距。今后在超微粉体制备，超微粉碎新技术、新设备，粒子分级新技术、新设备，粒子的表面改性，超微粒子的基础理论研究和工程转化等方面，还有大量的工作要做。

3.3 超微粒子的基本性质[1~4,6]

3.3.1 表面效应与体积效应

根据表面和界面科学的知识，任何一个相，其表面原子（或分子）与内部原子（或分子）所处的环境是不同的，因而它们的引力场和能量状态也是有差别的。如图 3-2 所示，在单组分液体或固体内部的分子 A，因其周围被同类分子所包围，所受分子引力是完全对称的，可以相互抵消，合引力为零。但靠近表面的分子 B 和处于表面上的分子 C，其情况就与内部分子大不相同，由于力场不能相互抵消，表面分子将受到向内的拉力，从而表面上的分子比内部分子具有更高的能量，或者说表面分子比内部分子具有过剩的自由能。

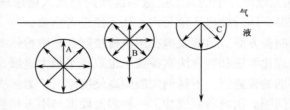

图 3-2　表面分子与内部分子能量不同

对于液体，根据热力学推导，可以得到

$$\sigma = \left(\frac{\partial G}{\partial a} \right)_{T,p} \tag{3-1}$$

式中，σ 叫做"比表面自由能"，简称比表面能。它的物理意义是：在恒温恒压下增加单位表面积所引起的体系自由能的增量，单位为 erg/cm^2（erg 为非法定单位，$1erg = 10^{-7}J$）或 J/m^2。它在数值上等于表面张力。

固体的比表面能或表面张力，一般比液体的要大得多。表 3-2 列出了某些物质的比表面能数值。

表 3-2　某些物质的比表面能

物　　质	温度/℃	比表面能/（erg/cm^2）
水 (l)	20	72.88
苯 (l)	20	28.98
甲苯 (l)	20	28.4
三氯甲烷 (l)	25	26.67
四氯化碳 (l)	25	26.43
丙酮 (l)	20	23.7
甲醇 (l)	20	22.6
乙醇 (l)	20	22.3
乙醚 (l)	20	16.9
汞 (l)	20	484
钠 (l)	130	198
铜 (l)	1120	1270
铜 (s)	1080	1430
银 (l)	1000	920
银 (s)	750	1140
氯化钠 (l)	801	114
氯化钠 (晶体，(100))	25	300

如果将本体物质分散成粉末，显然，其总表面积、表面原子在总原子数中所占的比例、以及表面能等都将大大增加。分散度愈高，粉末愈细，它们增加得愈多。这可通过下面的讨论得到证明。

可以证明，一切具有规则形状的几何体，如圆球体、立方体、圆锥体、圆柱体等，如果它们的颗粒尺寸按 1/10 的比例作等比均匀细分时，粒子的分散系数与总面积扩大系数遵从公式（3-2）、（3-3）[7]：

$$粒子分散系数 \qquad n_t = \frac{V_0}{V_t} = 10^{3t} \qquad (3-2)$$

$$粒子总表面积扩大系数 \qquad m_t = n_t \frac{S_t}{S_0} = 10^t \qquad (3-3)$$

式中，V_0 为粒子分散前原有体积；V_t 为粒子分散至 t 级时单个粒子的体积；S_0 为粒子分散前原有表面积；S_t 为粒子分散至 t 级时单个粒子的表面积；n_t 为粒子分散至 t 级时的分散系数（即总粒子数）；m_t 为粒子分散至 t 级时，总表面积扩大系数；t 为粒子的分散级数，为 1，2，3，…等正整数。

例如，一直径为 1 cm 的铜球，其比表面能为 1430×10^{-7} J/cm^2，如将其按 1/10 的比例作等比均分，其表面积和表面能变化情况的计算结果如表 3-3 所示。从表列数据可以看出，将 1 cm 直径的铜粒细分成 1 nm 的超微粉体时，粒子数增加到 10^{21} 个，粒子总表面积扩大 10^7 倍，相应地表面能也增加到原来铜粒的 10^7 倍，达到 4490J。如果说 1 cm 铜粒的表面能小到可以忽略不计的话，那么将其细分成超微粒子后，其表面能却达到了不可忽略的程度。

表 3-3　1 cm 直径的铜粒按 1/10 比例细分的计算结果

粒径变化 /cm	表面积 S/cm^2 （$S = \pi d^2$）	体积 V/cm^3 （$V = \pi d^3/6$）	总粒子数 n_t，按式(3-2)计算	粒子总表面积扩大系数 m_t,按式(3-3)计算	粒子总表面积 $S_总$/cm^2 （$S_总 = n_t \cdot S_t = m_t \cdot S_0$）	表面能/J
$d_0 = 1$	$S_0 = 3.14$	$V_0 = 0.52$	$n_0 = 1$	$m_0 = 1$	3.14	4.49×10^{-4}
$d_1 = 10^{-1}$	$S_1 = 3.14 \times 10^{-2}$	$V_1 = 0.52 \times 10^{-3}$	$n_1 = 10^3$	$m_1 = 10$	3.14×10	4.49×10^{-3}
$d_2 = 10^{-2}$	$S_2 = 3.14 \times 10^{-4}$	$V_2 = 0.52 \times 10^{-6}$	$n_2 = 10^6$	$m_2 = 10^2$	3.14×10^2	4.49×10^{-2}
$d_3 = 10^{-3}$	$S_3 = 3.14 \times 10^{-6}$	$V_3 = 0.52 \times 10^{-9}$	$n_3 = 10^9$	$m_3 = 10^3$	3.14×10^3	4.49×10^{-1}
$d_4 = 10^{-4}$	$S_4 = 3.14 \times 10^{-8}$	$V_4 = 0.52 \times 10^{-12}$	$n_4 = 10^{12}$	$m_4 = 10^4$	3.14×10^4	4.49
$d_5 = 10^{-5}$	$S_5 = 3.14 \times 10^{-10}$	$V_5 = 0.52 \times 10^{-15}$	$n_5 = 10^{15}$	$m_5 = 10^5$	3.14×10^5	4.49×10
$d_6 = 10^{-6}$	$S_6 = 3.14 \times 10^{-12}$	$V_6 = 0.52 \times 10^{-18}$	$n_6 = 10^{18}$	$m_6 = 10^6$	3.14×10^6	4.49×10^2
$d_7 = 10^{-7}$	$S_7 = 3.14 \times 10^{-14}$	$V_7 = 0.52 \times 10^{-21}$	$n_7 = 10^{21}$	$m_7 = 10^7$	3.14×10^7	4.49×10^3

又设若球形粒子的直径为 d（半径为 r），构成该球粒的原子直径为 a，则表面原子所占的比例大约为

$$R = 3\,\frac{a}{r} = 6\,\frac{a}{d} \tag{3-4}$$

对于大球粒，$a \ll d$，R 值非常小，表面呈现的性质对整个物质不会有多大影响。但对超微粒子（$d = 10^{-7} \sim 10^{-5}$ cm）这样一些高分散度的体系来说，情况就不同了，由于它们的粒子直径距离原子直径（一般数 Å，1Å$=10^{-8}$cm）不远，其表面原子数目的急剧增加而引起的表面性质的变化就不能不考虑。式（3-4）是对理想球粒而言的，即球粒表面光滑致密，内部无细孔。事实上，一般超微粒子并非理想的球形，表面原子所占的比例会比按式（3-4）计算的要大。表 3-4 列出了 $d \leqslant 100$ nm 的超微粒子表面原子数占总原子数的比例情况。图 3-3 表示了超微粒子表面原子数占全部原子数的比例与粒径之间的关系。

从表 3-4 和图 3-3 可以看出，当粒子直径大于 20 nm 时，表面原子数所占比例已经不大，接近于整块晶体；而当粒径小于 10 nm 后，表面原子数所占比例则迅速增加。

表 3-4 球形粒子表面原子数与总原子数之比

粒子直径/nm	总原子数/个	（表面原子数/总原子数）/%
1	30	99
2	2.5×10^2	88
5	4.0×10^3	40
10	3.0×10^4	20
20	2.5×10^5	10
100	3.0×10^6	2

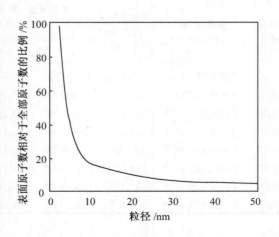

图 3-3 表面原子数占全部原子数的比例与粒径的关系

人们把超微粒子由于比表面积和表面原子数所占比例迅速增加而引起的种种特殊效应（如熔点降低、比热容异常等等）统称为表面效应。

块体物质含有无限多个原子，而超微粒子体积很小，所包含的原子数不多，相应地，粒子的质量很小。超微粒子的许多现象就不能用通常的大块物质的性质加以说明。这种由于有限个原子和极小体积而引起的超微粒子所具有的特殊现象称为体积效应。

块体物质的属性是由无限多个原子或分子组成的集体属性，而超微粒子却表现出有限个原子或分子集合体的特性。例如，金属超微粒子的电子结构就与大块金属的迥然不同。在大块金属中，接近无限的电子能级可形成连续的能带，在各能级中，电子服从费米（Fermi）分布，电子能级的间隔几乎等于零。但在金属超微粒子中，电子数量有限，不能形成连续的能带，而是转化成各自分立的能级，平均能级间隔为一有限值，而不是零。在这种情况下，将出现德拜温度降低，电子平均自由程改变，电子比热容变大，以及超常磁性转变，超导临界温度上升，光吸收异常等特殊的理化性质。这些就是下面要介绍的量子尺寸效应。

3.3.2 量子尺寸效应（久保效应）

前已述及，金属中电子能级或能带与其粒子尺寸有密切的关系。日本名古屋大学教授久保（Kubo）针对金属超微粒子进行理论研究时，提出了能级间距（δ）和金属粒径的关系式：

$$\delta = \frac{4}{3} \frac{E_F}{N} \propto V^{-1} \qquad (3-5)$$

对于球形颗粒：

$$\delta \propto d^{-3} \qquad (3-6)$$

式中，N 为一个超微粒子的总导电电子数；E_F 为费米（Fermi）能级；V 为超微粒子的体积；d 为超微粒子的直径。

显然，对于宏观块体物质，包含了无限多个原子，$N \rightarrow \infty$，由式（3-5）知，$\delta \rightarrow 0$，能级连续。而对超微粒子而言，包含的原子数有限，N 很小，δ 便有一定数值，能级分立。图 3-4 表示金属粒子能级间距随粒径减小而增大的关系图。

另外，在研究半导体 CdS 时发现，即使是同一种半导体材料，其光吸收或者发光带的特征波长也随粒子尺寸的变化而不同。随着粒子尺寸的减小，发光的颜色发生从红色→绿色→蓝色的变化，也就是说，发光带的波长由 690 nm 移向了 480 nm 的所谓"蓝移"现象。这种现象也称为量子尺寸效应。当粒子尺寸下降到某一数值时，金属费米能级附近的电子能级由准连续变为离散能级的现象，以及半导体超微粒子随粒径减小，能隙变宽，发生"蓝移"的现象，均称为量子尺寸效应。

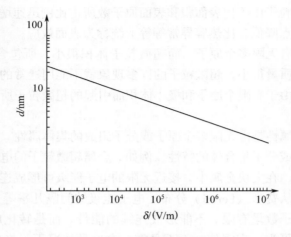

图 3-4 粒子直径与能级间距的关系

3.3.3 小尺寸效应

当超微粒子的尺寸与光波波长、传导电子的德布罗意波长以及超导态的相干长度或透射深度等物理特征尺寸相当或更小时，晶体周期性的边界条件将被破坏，声、光、电、磁、热、力学等特性均会呈现新的小尺寸效应。例如，光吸收显著增加并产生吸收峰的等离子共振频移；磁有序态转向磁无序态，超导相向正常相转变；粒子变细，熔点降低；声子谱发生改变等等，都是小尺寸效应的结果。

3.3.4 宏观量子隧道效应

微观粒子具有贯穿势垒的能力称为隧道效应。近年来，人们发现一些宏观量，如微粒子的磁化强度、量子相干器件中的磁通量等也具有隧道效应，称为宏观量子隧道效应。宏观量子隧道效应的研究，无论对基础理论研究，还是对实际应用都具有十分重要的意义，它限定了磁带、磁盘进行信息储存的时间极限。量子尺寸效应、隧道效应将是未来微电子器件的基础，或者说它确定了现有微电子器件进一步微型化的极限。当微电子器件进一步微细化时，必须要考虑上述的量子效应。

上述的表面效应和体积效应、量子尺寸效应、小尺寸效应和宏观量子隧道效应，都是纳米微粒与纳米固体的基本特性。它们使纳米微粒和纳米固体呈现出许多奇异的物理、化学性质，出现一些"反常现象"。例如，众所周知金属是导体，但金属超微粒子在低温下由于量子尺寸效应却呈现电绝缘性；一般 $PbTiO_3$、$BaTiO_3$ 和 $SrTiO_3$ 等是典型的铁电体，但当其尺寸进入纳米量级时，就会变成顺电体；当粒径为十几纳米的 Si_3N_4 微粒组成纳米陶瓷时，已不具有典型共价键特征，界面键结构出现部分极性，在交流电下电阻变小；化学惰性的金属铂制成纳米微粒的铂黑后，会成为活性很好的催化剂；金属的纳米微粒光反射能力显著下降，通常可低于1％；由于小尺寸效应和表面效应，纳米微粒表现出极强的光吸收能力，因此具有各种特征颜色（如银白色、钢灰色、橘黄色、金黄色等等）的块体金属，一旦超微细化以后，颗粒几乎都变成了黑色。

3.3.5 超微粒子的物理性质和化学性质

虽然超微粒子的许多特性尚待深入研究，但目前已经弄清楚的本征特性有：

（1）巨大的比表面积和表面能　这在前面已作了充分的讨论。对于具体的物质，把密度这一物理量考虑进去，可以计算出平均粒径为 $10\sim100$ nm 的超微粒子的比表面积可达每克几十乃至上百平方米。例如铜的密度为 8.93 g/cm^3，1cm直径铜粒的体积为 0.52 cm^3，其质量为 4.64g，10 nm 粒子的比表面积为 67.7m^2/g，100 nm 粒子的比表面积值为 6.77m^2/g。

（2）熔点低　比同种物质块体要低得多，并可在较低温度下烧结。这显然与巨大的比表面积和表面能有关。如 Au 的熔点 1064℃，5 nm 金超微粉熔点为 830℃，2 nm 时仅为 330℃，如图 3-5 所示。又如，Ag 的熔点为 950℃，但 Ag 的超微粒子在 100℃ 以下就可熔化。由于熔点降低，就有可能在较低的温度下对金属、合金或化合物的粉末进行烧结。普通钨粉的烧结温度高达 3000℃，但掺入 0.1％～0.5％ 的超微钨粉后，烧结成型温度可降到 1200～1300℃。

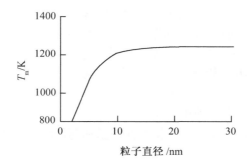

图 3-5　超细金粉的熔点和其粒度间的关系

（3）磁性强　铁磁体超微粒子的磁性能的变化，是工程上最重要的应用之一，如磁带所使用的 γ-Fe$_2$O$_3$、CrO$_2$、Fe 等超微粒子是重要的磁记录材料。磁记录材料要求粒子为单磁畴状态，铁、镍、钴等金属粒子大小在 $10\sim100$ nm 左右时变为单畴构造。在上述大小领域的粒子即使不磁化也是一个永久磁体。所以与多磁畴粒子相比具有大的矫顽力。矫顽力的大小与超微粒子的种类及粒径有关。图 3-6 是超微铁粉的粒径与矫顽力的关系。从图中可以看出，随着粒径减小，矫顽力增大，粒径约 15 nm 的超细铁粉，有最大的矫顽力，约 1000Oe（Oe 为非法定单位，1Oe＝79.5775A/m）。用长 0.3～0.7 μm，宽 0.05 μm 的 γ-Fe_2O_3 还原制备的纯铁超微粒子的矫顽力为 1000～1500Oe。这种高矫顽力的粉末可制作高密度磁记录的高性能磁带材料。

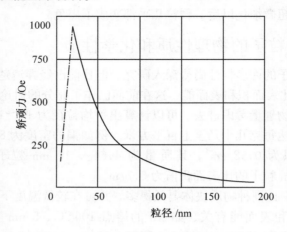

图 3-6　超细铁粉粒度与矫顽力的关系

（4）光吸收性好　超微粒子的大小比太阳光的波长（0.3～2 μm）还小，超微粒子对光的反射能力差，因此可很好地吸收光。像金、铬、硅、银等许多金属制成的超微粒子，变成了"金属黑"，对红外线是不透明的，因而可用作红外线检测器、太阳光选择吸收材料、感光材料等。粒度越细越显示出很深的黑色。如常规的 TiN 粉呈金黄色，而超细化后，变成黑色。

有些超微粒子可吸收紫外线，如超微细 TiO_2 吸收紫外线的性能，被用于化妆品作为紫外线吸收剂以保护皮肤。

（5）活性强　易进行各种化学反应。

（6）热传导性能好　超微金属粉末在低温和超低温下几乎没有热阻，导热性能极好。

（7）强吸附能力和催化活性　超微粒子除了具有巨大的比表面积和表面能，其表面原子还存在许多悬空键（又称悬挂键），使其具有不饱和性质。这些因素都将导致超微粒子的特殊吸附现象和催化性质（或光催化性质）。

3.4　超微粉体的应用[2～4,8～12]

近二三十年来，世界各国对金属超微粒子、金属氧化物超微粒子和非氧化物超微粒子的应用进行了广泛的研究，取得了可喜的成绩。目前用作医药、保健品、颜料、填料和陶瓷粉体的超微粒子用量可能是最大的。下面对超微粉体在各个领域中的应用情况作一简单介绍。

1. 在化工领域中的应用

能作催化剂的物质，当其微细化以后可作高效催化剂，铂黑就是一个很好的例子。又如以粒径小于 300 nm 的 Ni 和 Cu-Zn 合金微粉为主要成分制成的催化剂，对有机催化反应的催化效率是传统 Ni 催化剂的 10 倍。TiO_2 超微粉作为催化剂载体，通过强相互作用可以大大改善催化剂的催化效果。将油漆、涂料、染料中的固体成分超微细化后，可制成高性能、高附着力的新型产品。在化纤、纺织行业，采用超微细的化纤钛白作消光剂，可提高纺织品的质量及光滑度。

2. 在轻化工中的应用

在皮革工业中，为防止污染，消除铬害，正在寻求新的无毒鞣剂和着色颜料，提出了超微细 TiO_2 和透明铁黄、铁红的研究任务。在皮革中加入超微细蚕丝粉，可制出高性能、高光滑度的皮革。

超微细粉体作塑料和橡胶的填充剂、补强剂，可减少用量，提高效果。如碳酸钙、石英、高岭土、硅灰石、滑石、白云石、叶腊石、氢氧化镁、钛白粉等，是常用的一些无机填料，追求的目标之一就是微细化和超微细化，这样可使塑料和橡胶制品的表面光滑度、色调和强度大为改善。粒径 0.2 μm 左右的Al（OH）$_3$ 微粉作树脂填料，可增加强度、阻燃性和抑烟性，并有良好的隔声和隔热效果。粒径为 10～60 nm 的超微细 TiO_2，在可见光区透光性好，且吸收紫外线的能力强，在用于食品包装的薄膜塑料中作填料，不仅不降低透明度而且能防紫外线，食品保存期长，不易变质；用于浅色油漆时，由于能防紫外线而使油漆不易脱色、褪色；还因其遮盖力低，化学稳定性高，适合用于化妆品。高档化妆品中要求用尼龙处理过的粒径为几十纳米的超微细 TiO_2。超微细炭黑可制得高质量的复印墨粉。

3. 在食品、保健品中的应用

当天然花粉气流粉碎的破壳率达到 90%，平均粒径小于 3 μm 时，营养物质得以释放和充分利用，添加到食品中可制成高价值的保健食品。小麦、稻谷的超微粉体可制成口感良好的全营养性食品。如果将动物的骨、皮、壳等全粉碎制成超微粉，可使常被丢弃的钙质营养成分得到充分利用。将蛋壳、贝壳、虾蟹壳等超微粉碎后，可作为食品的有机钙添加剂。人们进食后，食物在胃肠中的停留时间是有限的。如果用粒径小于 5 μm 的 $CaCO_3$ 粉剂或用其压制成的片剂作补钙剂，则在有限停留时间内能被人体有效吸收。

4. 在医学、农药和生物工程方面的应用

血液中的血球大于 10 nm，小于 10 nm 的超微粒子可在血管中自由流动。如

果把有治疗作用或探测功能的某种材料制成小于 10 nm 的超微粒子注入血管中，使之随血液流到身体各个部位，以便更有效地治疗疾病或进行健康检查。如用磁性氧化铁超微粒子检查人肺部的净化机能，对吸烟者和非吸烟者作了对比试验就是一例。用玻璃超微粒子对各种细胞、细胞中各成分、病毒、细菌等进行分离。许多滋补类药物，如人参、鹿茸、天麻、灵芝、螺旋藻、珍珠等，如制成超微粉，不仅服用方便，且其有效成分的利用率也可大大提高。在中医药方面，中药材超微细化后不仅可提高吸收率、疗效和利用率，而且服用方便，避免了传统的煎煮服用的繁冗性。许多农药要分散在介质中制成喷洒液，要求分散体系稳定，长期不沉淀，雾化效果好，这就要求农药的粒子很细，使之成为可溶性粉剂。

超微粉在生物及医学上的应用才刚刚开始，近年来研究很活跃。关键是粒径均匀且分散性好的超微粉制备技术和涂层处理技术。

5. 在磁记录材料中的应用

近年来，随着各种信息量的迅猛增加，需要记录的信息量也在不断增长，这就要求记录材料高性能化。为了满足多种需求，使磁带用的磁性颗粒成为单磁畴颗粒，且要求噪声非常低，保持大的矫顽力，一般必须是针状颗粒（纵横比5～20），如长 0.3～0.1 μm，宽 0.05～0.01 μm 的针状颗粒。若希望在室温显示强磁性，一般广泛使用铁或氧化铁体系的针状颗粒，如 γ-Fe_2O_3、Co-γ-Fe_2O_3 和超微细 Fe 粉。由铬的化合物经水热反应制得的 CrO_2 超微粉也是一种强磁体。用它们的超微粉可制成性能更佳的超高密度磁性录音带、录像带和磁鼓等。

6. 在材料科学中的应用

（1）制备高性能结构陶瓷　无机非金属材料的粉末烧结体就是陶瓷材料。它的性能与晶粒本性、气孔、晶界等微观结构的变化有关，因而控制其微观结构对获得高性能的陶瓷材料至关重要。采用超微粉体作原料，可降低烧结温度，加快烧结速度，提高致密度，从而大大改善烧结体的性能。例如，用等离子体合成法制备出高温结构陶瓷用的 Si_3N_4 和 SiC 等超微细粉末，结合等静压成型和烧结工艺，可在较低温度下烧制成各种涡轮发动机的部件，这就改善了传统陶瓷的脆性和加工成型问题。又如，WC、BN 等高熔点材料，如果原料粉末是超微粉体的话，在较低温度下不用添加剂就能获得高密度烧结体。

（2）制造轻烧结体　将超微粉进行所谓轻烧结，可以制作密度只有原来1/10～1/3 的具有极细孔眼的"海绵"状烧结体，即轻烧结体，可用作过滤器、活性电极材料、化学传感器材料、气体储存材料和热交换器材料等。银超微粒子有很好的低温热传导性，美国、法国已应用于超低温冷冻器的传热器。

（3）制造超硬材料　在 600～900℃下用 H_2 还原 WCl_6 蒸气的方法制得的钨超微粒子粒径为0.03～0.07 μm、近似球形的超微粒子，在较低的烧结温度下就能得到高密度的烧结体，用作硬质合金和电接触点材料。ZrC 和 ZrN 都具有超高硬度、超耐热性和优良的耐冲击性，作为金属陶瓷，切削工具早已在工业上应用。这两种化合物因共价结合性强而表现出难烧结性，过去为得到这种烧结体，即使在真空热压下烧结温度也很高，ZrC 需 2400℃，ZrN 需 2500℃。为降低烧结温度，已开始研究用它们的超微粒子制备。

（4）超微粒传感器　超微粒传感器的研究始于 20 世纪 80 年代。传感器的功能要求包括：灵敏度高、响应速度快、检测范围宽、检测精度高、选择性好、使用可靠等等，用超微粉制造的传感器容易满足这些要求。现已研制成功的作为气体敏感元件用的超微粉体材料有：γ-Fe_2O_3 超微粒子（是对异丁烷气的敏感材料），α-Fe_2O_3 超微粒子（是对发生炉煤气的敏感材料），SnO_2 超微粒子制成的膜材料（对氢气、乙醇、丙烷等敏感）。

（5）在电子陶瓷材料中的应用　现在制造 PTC 和 NTC 元件用的许多原材料如 TiO_2、$BaCO_3$、$SrCO_3$、$CaCO_3$、SiO_2、Bi_2O_3、Ni_2O_3、Co_3O_4、Fe_2O_3、Mn_2O_3 和 MnO_2 等都是一些金属氧化物类的微细、亚微细或超微细粉末。用共沉淀法或醇盐水解法制取的 $BaTiO_3$ 超微粒子，粒径小（约 $0.05~\mu m$），性能好，是制造积层电容、PLZT 光控开关、扬声器振动板等电子元件的优良材料。随着电子工业高性能器件的迅速发展，元件的微型化与高集成度所带来的散热问题，已引起人们的重视，从而促进了高导热陶瓷材料的开发。近年来开发的 AlN 超微粒子具有很多优点，其导热能力比用一般微粒烧结的 AlN 要高得多。

（6）在复合材料中的应用　因为超微粒子的颗粒非常小，所以它容易同各种物质混合而制备复合材料。如在合成纤维中添加金属超微粒子可防静电。如将 Al_2O_3 超微粒子分散到金属 Al 中可提高铝的强度等。

（7）在家用电器中的应用　目前洗衣机市场正猛炒"纳米"概念。所谓"纳米洗衣机"，实际上是采用纳米技术对材料进行加工，即将银离子与纳米 SiO_2、TiO_2 粉体通过复合技术获得纳米抗菌粉体，再将其分散到 ABS 工程塑料中，作为制造洗衣机的原材料，这种原材料具有杀菌、防霉、消毒作用。

7．在高科技领域中的应用

金属超微粒子由于其比表面积大，化学活性高，可用作火箭固体燃料中的添加剂。如美、俄等国在固体火箭燃料中加入不到 1%（质量分数）的超微细 Al 粉或 Ni 粉，燃料的燃烧热值可增加一倍左右。

8．在国防军事领域中的应用

当今，越来越多的国内外专家学者把目光聚焦纳米技术。据美国五角大楼预计，第一批由微型武器组成的"微型军"不久将诞生并服役，很快可望大规模部署，未来战争将可能由数不清的袖珍武器如"间谍草"、"机器虫"、"微型间谍飞行器"、"纳米卫星"、"纳米炸弹"、"隐身飞机"、"隐身舰船"等称雄天下。

总之,由于纳米武器装备所用材料少,成本低,纳米战争将成为全新样式的战争,还是十足的低耗战争。而所有这些,都是以包括纳米粉在内的纳米材料、纳米技术为基础的。

3.5 对先进陶瓷超微粉的基本要求

随材料体系、制备工艺及材料用途的不同,对粉料的要求不完全相同。但其共性可归纳如下:

(1) 超细 由于表面活性大及烧结时扩散路径短,用超微粉可在较低的温度下烧结,并获得高密度、细晶粒的陶瓷材料。目前先进陶瓷所采用的超微粉多为亚微米级($< 1 \mu m$)。但实践表明,当陶瓷材料的晶粒由微米级减小到纳米级时,其性能将大幅度提高。

(2) 高纯 粉料的化学组成及杂质对其制得的材料的性能影响很大。如非氧化物陶瓷粉料的含氧量将严重地影响材料的高温力学性能,氯离子的存在将影响粉料的可烧结性及材料的高温性能,功能陶瓷中某些微量杂质将大大改善或恶化其性能。为此要求先进陶瓷用粉料的有害杂质含量在 $n \times 10^{-5}$ 以下,甚至更低。

(3) 粉料的形态形貌 除特殊情况外,一般要求粉料粒子尽可能为等轴状或球形,且粒径分布范围窄,采用这种粉料成型时可获得均匀紧密的颗粒排列,并避免烧结时由于粒径相差很大而造成的晶粒异常长大及其他缺陷。

(4) 无严重的团聚 由于比表面积的增加,一次粒子的团聚成为超微细粉料的严重问题。为此,粉料制备时必须采取一定的措施减少一次粒子的团聚或减小其团聚强度,以获得均匀的粉料成型体及克服烧结时团聚颗粒先于其他颗粒致密化的现象。

(5) 粉料的结晶形态 对于存在多种结晶形态的粉料,由于烧结时致密化行为不同,或由于其他原因,往往要求粉料为某种特定的结晶形态。如对 Si_3N_4 粉料就要求 α 相含量越高越好。

3.6 粉料性能的表征[3,4,13,14]

近年发展了许多新的粉料表征方法及检测仪器,对粉料特性表征的内容也越来越多。表 3-5 中列出了对陶瓷粉料的表征内容及所用的仪器。这里仅介绍几项最重要或最新发展的表征内容及判定技术。

表 3-5　陶瓷粉料的表征内容及所用的仪器

分类和表征特性	所用仪器
粒子形状	
粒径（包括结晶粒子粒径）	光学显微镜、粒径分布测定仪
粒径分布	电子显微镜、比表面测定仪
粒子形状	X 射线衍射仪
密度	密度测定仪
微孔分布	微孔分布测定仪
团聚状态	
团聚程度	光学显微镜
团聚体尺寸	电子显微镜
团聚体形状	粒度分布测定仪
团聚体密度	密度测定仪
化学组成	
主要成分：种类、数量及非化学计量	化学分析及仪器分析
微量成分（包括杂质）：种类、数量、分布	X 射线荧光分析仪、中子放射分析、原子吸收光谱仪、（C、H、O、N）元素分析仪、发射光谱分析仪、电子显微镜、ICP 发射光谱分析仪
结晶学性质	
结晶性	热分析仪
结晶相：晶型、种类、数量	红外分光光度计
晶格常数	拉曼分光光度计
缺陷：种类、数量	X 射线衍射仪
晶格畸变	电子显微镜
表面性状	
比表面积	比表面积测定仪
表面电位	ζ 电位测定仪
表面自由能	热量计
粉末特性	
流动性	
堆积密度等	

1. 颗粒尺寸（粒径）及粒径分布

表征粉料粒径及粒径分布的主要方法见表 3-6。

对小于亚微米级的超微粉料粒径的测定以电子显微镜、激光散射法和 X 射线小角度散射及衍射法为佳，它们都可用于测定小至几纳米的粒子。

表 3-6 中除 X 射线小角度衍射法外其他方法测定的粒径往往并不是粉料的一次粒子的尺寸，而是团聚体（agglomerate）的尺寸。为使测量结果尽量接近粉料的一次粒子的尺寸，用超声分散及表面活性物质对被测粉料进行分散处理十分重

要。

2. 比表面积

它表征了包括粉料颗粒表面及表面缺陷、裂纹和气孔在内的单位质量粉料的总面积。比较由比表面积 S 计算得到的当量粒径 D_{BET} 与用其他方法测得的粒径间的差别可以判断粉料的团聚程度或粉料的分散状况。

当量粒径

$$D_{BET} = \frac{a}{\rho S} \tag{3-7}$$

式中，a 为形状系数，粉料为等轴状时为 6；ρ 为粉料密度。

表 3-6　粒径及粒径分布的测定方法

方法	测定范围 mm　μm　nm		粒径	粒径分布	试样环境	原理
筛分法	———		几何学粒径	质量分布	干、湿	筛分
光学显微镜法	———		几何学粒径	个数分布	干、湿	计数
电子显微镜法	———		几何学粒径	个数分布	干	计数
重力沉降法	———		有效粒径	质量分布	湿	沉降速度
离心沉淀法	———		有效粒径	质量分布	湿	沉降速度
光透过法	———		有效粒径	面积分布	湿	沉降速度
激光散射法	———		电磁波散射粒径	质量分布	干、湿	计数
X 射线小角度衍射法	———		结晶粒子粒径	质量分布	干	

最常用的比表面积测定方法为 BET（Brunaner-Emmeett-Teller）气体吸附法。

3. 粉料粒子的几何形状

粒子的几何形状直接影响粉料的流动性及堆积性能。粉料粒子的形状与制备方法关系密切。精确地描述粒子的形状十分困难，不同研究者提出了各种不同的形状系数以表征粒子的形状。研究及观察粉料粒子形状的主要方法是光学显微镜法或电子显微镜法。

4. 粉料中团聚体的结构及特性

粉料中的团聚体在烧结时往往先于其他粒子致密化，形成含有气孔的大粒子。在烧结的最后阶段，团聚体形成的大粒子周围的气孔往往不能被排除，严重地降低了材料的性能。团聚体的团聚强度随粉料的制备方法而改变。某些在高温下反应制备的粉料由于部分地烧结形成的团聚体强度约达 800MPa，而其他方法制备的粉料的团聚强度又可能小于 1～5MPa。团聚体根据其团聚强度可分为软团聚及硬团聚。软团聚是指在一般成型压力下可以破坏其团聚结构的粉料。它们对于所制备的材料性能比硬团聚的影响要小。由粉料的压缩特性可以测定粉料中团聚体的团聚强度。对团聚粉料进行压缩时：

$$\lg p = \lg p_0 + bD_R \tag{3-8}$$

式中，D_R 为相对密度，%；b 为试验常数；p 为压应力，MPa；p_0 为初始压应力，MPa。

当粉料中的团聚体在一定压应力下破坏时，$\lg p$ 与相应的压缩体的相对密度之间的线性关系发生改变。图 3-7 中的曲线存在一折点，该折点相对应的压应力值为团聚体的团聚强度。

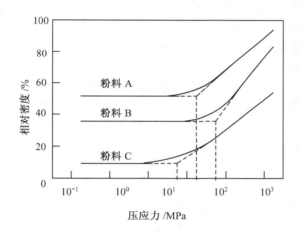

图 3-7 成型压力与粉料成型体密度的关系

用压汞仪测定不同成型压力下成型体的孔径分布。随成型压力的提高，成型体的孔径分布由二级分布变化为一级分布，同样提供了有关粉料中团聚体强度的信息。

还可用团聚系数及孔系数 P_F 综合表征由一次粒子组成的团聚体的结构特征。孔系数 P_F 表征了团聚体与其中孔隙的关系，即团聚体本身的疏密度。P_F 越高，说明团聚体越疏松。

电子显微镜对粉料的直接观察除能得知粉末的粒径、形貌的信息外，还可了解团聚体的结构等信息。

5. 粉料的表面性状

随粉料粒径的减小，粉料表面所占比例越来越大，且表面结构更复杂，结构缺陷更严重。超微粉料的表面性状对材料的制备工艺及材料性能将产生很大影响。

非氧化物超细粉料由于表面活性极大，其表面不可避免地存在着与氧的结合层。结合层的厚度以及氧与粉料表面的结合状态是目前关注的问题之一。X 射线光电子能谱仪（XPS）在材料的表面研究中得到广泛的应用。它可以获得表面几个原子层厚度的化学信息，表征所测元素的种类及其结合状态。与离子剥离技术相结合，XPS 还可以对粉料在深度方向上进行研究。如 Si_3N_4 粉料表面层的氧不只以一种状态存在。吸附氧占有相当比重，而以结合态存在的氧，在常温下并不像通常所认为的以 SiO_2 的形式存在，而是存在于一种复杂的氧氮化物（SiN_xO_y）中。Si_3N_4 粉经高温处理后其表层为 SiO_2，表层之下仍为 SiN_xO_y。

俄歇电子能谱（AES）同样可以对超微粉的表面进行分析。其分析深度也是几个原子层。利用细聚焦入射电子束可以对约 $500Å$ 的微区进行表面二维、三维以至四维（随时间变化）的化学元素定量分析。

透射电子显微镜（TEM）在高分辨状态下可获得约 $100Å$ 超微粒子的晶格像，对分析超微粉的表面状态极为有用。TEM 与电子能量损失谱仪（EELS）相结合，可获得更多的有关粉料的结构及表面化学的信息。

由于表面的晶格畸变、缺陷、表面化学反应及吸附等常导致超微粉表面荷电性的改变，因此研究超微粉表面荷电性以及由超微粉形成的悬浮体系的 ξ 电位对于认识及正确使用超微粉十分重要。

6. 粉料的流动性

超微粉的流动性是其工艺性能之一。为获得均匀的粉料成型体，要求超微粉具有良好的流动性。超微粉的流动性与粒子形状、团聚状况、粒子或团聚体表面粗糙程度等许多因素有关。虽然研究者们提出了各种不同指标来表征超微粉的流动性，但至今尚无被大家共同接受的流动性指标。

7. 超微粉的组分分析

由于超微粉的活性极大且对纯度的要求极高，因此给化学分析带来一定困难。除对粉料的主要化学组分的分析外，超微粉的杂质分析也是很重要的。超微粉中的主要杂质有 O、Cl、C 及其他金属杂质。

氧测定的较好方法是中子激活法。将样品置于中子束中，使样品中的 ^{16}O 吸收中子成为 ^{17}O 同位素，测定具有放射性的 ^{17}O 同位素的放射强度以确定样品中的氧含量。该方法由于需要中子源，应用受到限制。我国用脉冲库仑法测定超微粉中的氧含量，是一种简便有效的方法。

3.7 超微粉末的制备方法概况[12,15]

超微细粉末的特异性能和广泛用途，引起各方面的关注，期望建立高效、廉价的生产技术。本节及以下各节主要论述超微粉的制造原理、制备技术和制造方法与超微粉性能的关系，并介绍作者的研究工作。

由于机械粉碎的方法难以制备平均粒径 $1\,\mu m$ 以下的超微粉末，所以目前超微粉末多半是由离子、原子通过成核和生长来制备的，按物质的聚集状态可分为气相法、液相法和固相法，如表 3-7 所示。超微粉末的工业制造的例子逐渐增加，今后利用湿化学合成及利用等离子体、激光等制备超微粉末是非常有前途的方法。

表 3-7　各种超微粉的制备方法

类　型	方　　法	例　　子
气相法	1. 蒸发-凝聚法	Fe，Ag，Ni，Zn，W，Mo
	2. 热分解法	C
	3. 化学气相沉积法	TiO_2，Ni，TiN，Si_3N_4，Al_2O_3
	4. 气相水蒸气分解法	SiO_2，Al_2O_3，TiO_2
	5. 等离子体反应法	SiC，Si_3N_4，TiN，TiC，Al_2O_3
	6. 激光反应法	SiC，Si_3N_4
	7. 活性氢还原法	Fe，Co，Ni，Ag
	8. 羰基热解法	Fe，Ni
液相法	1. 沉淀法，共沉淀法	Al_2O_3，SnO_2，SiO_2
	2. 喷雾法	Fe_2O_3
	3. 等离子体喷雾法	ZrO_2，Fe_2O_3，Al_2O_3
	4. 冷冻干燥法	Al_2O_3
	5. 超临界流体干燥法和 RESS 法	ZrO_2，TiO_2
	6. 醇盐水解法	Al_2O_3，$PbZrO_3$，$BaTiO_3$
	7. 溶胶-凝胶法	$PbZrO_3$，UO_2，Al_2O_3
固相法	1. 草酸盐热分解法	Y_2O_3，ZnO，$BaTiO_3$，PLZT
	2. 柠檬酸盐热分解法	$BaTiO_3$

3.8　气相法制备超微粉末[12,15~18,3,4]

3.8.1　气相合成超微粉末原理

通过化学反应法或蒸发 凝聚法可以由气相中析出各种形态的固体，如图 3-8 所示。析出物的形态有薄膜、晶须和晶粒，它们是由固体表面不均匀核的生成和成长而形成的；也有在气相中均匀成核和生长成的粒子。要在气相中生成超微粒子，必须有高的过饱和度，产生许多的均匀核，并使核长大到预定的大小后停止。而在固体表面生长薄膜、晶须时，并不希望在气相中生成微粒，因而可在低的过饱和条件下析出。

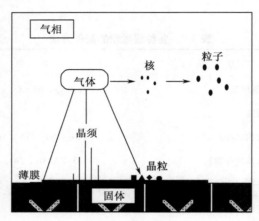

图 3-8　由气相法析出固体的各种形态

3.8.1.1　气相中均匀成核

成核过程是一个相变过程，所有的相变均使物质体系的吉布斯自由能降低。

1. 晶核的临界半径及其形成功

在气体 晶体两相平衡的体系中，当实际的蒸气压 p 大于平衡蒸气压 p_0 时，蒸气处于亚稳状态，在亚稳相中形成一个半径为 r 的球形晶核所引起的吉布斯自由能改变为

$$\Delta G = 4\pi r^2 \sigma + (4/3\pi r^3)\triangle G_v \tag{3-9}$$

$$\Delta G_v = -(KT/V)\ln(p/p_0) \tag{3-10}$$

式中，ΔG_v 为亚稳相中单相原子或分子转变为稳定相（晶相）中单个原子或分子引起的自由能变化；σ 为比表面自由能；p/p_0 为过饱和比；V 为单个原子或

分子的体积。

由式（3-9）可得晶核的临界半径 r_c 为

$$r_c = -2\frac{\sigma}{\Delta G_v} = \frac{2\sigma m}{RT\ln(p/p_0)} \tag{3-11}$$

将 r_c 值代入式（3-9），即可求得形成临界晶核所需的形成功

$$\Delta G_v(r_c) = \frac{16\pi\sigma^3}{3(\Delta G_v)^2} = \frac{4\pi r_c^2\sigma}{3} \tag{3-12}$$

自由能 ΔG 与半径 r 的关系如图 3-9 所示，从图可以看出，$r = r_c$ 时，ΔG 最大；$r < r_c$，晶核不稳定，消失；$r > r_c$，晶核稳定，并可长大。

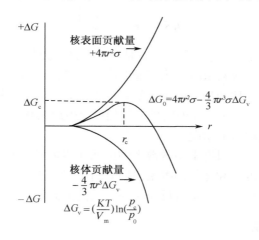

图 3-9　晶核自由能变化与半径的关系

2. 成核速率

$$J = J_0\sigma^{\frac{1}{2}}\left(\frac{p}{T}\right)^2\exp\left(-\frac{\Delta G_v}{KT}\right) = J_0\sigma^{\frac{1}{2}}\left(\frac{p}{T}\right)^2\exp\left[-\frac{16\pi\sigma^3 V^2}{3K^3T^3(\ln p/p_0)^2}\right] \tag{3-13}$$

核的生成速率 J 随 p/p_0 变化是非常快的，也强烈依赖于温度 T。

至于气相中的非均匀成核及晶体生长，与液相中一样，见 3.9.2 节。

气相法制备超微粉末具有如下特点：

（1）能够控制反应条件，容易制得粒径分布窄，粒径 $1\ \mu m$ 以下的亚微或超微粒子。

（2）容易控制反应气氛。这种方法除适用于制备氧化物外，还能制备液相法难于直接合成的金属、氮化物、碳化物、硼化物等非氧化物的超微粉末。

（3）挥发性的原料容易精制，而且生成的粉料不需粉碎，因而生成的物质纯

度高。

(4) 在气相中，物质浓度小，生成粒子的团聚少，所以制得的粉末分散性好。

3.8.1.2 粒子生成的条件

气相法制备超微粉末属均匀成核，必须有过饱和度，通过气相化学反应析出固体的过饱和比 RS 与析出固体的总反应的平衡常数 K 成正比，即可用式(3-15)表示反应 (3-14) 的过饱和比 RS。

$$a\text{A (g)} + b\text{B (g)} \Longrightarrow c\text{C (s)} + d\text{D (g)} \tag{3-14}$$

$$RS = K\left(\frac{p_\text{A}^a \cdot p_\text{B}^b}{p_\text{D}^d}\right) \tag{3-15}$$

RS 为反应系统具有的总过饱和比，它是热力学推动力的尺度。

通过气相反应生成粉末时，为了能够成核，必须有高的过饱和度，如上所述反应系统的总过饱和比与反应的平衡常数成正比，因而应采用平衡常数大的反应系统来制备超微粉末。表 3-8 列出了从气相反应生成氧化物、氮化物和碳化物的平衡常数以及生成粉末的状况。

从表中可以看出，只有平衡常数大的体系才能生成粉末，所以平衡常数成了选择反应体系的尺度。和蒸气的凝聚不同，由于气相法中含有化学反应，平衡常数大并不是充分条件，还必须有反应速率大的前提条件。

3.8.1.3 粒径控制

气相反应合成粉末时平衡常数大，原料金属化合物的转化率可达到 100%。此时，单位体积反应气体的颗粒生成数 N (单位为 $1/\text{cm}^3$)，生成颗粒的直径 D 和气相中金属化合物的物质的量浓度 c_0 (单位为 mol/cm^3) 之间的关系为

$$D = \left(\frac{6}{\pi}\frac{c_0 M}{N\rho}\right)^{\frac{1}{3}} \tag{3-16}$$

式中，M 为生成物的相对分子质量 (约等于 1mol 金属源)；ρ 为生成物密度，g/cm^3。

生成粒子的大小决定于金属源浓度 c_0 与核生成数 N 之比 c_0/N 和成核速率，反应温度和反应气体浓度对核生成速率有着直接的影响，所以以反应温度对粒径的影响很大，因为温度对核生成速率的影响由式 (3-13) 的指数项决定。总之，用气相反应法合成微粉时，需要通过反应温度和反应气体成分来控制生成粒子的大小，而反应器的结构和温度分布以及反应气体的混合方法等对生成物的性质也有明显的影响。

表 3-8 气相反应平衡常数和粉末生成状况

反应系统	生成物	平衡常数[1]($\lg K_p$)		生成粉末与否	
		1000℃	1400℃		
氧化物					
$SiCl_4$-O_2	SiO_2	10.7	7.0	○[2]	
$TiCl_4$-O_2	$TiO_2(A)$	4.6	2.5	○	
$TiCl_4$-H_2O	$TiO_2(A)$	5.5	5.2	○	
$AlCl_3$-O_2	Al_2O_3	7.8	4.2	○	
$FeCl_3$-O_2	Fe_2O_3	2.5	0.3	○	
$FeCl_2$-O_2	Fe_2O_3	5.0	1.3	○	
$ZrCl_4$-O_2	ZrO_2	8.1	4.7	○	
$NiCl_2$-O_2	NiO	0.2		×[2]	
$CoCl_2$-O_2	CoO	−1.7		×	
$SnCl_4$-O_2	SnO_2	1.0		×	
		1000℃	1500℃	≤1500℃	等离子体
氮化物及碳化物					
$SiCl_4$-H_2-N_2	Si_3N_4	1.1	1.4	×	
$SiCl_4$-NH_3	Si_3N_4	6.3	7.5	○	
SiH_4-NH_3	Si_3N_4	15.7	13.5	○	
$SiCl_4$-CH_4	SiC	1.3	4.7	×	○
CH_3SiCl_3	SiC	4.5	(6.3)	×	○
SiH_4-CH_4	SiC	10.7	10.7	○	
$(CH_3)_4Si$	SiC	11.1	10.8	○	
$TiCl_4$-H_2-N_2	TiN	0.7	1.2	×	
$TiCl_4$-NH_3-H_2	TiN	4.5	5.8	○	
$TiCl_4$-CH_4	TiC	0.7	4.1	×	○
TiI_4-CH_4	TiC	0.8	4.2	○	
TiI_4-C_2H_2-H_2	TiC	1.6	3.8	○	
$ZrCl_4$-H_2-N_2	ZrN	−2.7	−1.2	×	
$ZrCl_4$-NH_3-H_2	ZrN	1.2	3.3	○	
$ZrCl_4$-CH_4	ZrC	−3.3	1.2	×	
$NbCl_5$-NH_3-H_2	NbN	8.9	8.1	○	
$NbCl_5$-H_2-N_2	NbN	4.3	3.7	○	
$MoCl_5$-CH_4-H_2	Mo_2C	19.7	18.1	○	
MoO_3-CH_4-H_2	Mo_2C	11.0	(8.0)	○	
WCl_6-CH_4-H_2	WC	22.5	22.0	○	
金属					
SiH_4	Si	6.0	5.9	○	
WCl_6-H_2	W	15.5	15.5	○	
MoO_3-H_2	Mo	10.0	5.7	○	
$NbCl_5$-H_2	Nb	−0.7	1.6	○	

1）每 1 mol 金属源；

2）○表示"是"，×表示"否"。

3.8.1.4　粒子形状的控制

采用气相反应法生成的粒子有多晶和单晶。多晶粒子是球状的；磁带用 γ-Fe_2O_3 颗粒最好是针状的，可采用各向异性生长来制得。晶体各向异性生长是由于晶面生长速率不同所致。因为能生成粉末的反应体系的过饱和度大，因而各晶面生长出很多二维成长的核，使晶面凹凸不平。另外，表 3-8 内平衡常数小的反应系统中，通过控制析出温度，反应气体成分有可能生成沿一维方向生长的氮化物和碳化物晶须。例如，制备针状微细颗粒时，可以考虑用对晶须生长有利的物质的粒子作为晶核，使超微粒子从平衡常数小的反应体系中生成。

3.8.2　气相中制备超微粉末的方法

气相法对反应物的浓度要求不高，这种方法可以合成超微细、不团聚的粉末，尤其适合制备非氧化物陶瓷粉末。

3.8.2.1　气相化学反应法

在用气相反应法合成微粉时，生成粉末的性质除受反应体系的物理化学特性影响外，还明显地受反应器结构、加热方法、温度梯度、反应气体的预热和导入反应器的方法等因素影响。工业上制造微粉的例子有碳氢化合物热分解制炭黑，锌蒸气氧化制 ZnO，金属氯化物的氧化或蒸气水解制 TiO_2、SiO_2、Al_2O_3 等。目前人们十分关心 SiC 和 Si_3N_4 等耐热性好的高纯超微粉末的工业生产方法。

(1) 加热方法　气相反应合成微细粉末的加热方法有：电炉法、化学焰法、等离子体法、激光法等。

(2) 反应气体导入的方法　反应气体导入的反应部位不同，合成粉末的性质也有很大差别。例如，Ar 等离子体形成后，供给反应气 CH_3SiCl_3-H_2-Ar 制备 SiC 粉末时，不同位置供给反应气，生成粉末的组成变化很大。如果从等离子焰的上部导入，由于反应温度高，游离碳增加，收率降低；若 CH_3SiCl_3-H_2-Ar 混合气体从等离子焰的下部导入，由于反应温度低，游离碳显著减少，SiC 收率提高。

3.8.2.2　超微细氮化物和碳化物粉末的合成

金属氯化物和 NH_3 反应能够在比较低的温度下合成 BN、AlN、ZrN、VN 等微粉，另外，金属化合物蒸气和碳氢化合物反应还可生成碳化物粉末。平衡常数大的反应体系，能够在 1500℃ 以下合成碳化物粉末，然而平衡常数在低温下通常比较小，必须要高温才能生成粉末，故多用热等离子体合成碳化物超微细粉末，表 3-9 列出了采用气相化学反应法制氮化物和碳化物粒子的粒径范围。

表 3-9 气相反应生成氮化物和碳化物颗粒的直径和粒子生成过程

反应系统[1]	反应温度/℃	生成物	粒径/μm		粒子生成过程[2]
$SiCl_4$-NH_3	1000~1500	SiN_xH_y[3]	0.01~0.1		A
$SiCl_4$-NH_3	500~900	SiN_xH_y[3]	<0.2		A
$TiCl_4$-NH_3	600~1500	TiN	0.01~0.4	$T_M \leqslant 250℃$	A
				$T_M > 600℃$	B
$ZrCl_4$-NH_3	1000~1500	ZrN	<0.1	$T_M < 750℃$	A
				$T_M > 1000℃$	B
VCl_4-NH_3	700~1200	VN	0.01~0.2,$T_M \approx 400℃$		B
$Si(CH_3)_4$	900~1400	SiC	0.01~0.2		A
$Si(CH_3)Cl_3$	等离子体	SiC	<0.03		B（?）
SiH_4-CH_4	1300~1400	SiC	0.01~0.1		C
$TiCl_4$-CH_4	等离子体	TiC	0.01~0.2		B（?）
TiI_4-CH_4	1200~1400	TiC	0.01~0.15		B
$NbCl_5$-CH_4	等离子体	NbC	0.01~0.1		B（?）
$MoCl_3$-CH_4	1200~1400	Mo_2C	0.02~0.4	$T_M > 800℃$	B
				$T_M < 600℃$	C
MoO_3-CH_4	1350	Mo_2C	0.01~0.03		C
WCl_6-CH_4	1300~1400	WC	0.02~0.3	$T_M > 1000℃$	B
				$T_M < 1000℃$	C

1）合成碳化物时存在氢（>90%），合成氮化物一般也存在氢，金属化合物浓度在百分之几以下；

2）T_M 为合成氮化物时 MCl_4 和 NH_3 的混合温度，合成碳化物时为 MCl_4-CH_4 体系和 H_2 的混合温度；

3）Si_3N_4 含有过剩的 N、H，在 1300℃以上，Si_3N_4 结晶。

由表 3-9 可见,用气相反应法可以制得超微细粉末。这些氮化物和碳化物粒子的生成过程可分为如下三种类型:

(1)反应物间生成加合物粒子,然后热分解为氮化物和碳化物;

(2)氮化物或碳化物的核生成及其成长;

(3)生成金属粒子,然后氮化或碳化金属粒子生成氮化物或碳化物。

以氮化钛的生成为例说明生成过程对性质的影响。$TiCl_4$ 和 NH_3 的混合温度不同,粒子生成过程也不同,所以生成物形状有很大变化,如图 3-10 所示,混合温度在 250℃以下时,首先生成 $TiCl_4$ 和 NH_3 的加合物颗粒,这种粒子在 500℃以上热分解为 TiN(A 过程);当混合温度在 600℃以上时,$TiCl_4$ 与 NH_3 通过气相反应生成 TiN 核,由核生成 TiN 粒子(B 过程)。金属氯化物和氨分别呈酸性和碱性，因而两者容易生成加合物。生成过程随反应气体的混合温度而变化，这是金属卤化物－NH₃体系生成氮化物微粉的反应所具备的特征之一。从 $TiCl_4$-NH_3 体系生成 TiN 粒子，在 A 过程中是多孔性球状多晶粒子，粒径分布范围大，为 $0.01\sim0.4~\mu m$，很难通过反应条件进行控制；在过程 B 中，TiN 颗粒是单晶状的，可由反应条件将颗粒直径控制在 $0.1~\mu m$ 以下，如图 3-11 所示。

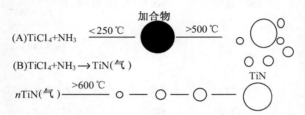

图 3-10　$TiCl_4$-NH_3 体系中 TiN 颗粒的生成过程

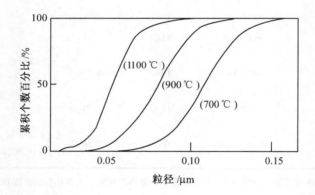

图 3-11　从 $TiCl_4$-NH_3 体系生成的 TiN 颗粒的直径分布

(图中的温度为反应温度，即 $TiCl_4$ 和 NH_3 的混合温度；颗粒
生成过程为类型 B，即过程 B；反应气体组成 $[TiCl_4]$＝2%，
$[NH_3]_0$＝19%，$[H_2]_0$＝19%）

3.8.2.3　等离子体法合成超微粒子(物理方法和化学方法)[3,19,20]

等离子体法合成超微粒子，主要是利用等离子体的高温、高速、高活性的特点，把等离子体的高温和骤冷两个极端参数结合起来，从而制得常规方法难以制得的或特性不同的超微粉末。

1. 等离子体法制取超微粉末的优点

（1）反应高速化　热等离子体提供了一个能量集中、温度很高（大于10 000K)的特殊环境，不仅能使难熔的陶瓷、金属熔化、蒸发，还能大大强化反应动力学，一般只需要千分之几秒就足以完成化学反应。

（2）能实现低温下难以进行的反应　从热力学看，许多在低温下自由能变化$\Delta G > 0$ 的反应不能进行，但在等离子体的高温下 $\Delta G < 0$，能使低温下不能进行的反应得以实现，平衡向高温方向转移。

（3）多样性和独特性　由于可使等离子体呈氧化性气氛、还原性气氛和惰性气氛等，所以能制得超微细的氧化物、碳化物、氮化物、复合粉和合金粉末。高能电子、激发分子、自由基和离子等活性物质参加反应，可制得具有优异性能的超微粉末或新的物质。

（4）能利用骤冷控制反应　因为等离子体的流速和供给颗粒的流速可分别达到 500m/s 和 100m/s，所以颗粒在等离子体中的停留时间为 ms 数量级，并且颗粒的温度能达到几千 K，由这些数据估计添加到等离子射流中颗粒的冷却速率能达到 10^6 K/s 的数量级，利用这样大的速度，不仅可得到很高的过饱和度，从而制得与通常条件下形状完全不同的超微粉末，而且能冻结高温相稳定的物质。这正是充分利用了等离子装置既作为热源又作为骤冷装置的特点。

从工业观点看，等离子体工艺简单，反应迅速，操作连续，有可能向大规模生产方向发展，因而具有极其光明的前景。

2. 等离子体法制备超微粉末的方法

等离子体法制备超微粉末大致分为以下三种类型：① 等离子体蒸发法；② 反应性等离子体蒸发法；③ 等离子体气相化学反应法。

（1）等离子体蒸发法　等离子体蒸发法是蒸发-凝聚的物理方法，特别适用于制备纯金属粉末。

① 熔融池蒸发法　将金属或非金属源置于强电弧的阳极加热使其蒸发，然后骤然冷却凝聚成超微粉末。

② 粉末蒸发法　向等离子体中供给适当粒度的粉末使之完全蒸发，得到供给物的高温蒸气，在火焰边界或用骤冷装置，通过在非平衡过程中进行蒸气的凝聚制得超微粉末。

③ 活性等离子体电弧蒸发法　本法是利用等离子弧加热，在活化的氢气气氛中熔融金属，并生成大量金属粉末的方法。

④ 电子束加热法　利用电子束的高温作为蒸发热源，生产高熔点物质的超微粉末的方法。

⑤ 激光束加热法　将连续高能密度的 CO_2 激光通过 Ge 窗聚焦在试料上使其蒸发来制取超微粉末的方法。

⑥ 溅射法　用等离子体中高能的正离子束,轰击金属或非金属,使靶材飞出原子或分子,溅射出的粒子具有一定的动能,飞向冷凝器上制取微细粉末的方法。

其他利用物理蒸发制备超微粉末的方法还有:

① 电阻加热法　在真空蒸镀装置中利用钨加热器或石墨电阻体加热蒸发原料来制取超微细粉末的方法。

② 高频感应加热法　在耐火材料坩埚内装入蒸发原料,并在坩埚外围的铜制感应线圈通高频电流,使原料加热、蒸发来制取超微粉末的方法。

(2) 反应性等离子体蒸发法　反应性等离子体蒸发法是在等离子体蒸发中所得到的超高温蒸气的冷却过程中,引入化学反应。可分为往等离子体中直接引入反应性气体的方法和在火焰尾部导入反应性气体的方法。

(3) 等离子体气相化学反应法　等离子体气相化学反应法是使金属化合物蒸气在等离子体中发生反应,是一种常用的合成超微细粉末的方法。下面介绍等离子体气相化学反应合成超微细氮化钛的例子。

[例 1] 等离子体法制取超微细氮化钛[21]

TiN 用于各种高强度的金属陶瓷工具、喷气推进器以及火箭等,是一种优良的结构材料。特别是含氮金属陶瓷工具的开发使得 TiN 粉末的需要量急剧增加。另外,TiN 有较低的摩擦系数,可作为高温润滑剂。TiN 合金用作轴承和密封环显示出优异的效果。TiN 有较高的导电性,可用作熔盐电解的电极以及电触头材料等。TiN 有较高的超导临界温度,可制作超导材料。TiN 也可用作涂层和磨料。

用等离子体法合成 TiN 的研究,在国外曾采用以金属钛块作阳极,用转移型氮等离子射流与阳极钛反应合成 TiN,或者将 TiO_2 与 C 混合进行还原氮化以及将钛粉直接加入到氮等离子射流进行氮化的方法。但由于这些方法的缺点是很难获得纯净的超细 TiN 粉末且产率较低,因此,人们更加注意采用氮等离子射流气相氮化 $TiCl_4$ 的方法。例如曾经用氮气将 $TiCl_4$ 送入到氮等离子射流,并使氮等离子射流与 $TiCl_4$、H_2、NH_3 进行反应。该法不仅原料费用低,产量高,而且能获得超微细的 TiN 粉末。

原成都科技大学(现四川大学西区)对高频等离子体法合成超微细 TiN 进行了广泛深入的研究。在等离子体气相氮化 $TiCl_4$ 合成 TiN 的研究中,目前几乎都是采用输出功率为几千瓦的直流等离子体装置。该研究基于高频等离子体无电极损耗和电极烧蚀的污染,弧柱粗、射流速度较慢,试剂在反应段停留时间较长、反应较完全的特点,在氮化 $TiCl_4$ 合成 TiN 的研究中,采用了输出功率为 30 kW 的高频等离子体装置。

（1）原理及装置　等离子体气相氮化 TiCl₄ 合成 TiN，是用氮等离子射流在瞬间把 TiCl₄、H₂ 和 NH₃ 加热到较高温度，使它们在具有较高化学活性的条件下进行下列反应：

$$TiCl_4 \rule[0.5ex]{1.5em}{0.4pt} Ti + 2Cl_2 \tag{3-17}$$

$$TiCl_4 + 2H_2 \rule[0.5ex]{1.5em}{0.4pt} Ti + 4HCl \tag{3-18}$$

$$Ti + \frac{1}{2}N_2 \rule[0.5ex]{1.5em}{0.4pt} TiN \tag{3-19}$$

$$NH_3 \rule[0.5ex]{1.5em}{0.4pt} \frac{1}{2}N_2 + \frac{3}{2}H_2 \tag{3-20}$$

将式（3-17）～（3-20）加以组合可得如下 4 个合成反应：

$$TiCl_4 + \frac{1}{2}N_2 \rule[0.5ex]{1.5em}{0.4pt} TiN + 2Cl_2 \tag{3-21}$$

$$TiCl_4 + \frac{1}{2}N_2 + 2H_2 \rule[0.5ex]{1.5em}{0.4pt} TiN + 4HCl \tag{3-22}$$

$$TiCl_4 + NH_3 \rule[0.5ex]{1.5em}{0.4pt} TiN + \frac{3}{2}H_2 + 2Cl_2 \tag{3-23}$$

$$TiCl_4 + NH_3 + \frac{1}{2}H_2 \rule[0.5ex]{1.5em}{0.4pt} TiN + 4HCl \tag{3-24}$$

这种在高温气流中快速合成的 TiN，被高速气流很快地送入到低温部分骤冷，这样就抑制了 TiN 粒子的长大，从而得到超微粉末。

试验所用装置的示意流程如图 3-12 所示。它主要包括感应等离子体电源和灯具。该电源的作用是把工频电能转换成高频电能，叫工业用高频电子管振荡器。本装置最大额定输出功率为 30 kW，频率约为 4 MHz。灯具是高频电磁场作用空间。它放置在振荡器工作线圈之中，与电感线圈进行有效地耦合，电感线圈产生的高频电磁场使得通入灯具的气体放电电离，形成等离子弧。TiCl₄ 置于恒温器，并由氢气带入反应器。N₂、H₂ 及 NH₃ 等气体经净化器和调节系统进入反应器。TiN 产品由袋式过滤器收集，尾气经水环真空泵排出。灯具及反应器的结构如图 3-13 所示。

（2）试验结果

① 在氮等离子射流中只加入 TiCl₄，不能生成 TiN。TiN 的合成必须有氢的存在，在氢气存在下再加适量的 NH₃，对提高产品中的含氮量、降低含氧量、细化粒度等都是有好处的。但加入 NH₃ 量过多，将降低等离子射流的温度，使反应不完全。研究表明，各试剂的物质的量之比以 $H_2 : NH_3 : TiCl_4 = 21 : 6 : 1$ 为宜。

② 为使原料能与高温等离子射流充分混合，本试验条件下，原料的最佳喷射速度为 50m/s 左右，NH₃ 的加料位置应在 TiCl₄ 进料口以下。

③ 氮等离子射流与 TiCl₄、H₂ 及 NH₃ 合成 TiN 的过程，是由正反应和逆反

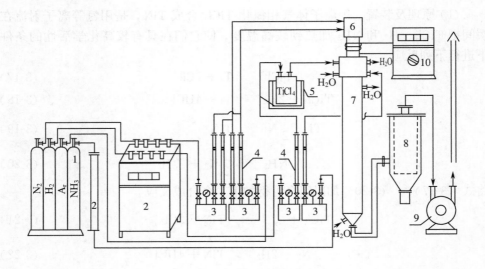

图 3-12　高频等离子体法合成超细 TiN 的流程示意图

1—钢瓶；2—净化器；3—缓冲器；4—流量计；5—恒温器；6—等离子发生器；7—等离子反

应器；8—袋式过滤器；9—水环真空泵；10—高频电源

应这两个相反过程的竞争来确定的。因此如何从反应器的几何参数上来保证正向

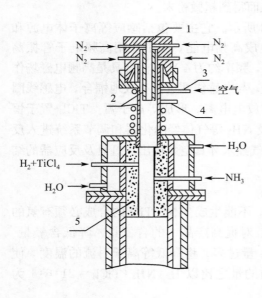

图 3-13　灯具及反应器结构示意图

1—气体分配头；2—石英管；3—空气喷嘴；

4—感应线圈；5—反应器

反应和限制逆向反应，是非常重要的。试验表明，反应器的直径较小，长径比 L/D 不宜过大。

④ 生成物中所残留的 NH_4Cl 等杂质，在 200℃ 左右的温度下，于纯氢气气氛或真空中保温 2h 便能升华除去。

⑤ 试验表明，高频氮等离子射流与 $TiCl_4$、H_2 和 NH_3 进行气相反应，能有效地合成超微细的 TiN 粉末。所得 TiN 微粉为黑褐色，面心立方晶体，TiN 的最高结合氮为 22.37%，粒度为 0.01～0.15 μm，比表面积为 21.9～45 m^2/g。

⑥ 该产品经自贡硬质合金厂作 TiN 基硬质合金刀片试验表明，与传统 YT 合金相比，单片刀具成本降低一半，寿命提高 1～3 倍，加工光洁

度提高 1～2 级，经济、社会效益显著。

3.9 液相法制备超微粉末[3,4,12,16～18]

3.9.1 由液相制备超微粉末的方法

近十多年来，人们对液相法制备单一或多组分氧化物粉末表现出愈来愈浓厚的兴趣。该法是由反应物分子、离子通过反应生成产物并经成核和生长两个阶段制备超微颗粒，容易获得颗粒直径小于 1 μm 的微粒。这种方法尤其适合于制备功能陶瓷的多组分原料粉末，液相法制备超微粉的特点是：①可达到原子分子水平的混合；②容易控制成核和组分的均匀性；③能制得高纯的复合氧化物粉末；④便于添加微量组分等。与多组分化合物合成和添加微量成分的气相法相比，液相微粒化方法简便且适用范围广。但是与气相法相比，液相法生成的微细粉末之间容易产生团聚。开发减少粉末团聚的新液相法是一个重要的方向。

由金属盐溶液制备超微粉末的方法可分为三大类：沉淀法、溶剂蒸发法和其他合成法，如表 3-10 所示。

表 3-10 从液相制备微粉的方法原理和特点

类别	方 法	原 理	特 点	例 子
沉淀法	1. 直接沉淀法	只进行沉淀操作直接得到氧化物、氧化物的水合物及不溶性盐类粉末	沉淀需进行干燥，或煅烧转变成目的产物；粉末的纯度高，粒度可控制	TiO_2、SiO_2、$CaCO_3$、$BaSO_4$ 等
	2. 均匀沉淀法	均匀沉淀法是使沉淀剂在溶液内缓慢生成（消除沉淀剂的局部不均匀性）来进行沉淀的方法	外加沉淀剂后靠化学反应慢而均匀地释放出构晶离子进行均匀沉淀的方法，沉淀纯度高，体积小，容易过滤、洗涤	Fe、Al、Sn、Ce、Th、Zr 的氢氧化物和硫酸盐等
	3. 共沉淀法	共沉淀法是在混合的金属盐溶液中加入沉淀剂，使各成分均匀混合沉淀，然后进行热分解的方法	能制得化学均匀性良好且易烧结的复合氧化物粉末等	掺 Y 的 ZrO_2、$BaTiO_3$ 等

类 别	方 法	原 理	特 点	例 子
沉淀法	4. 醇盐水解法	它是通过醇盐水解生成氧化物、氧化物的水合物沉淀的方法	可从溶液中直接分离制造所需粉末,可制得纯度高、粒度细、粒度分布窄的单一或复合氧化物粉末	TiO_2、ZrO_2、$BaTiO_3$、$ZrTiO_3$、Fe_3O_4、$MnFe_2O_4$ 等
	5. 直接水解法	它是用金属盐水解使其生成氧化物或水合氧化物,然后热分解得到氧化物的方法	适合制备纯度高、粒度细的氧化物粉末	Al_2O_3、TiO_2、ZrO_2
	6. 还原法	金属盐溶液中利用还原反应制得金属粉末的方法	能制得 $1~\mu m$ 以下的金属粉末	Ag、Au、Pt、Pd、Ni 等
	7. 溶胶-凝胶法	它是将金属氧化物或氢氧化物的浓溶胶转变为凝胶,再将凝胶干燥后煅烧制得氧化物的方法	能制得均匀性好、纯度高、粒度细的粉末	UO_2、$\alpha\text{-}FeOOH$、Fe_2O_3、ThO_2 等
溶剂蒸发法	1. 冷冻干燥法	将金属盐溶液喷到低温液体中,使液滴瞬时冷冻,然后在低温真空条件下升华脱水,再经过热分解制得粉末的方法	制得组成均匀、反应性和烧结性良好的微粉,生成粉末的表面积较大	TiO_2、NiO 等
	2. 喷雾干燥法	喷雾干燥法是将溶液分散成小液滴喷入热风中,使之迅速干燥的方法	无沉淀操作,广泛用于造粒法和微量成分添加法	$\beta\text{-}Al_2O_3$ 和氧化铁粉末
	3. 喷雾热分解法	将金属盐溶液喷入高温气氛中,使溶剂瞬间同时发生蒸发和金属热分解而直接生成氧化物粉末	粒子呈球形而且中空,流动性好,此法能连续运转,生产能力大,适合制单一或复合氧化物粉末	$Mn_{0.5}Mg_{0.5}Fe_2O_4$ 微粉等

类别	方法	原理	特点	例子
其他方法	1. 微波合成法	在微波场中以微波为热源加热反应体系合成超微粒子	微波穿过整个反应体系，加热很均匀，合成时间短，工艺简单。但设备较贵，对反应体系有选择性	AlN、$SrTiO_3$ 等超微粉末
	2. 水热法	在密闭体系中，以水为反应介质，通过对反应容器加热，创造一个相对高温、高压的反应环境进行化学反应的方法	因为是全湿法过程，避免了高温煅烧，因而制得的微粉无团聚或少团聚，产物结晶度高，晶面完整	TiO_2、ZrO_2、Fe_2O_3、$BaTiO_3$、$PbTiO_3$ 等微粉
	3. 相转移法	先用胶溶法制备水溶胶，加入表面活性剂进行亲油憎水处理，有机溶剂萃取得有机胶体，再共沸蒸馏脱水，减压蒸馏除有机溶剂，产物热处理得超微粉末	此法成本较高，工业化较困难	$FeOOH$、Fe_2O_3、TiO_2、Al_2O_3、MoO_3 等超微粒子
	4. 微乳液法	反应局限在 W/O 微乳液"微反应器"中进行，从而制备超微粒子	易制得超微细的、粒度分布窄的、无硬团聚的超微粒子	Cu、Ni、Au、Ag、CuS、CdS、$BaTiO_3$、$SrTiO_3$、$AgCl$、$AgBr$、$CaCO_3$、$BaCO_3$ 等超微粒子
	5. 超临界流体法	在超临界条件下，高密度的超临界流体具有溶解固体或液体的能力，一旦降低压力，可导致溶质过饱和而沉淀析出，达到制备或干燥超微粒子的目的	粒子细而均匀	SiO_2、TiO_2、ZrO_2、Al_2O_3 等超微粒子
	6. 超重力场合成法	在旋转填充床反应器中，液相经液体分布器喷向填料层内缘，在离心力作用下，由内缘流向外缘；气相靠压力梯度由填料层外缘流向内缘。在填料层内气、液两相接触反应	由于在超重力场中，液相高度湍动，高度分散从而大大强化了传质过程，过程速率大大提高	$CaCO_3$ 超微粒子

3.9.2 液相中生成固相微粒的机理分析

液相中生成固相微粒要经过成核、生长、凝结、团聚等过程。为了从液相中析出大小均匀一致的固相颗粒，必须使成核和生长这两个过程分开，以便使已形成的晶核同步地长大，并在生长过程中不再有新核形成。如图 3-14 所示，在整个成核和生长过程中液相内与析出物相应的物质的量浓度是变化的。在阶段 I，浓度尚未达到成核所要求的最低过饱和浓度 $c_{\min}^*$，因此无晶核生成。当液相中溶质浓度超过 $c_{\min}^*$ 后即进入成核阶段 II。液相中均匀成核的核生成速率可用下式表示：

$$J = J_0' \exp\left(\frac{\Delta G_D}{KT}\right) \exp\left(\frac{\Delta G_c}{KT}\right) \tag{3-25}$$

$$\Delta G_c = -\frac{KT}{V}\ln\frac{c}{c_0} \tag{3-26}$$

式中，ΔG_D 为晶核在液相中的扩散活化自由能；ΔG_c 为从溶液中析出晶核时伴随的自由能变化；c 为过饱和溶液的浓度；c_0 为饱和溶液浓度；V 为晶体中单个分子所占的体积。

核的生成速率随 c/c_0 的变化而很快地变化。

非均匀成核时，在相界表面上（如外来质点、容器壁以及原有晶体表面上）形成晶核，称非均匀成核，临界核生成的自由能变化 ΔG_c^* 可用下式表示：

$$\Delta G_c^* = \Delta G_c\left[\frac{(2+\cos\theta)(1-\cos\theta)^2}{4}\right] \tag{3-27}$$

式中，θ 是液体与固体形成的接触角，由于 $(2+\cos\theta)$ $(1-\cos\theta)^2/4 < 1$，所以，ΔG_c^* 比均匀成核的 ΔG_c 要小。

非均匀核的成核速率可用下式表示：

$$J = \pi\left(\frac{2\sigma_{cv}V}{\Delta G_v}\right)^2 n_v P(2\pi mKT)^{-1/2} \cdot \exp\left[-\frac{16\pi^2 \sigma_{cv}^3}{3KT\Delta G_v^2} \cdot \frac{(2+\cos\theta)(1-\cos\theta)^2}{4}\right]$$

$$\tag{3-28}$$

式中，n_v 为蒸气或液相的密度。

从式（3-28）可看出，核生成速率对 ΔG_v 值是非常敏感的，不均匀核生成比均匀核的生成容易。式（3-28）对液相或气相中的非均匀成核皆适用。

阶段 III 是生长阶段。晶体的生长是在生成的晶核上吸附原子或分子而使其长大。晶体生长的过程是气相或者液相的原子或分子扩散到晶体表面附着并进入晶格。晶体生长速率用下式表示：

$$J = KgSc_m = 2\pi d_p Dc_m \tag{3-29}$$

式中，d_p 为粒子直径；c_m 为液相中单分子的浓度；D 为分子的扩散系数。

为使成核与生长尽可能分开，必须使成核速率尽可能快而生长速率适当地慢。这样便可尽量压缩阶段Ⅱ。若Ⅱ过宽，则在该阶段不仅成核，同时伴随生长。另外，在阶段Ⅲ必须使浓度始终低于 c_{min}^*，以免引起新的核生成，同时又必须使浓度保持在饱和浓度 c_s 之上直至生长过程结束。

图 3-15 表示在微粒生长时其附近溶质浓度的变化情况。

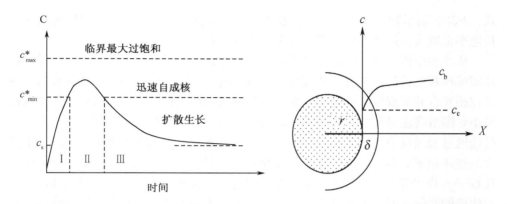

图 3-14 析出固体时液相中溶质的浓度变化   图 3-15 扩散层附近溶质浓度的变化

如果扩散过程是一个慢过程，即生长由扩散控制，并考虑到 Gibbs-Thomson 效应，即在表面张力的作用下固体颗粒的溶解度 c_e 是颗粒半径 r 的函数。可以推导出正在生成的颗粒半径分布的标准偏差 Δr 的变化率的表达式：

$$\frac{d\Delta r}{dt} = \frac{2\gamma D V_m^2 c_\infty}{RT} \cdot \frac{\Delta r}{r_a}\left(\frac{2}{r_a} - \frac{1}{r^*}\right) \tag{3-30}$$

式中，γ 为固/液表面张力；D 为溶质在液相中的扩散系数；V_m 为溶质的摩尔体积；c_∞ 为平面固相的溶解度；r_a 为固相颗粒的平均半径；r^* 为对应于溶解度为 c_e 的固相颗粒半径；c_b 为在远离颗粒的液相深处溶质的浓度；R 为摩尔气体常量。

从式（3-30）可知：

$$当(r_a/r^*) < 2, 则 \frac{d\Delta r}{dt} > 0 \tag{3-31}$$

$$当(r_a/r^*) \geqslant 2, 则 \frac{d\Delta r}{dt} \leqslant 0 \tag{3-32}$$

由于 r_a 和 r^* 都同相应的浓度相联系，式（3-31）成立的条件相当于低的过饱和浓度和明显的 Gibbs-Thomson 效应。$d\Delta r/dt > 0$ 表明，随着颗粒的生长，粒度分布的标准偏差越来越大，因此最终得到的是一个宽的粒度分布。式（3-32）所对应的条件是 Gibbs-Thomson 效应极小而液相中过饱和程度很大，$d\Delta r/dt \leqslant 0$ 表示最终可有一个窄分布的颗粒集合体。因此，式（3-32）所对应的条件是合成粉料时所希望的。

如果微粒生长受溶质在微粒表面发生的反应控制，则可导出下面两个公式：

$$\frac{\mathrm{d}r}{\mathrm{d}t} = K_1 V_{\mathrm{m}}(c_{\mathrm{b}} - c_{\mathrm{e}}) \tag{3-33}$$

或
$$\frac{\mathrm{d}r}{\mathrm{d}t} = K_1 r^2 \tag{3-34}$$

式（3-33）表示颗粒长大速率与颗粒半径无关，而式（3-34）表示颗粒越大其生长速率也越大。这两种情况都导致宽的粒度分布。

从液相中析出固相微粒的经典理论只考虑成核和生长。但一些研究者发现，伴随成核和生长过程另有聚结过程（clustering）同时发生，即核与微粒或微粒与微粒相互合并形成较大的粒子。如果微粒通过聚结生长的速率随微粒半径增大而减小，则最终也可形成粒度均匀一致的颗粒集合体。小粒子聚结到大粒子上之后可能通过表面反应、表面扩散或体积扩散而"溶合"到大粒子之中，形成一个更大的整体粒子，但也可能只在粒子间相互接触处局部"溶合"，形成一个大的多孔粒子。若"溶合"反应足够快，即"溶合"反应所需时间小于微粒相邻两次有效碰撞的间隔时间，则通过聚结可形成一个较大的整体粒子；反之则形成多孔粒子聚结体。后一种情况也可看作下面所讨论的团聚过程。

从液相中生成固相微粒后，由于 Brown 运动的驱使，微粒互相接近，若微粒具有足够的动能克服阻碍微粒发生碰撞形成团聚体的势垒，则两个微粒能聚在一起成为团聚体。阻碍两个微粒互相碰撞形成团聚体的势垒可表达为

$$V_{\mathrm{b}} = V_{\mathrm{a}} + V_{\mathrm{e}} + V_{\mathrm{c}} \tag{3-35}$$

式中，V_{a} 起源于范德华引力，为负值；V_{e} 起源于静电斥力，为正值；V_{c} 起源于微粒表面吸附有机大分子的形位贡献，其值可正可负。

从式（3-35）可知：为使 V_{b} 变大，应使 V_{a} 变小，V_{e} 变大，V_{c} 应是大的正值。V_{a} 同微粒的种类、大小和液相的介电性能有关。V_{e} 的大小可通过调节液相的 pH 值、反离子浓度、温度等参数来实现。V_{c} 的符号和大小取决于微粒表面吸附的有机大分子的特性（如链长、亲水或亲油基团特性等）和有机大分子在液相中的浓度。只有浓度适当才能使 V_{c} 为正值。微粒在液相中的团聚一般来讲是个可逆过程，即团聚和离散两个过程处在一种动态平衡状态。通过改变环境条件可以从一种状态转变为另一种状态。

形成团聚结构的第二个过程是在固-液分离过程中发生的。从液相中生长出固相微粒后需要将液相从粉料中排除掉。随着最后一部分液相的排除，在表面张力的作用下固相颗粒相互不断靠近，最后紧紧地聚集在一起。如果液相为水，最终残留在颗粒间的微量水通过氢键将颗粒紧密地黏连在一起。如果液相中含有微量盐类杂质（如氯化物、氢氧化物），则会形成"盐桥"，更是把颗粒相互黏连牢固。这样的团聚过程是不可逆的，一旦生成团聚体就很难将它们彻底分离开。

粉料的煅烧过程可使已形成的团聚体因发生局部烧结而结合得更牢固，这便

是形成团聚的第三个过程。颗粒间局部烧结会大大恶化粉料的成型、烧结性能，这是制备超微细陶瓷粉料时要尽力避免的。

3.9.3　沉淀-煅烧法制备超微粉体

沉淀-煅烧法是一种最常用的从液相合成粉料的方法，已用在大规模工业生产中。从溶液中析出的沉淀物的化学组成和相组成一般不符合最终粉料的设计要求，需经过煅烧处理转变成化学组成和相组成符合要求的粉料。

（1）湿化学沉淀法（wet chemical precipitation method）　又叫做液相沉淀法。是一种在水溶液或有机溶剂中制备粉体和超微粉体的方法，主要用于氧化物或复合氧化物超微粉体的制备及某些金属超微粉体的制备。在前一种情况下，向含被沉淀阳离子的水溶液中，加入含 OH^-、CO_3^{2-}、SO_4^{2-}、$C_2O_4^{2-}$ 等阴离子的沉淀剂，在一定条件下反应生成相应的不溶性化合物（前驱体），再将其分离、干燥、热分解得最终产品。在后一种情况下，是向某些比较惰性的金属的盐溶液中加入还原剂，在一定条件下还原制备金属超微粉（如 Au、Ag、Pd、Cu、Co、Ni 粉等）。其突出优点是：反应过程简单，成本较低，便于实现工业化。此法包括直接沉淀法、均匀沉淀法和共沉淀法三种。

直接沉淀法（direct precipitation method）　就是使溶液中某一种金属阳离子与沉淀剂在一定条件下发生化学反应形成沉淀物。常用来制取高纯氧化物粉体或超微粉体。如通 CO_2 从 $Ca(OH)_2$ 乳液中沉淀超微细 $CaCO_3$，产品用于小汽车防石击涂料。又如用 CO_2 或 $NH_4HCO_3 + NH_4OH$ 从 $CaCl_2$ 溶液中沉淀电陶级 $CaCO_3$；用 H_2SO_4 或 HCl 从 Na_2SiO_3 溶液中沉淀出 H_2SiO_3，再干燥、煅烧得电子陶瓷用掺杂剂 SiO_2 等等。加料方式可以是正滴法，即将沉淀剂溶液加到盐溶液中去；或反滴法，就是将盐溶液加到沉淀剂溶液中。不同的加料方式可能对沉淀物的粒度及粒度分布、形貌等产生影响。

均相沉淀法（homogeneous phase precipitation method）　又叫均匀沉淀法。它是一种利用化学反应使加入溶液中的某种沉淀剂在整个溶液中缓慢而均匀地释放出构晶离子，从而使沉淀在整个溶液中缓慢均匀地析出的方法。常用的均匀沉淀剂有尿素、六次甲基四胺、氨基磺酸等。此法已用来制取 ZnO、TiO_2 超微粉及稀土氢氧化物等。这种方法有两个特点：一是由于构晶离子缓慢均匀地产生，从而可以避免沉淀剂局部过浓，并防止杂质的共沉淀；二是由于构晶离子在整个溶液中均匀分布，所得沉淀物的颗粒比较均匀、致密，便于洗涤、过滤。

化学共沉淀法（chemical coprecipitation method）　是在含有两种或两种以上金属离子的混合金属盐溶液中，加入合适的沉淀剂（如 OH^-、CO_3^{2-}、$C_2O_4^{2-}$ 等），经化学反应生成各种成分具有均一相组成的共沉淀物，进一步热分解得到高纯微细或超微细粉体。沉淀剂种类和用量的选择是否恰当是确保共沉淀是否完全的关键。溶液浓度、反应温度、时间、pH 值等因素对共沉淀过程会有很大影响。其特点是：① 能直接得到化学成分均一的复合粉料；② 容易制备粒度细小且均匀的单分散超微粉体材料。此法已被广泛用于 $BaTiO_3$、PLZT、敏感材料（如压敏电阻用 ZnO 复合超微粉等电子陶瓷粉体材料）和铁氧体磁性材料、荧光材料粉体等的合成。

用沉淀法制备粉料必须注意避免形成严重的硬团聚，主要措施有以下几种：

首先，必须在固液混合状态下将液相中残剩的各种盐类杂质离子，如 NH_4^+、OH^-、Cl^- 等尽可能彻底地除尽。这一般通过充分的洗涤来实现。在此基础上再结合其他措施以获得轻微团聚的粉料。如用有机溶剂洗涤挤水法，即用表面张力比水低的醇、丙酮等有机溶剂洗涤以取代残留在颗粒间的水，减小液桥作用，可获得团聚程度较轻的粉料。又如在沉淀过程中以及在沉淀物洗净脱水时加入有机大分子表面活性剂，如聚丙烯酰胺、聚乙二醇等，由于有机大分子的位阻效应也可减少团聚程度。

另外，采用共沸蒸馏挤水法也能较有效地防止硬团聚的形成。这种方法是将洗除了杂质离子（如 Cl^-，NO_3^- 等）的胶体与有机溶剂如醇、甲苯、二甲苯等搅拌混合后，转入蒸馏瓶中共沸处理。在水－醇共沸温度下，胶体内的水分子以共沸物的形式被带出而脱除。当胶体内的水分完全被脱除后，再升温到沸点，继续回流一段时间排出醇。蒸馏脱水后的胶体在烘箱中干燥后，再煅烧，最后得到无硬团聚的非常疏松的超微粉体。

在干燥阶段由于粉料中的毛细孔内存在气－液界面，在表面张力的作用下将颗粒与颗粒互相拉近形成"液桥"，最后造成严重团聚。如果消除具有巨大表面张力的气－液界面，或使颗粒被固定而不能互相靠近，就有可能不会造成严重的团聚。这就是采用超临界干燥和冷冻干燥的基本思想。

[例 2]　沉淀法制备 ZrO_2 超微粉末[22]

ZrO_2 陶瓷除具有耐热性、隔热性、抗腐蚀性外，还具有极高的强度、韧性和导电性，从而成为最引人注目的材料之一。其性能在很大程度上取决于 ZrO_2 粉末的特性。ZrO_2 粉末的制法如表 3-11 所示。

湿法制备 ZrO_2 的工艺如图 3-16 所示。共沉淀法制备掺杂 ZrO_2 的工艺受溶液的 pH 影响很大，随 pH 的上升，溶液中的 Zr^{4+} 首先沉淀，然后依次沉淀 Y^{3+}、Ce^{3+} 和 Al^{3+}，可能引起沉淀物质的组成和粒子大小差异，为保证所制粉末分散均匀且组分稳定，必须对系统进行热力学分析，找出最佳的 pH 值范围，为此我们对共沉淀法制取 Y_2O_3-CeO_2-Al_2O_3-ZrO_2 四元复合氧化物粉末的热力学过程进行分析。

（1）Y_2O_3-CeO_2-Al_2O_3-ZrO_2 四元湿法体系热力学分析　表 3-12 列出了 Y（Ⅲ）-Ce（Ⅲ）-Al（Ⅲ）-Zr（Ⅳ）-H_2O 体系中可能的反应和相应的热力学平衡常数。

表 3-11 ZrO₂ 超微粉末的制造方法

类 别	方 法
机械法	球磨法、振动磨法、乳罐法、乳棒法
热分解法	加热法、喷雾干燥法、火焰喷雾法、等离子体法、气相反应法、冷冻干燥法、煤油加热法、石油加热法
沉淀法	共沉淀法
水解法	水溶液法、醇盐水解法、溶胶-凝胶法

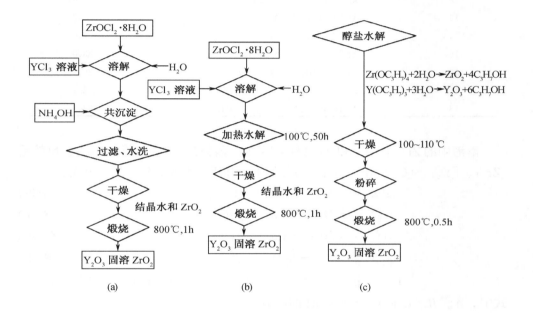

图 3-16 湿法制备 ZrO₂ 的工艺

（a）中和共沉淀法；（b）加热水解法；（c）醇盐水解法

表 3-12 Y(Ⅲ)-Ce(Ⅲ)-Al(Ⅲ)-Zr(Ⅳ)-H₂O 体系中的反应和平衡常数

序 号	反 应	lg K
1	$Y^{3+}+OH^- \Longrightarrow Y(OH)^{2+}$	6.3
2	$2Y^{3+}+2OH^- \Longrightarrow Y_2(OH)_2^{4+}$	13.8
3	$3Y^{3+}+5OH^- \Longrightarrow Y_3(OH)_5^{4+}$	38.4
4	$Y(OH)_3(s) \Longrightarrow Y^{3+}+3(OH)^-$	−23.2
5	$3Ce^{3+}+5OH^- \Longrightarrow Ce_3(OH)_5^{4+}$	36.5

序　号	反　　应	lg K
6	$Ce(OH)_3$ (s) $\Longrightarrow Ce^{3+}+3OH^-$	-21.2
7	$Zr^{4+}+OH^- \Longrightarrow Zr(OH)^{3+}$	14.3
8	$Zr^{4+}+5OH^- \Longrightarrow Zr(OH)_5^-$	55.0
9	$3Zr^{4+}+4OH^- \Longrightarrow Zr_3(OH)_4^{8+}$	55.4
10	$4Zr^{4+}+8OH^- \Longrightarrow Zr_4(OH)_8^{8+}$	106.4
11	$Zr(OH)_4$ (s) $\Longrightarrow Zr^{4+}+4OH^-$	-54.1
12	$Al^{3+}+OH^- \Longrightarrow Al(OH)^{2+}$	9.01
13	$Al^{3+}+2OH^- \Longrightarrow Al(OH)_2^+$	18.7
14	$Al^{3+}+3OH^- \Longrightarrow Al(OH)_3$	27.0
15	$Al^{3+}+4OH^- \Longrightarrow Al(OH)_4^-$	33.0
16	$2Al^{3+}+2OH^- \Longrightarrow Al_2(OH)_2^{4+}$	20.3
17	$3Al^{3+}+4OH^- \Longrightarrow Al_3(OH)_4^{5+}$	42.1
18	$Al(OH)_3$ (s) $\Longrightarrow Al^{3+}+3OH^-$	-33.5

溶液中的 Zr、Y、Ce 和 Al 每种金属离子总浓度习惯表示成 $[Me]_T$、也就是 $[Zr]_T$、$[Y]_T$、$[Ce]_T$ 和 $[Al]_T$。由化学平衡和质量平衡，建立如下公式：

$$\lg[Zr]_T = 1.9 - 4pH + \lg A \tag{3-36}$$

$$\lg[Y]_T = 18.8 - 3pH + \lg B \tag{3-37}$$

$$\lg[Ce]_T = 20.8 - 3pH + \lg C \tag{3-38}$$

$$\lg[Al]_T = 8.5 - 3pH + \lg D \tag{3-39}$$

$$\lg[Me]_T = \lg([Zr]_T + [Al]_T + [Ce]_T + [Y]_T) \tag{3-40}$$

式中，A、B、C 和 D 分别是 pH 的函数。

$$A = 1 + 10^{0.3-pH} + 10^{5pH-15.0} + 3 \times 10^{3.2-4pH} + 4 \times 10^{0.1-4pH}$$

$$B = 1 + 10^{pH-7.7} + 2 \times 10^{4.6-pH} + 3 \times 10^{6.0-pH}$$

$$C = 1 + 3 \times 10^{8.1-pH}$$

$$D = 1 + 10^{pH-4.99} + 10^{2pH-9.3} + 10^{3pH-15} + 10^{4pH-23}$$
$$+ 2 \times 10^{0.8-pH} + 3 \times 10^{3.1-2pH}$$

从许多 pH 下的 $[Me]_T$ 值就可以得到 $\lg[Me]_T$ 与 pH 的关系，并示于图 3-17。

(2) 热力学分析结果和讨论　热力学分析指出下列条件是每种金属离子沉淀完成所必须的 pH 值：Y（Ⅲ）：pH≥8.1；Ce（Ⅲ）：pH≥8.6；Al（Ⅲ）：4.6≤pH≤9.5；Zr（Ⅳ）：2.4≤pH≤9.1。因此，优选 pH 范围是 8.1～9.1。pH 在这个范围内各种金属离子可以被完全沉淀。超出这个 pH 范围，会导致原材料的浪费（一种或更多种的金属离子可能沉淀不完全）并且所获得粉末的成分也将偏离

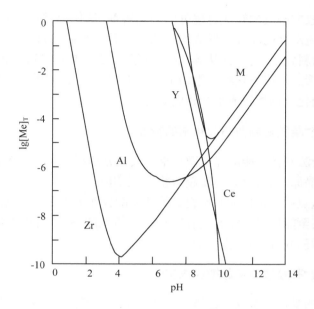

图 3-17　Y(Ⅲ)-Ce(Ⅲ)-Al(Ⅲ)-Zr(Ⅳ)-H₂O 体系 lg[Me]T-pH 图

所要求的范围,使陶瓷粉末的质量大大降低。

共沉淀法的缺点是生成的微细粉末可能引起团聚,为此我们采用超声波辅助共沉淀法制掺杂 Y_2O_3 的 ZrO_2 ,研究结果表明超声波有三个作用:

① 超声振动可以促进水化离子的脱水,抑制粒子的团聚;

② 超声波有粉碎和破坏团聚粒子的作用,有利于微细粒子的生成;

③ 超声波能提供晶核形成能,提高核生成速率,从而制得超微粒子。

3.9.4　溶胶-凝胶法制备超微粒子[3,4,12,15~17]

1969 年,Roy R 采用该工艺制备出均质的玻璃和陶瓷。由于该法可制备超微细(1~100 nm)、化学组成及形貌均匀的多种单一或复合氧化物粉料,已成为一种重要的超微粉末的制备方法。溶胶-凝胶技术可分为两种:金属有机醇盐的水解或聚合;在酸性或碱性介质中无机盐或胶体的溶解。有关溶胶-凝胶技术详见第二章。

3.9.4.1　溶胶-凝胶法制备超微粉末的过程

溶胶-凝胶法制备超微粉末的过程通常包括如下几步:① 超微粉末相应各组分制成溶胶;② 在适当条件下溶胶变成湿凝胶;③ 湿凝胶经干燥成干凝胶;④ 干凝胶经热处理形成相应的超微粉末。溶胶制备通常采用金属醇盐 $Me(OR)_x$ 或者各种有机、无机盐使各组分之间协调水解,形成均匀的溶胶,这是整个制备过程的基础。控制溶胶向凝胶的转变过程可以利用溶剂、催化剂、络合剂等进行调整,使溶胶转变成无流动性的凝胶。形成均匀的凝胶是整个制备过程的关键,它将影响组成均匀性、粉料粒度、粉料性状等性能。凝胶干燥及热处理可除去凝胶中的有机物、水或酸根,形成最终氧化物超微粉末。由于溶胶-凝胶过程和热处理温度、时间的不同,形成的化合物相组成也会相应变化。

3.9.4.2　溶胶-凝胶法制备超微粉末的特性

溶胶-凝胶法制备功能陶瓷超微粉末和其他方法相比具有许多优点,如可以通过蒸馏或再结晶原料,获得高纯度超微粉末;多组分之间的混合可以达到分子级水平的均匀性,这点对经常掺加微量组成的功能陶瓷尤为重要;合成化合物的温度比其他方法低,甚至能形成亚稳态化合物。超微粉粒度、晶型可以控制,同时超微粉末烧结性能较好,并且设备、操作简单。

3.9.4.3　溶胶-凝胶法制备超微粉末实例

金属醇盐的受控水解反应已被大量地用于制备可控粒径及形状的单一或复合氧化物粉料,如 ZrO_2、$BaTiO_3$ 等,这种方法是基于金属醇盐在酒精溶液中的聚合、水解反应,可以用 $Me(OR)_n + nH_2O \rightarrow Me(OH)_n + nROH$ 来表示。式中 Me 为金属离子;RO 为有机基团。设 Me^{n+} 为 Me^{4+},水解机制可表述如下:

$$(RO)_{n-1} \equiv Me\text{—}OR + H_2O \longrightarrow (RO)_{n-1} \equiv Me\text{—}OH + ROH \qquad (3\text{-}41)$$

即水分子附在有机金属化合物上生成羟基醇盐:

$$(RO)_{n-1} \equiv Me\text{—}OH + Me(OR)_n$$
$$\longrightarrow (RO)_{n-1} \equiv Me\text{—}O\text{—}Me \equiv (RO)_{n-1} + ROH \qquad (3\text{-}42)$$
$$2(RO)_{n-1} \equiv Me\text{—}OH \longrightarrow (RO)_{n-1} \equiv Me\text{—}O\text{—}Me \equiv (OR)_{n-1} + H_2O$$
$$(3\text{-}43)$$

通过氧的桥梁作用缩聚导致二维及三维网络的形成,从而增加了溶液的黏度并引起凝胶化过程。将获得的凝胶在低温下加热干燥除去水及溶剂,以避免超微粒子的团聚。

溶胶-凝胶法制备 TiO_2 超微粉末就是一个典型的例子。

TiO_2 粉末是制取电子陶瓷的重要原料,制备高纯、超细 TiO_2 粉末是制造高质量陶瓷元器件的关键之一,溶胶-凝胶法是达到高纯、超细、均匀要求的有效工艺方法之一。

制备过程:将钛酸丁酯[$Ti(OC_4H_9)_4$]溶于甲苯,形成均匀溶液,然后逐渐滴加蒸馏水,钛酸丁酯经过水解、聚合、形成溶胶,溶胶形成后,随着水的加入,溶胶转变为凝胶,从而实现了溶胶-凝胶转变。所形成的湿凝胶,在抽真空状态下低温干燥,得到氢氧化钛干凝胶,将此干凝胶研磨分散,在<900℃下煅烧 0.5h,得到粒径约

为 0.07 μm 的 TiO$_2$ 超微粉末。

TiO$_2$ 粉末的差热和热重分析（DTA/TGA）、红外光谱、X 射线衍射和透射电镜等分析检测，表明 TiO$_2$ 凝胶 200℃以下呈非晶态，在 300℃时结晶成锐钛矿型，在 700℃时，锐钛矿型开始转变为金红石型，1000℃时，锐钛矿型消失，全部转变为金红石型。所制备的锐钛矿型 TiO$_2$ 粒径约为 0.03 μm，颗粒呈球形，粒度分布均匀。金红石型 TiO$_2$ 粒径约为 0.07 μm，呈圆柱状。

3.9.5 胶溶-相转移法制备超微粒子[23~25]

胶溶-相转移法（peptization-phase transference method）简称相转移法或胶溶法。这种方法是先用胶溶的方法制备透明水溶胶，并加入表面活性剂进行亲油憎水性处理，然后用有机溶剂萃取得有机胶体，再经共沸蒸馏挤水回流脱水，之后减压蒸馏除去有机溶剂，所得产物在低于表面活性剂分解温度的温度条件下进行热处理，便得到非晶形的球状超微粒子产品。此法最先由日本学者伊藤征司郎等提出，现已成功制得了粒径小于 100 nm 的超微细 FeOOH、Fe$_2$O$_3$、TiO$_2$、Al$_2$O$_3$、Co$_2$O$_3$、MoO$_3$ 和 Cr$_2$O$_3$ 等粉体。

3.9.6 有机液相合成法制备超微粒子

有机液相合成法（organic liquid phase synthesis method）是采用在有机溶剂中能够稳定存在的金属有机化合物和某些具有特殊性质的无机物为原料，在适宜的反应条件下合成超微粉体。通常这些反应物是对水非常敏感、在水溶液中不能稳定存在的物质。最常用的反应方法是在有机溶剂中进行回流制备。这种方法的优点是：因为金属有机物可溶于许多有机溶剂，所以可在许多有机介质中制备纳米粒子；同时反应物可通过精馏或结晶的方法提纯，容易得到高纯产品。缺点是反应时间相对较长，产物需进行后处理才能得到结晶较好的纳米粒子。最近发展起来的苯热合成法能克服这些缺点，并具有水热合成法的各种优点，是制备半导体纳米材料的优良方法。

3.9.7 微波合成法制备超微粒子

微波合成法（microwave synthesis method）是在微波场中的化学合成，它是材料合成（包括超微粉体材料和元器件）的一种新方法。在合成工艺、合成产物的显微结构和质量等方面具有其独特的优点，该方法在加热机制和合成机理方面与常规合成方法有较大差别。采用微波合成方法具有合成时间短、工艺简单等特点。已有关于微波加热法合成 AlN 纳米粉和 SrTiO$_3$ 电子陶瓷元件等的研究报道。该法缺点是：微波反应器价格较贵；该法对反应体系有选择性，并非所有体系都能用微波合成。

3.9.8 水热法制备超微粒子[26~29]

无机粉体材料的制备，通常采用传统的固相反应法，或湿化学合成前驱体再热处理成目标产物的方法。这些方法的缺点是：由于包含有高温过程，得到的粉体硬团聚严重，烧结性能差。近年来，水热法（hydrothermal synthesis method）制备超微粉末引起了人们的广泛重视。水热法是制备超微粉末的重要手段之一，由于它是全湿法过程而避免了高温煅烧，因而它制得的粉体无团聚或少团聚、结晶度高、晶面显露完整、烧结活性高。所以这种方法是低能耗、低污染、低投入的方法。粉体制备是目前水热法在材料研究中最引人注目的领域。

水热法是指在密闭体系中，以水为反应介质，通过对反应容器加热，创造一个高温、高压的反应环境，使得通常难溶或不溶的物质溶解并重结晶，或使原始混合物进行化学反应的方法。按研究对象和目的的不同，水热法可分为水热晶体生长、水热合成、水热反应、水热处理、水热烧结等方法，分别用来生长各种单晶、制备超微陶瓷粉体、完成某些有机反应或对一些污染环境的有机废弃物进行处理以及在相对较低的温度下完成某些陶瓷粉料的烧结等。按设备的差异，水热法又可分为普通水热法和特殊水热法。后者是指在反应体系水热条件下再附加其他作用力场，如直流电场、磁场、微波场等。

对于水热合成粉体（微晶或纳米晶），粉体晶粒的形成经历了"溶解‐结晶"两个阶段。水热法制备粉体常采用固体粉末或新配制的凝胶作为前驱体。所谓"溶解"是指在水热反应初期，前驱体微粒之间的团聚和联结遭到破坏，使微粒自身在水热介质中溶解，以离子或离子团的形式进入溶液，进而反应、成核、结晶而形成晶粒，再长大成粉体粒子。

水热法粉体制备技术包括：

（1）水热氧化　采用金属单质为前驱体，经水热反应，得到相应的金属氧化物粉体。

（2）水热沉淀　如用 $ZrOCl_2$ 和 $CO(NH_2)_2$（尿素）混合水溶液为前驱体，在水热反应过程中，首先尿素受热分解，放出 NH_3 使溶液 pH 值增大，使 $ZrOCl_2$ 水解沉淀出 $Zr(OH)_4$，经水热反应脱水进而生成 ZrO_2 粉体，晶粒尺寸为十多个纳米。

（3）水热晶化　采用无定形前驱体经水热反应后形成结晶完好的晶粒。如向 $ZrOCl_2$ 水溶液中加氨水或尿素作沉淀剂，得到 $Zr(OH)_4$ 胶体为前驱体，再加入高压釜中，水热法处理转变为 ZrO_2 晶粒，便是水热晶化的一个典型例子。

（4）水热合成　以两种或两种以上的一元金属氧化物（或它们的氢氧化物、水合物）或盐作为前驱体，在水热条件下反应合成二元或多元化合物。如以 TiO_2 粉体［或新制备的 $TiO(OH)_2$ 凝胶］和 $Ba(OH)_2 \cdot 8H_2O$ 粉体为前驱体，经水热反应可得 $BaTiO_3$ 晶粒。

其他还有水热分解法、水热脱水法、水热阳极氧化法、反应电极埋弧法、水热机械-化学反应法等。

水热法制得的粉体可以是简单的氧化物，如 TiO_2、ZrO_2、HfO_2、Al_2O_3、SiO_2、Cr_2O_3、CrO_2、Fe_2O_3、MnO_2、MoO_3、UO_2、CeO_2、$Y\text{-}CeO_2$、Nb_2O_5 等；可以是混合氧化物，如 $ZrO_2\text{-}SiO_2$、$ZrO_2\text{-}HfO_2$、$UO_2\text{-}ThO_2$ 等；也可以是复合氧化物，如 $BaZrO_3$、$PbTiO_3$、$BaTiO_3$、$SrTiO_3$、$CaTiO_3$、$MgTiO_3$、$BaFe_{12}O_{19}$、$SrFe_{12}O_{19}$、$LaFeO_3$、$LaCrO_3$、$NaZr_2P_3O_{12}$（NZP）等；还可以是羟基化合物 $Ca_{10}(PO_4)_6(OH)_2$（HAP）、羰基金属粉（羰基铁、羰基镍等）以及复合材料粉体（如 $ZrO_2\text{-}C$、$ZrO_2\text{-}CaSiO_3$、$TiO_2\text{-}C$、$TiO_2\text{-}Al_2O_3$ 等）。其中一些粉体如 Al_2O_3、ZrO_2、$BaTiO_3$ 等的水热法制备在某些国家已实现工业化生产。

水热过程中温度、压力、处理时间、溶媒成分、pH 值、所用前驱体种类以及有无矿化剂和矿化剂的种类等都对粉末的粒径和形状有很大影响，同时还会影响反应速率、晶型等。

因为水热反应是在高温、高压下进行的，所以反应设备应该是能够耐酸碱腐蚀的密闭容器。如果水热反应在 200℃左右、1 MPa 以下进行，用厚壁玻璃管就可以了，其优点是能直接观察设备内部的反应情况。但是，水热反应在更高的温度和压力下进行时，就必须使用特种钢制的设备。容器样式有两种：长径比较大的管状高压釜或长径比较小的筒状高压釜。前者可采用分段加热，通过调节釜体上、下部温度，建立适当的轴向温差，以形成反应介质垂直方向上的热对流；后者常带有机械搅拌或电磁搅拌装置，这对于建立一个均匀的反应场是有利的，但为防腐蚀，市售筒状高压釜常用内衬有聚四氟乙烯材料，加上附加机械搅拌装置带来了密封困难的问题，水热反应不可能在很高的温度和压力下进行，而管状高压釜的水热反应温度和压力可大大高于筒状高压釜。现在一般大型容器的温度和压力最高可达 500℃和 200MPa，而小型容器最高可达 800℃和 1000MPa。

3.9.9 微乳液法制备超微粒子[30~33]

3.9.9.1 反胶团与 W/O 型微乳液的概念

众所周知，油-水不能混溶。当有表面活性剂和/或助表面活性剂存在时，将水往油中逐渐滴加并搅拌，在水量很少时形成 W/O 型（油包水）球形微乳液，此时水为分散内相，油为分散外相（又叫连续相）。继续滴加水，随着水/油比的增加，体系发生变化，最终形成 O/W（水包油）的球形微乳液，此时水变为分散外相，而油变成了分散内相。这种液-液分散体系叫做乳状液。乳状液按其分散内相颗粒的大小可分为普通乳状液（约 1000~10 000 nm）、细小乳状液（约 100~400 nm）、微乳状液（10~200 nm）。普通乳状液颗粒较大，稳定性差，容易聚并分层；微乳液（microemulsion）是热力学稳定体系，是制备纳米微粒

（nanopaticles，简称纳粒）的理想体系，但所需乳化剂（表面活性剂和助表面活性剂）量大，微乳液法（microemulsion reaction method）常用来制备超微粒子；细小乳状液比普通乳状液颗粒小，分散均匀，稳定性亦好，其乳化剂的用量比微乳液的要低得多。在表面化学中，通常把 O/W 型微乳状液称为正胶团，而将 W/O 型叫做反胶团或反相胶束（reverse micelle）。可把反胶团看成是将表面活性剂溶解在有机溶剂（油相）中，当其浓度超过 CMC（临界胶束浓度）后，形成亲水极性头朝内，疏水链朝外的液体颗粒结构，这种反向胶团或 W/O 型微乳液常被用来制备超微粒子。这种方法易制得超微细的、粒度分布窄的、无硬团聚的粉体材料。

反胶团或 W/O 微乳液体系，通常由表面活性剂（surfactant）、助表面活性剂（cosurfactant）、有机溶剂（油相）和水四个组分构成。常用的表面活性剂有阴离子型如 AOT［二（2-乙基己基）磺基琥珀酸钠］、SDS（十二烷基磺酸钠）、SDBS（十二烷基苯磺酸钠）；阳离子型如 CTAB（十六烷基三甲基溴化铵）以及非离子型如 Triton X 系列（聚氧乙烯醚类）、Span-80、Tween 等。中等长度碳链的脂肪醇常用作助表面活性剂。助表面活性剂并非对每一个 W/O 型微乳液体系都是必需的，有些体系中可以不加助表面活性剂。有机溶剂（油相）多为 C_6～C_8 烷烃或环烷烃。

反胶团和 W/O 型微乳液的结构如图 3-18 所示，其内腔为微水池（microwater pool），也称为水核（water core）或小液滴（droplets）。水池内可溶入其他极性物质而构成水溶液的核芯，且溶解能力往往随表面活性剂浓度、温度和压力等因素的变化而变化。在水核与油的界面，由表面活性剂分子组成一完整的膜层，表面活性剂的非极性基团与油相（有机溶剂连续相）接触，极性基团伸向水核，因而形成所谓的"笼状"结构，使水分散在油相中。"W/O 型微乳液"与"反胶团"这两个术语早期在表面化学中是相互混用的，后来人们以水核的大小

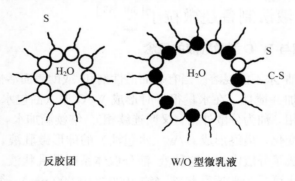

反胶团　　　　　　　W/O 型微乳液

图 3-18　反胶团和微乳液的结构示意图
S—表面活性剂；C-S—助表面活性剂

将它们区别开来。持水量较小的称反胶团（水核直径＜10 nm），持水量较大的叫 W/O 型微乳液（水核直径 10～200 nm）。另外，因为水核半径 R 与体系中 H_2O 和表面活性剂的种类及浓度有关，如令 $W=$［H_2O］／［表面活性剂］，则在一定范围内，R 随 W 增大而增大，有人便以 $W=10$ 作为反胶团与微乳液的分界线，$W<10$ 是反胶团，$W>10$ 是微乳液，其界线并不十分严格。其实二者在结构上并没有什么本质的差别，但人们更倾向于用含有四组分的体系（比三组分体系多一个助表面活性剂）表达水核粒径大一些的 W/O 型微乳液结构（见图3-18）。而在文献中，为简便起见，常常对"反胶团"和"W/O 型微乳液"未加细分，而统称为反胶团（或反相胶束）或微乳液。W/O 型微乳液或反相胶束中的"水池"为纳米级空间，以它为反应场可以合成 1～100 nm 的超微粒子，因此将其称为"反相胶束微反应器"或"反胶团微反应器"（reverse micelle microreactor）。由于 W/O 型微乳液属热力学稳定体系，在一定条件下胶束具有保持特定稳定小尺寸的特性，即使破裂也能重新组合，这有点类似于生物细胞的一些功能，如自组织性、自复制性，因此又将其称为"智能微反应器"。

3.9.9.2　反胶团或微乳液中形成超微粒子的模式

（1）通过混合两个分别增溶有反应物的反胶团或 W/O 型微乳液来实现。

将分别含有反应物 A、B 的两个反胶团或微乳液混合，由于反胶团或微乳液颗粒的碰撞，发生微乳液滴之间的物质交换，A、B 反应生成产物 AB 的细微颗粒。化学反应包括成核、生长等过程都在水核内进行。由于水核半径是固定的，不同水核内生成的晶核或粒子之间的物质交换受阻，在其中生成的粒子尺寸便得到控制。这样，水核的大小就控制了超微粒子的粒径。

（2）将溶解有反应物的油相与微乳液混合，反应物由油相扩散进入反胶团或微乳液水核中，水解生成超微粒子。

这里，反应物多半是能溶于有机溶剂的金属醇盐。当醇盐穿过胶团界面膜进入水核中时，醇盐在水核内水解生成金属氧化物或复合氧化物。

（3）将一种反应物增溶在微乳液的水核内，另一种反应物以水溶液形式与前者混合。

这时，水溶液中的反应物穿过微乳液界面膜进入水核内，与另一反应物作用，产生晶核并长大。产物粒子的最终粒径是由水核尺寸决定的。超微粒子形成后，体系分为两相，其中反胶团或微乳相含有生成的产物粒子，可进一步分离得到预期的超微粒子。

（4）将一种反应物增溶在反胶团或微乳液的水核内，而另一种反应物是气体如 CO_2、NH_3、H_2S、H_2、O_2 等。

将气体通入微乳液体系，使气液两相充分混合，二者发生反应得到超微粒子。此时，反胶团或微乳液水核起到一个"微型反应器"的作用，反应局限在胶团内进行。

3.9.9.3 反胶团或微乳液法制备超微粒子的影响因素

（1）水/表面活性剂物质的量比（W）的影响　超微粒子的粒径与反胶团或微乳液的水核半径密切相关。水核半径是由 $W=$［H_2O］/［表面活性剂］（物质的量之比）决定的。胶团组成的变化将导致水核增大或减小。实验表明，水核半径随 W 增大而增大，尺寸范围在几纳米至几十纳米之间。而水核的大小直接决定了超微粒子的尺寸。一般说来，超微粒子的直径要比水核直径大，这可能是由于胶团间快速的物质交换导致不同水核内沉淀物的聚集所致。

（2）反应物浓度的影响　适当调节反应物的浓度，可使制得粒子的大小受到控制。反应物浓度对粒子粒径的影响比较复杂，没有一定的规律，这要由具体的反应体系来定。

（3）反胶团或微乳液滴界面膜结构的影响　选择合适的表面活性剂和助表面活性剂，是减小粒子团聚、控制粒径大小的重要环节。选择的表面活性剂成膜性能要合适，否则在反胶团或微乳液颗粒碰撞时，表面活性剂所形成的界面膜易被打开，导致不同水核内的产物核或粒子间的物质交换，这样就难以控制超微粒子的最终粒径。一般微乳液滴的界面膜强度愈大，愈有利于粒径的控制。

（4）其他因素的影响　如反应持续时间、温度等，也都可能对超微粒子的形成有影响，在制备超微粉过程中要充分重视。

表 3-13 列出了反胶团或微乳液法制备超微粒子的一些实例。

表 3-13　反胶团或微乳液法制备超微粒子举例

类　　型	超微粒子实例
金属单质纳米粒子	Cu、Ni、Au、Ag、Pt、Pd、Rh、Ir 等
合金纳米粒子	FeNi、CuFe、PtPd 等
半导体纳米粒子	CuS、PbS、CdS、InS、CdSe 等
氢氧化物或氧化物纳米粒子	Al（OH）$_3$、Al$_2$O$_3$、SiO$_2$、ZrO$_2$、TiO$_2$、NiO、Fe$_2$O$_3$、Fe$_3$O$_4$ 等
复合氧化物纳米粒子	BaTiO$_3$、SrTiO$_3$、PbTiO$_3$、LaNiO$_3$、BaFe$_{12}$O$_{19}$等
负载型催化剂和复合催化剂	Rh/SiO$_2$、Rh/ZrO$_2$、Ni-B、Co-B、Fe-B 等
照相乳液用卤化银纳米粒子	AgCl、AgBr
无机碳酸盐微粒	CaCO$_3$、BaCO$_3$ 等
高温超导微粒	Y-Ba-Cu-O、Bi-Pb-Sr-Ca-Cu-O

反胶团或微乳液法能制得纳米微粒，但进行工程转化却遇到困难，因而其工

业应用受到限制。主要原因是：① 形成 W/O 型微乳体系要使用大量的表面活性剂，成本太高；② 微乳液滴中增溶的水量太少，故产量很低。解决这两个问题的一种途径是使用常规的 W/O 型乳状液作为反应介质，但这种情况下所得粒子粒度又将在亚微米量级，难于达到纳米量级。有人利用非离子型与阳离子型混合表面活性剂作为 W/O 型普通乳状液的乳化剂，成功地在常规乳状液中制备出纳米量级的 ZnS 粒子。

3.9.10 超重力场中合成纳米粒子

众所周知，在材料科学中，重力水平对晶体生长和材料性能都会产生影响。迄今，虽然有一些关于微重力场环境条件下制备晶体材料的报道，但超微粉体材料的制备基本上都是在地球常重力场环境下进行的。但近几年来，在超重力场中合成纳米粒子 (synthesis of nanometer particales in high gravity field) 的研究已取得了可喜的成绩。在这方面，我国北京化工大学超重力工程技术研究中心做了大量的、卓有成效的工作[34,35]。这里，以合成纳米 $CaCO_3$ 为例进行介绍。

石灰乳碳化反应为固-液-气多相反应：

$$Ca(OH)_2(s) + H_2O(l) + CO_2(g) = CaCO_3(s) + 2H_2O(l) \qquad (3-44)$$

由于碳化反应在气-液-固多相体系中进行，实际过程比上面总反应式要复杂得多。它涉及到 CO_2 气体的吸收、$Ca(OH)_2$ 固体的溶解、$CaCO_3$ 的沉淀及 $CaCO_3$ 粒子的成核与生长等过程。整个反应的控制步骤为 $CO_2(g)$ 的传质吸收（碳化过程的前一段时间，约占总碳化时间的 70%～80%，为 $CaCO_3$ 粒子的成核阶段）及 $Ca(OH)_2$ 固体的溶解过程（碳化过程的后一段时间，约占总碳化时间的 20%～30%，为 $CaCO_3$ 粒子的长大阶段）。传统的超微细 $CaCO_3$ 的制备方法，碳化反应是在多个串级而成的带搅拌的鼓泡塔中进行的，由于 CO_2 气体分布的不均匀性及气、液相界面面积较小，使得碳化反应时间长、产品颗粒较大、粒径分布较宽，难以制得高档的超微细产品。

针对塔式鼓泡反应器碳化反应存在的缺点，北京化工大学超重力工程技术研究中心近年来成功地研制出了能极大强化传递与反应过程的旋转填充床新型反应器，图 3-19 表示其结构示意图。它主要由外壳、转子、填料、液体分布器、气、液相进出口等组成。液相经液体分布器喷向填料层内缘，在离心力作用下由填料层内缘流向外缘；气相靠压力梯度由填料层外缘流向内缘。在填料层内气、液两相逆流接触、反应。在这种反应器中，由于液相高度湍动、高度分散、界面不断更新、液膜很薄（10～80 μm），使 CO_2 的吸收传质、$Ca(OH)_2$ 的溶解均得到极大强化，致使过程速率大大提高（碳化反应时间只有传统制备方法的 1/4～1/10)，而且可制出平均粒径 15～40 nm、粒径分布很窄的 $CaCO_3$ 超微粉体。图 3-20 为 $Ca(OH)_2$ 碳化反应过程的实验流程图。

这种新方法不只局限于制备无机超微粉，其实利用超重力环境下超快速的分

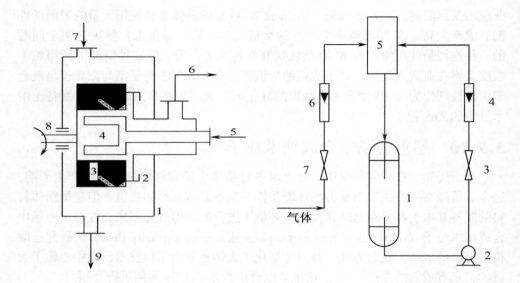

图 3-19 旋转填充床新型反应器结构
1—外壳；2—转子；3—填料；4—液体分布器；
5—液体进口；6—气体出口；7—气体进口；
8—轴；9—液体出口

图 3-20 Ca(OH)$_2$碳化反应过程实验流程
1—循环釜；2—循环泵；3—调节阀；4—液体流
量计；5—旋转填充床反应器；6—气体流量计；
7—调节阀

子混合特性，还可合成其他产品，如纳米化药物颗粒等。

3.9.11 溶剂蒸发法制造微粉

沉淀法存在下列几个问题：① 生成的沉淀呈凝胶状时，很难进行水洗和过滤；② 沉淀剂（NaOH，KOH）作为杂质可能混入粉料中；③ 如采用可以分解、消除的 NH$_4$OH、(NH$_4$)$_2$CO$_3$ 作沉淀剂，Cu^{2+}、Ni^{2+} 会形成可溶性络离子；④ 沉淀过程中各成分可能分离；⑤ 在水洗时一部分沉淀物可能再溶解。为解决这些问题，研究开发了不用沉淀剂的溶剂蒸发法（solvent evaporation method）。

在溶剂蒸发法中，为了在溶剂的蒸发过程中保持溶液的均匀性，必须将溶液分成小滴，使组分偏析的体积最小，而且应迅速进行蒸发，使液滴内组分偏析最小。因此一般采用喷雾法。喷雾法中，如果氧化物没有蒸发掉，那么颗粒内各组分的比例与原溶液相同，由于不需进行沉淀操作，因而就能合成复杂的多成分氧化物粉料。此外，用喷雾法制得的氧化物颗粒一般为球状，流动性良好，便于在后面工序中进行加工处理。从喷雾液滴制备氧化物粉料的方法通常有下列几种（图 3-21）。

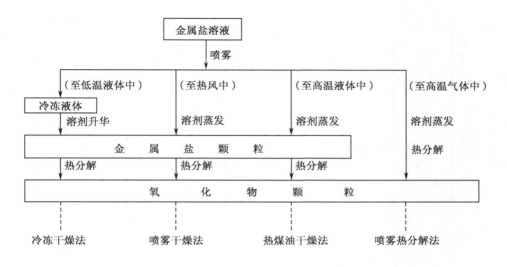

图 3-21　采用溶剂蒸发法从金属盐溶液制备氧化物粉料

3.9.11.1　冷冻干燥法[36～38]

　　冷冻干燥法（freeze drying process，FDP）是用来干燥热敏性物质和需要保持生物活性的物质的一种有效方法，也是合成金属氧化物、复合氧化物等精细陶瓷粉末、催化剂粉末以及超微细的金属、合金粉末的一种重要方法。将冷冻和干燥两种过程结合起来，以及冷冻干燥概念的提出只有在 20 世纪初有了真空泵和冷冻机以后才成为可能。冷冻干燥法最初应用于生物医药制品和食品的储存、运输和保鲜；后来用于金属超微粉和陶瓷微粉的制备。由于它具有许多优点，近年来，冷冻干燥法制成的超细粉末已广泛用于各个重要的科技领域。

　　冷冻干燥的基本原理是首先将被干燥的物料在低温下冷冻，使其所含的水分结冰，然后放在真空环境下加热，让水分不经液态而直接由固态升华为气态并移走，使物料得到干燥。由于物料被冷冻的方法不同，冷冻干燥过程基本上分为两类。一类是被干燥物料（如医药和食品）置于低温环境下，靠对流和辐射传热，由致冷剂间接导热使物料所含水分冻结成冰，然后抽真空并加热使固态的水（即冰）升华并移去。另一类是将均匀的盐溶液直接喷雾分散到致冷剂如液氮或经干冰-丙酮浴冷却的己烷中快速冷却冻结为固体状态，再将其置于真空下并供给热量使所含固态水升华为气体而除去。在这里我们只讨论第二类过程。

　　冷冻干燥法的原理涉及到相图知识。图 3-22 和图 3-23 分别表示水的相图和盐-水二元体系的相图。

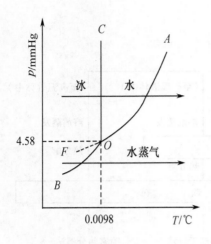

图 3-22　水相图
（mmHg 为非法定单位，
1mmHg＝1.333 22×10²Pa）

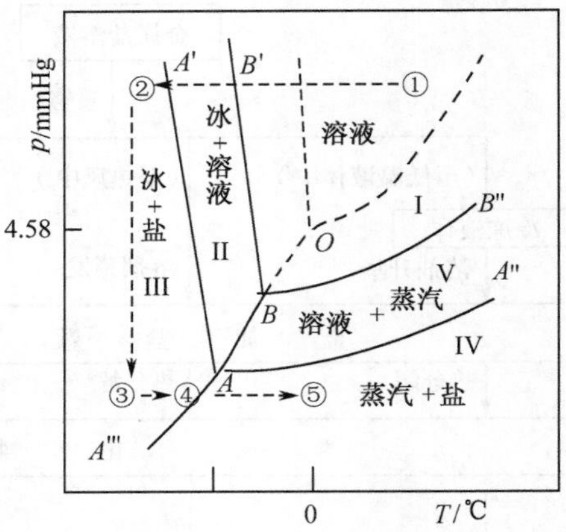

图 3-23　盐-水二元体系的 p-T 图

1．水的相平衡关系

众所周知，物质分子间的距离随温度和压力的改变而发生变化，直到由量变引起质变，产生聚集态的变化。例如水，在不同的温度和压力条件下，可能出现固、液、气三态或者两相平衡态以及三相平衡态。在图 3-22 中，OA、OB 和 OC 线均为两相平衡线，此时体系的自由度 $f＝1$，即 T 和 p 只有一个能任意变更。在指定压力下，温度就会保持不变，此时的相态变化热就是潜热。三条相平衡线将平面分成的三个区域分别是气、液、固单相存在区，自由度为 2，即 T 和 p 均可变更。在指定压力下，温度还可变化而没有相态的改变，这时吸收或放出的热量就是显热。三条平衡线的交点 O 是三相平衡点，此时体系的自由度 $f＝0$，温度和压力均已一定，分别为 0.0098℃、610.5Pa（4.58mmHg）。所以水的相图上有三个单相面，三条两相平衡线，一个三相平衡点。

从图 3-22 上带箭头的线可以清楚地看出，如果压力高于三相平衡点压力 610.5Pa，从固态冰开始，等压加热升温的结果，必然要经过液态才能到达气态，这就违背了冷冻干燥的目的。如果压力低于 610.5Pa，固态冰加热升温的结果将直接转化为气态。冷冻干燥法正是利用了这个道理。

在一定温度下，物质从固态不经液态而直接转变为同温度的气态时所吸收的热量称为升华热。升华曲线 OB 是固体冰的蒸汽压曲线，它表明不同温度下冰的蒸汽压。从 OB 曲线知，冰的蒸汽压随温度降低而降低。表 3-14 列出了不同温度下冰的蒸汽压和升华热。

表 3-14　冰的蒸汽压和升华热

温度/℃	0	−10	−20	−30	−40	−50
蒸汽压/Pa	610.2	260.0	103.5	39.46	12.93	4.00
升华热/(kcal/kg)	678	672	668	662	659	653
升华热/(kJ/kg)	2836.8	2811.7	2794.9	2769.8	2757.3	2732.2

2. 盐-水二元体系的 T-p 状态图

盐-水二元体系，根据相律，其自由度 $f=4-C$，由此式可知，$f=0$ 时，$C=4$，即对二元体系来说，最多可以有四相共存，也就是有四相平衡点存在。另外，$C=1$ 时，$f=3$，即对于二元体系，最多可以有三个自由度，这就是温度（T）、压力（p）和浓度（x）。因此，要完整而直观地表示二元体系的状态，需用 T、p、x 三个坐标的空间立体图。但这样作图不方便。为了方便起见，可以指定某一变量不变，观察另外两个自由度的关系，这样只要用一个平面图就可以表示二元体系的状态了。如指定压力不变，可以从 T-x 状态图上观察温度-组成的关系；指定温度不变，可以从 p-x 图上观察压力-组成的关系；指定浓度不变，可以从 p-T 图上看压力-温度的关系。在这些情况下，相律就表现为如下形式：

$$f^* = 3 - C \qquad (3\text{-}45)$$

式中，* 表示条件自由度。

图 3-23 表示盐-水二元体系的温度-压力图，它是在某一个指定浓度下的二元体系 p-T 关系图。对于一定的盐-水二元体系，每一个指定浓度下二元体系 p-T 关系图都具有相似的形状。如果把所有指定浓度下某个盐-水二元体系的 p-T 关系图重叠在一起，它就相当于空间立体图的投影图。对于具有低共晶点的二元体系来说（许多盐-水体系都是这种情况，如图 3-24 所示），不管起始浓度如何，它们的 AA' 线只有一条，也就是说不同起始浓度溶液的 p-T 图重叠在一张图上时 AA' 线将会重合。在特殊情况下，例如当溶质（盐）的浓度为零时，就变成了水的状态图；当盐的浓度达到低共晶组成时，将增加一个盐相，因 AA' 线是冰＋盐＋溶液的三相平衡线，当温度低于平衡温度时，进入冰＋盐两相区，水全部结晶成冰，溶液相消失。同理，AA'' 是蒸汽＋盐＋溶液的三相平衡线，当压力低于平衡线压力时，则进入盐＋蒸汽两相区，冰全部升华成蒸汽，冰相消失，最后只留下盐的微细粒子，这正是冷冻干燥法的目的。AB 线是冰＋溶液＋蒸汽的三相平衡线。A 点是冰＋盐＋溶液＋蒸汽的四相平衡点。B 点是冰＋溶液＋蒸汽的三相平衡点。BB' 线和 BB'' 线分别为冰＋溶液与溶液＋蒸汽的两相平衡线。两条两相平衡线和四条三相平衡线将平面划分成五个区域。Ⅰ区是溶液单相区，自由度是 3，条件自由度是 2。Ⅱ区是冰＋溶液两相共存区，自由度是 2，条件自由度是 1。Ⅱ区实际上是 p-T-x 三维空间状态图中液相组成面的投影。Ⅲ区是冰＋盐两相共存区，自由度为 2，条件自由度是 1。Ⅳ区是盐＋蒸汽两相共

存区，自由度为 2。Ⅴ区是溶液＋蒸汽两相共存区，自由度也是 2。总共一个单相区，四个两相共存区。

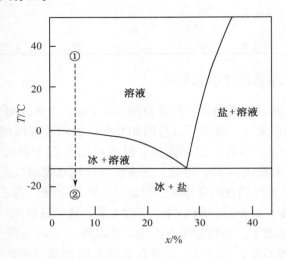

图 3-24　盐-水二元体系的 T-x 图

这里，要强调指出的是，对于盐-水二元体系的冷冻，溶液中溶质（盐）浓度有个界限，这个界限就是溶液的低共熔浓度（低共晶点浓度），在图 3-23 上就是 AA' 线。当水溶液的浓度低于这个低共熔浓度时，冷却的结果表现为随着冰晶的析出，余下溶液的浓度会愈来愈大，而冰点逐渐下降，理论上达到最低共熔浓度时为止。当水溶液的浓度高于此低共熔浓度时，冷却的结果表现为溶质（盐）首先不断析出，余下溶液的浓度愈来愈小，理论上也达到此低共熔浓度时为止。因此，任何浓度的溶液冷却到最后得到的除冰晶或溶质结晶外，便是固化了的低共熔混合物。这从图 3-24 中看得很清楚。在冷冻干燥法制备氧化物超微粉时只会采用低于低共熔组成的浓度，不会采用高于低共熔组成的浓度。

3. 冷冻干燥法制备氧化物超微粉的基本过程

冷冻干燥法制备氧化物超微粉的基本过程，反映在盐-水二元体系的 p-T 状态图（图 3-23）上，如①→②→③→④→⑤途径所示。它包括起始溶液的调制①，喷雾冷冻①→②，冷冻升华干燥②→③→④→⑤和干燥物的热分解。下面分别介绍这几个过程。

（1）起始溶液的调制　为了制备超微粉，即使制备同一种产品，而且都是采用冷冻干燥法，如果起始原料和起始溶液不同，所得冷冻产物及热分解产物的性质也会有所不同。例如，α-Al_2O_3 超微粉的制备，既可用铝异丙醇盐的苯溶液，也可用 $Al_2(SO_4)_3$ 的水溶液作为起始溶液，两者的冷冻条件和冷冻产物的热分解温度就不相同，前者比后者要低。所以应当正确选择起始溶液体系，常用的有硫酸盐、硝酸盐、铵盐、碳酸盐、草酸盐等。起始原料和溶液的选择原则是：①所需组分能溶于水或其他适当的溶剂，除了真溶液，也可以是胶体溶液。一般说来，最佳溶剂的选择应遵循：在一定的热输入条件下，其升华速率或平衡蒸汽压要高，升华潜热要小。另外，较低的冰点下降和对溶质有较高的溶解度。②溶液浓度不能超过低共熔组成，但也不能太低，因为浓度太低，大量冰的升华速率慢，时间长，能耗大，产率低。同时起始浓度会影响冷冻干燥物和最终产物粒子的大小，所以应该有一个适宜的浓度，一般在 0.1mol/L 为宜。③在过冷状态下不形成玻璃态，因为玻璃态中所含水分很难挥发除去，浓度太大的溶液较易变成玻璃体。④有利于喷雾。⑤冷冻干燥物的热分解温度要适当。

（2）喷雾冷冻　为防止在冷冻过程中溶液组分发生偏析，以及增加冷冻样品的表面积以加快冷冻速率和真空干燥速率，最好的办法是用氮气喷枪把起始溶液喷成雾滴状从而高度分散在致冷剂中。因为冷冻干燥物粒径的大小取决于液滴直径的大小，而液滴直径又决定于喷嘴孔径和喷雾压力。液滴直径一般要求为0.1～0.5mm,所以喷嘴孔径和喷雾压力要与之相匹配。

另外，还有一个冷媒的选择问题。在冷冻过程中，必须防止盐、水两组分发生分离。为此，致冷剂的致冷温度越低，效果越好。常用的冷媒（致冷剂）有液氮和被干冰-丙酮冷却的己烷。使用液氮时，由于每一颗液滴周围都被一层气化了的氮气层包围，引起热导率下降，这是不利的一面，但液氮比干冰-丙酮更易达到深度低温,冷却效果好,组分偏析程度小,冷冻干燥物组分基本上是计量组成。

（3）真空升华干燥　经液氮冷冻后的冻结物应迅速转移到用冷浴（如装有液氮的杜瓦瓶）冷却的干燥容器（如烧瓶）中，迅速接通真空系统，边冷冻边抽空排气，即维持在低温下减压，相当于图 3-25 中的②→③过程。然后供给一定热量，比如用红外灯加热以调节试样温度，使③→④，当冰全部气化以后，温度上升，直至⑤点。

关于③点的位置问题，可以这样考虑：为了在真空干燥中不至于出现液相，必须将体系冷冻至四相平衡点温度（即低共晶点温度）以下，即③点位置应低于 A 点位置，但又不要比 A 点低得太多。因为温度愈低，冰的蒸汽压愈低（见表 3-18），升华干燥速率会很慢。另一种意见认为，在实际的真空干燥过程中不一定要使冻结物温度始终保持在低共晶点以下。为了缩短干燥时间，可以随着干燥过程的进行，在保证不出现液相的情况下，适当地连续提高冻结物的温度，即在较高温度下加快干燥速率。

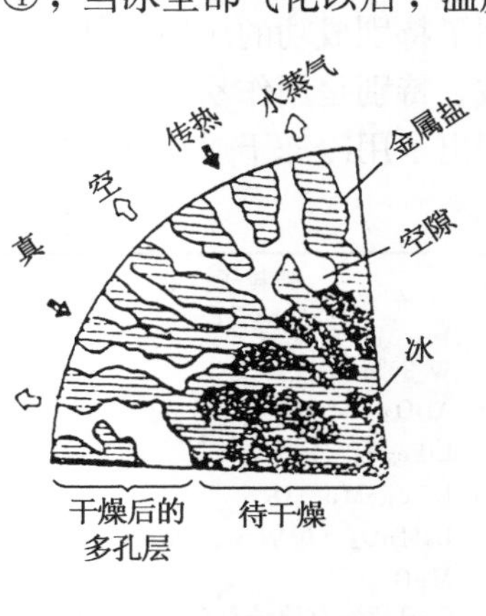

图 3-25　喷雾冷冻干燥过程
中的微粒子模型

关于真空度大小的问题，如果真空度太高，会妨碍热传导，从而影响干燥速率，一般要求真空度为 13.33Pa。真空系统一般是机械真空泵与扩散泵串级使用，前者先抽成粗真空，然后用后者抽成高真空进行高度干燥。图 3-25 所示为冷冻干燥过程的微粒子模型。

（4）干燥物的热分解　将冷冻干燥后的金属盐球粒在适当气氛中进行分解，可以获得氧化物、复合氧化物和金属粉末。如果金属盐含有结晶水，则热分解还应进行脱水处理，脱水和热分解最好在真空或干燥气流中进行。采用冷冻干燥法并经热分解所得产物的显微结构和晶体结构均有一定的特点。

4．冷冻干燥法的特点

① 盐的水溶液易配制，与沉淀法相比，由于不添加沉淀剂，可避免杂质混入。

② 因为在冷冻液滴中仍保留了溶液中的离子混合状态，所以组成不发生分离，可以实现原子级的完全混合，特别适合于复合氧化物陶瓷粉体和催化剂的制备。

③ 用冷冻干燥法制备无水盐工艺简单，此无水盐的热分解温度与其他方法制备的无水盐相比要低得多。例如，为了使 Li 能均匀地在 NiO 结晶格子中扩散，一般固相反应总要在 900～1000℃ 之间进行，而冷冻干燥法只要 400℃ 热处理就可以了，阿波罗飞船用的燃料电池中掺 Li 的 NiO 氧电极就是用这种方法和喷雾干燥法制造的。

④ 用冷冻干燥法能得到多孔质粉体，热分解时气体放出容易。而且研究发现煅烧时粒子不易长大，容易制得亚微粉和超微粉，微粒子直径一般小于 $1\,\mu m$。

5．冷冻干燥法氧化物微粉的应用

首先，用冷冻干燥法得到的氧化物和复合氧化物微粉和超微粉在催化领域得到了特别成功的应用。其次，冷冻干燥法超微粉还广泛地应用于新型陶瓷材料领域，特别是用作易烧结粉末原料、电子陶瓷用粉料和粉末冶金用微粉等。表3-15列出了用冷冻干燥法制造的一些微粒子情况。

表 3-15　用冷冻干燥法制造的微粒子

微粒子产物	原料盐	粒径/μm
W	铵盐	0.0038～0.006
W-25% Re	铵盐	0.03
Al_2O_3	硫酸盐	0.07～0.22
$LiFe_5O_8$	草酸盐	10
$LiFe_{4.7}Mn_{0.3}O_8$	柠檬酸盐	20
$LaMnO_3$（添加 Sr、Pb、Co 等）	硝酸盐	比表面积 13～32m^2/g
MgO	硫酸盐	0.1
Cu-1.5%（原子百分比）Al_2O_3	硫酸盐	20～50
Mn-Co-Ni 氧化物	硫酸盐	12

3.9.11.2 超临界流体干燥法及超临界溶液快速膨胀法[38,39]

所谓超临界流体（supercritical fluid，SCF），是指其温度和压力处于临界温度和临界压力以上的体系，当该体系处于超临界状态时，无论对其施加多大的压力，它都不会液化；而只是随压力的增加，密度增大，一方面它具有类似液态的性质，同时又保留了一些气体的性质。也就是说，超临界流体将表现出若干特殊的不平常的性质。表 3-16 列出了超临界流体与一般气体、液体关于密度、自扩散系数和黏度等的物性对比。

表 3-16　超临界流体与气体、液体的物性对比 *

性质	气体 （常温、常压）	SCF		液体 （常温、常压）
		T_c, p_c	$T_c, 4p_c$	
密度 /(g/cm^3)	$(0.6 \sim 2) \times 10^{-3}$	$0.2 \sim 0.5$	$0.4 \sim 0.9$	$0.6 \sim 1.6$
黏度 /[g/(cm·s)]	$(1 \sim 3) \times 10^{-4}$	$(1 \sim 3) \times 10^{-4}$	$(3 \sim 9) \times 10^{-4}$	$(0.2 \sim 3) \times 10^{-2}$
自扩散系数 /(cm^2/s)	$0.1 \sim 0.4$	0.7×10^{-3}	0.2×10^{-3}	$(0.2 \sim 3) \times 10^{-5}$

注：本数据只大致表示数量级关系。

由表 3-16 数据可见，① 超临界流体的密度比气体大几百倍，数量级与液体相当；② 超临界流体的黏度仍与气体接近，比液体约小 2 个数量级；③ 自扩散系数大约是气体的 1/100，但比液体大百倍到几百倍，从而介于一般气体与液体之间。这些特性决定了超临界流体既具有液体对溶质有较大溶解度的特点，又具有气体易于扩散和运动的特性，传质速率大大高于液相过程，也就是说，超临界流体兼具气、液两态的某些性质。更为重要的是，在临界点附近，压力和温度的微小变化就可引起超临界流体密度显著的变化，并相应地表现为溶解度的显著变化。因此，可以利用这种性质来实现溶质的萃取和分离、水分的低温干燥以及超微粉体材料的制备。

虽然许多溶剂都具有超临界流体的特性，但实际上由于许多实际问题如溶解度、选择性、临界点数据及化学反应的可能性等一系列因素需要考虑，所以目前常用的 SCF 并不太多，主要有 CO_2、低碳数的烃类，其中尤以 CO_2 最受关注。这是因为 SCF-CO_2 密度大，溶解能力强，传质速率高；CO_2 的临界压力适中（7.39MPa），临界温度低（31.06℃），萃取分离过程可在接近室温条件下进行；且便宜易得，无毒，惰性，安全（无烃类的燃爆危险），又极易与萃取产物分离等一系列优点，因此 SCF-CO_2 作为超临界流体技术的介质在香料、食品、中草药有效成分的提取、高分子材料加工等方面得以广泛应用就是很自然的了。

图 3-26 是 CO_2 的 p-T-ρ 曲线图。图中清楚地表示了气、液、固和超临界流体四个区域。同时还示出了等密度线，可以看出，它们在临界点附近出现收缩，

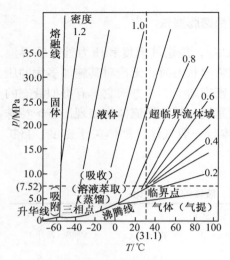

图 3-26　CO_2 的 p-T-ρ 曲线

而形成以临界点为中心的一束辐射线，因此，在比临界点稍高一些的温度区域内，压力稍有变化，SCF-CO_2 的密度就会发生显著变化，且几乎可与液体密度相比拟。由于 CO_2 的溶解能力取决于流体的密度，由此可以想见 SCF-CO_2 对固体溶质或液体溶质的溶解能力和一般的液体溶剂相仿，这就是超临界流体萃取、分离、干燥、制粉的基础。

这里仅介绍与超微粉体制备有关的超临界流体干燥和超临界溶液快速膨胀技术。

1. 超临界流体干燥技术

湿化学法制取超微粉体，首先得到的是含湿前驱体，常常还需进一步干燥、煅烧才能得到目标产物。大家知道，一般的常压加热干燥或真空蒸发干燥，粒子中将存在气-液界面，因界面张力的作用，在粒子之间和粒子内的孔洞中会形成弯月面，导致强大的拉力产生，致使粒子骨架塌陷和紧密接触，造成粒子软、硬团聚的发生。如果采用超临界干燥技术（supercritical fluid drying technique），这种现象就会得以避免。

超临界干燥，其实质就是超临界流体萃取。此时的被萃取物即溶质是附着在粒子表面的水分，当将湿粉料置于作为萃取器的高压容器中后，先用液态的干燥介质（如液体 CO_2）置换湿粉料中的水分，当水分被置换完毕后，提高容器中的压力和温度，使其高于干燥介质 CO_2 的临界温度和压力，亦即使之处于超临界状态下，这样水分便被溶解和萃入 SCF-CO_2 中。然后在等温下缓慢降压释放，水分便被带走，粉料得以干燥。

超临界干燥的方法，由于避免了气液弯月面产生的拉力作用，从而避免了粒子的收缩、塌陷和紧密接触，可使其结构保持不变，得到比表面积大、粒度分布窄的粉粒体。用超临界干燥技术制得的一些氧化物气凝胶，如 SiO_2、ZrO_2、TiO_2、Al_2O_3 等特别适合于作催化剂载体。

2. 超临界溶液快速膨胀

超临界溶液快速膨胀过程（rapid expansion of supercritical solution，RESS）制备超微粒子，其实质是基于超临界流体沉积技术（supercritical solution precipitation）。在超临界条件下，高密度的超临界流体具有溶解固体的能力，一旦降低压力可导致溶质过饱和度的产生，且可达到高的过饱和速率，使固体溶质从超临界溶液中沉淀析出，从而制备平均粒径很小的超微粒子，并可控制粒度分布。

在超临界状态下，溶质的溶解度随 SCF 密度的变化而变化，当溶剂从超临界流体状态迅速膨胀到低温、低压的气体状态，溶质的溶解度剧烈下降，从而使溶质迅速成核（nucleation）并生长（growth）成微粒而沉积出来。在 RESS 过程中，压力一般是溶剂临界压力（p_c）的 3～7 倍，此时超临界溶液的密度接近液体的密度。只要适当选择膨胀前的流体参数，确保膨胀后成为单相的低密度气体，就能使 RESS 过程顺利进行。故过程条件的选择十分重要，这将影响到所得晶体沉淀的粒子尺寸及尺寸分布、形态结构等性质。

图 3-27 为 RESS 过程的示意图。它由 4 部分组成：溶液供应、泵压系统、溶液加热（加热到临界温度以上）和超临界溶液膨胀。过程系统的关键部件是喷嘴。一般它是由长度小于 5 mm、内径 60 μm 的不锈钢毛细管制成，用银焊将其焊在外径 1.58 mm 的短不锈钢管内，再用合适的连接管将其与加热部件相连接。超临界溶液的喷出流速很大，通常达到超音速，膨胀时间很短（$10^{-8}\sim10^{-5}$ s），从而产生强烈的机械扰动和极大的过饱和比（达 10^6 以上），这样可制得粒径均匀的超微粒子。RESS 过程可视为一种非平衡行为。

RESS 法既不同于传统的机械粉碎制粉法，也不同于一般的溶液中沉淀结晶制粉法。它提供了一种新技术，溶剂以气体方式操作，且易于回收循环使用，产品不含液体溶剂，并可控制超微粒子的粒径分布。

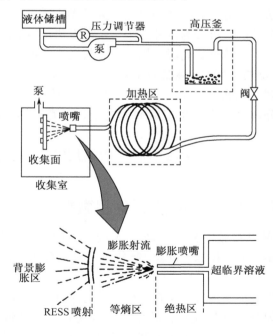

图 3-27　RESS 过程的流程示意图

RESS 过程除适用于有机物、药物、高聚物超微粉的制备外，也适用于难以粉碎的无机物、陶瓷粉料的制备。目前已研究过的有异丙醇铝、SiO_2、α-Al_2O_3、PbO、GeO_2、$ZrO(NO_3)_2$ 等体系。使用的 SCF 是一些临界温度较高的溶剂，如 H_2O、C_2H_5OH、C_2H_4、C_3H_6 等，萃取压力在 $18.0\sim60.0MPa$ 之间，膨胀前温度在 $220\sim500℃$ 之间，制得的粒子粒度一般在纳米级左右。

3.9.11.3 喷雾干燥法制备超微粒子[38]

喷雾干燥法（spray drying process）是用喷雾装置将溶液分散成细小液滴喷入热风中，溶剂迅速蒸发而得以干燥的一种方法。国内有许多厂家生产喷雾干燥机，产品已定型化、系列化。它可在几秒时间内把液体物料用单一工序加工成无污染，具有良好流动性、溶解性和分散性的粉体制品。在食品、医药、化工、普通陶瓷和电子陶瓷等工业中这种方法得到应用。喷雾干燥法还常用来造粒。这种干燥方法及设备已有不少专著，这里就不再详细介绍。

3.9.11.4 喷雾热分解法制备超微粒子

喷雾热分解法（spray pyrolysis process）是一种将金属盐溶液喷入高温气氛中，立即引起溶剂的蒸发和金属盐的热分解，从而直接合成氧化物粉料的方法，也可称为喷雾焙烧法、火焰雾化法或溶液蒸发分解（evaporative decomposition of solution，EDS）法。喷雾热分解法和上述喷雾干燥法适于连续操作，所以生产能力很强。喷雾热分解法又可分为两种方法，一种方法是将溶液喷到加热的反应器中，另一种方法是将溶液喷到高温火焰中。多数场合使用可燃性溶剂（通常为乙醇），以利用其燃烧热。例如，将 $Mg(NO_3)_2+Mn(NO_3)_2+4Fe(NO_3)_2$ 的乙醇溶液进行喷雾热分解，就能得到 $Mg_{0.5}Fe_2O_4$ 微粉。上述冷冻干燥法和喷雾干燥法，不能用于后面热分解过程中产生熔融的金属盐，而喷雾热分解法却不受这个限制。

具有以上优点的喷雾热分解法有希望广泛地用作复合氧化物超微粉末的合成法。

3.9.12 有机前驱体热解法制备超微粉

近年在先进陶瓷领域中另一个较为活跃的方面是用金属有机前驱体热解法（organic precursor pyrolysis process）制备单一或复合陶瓷粉料、纤维及块体陶瓷。

金属有机前驱体由于各种原子在结构上的有序排列，热解时有可能获得在微观结构尺度上均匀分布的氮化物、碳化物复合粉料。另外将金属有机前驱体改性，有可能将粉料烧结时所需的添加剂元素引入有机前驱体中，使得由此而制得的粉料中添加剂均匀分布并避免了外加添加剂引起的杂质污染，以获得晶界"清洁"的材料。

目前研究最多的是由硅有机前驱体材料制备 SiC、Si_3N_4 粉料或 SiC/Si_3N_4、Si-C-N 等粉料，所采用的有机前驱体主要为聚硅烷（polysilane）和聚硅氮烷（polysialazane）以及它们的衍生物。用聚硅苯烷与 0.3 μm 的 SiC 粉料混合成型后在 1500～1700℃下 Ar 气氛中无压烧结，可制备出具有纳米结构的超细 SiC（SFSiC）材料。由聚硅苯烷热解生成的 SiC 粒子直径为 2～10 nm，材料强度在室温至 1000℃ 范围内保持不变，温度再升至 1500℃，材料高温强度比常温强度几乎提高一倍。该工作证实了由有机前驱体制备纳米级材料是可行的。用六甲基二硅氮烷（[Si (CH$_3$)$_3$]$_2$NH）在 NH_3-N_2 气氛中热解处理可制备无定形 Si-C-N 粉料，粉料中 C 含量可通过系统中 NH_3 的量调整。采用含 C 量不同的 Si-C-N 粉料制备的材料，其抗弯强度、K_{IC} 及显微硬度随材料中 SiC 含量不同而变化，比不含 SiC 的材料都有较大幅度的提高。又如将聚碳硅烷及二异丁基铝酰胺（di-isobutylaluminum amide）混合后热解，随原料的比例及热处理条件不同，可获得不同比例的 SiC、AlN 或固溶体、Si_3N_4 和 AlN。采用聚八甲基环四硅氮烷为原料在不同气氛及温度下热解可制备出 SiC/Si_3N_4 比例可以改变的复合粉料。

3.10 高纯 Si_3N_4 微粉的制备[12]

Si_3N_4 基陶瓷作为一种高温结构陶瓷，在许多领域中获得应用，特别是在发动机上的应用更具吸引力，随着 Si_3N_4 高温工程陶瓷的发展，对陶瓷原料的质量提出了愈来愈高的要求。Si_3N_4 粉末，要求高纯、超细、粒径分布窄、α-Si_3N_4 的含量高。表 3-17 列出了几种国外工业上使用的 Si_3N_4 微粉的质量指标。

表 3-17 工业用 Si_3N_4 微粉的主要质量指标

制备方法 指标	碳热还原法	直接氮化法	气相反应法
含金属杂质含量/%	0.1	0.1	0.09
含非金属杂质含量/%	4.1	1.7	1.2
α-Si_3N_4 含量/%	88	92	90
β-Si_3N_4 含量/%	5	4	10
SiO_2 含量/%	5.6	2.4	
比表面积/(m²/g)	5	9	12
粒径 μm	0.4～1.5	0.1～3	0.2～3
振实密度/(g/cm³)	0.43	0.64	0.77

3.10.1 气-固反应法

1.硅粉直接氮化法

硅粉直接氮化法是用化学纯的硅粉（粒径<10 μm），在 NH_3、N_2+H_2 或 N_2 气氛中直接与氮反应来实现的：

$$3Si + 2N_2 \xrightarrow{1200 \sim 1300℃} Si_3N_4 \tag{3-46}$$

控制好温度是获得高含量 α-Si_3N_4 的关键，此法优点是工艺流程简单。缺点是反应速率慢，粒径分布宽，需粉碎易引入杂质。目前是国内生产 Si_3N_4 粉末的主要方法。

2.硅石（SiO_2）粉的碳热还原法

把 SiO_2 的细粉与碳粉混合后，热还原先生成 SiO，然后 SiO 被氮化生成 Si_3N_4，总化学反应为

$$3SiO_2 + 6C + 2N_2 \longrightarrow Si_3N_4 + 6CO \tag{3-47}$$

此法的优点是原料丰富，反应产物是疏松粉末，无需粉碎，不带入杂质；α-Si_3N_4 含量高，粒形规则，粒度分布窄。缺点是氮化不完全，可能含少量 SiO_2，影响陶瓷性能，还必须除去过剩的碳，日本已用此法批量生产。

3.溶胶-凝胶法

溶胶-凝胶法是先用溶胶-凝胶法制得 SiO_2，接着经碳热还原合成 Si_3N_4。例如，加热水解 $SiCl_4$ 而得 SiO_2 溶胶与碳粉混合后，再用喷雾干燥制成球状凝胶（直径约 20 μm），凝胶在 N_2+H_2 气氛下，当 C/SiO_2 的物质的量之比大于 2:1 时，若加热温度在 1400~1500℃之间，则将获得 100% 的亚微米级 α-Si_3N_4。此法优点是没有粉尘操作，在国外获得广泛应用。

4.燃烧合成法

这是另一种硅氮间的直接反应法。在高压下，硅能与氮发生燃烧反应生成 Si_3N_4：

$$3Si + 2N_2 \xrightarrow{70.9MPa} Si_3N_4 \tag{3-48}$$

这种工艺反应条件苛刻，难以在工业上获得应用。

3.10.2 气相反应法

气相法的优点是纯度高，粒径分布窄，粉末呈球形，同时克服了气-固反应时间长、颗粒粗等缺点，是一类有发展前途的方法。

1. 改进的化学气相沉积法

此法实际分两步进行，先是用 Mg（g）将 $SiCl_4$ 还原成 Si（s），然后 Si（s）再被 NH_3 氮化成 Si_3N_4（s）。其反应为

$$3SiCl_4(s) + 4NH_3(g) + 6Mg(g) \longrightarrow Si_3N_4(s) + 6MgCl_2(g) + 6H_2(g)$$

$$(3-49)$$

这种方法制得的硅粉活性高，只要在 1150℃下反应很短时间就能全部被氮化。另一优点是 Si_3N_4 粉末细（粒度为 $0.1\sim3~\mu m$）。

2. 激光气相反应法

用激光能量使 SiH_4 和 NH_3、硅氨烷 $[CH_3SiHNH]_n$ 的气溶胶与 NH_3、$SiHCl_3$ 和 NH_3 作用，合成 Si_3N_4 粉末，此法实现工业化困难。

3. 等离子体气相反应法

$SiCl_4$ 和 NH_3 在氢热等离子体中按下式制备 Si_3N_4：

$$3SiCl_4 + 16NH_3 + nH_2 \longrightarrow Si_3N_4 + 12NH_4Cl + nH_2 \qquad (3-50)$$

近来还用辉光放电离子体合成 Si_3N_4 粉末，这种方法的优点是高纯、超细，但仍未在工业上大规模使用。

4. 气溶胶反应法

基本过程是将一种载气通入气溶胶发生器，在那里使它和一种溶解在合适溶剂中的反应物接触，从而产生很细的雾沫气溶胶、然后把气溶胶送进一个热壁反应器，此时溶剂蒸发出去，反应物则分解出产物。此法优点是能制得均匀的多组分粉末，生产成本低，工艺过程比较简单，可用硅氨烷在氨气下合成 Si_3N_4。

3.10.3　液相反应法

研究和应用最多的是液态 $SiCl_4$ 和 NH_3 反应制备 α-Si_3N_4 的工艺。反应为

$$SiCl_4 + 6NH_3 \longrightarrow Si(NH)_2 + 4NH_4Cl \qquad (3-51)$$

反应机理复杂，要生成一系列中间产物。反应物在 1200℃前热解后，得到的是非晶态 Si_3N_4 粉末，继续在 $1200\sim1400$℃间保温 8h，粉末由非晶态转化为 α-Si_3N_4。晶化得到的是高纯、超细，高 α 相含量的优质 Si_3N_4 粉末，日本宇部公司 1986 年建成了年产 100t，粒径为 $0.2\sim1~\mu m$ 的超细 Si_3N_4 粉末生产线。

目前，还在不断改进和开发工艺过程简单、生产成本低、质量更好、便于实现工业化的新工艺、新设备。

3.11　高纯 TiO_2 微粉的制备[40,41]

除前面所讲的等离子体法外，以 $TiCl_4$ 为原料制备高纯 TiO_2 超微粉（及亚微粉、微粉）的方法有多种，如表 3-18 所示。$TiCl_4$ 或 Ti（OR）$_4$ 气相水解法、$TiCl_4$ 火焰水解法、Ti（OR）$_4$ 激光热解法制备 TiO_2 超微粉末，均系高温反应过程，对耐腐蚀材料要求很高，技术难度较大。而醇盐水解法及 $TiCl_4$ 直接水解法制取这种高功能产品具有明显的优势，引起人们的高度重视和研究热情。

表 3-18　由 $TiCl_4$ 制备高纯微细 TiO_2 的方法

制备方法	产品特征		
	晶型	比表面积/（m^2/g）	平均粒度/μm
$TiCl_4$ 火焰水解法	牌号 P-25 锐钛型 80% 金红石型 20%	50±15	0.03
	牌号 Cab-O-Ti 锐钛型 85% 金红石型 15%	50~70	0.03
$TiCl_4$ 气相水解法	锐钛型为主	45~65	
$TiCl_4$ 水溶液水解法			
$TiCl_4$ 中和，有机溶胶，除去有机溶剂， 　低温处理			0.002~0.01
$TiCl_4$ 合成钛醇盐，再气相水解	锐钛型为主	70~300	
$TiCl_4$ 合成钛醇盐，再醇盐水解，低温处理	锐钛型为主	50~650	

众所周知，电器和电子设备、仪器通常包含有许多电子陶瓷元件，如电容器、电阻器和电感器。大家熟悉的家用电器，如彩电、洗衣机、电子灭蚊器、暖风机等都离不开用 $BaTiO_3$ 烧结制作成的 PTC 热敏电阻。在固相烧结法生产这种元器件时，对所用原料 TiO_2 在理化性能上有很高的技术要求。近年来，电子工业对实现电子陶瓷元件的微型化而又不至于降低质量和可靠性很感兴趣，采用均一薄层厚度的多层元器件可以达到此目的。比如，目前应用的多层薄膜电容器厚度在 10~100 μm，用传统的粉末原料来达到这样的薄层厚度是困难的，主要原因有两点：①传统粉末的粒子尺寸＞1 μm，用这样的粗粒子粉体来制造具有良好物理结构的、厚度为 10~100 μm 的陶瓷元件，粒径显得太大了。② 传统方法制备的粉末组成往往不均匀，在制造元器件过程中，会按粒子尺寸的大小分级而引起局部组成变化。为了制造上述厚度的多层薄膜电容器，粒子尺寸应当＜1 μm。总之，陶瓷元件

尺寸与原料粉末的粒子尺寸之间有一定的比例关系,要使陶瓷元件微型化,就必须要求原料粒子足够小,即需要亚微细或超微细粒子。另外,粒子尺寸分布也是很重要的。如果粒子尺寸分布宽而不均匀,在烧结元器件时会引起颗粒的异常生长,为防止这种现象发生,原料粉末的最大粒子尺寸应小于平均粒子尺寸的2倍。

在烧结结构陶瓷材料时,所得显微结构在很大程度上由粉末特性(如粒子尺寸、粒子尺寸分布、粒子形状、团聚状态、化学组成和相组成)和高温烧结前的素坯显微结构来决定。研究认为,良好的粒子显微结构稳定性可以阻止单分散粉末生长成大颗粒,并显著缩短烧结时间,降低烧结温度;这是由于粒子尺寸分布和素坯密度均匀的缘故。生产出在理论上致密的、单一相陶瓷用的所谓"理想粉末"要求粒子尺寸微细($0.1\sim1.0~\mu m$)、尺寸分布窄、以等轴形状和非团聚状态存在。

高纯或特纯、超微细、比表面积大、尺寸分布窄、形状为球形或类似球形的TiO_2粉末,是CO_2和CO甲烷化反应的优良催化剂载体,也是水光解反应制氢的一种重要催化剂。

由于高纯超微细TiO_2优良的吸收紫外线性能,在化妆品中可作为紫外线吸收剂,保护人体器官不受紫外线伤害。作为颜料和填充剂,加入到涂料和橡胶中可以改善其性能,提高使用寿命。下面介绍著者用醇盐水解法制备高纯TiO_2亚微粉的研究工作。钛乙醇盐水解法制备高纯TiO_2微粉的过程包括水解和缩聚两个步骤:

$$Ti(OC_2H_5)_4 + H_2O \Longrightarrow Ti(OC_2H_5)_3(OH) + C_2H_5OH \tag{3-52}$$

$$Ti(OC_2H_5)_3(OH) + H_2O \Longrightarrow Ti(OC_2H_5)_2(OH)_2 + C_2H_5OH \tag{3-53}$$

$$Ti(OC_2H_5)_2(OH)_2 + H_2O \Longrightarrow Ti(OC_2H_5)(OH)_3 + C_2H_5OH \tag{3-54}$$

$$Ti(OC_2H_5)(OH)_3 + H_2O \Longrightarrow Ti(OH)_4 + C_2H_5OH \tag{3-55}$$

在发生水解反应的同时,还发生缩聚反应,形成较高相对分子质量的产物:

$$\equiv Ti-OH + HO-Ti \equiv \Longrightarrow \equiv Ti-O-Ti \equiv + H_2O \tag{3-56}$$

$$\equiv Ti-OC_2H_5 + HO-Ti \equiv \Longrightarrow \equiv Ti-O-Ti \equiv + C_2H_5OH \tag{3-57}$$

$\equiv Ti-O-Ti \equiv$网状结构可以延伸使链端含$-OH$基和$-OC_2H_5$基,从而使水解产物(即TiO_2前驱体或先体,precursor)不可能是100%的$Ti(OH)_4$。发生水解和缩聚反应的总反应式可表示为

$$n Ti(OC_2H_5)_4 + (4n + x - y)H_2O \longrightarrow$$

$$Ti_nO_{2n-(x+y)/2}(OH)_x(OC_2H_5)_y + (4n - y)C_2H_5OH \tag{3-58}$$

反应生成含$-OH$基和$-OC_2H_5$基的聚合物,加热至300℃以上时$-OC_2H_5$基发生自燃,并放出$-OH$基。因此,水解获得的产物总是含有单靠干燥无法除去而必须在较高温度下煅烧才能脱除的结合态的$-OH$和$-OC_2H_5$基团,它们的含量多寡以及二者的比例关系随水解条件的不同而变化。

在室温下,钛醇盐与水不能互溶,二者一旦接触就会无控制地发生水解缩聚而生成凝团状水合二氧化钛。因此,需要用醇(与钛醇盐中的$RO-$基团相同碳数的

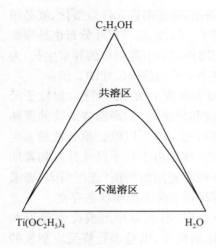

图 3-28 Ti(OC₂H₅)₄-C₂H₅OH-H₂O
三元体系相图

ROH)作共溶剂。在有共溶剂存在的情况下,因为 Ti(OC₂H₅)₄/C₂H₅OH 二元体系和 H₂O/ROH 二元体系完全互溶,而 Ti(OR)₄/H₂O 不能互溶,所以根据相图知识,Ti(OR)₄-ROH-H₂O 三元体系相图必定有如图 3-28 所示的大致形状。相图中有一个很大的不混溶区域,因此,需要有相当多的醇才能得到三元均相溶液。

Diaz-Gucmes M I 认为,单分散微细粒子的形成过程如图 3-29 所示。首先是原始溶质分子水解生成 2 nm 的核,核进一步成长为 0.1 μm 的原粒子,最终熟化成 0.5～1.0 μm 的颗粒。并在核的生成与长大过程中,同时也存在着团聚过程。

根据我们在研究中的观察,在钛醇盐水解过程中,当醇盐浓度低、水量少时,显然醇量就

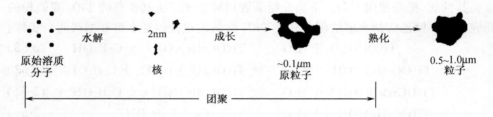

图 3-29 钛醇盐水解过程中单分散粒子形成模型

多,体系处于图 3-28 中的共溶区。此时水解首先形成均匀的溶胶体系,且呈现数秒到数十秒的诱导期,然后进入水解成核期而有晶核形成,最初由于其尺寸接近分子水平的纳米级,溶液保持透明状,然后随着晶核长大,开始出现浑浊,随即开始缩聚,发生溶胶-凝胶转变,到一定时候黏度骤然增大直到失去流动性,致使磁力搅拌器的转子不能转动,得到如四川凉粉或凉膏状的半透明体,醇、水都包含在其中。熟化(aging)一定时间,部分醇水溶液慢慢渗出,凝胶体有向粒状物转变的倾向,且逐渐出现白色浑浊。干燥后呈半透明状玻璃体,略显黄色,类似松香,煅烧后碎裂成小块,坚硬难磨,磨细后又呈白色。第二种情况是,如果醇盐浓度大,水量也足,三元体系一开始就处于图 3-28 中的不混溶区,此时几乎观察不到诱导期,立即析出白色水解产物——TiO₂ 的前驱体。熟化一段时间,缩聚反应继续进行。整个过程中同时存在着粒子团聚作用。这种团聚现象是使粒子变粗和尺寸分布范围变宽、形状趋于不规则的本质原因,是制备微粉时最忌讳而又必定要发生的现象。但

如果水解时加入某种合适的表面活性剂(又称为分散剂),水解生成的 TiO_2 前驱体微粒在其表面上吸附分散剂,起到一种空间位阻作用,便可减少粒子间的接触、吸引、团聚现象。在一定的 pH 范围内进行超声波处理也可破坏团聚现象。在我们的试验中,水解产物类似油脂状、手感滑腻,没有粗糙感。一经干燥,特别是煅烧后,粒子显著变粗。可见,升温(尤其是高温过程)是粒子团聚、烧结、长大的主要原因。可以推测,低温处理和冷冻干燥、喷雾焙烧有可能克服团聚长大而保持原粒度。

用此法制备的高纯 TiO_2 微粉,提供了多批给无线电厂作 PTC 元件的应用性试验(每批样 $300\sim500g$),表明本研究所提供的原料 TiO_2 的理化性能和应用性能是优良的。

为了降低成本,又研究了 $TiCl_4$ 直接水解法制高纯、亚微细 TiO_2 粉末的方法,该法已投入工业生产。

3.12 固相法制备超微粒子

3.12.1 固相反应法

固相反应法(solid-phase reaction method)实际上可分为高温固相煅烧法、高温热分解法及室温低热固相反应法三种方法。高温固相煅烧法是将金属盐或金属氧化物按一定配比充分混合、研磨后进行高温煅烧,通过发生固相反应直接制得超微粉,或是再次粉碎得超微粉,如 $BaTiO_3$ 瓷的固相合成。金属化合物的高温热分解制超微粉,常常是湿化学法制超微粉的一个组成部分,如钴、镍的草酸盐煅烧制氧化钴、氧化镍,碱式碳酸铋煅烧得氧化铋,$(NH_4)Al(SO_4)_2 \cdot 2H_2O$ 分解制 Al_2O_3 超微粉等。室温低热固相反应法就是将具有分子晶体类型或低维及少数弱键连接的三维网状结构的固体化合物,如某些有机化合物和多数低熔点或含结晶水的无机化合物混匀,充分研磨以增加分子接触,利用分子扩散,使之发生固相反应制备超微粉。此法已在材料化学中得到某些应用,用来制备纳米六角晶系铁氧体、纳米氧化铁、FeB 非晶合金超微粒子。用此法制得的Mo(W)-Cu(Ag)-S 体系中的许多簇合物具有良好的非线性光学特性。

3.12.2 超细机械粉碎法[12,17,18,42,43]

超细机械粉碎法 (superfine mechanical comminution) 是一种利用粉碎设备使固体物料细化为微细粒子的方法。它包括高速机械冲击式磨机、气流磨、振动磨、搅拌磨、胶体磨、雷蒙磨、球磨机等粉碎设备。在超细粉碎中,随着粒子尺寸的减小,粉碎所需的机械力将大大增加,粉碎到一定细度后,尽管继续施加机械应力,而粉体粒度不再继续减小,或减小的速率相当缓慢,这样就达到了物料的粉碎极限。理论上，固体粉碎的最小粒径可达 $0.01\sim0.05~\mu m$。然而，目前使用的机械粉碎设备与工艺很难达到这个理想值。大多只能达到几个至几十个微米，少数粉碎机（如日本 MICROS 超细粉碎机）能达到亚微米量级（$0.1\sim1~\mu m$)的平均粒度。

MICROS 超细粉碎机（MICROS ultrafine pulverizer）是日本奈良机械制作所研制开发的一种新型超细粉碎设备。其粉碎原理及设备结构均与传统的搅拌粉碎机（如转动球磨机、振动球磨机、行星式球磨机等）截然不同。其主体是由粉碎筒和回转的主轴及与主轴回转连动进行公转的副轴构成的。在各个副轴上装有许多粉碎环，环的大小根据装置规格的不同而不同，其外径为 $25\sim45~mm$，厚度几毫米。粉碎筒内壁面和粉碎环的材质可根据粉碎物料硬度的不同而选用不锈钢、工业陶瓷、超硬材料等。它粉碎效率高、装拆容易、维修方便。这种设备不使用球形或玻璃珠状的粉碎介质，而是通过许多高速自转的粉碎环获得用传统粉碎介质所达不到的一种更大的力（离心力）及剪切力作为粉碎动力。这种装置通过对原料粒子施加强大的压缩力、剪切力，对原料粒子挤压碾碎，是该新型粉碎机所具有的特征。这种粉碎机在湿法粉碎情况下可在短时间内将原料粒子粉碎成亚微米范围（$0.1\sim1~\mu m$）的超细粉末。

超细气流粉碎机（superfine jet mill）又叫气流磨，是一种较成熟的粉碎设备。它是利用高速气流（$300\sim500 m/s$，一般空气压力不小于 $0.7\sim1.0 MPa$）或过热蒸汽（$300\sim400℃$）的能量使颗粒相互冲击、碰撞、摩擦，从而导致颗粒粉碎。在粉碎室中，颗粒之间的碰撞频率远高于颗粒与器壁之间的碰撞频率，亦即气流磨中的粉碎作用主要是颗粒之间的冲击与碰撞。气流磨是最常用的超细粉碎设备之一，广泛用于化工原料、非金属矿及电子粉体材料的加工，产品粒度一般可达 $1\sim5~\mu m$。除粒度细以外，气粉产品还具有粒度分布窄、粒子表面光滑、形状规则、纯度高（磨腔可用刚玉、ZrO_2 衬里）、活性大、分散性好等优点。目前工业上应用的气流磨主要有以下几种类型：①扁平式（水平圆盘）气流磨；②循环管式气流磨；③对喷式气流磨；④撞击板式气流磨；⑤流化床逆向气流磨等。

3.12.3　高能机械球磨法

高能机械球磨法（high energy ball milling method），又叫反应球磨技术，是在机械合金化基础上发展起来的一种制备超微粉的方法，就是无需外部供给热能而用干式高能球磨过程制备超微粉体，是一个由大晶粒变成小晶粒的过程。它除了可用来制备单质金属及合金超微粉外，还可通过粒子间的固相反应直接合成诸如碳化物、氮化物、氟化物、金属-氧化物复合粉体等化合物粉体。该方法操作简单、制备效率高；缺点是由于球的磨损易在粉体中引入杂质，所得粉体粒径分布较宽。仅适用于对材料要求不高，而需求量又大的超微粉体制备。目前，采用此法已制备了 Fe-B、Al-Fe、Ti-B、Ti-Si、W-C、Si-C 等 10 多个体系的金属间化合物超微粉。

3.12.4　自蔓延高温合成法[44~46]

自蔓延高温合成（self-propagating high temperature synthesis，SHS），又称燃烧合成，是近 30 年发展起来的一种制造无机材料的技术。它借助于两种反应物（固-固或固-气）在一定条件下发生放热化学反应，产生高温，燃烧波自动蔓延下去，最后形成新的化合物。其过程如图 3-30 所示。

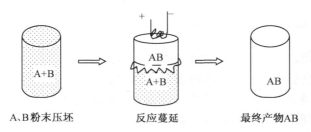

A、B粉末压坯　　　　反应蔓延　　　　最终产物AB

图 3-30　自蔓延高温合成过程示意图

SHS 的特点是：燃烧波蔓延速度极快，一般为 0.1~20 cm/s；燃烧温度很高，通常可达 2000~4000℃。

SHS 的主要优点是：

（1）合成反应过程迅速，可在几秒至几十秒内完成，因此节省工艺时间；

（2）除点火启动反应需外供能量外，整个合成反应过程无需外热而仅靠自热维持，因而节省能源，工艺经济；

（3）在合成反应的高温条件下，反应物中的一些有害杂质能挥发逸出，因此产品质量高；

（4）实用面广，除用于制备许多无机粉体、陶瓷多孔件、致密化陶瓷制品外，还发展了 SHS 涂层技术、SHS 焊接技术等；

（5）设备相对简单，投资较小。

SHS 技术是由前苏联科学家米尔然诺夫（Мержанов А Г）于 1967 年发明和首创的，现已能生产几百种化合物。目前，无论在 SHS 理论研究、工艺技术设备和商品化生产及应用等方面，俄罗斯皆处于领先地位。从 20 世纪 80 年代起，美、日等发达国家都对这项技术引起高度重视，并大力开展研究工作。

在 SHS 粉末制备工艺方面，首先采用无气燃烧合成（固-固反应剂）或渗透燃烧合成（固—气反应剂）制成产物，然后将所得产物粉碎、研磨和筛分而获得各种碳化物、硼化物、氮化物、硫化物、硅化物、氢化物、金属间化合物等粉末，如表 3-19 所示。

表 3-19 主要的 SHS 粉末

碳化物	TiC，HfC，B_4C，NbC，SiC，TaC，WC，ZrC，MoC 等
硼化物	TiB_2，ZrB_2，NbB_2，TaB_2，MoB_2，CrB_2，HfB_2 等
氮化物	TiN，ZrN，NbN，BN，AlN，Si_3N_4，TaN，HfN 等
碳氮化物	Ti（CN），Nb（CN），Ta（CN）等
硅化物	$MoSi_2$，Ti_5Si_3，Zr_5Si_3，$TiSi_2$，$NbSi_2$，$TaSi_2$，$ZrSi_2$ 等
硫族化物	MoS_2，$TaSe_2$，NbS_2，WSe_2 等
金属间化合物	NiAl，Ni_3Al，FeAl，TiNi，TiAl，Ti_3Al 等
氢化物	TiH_2，ZrH_2，NbH_2，VH_2 等

SHS 粉末可广泛用于机械加工中的磨加工，如 TiC 粉末可以替代金钢石磨膏及粉末，提高劳动生产率，改善表面光洁度，提高抗磨损性；MoS_2 粉末可用作高温固体润滑剂。SHS 粉末为含杂质量少的高质量粉末，可用于传统粉末制备工艺，以及制作高温加热元件（如 $MoSi_2$）、各类精细陶瓷制品等。

SHS 技术并非对一切体系都适用。据认为，如果理论燃烧温度 $T_{ab}<$ 1800K，那么反应放出的热量不足以维持合成反应过程，则该体系不宜采用此种合成技术。

参 考 文 献

1. 都有为. 超微颗粒的基本物性. 材料导报，1992，(5)：1～5
2. 李泉，曾广赋，席时权. 纳米粒子. 化学通报，1995，(6)：29～34
3. 曹茂盛. 超微颗粒制备科学与技术. 哈尔滨：哈尔滨工业大学出版社，1995
4. 张立德，牟季美. 纳米材料和纳米结构. 北京：科学出版社，2001
5. 李凤生，刘宏英，裴重华. 我国超细粉体技术中一些重要而亟待解决的问题. 化工进展，1994，(3)：46～49
6. 胡荣泽. 超细颗粒的基本物性. 化工冶金，1990，(2)：163～169
7. 李文添. 固体颗粒分散系数与表面积扩大系数计量关系的研究. 无机盐工业，1985，(7)：5～9
8. 都有为. 超微颗粒的应用. 化工进展，1993，(4)：21～24
9. 张庆芝. 超微粒子的制备及其应用. 无机盐工业，1985，(12)：10～13
10. 侯万国，王果庭. 超细材料的制备，表面改性及其应用. 化工进展，1992，(5)：21～26
11. 朴顺玉，程雪琴. 超微粉应用技术的现状和展望. 化工冶金，1991，(4)：358～362
12. 加藤昭夫，山口乔. ニユ——セうミクケ粉体ハントドブック. 1983
13. 陆厚根. 粉体工程导论. 上海：同济大学出版社，1993
14. 胡荣泽等. 粉末颗粒和孔隙的测量. 北京：冶金工业出版社，1982
15. 日本化学会. 超微粒子——科学と应用. 学会出版中心，1985
16. 〔日〕工业调查会编辑部. 陈俊彦译. 最新精细陶瓷技术. 北京：中国建筑工业出版社，1983
17. 卢寿慈. 粉体加工技术. 北京：中国轻工业出版社，1999
18. 李凤生等. 超细粉体技术. 北京：国防工业出版社，2000
19. 金佑民，樊友三. 低温等离子体物理基础. 北京：清华大学出版社，1983
20. 冉均国. 等离子化学及其在冶金中的应用. 成都：成都科技大学印刷厂，1983

21. 朱联锡，金鹏．等离子法制取超细氮化钛．稀有金属，1985，(5)：36～43

22. 林平．新型 ZrO_2 基陶瓷刀具材料的研制．研究生硕士学位论文，1991

23. 张池明等．相转移法制备超细粒子．化学世界，1992，(4)：149

24. 伊藤征司郎等．透明性超微粒子状チタンの制造．色材，1984，(6)；305

25. 李大成，付云德，胡鸿飞等．胶溶相转移法制备超微细透明氧化铁颜料的研究．四川大学学报（工程科学版），2000，(1)：37～40

26. 施尔畏，夏长泰等．水热法的应用与发展．无机材料学报，1996，(2)：193～206

27. 柯家骏．水热法合成无机陶瓷细粉材料．无机盐工业，1992，(2)：4～7

28. 刘学铭，王杏乔等．水热反应及其应用．化学通报，1982，(4)：39～43

29. 胡嗣强，黎少华．水热合成技术的研究和应用．——I．钛酸盐晶体粉末的制备．化工冶金，1994，(2)：152～159

30. 崔正刚，殷福珊．微乳化技术及应用．北京：中国轻工业出版社，1999

31. 成国祥，沈锋等．反相胶束微反应器及其制备纳米微粒的研究进展．化学通报，1997，(3)：14～19

32. 覃兴华，卢迪芬．反胶团微乳液法制备超微细颗粒的研究进展．化工新型材料，1998，(2)：27～28，6

33. 沈兴海，高宏戌．纳米微粒的微乳液制备法．化学通报，1995，(11)：6～9

34. 王玉红，陈建华等．旋转填充床新型反应器中合成纳米 $CaCO_3$ 过程特性研究．化学反应工程与工艺，1997，(2)：141～146

35. 陈建华，贾志谦等．超重力场中合成立方形纳米 $CaCO_3$ 颗粒与表征．化学物理学报，1997，(5)：457～460

36. 陈焕钦，梅慈云．冷冻干燥的进展．化工进展，1988，(4)：44

37. 陈祖耀，聂俊英．冷冻干燥法制备氧化物超细粉末及其在陶瓷材料中的应用．硅酸盐通报，1988，(2)：31

38. 潘永康．现代干燥技术．北京：化学工业出版社，1998

39. 朱自强．超临界流体技术——原理和应用．北京：化学工业出版社，2000

40. 李大成，周大利等．钛乙醇盐合成及其水解制备 TiO_2 微粉的研究．功能材料，1995，(3)：278～282

41. 攀钢集团钢城企业总公司，四川联合大学．国家重点工业试验项目"250t/a 湿化学合成超微粉生产线建设"验收文件汇编．1998

42. 郑水林．超细粉碎原理、工艺设备及应用．北京：中国建材工业出版社，1993

43. 浜田宪二．新结构超细粉碎机．无机盐工业，1994，(5)：35

44. 梁叔全，郑子樵．材料的自蔓延高温合成．硅酸盐学报，1993，(3)：261～270

45. 张少卿．自蔓延高温合成——无机材料制造新技术．材料工程，1993，(7)：41～44

46. 王为民，袁润章，杨振林．材料合成新技术——自蔓延高温合成．材料导报，1995，(5)：47～50

第四章　一维材料——晶须和纤维

一维材料是指各种晶须及纤维材料。目前最活跃的一维材料有一维纳米材料、光导纤维、碳纤维以及碳化硅晶须等。一维纳米材料在介观领域和纳米器件研制方面有着重要的应用前景,光导纤维是最有生命力的信息传输材料。碳纤维是复合材料的主要原料,碳化硅晶须是陶瓷基、树脂基、金属基复合材料的增强体,因而受到人们的高度重视,并研制出满足微电子学、信息、宇航等领域需要的各种一维材料。

4.1　晶　　须[1~5]

4.1.1　概述

晶须是在人工控制条件下,以单晶形式生长成的一种短纤维,其直径非常小(0.1 至几微米),以致难以容纳在大晶体中常出现的内部缺陷,其原子排列高度有序,晶体结构近乎完整,不含有晶粒界、亚晶界、位错、空洞等晶体结构缺陷,因而强度接近于完整晶体的理论值。由于晶体结构完整,晶须不仅具有异乎寻常的力学性能,而且在电学、光学、磁学、铁磁性、介电性、传导性、甚至超导性等方面皆发生显著变化。因此,对晶须的研究和开发受到高度重视。20 世纪 60 年代就已开发了近百种晶须实验品,包括金属、氧化物、碳化物、氮化物、卤化物等。1965 年,开发出强度比 Al 高 6 倍的 Al_2O_3(w)/Al 复合材料,强度比塑料高 10 倍的 Al_2O_3(w)/塑料复合材料,从而又一次激发了晶须的研究热情,并开展了许多晶须复合材料的研究。但由于晶须制备和处理技术上存在的困难,产量小,价格昂贵,极少得到实际应用,以致对晶须的开发一度落入低潮。直到 1975 年 HULCO 公司从稻壳制备出了 β-SiC 晶须,随后日本也有了稻壳制备 β-SiC 晶须的专利,晶须的工业生产才打开了局面。到 20 世纪 80 年代初,美国和日本实现了大规模生产 SiC 晶须,又开发了 SiC 晶须的金属基、陶瓷基、树脂基的复合材料。除 SiC 晶须外,又推出了 Al_2O_3、Si_3N_4、$K_2O·6TiO_2$ 等晶须产品以及其他新品种晶须,如 TiN、TiB_2、Zn-Ni 等。用晶须增强的复合材料具有优异的耐磨损、滑动性、高的绝缘性及显著的力学增强性能,成为复合材料领域中的一个重要分支及最为活跃的研究方向之一。近年来,新型晶须复合材料的飞速发展也极大地推动了各种晶须的研制与开发,到目前为止已开发出了数百种不同的晶须。主要包括有机化合物晶须、金属晶须和陶瓷晶须三类。其中,陶瓷质晶须的强度和耐热性均优于其他两类，故具有更大的工业应用价值。

4.1.2 晶须的生长机制

晶须作为一种特殊的细小纤维状的单晶体，生长机制有其独特性。通常，晶须的生长过程包括孕育期、生长期和终止生长期三个阶段。各种晶须生长机制中气固机制和气液固机制是比较常见的两种。同时，晶须的生长机制与其制备方法之间并不是互不相干、彼此独立的，而是有着密切的联系。对同一种生长机制，可能存在着几种制备方法，对同一种制备方法也可能存在着几种生长机制。

1. 晶须的气-固生长机制

晶须的气-固生长机制（VS 机制）又称为位错机制，是通过气-固反应形核并长成晶须的过程。按照 VS 机制，晶须的生长首先要满足如下几个条件：① 氧化或活化气氛；②含有细小触媒形核剂；③位错的柏氏矢量需与晶须的轴向平行。符合上述条件后，在晶须的生长温度下触媒形核剂吸附氧化或活化气氛中的晶须材料组分，使其沉淀析出；随晶核进一步的生长或分解，当达到某一临界值时，晶核受到应力的作用而稳定地沿着位错的柏氏矢量方向生长成晶须。VS 生长机制是一种经常采用的晶须生长机制。晶须在按 VS 机制生长的实际过程中，除了化学反应条件和晶须材料的选择对晶须的生长有很大的影响外，气相反应物中的过饱和度也起着重要作用。气相反应物的过饱和度较低时容易生成晶须；过饱和度中等时会形成枝状、片状或晶须与晶粒的混合物；过饱和度过大时则不会生成晶须。因此采用该机制制备晶须时，对气相反应物的过饱和度需严格控制。表 4-1 列出了部分采用 VS 机制生长的晶须及其制备方法。

表 4-1　按 VS 机制生长的部分晶须

晶须	制备方法	原料	生长温度/℃
Al_2O_3	AlF_3 水解法	AlF_3，H_2O	1400
β-SiC	碳热还原法	C，高岭土	1300～1700
莫来石	气相法	Al_2O_3，AlF_3	1150～1700
莫来石	溶胶-凝胶法	铝硅干凝胶，AlF_3	1100～1250
莫来石	热处理法	铝硅玻璃，AlF_3	1250
Sn	自发反应	Sn	室温
h-BN	热处理法	h-BN，N_2	1500～2100

2. 晶须的气-液-固生长机制

与晶须生长的 VS 机制不同，气-液-固生长机制（VLS 机制：V 代表提供的气体原料，L 为液体触媒，S 为固体晶须）认为，除反应生成的晶须材料外，在基底上存在的触媒对晶须的生长起着很关键的作用。合适的触媒能够与体系中的其他组分形成低熔共晶，在晶须生长的温度下容易形成触媒液滴；触媒液滴吸收气相晶须材料反应组分，当晶须材料组分在液相中的溶解度达到饱和后，就会在基底的 L-S 界面沉积、析出并最后长大成晶须。按 VLS 机制生长晶须的示意图见图 4-1。

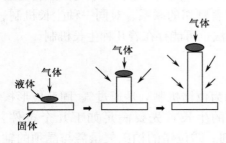

图 4-1　VLS 机制晶须生长示意图

利用 VLS 机制制备晶须时，由于液体对气体的容纳系数比固体对气体的容纳系数高，触媒形成的低熔共晶液滴能使晶须的生长激活能大幅度降低，因此，通常情况下晶须的生长速率比采用 VS 机制的晶须生长速率要快，并且晶须的生长温度要低得多。同时，如果能够根据晶须生长要求选取合适的组成和性能的低熔共晶的触媒，以及有利于晶须形核并长大的基底，那么，通过控制低熔共晶触媒液滴位置、类型、大小和化学组成等条件可以较方便地制备各种形状、各种直径、多种类型和不同性能的晶须。VLS 机制是晶须生长的最重要机制。许多有价值的晶须，特别是陶瓷类晶须的生长几乎都遵循 VLS 方式。因此，VLS 机制成为目前许多商品晶须制备的重要理论基础而被广泛采用。

3. 其他生长机制

晶须的其他生长机制，如通过液固反应生成晶须的液⁻固（LS）机制和固⁻液⁻固生长机制（SLS 机制），这两种新的晶须生长机制，尽管其理论尚未完善，但已引起了材料工作者的注意。因为较其他生长机制而言，采用 LS 机制和 SLS 机制制备晶须工艺相对简单、操作方便；同时，LS 机制和 SLS 机制极有可能为制备原位合成的新型复合材料提供一个崭新的思路。

4.1.3　晶须的制备方法

晶须可采用化学分解或电解的方法从过饱和的气体、液体、熔体中生长，也可从固体中生长，即通常所指的气相法、液相法和固相法。气相法中又分为蒸发⁻凝聚法和化学气相法。液相法通常包括低温蒸发、电解、晶化、添加剂、化学沉淀、胶体和高温熔体等方法。固相法包括应力诱导和析出法。诸多方法中以气相法最为重要。部分常见晶须的生长制备法如表 4-1、4-2 所示。

表 4-2　按 VLS 机制生长的部分晶须

晶须	制备方法	原料	生长温度/℃	触媒
Si	气相传递法	Si,I_2	$800\sim1100$	Ni
Si_3N_4	化学气相沉积法	Si_2Cl_6,NH_3,H_2	1200	Fe
β-Si_3N_4	化学气相沉积法	Si_2Cl_6,NH_3	1200	Cr
TiN	化学气相沉积法	$TiCl_4$,N_2,H_2	$1150\sim1400$	Ni
AlN	碳热还原法	Al_2O_3,N_2,C	$1800\sim2050$	—
TiC	化学气相沉积法	$TiCl_4$,CCl_4,H_2	$1300\sim1450$	Ni
α-Al_2O_3	化学气相沉积法	AlF_3,H_2O,Ar	1400	
TiO_2	化学气相沉积法	Na_2TiF_6	$700\sim1300$	—
SnO_2	气相传递法	Sn,SnO,O_2	$400\sim1300$	Sn,Al,Fe,K,Ca
GaAs	热分解法	AsH_3,TMG,H_2	$440\sim580$	—
CdO	热处理法	CdS	$670\sim730$	Ag,Au,Al,Si,Mn,Ni
ZnS	热处理法	ZnS,H_2	$800\sim900$	Au
Ni-Fe	化学气相沉积法	NiO,$FeCl_2$,H_2	$650\sim750$	KCl
β-塞龙	化学气相沉积法	Si_2Cl_6,NH_3	1200	Cr

　　按照晶须生长状况可分为三个级别：① 生长单一材料的晶须；② 在单晶基体上沿某结晶学取向控制生长；③ 在基体上控制生长出具有一定直径、高度、密度和排列的晶须。通常作为复合材料增强体的晶须，只需要第一级较简单水平。对于某些特殊用途的半导体材料才需要二、三级生长水平。现已从 100 种以上的材料制备出相应的晶须，其中包括金属、氧化物、碳化物、卤化物、氮化物、石墨以及有机化合物。

　　若将制备方法按晶须材料种类划分，可分为如下几种：

1. 金属晶须的制备

　　通常采用两种方法：一种是金属盐的氢还原法，所选择的最佳还原温度接近或稍高于原料金属的熔点。多数金属晶须如镍、铜、铁及其合金都采用此法制备。另一种是利用金属的蒸发和凝聚制备晶须。先将金属在高温区气化，然后把气相金属导至温度较低的生长区，以低的过饱和条件凝聚并生长成晶须。此法常用于熔点较低的金属，如锌、镉等金属晶须的制备。

2. 氧化物晶须的制备

　　制备氧化物晶须最简单的方法为蒸气传递法，即将金属在潮湿氢气、惰性气体或空气中加热，使其氧化，在炉子的较低温部位沉积出晶须，如 Al_2O_3、MgO 晶须的制备。然而，经常采用的方法是化学气相生长法：它通过气态原料或由固态原料转化的气体中间物的化学反应，而生成固相晶须。晶须的形核常发生在所引入的杂质微粒上或 VLS 液滴中。该法的关键是选择满足于热力学条件的化学反应及适宜晶体形核的核源和触媒介质。

3. 其他化合物晶须的制备

在诸多晶须材料中，最有实用价值的是高温陶瓷材料的晶须，如 SiC、Si_3N_4、TiN、TiB_2、AlN 等。这类化合物晶须通常采用化学气相法制备，并且按 VLS 机制生长。在所有陶瓷质晶须中，碳化硅以其高强度、高硬度、高模量、良好的化学稳定性、耐磨耐腐蚀、抗高温氧化性等优良性能，且易于与陶瓷、金属等基体复合而受到人们的青睐，许多研究者开发了各种 SiC 晶须制备工艺，下面对此作简单介绍。

4.1.4 碳化硅晶须的制备方法

由于碳化硅（SiC）晶须比 Al_2O_3 晶须更易于润湿黏合低熔点金属基体和聚合物基体，有利于材料的复合，同时 SiC 晶须生长对条件变化的敏感性较小，因此使 SiC 晶须在产品均匀性和扩大生产方面的潜力大大增加。因此，自 1969 年以来，国际上晶须方面的主要工作从 Al_2O_3 转到 SiC。在 20 世纪 70 年代中期基本上实现了商品化。至 20 世纪 90 年代仍有许多单位从事 SiC 晶须制备的研究。各种新工艺、新设备被开发出来，到目前为止，世界上大约有近百家企业和研究单位进行了 SiC 晶须的批量生产。其中以日本的东海碳素公司、美国的 Matrix 公司最负盛名。日本东海碳素公司在 1988 年就达到了月产 5t SiC 晶须的生产能力。我国 SiC 晶须的研究起步较晚，20 世纪 80 年代以来，已有中国科学院、中国矿业大学、清华大学、原成都科技大学（现四川大学）以及自贡硬质合金厂等单位都进行了大量的研究。现在已形成了利用碳黑加 SiO_2 以及稻壳为原料两大系列合成 SiC 晶须，已建成日产公斤级 SiC 晶须的实验生产线，产品质量达到国际同类产品水平。这必将促进我国 SiC 晶须增强复合材料的发展。

4.1.4.1 SiC 晶须的制备方法概述

自 1962 年提供商品化的 SiC 晶须以后的三十多年中，SiC 晶须一直是广大陶瓷工作者的研究重点，经过三十多年的发展，SiC 晶须的制备无论在原料的选择、气氛的采用，还是催化剂的确定等方面都出现了很多分支，根据合成 SiC 时的化学反应方法的不同，可将各种 SiC 晶须的制备方法分为以下七大类：① SiO_2 的碳热还原法；② 以硫化硅为中间体的方法；③ 有机硅化合物［如 $Si(CH_3)Cl_3$ 等］的热分解法；④ 升华结晶法；⑤ $SiCl_4$ 等卤化物与 CCl_4、碳氢化合物的反应法；⑥ Si_3N_4 和 C 反应法；⑦ Si 和 C 反应法。

由于 SiO_2 的碳热还原法的原料易得，工艺简单，反应过程中没有易腐蚀和毒性较大的中间产物，因而应用最为普遍，也最为成熟。因此，下面主要介绍这类制备 SiC 晶须的方法。工业上制备 SiC 晶须的工艺流程如图 4-2 所示。

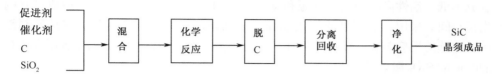

图 4-2   工业制备 SiC 晶须工艺流程

4.1.4.2   SiO₂ 碳热还原法制 SiC 晶须

碳热还原法是采用 SiO_2 和 C 作为硅源和碳源，在 1500～1600℃的高温下，在非氧化性气氛中合成 SiC 晶须。一般认为，在合成过程中，SiC 晶须是以 SiO、CO 作为中间媒介，按式（4-1）～（4-3）的反应而生长的。

$$SiO_2(s) + C(s) \longrightarrow SiO(g) + CO(g) \tag{4-1}$$

$$SiO_2(s) + 3C(s) \longrightarrow SiC(s) + 2CO(g) \tag{4-2}$$

$$SiO(g) + 3CO(g) \longrightarrow SiC(s) + 2CO_2(g) \tag{4-3}$$

SiO_2 的碳热还原法经过几十年的发展，已经产生了不少分支。稻壳法是利用谷壳中的 SiO_2 和 C 既作硅源，又作碳源，使合成 SiC 晶须的成本大幅度下降，从而首次实现了 SiC 晶须的商品化。VLS（气⁻液⁻固）法是对传统的 VS（气⁻固）法的一次较大的改进，前面已指出，传统的方法以 SiO、CO 作为媒介由式（4-3）合成 SiC 晶须，而在 VLS 方法中，引入液相物质（催化剂），增加了固⁻液界面和气⁻液界面。使气相中的硅源和碳源通过气⁻液界面进入液相，并在液相中形成过饱和，合成 SiC，然后不断在固⁻液界面结晶而形成 SiC 晶须。VLS 法是 SiO_2 碳热还原法的一大进展，该法产率较高，晶须直径可由催化剂颗粒大小决定。该法被日本东海碳素公司、美国罗斯阿拉斯公司等采用，并形成了较大的生产规模。

虽然 SiO_2 碳热还原法原料来源容易，价格低廉，工艺简便，但是，目前国内外所研制的 SiC 晶须一直存在着产率低、成本高、能耗大、质量不佳和污染严重等问题，采用稻壳法制 SiC 晶须虽然成本很低，但是稻壳的成分随着稻壳的品种、种植的土壤环境和气候条件的不同而有很大的差别，因此用稻壳法制得的 SiC 晶须质量波动较大。而采用 VLS 法虽然使 SiC 晶须质量有所提高，但反应设备复杂，反应中通入成本较高的 CO，且反应周期长达 10h，使该法成本极高。近年虽然又出现了很多新的改进方法，如采用牛皮纸、甲基纤维来造成 SiC 晶须的生长空间，或用氟化物来促进硅源进入气相等。这些方法在一定程度上改善了SiC 晶须的生长条件，但是 SiC 晶须的产量较低、质量较差、成本较高等问题仍然存在，有的工艺存在较严重的污染问题，因而，人们还在不断改进和完善

SiO_2 碳热还原法制备 SiC 晶须的工艺及设备。主要从三个方面进行革新：一是研制成本低、活性高的原料（硅源和碳源）；二是通过改进反应气氛、造成良好的生长空间，采用优质新型的催化剂等工艺来增加产率，提高质量；三是研制简单、连续的反应装置，使操作简便，产量提高。下面我们主要介绍作者研究成功的改进的 SiO_2 碳热还原法。

4.1.4.3 改进的 SiO_2 碳热还原法制 SiC 晶须[6,7]

从 4.1.4.2 的讨论可以看出，SiO_2 碳热还原法制 SiC 晶须，具有原料易得、工艺简单、反应过程中没有腐蚀性和毒性较大的中间产物、反应设备简单、便于操作等优点，而被广泛采用，但存在产率低、质量较差、成本高等缺点，特别是生产过程由于粉尘和有害气体逸出造成环境污染。为此，四川大学与自贡硬质合金厂合作，从绿色设计思想出发，成功地开发了 SiC 晶须原料制备及 SiC 晶须合成的绿色新工艺。整个 SiC 晶须生产过程无毒并且无污染环境的三废排放。产品质量高，已在工厂实现生产，综合技术经济指标先进，取得显著的经济效益和社会效益。

1. 采用的技术路线和方法

技术路线如图 4-3 所示。

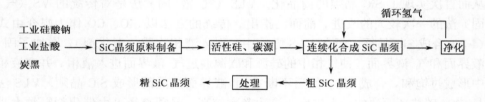

图 4-3　SiC 晶须生产技术路线图

此工艺以 SiO_2 的碳热还原法为重点，在工艺路线、碳源-硅源原料制备、反应气氛、催化剂、生长空间的维持、操作连续、封闭循环等方面开展研究，建立了一条连续化稳定生产优质 SiC 晶须的、成本低廉的、对环境无污染的绿色新工艺。

用工业 Na_2SiO_3 和盐酸采用独特的共沉淀法一步到位完成硅胶生成以及与炭黑的混合，采用连续化工艺，硅源与碳源的气化反应与 SiC 晶须合成反应在一个卧式反应器中完成，固体物料与气体 H_2 在反应器中逆向流动，H_2 循环使用，得到的粗 SiC 晶须产品经处理后制得细 SiC 晶须产品。

2. 碳化硅晶须原料的制备方法

制得活性 SiC 晶须原料（硅源：SiO_2；碳源：活性 C）是制取优质 SiC 晶须的关键。此工艺用工业 Na_2SiO_3 溶液水解得到过滤洗涤性能优良的硅胶沉淀物，一步到位同时完成硅胶的生成和炭黑的湿法均匀混合，制得活性高、分散性好的硅源和碳源混合料。无定形硅胶沉淀物的过滤是众所周知的难题，在对硅胶沉淀本体的物理化学性质及其生成热力学、动力学、生成沉淀的 pH 值与过饱和条件分析研究的基础上，找出了影响硅胶沉淀性状的规律，采用独特的操作方式，如采用反加料（Na_2SiO_3 溶液滴加至盐酸溶液中）至 pH 值达到 8～9 前控制硅胶过饱和度和沉淀速率等，在不外加附加剂情况下得到分散性好的硅胶沉淀物。此研究与现行 SiC 晶须原料制备方法比较具有以下显著的优点和先进性。

（1）工艺简单、成本低廉　制备 SiC 晶须原料的现行工艺，由于 Na_2SiO_3 水解只能得到难于固液分离的硅凝胶，无法洗涤除去杂质，原料只能采用化学纯 Na_2SiO_3 和盐酸，制得硅胶沉淀需经 80℃下减压干燥一昼夜，然后磨细、筛分、与炭黑粉末机械碾混等工序，原料费用高、耗能、耗时，二者比较，此工艺显然先进。本研究生成的 SiO_2 粒子活性高、细而均匀、粒度细、物料松装密度小、孔隙率高，给 SiC 晶须生长提供较大空间，而如采用市售化学试剂 SiO_2 作硅源，长时间研磨仍达不到细粒度要求，二者粒度比较见图 4-4、4-5 所示。

市售化学试剂 $SiO_2 \times 2000$

图 4-4　球磨 $72hSiO_2$ 的 SEM 照片

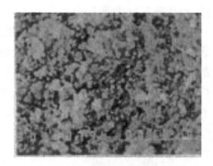

本研究 $\times 3000$

图 4-5　硅胶－炭黑混合 SEM 照片

（2）能耗低、无污染　此工艺中，炭黑粉末在硅胶生成过程中湿法混合，同现行的机械干磨相比较，混料时间从几十小时降至 1h，反应及混料的能耗低，且硅胶活性高，SiC 晶须合成的反应温度降低也使得能耗降低，由于湿法混料，避免了干磨的粉尘飞扬和噪声对环境的污染，SiC 晶须原料的制备实现了"绿色生产"。

3. 碳化硅晶须的合成

碳化硅晶须的合成一般在惰性气氛（Ar）中进行，其反应代为式（4-1）～（4-3）。

此工艺用纯 H_2 代替 Ar，H_2 除起保护作用外，还将发生促进 SiC 晶须生成的反应（4-4）。

$$SiO + CO + 2H_2 \longrightarrow SiC + 2H_2O \tag{4-4}$$

本工艺与现行的其他工艺相比较具有如下特点：

（1）采用连续化工艺，在一卧式反应器中实现硅源与碳源的气化（$SiO_2 + C \longrightarrow SiO + CO$）和 SiC 晶须的合成反应，与国际上现行工艺相比较，具有如下明显的先进性：

① 此工艺装置结构简单、投资低。国际上如日本东海碳素公司所采用的工艺装置，硅源与碳源的气化、SiC 晶须的合成在两室完成，反应室装设石墨插板，供 SiC 晶须生长，该装置结构复杂、投资高。

② 此工艺采用卧式反应器，易于实现连续化、机械自动化操作，固体物料与 H_2 气流在反应器中逆向运动热效率高。SiO_2 反应完全，生产过程和产品质量稳定，生产效率高。而日本东海碳素公司和美国 Matrix 公司，在插入反应器中的石墨板上或 SiO_2 板上生长 SiC 晶须，需定期取出插板刮取 SiC 晶须，实现连续化困难，且生产和产品质量均不稳定。

③ 卧式反应器两端实现气动装卸，物料密封良好，中途不取料，因此，有害气体（SiO、CO 等）和硅、碳粉末不外逸，避免了环境污染。且此工艺生产的 SiC 晶须物理性能良好，且不飞扬污染环境。而日本东海碳素公司等定期从反应器中抽出石墨板或 SiO_2 板，刮取其上垂直生长的 SiC 晶须，此时反应器中的有害气体外逸，硅、碳粉末和 SiC 晶须飞扬，造成环境污染，因而有人称之为"污染工艺"。

图 4-6　SiC 晶须的 SEM 照片

（2）用廉价的 H_2 代替价格昂贵的 Ar 或 $Ar + H_2$ 混合气作保护气，从热力学分析得知，H_2 除保护作用外，还参加了 SiC 晶须的合成反应（$SiO + CO + 2H_2 \longrightarrow SiC + 2H_2O$）。$H_2$ 经净化处理后循环使用，除降低成本外，其中有害气体 SiO、CO 封闭循环使用，减少排放，有利于生态环境的保护，可以说此工艺从原料、生产过程到产品都不引起环境的污染，因此，可称为"绿色生产工艺"。

（3）此工艺除原料物性保证定向生

长外，还采用独特的导气措施维持 SiC 晶须生长空间，晶须发育良好，生产质量高。

该绿色新工艺已在某厂新建的工业装置生产线上生产出符合 SCW-01 技术标准的 β-SiC 晶须，SiC 晶须实收率 75% 以上。实收率和产品质量达国际同类产品先进水平，生产过程无环境污染。此改建工艺生产的 SiC 晶须的 SEM 照片如图 4-6 所示。

4.1.4.4 稻壳法制备 SiC 晶须

稻壳是一种来源广泛的原料，用它来生产 SiC 晶须既作为硅源，又作为碳源。在经过酸处理和碳化的稻壳中，SiO_2 具有最好的细分散状态，并且可以在较低温度下和较短时间内直接与碳接触产生细分散的 SiC。自从 20 世纪 70 年代中期美国犹他大学的 Cutler 教授发明稻壳生成 SiC 晶须以来，稻壳制 SiC 晶须得到了很大的发展，所生成的 SiC 中 SiC 晶须的含量由最初仅占 10% 提高到 20% ~25%。但是，进一步提高 SiC 晶须的产率仍然是一个迫切的问题。我国的汪耀祖、郭梦熊和白春根等对稻壳法制备 SiC 晶须进行了研究。研究发现，在烧制过程中，温度、时间、催化剂和气氛都是重要的影响因素，它们影响着 SiC 晶须的数量和质量。在考察这些影响因素后发现，用稻壳法制备 SiC 晶须的较佳工艺参数及结果为：① 稻壳 SiC 晶须生长的理想温度为 1500~1800℃，时间为 4~6h；② 稻壳 SiC 晶须生长的催化剂有 H_3BO_3，Fe_2O_3，$LaCl_3$，Fe 粉等，并且用量都宜控制在与 SiO_2 的质量分数为 5% ~20% 的范围内；③ 保护性气体可使用氩气，并应在反应过程中相应调整气体流量和炉膛压力；④ 采用稻壳法制备 SiC 晶须，在生成的产物中，SiC 晶须含量可达到 30% 左右，并且质量稳定。

4.1.4.5 SiC 晶须的后处理

在制备 SiC 晶须时，并不是所有的产物都是 SiC 晶须，还存在各种杂质和副产物。由于目前国内外大多数采用 SiO_2 碳热还原法制备 SiC 晶须，所以主要讨论这种方法获得 SiC 晶须的后处理。

在采用 SiO_2 的碳热还原法合成 SiC 晶须时，产物中除 SiC 晶须外，主要是 SiC 颗粒、过量的 C、残留的 SiO_2 以及由各种催化剂带来的杂质和反应的中间产物。为了获得纯净的 SiC 晶须，必须对粗产品进行后处理。

1. 除碳（C）

在后处理过程中，首先是除去反应产物中过量的 C，比较常用的有以下几种方法：① 在合成反应结束后，使温度自由下降，当温度冷却到 800℃时，将通入非氧化性气体改为通入空气，利用空气中的 O_2 和 C 反应生成 CO_2 和 CO 气体，保温 3h，便可达到除碳的目的。② 反应结束后，使温度冷却到 1000℃，通入

CO_2 气体或是含有 CO_2 的空气，保温 3h，此时的反应为 C 与 CO_2 生成 CO 气体或 C 与 O_2 生成 CO 气体。③ 当反应结束以后，将温度冷却到 1100℃，采用空气和水蒸气的混合气体除去残留的 C，保温时间为 2h。

2.SiC 颗粒的分离

SiC 颗粒主要是采用浮选的方法使其分离，但分离比较困难，因此尽可能控制反应条件，使 SiC 颗粒少生成。

3.除 SiO_2、催化剂及中间产物

采用 HF 处理，不仅可除去 SiO_2，而且还可除去 Fe、Co、Ni 和 NaF 等催化剂以及它们在反应过程中生成的中间产物如 Fe_5Si_3 或 $Na_2Si_2O_5$ 等。

4.SiC 晶须的表面处理

为了提高晶须增强复合材料的性能，必须使晶须和基体保持化学上和物理上的相容性。化学相容性主要是指在制备复合材料的温度下，SiC 晶须与基体材料不发生化学反应；还包括晶须在该温度下不引起性能的退化。物理相容性主要是指晶须与基体材料热膨胀性能的匹配；而为使复合材料具有较高的弹性模量，必须使所制得的复合材料的基体部分处于压应力的状态，因此物理上的相容性还包括晶须和基体材料在弹性模量上的匹配，这样才能分担更多的负荷。为了提高晶须和基体的化学相容性与物理相容性，一般采用涂层对晶须进行保护，涂层的方法有 CVD 和 Sol-Gel 法，高分子预涂覆技术、电沉积、溅射 PVD 法，离子注入法以及电子束蒸发法等。涂层后一方面能提高晶须的表面光洁度，另一方面调整了晶须和基体的界面结合力，使晶须能在基体材料中有效地拔出，又能保证基体的应力能在晶须上进行有效的传递，从而提高晶须复合材料的强度和韧性。

4.1.5 各种晶须的性能[5]

由于晶须晶体结构完整，不含有通常材料中存在的缺陷，诸如孔洞、位错和颗粒界面等，因此密度、强度都接近完整晶体的理论值，并具有理想的弹性模量和特殊的物理性能。日本在晶须的研制和应用上做了大量的工作。除了 SiC 晶须外，还开发了许多种其他无机晶须。氧化物晶须如：氧化锌、氧化镁、氧化锆和氧化铝晶须等；氮化物晶须如：氮化硅、氮化硼、氮化钛和氮化铝等；硼化物晶须如：硼化钛、碳化硼、二硼化钛、硼酸铝、硼酸镁和硼硅酸铝等；还有钛酸钾、碱性硫酸镁、石墨和莫来石晶须等；它们均具有良好的力学性能和耐热性能。几种常见晶须的特性如表 4-3 所示。

一般晶须的延伸率与玻璃纤维相当，而拉伸模量与硼纤维相当，因此兼具这两种纤维的最佳性能。晶须强度与直径有一定关系。大多数晶须直径小于 10 μm

时，其强度急剧增加，而与所采用的制备技术无关。此外，晶须具有保持高温强度的性能，在温度升高时，晶须比常用高温合金的强度损失少得多，这也是因为晶须不存在引起滑移的不完整结构。一些金属晶须和半导体材料晶须一般具有特殊的磁性、电性和光学性能，可开发为功能材料。

表 4-3　几种常见晶须的物理性能

晶须材料	密度/(g/cm³)	熔点/℃	抗张强度/(×10⁶kPa)	弹性模量/(×10⁶kPa)
Al_2O_3	3.9	2082	13.8～27.6	482.3～1033.5
AlN	3.3	2199	13.8～20.7	344.5
BeO	1.8	2549	13.8～19.3	689.5
BC	2.5	2449	6.9	447.9
石墨	2.25	3593	20.7	978.4
MgO	3.6	2799	24.1	310.1
α-SiC	3.15	2316	6.9～34.5	482.3
β-SiC	3.15	2316	6.9～34.5	551.2～827.9
MgO	3.6	2850	1～8	
ZnO	5.78	1720	1.4	380
$K_6Ti_{13}O_6$	3.3	1370	7	280
Si_3N_4	3.2	1899	3.4～10.3	379

4.1.6　晶须的应用及市场前景

晶须主要用作复合材料的增强体，以增强金属、陶瓷、树脂及玻璃等。

在航空和航天领域、金属基和树脂基的晶须复合材料由于质量轻、比强度高，可用作直升飞机的旋翼、机翼、尾翼、空间壳体、飞机起落架及其他宇宙航空部件。在建筑工业上，用晶须增强塑料，可以获得截面极薄、抗张强度和破坏耐力很高的构件。

在机械工业中，陶瓷基晶须复合材料 SiC（w）/Al_2O_3 已用作切削刀具，在金属基耐热合金加工中发挥作用；塑料基晶须复合材料可用作零部件的黏结接头，并局部增强零件某应力集中承载力大的关键部位、间隙增强和硬化表面等。

在汽车工业上，玻璃基晶须复合材料 SiC（w）/SiO_2 已用作汽车热交换器的支管内衬。发动机活塞的耐磨部位已采用 SiC（w）/Al 材料，大大提高了使用寿命。正在开发晶须塑料复合材料的汽车车身和基本构件。

在化学工业上，已开发出晶须纸、晶须布和各种过滤器，晶须增强橡胶也在研究中。

作为生物医学材料，晶须复合材料已试用于义齿、骨骼等。

在日用工业中，使用塑料基晶须增强材料已制造出高尔夫球杆、钓鱼竿等。

作为特殊的功能材料，特种晶须的制备成功也将使其迈入电学、磁学和光学及超导材料领域。

以上所述的各种应用尽管一些尚处在探索阶段，然而诸方面的试验结果已经表明晶须及其复合材料的应用有着强大的生命力。今后如果能在用途开发上有进展并且进一步降低成本，将来有可能形成巨大的市场。

4.2 纤　维

4.2.1　概述

近年来，一维材料的无机纤维的开发和应用特别活跃，这主要是复合材料需要具有优异物理、化学性能的无机纤维。光通信需要特殊的玻璃纤维、无机纤维，因而刺激了各种无机纤维的研究、开发和应用。目前最活跃的一维材料有光导纤维和碳纤维，这里主要讲述它们的结构、性能、制造方法和应用。

4.2.2　光导纤维[8,9]

随着社会的发展，社会的信息量和信息交流的迫切性与日俱增，现在资料、情报和知识的更新速度已达到所谓"信息爆炸"的地步，大量的军事、天文、气象、资源、工业和商业信息以每3～5年翻一番的速度增长。从过去的以电报电话为主转变为提供数据、传真、图像等高级的、丰富多彩的服务。因此，迫切要求迅速提高信息的传输、存储和运算的容量和速度，电子学和微电子学技术已不能满足社会需求，必须依靠光作为更高频率和速度的信息载体，由于光传输信息的能力比现有的无线电技术大100万倍，这可以使现有频宽的传输能力增加100万倍，从而使信息技术的发展产生突破性进展。光纤通信是利用激光通过光导纤维传递信息的技术，光导纤维一般是由极纯净的玻璃制成的。光纤通信的出现是信息传输的一场革命。光纤通信具有容量大、损耗小、抗干扰能力强、保密性好等优点，从而获得迅速发展，光导纤维的开发和应用是世界新技术革命的主要标志之一。

1966年英国标准电信实验室英籍华人高琨博士发表了改进材料纯度可将光纤损耗减少到20 dB/km左右的论文，引起了各国学者极大关注。1970年是光纤传输技术史上值得纪念的一年，在这一年里，制造出了低损耗光纤，半导体激光器也实现了连续振荡，美国康宁公司首先在1970年用气相法拉制出长200 m、损耗为20 dB/km的石英光纤，这是世界上制成的第一根有实用价值的单模光纤，1975年在康宁建成了一个正式生产光纤的工厂，此后作为通信用的石英光纤得到了飞速发展，形成了一门不小的产业，被认为是信息时代的突破性的技术成就。世界各国相继建起了大规模的光纤电话网和长途干线，甚至铺设了跨越海洋的光缆。与此同时，光纤的结构也趋于标准化，生产的主要品种有多模光纤和单模光纤两种。为改进光纤通信系统性能，20世纪70年代末开始研究长波长光通信系统（即1.55 μm 单模光纤系统），并为此开发了两种特种结构的光纤，即色散位移光纤和色散平坦光纤。此外，光通讯的开发和运用也促进了其他各种非通信光纤的研制。20世纪80年代以来，研究光纤的竞争目标是不用中继设备的超长距离传输及大容量传输，同时其应用领域仍在不断发展。本节主要讲述与光导纤维有关的光学性质、光导纤维的制造、应用及其发展趋势。

4.2.2.1 光在光纤中的传播原理

光在均匀介质中是沿着直线传播的，但人们却可以根据光的一些传播规律，改变光的传播方向，从而保证光可以沿着光纤传播。这些传播规律最基本的有两条：一是光的全反射定律；二是光的折射定律。

光的反射、折射和吸收：光在均匀介质中是直线传播的，而且传播速度与该介质的折射率成反比，即

$$v = \frac{c}{n} \tag{4-5}$$

式中，c 是光在真空中的传播速度，为 $2.9979 \times 10^5 \mathrm{km/s}$。空气折射率 n 为 1.0027，因此光在空气中的传播速度 v 应为 $2.997 \times 10^5 \mathrm{km/s}$；而石英玻璃折射率 n 约为 1.45，因此光在其中的传播速度 v 将是 $2 \times 10^5 \mathrm{km/s}$。

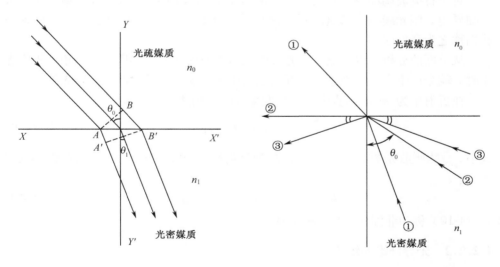

图 4-7　光的折射示意图　　　　图 4-8　临界角和光线的全反射

由于光在不同介质中的传播速度不同，因此当光线经过两种不同介质的交界面时，就会发生偏折现象，一般称为光的折射。如图 4-7 所示，现有折射率分别

为 n_0 和 n_1 的两种介质，且 $n_1 > n_0$，界面为 XX'，假定有一束光线与此界面的法线（即界面的垂线）YY' 成 θ_0 角度射入，我们将入射光线与界面法线构成的角称为入射角，这里的入射角就是 θ_0；经界面后，光线将折向更靠近法线的方向。由此可见，介质的折射率越大，光线与其界面法线所成的角度越小。其原因由图 4-7 可见：在 n_0 介质中，光线将同时到达 A、B 两点，经过 Δt 的时间间隔，B 点的光线将继续以 v_0 的速度在 n_0 中传播并到达 B' 点；A 点的光线以 v_1 的速度在 n_1 中传播而达 A' 点。由于 $v_1 < v_0$，其传播距离 AA' 将小于 BB'，从而使光线朝法线方向偏折。如同操练中一列横队保持整齐的排面改变前进方向一样。

光线折射的定量关系可由光学中的斯奈尔定理给出：

$$n_1 \sin\theta_1 = n_0 \sin\theta_0 \tag{4-6}$$

反之亦然。一般将折射率较大的介质称为光密媒质，折射率较小的称为光疏媒质。当光线由光密媒质射向光疏媒质时，由式（4-6）可知，其折射角将比入射角大，如图 4-8 中的光线①，如果不断增加入射角 θ_0，可使折射角 θ_1 达到 90℃，如图 4-8 中的光线②，这时式（4-6）变为

$$\sin\theta_1 = n_0 \sin\theta_0 \tag{4-7}$$

这时 θ_0 称为临界角。因此临界角的大小与界面两边介质折射率之比有关：

$$\theta_c = \arcsin(n_0 / n_1) \tag{4-8}$$

对于石英玻璃和空气界面，临界角为 43.7°，如果继续增大入射角，使其大于临界角，则光线将全部返回到光密媒质中（如图 4-8 中的光线③），这种现象我们称之为全反射。

从上面的分析可以知道，当光线由光密媒质射向光疏媒质且入射角大于临界角时，就会产生全反射现象。光纤就是利用光的这种全反射特性来导光的。

在折射率为 n_1 的物质中，一旦发生吸收，则透光率 T 为

$$T = \frac{I}{I_0} = (1 - R)^2 \exp(-\alpha d) \tag{4-9}$$

式中，α 为吸收系数；d 为厚度；R 为反射率。当吸收不太大时，则式（4-10）成立：

$$R = \left[(n_0 - n_1) / (n_0 + n_1) \right]^2 \tag{4-10}$$

式（4-10）称为菲涅尔（Frasnel）式。

4.2.2.2 光导纤维的结构

为了满足上述的全反射条件，应作成在中心比四周的折射率要大的东西，故光导纤维需具有如图 4-9（a）中所示的双重结构。图 4-9 所示的中心部位称为核心，周围部分称为包层，外侧用塑料覆盖如 4-9（b）所示，这对防止纤维强度的降低起了保护作用。

在图中"光导纤维组"内的小圆相当于图 4-9（b）中所示出的一根纤维。考虑强度或实际应用又设计了电缆线。根据核心部位折射率的分布，又把光导纤维分为阶梯型的、单一传输型的和分级型的三种。如果仅是满足全反射条件的话，核心室的外侧也可以是空气。但在这种情况下，其他物质和玻璃表面一接触，就局部地破坏了全反射的条件，光可能会跑到外面。当 n_0 和 n_1 相差足够大时，为了使 θ_c 增大，传送光的频率更大，选折射率差约为 1‰ 为宜，若在单传输型中，则最少为 0.2‰～0.5‰ 为好。若有透明度很高的材料时，如图 4-9 的构造，可把光传向很远的地方。

单位 dB（分贝）的定义为 $10\lg I/I_0$（光强由 I_0 变为 I）。此值为正时，光强放大；负时光强衰减。在光纤领域中，由于常出现衰减，所以把负号省略。另外，假若把仅传送到某距离 d 时的光强作为 I 时，每单位长度的衰减（损失）用 L 表示，则 L 可用下式表示：

$$L = 10\,d^{-1}\lg\frac{I}{I_0} \tag{4-11}$$

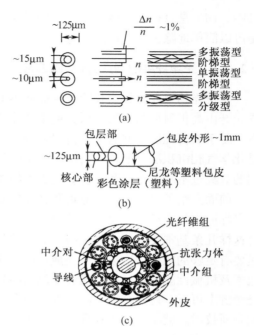

图 4-9　光导纤维和光缆的结构
（a）折射率分布和光的传播原理；（b）光导纤维的
结构；（c）光缆断面

L 常用 dB/km 单位表示。损失的原因若仅由于吸收，则可与式（4-9）合并，得到 $\alpha=0.23\,L$。

以前认为透明度最好的光学玻璃的 $L=200$ dB/km（$\alpha=5\times10^{-4}\ \mathrm{cm}^{-1}$），这意味着每前进 1 km，光强变为入射光强的 $1/10^{20}$。因此，不能用于长距离的传送。但是当把损失减小到 20 dB/km 以下时，（每前进 1 km，光强变为原来强度的 $1/100$），这样长距离的光通讯传送的实现就有可能，这一点高琨早在 1966 年时就曾预言。在玻璃中产生光的传播损失的主要过程可作如表 4-4 中所示的分类。

表 4-4　主要的光损失的分类

玻璃中光的损失（衰减的原因）	吸收	(a) 晶格振动（SiO_2 分子振动，OH 基） (b) 能级间电子转移（吸收中心，过渡金属杂质）
	散射	(c) Raileigh 散射（化学组成的波动，折射率的波动） (d) Mie 散射（气泡、粒子等杂质）

其中，（d）是直径比光波波长还大的粒子的散射，假若在制造工艺中注意一些，是可以简单地除去此作用的。剩下的（a）～（c）比较麻烦。

4.2.2.3　光导纤维的制造方法（或工艺）

要把光约束在光纤内长距离传输而不泄露出来，光纤要有一定的结构，即要求光纤由高折射率的芯层和低折射率的涂层组成。因此，从工艺角度考虑，要求有一易于制备纯度高并有一定折射率分布的光纤的工艺方法。目前，普遍采用的是化学气相沉积法（简称 CVD 法）。化学气相沉积法是美国康宁玻璃公司首先发明的，经过不断的改进和完善，已成为制备光导纤维的主要方法。

前面介绍了光纤的导光原理和光纤的基本结构。如何根据这些结构制造出符合实际应用的光纤并不是一件简单的事情。对于一根实用光纤，概括起来必须符合这样几条基本要求：一是衰减小，也就是透明度很高，能够传播的距离远；二是要有足够的机械强度以便于完成后续工艺及其运输、施工和安装；三是光学、化学及机械性能稳定可靠，能经受风雨寒暑气候变化和各种恶劣环境的考验；四是经济上可行。这几个简单的条件却包含着许许多多尖端科学知识并孕育了不少的高新技术。就实现低损耗而言，当前纯硅芯光纤在 $1.55~\mu m$ 波长处已达 0.15 dB/km，这意味着波长为 $1.55~\mu m$ 的光经过 20 km 后光的功率才衰减一半，其透明度之高真可谓清澈透底。这些研究成果都是各国科技工作者大量理论和实验工作的结晶。

当今通信用的光纤基本上是由以 SiO_2 为主体的石英玻璃制成的，而且为了解决低损耗，这些材料都是由超纯的化学原料经过高温合成的。

下面我们将对光纤制造的提纯工艺、熔炼工艺和拉丝工艺作一简单介绍。

1. 提纯工艺

制造石英光纤的主体原料是四氯化硅（$SiCl_4$），约占 95%；掺杂原料主要是四氯化锗（$GeCl_4$），附加掺杂原料还有三氯化硼（BCl_3）；氟里昂（CF_2Cl_2）等氟化物；作为载气并参与反应的有高纯氧；此外还有用来增强热传导、提高沉积效率的惰性气体——氦气和用作脱水的氯气等辅助原料。

要扩大光纤在通信领域和其他领域中的应用，关键之一是减少光纤的损耗。前面已提到光纤的损耗是光纤中传输的光波的散射、吸收所产生的损耗，产生这些损耗的主要因素有：① Raileigh 散射；② 红外、紫外区玻璃的固有吸收；③ 杂质（OH 根和过渡金属离子）吸收；④ 光纤结构的不完善所产生的辐射和散射。

在波长 $0.8\sim1.7~\mu m$ 进行光纤通信传输时，损耗大部分是由 Raileigh 散射引起的，因为熔融状态下，石英分子的分布上有热起伏，因此在玻璃化时就会出现折射率分布不均匀的现象。温度愈低，热起伏现象就愈小，因而选用玻璃熔化温度低的材料对减少 Raileigh 散射是有利的，折射率的不均匀性比波长的影响要小，因散射损耗随 $1/\lambda^4$ 成比例地减小。但是，玻璃材料在长波长区还存在本征红外吸收。其结果是使石英光纤的低损耗区的波长在 $1.1 \sim 1.6\ \mu m$ 之间。

损耗的其他原因，主要的还有 OH 根杂质的吸收问题和 Si—O 键的振动耦合吸收。OH 根的基本吸收波长为 $2.7\ \mu m$，二次谐波吸收波长为 $1.38\ \mu m$，三次谐波吸收波长为 $0.94\ \mu m$，Si—O 键振动吸收的波长有 $2.22\ \mu m$、$1.90\ \mu m$ 和 $1.24\ \mu m$。当光纤的制造过程中混入 OH 根杂质时，10^{-6} 的量所引起的最大损耗值，在波长 $1.38\ \mu m$ 时为 $100\ dB/km$；在波长 $0.94\ \mu m$ 为 $1\ dB/km$。因而超低损耗的光纤的 OH 根杂质的含量要控制在 10^{-9} 以下。总之，石英光纤的最低极限损耗值为 $0.2\ dB/km$ 左右。

研究结果表明，光纤的吸收损耗来源于材料的固有吸收和杂质吸收，而杂质吸收是降低光纤损耗的主要障碍，这些有害杂质主要是过渡金属元素，当它们以离子形式在玻璃中存在时，在光波的激励下易于振动，产生电子跃迁，吸收光能，造成光的吸收损耗。还有就是 OH 根的吸收，特别是对长波长区的损耗影响最大。因此，要制造低损耗的光纤，必须除去这些杂质。

光纤原料中有些是液体，有些是气体。为了降低液体原料中的有害杂质，一般都采用多次精馏，也就是利用原料和杂质的沸点不同，通过反复蒸馏，达到提纯的目的。一般我们对这些原料纯度的要求是 6 个 9 以上，也就是说要求原料纯度达到 99.9999%。或者说杂质含量不超过 0.0001%，即 10^{-6}，对于气体原料，一般都采用多级分子筛来达到纯化的目的。

这里顺便提一下，影响光纤质量的除了上述化学合成原料之外，外面的石英衬管（也称为石英包皮管）的质量优劣也是一个重要因素。虽然石英包皮管不起导光作用，但如果它的杂质和氢氧根含量太高，在某些条件下会向中心扩散，从而增加光纤损耗；此外，石英包皮管的几何尺寸，如壁厚的均匀性、同心度、及轴向平直度将直接影响光纤的有关几何尺寸，特别是包皮管中的杂质、气泡等缺陷，将会严重影响光纤的机械强度。因此，制造高质量的光纤，还需要高质量的石英包皮管，关于石英包皮管的制造工艺过程也相当复杂，这里就不详细介绍了。

2. 熔炼工艺（光纤的制造方法）

熔炼工艺就是将超纯的化学原料经过高温化学反应合成具有一定折射率分布的预制棒。制造光纤预制棒的方法很多，常见的有改进的化学气相沉积（MCVD）法、等离子体化学气相沉积（PCVD）法、气相轴向沉积（VAD）法、管外气相（OVD）法等，MCVD 和 PCVD 这两种方法都属于管内法。管内化学气相沉积法的特点是：在石英衬底管内壁先后沉积包层和芯层玻璃，整个化学反应都是在封闭石英管中进行。由于有限的反应空间封闭，维持其超纯状态比较方便，对外部环境条件要求不是很高。MCVD 同 PCVD 的差别在于它们为高温化学反应提供的热源不同，MCVD 工艺是以氢氧焰或天然气燃烧作为热源，而 PCVD 工艺则是由中、小功率的微波谐振腔使石英衬管中的低压气体辉光放电，原料气体被微波能激发电离产生等离子体，不同种离子相互碰撞直接进行化学反应而沉积为透明玻璃薄层。OVD 和 VAD 法都属管外法，工艺过程对环境要求很高，但反应空间开放不受限制，可以沉积较大较粗的预制棒，一根棒可拉上百千米光纤，适于大规模生产。两种工艺的相同之处还在于都是首先形成疏松多孔的坯棒，然后需要进行脱水烧结才成为透明的预制棒。不同之处在于 OVD 工艺是将反应产物围绕轴心沉积，先沉积纤芯，而后沉积包层，VAD 工艺则是沿着轴心沉积，纤芯和包层结构事先调配好，像拉单晶似的在棒的一端沉积，使预制棒不断沿轴向增长。

　　以上是以石英为主要材料的四种主要的光纤制造方法，除此之外，还有双坩埚法（用于制造多组分玻璃光纤）、拉丝涂覆法（用于制造石英芯、塑料包层光纤）、挤塑法（用于制造塑料光纤）等制造方法。下面讨论四种主要的光纤制造方法。

　　(1) 管内 CVD 法　改进的化学气相沉积法（MCVD 法）是美国贝尔实验室 1973 年发明的，使光纤的损耗降到了 1dB/km。这种方法采用气相反应的气化原材料（$SiCl_4$、$GeCl_4$）和 O_2（运载气体）一起流入旋转的石英包皮管中（如图 4-10），然后在包皮管的外侧用氢氧焰等热源加热。在包皮管内侧发生氧化反应形成 GeO_2、SiO_2 等玻璃材料，并沉积在包皮管的内面（这部分形成光纤的芯）。在沉积过程中需要精密控制掺杂剂的流量，从而获得预期的折射率分布。然后，对这种带有沉积材料的包皮管加热，使中心孔收缩（叫做成棒），制成实心的棒（叫做预制棒），最后把它拉制成光纤。

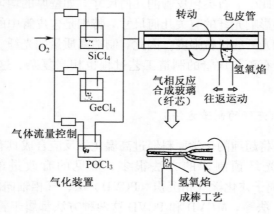

图 4-10　管内 CVD 法

管内 CVD 法的所有制造过程全在封闭的空间内进行，杂质不容易进入，对制造低损耗光纤有利，如采用 MCVD 法制备的 B/Ge 共掺杂光纤作为光纤的内包层，能够抑制包层中的模式耦合，大大降低光纤的传输损耗。但预制棒的尺寸不能做得太大，光纤的连续长度也不可能太长。MCVD 法是目前制备高质量石英光纤比较稳定可靠的方法，该法制备的单模光纤损耗可达到 0.2～0.3 dB/km，而且具有很好的重复性。近年来，MCVD 工艺不断改进，纳入了多项新技术，因此迄今仍占约 1/3 的市场份额。这些进步主要表现在如下方面：

①由过去的"一步法"到目前的"两步法"，即将沉积与熔缩分开，在沉积之后，用另一台专用车床熔缩成棒，并用石墨感应炉代替氢氧焰做热源进行熔缩成棒。

②采用大直径合成石英管代替天然水晶粉熔制的小直径石英管作为衬底管，目前在生产上使用的合成石英衬底管外直径约为 40 mm，沉积长度 1.2～1.5 m。

③最重要的是，用各种外沉积技术取代了套管法来制造大预制棒，例如用火焰水解外包和等离子外包技术在芯棒上制作外包层，形成了 MCVD 与外沉积工艺相结合的混合工艺。这些新技术弥补了传统 MCVD 工艺沉积速率低、几何尺寸精度差的缺点，降低了成本，提高了质量，增强了竞争力。

④ 开发低成本、高质量、大尺寸的套管的制造方法（如溶胶-凝胶法，OVD 法），供套管使用。

（2）管外 CVD 法 管外 CVD（OVD）法如图 4-11 所示，其气态原料 $SiCl_4$、$GeCl_4$、运载气体 O_2 同氢氧焰一起喷向转动的"芯棒"，在热能作用下，原料发生水解反应生成 SiO_2、GeO_2，并附着在"芯棒"上，使之形成多孔棒，然后抽出芯棒，并在炉中加热烧结形成透明的实心玻璃棒，再将预制棒拉制成光纤。这种制作方法对光纤预制棒的径向尺寸无限制，能制造大型预制棒，其优点是沉积速度快，适合批量生产，且控制折射率分布也较容易，该法要求环境清洁，严格脱水，可以制得 0.16 dB/km（1.55 μm）的单模光纤，几乎接近石英光纤在

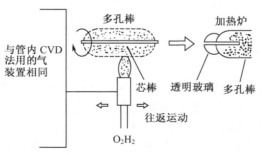

图 4-11 管外 CVD 法

1.55 μm 的理论极限损耗 0.15 dB/km。但是，该法制造工艺比较复杂。近年来 OVD 工艺的发展主要表现在：

①从单喷灯沉积到多喷灯同时沉积，沉积速率成倍提高。

②从一台设备一次沉积一根棒发展到一台设备同时沉积多根棒。

③从依次沉积芯、包层连续制成预制棒的"一步法"发展到"二步法"。即先用陶瓷棒或石墨棒为靶棒，只沉积芯材料（含少量包层）做出大直径芯棒，经去水烧结后，把该大直径芯棒拉细成多根小直径芯棒，再用这些小直径芯棒作为靶棒来沉积包层，制成光纤预制棒，大大提高了生产率，降低了成本。

（3）轴向气相沉积法　轴向气相沉积法（VAD）法是由日本电信电话公司（NTT）茨城通信研究所开发出来的，其装置如图 4-12 所示，工作原理与 OVD 法相同，不同之处在于它不是在母棒的外表面沉积，而是在其端部（轴向）沉积。VAD 的重要特点是可以连续生产，生产速度快，产量高。适合制造大型预制棒，可以拉制较长的连续光纤。而且，该法制备的多模光纤不会形成中心部位折射率凹陷或孔眼，因此其光纤制品的带宽比 MCVD 法高一些，其单模光纤损耗目前达到 0.22～0.4 dB/km。目前，日本仍然掌握着 VAD 的最先进的核心技术，所制得的光纤预制棒 OH 含量非常低，在 1385 nm 附近的损耗小于 0.46 dB/km。

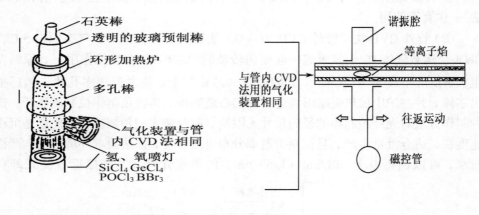

图 4-12　VAD 法　　　　　　　　　　图 4-13　PCVD 法

（4）PCVD 法　这种方法与管内 CVD 法很相似，不同之处只是不要管内 CVD 法使用的氢氧焰加热，而是在包皮管内产生等离子体，用等离子体热能来产生氧化反应，其他方面与管内 CVD 法相同（见图 4-13）。与 MCVD 一样，当前的 PCVD 工艺也采用了大直径合成石英管代替天然水晶熔制的石英管作为衬底管。荷兰 POF 公司已开发了四代 PCVD 工艺，衬底管内直径从最初的 16 mm 增大到 60 mm 以上，沉积速率提高到 2～3g/min，沉积长度 1.2～1.5 m。

3. 拉丝工艺

拉丝工艺的任务在于将已制好的预制棒拉成高质量的光纤。拉丝工艺要解决三个方面的问题：一是几何尺寸。就是要严格控制光纤的外径在 $125\pm2\ \mu m$ 的规定范围内。二是低衰减问题。需正确判断不同种类光纤的拉丝温度和拉丝速度之间的关系，采用合适的拉丝张力，以尽量减小拉丝工艺带来的残存预应力，这样才有可能获得低损耗光纤。三是机械强度问题。这就要求建立高温拉丝区的超净环境，避免空气中的灰尘、水汽等杂质吸附在刚拉制出来的裸露的新鲜活性光纤表面上产生缺陷和裂纹，从而降低光纤的强度。再就是对刚成型的光纤立刻进行涂覆保护来增加光纤的机械强度，当然，对于涂覆材料的选择，涂覆层的厚度及其均匀性的控制也涉及到许多方面的知识和技术，这里就不详细介绍了。

4.2.2.4 光纤材料的发展趋势

目前光通信的限制主要在于：信息容量还小，比理论容量小 2～3 个数量级；传输率低，受目前调制和开关等元件结构的限制；光纤损耗大（熔石英纤维已接近理论损耗极限为 $0.1\ dB/km$），中继距离短（$100\ km$ 左右）。以 SiO_2 材料为主的光纤，工作在 $0.8～1.6\ \mu m$ 的近红外波段，目前所能达到的最低理论损耗在 $1550\ nm$ 波长处为 $0.16\ dB/km$，已接近石英光纤理论上的最低损耗极限。如果再将工作波长加大，由于受到红外线吸收的影响，衰减常数反而增大。新一代的光通信主要在技术上突破上述限制，发展超长波长和超宽频带的光纤通讯，对光纤材料的要求是进一步降低材料的损耗和色散。

前面已讲过光介质材料的损耗包括本征和非本征的损耗。非本征损耗中的吸收主要是由阴、阳离子等杂质所引起的，而非本征散射是由气泡、裂纹、微晶等缺陷引起的。本征损耗可用下式表示：

$$\alpha_1 = A\lambda^{-4} + B_1 \exp(B_2/\lambda) + C_1 \exp(C_2/\lambda) \tag{4-12}$$

式中，A、B_1、B_2、C_1 和 C_2 是常数；λ 为波长。上式第一项为 Raileigh 散射损耗，第二、三项分别为紫外和红外本征吸收损耗。

由此可见，为了降低石英光纤的损耗，目前工作波长从 $0.82\ \mu m$ 移至 $1.3\ \mu m$ 和 $1.55\ \mu m$，光纤的损耗也从 2～3 dB/km 降到 $0.4～0.5\ dB/km$ 和 $0.2～0.3\ dB/km$。为了提高信息容量，从多模光纤发展为单模光纤，降低了模色散和构造色散，使传输频带宽度达到 $1\ GHz\cdot km$，所以最近光纤研究和开发集中于 $1.3\ \mu m$ 单模光纤，$1.55\ \mu m$ 色散位移和平滑形色散单模纤维的制备工艺。重点是以F-P_2O_5-SiO_2包皮，GeO_2-SiO_2芯材的匹配型和浸渍型光纤的制造工艺。

由式（4-12）可以看出，增加工作波长可降低 Raileigh 散射损耗，与此同时，要求材料的红外本征吸收极限也移向长波方向，目前主要的红外光纤材料有三大类：重金属氧化物，硫系化合物，卤化物。作为下一代光通讯纤维，氟化物玻璃纤维已崭露头角，随着光通信的工作波长向红外迁移，光通信用的激光器和探测器材料已有新的选择和发展。

4.2.3 碳纤维[10,11]

4.2.3.1 概述

碳纤维是由碳元素组成的一种特种纤维，其碳含量视种类不同而异，一般在90%（质量分数）以上。碳纤维具有一般碳素材料的特性，如耐高温、耐摩擦、导电、导热及耐腐蚀等，但与一般碳素材料又不同，其外形有显著的各向异性、柔软、可加工成各种织物，更重要的是其微晶结构沿纤维轴有择优取向，从而沿纤维轴方向有很高的抗张强度和杨氏模量。碳纤维的相对密度小，因此有很高的比强度和比模量。碳纤维的主要用途是与树脂、金属、陶瓷及碳素等基体复合，作为结构材料。碳纤维增强环氧树脂基复合材料（CFRP），其比强度及比模量作为综合指标，在现有结构材料中是最高的（图4-14）。在强度、刚度、质量和疲劳特性等有严格要求的场合，在要求高温、化学稳定性和高振动阻尼等场合，碳纤维复合材料都颇具优势。

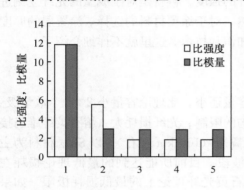

图 4-14 碳纤维复合材料和一般材料
的比强度及比模量
1—碳纤维/环氧；2—玻璃纤维/环氧；
3—木材；4—铝；5—钢

碳纤维是在20世纪50年代初应火箭、宇航及航空等尖端技术的需要而发展起来的，现在也广泛用于体育器械、纺织、化工、机械及医学等领域。随着尖端技术对新材料技术性能的要求日益苛刻，促使碳纤维性能不断提高和完善。20世纪80年代初期，高性能及超高性能碳纤维的商品化，在技术上是一重大突破，同时也标志着碳纤维的生产已进入一个新的高级阶段。碳纤维及碳纤维复合材料已成为一项基础坚实、发展迅速的新兴工业，涉及到化学、物理、数学及力学等许多学科。有关碳纤维的制造工艺、结构性能和应用等方面的基础研究，经过多年来的发展和积累，已形成一个综合性很强的分支学科。目前碳纤维和碳纤维复合材料形成的新兴产业，正以旺盛的生命力迅速向前发展。高性能和超高强碳纤维新品种不断出现。如日本东丽公司的 T1000 碳纤维，其抗拉强度可达 7.2GPa，美国 Hercules 的 IM7 碳纤维其抗拉强度已达 8.2GPa。一般碳纤维的断裂伸长随模量的提高而下降，必然使纤维的柔性与加工性变差。近年来，高强度模量"MJ"系列碳纤维的出现，将大大推动高性能复合材料的发展。这类纤维（MJ 系列）在保持高模量的同时，又具有很高的抗拉强度、抗压强度和断裂应变，代表碳纤维的发展趋势，而且产品正向系列化方向发展，用以制造人造卫星结构材料、火箭和飞机结构件等。高性能及超高性能的碳纤维商品如表4-5所示。

表4-5 一些高性能碳纤维商品名称及规格

1. 几种超高性能碳纤维[1]

性 能	T-1000 (UHT)	T-400 (UHT)	M-50 (UHM)	M-46J (HT-UHM)
单丝直径/μm	5.3	7.0	6.4	5.2
密度/(g/cm^3)	1.82	1.80	1.91	1.84
每束丝单丝孔数/K	12	6	3	12
单位长度质量/tex	480	396	180	445
拉伸强度/GPa	7.06	4.41	2.45	4.21
拉伸模量/GPa	294	250	490	4.36
断裂伸长率/%	2.4	1.8	0.5	1.0

1）日本东丽公司系列产品。

2. 高强中模碳纤维

性 能	Amoco 公司 T-650/42	东丽公司 T-800	HysolGrafil Apollo IM	BASF 公司 Celion G40-700
单丝直径 μm	5.1	5.2	5.0	5.0
密度/(g/cm^3)	1.78	1.81	1.77	1.73
每束丝单丝孔数/K	12	12	12	12
单位长度质量/tex	441	445	370	410
拉伸强度/GPa	5.03	5.59	4.60	4.96
拉伸模量/GPa	290	294	300	300
断裂伸长率/%	1.7	1.9	1.53	1.66

3. 沥青基超高模量碳纤维

性 能	Amoco 公司		杜邦公司		
	P-100 2K	P-120 2K	E-105	E-120	E-150
拉伸强度/GPa	2.46	2.24	3.30	3.44	3.92
拉伸模量/GPa	766	830	725	823	891
单位长度质量/tex	313	318			
密度/(g/cm^3)	2.16	2.18			
断裂伸长率/%	0.32	0.27	0.55	0.55	0.55

4.2.3.2 碳纤维的原料及制备

1.碳纤维的原料

凡人造纤维或合成纤维碳含量较高，在热处理过程能保持纤维形态而不熔融者，均可制得碳纤维，但能够用于工业生产的原纤维，却只有黏胶纤维、聚丙烯腈纤维及沥青纤维 3 种。碳纤维的三种主要产品黏胶基、聚丙烯腈基及沥青基碳纤维中，以聚丙烯腈基碳纤维产量最大、品种最多，沥青基碳纤维次之，黏胶基碳纤维最少；每一类原纤维由于碳纤维性能、制备工艺以及最终碳纤维性能要求的不同，又分许多产品。

碳纤维的强度和模量与它的晶体结构有关；理想的碳纤维具有一种石墨结构，即石墨的晶体排列方向与纤维的轴线相平行，一根根微丝之间实际上没有气孔。人们已提出了许多工艺，力求尽可能接近上述理想的结构，这些工艺大多具有下列三种基本加工特点之一。这些特点是：

（1）精选原料　合适的原料应有的优点是碳化处理过程中产碳量高，失重少，因此收缩率也小。还应有分子择优取向于高密度方向的优点，这些优点在下步加工过程中可以保持下来，甚至还可以得到改善。

（2）在碳化处理之前进行预处理　预处理的基本要求是稳定纤维，使其在碳化处理过程中不会溶解或变质，在预处理中通常还有一个加热步骤，以便提高某些相对分子质量重新组合的作用，例如成环作用、交联作用等等，有时候，还会出现六节相连的一些环，这些环中会出现石墨。把这些预处理步骤与某种机械作用（例如拉伸作用）结合起来，有利于保持或改进分子的排列取向。

（3）选择碳化处理和石墨化处理的工艺条件　这些工艺条件对碳纤维的机械性能具有重要影响。这些工艺条件选择得当，碳纤维的机械性能的变化幅度就相当大。特别是抗拉强度与抗拉模量之间的内在关系，基本上可由碳化处理和石墨化处理所选定的工艺参数来确定。

2.碳纤维的制备工艺

如前所述，碳纤维的制备工艺包括：热氧稳定化处理（200～400℃，氧化性气氛），碳化处理（最高温度达 1200～1400℃，高纯氮气保护）及石墨化处理（2000～3000℃，氩气保护）。

（1）黏胶基碳纤维　黏胶纤维是一种纤维素纤维，在 20 世纪 50 年代初是用来生产碳纤维的惟一原料。黏胶纤维在氮气下热解时，在 210～320℃间急剧分解，失重可达 80%，因此碳纤维的收率很低。失重大小与原丝的本质、加热速率及热解的环境气氛有关。原丝的相对分子质量也起着重要作用，因为它决定了可供引发裂解反应的端基数目。慢速加热可稍稍提高收率，但不经济。因此一般将黏胶纤维先用阻燃剂处理以改变纤维的热解机理。这样可在较低的温度下以较快的升温速率进行热解，碳纤维收率可提高到30%左右，碳纤维性能也有所改善。若需制备高性能碳纤维，需经2500℃以上的高温拉伸。黏胶基碳纤维的导电率低，灰分少，防热隔热及烧蚀性能好。现在只有美国尚生产少量产品供军工使用。

（2）丙烯腈基碳纤维　20世纪60年代初起，丙烯腈（PAN）纤维取代黏胶纤维而成为碳纤维最重要的和最有发展前途的原丝，其优点是碳纤维收率高、工艺简单、成本低、性能好。制备工艺流程见图4-15。聚丙烯腈制造碳纤维过程中发生一系列的化学变化，聚丙烯腈在200~300℃的空气中加热时（预氧化）发生的化学反应有：① 通过腈基的闭环反应形成梯形聚合物；② 附加氧；③ 进行分解（产生NH_3、HCN、CO_2、CN基化合物）；④由于产生了H_2O，故有脱氢反应发生，变成了黑化纤维。进一步提高温度（在惰性气体中），约在600℃下，随着H_2O、CO_2、NH_3等气体的产生，在分子间进行了缩合反应。在600℃以上由于N_2或HCN解离，得到了排列较好的碳纤维。进而在高温（2500~3000℃）下进行热处理，使晶体成长，得到石墨纤维。

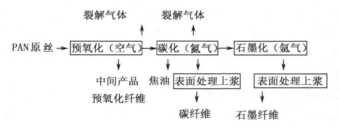

图 4-15　PAN 基碳纤维制备工艺流程图

PAN纤维的热氧稳定化过程通常称作预氧化，是在200~300℃空气中于张力下进行的。施加张力是防止纤维收缩，有时甚至要求伸长以防止分子链在加热时消除取向。加热至200℃以上，侧基—C≡N基的叁键打开，与相邻—CN基聚合成 —C=N— 共轭双键，主链发生脱氢反应，形成 —C=C— 共轭双键，此外尚有交联、裂解反应等，逐步使PAN线型分子转变成耐温性较高的网络状结构，并保持高度的取向，可经受温度更高的碳化处理。

预氧化处理可以提高碳纤维的收率及力学性能，是制备碳纤维过程中最重要的一步。预氧化反应缓慢，影响碳纤维生产效率，为此一般都采用特制的共聚PAN纤维作原丝。共聚单体［约5%（摩尔分数）］使聚合物的分子结构规整性降低，减小分子链间作用力，在成纤时使原纤维易于拉伸，从而提高原丝质量。此外含有的亲核基团如羧基能引发腈基环化，加速反应。工业生产一般都用逐级升温的加热方式，逐步提高氧分子向纤维内部扩散的速率，这样可使预氧化的时

间缩短至 1h 左右。据报导，采用 NH_3/空气混合气体为预氧化气氛，还可使反应时间缩短一半，仅 30min 多一点。预氧化时，有 NH_3、HCN、H_2O 及少量焦油状裂解物产生，同时 O_2 结合到分子链上形成—OH、 $-\overset{\text{O}}{\overset{\|}{C}}-$ 等含氧基团。预氧化纤维的氧含量一般控制在 8% ～12%，原丝的质量几乎不变。若预氧化不足，碳化时易使纤维产生孔洞、缺陷；预氧化过分则影响纤维结构重排，都会降低碳纤维性能。恰当的预氧化依赖于原丝的性能、预氧化条件以及随后采用的碳化条件。预氧化后的纤维呈黑色，遇火也不燃烧，故也称耐燃纤维，可做防火织物、密封材料等，也是一种工业产品。

碳化是在高纯氮（99.99% 以上）保护下进行的，一面将非碳原子以挥发物（如 HCN、NH_3、CO_2、CO、H_2O、N_2 等）方式除去，同时使预氧化纤维向碳纤维结构转变，400～600℃时，裂解剧烈，失重约 40%。部分挥发性裂解产物冷凝后形成焦油，对碳纤维有严重影响，需尽可能排除。在裂解同时，链上的羟基起交联的缩合反应，有助于梯型结构的重排和聚集，不稳定的线型链段转变成环状结构或分解放出气体产物。环状结构进行脱氢并开始侧向联合，随温度升高（600～1600℃），芳构的似石墨结构在纵向及侧向继续长大。这阶段失重约 10%～15%。在 900℃时，N_2 放出的速率最大。1000℃以上失重极小，层面结构进一步成长和完善。碳化温度升高至 1400℃左右，碳纤维的抗张强度最高，属高强型碳纤维。

石墨化是将碳纤维在氮气保护下经 2000℃以上的高温热处理，可进一步改善微晶的序态结构和取向，从而提高碳纤维的模量、导热性和导电性、抗氧化性能。经高温处理的碳纤维属高模量型碳纤维。

(3) 沥青基碳纤维　制备工艺包括：沥青调制、熔融纺丝、不熔化处理、碳化及石墨化。技术的难度在于前三步，其中沥青调制尤为重要。

沥青是一种带有烷基支链的稠芳环碳氢化合物的混合物，某些还含有环烷烃结构。沥青组分与其来源有关。一种沥青是否适合制备碳纤维，取决于它的可纺性及转变成不熔化状态的能力，这在很大程度上依赖于沥青的化学组分及相对分子质量分布。沥青调制是将原沥青中不适合纺丝的组分除去。普通沥青是各向同性体，在 400℃以上的温度热处理时，分子经脱氢性的缩合反应而形成大分子，聚集成具有向列型液晶的相，称做中间相（Mesophase），具有光学各向异性，在室温下不溶于任何溶剂。

各向同性沥青的平均相对分子质量小（200～400），芳构度低（0.3～0.5），H/C 比较高（0.55～0.8），易纺丝，制得的沥青碳纤维的力学性能较低，属于通用型沥青碳纤维（GPCF）。中间相沥青的平均相对分子质量高（600～1500 或更大），芳构度高（0.5～0.8），H/C 比较低（0.5～0.6），因此分子间作用力大，以致熔体黏度大，可纺性差，但可制备高性能沥青基碳纤维。1976 年美国

UCC 公司生产了中间相沥青基（MPP）碳纤维，抗张强度为 2.0GPa 左右。这种生产技术的难度大，成本高，发展困难。直至 20 世纪 80 年代初，日、美两国开发了多种新的制备中间相沥青原料的方法，高性能沥青基碳纤维才获得了迅速发展。

中间相沥青可分成两类：一般中间相沥青（UCC 法）和新中间相沥青（exxon 法）属一类，称各向异性沥青 A；另一类是改性的各向异性沥青包括潜在中间相沥青（群马大学法）和预中间相沥青（九州工业研究所法），称各向异性沥青 B，这类沥青的结构如溶解度、软化点、光学各向异性等性能都大大不同于一般中间相沥青，而且可纺性好。因为制备的任何阶段都采用氢化处理，所以含有环烷烃结构，分子间的作用力相对变小，从而使熔体的流变性能好，有利于纺丝，可制得性能更好的碳纤维。新中间相沥青的特点是可纺性好，制得的碳纤维性能比较一致。碳纤维的平均强度随热处理温度升高而增加，这一点与一般中间相沥青碳纤维不同（见表 4-5，比较 Amoco 公司与杜邦公司的超高模量碳纤维的拉伸强度）。

预中间相沥青的特点是可纺性好，在纺丝温度下几乎是各向同性，熔体黏度-温度依赖关系在转变温度（T_s）时改变。在 T_s 附近纺制的碳纤维具有辐射型结构而不出现楔型裂缝。在高于或低于 T_s 温度下纺制的沥青碳纤维，其横截面分别为带有楔型裂缝的辐射型结构和具有无规则排列的小磁砖（mosaic）型结构或洋葱皮型结构，这两种沥青基碳纤维的拉伸强度较高。

生产沥青基高性能碳纤维连续长丝的技术要求高，难度大，目前只有少数公司有生产这种产品的能力。

4.2.3.3 碳纤维的后处理

用碳纤维制造复合材料时，存在黏结力差，抗剪切力弱等问题。为了提高碳纤维复合材料的层间剪切强度，碳纤维需经表面处理。因此，大多数后处理法都是想在碳纤维与基体材料相结合之前改善碳纤维的表面特征，力求更有效地提高纤维与基体之间的结合力，降低纤维与基体的氧化率和反应率。表面处理的方式有多种，实际上可分为两大类：一类是将纤维的表面层活化，不用任何保护层；另一类是在纤维上留下永久性的保护层。

1. 表层活化法

这类处理法通常是把纤维的表层浸蚀或弄粗糙，以便增大纤维表面积和提高镶嵌性，从而增强黏结力。浸蚀法还有一个附带的优点，就是把纤维表层的伤痕、裂缝之类缺陷清除掉，有助于提高纤维本身的强度效应。例如，用气态化学试剂活化，包括在含氧、含臭氧或含水的气氛中活化，在含氮或含氨的气氛中活化，在含卤素的气氛中活化，在含氧化硫的气氛中活化等；用液态化学试剂或溶液活化（通常由氧化剂组成或包含氧化剂），包括在硝酸、卤素、卤代含氧酸、铬酸盐、金属盐类中活化；用电化学活化纤维表面；用等离子体处理活化表面等。

2. 保护层法

用无机材料作保护层往往应用于将要埋进无机基质材料之中的纤维上面，基本目的是使这种纤维在复合材料的高温加工过程中具有较好的抗氧化能力，或者阻止纤维与可能引起纤维变质的基质材料之间的任何化学反应。如非晶态碳保护层，碳化物、硼化物、氮化物保护层，金属保护层（用熔化的基质材料改进纤维的润湿程度），玻璃或陶瓷保护层。

也可用有机材料作保护层。碳纤维的润湿性比树脂差，这是许多渗碳树脂构成的复合材料抗剪切力差的主要根源。另外一个问题是碳纤维相当硬，难以编织。用适当的树脂混合剂预先将纤维弄湿，至少可部分克服这些问题。如采用环氧树脂、聚烯烃、含氟聚合物、聚氨基甲酸（乙）脂、聚氨酯、线性酚醛树脂等。

尽管已研制出多种表面处理方法，但工业生产上大都采用湿法阳极氧化法和臭氧氧化法。等离子体处理法是一种有前途的方法，碳纤维经表面处理后，表面积增大并在表面形成含氧基团如羧基、羟基等，以便与偶联剂和树脂与碳纤维复合加工时形成化学键，从而提高碳纤维与树脂的结合强度。最后，根据使用要求，碳纤维需要上指定的浆剂。

高性能碳纤维的生产是一项很精细的工业，要求各项操作精细、控制精确和稳定，此外原丝的质量也很重要。

4.2.3.4 碳纤维的结构和性能

碳纤维是过渡碳的一种，存在着微晶和无序非晶碳两相结构。微晶结构类似于石墨微晶，唯微晶层面在 c 轴方向无相位关系，只是两维有序，属乱层结构（或涡轮层结构，turbostrotic structure），因此微晶尺寸只用 L_a（微晶宽度）及 L_c（微晶厚度）两个参数来表示，微晶大小受热处理温度、条件及原丝质量的影响。PAN 基碳纤维的微晶尺寸与热处理条件的一些数据如表 4-6 所示。

表 4-6　PAN 基碳纤维的微晶尺寸与热处理温度的关系

热处理温度 /℃	L_c/nm	L_a/nm	热处理温度 /℃	L_c/nm	L_a/nm
1000	1.0	2.0	2800	6.0	7.0
1400	1.8	3.5	2250 应力石墨化	20.0	50.0
2000	3.4	5.4	2250 拉制温度	5.7	4.6
2400	4.0	6.2	3000 掺硼	8.6	8.9

其他碳纤维微晶尺寸基本上也在这水平。乱层结构碳的层面间距 d_{002} 大于石墨面间距（0.335 nm），为 0.347～0.340 nm，相应的面层数目约为 3～18。微晶沿纤维轴择优取向，取向度随温度升高、拉伸倍数增大而提高。碳纤维含有 16%～18% 的孔隙率。一般碳纤维用微晶取向、微晶尺寸及孔隙率三个参数来表征，它们与制造条件和原纤维特征有关。

碳纤维的性能与微晶取向度、微晶大小及孔洞缺陷有密切关系。现已清楚，碳纤维杨氏模量与微晶取向度有直接关系。如热处理温度升高、拉伸比加大，则微晶尺寸增大，取向度增高，碳纤维的杨氏模量、拉伸强度、导电、导热等性能也随之提高。为此，在实际制造碳纤维过程中，将纤维在热处理过程的某一阶段，如 PAN 基碳纤维通常在预氧化阶段、VS 基碳纤维在高温石墨化阶段、中间相沥青碳纤维在熔纺阶段，进行拉伸来提高模量。

碳纤维的拉伸强度与结构的关系比较复杂，它受到纤维中杂质缺陷因素的影响。过去，碳纤维的强度在 1400℃ 有一极大值，超过此温度，模量继续增加而强度下降。这是由于纤维中含有的杂质在该温度挥发而形成孔洞缺陷所致。现在高性能 PAN 基碳纤维的拉伸强度随热处理温度从 1300～2700℃ 间继续增加。这是由于原丝非常纯净，从而制得结构均匀、纯净的碳纤维。碳纤维中的空穴缺陷及杂质主要来自原丝，它们对各项性能都产生不利的影响。为了减少碳纤维结构的不均匀性，高性能碳纤维采用低旦数（Danier，单丝 9000m 长的质量）的原丝。

完整的石墨层面对剪切应力很敏感，容易引发断裂，不抗压缩形变，高模量碳纤维的石墨层面愈规整，取向度愈高，层间剪切强度愈低，为此，在沥青纤维不熔化时及 PAN 基碳纤维在预氧化时引入一些晶格缺陷，可提高碳纤维复合材料的抗压和抗冲击性能。

有人对三种高强中模量碳纤维进行 X 射线及 TEM 研究表明，碳纤维的结构含有微晶相和无序非晶碳相两种结构。微晶相主要对杨氏模量、导热、导电等性能起作用。无序非晶碳相可能形成网络状结构。如果增加非晶碳相的分量，将使抗张模量降低，而使拉伸强度、断裂伸长率和抗压强度增加。

4.2.3.5　碳纤维的应用

碳纤维有很好的抗蠕变性、耐疲劳性，有卓越的热物理性能和优良的阻尼特性。高性能碳纤维有较高的比强度和比刚度。这些优良性能使得碳纤维在许多应用领域中成为通用材料。但碳纤维很少单独使用，通常是与某些基体做复合材料用。现在发展最快应用最广的是碳纤维增强树脂（CFRP）。

碳纤维的应用首先从航天、航空工业领域开始，主要是利用其优异的隔热、耐烧蚀、耐腐蚀、热膨胀系数小及力学性能高等特性，如碳/碳复合材料是很好的烧蚀材料。碳纤维增强特种耐高温橡胶制成性能良好的隔热材料，用于航天飞机、大型火箭助推器的内衬。用碳纤维复合材料代替铝合金制品，可大大降低飞行器的质量，提高有效荷载。

体育器械、娱乐用品工业是碳纤维复合材料第二个用量很大的领域。由于碳纤维的高比强度和比刚度，外加良好的阻尼作用和良好的疲劳性能，可用来制造各种运动器具，如高尔夫球棒、钓鱼杆、撑竿跳竿、滑雪杆、网球拍、羽毛球拍、自行车架等。

汽车、机械工业正在逐步采用碳纤维复合材料来减轻交通运输工具的质量而不降低其强度，如汽车传动轴、保险挡板、车身等。碳纤维增强热塑性工程塑料的尺寸稳定性好，力学性能高，并有自润滑性能，可做齿轮、轴承及精密仪器零部件、各种纺织机械部件等。核工业利用碳纤维复合材料做分离及浓缩铀的高速离心转筒是一项重要应用，转速可达 $6.7 \times 10^4 r/min$，分离 ^{235}U 的能力为铝制品的 10 倍，降低了成本。

由于碳纤维的生物惰性、比强度和可挠曲性，医学上能用来修复损伤或代替缺少的腱，能在外科移植中使再生肌肉围绕着或沿着碳纤维或通过碳纤维而生长。已用碳纤维复合材料制造人造骨骼、心脏瓣膜以及作为外科修补材料等。

碳纤维增强聚乙烯、聚酰亚胺薄膜的导电薄膜，可做电磁波屏蔽材料，已工业化生产。用碳纤维制作各种电池的电极，发展也较快，值得注意。日本吴羽化学公司用廉价的通用型沥青基碳纤维（GPCF）增强混凝土，效果很好，可提高混凝土的强度 5～10 倍，弯曲韧性提高几倍到 50 倍，可节省钢材、减薄结构，使制件质量减轻，有利于施工。通用型沥青基碳纤维由于找到了这项用途，产量增加很快。

碳纤维增强金属如铝、镍、铜及铝锡合金等已取得了很大进展，现正进行商品开发。由于碳纤维的价格太高，阻碍了碳纤维在一般工业领域中的应用，英国RK 公司用民用聚丙烯腈大孔束长丝（320K 单丝）作为碳纤维的原丝，可以制得中等强度（2.5～3.0GPa）的碳纤维，价格便宜，可做一般复合材料用，有一定的实际意义。

4.2.3.6　碳纤维的发展展望

宇航及航空等尖端技术的发展，将仍是促进碳纤维发展的推动力。对高性能碳纤维来说，尤其如此。预计 PAN 基中强高模、高强高模碳纤维在今后数年内将作为主要开发品种，并逐步向超高性能品种发展。与此同时，进行特种碳纤维的开发：如研制抗氧化的碳纤维，以提高 CFRP 的使用温度；研制低孔数（0.5K、1.0K）碳纤维，作超薄预浸料用；研制高导热系数碳纤维，用于屏蔽电磁干扰以逸散、消除多余热能；研制低热膨胀系数碳纤维，用于尺寸更稳定的复合材料制品。这些特种纤维主要供航空航天应用。

与高性能碳纤维制造相配套的高纯度高性能的 PAN 原丝将会重点开发。这种原丝的纤度很细，目前是0.8旦（Danier）进一步向更低旦数发展。

高性能沥青基碳纤维下一步将向工业化发展。原料沥青来源丰富，价格便宜，但要严格控制其组分、相对分子质量及其分布以达到工业生产的要求，却非易事，还须做不少努力。预计暂时高性能沥青基碳纤维尚不能与PAN基高性能碳纤维相竞争，而是在各自的特性方面发展，相互补充。

预氧化纤维会有进一步发展，它作为耐燃织物会有许多用途。通用型沥青基碳纤维在扩大生产基础上会进一步降低成本，在建材领域中会扩大应用面，逐步向汽车工业领域发展。

酚醛基碳纤维力学性能虽低，但成本低、工艺简单，作为保温绝热材料和吸附用的活性碳纤维的原料很有实际意义，在近期内会有进一步发展，但产量不会增加很快。其他功能性碳纤维如离子交换碳纤维已受到重视，将会有所发展。

过去20年来对碳纤维的结构研究，已取得了许多重要结果。对碳纤维结构的检测、评估、以及原纤维特性、工艺参数对固态反应引起结构的影响，尚需进一步深入研究。这对提高碳纤维和改进制备工艺均有重要意义。

碳纤维世界需求量1988年为5510t，1990年6920t，1997年达1.2×10^4t，每年以12%的速率增长，随着产量扩大，成本会有所下降，但高性能碳纤维成本下降的幅度不会很大。目前影响碳纤维大规模应用的因素仍然是价格。降低碳纤维价格的关键在于降低原丝价格，必须把原丝价格降到现有纺织用原丝的价格水平，大规模降低碳纤维的价格才可能实现。美国ZOLTEK公司碳纤维的售价是当前世界上最便宜的，2001年达到11美元/kg。一旦碳纤维在新的工业领域被大量应用，碳纤维工业必将面临一个飞跃。

4.2.3.7 活性碳纤维[12]

20世纪60年代，随着碳纤维工业的发展，以及环保、节能等的要求，人们在研究高性能碳纤维的同时，进行了由高分子纤维高温碳化和活化制取活性碳纤维的研究，开发出具有独特化学结构、物理结构、优异吸附性能的新型高效活性碳材料——活性碳纤维（activated carbon fiber，缩写为ACF）。

可用作活性碳纤维前驱体的碳纤维有：沥青基纤维、特殊酚醛树脂基纤维、丙烯基纤维和人造纤维等。由于碳纤维的含碳量直接影响活性碳纤维的活化收率，所以含碳量最高的沥青基纤维前驱体所得到的活性碳纤维质量最优。

沥青基活性碳纤维的制备过程包括：由煤焦油调制纺丝用沥青；沥青的熔融纺丝；沥青基纤维的不熔化处理；不熔化纤维的活化。对于其他前驱体，其制备过程大致相同，主要步骤为前驱体的调制、纺丝、前驱体纤维的耐炎化、耐炎化纤维的活化，酚醛作前驱体时，不需要耐炎化步骤。

与用作增强材料的碳纤维相比，活性碳纤维的主要特性在于它具有很大的比表面积，可以达到2000 m^2/g，其吸附、脱附性能优越，且化学组成特别适合吸附和脱附频繁的废水处理和空气净化。所以，国外已经在环保、化学化工、食品、医疗卫生、国防军工、原子能、电子、交通运输、纺织和日常生活等领域广泛应用了 ACF 及其制品。

4.2.3.8 特种陶瓷纤维[1,2]

采用高纯度或纯度可控的人造原料，如氧化物、氮化物、碳化物、硼化物、硅化物等，制得性能优异的陶瓷材料，称为特种陶瓷或新型陶瓷。用这类人造原料制得的陶瓷纤维统称为特种陶瓷纤维 (special ceramic fibers)。除了部分氧化物纤维 (如氧化铝纤维) 可由氧化物原料直接熔融纺丝外，大部分特种陶瓷材料因熔融困难而无法直接熔融纺丝。一般先制得陶瓷先驱体 (preceramic precursor)，可以是无机先驱体 (inorganic precursor)，也可以是有机聚合物先驱体 (polymer precursor)，先驱体的组成与最终陶瓷纤维的组成虽不同，但将先驱体纺丝、再经高温烧结，便可转化为预定组成和结构的陶瓷纤维。

陶瓷纤维具有有机纤维无法比拟的耐高温及抗氧化性能，随着先进复合材料的开发及在高技术领域的应用，高强度高模量的陶瓷纤维日益受到重视，新品种的特种陶瓷纤维不断问世，产量也在快步增长。

1. 硼纤维

硼纤维是 1956 年由美国 Texaco 实验公司所发明的。它的主要优点是弹性模量高 (拉伸模量为 400GPa)，熔点高 (2050℃)，密度比金属小，故主要应用在航空航天技术中制备复合材料，其中最重要与最成熟的是硼纤维增强铝基复合材料。而硼/钛复合材料是一种有良好应用前景的新型金属基复合材料。

(1) 硼纤维制造方法　硼纤维的制造过程是将元素硼用蒸气沉积到耐热的金属底丝上 (一般用钨丝)，改变底丝材料、蒸气的化学成分、底丝的温度，可以改变所制造的硼纤维的性能。根据所用硼的原料种类，可分为卤化法和有机金属法。

(2) 硼纤维性能　硼纤维是脆性纤维。在拉伸过程中没有塑性变形，应变值很小，兼有高强高模量的特点。卤化法制造的硼纤维，拉伸模量可达 350～490GPa，约为普通纤维弹性模量的 5～7 倍，有机金属法制造的硼纤维弹性模量要比卤化法的硼纤维低，其范围在 130～340GPa。卤化法生产的硼纤维其平均抗拉强度为 2800 MPa。而有机金属法生产的硼纤维其平均抗拉强度为 760 MPa，各种性能如表 4-7 所示。

除上述三种纤维 (光导纤维、碳纤维、硼纤维) 外，还有大量使用的玻璃纤维以及采用高纯度或纯度可控的人造原料，制得性能优异的氧化物、氮化物、碳化物、硼化物、硅化物等陶瓷纤维，也称无机纤维。

表 4-7 硼纤维性能

直径/μm	密度/(g/cm^3)	熔点/℃	抗拉强度/MPa	比强度/($\times 10^7$ cm)	拉伸弹性模量/GPa	比模量/($\times 10^9$ cm)
101	2.67	2050	2800～3500	1.05～1.31	385～490	1.835～1.441

2.各种无机纤维的制备方法

无机纤维的制法，概括地说，可分为两种方法：① 在可能作成熔融液的情况下，由熔融液作成长的纤维，或用高速的气流或离心力吹动熔融液得到短纤维；② 在作成熔融液困难的情况下，用一些方法制成纤维的前驱体（或原型），并在适当的条件下进行热处理，即可变成所希望的纤维。如氧化铝纤维制备用的是第一种方法，氧化锆纤维和氮化硅纤维制备用的是第二种方法。

3.玻璃纤维

玻璃纤维是一种人造的无机纤维，它是由熔融的玻璃经快速拉伸、冷却形成的纤维，主要成分是 SiO_2 和 Al_2O_3。它不但具有不燃、不腐烂、耐高温、伸长率小等优点，而且在电学、化学、力学、光学的性能方面更有其特点，是一种性能优异的工程材料。它是增强纤维中应用最早、用量最大、价格最便宜的一种，在高技术产业、国防工业等领域中也是一种不可缺少的结构材料和功能材料的基材。根据其组分不同可分为无碱玻璃纤维、中碱玻璃纤维和高硅氧玻璃纤维等。

4.3 一维纳米材料[13～16]

4.3.1 概述

一维纳米材料是纳米管和纳米线材料，是指管径或线径处于纳米级范围内的管状或线状材料，其长度可长可短，但一般从 1 μm 到几十毫米不等。1991 年，以日本电气公司（NEC）饭岛纯雄发现碳纳米管为标志，以纳米碳管为代表的一维纳米材料（即纳米管、纳米丝、纳米棒和同轴纳米电缆材料）近十年来在世界范围内掀起了研究热潮。一维纳米材料由于其独特的物理、化学特性，重要的基础研究意义以及在分子器件和复合材料领域潜在的应用价值而日益受到人们的关注。近年有关一维纳米材料的制备研究有大量报导，下面主要介绍碳纳米管、纳米线和同轴纳米电缆。

4.3.2 碳纳米管

1. 结构和性质

碳纳米管是碳元素的第四种同素异形体,也叫巴基管 (Bucky tube),属富勒碳系,主要是由石墨的碳原子层卷曲成圆柱状,径向尺寸很小的碳管。它的管壁一般由碳六边形环构成,此外,还有一些五边形碳环和七边形碳环对存在于碳纳米管的弯曲部位,碳管的直径一般在 1 ～30 nm 之间,而长度可达微米级。这种针状的碳管,管壁有单层,也有多层,分别称之为单壁和多壁碳纳米管。一般说来,多壁碳纳米管是由许多柱状碳管同轴套构而成,层数在 2～50 之间不等,层与层之间距离约为 0.34 nm,与石墨中碳原子层与层之间的距离 0.335 nm 为同一数量级。采用高分辨电镜技术观测发现,多数碳纳米管在两端是闭合的。

作为一种纳米级的小颗粒,碳纳米管与其他纳米微粒一样,表现出小尺寸效应、表面与界面效应和量子尺寸效应。小尺寸效应是当纳米粒子的尺寸与光波波长、德布罗意波长以及超导态的相干长度或透射深度等物理特征尺寸相当或更小时,周期性边界条件将被破坏,声、光、磁等特征会呈现出新的尺寸效应,如磁有序态变为磁无序态,声子谱发生改变等;表面与界面效应源于纳米微粒尺寸越小,比表面越大,从而使纳米粒子的活性大大增强,这种表面原子的活性能引起纳米粒子表面原子运输和结构的变化,也会引起表面电子自旋构象和电子能谱的变化;而量子尺寸效应是指当颗粒尺寸下降到一定值时,电子的能带和能级,微粒的磁、光、声、热和超导电性与宏观特征显著不同,这一效应在微电子学和光电子学中也占有显赫的地位。

碳纳米管的物理性质与其结构紧密相联。首先,碳纳米管有较大的强度和韧性,例如,由一层碳原子的六边形网格卷曲而成的理想的单壁碳纳米管的强度约为钢的 100 倍,而相对密度只有钢的 1/6,而且它的弯曲性和管卷曲能力都比一般材料要强得多,所以碳纳米管作为力学材料的前景十分乐观。另外,碳纳米管的导电性能取决于其管径和管壁的螺旋角。碳纳米管可能是导体,也可能是半导体。其次,用碳纳米管制成的三极管在室温下表现出典型的库仑阻塞和量子电导效应。还有,碳纳米管束在磁场作用下,可以发生金属–绝缘体转变,而且这种转变和碳纳米管的半径、螺旋性质以及所加外磁场的方向有关。

2. 碳纳米管制备

碳纳米管的制备方法很多,如石墨电极电弧法、电弧催化法、碳氢化合物的热解催化法、等离子沉积法、电解法等。但典型的制备工艺是电弧法和催化法。

电弧法有交流电弧法、直流电弧法、电弧催化法等。比较成熟的是直流电弧法,其一般工艺是:将电弧室充氦气保护,先将两石墨电极缓慢靠近,起弧后再拉开适当距离，使得电弧稳定，这时电极间距约几毫米，电弧反应后阳极石墨电极不断消耗，同时大的阴极上以 1mm/min 的速度沉积，并以水冷铜板相连阴极来强化阴极冷却能力，以防止沉淀时温度太高，形成缺陷过多且烧结在一起的纳米碳管。由于电弧法电弧稳定性不易控制，所以碳管长度不长，层数少，而沉积物中存在纳米颗粒（与纳米碳管的量比大约为 2:1），外壳为两者的融合物。TEM 观察可看出其由一些子束组成大束，而子束由 10～100 个纳米碳管组成。关键工艺参数有：电弧电流、气压、冷速、生长速率等。其中，电弧电流低，有利于纳米碳管的生长，但电弧不稳定；电弧电流高，纳米碳管与纳米颗粒融合在一起，且无定形碳、石墨等杂质增多，给其后纯化处理造成困难，一般 $DC=150A/cm^2$、$V=20V$。最佳气压为氦气 $p=66.661\ kPa$，如低于 $13.332\ kPa$，则几乎无纳米碳管产生，即低气压高电流有利于烟炱的形成，高气压低电流有利于纳米碳管的形成。由于直流电弧法制备的阴极沉积物中存在纳米碳管，也有纳米颗粒、无定形碳、石墨等杂质．造成碳管的产量不高，而且碳管和杂质融合在一起，分离困难。

催化生成纳米碳管的反应，可以降低反应温度，减少融合物。1993 年 Iijima、Bethune 等以 Fe、Co 为催化剂进行电弧反应，生长出了高产率的纳米碳管，甚至存在单层、半径 1 nm 的碳管。Supapan Seraphin 等将 Ni、Pt、Pa 金属粉末与丙醇调和成混合物，在石墨阴极上钻一孔，将混合物塞入孔中，对其进行电弧反应，发现用不同催化剂可以长出不同的纳米碳管，用 Ni 可促进单层纳米碳管的生长，制备出的单层纳米碳管长度可达 200 nm；用 Pt 可使得沉积物中纳米碳管产率提高；Pa 则会改变纳米碳管形状。此后人们进一步对不同金属如 Fe、Co、Ni、Ca、Mg、Ti、Y、La、Si、Pa、Pt 等的催化效果进行研究，得出 Fe、Co、Ni 的催化效果最明显，而且成本较低。运用电弧放电技术蒸发石墨等原料，然后再冷凝制得碳纳米管，这种方法所得的产率很大，目前已被广泛使用。如 Y . Saito 等在氦气气氛中用铑－铂合金作为催化剂，制得高产率高密度的碳纳米管，且其管径非常窄，只有 1.28 nm 左右。

20 世纪 70 年代 Baker 等用金属催化热分解 C_2H_2 来制备碳纤维。1994 年 Amelinekx S 等采用这种金属催化法，以 C_2H_2 为碳源，制备出了螺旋状的纳米碳管。Ivanov V 等对这一方法进行了详细的研究，他们用催化法长出了长达 50 μm 的纳米碳管，并总结出这种方法制备纳米碳管比电弧法更简单，可大规模生产，产率高，但纳米碳管层数多、弯曲且管壁附着厚的无定形碳。通过对 Fe、Co、Ni、Cu 的催化能力进行比较，由衍射花样分析知：Fe、Co 催化生成的纳米碳管石墨化程度更好，Co 又优于 Fe，而 Cu 催化基本上形成的是无定形碳，其实验结果表明：热分解温度为 300℃时比为 700℃时无定形碳少，但总的产量也少，Zhang X B 等进一步证实 Co 作催化剂可得到最细、石墨化最好的纳米碳管，并且通过 TEM 观察发现金属颗粒多位于纳米碳管的顶端或中央，也就是说纳米碳管的直径大约等于金属颗粒的直径，所以细化纳米碳管的一个途径是寻求更细的且高温下（600～700℃）不会明显挥发的金属颗粒。Zhang 等利用纳米级硅胶作载体，在 Co（NO_3）$_2$ 溶液中加入这种硅胶，搅拌均匀后沉淀，取沉淀物通过化学反应还原出这种金属颗粒，制备出的纳米碳管管壁清洁、产率高（可达90％以上）。但由于硅胶的混入，使得纳米碳管很难分离出来。进一步研究认为这种方法的最佳反应温度是 700℃，且硅胶粒度越小则生长出的纳米碳管越细。研究发现，当热分解 C_2H_2 时全通氢气保护可得到大量开口的纳米碳管，其解释是：在纳米碳管生长时，其顶端每个碳原子有两个悬键未饱和，具有活性，可吸附其他碳原子，吸附其上的碳原子，或因生长，或因条件变化（如降温）时顶端封闭而失活。当全通氢气时，其悬键被氢原子饱和而失活，降温后则纳米碳管仍开口。

此后人们又利用多种方法制备了纳米碳管，如 Naiki Hatta 等用等离子体喷射沉积法，将苯蒸气通过等离子体沉积于水冷铜板上得到长度可达 0.2mm 的碳管。Fekdmany 等利用电解碱金属卤化物法得到直径 30～50 nm、长达 500 nm 的碳管。Ge M H、Sattle K 在准自由条件下，用超高真空蒸发石墨作碳源，用电子轰击也制备出了高纯纳米碳管。

目前人们仍在努力寻找一种工业化、低成本、生产纯度高的纳米碳管的方法，以使其得以真正广泛的应用。

3. 碳纳米管的应用

碳纳米管具有的独特电学、热导和力学等性质，使得近年来人们对它的应用也进行了广泛而深入的研究。在电子信息领域，利用碳纳米管的半导电性在纳米管之间的结的基础上设计制造纳米尺度电子元器件，如碳纳米管与金属形成隧道结可用作隧道二极管，碳纳米管还可用于场发射、微电极和 SPM 探针显微镜的针尖等。在复合材料制备方面，利用碳纳米管热量传递沿管的长度方向的性质，通过合适的取向，可以合成高度各向异性的材料；利用其优异的力学性能，可以用作复合材料的增强体，由于碳纳米管的导电性，与其他材料所形成的复合材料导电能力大大增强。因此，用在低黏滞性的复合材料中喷在表面上可作导电漆或涂层。在新材料的合成制备方面，碳纳米管可用作模板，合成纳米尺度的复合物，高温下碳纳米管与氧化物或碘化物一起焙烧可获得纳米尺度的碳化物丝，例如碳化钛、碳化铁、碳化铌等纳米丝。碳纳米管也是很好的贮氢材料。碳纳米管形成的有序纳米孔洞厚膜有可能用于锂离子电池，在此厚膜孔内填充电催化的金属或合金后可用来电催化 O_2 分解和甲醇的氧化。碳纳米管还是很好的化学传感器材料，利用碳纳米管在不同气相中的电流电压变化，可制成非常灵敏的气敏元件。

4.3.3 其他纳米管材料

碳纳米管优异的力学、电学、热学性能促使材料工作者设法合成更多的纳米管材料。现在不仅已大规模开发了人工合成的碳纳米管，还合成了其他无机材料的纳米管，如 SiO_2、TiO_2、SnO_2、WS_2、MoS_2、BN、$B_xC_yN_z$、V_2O_5、水铝英石、$NiCl_2$ 纳米管以及定向排列的氮化碳纳米管等。其中锐钛型 TiO_2 纳米管与纳米 TiO_2 一样也具有很高的光催化活性。合成这些纳米管材的方法主要有阳极氧化铝模板剂法、溶胶 凝胶模板法和化学处理法等。

4.3.4 纳米线材料

纳米线材料是指在两维方向上为纳米尺度，长度比上述两维方向上的尺度大得多的一维实心的纳米材料，长径比小的称为纳米棒，长径比大的称作纳米丝。至今，关于纳米棒与纳米丝尚无统一的标准，本书均称为纳米线材料。纳米线材料是在纳米管的基础上发展起来的，因此，在合成方法上两者有相近之处。

4.3.4.1 纳米线材料制备方法

1. 模板剂法

模板剂法是利用模板的一维纳米空间结构，达到在模板内制成一维纳米材料的目的。近年来，经科学家的不断探索，已经成功地采用纳米碳管为模板合成了多种碳化物和氮化物的纳米丝和纳米棒。管状纳米材料本身也是合成多种量子线的优良模板剂。碳纳米管在高温下极其稳定，可用作一维纳米晶的微反应器。1994 年美国亚利桑那大学 Zhou 等首次用碳纳米管作模板剂合成了 SiC 晶须。1997 年我国清华大学的韩伟强等将氧化镓的蒸气直接冲入碳纳米管内，于高温高压下发生复相反应，从而得到晶态完美的氮化镓纳米棒，反应式可表示为

$$2Ga_2O(g) + C(纳米管) + 4NH_3 \longrightarrow 4GaN(纳米棒) + CO + 5H_2 + H_2O$$

$$(4-13)$$

纳米 GaN 因量子尺寸效应而发出蓝光，禁带宽度达 3.4eV，力争在高质量的 GaN 衬底上生长微米宽的调制超晶格，已成为光电子领域的重要研究课题。用碳纳米管模板法人们还成功地合成了 TiC、NbC、Fe_3C、BC_x、Si_3N_4 和 Si_2N_2O 等纳米线。除了采用纳米碳管为模板剂外，还可用具有一维纳米孔道结构的其他材料如阳极氧化多孔铝、多孔硅、聚合物、液晶、天然矿物或植物等作为模板剂。

阳极氧化多孔铝模板剂具有耐高温、绝缘性好、孔洞分布均匀有序且大小可控的特点，是目前使用较为广泛的一种模板。利用阳极氧化铝为模板，采用电化学方法或压差注入法，现已成功地合成了 TiO_2、ZnO、MnO_2、Co_3O_4、WO_3 和

SiO_2 纳米管以及 Au、CdS 纳米线等材料。

2.晶体的气-液-固生长法

晶须生长时的气-液-固机理,同样适合纳米线材料的制备。前提是需将液相催化剂的直径控制在纳米级。1998 年 1 月,Morales 和 Lieber 报导了用激光烧蚀法与晶体生长的气-液-固(VLS)法相结合,生长 Si 和 Ge 纳米线的技术。在该法中,激光烧蚀的作用在于克服平衡态下团簇尺寸的限制,可形成比平衡状态下团簇最小尺寸还要小的直径为纳米级的液相催化剂团簇,而该液相催化剂团簇的尺寸大小限定了后续按气-液-固机理生长的线状产物的直径。他们分别以 $Si_{0.9}Fe_{0.1}$、$Si_{0.9}Ni_{0.1}$ 和 $Si_{0.99}Au_{0.01}$ 作为靶材,用该法制备了直径为 6~20 nm、长度为 1~30 μm 的单晶硅纳米线。同时,也以 $Ge_{0.9}Fe_{0.1}$ 为靶材,用该法合成了直径 3~9 nm、长度 1~30 μm 的单晶 Ge 纳米线,这种制备技术具有一定的普适性,只要欲制备的材料能与其他组分形成共晶合金,就可根据相图配制作为靶材的合金,然后按相图中的共晶温度调整激光蒸发和凝聚条件,就可获得欲制备材料的纳米线。2000 年,Duan X F 等用该方法,还制备了 GaAs、GaP、InP、InAs 等半导体纳米线,其研究结果如表 4-8 所示。2001 年 1 月,他们还报道了 InP 纳米线在纳米电子和光电子设备上的应用。

表 4-8　激光烧蚀法与晶体生长的气-液-固法相结合制备的半导体纳米线

材料	生长温度/℃	最小直径/nm	平均直径/nm	结构	生长方向	组分比
GaAs	800~1030	3	19	ZB	<111>	1.00:0.97
GaP	870~900	3~5	26	ZB	<111>	1.00:0.98
$GaAs_{0.6}P_{0.4}$	800~900	4	18	ZB	<111>	1.00:0.58:0.41
InP	790~830	3~5	25	ZB	<111>	1.00:0.98
InAs	700~800	3~5	11	ZB	<111>	1.00:1.19
$InAs_{0.5}P_{0.5}$	780~900	3~5	20	ZB	<111>	1.00:0.51:0.51
ZnS	990~1050	4~6	30	ZB	<111>	1.00:1.08
ZnSe	900~950	3~5	19	ZB	<111>	1.00:1.01
CdS	790~870	3~5	20	W	<100>,<002>	1.00:1.04
CdSe	680~1000	3~5	16	W	<110>	1.00:0.99
$Si_{1-x}Ge_x$	820~1150	3~5	18	D	<111>	$Si_{1-x}Ge_x$

除了以上介绍的两种方法外,还有晶体的气-固(vapor-solid,VS)生长法、溶液-液相-固相生长法、选择电沉积法、气相蒸发法、高温气相反应合成法和溶胶-凝胶与碳热还原结合法等。

4.3.5 同轴纳米电缆

同轴纳米电缆是指芯部为半导体或导体的纳米丝，外包覆异质纳米壳体（导体或非导体），外部的壳体和芯部丝是共轴的。1997年，法国科学家Colliex等在分析电弧放电获得的产物中，发现了三明治几何结构的C-BN-C管，由于它的几何结构类似于同轴电缆，直径又为纳米级，所以称其为同轴纳米电缆。它们的制备方法是用石墨阴极与HfB_2阳极在N_2气氛中产生电弧放电。阳极提供B，阴极提供C，N_2气氛提供N，Ni、Hf作为催化剂，在获得的产物中，部分产物为同轴纳米电缆，外径为$4 \sim 12$ nm，主要有两种结构：一种是中心为BN纳米线外包石墨；另一种是芯部为碳纳米丝，外包BN，最外层的壳体为碳的纳米层，形成了C-BN-C三明治结构。由于这类材料具有独特的性能、丰富的科学内涵、广泛的应用前景以及在未来纳米结构器件中占有的战略地位，因此，近年来引起了人们极大的兴趣。同轴纳米电缆的主要研究内容包括新合成方法的探索，过去十多年，人们在合成纳米线材料中采用的方法经过稍加改进，便可以用来制备纳米电缆，目的是为制备出纯度高、产量大、直径分布窄的高质量纳米电缆；如何探测单个纳米电缆的结构和物理性能也一直是人们关注的焦点，这需要发展微小试样的探测技术，实现对同轴纳米电缆力学性质、光学性质、热学性质和电学性质的测量，为建立一维纳米材料理论框架和开发纳米电缆的应用奠定基础。

一维纳米材料的制备和应用目前大都还处于实验室研究阶段，但是由于它本身所具有的丰富科学内涵和巨大的应用前景，并且作为纳米材料、纳米科技领域的一个重要分支，它将在21世纪新材料支柱产业中发挥越来越重要的作用。

参 考 文 献

1. 布雷克P，舒尔曼斯H，韦尔郝斯特J．包素萍译．无机纤维与复合材料．北京：国防工业出版社，1992
2. 日本的科学与技术编辑部．有待开发的新材料——晶须．日本的科学与技术．1992，3：27～33
3. 汪耀祖，郭梦熊．稻壳SiC晶须的生长工艺及机理．硅酸盐学报，1993，21（1）：22
4. 袁建君，方琪，刘智思．晶须的研究进展．材料科学与工程，1996，14（4）：1～7
5. 毕刚，王浩伟，吴人洁．陶瓷质晶须及其在复合材料中的应用．材料导报，1999，15（5）：55～58
6. 郑昌琼，李家杰，冉均国等．碳化硅晶须原料的制备方法．中国发明专利，授权号ZL9210812.1，1997
7. 郑昌琼，罗教明，尹光福等．碳化硅晶须连续化生产绿色新工艺．现代技术陶瓷，1998，19（3～5）：92～95
8. 唐仁杰．光纤预制棒技术的最新发展．光通信研究，2000，（5）：54～59
9. 张显友，陈伟，周宏．光纤及其制造技术的最新进展．光纤与电缆及其应用技术，2001，（3）：4～8
10. 王曼霞，赵稼祥．碳纤维的发展、问题与对策．玻璃钢/复合材料，2000，1：48～51
11. 赵稼祥．碳纤维市场及发展．高科技纤维与应用，1998，23（5）：7～12
12. 陈东生，敖玉辉，李永贵等．活性碳纤维的研究与应用．化工新型材料，2000，28（8）：20～23
13. 张立德，牟季美．纳米材料和纳米结构．北京：科学出版社，2001

14. 董树荣，涂江平等．纳米碳管的制备及生长机理的研究进展．材料导报，1998，14（10）：12～15

15. Duan X F，Lieber C M．General Synthesis of Compound Semiconductor Nanowires．Advanced Materials，2000，12（4）：298～301

16. Duan X F，Huang Y，Cui Y et al．Indium Phosphide nanowires as Building Blocks for Nanoscale Electronic And Optoelectronic Devices．Nature，2001，409：66～69

第五章　薄　　膜

5.1　概　　述

薄膜科学与技术涉及范围极广，它包括以物理气相沉积和化学气相沉积为代表的成膜技术，以离子束刻蚀为代表的微细加工技术，成膜、刻蚀过程的监控技术，薄膜分析、评价与检测技术，薄膜材料的应用、开发及科学研究等。薄膜材料发展最活跃的一些研究领域，如新材料的合成与制备，材料表面与界面的研究，非晶态、准晶态的形成，材料的各向异性研究，亚稳态材料的探索，晶体中杂质原子及微观缺陷的行为与影响，粒子束、光束与物质表面、界面的相互作用，物质特异性能的开发等无不和薄膜科学与技术有关。

当今世界薄膜产业飞速崛起，一些发达国家在卷镀薄膜产品、塑料金属化制品、建筑玻璃镀膜制品、光学薄膜、集成电路薄膜、液晶显示膜、刀具硬化膜、光盘、磁盘等方面都已具有相当大的生产规模，这充分说明薄膜技术和材料所取得的巨大成就和对人类物质文明的巨大作用。另外，薄膜技术和材料在材料科学方面也有重要贡献。薄膜制备是在非平衡状态下进行的，与通常的热力学平衡条件制备材料相比具有如下特点：所得材料的非平衡特征非常明显；可以制取普通相图中不存在的物质；在低温下可以制取热力学平衡状态下必须高温才能生成的物质等。特别是溅射镀膜、离子镀和等离子体增强化学气相沉积是由气体放电形成的低温等离子体使原子或分子电离，促进了化学反应，与热平衡过程相比，可以在更低的温度下进行物质的合成，为新材料的合成和新功能的发现提供了先进的技术手段。例如金刚石薄膜、超晶格薄膜、高温超导薄膜等的合成和应用，在现代科学技术中具有极其重要的作用和意义。本章将讲述薄膜的制备、形成过程、性质及其应用。

5.2　薄膜及其特性

对于薄膜还没有明确的定义，有人将几纳米到几微米厚的膜称为薄膜。随着大规模的、大容量的薄膜制造装置的逐渐采用和推广，有可能制取的较厚的膜层也称为薄膜，我们研究的是固体薄膜，而实际中还有气体薄膜、液体薄膜和介于液体与固体之间的胶体薄膜（如细胞薄膜），这些薄膜有着不可估量的发展前景。

由于固体表面自由能比块材高，使得表面呈现一些独特的功能。当块材厚度减小，块材的性质就慢慢消失，表现出表面性质。所以，从膜所呈现的特性出发，可把表面性质优先的膜称为薄膜，而把块材性质优先的薄膜称为厚膜。由于薄膜很薄，加之结构因素和表面效应，会产生许多块材所不具备的新特性、新功能。

5.2.1 尺寸效应

在研究物性时，发现物体的大小对物性有影响，这种效应称为尺寸效应。在粉末、超微粒子等状态中已发现了这种效应。

对于薄膜，不仅在厚度这一特定方向上尺寸很小，而且在厚度方向上由于表面界面的存在，使物质的连续性发生中断，由此对物性产生各种各样的影响。下面列举出显而易见的现象：①表面的影响使熔点降低，薄膜愈薄熔点愈低；②干涉效应引起光的选择性透射和反射；③表面上由于电子的非弹性散射使电导率发生变化；④产生平面磁各向异性；⑤产生表面能级；⑥由于量子效应引起输运现象的变化等等。

5.2.2 薄膜的主要特性

材料薄膜化后，呈现出以下主要特性：

（1）几何形状效应 块状合成材料一般使用粉末的最小尺寸为纳米至微米，而薄膜是由尺寸为1Å左右的原子或分子逐渐生长形成的。采用薄膜工艺可以研制出块材工艺不能获得的物质（如超晶格材料），在开发新材料方面，薄膜工艺已成为重要手段之一。

（2）非热力学平衡过程 真空蒸发、溅射镀膜、离子镀等含有物质的气化和急冷过程，此过程在非热力学平衡状态下进行，可制取在平衡状态下不存在的物质。由于材料薄膜化后在成分、结构上与块材有很大差异，加上形状效应影响，薄膜的力学性能、载流子输运机构、超导特性、磁性及光学特性等都与块材不同。非平衡状态的薄膜形成工艺，使许多材料很容易形成非晶态结构，特别是在制备超薄膜时，易形成岛状或纤维状多晶结构。

（3）量子尺寸效应 当膜厚与载流子的德布罗意波长差不多时，垂直于表面方向载流子的能级将发生分裂。这种量子尺寸效应为薄膜所特有。

薄膜材料的一些特性见表5-1所示。

表 5-1 薄膜材料的特性

项 目		现 象
薄膜中的输运现象	尺寸效应	电阻率增加：$\rho_F/\rho_B = \dfrac{4}{3}\left[r \ln\left(\dfrac{1}{r}\right)\right]^{-1}$ （式中 $r = t/L \ll 1$；ρ_F 为薄膜的电阻率；ρ_B 为块材的电阻率；t 为膜厚；L 为平均自由程）
		电阻温度系数（TCR）减小，$\alpha_F/\alpha_B \approx \left[r \ln\left(\dfrac{1}{r}\right)\right]^{-1}$
		ρ 随磁场变化；表面影响增强，热导率减小，热电势增加
	隧道效应	绝缘薄膜厚度方向隧道电流；岛状结构金属薄膜在长度方向的隧道电流
	空间电荷限制电流	绝缘薄膜厚度方向的电流：$I \propto U^2/t^2$
	负阻效应	电压控制型和电流控制型负阻效应
	电场效应	在垂直于电场方向阻抗发生变化
超导特性		超导转变温度（T_c）上升，$\delta T_c = A/t - B/t^2$（t 为膜厚；A，B 为常数）[1]
		临界磁场（H_c）增加：$H_{cF}/H_{cB} \approx \sqrt{24}\,\lambda/t$（第一种超导体 $t < \sqrt{5}\,\lambda$，λ 为穿透深度）
磁性薄膜		开关速度提高：$\sim \ln S$

1）指超导金属和合金，对于高 T_c 氧化物超导薄膜，则发现 T_c 下降。

5.3 无机薄膜制备工艺概论

无机薄膜材料在现代科学技术和国民经济中占有重要地位。成膜技术及薄膜产品在各个领域中有多方面的应用，制备的单晶薄膜、多晶薄膜和非晶态薄膜已在现代微电子工艺、半导体光电技术、太阳能电池、光纤通讯、超导技术和保护涂层等方面发挥越来越大的作用，特别是在电子工业领域里占有极其重要的地位，例如半导体集成电路、电阻器、电容器、激光器、磁带、磁头都应用薄膜。

薄膜制备工艺包括：薄膜制备方法的选择，基体材料的选择及表面处理，薄膜制备条件的选择，结构、性能与工艺参数的关系等。

5.3.1 制备方法的选择

薄膜的制备方法可以根据所要制备的薄膜材料、制备方法的特点、基体材料以及应用要求来选择。制备方法包括化学气相沉积（CVD）、物理气相沉积（PVD）、等离子体技术等，近年来又发展了溶胶 凝胶法、LB 技术等。

5.3.1.1 化学气相沉积技术[1~6]

CVD（chemical vapor deposition）是 20 世纪 60 年代初前后发展起来的一种

薄膜制备新技术，它是用加热、等离子体、激光等能源使气态物质发生化学反应生成固态产物沉积在基材（衬底）表面形成所需要的薄膜。由于很多反应可用来进行 CVD，因此运用这种技术可以获得多种多样的薄膜材料。尤其是在以大规模集成电路（LSI）为中心的薄膜微电子学领域，CVD 更成为其核心技术：半导体原料的精制，高质量半导体单晶膜的制取，多晶膜、非晶膜的生长以及单晶和非晶绝缘膜的形成等，从集成电路到半导体器件无一不用到 CVD 技术。

1. 化学气相沉积的基本原理

用于 CVD 的化学反应通常有 4 种类型：
（1）热分解反应沉积
例如：

$$SiH_4(g) \xrightarrow{800 \sim 1000℃} Si(s) + 2H_2(g) \tag{5-1}$$

$$2Al(OC_3H_7)_3 \xrightarrow{420℃} Al_2O_3(s) + 6C_3H_6(g) + 3H_2O(g) \tag{5-2}$$

$$Ga(CH_3)_3 + AsH_3 \xrightarrow{630 \sim 675℃} GaAs + 3CH_4(g) \tag{5-3}$$

（2）还原反应沉积
例如：

$$SiCl_4(g) + 2H_2(g) \xrightarrow{1150 \sim 1200℃} Si(s) + 4HCl(g) \tag{5-4}$$

（3）化学合成反应沉积
例如：

$$3SiH_4 + 4NH_3 \xrightarrow{750℃} Si_3N_4(s) + 12H_2(g) \tag{5-5}$$

$$2TiCl_4(g) + N_2(g) + 4H_2(g) \xrightarrow{1200 \sim 1250℃} 2TiN(s) + 8HCl(g) \tag{5-6}$$

$$SiH_4 + 2O_2 \xrightarrow{325 \sim 475℃} SiO_2(s) + 2H_2O(g) \tag{5-7}$$

（4）化学输运反应沉积
例如：

$$ZnS(s) + I_2(g) \underset{800℃}{\overset{900℃}{\rightleftharpoons}} ZnI_2(g) + \frac{1}{2}S_2(g) \tag{5-8}$$

在源区（900℃），源物质 ZnS 与输运物质 I_2 作用生成气态的 ZnI_2 进入沉积区（800℃），并在该区发生沉积反应（向左进行）使 ZnS 重新沉积出来。总体效果是气态 I_2 将固态的 ZnS 从源区输送到沉积区的基片上形成 ZnS 膜。

2. 化学气相沉积的工艺方法及特点

（1）CVD 装置　CVD 装置的几种主要类型如图 5-1 所示。其中前 3 种为开管式反应器，后一种为闭管式反应器。

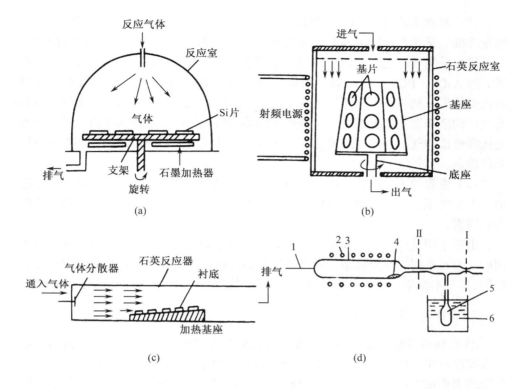

图 5-1　几种 CVD 反应器示意图

(a) 立式开管 CVD 装置；(b) 转筒式开管 CVD 装置；

(c) 卧式开管 CVD 装置；(d) 闭管 CVD 装置

开管系统一般由反应器、气体净化系统、气体计量控制、排气系统及尾气处理等几部分组成。其主要特点是能连续地供气和排气，整个沉积过程气相副产物不断被排出，有利于沉积薄膜的形成；而且工艺易于控制，成膜厚度均匀，重现性好，工件容易取放，同一装置可反复使用。开管法通常在常压下进行，但也可在真空下进行。

闭管反应器是一石英管 3，其一端连接一根实心棒 1，另一端放置高纯源物质 4。盛碘安瓶 5 用液氮 6 冷却。沉积时，先将系统抽真空，在虚线 I 处用氢氧焰熔封。随后除去液氮冷阱，待碘升华进入反应器并达到合理的浓度范围后，再在虚线 II 处熔断。然后将反应器置于温度梯度炉 2 的适当位置上（用石英棒调节），使源物质端处于高温区，生长端位于低温区，在精确控制的温度范围内进行化学输运反应沉积。闭管法的优点是反应物与生成物不会被污染，不必连续抽气就可以保持反应器内的真空，对于必须在真空条件下进行的沉积十分方便。但其缺点是沉积速率慢，不适于批量生产，且反应管（一般为高纯石英管）只能使用一次，生产成本高。

（2）源物质的确定　CVD 最理想的源物质是气态源物质，其流量调节方便，测量准确，又无需控制其温度，可使沉积系统大为简化。所以，只要条件允许，总是优先采用气态源。在没有合适气态源的情况下，可采用高蒸气压的液态物质，如 $AsCl_3$、PCl_3、$SiCl_4$ 等，用载气（如 H_2、He、Ar）流过液体表面或在液体内部鼓泡，携带其饱和蒸气进入反应系统。在既无合适的气态源又无具有较高蒸气压的液态源的情况下，就只得采用固体或低蒸气压的液体为源物质了，通常是选择合适的气态物质与之发生气-固或气-液反应，形成适当的气态组分向沉积区输送。

（3）重要的工艺参数　CVD 中影响薄膜质量的主要工艺参数有反应气体组成、工作气压、基板温度、气体流量及原料气体的纯度等。其中温度是最重要的影响因素。

由于不同反应体系沉积机制不同，沉积温度对不同沉积反应影响的程度是不同的。而对于同一反应体系，不同的沉积温度将决定沉积材料是单晶、多晶、无定形物，甚至不发生沉积。一般说来，沉积温度的升高对表面过程的影响更为显著。

3.CVD 工艺的特点和应用

CVD 制备薄膜的优点突出，既可以沉积金属薄膜，又可以制取非金属薄膜，且成膜速率快，同一炉中可放置大量基板或工件；CVD 的绕射性好，对于形状复杂的表面或工件的深孔、细孔等都能均匀覆膜；由于成膜温度高，反应气体、反应产物和基体的相互扩散，使膜的残余应力小，附着力好，且膜致密，结晶良好；另外，CVD 是在高饱和度下进行的，成核密度高，且沉积中分子或原子的平均自由程大，这些都有利于形成均匀平滑的薄膜。

但 CVD 也有明显的缺点，这就是反应温度太高，一般在 1000℃ 左右，而许多基材难以承受这样的高温，因而限制了它的应用范围。

下面以表格方式列出一些 CVD 制取的薄膜材料及沉积条件（见表 5-2～表 5-4）。从表中可以发现，以金属有机化合物（烃基金属化合物和羰基络合物）为源物质可使 CVD 过程温度大幅降低。所以近一二十年来利用金属有机化合物热分解反应沉积薄膜的金属有机化学气相沉积法（MOCVD）得到了迅速发展和广泛应用。其优点在于：①沉积温度低，这不但可降低对衬底材料及晶面取向的要求，扩大应用范围，而且可以降低来自衬底、反应器等的污染，提高薄膜的纯度；②与卤化物原料相比，MOCVD 过程不会产生腐蚀性气体，因此沉积过程中不存在刻蚀反应；③利用多种 MO 源可以生产出各种新型和复杂组分的薄膜和化合物半导体材料；④可通过稀释载气来控制沉积速率，因而可制备出单晶、多晶或非晶等的多层或超薄膜，能制备出超晶格材料和外延生长各种异质结构。

除 MOCVD 而外，还发展了等离子体化学气相沉积（PCVD）、激光化学气相沉积（LCVD）和电子回旋共振（ECR）等离子体沉积等 CVD 技术。

表 5-2　用开管 CVD 法制备的无机薄膜

薄　膜		源　　物　　质		反应温度/℃	载气或反应气体
		名　　称	气化温度/℃		
氧化物	Al_2O_3	$AlCl_3$	130~160	800~1000	H_2+H_2O
	SiO_2	$SiCl_4$	20~80	800~1100	H_2+H_2O
		SiH_4+O_2		400~1000	H_2+H_2O
	Fe_2O_3	$Fe(CO)_5$		100~300	N_2+O_2
	ZrO_2	$ZrCl_4$	090	800~1000	H_2+H_2O
氮化物	BN	BCl_3	−30~0	1200~1500	N_2+H_2
	TiN	$TiCl_4$	20~80	1100~1200	N_2+H_2
	ZrN	$ZrCl_4$	30~35	1150~1200	N_2+H_2
	HfN	$HfCl_4$	30~35	900~1300	N_2+H_2
	VN	VCl_4	20~50	1100~1300	N_2+H_2
	TaN	$TaCl_5$	25~30	800~1500	N_2+H_2
	Si_3N_4	$SiCl_4$	−40~0	0 900	N_2+H_2
		SiH_4+NH_3		550~1150	Ar、H_2
	Th_3N_4	$ThCl_4$	60~70	1200~1600	N_2+H_2
碳化物	BeC	$BeCl_3+C_6H_5CH_3$	290~340	1300~1400	Ar、H_2
	SiC	$SiCl_4+CH_4$	20~140	1900~2000	Ar、H_2
	TiC	$TiCl_4+C_6H_5CH_3$	20~80	1100~1200	H_2
		$TiCl_4+CH_4$	20~140	900~1100	H_2
		$TiCl_4+CCl_4$	20~140	900~1100	H_2
	ZrC	$ZrCl_4+C_6H_6$	250~300	1200~1300	H_2
	WC	$WCl_6+C_6H_5CH_3$	060	1000~1500	H_2
硅化物	MoSi	$MoCl_5+SiCl_4$	−50~13	1000~1800	H_2
	TiSi	$TiCl_4+SiCl_4$	−50~20	800~1200	H_2
	ZrSi	$ZrCl_4+SiCl_4$	−50~20	800~1000	H_2
	VSi	VCl_4+SiCl_4	−50~50	800~1100	H_2
硼化物	AlB	$AlCl_3+BCl_3$	−20~125	1100~1300	H_2
	SiB	$SiCl_4+BCl_3$	−20~0	1100~1300	H_2
	TiB_2	$TiCl_4+BCl_3$	20~80	1100~1300	H_2
	ZrB_2	$ZrCl_4+BBr_3$	20~30	1000~1500	H_2
	HfB_2	$HfCl_4+BBr_3$	20~30	1000~1700	H_2
	VB_2	VCl_4+BBr_3	20~75	900~1300	H_2
	TaB_2	$TaCl_5+BBr_3$	20~100	1300~1700	H_2
	WB	WCl_5+BBr_3	20~35	1400~1600	H_2

表 5-3　用金属有机化合物和氢化物热解法沉积的半导体薄膜材料

薄　膜	源　物　质	衬　底　材　料	沉积温度/℃
GaAs	TMG/AsH_3	GaAs、Al_2O_3、BeO 等	650～750
GaP	TMG/PH_3	GaAs、GaP、Al_2O_3 等	700～725
$GaAs_{1-x}P_x(x=0.1～0.6)$	$TMG/AsH_3/PH_3$	GaS、Al_2O_3 等	700～725
$GaAs_{1-x}Sb(x=0.1～0.3)$	$TMG/AsH_3/SbH_3$	Al_2O_3	约725
AlAs	TMG/AsH_3	Al_2O_3	约700
$Ga_{1-x}Al_xAs$	$TMG/TMA/AsH_3$	Al_2O_3	约700
AlN	TMA/NH_3	Al_2O_3	约1250
GaN	TMG/NH_3	Al_2O_3	925～975
InAs	TEI/AsH_3	Al_2O_3	650～700
InP	TEI/PH_3	Al_2O_3	约725
$Ga_{1-x}In_xAs$	$TMI/TMG/AsH_3$	Al_2O_3	675～725
ZnSe	DEZ/H_2Se	Al_2O_3	725～750
ZnS	DEZ/H_2S	Al_2O_3	约750
ZnTe	DEZ/DMT	Al_2O_3	约500
CdSe	$DMCd/H_2Se$	Al_2O_3	约600
CdS	$DMCd/H_2S$	Al_2O_3	约475
CdTe	DMCd/DMT	Al_2O_3	约500

注：TMG 代表 Ga $(CH_3)_3$；TMA 代表 Al $(CH_3)_3$；TEI 代表 In $(C_2H_5)_3$；TMI 代表 In $(CH_3)_3$；
DEZ 代表 Zn $(C_2H_5)_2$；DMT 代表 Te $(CH_3)_2$；DMCd 代表 Cd $(CH_3)_2$。

表 5-4　用闭管 CVD（化学输运反应沉积）制备的无机薄膜材料及反应条件

沉积材料	输运物质	输运方向/℃	沉积材料	输运剂	输运方向/℃
Al_2O_3	HCl	1000→低温	Si	$SiCl_4$	600→800
Al_2S_3	I_2	890→830	Rh	$Cl_2+Al_2Cl_6$	1000→700
B	I_2	900→400	Te	I_2	445→350
BP	HCl	900→1200	Ta_2O_5	$TaCl_5$	750→650
BeO	HCl	1100→800	TaS_2	I_2	780→700
CdS	I_2	880→800	TiS_2	I_2	810→700
CdSe	I_2	1000→500	TiTe	I_2	900→800
$CoGeO_3$	NH_4Cl	1000→700	TiN	HCl	1590→1350
Ga	H_2O	1000→低温	YCl_3	$Cl_2+Fe_2Cl_6$	600→500
GaAs	GaI_3，I_2	1070→1030	$ZnGa_2Se_4$	I_2	900→800
GaAs	HCl	850→750	$ZnIn_2S_4$	I_2	900→800
GaP	I_2	1100→1050	ZnS	I_2	900→800
$GaAs_{1-x}P_x$	H_2O+H_2	920→900	ZnSe	I_2	850→830
GeS	I_2	520→830	$PdCl_2$	Al_2Cl_6	350→300
InP	InI_3	915→860	FeS	$TeCl_4$	880→750

5.3.1.2 物理气相沉积技术[2]

PVD 与 CVD 一样，同属气相沉积制膜技术。所不同的是，CVD 的沉积物与源物质（反应物）不同质，是源物质通过化学反应产生的；而 PVD 的沉积物则直接来自源物质（镀料）。

PVD 有 3 个基本过程：气相镀料的产生，气相镀料的输送和气相镀料的沉积。

气相镀料的产生可有两类方法：①镀料受热蒸发，称为蒸发镀膜（简称蒸镀）；②用具有一定能量的离子轰击靶材（镀料），从靶材上击出镀料原子，称为溅射镀膜（简称溅射）。

气相镀料的输送要求在真空中进行，以避免与气体碰撞妨碍气相镀料到达基片。在高真空度的情况下（真空度在 10^{-2}Pa 以下），镀料原子基本上可从镀料源直线前进到达基片；而低真空度时（如真空度为 10Pa），镀料原子会与残余气体分子发生碰撞产生绕射，但只要不过于降低镀膜速率，还是允许的。若真空度过低，就不再是影响镀膜速率的问题了，这时镀料原子遭受频繁碰撞会相互凝聚为微粒，使镀膜过程彻底破坏。所以，PVD 也叫真空镀膜。

气相镀料在基片上沉积是一个凝聚过程。根据凝聚条件的不同，可以形成非晶态膜、多晶膜或单晶膜。镀料原子在沉积时，可与引入的活性气体分子发生化学反应而形成化合物膜，称为反应镀，本质上已与 CVD 无异；在镀料原子凝聚成膜的过程中，还可以同时用具有一定能量的离子轰击膜层，目的是改善膜层的结构和性能，这种镀膜方式称为离子镀。

蒸镀和溅射是 PVD 的两类基本镀膜技术。以此为基础，又可衍生出反应镀和离子镀。其中反应镀在工艺和设备上变化不大，可以认为是蒸镀和溅射的一种应用；而离子镀在技术上有较大变化，通常将其与蒸镀和溅射并列为另一类镀膜技术。

1. 蒸发镀膜

蒸镀是用加热蒸发的方法使镀料转化为气相。加热的方式有电阻加热、高频感应加热和电子束加热等，加热温度通常要求使镀料的饱和蒸气压超过 1Pa。

（1）电阻加热蒸镀　这种加热方式是用高熔点金属作加热材料，将其做成适当形状（如丝状、带状、板状等），上载镀料，然后通以电流，让加热材料对镀料进行直接加热蒸发，或者把镀料放入 Al_2O_3、BeO 等坩埚中对其进行间接加热蒸发。

加热材料的熔点要显著高于蒸镀材料，同时其平衡蒸气压约为 10^{-6}Pa 时所对应的温度不应低于加热蒸发温度，以保证加热材料不致影响真空度和污染膜层。此外，还需考虑镀料对加热材料的高温润湿性，充分的润湿可使镀料呈现稳定的面蒸发，并避免镀料因润湿不良而滑脱。

（2）高频感应加热蒸镀　该法是利用高频电磁场在导电的镀料中感应产生的涡电流来直接加热镀料。通常是将镀料置于绝缘的坩埚内，外侧用水冷铜管绕成的高频线圈进行加热，通过调节高频电流的大小来改变材料的加热功率，高频电流的频率根据镀料的不同在 $10 \sim 100 \mathrm{kHz}$ 之间。

由于涡电流直接作用在镀料上，而盛装镀料的坩埚处于较低的温度，因此可降低坩埚材料对薄膜的污染和热量损失。而且采用较大坩埚，盛放大量镀料，能得到较高的蒸发速率，并延长运行时间，可进行连续和较大规模的镀膜。

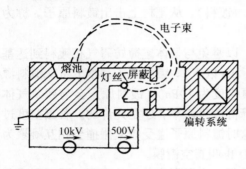

图 5-2　电子束加热蒸发源

（3）电子束加热蒸镀　其原理是利用电子束轰击镀料表面，将电子束的动能转化为镀料的热能使其蒸发。图 5-2 是一种常用电子束加热蒸发源的示意图，从中可以看出，电子是由隐蔽在坩埚下面的热阴极发射的，这样可避免阴极灯丝被坩埚喷出的镀料液滴沾污形成低熔点合金而易于烧断。由灯丝发射的电子经聚焦和 $6 \sim 10 \mathrm{kV}$ 的高压加速后，由偏转磁体偏转 $270°$ 轰击镀料，镀料是装在水冷铜坩埚内，只有被电子轰击的部位局部熔化，不存在坩埚污染问题。调节电子束的加速电压和束电流可方便而精确地调节与控制蒸发温度和蒸发速率，改变磁场的大小与方向，可使电子束流在镀料表面边移动边加热。该法适用于蒸镀高熔点金属和化合物，以及要求高蒸发速率的场合。

（4）蒸镀的特点　在蒸镀过程中，沉积速率与单位时间内撞击基板表面的蒸气粒子的数量成正比，并与基板的温度、材质、表面状况、蒸气粒子的能量、种类、入射角等有关，通常随基板温度的升高而减小。基板上沉积薄膜的厚度分布则主要取决于蒸气粒子的空间分布。

由蒸发源产生的蒸气粒子在空间各个方向的通量是不一样的。设 θ 为蒸气粒子运动方向与蒸发源对称轴之间的夹角，则 θ 方向的通量为

$$\phi(\theta) = \phi_0 \cos^n \theta \tag{5-9}$$

式中，ϕ_0 为 $\theta = 0°$ 时的通量；n 为常数，取决于蒸发源的形状。

在蒸镀、溅射和离子镀三类 PVD 技术中，镀膜与基板的结合强度依次增大。所以蒸镀只适于镀制对结合强度要求不高的某些功能膜，如用作电极的导电膜，光学镜头的增透膜等。

蒸镀用于镀制合金膜时，由于不同合金成分的蒸气压不同，因此在保证合金成分这点上，要比溅射困难得多，但在镀制纯金属膜时，可以表现出速率快的优

势。

蒸镀法在镀制化合物膜时会受到较多的限制，因大多数化合物在热蒸发时会全部或部分分解，无法由化合物镀料镀制出符合化学比的膜层。仅有氯化物、硫化物、硒化物和碲化物、B_2O_3、SnO_2 等少数化合物，由于很少分解或当其凝聚时各种组元又重新化合，可采用普通的蒸镀技术。反应镀是该法镀制化合物膜的一个途径，例如在蒸镀 Ti 的同时，向真空室通入乙炔气，就会在基板上发生如下反应而得到 TiC 膜层：

$$2Ti + C_2H_2 \longrightarrow 2TiC + H_2 \qquad\qquad (5\text{-}10)$$

（5）分子束外延（MBE）　外延是指在单晶基体上生长出位向相同的同类单晶体（同质外延）或者具有共格、半共格联系的异类单晶体（异质外延）。典型的外延方法有液相外延、气相外延和分子束外延。MBE是以蒸镀为基础发展起来的外延膜生长技术，其装置原理如图 5-3 所示。

分子束（或原子束）由喷射坩埚产生，坩埚的口径小于镀料蒸气分子的平均自由程，使蒸气分子形成束流喷出坩埚口，通过开在液氮冷却的屏蔽罩上的小孔进入真空室。小孔的上方设有活动挡板。由于分子束的发散角很小，挡板可以将分子束全部挡

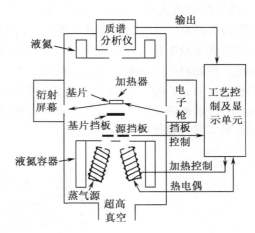

图 5-3　分子束外延装置原理示意图

住，经挡板反射的镀料分子将凝聚在液氮冷却的屏蔽罩上，以此实现对分子束在基板上沉积速率的控制。同时 MBE 装置配有监控系统：喷射炉的温度由热电偶监控；四极质谱仪用来检测分子束流量；由电子枪发射的电子束，经薄膜衍射后为衍射屏的探测器接收，随着沉积原子层数的增加，衍射强度呈周期性变化，可通过测定电子衍射光信号的波形得知沉积厚度。

这一系列强有力的监控手段，可以对薄膜沉积生长过程进行精确控制，甚至能够知道某一单原子层是否已经排满，另一层是否已经开始生长。加上 MBE 采用的是 $10^{-7} \sim 10^{-9}$ Pa 的超高真空，保证了膜层的高洁净。因此 MBE 不但适于镀制外延膜，而且可用来镀制超薄膜（数十到数百埃）和超晶格膜（例如 GaAs/GaAlAs 超晶格），已在固体微波器件、光电器件、多层周期结构器件和单分子层薄膜等方面的研制中得到广泛应用。

2. 溅射镀膜

溅射镀膜是用荷能粒子轰击镀料表面（靶），使被击出的镀料粒子在基片上沉积成膜的技术。由于离子易于通过电场加速获得所需动能，因此一般是采用离子作为轰击粒子。溅射离子可以是由特制离子源产生的离子束，但更多的是利用气体的放电电离。

（1）直流二极溅射　这是一种最简单的溅射方法，其原理示于图 5-4。溅射靶（阴极）和成膜的基片及其固定架（阳极）构成溅射装置的两个极。阴极接 $1\sim3kV$ 的直流负高压，阳极通常接地。工作时先抽真空，再通氩气，使真空室内压力维持在 $1\sim10Pa$。接通电源后，阴极靶上的负高压会使氩气电离而在两极间产生辉光放电建立一个等离子区，其中带正电的氩离子受到电场加速而轰击阴极靶，使靶材产生溅射，被击出的镀料粒子在基片上沉积，而二次电子则在飞向阳极行程中，通过与气体分子碰撞电离，使辉光放电过程得以维持，实现溅射镀膜。不过这种溅射镀膜方式的等离子体密度低，镀膜速率太慢。要获得实用的镀膜效率，需大幅提高等离子体密度。

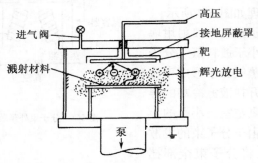

图 5-4　二极溅射装置原理示意图

（2）磁控溅射　为了提高溅射过程的等离子体密度，通常是设法延长二次电子飞向阳极的路径，以增加其与气体分子产生碰撞电离的概率，在这方面，磁控溅射是最行之有效的方法。其原理如图 5-5 所示，是在阴极靶面上建立了一个环状磁场迫使二次电子跨栏式地沿着环状磁场转圈，从而使环状磁场控制的区域成为等离子体密度最大的部位。磁控溅射时，可以看见在该部位形成的由溅射气体——氩气发出的强烈的淡蓝色辉光光环。处于光环下的靶材是被离子轰击最严重的部位，会溅射出一条环状的沟槽。与二极溅射相比，磁控溅射的镀膜速率提高了一个数量级，已在工业生产中得到应用。

（3）射频溅射　由于直流溅射装置需要在溅射靶上加负电压，因而只能溅射导电材料。在溅射介质材料时，由于正离子轰击靶面时会使电位上升，离子加速

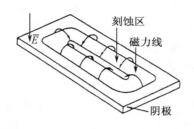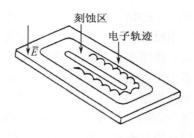

图 5-5　矩形平面磁控靶的环形磁场与二次电子运动轨迹

电场变小，辉光放电和溅射不能得以维持。而射频溅射，正是为沉积介质薄膜（如许多化合物材料）发展起来的。它是用射频发生器、匹配网络和电源取代直流溅射装置中的直流电源部分，通过电容耦合在靶上施加射频电压。这样在绝缘靶处于正半周时，由于电子的质量比离子的质量小得多，其迁移率很高，用短得多的时间就可以飞向靶面，中和其表面积累的正电荷，并在靶面又迅速积累大量的电子，使其呈现负电位，导致在射频电压的正半周时，也吸引离子轰击靶材，从而实现在正、负半周中均可产生溅射的目的。

由于射频电压可以耦合穿过任何种类的阻抗，所以射频溅射能沉积包括导体、半导体、绝缘体在内的几乎所有材料，且溅射速率高，膜层致密，与基板附着力强，已在集成电路和无机介质功能薄膜的制造中获得广泛应用。

（4）离子束溅射　上述溅射法中，基板都是处于等离子体环境中，在成膜过程中不断地受到周围气体和带电粒子（如快速电子）的轰击，难以对成膜条件和膜层质量进行严格控制。为使溅射条件得到严格控制，Kaufman 于 1961 年研制成功单独的宽束离子源，这种离子源的结构及其用于溅射的原理如图 5-6 所示。

宽束离子源是由热阴极电弧放电产生等离子体。阴极灯丝发射的电子加速到

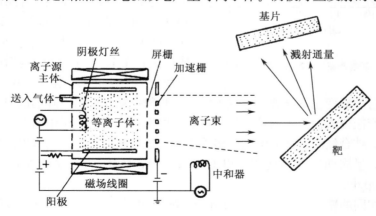

图 5-6　离子束溅射系统示意图

40～80eV 飞向阳极，并使气体（氩气）电离为等离子体。阳极沿离子源的器壁布置，阳极外围有屏蔽磁场，用以阻止电子使其不能轻易到达阳极，这样可以增加等离子体密度。阳极和磁场的这种配置可获得均匀的等离子体。阳极与等离子体差不多是等电位的，阳极与靶材的电位差决定了离子到达靶材时的能量。屏栅是离子源器壁的开口部位，是离子的出口。加速栅距离屏栅很近，且电位比靶材低 10%～25%，屏栅与加速栅之间的强电场将离子引出离子源。屏栅和加速栅都是用石墨片或钼板钻孔制成，安装时两者的小孔对准，这样可以保证得到准直的离子束。在离子束的行程中装有中和灯丝，用来发射电子以中和离子所带的正电荷。

离子束溅射的特点是能够独立控制轰击离子的能量和束流密度，并且基板不接触等离子体，这些都有利于控制膜层质量。此外，离子束溅射时，尽管有氩气不断由离子源的栅孔向真空室泄漏，但在不断抽真空的条件下仍能维持 0.01Pa 的真空度，比磁控溅射和射频溅射的工作真空度高两个数量级，因而有利于降低膜层中杂质气体的含量。但离子束溅射镀膜的速率低，只能达到 0.01μm/min，比磁控溅射低一个数量级，这限制了它的工业应用。

（5）溅射镀膜的特点　离子溅射时入射离子的能量通常在 100～10 000eV，它与固体表面或表层内部的原子和电子发生碰撞，若反冲原子具有足够的能量克服逸出功就会飞离固体表面。溅射产额（即一个入射离子所溅射出的中性原子数）与入射离子的能量、靶的材质和入射角等密切相关。其与入射离子能量的关系如图 5-7 所示。由图可见当离子能量 W_i 低于溅射阈值时，溅射现象不发生。对于大多数金属，溅射阈值在20～40eV 之间。在 W_i 超过溅射阈值之后，在 150eV 之前，溅射产额与 W_i 的平方成正比；在 150～1000eV 范围内，溅射产额与 W_i 成正比；在 1～10 000eV 范围内，溅射产额变化不显著；能量再增加，溅射产额显示出下降的趋势。

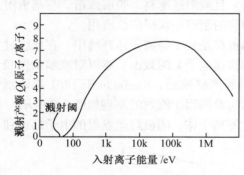

图 5-7　溅射产额与入射离子能量的关系

溅射产额依入射离子的种类和靶材的不同而异。入射离子中惰性气体的溅射产额最高，结合经济方面的考虑，多采用氩气进行溅射。靶材的溅射产额依原子序数大小，呈周期性涨落变化，以 Cu、Ag、Au 最高，Ti、Zr、Nb、Mo、Hf、Ta、W 等最小。

对于相同的靶材和入射离子的组合，随着离子入射角的不同，溅射产额各异，图 5-8 是具有代表性的关系曲线。从图中可以看出，入射角从零增加到大约 60°左右，溅射产额单调增加，θ＝70°～80°时达到最高，入射角再增加，溅射产额急剧减少，在 $\theta = 90°$ 时溅射产额为零。

与蒸发镀料粒子所具有的能量（0.04～0.2eV）相比，溅射镀料粒子的能量（约10eV）要高50～150倍。较高的能量不但有利于提高镀膜与基材的附着强度，而且沉积粒子在基板表面的迁移率也大，易于形成致密的薄膜。

在 PVD 各类技术中，溅射法镀制合金膜是最方便的。既可采用多靶共溅射，通过控制各个靶的溅射参数得到一定成分的合金膜，也

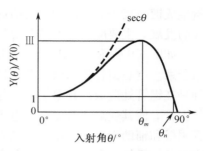

图 5-8　溅射产额与入射角的关系

可以直接采用合金靶溅射得到与靶成分完全一致的合金膜。

用溅射法镀制化合物膜有两种可供选择的方案：化合物靶溅射和反应溅射。反应溅射是在金属靶材进行溅射镀膜的同时，向真空室内通入反应气体，金属原子与反应气体在基板上发生化学反应即可得到化合物膜。例如，镀 TiN 时，靶材为金属钛，溅射气体为 Ar＋N₂；镀氧化物用 O₂ 作反应气体，碳化物用 C₂H₂，硅化物用 SiH₄，硫化物用 H₂S。

3. 离子镀

离子镀是一种沉积镀膜与荷能离子轰击基片表面和膜层相结合的镀膜技术。离子轰击可通过如下几方面的作用改善膜层的性能：

（1）离子轰击对基片表面有清洗作用，可除去其污染层，同时改变其表面形貌（粗糙化）和性质（增加缺陷），有利于成膜和膜－基结合。

（2）在镀膜初期当膜层尚未全部覆盖基片时，膜层是由被溅射的基片原子中的一部分被电离后又返回基片与镀料原子共混形成的伪扩散层。它的存在缓和了膜层与基体之间因热膨胀系数不同而产生的热应力，从而提高了膜层的附着强度。如果离子轰击的热效应足以使界面处产生真正的扩散层，形成冶金结合，则更有利于提高结合强度。

（3）蒸镀的膜层其残余应力为拉应力，而离子轰击产生压应力，可以抵消一部分拉应力。

（4）离子轰击可以提高镀料粒子在膜层表面的迁移率，有利于获得致密的膜层。

离子镀膜的基本过程包括镀料气化、电离（离化）、离子加速、离子轰击工件表面、离子或原子之间的反应、离子的中和、成膜等过程，而实现离子镀的方式是多种多样的，这里仅介绍三种常用的离子镀方法：

（1）空心阴极放电（hollow cathode discharge，HCD）离子镀　在空心热阴极电子束技术和离子镀技术基础上发展起来的 HCD 离子镀，曾被认为是能够大

量生成镀料离子的方法中最有前途的一种方法，在20世纪70～80年代获得了很大的发展，主要应用于刀具超硬膜层及装饰膜（如 TiC、TiN 等薄膜）的制备。

如图 5-9 所示，HCD 离子镀是利用空心热阴极（HCD 枪）放电产生等离子电子束。空心钽管为阴极，辅助阳极靠近阴极，HCD 枪的引燃方式有两种：一种是在钽管处造成高频电场，引起由钽管通入的氩气电离，离子轰击处于负电位的钽管，使其受热、升温至热电子发射温度，产生等离子电子束；另一种是在钽管阴极和辅助阳极之间用整流电流施加 300V 左右的直流电压，同时由钽管向真空室通入氩气，在 1～10Pa 氩气氛下，阴极钽管和辅助阳极间产生异常辉光放电，中性低压氩气在钽管外不断电离，氩离子又不断地轰击钽管表面，使钽管前端的温度逐步升高至 2300～2400K，就从钽管表面发射大量热电子，辉光放电转变为弧光放电，此时在阴极与阳极（镀料）之间接通主电源就能引出高密度的等离子电子束。

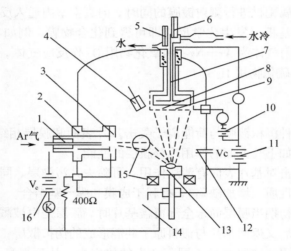

图 5-9　HCD 离子镀装置示意图

1—阴极空心钽管；2—空心阳极；3—辅助阳极；4—测厚装置；

5—热电偶；6—流量计；7—收集极；8—工件；9—抑制栅极；

10—抑制电压（25V）；11—工件偏压；12—反应气体入口；

13—水冷铜坩埚；14—真空机组；15—偏转聚焦极；

16—主电源

由 HCD 枪引出的电子束经初步聚焦后，在偏转磁场作用下偏转 90°，在集束磁场作用下，束径收缩而聚焦于坩埚中使镀料熔化、蒸发、气化，当镀料蒸气通过等离子电子束区域时，会受到高密度电子束流中电子的碰撞而电离（离化），离化率达到 22%～40%，在基板偏压作用下，镀料离子被加速向基板轰击，从而实现在蒸镀的同时，用高能离子对基板和膜层进行轰击。

除了高能离子外，这一蒸镀过程中还会产生大量高速的中性粒子，它们是在没有离化的气体原子和金属蒸气原子通过等离子电子束时，与上述离化金属离子通过下式对称共振型电荷交换碰撞而产生的：

$$M^+ \quad + \quad M \quad = \quad M \quad + \quad M^+$$
（高速离子）（热运动原子）（高速中性粒子）（低速离子）
(5-11)

产物中的低速离子被电场加速而能量增高，如此反复，结果每个粒子都带几个到几十个电子伏的能量。这些能量较高的离子和中性粒子共同作用于工件表面，使工件表面获得了高密度能量，可促进镀料与工件的分子、原子间的结合或增强相互间的扩散等。所以，应用 HCD 离子镀设备所获得的镀层附着力强，膜质均匀致密。用这种方法在高速钢刀具上镀 TiN 膜可保证提高寿命 3 倍以上，甚至有达数十倍的。

HCD 离子镀适用于多品种、小批量的生产。

（2）多弧离子镀　这是一种在真空中将冷阴极自持弧光放电用于蒸发源的镀膜技术，其装置如图 5-10 所示，阴极为镀料靶，阳极和真空室相连，阴极和阳极分别接至低压大电流直流电源的负极和正极。真空室抽至 $10^{-1} \sim 10^{-3}$ Pa。由引弧（触发）电极（一针状的辅助阳极）与阴极靶表面的瞬时接触引燃电弧，在阴极和阳极之间产生自持弧光放电。这时阴极表面上的全部电流集中到一个或多个很小的部位，形成阴极明亮的弧光斑点，其直径约为 $1 \sim 100 \mu m$，斑点内电流密度高达 $10^5 \sim 10^7 A/cm^2$。

在阴极斑点的前方是高密度的金属等离子体，由于电子向阳极快速运动而使阴极斑点前面出现正离子堆积，即形成正空间电荷，在阴极附近形成极强的电场强度（$10^5 \sim 10^6$ V/cm），导致场电子发射，维持放电。而部分离子对阴极的轰击又使阴极斑点局部迅速高温蒸发（温度高达 $8000 \sim 40000$K）并在空间迅速离化，使这些阴极斑点变成微点蒸发源。这些微点蒸发源在磁场和屏蔽绝缘的作用下束缚在阴极靶表面作高速无规则的运动，从而形成大面积均匀的蒸发源，产生定向运动的原子和离子束流。

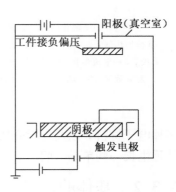

图 5-10　多弧离子镀装置示意图

多弧离子镀中的阴极电弧源是一个高效率的离子源，金属离化率高达 $60\% \sim 95\%$。且阴极电弧源既是蒸发源和离化源，又是加热源和轰击源，一靶多用；入射到基体上的粒子能量高（$10 \sim 100$eV），因此膜层的致密度高，附着力强；金属阴极蒸发源直接产生等离子体，不用熔池，可根据工件形状在任意方位布置，多源联合，使其在镀制单一品种的工件时，具有较高的生产效率。多弧离子镀的另外一个特点是不需要工作气体，反应镀膜时的气氛控制亦为简单的全压力控制。这种近乎完全的离子镀尤其适合于在金属表面制备各种金属化合物膜层或高熔点膜层，因此自 20 世纪 80 年代初美国多弧公司率先推出多弧离子镀设备以来，很快形成一股"多弧热"，成为目前最先进的镀膜技术之一。

（3）离化团束镀（ICBD） 东京大学的高木俊宜于 1972 年提出的一种离子辅助镀膜技术，装置如图 5-11 所示。其原理为：镀料蒸气通过细小坩埚口射向真空室时，由于绝热膨胀而急剧冷却为过饱和状态，从而凝聚成原子团（包含 100～200 个原子）。在喷嘴的上方装有灯丝，发射电子使原子团电离，离化率为 5% ～35%，由于原子团之间是依靠类似于范德华力的作用力结合起来的，结合力很弱，多电荷的静电排斥使其分裂为只带单电荷的原子团。离化团在电场的作用下向基板作加速运动，到达基板时，原子团即"粉碎"成为原子状态，离化团在加速电场中所获得的能量转化为原子在基板或薄膜表面上的扩散能量，从而大大增加其表面迁移率，有利于增强薄膜和基板的结合力。ICBD 的另一个特点是荷质比小，即使在离子能量低、密度大时也易于聚焦。荷质比小还能消除或减少在半导体、绝缘体表面的电荷积累，因此可以用这种技术在半导体或绝缘体基板上生长出各种优质的薄膜，包括金属、化合物、半导体、绝缘介质等多种电子材料，以及光学介质、磁性材料和某些有机材料，甚至可在较低温度下外延生长一些单晶薄膜。

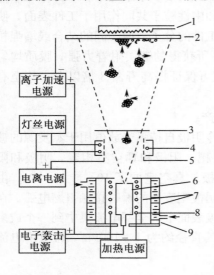

图 5-11 离化团束镀装置

1—基板加热器；2—基板；3—挡板；4—电离器阴极；5—电离器阳极；6—坩埚；7—热辐射屏蔽罩；8—加热器；9—水冷套

5.3.2 基体的选择

在薄膜制备过程中，基体的选择与其他制备条件同样重要，有时可能更重要，基体选择的原则是：

（1）是否容易成核和生长成薄膜；

（2）根据不同的应用目的，选择金属（或合金）、玻璃、陶瓷单晶和塑料等作基体；

（3）薄膜结构与基体材料结构要对应；

（4）要使薄膜和基体材料的性能相匹配，从而减少热应力，不使薄膜脱落；

（5）要考虑市场供应情况、价格、形状、尺寸、表面粗糙度和加工难易程度等。

5.3.3　基片的清洗方法

沉积薄膜基片的清洗方法主要根据薄膜生长方法和薄膜使用目的来选定。这是因为基片的表面状态或污物严重影响形成薄膜的结构和性质。因此必须采用各种清洗方法，以除去表面的污物。目前，基片清洗方法有：用化学溶剂溶解污物的方法、超声波清洗法、离子轰击清洗法、等离子体清洗法和烘烤清洗法等。

（1）使用洗涤剂的清洗方法　去除基片表面油脂成分的清洗方法是首先在煮沸的洗涤剂中将基片浸泡 1 min 左右，随后用流动水充分冲洗，再在乙醇中浸泡后用干燥机快速烘干。

（2）使用化学溶剂的清洗方法　用丙酮清洗可采用上述顺序，半导体表面多用强碱清洗，另外还可用溶剂蒸气进行脱脂清洗。

（3）超声波清洗方法　超声波清洗方法是利用超声波在液体介质中传播时产生的空穴现象对基片表面进行清洗的。针对不同的清洗目的，可采用不同的溶剂、洗涤液或蒸馏水等作液体介质。

（4）离子轰击清洗方法　离子轰击清洗法是在形成薄膜之前用加速的正离子撞击基片表面，把表面上的污染物和吸附物质打出来。这种方法不用液体，也不需要干燥，因此被认为是一种极好的方法，但要注意高能离子会使基片表面受到溅射损伤的问题。

（5）等离子体处理　利用低压气体放电产生的等离子体，对基片进行轰击，赋予各种表面特性和提高膜层的结合力。这是由于等离子体存在许多高能高活性的粒子（如电子、离子、激发原子和分子、光子）与基片表面作用，不仅可除去污物，有时还会接上某些基团，因而等离子体处理的特点是：能获得活性表面；能除去非常微小的污物；能清洁其他方法难以清洁的部位。

（6）烘烤清洗方法　如果基片具有热稳定性，则在尽量高的真空中把基片加热至 300℃左右就会有效除去基片表面上的水分子等吸附物质。

5.4　薄膜形成过程[2,7]

5.4.1　化学气相沉积薄膜的形成过程

化学气相沉积是供给基片的气体，在加热和等离子体等能源作用下在气相和基体表面发生化学反应的过程。

CVD 反应机理随所采用的装置结构、膜种类、反应系种类的不同而有很大差别。CVD 反应是非均匀系反应，是在表面上或气相中产生的组合反应，因此，应根据基片上制备的薄膜的测定结果分析 CVD 反应机理。Spear 在 1984 年提出了一个简单而巧妙的模型，如图 5-12 所示。

对 CVD 反应过程各步骤定性分析如下：

（1）反应气体被强制导入系统；

（2）反应气体由扩散和整体流动（黏性流动）穿过边界层；

（3）气体被基体表面吸附；

（4）吸附物之间或者吸附物与气态物质之间在基体表面上产生化学反应、成核；

（5）基体表面上产生的气体脱离表面，在基体表面上留下的不挥发固体反应物形成薄膜；

（6）生成气体从边界层到整体气体的扩散和整体流动（黏滞流动）；

（7）将气体从系统中强制排出。

在这些反应中，速率最慢的反应决定了总反应速率过程。反应速率与温度的关系不是固定不变的，曲线斜率在不同温度范围内是不同的，表明支配总反应速率的过程在不同区域内是不同的。如图 5-13 所示，一般是在低温范围内曲线斜率急剧变化，在高温范围内曲线斜率变得缓和，逐渐达到固定不变状态。由此可以认为在低温范围表面吸附等反应是决定性作用的过程，在高温范围内生成物向外部扩散或者把反应气体供给基体表面是决定性的过程。

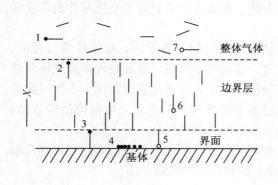

图 5-12　典型 CVD 反应步骤的浓度边界层模型　　图 5-13　CVD 成膜速率与温度的关系

5.4.2　真空蒸发薄膜的形成过程

薄膜的形成一般分为凝结过程、核形成与生长过程、岛形成与结合生长过程。

5.4.2.1 凝结过程

凝结过程是从蒸发源中被蒸发的气相原子、离子或分子入射到基体表面之后，从气相到吸附相，再到凝结相的一个相变过程。

1. 吸附过程

固体表面与体内在晶体结构上的一个重大差异就是原子或分子间的结合化学键中断。原子或分子在固体表面形成的这种中断键称为不饱和键或悬挂键，这种键具有吸引外来原子和分子的能力。入射到基体表面的气相原子被这种键吸引住的现象称为吸附。由原子电偶极矩之间的范德华力起作用的称为物理吸附，由化学键结合力起作用的称化学吸附。

2. 表面扩散过程

入射到基体表面上的气相原子在表面上形成吸附原子后，它便失去了在表面法线方向 的动能，只具有与表面水平方向相平行运动的动能，依靠这种动能，吸附原子在表面上作不同方向的表面扩散运动。

3. 凝结过程

在表面扩散过程中，单个吸附原子间相互碰撞形成原子对之后才能产生凝结，凝结是指吸附原子结合成原子对及其以后的过程。

5.4.2.2 薄膜的形成与生长

薄膜的形成过程与薄膜的结构决定于原子种类、基片种类以及工艺条件，形成的薄膜可能是非晶态结构，也可能是多晶结构或单晶结构。

薄膜的形成与生长有三种形式，如图 5-14 所示：（a）岛状生长模式；（b）层状生长模式；（c）层岛结合模式。

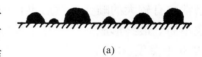

(a)

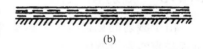

(b)

1. 岛状生长型

这种类型形成过程如图 5-15 所示，其特点是：到达基体上的原子首先凝聚成核，核再结合其他吸附气相原子逐渐长大形成小岛，岛再结合其他气相原子不断生长便形成了薄膜。大部分薄膜的形成过程都属于这种类型。

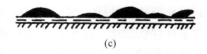

(c)

图 5-14　薄膜的形成与生长的三种形式
（a）三维核；（b）单层生长；
（c）单层上形成三维核

岛状薄膜的形成过程分为四个主要阶段：①岛状阶段；②联并阶段；③沟道阶段；④连续膜阶段。如铝膜和银膜属于岛状生长型。

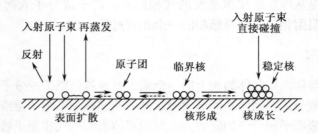

图 5-15　核形成与生长的物理过程

2. 层状生长型

　　这种生长类型的特点是：蒸发原子首先在基体表面以单原子层的形式均匀地覆盖一层，然后再在三维方向上生长第二层，第三层，……。这种生长方式多数发生在基体原子与蒸发原子间的结合能接近于蒸发原子间的结合能的情况下，如在 Au 单晶基体上生长 Pd。最典型的例子是同质外延生长和分子束外延生长。

3. 层岛结合型

　　在基体与薄膜原子相互作用特别强的情况下，才容易出现层岛结合型。首先在基体表面生长 1～2 层单原子层，这种二维结构强烈地受基体晶格的影响，晶格常数有较大的畸变。然后再在该原子层上吸附入射原子，并以岛生长的方式生成小岛，最终形成薄膜。在半导体表面上形成金属薄膜时，常常是层岛结合型，如 Si 上蒸发 Bi、Ag 等属于这种类型。

5.4.3　溅射薄膜的形成过程

　　由于溅射的靶材粒子到达基体表面时有非常大的能量，所以溅射薄膜的形成过程与真空蒸发制膜的形成过程有很大差别，同时给薄膜带来一系列的影响，除了使膜与基体的附着力增加以外，还会由于高能粒子轰击薄膜表面使其温度上升而改变薄膜的结构，或使内部应力增加等，另外还可提高成核密度。溅射薄膜常常呈现柱状结构。这种柱状结构被认为是由原子或分子在基体上具有有限的迁移率所引起的，所以溅射薄膜形成和生长属有限迁移率模型。

5.4.4　外延薄膜的生长

　　所谓外延，是指在单晶基片上形成单晶结构的薄膜，而且薄膜的晶体结构与取向都和基片的晶体结构和取向有关。外延生长薄膜形成过程是一种有方向性的生长。前面所说的同质外延薄膜是层生长型，但并非所有外延薄膜都是层生长型，也有岛生长型。

5.5 薄膜的结构与缺陷

薄膜的结构和缺陷在很大程度上决定着薄膜的性能，因此对薄膜结构与缺陷的研究一直是大家十分关注的问题，本节主要讨论影响薄膜结构与缺陷的因素，以及对性能的影响。

5.5.1 薄膜的结构

薄膜结构可分为三种类型：组织结构、晶体结构和表面结构。

5.5.1.1 组织结构

薄膜的组织结构是指它的结晶形态，分为四种类型：无定形结构、多晶结构、纤维结构和单晶结构。

1. 无定形结构

非晶态是指构成物质的原子在空间的排列是一种长程无序、近程有序的结构。形成无定形薄膜的工艺条件是降低吸附原子的表面扩散速率，可以通过降低基体温度、引入反应气体和掺杂的方法实现。

基体温度对薄膜的结构有较大的影响。基体温度高使吸附原子的动能随着增大，跨越表面势垒的概率增加，容易结晶化，并使薄膜缺陷减少，同时薄膜的内应力也会减小。基体温度低则易形成无定形结构的薄膜。

2. 多晶结构

多晶结构薄膜是由若干尺寸大小不同的晶粒随机取向组成的。在薄膜形成过程中生成的小岛就具有晶体的特征。由众多小岛（晶粒）聚集形成的薄膜就是多晶薄膜。

多晶薄膜存在晶粒间界。薄膜材料的晶界面积远大于块状材料，晶界的增多是薄膜材料电阻率比块状材料电阻率大的原因之一。

3. 纤维结构

纤维结构薄膜是指具有择优取向的薄膜。在非晶态基体上，大多数多晶薄膜都倾向于显示出择优取向。由于（111）面在面心立方结构中具有最低的表面自由能，在非晶态基体（如玻璃）上纤维结构的多晶薄膜显示的择优取向是

(111)。吸附原子在基体表面上有较高的扩散速率，晶粒的择优取向可发生在薄膜形成的初期。

4. 单晶结构

单晶薄膜通常是利用外延工艺制造的，外延生长有三个基本条件：一是吸附原子必须有较高的表面扩散速率，这就应当选择合适的外延生长温度和沉积速率；二是基体与薄膜的结晶相容性，假设基体的晶格常数为 a，薄膜的晶格常数为 b，晶格失配数 $m=(b-a)/a$，m 值越小，一般地说外延生长就越容易实现，但一些实验发现在 m 相当大时也可实现外延生长；三是要求基体表面清洁、光滑，化学稳定性好。

5.5.1.2 薄膜的晶体结构

在大多数情况下，薄膜中晶粒的晶格结构与其相同材料的块状晶体是相同的。但薄膜中晶粒的晶格常数常常和块状晶体不同，产生原因：一是薄膜与基体晶格常数不匹配；二是薄膜中有较大的内应力和表面张力。

5.5.1.3 表面结构

薄膜表面都有一定的粗糙度，对光学性能有较大影响，由于薄膜的表面结构和构成薄膜整体的微型体密切相关，在基体温度和真空度较低时，容易出现多孔结构。所有真空蒸发薄膜都呈现柱状体结构，溅射薄膜的柱状结构是由一个方向来的溅射粒子流在吸附原子表面扩散速率很小的情况下凝聚形成的。

5.5.2 薄膜的缺陷

在薄膜生长和形成过程中可能产生各种缺陷而且比块状材料多，这些缺陷对薄膜性能有重要的影响，缺陷与薄膜制造工艺有关。

5.5.2.1 点缺陷

在基体温度低时或蒸发、凝聚过程中温度的急剧变化会在薄膜中产生许多点缺陷，这些点缺陷对薄膜的电阻率产生较大的影响。

5.5.2.2 位错

薄膜中有大量的位错，位错密度通常可达 $10^{10} \sim 10^{11} \, \mathrm{cm}^{-2}$。由于位错处于钉扎状态，因此薄膜的抗拉强度比大块材料略高一些。

5.5.2.3 晶粒间界

因为薄膜中含有许多小晶粒，因而薄膜的晶界面积比块状材料大，晶界增多是薄膜材料电阻率比块状材料电阻率大的原因之一。

各种缺陷的形成机理，缺陷对薄膜性能的影响，以及如何减少和消除缺陷等都是今后有待深入研究的课题。

5.6 薄膜的力学性能[2,8]

薄膜大都是附着在各种基体上，因而薄膜和基体之间的附着性能将直接影响到薄膜的各种性能，附着性不好的薄膜无法使用。另外，薄膜在制造过程中，其结构受工艺条件的影响很大，薄膜内部产生一定的应力。基体材料与薄膜材料之间的热膨胀系数的不同，也会使薄膜产生应力，过大的内应力将使薄膜卷曲或开裂导致失效，所以在各种应用领域中，薄膜的附着力与内应力都是首先要研究的课题。

薄膜的力学性能主要有弹性、黏附性、内应力等。本节重点讲述黏附力和内应力。

5.6.1 薄膜的黏附力

薄膜的附着性能在很大程度上决定了薄膜应用的可能性和可靠性，这是在薄膜制造过程中普遍关心的问题。

5.6.1.1 附着现象

从宏观上看，附着就是薄膜和基体表面相互作用将薄膜黏附在基体上的一种现象。薄膜的附着可分为四种类型：①简单附着；②扩散附着；③通过中间层附着；④宏观效应附着，如图 5-16 所示。

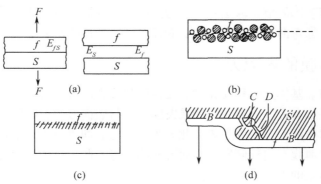

图 5-16 附着的四种类型示意图

（1）简单附着时，薄膜和基体之间存在一个很清楚的分界面。这种附着是由两个接触面相互吸引形成的。当两个不相似或不相容的表面相互接触时就易形成这种附着。

（2）扩散附着是由于在薄膜和基体之间互相扩散或溶解形成一个渐变的界面，即它可以使一个不连续的界面被一个由物质逐渐和连续变化到另一种物质的过渡层所代替。阴极溅射法制备的薄膜附着性能比真空蒸发法好，一个重要的原因是，从阴极靶上溅射出的粒子都有较大的动能，它们沉积到基体上时可发生较深的纵向扩散从而形成扩散附着。

（3）通过中间层的附着是在薄膜和基体之间形成一种化合物中间层（一层或多层），薄膜再通过这个中间层与基体间形成牢固的附着。这种中间层可能是一种化合物的薄层，也可能是含有多种化合物的薄膜。其化合物可能是薄膜与基体两种材料形成的化合物，也可能是与真空室内环境气氛形成的化合物，或者两种情况都有。由于薄膜和基体之间有这样一个中间层所以两者之间形成的附着就没有单纯的界面。

（4）通过宏观效应的附着包括有机械锁合和双电层吸引。机械锁合是一种宏观的机械作用。当基体表面比较粗糙，有各种微孔或微裂缝时，在薄膜形成过程中，入射到基体表面上的气相原子便进入到粗糙表面的各种缺陷、微孔或裂缝中形成这种宏观机械锁合。如果基体表面上各种微缺陷分布均匀适当，通过机械锁合作用可提高薄膜的附着性能。

由上可以看出，附着或结合的全部现象实质上都是建立在原子间电子的交互作用基础上的。

5.6.1.2 附着表征

黏附力或者结合能的测定可分为两大类。一类是机械法，另一类是形核法。机械法大致有：①划痕试验法；②拉力试验法；③剥离试验法；④磨损法；⑤离心力试验法；⑥弯曲法；⑦碾压法；⑧锤击法；⑨压痕法；⑩气泡法等。

5.6.2 薄膜的内应力

我们知道，基体上沉积薄膜时，无论用什么方法进行沉积，薄膜和基体都发生弯曲，几乎都有内应力存在。如果镀膜在平行表面方向有收缩的趋势，即使薄膜有向内侧发生凹面弯曲的趋势，此力为张应力；如果镀膜在平行表面方向有扩张趋势，即使薄膜有向外侧发生凸面弯曲的趋势，此力称为压应力。由此我们把薄膜内产生力矩的力称为内应力。

5.6.2.1 内应力形成的原因

对于内应力产生的原因许多人进行了大量研究，提出了各种理论模型，因此内应力现象比较复杂，很难用一种机理进行说明。目前对内应力的成因有如下一些理论：

（1）热应力（热收缩效应）　沉积过程中，薄膜由高温冷却到周围环境温度过程中原子逐渐变成不能移动的状态，这种热收缩就是产生内应力的原因。由于薄膜和基体的热膨胀系数不同，加之沉积过程的温差，将使薄膜产生一附加应力，使薄膜和基体的结合发生变形，这个应力称为热应力。因此，在选择基体时应尽量选择热膨胀系数与薄膜热膨胀系数相近的材料。

基片温度对薄膜的内应力影响也很大，因为基片的温度直接影响吸附原子基片表面的迁移能力，从而影响薄膜的结构、晶粒的大小、缺陷的数量和分布，而这些都与内应力大小有关。

（2）相转移效应　薄膜的形成过程实际上也是一个相变过程，即由气相变为液相再变为固相，这种相变肯定带来体积上的变化，产生内应力。

（3）空位的消除　在薄膜中经常含有许多晶格缺陷，其中空位和孔隙等缺陷经过热退火处理，原子在表面扩散时消灭这些缺陷可使体积发生收缩，从而形成张应力性质的内应力。

（4）界面失配　当薄膜材料的晶格结构与基体材料的晶格结构不同时，薄膜最初几层的结构将受基体的影响，形成接近或类似基体的晶格结构，然后逐渐过渡到薄膜材料本身的晶格结构，这种在过渡层中的结构畸变，将使薄膜产生内应力。这种由于界面上晶格的失配而产生的内应力称界面应力，为了减少界面应力，基片表面的晶格结构应尽量与薄膜匹配。

（5）杂质效应　在沉积薄膜时，环境气氛对内应力的影响较大，真空室内的残余气体进入薄膜中将产生压应力。另外，由于晶粒间界的扩散作用，即使在低温下也可产生杂质扩散从而形成压应力。

（6）原子、离子埋入效应　对于溅射薄膜，膜内常有压应力存在。一方面由于溅射原子有 10eV 左右的能量，在形成薄膜时可能形成空位或填隙原子等缺陷使薄膜体积增大，另外，在溅射过程中的加速离子或加速的中性原子常以 $10^2 \sim 10^4 eV$ 的能量冲击薄膜，它们除了作为杂质被薄膜捕获外，薄膜表面原子向内部移动埋入导致薄膜体积增大，从而在薄膜中形成压应力。这种内应力是由原子、离子埋入引起的，因而称原子、离子的埋入效应。

（7）表面张力（表面能）　在薄膜沉积过程中，由于小岛的合并或晶粒的合并引起表面张力的变化，从而引起膜内应力的变化。

5.6.2.2　内应力的测量

内应力的测量方法有：①悬臂梁法；②弯盘法；③X 射线衍射法；④激光拉曼法。

5.6.2.3　内应力与薄膜的物理性能

（1）内应力引起磁各向异性，内应力是通过磁致伸缩现象向薄膜提供能量的。而且还对薄膜的磁性能产生了影响。

（2）内应力引起超导点的变化，如引起 Pb 膜超导点的下降。

5.6.3　提高黏附力的途径

为了提高黏附力，可以采用如下的一些方法：

（1）对基体进行清洁处理　基体的表面状态对黏附力的影响很大，如果表面有一层污染层，将使薄膜不能与基体直接接触，范德华力大大减弱，扩散附着也不可能，从而附着性能极差，解决的方法是对基体进行严格清洗，还可用离子轰击法进行处理。

（2）提高基体温度　沉积薄膜时，提高基体温度，有利于薄膜与基体间原子的相互扩散，而且会加速化学反应，从而有利于形成扩散附着和化学键附着，使黏附力增大。但基体温度过高，会使薄膜晶粒粗大，增加膜中的热应力，从而影响薄膜的其他性能。因此，在提高基体温度时应作全面考虑。

（3）制造中间过渡层　当基体和薄膜的热膨胀系数相差较大时将产生很大的热应力而使薄膜脱落，除选择热膨胀系数相近的基体和薄膜外，还可以在薄膜和基体之间形成一层或多层热膨胀系数介于基体和薄膜之间的中间过渡层，以缓和热应力。

（4）活化表面　设法增加基片的活性，可以提高表面能，从而增加黏附力。用洗涤剂清洗，相当于活化的效果。利用腐蚀剂（如 HF）进行刻蚀、离子轰击，或利用某些机械进行研磨等清洁和粗化效果也有活化作用。

（5）热处理　沉积薄膜后进行适当的热处理，如经过热退火处理消除缺陷产生的应力或增加相互扩散来提高黏附力。

（6）晶格匹配　前面讲到，由于基体与薄膜的晶格失配，将产生热应力，因而尽量选择基体和薄膜材料的晶格结构相近的材料作为基体，可以提高黏附力。

（7）用氧化方法　氧化物具有特殊的作用，用氧化的方法在基体与薄膜间形成中间氧化物层可以提高黏附力。例如，对基体用含有 O_2 和 H_2O 的辉光放电的离子进行轰击，基片表面就会出现易于氧化的部分，从而使沉积的薄膜黏附力增强。

（8）用梯度材料　连续改变两种材料的组成和结构，使其内部界面消失来缓和热应力，增强黏附力（详见第八章）。因为只有附着牢固的薄膜才有实际使用价值，目前还存在许多问题。因此，提高薄膜与基体的黏附力仍然是材料工作者今后的主要研究课题之一。

5.7 金刚石薄膜[9~16]

5.7.1 概述

金刚石是自然界中硬度最高的物质（$H_V \approx 10000 \ kg/mm^2$），金刚石的热导率是所有已知物质中最高的，室温（300K）下金刚石的热导率是铜的 5 倍。金刚石是一种宽禁带材料，其禁带宽度为 5.5eV，因而非掺杂的本征金刚石是极好的电绝缘体，它的室温电阻率高达 $10^{16} \Omega \cdot cm$。金刚石中电子和空穴的迁移率都很高，分别达到 2200 $cm^2 /$（V·s）和 1600$cm^2 /$（V·s）。金刚石透光范围宽，透过率高，除红外区（1800～2500 nm）的一小带域外，从吸收端紫外区域的 225nm 到红外区的 25μm 波段范围内，金刚石的透射性能优良，它还能透过 X 光和微波。金刚石具有极好的抗腐蚀性和优良的耐气候性等特点。研究证实，用化学气相沉积法制备的金刚石薄膜，其力学、热学、光学等物理性质已达到或接近天然金刚石。表 5-5 列出了天然金刚石与 CVD 金刚石薄膜的主要物理性能的比较。这些优异性能使得它在机械工业、电子工业、材料科学及光学领域中有着广阔的应用前景，是一种新型材料。

表 5-5 天然金刚石和 CVD 金刚石薄膜的主要物理性质

物理性质	天然金刚石	高质量 CVD 金刚石多晶薄膜
硬度/(kg/mm^2)	10 000[1]	9000～10 000
体积模量/GPa	440～590[1]	
杨氏模量/GPa	1200[1]	接近天然金刚石
热导率/[W/(cm·K)],300K	20[1]	10～20
纵波声速/(m/s)	18 000[1]	
密度/(g/cm^3)	3.6	2.8～3.5
折射率(590nm 处)	2.41	2.4
能带间隙宽度/eV	5.5	5.5
透光性	225nm 至远红外[2]	接近天然金刚石
电阻率/$(\Omega \cdot cm)$	10^{16}	$> 10^{12}$

1）在所有已知物质中最高。

2）在所有已知物质中占第二。

由于天然金刚石稀少，人类探索了人工合成金刚石的方法。从 20 世纪 50 年代起，在高温高压合成金刚石的同时，人们对低压气相合成金刚石也进行了探索，但是直到 80 年代初日本无机材质研究所的 Matsumoto 提出了热丝 CVD 法，Mutsukazu Kamo 等提出了微波 CVD 法才使金刚石薄膜的制备取得突破性进展。随后电子增强热丝法、火焰法、直流等离子体喷射法等陆续出现，使合成金刚石膜的速度高达 930 $\mu m/h$，金刚石薄膜的研究成了世界各国竞相研究的热门课题。继"高温超导热"之后，又形成了"金刚石薄膜热"。

在这场竞争中，日本特别活跃，几乎开发了所有的低压气相合成金刚石薄膜的方法，在金刚石薄膜制备工艺和应用上一直走在世界的前列。美国、前苏联和欧洲一些国家也竞相发展这种技术。我国也将金刚石薄膜的制备与应用研究列入国家高技术研究发展计划（"863"计划），1988 年以来中国的金刚石薄膜研究取得了长足的进展，建立了世界上各种制备金刚石薄膜的方法，制备出大面积、均匀、高质量的金刚石薄膜，实现了同质外延生长，开展了 CVD 过程的等离子体诊断的研究，测试研究了金刚石的各种物理性能，进行了多种应用研究，表 5-6 列出了国内外研究金刚石薄膜情况的比较。

表 5-6　国内外金刚石薄膜的研究情况对照

		我国金刚石薄膜的研究情况	国外金刚石薄膜的研究情况
金刚石薄膜的制备方法		热灯丝 CVD 微波 PCVD 直流等离子体喷射 CVD 直流等离子体 CVD 火焰法 电子增强 CVD 电子回旋共振（ECR）微波等离子体 CVD 激光 PCVD	热灯丝 CVD 微波 PCVD 直流等离子体喷射 CVD 直流等离子体 CVD 火焰法 电子增强 CVD 电子回旋共振（ECR）微波等离子体 CVD 射频等离子体 CVD（高温、低温） 激光 PCVD 溅射法
制备技术	衬底材料	Si,Mo,Cu,WC,石英,石墨,高压金刚石,天然金刚石,金刚石复合片,$c-BN,Ta,Si_3N_4,Al_2O_3$	Si,Mo,Cu,WC,石英,石墨,高压金刚石,天然金刚石,金刚石复合片,$c-BN,W,Al_2O_3$,高速钢,Ta,Ni,钢,Pt,Si_3N_4
	大面积	$\phi100$ 以上	微波等：$\phi150$ 以上；热灯丝：$\phi300$ 以上
	生长速率	$65\mu m/h$	$100\mu m/h$ 以上，最高达 $930\mu m/h$
	掺　杂	掺 B,p 型半导体,$1\Omega\cdot cm$ 以下；离子注入	掺 B,p 型半导体,$10^{-10}\Omega\cdot cm$ 掺 P,n 型半导体,$100\Omega\cdot cm$（不适于器件制备）
	外延生长	同质外延:(100),(110),(111)	同质外延:(100),(110)和(111) 异质外延:$c-BN$、Si、Ni
	选择性生长	在硅衬底实现了金刚石薄膜的选择性生长	在硅衬底实现了金刚石薄膜及单个金刚石颗粒的选择性生长
	低温生长	400℃	300～400℃
	缺陷控制		基本无缺陷的金刚石颗粒(生长速率 $0.1\mu m/h$)
	超薄膜		厚为 50 nm 的金刚石连续薄膜

续表

	我国金刚石薄膜的研究情况	国外金刚石薄膜的研究情况
金刚石薄膜的应用研究	1. 热沉的应用取得初步效果（应用于 GaAs/GaAlAs 激光器） 2. 热敏电阻器：热敏电阻曲线测量、引线等均完成 3.X 光窗口：测 X 光透过率 4. 发光器件：发光特性的研究，观察到有些膜发蓝光 5. 声学膜	1. 扬声器的振动膜已有产品出售 2. 热沉：2.5mm×2.5mm×0.5 mm 热沉用在 InP 激光器上，其效果相当于天然金刚石热沉 3. 肖特基二极管 4. 发光器件：蓝光（双层绝缘结构，肖特基二极管结构） 5.X 光窗口（厚度 600nm，气密性好） 6. 热敏电阻器（测温到 600℃）
物性研究	生长特性，结晶特性，红外增透，荧光特性，X 光透过率，电阻，热导率，界面结构，杂质情况，在位光谱特性，硬度，生长机理……	生长机理，生长特性，结晶特性，发光特性，杂质，电阻，热导率，硬度，界面结构，在位光谱特性，X 光透过率……

5.7.2 金刚石薄膜的制备方法

5.7.2.1 前言

图 5-17 是碳的相图，从碳的相图看，只有离子束法需高真空，而热丝 CVD 法和微波等离子体 CVD 法在低真空下就能合成金刚石薄膜，直流等离子体喷射法和火焰法可以在常压下进行。这些区域都是石墨的稳定区和金刚石的亚稳区，既然是金刚石的亚稳区，就有生成金刚石的可能性。然而，由于两相的化学位十分接近，两相都能生成。为了促进金刚石相生长，抑制石墨相，必须利用各种动力学因素：

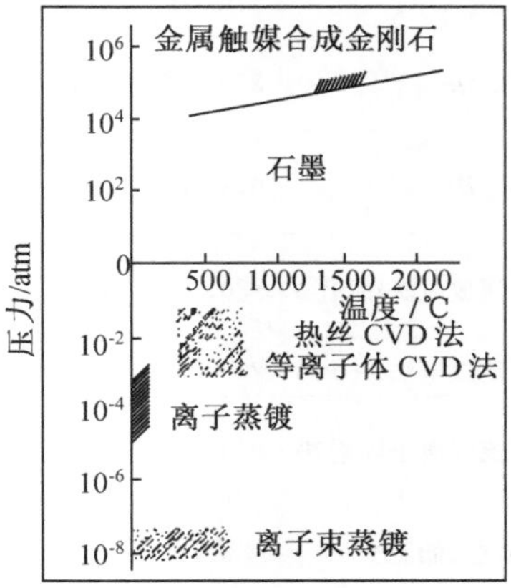

图 5-17 碳的相图

(1) 反应过程中输入的热能或射频功率、微波功率等的等离子体能量、反应气体的激活状态、反应气体的最佳比例、沉积过程中成核长大的模式等对生成金刚石起着决定性的作用。

(2) 选用与金刚石有相同或相近晶型和相同或相近点阵常数的材料作基片，从而降低了金刚石的成核势垒。而对于石墨，这却提高了成核势垒。

(3) 尽管如此，石墨在基片上成核的可能性仍然存在，并且一旦成核，就会在其核上高速生长，还可能生成许多非晶态碳，因此，需要有一种能高速除去石墨和非晶态碳的腐蚀剂，相比之下，原子氢是最理想的腐蚀剂，它仍然同时腐蚀金刚石和石墨，但它对石墨的腐蚀速率比腐蚀金刚石的速率高30~40倍，这样就能有效地抑制石墨相的生长。氢原子的作用远非如此，这将在后面讲述。

（4）通常用甲烷进行热解沉积。由于石墨的生成自由能大于金刚石，当提高甲烷浓度时，石墨的生长速率将会提高，而且比金刚石还快，故一般采用低的甲烷含量，一般低于1%。

（5）若沉积基片的温度超过1000℃，则石墨的生成速率就会大幅度增加，考虑到工艺上的可能性，一般采用基片温度约为800~1000℃。

（6）原子氢的存在有利于稳定 sp^3 键。为了得到较高比例的原子氢，可以采用微波、射频或直流电弧放电，热丝或火焰分解，以及催化等方法。

（7）基片的表面状态对金刚石的成核有很大影响。因为基体或生长面的缺陷与金刚石晶核具有较高的结合能，这将导致降低成核的自由能。因此，晶体缺陷是成核的活性中心，所以，人们在沉积金刚石薄膜之前要对基体表面进行各种处理。为提高成核密度或提高膜与基体的黏附力，常用金刚石粉末或膏研磨、以金刚石粉末或碳化硅粉末进行超声波处理、用化学腐蚀液腐蚀等方法在表面造成适度大小的缺陷。

表 5-7　各种气相合成金刚石薄膜方法比较

方法	速率 /($\mu m/h$)	面积 /cm^2	质量 /拉曼测试	衬底	优点	缺点
火焰法	30~100	<1	＋＋＋	Si,Mo,TiN	简单	面积小,稳定性差
热丝法	0.3~2	100	＋＋＋	Si，Mo，氧化硅等	简单，大面积	易受污染
直流放电法(低压)	<0.1	70	＋	Si，Mo，氧化硅等	简单，大面积	晶质不好,速率低
直流放电法(中压)	20~25	<2	＋＋＋	Si,Mo	快速,晶质好	面积太小
直流等离子喷射法	930	<2	＋＋＋	Mo,Si	高速,晶质好	面积较小,有缺陷
RF 法(低压)	<0.1		－/＋	S，Mo，BN，Ni,氧化硅		速率低,晶质差,易污染
RF 法(101325Pa)	180	3	＋＋＋	Mo	速率高	面积小,不稳定
微波等离子体法 (0.9~2.45GHz)	1(低压) 30(高压)	40	＋＋＋	氧化硅，Mo，Si，WC 等	晶质好,稳定性好	速率低,面积小
微波等离子体法 (ECR2.45GHz)	0.1	<40	－/＋		低压,面积适中	速率低,质量不太好

5.7.2.2　低压气相合成金刚石薄膜的方法

目前已有许多种 CVD 方法用于金刚石薄膜的气相合成，各种方法之间既有共同之处，又有各自特点。特别是等离子体技术显示出巨大的优越性，已研究出 10 余种等离子体合成金刚石薄膜的方法，Bachmann 对各种 CVD 方法按照等离子体的产生原理进行了分类，并对各自的特点进行了总结。表 5-7 列出了各种方法的特点。

为满足各种应用的要求，现正向提高薄膜质量、扩大成膜面积、提高沉积速度、实现单晶化的方向发展。按沉积速度，可将各种 CVD 方法分为低速、中速和高速合成金刚石薄膜的方法。

5.7.2.3 低速合成金刚石薄膜的方法

低速合成金刚石薄膜的方法，主要是指沉积速度小于 $2\mu m/h$ 的热丝法、微波 CVD 法、高频 PCVD 法、微波 ECR 法、低气压直流等离子体 CVD 法和化学输运法六种方法，其中热丝法和微波 CVD 法是世界各国广泛使用的金刚石薄膜合成方法，现将前四种方法介绍如下：

1. 热丝法

热丝法是 1980 年由日本无机材质研究所佐藤洋一郎、加茂睦和等人研究成功，并首先报导真正合成出了金刚石薄膜的，这一重大突破，成为金刚石薄膜的里程碑。图 5-18a 是热丝法沉积金刚石薄膜的示意图，热丝 CVD 是把加热到 2000℃以上的钨丝或钽丝放在非常靠近基片的上方约 10mm，用加热到 2000℃以上的热丝激发氢和甲烷的混合气体，且 $CH_4/H_2 = 1‰$ （体积比），压力数十毛，基体温度为 700～1000℃可得到金刚石薄膜。有报告说热丝起着分解甲烷的作用，在热丝与基体之间生成了甲基等自由基，另一方面，2000℃左右的热丝使氢分子分解，但分解不多。随着温度的升高，分解率急剧增高。因此，提高热丝温度，有利于提高金刚石薄膜的沉积速度和质量，其沉积速度约为 $0.5～1\ \mu m/h$。热丝还有加热基板的作用。

2. 微波等离子体 CVD 法

微波等离子体 CVD 法是由日本无机材质研究所松本精一郎、佐藤洋一郎、加茂睦和等人研究成功，并于 1982 年首先报导的。图 5-18b 是微波等离子体 CVD （MPCVD）沉积金刚石薄膜装置的示意图，它是由微波发生器、波导管、石英反应器、阻抗调节器、供气系统、真空系统和检测系统等组成。微波发生器产生的 2.45GHz 微波，由波导管馈入石英反应器中使 CH_4 和 H_2 混合，气体产生辉光放电形成等离子体，生成的甲基 （CH_3） 等活性物质在基体上形成金刚石

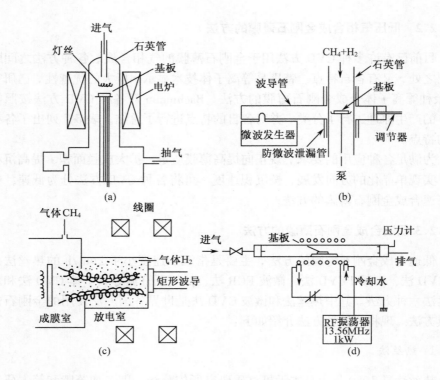

图 5-18　低速合成金刚石薄膜的装置

（a）热丝 CVD 装置；（b）微波等离子体 CVD 装置；（c）ECR 微波等离子体 CVD 装置；

（d）高频辉光放电等离子体 CVD 装置

薄膜。典型工艺参数为：微波功率 300～700W，甲烷浓度 $CH_4/H_2＝0.2\%$～ 1.5%，压力几毛至几十毛，基体温度 700～1000℃。微波等离子体 CVD 法具有合成压力范围宽、电子密度高、激活氢气原子和 CH_3 等的浓度大、无需外加热、无电极污染的特点，因而，沉积的金刚石薄膜质量好。在反应体系中加入水蒸气或氧气、或加偏压可提高沉积速率。

3.电子回旋共振（ECR）微波等离子体 CVD 法

日本大阪大学平木昭夫等开发的 ECR 微波等离子体 CVD 法合成出直径 100 mm 的金刚石薄膜。图 5-18c 是 ECR 微波等离子体 CVD 法装置的示意图，它主要由等离子体发生器、波导、放电室磁场线圈、成膜室及排气系统等组成。其工作原理是由矩形波导管向圆筒形谐振腔（放电室）输入 2.45GHz 的微波功率，放电室外的磁场线圈产生轴向发散磁场。当向谐振腔送入气体时，电子在洛伦兹力作用下将以磁力线为轴作螺旋形回旋运动，其回旋频率为

$$\omega_e＝eB/m_e \tag{5-12}$$

式中，电子电荷 $e=1.6\times10^{-20}$ 电磁单位，电子质量 $m_e=9.1\times10^{-28}$ g，磁场强度 B 可计算。由于微波角频率 $\omega_M=2\pi f$（$f=2.45\times10^9$ Hz），电子回旋共振（ECR）条件下 $\omega_b=\omega_M$，$B=\dfrac{2\pi f\cdot m_e}{e}=8.75\times10^{-2}$ T。作螺旋形回旋运动的电子碰撞气体分子使之电离形成等离子体，在基板温度 $500\sim800$℃、压力 0.1 Torr、微波功率 $600\sim1300$W 的条件下合成金刚石薄膜。由于共振，促进了放电，形成高密度等离子体，有利于降低成膜温度，扩大成膜面积，提高薄膜质量；缺点是沉积速率降低，只能达 $0.1\mu m$ /h 左右。

4．高频辉光放电等离子体 CVD 法

高频辉光放电等离子体 CVD 法沉积金刚石薄膜是由日本无机材质研究所加茂睦和、佐藤洋一郎、濑高信雄等研究成功，于 1983 年报导的。反应气体被 13.56MHz 高频功率激励产生辉光放电等离子体，靠着气体的流速，等离子体向基片方向输运，进行 CVD 反应，沉积金刚石膜的倾向与热丝法和微波等离子体 CVD 法相同，其装置的示意图如图 5-18d 所示。基片是利用高频感应加热和等离子体碰撞加热。此法获得的薄膜均匀性差、沉积面积小，一般很少采用。

其他方法如化学气相输运法、低压直流辉光放电等离子体 CVD 法不再详细介绍。

5.7.2.4 中速合成金刚石薄膜的方法

1．电子增强 CVD 法 （EACVD 法）

日本的 Sawabe 和 Inuzeka 等 1985 年研究成功的电子增强 CVD 法，如图 5-19（a）所示。电子增强 CVD 法是在热丝 CVD 法的基础上，在热丝和基片之间加一直流偏压，基体接正电压，处于接地电位的灯丝发射热电子，此电子加速后轰击基体表面。电子增强 CVD 法与无电子轰击的热丝法相比，生长初期晶体成核密度大 （$10^8\sim10^9$ /cm^2），生长速率提高，生长速率达 $1\sim5\mu m$ /h，甚至更高。但是，EACVD 法中灯丝与基体的距离很近，由于受到灯丝的热辐射，基体的温度难于单独控制。为了改善这种状况，利用电子与气体分子的碰撞，使灯丝与基体间产生等离子体。这就是下面要讲的直流等离子体 CVD 法。

2．中压直流等离子体 CVD 法

直流等离子体 CVD 包括介于辉光放电与弧光之间的过渡区放电等离子体 CVD 和弧光放电等离子体 CVD，其电极的配置和反应源气的输入，可采取不同的布局。图 5-19b 是直流 PCVD 法装置示意图。阳极由 $\phi10$ mm 的水冷铜棒构成，阴极由 $\phi2$ mm 的钼棒构成，阴极周围要绝缘，只露出正对阳极部分，两极

间距离 20～25 mm，基体置于阳极一侧。在反应过程中，不必对基板单独加热，当阳极不加水冷时，基体温度可达 1000℃以上。因此，通过调节阳极冷却水的流量即可控制基体的温度，两极之间设置挡板，为保证高压直流电源持续稳定放电，要增加电源的电阻。

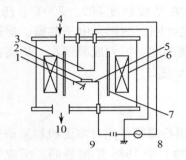　　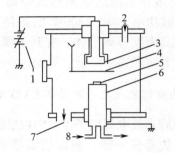

　　(a) EACVD 法的装置示意图　　　　　(b) 直流 PCVD 法的装置示意图

1—热电偶；2—基体；3—W 制灯丝；　　1—直流电源；2—反应气体（CH$_4$＋H$_2$）；

4—反应气体（CH$_4$＋H$_2$）；5—Mo 制　　3—阴极；4—挡板；5—基体；6—阳极；

基体架；6—电炉；7—石英管；8—灯　　　7—真空排气系统；8—冷却水

丝用电源；9—直流电源；10—真空泵

图 5-19　中速合成金刚石薄膜的方法

　　在操作过程中，首先预抽真空达 10^{-2} Pa 引入反应气体，达到 10～100Pa 的压力时开始放电，此时不打开挡板。当达到设定的压力时，打开挡板开始反应，反应过程中不断调节反应气体的流量和混合比。

　　研究证实，热等离子体的温度达 4000K 以上，足以充分分解反应气体，并形成处于激发态的碳氢基团和原子氢的高密度区。适当选择工艺条件，能够使活性的碳氢基团和原子氢在复合前的生存时间内高速输运到达衬底表面。普遍认为，热等离子体流在衬底表面骤然冷却（即所谓"淬火"）所产生的非平衡等离子体，是在相对低的温度下获得高密度活性基团的最佳途径，直流等离子体 CVD 法制备金刚石薄膜的沉积速度很高，可达 20～250μm/h。

5.7.2.5　高速合成金刚石薄膜的方法

1. 直流等离子体喷射法

　　直流等离子体喷射法合成金刚石膜的装置如图 5-20（a）所示。阳极为水冷铜喷嘴、阴极为水冷的铈钨电极。两电极在喷嘴内构成弧光放电，由于热压缩效应、磁压缩效应和机械压缩效应，使其反应气体形成一个温度可达一万度以上的近似音速的电磁流体从电极喷嘴喷出，在水冷基体上高速沉积金刚石薄膜。直流等离子体喷射法是世界上沉积速率最快的方法。东京工业大学吉川昌范用 Ar 和 H_2 等离子体，当 $CH_4/H_2 = 5\%$ 时在 Mo 基板上沉积出 $10mm \times 10mm$ 的金刚石膜，沉积速率最高达 $930\mu m/h$，单位时间内获得的金刚石质量与高温高压法相当。经热化学抛光后可作热沉或光学窗口，镶嵌刀具，经滚压可获得金刚石粉。此法的缺点是厚度不均匀，面积小。现在已开发出磁扩弧的等离子体喷射装置，能高速制备出 $\phi100\ mm$ 的厚而透明的金刚石薄膜。

2．火焰法

1988 年日本工业大学的广濑洋一、天治修二首次使用燃烧焰在大气中成功地合成了金刚石，其装置如图 5-20（b）所示。火焰法与其他气相方法相比，有以下优点：①能在开放大气压合成金刚石薄膜，不需要反应容器。②金刚石的生长速率快，可达到 $10 \sim 70\mu m/h$。③有利于在大面积及复杂的表面上成膜。④沉积设备简单，不耗电。但也存在不易控制膜质量和重现性差等缺点。人们提出多种改进火焰法的技术，如形成无光焰可改善浓度和温度场的不均匀性，增加焰的稳定性；又如采用外加电场或磁场可改变或增加带电粒子的活性，提高金刚石薄膜的质量等。采用乙炔氧焰合成金刚石的典型条件列于表 5-8 中。

表 5-8　乙炔氧焰合成金刚石的条件

工艺条件	参　数
气　氛	空气
压　力	大气压或减压
反应气体	$C_2H_2 + O_2$
$C_2H_2/$（L/min）	$1 \sim 5$
$O_2/$（L/min）	$0.5 \sim 5$
O_2/C_2H_2	$0.7 \sim 1$
基　片	Si，Mo，WC
基片温度/℃	$600 \sim 1100$
火焰温度/℃，推定	$2500 \sim 3000$

3．高频感应热等离子体喷射法

高频感应热等离子体喷射法，是由日本无机材质研究所的松本精一郎等研究成功，于 1987 年首先报导的。此法是利用感应的方法，使气体电离并对其加热。高频感应热等离子体合成金刚石膜的装置如图 5-20（c）所示。此法最重要的是如何保持等离子体的稳定性，一般是采用旋转气流稳弧。此法沉积速率可达到 $120\mu m/h$，沉积直径 $\phi20mm$。此法缺点是弧不稳定，因此，很少采用此法来合

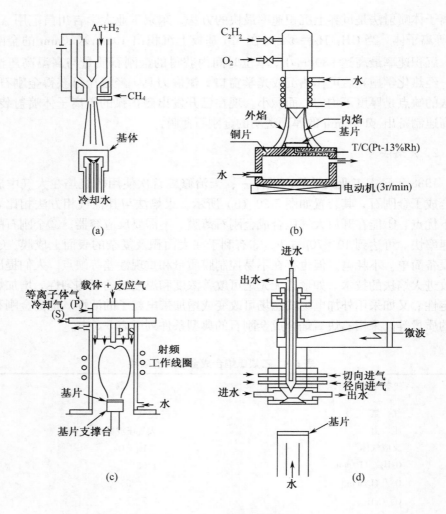

图 5-20　高速合成金刚石薄膜的方法

(a) 直流等离子体喷射装置示意图；(b) 火焰法装置示意图；

(c) 高频感应热等离子体喷射装置示意图；(d) 微波等离子体喷射装置示意图

成金刚石膜。

4. 微波等离子体喷射法

日本东京大学开发的一种新型微波等离子体装置如图 5-20 (d) 所示。微波功率 5kW，频率 2.45GHz，在 25mm×25mm 硅片上沉积，沉积速率最大达 30μm/h。检测发现在等离子体区不存在活化的氢原子，氢原子在等离子区存在的时间极短，因此合成机理与一般气相合成不同，有待进一步研究。这种方法，由于喷枪结构较复杂，制作困难，沉积面积小，所以也很少有人采用。

5.7.2.6 扩大成膜面积的方法

扩大薄膜的面积，对实现商品化具有重大意义，在微波等离子体CVD法中，提高微波等离子体功率，扩大波导腔；采用ECR方法；在波导中设天线；采用多馈口、多基片台等均能大大提高沉积面积，可制得直径大于150mm的金刚石薄膜。在热丝法中使用面状加热器。在直流等离子体CVD法中，扩大成膜面积可采用磁扩弧方法，利用低压直流喷射；采用空心阴极等离子体束；使等离子焰旋转和采用多个喷嘴等方法。火焰法中使用熔体反应器等能扩大成膜面积。图5-21示出微波等离子体扩大面积的装置。

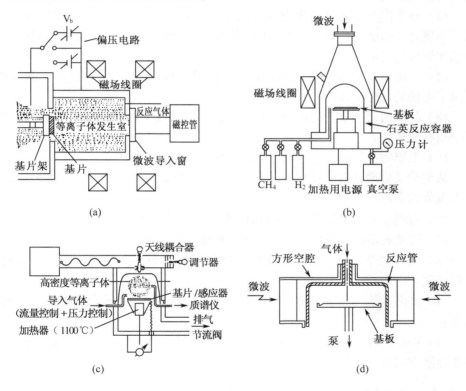

图 5-21　微波等离子体扩大面积的装置

（a）微波 ECR 等离子体 CVD 装置示意图；（b）加磁场微波等离子体装置；

（c）天线耦合微波等离子体装置；（d）多馈口等离子体装置

5.7.3　低压合成金刚石薄膜的机理

金刚石可以不在碳相图的稳定区内生成，而在金刚石的亚稳态区生成，这已由大量的实验所证实。近三十多年的研究大都是成膜技术和制备工艺，对低温低压形成金刚石的机理还没有搞清楚。为了给制备高质量的金刚石薄膜提供理论指导，世界上已提出许多模型或学说；这些学说大致可分为三大类：①动力学学说；②基团反应学说；③热峰学说。

下面介绍几个典型的低压合成金刚石薄膜的机理：

（1）前苏联科学家提出了金刚石生长的总动力学学说理论，他们认为金刚石生长是由动力学因素所控制的，金刚石形成时在动力学上与石墨竞争；

（2）Tsuda 提出量子化学电子计算机法以确定最低能量途径，作为（111）表面上生长金刚石的机理，如果表面维持正电荷并供给甲基自由基，则可维持金刚石薄膜的表面生长；

（3）日本国立无机材料研究所 Yoichiro Sato 提出"键的选择"和"键的控制"的概念，借助异质元素如 H、F 或其他卤素元素与碳键合，从而达到控制键或晶体结构的目的；

（4）Shin Sato 研究了自由基、离子-分子反应在形成金刚石机理中的作用，提出了可能的反应机理；

（5）我国的苟清泉、冉均国、郑昌琼提出甲基聚合形成金刚石和石墨转化形成金刚石的机理；

（6）王季陶等提出非平衡热力学耦合模型。

从实验及机理分析中我们可以看出，加入大量的氢有利于金刚石的形成，具体表现为以下几个方面：

（1）有利于形成生长金刚石的 CH_3 等活性基团，如 $H + CH_4 \longrightarrow CH_3 + H_2$；

（2）可使石墨的六边格子发生扭曲，形成具有金刚石的结构；

（3）林彰达等认为 H 原子的作用是饱和表面 C 原子的悬键，使表面金刚石结构稳定；

（4）许多人认为原子氢的作用是腐蚀石墨，而不腐蚀（或很弱腐蚀）金刚石表面；

（5）Frenklack M 认为氢的关键作用是抑制气相中芳香组分的形成，从而抑制非金刚石成分（如石墨）的形成和生长。

5.7.4　金刚石薄膜的结构和性能

5.7.4.1　结构

人们普遍采用扫描电镜和透射电镜、原子力显微镜、拉曼光谱、X 射线衍射和电子衍射、能量损失谱、X 射线光电子能谱、俄歇电子谱、二次离子质谱等研究金刚石薄膜的形貌、结构、相的纯度和缺陷等。

扫描电镜（SEM）能直观反映金刚石薄膜的晶型，如可观察到三角形

（111）面、正方形（100）面、球形面（非金刚石碳含量多），还能观测晶粒大小和均匀性、薄膜的致密性（有无孔洞和缺陷）等。一些研究结果表明：金刚石薄膜的表面形貌与甲烷浓度和衬底温度有关，甲烷浓度为 0.3% 时，（111）晶面生长较快；甲烷浓度为 0.1%～0.2% 时，（100）晶面生长较快。随着甲烷浓度增加，层错和孪晶的密度也增加。因而常用来指导金刚石薄膜的合成工艺。原子力显微镜对于观察金刚石薄膜的表面形貌及计算表面粗糙度等是十分有力的工具。

透射电镜（TEM）更适于研究薄膜的精细结构，这是因为它具有高的分辨率，可以达到 1Å，能够在原子和分子尺度直接观察材料的内部结构；能方便地研究材料内部的相组成和分布，以及晶体中的位错、层错、晶界和空位团等缺陷，是研究材料微观组织结构最有力的工具；能同时进行材料晶体结构的电子衍射分析，并能同时配置 X 射线能谱、电子能量损失谱等来测定微区成分。许多学者用透射电镜研究金刚石薄膜后指出：各种化学气相沉积法获得的金刚石薄膜都存在大量的缺陷，包括（111）孪晶、（111）层错和位错，尽管在各种薄膜中均存在层错和孪晶，但晶粒形貌、缺陷浓度和分布都因薄膜而异：当生长面主要为（100）晶面时，层错和微孪晶主要分布在晶粒边界处；当生长面主要为（111）晶面时，层错和微孪晶分布于整个晶粒内部；而在另外一些沉积条件，缺陷却限制在一定宽度的带中。上述缺陷中，孪晶是主要缺陷，而且化学气相沉积的金刚石薄膜中孪晶多以五次孪晶的形式出现。

在研究金刚石薄膜界面状态及其生长过程方面也取得很大进展，Ravi K V 等人认为硅与金刚石之间的面间距的合适匹配，必须有非晶态作过渡层，但没有实验依据。卢鸿修等研究金刚石薄膜界面状态的结果表明，单晶硅衬底和金刚石多晶薄膜之间存在一层厚度为 0.2～0.8μm 的过渡层，它是一种非晶态碳；而 Williams B E 等和许多研究人员都发现有一层 β－SiC 过渡层，其厚度为 5nm，因而人们认为金刚石薄膜的成核和生长过程是气相中的碳源与基体先形成一层薄的碳化物层，再在其上成核和生长成金刚石薄膜。成核速率不仅取决于划伤的表面缺陷，而且取决于碳原子在碳化物层或基体中的扩散，对于扩散速率低的基体，金刚石很快就能成核，相反，碳扩散速率高的基体（如在硬质合金中的 Co 上）不易成核，所以在制备金刚石膜涂层硬质合金刀具时，先用酸除去表面的 Co。而另一些研究表明，不存在过渡层而直接在硅表面上生成金刚石薄膜。但多数人认为是先生成一层过渡层，再生长金刚石薄膜。

红外吸收和拉曼光谱分析是基于测定分子振动的振动谱，它们都可以评价物质的组成和结构等性质。由于拉曼（Raman）散射可以得到晶格振动的特征频率的谱线，每一种物质具有自己特定的一个或多个本征频率，可以用来鉴别它是哪一种物质。由于拉曼光谱测定碳结构的灵敏度高，所以它是鉴定金刚石薄膜有效的方法，不仅可以鉴定薄膜中各种结构的碳（金刚石、石墨、类金刚石或无定形碳），而且可以研究不同条件下生成薄膜的结构和组成的变化。由碳原子单独生成的晶态物质是金刚石和石墨。由于它们的晶格结构不同，各有一特征振动频率，金刚石中碳原子是四面体配位，称为 sp^3 键，其频率为 $1332cm^{-1}$，形成尖锐而强的拉曼峰，而石墨中的碳原子则是 3 配位的，为 sp^2 键，频率为 $1580cm^{-1}$，但由于石墨很难以大块单晶存在，往往呈多晶微粒状态，在这种情况下，晶格的平移对称性受到破坏，拉曼光谱中在 $1355cm^{-1}$ 附近出现另一谱带。另外无定形碳的碳原子之间的键长与键角呈一定的无序分布，因此它的振动频率也不是单一的，不像上面两种晶态碳那样有较窄的谱峰，而是形成较宽的带。金刚石薄膜中大多是各种形态碳的混合物，拉曼测试结果表明，在 $1333cm^{-1}$ 附近一般都有一尖锐的金刚石峰，在 $1400\sim1600cm^{-1}$ 范围内出现结构未定的宽谱峰，多数人认为是类金刚石碳（无定形碳）的谱峰，也有人认为是由于晶体中存在缺陷造成的。用拉曼光谱评价金刚石薄膜的质量和结构，大致可分为三种情况：①含有金刚石的类金刚石薄膜，它的 $1332cm^{-1}$ 不明显，而 $1400\sim1600cm^{-1}$ 的山丘峰非常明显（宽而高）；②含有少量非金刚石碳的金刚石薄膜，属金刚石的拉曼峰（$1333cm^{-1}$）高，但较宽，属类金刚石的谱峰较明显，高度比上一类低；③金刚石薄膜，从拉曼光谱可以看出，在 $1332cm^{-1}$ 附近有一尖锐、很高的金刚石拉曼峰，属类金刚石的山丘峰几乎看不见。由此可根据拉曼光谱来评价金刚石薄膜的质量和存在各种碳的情况。

X 射线衍射是测定晶体结构常用的方法，X 射线衍射能判断晶态金刚石相的存在，但不能很好地显示非晶态的类金刚石成分。研究结果表明，质量好的金刚石薄膜的 X 射线衍射图中，可以看到 (111)、(220)、(311)、(400) 和 (311) 五个峰，与天然金刚石的数值十分吻合。电子衍射结果也表明，金刚石薄膜的晶面间距和天然金刚石非常接近。图 5-22、5-23 是扫描电镜、电子衍射的部分实验结果。

图 5-22　金刚石薄膜扫描电镜照片　　　　图 5-23　金刚石薄膜电子衍射图

X 射线光电子能谱（XPS）或化学分析光电子能谱（ESCA）是研究金刚石薄膜结构的一种方法，特别是测定试样中各种物质比例的有效方法。X 射线光电子能谱分析是采用单色 X 射线照射样品，使样品内各原子轨道上的电子吸收能量而激发，若 X 射线能量（如 MgK_2 为 1205.597 66eV）大于电子在轨道中的结合能，获得足够能量的电子便会摆脱原子核的束缚，以一定的动能逃逸入谱仪的真空中，根据能量守恒原理，电子的结合能 E_b 等于入射光子的能量 $h\nu$ 减去光电子的动能 E_k，即 $E_b = h\nu - E_k$。如 X 射线的能量（$h\nu$）是已知的，电子的动能用电子能谱仪测量，就可以得到电子在原子轨道上的结合能，因为每种原子都有它特定的电子结合能值，所以可以用电子能谱分析物质的化学成分。仪器不仅可以精确测定原子轨道电子的结合能，而且可以测定这种结合能在不同化学环境中的位移，称化学位移，它是由结构变化和化合物氧化状态的变化引起的峰位移动。结合能标志原子的种类，结合能的位移则表明原子在分子中及晶体中所处的结构状态。因为测得的信号强度是该物质含量的函数，在谱图上它就是光电子峰的面积，由记录到的谱线强度反映原子的含量或相对浓度。因此，光电子能谱可以用于固体物质化学成分的分析和化学结构的测定。

据报导，金刚石、石墨、碳氢化合物（CH_x）的 C_{1s} 的结合能分别是 287eV、284eV 和 285eV。$287.8 \pm 0.2eV$ 为含有 CO 基团或含 CO 及 H 基团，$288 \pm 0.3eV$ 为含有 COO 基团或含 CO_3 等基团，$284.9 \pm 0.2eV$ 为碳氢化合物，$286.1 \pm 0.2eV$ 为含有 OH 或 Cl 的碳氢化合物，因此，X 射线光电子能谱不仅可以确定金刚石薄膜中含有哪些形式的碳，而且可定量分析其含量（相对原子质量分数）。

从上述的分析可以看出，对金刚石薄膜的评价大多使用电镜、拉曼光谱和 X 射线衍射的方法，这些方法给出的结果是定性的，不能对金刚石薄膜的纯度作出定量的评价。国外有少数文章中提到用 XPS 或低能电子损失谱来评价各种碳的组成。然而单一的方法很难正确评价金刚石薄膜的纯度和质量。四川大学郑昌琼、冉均国等利用 X 光电子能谱（XPS）对不同质量的微波等离子体合成的金刚石薄膜进行了系统的分析研究，并同时用拉曼（Raman）及扫描电镜（SEM）对同一样品进行对比分析，结果如图 5-24 所示。利用 XPS 经计算机解叠则可以定量得出各成分的质量分数，从而可以从量上评价金刚石的质量。从图中可以看出，金刚石薄膜大致可以分为三类：①类金刚石为主的金刚石薄膜，金刚石薄膜中金刚石碳的相对原子质量分数 31%；②金刚石为主的金刚石薄膜，金刚石碳的相对原子质量分数为 90.97%；③质量好的金刚石薄膜，金刚石碳原子占 97% 以上。

5.7.4.2 性能

金刚石薄膜具有优异的机械、热、光、电、半导体、声、生物及化学性能，下面只简要介绍热敏特性及光学性能。

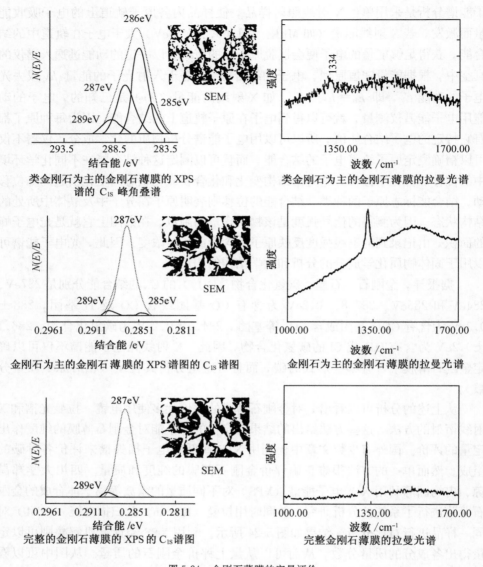

类金刚石为主的金刚石薄膜的 XPS
谱的 C_{1s} 峰角叠谱

类金刚石为主的金刚石薄膜的拉曼光谱

金刚石为主的金刚石薄膜的 XPS 谱图的 C_{1s} 谱图

金刚石为主的金刚石薄膜的拉曼光谱

完整的金刚石薄膜的 XPS 的 C_{1s} 谱图

完整金刚石薄膜的拉曼光谱

图 5-24　金刚石薄膜的定量评价

1. 热敏特性

金刚石薄膜的电阻随温度的升高，下降得非常快。图 5-25（a）中未掺杂的金刚石薄膜计算得到的材料常数 B 值为 4443K，材料激活能 E 为 0.38eV；掺杂硼可改变 B 和 E 值，便于与二次仪表匹配，如图 5-25b 所示。因此金刚石薄膜可用于制造热敏电阻，具有灵敏度高、工作温度范围宽、抗辐射能力强等优点。

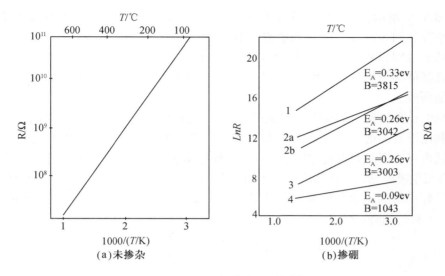

图 5-25　金刚石薄膜的热敏特性

1—未掺杂；2、3、4—掺 B；2a—未处理；2b—热处理

2. 金刚石薄膜的红外光学特性

(1) 无基体金刚石薄膜的红外透过特性　用 HNO_3、HF 和冰乙酸的混合液腐蚀去硅后，测定了生长面和与基体接触面金刚石薄膜的红外透过特性，其结果如图 5-26 所示。由图可以看出，从生长面测得的红外透过率只比从与基体接触面测得的红外透过率低 1% 左右，说明制得的金刚石薄膜表面非常光滑，散射损失很小，红外透过率最高可达 98%。如果金刚石薄膜的晶粒较大，例如晶粒尺寸为 $3\mu m$ 时，金刚石薄膜的红外透过率，比图 5-26 透过率低 13%～20%。说明晶粒大，表面粗糙，散射损失大。

(2) 有基体金刚石薄膜的红外透过率　硅基体上沉积金刚石薄膜的红外透过

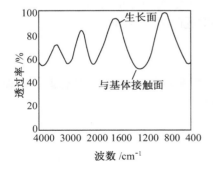

图 5-26　金刚石薄膜的红外光学特性

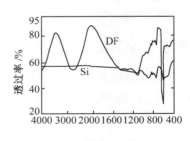

图 5-27　有基体金刚石薄膜的红外光学特性

率如图 5-27 所示。硅基体红外线透过率约为 58%。沉积金刚石薄膜后最高红外透过率高达到 88%，有明显的增透作用。

（3）金刚石薄膜的红外反射特性　经测定，金刚石薄膜生长面的红外反射率比与硅基体接触面的反射率高 4% 左右，这是由于生长面比与硅基体的接触面稍为粗糙所致。

（4）计算机模拟的金刚石薄膜的红外光学特性　许多光学参数测试比较麻烦，利用下列的透过率 T 的数学模型进行计算机模拟，只要测得红外透过率曲线，就可以在短时间内较方便地用计算机模拟出多个光学参数（折射率 n、膜厚 d、表面粗糙度 R_a），计算出来的透过率值与实验值十分接近，如图 5-28 所示，拟合计算求得的光学参数为：折射率 $n=2.43$ 及 $n=2.44$ 与天然金刚石的折射率（$n=2.4$）非常接近。

$$T = \left| \frac{t'_{01} t'_{10} \exp(-i\beta)}{1 + r'_{01} r'_{10} \exp(-2i\beta)} \right|^2 \tag{5-13}$$

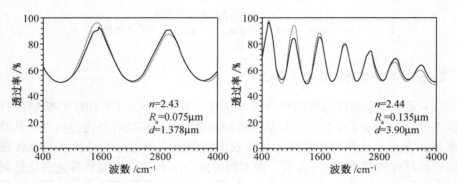

图 5-28　计算机模拟的金刚石薄膜的红外光学特性

从以上的测试结果可以看出：

（1）微波等离子体合成金刚石薄膜的表面非常光滑，粗糙度可达到 $0.03\sim 0.2\mu m$ 之间，使其散射损失小，有利于作为红外光学窗口涂层材料。

（2）可改变工艺条件，制得所要求的红外增透的金刚石薄膜。

5.7.5　金刚石薄膜的应用

金刚石薄膜具有许多独特的性能，有着非常重要和广阔的应用前景，如表 5-9 所示，可能成为 21 世纪应用最广泛的新材料之一。

表 5-9　CVD 金刚石薄膜的重要应用领域

已实现的应用领域	潜在的重要应用领域（举例）
1. 切削工具的超硬涂层 CVD 金刚石磨粒 2. 扬声器的振动膜涂层 3. X 射线窗口 4. 光学基材和部件的表面涂层 5. 深亚微米（0.1～0.3μm）光刻软 X 射线掩模衬底 6. 半导体激光器和高功率集成电路的绝缘散热衬底 7. 利用紫外线吸收边和高热导系数制造的传感器	1. 可在高温工作的半导体功率器件、抗辐射器件、高工作电压器件、微波功率器件和高功率毫米波放大器等 2. 涂覆金刚石薄膜的石墨纤维增强复合材料，可应用于制造抗冲击和耐热应力的基材和部件等 3. 抗热冲击的高强度透光材料，包括强激光窗口等 4. 磁盘和光盘涂层、毫米波天线罩等 5. 高效声换能器，声学反射镜等 6. 金刚石薄膜葡萄糖传感器 7. 平板显示器

5.8　类金刚石薄膜[17～19]

5.8.1　概述

类金刚石薄膜又称氢化非晶碳膜（$a-$C：H）即 i-C 膜，由于它具有许多类似金刚石的特性，所以称为类金刚石薄膜（DLC 膜）。类金刚石膜具有很高的硬度、高导热性、高绝缘性、良好的化学稳定性和生物相容性，从红外到紫外透过率高等优异性能。在机械、电子、激光、核反应、医学、化工等领域有广泛的应用前景，因而引起人们的高度重视。

从材料使用的立场看，金刚石（或类金刚石）必须薄膜化，如果能把具有类似金刚石性能的薄膜淀积在其他材料表面上，将会大大改善各种材料的耐磨、耐腐蚀性、导热性、透光性和生物相容性等。它是一种多功能的新型材料。

1971 年美国的 Aisenberg 等首先发表了用离子束制备 i-C 的论文，引起了科学界广泛关注，许多国家竞相开始研制。1976 年，Spencer 等用相似的装置沉积 i-C 膜，鉴定该膜含有立方结构单晶和多晶金刚石，这一新成果开辟了一个崭新的研究领域，并迅速发展出许多沉积碳膜的新方法。1977 年，Arderson 首次用乙炔气的辉光放电淀积了非晶碳膜，从而开辟了碳氢气体的辉光放电沉积 a-C：H 的新局面，为类金刚石薄膜的制备和应用开辟了一条有效的途径。

5.8.2　类金刚石薄膜的制备方法

类金刚石薄膜的制法可以分为三类：①等离子体化学气相沉积法；②离子束法；③溅射法。

5.8.2.1 等离子体 CVD 法

按等离子体产生的方法可分为：直流辉光放电法、射频辉光放电法（电容耦合法、感应耦合法）、微波放电法和激光等离子体法。放电方法和基体温度的不同，析出碳膜的组成和结构将不同。

1. 直流辉光放电法（DC-PCVD）

Wittmell 等用图 5-29 的装置，通过直流辉光放电来分解碳氢化合物气体，使其在阴极的基板上沉积出碳膜。他们把 C_2H_4-Ar（5%）混合气体在 $1\sim2\times10^{-2}$ Torr 的压力，$45\sim120$ mA 电流的条件下放电产生等离子体，在各种基板上析出维氏硬度约为 3000 kg/mm^2 的硬碳膜。直流放电法的缺点是在基板上析出绝缘膜和用电介质的基板时，将使放电维持困难，为了克服上述缺点，开发了使放电部分和基板分离的方法。

2. 射频辉光放电法（RF-PCVD）

射频辉光放电法是利用射频辉光放电产生的等离子体来分解和激发碳氢化合物在各种基体上沉积 a-C∶H 膜。此法的优点是可制备大面积非晶碳膜，基体温度低、膜结构可调、工艺装置简单。用高频代替直流可防止正电荷（它排斥离子并阻止碳膜形成）在介质衬底上积累，因而适用于以半导体和绝缘体作衬底的沉积。这些优越性，使射频辉光放电法获得广泛的应用。

（1）电感耦合式等离子体 CVD 法　四川大学郑昌琼、冉均国等用图 5-30 所示的电感耦合辉光装置，采用 13.56 MHz 高频电源并另加有负偏压使 CH$_4$-Ar

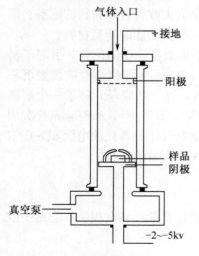

图 5-29　直流辉光放电法装置

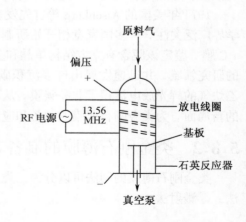

图 5-30　电感耦合辉光装置

SiH$_4$ 混合气体在高频辉光放电等离子体的作用下分解、激发、电离成活性粒子，在压力为 1～5Torr 范围内沉积出硬度 4000 kg/mm^2（Hv）的含硅非晶态碳膜，并具有良好的生物相容性。

（2）电容耦合平行平板等离子体 CVD 法　这种方法是许多研究者采用的方法，其装置如图 5-31 所示。该反应室中一个电极接地，另一个电极接高频功率源（不接地端）。衬底放在不接地的电极上，由于不接地电极的负自偏压（也可外加一定的负偏压），带正电的 C$^+$、CH$^+$ 和 H$^+$ 等粒子被加速打在衬底上形成碳膜。主要的工艺参数是高频功率、衬底温度，碳氢气体的流量，放电室的压力以及衬底的负自偏压或外加负偏压。这些条

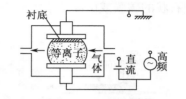

图 5-31　电容耦合等离子体 CVD 装置

件以及所选用的碳氢氢气体对膜的成分、结构和性能有决定性的影响；许多研究发现沉积能量是最重要的沉积参数。

（3）微波放电法　在前面已讲过，2.45 GHz 的等离子体供给气体的能量比其他放电得到的等离子体大，可促进气体分子的激发和电离。又由于微波的感应加热，基体温度升高，促进沉积的结晶。根据微波功率、基板温度、气体浓度和压力的不同，在低功率、低基板温度、低压力、高气体浓度下可沉积出类金刚石薄膜，反之可制得金刚石薄膜。

（4）激光等离子体 CVD 法　激光等离子体沉积是在超高真空下，Nd:YAG 激光经反射镜和聚焦透镜后，投射在旋转石墨靶上，形成激光等离子体放电，产生的碳离子具有 1keV 量级的动能，载能碳离子在基体表面上沉积 DLC 膜。也可用激光照射碳氢化合物，使其分解电离成等离子体来沉积类金刚石薄膜。

5.8.2.2　离子束法（IBD）

离子束法可分为离子束沉积法和离子束溅射法两类方法。离子束沉积法（IBD）制取类金刚石薄膜有以下几种装置和工艺。

1. 直接引出式离子束沉积

直接引出式（非质量分离式）离子束沉积于 1971 年由 Aisenberg 和 Chabot 首先用于由碳离子制取类金刚石薄膜。图 5-32 是所用装置的结构示意图。离子源用来发生碳离子。阴极和阳极的主要部分都是由碳构成的。把氩气引入放电室中，加上外部磁场，在低气压条件下使其发生等离子体放电，依靠离子对电极的溅射作用产生碳离子。碳离子和等离子体中的氩离子同时被引到沉积室中，由于基片上被施加电压，这些离子加速照射在基片上。根据 Aisenberg 的实验结果，以及 Spencer 用同样的实验装置所作出的实验结果，用能量为 50～100 eV 的碳离

子，在 Si、NaCl、KCl、Ni 等基片上室温照射，制取了透明的硬度高而且化学性能稳定的薄膜。这种薄膜的电阻率非常大，为 $10^{12}\Omega\cdot cm$，折射率大约为 2，不溶于无机酸和有机酸，用电子衍射和 X 射线衍射确认为单晶膜。

用这种离子束沉积法制取的碳膜具有和金刚石薄膜相类似的性质。现在把金刚石状的碳膜或由离子束沉积法制取的碳膜称为 i^- 碳膜。

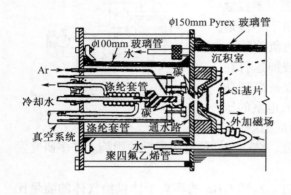

图 5-32 非质量分离式离子束沉积装置   图 5-33 离子束沉积系统示意图

2. 离子束沉积（Ⅱ）

Namba 等首先开发了另一个离子束沉积类金刚石薄膜的方法，这些薄膜表现出比另外的方法制备的薄膜有更高的硬度和更好的黏附性。

Tanaka K 等又研究了离子束沉积类金刚石膜的氢含量和键合结构。

图 5-33 为离子束沉积系统的示意图。此系统基本上与纳姆巴等开发的系统相同。离子源由不锈钢（SUS316）圆柱形电极与钨丝极组成。甲烷气体通过在丝极下面的离子源底部引入，并被丝极发射的热电子和在丝极与圆柱形电极之间的直流放电电离。电离效率由绕圆柱形电极的磁铁改善。CH^{n+} 离子由施加于基片上的负偏压加速。电子则被在基片下面的栅极消除。表 5-10 列出了沉积条件。在本工作中，改变基片偏压，并将碳膜沉积在硅（100）片上。

表 5-10 离子束沉积条件

基片	硅片（100）
气体	甲烷 100%
气体压强	9.31×10^{-4} Pa
沉积温度	100~600℃
偏压	100~1000 V
离子流密度	1.6mA/cm^2
磁场	300Gs

该法制备的薄膜的 C—C 键合通过拉曼光谱测量。在各种条件下沉积的薄膜的拉曼光谱示于图 5-34 中。

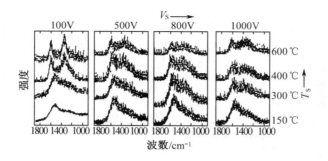

图 5-34　沉积薄膜的拉曼光谱

表 5-11　碳膜的氢含量和维氏硬度

基片温度/℃	维氏硬度/(kg/mm^2)	氢含量(原子百分比)/%	C—H 键
100	3000	33.6	sp^3
300	6000	28.0	sp^2＋sp^3
600	1300	16.2	sp^2

对于在基片温度低于 300℃ 和基片偏压高于 500 V 条件下沉积的膜，每条拉曼谱曲线都显示出从 1560cm^{-1} 到 1360cm^{-1} 的宽峰，这种峰是类金刚石碳膜中共有的。另一方面，对于在基片温度高于 400℃ 和基片偏压为 100 V 条件下沉积的薄膜，观察到在 1580cm^{-1} 和 1360cm^{-1} 附近的两个锐峰，这表明这些膜是多晶石墨。人们认为，氢原子是在沉积期间由热释放的并引起形成石墨的转变。因为断开 C—C 键所需要的能量是 17eV/分子，而断开 C—H 键的能量仅是 4.3eV/分子，所以由基片温度提供给薄膜表面上的能量用来释放氢。另外，由于氢含量随偏压增加而减小，高能 CH^{n+} 离子与基片的碰撞也引起氢的释放。从图 5-34 看出，对于在较高偏压下沉积的薄膜，引起形成石墨的转变的基片温度较高。对于在 1000 V 偏压下沉积的薄膜，甚至在基片温度高达 600℃ 时，其拉曼光谱也呈现金刚石碳膜的典型光谱。因此，正如 Franklin 所提出的那样，石墨化碳和非石墨化碳是按照沉积条件不同而形成的。石墨化碳是在 100 V 和 500 V 之间的偏压下形成的，而非石墨化碳是在 500 V 和 1000 V 之间的偏压下形成的。

图 5-35 示出偏压为 800 V 和基片温度在 100℃ 和 600℃ 之间这些条件下沉积的碳膜获得的红外光谱。这些碳膜呈现出类金刚石碳膜的典型拉曼光谱。观察到了与 C—H 拉伸振动相对应的宽吸收带。对于在 100℃ 下沉积的薄膜，具有 sp^3 键合的 C—H 键相当多；在 300℃ 下沉积的薄膜，sp^3 和 sp^2 键两者都观察到了。表 5-11 列出了这些薄膜的维氏硬度和氢含量。据认为，把 sp^2 π 键导入 sp^3 σ 键，结果形成了三维键合结构且提高了薄膜的硬度。与其他样品相比，在 600℃ 下制备的薄膜，呈现出最低的硬度。在此膜的红外吸收光谱中，sp^2 带比 sp^3 带更显著。

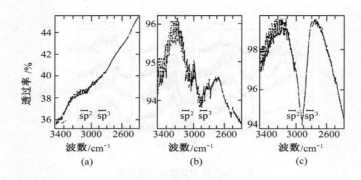

图 5-35　偏压为 800 V 和基片温度分别为
(a) 600℃；(b) 300℃；(c) 100℃的条件下沉积的碳膜的红外光谱

假设氢原于是热释放的，并形成了一些 π 键合，这就引起了形成石墨的转变。

3. 质量分离式离子束沉积

这种方式是从离子源引出离子束后，进行质量分离，只选出单一种离子对基片进行照射。与上述非质量分离方式相比，混合的杂质少，适合于制取高纯度的薄膜。Freeman 利用这样的装置，在金刚石基片上沉积 C^+ 获得了透明碳膜。

4. 离子束增强沉积（IBED）

离子束增强沉积是用两个离子束，一离子束溅射固体石墨靶，C 原子被溅射出来沉积到基体上，同时，另一离子束轰击生长中的膜层。

5.8.2.3　溅射法

溅射法装置及基本原理在制备技术中已作介绍，类金刚石薄膜可采用的方法有：

（1）射频溅射　射频振荡激发的 Ar^+ 轰击石墨靶面，溅射出的 C 原子在基体上成膜。

（2）磁控溅射　受磁场控制的电子使 Ar 原子离化成 Ar^+ 轰击石墨靶面溅射的 C 原子在基体上成膜；若在沉积气氛中引入碳氢化合物气体，又称反应溅射。

另外，近年才发展起来的真空阴极电弧沉积（VCAD）法，特点是设备简单，操作方便，沉积速率快，沉积面积大，沉积温度低，容易实现工业化生产，而引起人们的关注。其工作原理是电弧装置引燃电弧，在电源的维持和磁场的推动下，电弧在靶面游动，电弧所经之处，C 被蒸发并电离，在基体负偏压作用下沉积到基体上。

目前制备类金刚石薄膜的工艺和设备仍在不断地改进和提高，甚至开发新的沉积技术来获得大面积、高质量、多功能薄膜，例如全方位离子注镀技术。

5.8.2.4 各种方法的比较

如表 5-12 所示，不同方法的差距很大，从应用角度来看，最为重要的是沉积温度、面积和速率这三大要素。沉积温度关系到什么基体能镀膜、什么基体不能镀膜的问题，因为各种基体的耐温能力是不一样的，如果基体在镀膜过程中因超温而导致本身的性能劣化（如熔化、软化或脆化等），将给成品带来极不好的影响。沉积面积与沉积速率关系到生产效率的问题，两者太小将大大地降低生产效率，增大生产成本。好的沉积方法应具有沉积温度低、沉积面积大和沉积速率高等特点。因此，VCAD 是较好的沉积方法，MS 和 RFS 也还可以，对允许温升较高的基体，DC-PCVD 和 RF-PCVD 也是不错的。

表 5-12　各种沉积方法的特点比较

沉积方法	沉积温度	设备	绕射性	沉积速率	沉积面积	碳源	氢含量
IBD	低	复杂	无	最低	小	单价碳离子	无
IBED	低	复杂	无	很低	小	石墨	无或小
RFS	较低	简单	较差	较低	大	石墨	无或小
MS	较低	简单	较差	较高	大	石墨	无或小
VCAD	较低	简单	较好	高	大	石墨	小或无
DC－PCVD	高	简单	好	高	较大	碳氢气体	大
RF－PCVD	高	简单	好	高	较大	碳氢气体	大
IBDec	低	复杂	无	较高	小	碳氢化合物	大
LPD	较低	复杂	较好	较高	较大	石墨	小或无

5.8.3 类金刚石薄膜的性能

Dischler 和 Brandt 在 1985 年评论了非晶态类金刚石（DLC）碳膜的性能和应用，表5-13对非晶态碳膜与金刚石薄膜的性能进行了比较。

1. 成分

对 DLC 膜层的成分分析主要是对其中氢含量的分析。由于多数沉积方法涉及反应气体本身就是碳氢气体或在反应气体中通入了氢气，因而氢不可避免地会进入 DLC 膜层中，并且对很多性能变化起重要作用。各种 PCVD 方法及 IBDec 法制备的膜层氢含量较大，而 PVD 方法制备的膜层氢含量较小。可用核反应 ^{1}H（^{19}F，α，γ）和 ^{1}H（^{15}N，α，γ）、背散射谱（RBS）、二次离子质谱（SIMS）分析膜层氢含量。

表 5-13　非晶态碳膜与金刚石薄膜的性能比较

在 300K 时的性能	非晶态碳	金刚石
密度 $/(g/cm^3)$	1.5～1.8	＞3.515
努氏硬度 $/(kg/mm^2)$	1250～1650	10 300(100)
		11 000(111)
		11 500(110)
氢含量(H/C)	0.15～0.60	0.001～0.010
氢的百分含量/%	13～38	0.1～1.0
电阻率 $/(\Omega \cdot cm)$	10^{13}	10^{16}
光学能隙/eV	0.8～1.8	5.48
透射带宽 $/\mu m$	0.5至远红外	0.225至远红外
红外频带 $/\mu m$	3,4,6～18	2.5～6.5
折射率 n(到 $1\mu m$)	1.8～2.2	2.40
标定的折射率 n/ρ	1.2～1.22	0.68
碳组成	68% sp^3	100% sp^3
	30% sp^2	
	2% sp^1	

结果表明，氢含量随工艺条件而变化，同时氢含量对膜的结构和特性有极大的影响。一般认为氢有阻止 a-C∶H 膜结构石墨化的作用；氢含量对膜的电阻率、光学带隙、硬度、折射率等都有重要影响。氢含量增加时，膜电阻率变高，光学带隙变大，硬度降低，折射率减少。氢含量与工艺的关系，氢含量对膜结构和性能的影响都需要深入的研究，以便指导工艺和应用。

2. 结构

Anderson D A 对辉光放电沉积的 DLC 的透射电子衍射（TED）研究仅观察到两个发散环，与非晶碳类似。而其他文献则发现溅射沉积和 RF-PCVD 沉积的 DLC 具有非常类似金刚石的结构，其晶面间距几乎与金刚石完全一样。Mori T 等通过对 CH_4 离化沉积的 DLC 的 TED 研究，认为这是一种在非晶基础上存在金刚石颗粒的结构。Spencer 等研究离子束沉积的碳膜结构，发现该膜是由 50～100Å 的微小晶粒组成的晶体，其中分散有 $5\mu m$ 大小的晶粒，这些晶粒具有立方金刚石结构。Aisenberg 等认为离子碰撞时释放的能量有助于碳膜的晶化。Spencer 等则指出在离子束沉积过程中的溅射将移去石墨键的原子，从而间接帮助形成金刚石键。

利用透射电镜（TEM）、电子能量损失谱（EELS）详细地研究了各种碳膜的结构，总的来说是以非晶态为主的微晶和非晶的混合相构成。例如，Richter 等比较了三种不同的沉积方法的电子能量损失谱，发现 VCAD 沉积的 DLC 的峰位较靠近金刚石峰位（32.8eV），且在低能端无任何石墨峰位（6.3eV）迹象，结合 TED 结果，证实了 VCAD 沉积的 DLC 主要为非晶的 sp^3 键合的碳网络结构。对 EELS 的函数转换和计算还有可能给出 sp^2 和 sp^3 比例的信息。

拉曼光谱在分析 DLC 时也是很有效的。综合几种不同样品的拉曼光谱可见，与石墨相比，DLC 具有下移的 G 峰，是一层宽的"馒头"峰，而 D 峰不明显，或只呈现一个微弱的肩峰。就是退火后的 DLC 峰位与碳黑的峰位还是有着清晰可辨的区别，这表明，微晶石墨或两维网络模型与 DLC 的结构并不相符，DLC 应是一种包含了 sp^2 和 sp^3 构型的结构。

红外吸收光谱（IR）是鉴别 sp^2 和 sp^3 结构的有效手段，Cordere P 等提出了 sp^2 和 sp^3 峰位分离办法，Zheng Zhihao 等按照此法对 RF-PCVD 沉积的 DLC 进行了峰位分离，可分出八个峰，并根据分峰结果，从 sp^2 和 sp^3 峰面积计算出 sp^2 和 sp^3 之比。Dischler B 等也对 RF-PCVD 的分解苯制备的 DLC 的 IR 谱进行了研究，得出 $sp^3 : sp^2 : sp^1 = 68 : 30 : 2$ 的结果。

3. 电阻率 ρ

DLC 的电阻率变化范围较宽（$10^2 \sim 10^{14} \Omega \cdot cm$），一般含 H 的 DLC 具有的电阻率 ρ 比不含 H 的 DLC 高，这或许是 H 稳定了 sp^3 键的缘故。对 DC-PCVD 分解丙酮制备的 DLC 的退火试验表明：500℃保温 1 h，ρ 不变，500℃保温 15 h，ρ 下降两个量级，这表明在退火过程中，H 从膜中逸出了。各种沉积方法中，ρ 与工艺参数如功率、基体温度、负偏压等有很大关系，如 MS 的功率密度的改变导致了 ρ 的量级的改变；而基体温度的升高会导致 ρ 的减小，这可归因于局域态密度的增加。

4. 硬度

各种沉积法制备的 DLC 的硬度，变化范围是很大的（$H_v = 1500 \sim 10000$ kg/mm^2）。沉积过程工艺参数对硬度有影响，如 MS 功率密度增大时，硬度下降；而 Ivanov T 等研究了高频（1.75 MHz）PCVD 分解苯等有机物沉积的 DLC 的硬度，发现基体偏压对硬度影响很大，存在一个最佳偏压值，对应最高的硬度。

与硬度有联系的另一个机械特性——摩擦特性也引起人们对硬碳膜的兴趣。Aisenberg 等首先报导了硬碳膜有减小滑动摩擦的效应。他们用类金刚石碳膜覆在工业钢刀具的刃口上，切割电传打字电报纸的摩擦力大约比未涂碳膜的低 5 倍，相应的刀口寿命延长 $10 \sim 100$ 倍，Holland 等也报导了硬碳膜有低的摩擦，摩擦系数为 $0.2 \sim 0.28$，但他们未说明摩擦实验时的气氛。Enke 等进一步报导了乙炔和乙烯高频辉光放电非晶碳膜的摩擦特性，他们在含水的氮气气氛中测量了滑动摩擦系数与水汽含量的关系。结果表明，当水汽压强为 $10^{-3} \sim 10^{-1}$ Torr 时，摩擦系数有极低值 $0.001 \sim 0.002$，当水汽压强高于 10^{-1} Torr 时，摩擦系数开始增加，到相对湿度为 100% 时，摩擦系数增加到 0.19。他们认为虽然硬碳膜的摩擦、磨损的机理尚未阐明，但是这种材料对那些需要低摩擦和高耐久性的不加润滑的应用是极有希望的材料。

5. 内应力和黏附力

内应力和黏附力决定着薄膜与基体结合的稳定性和薄膜的寿命。内应力产生于沉积过程中的热膨胀差别或由于杂质掺入界面，结构排列不完整或结构重排而致的本征应力。DLC 中一般都存在较大的压应力（GPa 量级），影响内应力的因素很多，如 DLC 中的 H 含量、膜厚均匀性、膜层周围气氛等。文献分析了由溅射过程制备的 DLC，发现其应力极低（＜10MPa），SIMS 分析表明 H 含量小于 1%，于是认为这就是应力极低的原因。文献分析了 IBDe 制备的 200nm 的 DLC，得到了 200MPa 的压应力。文献测量了 LPD 制备的 300nm 的 DLC，得到了 0.86GPa 压应力。

黏附力表征膜层与基体保持不分离的能力，也就是膜－基体界面的破裂强度，划痕法是目前惟一实用的测试方法，它检测膜层被金刚石压头划破时的载荷，监测划痕最直接的是用显微镜，而声发射作为实时监测是最有前途的。文献发现，厚度小于 $1\mu m$ 的离子镀 DLC 有良好的黏附力；文献发现，离子镀分解苯沉积的厚度为 $1\sim10\mu m$ 的 DLC，在纯铁、灰口铸铁、16MnCr5 钢和 HG10 硬质合金等基体上都有良好的附着性。文献用 LPD 在 Si、SiO_2、Ag、Cu、Ge、SiC、ZnS 等基体上沉积了厚度为 $0.1\sim5.5\mu m$ 的 DLC 样品 1500 个，没有发现起皱、卷曲、开裂和脱落现象，表明了膜层具有低的应力和较好的黏附力，RBS 对界面的分析表明了界面层的形成。

6. 折射率和光吸收

（1）折射率　a-C：H 膜的折射率随工艺条件不同可在 1.7～2.3 范围内改变。影响折射率的最重要工艺参数是衬底的负自偏压或外加负偏压。负自偏压是自动在未接地电极（阴极）上出现的，其大小与外加的高频电压、反应室尺寸等因素有关。随负自偏压的增加，不管是什么碳氢气体，也不管放电时的源压强，a－C：H 膜的折射率都连续增加。显然外加负偏压的作用和负自偏压是相同的，它们也都决定着衬底温度，这对折射率也有一定影响。

折射率值可以根据制造参数加以控制，它的变化范围较大，这对光学薄膜工作者而言是很感兴趣的。这种独特的优点，成为此类膜近几年发展迅速的原因之一。除上述自偏压或外加偏压外，输入功率（W）和气压（p）这两个参数对折射率的变化也是很敏感的。在其他参数相同的情况下，低气压对应于高折射率，高气压对应于低折射率。而当气压一定时，折射率随输入功率的增加而上升。左光研究测试折射率与 W/p 比值的关系得到：比值在 $10^2\sim10^3$ 范围内，n 随比值的增加而迅速增加，从 1.72 增至 2.15；比值大于 10^3 时，n 随比值变化而缓慢变化，在 $10^3 \sim 10^4$ 范围内，n 从 2.16 增至 2.24；比值大于 10^4 后，n 开始下降，这是由于膜中有石墨而引起的。

（2）光特性　a-C:H 膜的光学带隙 E_{opt} 与沉积时的衬底温度关系很大。例如 Meyerson 的实验结果表明当衬底温度由 25℃增加到 375℃时，光学带隙由 2.1eV 下降到 0.9eV，大部分的降低是在衬底温度 $T_s > 250$℃时产生的。a-C:H 膜的光学吸收边随衬底负偏压的增加向长波长方向偏转。

值得指出的是，在红外波段，a-C:H 膜的吸收是很少的，这一特点对于这种膜的应用有重要意义。将碳膜生长在 Ge、Si 衬底上，根据中心波长值，可制得性能优良的红外减反膜。例如，Ge 衬底的两面镀碳膜，两个大气窗口的峰值波长分别为 $4.2\mu m$ 和 $9.2\mu m$，峰值透过率为 96%～97% 和 92%；如果一面碳膜，另一面镀多层宽带增透膜，则既可提高平均透过率，又适于在室外恶劣大气条件下使用。另外，还可把碳膜作为多层膜设计中的一种硬质材料，与常用的氟化物、硫化锌等材料配合，克服增透高效但不耐磨的弱点，制备红外大气窗口的增透膜。这种增透膜平均透过率达 96%～98%，对红外光学仪器的发展有很大的实用价值。

5.8.4　类金刚石薄膜的应用

如上所述，DLC 具有与 DF 接近的性能，且制备技术更为成熟，因而已获得了实际应用并将很快在更广泛的领域上得到应用。DLC 的应用范围很广，涉及机械、电子、声学、电子计算机、光学、医学等领域，如表 5-14 所示。

表 5-14　类金刚石薄膜的应用

应用领域	举　　　例
机械	DLC 涂层刀具
电子	MIS 结构光敏元件
声学	扬声器振动膜
电子计算机	磁介质保护膜、电绝缘膜、光刻电路板用掩模
光学	保护层和抗反射层、太阳能光-热转换层、光学一次写入记录介质、发光材料
医学	矫形针涂层、人工心脏瓣膜

5.8.5　展望

由于类金刚石薄膜具有很多与金刚石薄膜类似的性能，且沉积温度低，面积大，吸附性好，表面平滑，工艺成熟，所以它比多晶金刚石膜应用早而且更适合于工业应用，如摩擦磨损高频扬声器振动膜、光学窗口保护膜等。特别是沉积温度低、膜面粗糙度小的场合，如计算机磁盘表面保护膜、人工心脏瓣膜的耐磨和生物相容性膜等；要求大面积的场合，如托卡马克型聚变装置中的壁，就只有DLC膜能够胜任。因此，类金刚石薄膜这种多功能的新型材料，在各个科学技术领域中将获得更加广泛的应用。

5.9 新型功能薄膜

功能薄膜涉及领域很广，几乎所有的功能材料都可以制成薄膜。本节介绍了几种近些年研究较多，发展较快的功能薄膜。每种薄膜从不同角度讨论，有的偏重制备方法和过程，有的偏重器件应用，有的偏重表征方法，有的偏重后处理技术，目的是在有限篇幅介绍并涉及薄膜研究的各个方面。

5.9.1 电子薄膜[20]

电子薄膜是微电子技术和光电子技术的基础，它使器件的设计与制造从所谓"杂质工程"发展到"能带工程"。电子薄膜涉及范围很广，主要包括超导薄膜、导电薄膜、电阻薄膜、半导体薄膜、介质薄膜、磁性薄膜、压电薄膜和热电薄膜等，在人类生活和生产中起着重要作用。从制备技术来看，一般采用了薄膜制备的常用方法，例如 CVD 法、PVD 法和溶胶凝胶法等。为改善薄膜材料性能，新材料、新技术不断涌现出来。表 5-15 列出了目前属无机材料范畴的电子薄膜的材料与应用情况。

表 5-15　无机材料电子薄膜

分　类	材　料	应用举例
超导薄膜	La 系、Y 系、Bi 系、Tl 系等氧化物	超导无源器件(微带传输线、谐振器、滤波器、延迟线)、超导有源器件(不同超导隧道结的约瑟夫森器件)
导电薄膜	多晶硅、金属硅化物、In_2O_3/SnO_2 等透明导电膜	栅极材料、互连材料、平面发热体、太阳能集热器等
电阻薄膜	热分解碳、硼碳、硅碳、SnO_2 等金属氧化膜、$Cr-SiO$ 金属陶瓷膜	薄膜电阻器
半导体薄膜	硅、锗及 III—V 族、II—VI 族、IV—VI 族等化合物半导体膜	集成电路、发光二极管、霍耳元件、红外光电探测器、红外激光器件、太阳能电池
介质薄膜	SiO、SiO_2、Si_3N_4、Al_2O_3、多元金属氧化物等	电容器介质、表面钝化膜、多层布线绝缘膜、隔离和掩模层
磁性薄膜	Fe_3O_4、Fe_2O_3、CrO_2、Bi 代石榴石膜等	磁光盘、磁记录材料
压电薄膜	ZnO、AlN、$PbTiO_3$、Bi_2O_3、Ta_2O_5 等	表声波器件、声光器件
热电薄膜	$PbTiO_3$ 等	热释电红外探测器

本节以磁光薄膜为例，介绍新技术、新材料对电子薄膜的结构与性能的影响。磁光效应是指材料在外加磁场作用下呈现光学各向异性，使通过材料光波的偏振态发生改变。光学各向异性有许多种类，如果由透射引起偏振面旋转，即线偏振光沿磁场方向通过介质时，其偏振面旋转一个角度称为法拉第效应，稀土石榴石型、钙钛矿型和磁铅矿型材料都具有明显的法拉第效应，因此可利用法拉第效应读出被材料记录的磁化方向。Bi 代石榴石薄膜及其磁光性能机理的研究是从 20 世纪 80 年代开展起来的，石榴石磁光膜和磁光盘作为第二代新材料和产品，将有可能取代现行的磁光材料及其磁光盘。在制膜技术上，除了常用的热解法、溅射法，许多细化晶粒的新技术例如快速循环退火、掺杂方法、改变磁光膜的生长机理等是主要的研究方向。

5.9.1.1　石榴石薄膜晶体结构及离子取代规律

石榴石型铁氧体具有体心立方晶格结构，其晶格常数 $a=12.540\text{Å}$，每个单胞中含有 8 个 $Y_3^{3+}Fe_5^{3+}O_{12}$ 分子，由于 Y^{3+} 太大，不能占据氧离子间的四面体或八面体间隙，而直接取代氧的位置又显得太小，故它仅占据十二面体间隙。石榴石晶体结构由氧离子堆积而成，金属离子位于其间隙之中。对单胞而言，间隙位置有三种。①由四个氧离子所包围的四面体位置（d 位），其中有 24 个被 Fe^{3+} 所占；②由 6 个氧离子所包围的八面体位置（a 位），有 16 个被 Fe^{3+} 所占；③由 8 个氧离子所包围的十二面体位置（c 位），有 24 个被 Y^{3+} 所占。

对于分子式为 $R_3Fe_5O_{12}$ 的石榴石磁光薄膜来说，其占位方式为

$$\{R_3\}\ [Fe_2]\ (Fe_3)\ O_{12}$$

单胞中共有 64 个金属离子，96 个氧离子，相当于 8 $\{R_3\}\ [Fe_2]\ (Fe_3)\ O_{12}$ 的离子数。

对于离子取代型石榴石磁光薄膜，其离子占位方式如图 5-36 所示。

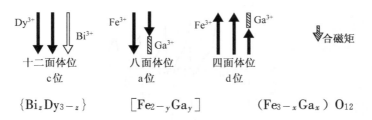

$$\{Bi_zDy_{3-z}\}\qquad\quad [Fe_{2-y}Ga_y]\qquad\qquad (Fe_{3-x}Ga_x)\,O_{12}$$

图 5-36　石榴石型离子占位方式

离子取代规律为：离子半径较大的稀土元素离子和 Bi^{3+} 等离子进入十二面体位，离子半径较小的 Ga^{3+}、Al^{3+} 离子进入八面体位和四面体位，Cu^{2+} 则进入八面体位。从改善石榴石磁光薄膜的性能考虑，进行十二面体位 Bi 离子替代，主要是为增大磁光法拉第效应。从量子法拉第效应考虑，Bi 离子替代 Dy 离子后，

使 Dy 原子和 Fe 原子激发态能级分裂加宽,电子的跃迁频率增大。八面体位和四面体位的离子替代,主要是非磁性替代,目的是淡化磁性和降低居里温度。

5.9.1.2　Bi 代石榴石磁光膜的制备与性能

1. 热解法

热解法具体操作步骤如下:先将特殊形式的硝酸盐以一定的化学配比溶于硝酸溶液中,并不断搅拌,以乙醇为稀释剂,制成浓度为 0.1mol/L 的溶液。取少量溶液喷散在高速旋转的玻璃基片表面,由于离心力作用,膜均匀分布;然后,薄膜在低于晶化温度(400～450℃)下干燥 10 min。这个过程重复进行,每次获得的典型厚度为 30～60nm,每层薄膜厚度与旋转速度等因素有关。最后对薄膜进行热处理。膜的性能与晶化温度、膜成分、厚度有关,如图 5-37(a)、(b)、(c)所示。其中图 5-37(a)表明膜的晶化温度随 Bi 含量增加而降低,最低是

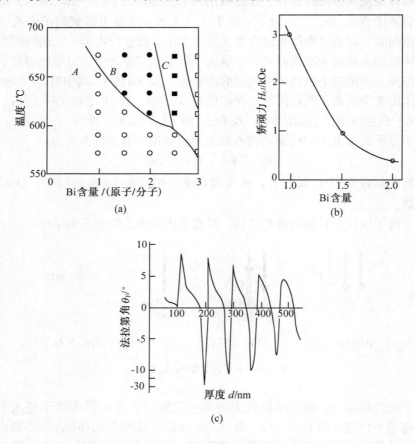

图 5-37　膜的性能与晶化温度、膜成分、厚度的关系

600℃，但 Bi 含量不能超过 2.0 原子/分子，若膜中 Bi 含量超过 2.5 原子/分子，将不是石榴石单相，只有在 Bi 含量适当（1～2.5 原子/分子），退火温度在一定的范围内（600～700℃），才出现石榴石 $(BiDy)_3$ $(FeAl)_5O_{12}$ 单相。

从膜成分影响来看，$Bi_xDy_{3-x}Fe_{3.8}Al_{1.2}O_{12}$ 膜的居里温度为 110℃（$x=1.0$）到 175℃（$x=2.0$），居里温度随 Bi 含量的增大而升高，矫顽力则随 Bi 含量的增大而减少，如图 5-37（b）所示。

尽管 Dy 含量增加，但薄膜的补偿温度仍在室温左右，法拉第旋转角与膜厚度有较大的关系。对于结构为玻璃/石榴石/Cr 的磁光盘，只有在膜厚度为一定时，法拉第角才最大，如图 5-37（c）所示。与溅射法相比，热解法不需要真空，膜成分能够精确控制。

2. 溅射法

采用射频磁控溅射法制备 Bi 代石榴石膜，基片材料为玻璃、石英或钆镓石榴石单晶。由于膜成分，尤其是 Bi 含量与溅射条件关系密切。例如，随着基片温度的升高，Bi 含量减少，可能造成膜中缺 Bi，因此在靶材制备时应控制 Bi 含量为过量，一般在靶材配方中，每个分子中有 0.35～0.40 过量的 Bi_2O_3。表 5-16列出了典型的溅射条件。

表 5-16　薄膜的典型溅射条件

靶成分	$Bi_{2.5}Dy_{1.0}Fe_{3.5}Ga_{1.0}O_{12}+0.4Bi_2O_3$
	$Bi_{2.3}Y_{0.7}Fe_{3.8}Ga_{1.2}O_{12}+0.35Bi_2O_3$
本底真空	$(3.9\sim13.3)\times10^{-4}$Pa
溅射气压	$(6.5\sim20)\times10^{-1}$Pa
RF 功率密度	$4\sim7.5$W/cm^2
沉积速率	$300\sim100$Å/min
基底温度	$60\sim100$℃
溅射气体	Ar，Ar$+O_2$

膜成分中 Bi 离子可增大在可见光区及紫外区的磁光法拉第旋转；Dy 离子可增大磁致伸缩感生的垂直磁各向异性；Ga 离子可取代八面体位和四面体位的铁离子从而降低了居里点。

3. 薄膜的晶化热处理

沉积的膜必须经过退火晶化处理，才能形成石榴石单相。不同的热处理方法对薄膜的性能影响很大。

薄膜的晶化方式一般有四种：其传统方法为基片加热（基片温度为 $580\sim620$℃）法和沉积后炉式退火法（$640\sim660$℃）；新方法是快速循环晶化法和快速晶化法（热源为强光源）。

传统的热处理方法有如下缺点：膜面出现皱裂和起泡；基片（玻璃）变形；Bi 挥发严重；膜中晶粒较大（100nm 左右）。这些缺点阻碍了薄膜的实用化，特别是大晶粒的晶界会使磁畴产生畸变和光散射，引起较大的磁光盘噪声。为此，近年来改用快速晶化法和快速循环晶化法。快速循环晶化法是以极快的升温速率（$30\sim100$℃/s），升温到晶化温度 T 以上，保温几分钟（根据退火总时间、循环次数、升温速率、冷却速率确定），然后降至临界核形成的温度（300℃）以下，等待几分钟后，以同样速率升到 T，如此反复进行，将升温→保温→降温→等待，称为一个循环。

此外，薄膜的晶化热处理还可采用快速变温变时退火法，其工艺如表 5-17 所示。

表 5-17　快速变温变时退火法

样品编号	退火时间/min	升温速率/(℃/s)	退火温度/℃
Q_{11}	6	$35\sim50$	570
Q_{21}	6	$35\sim50$	620
Q_{31}	6	$35\sim50$	680
Q_{41}	6	$35\sim50$	710
Z_{11}	15	$28\sim30$	$680\sim660$
Z_{21}	11	$28\sim30$	$680\sim670$
Z_{31}	8	$28\sim30$	$675\sim670$
Z_{41}	5	$28\sim30$	$680\sim670$
Z_{51}	3	$28\sim30$	$680\sim670$
Z_{61}	2	$28\sim30$	$680\sim671$
Z_{71}	1	$28\sim30$	$682\sim672$

采用快速变时变温退火后，晶粒尺寸为 $30\sim42$nm，与常规退火的晶粒尺寸（>700nm）比较，晶粒明显细化。采用快速循环晶化法的薄膜晶粒可达 $30\sim35$nm，薄膜表面平整光滑，成分变化不大，基片变形小。晶粒尺寸随升温速率的变化如图 5-38 所示。

5.9.1.3　应用举例

石榴石型薄膜磁光盘已接近实用，其典型结构是 GGG/BiGa：DyIG/Al（或 Cr），近期发展是多层化结构。法拉第效应是多层膜的总干涉效应。

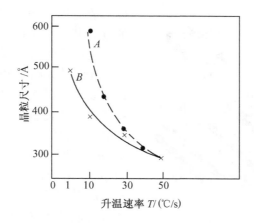

图 5-38 晶粒尺寸随升温速率的变化关系

磁光盘的盘基是刻槽的 GGG 或玻璃，槽标准宽度为 $0.6\mu m$，深度为 $1\mu m$，棱宽为 $1.0\mu m$，槽成螺旋线状。在实用化过程中，除了细化晶粒，降低激光写入功率也是亟待解决的问题之一。

5.9.2 光学薄膜与光电薄膜[21,22]

光学薄膜是指利用材料的光学性质的薄膜。光学性质包括光的吸收、干涉、反射、透射等，因此光学薄膜涉及的领域有防反射膜、减反射膜、滤色器、光记录介质、光波导等。光电薄膜是指利用光激发光电子，从而把光信号转变成电信号的薄膜，可制成光敏电阻和光的检测、度量等光电元件，是目前发展最快，需求最迫切的现代信息功能材料。由于光脉冲的工作频率比电脉冲高三个数量级，因此用光子来代替电子作为信息的载体是发展趋势。在光电转换的许多应用领域，其关键是有性能良好的光电薄膜。两种薄膜的材料种类、制备方法很多，本节以集成光学器件为例，说明光学薄膜和光电薄膜新的发展方向和相应的性能、制备技术要求。

集成光学已成为当今世界科技发展的一个重要领域，主要研究以光的形式发射、调制、控制和接收信号，并集光信号的处理功能为一身的集成光学器件，最终目标是替代目前的电子通讯手段，实现全光通讯，一方面可提高传播速度和信息含量，另一方面提高技术可靠性。光学薄膜与光电薄膜是实现集成光学器件的重要基础。

5.9.2.1 集成光学器件的结构

集成光学器件的用途不同，所采用的材料不同，元件集成的方式也不相同，但是从结构上看，一般集成光学器件包括光波导、光耦合元件（例如棱镜、光

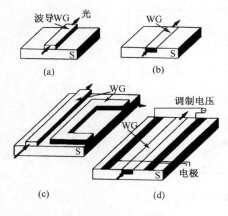

图 5-39　集成光学器件的结构示意图

栅、透镜等）、光产生和接收元件（例如电光相位调制器）。图 5-39（a）～（d）是这几种元件的结构示意图。

光波导如图 5-39（a）、（b）所示，在集成光学器件中用来传输光信号，由衬底、光的传输层及反射层三层组成。其中，光的传输层对光具有较高的折射率 n_f，其厚度 d 与光的波长 λ 相当，约为 $1\mu m$。由于衬底及光反射层的折射率 n_s、n_c 均低于 n_f，因而在光的传播方向与衬底法线方向呈较大角度的情况下，光线将在光的传输层或波导中发生反复的全反射，从而实现光在波导中的定向传输，如图 5-40（a）所示。

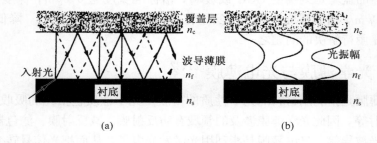

图 5-40　光线在光的传输层或波导中的传输

光线在波导中传输的另一种描述方式如图 5-40（b）所示，即在垂直于传播的方向上，光波以驻波的形式存在，而在传播方向上，光波则以行波的形式传播。值得注意的是，即使光波在波导中发生了全反射，还是有一部分光能穿出波导并散布到空间，如图 5-39（b）所示。

图 5-39（c）示出了由两段平行波导形成的光耦合器。在第一条波导中传播着的光信号，将由于光能沿波导泄露而耦合至第二条波导之中。并且，两条波导间光波的耦合强度可以靠压电效应或电光效应改变各传播介质的性质来实现。图 5-39（d）示出的是电光相位调制器。在这一器件中，波导被制备在具有电光效应的晶体材料上，在其两侧是两个电极。当在电极上加上交流调制电压时，将改变电光晶体对光的折射率，从而影响光波的传输速度和光的相位。

5.9.2.2　集成光学器件的材料及制备

集成光学器件所采用的材料主要分为三类：其中第一类是以 GaAs 为基础形

成的光电子材料，包括 AlGaAs、InP、GaInAsP 等，它们是制作光电子器件经常采用的材料；第二类材料是以 LiNbO₃ 为代表的具有特殊电光性质的单晶材料；第三类材料则包括了各种多晶和非晶态的物质，如氧化物、玻璃以及聚合物等。

GaAs 类材料是极好的光电子材料，已被广泛用来制造各类发光器件（发光二极管、激光器）和光接收器件（光电二极管和三极管）。因而，采用这类材料的优点是可以用外延、光刻等制造技术将光发射、光探测元件以及光波导集成制作在同一块基板上而改变 $Al_xCa_{1-x}As$ 的成分，不仅可以改变材料的禁带宽度，还可以调整材料对光的折射率。另外，采用中子照射的方法也可以通过降低材料中载流子密度，提高材料折射率，从而在 GaAs 材料中制备出光波导。

以 LiNbO₃ 为代表的一类材料具有较强的电光效应，即这类材料的折射率随外加电场改变呈现较大的变化。因此，在这类材料上可以集成制作电光调制器和电光开关等元件。另外，由于这类材料还具有较强的压电效应，即外加电场会引起材料产生较大的应变，因而用它还可以集成声光调制器和光折射器等主动型元件。微小的成分变化就可以导致光折射率的变化，因而可以采用热扩散（渗 Ti 或脱 Li 处理等）的方法或者离子注入的方法在 LiNbO₃ 晶体上制作出光波导。这类材料的缺点在于尚不能将发光和受光元件集成在同一衬底上，而需要另外采用薄膜耦合器、棱镜、光栅等元件将外来的激光耦合进 LiNbO₃ 波导中去。

由于 LiF 材料中的色心很容易由低能电子束照射后形成，从而产生可见光或增强可见光，因此成为集成光学器件中最有潜力的候选材料。下面介绍 LiF 薄膜作为平面光波导材料的结构与性能，从而体现光学薄膜中材料的选择、制备工艺的控制的重要性。

1. 光波导——双层膜结构

LiF 材料的折射率为 $n=1.39$，几乎是自然界的材料中最低的，因此做成平面光波导很难找到合适的基片材料。从折射率来看只能选择比 LiF 折射率更低的 NaF 晶体（$n=1.33$）。但是 NaF 在常温下很容易溶于水，无法保证基片材料必要的机械强度，因而不能应用于实际。研究者采用双层膜结构解决了这一问题。在基片材料（例如玻璃）上沉积 NaF 薄膜作为光学过渡层，再沉积 LiF 薄膜作为光传输介质。NaF 薄膜夹在基片和 LiF 薄膜之间，没有暴露在空气中，十分稳定。制备方法采用常见的热蒸发或电子束蒸发方法，制备条件如基片温度、沉积速率、气体压力等。

2. LiF/NaF 薄膜光波导的性能

采用棱镜耦合技术可测试 LiF/NaF 薄膜在波长 632.8nm 处的折射率以及波导的传输模式。

光波导损失通过测量传输路径上的光散射估算。表 5-18 列出了上述测试结果与基片温度、膜厚度的关系。

表 5-18　LiF/NaF 双层膜的主要光学性能与制备条件

| 样品 | $T_s/℃$ | 膜厚/μm | | 传输模式数 | 632.8nm 处光损失/（dB/cm） |
		NaF	LiF		
1	100	2.0	1.3	2	6
2	200	1.4	2.3	2	3
3	300	1.6	1.5	2	9
4	400	1.6	1.5	2	＞30

从表 5-18 可以看出，样品 2 的光损失最小为 3dB/cm，这也是将来 LiF 基主动型波导元件所期望的值。另一方面也表明薄膜制备条件与性能关系密切。从基片温度来看，实验表明，从室温到 300℃，薄膜的折射率从 1.28 增至 1.35，并且与薄膜中晶粒的取向有关。采用 X 射线极图评价薄膜的结构，用扫描电镜观察薄膜表面形貌。当基片温度为 200℃时，薄膜表面形貌为大于 1μm 的晶粒择优取向，（100）面平行于基片表面排列，因此薄膜折射率大，光散射小；基片温度为 300℃时，较小的晶粒约 0.5μm 随机取向排列，因此折射率低，并且由于晶界数量增大，因而光散射也大。基片温度为 100℃时，制备的薄膜附着性差，很难应用。

总之，通过设计 LiF/NaF 双层膜结构，可使制得的光波导具有较好的光学性能，另外薄膜的结构对光学性能影响较大，应该仔细控制制备条件。

5.9.2.3　应用举例

图 5-41 是应用集成光学方法制作的射频频谱分析器的示意图，它的作用是使飞机驾驶员可以实时地对接收到的各种雷达信号进行频谱分析，从而帮助确定

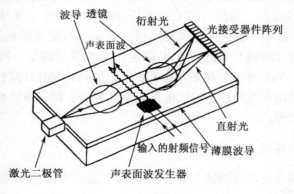

图 5-41　射频频谱分析器的示意图

雷达信号是来自友方还是敌方。这一集成器件中包含了制作在 LiNbO₃ 衬底上的掺杂 Ti 的 LiNbO₃ 薄膜波导、两组波导透镜和一个由两组电极组成的声表面波发生器。将接收到的雷达信号经放大后加在声表面波发生器的两组梳状电极上。由于 LiNbO₃ 材料同时具有压电效应和电光效应，上述信号将在器件表面产生一组相应频谱的应变波，即声表面波，同时材料的折射率也将呈现相应的空间变化。这就相当于在波导间插入了一个位置在不断移动，而周期结构与待测的频谱对应的衍射光栅。外置激光器产生的激光束耦合进入波导，经透镜 1 会聚为平行光后将与声表面波相遇并被其衍射，衍射角度取决于声表面波的待测频率。经衍射后的激光再经过透镜 2 依其衍射角度不同分别会聚至外置的光电转换器阵列上，从而可以检测出待测信号的频谱分布。

5.9.3　纳米薄膜[23~29]

　　纳米薄膜是指晶粒尺寸或厚度为纳米级（1~100 nm）的薄膜。但实际上目前研究最多的还是纳米颗粒膜，即纳米尺寸的微小颗粒镶嵌于薄膜中所构成的复合纳米材料体系。由于纳米相的特殊作用，颗粒膜成为一种新型复合材料，在磁学、电学、光学非线性等方面表现出奇异性和广泛的应用前景，引起人们的重视。例如，将 Ge、Si 或 C 颗粒（一般 1~10nm）均匀弥散地镶嵌在绝缘介质薄膜如 SiO₂ 中，可在室温下观察到较强的可见光区域的光致发光现象。而体相的 Ge 或 Si 是不能发射出可见光的。这种新型纳米颗粒膜的发光机理主要是由于量子尺寸效应、表面界面效应和介电限域效应等对 Ge 等量子点的电子结构产生影响引起的，另一方面由于量子限域效应，纳米材料的能带结构具有直接带隙的特征，同时伴随着光学带隙发生蓝移，能态密度增大和光辐射概率增强。类似的例子还有 Ag—Cs₂O 光电薄膜，InAs—SiO₂ 光电薄膜等，都是我国科学家在近几年取得的具有国际水平的研究成果。

　　最近几年，随着纳米技术日益受到重视，纳米薄膜的研究已愈来愈多。

5.9.3.1　纳米薄膜的制备

　　物理气相沉积方法作为一类常规的薄膜制备手段被广泛地应用于纳米薄膜的制备与研究工作，包括蒸镀、电子束蒸镀、溅射等。纳米薄膜的获得主要通过两种途径：①在非晶薄膜晶化的过程中控制纳米结构的形成，如采用共溅射方法制备 Si/SiO₂ 薄膜，在 700~900℃ 氮气气氛下快速退火获得纳米 Si 颗粒。②在薄膜的成核生长过程中控制纳米结构的形成，其中薄膜沉积条件的控制显得极为重要，在溅射工艺中，相当多的工作表明在高的溅射气压、低的溅射功率条件下易于得到纳米结构的薄膜，在 CeO₂₋ₓ、Cu/CeO₂₋ₓ 的研究中，160W、20~30Pa 的条件下制备了粒径约为 7nm 的纳米微粒薄膜，该薄膜在 SO₂ 与 CO 的氧化还原反应中，表现出比一般催化剂更高的活性与抗中毒性。中科院上海硅酸盐所在高频反应溅射氧化镍薄膜中发现在 6Pa 低压力的条件下，沉积的氧化镍薄膜具有 5～10nm 的纳米结构，而随着真空度的提高，薄膜中非晶态的含量逐渐增加，从电变色性能而言，粒径尺寸控制在 5～10 nm 的氧化镍薄膜呈现出优异的电变色性能。采用分子束外延技术可制备 Ge－Si 纳米组装薄膜。

化学气相沉积方法也是常规的薄膜制备方法之一，包括常压、低压、等离子体辅助气相沉积等。例如纳米微粒薄膜的制备，利用气相反应，在高温、等离子或激光辅助等条件下通过控制反应气压、气流速率、基片材料温度等因素而控制纳米微粒薄膜的成核生长过程，通过薄膜后处理控制非晶薄膜的晶化过程，从而获得纳米结构的薄膜材料，这一工艺方法在半导体、氧化物、氮化物、碳化物纳米微粒薄膜中应用较多。如在半导体纳米微粒薄膜光致发光特性的研究中，南京大学采用 CVD 工艺制备 Ge/SiN$_x$ 与 Si/Si:H，其中 Ge 的粒径为 2～10nm，Si 为 2～3nm。另外还有采用等离子体增强化学气相沉积法制备多晶 Si 纳米薄膜的研究。实验表明，纳米 Si 薄膜在电学、光学和稳定性方面优于非晶 Si，例如可见光波数的光吸收系数和光稳定性都较高。

电化学沉积方法作为一种十分经济而又简单的传统工艺手段，可用于合成具有纳米结构的纯金属、合金、金属－陶瓷复合涂层，包括直流电镀、脉冲电镀、无极电镀、共沉积等技术。其纳米结构的获得，关键在于制备过程中晶粒成核与生长的控制。电化学方法制备的纳米材料在抗腐蚀、抗磨损、磁性、催化、储氢、磁记录等方面均具有良好的应用前景。例如，在 Ni－P 纳米涂层材料的研究中，通过材料纳米结构的控制，制备了不同粒径的纳米涂层，发现符合 Hall－Perch 关系的晶粒临界尺寸为 8nm。

溶胶－凝胶法也是制备纳米薄膜的主要方法，例如多孔 TiO$_2$ 光催化纳米薄膜、具有高离子电导率的稀土掺杂氧化锆薄膜，其中掺 Er 或 Yb 或掺 Ln 的氧化锆薄膜（Zr$_{0.90}$Ln$_{0.10}$O$_{2-x}$）可用于燃料电池、光学器件或传感器。其他方法还有热喷涂技术、冷喷涂技术、热分解法等。

本节以离化团簇束技术制备碲纳米薄膜为例，介绍这种新的制膜技术在纳米材料中的应用。

5.9.3.2　碲纳米薄膜制备与性能[26]

Te－Se 等是用于开关、记忆元件及光电器件的材料。一般可采用通常的蒸发方法制备。我国南京大学的研究人员采用低能团簇束沉积技术成功制得 Te 纳米薄膜。研究人员巧妙地利用 ICB 制膜装置，产生低能的原子团簇，这些团簇以超音速喷射到基片上，但是由于能量较低，在基片上并不离化和散射，只黏附在基片上形成薄膜。团簇的能量一般为几个电子伏特（eV），团簇中每个原子的能量只有几个毫电子伏特（meV）。在 He 气氛、压力 5Torr、基片温度为液氮温度的条件下可制得 Te 纳米薄膜。图 5-42（a）、（b）是 Te 纳米薄膜在室温

（20℃）和 200℃下的透射电子像。5-42（a）图中团簇的平均尺寸为 13.5nm，在基片上的覆盖率为 180%。在 TEM 观察中升高温度，低于 200℃时，Te 纳米薄

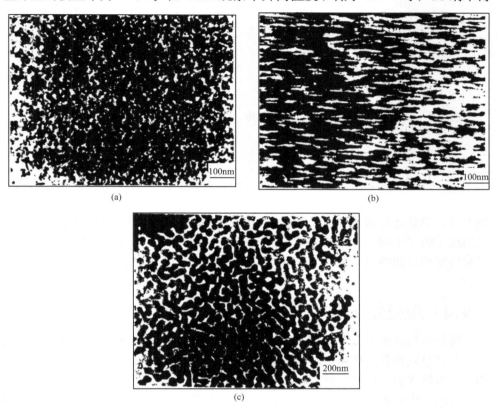

图 5-42　Te 纳米薄膜在室温（20℃）和 200℃下的透射电子像

膜无明显变化；温度升到 200℃时，薄膜中的团簇呈明显的取向排列特征，如图 5-42（b）所示。作为比较，图 5-42（c）给出了同样在液氮温度下采用原子蒸发的方法制得的 Te 薄膜的 TEM 图，观察温度同图 5-42（a）一样为室温（20℃），呈现明显不同的形貌特征。图 5-43（a）、（b）是这两种不同方法制备的 Te 薄膜光热折射测试图，主要是检测由材料光吸收后产生的热以及非辐射效应激发产生的热能。光折射信号与折射角成正比，最大信号 S_{max} 与吸收能密度成正比。图 5-43（a）是蒸发方法制备的膜，折射信号 S_{max} 随入射光强度线性增强，入射光为 0.16J/cm² 时达到最大；当入射光强度达到损坏阈值时，折射信号变得不稳定，这时表明材料被烧蚀，并且产生相反方向的声脉冲信号。因此 5-42（a）图中出现与 5-42（b）图相反方向的峰，并且当烧蚀开始后增长得很快。5-42（b）图中的纳米薄膜由于晶界数量大，在同样条件下很容易吸收更多的能量，薄膜的温度升得更快，因此很快达到烧蚀阈值（0.09J/cm²）。然而，当入射强度进一步

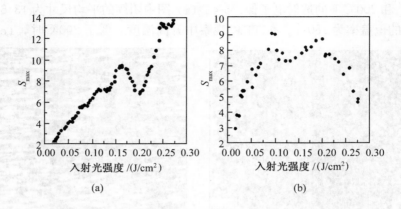

图 5-43　两种不同方法制备的 Te 薄膜光热折射测试图

增加时，热量通过基片传递，已经烧蚀形成的薄膜中的孔洞边缘继续被烧蚀，故又出现了第二个峰值（约 $0.20J/cm^2$）。总之，两种方法制备的薄膜具有不同的形貌特征和性能特点，显示了纳米薄膜由于尺寸效应等因素造成的性能上的差别。

5.9.4　陶瓷分离膜[30～34]

膜分离技术由于具有低能耗、高分离效率等特点，已愈来愈引起人们的关注。尤其是陶瓷分离膜由于具有耐高温、高压、抗酸碱和有机溶剂侵蚀，便于清洗、再生等优点，已作为膜分离技术的一个重要分支，近年来得到迅速发展和应用。目前，世界陶瓷分离膜市场正以 30% 以上的年增长速度增长。陶瓷分离膜所具有的大比表面结构特点及膜材料本身具有的化学特性，使人们对分离膜的应用已不再仅限于分离，而更进一步推广到诸如催化、传感、离子交换等领域，陶瓷分离膜技术将成为 21 世纪关键技术之一。

5.9.4.1　陶瓷分离膜技术及制备工艺的发展

陶瓷分离膜按孔径大小分为微滤膜（孔径 $0.1～5\mu m$）、超滤膜（$0.01～0.1\mu m$）和反渗透膜（$0.01～0.001\mu m$）。世界上对陶瓷微滤膜的研究始于 20 世纪 50 年代，80 年代后期溶胶—凝胶技术制备陶瓷分离膜的成功进一步扩大了制膜体系，使目前的陶瓷分离膜不仅限于微滤，而更趋向于超滤和反渗透。由于超声波振动挤出成型工艺、凝胶浇注及离心注浆工艺的研究及进展，更进一步提高了孔梯度陶瓷载体膜的机械及结构稳定性。另外，采用传统陶瓷制备工艺的固相烧结法及应用溅射、离子镀、金属镀或化学气相沉积等薄膜沉积法也得到发展。目前，在国内已采用固相烧结法制备大面积的 α-Al_2O_3 和 Al_2O_3/ZrO_2 微滤膜，尚在研究中的 CVD/EVD 法可广泛用来制备微孔膜和各种复合膜，解决了不同膜材料的复合问题，改变了膜的特性。总之，膜制备工艺和技术的不断发展，很大程度上提高了陶瓷分离膜的结构稳定性、微孔和化学特性，同时膜的材质由单一的 γ-Al_2O_3、α-Al_2O_3 膜逐步发展形成了诸如：TiO_2、ZrO_2、TiO_2/Al_2O_3、ZrO_2/Al_2O_3、镁铝尖晶石膜以及具有催化活性作用的 Ag/γ-Al_2O_3、V_2O_5/TiO_2 膜等。

尽管陶瓷分离膜的制备及技术推广取得了突破性进展，但是还有许多问题需要研究和解决。例如膜制品尺寸小，制备大面积、稳定性良好的膜困难；膜组分单一，很难同时实现高通量、高选择性等。因此需要不断地探索新工艺、新方法解决实际应用中的问题。

5.9.4.2 膜性能的表征

膜性能的表征对陶瓷分离膜的制备与应用非常重要，最关键的影响性能因素是膜孔径和孔径分布等孔结构以及气体渗透率等，可采用许多检测手段进行表征。

研究膜孔形态结构最直观的方法是扫描电镜法，不但可以定性地观察到孔的大小、分布、孔的形状，而且通过计算机图像分析，可以比较容易地获得膜的几何孔径（孔面积）及其分布、孔隙率这些定量参数。但由于膜孔的无规则性，传统的数学方法难以描述其形态结构。近来，Plubprasit R 等和王世昌提出了用分形几何（fractalgeometry）来定量研究膜孔形态结构。他们认为，由于膜具有十分复杂的几何结构，使得对膜形态结构和膜中传质问题的研究十分困难。人们或者提出理想化的模型，如用平行毛细管来模拟膜中的孔隙，或者引入曲折因子，将多孔介质（膜）中的扩散系数进行一系列的简化处理。这些简化模型没有提供关于膜结构的知识，并忽略了某些重要因素，因此，得出的结论往往不可靠，适用范围有限。分形几何的出现给解决这一难题提供了新的观念和新的方法。

分形几何是 20 世纪 70 年代中期在法国由美国数学家 Mandelbort 创立的，其研究对象是具有随机性、模糊性及自相似性的事物（例如布朗运动、海岸线长度、噪声信息、股票涨落等）。分形维数是分形几何中的主要概念，它是拓扑学意义下欧氏维数的扩展，其特点是维数取值可以不是整数。膜结构本身具有随机性和自相似性，因此，引入分形几何理论来定量描述和表征膜孔形态结构是合理的。

对于规则图形，例如圆、正方形等，其周长与直径或一边之长的关系是成正比的，即它们之间变化的维数 $d_f = 1$。由于膜孔的不规则性，其孔周长与当量孔径（即与孔面积相等的圆的直径）之间的关系就不一样，我们用分形维数表征孔的不规则程度：

$$d_f = \frac{\ln P}{\ln d}$$

(5-14)

式中，P 表示当量孔径为 d 的孔的周长。

在膜分离过程中，孔形对膜的分离性能、抗污染性能等有很大的影响。除了用分形维数来表征膜孔的不规则程度外，本文还定义了孔形的不圆度（E），其物理意义是孔形离开圆形的程度，其值决定于几何孔径分布峰值位置（即峰值孔径）与模拟球形粒子过滤时所得到的有效孔径分布峰值孔径之差，即可用式（5-15）计算。

$$E = \frac{d_P - d'_P}{d_P} \tag{5-15}$$

式中，d_P、d'_P 分别为几何孔径分布与有效孔径分布的峰值孔径。

在膜结构研究中，习惯上把孔面积落入某一范围的概率密度函数称为孔面积分布函数。本文用 $f(d_i) = A_i / A\Delta d$ 与 d_i 的关系来描述几何孔径分布及有效孔径分布，其中 A_i 是当量孔径在 $d_i - \Delta d_i$ 到 d 范围内孔的面积，A 为所有孔的总面积，$\Delta d = d_i - d_{i-1}$。

膜的几何孔径分布情况非常复杂，常常呈双峰分布，难以进行数学回归。我们用 d 表示几何孔径分布的数学期望值（分布峰值孔径）和孔径的标准差 σ_d 表示几何孔径分布宽度。

$$\sigma_d = \sqrt{\sum_{i=1}^{n} (d_i - d_P)^2 \cdot f(d_i)} \tag{5-16}$$

有效孔径分布一般是单峰分布，经计算机拟合，大多与对数正态分布曲线相吻合，其数学表达式为

$$f'(d_i) = \frac{1}{\sqrt{2\pi} \, \sigma_c d_i} \exp\left[- \left(\frac{(\ln d_i - u)^2}{2 \sigma_c^2} \right) \right] \tag{5-17}$$

式中，u 和 σ_c 表示 $\ln d_i$ 的均值和标准差，对该式微分后可得分布峰值孔径 $d_P = \exp(u - \sigma_c^2)$。

其他用于膜结构或渗透性的研究方法是建立在某一物理原理基础上的，由于膜结构复杂，影响因素多，因此进行定量表征时都有一些简化假设，常见的方法有液体流速法、泡点压力法、压汞法、固体表面吸附法、气体渗透法。

5.9.4.3　应用

1. 陶瓷分离膜在微滤领域中的应用

无机陶瓷分离膜已在食品加工等过程中得到工业应用。在化学工业中，无机膜优良的化学稳定性及机械稳定性在许多化工过程中也有用武之地。

陶瓷微滤膜在溶剂和化学物质的净化、油脂过滤、流体、烟雾净化、催化反应和各种环境净化、核反应中的"热反应废水"净化、选矿及水净化、废水处理

等领域具有广阔的应用前景。目前，世界陶瓷微滤膜市场销售额已达 10 多亿美元，年增长率达到 25%，约占世界整个微滤膜市场的 10%。例如，$0.5\sim10\mu m$ 的 TiO_2 微滤膜具有无毒、耐酸碱等特性，特别适用于食品、水源净化、化工、医药等方面的分离，采用 $0.2\sim0.5\mu m$ 的 TiO_2 陶瓷分离膜进行油田行业的油水分离，其滤水速率可达 $2\sim3m^3/h$，过滤后杂质含量 $<0.5mg/L$，含油量 $<1mg/L$，去除效率达 99.99%。另外，在许多溶液的催化反应中都可以采用 $1\sim10\mu m$ 的微滤膜作为膜催化剂或载体。

2. 陶瓷分离膜在超滤领域中的应用

陶瓷超滤膜最大的应用市场主要在于食物、制酪业及果汁的分离、废蒸气处理等，其中食物和果汁的分离将是增长最快的市场，其另一潜在的应用市场将是工业上的反应器。陶瓷分离膜在工业领域的应用包括：液体碳氢化合物的分离、废蒸气的净化、油水乳状液的分离及润滑油的再生等，这些都需要大量的陶瓷分离膜产品。另外，陶瓷超滤膜在食品、生物、化工、制药领域的应用日益增长，诸如霉菌的分离、酵母菌的过滤、细菌的净化、病毒的去除等，还有食物工业中从果酒中分离出酸类及果汁的澄清、牛奶的分离等。例如将 $350\sim500Å$ 的超滤膜用于低度酒过滤，可以有效去除一些脂类、蛋白质等物质，在不改变酒色味的前提下，可大大提高酒类澄清度，延长存放期。据资料报导，目前世界陶瓷超滤膜市场已达 8000 万美元。

3. 陶瓷分离膜在气体分离领域中的应用

尽管无机陶瓷分离膜实际上的工业应用全在液体分离方面，但目前在气体领域中的应用研究已取得较大的进展。陶瓷分离膜在气体领域的应用一方面使许多工业过程气体分离成为可能，另一方面对膜反应器这一概念在膜分离技术普及化后渐为人们所熟悉，尤其在生物工程反应器、发酵器方面取得较大的进展。用于气体分离领域的陶瓷分离膜主要有分离膜和催化反应膜，虽然常温下采用陶瓷分离膜进行 O_2/N_2、H_2/N_2 等气体分离没有太大的优点，但在有些介质分离，诸如 CO_2/CH_4、CO/CO_2、$H_2O/$空气、酸性气体去除（H_2O、HCl、SO_2）或氢碳化合物/空气等的介质分离中，由于陶瓷分离膜具有良好的耐介质腐蚀稳定性，因此要优于其他膜。另外，在高温领域，像 300℃ 左右碳氢化合物/蒸气分离、水/乙醇分离、高温下合成氨工业中空气和氮气分离等，通过微孔陶瓷分离膜都可以进行有效的选择、吸收或转化。其次陶瓷分离膜在油田天然气气体的分离方面，在煤气及煤气净化方面有较大的市场。目前在气体分离领域，陶瓷分离膜市场约占整个分离膜市场的 15% 左右，达到 8000 万美元，预计未来 5 年将以 100% 速率增长。

由于陶瓷分离膜在催化反应过程中既可以做分离器的催化剂载体，又可以作为催化剂，因此各种催化活性陶瓷分离膜在气体反应、分离领域具有较大的应用市场。比如 3nm 的 $\gamma-Al_2O_3$ 或载银 $\gamma-Al_2O_3$ 分离膜已成功地应用于甲醇的氧化脱氢。$3\sim 4nm$ 的 TiO_2 或 V_2O_5 陶瓷分离膜用于合成氨中脱 NO_x 反应可有效地控制 NO_x 和 NH_3 的反应速率，提高 NO_x 转化率，使其中 NO_x 的转化率达到40% 以上，N_2 转化率大于 75%。另外，采用陶瓷分离膜反应器进行环己烷脱氢反应，可在反应器一边进行脱氢生成环己酮，而同时在另一边进行苯酚加氢生成环己烷反应，这样在 683℃ 苯酚的转化率可达到 39%，得到环己烷的选择率达到95% 以上。类似这些类型的膜催化反应，从催化工艺和催化技术开发上着眼是十分值得重视的。

5.9.4.4　发展趋势

1.载体膜的制备技术

目前开发应用的陶瓷分离膜绝大部分是单一组分载体膜，如何提高载体膜的高效选择性和透过性、制造大比表面积无缺陷膜、降低成本是目前亟待研究解决的难题。因此，采用联体、嫁接技术，集中精力开发各种复合膜，如各种反应膜、催化功能膜、电传导膜及膜敏感材料等是陶瓷分离膜制备技术发展的一个方向。

2.陶瓷分离膜应用技术

陶瓷分离膜应用不仅只限于液体分离、气体净化，而且可以用于选择催化、冷凝气体分离、生物反应及反渗透等。其他一些应用，比如光电催化、电解隔膜、传感等都有较好的发展前景。

参 考 文 献

1. 田民波，刘德全. 薄膜科学与技术手册. 北京：机械工业出版社，1991
2. 杨邦朝，王文生. 薄膜物理与技术. 北京：电子科技大学出版社，1994
3. 钱苗根等. 材料表面技术及其应用手册. 北京：机械工业出版社，1998
4. 曲敬信，汪泓宏. 表面工程手册. 北京：化学工业出版社，1998
5. 李恒德，肖纪美等. 材料表面与界面. 北京：清华大学出版社，1990
6. 赵文珍. 材料表面工程导论. 西安：西安交通大学出版社，1998
7. 曲喜新. 薄膜物理. 上海：上海科学技术出版社，1986
8. 蒋翔六等. 金刚石薄膜研究进展. 北京：化学工业出版社，1991
9. 冉均国，郑昌琼等. 微波等离子体CVD合成金刚石薄膜生长特性. 微细加工技术，1990，(2～3)：1～7
10. Ran J G，Zheng C Q et al. Study Of Diamond Film Deposition On Carbide Tools by MW Plasma CVD，in：Thin Films and Beam-Solid Interactions，Ed：Huang L，Elsevier Science B.V，1991，71～74
11. Ran J G，Zheng C Q，Ren J et al. Properties and Texture of B－doped Diamond Films as Thermal Sensor. Diamond and Related Materials，1993，(2)：793～796

12. Zheng C Q, Ran J G, Yuan Z C. Decrease in Surface Roughness of Diamond Film Synthesized by MWPCVD, in: Application Of Diamond Films and Related Materials, Eds: Yoshikawa M et al., MYU K K Press, 1993, 745～750

13. Zheng Q O, Ran J G, Yuan Z C. infrared Optical Properties of Diamond Films synthesized by MW-PCVD, in: Proc. of 3rd IUMRS Vol. 14, Advanced Materials '93, I, B: Maghetie, Fullerence, Dielecrric, Ferroelectric, Diamond and Related Materials, Ed: Homma M et al., Elsevier Science B. V., 1994, 1533～1536

14. 冉均国，郑昌琼，李雪松等. 黏结金刚石薄膜光学窗口的研究. 功能材料，1995，(26)：54～56

15. Zheng C Q, Ran J G, Yu Z G et al. Diamond Film Synthesized by MW Plasma CVD and Computation Modeling of Its Optical Parameters, in: Proc. of 12th inter. Symp on Plasnm Chemistry, Vol. IV. Univ. of Minnesota Press, 1995, 2297～2302

16. 金原粲，藤原英夫. 王力衡，郑海涛译. 薄膜. 北京：电子工业出版社，1988

17. Zheng C Q, Ran J G, Lei W H et al. Bloodcompatibilikty of Amorphous Carbon Film by Phsma CVD, in: Polymer and Biomaterials, Ed: H. Feng, Elsevier Science B. V., 1991, 113～118, P50944～113

18. Zheng C Q, Ran J G, Yin G F et al. Application of Glow-discharge Plasma Deposited Diamond Like Film on Prosthetic Artificial HeartVatves, in: Applications of Diamond Films and Related Materials, Ed: Tzeng Y, Elsevier Science B. V., 1991, 711～716

19. Robertson J. Ultrathin carbon coating for magnetic storage technology. Thin Solid Films, 2001, 383: 81～88

20. 曲喜新，杨邦朝等. 电子薄膜材料. 北京：科学出版社，1996

21. 唐伟忠. 薄膜材料制备原理、技术及应用. 北京：冶金工业出版社，1999

22. Fornarini L, Martelli S et al. Realisation and characterization of LiF/NF thin film planar waveguides. Thin Solid Films, 2000, 358: 191～195

23. 马如璋，蒋民华，徐祖雄. 功能材料学概论. 北京：冶金工业出版社，1999

24. 吴锦雷，吴全德. 几种新型薄膜材料. 北京：北京大学出版社，1999

25. 余家国，赵修建. 多孔光催化纳米薄膜的制备和微观结构研究. 无机材料学报，2000，15（2）：347～355

26. Hartridge A, Ghanashyam K M. Temperature and ionic size dependence on the structure and optical properties of nanocrystalline lanthanide doped Zirconia thin films. Thin Solid Films. 2001, 384: 254～260

27. Milovzorov D E, Ali A M et al. Optical properties of silicon nanocrystallines in polycrystalline silicon films prepared at low temperature by plasma-enhanced chemical Vapour Deposition. Thin Solid Films, 2001, 382: 47～55

28. Pchelyokov O P, Bolkhovityanov Y B et al. Molecular beam epitaxy of silicon-germanium nanostructures. Thin Solid Films, 2000, 367: 75～84

29. Wang G H, Chen P P et al. Tellurium nanophase films prepared by low energy cluster beam deposition. Thin Solid Films, 2000, 375: 33～36

30. 薛友祥，李拯等. 陶瓷分离膜的制备工艺进展及市场应用. 现代技术陶瓷，2000，21（3）：15～18

31. 阎继娜，余桂郁，杨南如. 溶胶—凝胶法制备分离膜的研究. 硅酸盐通报，1993，(3)：13～17

32. 孙宏伟，谢灼利. 微孔陶瓷膜管的制备与性能. 无机材料学报. 2000，13（5）：698～702

33. 吕晓龙. 超滤膜孔径及其分布的测定方法. 水处理技术. 1995，21（3）：137～141

34. 吴秋林，吴邦明. 膜孔形态结构图像分析研究. 水处理技术. 1992，18（4）：254～260

第三篇　高技术陶瓷

第六章　高技术陶瓷制备原理及技术

6.1　概　　述[1~3]

高技术陶瓷（high technology ceramics）是有别于传统陶瓷而言的。不同国家和不同专业领域对高技术陶瓷有不同名称。高技术陶瓷也称先进陶瓷（advanced ceramics）、精细陶瓷（fine ceramics）、新型陶瓷（new ceramics）、近代陶瓷（modern ceramics）、高性能陶瓷（high performance ceramics）、特种陶瓷（special ceramics）、工程陶瓷（engineering ceramics）等。

高技术陶瓷是在传统陶瓷的基础上发展起来的，但远远超出了传统陶瓷的范畴。通常认为高技术陶瓷是指采用高度精选的原料，具有能精确控制的化学组成，按照便于进行的结构设计及便于控制的制备方法进行制造、加工的，具有优异特性的陶瓷。

高技术陶瓷一般分为结构陶瓷和功能陶瓷两大类，如表 6-1 所示。结构陶瓷是指用于各种结构部件，以发挥其机械、热、化学和生物等功能的高性能陶瓷。功能陶瓷是指那些可利用电、磁、声、光、热、弹等性质或其耦合效应以实现某种使用功能的先进陶瓷。

6.1.1　陶瓷的发展

陶瓷是我国古代的伟大发明之一，对人类的文明有重要的贡献，我国的瓷器至今还在世界上享有极高的声誉。陶瓷的发展经历了一个漫长的历史时期，从陶器发展到瓷器、近代的传统陶瓷、先进陶瓷等不同发展阶段，可以说是人类文明发展的一个缩影，它是科学技术进步和需求促成的。陶瓷与人类文明发展史有着十分密切的联系，从历史进程来看，陶瓷发展大致可以分为三个阶段。

第一阶段：陶、瓷器到近代陶瓷。我们的祖先在八千年前，利用黏土的可塑性将其加工成所需的形状，然后在火堆中烧制成坚硬的陶器。陶器的出现、发展和广泛应用是社会生产力的一个飞跃，同时也大大方便和丰富了人类的生活。此后的陶器经历了漫长的发展和演变过程。随着金属冶炼技术的发展，人类掌握了通过鼓风提高燃烧温度的技术，采用了含铝量较高的瓷土，发明了釉，由于这三方面因素的促进，陶器发展到了瓷器，成为陶瓷发展史中的一次重大飞跃，也是

表 6-1　新型陶瓷的主要功能与用途

分　类	名　称	典 型 材 料	主 要 用 途
机械力学功能	热机陶瓷	Si_3N_4、塞龙、SiC	汽车发动机、燃气轮机部件等
	高温、高强陶瓷	Si_3N_4、SiC、Al_2O_3、B_4C、ZrO_2	热交换器、高温、高速轴承、火箭喷嘴等
	工具陶瓷	Al_2O_3+TiC、Si_3N_4、塞龙、$Al_2O_3+ZrO_2$	切削刀具、挖掘用钻头、剪刀等
	耐磨陶瓷	Al_2O_3、Si_3N_4、SiC、ZrO_2、B_4C	密封件、轴承、拉丝模、机械零件、喷砂嘴等
热功能	特种耐火陶瓷	MgO、SiC、ThO_2	特种耐火材料
	绝热陶瓷	Al_2O_3、$K_2O \cdot nTiO_2$（纤维）、$CaO \cdot nTiO_2$（多孔体）	耐热绝缘体、不燃壁材
	导热陶瓷	BeO、AlN、SiC	集成电路绝缘散热基片
	低膨胀陶瓷	$Al_2O_3 \cdot TiO_2$、$2MgO \cdot 2Al_2O_3 \cdot 5SiO_2$、$Si_3N_4$	热交换器、高温结构材料等
核功能	核燃料陶瓷	UO_2、UC、低温热解碳	核燃料及其包覆材料
	控制用陶瓷	BeO、C（石墨）、Be_2C、B_4C	中子吸收减速材料、反射剂
	热核反应堆结构陶瓷	热解碳、SiC、Si_3N_4、B_4C	真空第一壁材料等
生物及化学功能陶瓷	生物陶瓷	Al_2O_3、$Ca_{10}(PO_4)_6(OH)_2$、$Ca_3(PO_4)_2$、微晶玻璃、磷酸钙骨水泥	人造牙齿、人工骨、人工关节、头盖骨等
	催化用陶瓷	沸石、过渡金属氧化物	接触分解反应催化、排气净化催化
	载体用陶瓷	董青石瓷、Al_2O_3 瓷、SiO_2-Al_2O_3 瓷等	汽车尾气催化载体、化工用催化载体、酵素固定载体
	气敏陶瓷	SnO_2、α-Fe_2O_3、ZrO_2、TiO_2、ZnO 等	汽车传感器、气体泄漏报警、各类气体检测
	湿敏陶瓷	$MgCr_2O_4$-TiO_2、ZnO-Cr_2O_3、Fe_3O_4 等	工业湿度检测、烹饪控制元件
电功能陶瓷	绝缘陶瓷	Al_2O_3、BeO、MgO、AlN、SiC	集成电路基片、封装陶瓷、高频绝缘陶瓷
	介电陶瓷	TiO_2、$La_2Ti_2O_7$、$Ba_2Ti_9O_{20}$	陶瓷电容器、微波陶瓷
	铁电陶瓷	$BaTiO_3$、$SrTiO_3$	陶瓷电容器
	压电陶瓷	PZT、PT、LNN $(PbBa)NaNb_5O_{15}$	超声换能器、谐振器、滤波器、压电点火、压电电动机、表面波延迟元件

结构陶瓷（机械力学功能、热功能、核功能）

功能陶瓷（生物及化学功能陶瓷、电功能陶瓷）

分　类		名　称	典 型 材 料	主 要 用 途
功能陶瓷	电功能陶瓷	半导体陶瓷	PTC(Ba-Sr-Pb)TiO_3 NTC(Mn、Co、Ni、Fe、$LaCrO_3$) CTR(V_2O_5)	温度补偿和自控加热元件等 温度传感器、温度补偿器等 热感元件、防火灾传感器等
			ZnO 压敏电阻	浪涌电流吸收器、噪声消除、避雷器
			SiC 发热体	电炉、小型电热器等
		快离子导体陶瓷	β-Al_2O_3、ZrO_2	钠一硫电池；高温燃料电池、氧传感器等
		高温超导陶瓷	La-Ba-Cu-O、Y-Ba-Cu-O、 Bi-Sr-Ca-Cu-O、Tl-Ba-Ca-Cu-O	超导材料
	磁功能陶瓷	软磁铁氧体	Mn-Zn、Cu-Zn、Ni-Zn、 Cu-Zn-Mg	电视机、收录机的磁芯、记录磁头、温度传感器、计算机电源磁芯、电波吸收体
		硬磁铁氧体	Ba、Sr 铁氧体	铁氧体磁石
		记忆用铁氧体	Li、Mn、Ni、Mg、Zn 与铁形成的尖晶石型	计算机磁芯
	光功能陶瓷	透明 Al_2O_3 陶瓷	Al_2O_3	高压钠灯
		透明 MgO	MgO	照明或特殊灯管，红外输出窗材料
		透明 Y_2O_3-ThO_2 陶瓷	Y_2O_3-ThO_2	激光元件
		透明铁电陶瓷	PLZT	光存储元件、视频显示和存储系统、光开关、光阀等

陶瓷发展史的一个里程碑。近代，由于对瓷器的原料、配比、制作工艺进行精选、优化和严格控制，不仅提高了瓷器的质量，增加了花色品种，而且随着科学技术的发展和需求，在日用瓷器的基础上，又衍生出许多种陶瓷，形成了工业陶瓷的生产，如电力工业用的绝缘陶瓷、建筑工业用的建筑陶瓷和卫生陶瓷、冶金工业用的耐火材料、化学工业用的耐腐蚀陶瓷等。由于这些陶瓷的主要成分是硅酸盐化合物，人们将这类陶瓷称为传统陶瓷。从原始瓷器到近代陶瓷，这一阶段一直持续了四千多年。

第二阶段：传统陶瓷到先进陶瓷是陶瓷发展史的第二次重大飞跃。这一过程起源于 20 世纪四五十年代。电子工业、电力工业的迅速发展和宇宙开发，原子能工业的兴起，以及激光技术、传感技术、光电技术等新技术的出现，对陶瓷材料提出了很高的要求，而传统陶瓷无论在性能、品种和质量等方面都不能满足，这便促使人们从原料、成型和烧结工艺上进行改进和创新：①原料上由高纯的人工合成原料代替天然的硅酸盐矿物原料，制得一系列不含硅酸盐的陶瓷材料，如氧化物陶瓷（Al_2O_3、MgO、ZrO_2、TiO_2、UO_2 等）、氮化物陶瓷（Si_3N_4、TiN、BN、AlN 等）、含氧酸盐陶瓷（$BaTiO_3$、$Pb(ZrTi)O_3$、$NaNbO_3$ 等）、硫化物陶瓷（CdS、ZnS 等）及其他盐类和单质（单晶硅、金刚石等）。②制备工艺有重要革新。成型和烧结对陶瓷性能有决定性的影响，已在传统陶瓷工艺基础上发展和创新出新的工艺技术，如等静压成型、流延成膜、热等静压烧结、微波烧结等。加之陶瓷科学与相邻学科的发展，对陶瓷的发展起了极大的促进作用，实现了传统陶瓷到先进陶瓷的飞跃。尽管先进陶瓷的发展历史只有半个世纪，但由于一系列新材料成功的研制和开发，以及许多新材料、新效应的发现，为高技术和各个工业领域提供了一系列高性能的陶瓷材料。但这些材料都是微米级的，陶瓷的脆性和高温高强等问题远未彻底解决。关于我国先进陶瓷材料四十余年的研究进展，郭景坤教授作了很好的综述。

第三阶段：进入 20 世纪 90 年代，陶瓷的发展正面临着第三次飞跃，即从先进陶瓷到纳米陶瓷。人们预期陶瓷科学将在这方面取得重大突破，制备出许多不同于先进陶瓷的纳米陶瓷材料（见第八章）。

6.1.2　高技术陶瓷的地位和作用

高技术陶瓷之所以在世界范围内获得高度的重视和迅速的发展，是因为它在现代科技、现代经济和现代国防中有着十分重要的作用。

1. 高技术陶瓷是许多新兴科学技术的先导

许多高技术陶瓷的突破和发明，已成为许多新兴科学技术出现和得以实现的先导材料。从科学技术的发展历史可以看出，许多新的科学技术是在划时代的新材料出现后产生的，如半导体材料、激光晶体、光导纤维、超导材料等等，都具有划时代的意义。可以说，没有高纯度的半导体材料，就不会有微电子技术；没有激光晶体，就没有激光技术；没有低损耗的光导纤维，便不会出现光通迅技术；没有耐数千度高温的烧蚀材料，人类遨游太空的梦想就无法实现；……这足以说明高技术陶瓷在许多新兴科学技术中的先导作用。

2. 高技术陶瓷是许多现代科学技术和现代工业发展的基础

科学技术的发展对材料提出了苛刻的要求。如航空航天领域要求高强度、耐高温、耐烧蚀的材料；原子能工业需要耐辐射和耐腐蚀的材料；海洋开发需要耐腐蚀和耐高压的材料；电子工业需要超纯、特薄、特细、特均匀的电子材料；信息技术需要获取信息高灵敏度的敏感材料、大容量传输信息的光导纤维、高密度存储信息的记录材料等等。同时，这些材料的研究和应用也促进相关技术的发展。由于结构陶瓷具有耐高温、耐腐蚀、耐磨损、耐冲刷、高强度、高硬度等一系列优异性能，可以承受金属材料和高分子材料难以胜任的工作环境，多用于高温环境，因此受到航空航天、能源、冶金等高温部门的高度重视，可用作航天飞机外蒙皮、各种新型热机陶瓷部件、高温陶瓷换热器、磁流体发电通道材料、核能发电的包套材料等。结构陶瓷已成为这些工业部门发展的关键和基础。由于功能陶瓷具有优异的光、电、磁、声、热、弹等性质及其耦合效应，如将各种物理量、化学量、生物量转换成电信号的敏感陶瓷、各种绝缘陶瓷、半导体陶瓷、超导陶瓷、透明陶瓷、磁性陶瓷、铁电和压电陶瓷、晶体材料等等，对处于信息化社会的今天，已成为信息、计算机、自动化生产及机器人等高技术和各工农业发展的基础。生物陶瓷具有生物相容性好，耐腐蚀等优点，已成为人体硬组织材料和某些人工器官的关键材料，如人工心脏瓣膜所使用的低温热解碳，人工骨采用的钙、磷陶瓷材料等。

3. 巩固国防、发展军用技术的作用

国防工业、军用技术历来是新材料、新技术的主要推动者和应用者。当今世界的军备竞争早已不是着眼于武器数量上的增加，而是武器性能和军用技术的抗衡。在武器和军用技术的发展上，高技术陶瓷占有举足轻重的作用，如马赫数大于 2 的亚音速飞机，其成败将取决于具有高韧性和高可靠性的结构陶瓷和陶瓷纤维补强的陶瓷基复合材料的成功研制和应用。陶瓷装甲可以抵御穿甲弹的破坏，已用于装备飞机和车辆。各种导弹和飞船的端头帽、天线罩和它的窗口都采用高技术陶瓷材料。在武器装备日趋智能化的今天，微电子、光电子、传感等功能陶瓷材料与其相应的电子技术、光电子信息技术、传感技术等，有着非常重要的作用。如军用光电子功能陶瓷材料已广泛用于探测、侦察、识别、测距、显示、寻址、制导、干扰、对抗、通信和情报处理等。

6.2 高技术陶瓷的制备技术[1,3,4]

高技术陶瓷所具有的独特性能都与它们的化学组成和结构有关，在化学组成确定以后，工艺过程便是控制材料结构的主要手段。为了提高现有高技术陶瓷的性能并探索新材料，不仅要进行材料组分和结构设计，而且更要不断改进和创新陶瓷制备工艺，满足制备各种功能陶瓷的需要。

陶瓷的制备一般要经过配料、成型、烧结三道主要工序。但是每一种产品由于用途、形状和性能等要求不同和选用的原料不同，最终的化学成分和结构也不同。这样一来，生产工艺上也就存在差别，高技术陶瓷的一般生产工艺流程如图 6-1 所示，视不同产品可选择相应的工艺路线。

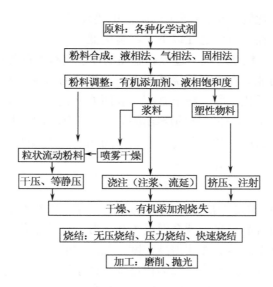

图 6-1　现代先进陶瓷材料通常的工艺流程图

6.2.1　原料制备及其新工艺[1,3,5,7,10]

1．对先进陶瓷原料粉体的基本要求

原料粉体的性能对陶瓷的成型、烧结和显微结构有很大的影响，进而对陶瓷的性能产生决定性的作用。先进陶瓷与传统陶瓷最大区别之一是它对原料粉体的纯度、细度、颗粒尺寸和分布、晶型、反应活性、团聚性等都提出了更高的要求。表 6-2 列出了原料粉体的主要特性，了解这些特性对陶瓷性能的影响以及合理使用粉体都是非常重要的。

表 6-2　原料粉体的主要特性

组成	化学计量性、组成的均匀性、表面吸附层、晶相组成
颗粒形状	颗粒的直径及分布、颗粒形状、气孔、表面积、表面凹凸
结晶性	单晶和多晶、结构缺陷浓度、表面和内部畸变
聚集状态	团聚颗粒的大小、硬度和结构

虽然随材料体系、制备工艺及材料用途的不同，对粉体的要求不完全相同，但大多要求粉体具有如下特性：

（1）高纯　杂质的存在会大大影响制品的性能，如非氧化物陶瓷粉料含氧量将严重影响材料的高温力学性能。功能陶瓷中某些微量杂质将大大改善或恶化其性能，如碱金属氧化物（Na_2O 等）会降低电绝缘性。所以，对高技术陶瓷粉料的有害杂质含量应在十万分之几以下，甚至更低。

（2）超细　粉末粒度对烧结过程和制品的性能有很大的影响。由于烧结的推动力是颗粒的表面能，在一定的烧结温度下，烧结的速度与颗粒大小（如颗粒半径）的某一次方成反比。所以粉末越细，表面能就越大，烧结速率也越快，如早期的 Harring 规则指出，在同样的烧结温度下，具有不同颗粒尺寸（r_1、r_2）的粉料烧结至相同的密度，各自所需的烧结时间 t_1、t_2 与颗粒尺寸的关系为

$$\frac{t_1}{t_2} = \left(\frac{r_1}{r_2}\right)^n \qquad n = 3 \sim 4 \qquad (6\text{-}1)$$

可见颗粒尺寸对烧结的影响之大。另一方面，如果原料很细，表面活性大及烧结时扩散路径短，而且晶界多，就会促进气孔扩散，使致密化速度增快，超细粉末可以在较低的温度下烧结，而获得高密度、细晶粒的陶瓷材料。但是，如果颗粒过细，也往往会出现新的问题。如颗粒过细，由于颗粒的吸附作用强，会带入过多空气中的杂质，而且，颗粒越细，团聚现象也越严重，此外，颗粒过细，还会导致粉体堆积密度低，导致成型困难。目前，先进陶瓷所采用的超细粉多为亚微米（小于 $1\mu m$）。实验表明，当陶瓷材料的晶粒由微米级减小到纳米级时，其性能将大幅度提高，但应解决纳米粉体制备陶瓷出现的上述问题。

（3）形貌　为了获得均匀、紧密排列的成型体，提高烧结材料晶粒的均匀性，多采用球形或等轴状陶瓷粉体，且粒径分布范围窄。它还可避免烧结时由于粒径相差很大而造成的晶粒异常长大的缺陷及其他缺陷。

（4）结晶形态　由于不同结晶形态的粉体致密化行为不同或对烧结后的陶瓷材料结晶形态的要求不同等原因，往往要求粉料为某种特定的结晶形态。如对 Si_3N_4 料就要求 α 相含量越多越好，但 20 世纪 90 年代有学者提出采用高 β 相氮化硅粉末，可获得显微结构更均匀、韦布尔模数更大的氮化硅陶瓷。还有希望 Al_2O_3 粉料是 α 相而不是 γ 相的，因为 γ-Al_2O_3 的真密度低于 α-Al_2O_3，升温过程中发生相变，收缩大，对烧结不利。

（5）无严重的团聚　由于团聚体将导致成型体密度的不均匀性，烧结时团聚体先于其他颗粒致密化，而不能获得高均匀、高致密的陶瓷材料，使其性能变差。因此，高技术陶瓷要求粉粒不含或少含团聚体，特别是硬团聚体。

实际情况中，上述条件常常不能同时达到，有时是矛盾的。如粉粒过细，容易吸附杂质易团聚，要得到所需要的相，常要煅烧，结果使颗粒长大等等。所以应根据不同的体系，选择合适的制粉工艺，满足不同需要。

2．陶瓷粉料的制备新技术

为了使高技术陶瓷具有独特的优良性能，陶瓷粉料必须高纯、超细、无团

聚、球形、均匀等，因而对制备原料粉体的工艺及制备技术要求很高。有关粉末的制备技术在第二、三章作了详细的介绍，这里不再重复。可根据对陶瓷材料的性能要求选择合适的制备方法。选择的方法应使：①制备粉末的性能好；②制备工艺可控性好；③成本低；④适合大规模生产。目前制备高技术陶瓷粉末的新技术主要有：溶胶—凝胶法、共沉淀法、水热合成法、前驱体法、有机金属法、等离子体法、激光法、自蔓延合成法等。

6.2.2 陶瓷成型及成型新技术[1,3~10,12]

陶瓷粉料借助外力和模型，克服粉末颗粒间的阻力，使其形成具有一定尺寸、形状和强度的工艺过程，叫成型，是制备陶瓷的一个重要工艺过程。成型工艺对陶瓷材料的结构、组成均匀性和制品的性能有重要的影响，因而引起人们极大的重视。

6.2.2.1 坯料的制备

为了获得成型好的坯体，要求：①坯料系统中最小的内摩擦力，具有良好的流动（流变）性能；②原料颗粒有最佳的级配、分布和分散；③外加载荷系统要可控，以保证坯体密度和较高的强度。为了满足成型过程的要求或提高烧结活性和产品的性能，对成型前的粉料进行一些预处理十分必要。

1. 原料的预处理

（1）预烧　为了保证化学配比准确、结构均匀致密、减少烧结收缩、增加粉末的活性和提高陶瓷的性能，有些陶瓷原料粉末需要进行预烧（煅烧）。如制备 Al_2O_3 陶瓷时，先要将工业氧化铝（γ-Al_2O_3）在 $1200\sim1400$℃温度下煅烧，使其全部转化为 α-Al_2O_3，减少烧结收缩，同时，可排除 Al_2O_3 中的 Na_2O，提高原料的纯度，改善产品的性能。

（2）预合成　在高技术陶瓷的制备过程中，特别是在电子陶瓷制备中，主晶相必须形成某种特殊的化合物，或某种特殊的固溶体。为了这个目的，有时少量的添加物并不是一种简单的化合物，而是一种多元化合物，如一种配方的组成为 $K_{0.5}Na_{0.5}Nb_3$＋2%（质量分数）$PbMg_{1/3}Nb_{2/3}O_3$＋0.5%（质量分数）MnO_2，$PbMg_{1/3}Nb_{2/3}O_3$ 含量很少，其中个别原料的含量就更少了。在这种情况下，如果配料时多元化合物不经预先合成，而是按传统配料方法一种一种地加进去，往往会造成混合不均匀和称量误差，导致化学计量的偏离，影响制品的性能。

预合成是利用固相反应法或液相法，将一定比例的原料生成某种化合物，粉碎后作为中间原料。固相反应法是将原料按比例称量后球磨混合，压制成块体或粉末状在高温下煅烧，生成所需化合物。此法工艺简单，但由于还是存在粉料混合均匀性差的问题，会影响煅烧料组分分布的均匀性。液相法是将原料以溶液状态混合，可以达到原子、分子水平的混合，让溶液中混合的组分反应，产生沉淀，从而得到细而均匀的粉料。

2. 配料与混合

配料是陶瓷工艺中最基本的环节，它对制品的性能和以后各道工序的影响很大，必须严格、认真进行。配料是按瓷料的组成，将所需的各种原料精确称量。

混合常常采用机械混合法或化学混合法。机械混合法是采用球磨方法，在原料混合的同时也进行了粉碎。化学混合法是将化合物粉末与添加组分的盐溶液混合或各组分在盐溶液内进行混合。配料混合时要注意加料的次序和加料的方法，以保证配料的准确性和混料的均匀性。湿法混合主要采用水作溶剂，但在氮化硅和碳化硅等非氧化物系的原料混合时，为防止原料的氧化应使用有机溶剂。超细粉大多凝聚成牢固的团聚体，混合时大多要添加适当的分散剂。

3. 塑化

由于陶瓷脆而硬，加工非常困难，费用很高。只有在坯体时就具有正确的形状和精密的尺寸，才能使陶瓷制品不加工或少加工。故往往在陶瓷烧结之前，按其作用、功能的要求，预先制成必要的形状和尺寸（应考虑烧结收缩变形等问题），这就要求瓷料必须具有一定的可塑性。许多高技术陶瓷的原料没有可塑性，因此成型的配料必须先进行塑化，所谓塑化是指利用塑化剂使原来无塑性的坯料具有可塑性的过程。

4. 造粒

为在压制成型时获得均匀的成型坯体，往往需要对陶瓷粉体进行造粒处理。造粒是在很细的粉料中加入一定量的塑化剂，制成粒度较粗（约 20～80 目）、有一定粒度级配、接近于球形的二次粒子，使其具有良好的流动性，有利于压制成型、提高坯体均匀、致密性。由于造粒后的二次粒子具有适当的粒径和强度，流动性又好，因此在压制成型前不被破坏并能均匀充满形状复杂的模具，在成型压力下，二次粒子被破坏而实现粉料的紧密堆积。

最常用的造粒方法是喷雾干燥造粒法，这种方法产量大，可以连续生产。其他造粒方法有冷冻干燥、加压造粒法等。

5. 悬浮

采用注浆成型的先进陶瓷坯料，由于其中大多为瘠性物料，不易于悬浮，必须采用一定措施，使料浆具有悬浮性。通常可控制料浆的 pH 值或通过有机表面活性物质吸附的方法使料浆具有悬浮性。

控制料浆 pH 值的方法适用于呈两性物质的粉料，介质 pH 值变化可引起胶

粒 ζ 电位的变化，近而引起氧化物胶粒表面吸力和斥力平衡的改变，致使胶粒胶溶或絮凝。生产中通过控制料浆 pH 值使之悬浮，不同氧化物的最适宜 pH 值不同，如：Al_2O_3 料浆 pH 值为 3～4，BeO 料浆 pH 值约为 4，ZrO_2 料浆 pH 值为 2.3，Cr_2O_3 料浆 pH 值为 2～3 等。

通过添加有机胶体如阿拉伯树胶、明胶和羧甲基纤维素等，也可改变料浆的悬浮性能。有机胶体用量少时，黏附的氧化物胶粒较多，使其质量变大而引起聚沉。当有机胶体数量增加时，它的线型分子在水溶液中形成网络结构，而胶粒表面形成一层有机亲水保护膜，胶粒碰撞聚沉很困难，从而提高了料浆的稳定性。有些与酸等起反应的瘠性物料可用表面活性剂来使浆料悬浮，如 $CaTiO_3$ 料浆中加 0.3%～0.6% 的烷基苯磺酸钠，能得到很好的悬浮效果。这是由于烷基苯磺酸钠在水中能离解出大阴离子，被吸附在粒子表面上，使粒子具有负电性，带负电胶粒之间相互排斥而不聚沉，达到悬浮的目的。

悬浮问题是一个比较重要而又复杂的问题，有些问题和现象目前在理论和实践上还不能得到很好的解决，需要进一步的研究。

6.2.2.2　陶瓷成型新技术

成型工艺是制备陶瓷材料的重要环节，它对高技术陶瓷性能有很大影响。成型工艺通常按加载方式分为：模压（干压）、挤压、滚压、流延、注射、浇注、压注、压滤、冷等静压和热等静压等。若成型按原料体系内摩擦力大小分类则有干粉、半塑性、塑性、黏性液体和悬浮体等。先进陶瓷的形状复杂多变，性能和尺寸精度要求极高，加之成型所用原料大多为超细粉末，因而对成型技术提出了更高的、各式各样的要求，加之现代科学技术的进步，促进了成型技术的发展，在传统成型技术的基础上发展和创造出了许多新的工艺技术，如等静压成型、热压注成型、注射成型、离心注浆、压力注浆成型、流延成型和凝胶浇注等新的成型方法。许多新的成型方法是在原有成型方法的基础上不断改进和发展起来的，如浇注法中改石膏模为多孔高强塑料模后，已发展成加压浇注法，并制备出复杂形状的增压器涡轮；又如将金属塑性成型法发展成陶瓷成型新方法（超塑性和爆炸成型）。超塑性是将亚微米级陶瓷坯体加热软化，并进行拉伸或压缩变形的加工成型。Y-TZP 氧化锆陶瓷坯体在 1500℃下的超塑性拉伸率达 200%，压缩率为 240%，可按要求锻压成型制得陶瓷制品。爆炸法是将陶瓷粉末坯料放在装有炸药的压力容器模具之中，引燃火药爆炸，以巨大的冲击压力使粉末坯体成型。

表 6-3 列出了主要的成型技术，由于新成型技术和成型新工艺很多，不能一一介绍，这里选择有代表性的成型新技术进行介绍。

表 6-3　粉末成型的主要技术

干压	浇注成型	塑性成型	其他
单向加压	泥浆浇注	挤压	流延成型
冷等静压	压力浇注	注射成型	喷涂（火焰，等离子）[1]
热压[1]	触变浇注	传递模成型	素坯加工
热等静压[1]	可溶模浇注	压铸模	爆炸成型
	凝胶浇注		

1）这种技术是将成型与烧结结合的方法。

1. 干压成型（模压成型）

模压成型虽然不是最先进、最新的成型技术，但它是陶瓷生产中使用最广泛的成型工艺。模压成型是将经过造粒、流动性好、粒配合适、加有适量结合剂的粉料，装入金属模具中，用油压机通过模冲对粉末施加一定的压力，使之被压制成一定形状的密实坯体。粉末特性（流动性、粒度分布等）、加压特性（方式、速度、时间、大小等）、结合剂特性（黏结性、润滑性等）对坯体的性能有很大的影响。

粉料特性，尤其是充填特性对压制过程有十分重要的作用。为了得到质量好的坯体，希望提高充填密度。若用等径球填充，最大填充率为面心立方密堆和六方密堆，相对密度可达 74.05%，而不规则排列时的最大致密度为 63.7%。陶瓷粉体显然不可能是一种规则排列，在等大球填充所生成的孔隙中填充小球，可获得紧密的填充。实践证明，只有一种粒径（一级级配）的粉末堆积时，孔隙率约为 40%，两种粒径（二级级配）的粉末堆积时，粗细颗粒半径比差值越大，可能的充填率越高。但是，不论哪一种半径比，粗粒约占 70%（体积分数），细粒约占 30%（体积分数）时，填充密度最高。如果用三种粒径（三级级配）的粉末填充，若颗粒比例搭配合适，可得 23% 或更小的孔隙率。因此，在模压成型中要十分重视通过粒径的配合来提高堆积密度。实际粉料自由堆积孔隙率比理论值大得多。实际粉料往往是非球的，加之颗粒表面的粗糙结构使颗粒之间互相咬合，形成拱桥形空间，称作拱桥现象，导致气孔率增加。当粉料颗粒偏离球形，颗粒表面粗糙度增加时，孔隙率加大，坯体密度不均匀。使用流动性好的粉料可增加充填均匀性，这是因为流动性好（粉粒之间、粉粒与模壁之间的摩擦小），在堆积过程中可以相互滑移，不易架空，能获得均匀性好、密度高的坯体。前面已介绍先进陶瓷粉末通过喷雾干燥、加压造粒等可改变颗粒的流动性。有时可通过振打充填方法来改善填充性。此外一种新的方法是在压制过程中采用超声波振动，可使均匀性得到很大提高。因此，必须控制好粉料的粒径和颗粒级配，并使颗粒具有良好的流动性，才能获得密度高的坯体。

压制过程中，由于粉末颗粒之间、粉末与模冲、模壁之间存在摩擦，这种摩擦力阻碍压力的传递，压力不能均匀地全部传递，出现了明显的压力梯度，离加压面越远的坯体受到的压力越小，密度越小；传到模壁的压力始终小于压制压力，造成坯体密度不均匀，烧结时各部位收缩不一致，引起产品变形、开裂和分层。

为了减少因摩擦而出现的压力损失，可采取如下措施：①添加润滑剂和黏结剂来减少摩擦损失。压制先进陶瓷时，可加入少量含极性官能团的有机润滑剂，如油酸、硬脂酸锌、硬脂酸钙、石蜡、树脂等，用量在粉料质量的1%以下。有时在粉料中加入有机黏结剂，如聚乙烯醇水溶液（浓度7%，用量为粉料质量的5%～15%），以提高粉料的黏结力。②改进成型方式。如采用双向压制，虽然各种摩擦阻力的情况并未改变，但其压力梯度的有效传递距离短了，只为原来的一半，摩擦压力损失也减少了，使坯体密度均匀性提高。③减小模具的粗糙度和提高模具的硬度，可降低摩擦损失和模具的磨损，也能提高坯体密度的均匀性。

另外，加压速度、大小和保压时间，对坯体性能有很大影响，压力增加有利于提高坯体密度。加压过快、保压时间过长，会使生产效率降低。因此，应根据坯体的大小、厚薄和形状来调整加压速度和保压时间，减小气孔率，提高坯体密度和密度均匀性。此外，还应注意卸压速度的控制，过快的卸压速度会造成坯体中残留空气急剧膨胀，从而产生裂纹。

干压成型工艺简单，操作方便，生产效率高，有利于连续生产，同时得到的坯体密度高、尺寸精确、收缩小、制品性能好；缺点是模具磨损大、寿命短、成本高，压制坯体密度不均匀，收缩时产生开裂和分层，这种缺点可用等静压成型来克服。

干压成型一般用于长径比小于1.4、形状简单、需求量大的各类制品，如磁性陶瓷等。

2. 冷等静压成型

等静压成型是在为了克服模压工艺单向加压造成坯体密度不均匀的基础上发展起来的新成型方法。冷等静压是利用帕斯卡原理，在常温下对高压容器中的液体加压，在各个方向对密封于塑性模具中的粉末施加相等压力的成型方法。它具有坯体密度高、均匀性好的特点，而且烧成收缩小，不易变形、开裂。这种方法可压制形状复杂的和长径比大的产品，广泛用于制造产品要求高度均匀的先进陶瓷制品。

3. 压滤成型

压滤成型是在普通石膏模注浆成型的基础上发展起来的。以多孔高强度塑料代替石膏模的压滤成型工艺的基本原理是：将料浆在一定压力下通过管子压入模型内，让液体介质经多孔模壁排出而使陶瓷颗粒固化成坯体，所施压力随产品形状大小而异。其优点是改进了注浆法中吸浆时间长、坯体密度低、缺陷多、易开裂等缺点，又保留了可制备复杂形状、大体积制品的优点；但还存在强度低，小气孔、易变形、干燥周期长和模具用量多等缺点。这种方法特别适用于晶须、纤维增强复合材料的成型。

4.凝胶注模成型法

凝胶注模成型工艺是1990年美国橡树岭国家重点实验室的Janney M A教授等首先发明的。它是将低黏度、高固相体积分数（＞50％）的浓悬浮体，在催化剂和引发剂的作用下，使浓悬浮体中的有机单体交联聚合成三维网状结构，从而使浓悬浮体原位固化成型。其工艺流程如图6-2所示。凝胶注模成型是一种把聚合物化学和陶瓷工艺相结合的净尺寸陶瓷成型新工艺。其优点是工艺设备简单、坯体均匀、密度和强度高、净尺寸成型复杂形状的零部件，是20世纪90年代才发展起来的实用性强、应用前景广泛的新成型工艺，已成功用于成型 Al_2O_3、Si_3N_4、SiC 和塞龙陶瓷等制品。

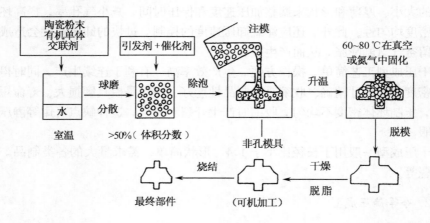

图 6-2　凝胶注模工艺流程图

5.塑性成型

塑性成型是将预制好的可塑性坯料，制成一定形状坯体的工艺过程。塑性是指原料和黏结剂（黏土或有机物）混合的坯料，在外力作用下发生无裂纹变形，且外力除去后不恢复原状的性能。在不含黏土的氧化物、碳化物、氮化物系统中，利用前面介绍的塑化原理，加入约 25％～50％（体积分数）的有机添加剂，可达到成型所需的可塑性，这种方法在传统陶瓷中普遍使用，在先进陶瓷中也经常使用。目前常用的可塑性成型有挤压成型和轧模成型。

6. 挤压成型

挤压成型一般是将真空炼制的坯料，放入挤压机中用压力强制通过钢模或碳化物的模孔，挤压成各种形状的制品。挤压成型具有污染小、效率高、易于自动化连续生产的特点，广泛用于成型各种管状、棒状、片状、蜂窝状或筛格或穿孔陶瓷制品。

7. 注射成型

陶瓷部件的注射成型是利用塑料注射成型原理的一种成型技术。注射成型法是在陶瓷粉末中加入热塑性树脂、石蜡、增塑剂和溶剂等，把加热混炼冷却制成的粒状坯料放入注射成型机，在130～300℃的温度下热熔后注入金属模内，冷却后脱模得到制品坯体。注射成型的主要优点是坯体尺寸精确，可制造形状复杂的陶瓷制品，适合大批量的生产。但应很好地控制成型工艺和注意脱排出树脂的过程，否则会使坯体造成缺陷，并带来环境污染。

8. 流延成型

流延成型是在陶瓷粉末中加入有机黏合剂、增塑剂、悬浮剂或水混合球磨制成均匀、稳定、流动性好的流延料浆，经过滤和真空除气后注入流延机的料斗，料浆由料斗底部流至均速向前移动的有机基材膜载带上，用刮刀形成一均匀膜层，经干燥、固化制得有一定柔韧性的生坯带。流延法的优点是：①生坯带具有能切片、层合等加工性，也可在其表面印刷各种图案的涂料，在一定气氛下烧成后，图案可牢固地烧附在陶瓷表面；②自动化程度高，可连续化大规模生产；③能制造几微米到几毫米的陶瓷薄膜和陶瓷片。在电子工业中大量用来生产陶瓷电容器、集成电路基片、多层传感器、铁氧体存储材料、超声马达用压电陶瓷和催化剂载体等。流延法黏合剂含量大，收缩率高达20%，生产上应特别注意。

流延法制备坯带应对各个工序进行严格的控制，以免产生弯曲、厚度不均匀、针孔等缺陷。

各种成型方法的比较如下。陶瓷的成型是制备陶瓷的一个很重要的工艺环节。成型方法的选择与产品的性能要求、形状、大小、厚薄、产量以及经济效益有直接关系。因此，为了正确选择成型方法，有必要将各种重要的成型方法进行综合评价。注射成型、挤出成型、注浆和流延成型这些方法都需有成型前预处理这一阶段。在这一阶段，成型粉料的分散、反絮凝和润湿都是非常重要的。这一阶段的目的是改善成型料的流变行为及最终工艺优化，这对制品的均匀性是很有利的。另一方面，用于干压成型的粉料几乎不需预处理，但是制品的均匀性差。更详细的比较还应考虑喂料成型灵活性、产品均匀性、成型速率和成本。表6-4示出上述几种成型技术的比较。由表可知，干压成型、注浆和挤出成型用于实验室是比较合适的。从生产角度，应首先考虑注射成型、干压成型、等静压成型、流延成型和挤出成型等技术，但实际上几乎所有的成型技术都在实验室或工厂中得到应用。

表 6-4　成型技术的比较

成型方法	成型用料	DF[1]	均匀性	效率	成本[3]
模压成型	粉料	2.5[2]	差	中等	低
等静压成型	粉料	1.5[2]	中等	中等	中等
挤出成型	塑性料	2.5[2]	中等	高	中等
普通注浆	悬浮体	2.5[2]	合理的	低	低
流延成型	悬浮体	1	好	高	中等
注射成型	塑性料	3	好	中等	高

1）DF：可成型尺寸自由度。

2）成型限制，2 维和 3 维制品难以成型。

3）对准确形状的依赖性较强。

6.2.3　烧结及烧结新技术[1,3~23]

6.2.3.1　概述

1．烧结的定义

成型后的陶瓷坯体，通过加热，使粉体颗粒产生黏结，经过物质迁移，在低于熔点以下使粉末成型体变成致密、坚硬烧结体的致密化过程称为烧结。

陶瓷是一种多晶材料，其性能不仅与材料组成有关，而且还与材料的显微结构有密切关系。烧结过程直接影响陶瓷的显微结构的晶粒尺寸与分布、气孔尺寸与分布，以及晶界体积分数等参数，进而对性能产生重要影响。因此，烧结是使陶瓷获得预期的显微结构，从而赋予各种特殊性能的关键工序。

2．烧结现象

烧结现象如图 6-3 所示。在陶瓷坯体中一般含有约 35% ～60% 的气孔率，颗粒之间只有点接触。在高温和表面能的作用下，物质通过不同的途径和机理向颗粒的颈部和气孔部位填充，使颈部逐渐长大，颗粒间接触面积扩大，颗粒聚集，体积收缩；颗粒中心距离减小，逐渐形成晶界；气孔形状变化，体积缩小，从连通的气孔变成各自孤立的气孔，并逐渐缩小，直至排除，最终变成致密体。要发生烧结过程必须满足下面两项原则：①必须存在一种物质迁移的机理；②必须存在一种能源来促进和维持物质的迁移。

· 244 ·

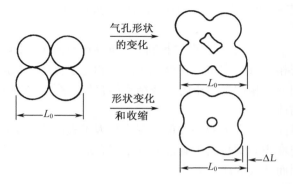

气孔形状
的变化

形状变化
和收缩

L_0

L_0

L_0

ΔL

图 6-3　球形颗粒间颈部长大改变气孔形状与中心距

6.2.3.2　烧结的驱动力

粉体经成型后，颗粒之间只有点接触，强度很低。烧结过程中可以不通过化学反应而紧密结合成坚硬而强度很高的物体，这一过程必然存在驱动力。粉末烧结伴有系统自由能的降低，促使自由能降低的驱动力有表面能和外加压力两种。

1. 表面能

利用化学作用或机械作用制备粉体时所消耗的化学能或机械能，部分以表面能的形式储存于粉体中。同时，粉末制备过程中，粉体表面及内部引起各种晶格缺陷，使晶格活化，造成能量增高（晶格畸变能）。因此，粉体具有较高的表面能。一般粉末的比表面积在 $1 \sim 10 \text{m}^2/\text{g}$，这样大的比表面积，使粉体有很大的表面自由能，与块状物体相比，粉末处于能量不稳定状态。任何系统都有向最低能量状态发展的趋势。烧结理论认为，烧结过程中，原来的气-固界面消失，生成能量较低的固-固界面，造成表面积减少和表面自由能降低，系统表面能的降低是推动烧结进行的基本动力。

通过计算可以得出颗粒表面能提供的驱动力。对于 N 个半径为 R 的球形颗粒的 1mol 粉体，有

$$N = \frac{3M}{4\pi R^3 \rho} = \frac{3V_m}{4\pi R^3} \tag{6-2}$$

式中，M 为分子质量；ρ 为颗粒的密度；V_m 是摩尔体积。而颗粒系统的总表面积 S_A 为

$$S_A = 4\pi R^2 N = 3V_m / R \tag{6-3}$$

则其总表面能 E_s 为

$$E_s = 3\gamma_{sv} V_m / R \tag{6-4}$$

式中，γ_{sv} 为比表面能，若 $\gamma_{sv} = 1 J/m^2$，$R = 1 \mu m$，$V_m = 25 \times 10^{-6} m^3$，则 1mol 颗粒的表面能 $E_s = 75J$。

计算表明，半径为 $1 \mu m$ 大小的粉料烧结时所降低的自由能约为每摩尔几十焦。这个能量与相变（每摩尔几百至几千焦）和化学反应（每摩尔几万至几十万焦）前后能量的变化相比是很小的，烧结不能自发进行，必须加高温，才能促使粉体转变为烧结体。

在表面和界面上所产生的许多重要变化起因于表面能所引起的弯曲表面内外压差。粉料紧密堆积后颗粒间仍有很多细小气孔通道，在这些弯曲的表面上由于表面张力的作用而造成的压力差为

$$\Delta p = \frac{2\gamma}{R} \tag{6-5}$$

式中，γ 为粉末的表面张力；R 为粉末球形半径。

若为非球形曲面，可用两个主曲率 R_1 和 R_2 表示：

$$\Delta p = \gamma \left(\frac{1}{R_1} + \frac{1}{R_2} \right) \tag{6-6}$$

式（6-5）、（6-6）表明，弯曲表面上引起的附加压力与颗粒曲率半径成反比，与粉末表面张力成正比。由此可见，粉末愈细，Δp 愈大，由曲率引起的烧结动力愈大。

目前常用晶界能 γ_{gb} 和表面能 γ_{sv} 之比来衡量烧结的难易。其值愈小愈易烧结，愈大愈难烧结。为了促进烧结，必须使 $\gamma_{sv} \gg \gamma_{gb}$。例如，$Al_2O_3$ 粉料的表面能约为 $1J/m^2$，晶界能为 $0.4J/m^2$，两者比值较小（为 0.4），所以比较容易烧结。而一些共价键材料，如 Si_3N_4、SiC、AlN 等，它们的 γ_{gb}/γ_{sv} 值高，烧结推动力小，因而不易烧结。由于烧结过程中出现体积收缩，致密度和强度提高，所以烧结程度可以用坯体收缩率、气孔率、吸水率或烧结体密度与理论密度之比（相对密度）等指标来衡量。

2. 外加压力

若将粉末填充于容器中，从外部加压，则可产生数倍于表面张力的驱动力。采用热压烧结就是利用这一原理来促进烧结。如外压力为 p，则对摩尔体积为 V_m 的颗粒系统所做的功 W 为

$$W = pV_m \tag{6-7}$$

当 $p = 30MPa$，$V_m = 25 \times 10^{-6} m^3$ 时，功 $W = 750 J$，远大于表面能，因而可促进致密化。

6.2.3.3 烧结过程中物质的传递

从热力学的观点看，在驱动力作用下，粉末烧结系统自由能减小，烧结过程

有自动发生的可能性。但烧结必须有物质的传递过程，才能使气孔逐渐得到填充，使坯体由疏松变得致密。1949 年，Kuczynski G C 提出将等径球作为粉末压块的模型，随着烧结的进行，球体的各接触点开始形成颈部，并逐渐长大，最后烧结成一个整体。由于颈部所处环境和几何条件基本相同，因此只需确定两个颗粒形成颈部的生长速率就基本代表了整个烧结初期的动力学关系。烧结时，由于传质方式和机理不同，颈部增长的方式就不同。通常物质传递的方式和机理有蒸发－凝聚、扩散、溶解－沉淀、流动传质机理。下面主要介绍固相烧结的蒸发－凝聚传质和扩散传质，液相烧结的溶解－沉淀传质和流动传质。

1. 蒸发－凝聚机理

在粉末成型体烧结过程中，由于不同部位的表面曲率不同，必然存在不同的蒸气压。在蒸气压差的作用下，存在一种传质趋势，蒸发－凝聚传质采用的模型如图 6-4。当两个颗粒开始形成烧结颈时，球形颗粒表面为正曲率半径，有高蒸气压，而在两个颗粒连接处有一个小的负曲率半径的颈部，蒸气压比颗粒蒸气压低一个数量级。在蒸气压差作用下，物质将从蒸气压高的颗粒表面蒸发，通过气相传递而凝聚到蒸气压低的颈部，从而使颈部逐渐填充长大。用开尔文公式写出球形颗粒与颈部蒸气压之间的关系为

$$\ln \frac{p_1}{p_0} = \frac{M\gamma}{DRT}\left(\frac{1}{\rho} + \frac{1}{x}\right) \tag{6-8}$$

式中，p_1 为曲率半径为 ρ 处的蒸气压；p_0 为球形颗粒表面蒸气压；M 为蒸气的相对分子质量；D 为密度；γ 为表面张力；x 为接触颈部半径；R 为摩尔气体常量。

式（6-8）反映了蒸发-凝聚传质产生的原因（曲率半径差别）和条件（颗粒足够小时压差才显著），同时也反映了颗粒曲率半径与蒸气压差的定量关系。从几种材料的曲率半径与蒸气压的关系看出，只有当颗粒半径在 $10\mu m$ 以下时，蒸气压差才较明显地表现出来。在 $5\mu m$ 以下时，由曲率半径引起的压差已十分显著，因此一般粉末烧结过程较合适的粒度至少为 $10\mu m$。

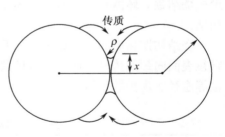

图 6-4　蒸发-凝聚传质

根据烧结模型，可以得到半径为 r 的球形颗粒接触面积颈部生长速率关系式：

$$\frac{x}{r} = \left(\frac{3\sqrt{x}\,\gamma M^{3/2} p_0}{\sqrt{2}\,R^{3/2}\,T^{3/2}\,D^2}\right)^{1/3} r^{-2/3} \cdot t^{1/3} \tag{6-9}$$

式 (6-9) 给出了颗粒间颈部半径 (x) 和影响生长速率的其他变量 (γ, p_0, t) 之间的相互关系。由式 (6-9) 可以看出，接触颈部生长速率 x/r 与时间 t 的 1/3 次方成正比。在烧结初期可以观察到这样的速率规律。实验表明，颈部增长只在开始时比较显著，随着烧结的进行，颈部增长很快就停止了。因此，在这类传质过程中，用延长烧结时间的方法不能达到促进烧结的效果。但起始粒度和蒸气压对颈部生长速率有重要的影响。粉末越细，烧结速率越大。提高温度有利于提高蒸气压，因而对烧结有利。

蒸发－凝聚传质的特点是烧结时颈部区域扩大，球的形状逐渐变为椭圆，气孔形状也发生了变化。但球与球之间的中心距不变，它不导致坯体的收缩和气孔率的降低。这种改变可能对材料性质有很大的影响，但不会改变材料密度。由于微米的粉末体烧结时蒸气压低，看不出气相传质效果，因而在一般陶瓷烧结中并不多见。但有报导发现，ZnO 在 1100℃ 以上烧结和 TiO_2 在 1300～1350℃ 烧结符合式 (6-9) 的烧结速率方程。

2. 扩散传质

在大多数固体材料中，由于高温下蒸气压低，物质的传递更容易通过固态物质的扩散来进行。这是烧结过程中最常见的一种传质机理。

颈部区域和颗粒表面之间的自由能或化学势之差，提供了固态传质的驱动力。实际晶体的晶格中常常存在许多缺陷（空位），当晶粒各部位缺陷的浓度存在差异时，由于浓度梯度推动而产生物质的迁移传递。扩散传质过程按烧结温度及扩散进行的程度，可分为烧结初期、中期和后期三个阶段。

（1）烧结初期　固体粉末成型的坯体在开始烧结时，颗粒之间接触面扩大，形成烧结颈，坯体开始收缩。当坯体的收缩率为 0～5% 时的烧结阶段称为烧结初期。

烧结初期物质的传递如表 6-5 所示，除气相传质外，物质可通过表面扩散从颗粒表面向颈部传输；通过晶界扩散从晶界向颈部传输；通过体积扩散向颈部传输等途径实现扩散传质。

表 6-5　烧结初期物质迁移路线

编　号	线　　路	物质来源	物质沉积
1	表面扩散	表面	颈
2	晶格扩散	表面	颈
3	气相转移	表面	颈
4	晶界扩散	晶界	颈
5	晶格扩散	晶界	颈
6	晶格扩散	位错	颈

在烧结初期，表面扩散的作用较显著。表面扩散开始的温度远低于体积扩散。烧结初期坯体内有大量连通气孔，表面扩散使颈部充填并促使孔隙表面光滑和气孔球形化。由于表面扩散对孔隙的消失和烧结体的收缩无显著影响，因而坯体的气孔率大、收缩小（约在1%左右）。

（2）烧结中期　固体材料经过初期烧结而形成颈部后，烧结进入中期，原子向颗粒结合面大量迁移，颗粒开始黏结，使颈部扩大，气孔由不规则形状逐渐变成由三个颗粒包围的柱形管道，气孔相互连通。晶界开始移动，晶粒开始生长。当平均晶粒尺寸增大时，某些必然长大，而另一些晶粒则必然缩小与消失。由于晶粒长大，晶界移动，孔隙大量消失，坯体气孔率降低为5%，收缩达80%～90%，密度和强度增加是这个阶段的主要特征。

对于烧结中期，前人将晶界假设为空位的理想的湮灭处，故认为晶界扩散和体积扩散是气孔排除的扩散机制。当然，空位是不能滞留于晶界的，否则致密化是不可能的，空位的湮灭必须要有一定的扩散途径使空位释放于样品之外。这种扩散途径有两个：体积扩散和晶界扩散。也有人认为表面扩散是物质传递最可能的途径。

（3）烧结后期　烧结后期，气孔已完全孤立，晶界相互连接形成网络，气孔位于四个晶粒包围的顶点。所以这时的气孔排除仅能通过晶界扩散或体积扩散实现，晶粒则通过晶界移动生长。烧结进入后期，晶粒已明显长大，坯体收缩达90%～100%。

由前面的讨论可以看出，固相烧结的主要传质方式是扩散传质。虽然存在表面扩散、晶界扩散和体积扩散，但并不是每种扩散传质均能导致材料收缩或气孔率降低。若物质以表面扩散或晶格扩散方式从表面传递到颈部，像蒸气传质一样，它们不会引起中心间距的减小，也不会导致压块收缩和气孔率降低，只有在颗粒传质从颗粒体积内或从晶界上传质到颈部，才会引起材料的收缩和气孔消失，真正导致材料致密化。材料的组成、颗粒大小、显微结构（气孔、晶界）、温度、气氛及添加剂等都会影响扩散传质，进而影响材料的烧结。

3．溶解-沉淀传质机理

在有液相参与的烧结中，物质的传递过程是通过溶解-沉淀来进行的，传质的推动力仍是颗粒的表面能。其过程是分散在液相中的固体颗粒，由于细小颗粒的表面能较大，因而其溶解度也比大颗粒高，因此细小颗粒或颗粒表面的凸起部分溶解进入液相，并通过液相不断向四周扩散，使液相中该物质浓度升高。当达到大颗粒饱和浓度时，就会在其表面沉淀析出，晶粒不断长大，界面不断推移，大小颗粒间孔隙被填充，最后使烧结系统致密化。

研究表明，发生溶解-沉淀传质的条件有：①相当数量的液相；②固相在液相内有明显的溶解度；③液相能润湿固相。

影响溶解-沉淀传质过程的因素有：颗粒起始粒度、粉末特性（溶解度、润湿性）、液相数量、烧结温度、扩散系数等。

4．流动传质机理

在表面张力的作用下，通过变形、流动引起物质迁移。属于这一类的有黏性流动和塑性流动。黏性流动是指高温下某些晶粒可具有牛顿型流体的黏性流动，晶体中质点和空位优先沿表面张力作用方向向相邻的位置迁移，使相邻质点中心相互逼近，晶粒中产生黏合作用形成封闭气孔，由于黏性流动而导致致密化。如果表面张力足以使晶体产生位错，则质点通过整排原子的迁移或晶面的滑移来实现物质传递。塑性流动只有在高温下作用力超过固体的屈服点时才会产生。影响烧结的主要因素是颗粒尺寸、黏度和表面张力。

表 6-6 列出了上述四种传质产生的原因、条件、特点、公式和工艺控制等内容，以便于综合比较。可以看出，前两种主要为固相烧结传质机理，后两种主要为液相烧结传质机理。

表 6-6　各种传质产生原因、条件、特点等综合比较表

传质方式	蒸发-凝聚	扩散	流动	溶解-沉淀
原因	压力差 Δp	空位浓度差 Δc	应力-应变	溶解度 Δc
条件	$\Delta p > 10 \sim 1\mathrm{Pa}$ $r < 10\ \mu m$	空位浓度 $\Delta c > \dfrac{n_0}{N}$ $r < 5\ \mu m$	黏性流动 η 小 塑性流动 $\tau > f$	1. 可观的液相量 2. 固相在液相中溶解度大 3. 固-液润湿
特点	1. 凸面蒸发-凹面凝聚 2. $\Delta L/L = 0$	1. 空位与结构基元相对扩散 2. 中心距缩短	1. 流动同时引起颗粒重排 2. $\Delta L/L \propto t$，致密化速率最高	1. 接触点溶解到平面上沉积，小晶粒溶解到大晶粒沉积 2. 传质同时又是晶粒生长过程
公式	$\dfrac{x}{r} = Kr^{-2/3}t^{1/3}$	$\dfrac{x}{r} = Kr^{-3/5}t^{1/5}$ $\dfrac{\Delta L}{L} = Kr^{-6/5}t^{2/5}$	$\dfrac{\Delta L}{L} = \dfrac{3}{2}\dfrac{\gamma}{\eta r}t$ $\dfrac{d\theta}{dt} = K(1-\theta)/r$	$\dfrac{\Delta L}{L} = Kr^{-3/4}t^{1/3}$ $\dfrac{x}{r} = Kr^{-2/3}t^{1/6}$
工艺控制	温度（蒸气压） 粒度	温度（扩散系数） 粒度	黏度 粒度	粒度 温度（溶解度） 黏度 液相数量

而且，上面讨论的传质机理主要是限于单元纯固态烧结或纯液相烧结，并假

定在高温下不发生固相反应，纯固态烧结时不出现液相。此外，在作烧结动力学分析时是以十分简单的两颗粒圆球模型为基础。但实际的烧结过程十分复杂，在固相烧结中还有塑性流动。此外在烧结过程中，还可能存在晶界滑移，颗粒重排，以及颗粒变形等物质传递机理。在实际烧结中，一个成型体经常有几种传质机理，究竟是哪一个或哪几个传质过程起作用，取决于烧结条件和它们的相对速率。有关烧结机理、烧结动力学等理论仍在不断的改进和发展中。

6.2.3.4 影响烧结的因素

陶瓷的烧结是一种复杂的、受到多种因素影响的过程。从各种不同烧结机理的动力学方程可以看出，粉料粒度、烧结温度和烧结时间是最直接最重要的因素。

1. 粉料的粒度

无论在固相还是液相烧结中，粉料粒度愈细，活性愈高，从而增加烧结推动力，缩短原子扩散距离和提高颗粒在液相中的溶解度而导致烧结过程的加速。若烧结速率与起始粒度的 $1/3$ 次方成比例，从理论上计算，粉体粒度由 $2\mu m$ 缩小到 $0.5\mu m$，烧结速率可以增加 64 倍；如果粒度缩小到 $0.05\mu m$，烧结速率增加 640 000 倍。同时，随着粉体粒度缩小，烧结温度一般可下降 150～300℃。

实际上也并不是粒度愈细愈好，由于细粒坯体有效密度较小，粒界移动快，收缩也快，有些气孔常常无法排除，因此最终密度反而比较小。另一方面，颗粒细，表面活性强，可以吸附大量气体或离子，如 CO_3^{2-}、NO_3^-、Cl^-、OH^- 等，这些被吸附的气体要在很高温度下才能除去，因此不利于颗粒间接触而引起了阻碍烧结的作用。同时颗粒过细容易产生二次结晶。因此，应该根据烧结条件合理选择粉料的粒度。一些氧化物陶瓷如 Al_2O_3、MgO、UO_2、BeO 等最适宜的烧结起始粒度为 $0.05～0.5\mu m$。

2. 烧结制度的影响

烧结制度包括温度制度（升温速率、烧结温度、保温时间及冷却速率），气氛制度和压力制度等。烧结制度的变化对产品的性能有很大影响，在实际生产中还要考虑窑炉的加热类型，内部结构和装窑的方式等。

（1）温度制度

①烧结温度和保温时间　烧结温度对烧结的影响最为重要，随着烧结温度的升高，物料蒸气压增高，扩散系数增大，黏度降低，从而促进了蒸发—凝聚的进行，离子和空位的扩散，以及颗粒的重排和黏性、塑性流动过程，使烧结加速。烧结温度的高低可影响陶瓷的晶粒尺寸、相组成、数量，以及气孔的形貌和数量。提高烧结温度无论对固相烧结和液相烧结的传质都是有利的，但是单纯提高

温度不仅浪费能源，而且使材料性能恶化。过高的温度使陶瓷晶粒过大或组织结构不均匀，还会促进二次结晶，材料的强度等性能降低。在有液相的烧结中，温度过高使液相数量增加，黏度下降，易使制品变形，因此材料烧结温度必须适当。

由烧结机理可知，只有体积扩散才能导致坯体的致密化，表面扩散只能改变气孔形状，而不引起颗粒中心距离的逼近，因此不会致密化。通常在烧结的低温阶段以表面扩散为主，高温阶段以体积扩散为主。如果材料在低温烧结时间过长，不仅不会产生致密化，反而会因表面扩散使材料性能变坏。因此从理论上讲，应尽可能快地使烧结温度从低温升至高温，为体积扩散创造条件。高温短时间烧结是提高材料致密度的好方法，但还要考虑材料的传热系数、二次再结晶温度、扩散系数等各种因素的共同作用，合理制定烧结工艺。

②升温速率和冷却速率的影响　由于坯体在升温过程中，将发生有机黏合剂挥发、脱水、分解、气体逸出、固相反应、多晶转变、部分物料熔融、液相反应、重结晶等一系列作用和变化，过快的升温将影响这些作用和反应的充分进行。而且由于水分和气体逸出过快，多晶转变引起剧烈的体积效应等，会造成结构疏松、变形和开裂，制品中还会出现欠烧的显微结构，影响材料的性能。如有的致密坯体慢速升温比快速升温的抗张强度高 30%，气孔率降低 1 倍。缓慢冷却等于延长不同温度下的保温时间，一方面可使整个坯体内外比较均匀冷却，不致开裂，同时坯体收缩率大，相对气孔率小，有利于提高陶瓷的性能，但另一方面，对晶体生长能力很强或玻璃相具有强烈析晶倾向的陶瓷材料，在缓慢冷却过程中，晶体有可能长大，玻璃相会析晶，从而使陶瓷的致密性差，缺陷增多，导致材料机械强度和电气性能降低。如果冷却速率过快，坯体内外的冷却速率不等，将造成陶瓷的炸裂。对于某些新型陶瓷，由于急冷（甚至是淬火急冷）能防止某些化合物分解，固溶体脱溶及粗晶粒的形成，可以改善产品的结构，提高陶瓷的抗折强度和电气性能。

（2）气氛制度　烧结气氛一般分为氧化、还原和中性三种。在烧结中气氛的影响是很复杂的，各种材料在同一气氛中烧结结果也是很不相同的。还原气氛对氧化物陶瓷的烧结有促进作用，如在氢气、一氧化碳、惰性气体或真空中烧结。气氛中存在水蒸气能促进 MgO 陶瓷坯体的初期烧结，在还原性（H_2 等）、中性（N_2 等）和惰性（氩气等）气氛中烧结均有利于 $BaTiO_3$ 陶瓷的半导体化，即有利于陶瓷材料室温电阻值的降低。

一般说来，在由扩散控制的氧化物烧结中，气氛的影响与扩散控制因素有关，与气孔内气体扩散和溶解能力有关。例如，Al_2O_3 瓷是由阴离子 O^{2-} 扩散速率控制烧结过程的，当它在还原气氛中烧结，晶体中氧从表面脱离，从而在晶格表面产生很多离子空位，使 O^{2-} 扩散系数增大导致烧结过程加快。同样，若氧化物烧结是由阳离子扩散速率所控制，则在氧化气氛中烧结，表面积聚了大量氧，使金属离子空位增加，则有利于阳离子扩散的加速而促进烧结。

闭口气孔内气体的原子尺寸愈小愈易于扩散，气孔也愈容易消除。H_2 的扩散能力大，Al_2O_3 材料在 H_2 气氛中的烧结速率比在空气中高。当样品中含铅、锂、铋等挥发性物质时，控制烧结气氛十分重要。如锆钛酸铅（PZT）陶瓷材料烧结时，必须控制一定分压的铅气氛，以抑制坯体中铅的大量挥发，保持坯体严格的化学组成，否则将影响材料的性能。

关于烧结气氛的影响可能会出现不同的结论，这与材料组成、烧结条件、外加剂的种类和数量等因素有关，必须根据具体情况慎重选择。

（3）成型压力的影响　粉料成型时必须施加一定压力，除了使其具有一定的形状和强度外，同时使粉料颗粒紧密接触，使其烧结时扩散阻力减小，对烧结有利。但若压力过大会使粉料超过塑性变形限度，容易发生脆性断裂。

3. 外加剂的作用

在固相烧结中，少量外加剂（烧结助剂）与主晶相形成固溶体，促进缺陷增加而加速烧结过程，而在液相烧结中，外加剂可以改变液相的性质（如黏度、成分等）而促进烧结。其主要作用有：

（1）与烧结相形成固溶体　当外加剂与烧结相的离子大小、晶格类型及电价数接近时，它们能形成固溶体，致使主晶相晶格畸变，缺陷增加，有利于扩散传质而促进烧结。通常它们之间形成的有限固溶体比连续固溶体更能促进烧结的进行。外加剂与烧结相离子电价数、半径相差越大，晶格畸变程度越大，促进烧结的作用也越显著。例如 Al_2O_3 瓷烧结时，加入 3% Cr_2O_3 形成连续固溶体可在 1860℃烧结，当加入 1%～2% TiO_2 时，只要在 1600℃左右就能致密化。

（2）与烧结相形成化合物　在烧结 Al_2O_3 瓷时，为了抑制二次再结晶，一般加入 MgO 或 MgF_2。高温下形成镁铝尖晶石（$MgO·Al_2O_3$）而包裹在 Al_2O_3 晶粒表面，抑制晶界移动速率，对促进致密化有显著作用。

（3）阻止晶型转变　ZrO_2 由于存在晶型转变现象，体积变化较大，而使烧结难以进行。当加入 5% CaO 后，Ca^{2+} 离子进入晶格置换 Zr^{4+} 离子，由于电价不等而生成阴离子缺位固溶体，将起到抑制晶型转变的作用使得烧结容易进行。

（4）与烧结相形成液相　外加剂可以与烧结相的某些组分生成液相，由于液相中扩散传质阻力小，流动传质速率快，因而可以降低烧结温度和提高坯体的致密度。例如，在制造 95 氧化铝瓷时，可加入 CaO、SiO_2，在 CaO:SiO_2 为 1:1 时，由于生成 CaO-Al_2O_3-SiO_2 液相，95 氧化铝瓷在 1540℃时即能烧结，降低了烧结温度。

（5）扩大烧结温度范围　加入适量的外加剂可以扩大烧结温度范围，给工艺控制带来便利。在压电陶瓷锆钛酸铅材料（PZT 瓷）中加入适量的 La_2O_3 和 Nb_2O_5，烧结温度范围可从 20～40℃扩大到 80℃，这是由于外加剂在晶格内产生空位，有利于瓷坯的致密化。

但是外加剂的加入要适量，选择不当或加入量过多，反而会产生阻碍烧结的作用。表 6-7 是氧化铝瓷烧结时外加剂的种类和数量对活化能的影响，烧结活化能降低能够促进烧结过程，活化能升高则抑制烧结的致密化。

表 6-7　氧化铝瓷烧结时外加剂种类与数量对活化能（E）的影响

添加剂	MgO		Co₃O₄		TiO₂		MnO₂		无添加剂
	2%	5%	2%	5%	2%	5%	2%	5%	
$E/(kJ/mol)$	397.1	543.3	627	564.3	376.2	501.6	271.7	250.8	501.6

在烧结过程中，除晶粒长大与致密化外，还有化学反应、氧化、相变、封闭气孔、非均匀混合，以及收缩和变形等一系列物理化学变化，都会影响陶瓷材料的性能和使用。为了获得预期的显微结构和性能，对烧结工艺应严格控制。烧结技术的关键是如何控制气孔含量和粒径大小，人们正通过烧结技术的发展与改进，尽量制备粒径小、气孔率低的产品。

6.2.3.5　陶瓷烧结新技术

1. 概述

相同化学组成的陶瓷坯体，采用不同的烧结工艺，可以制备出显微结构和性能差别极大的陶瓷材料。为此，陶瓷科学工作者对烧结工艺技术进行了大量的研究。20 世纪 60 年代以来，在传统陶瓷烧结工艺的基础上，发展和创造出许多新的陶瓷烧结技术。如热压烧结、热等静压烧结、反应烧结、快速烧结、微波烧结、等离子体烧结、自蔓延烧结、爆炸烧结、放电等离子烧结等。这些新技术是利用机械压力、放电产生的高能量化学反应热等来活化、降低激活能，增加推动力，促进物质的传递，加快烧结速度，提高烧结体的密度和性能。陶瓷材料的烧结可以在各种形式的窑炉中实现，高技术陶瓷使用最广泛的是电加热炉。表 6-8 列出各种先进的或新的烧结方法，以及它们的原理、优缺点和适用范围。

表 6-8　高技术陶瓷的主要烧结方法

名　　称	原　　理	优　　点	缺　　点	适用范围
常压烧结法（无压烧结）	陶瓷坯体在常压、高温下的烧结过程	工艺简单、价廉、规模生产、易制复杂形状制品	性能一般，较难完全致密	各种材料（电子陶瓷）
真空烧结法	陶瓷坯体在真空、高温下的烧结	不易氧化	价贵	金属陶瓷、碳化物

名　称	原　理	优　点	缺　点	适用范围
热压烧结法	对耐温耐压模具中的粉体或坯体,在烧结的同时施加轴向压力的烧结方法	减少了致密化时间、降低了致密化温度、制品密度高、晶粒细、性能好	生产效率低、制品形状简单、设备造价高、模具消耗大、价贵	各种材料、高附加值产品
热等静压烧结法	对耐温、耐压包套中的粉体或坯体、在加热的同时,各个方向施加均等压力,使其在高温和高压共同作用下完成的烧结方法	缩短了烧结时间、降低了烧结温度、可烧结形状复杂难烧结的陶瓷、制品密度高、晶粒细、质地均匀、性能优异	间隙操作、生产效率低、设备和制品价格贵	高性能、高附加价值产品
气压烧结法	是在加压氮气或惰性气氛下,经高温使坯体致密化的方法	可制取形状复杂的制品,制品密度高、性能好	组成难控制	适于高温易分解材料(特别适于氮化物)
反应烧结法	坯体在一定温度下,通过固相间和与气相、液相发生反应,在合成陶瓷组分的同时进行烧结的方法	制品形状尺寸不变化,加工少,成本低,可制取形状复杂的制品	致密度较差,反应有残留物,性能一般	主要用于氮化物、碳化物陶瓷烧结
液相烧结法	用坯体中的低熔点助剂反应生成液相来促进烧结的方法即有液相参加的烧结	降低了烧结温度,加快了致密化速率,制品密度高,并可赋予某种功能	如果液相以玻璃态残留,则高温性能差	各种电子陶瓷、氧化物、氮化物
气相沉积法	利用化学反应或物理作用在基体上沉积陶瓷的方法	高纯度、不用助剂、微观组织可以控制、致密透明、性能好	价格贵,形状简单,制品中易残留应力而影响性能	适于制取特殊情况的薄制品
爆炸烧结法(动高压烧结)	由炸药爆炸产生的高温、高压冲击波通过包套壁直接作用待烧粉末使之快速烧结的方法	烧结时间极短(几十微秒),产品晶粒小、密度高	需特殊的装置,不能制形状复杂的大型制品	适于难熔金属和合金、陶瓷以及非晶或微晶粉末的烧结
超高压烧结法	材料在几万至几十万大气压力和上千度的高温下进行高温超高压合成或烧结的方法	产品致密度高,晶粒小,赋予一般烧结方法达不到的性能	不能制太大的制品,需要产生高温高压的装置	金刚石、立方BN等

名　称	原　　理	优　点	缺　点	适用范围
等离子体烧结	利用气体放电产生离子体,使坯体在高温、高熵、高活性的等离子的作用下快速烧结的方法	1. 可烧成难烧结物质 2. 烧结时间短 3. 烧结体纯度高、晶粒小、性能优越	1. 加热速率快,易开裂 2. 可能产生物质挥发 3. 技术不太成熟	各种氧化物、碳化物
微波烧结	利用坯体吸收微波能,在材料内部由介质损耗发热,整体加热至烧结温度而实现致密化的快速烧结技术	1. 加热和烧结速率快 2. 烧结温度低 3. 改进陶瓷的显微结构和提高了性能 4. 高效节能	1. 晶粒生长不易控制 2. 低损耗材料烧结较困难 3. 理论和技术不太成熟	大多数材料
放电等离子烧结	利用脉冲电流产生的脉冲能、放电脉冲压力和焦耳热产生的瞬时高温场实现致密化的快速烧结技术	1. 烧结速率快 2. 改进陶瓷显微结构和提高了材料的性能	1. 价贵 2. 难制复杂形状产品 3. 理论和技术处于探索阶段	各种材料
自蔓延烧结	外加能源(电源或激光)点火诱发物料自身发生高放热化学反应产生高温,反应以燃烧波的方式蔓延放出大量热在瞬间合成化合物的方法称自蔓延合成。在自蔓延高温合成的同时,使用外加压力实现致密化	1. 加热和烧结速率快 2. 制品纯度高、性能好 3. 节能、方法简便 4. 经济性较好	反应速率快且较难控制	大部分材料

2.烧结新技术

当前,陶瓷材料的显微结构正从微米级向纳米级发展,这又给陶瓷烧结工艺研究提出了新的课题。下面重点介绍两种烧结新技术。

(1) 放电等离子体烧结

①引言　利用脉冲电流产生的脉冲能、放电脉冲压力和焦耳热产生的瞬时高温场实现的烧结,称放电等离子体烧结。

20世纪60年代发明放电烧结(电火花烧结)是通过一对极板和上下模冲向模腔内粉末直接通入高频或中频交流和直流的叠加电流,压模由石墨或其他导电材料制成。粉末的加热靠火花放电产生的热和通过粉末与模子的电流产生的焦耳热。粉末在高温下处于塑性状态,通过模冲加压烧结。并且由于高频电流通过粉末形成的机械脉冲波的作用,致密化过程在极短的时间内就可完成。它主要用于金属和合金材料的制备。此后，在此基础上，加上脉冲电流，发展为等离子体活化烧结（PAS）。90年代初，发展成只采用脉冲电流为动力源的放电等离子体烧结（SPS）。由于PAS和SPS方法的主要特点是采用了脉冲电流，因而有人称之为脉冲电流烧结。

放电等离子体烧结是材料学领域研制出的一种快速烧结新技术。其特点是能快速低温制备材料，已广泛用于制备纳米陶瓷、梯度功能材料、磁性材料以及复合材料等，是一项有重要实用意义和广阔前景的烧结新技术。

②放电等离子体烧结的基本原理　目前对放电等离子体烧结（脉冲电流烧结）的机理并不十分明确，关于它的原理至今仍有不少争论，如是否有等离子发生还议论纷纷。尽管对SPS机理有争论，但是它确实对致密化有利，不少实验例子证明它具有快速烧结、晶粒细、密度高等优点。下面介绍一些学者的观点：放电等离子烧结的模压、烧结过程，除具有热压烧结的特点外，其主要特点是通过瞬时产生的放电等离子使烧结体内每个颗粒均匀地自身发热和使颗粒表面活化，因而有非常高的热效率，在相当短的时间内即可使被烧结体达到致密。传统的热压主要是通电产生的焦耳热（I^2R）和加压造成的塑性变形这两个因素来促使烧结过程的进行。而SPS过程除上述作用外，在压实颗粒样品上施加了由特殊电源产生的直流脉冲电压，并有效地利用了在粉体颗粒间放电所产生的自发热作用。在压实颗粒样品上施加脉冲电压产生了在通常烧结中没有的各种有利于烧结的现象。

在SPS状态有一个非常重要的作用，在粉体颗粒间高速升温后，晶粒间结合处通过热扩散迅速冷却，施加脉冲电压使所加的能量可在观察烧结过程的同时，高精度地加以控制，电场的作用也因离子高速迁移而造成高速扩散。通过重复施加开关电压，放电点（局部高温源）在压实颗粒间移动而布满整个样品，这就使样品均匀地发热并节约能源。能使高能脉冲集中在晶粒结合处是SPS过程不同于其他烧结过程的一个特点。

另一个特点是在SPS过程中，当在晶粒间的孔隙处放电时，会瞬时产生高达几千度至一万度的局部高温，使晶粒表面蒸发和熔化，并在晶粒接触点形成颈部。对金属而言即形成焊接态。由于热量立即从发热中心传递到晶粒表面并向四周扩散，因此所形成的颈部快速冷却。因颈部的蒸气压低于其他部位，气相物质凝聚在颈部而实现物质的蒸发－凝聚传递。与通常的烧结方法相比，SPS过程中蒸发－凝聚的物质传递要强得多。同时在SPS过程中，晶粒表面容易活化，通过表面扩散的物质传递也得到了促进。晶粒受脉冲电流加热和垂直单向压力的作用，体扩散、晶界扩散都得到了加强，加速了烧结致密化进程，因此用比较低的温度和比较短的时间就可以得到高质量的烧结体。脉冲电流的采用以及模具和冲头作为发热体是其显著特点。其机理有待深入研究。

③等离子放电烧结装置　图6-5是日本住友煤炭矿业株式会社开发的等离子

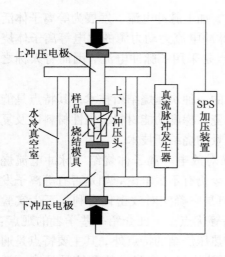

上冲压电极

样品 烧结模具

水冷真空室

上、下冲压头

真流脉冲发生器

SPS 加压装置

下冲压电极

图 6-5 SPS 系统的构型

体放电烧结装置示意图。SPS 系统包括一个垂直单向加压装置和加压显示系统、一个特制的带水冷却的通电装置和特制的直流脉冲烧结电源、一个水冷真空室和真空/空气/氩气气氛控制系统、冷却水控制系统和温度测量系统、位置测量系统和位移及位移速率测量系统。各种内锁安全装置和所有这些装置的中央控制操作面板。

SPS 系统可用于短时间、低温、高压（500～1000MPa）烧结，也可用于低压（20～30M Pa）烧结，因此可广泛地用于金属、陶瓷和各种复合材料的烧结，包括一些通常方法难以烧结的材料，例如表面容易生成硬的氧化层的金属钛和金属铝用 SPS 可以在短时间内烧结到 99%～100% 的致密度。

④放电等离子体烧结的应用 由于具有上述其他烧结方法所没有的特点，SPS 系统已被成功地应用于梯度功能材料（FGM）、金属复合材料（MMC）、纤维增强复合材料（FRC）、多孔材料和高密度、细晶粒陶瓷等各种新材料的制备。同时在硬质合金的烧结、多层金属粉末的同步焊接、陶瓷粉末和金属粉末的焊接以及固体—粉末—固体的焊接等方面也已有广泛应用。用放电等离子体烧结两种性能不同的金属—陶瓷梯度材料是梯度材料制备的突破。用 SPS 来制备高密度、细晶粒陶瓷不仅降低了烧结温度和提高了致密度，更主要的是极大地缩短了烧结时间，这对于工业生产来说，在节约能源、提高生产效率方面有极为重要的意义。

（2）微波烧结

① 概述 利用陶瓷素坯吸收微波能，在材料内部整体加热至烧结温度而实现致密化的烧结工艺，称微波烧结。

20 世纪 60 年代末期开始探索并提出微波烧结的概念。20 世纪 70 年代进行了一些研究，1976 年 Berteand A J 和 Badot J C 首先报导了在实验室中用微波烧结 Al_2O_3 陶瓷的成功结果，但这十多年进展甚微。直到 80 年代中后期由于高技术和高性能陶瓷材料研制和发展的需要，微波烧结这种具有节能省时优势的技术才受到美国和加拿大以及其他发达国家的高度重视，相继开展广泛的研究，我国也于 1988 年将该技术列入"863"计划。1986 年前后，微波烧结在技术上取得突破性进展。近十年来，已经用微波烧结成多种不同的先进陶瓷材料。各种类型的微波烧结装置相继问世。微波烧结的理论研究也在逐步深入，如烧结过程中电磁场、温度场的模拟计算，高温材料介电性能的测试，材料在微波加热时的烧结特征以及快速烧结的机理等，都已取得相当进展。微波烧结作为一种快速烧结技术，其烧结时间比传统烧结技术由数小时到数十小时缩短到几十秒钟至几十分钟，这必将引起传统烧结概念的突破，因而被材料界称为"烧结技术的一场革命"，被称为向传统烧结法挑战的"新一代陶瓷烧结技术"，并显示巨大的发展潜力，可望从根本上改变陶瓷材料及烧结工艺现状。

② 微波烧结基本原理　微波是频率非常高的电磁波，通常将 300MHz～300GHz 的电磁波划为微波波段，对应的波长范围为 1m～1mm。

微波加热的本质是微波电磁场与材料的相互作用。由高频交变电磁场引起陶瓷材料内部的自由或束缚电荷，如偶极子、离子和电子等的反复极化和剧烈运动，在分子之间产生碰撞、摩擦和内耗，将微波能转变成热能，从而产生高温，达到烧结目的。

在微波加热时，材料单位体积所吸收的微波能 P_s 可表示为

$$P_s = 2\pi f \varepsilon_0 \, \varepsilon_r' \mathrm{tg}\, \delta \mid E \mid^2 \tag{6-10}$$

式中，f 为微波频率；E 为材料内部的电场强度，它除了与微波功率有关外，还取决于微波烧结腔体的大小、几何形状以及材料所处位置；ε_0 为真空中的介电常数；ε_r' 为相对介电常数；$\mathrm{tg}\, \delta$ 为介电损耗正切，它反映了介质对微波的吸收能力。

当材料吸收微波能后，它的温度上升速率可由下式决定：

$$\frac{\Delta T}{t} = 8 \times 10^{-12} \frac{\varepsilon_r' \mathrm{tg}\, \delta f E^2}{\rho C_p} \tag{6-11}$$

式中，ΔT 是温度增量；t 为升温时间；C_p 为材料比热容；ρ 是材料密度。

式（6-11）表明，影响微波加热的主要因素为电场强度和材料介电性能。在烧结过程中，电场参量并不直接受温度影响，而材料的介电性能却随温度而有很大变化，从而影响了整个烧结过程。多数材料的介电常数（ε_r'）随温度的变化不大，而氧化铝的 ε_r' 随温度升高变化较大。一般认为 ε_r' 随温度增加而增高是因为体积膨胀而引起的极化强度的增加。氧化铝的热膨胀系数较大，所以 ε_r' 随温度的变化也较剧烈。

陶瓷的介电损耗则不同。在低温时 $\mathrm{tg}\, \delta$ 随温度变化较小，但当温度达到某一临界温度后，$\mathrm{tg}\, \delta$ 随温度上升而呈指数急剧增加。一般认为，$\mathrm{tg}\, \delta$ 随温度的变化是因为晶体的软化和趋于非晶态而引起的局部导电性的增加。这种现象在许多情况下对烧结是有利的。一些在室温时对微波透明或较少吸收微波的材料如石英、纯 Al_2O_3 等，在超过临界温度后，因为 $\mathrm{tg}\, \delta$ 的剧增而变成强吸收微波材料，使微波烧结只需较小的电场就可达到高温。但是，介电损耗随温度上升而剧烈增加，会导致热失控现象（thermal runaway），这是必须在烧结时加以克服和防止的。这可用计算机技术精确调控温度来解决。

微波烧结取决于材料的介电、磁性能和导热性能等。这些性能也与温度和频率有关。一般来说，具有明显离子和电子导电的导体和低介电损耗的绝缘体都很难实现微波烧结，而具有适中电导率和高介电损耗的材料容易实现微波烧结。对于低介电损耗的陶瓷，用混合加热的方法可有效解决低介电损耗材料难烧结的问题。一种混合加热是将微波能与其他热源相结合。此法是根据材料在不同温度下对微波的耦合情况，采用不同的加热方式，提高能量的使用效率，如低温试样主要靠周围易吸收微波的元件（如 SiC 棒）的辐射或对流加热，待材料达到临界温度后则靠自身吸收微波体积性发热而达到致密化。美国橡树岭国家实验室采用混合加热和保温结构，在 1200℃烧结 ZrO_2-3%（体积分数）$Y_2O_3$60min，其相对密度达 99%。另一种烧结低损耗陶瓷的方法是着重于改变材料的介电性能，通过添加适当比例的高损耗微波耦合剂（如 SiC、TiC 等），或表面喷涂，或在试样周围填充埋粉及设绝缘层等方法，使欲烧结陶瓷坯体的微波吸收能力增强。美国洛斯阿拉莫斯国家实验室对 Al_2O_3＋5%（体积分数）SiC 复合材料直接烧结（1600℃，70min），相对密度达到 98%～99%。还可用微波等离子体辅助烧结、可变微波频率的高温烧结等方式来实现低损耗陶瓷的烧结。

微波烧结受材料介电性能影响很大，烧结陶瓷的种类有限，为此提出用微波等离子体烧结。微波等离子体烧结和微波烧结不同的是微波低气压放电形成等离子体，具有高温、高活性的特点，因此微波等离子体烧结的优点是：①能快速地获得 2000℃以上的高温，适用于烧结常规方法不宜烧成的高温陶瓷材料；②极快的加热速率和烧结速率，能将试样在短时间内烧结至高密度；③降低了材料的烧结温度，有利于改善烧结体的显微结构和性能；④不受材料介电性能的影响，适于各种陶瓷的烧结。微波等离子体能够促进烧结和改善材料结构与性能。其原因是等离子体极高的温度、快速的加热作用，还有某些非热因素，如等离子体中的活性粒子与试样表面粒子发生某种化学反应，可能促进烧结。等离子体增大了材料内部扩散系数，促进扩散传质，加速致密化过程。

在我们进行的微波等离子体烧结中发现，除等离子体加热作用外，还可能存在微波加热作用。微波等离子体烧结不足之处是难以在常压下产生大体积均匀的等离子体，不适宜大尺寸陶瓷的烧结。另外等离子体的加热速度过快，控制不好易产生制品开裂。为解决单纯微波等离子体烧结的不足，有人采用微波－等离子体分步烧结，即低温阶段是微波加热，高温阶段等离子体加热，同时，具有微波烧结和微波等离子体烧结的优点。

此外，介质的渗透深度也是一个主要参数，有

$$D = \frac{\lambda}{\sqrt{\varepsilon_r tg\,\delta}} \qquad (6-12)$$

式中，λ 是自由空间的波长；$tg\,\delta$ 为介电损耗正切。不难看出，微波吸收介质的渗透深度大致与波长同数量级，所以除特大物体外，一般微波都能做到表里一致

均匀加热。虽然提高频率可加大介质的吸收功率，但由于波长变短，而使渗透深度减少。因此，应根据烧结物体大小选择频率。

③ 微波烧结装置　目前各种不同类型的微波烧结装置相继问世，功率从数百瓦到 200kW，频率从 915MHz 到 60GHz。1989 年美国 Varian 公司率先推出一台商品微波烧结装置，功率 15kW，频率 28GHz。

微波烧结成功与否，不仅取决于材料的特性，而且还取决于设备的性能。常用微波烧结装置如图 6-6 所示。它主要由微波发生器、环形器、定向耦合器、波导管、加热腔、阻抗匹配器和检测控制系统等组成。微波发生器产生的微波由波导管导入加热腔中对放置在腔体中的试样进行加热。环形器的作用是当负载失配时，将反射微波导向水负载以保护磁控管不被损坏。定向耦合器用于测定微波正、反向功率，从而判断负载的匹配情况和材料对微波的吸收情况。用三销钉调配器和短路活塞等调节匹配状态，使系统处于最佳匹配状态（反射功率为零或最小）。加热腔是微波烧结的关键部件，下面将作专门介绍。

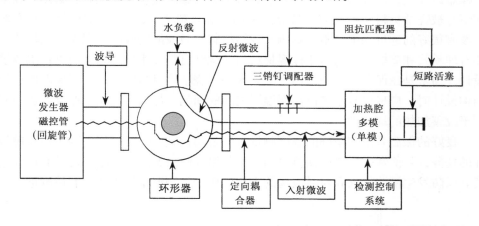

图 6-6　微波烧结装置组成示意图

目前所使用的加热腔有谐振式和非谐振式两种。微波烧结时微波场一般在加热腔内以驻波形式存在，加热腔体可分为单模谐振腔和多模谐振腔。多模谐振腔体内，微波由腔体内壁反射而形成多种驻波模式。在合理设计与正确的调谐和匹配情况下，可获得较大的温度均匀区。多模谐振腔的特点是结构简单、腔体尺寸大，适用于各种加热负载和大尺寸或成批样品的烧结。但由于腔体内存在多种谐振模式，一方面对电磁场分布作精确分析困难，另一方面由于腔体内电场分布不均匀，加热均匀性差，容易导致材料受热不均或产生局部过热。为改善多模腔的均匀性，常采用以下四种方法：第一种是在微波入口处加模式搅拌器，不停地搅乱腔体内电场分布；第二种方法是在烧结过程中不断移动试样，使试样各部分受电场作用的程度相等，常用转动和移动样品层来改善烧结体温度的均匀性；第三种改善多模腔均匀性的方法是采用合理的保温结构和混合加热。典型的混合加热和保温结构的两种型式如图 6-7 所示。其特征是试样放置于绝缘容器中心的氧化铝坩埚内，周围填充 Al_2O_3 纤维，并在纤维内某一半径的周围上间隔均匀地插入若干根 SiC 棒，这可起减小热散失、预热低损耗试样和防止加热腔中发生微波打火现象等多重作用。SiC 棒的作用在混合加热时已谈到，主要是 SiC 在低温下有很好的微波吸收能力，产生的热通过辐射或对流加热低损耗试样。当试样预热至临界温度后，则靠自身有效地直接吸收微波体积性发热而达到致密烧结。图 6-8 与图 6-7 的不同之处是没有 SiC 棒。另外，为了有更好的保温效果，内层是 Al_2O_3 空心球坩埚，外层是 Al_2O_3 纤维坩埚。保温结构应进行合理设计，不然不会获得良好的加热特性，这是因为保温结构和试样一同作为插入负载，直接影响到谐振腔内频移及阻抗匹配，只有当插入负载使得在微波源的工作频率内谐振曲线能够足够重叠并给出较好的匹配，才能连续地将微波功率耦合到负载上，否则试样难以加热。保温材料的选择要求具有不吸收微波能、绝缘性好、耐热、高温下不与被烧结材料发生反应等特点。常用保温材料为 Al_2O_3 和 ZrO_2 等。它们对微波有很好的透过深度，不会影响被烧结材料对微波能的吸收。保温层的形式主要有埋粉式和篮框式，为防止保温材料与被烧结材料发生黏结，还应进行隔离层设计。通常是在保温层与烧结体之间夹入一层烧结体材料的介质。对保温层进行结构设计时，应尽量减小坯体与保温层之间的间隔，加大保温层的厚度，这样有利于改善加热的均匀性。

　　良好的保温系统和精确的温度测量方法是陶瓷微波烧结过程中两个最有挑战性的任务。目前常采用热电偶测量和光学测温计测量温度。热电偶需精心设计包套，以防发生微波打火和对微波场的干扰，而光学测温精度不高，有待改进。

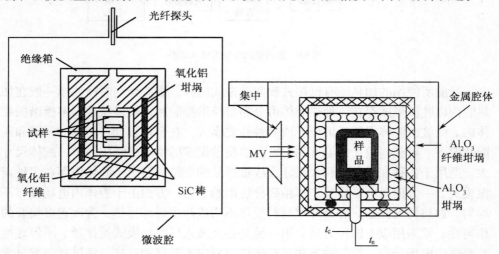

图 6-7　微波腔内烧结保温结构　　　　图 6-8　微波烧结腔和保温结构示意图

第四种改进谐振腔内电场分布均匀性的途径是提高微波源的频率。因为试样吸收微波能的功率密度与微波频率成线性关系，频率愈高，吸收的微波能愈多，这有利于加热低介电损耗材料。同时频率愈高，波长愈短，选择适当腔体尺寸，使腔体尺寸远远大于微波波长，在腔体内形成相当于对微波进行漫反射的"绝对黑体"。微波的不断反射使各种模式交叠在一起，形成均匀的电场。如美国和俄罗斯将频率由原来的 2.45GHz 提高到 28GHz 和 30GHz，使微波波长和体积为 $0.56m^3$ 的腔体尺寸之比从原来的 1:3 提高到 1:100，从而大大提高了腔内的均匀性，使电场的变化 $<4\%$，这有利于复杂形状或批量试样的均匀烧结。然而这种回旋管超高频微波发生器目前造价很高，选择时应综合考虑。通过上述改进，多模腔的均匀性得到很大提高。

在设计微波烧结设备时，还应考虑加热腔的容积、试样体积与加热腔容积之比以及试样在加热腔中的位置等因素对微波烧结的影响。

微波烧结陶瓷的装置除使用多模谐振腔外，还常采用单模可调谐振腔。单模式腔体的主要优点是功率密度高、损耗小，因此可以把低介电损耗的陶瓷材料如 Al_2O_3 等直接加热到高温进行烧结。腔体的谐振频率和阻抗匹配可灵活调节，腔内电场分布可定量描述，因而可对烧结过程进行精确控制。目前发展得较为成熟的单模腔为 TE_{10n} 型腔。

④微波烧结的优点　微波烧结的优点有：

a. 加热和烧结速率快　一般陶瓷的烧结是接收外部热源的辐射和通过制品由表及里的热传导来达到温度均匀。为防止热应力引起的断裂，加上多数陶瓷导热性差，因此升温速率慢、时间长。微波烧结是利用材料吸收微波能，在内部整体加热而达到升温烧结，因而能以极快的速率升温，一般超过 $500℃/min$ 以上，而且不受制品尺寸的限制。微波烧结致密化速率高，如 Al_2O_3 从素坯烧到 99% 理论密度，一般只需几分钟时间。

b. 烧结温度低　烧结出同样密度的制品时，微波烧结温度可低于常规烧结温度几百度。图 6-9 是相同样品用两种不同方法烧结的对比。由图可见，在 $1200℃$ 烧结 Al_2O_3 陶瓷，微波法可达 98% 密度，而常规法为 72%。

c. 陶瓷的显微结构改进有利于性能提高　微波烧结速率快、时间短，抑制了晶粒长大，可以获得超细晶粒的显微结构，有利于强度和韧性的提高。

d. 高效节能　由于微波能直接被材料吸收转换成热能，加上烧结时间极短，因而大大降低了能耗。微波烧结比常规烧结一般可节能 $50\%\sim90\%$ 左右。

e. 其他　能较经济简便地获得 $2000℃$ 以上的超高温，可以实现一些难烧结材料的无压烧结；由于微波没有热惯性，可以实现瞬时升降温，从而便于进行特殊的陶瓷热处理；同时可借助改变电磁场分布或材料成分的分布，实现微波能的聚焦和试件的局部加热，以满足某些特殊工艺的需要，如陶瓷的微波焊接和密封。

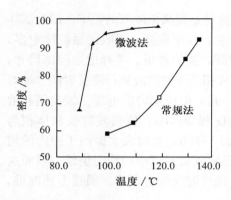

图 6-9　用微波法和常规法烧结陶瓷的
结果对比

由以上结果可以看出，微波烧结与常规烧结相比不仅时间短、速率快、烧结温度降低，而且产品性能好，具有很大的优越性。

⑤微波烧结的应用及展望　至今，几乎对所有陶瓷材料微波烧结的可行性进行了研究。瑞典微波技术研究所用微波能把超纯硅石加热到 2000℃ 以上来制造光导纤维，与传统热源相比不仅降低能耗而且减低石英表面的升华率。美国、加拿大等国的一些公司用微波炉来批量烧制火花塞瓷、ZrO_2、　Si_3N_4、　SiC、　$BaTiO_3$、　$SrTiO_3$、

TiO_2、PZT 和 PLZT、铁氧体、TiO_2、超导、氢化锂、Al_2O_3-TiC 和 Al_2O_3-SiC 晶须等陶瓷和陶瓷复合材料以及来自溶胶 凝胶法的致密整块硅玻璃、晶体莫来石粉末、霞石玻璃 陶瓷等材料，并在不到 12 min 的短时间内以及未添加碳或其他助烧剂的情况下，烧制出理论密度为 95% 的碳化硼，更令人振奋的是用微波炉烧结出坯体直径为 150mm、质量约为 1kg、致密度大于 98% 的高纯 Al_2O_3 大尺寸件。

作为一种前沿跟踪技术，我国对微波烧结的研究也给予了高度重视。武汉工业大学、清华大学、中国科学院金属研究所、中国科学院上海硅酸盐研究所等高校和研究所积极开展了多项研究并取得了极为可喜的成果。不仅能用微波每炉批量地烧结出高纯 Al_2O_3 舟型坩埚而且成功地烧出不开裂、组织均匀的发动机增压器涡轮转子，其坯体直径是 96 mm，最终致密度为理论密度的 97%，为迄今报道的最为复杂的微波烧结陶瓷件。特别是还在多模烧结系统中连续地烧结出 ϕ50 mm，长度约 3 m 的辊道窑用的 Al_2O_3 棍棒，同时对其他一些陶瓷材料及 Al_2O_3-TiC、Al_2O_3-TiC-MoNi 等陶瓷复合材料和陶瓷—金属复合材料的微波烧结也获得了成功或有意义的进展。微波低温烧结陶瓷的微波焊接、微波加热拉制石英光纤等也取得了重大进展。

微波烧结技术是一种极有价值和应用前景的烧结技术。虽然已在设备、工艺和机理方面取得了重大成就，但微波烧结技术还处于初始阶段，许多问题仍有待解决，如缺乏系统的材料高温介电常数及对不同频率下各种材料介电常数的变化规律；烧结中温度的均匀性有待提高；烧结腔体有待改进；以及扩大产量，降低价格等都需进一步研究解决，使之逐步实现产业化。微波烧结技术目前尚未完全成熟，但很有发展前途。

6.3 高技术陶瓷的某些重要原理

高技术陶瓷的优良性能，除由物质（化学组成）的特性决定外，还与陶瓷材料的显微结构（各种物相、晶界、气孔等）有密切的关系。脆性是陶瓷材料的一个致命弱点，因而改善陶瓷材料脆性是陶瓷学家长期关注的课题。因此，为了提高现有高技术陶瓷的性能和探索新材料，有必要对影响陶瓷材料性能的相变、晶界、强化与韧性的重要原理，以及陶瓷材料的发展趋势有所了解。

6.3.1 陶瓷的相变[1,12,24]

物质从一个相转变为另一个相的过程，称为相变。在系统中存在的相，可以是稳定的、亚稳的或不稳的。当系统的温度、压力或对系统的平衡产生影响的应力、电场、磁场等条件改变时，不稳定状态下系统的自由能发生变化，相的结构也相应地发生变化，即产生相变。

相变的类型很多，例如气相→液相（凝聚、蒸发）、气相→固相（凝聚、升华）、液相→固相（结晶、熔融）、固相（1）→固相（2）（晶型转变、有序－无序转变等）、液相（1）→液相（2）（液－液分相）都属于相变范畴。

某些材料在制造或使用过程中，受一定温度、应力或电场的作用，其晶体结构发生变化，这种变化一般称为结构相变。相变的发生对材料性能产生直接影响。因此，相变在新型无机材料（特别是陶瓷材料）工业中十分重要。相变在许多陶瓷材料中存在，如图 6-10 所示，材料的制造工艺与性能均与相变密切相关，

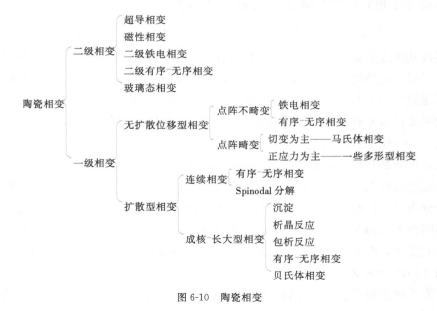

图 6-10 陶瓷相变

有时利用相变来改善材料的性能，有时避免相变带来的危害。例如，可以利用相变来增强、增韧脆性材料；利用液－固或固－固相变制备人工晶体；利用控制结晶来制造微晶玻璃；可以由化学气相沉积制备薄膜；利用相变实现材料的铁电、铁磁等性能的变化等。某些单晶生长后须经淬火处理以抑制相分离；某些材料在烧结时要引入矿化剂控制相变。相变已成为控制材料结构与性能的重要因素之一。

不加控制的相变常常会严重降低陶瓷材料的性能。例如，不加稳定剂的ZrO_2陶瓷在从烧结温度冷却的过程中，就会由于发生相变而严重开裂。研究陶瓷材料显微结构的变化所引起的宏观物理性能的变化，控制和利用某些陶瓷材料的相变特点，可以改进现有陶瓷材料的性能，开发出很多具备优良性能的相变陶瓷材料。

6.3.1.1 氧化锆陶瓷的相变

20世纪70年代出现的氧化锆增韧陶瓷具有优良的力学性能，是最重要的一种相变陶瓷。其优良的性能与材料中的相变有着密切的关系。材料中的四方（t）ZrO_2晶粒在制造过程或使用过程中可以相变成单斜（m）ZrO_2。按相变时间来分，可分为在烧成冷却过程中相变和在使用过程中相变这两类，造成相变的原因，前者是温度诱导，而后者是应力诱导。两类相变的结果都可使陶瓷得到增韧，按照增韧机理分别称之为微裂纹增韧和应力诱导下相变增韧。

纯ZrO_2有三种同素异形体结构：立方结构（c相）、四方结构（t相）及单斜结构（m相）。三种同素异形体的转变关系为

$$m\text{-}ZrO_2 \xrightarrow{1170℃} t\text{-}ZrO_2 \xrightarrow{2370℃} c\text{-}ZrO_2 \xrightarrow{2680℃} 液相 \qquad (6\text{-}13)$$

在接近其熔点的温度（2680℃）时，ZrO_2有立方CaF_2结构（c）；当冷却至约2370℃时，它转化为CaF_2结构的四方畸变型（t）；而在冷却至约1170℃时进一步相变为单斜对称（m）。其中$t\text{-}ZrO_2 \to m\text{-}ZrO_2$相变具有马氏体相变的特征，相变时无扩散并有形变。相变伴随有3％～5％的体积膨胀。相反，加热烧结时发生$m \to t$相变，体积收缩，巨大的体积效应足以超过ZrO_2晶粒的弹性限度，从而导致制品开裂。因此，制备纯ZrO_2陶瓷几乎是不可能的。相变温度又处在烧结温度与室温之间，因此对这一相变的控制对于含ZrO_2陶瓷的显微结构和性能十分重要。控制相变的主要因素是控制ZrO_2晶粒大小和控制所加入的稳定剂的不同种类（如Y_2O_3、CeO_2、MgO和CaO等）与加入数量。一般说来，在一定的温度下，ZrO_2晶粒尺寸较大的、稳定剂含量较小的ZrO_2陶瓷中容易发生较多的$t\text{-}ZrO_2 \to m\text{-}ZrO_2$相变。

为了防止相变引起的开裂，通常在纯ZrO_2中加入适量与它结构近似的氧化

物（如 Y_2O_3、CeO_2、MgO 和 CaO 等）。这些稳定剂的阳离子半径与 Zr^{4+} 相差不大。它们在氧化锆中的溶解度相当大，在高温烧结时，将和氧化锆形成单斜、四方和立方等各种晶型的置换式固溶体，大大降低了 ZrO_2 的 $t \rightarrow m$ 相变温度，并形成一个相变温度范围。适当控制热处理工艺可使部分高温相（c 相或 t 相）在室温下呈亚稳态，形成有相变作用的 ZrO_2 陶瓷。由 Y_2O_3-ZrO_2 相图（图 6-11）可见，ZrO_2 陶瓷的相组成和相变与稳定剂 Y_2O_3 的含量直接相关。一般说来，当 Y_2O_3 含量小于 2%（摩尔分数）时，ZrO_2 以单斜相（m）存在；当 Y_2O_3 含量大于 8%（摩尔分数）时，ZrO_2 以立方相（c）存在；而当 Y_2O_3 含量在 2% ～8%（摩尔分数）的范围内，ZrO_2 以二相或三相共存。当 Y_2O_3 含量在 3%（摩尔分数）左右时，由于陶瓷中 ZrO_2 晶粒间的相互抑制，可以通过控制适当的晶粒尺寸而制备出全部由四方 ZrO_2 组成的四方氧化锆多晶

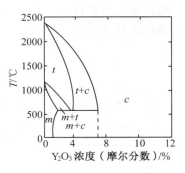

图 6-11 Y_2O_3-ZrO_2 相图的有关区段

陶瓷（Y-TZP）。Y-TZP 中的 t-ZrO_2 在应力诱导下可以相变为 m-ZrO_2 而使陶瓷得到增韧。这是一种力学性能优良的结构陶瓷。

在对 ZrO_2 相变增韧陶瓷的研究中普遍发现，材料中四方 ZrO_2 晶粒的保留与否关键取决于 ZrO_2 颗粒的大小，由表 6-9 可以知道 ZrO_2 颗粒有三个临界尺寸 D_1、D_2、D_3，不同大小的 ZrO_2 晶粒各有不同的主要增韧机理（包括没有增韧作用）。当 ZrO_2 颗粒尺寸比较大，而稳定剂含量比较少时，陶瓷中的 t-ZrO_2 晶粒在烧成后冷却至室温的过程中发生相变，相变所伴随的体积膨胀在陶瓷内部产生压应力并在一些区域形成微裂纹。当主裂纹在这样的材料中扩展时，一方面受到上述压应力的作用，阻碍裂纹扩展，同时由于原有微裂纹的延伸和主裂纹的阻断改向也吸收了裂纹扩展的能量，因此提高了材料的强度和韧性，这就是微裂纹增韧。

应力诱导下的相变增韧在 ZrO_2 增韧陶瓷中是最主要的一种增韧机制。材料中的 t-ZrO_2 晶粒在烧成后冷却至室温的过程中仍保持四方相形态，而当材料受到外应力的作用时，被应力诱导发生相变。由于 ZrO_2 晶粒相变吸收能量而阻碍裂纹的继续扩展从而提高了材料的强度和韧性。当材料受到外应力作用时，只有应力作用区内的 t-ZrO_2 晶粒才能受到应力诱导而发生相变。而实际上，在应力作用区内，也并非所有 t-ZrO_2 晶粒都可以起相变增韧作用，只有其中一部分晶粒尺寸相对较大、稳定剂含量相对较低的 t-ZrO_2 晶粒可以在应力诱导下相变而起相变增韧作用。另一些晶粒尺寸小、稳定剂含量高的 t-ZrO_2 晶粒，即使外界抑制全部消除后还是不会发生相变，这部分 t-ZrO_2 晶粒就不可能起任何相变增

韧作用。弄清这点对实践具有很重要的指导意义。为了获得最大的增韧效果，人们原认为要有最大的 t-ZrO_2 体积分数，而实际上最重要的是要有最大的在应力诱导下可以相变的 t-ZrO_2 体积分数。为此，不仅要有适当的 ZrO_2 晶粒尺寸和稳定剂含量，更重要的是要使 ZrO_2 晶粒尺寸和稳定剂含量分布这二者都尽量均匀。一般说来，对 ZrO_2 晶粒尺寸和稳定剂含量分布的均匀性的控制难度更大，但这是做好 ZrO_2 增韧陶瓷的关键。

表 6-9　ZrO_2 陶瓷的晶粒尺寸与增韧机制

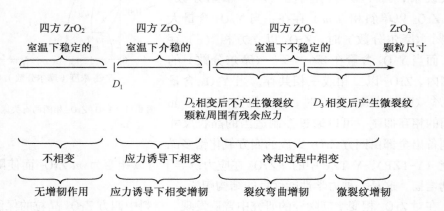

到目前为止，比较一致的看法是在 ZrO_2 增韧陶瓷中起作用的有相变增韧、微裂纹增韧和裂纹弯曲增韧这三种机制，其中应力诱导下的相变增韧是最主要的。在这三种增韧机制中，相变增韧与裂纹弯曲增韧是严格叠加的；而在相变增韧和微裂纹增韧同时起作用时，要注意有微裂纹存在的相变增韧作用要小于无微裂纹时的相变增韧，因此不能认为总的增韧是单独起作用时的相变增韧和单独起作用时的微裂纹增韧之和。

至今为止，最重要的 ZrO_2 增韧陶瓷有 Y-TZP、Ce-TZP、Mg-PSZ、ZrO_2-Al_2O_3 和 ZrO_2-莫来石等几种。由于 ZrO_2 增韧陶瓷具有特别高的常温抗折强度和断裂韧性，因此近十多年来受到科学界和工业界的高度重视，一些产品已经得到了比较普遍的应用。但是由于 ZrO_2 增韧陶瓷的高温力学性能显著降低，使它的应用前景受到严重限制，因此如何克服 ZrO_2 陶瓷的这一弱点已成为亟待解决的课题。目前已研究出一些在 ZrO_2 陶瓷（如 Y-TZP）中添加第二相弥散粒子或晶须以改善其高温力学性能的工艺，但尚需进一步完善。

6.3.1.2　相变在功能陶瓷中的应用

人们利用可控外界条件的变化，通过结构相变来控制陶瓷材料的物理性能变

化，开发了功能陶瓷的许多新功能。它的作用原理和发展方向大体可表示如下
（自发极化随应力、温度、电场的变化）：

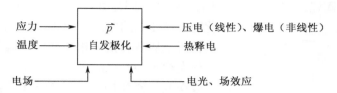

　　铁电晶体具有自发极化，在外应力作用下，由于自发极化发生变化而感生电
效应。然而足够大的应力，往往能迫使晶体发生结构相变，自发极化在相变过程
中往往会产生突变，突然消失或突然产生。由此产生的电效应变化远比压电效应
大，并显然是非线性的。近代利用电场、应力诱导相变而发展起来的爆电效应，
就是利用冲击波代替外加应力，作用在铁电陶瓷上，迫使陶瓷发生结构相变从铁
电体转变为反铁电体，因而可在微秒级的时间内释放 $30\mu C/cm^2$ 的电荷，从而能
在一般尺寸的陶瓷块上建立几万以至几十万伏的高压，几百以至几千安培的电
流。这种爆电换能器用于点火，具有能量密度高、器件体积小、使用安全可靠、
放电波形可控、精确度高等优点，军事上的应用价值很高，是一种特殊的脉冲大
功率电流。
　　用于爆电换能的陶瓷材料 PZT95/5，与一般 PZT 陶瓷的不同处在于陶瓷组
分比例有较大的变化，它在室温条件下是处于相图中的铁电—反铁电相界并靠近
反铁电相一边。施加足够高的电场可迫使陶瓷材料相变为铁电体，在撤除外加电
场后并不返回反铁电相，但使用时在外来冲击波的作用下可迫使返回反铁电相。
为了减小温度的影响，人们已研制成功一种在温度—组成相图上具有垂直铁电—
反铁电相界的陶瓷材料。图 6-12 所示为具有垂直相界的 PSZT 材料。图 6-13 所
示为掺有 Nb 的 PZT95/5 材料的等静压力诱导相变释放电荷的曲线图（x 为 Ti

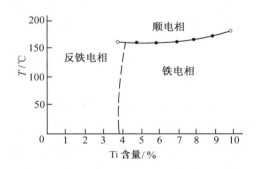

图 6-12　实验得到的 Sn 含量为 0.2 时 PSZT
系统的相图

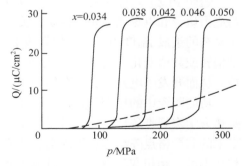

图 6-13　掺 Nb 的 PZT95/5 材料的等静压力 p 诱
导相变释放电荷 Q 曲线

含量）。

第二类利用相变的功能陶瓷是利用温度诱导下发生相变的热释电陶瓷，称为相变热释电陶瓷。它与一般热释电陶瓷的不同之处在于如图 6-14 所示的自发极

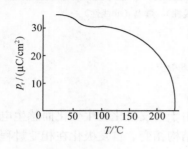

图 6-14　掺 Nb 的 PZT 自发极化（p_r）随温度（T）变化

化随温度变化的曲线中出现二次相变转折。第一次转折是从高温铁电相转变为低温铁电相，自发极化大约有 $4\mu C/cm^2$ 的变化；第二次相变转折与一般铁电陶瓷相同，是从铁电相相变为顺电相。自发极化通过高低温铁电相之间的相变所产生的变化是可逆的。显然这种材料在相变温度区域的热释电系数是非常高的，比一般的铁电陶瓷要高一个数量级，达 $4.8\times10^{-3}C/(m^2\cdot K)$。通过其他掺杂改性可以做到在较宽的温度范围（0～70℃）内，仍能保持较高的热释电系数。用这种陶瓷材料制成的热释电探测器，其灵敏度也可与 TGS、PVF$_2$ 等著名热释电材料相比。另外，陶瓷材料价格低廉，并易于制造大面积制品，因而这种改性 PZT 相变热释电材料目前很具有竞争能力。

功能陶瓷中的 PTC（正温度系数）效应，即导电性能的突变，与陶瓷材料的结构相变有密切关系。BaTiO$_3$ 基陶瓷具有 PTC 效应的主要原因有两个：一个是高价离子的取代，提供了使绝缘陶瓷具有导电性能的自由电子，然而陶瓷是多晶体，导电晶粒受到晶界势垒的影响，阻碍电子贯穿晶界，使陶瓷体难以导电；能使陶瓷导电的主要原因是陶瓷体从高温态降温通过居里温度时，陶瓷体内出现自发极化，由自发极化产生的内电场补偿了晶界势垒，使积聚在晶界的大量自由电子易于穿过晶界而在陶瓷体内导电，由于相变是在一定的温度范围内突然产生的，因而陶瓷体的电阻也发生突变。目前已有些 PTC 陶瓷，能在不到 10℃ 的变化温度范围内使电阻率的变化达 8～10 个数量级（图 6-15）。

透明 PLZT 陶瓷所具有的电光效应，包括电控双折射和电控光散射，也主要与应力诱导和电场诱导相变密切有关。具有电光效应较大的材料的组分往往是处于复杂的组成-温度相图中的相界线上。相变过程中导致自发极化变化，引起光轴偏转或数值变化、折射率变化和双折射的产生和变化，所有这些变化都可电控，从而开发了电光开关、存储和显示功能等一系列应用。

功能陶瓷中的相变研究目前还处于定性阶段。非常复杂的陶瓷结构使得无论是热力学宏观唯象理论还是微观软模理论都未能定量解释陶瓷材料由复杂组分所带来的非严格点阵结构和不规则的缺陷结构所决定的宏观物理性能。陶瓷的可约相和不可约相相变理论正为此目标而努力。然而随着功能陶瓷向着多功能、小型化、薄膜化和集成化的方向发展，陶瓷相变理论必将会愈来愈完善。

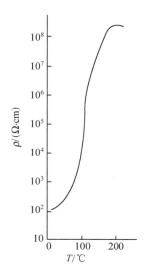

电极直径：12.9mm

居里点：50℃

电阻率（室温）：$1.06 \times 10^2 \Omega \cdot cm$

电阻率（最小）：$1.06 \times 10^2 \Omega \cdot cm$

电阻率（最大）：$2.3 \times 10^8 \Omega \cdot cm$

最大/最小：2.2×10^6

图 6-15　PTC 陶瓷的 ρ-T 特性

6.3.2　陶瓷的晶界工程[1,12,28]

多晶材料是由晶粒和晶界等组成的多晶体。晶界是指多晶体中相邻晶粒之间的界面。陶瓷材料通常是多组分、多相结构。既有各类晶相，又有非晶态相；既有晶粒相，又有晶界相。虽然晶粒相是控制材料性能的基本要素，但晶界也会产生关键的影响。陶瓷材料的力学性能（机械强度、韧性、塑性变形、高温蠕变等）、电气性能（电导率、介电损耗等）和耐腐蚀性等化学性质取决于多晶体晶界的性质和状态。尤其在高技术领域中，要求材料具有细晶交织的多晶结构以提高机电性能。此时晶界所占比例大，在材料中所起的作用更加突出。晶粒大小和晶界体积分数的关系如图 6-16 所示。由图可见，晶粒愈细，晶界所占的比例就愈大。当晶粒尺寸为 $1\mu m$ 时，晶界占晶体总体积的 1/2。显然在细晶材料中，晶界对材料的性能有着极大的影响，晶粒愈细，强度愈高。纳米材料就是通过减小晶粒来获得优异性能的。

尽管晶界对陶瓷材料起着十分重要的作用，但目前对其结构和性质的确切了解并不十分清楚。一般晶界上的原子不能有序排列，具有过渡的性质，致使结构比较疏松，使晶界具有一些不同于晶粒的特性。晶界上原子排列较晶粒内疏松，因而晶界受腐蚀（热侵蚀、化学腐蚀）后，很易显露出来；由于晶界上结构疏松，在多晶体中，晶界是原子（离子）快速扩散的通道，并容易引起杂质原子（离子）偏聚，同时也使晶界处的熔点低于晶粒；晶界上原子排列混乱，存在着许多空位、位错和键变形等缺陷，使之处于畸变状态，故能阶较多，使得晶界成为固态相变时优先成核的区域等。人们利用晶界的一系列特性通过加入添加物和

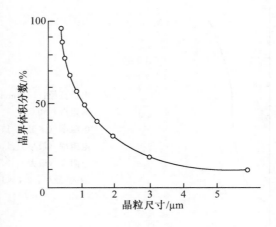

图 6-16   晶粒大小与晶界体积分数的关系

改变工艺过程来控制晶界组成、结构和相态等，提高陶瓷材料的性能，即所谓的晶界工程。它包括研究晶界的作用、晶界的组成以及对材料性能的影响，并通过晶界设计达到强化"清洁"晶界的目的，设计出达到人们所要求性能的材料。

6.3.2.1   晶界对陶瓷显微结构的重要作用

陶瓷材料制备过程中的每一工序都会对显微结构产生重大影响，其中烧结这

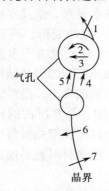

图 6-17   几种晶界移动的机理示意图
1—气孔通过晶格扩散迁移；2—气孔沿表面扩散迁移；3—气孔移动依赖于物质的气相传递；4—气孔聚合依赖于晶格扩散；5—气孔聚合依赖于晶界扩散；6—单相晶界的本征迁移；7—存在杂质牵制的晶界移动

一制备步骤最为突出。在烧结过程中，细小的颗粒间首先形成晶界。在表面能驱动下，物质通过不同的扩散途径和机理向气孔部位充填，逐步减少气孔所占的体积，扩大晶界的面积，使坯体致密化。在初期烧结阶段，连通的气孔不断缩小；两个颗粒之间的晶界与相邻近的晶界相遇，形成晶界网络；晶界移动，晶粒逐步长大。其结果是气孔缩小，直至成为不连通的孤立气孔分布于几个晶界相交位置上，使坯体的密度达理论密度的90%以上。当烧结末期，孤立的气孔扩散到晶界上消除，或晶界上的物质继续向气孔扩散充填，使致密化继续进行；同时晶粒继续均匀长大，一般气孔随晶界一起移动，直至得到近于完全致密的多晶陶瓷材料。由此可见，晶界在陶瓷材料显微结构的形成和发展中起着重要作用。晶界移动的几种机理如图 6-17 所示。

6.3.2.2　晶界的组成

几乎所有陶瓷材料的烧结致密化过程都通过加入添加物这一媒介来促成。添加物往往在晶界附近富集，在晶界处形成连续第二相以及第二相在晶界的钉扎、改变晶界能和表面自由能之比等，致使晶界的物理状态和化学组成都和晶粒内部不同，这样对材料性能会有很大的影响。

以氮化硅工程陶瓷为例，氮化硅是共价键较强的化合物，自扩散系数很小，致密化所必须的体积扩散及晶界扩散速度很小，烧结驱动力 $\Delta\gamma$（$\Delta\gamma = \gamma_{sv}/\gamma_{gb}$，$\gamma_{sv}$ 为粉末的表面能，γ_{gb} 为烧结体的晶界能）很小，而且在高温下分解成氮和硅。这些因素决定了纯氮化硅不能仅依赖固相烧结达到致密化，而必须加入少量添加物，使其在高温下与氮化硅表面的 SiO_2 反应生成液相，以求达到致密烧结。MgO 是最早使用的添加物，它与氮化硅粉末颗粒表面上的 SiO_2 在高温下形成接近于 $MgSiO_3$-SiO_2 共熔组分的液相，形成有液相参与的烧结过程，促进了烧结。但是，这些液相在烧结后的冷却过程中变成低熔点、低黏度的玻璃相残留在晶界上，尽管这层晶界玻璃相很薄（约 10Å），但对 Si_3N_4 的高温性能却有显著影响。添加 MgO 的热压 Si_3N_4 材料，其强度在 800℃ 开始明显下降，这主要是由于该玻璃相熔融后黏度不高所致。

若采用高熔点的稀土氧化物作为 Si_3N_4 的烧结添加物，则可使晶界相由高熔点化合物组成，使整个材料的高温性能获得改善。例如，添加 Y_2O_3 和 La_2O_3 的热压氮化硅，可使抗弯强度从室温到 1300℃ 保持在 800～900MPa 水平，到 1400℃ 维持在 680MPa。而且，断裂韧性也是随温度提高（至 1300℃）而不断提高，在 1300℃ 的 K_{IC} 值约为 10MPa·m$^{1/2}$，从断面的 SEM（扫描电子显微镜）观察和 EPMA（电子探针微区分析）分析，可以认为沉淀强化与裂纹弯曲是提高这类材料 K_{IC} 的两种可能机制。其晶界组分分析确定为大量含 Y、La 的玻璃相，共熔点温度大于 1500℃，还有一部分 $LaYO_3$ 晶体存在。由此可见，晶界的组成对整个材料的性能，尤其对高温力学性能的影响甚为明显，而且组成是随添加物而异，这就为晶界工程提供了丰富的研究内容。

6.3.2.3　晶界相设计及晶界性能的改善

1. 氮化硅陶瓷的晶界设计和性能的改善

（1）采用高熔点的稀土氧化物作为烧结添加物，从而获得高黏度、高熔点玻璃相以强化晶界　稀土氧化物与 Si_3N_4 表面的 SiO_2，形成共熔物的温度均在 1600℃ 左右。如 Si_3N_4-SiO_2-La_2O_3 系统，1650℃ 出现液相；性质与稀土氧化物相近的 Y_2O_3 与 Si_3N_4、SiO_2 形成的共熔温度至少在 1500℃ 以上。这些系统的共熔温度要比 Y_2O_3-Al_2O_3-SiO_2 系统高出 200℃ 左右，使 Si_3N_4 陶瓷的晶界玻璃相的软化温度大大提高。如前所述，添加 Y_2O_3 和 La_2O_3 的热压 Si_3N_4，由于晶粒之间存在大量 Y、La 玻璃相，其黏度较大从而可使高温强度维持到 1300℃ 不变，这就使晶界有较高的高温结合强度，即使在 1400℃ 高温下破坏，仍能观察到穿晶断裂的迹象。

（2）促使玻璃相析晶，提高晶界相耐火度 Y_2O_3 和 Al_2O_3 是常用的烧结添加物，烧结后以玻璃相残留在晶界上。其玻璃相的元素组成为 Si、Al、Y、O、N。从相平衡角度考虑，Si_3N_4 可和 $Y_2Si_2O_7$ 共存，$3Y_2O_3 \cdot 5Al_2O_3$（YAG）能与 Si_3N_4、β 塞龙共存。所以经过一定的热处理工艺，使玻璃相以 YAG、$Y_2Si_2O_7$ 和 $Y_2O_3 \cdot Si_3N_4$ 等化合物形式析出，无疑可大幅度提高 Si_3N_4 陶瓷的晶界相耐火度，因为这类化合物是高熔点化合物，熔点均在 1800℃ 以上，例如 YAG 的熔点高达 1960℃。

以此设计思路，英国成功地开发了以 YAG 为晶界相的掺 Y_2O_3 和 Al_2O_3 的氮化硅，先反应烧结后再重烧结（1800℃、3h），重烧结后随即经 1450℃、25h 热处理，材料最终由 β 塞龙、α 塞龙和 YAG 相组成，且 YAG 相处在多晶粒交界处。热处理后材料在 1400℃ 时的强度仍保持不变，而未处理的在 1400℃ 时强度却降低 50%（表 6-10）。

表 6-10 不同工艺的氮化硅材料的物性

物 性	RBSN	1800℃、3h 重烧结	1450℃、25h 热处理
体积密度/(g/cm³)	2.63	3.14	3.10
显气孔率/%	15.3	0.58	0.39
抗弯强度/MPa,室温	247±17	465±44	446±32
抗弯强度/MPa,1200℃		454±14	485±18
抗弯强度/MPa,1400℃		206±17	439±61

（3）氧化扩散，改变晶界组成 非平衡态的晶界玻璃相，在氧化过程具有两个作用：一是作为快速扩散的连续通道；二是玻璃相本身进行氧化反应。利用这种设计思想，Lange F F 首先发现一些氮化物在中等温度下，会快速氧化。例如，添加 MgO 的热压 Si_3N_4，在 Mg-Si-O-N 玻璃相中，在氧化过程，玻璃相中的正离子（Mg 离子和其他杂质离子，不包括 Si 离子）扩散到表面以达到组成上的平衡。由于 Mg^{2+} 等正离子扩散出来而使玻璃相内部留下多余的氧和 SiO_2，即与 Si_3N_4 反应生成 Si_2N_2O，外部的氧也能向晶界上的玻璃相扩散，与 Si_3N_4 反应生成 Si_2N_2O。这种向外扩散的正离子和向内扩散的氧驱使组成点向 Si_3N_4-Si_2N_2O 组成方向移动，其结果使形成低熔点液相的杂质离子不断扩散到表面而提高了余下的玻璃相的熔化温度。同时由于扩散的作用，使玻璃相本身不断析出更耐高温

的第二相。

按这个设计思路，经 1400℃、100h 的氧化处理，可使添加 MgO 的 Si_3N_4 的抗蠕变性能获得改善。在未氧化处理前，蠕变速率较大，应力指数近似于 2；而经 1400℃、100h 氧化处理后，蠕变速率明显降低，应力指数变为 1。氧化处理同样也使高温抗弯强度明显提高。经 1400℃ 氧化处理 300h 的添加 MgO 的热压 Si_3N_4，在 1400℃ 的抗弯强度比未氧化前提高 60%。牌号为 NC-132 的 Si_3N_4，经 1500℃、300h 氧化后，1400℃ 时的抗弯强度比未氧化处理的材料几乎提高了一倍。

（4）晶界的净化　近年来，对以 Si_3N_4 为基础的（Si，M）/（O，N）系统的大量相平衡研究（M 代表 Mg、Al、Li、Be、Y 等元素），发现和硅酸盐相类似，可以形成一系列的氮化物、氮氧化物和 M/X（X 代表负离子 N、O 等）比例相对固定的固溶体，其中有些具有很高的熔点。这些相平衡研究的结果指出，晶界玻璃相，若组成选择适当，可在热压烧结的后期或烧结后的热处理中，使之逐步固溶到晶粒中去，处在晶界的低熔玻璃相即基本消失，这无疑是一条净化晶界的途径。

这种形成固溶体以净化晶界的方法，可改善材料的高温性能。例如，单相 Sialon 材料，其室温强度为 $440\pm60MPa$，1400℃ 时强度为 $410\pm30MPa$。直到 1400℃ 强度基本不下降的情况，显示出改善 Si_3N_4 晶界性能，使玻璃相固溶到晶粒中而获得单相塞龙所起的卓越效果。

2. 碳化硅陶瓷晶界工程

碳化硅也是共价键很强的非氧化物。Si—C 间键的离子性仅为 14%，Si—C 键的高稳定性，致使烧结时的扩散速率相当低，另一方面，SiC 晶粒表面往往覆盖着一层非常薄的氧化层，起着扩散势垒的作用。

按热力学观点，要使纯的亚微米级共价结合固体粉末烧结，必须满足的条件是 $\gamma_{gb}/\gamma_{sv}<\sqrt{3}$，否则就不易烧结。式中，$\gamma_{gb}$ 表示晶界能；γ_{sv} 表示表面自由能。

SiC 颗粒表面的氧化物层，在 1700℃ 左右，以熔融 SiO_2 形态分布在晶界处，使碳化硅和碳化硅的颗粒间接触机会减少，抑制烧结。且 SiO_2 的表面自由能 γ_{sv} 在 2000℃ 时只有 $2.5\times10^{-5}J/cm^2$。当 SiC 粉料中加有碳时，由于发生 $SiO_2+C\longrightarrow SiC+2CO$ 反应，使表面自由能提高到 $1.8\times10^{-4}J/cm^2$。

添加多余的碳残留在晶界上，能起到抑制晶粒生长的作用，但同时也提高了晶界能 γ_{gb}，所以仅添加碳不能使 SiC 烧结。再添加 B_4C 后，可与 SiC 固溶，生成（Si）（C，B），从而降低晶界能，也可使 γ_{gb}/γ_{sv} 比值减小。

所以，B_4C 和 C 是促进 SiC 烧结的缺一不可的有效添加物，它们改变晶界能和表面自由能之比，且形成的固溶体在晶界上不残留低熔点物质。添加 1%（质量分数）B_4C 和（质量分数）3% C 的热压 SiC，室温强度接近 500MPa，而高温下直到 1400℃，其抗弯强度略有增高，达 520MPa。

3．功能陶瓷中的晶界工程

晶界工程在功能陶瓷中的应用也十分普遍。如表 6-11 所示，半导体陶瓷作敏感材料的，其中有一大类是利用晶界特性，最突出的例子是正温度系数（PTC）材料，它的基体材料是 $BaTiO_3$ 多晶体陶瓷。$BaTiO_3$ 本身为绝缘体，用异价离子置换后就有可能使材料中的晶粒成为半导体，而在晶界处则形成 Ba^{2+} 空位，使晶界呈受主态，造成电荷的积累，形成势垒即高阻晶界相。又由于

表 6-11　电子陶瓷中晶界的应用

品　名	晶界范围	结晶粒子	晶界效应
PTC 热敏电阻	受主离子（Mn、Cu、Fe 等）的晶界偏析（或分凝）	强介电性结晶 $BaTiO_4$ 的原子价控制 n 型半导体	产生 PTC 特性，使电阻温度系数变大
晶界层电容器	把受主离子（Bi、Cu、Mn 等）分布在烧结体表面，通过加热处理产生晶界扩散，形成 $0.1\sim1\mu m$ 的连续薄膜状的高阻抗晶界层	TiO_2、$BaTiO_3$、$SrTiO_3$ 等的原子价控制 n 型半导体	随着介电体部分（高阻抗层）的实际有效厚度变小，陶瓷体的表观介电常数和（平均粒径－晶界层厚度）/晶界层厚度成比例的增大
ZnO 变阻器	通过液相烧结使 Bi_2O_3 成为主要成分，形成厚度 $1\mu m$ 的连续薄膜状的高阻抗"晶粒间相"	ZnO 的 n 型半导体	产生非线性电阻特性，使电压非直线指数以及非直线电阻变大
SiC 变阻器	通过"液相烧结"使 SiO_2、Al_2O_3 成为主要成分，形成以黏土成分变成的连续薄膜状的高阻抗"晶粒间相"	SiC 的 n 型半导体	产生非线性电阻特性
铁淦氧	通过液相烧结使 CaO、SiO_2 成为主要成分，形成厚度 $0.1\mu m$ 的连续薄膜状的高阻抗"晶粒间相"	强磁性结晶 Mn-Zn 铁淦氧（绝缘电阻低）	使涡流损耗减小
CdS-Cu_2S 荧光光电元件	通过电化学处理，使铜离子产生"晶间扩散"形成连续薄膜状的 p 型半导体 Cu_2S 的晶间层	CdS 的 n 型半导体	和单纯的表面利用相比，晶界利用中，起光电效应的 pn 结合部的面积要大一些
ZnS-Cu_2S 系 EL 陶瓷	p 型半导体 Cu_2S 相的"晶界析出"	ZnS 的 n 型半导体	外加直流以后，在阳极的晶界 pn 结合处产生电致发光，和单纯的粉末分散型相比，晶界型在低压下也发光，而且亮度较大

BaTiO₃本身是铁电体，在居里温度 T_c 以下，因铁电体极化形成电畴，并在晶界处形成电荷，这些电荷与上述的晶界势垒相抵消时，使势垒骤降；而在 T_c 以上，又恢复晶界势垒。材料在 T_c 前后的电阻突变达 $10^3 \sim 10^5$ 数量级。通过调节晶界的组成及其显微结构就有可能获得最佳的晶界势垒，也即通过晶界工程可以预置所需 PTC 材料的 T_c 温度，一般可使 T_c 从 -100℃到 400℃。PTC 的这种电阻效应使它具有广泛的应用前景，据悉每年产量增加 $10\% \sim 20\%$，已广泛用于温度检测、过热保护、彩电消磁和马达起动等方面。

晶界工程的研究主要依赖于晶体化学、高温物理化学过程等基础理论，尤其是相平衡研究的结果对晶界设计可提供直接的指导。

总之，通过改变晶界状态以提高整个材料性能的晶界工程正愈来愈受到重视，成为材料设计中必须考虑的重要问题。当今陶瓷材料中的晶粒尺寸已从微米级进入纳米级，晶界在体积上几乎占据整个材料体积的一半，因此晶界效应引起材料性能上的差异将达到量级上的变化而导致出现新的功能，其研究的内涵也更为丰富。

6.3.3　陶瓷的强化与增韧[1,5~10,16,25~30]

陶瓷材料具有耐高温、耐磨损、耐腐蚀、电绝缘和质量轻等一系列优良的特殊性能，但因其致命的弱点——脆性，限制了它的应用。陶瓷材料的化学键和晶体结构决定了陶瓷材料缺乏像金属那样在受力状态下发生滑移引起塑性变形来松弛应力的能力，并容易产生缺陷，存在裂纹，易于在裂纹尖端引起应力集中，因而决定了其脆性的本质。因此，改善陶瓷材料的脆性已成为陶瓷科技工作者长期关注的问题。

近一二十年来围绕这一致命的关键性问题进行了深入的基础研究和工艺研究，取得了突破性进展。陶瓷材料的强度和韧性已有大幅度提高。采用超细粉末、控制烧结工艺和利用晶界工程等手段，以获得结构均匀、微晶高强材料是提高材料强度、韧性的有效方法。新发展的改善陶瓷材料脆性的五种有效途径是：①通过纤维（或晶须）来补强陶瓷，即通过形成陶瓷基复合材料的途径来强化与增韧；②引入第二相物质，借助弥散强化、粒子强化等进行强化与增韧；③氧化锆相变增韧；④表面强化与增韧；⑤自补强强化与增韧。其中，纤维（或晶须）补强陶瓷和异相弥散强化增韧陶瓷都属于多相复合陶瓷的范畴，是当前陶瓷材料研究的主要方向之一。

6.3.3.1　纤维（或晶须）增强和增韧陶瓷

纤维（或晶须）增强和增韧陶瓷，是用一种强度及弹性模量均较高、化学和物理相容性好的纤维（或晶须）均匀分布于陶瓷基体中制成纤维（或晶须）增韧陶瓷基复合材料，它可能是一种既能增强又能增韧，同时又能在较高温度保持材料强韧化的方法。

1. 纤维的增韧作用及机理

纤维在复合材料中的增韧作用主要表现为增大材料的断裂能。复合材料断裂

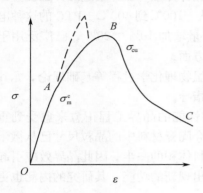

图 6-18　陶瓷基复合材料中典型的
应力–应变曲线

时，裂纹扩展过程中吸收能量的机制有三种：① 裂纹尖端遇到纤维时引起纤维与基体结合的解离，从而减缓裂纹的应力集中，甚至终止裂纹的继续扩展；② 造成纤维的断裂；③ 使纤维从基体中拔出。这三种消耗外来能量的机制，又以纤维从基体中拔出所消耗的能量为最大。简述如下。

最佳设计制造的连续纤维补强的复合材料具有图 6-18 所示的应力–应变曲线。

曲线大致分为三段：OA 段应力水平较低，材料处于线弹性阶段。在 A 点开始与线性偏离，A 点的应力为基体开裂应力 σ_{m}^{c}，比纯基体开裂应力大很多：

$$\sigma_{m}^{c} = 1.82\left[\left(K_{m}^{c}\right)^{2} \tau E_{f} V_{f}^{2} V_{m}\left(1 + E_{f} V_{f} / E_{m} M_{m}\right)^{2} / E_{m} R\right]^{1/3} \tag{6-14}$$

式中，K_{m}^{c} 为基体的断裂韧性；τ 为界面剪切强度；R 为纤维半径；E 代表弹性模量；V 代表体积比；下标 f 与 m 分别代表纤维与基体。

AB 为第二阶段，随着应力提高基体裂纹愈来愈多。B 点对应于材料的极限强度，与单相陶瓷相比，虽然单相陶瓷的极限强度有时比陶瓷基复合材料高些（图中虚线所示），但是，极限强度下的应变值却比陶瓷基复合材料小得多，即单相陶瓷断裂功，比陶瓷基复合材料小得多。BC 段为第三阶段，对应于纤维与基体的解离和纤维的断裂与拔出过程。此图示意性地说明了陶瓷基复合材料中纤维补强增韧效应。

由此可见，陶瓷基复合材料在轴向应力作用下，断裂包含基体开裂、基体裂纹逐渐增加、纤维断裂、纤维与基体解离和纤维从基体中拔出等复杂过程。

（1）纤维从基体中拔出（图 6-19）　Cooper G A 推导了纤维从基体中拔出的功为

$$W_{P} = \frac{V_{f} \tau D^{2}}{12 R} \tag{6-15}$$

式中，V_{f} 为纤维的体积分数；τ 为纤维与基体之间的剪切应力；D 为纤维上面两个缺陷点之间的平均距离；R 为纤维的半径。

从式（6-15）可知，欲提高 W_{P}，首先是提高纤维的含量 V_{f}；其次是提高纤维与基体之间的结合力，但过大的 τ 会使纤维首先断裂；第三是减小纤维的直

径，在同样的体积分数下，纤维的直径减少，则意味着增加了纤维和基体之间的接触界面。实际要求是，在保持一定强度的情况下，希望纤维直径趋于细小，而纤维与基体之间的结合要求适中为宜，以取得最大的拔出效应，达到增韧的效果。

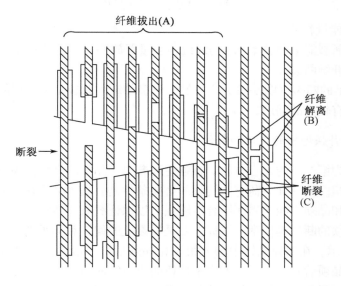

图 6-19　陶瓷基复合材料的能量消耗机理

（2）纤维与基体之间的界面解离（图 6-20）　在轴向应力作用下，基体裂纹往往会被纤维桥联（bridging），裂纹张开伴随界面上相对滑动以及裂纹前缘引起解离（图 6-20）。在解离尾迹区的纤维桥联可用桥联应力 t 模拟，桥联应力 t 与裂纹张开位移 u 之间的函数关系，可由图 6-21 表示。其中曲线①代表界面结合强度大，无解离情况；曲线②是界面有中等结合强度；而曲线③代表界面无结

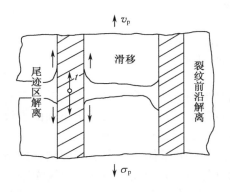

图 6-20　纤维解离示意图

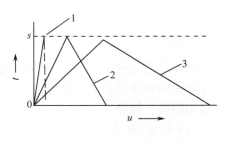

图 6-21　裂纹张开与应力之间的关系

合，纤维与基体仅靠滑动摩擦力传递载荷。某一适当的界面结合强度可为陶瓷基复合材料提供最佳强度和韧性匹配。

已知桥联应力 $t(u)$ 之后，增韧的一般公式为

$$\Delta G = V_f \int_0^{u_c} 2t(u)du \qquad (6\text{-}16)$$

式中，G 为能量释放率。

当界面断裂能量释放率 G_{IC} 与纤维断裂量释放率 G_{FC} 之比小于 1/4 时，界面解离优先于纤维断裂。

（3）纤维的断裂（图6-21）　显然，过多的纤维断裂是不希望的，这就要求纤维必须具有较高的强度。

2．晶须补强增韧的机理和条件

以晶须为第二相的复合材料，补强主要着眼于晶须的高弹性模量，外加的载荷由晶须分担。使外加载荷有效转移的必要条件是：晶须必须均匀分散在陶瓷基体中；基体和晶须之间的界面结合足够强，以保证载荷的转移以及基体的断裂延伸率大于晶须的断裂延伸率。增韧主要是靠裂纹的偏转和晶须的拔出，如图6-22和图6-23所示。在陶瓷基体中加入第二相晶须后，一般会产生裂纹的偏转。裂纹前缘遇到晶须后发生扭折，即由平面扭曲成三维曲面，其长度也变长了，从而使韧性提高。而且，随第二相从球状到圆板、棒状变化，在相同体积分数下相对韧性值也增加。

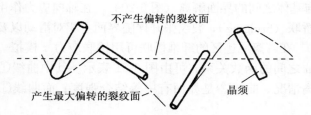

图 6-22　晶须引起的裂纹偏转示意图
（晶须长径比愈大，偏转扭曲程度愈大）

另外，当裂纹尖端的应力场使界面结合变弱时，由于存在高强度的晶须与基体在界面的物理结合，产生晶须拔出现象；同时，接近裂纹尖端处上下面的裂纹靠晶须桥联，使裂纹尖端的应力集中显著降低，结果是使基体增韧。

（1）晶须/基体获得界面物理结合的条件　晶须/基体获得力学界面结合的条件有两个：①$\alpha_m > \alpha_w$，α_m 和 α_w 分别表示基体（m）和晶须（w）的线膨胀系数；②在获得致密的烧结温度范围内，晶须/基体的界面上无化学反应生成物存在。当同时满足上述两个条件的基体和晶须组成的体系烧结后，冷却到室温时，

在晶须/基体界面的晶须一侧受压缩应力，基体一侧受张应力，从而获得界面的物理结合。如果 $\alpha_w > \alpha_m$，则冷却时界面产生张应力，将使内部产生缺陷。

（2）晶须尺寸的限制　即使在建立了界面结合之后，如果基体中发生的张应力过大，则在晶须/基体界面的基体一侧产生微裂纹，从而减弱界面的物理结合，防止这种微裂纹产生的条件是晶须的直径应在临界直径以下，即 $R \leqslant R_c$（R 为晶须的半径，R_c 为临界半径），而

$$R_c = \frac{\beta K_{IC}^2 (1 + \nu^2)}{E^2 (\Delta \alpha)^2 (\Delta T)^2} \qquad (6\text{-}17)$$

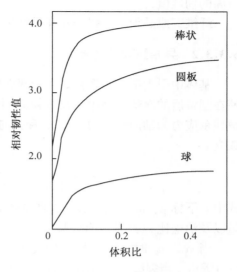

图 6-23　不同形状对第二相对韧性值的影响

式中，β 为常数（2～4）；K_{IC} 为基体的断裂韧性；$\Delta \alpha$ 为基体与晶须的线膨胀系数的差；ΔT 为烧结温度和室温的温度差；ν 为泊松比。

（3）晶须/基体界面间化学结合的控制　首先，晶须/基体界面若仅是物理结合，则基体完全受张应力，晶须受压应力，但由于界面化学结合力受到控制，因而可使界面结合力变为多种多样。在 $\alpha_m < \alpha_w$ 的条件下，即使界面存在适当的化学结合，但如果化学结合力过大，裂纹尖端的应力场由于和界面结合力相互作用而变化，使裂纹全部穿过晶须，这样，裂纹偏转和晶须拔出引起的增韧就不可能存在。因此，应考虑控制界面的化学结合力，也就是要考虑晶须表面的涂层以及选择合适的烧结温度。

（4）晶须的分散性　如何使晶须均匀分散在基体中，是复合材料制造工艺的最重要课题。晶须分散不均匀所产生的后果，一种可能是晶须的团聚，将严重地影响整体的烧结过程，形成气孔和大缺陷的聚集区域；另一种可能是大片区域不含晶须，起不到晶须补强增韧作用。

（5）增韧机理的叠加效应　以高弹模量晶须为第二相构成的陶瓷基复合材料，除了裂纹偏转和晶须拔出增韧之外，尚有相变增韧、微裂纹增韧以及塑性变形所引起的裂纹架桥增韧。裂纹架桥增韧的机制是当具有塑性变形能力的第二相存在时，裂纹即使通过这个第二相，由于第二相的塑性变形仍可联结在一起，使上下面裂纹桥联，本质上它和晶须拔出引起的增韧机制相同。

在上述增韧机制中，相变增韧和裂纹架桥增韧可与晶须增韧的机理共存，应该获得叠加的效应。但是，微裂纹增韧减弱了晶须/基体界面的物理和化学的结合，所以，它不能与晶须加入引起的增韧共存，即这两种增韧机制组合不能指望

有高的韧性值。

纤维（或晶须）补强陶瓷详见结构陶瓷一章。

6.3.3.2 异相弥散强化增韧

基体中引入第二相颗粒，由于两者间热膨胀系数和弹性模量之间的差异，致使在制备后的冷却过程中，在颗粒和周围基体产生残余应力。依静态应力 σ_h 分解残余应力为轴向张应力（σ_{mr}）和径向压应力（$\sigma_{m\theta} = -\sigma_{mr}/2$），则有式（6-18）成立：

$$\sigma_{mr} = \sigma_h = \frac{(\alpha_p - \alpha_m)\Delta T}{[(1 + \nu_m)/2E_m] + [(1 - 2\nu_p)/E_p]} \tag{6-18}$$

式中，下标 p、m 分别代表颗粒和基体；α、E、ν 分别代表线膨胀系数、弹性模量以及泊松比；T 表示绝对温度。

当 $\alpha_p > \alpha_m$ 时，因颗粒和相关的基体应力致使裂纹在前进过程偏折。如图 6-24 所示，当裂纹移至颗粒表面首先偏折，基体中压缩环形应力轴垂直于裂纹面；当裂纹移至颗粒周围，则将被吸收到颗粒交界面。其主要的增韧机制是裂纹偏转和微裂纹增韧，当 $\alpha_p < \alpha_m$ 时，主要增韧机制是裂纹偏转和残余应力场增韧。

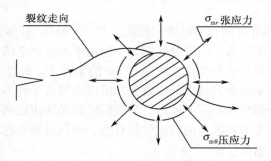

图 6-24　第二相颗粒加入后裂纹偏折及应力分布示意

在陶瓷基体中弥散纳米粒子的增强、增韧效果更为显著，其断裂韧性可提高 1.5～4 倍，强度提高 2～4 倍，甚至某些温度下具有超塑性。这是由组织细化作用和残余应力等多种增强、增韧机制引起的。详见纳米陶瓷一章。

颗粒增强复相陶瓷具有工艺简单、颗粒尺寸和分布较易控制、性能稳定等特点，是人们经常采用的一种增强、增韧方法。详见结构陶瓷一章。

6.3.3.3 氧化锆相变增韧

由前述氧化锆相变可以知道，若加入一定量的稳定剂（Y_2O_3 等），则 ZrO_2 成为介稳的四方相弥散在陶瓷基体中，控制其颗粒在相变的临界尺寸以下，并由于基体对相变的抑制作用，使四方相一直维持到室温以下。但是在外力的作用下，介稳四方相 ZrO_2 即转变为单斜相 ZrO_2，从而消耗一部分外加能量；加之相变时的体积膨胀在基体中产生微裂纹，可以达到分散主裂纹尖端应力集中，甚至终止裂纹扩展或使裂纹扩展路径产生弯曲偏折，即获得明显的相变增韧和微裂纹增韧的双重效果。实践证明利用 ZrO_2 的马氏体相变强化、韧化陶瓷基体是改善陶瓷脆性的有效途径。例如，热压制备的含钇四方氧化锆多晶体（Y-TZP）其室温强度可达 1570MPa，K_{IC} 可达 15.3MPa·$m^{1/2}$；氧化锆增韧氧化铝陶瓷（ZTA），K_{IC} 最大可达 15MPa·$m^{1/2}$，强度为 1150～1200 MPa；在 ZrO_2—Si_3N_4 系统中，ZrO_2 加入量为 20%～25%（体积分数）时，无压烧结 Si_3N_4 的 K_{IC} 从 5 MPa·$m^{1/2}$ 提高到 7 MPa·$m^{1/2}$，强度约 600 MPa，热压时 K_{IC} 从 5.5 MPa·$m^{1/2}$ 提高到 8.5 MPa·$m^{1/2}$，强度接近 1000 MPa。

6.3.3.4 表面强化和增韧

分析表明陶瓷材料的脆断是由于其结构敏感性，产生应力集中，断裂往往始于表面或近表面处的缺陷，因此消除表面缺陷是十分重要的。此外，陶瓷材料耐压强度往往是抗张强度的十倍甚至几十倍，所以使陶瓷表面承受压应力可以改善其脆性。现有的表面强化和增韧方法有四种。

（1）表面微氧化技术　对 Si_3N_4、SiC 等非氧化物陶瓷，通过控制表面氧化的技术，可消除表面缺陷达到强化目的。可能的机理是通过微氧化使表面缺陷愈合和裂纹尖端钝化，最终使应力集中缓解。研究结果表明，适当控制氧化条件，SiC 陶瓷的室温强度可比未经氧化处理时提高 30% 左右，但是长时间氧化时强度反而下降。

（2）表面退火处理　陶瓷材料在低于烧结温度下长时间退火，然后缓慢冷却，一方面可消除因烧结后冷却过快产生的内应力，另一方面还可消除由于加工引起的表面应力以及弥合表面和次表面的裂纹。

（3）离子注入表面改性　在高真空下，将欲添加的物质离子化，然后在数十千伏至数百千伏的电场下将其引入固体基材中以改变其表面的化学组成。采用离子注入对陶瓷材料表面改性直到 20 世纪 80 年代才为陶瓷研究者所注目。特别是作为结构陶瓷的表面改性，其目的是提高材料的韧性、抗磨性和耐腐蚀性。以 Al_2O_3、SiC、Si_3N_4、ZrO_2 等为对象，研究了注入离子的种类、注入量以及随后热处理对材料断裂韧性、断裂应力、表面硬度的影响。

对氮离子注入蓝宝石单晶样品的研究表明，① K_{IC} 随注入剂量的增加而提高；②适当控制注入剂量和注入温度，可使硬度较未注入的增加 1.5 倍；③由于离子注入使表面引入压应力从而使强度明显增加。

离子注入虽在表面层的数百纳米的范围内，但对陶瓷的力学、化学性质与表面结构的影响却非常明显，探索性研究表明离子注入是表面强化与增韧的极有发展前途的方法之一。

（4）其他方法　如激光表面处理、机械化学抛光消除表面缺陷等也都是改善表面状态、提高韧性的重要手段。

6.3.3.5　自补强增韧

利用工艺因素的控制，使陶瓷晶粒在原位（in-suit）形成有较大长径比的形貌，从而使之起到类似于晶须补强的作用。如控制 Si_3N_4 陶瓷制备过程的氮气压力，就可得到一定比例的不同长径比的条状、针状晶粒，这种形貌的晶粒除可起到晶须在陶瓷基体中的补强效应外，在工艺上还可避免晶须分散不均匀的弊端。但这还有待进一步探索。

6.3.3.6　利用材料设计来增强、增韧

虽然通过上述的增强、增韧方法使陶瓷材料的强度和韧性有很大的提高，但是陶瓷的韧性远未达到金属那样好的韧性，高温下的强度也还不能满足陶瓷发动机的要求。因此人们一直在寻找新的增强、增韧途径。利用材料设计来提高陶瓷材料的强度和韧性是一种很好的途径。材料设计的设想始于 20 世纪 50 年代，其目的是按指定性能定做新材料，按生产要求设计最佳的制备和加工方法。20 世纪 80 年代以来，由于陶瓷科学的进展，高性能陶瓷的研究已逐步摆脱以往"炒菜式"的方式，而步入按使用和性能上的要求对陶瓷材料进行设计，达到提高现有陶瓷材料性能和设计出新材料的目的。

1. 晶界应力设计来增强、增韧

郭景坤教授提出通过应力设计，人为地在陶瓷材料中造成物理上的失配，使其在材料的晶界相间造成适当的应力状态，从而对外加能量起到吸收、消耗或转移的作用，以达到对陶瓷材料强化与增韧的目的。在陶瓷材料中引入具有不同热膨胀系数或不同弹性模量的晶界相或第二相颗粒，在陶瓷烧成过程中，由于热膨胀或弹性模量上的不匹配，必然在晶界相中存在各种应力（压应力、张应力和剪切应力）。当陶瓷材料在承受外加应力时，在主裂纹扩展过程中，遇到这些晶界应力，将产生各种不同的相互作用：①当主裂纹到达具有压应力的晶界时，将部分或全部抵消主裂纹的张应力，而使主裂纹的尖端应力集中减缓，甚至终止裂纹扩展；②当主裂纹到达有张应力或剪切应力的晶界时，则可能造成裂纹的偏转。因此，晶界应力与外加应力的作用结果将造成能量的吸收、转移或消耗的效果，因而可以期望达到对陶瓷材料强化和增韧的目的。

晶界相与晶体相的热膨胀系数差 $\Delta\alpha$ 越大，增韧效果越好。如用热膨胀系数为 $1\times10^{-6}/℃$ 的锂铝硅酸盐玻璃（LAS）相作为 Y-TZP 陶瓷基体的晶界相，它们的 $\Delta\alpha=11\times10^{-6}/℃-1\times10^{-6}/℃=10\times10^{-6}/℃$。当在 Y-TZP 系统中加入

1%（质量分数）LAS，断裂韧性由 $5.48MPa\cdot m^{1/2}$ 提高到 $7.78MPa\cdot m^{1/2}$，提高了 42%。又如在锆英石（$ZrSiO_4$）基体中引入 SiC 和 TiC 两种不同热膨胀系数和弹性模量的颗粒，断裂韧性分别提高了 30% 和 50%。

2. 仿生结构设计来增强、增韧

一些天然生物结构材料，如木、竹、骨、贝壳珍珠层等在漫长的进化过程中，形成了非常独特的结构和优异的性能，这给新材料的设计指出了一条新的途径。

天然生物材料之所以具有优良的力学性能，是因为它们在不同尺寸上形成不同的结构，而不像通常的陶瓷材料那样，在结构上形成整体一致的块体。如硬木蜂窝结构的壁板是由纤维素的纤维增强的；人骨的薄板状骨是由骨黏蛋白胶原纤维和钙盐黏结在一起，而柱状或针状的羟基磷灰石晶体则沉积在胶原纤维的孔隙中；贝壳珍珠层结构中，整个结构是层状结构，但在每个层面内则是多个增强元—霰石薄片由有机质连接在一起，形成了二维薄片增强的二级细观结构。贝壳珍珠层的增韧不同于传统的增韧元均匀分布的陶瓷基复合材料，它实际是两级增韧机制耦合的结果。珍珠层的一级细观结构是层状结构，相邻霰石层间的有机基质对裂纹起到了偏转和桥接的作用。裂纹的频繁偏转不仅造成了裂纹扩散路径的延长，而且裂纹从一个应力状态有利的方向转向另一个应力状态不利的方向扩散时，将导致扩展阻力的明显增大，材料因而得到韧化。同时珍珠层发生变形与断裂时，霰石层间有机质发生塑性变形，从而降低了裂纹尖端的应力强度因子，增大了裂纹扩展阻力，提高了材料的韧性。贝壳珍珠层的二级细观结构可看成是大量二维平面（霰石晶片）的复合结构。同一层面上，多边形霰石薄片之间的有机质也起到了偏转裂纹的作用，而当珍珠层沿垂直层面方向断裂时，霰石晶片的拔出，将受到有机相与霰石层结合力和摩擦力的阻止，从而使断裂所需的能量提高，晶片拔出后还将产生新的断裂表面，从而使断裂功提高，使材料得到韧化。可见，贝壳珍珠层之所以具有高韧性是由于存在不同尺度上多级强韧化机制作用造成的。

目前，世界各国已经广泛开展仿生结构设计和制备的研究。如清华大学制备出具有仿木、竹结构特征的 Si_3N_4/BN 纤维独石料。此材料的抗弯强度可达 750MPa 以上，断裂韧性可达 $23.95MPa\cdot m^{1/2}$，断裂功可达到 $400J/m^2$ 以上，较常规的增韧方法分别提高了几倍和几十倍以上。又如，在仿贝壳珍珠层的仿生设计中，用高强、高硬度的陶瓷（如 Si_3N_4、Al_2O_3、SiC 等）来模拟珍珠层中的钙盐（称硬层），而用硬度较低、弹性模量较小的陶瓷（如 BN、石墨等）或金属模拟珍珠层中的有机质（称软层），采用轧模成型或流延成型等制备出基体片层，用浸涂或刷涂的方法将软质料涂覆在基片上，然后将含有涂层的基片叠成块体经热压或气压烧结成具有仿贝壳珍珠层结构特征的层状复合材料。Maryland 大学的刘海燕等制备出 Si_3N_4/BN 层状陶瓷材料，其抗弯强度和断裂功分别达 430MPa 和 6515 J/m^2。清华大学在 BN 软层中加入 Al_2O_3 或 Si_3N_4，获得较好的韧性强度组合。在 Si_3N_4 硬层中引入 SiC 晶须或 β-Si_3N_4 晶种均可使复合材料的断裂韧性提高。制备出的 Si_3N_4＋SiC（w）／BN＋ Al_2O_3 层状复合材料，其抗弯强度高达 750 MPa，断裂韧性提高到 28MPa·$m^{1/2}$。另外，仿牙、骨结构材料的设计和制备也已进行了研究，尽管仿生结构设计和制造取得一些进展，但仍有许多理论和工艺需进一步的研究。

6.4 陶瓷材料的发展趋势[31]

20 世纪 60 年代以来，新技术革命的浪潮席卷全球，计算机、微电子、通信、激光、航天、海洋和生物工程等新兴技术的出现和发展，对材料提出了很高的要求，能够满足这些要求的高技术陶瓷应运而生，极大的促进了陶瓷科学制备和应用的发展。据专家预测，高性能陶瓷每 5 年的销售额翻一番，到 2000 年世界高科技陶瓷市场规模将达到 500 亿美元，今后仍将以较高的速度增长。

6.4.1 结构陶瓷的发展趋势

前述，结构陶瓷的致命缺点是脆性、低可靠性和重复性差。近一二十年围绕这些关键问题开展了深入的基础研究，取得了突破性进展，但还未根本解决，仍需继续研究。高性能结构陶瓷的发展趋势有如下三个方面：

1.纳米陶瓷

从 20 世纪 90 年代开始，结构陶瓷的研究和开发已开始步入陶瓷发展的第三个阶段，即纳米陶瓷阶段。结构陶瓷正在从目前微米级的尺度（从粉体到显微结构）向纳米级尺度发展。纳米陶瓷的研究与发展将出现性能更好或出现新的性能、功能的陶瓷材料，必将引起陶瓷理论、工艺、性能和应用的发展和变革。陶瓷材料由微米陶瓷向纳米陶瓷发展是当前的一个重要发展趋势。

2.多相复合陶瓷

单相陶瓷的性能远远不能满足高技术发展的要求。当前结构陶瓷的研究与开发已从原先倾向于单相和高纯度的特点向多相复合的方向发展。它包括纤维（或晶须）补强的陶瓷基复合材料、自补强复相陶瓷、异相颗粒弥散强化的复相陶瓷、梯度功能复合陶瓷以及纳米复相陶瓷。

3.材料设计

由于陶瓷科学的进展，结构陶瓷的研究已摆脱以往经验式研究为主导的方式，而步入按使用和性能上的要求对陶瓷材料进行剪裁和设计。前述的晶界设计和仿生设计就是很好的例子，这是陶瓷材料发展的大趋势。

6.4.2 功能陶瓷的发展趋势

功能陶瓷因其品种多、产量大、单价低、应用广、功能全、技术高、发展快而在整个高技术陶瓷中占有非常重要的地位，市场占有率为整个高技术陶瓷的80%左右。世界功能陶瓷的销售额在1991年为81亿美元，至2000年达到200～300亿美元。

功能陶瓷在高新技术发展和国民经济建设中占有重要的地位。在电子技术、空间技术、计算机、通信、传感技术、汽车、航天、精密加工、计量探测、家用及医疗、纺织、化工、交通、国防等部门均发挥重要的作用。今后若干年，功能陶瓷的发展将和一些先进技术的发展密切相关。这些技术主要有光纤通信系统由干线发展到家庭数字终端；光计算机；高清晰电视、卫星直播电视及通信；自动化生产及机器人等。这此先进技术的发展对功能陶瓷的品种、质量和数量提出了很高的要求，必将促进功能陶瓷的发展。

未来功能陶瓷的发展趋势：①材料组成变得愈来愈复杂，尽量避免有害元素造成的危害；②高纯、超细粉体的化学制备逐渐进入工业化规模生产；③烧结温度不断降低，烧结新工艺、新技术日趋成熟；④微电子技术推动下的微型化（薄片化）；⑤纤维材料、多层结构和复合技术日益受到重视；⑥加强基础理论研究，发现和开发新效应、新功能、新材料，使功能陶瓷从经验式的探索逐步走向按所需性能进行材料设计。

由于高技术陶瓷的种类繁多，不能都作介绍。下面分章讲述具有代表性的结构陶瓷和功能陶瓷，以及几种处于发展前沿的新型陶瓷材料。

参 考 文 献

1.《高技术新材料要览》编辑委员会.高技术新材料要览.北京：中国科学技术出版社，1993

2.郭景坤.关于先进结构陶瓷的研究.无机材料学报，1999，14（2）：193～202

3.江东亮等.精细陶瓷材料.北京：中国物资出版社，2000

4.高瑞平，李晓光，施剑林等.先进陶瓷物理与化学原理及技术.北京：科学出版社，2001

5.金志浩，高积强，乔冠军.工程陶瓷材料.西安：西安交通大学出版社，2000

6.赵连泽.新型材料导论.南京：南京大学出版社，2000

7.〔日〕铃木弘茂.陈世兴译.工程陶瓷.北京：科学出版社，1989

8.〔美〕里彻辛，徐秀芳，宪文译.现代陶瓷工程.北京：中国建筑工业出版社，1992

9.李世普.特种陶瓷工艺学.武汉：武汉工业大学出版社，1990

10.卡恩ＲＷ，哈林Ｐ，克雷默ＥＪ.清华大学新型陶瓷与精细工艺国家重点实验室译.材料科学与技术丛书（第17A卷），陶瓷工艺.北京：科学出版社，1999

11.周龙捷，黄勇，谢志鹏等.硅化硅的凝胶注模成型.现代技术陶瓷，1998，19（3）增刊：864～868

12.陆佩文.无机材料科学基础.武汉：武汉工业大学出版社，1996

13. 崔国文. 缺陷、扩散与烧结. 北京：清华大学出版社，1990

14. 〔日〕工业调查会编辑部. 陈俊彦译. 最新精细陶瓷技术. 北京：中国建筑工业出版社，1988

15. 《材料科学技术百科全书》编委会. 材料科学技术百科全书. 北京：中国大百科全书出版社，1995

16. 钦征骑. 新型陶瓷材料手册. 南京：江苏科学技术出版社，1996

17. 高濂，宫本大树. 放电等离子烧结技术. 无机材料学报，1977，12（2）：129～133

18. 沈志坚. SPS一种制备高性能材料的新技术. 2000，14（1）：67～68

19. 王士维，陈立东，平井敏雄等. 脉冲电流烧结技术的研究进展. 材料导报，2000，专辑：355～357

20. 冯士明，McColm I J. 陶瓷微波烧结技术及其进展. 陶瓷研究，1995，10（2）：80～83

21. 谢志鹏，李建保，黄勇. 工程陶瓷的微波烧结研究及展望. 高技术通讯，1996，5：56～59

22. 张劲松，杨永进，曹丽华等. 陶瓷材料的微波－等离子体分步烧结. 材料研究学报，1999，13（6）：587～590

23. 贾利军，冉均国，苟立等. 微波等离子体烧结锆酸钙陶瓷烧结特性的研究. 现代技术陶瓷. 1988，19（3）增刊：620～674

24. 徐祖耀. 陶瓷中的相变. 材料研究学报，1994，8（1）：41～45

25. 郭景坤. 陶瓷的强化与增韧新途径的探索. 无机材料学报，1998，13（1）：23～26

26. 黄勇，李翠伟，汪长安等. 陶瓷强化新世元——仿生结构设计. 材料学报，2000，14（8）：8～11

27. 向春霆，范镜泓. 自然复合材料的强韧化机理及仿生复合材料的研究. 力学进展，1995，24（2）：220～231

28. 〔日〕岛村昭治. 蔡可芬译. 开拓未来的尖端材料. 北京：冶金工业出版社，1988

29. 关振铎，张中太，焦金生. 无机材料物理性能. 北京：清华大学出版社，1992

30. 周玉. 陶瓷材料学. 哈尔滨：哈尔滨工业大学出版社，1995

31. 国家自然科学基金委员会. 无机非金属材料科学. 北京：科学出版社，1997

第七章　先进结构陶瓷

7.1　概　　述[1~6]

7.1.1　结构陶瓷的种类、特点及应用

结构陶瓷主要是指用于各种结构部件，以发挥机械、热、化学和生物等功能的高性能陶瓷。因结构陶瓷常在高温下使用，故也称为高温结构陶瓷或工程陶瓷。

表 7-1　结构陶瓷的主要应用领域

领　域	用　途	使用温度/℃	常用材料	使用要求
特殊冶金	铀熔炼坩埚	＞1130	BeO,CaO,ThO_2	化学稳定性高
	高纯铅、钯的熔炼	＞1775	ZrO_2,Al_2O_3	化学稳定性高
	制备高纯半导体单晶用坩埚	1200	AlN,BN	化学稳定性高
	钢水连续铸锭用材料	1500	ZrO_2	对钢水稳定
	机械工业连续铸模	1000	B_4C	对铁水稳定,高导热性能
原子能反应堆	核燃料	＞1000	UO_2,UC,ThO_2	可靠性强,抗辐照
	吸收热中子控制材料	≥1000	B_4C,SmO,GdO,HfO	热中子吸收截面大
	减速剂	1000	BeO,Be_2C	中子吸收截面小
	反应堆反射材料	1000	BeO,WC	抗辐照
航空航天	雷达天线罩	≥1000	Al_2O_3,ZrO_2,HfO_2	透雷达微波
	航天飞机隔热瓦	＞2000	Si_3N_4	抗热冲击,耐高温
	火箭发动机燃烧室内壁、喷嘴	2000~3000	BeO,SiC,Si_3N_4	抗热冲击,耐腐蚀
	制导、瞄准用陀螺仪轴承	800	B_4C,Al_2O_3	高精度,耐磨
	探测红外线窗口	1000	透明 MgO,透明 Y_2O_3	高红外透过率
	微电机绝缘材料	室温	可加工玻璃陶瓷	绝缘,热稳定性高
	燃气机叶片、火焰导管	1400	SiC,Si_3N_4	热稳定,高强度
	脉冲发动机分隔部件	瞬时＞1500	可加工玻璃陶瓷	高强度,破碎均匀
磁流体发电	高温高速等离子气流通道	3000	Al_2O_3,MgO,BeO	耐高温腐蚀
	电极材料	2000~3000	ZrO_2,ZrB_2	高温导电性好
玻璃工业	玻璃池窑,坩埚,炉衬材料	1450	Al_2O_3	耐玻璃液浸蚀
	电熔玻璃电极	1500	SnO_2	耐玻璃液浸蚀,导电
	玻璃成型高温模具	100	BN	对玻璃液稳定,导热
工业窑炉	发热体	＞1500	ZrO_2,SiC,$MoSi_2$	热稳定
	炉膛	1000~2000	Al_2O_3,ZrO_2	荷重,软化温度高
	观察窗	1000~1500	透明 Al_2O_3	透明
	各种窑具	1300~1600	SiC,Al_2O_3	抗热震,高导热

结构陶瓷若按使用领域分类可分为：①机械陶瓷；②热机陶瓷；③生物陶瓷；④核陶瓷及其他。若按化学成分分类可分为：①氧化物陶瓷（Al_2O_3、ZrO_2、MgO、CaO、BeO、TiO_2、ThO_2、UO_2）；②氮化物陶瓷（Si_3N_4、塞龙陶瓷、AlN、BN、TiN）；③碳化物陶瓷（SiC、B_4C、ZrC、TiC、WC、TaC、NbC、Cr_3C_2）；④硼化物陶瓷（ZrB_2、TiB_2、HfB_2、LaB_2 等）；⑤其他结构陶瓷（莫来石陶瓷、董青石陶瓷、$MoSi$ 陶瓷、硫化物陶瓷以及复合陶瓷等）。

随着现代科学技术的发展，工业、能源、交通、空间技术等部门都对材料提出了很高的要求，特别是火箭航天技术的发展要求创造出在原理上更为新型的高温结构材料和保温材料，以及功能材料。由于结构陶瓷具有耐高温、耐冲刷、耐腐蚀、高硬度、高耐磨、高强度和抗氧化等一系列优异性能，可以承受金属材料和高分子材料难以胜任的严酷工作环境（如高温），常常成为许多新兴科学技术得以实现的关键。结构陶瓷材料在能源、航空航天、机械、交通、冶金、化工、电子和生物医学等方面有广泛的应用前景。表 7-1 为结构陶瓷的主要应用领域。

7.1.2　结构陶瓷的发展趋势

结构陶瓷具有优异的性能，是现代高新技术、新兴产业和传统工业改造的物质基础，也是发展现代军事技术和生物医学不可缺少的材料，具有广阔的应用前景和潜在的巨大社会经济效益，受到各发达国家的高度重视，对其进行广泛的研究和开发，并取得了一系列成果。从 20 世纪 50 年代开始，我国从传统陶瓷到先进陶瓷以及从微米陶瓷到目前的纳米陶瓷的研究进展表明，它不仅紧扣国际前沿的发展，而且又有自己的特色，郭景坤院士对此作了很好的综述。

有的专家和单位对高性能结构陶瓷的市场进行了估计和预测，认为：①高性能结构陶瓷每 5 年的销售额翻一番，20 世纪末达到 500 亿美元，每年增长率为 14％～15％ 左右，发展迅速；②结构陶瓷在高性能陶瓷中所占的比例是不断增加的，20 世纪末有可能超过 30％，这说明在高性能陶瓷中结构陶瓷的发展更为迅速；③在结构陶瓷的发展中，发动机用结构陶瓷的发展仍特别引人注目。

结构陶瓷的致命弱点是脆性、低可靠性和重复性。近一二十年来围绕这些关键问题开展了深入的基础研究，取得了突破性进展。例如，发展和创新出许多制备陶瓷粉末、成型和烧结的新工艺技术；建立了相变增韧、弥散强化、纤维增韧、复相增韧、表面强化、原位生长强化增韧等多种有效的强化、增韧方法和技术；取得了陶瓷相图、烧结机理等基础研究的新成就，使结构陶瓷及复合陶瓷的合成与制备摆脱了落后的传统工艺而实现了根本性的改革，强度和韧性有了大幅度的提高，脆性得到改善，某些结构陶瓷的韧性已接近铸铁的水平。

高性能结构陶瓷有如下三个发展趋势：

（1）单相陶瓷向多相复合陶瓷发展　当前结构陶瓷的研究与开发已从原先倾向于单相和高纯的特点向多相复合的方向发展。其中包括纤维（或晶须）补强的陶瓷基复合材料；异相颗粒弥散强化的复相陶瓷；自补强复相陶瓷，也称为原位生长（in-situ）复相陶瓷；梯度功能复合陶瓷和纳米复合陶瓷。例如，C 纤维/锂铝酸盐（LAS）复合材料具有高达 $20.1MPa \cdot m^{1/2}$ 的断裂韧性；SiC-TiC 纳米复合陶瓷的断裂韧性可达 $16MPa \cdot m^{1/2}$，与铸铁的韧性相当；Al_2O_3/SiC 纳米复合陶瓷在 1100℃仍保持 1500MPa 的高强度。

（2）微米陶瓷向纳米陶瓷发展　结构陶瓷的研究与开发正在从目前微米级尺度（从粉体到显微结构）向纳米级尺度发展。其晶粒尺寸、晶界宽度、第二相分布、气孔尺寸以及缺陷尺寸都属于纳米量级，为了得到纳米陶瓷，一般的制粉、成型和烧结工艺已不适应，这必将引起陶瓷工艺的发展与变革，也将引起陶瓷学理论的发展乃至建立新的理论体系，以适应纳米尺度的需求。由于晶粒细化有助于晶粒间的滑移，而使陶瓷具有超塑性，因此晶粒细化可能使陶瓷的原有性能得到很大改善，以至在性能上发生突变甚至出现新的性能或功能。纳米陶瓷的发展是当前陶瓷研究和开发的一个重要趋势，它将促使陶瓷材料的研究从工艺到理论、从性能到应用都提升到一个崭新的阶段。

（3）由经验式研究向材料设计方向发展　由于陶瓷科学的发展，高性能结构陶瓷的研究已摆脱以经验式研究为主导的方式，而步入按使用和性能上的要求对陶瓷材料进行剪裁和设计的阶段。

7.1.3　陶瓷材料设计

为了改变传统方法的落后状况，迫切需要"按指定性能""订做"新材料，按生产要求"设计"最佳的制备和加工方法。物理学和化学的发展，计算机信息处理技术的建立和发展，材料科学与技术的新成就，都为材料设计提供了科学依据，使材料设计成为可能。

材料设计可在不同层次上进行，可以在原子、电子的层次，可以在微观组织结构的层次（微米、亚微米以至纳米级），也可以在更为宏观的层次上进行。

陶瓷材料常常是多组分、多相结构，既有各类结晶相，又有非晶态相，既有主晶相，又有晶界相。先进结构陶瓷材料的组织结构或显微结构日益向微米、亚微米，甚至纳米级方向发展。主晶相固然是控制材料性能的基本要素，但晶界相常常产生着关键影响。因此，材料设计需考虑这两方面的因素。另外，缺陷的存在、产生与变化、氧化、气氛与环境的影响，对结构材料的性能及在使用中的行为将发生至关重要的作用。所以这也是材料设计中要考虑的重要问题，材料的制备对结构与缺陷有着直接影响，因此人们力求使先进陶瓷材料的性能具有更好的可靠性和重复性，制备科学与工程学将在这方面发挥重要作用。

陶瓷材料的设计应根据使用上的要求，选择或研究材料制备工艺、制造出性能适宜、可靠性高、价格低廉的材料。某一种材料总有优点和缺点，对已有材料取其优点，去其缺点，即对材料进行"剪裁"来满足使用要求；若已有材料不能满足使用上的要求，就需要设计新的材料。这种设计首先包括材料的组成、期望形成的显微结构、最终体现出所要求的性能；其次是设计它的工艺，使之能制成符合使用要求的材料，同时又具有经济上的竞争性。现代陶瓷学理论的发展，陶瓷制备科学的日趋完善，材料科学上的成就，相应学科与技术的进步，使陶瓷材料研究工作者们有能力根据使用上提出的要求来判断陶瓷材料的适应可能性，从而对陶瓷材料进行剪裁与设计，而最终制备出符合使用要求的适宜材料。

陶瓷相图的研究为材料的组成与显微结构的设计提供了具有指导性意义的科学信息。我国在 20 世纪 70 年代后期开展了 M-Si-Al-O-N 多元相图的研究，其中 M 是稀土元素或（和）碱土金属元素。到目前为止已发现 76 个共存区域和多个新的化合物，为氮化硅基陶瓷材料的主晶相、晶界相及其显微结构，以至工艺处理的设计提供了科学依据。例如，根据 Si-Al-O-N 系统相图中存在一个 α'-和 β-塞龙的两相共存区，利用 α'-塞龙具有较高的硬度，而 β-塞龙可以在强度和韧性上加以补强的性质，两者结合，得到高强、高硬度的 α'-和 β-塞龙复相陶瓷，这是一种具有优异切削性能的刀具材料。晶界工程是陶瓷设计的一个重要内容，在 Y-Si-Al-O-N 的相关系统相图中，知道 α'-和 β-塞龙与 YAG 三者有一个共存区，而 YAG 恰又具极高的熔点和好的抗氧化性。因此设计用 YAG 作为主晶相 α'-和 β-塞龙的晶界相，选取气压烧结工艺，可获得高强度、高韧性和高硬度的复相陶瓷等。如 6.3.3.6 节所述，最近提出进行陶瓷晶界应力设计，企图利用两相或晶界相在物理性质（热膨胀系数或弹性模量）上的差异，在晶界区域及其周围造成适当的应力状态，从而对外加能量起到吸收、消耗或转移的作用，以达到对陶瓷材料强化和增韧的目的。又如，为克服陶瓷材料的脆性而提出的仿生结构设计，是通过模仿天然生物材料的结构，设计并制备出高韧性陶瓷材料的新方法。

由于结构陶瓷的种类和品种很多，限于篇幅，不能一一介绍，下面主要介绍 Si_3N_4、SiC、塞龙、ZrO_2 等有代表性的结构陶瓷。

7.2 氮化硅陶瓷[1,2,6~14]

7.2.1 概述

19 世纪 80 年代发现，20 世纪 50 年代发展起来的氮化硅 Si_3N_4 陶瓷，具有高的室温和高温强度、高硬度、耐磨蚀性、抗氧化性和良好的抗热冲击及机械冲击性能，被材料科学界认为是结构陶瓷领域中综合性能优良，最有希望替代镍基合金在高科技、高温领域中获得广泛应用的一种新材料。因此近二三十年来颇受重视，20 世纪 70 年代以来，国内外进行了大量研究及开发工作，并取得了很大进展，它的发展简史及目前的研究重点可用表 7-2 来描述。

表 7-2　氮化硅发展简史

黎明前期（1844 年）	氮化硅粉末合成
黎明期（1952 年）	反应烧结氮化硅（RBSN）
成长期（1960～1980 年）	各种工艺制备氮化硅材料相继出现及逐步完善热压氮化硅、RBSN 性能提高、无压烧结氮化硅、重烧结氮化硅、热等静压烧结氮化硅、气压烧结氮化硅
展开期（1980～1990 年）	材料获得应用。例如，发动机用陶瓷零部件，高温燃气轮机用叶片，冶金、化工、石油、机械等行业用各种耐磨蚀部件等
充实期（1990～现在）	1. 进一步提高材料性能（高温强度、硬度、断裂韧性、抗热震性、抗氧化性），途径包括引入第二相（粒子、板晶、晶须、纤维） 2. 提高材料可靠性、均匀性、重复性 3. 稳定工艺降低成本 4. 实现产业化

氮化硅（Si_3N_4）的晶体结构：Si_3N_4 是由来源丰富的 Si 和 N 元素通过人工合成的新材料。Si_3N_4 有 α 和 β 两种晶型，其中 α 是不稳定的低温型，β 是稳定的高温型。它们的晶体结构均为六方晶系。α-Si_3N_4 只是在硅粉的氮化过程中，由于特殊的动力学原因而形成的亚稳定晶相，在 1400～1800℃时，α-Si_3N_4 会发生重构相变，转变为 β-Si_3N_4，这种相变是不可逆的。

在特殊的工艺（如由有机聚合物热解等）条件下，可以合成无定形氮化硅，它经过热处理可以析出晶相。

在氮化硅中，Si 原子与周围的四个 N 原子形成共价键，形成 [Si—N_4] 四面体结构单元。α 相和 β 相都是由三个结构单元 [Si—N_4] 四面体共用一个 N 原子而形成三维网状结构。正是由于 [Si—N_4] 四面体结构单元的存在，氮化硅具有较高的硬度。β 相 Si_3N_4 是由几乎完全对称的六个 [Si—N_4] 四面体组成的六方环状层在 c 轴方向重叠而成，空间群 $P6_3/m$。而 α 相 Si_3N_4 是一个氧氮化物，氧进入结构中，组成为 $Si_{11.5}N_{15}O_{0.5}$，因此是理想的 α-Si_3N_4 发生部分扭曲的结构，对称性较差，由此认为 α 相 Si_3N_4 是由两层不同，且有形变的非六方环层重叠而成。α 相结构的内部应变比 β 相大，a 轴扩大了一倍，故体系的自由能比 β 相高，稳定性较差，在高温时原子位置发生调整，发生结构相变，转变成稳定的 β-Si_3N_4。它们的结晶学性质和硬度列于表 7-3 中。

为了得到高性能的 Si_3N_4 陶瓷，必须有优质的氮化硅粉体，其制备见第三章。

表 7-3　两种 Si_3N_4 晶型一些性质的比较

晶　　　型	晶格常数/（$\times 10^{-16}$m）		单位晶胞分子数	计算密度/（g/cm^3）	显微硬度/GPa
	a	c			
α-Si_3N_4	7.748±0.001	5.617±0.001	4	3.184	16～10
β-Si_3N_4	7.608±0.001	2.910±0.001	2	3.187	32.65～29.5

7.2.2　氮化硅陶瓷的制备

1. 氮化硅陶瓷的烧结方法

由于氮化硅的共价性强，原子的自扩散系数小，很难烧结，为此，开发了各种烧结方法。表 7-4 所示是 Si_3N_4 陶瓷的制备方法和特点。它们大致可分为：利用硅（Si）的氮化反应的反应烧结法和加入添加剂的致密化烧结法两大类。氮化硅的自扩散系数小，很难烧结，提高温度可使原子扩散加快，但是在接近烧结温度时，氮化硅要发生挥发和分解，在压力为 101 325Pa 的氮气中，在 1800℃时有显著的分解，在氮气分压低时，发生分解的温度更低（约为 1600℃）。因此烧结氮化硅的主要困难是在有效烧结的高温下，化合物要发生分解，达不到致密化的目的，抑制方法有两种：一是在烧结时提高氮气压力；二是将制品埋在保护性粉末中进行常压烧结，以提高烧结体周围的 SiO 气体分压，抑制 Si_3N_4 的分解。

表 7-4　Si_3N_4 陶瓷制品的制备方法

烧结方法名称	主要原料	烧结助剂	制品特征
反应烧结	Si	—	收缩小，气孔率 10%～20%，尺寸精确，强度低
二次反应烧结	Si	MgO，Y_2O_3	收缩率小，较致密，尺寸精确，强度有所提高
常压烧结	Si_3N_4	Y_2O_3，Al_2O_3	较致密，低温强度高，高温强度下降
气氛加压烧结	Si_3N_4	MgO，Y_2O_3，Al_2O_3	添加剂加入量减少，致密度和强度提高
普通热压	Si_3N_4(Si)	MgO，Y_2O_3，Al_2O_3	制品形状简单，致密，强度高，存在各向异性
热等静压	Si_3N_4	Y_2O_3，Al_2O_3	致密，组织均匀，高强度，添加剂微量
化学气相沉积	SiH_4，NH_3	—	高纯度薄层，各向异性，不能得到厚壁制品

氮化硅的固相烧结很困难，因此常用液相法烧结 Si_3N_4，即加入烧结助剂，使之在高温下与氮化硅表面的氧化硅反应生成液相，利用液相烧结原理，进行加压或不加压烧结，冷却后，此液相形成玻璃相，残留在晶界上。用此类方法制备 Si_3N_4 材料的技术包括对氮化硅粉体制备的素坯和反应烧结的氮化硅进行热压、气压或无压烧结，还包括对已经烧结、预烧结或未烧结的坯体进行热等静压烧

结。

氮化硅液相烧结的致密化机理，按照 Kingery 的液相烧结模型可分为三个阶段：第一阶段为粒子重排，在液相形成后，固态的粒子在毛细管力和黏性流动的作用下相对移动，促使晶粒重新排列得更紧密，这时收缩速度和程度取决于液相的体积和黏度；第二阶段是溶解-扩散-再沉淀过程，有液相烧结时，α-Si_3N_4 粒子溶入液体，同时从液体中析出 β 相，此时的收缩可用 $\Delta V / V_0 \propto t^{1/n}$ 来表示。式中，t 为时间；n 的数值与添加的烧结助剂种类有关，即与控制烧结速率因素有关。若溶解或沉淀过程是速率控制过程，则 $n=3$；若扩散过程是速率控制过程，并开始发生 α 相向 β 相转变，则 $n=5$；第三阶段时封闭气孔最后排除，此时液相使晶粒变得更圆，制品最终密度达理论密度 95% 以上。不同烧结助剂在三个阶段的贡献不一样。

早期使用的烧结助剂为 MgO、Y_2O_3、Al_2O_3 等，以后为了改进氮化硅的高温性能，采用混合添加剂，如 Y_2O_3-Al_2O_3 或双稀土氧化物添加剂，甚至对采用非氧化物添加剂也进行了广泛研究。下面将对各种烧结方法进行简要介绍。

2. 反应烧结氮化硅（RBSN）

反应烧结法是在粉料坯体发生化学反应的同时进行烧结的方法。它是将硅粉压块置于氮化炉中，通氮气在 1150～1450℃ 内分两段加热，进行氮化反应生成氮化硅（$3Si + 2N_2 \Longrightarrow Si_3N_4$），制品称为反应烧结氮化硅（RBSN）。第一阶段在 1150～1200℃ 预氮化，以获得具有一定强度的氮化硅素坯，可以用各种机床对其进行车、刨、钻、铣等加工成制品的形状和尺寸；第二阶段在 1350～1450℃ 进一步氮化，直到全部生成 Si_3N_4 为止。

反应烧结氮化硅为 α 相和 β 相的混合物，氮化反应本身将产生 21.7% 的体积膨胀，膨胀主要表现在坯体内部，坯体外形尺寸基本不变（线收缩率约为 1%）。

反应烧结氮化硅具有边反应边烧结、可预加工和无收缩的特点，从而可获得尺寸精确、形状复杂的制品，同时由于烧结过程无添加剂，故材料高温性能不下降。此工艺简单，适宜于大批量生产，制品价格比较低廉。但一般含有 13%～20% 左右的气孔，使材料的强度降低。

反应烧结氮化硅的反应模型为：①形成反应烧结氮化硅的主要过程是硅蒸发，硅蒸气与 N_2 反应，通过化学气相沉积（CVD）过程使 α-Si_3N_4 形成；②N_2 在液态硅合金中溶解，同时形成 β-Si_3N_4，这主要是一个气-液-固（VLS）反应过程。导致 β-Si_3N_4 形成的某些过程还涉及 Si_3N_4 在固相硅上的成核和生长，以及通过表面扩散到反应区域等过程。

α 相与 β 相的比率明显影响 RBSN 材料的抗弯强度，在相同密度条件下，α/β 值较高（约 4）的材料抗弯强度可比 α/β 值相对低的（约 0.25）材料抗弯强度高 35%。因此，为了提高产品的力学性能，希望 α 相含量愈多愈好。α 相与 β 相的相对含量由氮化过程中的温度制度、气化气体组成及试样尺寸和气孔率控制，缓慢的加热速率可促进 α 相的生成。采用以"氮耗定升温"的氮化制度有利于强度的提高。

3. 热压烧结氮化硅（MPSN）

为了克服反应烧结氮化硅气孔率高、强度低的缺点，可以采用热压工艺获得完全致密的氮化硅材料。

具体工艺为：将 α 相含量大于 90% 的 Si_3N_4 细粉和少量添加剂（如 MgO 等）充分磨细，混合均匀，然后放入石墨模具中进行热压烧结，热压温度 1600～1800℃，压力 20～30MPa，保压 20～120min，整个操作在氮气气氛下进行，以防氧化。

由于氮化硅的体扩散系数很小，在无液相存在下难于烧结，添加剂的加入可以生成液相促进烧结。由于 MgO 在高温时与氮化硅表面的 SiO_2 反应，生成 $MgO·SiO_2$ 或 $2MgO·SiO_2$ 的液相，其熔点较低。氮化硅粉末含氧量越高，氧化硅含量越多，越容易生成熔点更低的液相，使热压氮化硅的高温抗弯强度下降越明显。各国的研究者逐渐使用稀土氧化物，如 Y_2O_3、CeO_2、La_2O_3 或 Y_2O_3＋ Al_2O_3 等来代替 MgO 作为烧结添加剂，同时严格控制氮化硅粉末的纯度和含氧量，以提高晶界相的耐火度，从而提高材料的高温力学性能。

热压烧结氮化硅的优点是制造周期短、材料性能好（弯曲强度达 1000 MPa，断裂韧性 5～8MPa·$m^{1/2}$，强度在 1000～1100℃的高温下仍不下降）；缺点是只能制造形状简单的制品，同时热压烧结后 β 相具有方向性，导致性能具有方向性，限制了使用范围。由于加工困难，所以加工费用高。

热压烧结氮化硅致密化效果好的原因有两方面：一方面是靠外部压力使烧结的推动力增大；另一方面靠坯体内部生成液相而促进烧结。

4. 无压（常压）烧结氮化硅（SSN）

与热压烧结所用原料一样，在高纯、超细、高 α 相的 Si_3N_4 粉中加入适量烧结助剂（如 ZrO_2、Al_2O_3、Y_2O_3、MgO、La_2O_3 等），烧结助剂可以单独加入，也可以复合加入，复合加入效果较好。原料粉末充分混合后成型，成型坯体经排胶后，在 1700～1800℃氮气气氛下烧结。工艺过程与传统陶瓷不同的是烧结在氮气气氛中进行，炉内 N_2 压力为 101 325Pa。

无压烧结机理是液相烧结。由于烧结时，没有外加驱动力，是靠粉体表面张力作为烧结动力，因此必须采用高比表面的粉体和添加较多的烧结助剂。无压烧结氮化硅，其烧结温度（1700～1800℃）已接近氮化硅的分解温度，因此烧结的关键是防止氮化硅的分解。为避免样品在烧结过程中挥发而引起材料性能下降，除仔细控制温度外，一般采用粉末床方法，使样品周围产生一个局部气相平衡环境，以减少挥发引起的损失。

20 世纪 90 年代有许多材料科学家提出用高 β 相 Si_3N_4 粉末作为起始原料，替代以前惯用的高 α 相 Si_3N_4 粉体，因为 α 相是热力学不稳定相，在溶解-析出-晶粒生长这一液相烧结过程中，由于相变（$\alpha \rightarrow \beta$ 相变）带来的巨大推动力促使颗粒异常生长，从而得到具有粗柱状颗粒的材料，影响材料性能。当起始粉末采用高 β 相时，晶粒生长驱动力小，可以生成的晶核多，晶粒生长速率小，从而得到小长柱状颗粒、没有异常生长、结构均匀的材料。

无压烧结氮化硅的优点是可以制备形状复杂的制品，适宜批量生产，成本低，用途广，性能优于反应烧结氮化硅。缺点是产品中玻璃相较多，影响材料的高温强度，同时由于烧成收缩较大（16% ～26%），易使产品开裂、变形，增加冷加工成本。

5. 反应烧结重烧结氮化硅（SRBSN）

反应烧结重烧结氮化硅是指将含有添加剂的反应烧结氮化硅为起始材料，置于含 Si_3N_4 粉末床的石墨坩埚中，在一定氮气压力下，在更高温度下再次烧结，使之进一步致密化的过程，所以也称二次反应烧结 Si_3N_4。这是一种将反应烧结和常压（或气压）烧结组合起来烧结氮化硅的新方法。

重烧结的优点是第二次烧结时样品的线收缩率小，仅为 6% ～8%，制品的密度高，可达理论密度 98% 以上，因而产品的强度高，又可做成形状复杂、尺寸精确的制品。缺点是工艺周期长。上述方法已用于制备氮化硅工程陶瓷，产品已商品化。

6. 气压烧结氮化硅（GPSN）

此工艺是针对无压烧结工艺的不足（氮化硅分解）而发展起来的一种制备高性能氮化硅材料的工艺。气压烧结法是把 Si_3N_4 的成型体在加压（如 10MPa 左右）的氮气中，用 1800～2100℃ 的温度进行烧结的方法。主要有两种工艺：第一种是一段气压烧结氮化硅，如在 1900℃ 时用 2MPa 氮气和以 $SiBeN_2$ 作为添加剂，能使氮化硅粉末压块烧结达到理论密度的 92% ～95%，接着把气体压力增加至 7～8MPa 时，压块能达到理论密度的 99.6%，并只有 1% 的失重；第二种工艺是把含添加剂的 RBSN 使用二段氮气加压法进行重烧，实质是把重烧结法和气压法结合起来，可以得到性能极好的 Si_3N_4 制品。

气压烧结的特点是通过气体（N_2）加压，抑制氮化硅分解（$Si_3N_4 \longrightarrow 3Si + 2N_2$），从而可以在更高温度下烧结，因此提高了制品的性能（密度高、均匀性好、重复性易于控制），有望用于形状复杂的制品，如涡轮增压器转子、刀具等。

7. 热等静压氮化硅（HIPSN）

为避免机械压力的方向性，常用热等静压制备氮化硅。该法是把氮化硅放入一个高压釜中，用 N_2 或 Ar 气作传压介质，一边从周围各向同性地加压（$100 \sim 200MPa$），一边在高温（$1700 \sim 2000℃$）下烧结。热等静压氮化硅可分为在高温高压下使素坯致密，或在高温高压下使原已烧过的 RBSN、SSN 和 SRBSN 进一步排除气孔，使材料更致密。

热等静压法使物料受到各向同性的压力，因而陶瓷的显微结构更均匀。同时施加的压力高，能降低陶瓷的烧结温度。所需加入的添加剂很少甚至可以不加，有利于陶瓷高温性能的提高。但没有烧结过的氮化硅素坯在热等静压之前，必须采用玻璃包封。包封方法是在素坯或反应烧结材料表面涂一层玻璃粉，然后抽真空，使坯体"排气"，接着加热至玻璃熔点，使之形成不透气的玻璃外壳。

近年来，用有机或无机聚合物作为前驱物，通过热解来制备非氧化物陶瓷是一种新的趋势。

张劲松等用微波烧结 Si_3N_4，在 1500℃下烧结 10min，抗弯强度达 $620 \sim 735$ MPa，K_{IC} 达 6.5 MPa·$m^{1/2}$，与常规烧结（1700℃，烧结 120min，抗弯强度达 $450 \sim 540$ MPa，K_{IC} 达 6.2 MPa·$m^{1/2}$）相比，大幅度降低了烧结温度，缩短了烧结时间，提高了力学性能。

除以上几种方法外，还可采用一步烧结法、超高压烧结法和化学气相沉积法等方法制备氮化硅材料。

7.2.3 氮化硅陶瓷的性能与应用

Si_3N_4 陶瓷是高温结构陶瓷中最引人注目的一种材料。Si_3N_4 陶瓷的性能受生产工艺和显微结构的影响。如气压烧结 Si_3N_4 时，高氮气压力能促进长柱状晶粒生长，因而材料具有高的断裂韧性，而热等静压 Si_3N_4 具有均匀的细晶结构，材料的强度高。由于生产工艺（主要是烧结方法）不同，氮化硅陶瓷性能有很大差异，表 7-5 列出各种工艺制备的氮化硅的性能，从表中可以看出，即使是同一种类型的材料，其性能也有相当大的差异，表明显微结构对材料性能影响较大，因此在进行组成设计的同时，注重显微结构设计，才能获得具有所希望性能的材料。

从表 7-5 可以看出，各种氮化硅陶瓷的强度随温度升高都有较大幅度下降，因为 Si_3N_4 陶瓷的高温性能在很大程度上受晶界玻璃相的影响。添加的烧结助剂在完成致密化作用后，大部分都残留在晶界上，在高温下晶界玻璃相会熔融软化，使材料的高温性能下降，不利于高温应用。为解决此问题，进行了大量的晶界工程研究，目前提高氮化硅陶瓷晶界耐火度的主要途径（晶界相设计及晶界性能改善途径），主要有以下四个方面：①形成固熔体，净化晶界；②以高黏度、

表 7-5　不同烧结方法制得 Si₃N₄ 陶瓷的典型性能值

性　能	反应烧结 Si$_3$N$_4$ （RBSN）	热压 Si$_3$N$_4$ （HPSN）	常压烧结 Si$_3$N$_4$ （SSN）	重烧结 Si$_3$N$_4$ （SRBSN）	热等静压 Si$_3$N$_4$ （HIP-SN）	热等静压反应烧结 Si$_3$N$_4$ （HIP-RBSN）	热等静压-常压 Si$_3$N$_4$ HIP-SSN
相对密度 /%	70～88	99～100	95～99	93～99	—	99～100	—
断裂强度 /MPa							
25℃	150～350	450～1000	600～1200	500～800	600～1050	500～800	600～1200
1350℃	140～340	250～450	340～550	350～450	350～550	250～450	300～520
断裂韧性 K_{IC}/ （MPa·m$^{1/2}$）	1.5～2.8	4.2～7.0	5.0～8.5	4.0～5.5	4.2～7.0	2.0～5.8	4.0～8.0
韦布尔模数 m	14～40	15～30	10～25	10～20	—	20～30	—
弹性模量 E /GPa	120～250	310～330	260～320	280～300	—	310～330	—
泊松比	0.20	0.27	0.25	0.23	—	0.23	0.27
抗冲击强度 / （N·cm/cm^2）	150～200	40～524	—	61～65	—		
硬度 /GPa	80～85	91～93		90～92			
热膨胀系数 / （10^{-6}/℃）	3.2 （0～1400℃）	2.95～3.50 （0～1400℃）	—	3.55～3.60 （0～1400℃）			
导热系数 / ［W/(m·K)］	17	30	20～25	—	—		
抗热震性参数 ΔT_c/℃	300	600～800	—		—		

高熔点玻璃相强化晶界；③促使玻璃相结晶；④通过氧化扩散，改变晶界组成。详见第六章陶瓷的晶界工程。通过晶界工程研究，材料高温性能有了很大提高。目前已能制备从室温到 1370℃ 的温度范围内强度保持在 1000MPa 的氮化硅材料，为能在高温、高技术领域应用打下了良好基础。

但是，氮化硅陶瓷的断裂韧性仍较低。为此人们引入第二相（颗粒、晶须、纤维）组成复相陶瓷；利用氮化硅陶瓷的自补强；通过材料设计所研制的层状复合氮化硅陶瓷材料，是利用轧模工艺使层内的晶粒和晶须作定向排列，并调整外部层状复合结构以得到材料的两级增韧效果，断裂韧性高达 20.1MPa·m$^{1/2}$（见7.6 节陶瓷基复合材料）。

氮化硅陶瓷具有一系列独特优异的常温和高温的力学、化学等性能，如强度和硬度高、热膨胀系数和蠕变小、耐高温、抗氧化、耐磨损、耐腐蚀等，在高技术领域和现代工业中有广泛的用途和良好的应用前景。其应用可分为发动机部件和工业应用两大类。氮化硅是最有希望应用于热机的陶瓷材料，为此国内外进行了大量的研究和开发。目前除高温燃气轮机用的部件外，在车用发动机部件中已有许多可替代现用的部件，如电热塞、预热燃烧室镶块、摇臂镶块、透平转子、喷射器连杆等，这些在国外已获得实际应用。另外，利用氮化硅高温高强度等热特性以及它质量轻、绝缘性好、耐磨损、耐腐蚀等特性，可用于机械、冶金、化工、航空航天等工业。

7.3 塞龙陶瓷[1,2,8～11,15～20]

塞龙是 20 世纪 70 年代初日本的 Oyama (1971) 和英国的 Jack (1972) 在研究 Si_3N_4 材料添加剂中发现的一类新材料。它是氮化硅（Si_3N_4）固溶体的总称。塞龙是 Si、Al、O、N 四个元素符号组合而成的音译，基本结构是（Si、Al）(O、N) 四面体。根据结构和组合，塞龙可分为 β 塞龙、α 塞龙、o-塞龙和 AlN 多型体四种类型，前三种分别简写为 β'、α' 和 o'。

日本的 Oyama 和英国的 Jack 认为 β 塞龙在 Si_3N_4-Al_2O_3 的连线上，并指出该固溶体的分子式为：$Si_{6-3/4x}Al_{2/3x}O_xN_{8-x}$。随着研究的深入，英国 Lumby 等提出 β 塞龙仅存在于 Si_3N_4-$Al_2O_3\cdot AlN$ 连线上，纠正了塞龙是 Si_3N_4-Al_2O_3 系固溶体的概念，并提出固溶体的新的分子式：$Si_{6-z}Al_zO_zN_{8-z}$，称为 z 分子式，式中，z 表示 Si 被 Al 的取代量，z 值的变化范围为 0～4.2，即真正的 β 塞龙单相固溶体应该是当 Al_2O_3 和 AlN 以物质的量之比为 1:1 同时加入到 Si_3N_4 中（保持金属离子与非金属离子之比为 3:4 时），实现 Al—N 和 Al—O 键对 Si—N 键的取代（当反应物为 AlN 和 SiO_2 时，应为 Al—N 和 Si—O 键对 Si—N 键的取代）后才形成的。图 7-1 是 Si_3N_4-Al_2O_3-AlN-SiO_2 系统的等温相图，又称互换盐图。

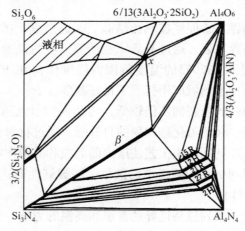

图 7-1　Si_3N_4-Al_2O_3-AlN-SiO_2 系统的等温相图

7.3.1 塞龙陶瓷的制备

塞龙陶瓷可由人工合成的粉末、天然原料还原氮化合成的粉体、有机聚合物热解的粉体、自蔓延高温合成的粉末，经混合成型、烧结来制备。通常各单相塞龙陶瓷及复相 $(\alpha' + \beta)$-塞龙，$(o' + \beta')$-塞龙陶瓷的合成都采用加烧结助剂的方法。与 Si_3N_4 相比，塞龙陶瓷的优点是易于烧结，这是由于塞龙中部分共价键为离子键所代替，又因塞龙的烧结多为液相烧结，促进了致密化。烧结方法与 Si_3N_4 陶瓷相同。反应烧结和常压烧结方法简单、经济，适合批量生产，但性能比较差。热压法和热等静压烧结法制品性能优异，但价格贵，难于连续生产。微波烧结和等离子体烧结显示出较多的优越性，是具有潜力的烧结新技术。人们根据 M-Si-Al-O-N 多元相图进行设计，选择合适的组成和添加剂及先进的烧结方法来制备单相及复相塞龙陶瓷。

1. β 塞龙

β 塞龙是 Al_2O_3 和 AlN 以 1:1 的物质的量比固溶于 Si_3N_4 中形成的 β-Si_3N_4 固溶体。分子通式为 $Si_{6-z}Al_zO_zN_{8-z}$，结构单元为 $[(Si、Al)(O、N)_4]$ 即 z 个 N 被 O 取代，同时 z 个 Si 被 Al 取代，属置换型固溶体。z 的取值在 $0\sim4.2$ 之间，都可形成单相塞龙，$z=0$ 时对应 β-Si_3N_4，随 z 值增大，固溶置换增加，晶格常数也随着增大（晶格膨胀），密度、硬度和弯曲强度也略有下降。当 $z > 4.2$ 时，$Al_2O_3 \cdot AlN$ 过多，已不能保持 β 塞龙的晶体结构，在相图右下角出现了 15R、12H、21R、27R 等相，都是 AlN 的多形体。

当向 Si_3N_4 粉末中添加等物质的量的 Al_2O_3 和 AlN，并于高温下烧结时，便可获得 β 塞龙陶瓷。通常是由 Si_3N_4-AlN-Al_2O_3、Si_3N_4-AlN-SiO_2、Si_3N_4-AlN-Al_2O_3-SiO_2 和其他添加剂（如 Y_2O_3 等）粉末按一定配比混合成型后，采用常压或热压工艺在 $1550\sim1700\,℃$ 下烧结而成。烧结过程中发生的反应有

$$\left(2 - \frac{z}{3}\right)Si_3N_4 + \frac{z}{3}AlN + \frac{z}{3}Al_2O_3 \longrightarrow Si_{6-z}Al_zO_zN_{8-z} \tag{7-1}$$

$$\left(2 - \frac{z}{2}\right)Si_3N_4 + zAlN + \frac{z}{2}SiO_2 \longrightarrow Si_{6-z}Al_zO_zN_{8-z} \tag{7-2}$$

其烧结仍属溶解-沉淀机理，同样可用 Kingery 模型来解释其动力学，但在烧结过程中部分液相的形成是瞬时的，当致密化完成后能接纳进氮化硅结构中，这样残留在晶界上的玻璃相量减少，起到"净化晶界"的作用，可改善、提高氮化硅材料的高温性能。已研制成添加 Y_2O_3 的 β 塞龙材料，在室温抗折强度为 1000MPa，在 1300℃ 仍能保持 700MPa，Y-β 塞龙陶瓷在 1350℃ 热处理后，β 和晶界玻璃相反应生成组分略有差异的 β 和钇铝石榴石（$Y_3Al_5O_{12}$），这种材料具有很好的抗蠕变性，也是至今强度最高的 β 塞龙材料。

β 塞龙随着 z 值增大，组分中 Al_2O_3 含量增加，烧结时出现液相增多，会使晶粒粗化，强度降低。同时影响材料的硬度，降低韧性，因此必须注意烧结工艺。

为了进一步降低成本，扩大应用范围，许多学者开展了以廉价矿物为原料制备 β 塞龙的研究，这是很有价值的。其还原-氧化合成反应为

$$Al_2O_3 \cdot 4SiO_2 \text{（叶蜡石）} + 9C + 3N_2 \longrightarrow Si_4Al_2O_2N_6 + 9CO \qquad (z = 2)$$

$$\text{(7-3)}$$

$$3(Al_2O_3 \cdot 2SiO_2)\text{（高岭土）} + 15C + 5N_2 \longrightarrow 2Si_3Al_3O_3N_5 + 15CO \qquad (z = 3)$$

$$\text{(7-4)}$$

$$2(Al_2O_3 \cdot SiO_2)\text{（硅线石）} + 6C + 2N_2 \longrightarrow Si_2Al_4O_4N_4 + 6CO \qquad (z = 4)$$

$$\text{(7-5)}$$

用矿物合成塞龙材料，由于纯度差，主要用于耐火砖、炉衬等，但价格便宜，性能优于一般耐火材料，有很好的发展前途。

用微波烧结 SHS 制备的 β 塞龙粉体［加 6%（质量分数）Y_2O_3］成型体，在 1600℃和 1650℃保温 5min，β 塞龙的弯曲强度分别达 470MPa 和 630MPa，韧性分别为 $5.0MPa \cdot m^{1/2}$ 和 $5.8MPa \cdot m^{1/2}$。

2. α-塞龙

α 塞龙是 α-Si_3N_4 的固溶体，结构与 α-Si_3N_4 相似，化学通式为 $Me_xSi_{12-(m+n)}Al_{m+n}O_nN_{16-n}$。式中，Me 为填隙金属离子，$x \leqslant 2$，$0 \leqslant m \leqslant 12$，$0 \leqslant n \leqslant 16$，$m = kx$，$k$ 为填隙金属原子的化合价。在每个单位晶胞的 α-Si_3N_4 的结构中有两个大的间隙位置，金属离子 Me（Li^+、Mg^{2+}、Y^{3+}、Ca^{2+} 和稀土离子）充填其中，补偿由 Al^{3+} 取代 Si^{4+} 造成的价态不平衡。无论 α 塞龙或 β 塞龙都必须满足 Me^+（金属离子）与 M^-（非金属离子）的原子数之比为 3：4。

通常 α 塞龙是由 α-Si_3N_4、AlN 和金属氧化物采用热压、气氛加压或无压烧结方法制备，如采用 Si_3N_4、AlN、Y_2O_3 混合料为原料，当 AlN 和 Y_2O_3 以 9：1（物质的量比）加到 Si_3N_4 中，可制得 Y-α 塞龙，反应为

$$Si_3N_4 + a(Y_2O_3 + 9AlN) \longrightarrow Y_{2a}(Si_3, Al_{9a})(O_{3a}N_{4+9a}) \qquad \text{(7-6)}$$

式中，$a = 0 \sim 1$。

镱（Yb）稳定 α 塞龙有非常高的硬度（$HR_{10} = 22GPa$），材料在 1450℃的力学性能与室温相同。

α 塞龙的特点是具有很高的硬度（比 β 塞龙高 $1 \sim 2$ 度）和较好的抗热震性、抗氧化性。

3. o-塞龙

o-塞龙是 Al_2O_3 固溶于 Si_2N_2O 中形成的固溶体，Al_2O_3 的固溶量为 10% ～

15%（摩尔分数），几乎不引起结构上的变化。化学通式为 $Si_{2-x}Al_xO_{1+x}N_{2-x}$。$o$-塞龙通常由 α-Si_3N_4、Al_2O_3 和 AlN 粉末混合，采用热压或无压工艺在 1800℃ 下烧结而成，添加 Y_2O_3 可降低烧结温度。o-塞龙具有优良的抗氧化性以及低热膨胀系数。三种塞龙中 o' 的抗氧化性能最好。

4.AlN 多型体塞龙

图 7-1 中显示在 β-塞龙与 AlN 之间存在 6 种有相同 M：X 比的晶相，它们就是 AlN 多型体塞龙。分子式为 M_mX_{m+1}，具有纤维锌矿型结构的 AlN 结构，故又称 AlN 多型体，分属六方（H）和斜方（R）两个晶系，分别命名为：8H、15R、12H、21R、27R 和 2H。六方结构的单位晶胞由两个基块组成；斜方结构的单位晶胞由三个基块组成。显微结构均是纤维状或长柱状，这有利于提高材料的韧性和强度。因此，在复相陶瓷材料组分设计中，往往把 AlN 多型体作为增韧补强相，来提高材料的机械性能。

由上可以看出，常用无压或热压烧结的方法制备塞龙陶瓷，主要的添加剂为 MgO、Al_2O_3、AlN 和 SiO_2 等，同时，添加 Y_2O_3 能获得强度很高的塞龙陶瓷。如添加 Y_2O_3 的 β-塞龙材料在室温时抗折强度为 1000MPa，在 1300℃ 仍能保持 700MPa。此外加入 Y_2O_3 可降低塞龙陶瓷的烧结温度。利用大阳离子（Sr^{2+}、La^{3+}、Ce^{3+} 和 Nd^{3+}）和它们与 Ca 和 Y 等物质的量混合掺杂，精心设计组成可得到无玻璃相的材料，并具有高的光学透明度，会导致 α-塞龙陶瓷作为结构和功能陶瓷的新应用。在制备塞龙陶瓷时应选择超细、超纯的 Si_3N_4 粉末，采用适当的工艺措施控制其晶界相的组成和结构，才能获得性能优异的材料。

单相塞龙陶瓷各具特色，但单相塞龙陶瓷性能往往满足不了高技术发展的需要。因此，可根据有关相图和结晶化学知识，按使用的要求进行材料的"剪裁"和设计，选择合理的组成和工艺条件，可以制备出具有不同性能的复相陶瓷（α'/β'、o'/β'、β'/AlN 多型体复相陶瓷）。在相图中存在一个 α' 和 β' 塞龙的两相共存区，α' 具有高的硬度，β' 具有高强度和高韧性，两者结合，可以得到高强、高硬度的 α'/β'-塞龙复相陶瓷，这是一种具有优异切削性能的刀具材料。

7.3.2　塞龙陶瓷的性能与应用

塞龙陶瓷具有较低的热膨胀系数、较高耐腐蚀性、高的红硬性、优良的耐热冲击性能，优异的高温强度和硬度等特点，其应用范围比 Si_3N_4 更广，主要领域有：①热机材料：用于汽车发动机的针阀和挺杆垫片；②切削工具：塞龙陶瓷的红硬性比 Co-WC 合金和氧化铝高，当刀尖温度达 1000℃ 时仍可进行高速切削；③塞龙硬度高、耐磨性好，可用作轴承等滑动及磨损件，如车辆底盘上的定位销，常用的淬硬钢销可进行的操作次数为 7000 次，相当于一个工作日，而用塞龙销操作次数可超过 5×10^7 次，即使用寿命为 1 年，且无磨损痕迹；④可用作轧钢辊、有色金属冶炼成型材料，如挤压模内衬、拉管子的模子和芯棒、金属浇铸和金属喷雾设备中的部件以及热电偶保护套管、坩埚等，也可用作拉磷化镓单晶舟等。

7.4　碳化硅陶瓷[1,2,8～11,21～25]

碳化硅（SiC）陶瓷是以 SiC 为主要成分的陶瓷，SiC 在自然界中几乎不存在，只在陨石中偶有发现。1893 年美国人 Acheson 最早用 SiO_2 碳还原法（$SiO_2 + 3C \longrightarrow SiC + 2CO\uparrow$）人工合成 SiC 粉末，该法至今仍是碳化硅粉体合成及材料制备的主要方法，其后又建立了硅-碳直接合成法、气相沉积法、激光法、有机前驱体法等。

随着现代科学技术的发展，尤其是共价键材料烧结理论的建立，从 20 世纪 60 年代以来，SiC 作为结构材料使用，在此之前主要用于磨料、耐火材料和发热元件使用。1974 年美国科学家 Prochazka 首先成功地采用亚微米级 β-SiC 和少量的 B、C 添加剂作原料，通过无压烧结工艺制得了致密的碳化硅陶瓷。从此，SiC 陶瓷成为非常重要的高温结构材料，已形成一个新兴产业。

SiC 是共价键很强的化合物，离子键约占 12%，其晶体结构的基本单元是相互穿插的 SiC_4 和 CSi_4 四面体。四面体共边形成平面层，并以顶点与下一叠层四面体相连形成三维结构，由于四面体堆积次序的不同，可形成不同的结构，至今已发现几百种变体，常见的晶型有六方晶系的 α-SiC 和立方晶系的 β-SiC。

α-SiC 有上百种变体，其中最主要的是 4H、6H、15R 等。4H、6H 属于六方晶系，在 2100℃和 2100℃以上是稳定的；15R-SiC 为菱面（斜方六面）晶系，在 2000℃以上是稳定的。H 和 R 代表六方和斜方六面型。

β-SiC 只有一种，属立方晶系，密度为 $3.215g/cm^3$。β-SiC 在 2100℃以下是稳定的，高于 2100℃时，β-SiC 开始转变为 α-SiC，转变速率很慢，到 2400℃转变迅速，这种转变在一般情况下是不可逆的，在 2000℃以下合成的 SiC 主要是 β型，在 2200℃以上合成的主要是 α-SiC，而且以 6H 为主。

7.4.1　碳化硅陶瓷的制备

SiC 是一种共价键很强的化合物，加上它的扩散系数很低（即在 2100℃，C 和 Si 在 α-SiC 单晶中自扩散系数分别为 $D_C = 1.5 \times 10^{-10} cm^2/s$，$D_{Si} = 2.5 \times 10^{-13} cm^2/s$，在 β-SiC 多晶中自扩散系数分别为 $D_C = 1.0 \times 10^{-10} cm^2/s$，$D_{Si} = 8.9 \times 10^{-13} cm^2/s$，$\beta$-SiC 晶体界面扩散系数为 $D_C = 1.0 \times 10^{-5} cm^2/s$），所以很难烧结。而日本铃木弘茂认为 SiC 烧结之所以困难是因为表面扩散在低温下意外地快速进行，导致粒子粗化造成的，因此，必须采用一些特殊的工艺手段或依靠添加剂促进烧结，甚至与第二相结合来制备 SiC 陶瓷。

碳化硅粉体的制备方法很多，有古老的 Acheson 法，也有近十多年发展起来的激光法和有机前驱体法等。SiC 陶瓷的制备方法有反应烧结法、热压烧结法、常压（无压）烧结法、高温等静压烧结法、重烧结法、浸渍法以及化学气相沉积法制备 SiC 陶瓷薄膜。SiC 主要烧结方法及特点列于表 7-6 中。下面重点介绍添加剂的作用和 SiC 陶瓷制备的进展。

表 7-6   SiC 主要烧结方法及特点

烧结方法	烧结原理	条件	特点
反应烧结（自结合）	SiC＋C 坯体在高温下进行蒸气或液相渗 Si，部分硅与碳反应生成 SiC，把原来坯体中的 SiC 结合起来，达到烧结目的	1400～1600℃	烧结温度低；收缩率为零；多孔质，强度低；残留游离硅多（8%～15%），影响性能
热压烧结	添加 B＋C、B_4C、BN、Al、Al_2O_3、AlN 等烧结助剂，一面加压，一面烧结	1950～2100℃ 20～40MPa	密度高，抗弯强度高；不能制备形状复杂制品；成本高
常压烧结	添加 B、C、Al＋B＋C、Al_2O_3＋Y_2O_3 等烧结助剂的坯体，在惰性气氛中进行固相或液相烧结	2000～2200℃	能制备各种形状制品；强度较高；纯度高，耐蚀性好；烧结温度高（缺点）
高温热等静压烧结	将陶瓷粉料或陶瓷素坯，经包封后放入高温热等静压装置中，在高温、高压（各方向均匀加压）下烧结	～2000℃	高密度，高强度；烧结温度降低，烧结时间缩短

7.4.2 添加剂的作用

1. 硼（B）和碳（C）的作用

碳化硅的无压烧结可分成固相烧结和液相烧结两种。固相烧结是美国科学家 Prochazka 于 1974 年首先发明的。他在亚微米级的 β-SiC 中添加少量的 B 与 C，实现了 SiC 无压烧结，制得接近理论密度 95% 的致密烧结体。Prochazka 认为，扩散烧结的难易与晶界能 γ_G 和表面能 γ_S 的比例大小有关，$\gamma_G/\gamma_S<\sqrt{3}$ 时，能促进烧结，SiC 的晶界能和表面能的比值 γ_G/γ_S 很高（$>\sqrt{3}$）时，很难烧结。然而，在 SiC 中加 B 和 B 的化合物时，B 在晶界选择性偏析，部分 B 与 SiC 形成固溶体，降低了 SiC 的晶界能 γ_G，使 γ_G/γ_S 减小，增大了烧结驱动力，促进了烧结。由于 SiC 表面常有一薄层 SiO_2，在 1700℃左右，SiO_2 熔融分布在晶界处，使 SiC 颗粒之间接触机会减少，抑制了烧结。加入 C 可与表面的 SiO_2 发生 $SiO_2+3C\longrightarrow SiC+2CO\uparrow$ 的反应，使表面能由 $2.5\times10^{-5}J/cm^2$ 提高到 $1.8\times10^{-4}J/cm^2$，从而使 γ_G/γ_S 减小，有利于烧结。而日本的铃木弘茂认为，SiC 难以烧结是由于 SiC 的表面扩散在低温下很快，导致粒子粗大化，不利于烧结，研究发现的 C 和 B 的作用机理与 Prochazka 的大不相同，他认为，①B 和 C 共同对粒子成长起了有效的抑制作用；②各自单独使用时，不能导致充分的致密化，即仅抑制表面扩散是不够的，要通过两者的相互作用并使晶界生成第二相（B-C 化合物）才能达到致密化，这是因为 B 与 C 生成 B_4C（或直接添加 B_4C），可以固溶在 SiC 中，从而降低晶界能，促进烧结。固相烧结的 SiC，晶界较为"干净"，基本无液相存在，晶粒在高温下很容易长大，因此它的强度和韧性一般都不高，分别为 $300\sim450$ MPa 与 $3.5\sim4.5$ MPa·$m^{1/2}$，但晶界"干净"，高温强度并不随温度的升高而变化，一般用到 1600℃时强度仍不发生变化。另外，Al 和 Al 的化合物（Al_2O_3、AlN）均可与 SiC 形成固溶体而促进烧结。

2. Y_2O_3-Al_2O_3 的作用

碳化硅的液相烧结是美国科学家 Mulla M A 于 20 世纪 90 年代初实现的，它的主要添加剂是 Y_2O_3-Al_2O_3。根据相图可知，存在三个低共熔化合物：YAG（$Y_3Al_5O_{15}$，熔点 1760℃），YAP（$YAlO_3$，熔点 1850℃），YAM（$Y_4Al_2O_9$，熔点 1940℃）。为了降低烧结温度一般采用 YAG 为 SiC 的烧结添加剂。当 YAG 的组成达到 6%（质量分数）时，碳化硅材料已基本达到致密。无压烧结 SiC 的力学性能随添加剂、烧结温度、显微结构的不同而有差异。

7.4.3 碳化硅制备的某些新工艺

碳化硅研究取得很大进展，下面介绍烧结工艺的某些进展。

（1）SiC-AlN 系统固相烧结的 AlN-SiC 固溶体陶瓷，具有良好的电绝缘性与导热性，有可能是一种廉价的大规模集成电路的基板材料。

（2）为降低烧结温度，采用 YAG 为 SiC 添加剂。在烧结过程中会发生 Al_2O_3 的流失，使添加剂的组分达不到 YAG 的组成，因此适当增加 Al_2O_3 的组分，将 YAG 的组分变成 YAG·Al_2O_3，材料的相对密度从 98% 提高到 99%，强度从 600MPa 提高到 707MPa，断裂韧性从 8.1MPa·$m^{1/2}$ 提高到 10.7MPa·$m^{1/2}$。结果非常引人注目，它的出现更加开拓了无压烧结 SiC 的新应用。

（3）Hidehiko 和 Zhou Y1999 年在亚微米 SiC 粉中添加 AlB_2 和 C，在 1850℃下实现了无压烧结，烧结温度比一般添加 B 和 C 的要下降 $150\sim300$℃，这有利于降低能耗和生产成本。

（4）中国科学院上海硅酸盐研究所在 SiC 中添加 AlN 和在 SiC 中添加 YAG 进行热压烧结，材料的抗弯强度分别达到 1100MPa 和 750MPa，韧性分别达到 8MPa·$m^{1/2}$ 和 7MPa·$m^{1/2}$，比无压烧结成倍提高。

（5）中国科学院上海硅酸盐研究所江东亮等根据碳化物在一定温度与氮压下，热力学上处于不稳定状态而转变为氮化物的基本化学原理，对 SiC 陶瓷进行热等静压氮化后处理，取得许多令人瞩目的成果。20 世纪 90 年代发明了预烧结的 SiC，再经高温热等静压氮化处理，使 SiC 表面生成一层 Si_3N_4 梯度层，冷却

后利用 Si_3N_4 和 SiC 热膨胀系数的差异，对基体产生压应力，使材料强度提高近一倍。另外，经热等静压氮化处理，成功地在 SiC 基体上长出长柱状和针状 β-Si_3N_4 晶体，由于氮化反应，不仅使基体 SiC 晶粒发生细化，而且产生表面压应力，使材料强度和韧性提高一倍，分别达到 900MPa 和 $8MPa\cdot m^{1/2}$。原则上所有的碳化物都可用 HIP 氮化处理方法来提高强度和韧性。此方法开创了利用热等静压来制备表面梯度结构复合材料的新工艺。

（6）Zhou Y 等用脉冲电流烧结，可以在少于 30min 的时间内使添加少量 Al_2O_3-Y_2O_3 或 Al_2O_3-B_4C-C 的 β-SiC 和 α-SiC 迅速烧结到很高的致密度（95.2% ～99.7%）

（7）日本日立公司开发出添加 BeO 的 SiC 陶瓷，使原来导电的 SiC 陶瓷变成高绝缘材料，其电阻率高达 $10^{13}\Omega\cdot cm$，它的热传导性比 BeO 及 Al_2O_3 还好，可用作集成电路基板，主要机理是 BeO 在 SiC 的晶界上形成高阻层，提高了绝缘性。

7.4.4 碳化硅陶瓷的性能与应用

SiC 陶瓷具有高温强度高、抗蠕变、硬度高、耐磨、耐腐蚀、抗氧化、高导热、高导电和热稳定性等一系列优异的性能。SiC 陶瓷材料的性能与其制备工艺和组成结构密切相关。表 7-7 为三种不同工艺制备的 SiC 材料的物理力学性能。

表 7-7　不同烧结方法制得的 SiC 制品的性质

性　　质	热压 SiC	常压烧结 SiC	反应烧结 SiC
密度/(g/cm³)	3.2	3.14～3.18	3.10
气孔率/%	<1	2	<1
硬度/HRA	94	94	94
抗弯强度/MPa,室温	989	590	490
抗弯强度/MPa,1000℃	980	590	490
抗弯强度/MPa,1200℃	1180	590	490
断裂韧性/(MPa·m^{1/2})	3.5	3.5	3.5～4
韦伯模数	10	15	15
弹性模量/GPa	430	440	440
热导率/[W/(m·K)]	65	84	84
热膨胀系数/(×10⁻⁶/℃)	4.8	4.0	4.3

特别是 SiC 陶瓷有最好的高温力学性能（高强度、抗蠕变、抗氧化），温度到 1600℃时抗弯强度基本与室温相同，是高温燃气轮机重要的候选材料，它有

最好的稳定性，耐各种酸碱腐蚀，抗氧化性优越，是极好的耐腐蚀材料，它还有高的硬度，莫氏硬度高达 9.2～9.5，是仅次于金刚石、立方 BN 等的高耐磨材料。

SiC 优异的性能，在众多的工业领域和高技术中得到了广泛的应用。表 7-8 列出了 SiC 陶瓷的主要用途。

表 7-8 碳化硅陶瓷的主要用途

领　域	使用环境	用　途	主要优点
石油工业	高温、高压(液)研磨物质	喷嘴,轴承,密封,阀片	耐磨,导热
微电子工业	大功率散热	封装材料,基片	高导热,高绝缘
化学工业	强酸(HNO_3、H_2SO_4、HCl)、强碱(NaOH)、高温氧化	密封,轴承,泵部件,热交换器,气化管道,热电偶保温管	耐磨损,耐腐蚀,气密性好,高温耐腐蚀
汽车、拖拉机、飞机、宇宙火箭	燃烧(发动机)	燃烧器部件,涡轮增压器,涡轮叶片,燃汽轮机叶片,火箭喷嘴	低摩擦,高强度,低惯性负荷,耐热冲击性
激光	大功率、高温	反射屏	高刚度,稳定性
喷砂器	高速研削	喷嘴	耐磨损
造纸工业	纸浆废液、(50％)NaOH 纸浆	密封,套管,轴承衬底	耐热,耐腐蚀,气密性好
钢铁工业	高温气体、金属液体	热电偶保温管,辐射管,热交换器,燃烧管,高炉材料	耐热,耐腐蚀,气密性好
矿业	研削	内衬,泵部件	耐磨损性
原子能	含硼高温水	密封,轴套	耐放射性
其他	塑性加工	拉丝,成型模具	耐磨,耐腐蚀性

7.5 氧化锆陶瓷[1,2,8～12,26～31]

氧化锆（ZrO_2）陶瓷是以稳定的立方型氧化锆为主晶相的陶瓷。20 世纪 70 年代利用氧化锆相变特性发展起来的氧化锆增韧陶瓷，具有优异的力学（最高的断裂韧性）和热学等性能，是一类很有发展前途的新型结构陶瓷材料，已在众多领域中得到广泛应用。

7.5.1 氧化锆的晶体结构和相变特性

纯 ZrO_2 有三种同素异形体结构：立方结构（c 相），四方结构（t 相）及单斜结构（m 相），三种晶型的相变关系为

$$m\text{-}ZrO_2 \Longleftrightarrow t\text{-}ZrO_2 \Longleftrightarrow c\text{-}ZrO_2 \tag{7-7}$$

三种晶型的密度分别为：m 相 $5.65g/cm^3$，t 相 $6.10g/cm^3$，c 相 $6.20g/cm^3$。整个相变过程是可逆的，即使升温和冷却速率很快，也无法阻止。纯 ZrO_2 烧结冷却时发生的 $t \rightarrow m$ 相变为无扩散相变，具有典型的马氏体相变特征，并伴随产生约 7% 的体积膨胀和相当大的剪切应变（约 8%）；相反，在加热时，由 $m \rightarrow t$ 相变，体积收缩。由于纯 ZrO_2 制品在加热、冷却过程中要发生晶型转变，引起体积效应（热缩、冷胀），易使制品开裂，因此，纯 ZrO_2 难以烧成致密的块状陶瓷材料，所以要采取稳定晶型的措施。

为防止相变引起的开裂，通常在纯 ZrO_2 中加入与它结构相似（立方晶型）和阳离子半径与 Zr^{4+} 相近（半径差 < 4%）的氧化物（CaO、MgO、Y_2O_3、CeO_2 和其他稀土氧化物）作稳定剂。在高温烧结时，它们将与 ZrO_2 形成立方固溶体，冷却后仍能保持稳定的立方型固溶体，消除了单斜相与四方相的转变，没有体积效应，可避免 ZrO_2 陶瓷开裂。加入适量的 c-ZrO_2 稳定剂，可在室温下获得 c-ZrO_2 单相材料。经过这种稳定处理的 ZrO_2 称为完全稳定 ZrO_2，用 FSZ 表示。在进行稳定化时，随稳定剂不同，其最小用量也不同，在 1500℃ 使之固溶时，MgO 摩尔分数分别为 13.8%，CaO 为 11.2%，Y_2O_3 约为 6%。

然而完全稳定的 ZrO_2 力学性能仍很低，尤其是抗热震性能差。如果减少加入氧化物的数量（小于上面的数值），不使全部氧化物都呈稳定的立方相，而使一部分以四方相的形式存在，由于这种含四方相的材料只使一部分氧化锆亚稳到室温，所以叫做部分稳定氧化锆，用 PSZ 表示。由于稳定剂含量、烧结和热处理工艺的不同，室温下可分别获得 $c+t$、$t+m$ 双相或 $c+t+m$ 三相组织的 PSZ。根据添加氧化物的不同，又分别称为 Ca-PSZ、Mg-PSZ、Y-PSZ、Ce-PSZ 等，当稳定的 ZrO_2 陶瓷全部为 t-ZrO_2 的单相多晶陶瓷时，叫四方氧化锆多晶陶瓷，用 TZP 表示。

四方 ZrO_2 析出物粒子在冷却到 ≤1000℃ 时是否转变成单斜相是决定力学性能的关键。四方相能否保持到室温决定于稳定剂的含量和晶粒大小。研究表明，ZrO_2-3%（摩尔分数）Y_2O_3 的热膨胀行为与钢中的奥氏体（A）$\Longrightarrow$ 马氏体（M）相变相似。随 Y_2O_3 等稳定剂含量的增加，ZrO_2 的 Ms（$t \rightarrow m$ 相变开始点）降低，即 Y_2O_3 含量高时，残留 t 相增多，甚至有 c 相被稳定到室温，一般发生 $t \rightarrow m$ 相变的 t 相含 Y_2O_3 为 0~4%（摩尔分数）。

四方相能否保持到室温不仅决定于稳定剂的含量，还决定于晶粒尺寸的大小。在稳定剂含量相同时，t 相的晶粒尺寸是影响 $t \rightarrow m$ 相变的一个重要因素，Ms 点随晶粒尺寸的减小而降低。实际材料中晶粒尺寸并非均匀，而是有一个尺寸分布范围。室温时的显微组织中存在一个临界晶粒直径 d_c，直径 $d > d_c$ 的晶粒室温下已转变成 m 相，$d < d_c$ 的晶粒冷却到室温仍保留 t 相。所以只有 $d < d_c$ 的晶粒才有可能（但不一定）产生相变韧化作用。因此，室温下 t 相含量的

多少对提高韧性有直接影响。有人认为，ZrO_2 增韧陶瓷的断裂韧性正比于材料中的四方相 ZrO_2 含量，从这个意义上讲，TZP（全是四方相）应是相变韧性效果最好的，实际上只有可相变的 t 相才能对相变有贡献，而并非所有 t 相在承载时都能发生相变。研究表明，就力学性能而言，在 Y-TZP 中存在一个最佳晶粒尺寸范围。当 ZrO_2 晶粒尺寸在最佳尺寸范围内时，由于 ZrO_2 晶粒相互之间的抑制，所有的晶粒都保持四方相，当材料中 ZrO_2 平均晶粒尺寸大于或小于该最佳尺寸范围时，一部分四方 ZrO_2 会相变为单斜 ZrO_2，导致材料强度和韧性下降。临界尺寸的大小受许多因素制约，故控制烧成工艺十分重要，通常采用超细粉体，并在适宜的温度下烧结，通过控制晶粒生长速率以获得细晶陶瓷。

7.5.2 氧化锆陶瓷的制备

1. 原理

在部分稳定氧化锆陶瓷的制备中，稳定剂的加入量小于使 ZrO_2 完全稳定所需的量，一部分 t-ZrO_2 晶粒从 c-ZrO_2 母体中析出而形成 $c + t$ 两相陶瓷。不同类型稳定氧化锆的形成，除和稳定剂的种类和含量有关外，还与烧结工艺及热处理制度有关。下面用几个常见的系统来说明。

（1）ZrO_2-CaO 系统 图 7-2 是 ZrO_2-CaO 相图的部分区间，研究结果表明，采用活性粉末并延长热处理时间，其共析温度和组分分别为 1140 ± 40℃ 和 (17.0 ± 0.5)%（摩尔分数）CaO。通过快速冷却可使立方结构保留下来，这是获得立方结构 CaO 稳定 ZrO_2 的基础。四方相能否保持到室温又决定于晶粒尺寸，小于临界尺寸的晶粒一般不会变成单斜相。Ca-PSZ 的临界晶粒尺寸是 $0.1\mu m$。

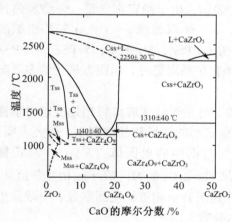

图 7-2 ZrO_2-CaO 相图的局部（根据 Hellman 和 Stubican 的实验结果，1983）

（2）ZrO_2-MgO 系统 Grain 发表的相图如图 7-3 所示，其共析温度和组分分别是 1400℃ 和 (14.0 ± 0.5)%（摩尔分数）MgO。其代表性的部分稳定氧化锆（PSZ）组分是含有约 8%（摩尔分数）MgO。当立方固溶体在快速冷却过程中，尽量不使四方相粗化，而是以很细的均匀成核的形态保持下来。这种析出物的颗粒尺寸超过临界值（约 $0.2\mu m$）时，会自发或者在外力作用下转变成单斜相。而临界尺寸又受许多因素制约，通过工艺控制和组分及显微结构的调控，获得 Mg-PSZ 的断裂韧性可超过

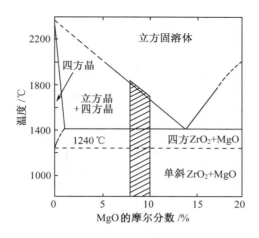

图 7-3 ZrO₂-MgO 富氧化锆端的相图（引自 Grain 的实验结果，1967，阴影区为商业 Mg-PSZ 的组分范围）

$15\mathrm{MPa \cdot m}^{1/2}$,比一般全稳定立方 ZrO₂ 要高出 5 倍多。

（3）ZrO₂-Y₂O₃ 系统 四方氧化锆（TZP）陶瓷又称增韧陶瓷，它仍是以三价阳离子氧化物，尤其是稀土氧化物作为稳定剂来制备的四方氧化锆多晶体。以 Y₂O₃ 为稳定剂的四方氧化锆多晶陶瓷（Y-TZP）是最重要的一种氧化锆增韧陶瓷。图 7-4 是 ZrO₂-Y₂O₃ 系统相图。从相图可以看出 Y₂O₃ 在极限四方相固溶体中有很大的溶解度，直到 2.5%（摩尔分数）Y₂O₃ 溶解到与低共析温度线相交的固溶体中，可获得全部为四方相的陶瓷。其中阴影区表示商业生产的部分稳定 ZrO₂（PSZ）和四方相氧化锆多晶体（TZP）的组成和制备温度。Y-TZP 中 Y₂O₃ 的量通常控制在 2% ～ 3%（摩尔分数）。在 TZP 陶瓷中也存在临界晶粒尺寸（约 $0.3\mu\mathrm{m}$），超过此尺

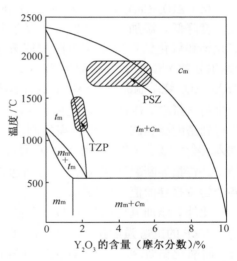

图 7-4 富氧化锆的 ZrO₂-Y₂O₃ 相图［Scott，1975，阴影区表示商业部分稳定氧化锆（PSZ）和四方相氧化锆多晶体（TZP）的组分和制造温度］

寸会自发相变导致强度和韧性下降，临界尺寸的大小与组分有关，如图 7-5 所示，含 2%（摩尔分数）Y₂O₃ 时约为 $0.2\mu\mathrm{m}$，而含 3%（摩尔分数）Y₂O₃ 时约为 $1.0\mu\mathrm{m}$。因此，控制烧结工艺十分重要，常采用超细粉末，并在 1400～1500℃之间烧结，通过控制晶粒生长的速率来获得细晶陶瓷。

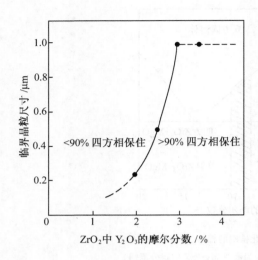

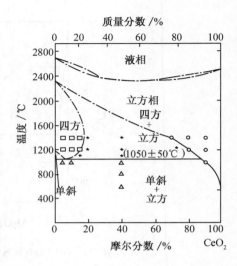

图 7-5　氧化锆中 Y_2O_3 含量与临界晶粒尺寸的关系　　图 7-6　Tani 等完成的 ZrO_2-CeO_2 相图（1983）

（4）ZrO_2-CeO_2 系统　ZrO_2-CeO_2 的相图见图 7-6。添加 CeO_2 使四方相的相变温度降低，添加 15% ～20%（摩尔分数）CeO_2，可使 M_s 降低至 $25℃$ 以下。氧化铈和氧化锆形成很宽范围的四方氧化锆固溶体区域。其溶解极限为 18%（摩尔分数）CeO_2，共析温度为 $1050\pm50℃$，因此它是氧化锆很好的稳定剂。ZrO_2-CeO_2 烧结制品密度很低，这种材料也不能采用热压工艺，因为在石墨模中产生的气氛中，CeO_2 将被还原为 Ce_2O_3。但是烧结 Al_2O_3-ZrO_2（CeO_2）时，可以得到密度高和四方相含量高的制品。Ce-TZP 陶瓷的制备通常采用超细粉末，加入 8% ～12%（摩尔分数）的 CeO_2，烧成温度 1400 ～$1550℃$，以便形成细晶结构。曾报导断裂韧性（K_{IC}）可高达 $36MPa•m^{1/2}$。K_{IC} 与测量方法有关，所以各个学者报导的值不尽相同。

此外，添加氧化铝对 Y-TZP 有很大的强化效果，含 20%（质量分数）Al_2O_3 的 Y-TZP 的抗弯强度达 $2400MPa$，断裂韧性 $17MPa•m^{1/2}$。利用氧化锆相变特性，将氧化锆加到一系列氧化物（氧化铝、莫来石、尖晶石等）和非氧化物（Si_3N_4 等）基体中，可以改善这些陶瓷材料的韧性。

2．ZrO_2（FSZ）陶瓷材料的制备

（1）稳定 ZrO_2 粉末的制备方法　根据稳定剂的不同，选择不同稳定剂加入量，采用电熔合成法、碱熔融法、高温合成法和共沉淀等方法制备稳定 ZrO_2 粉末。

（2）稳定 ZrO_2 陶瓷材料的制备　根据性能等要求，选用不同的稳定 ZrO_2 粉末作原料，经成型在 1650 ～$1850℃$ 的中性或氧化性气氛中保温 2 ～$4h$ 烧成。由

于稳定的 ZrO_2 具有很高的热膨胀系数，为提高抗热震性，有时加入部分稳定或未稳定的 ZrO_2 来配料。

稳定 ZrO_2 耐火度高，比热容与导热系数小，抗酸性和中性物质腐蚀，可作为高温隔热材料、熔炼金属坩埚及耐火材料等，特别是稳定 ZrO_2 具有离子导电特性，可作高温燃料电池、氧传感器、发热元件（见第十三章的离子导体）。

3. 部分稳定 ZrO_2 陶瓷材料的制备

（1）部分稳定 ZrO_2 粉末的制备　部分稳定 ZrO_2 要求原料颗粒细、稳定剂分散均匀，由于液相法能使 ZrO_2 和稳定剂达到原子、分子水平的混合，所以能制得混合均匀的超细粉末。故常采用液相法制备 ZrO_2 粉末（如共沉淀法、溶胶-凝胶法、醇盐水解法、水热法等）。

（2）部分稳定 ZrO_2 陶瓷的制备　采用含稳定剂〔如含 3%（摩尔分数）Y_2O_3 等〕的高纯、超细粉末，经成型，在 $1450\sim1700℃$ 的空气或氧化性气氛中烧结。为防止晶粒长大，尽可能降低烧结温度，以便制得细晶粒陶瓷，提高陶瓷的力学性能。

烧结温度和热处理对部分稳定 ZrO_2 陶瓷的结构和性能有很大的影响。如含 3%（摩尔分数）Y_2O_3 的 ZrO_2 在 $1600℃$ 烧结，可得等轴细晶粒组织的单相 $t\text{-}ZrO_2$ 陶瓷。适当提高烧结温度，使 TZP 组织中一部分晶粒长大到超过 $t\rightarrow m$ 转变的临界尺寸 d_c，则冷却时 $d>d_c$ 的晶粒转变成 m 相，在室温下得到 $t+m$ 双相组织，这种组织在应力诱发相变韧化和微裂纹韧化等多种复合韧化作用下可获得很高的韧性。如果将 $ZrO_2\text{-}Y_2O_3$ 陶瓷在 $c+t$ 双相区等温处理，快速冷却至室温后，可以得到 $c+t$ 双相组织，由于 PSZ 中的 $t\text{-}ZrO_2$ 是在热处理过程中从 $c\text{-}ZrO_2$ 母相中析出的，所以热处理时间和温度对材料力学性能有显著影响。

7.5.3 氧化锆陶瓷的增韧机理

陶瓷的脆性限制了它的应用，改善陶瓷的脆性一直是人们十分关注的问题，利用 ZrO_2 相变增韧，取得举世瞩目的成就。各国学者对部分稳定氧化锆陶瓷的增韧机理进行了大量研究，在增韧理论和增韧陶瓷的研究方面取得许多重要进展。近来报导 ZrO_2 增韧陶瓷的断裂韧性已达 $15\sim30MPa\cdot m^{1/2}$，弯曲强度达到 $2000MPa$ 以上。

增韧机理主要有：应力诱导相变增韧、微裂纹增韧、残余应力增韧、表面增韧以及复合增韧等，这里只作简单介绍（详见第六章"陶瓷的相变"和"陶瓷的强化和韧化"）。

1. 相变增韧

陶瓷中亚稳的四方相颗粒受基体抑制而处于压应力状态。材料在外力作用下，会在裂纹尖端导致应力集中而产生张应力，减小对四方相颗粒的束缚，这时裂纹尖端的应力场可诱发 $t \rightarrow m$ 相变，并产生体积膨胀，相变和体积膨胀过程除吸收能量外，还在主裂纹作用区产生压应力，二者均阻止裂纹扩散，从而提高陶瓷的断裂韧性和强度。应力诱发 $t \rightarrow m$ 相变存在一个临界晶粒直径 d_1，只有 $d_1 < d < d_c$ 的晶粒才会发生应力相变，只有这部分晶粒才对相变韧化有贡献。

2. 微裂纹增韧

部分稳定 ZrO_2 陶瓷在烧结冷却过程中，直径 $d > d_c$ 的 t-ZrO_2 晶粒会自发相变成 m-ZrO_2，引起体积膨胀，在基体中产生微裂纹，相变诱导的微裂纹会使主裂纹扩展时分叉或改变方向而吸收能量，使主裂纹扩展阻力增大，从而使断裂韧性提高。这种机理称微裂纹增韧。试验研究表明，微裂纹只在较大 m 相晶粒周围产生，这是由于大晶粒相变时产生的变形积累大，造成周围基体中的拉应力超过其断裂强度；较小 m 相晶粒周围没有微裂纹存在，是因为小晶粒相变产生的变形累积小，不足以产生此效应。因此存在一个临界晶粒尺寸 d_m，当 $d > d_m$ 时，相变能诱发微裂纹，而 $d_c < d < d_m$ 的晶粒虽然可以产生 $t \rightarrow m$ 相变，但不足以诱发微裂纹。但在这部分 m 相晶粒周围存在着残余应力，当裂纹扩展入残余应力区时，残余应力释放，同时有闭合阻碍裂纹扩展的作用，从而产生了残余应力韧化。ZrO_2 相变增韧的陶瓷中，上述几种增韧机理常常同时产生，即所谓复合增韧机理。另外，由于机械研磨等在陶瓷表面产生 $t \rightarrow m$ 相变，表面层体积膨胀造成压应力，使材料强韧化，称表面增韧。

7.5.4 部分稳定氧化锆陶瓷的性能及应用

有的研究者认为，ZrO_2 增韧陶瓷的断裂韧性正比于材料中四方相 ZrO_2 的含量。也有研究表明，ZrO_2 增韧陶瓷的断裂韧性正比于材料中可相变的四方相 ZrO_2 的含量，因有相当部分的四方相并不相变为单斜相。同时力学性能还受粉料和制品晶粒大小的影响。Y_2O_3-ZrO_2 粉料平均颗粒尺寸越小，其中 t-ZrO_2 含量越高；Y_2O_3 含量越高，t-ZrO_2 含量越高；t-ZrO_2 含量越高，可相变的 t-ZrO_2 体积分数亦越高，强度、韧性就越好。晶粒尺寸对 t-ZrO_2 的含量和力学性能有更大影响。最高的 t-ZrO_2 含量只处于很窄的晶粒尺寸范围，而且存在临界晶粒尺寸，会自发相变导致强度和韧性下降。这些可通过组成工艺控制来获得 ZrO_2 增韧陶瓷的最佳性能，满足各种应用需要。

应用广泛的 Y-TZP 陶瓷的弱点是随着使用温度的升高，其抗弯强度和断裂韧性显著降低。为克服这一缺点，材料科学家作了很多研究，如在 Y-TZP 中分散 Al_2O_3，即使在 1000℃ 时也保持着 600～1000MPa 的强度，此外，加入高温强度好的 SiC、Si_3N_4 的晶须或颗粒、莫来石与第二相物质来改善高温力学性能，已取得相当大的进展，同时以 ZrO_2 为分散相的增韧陶瓷也取得了很好的增强增韧效果，并获得广泛应用。

在陶瓷中部分稳定 ZrO_2 陶瓷具有最高的断裂韧性和很高的抗弯强度，有的部分稳定 ZrO_2 的平均抗弯强度已达 2400MPa，达到了高强度合金钢的水平，断裂韧性可达 $17MPa \cdot m^{1/2}$，相当于铸铁和硬质合金水平，因而有陶瓷钢的美称。表 7-9 列出目前商业生产部分稳定氧化锆的性能。

表 7-9　商业部分稳定氧化锆(PSZ)所报导的物理性能

物理性能	Mg-PSZ	Ca-PSZ	Y-PSZ	Ca/Mg-PSZ
稳定剂/%	2.5～3.5	3～4.5	5～12.5	3
硬度/GPa	14.4[1]	17.1[2]	13.6[3]	15
室温断裂韧性 K_{IC}/(MPa·m$^{1/2}$)	7～15	6～9	6	4.6
杨氏模量/GPa	200[1]	200～217	210～238	—
室温弯曲强度/MPa	430～720	400～690	650～1400	350
1000℃时的热膨胀系数/($\times10^{-6}$/K)	9.2[1]	9.2[2]	10.2[3]	—
室温热传导率/[W/(m·K)]	1～2	1～2	1～2	1～2

1) 2.8% MgO。

2) 4% CaO。

3) 5% Y_2O_3。

由于部分稳定 ZrO_2 陶瓷具有优异的力学性能，同时也有较好的耐磨和耐腐蚀性，再加上热传导系数小，隔热性很好，而热膨胀系数又比较大，比较容易与金属部件匹配，所以在目前研制的陶瓷发动机中用于汽缸内壁、活塞顶、缸盖、气门座和气门杆等，其中某些部件是与金属复合而成的。由于陶瓷发动机处于研制阶段，尚有许多问题有待解决。

此外，部分稳定 ZrO_2 陶瓷还可用作无润滑轴承、拉丝模、冲挤压模、弹簧、刀具、量具、各种喷嘴、陶瓷阀及衬套、机械密封材料、球磨件、各种剪刀、无磁改锥以及生物陶瓷材料等。

氧化锆增韧陶瓷由于其优良的性能，已经得到了相当广泛的应用，其应用领域不断扩大，今后在电子信息、航空、航天、国防等部门将发挥更大的作用。

7.6　陶瓷基复合材料[9,32,34]

7.6.1　概述

氮化硅、碳化硅等现代结构陶瓷材料，具有耐高温、耐腐蚀及质量轻等许多优良的性能。但陶瓷材料固有的脆性限制了它们的广泛应用。陶瓷材料的韧化问题，是近年来陶瓷科技工作者们研究的一个重点问题。从 20 世纪 60 年代开始，这方面的研究非常活跃，已探索出陶瓷韧化的一些途径。其中，以陶瓷为基体引入起增韧作用的第二相，构成多相陶瓷基复合材料，就是一种重要的方法。陶瓷基复合材料包括连续纤维（或晶须）补强的复合材料和异相颗粒弥散强化多相复合陶瓷。陶瓷基复合材料按基体与增强体的组合分类，如表7-10所示。

表7-10 陶瓷基复合材料按基体与增强体的组合分类

增强体材料	基体材料	最高使用温度/K
颗粒（陶瓷、金属）	玻璃	≈860
	玻璃陶瓷（LAS，MAS，CAS）[1]	≈1100
晶须（陶瓷）	氧化物基陶瓷	≈1300
	非氧化物基陶瓷	≈1650
纤维	碳化物（B_4C，SiC，TiC，Mo_2C，WC）	
连续纤维，短纤维	氮化物（BN，AlN，Si_3N_4，TiN，ZrB）	
（陶瓷、高熔点金属）	硼化物（AlB_2，TiB，ZrB_2）	

1）LAS：铝硅酸锂；MAS：铝硅酸镁；CAS：铝硅酸钙。

7.6.2 纤维增强增韧陶瓷基复合材料

1. 纤维增强增韧陶瓷基复合材料的设计与制备

陶瓷基复合材料（CMC）中所用的纤维有碳纤维、碳化硅纤维、氮化硅纤维、氧化铝纤维，其制备及性能在第四章已有介绍。本节重点介绍纤维增强增韧的陶瓷基复合材料。

在设计纤维或晶须增强陶瓷时，必须考虑和注意以下问题：①增强体和基体两者在化学上和物理上的相容性。前者主要是指在所需要的温度下，纤维与基体之间不发生化学反应，也包括纤维本身在该温度下不引起性能的退化；后者主要是指纤维与陶瓷基体两者在热膨胀系数和弹性模量上的匹配。在陶瓷基复合材料中，纤维与基体一般是两种物质，因此，两者热膨胀系数和弹性模量不可能完全一致，即使两者是同一氧化物，由于形态上的差异或各向异性的存在，热膨胀系数和弹性模量也不可能完全一致。在连续纤维为增强体的陶瓷基复合材料中，希望纤维分担材料所受的载荷中的大部分。在形成复合材料的过程中利用两者在热膨胀系数和弹性模量上的不一致（一般是 $\sigma_f > \sigma_m$，$E_f > E_m$），使基体产生一定的预压应力，有利于所选择的整个复合材料的性能。②尽量使纤维在基体中均匀分散。常采用高速搅拌超声分散等方法。湿法分散时，常采用表面活性剂，避免料浆沉淀和偏析。③基体与增强体弹性模量要匹配，一般纤维的强度要大于基体材料的强度。④纤维与基体热膨胀系数要匹配，只有 $|\alpha_f - \alpha_m| = |\Delta\alpha|$ 不大时，才能使纤维与界面结合力适当，保证载荷转移效应，并保证裂纹尖端应力场产生

偏转及纤维拔出。对 $|\Delta\alpha|$ 较大的体系，可采用在纤维表面涂层或引入杂质的方法，使纤维-基体界面产生新相缓冲其结合力，产生受控化学结合面。⑤适当的纤维体积分数，过低则力学性能改善不明显，过高则纤维不易分散，不易致密烧结。⑥纤维直径必须在某个临界直径以下，一般认为纤维直径与基体晶粒尺寸在同一数量级。

纤维补强陶瓷材料的研究已有较长的历史，目前，趋向于把材料制备与制品生产两者结合起来。用纤维构成骨架，陶瓷粉末填充其间，然后烧结成制品。纤维骨架的构成也由二维编织发展为三维编织，这类制品已获得较好性能。

2. 几种有发展前景的纤维增强增韧复相陶瓷

(1) 碳纤维/石英玻璃复合材料　碳纤维与石英玻璃在适当的制造温度下是不会发生化学反应的。而且，碳纤维的轴向热膨胀系数与石英玻璃的热膨胀系数相当。我国的碳纤维补强石英复合材料，强度和韧性均较石英玻璃有很大提高（见表 7-11），强度提高了 10 余倍，断裂功比石英玻璃的增长了 3 个数量级。它还具有极优异的耐热冲击性和耐烧蚀性，成为我国所特有的超高温烧蚀材料。它成功地应用于我国的空间技术中，是纤维补强陶瓷基复合材料在实际应用中最为成功的一个例子。

表 7-11　碳纤维补强石英玻璃的性能

材　料	密度/(g/cm^3)	纤维含量/%	抗弯强度/MPa	断裂功/(J/m^2)	冲击功/(J/m^2)
碳纤维/石英玻璃	2.0	30	600	7.9×10^3	4×10^4
石英玻璃	2.16		51.5	$5.94\sim11.3$	1×10^3

(2) 碳纤维/氮化硅（C_f/Si_3N_4）复合材料　由于碳纤维在 1600℃ 以上与氮化硅发生反应，且两者在热膨胀系数方面的不匹配，在复合材料的基体中往往产生裂纹。因此，必须设法降低烧结温度并调整它们在热膨胀系数上的不匹配。表 7-12 是 C_f/Si_3N_4 复合材料的几个主要物性。碳纤维作为低温烧结的氮化硅增强体，可使其韧性大幅度提高。但由于二者在热膨胀系数和弹性模量方面的不匹配，并未使强度得以增加。

表 7-12　C_f/Si_3N_4 系统的主要性能

材　料	体积密度/(g/cm^3)	纤维含量/%	抗弯强度/MPa	断裂功/(J/m^2)	断裂韧性/(MPa·m$^{1/2}$)
C_f/SMZ-Si_3N_4	2.70	30	454±42	4770±770	15.6±0.2
SMZ-Si_3N_4	3.44		473±30	19.3±0.2	3.7±0.7

注：SMZ-Si_3N_4 是含 Li_2O、MgO、SiO_2 和 ZrO_2 的低温烧结 Si_3N_4 材料。

（3）碳化硅纤维增强铝硅酸锂（C_f/LAS）微晶玻璃复合材料　SiC 纤维强化的铝硅酸锂微晶玻璃的强度和断裂韧性随温度的变化，强化和增韧效果均较明显。复合材料在1000℃高温（惰性气氛中）有较高的断裂韧性和强度。韧性由 LAS 的 $2MPa \cdot m^{1/2}$ 提高至 $24MPa \cdot m^{1/2}$，强度由 LAS 的小于 200MPa 提高到 900MPa。

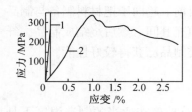

图 7-7　SiC_f/SiC 的应力－应变曲线
1—未补强；2—无方向补强

（4）碳化硅纤维增韧碳化硅复合材料　碳化硅是共价键结合很强的材料，通常在 2000℃ 左右才能烧结，在这一温度下，几乎所有纤维均退化。采用化学浸渍法（chemical vapor infiltration, CVI）可使复合过程的温度降低到 800℃ 左右。图 7-7 显示用化学浸渍（CVI）方法制备的 SiC 纤维（nicalon）强化碳化硅基材的应力－应变曲线，应变量约为普通烧结法制得的碳化硅材料的 10 倍。

7.6.3　晶须补强增韧陶瓷基复合材料

长纤维增韧陶瓷基复合材料虽然性能优越，但它的制备工艺复杂，而且，纤维在基体中不易分布均匀。因此，近年来发展了短纤维、晶须增韧复合材料。短纤维与晶须类似，本节将讨论晶须增韧情况。

晶须是直径很小（约 $1\mu m$）的针状材料，长径比很大，结晶完善，因此强度很高。可以说晶须是目前所有材料中强度最接近于理论强度的。CMC 材料中所用的晶须有：碳化硅（SiC）、氧化铝（Al_2O_3）、氮化硅（Si_3N_4）、碳化硼（BC）、石墨等。常用的基体为：Al_2O_3、ZrO_2、Si_3N_4 及莫来石。几种主要性能如表 7-13 所示。

表 7-13　一些晶须的主要性能

材　料	熔点/℃	密度/(g/cm^3)	拉伸强度/MPa	比强度/(MPa/cm)	弹性模量/MPa	比弹性模量/(MPa/cm)
Al_2O_3(w)	2040	3.96	21×10^3	53×10^6	4.3×10^5	11×10^7
B_4C(w)	2450	2.52	14×10^3	56×10^6	4.9×10^5	19×10^7
SiC(w)	2690	3.18	21×10^3	66×10^6	4.9×10^5	19×10^7
Si_3N_4(w)	1960	3.18	14×10^3	44×10^6	3.8×10^5	12×10^7
石墨	3650	1.66	20×10^3	100×10^6	7.1×10^5	36×10^7

下面介绍几种晶须补强增韧陶瓷。

与长纤维补强增韧陶瓷基复合材料相比，晶须补强增韧陶瓷基复合材料在制备工艺上比较方便，同时高品质的 SiC 晶须已进行工业生产，所以 SiC 晶须补强复合陶瓷已经有一部分作为工业制品使用。表 7-14 列出了用 SiC 晶须补强各种陶瓷的增强增韧作用。

表 7-14　SiC 晶须(w)补强陶瓷的增强增韧作用

陶瓷复合材料	强度/MPa	断裂韧性/(MPa·m$^{1/2}$)
Si_3N_4	600～800	5～6
$SiC(w)(10\%～50\%)^{1)}/Si_3N_4$	590～680	—
Al_2O_3	500	4
$SiC(w)(20\%)/Al_2O_3$	800	8.7
莫来石	244	2.8
$SiC(w)(20\%)/$莫来石	452	4.4
3Y-TZP	1150	6.8
$SiC(w)(20\%～30\%)/3Y\text{-}TZP^{2)}$	590～610	10.2～11.0

1)括号内数字为体积分数。

2)3%(摩尔分数)Y_2O_3-TZP。

1. SiC（w）/Al_2O_3 复合材料

因 SiC 和 Al_2O_3 二者线膨胀系数之差，残面的压缩应力作用于晶须的半径方向，从而使晶须在拔出时作用于界面上的剪切应力相当大。晶须体积分数在 20% 以下时，复合材料的断裂韧性与晶须的含量呈较好的线性关系，而且与晶须的长径比有关，能较好地用简单的晶须拔出模型解释其增韧机制。含 20%（体积分数）SiC 晶须补强 Al_2O_3 陶瓷，其室温强度为 800MPa，断裂韧性 $K_{IC} \approx$ 9MPa·m$^{1/2}$，1200℃时强度约 600MPa。

2. SiC（w）/莫来石复合材料

莫来石陶瓷具有低的热膨胀系数、低的热导率和良好的高温蠕变性能，作为高温结构材料有广泛的应用前景。但是，纯莫来石材料的室温抗弯强度和断裂韧性均较低。由于 SiC（w）与莫来石基体的热膨胀系数相接近，而晶须的弹性模量大大高于莫来石基体。根据载荷转移补强的条件，SiC（w）/莫来石有较好的补强作用，其强度随晶须含量的增加而增大，晶须含量在 20%（体积分数）时达最大值，强度最大值为 452MPa，与纯莫来石陶瓷强度 244 MPa 相比有了很大的提高。当 SiC（w）含量再增加，强度反而逐渐下降。这是因为晶须含量增加，造成晶须在基体中均匀分散工艺上的困难，不均匀的显微结构是性能下降的主要原因。

SiC（w）/莫来石复合材料的断裂韧性随晶须含量的变化与强度随晶须含量的变化类似，但断裂韧性 K_{IC} 在晶须含量为 30%（体积分数）时，出现最大值约为 4.6 MPa·m$^{1/2}$，比纯莫来石 2.8 MPa·m$^{1/2}$ 增加 50% 以上。断面分析表明，SiC（w）/莫来石复合材料的界面结合较强，SiC（w）的加入，使裂纹在扩展过程中发生偏转，并观察到晶须对扩展的裂纹发生桥联作用，从而使复合材料的韧性也获得了改善。

3. SiC（w）/Y-TZP/莫来石复合材料

SiC 晶须和 Y-TZP（Y_2O_3 部分稳定的四方氧化锆）作为增强体，同时引入莫来石基体，当 Y-TZP 组分的含量固定为 20% 时，此复合材料的强度和断裂韧性随加入的 SiC 晶须量的增加而呈显著增加的趋势，强度达 600 MPa，断裂韧性 K_{IC} 达 6.2 MPa·m$^{1/2}$。这反映了 ZrO_2 的相变诱导了微裂纹增韧机制，说明晶须补强与微裂纹增韧的协同或叠加效应。此外，这种复合材料的抗弯强度到 1000℃ 以上才开始下降。分析表明，在材料制备的冷却过程中已经有相当一部分四方相 ZrO_2 转变为单斜相，也正是 ZrO_2 相变诱导了微裂纹形成。这种复合材料优异的室温和高温性能反映了不同补强增韧机制的叠加效应。

4. SiC（w）/Si$_3$N$_4$ 复合材料

此复合材料是利用 SiC 晶须的高弹性和耐热性，改善 Si$_3$N$_4$ 的高温断裂强度。其结果是 Si$_3$N$_4$ 的室温强度降低，而高温强度改善（1300℃ 时为 650 MPa）和幸伯尔模数大幅度提高（$m=25$）。但因 $\alpha_{Si_3N_4} < \alpha_{SiC(w)}$，所以，冷却到室温时，在基体与晶须的界面处生成抗张应力以及内部缺陷，需要进一步研究改进。

7.6.4 异相粒子弥散强化增韧复相陶瓷

异相粒子弥散强化增韧，是指在脆性基体中，加入一种或一种以上弥散相组成的复相陶瓷。弥散增强和颗粒增强并无严格界限，但一般认为第二相尺寸较大时为颗粒增强。这种复相陶瓷的力学性质不仅受构成相的性质支配，而且强烈地依赖于各种复合效应（叠加效应、结构效应、界面效应）。

1. TiC（p）/SiC 复相陶瓷

在 α-SiC 陶瓷基体中添加 TiC 颗粒，组成弥散型 TiC/SiC 复相陶瓷，其性能列于表 7-15。

表 7-15　TiC/SiC 复相陶瓷的力学性能

组　　分	密度/(g/cm^3)	抗弯强度 σ/MPa,室温	断裂韧性 K_{IC}/(MPa·m$^{1/2}$),室温
25%（体积分数）TiC(p)/SiC$^{1)}$	3.65	418	6.2
25%（体积分数）TiC(p)SiC$^{2)}$	3.63	586	7.15
1%（质量分数）B$_4$C/3%（质量分数）C/96%（质量分数）SiC	3.17	487	4.5

1）TiC 颗粒直径为 7.2μm。

2）TiC 颗粒直径为 0.8μm。

TiC 颗粒的加入明显地提高了 SiC 基体的强度和韧性。这是由于 $\alpha_{p(TiC)}$ 为 7.4×10^{-6}/K，$\alpha_{m(SiC)}$ 为 4.8×10^{-6}/K，$\alpha_p > \alpha_m$ 几乎有 50% 的差异；E_p 和 E_m 分别为 447 GPa 和 440 GPa，ν 均为 0.25，按式（6-18）计算 $\sigma_{mr}=1000$ MPa（张应力），$\sigma_{mq}=-500$ MPa（压应力），在裂纹前进时遇到弥散相 TiC 颗粒会发生裂纹的偏折或分支。其增韧补强效应还与第二相 TiC 颗粒的大小有关。

2. ZrB₂（p）/SiC 复相陶瓷

从表 7-16 可见，此种材料在补强与增韧方面效果是明显的，与 TiC/SiC 复相陶瓷相似，其增韧机理同样以裂纹偏折和分支为主。

表 7-16　ZrB₂(p)/SiC 系复相陶瓷的力学性能

组　　分	密度/ (g/cm^3)	相对密度/%	抗弯强度 σ/MPa，室温	断裂韧性 /(MPa·m$^{1/2}$)，室温
21%（体积分数）ZrB₂(p)/SiC	3.84	100	436	4.8
15%（体积分数）ZrB₂(p)/SiC	3.60	99	561	6.46
10%（体积分数）ZrB₂(p)/SiC	3.50	100	598	

3. SiC（p）/Y-TZP 复相陶瓷

以 SiC 颗粒为第二相弥散于含钇部分稳定四方氧化锆陶瓷（Y-TZP）中，显示出比 SiC 晶须补强 Y-TZP 更好的高温强度和室温强度。Y-TZP 以 Y₂O₃ 为稳定剂，1350～1450℃烧成，由于可相变 t 相含量很高，强度可达 1000MPa，断裂韧性可达 10MPa·m$^{1/2}$ 以上，有文献报导 Y-TZP 的强度最高可达 1500～2500MPa。显微结构研究表明，SiC 晶粒中有应力环存在，在其附近的 ZrO₂ 也过早地转化为单斜相，在 SiC 和 ZrO₂ 界面处有极小的纳米晶组成，主要成分为 SiO₂，还有少量从 ZrO₂ 颗粒中转移的 Y₂O₃ 界面上的玻璃相已微晶化，不影响材料的高温强度，较高的高温强度充分反映弥散 SiC 颗粒的作用。

4. ZrO₂（p）/Al₂O₃ 复相陶瓷

它是利用 ZrO₂ 的相变使 Al₂O₃ 强韧化。由于颗粒［ZrO₂（p）］的添加，使基体抗弯强度下降，但断裂韧性提高近 2 倍；且 ZrO₂ 颗粒粒径愈小，K_{IC} 就愈大，强度下降也愈少。这是由于制备后冷却过程中，ZrO₂ 颗粒从四方相转为单斜相引起体积膨胀而造成的微裂纹增韧。

7.7 碳/碳复合材料[9,32~36]

7.7.1 概述

碳/碳复合材料是由碳纤维增强体与碳基体组成的复合材料，简称碳/碳（C/C）复合材料。据最新资料报导，用 XRD 多重分离软件，分别对不同热处理温度下的碳/碳复合材料进行衍射分峰处理，得出该材料由三种不同组分构成，即树脂碳、碳纤维和热解碳。由此可知，它们几乎是由元素碳组成，故能承受极高的温度和极大的加热速率。通过碳纤维适当的取向增强，可以得到力学性能优良的材料。

碳/碳复合材料的优点：高温形状稳定、升华温度高、烧蚀凹陷低、平行于增强方向具有高强度与高刚度、在高温条件下的强度和刚度可保持不变、抗热应力、抗热冲击、力学性能为假塑性、抗裂纹传播、非脆性破坏、衰减脉冲、化学惰性、质量轻、抗辐射、性能可调整、原材料为非战略材料、易于制造和加工。

碳/碳复合材料的缺点：① 材料方面：非轴向力学性能差、破坏应变低、孔洞含量高、孔分布不均匀、纤维与基体结合差、导热系数高、抗氧化性能差、抗颗粒侵蚀性差、成本高；② 加工方面：制造加工周期长；③ 设计方面：设计与工程性能受限制、缺乏破坏准则、设计方法复杂、环境特性曲线复杂、各向异性、尚无较好的非破坏检验方法、使用经验不足、连接与接头困难。

碳/碳复合材料的研制开始于 1958 年。最初几年技术发展缓慢，主要是研究基本工艺。到 20 世纪 60 年代后期，碳/碳复合材料才开始成为新型工程材料。到了 20 世纪 70 年代，美国和欧洲的几个实验室，进行了广泛的研究，推出了碳纤维多向编织技术、高压浸渍碳化工艺、半乱短纤维模压工艺，研制成3Dmod3、GE223 等典型碳/碳复合材料，并首先在军事方面得到了应用。20 世纪 80 年代以来，碳/碳复合材料的研究，进入了提高性能和扩大应用的阶段。最引人注目的应用是航天飞机的抗氧化碳/碳复合材料鼻锥帽和机翼前缘。

碳与生物体之间的生物相容性极好，碳纤维及其复合材料可用作生物医学材料。

7.7.2 碳/碳复合材料的制造工艺

碳/碳复合材料的制造工艺工序多、周期长、成本高，包括：作为增强体的碳纤维及其织物的选择，作为基体碳先驱物的选择，碳/碳复合材料预成型体的成型工艺，形成碳基体的致密化工艺以及工序间和最终产品的加工、检测等。

1. 碳纤维的选择

碳纤维纱束的选择和纤维织物结构的设计是制造碳/碳复合材料的基础。通过合理选择纤维种类和织物的编织参数，如纱束的排列取向、纱束间距、纱束体积含量等，可以改变碳/碳复合材料的力学和热物理性能，从而满足产品性能方面的设计要求。可以选用的碳纤维种类有黏胶基碳纤维、聚丙烯腈基碳纤维和沥青（pitch）基碳纤维。目前，最常用的聚丙烯腈基高强碳纤维（如 T-300）具有所需要的强度、模量和适中的价格。另外还要注意碳纤维的表面活化处理和上胶问题。采用表面处理后活性过高的碳纤维会使得纤维与基体的界面结合过好，反而使碳/碳复合材料呈现脆性断裂，使强度降低。所以，要注意选择合适的上胶胶料和纤维织物的预处理温度（一般大于 1400℃），以保证碳纤维表面具有适中的活性。

2. 预成型体成型工艺

预成型体是指按产品的形状和性能要求，先把碳纤维或其织物成型为一种坯体，以便进一步进行碳/碳复合材料致密化工艺。按增强方式可分为单向（1D）纤维增强、双向（2D）织物和多向织物增强，或分为短纤维增强和连续纤维增强。短纤维增强的预成型体，常采用压滤法、浇注法、喷涂法、热压法。连续长丝增强的预成型体，其成型方法有：一是采用传统的增强塑料的成型方法，如预浸布、层压、铺层、缠绕等方法作成层压板、回旋体和异型薄壁结构；另一种方法是近年得到迅速发展的纺织技术——多向编织技术，如三向（3D）编织、4D、5D、6D、7D 以至 11D 编织、极向编织等。

为了形成更高各向同性的结构，已经发展了很多种多向编织。4D 织物是将单向碳纤维纱束先用热固性树脂进行浸胶，用拉挤成型的方法制成硬化的刚性纱束（杆），再将碳纤维刚性杆按理论几何构型编成 4D 织物。6D 织物具有更为优良的各向同性结构。多向编织由于方向增多，改善了三向织物的非轴线方向的性能，使材料的各部分性能趋于平衡，提高了强度（主要是剪切强度），降低了材料的热膨胀系数。

3. 碳/碳复合材料的致密化工艺

碳/碳复合材料的致密化工艺过程就是基体碳形成的过程，实质是用高质量的碳填满碳纤维周围的空隙以获得结构、性能优良的碳/碳复合材料。最常采用的有两种基本工艺是化学气相沉积工艺和液相浸渍工艺。

化学气相沉积（CVD）工艺是最早采用的一种碳/碳复合材料的复合工艺，现在英国 Dunlop 公司仍然采用这种工艺生产碳/碳复合材料刹车片。把碳纤维织物预成型体放入专用化学气相沉积炉中，加热至所要求的温度，通入碳氢气体，这些气体分解并在织物的碳纤维周围和空隙中沉积碳（称作热解碳）。根据制品的厚度、所要求的致密化程度与热解碳的结构来选择化学气相沉积工艺参数。主要工艺参数有：源气种类、流量、沉积温度、压力和时间。源气最常用的是甲烷，沉积温度通常为 800～1500℃，沉积压力为 0.1MPa 至几百帕。沉积方法有均热法、温差法、压差法、脉冲压力法以及等离子增强化学气相沉积法（PECVD）。最常采用的是均热法。均热法沉积可以获得高质量的碳/碳复合材料制品，一般要经过多次反复，甚至用几百小时，才能最终得到高密度的材料。所以，对于一定形状的炉子和一定量的制品装载，应严格控制工艺参数达到最优化，才能获得经济可行的化学气相沉积工艺。这种工艺适合于在大容积沉积炉中，生产形状简单的碳/碳复合材料制品。

液相浸渍工艺是制造石墨材料的传统工艺，目前已成为制造碳/碳复合材料的一种主要工艺。按形成基体的浸渍剂可分为树脂浸渍和沥青浸渍，还有树脂沥青混浸工艺；按浸渍压力可分为低压、中压和高压浸渍工艺。

树脂浸渍工艺典型流程是：将织物预成型体置于浸渍罐中，在真空状态下用树脂浸没织物，再充气加压使树脂浸透织物。浸渍温度为 50℃左右，以使树脂黏度降低，具有较好的流动性。浸渍压力逐次增加至 3～5MPa，以保证织物孔隙被浸透。首次浸渍压力不宜过高，以免织物变形、纤维受损。浸透树脂的样品放入固化罐内进行加压固化，以抑制树脂从织物中流出。采用酚醛树脂时固化压力为 1MPa 左右，升温速率为 5～10℃/h，固化温度为 140～170℃，保温 2h。树脂固化之后，将样品放入碳化炉中，在氮气或氩气保护下进行碳化，升温速率控制在 10～30℃/h，最终碳化温度 1000℃，保温 1h。在碳化过程中，应严格控制树脂的碳化温度。

沥青浸渍工艺常常采用煤沥青或石油沥青作为浸渍剂，先进行真空浸渍，然后加压浸渍。将装有织物预成型体的容器放入真空罐中抽真空，同时将沥青放入熔化罐中抽真空并加热到 250℃使沥青熔化，黏度变小，然后将熔化的沥青从熔化罐注入到盛有预成型体的容器中，使沥青浸没预成型体。待样品容器冷却后，移入加压浸渍罐中，升温，在 250℃进行加压浸渍，使沥青进一步浸入织物预成型体的内部空隙中，随后升温至 600～700℃进行加压碳化。一般把浸渍碳化压力为 1MPa 左右的工艺称低压浸渍碳化工艺，几兆帕至十几兆帕的称中压浸渍碳化工艺。而采用几十甚至上百兆帕浸渍碳化压力的工艺称高压浸渍碳化工艺。碳化压力越高，产碳率越高。

4. 石墨化

根据使用要求，常常需要对致密化的碳/碳复合材料进行高温热处理，常用温度为 2400～2800℃，在这一温度下，N、H、O、K、Na、Ca 等杂质元素逸出，碳发生晶格结构的转变，这一过程叫石墨化。石墨化对碳/碳复合材料的热物理性能和机械性能有着明显的影响。经过石墨化处理的碳/碳复合材料，其强度、热膨胀系数均降低，热导率、热稳定性、抗氧化以及纯度都有所提高。石墨化程度的高低（常用晶面层间距 d002 表征）主要取决于石墨化温度。沥青碳容易石墨化，在2600℃进行热处理，无定形碳的结构（d002为3.44Å）就可转变为石墨结构（理想的石墨，其d002为3.354Å）。酚醛树脂碳化后往往形成玻璃碳，石墨化困难，要求较高的温度（2800℃以上）和极慢的升温速率。沉积碳的石墨化难易与其沉积条件和微观结构有关，低压沉积的粗糙层状结构的沉积碳易石墨化，而光滑层状结构不易石墨化。常用的石墨化炉有工业用电阻炉、真空碳管炉和中频炉。石墨化时，样品或埋在碳粒中与大气隔绝，或把炉内抽真空或通入氩气以保护样品不被氧化。石墨化处理后的碳/碳复合材料制品的表观不应有氧化现象，经X射线无损检测，内部不应有裂纹。同时，石墨化处理使碳/碳复合材料制品的许多闭孔变成通孔，开口孔隙率显著增加，对进一步浸渍致密化十分有利。有时在最终石墨化之后，把碳/碳复合材料制品进行再次浸渍或化学气相沉积处理，以获得更高的材料密度。

5. 碳/碳复合材料的机械加工和检测

可以用一般石墨材料的机械加工方法对碳/碳复合材料制品进行加工。由于碳/碳复合材料成本昂贵，而且有些以沉积碳为基体碳的碳/碳复合材料质地过硬，因此需要采用金刚石丝锯或金刚石刀具进行下料和加工。为了保证产品质量和降低成本，在碳/碳复合材料制造过程中每道工序都应进行严格的工艺控制，同时，在重要的工序之间，要对织物、预成型体、半成品以至成品进行无损检测，检查制品中是否有断丝、纤维纱束折皱、裂纹等缺陷发生。一旦发现次品，就中止投入下道工序。无损检测最常采用的是X射线无损探伤，近年来开始采用CT（X射线计算机层析装置）作为碳/碳复合材料火箭喷管的质量检测手段。

7.7.3 碳/碳复合材料的性能

1. 碳/碳复合材料的基本化学和物理性能

碳/碳复合材料经过高温热处理之后，其化学成分基本上是碳元素（>99%）。如果最终热处理的温度不够高，碳/碳复合材料中可能含有微量的K、Na、Ca、Mg等金属杂质以及H_2、O_2、N_2等吸附气体。

碳/碳复合材料具有碳的优良性能，包括耐高温、抗腐蚀、较低的热膨胀系数和较好的抗热冲击性。碳在石墨状态下，只有加热到4000℃才会熔化（在压力超过12GPa的条件下）；只有加热到2500℃以上才能测出其塑性变形；在常压下加热到3000℃，碳才开始升华。

碳/碳复合材料的体积密度和气孔率随制造工艺的不同，变化较大，密度最高的碳/碳复合材料可以达到$2.0g/cm^3$，开口气孔率只有2%～3%。树脂碳作基体的碳/碳复合材料体积密度约为$1.5g/cm^3$。

碳/碳复合材料与石墨一样具有化学稳定性，它与一般的酸、碱、盐的溶液不起反应，与有机溶剂不起作用，只是与浓度高的氧化性酸溶液起反应。

碳/碳复合材料常温下不与氧作用。碳/碳复合材料开始氧化的温度为400℃（特别是当有微量K、Na、Ca等金属杂质存在时），当温度高于600℃将会发生严重氧化。

2. 碳/碳复合材料的力学性能

碳/碳复合材料属脆性材料，断裂破坏时变形很小（断裂应变在0.2%左右）。由于纤维和微裂纹阻碍裂纹的传播，碳/碳复合材料应力-应变曲线上往往出现"假塑性-弹性变形"现象（见图7-8）。

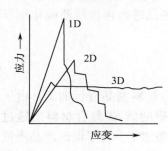

图7-8 碳/碳的假塑性断裂行为

（1）碳/碳复合材料与增强纤维的关系 碳/碳复合材料的强度与增强纤维的方向和含量有关，在平行纤维轴向的方向上拉伸强度和模量高，在偏离纤维轴向方向上拉伸强度低、模量低。碳/碳复合材料的抗拉强度与纤维含量之间的关系，符合一般纤维增强复合材料的加合规律。

（2）界面结合的影响 碳/碳复合材料的强度受界面结合的影响较大。碳纤维与碳基体的界面结合过好，碳/碳复合材料发生脆性断裂，拉伸强度偏低，剪切强度较好；界面结合过差，基体不能把载荷很好地传递到纤维，纤维容易拔出，拉伸模量和剪切强度较低；中等程度的界面结合使碳/碳复合材料具有较高的拉伸强度和断裂应变。

（3）碳基体的影响 对于高模碳纤维、沥青碳基体在碳化时其碳层面在平行纤维轴向方向上具有较高的定向排列，当石墨化时，由于高模碳纤维具有较高的横向热膨胀系数，碳基体因而被压缩。基体这种较高的优先定向，使得基体几乎能像纤维一样，对弹性模量做出贡献。基体的这种定向排列也使得弯曲强度降低。

（4）碳/碳复合材料与温度的关系 碳/碳复合材料的室温强度可以保持到2500℃。在某些情况下，如果石墨化工艺良好，碳/碳复合材料的高温强度还有一定提高。这是由于热膨胀使应力释放和裂纹弥合的结果。

3. 碳/碳复合材料的热物理性能

碳/碳复合材料的热物理性能仍然具有碳和石墨材料的特征。

（1）热导率较高 碳/碳复合材料的热导率随着石墨化程度的提高而增加。碳/碳复合材料热导率还与纤维（特别是石墨纤维）的方向有关。热导率高的碳/碳复合材料具有较好的抗热应力性能，但却给结构设计带来困难（要求采取绝热措施）。碳/碳复合材料热导率一般为2～50W/(m·K)。

（2）热膨胀系数较小　多晶碳和石墨的热膨胀系数主要取决于晶体的取向度，同时也受孔隙度和裂纹的影响。因此，碳/碳复合材料的热膨胀系数随着石墨化程度的提高而降低。热膨胀系数小，使得碳/碳复合材料结构在温度变化时，尺寸稳定性特别好。由于热膨胀系数小（一般在 $0.5\sim1.5\times10^{-6}/K$），碳/碳复合材料的抗热应力性能比较好。所有这些性能对于在宇航方面的设计和应用都非常重要。

（3）辐射系数大　半球全辐射系数一般在 0.8～0.9 范围，表面温度在高焓情况下可达 4000K。

（4）比热容大　与碳和石墨材料相近，在室温～2000℃的温度范围内约为 800～2000 J/(kg·K)。

4．碳/碳复合材料的某些特殊使用性能

（1）抗热震性能　碳纤维的增强作用和材料结构中的空隙网络，使得碳/碳复合材料对于热应力并不敏感，不会像陶瓷材料和一般石墨那样产生突然的灾难性损毁。衡量陶瓷材料抗热震性好坏的参数是抗热应力系数：

$$R = K \cdot (\sigma/\alpha) \cdot E \tag{7-8}$$

式中，K 为热导率；σ 为抗拉强度；α 为热膨胀系数；E 为弹性模量。

这一公式也可作为衡量碳/碳复合材料抗热震性的参考，比如 ATJ 石墨的 R 为 270，而 3D 碳/碳复合材料可达 500～800。

（2）抗烧蚀性能　这里"烧蚀"是指导弹和飞行器再入大气层时，在热流作用下，由热化学和机械过程引起的固体表面的质量迁移（材料消耗）现象。在现有的抗烧蚀材料中，碳/碳复合材料是最好的抗烧蚀材料。碳/碳复合材料是一种升华-辐射型抗烧蚀材料，具有较高的烧蚀热和较大的辐射系数与较高的表面温度，在材料质量消耗时吸收的热量大，向周围辐射的热流也大，具有很好的抗烧蚀性能。洲际导弹机动再入不仅要求材料的烧蚀量要小，而且要保持良好的烧蚀气动外形，多向碳/碳复合材料是最好的候选材料。当碳/碳复合材料的密度大于 $1.95g/cm^3$，开口孔隙率小于 5% 时，其抗烧蚀-侵蚀性能接近于热解石墨。

7.7.4　抗氧化碳/碳复合材料与热结构材料

在有氧存在的气氛下，碳/碳复合材料在 400℃以上就开始氧化。碳/碳复合材料的氧化敏感性，限制了它的扩大应用。解决碳/碳复合材料高温抗氧化问题的途径，主要是采用在碳/碳复合材料表面施加抗氧化涂层，使碳与氧隔开，保护碳/碳复合材料材料不被氧化。

采用硅基陶瓷涂层（SiC、Si_3N_4），对碳/碳复合材料进行氧化防护，其使用温度一般在 1700～1800℃以下，高于 1800℃使用的碳/碳复合材料的氧化防护问题还有待研究解决。

7.7.5 碳/碳复合材料的应用

如前所述，碳/碳复合材料因具有高比强度、高比模量、耐烧蚀性，而且还有传热、导电、自润滑性、本身无毒性等特点而广泛用于宇航及民用部门。

1. 在宇航方面的应用

主要用作烧蚀材料的热结构材料。其中最重要的用途是用作洲际导弹弹头的鼻锥帽、固体火箭喷管和航天飞机的鼻锥帽和机翼前缘。导弹鼻锥帽是采用烧蚀型碳/碳复合材料，利用碳/碳复合材料质量轻、高温强度高、抗烧蚀、抗侵蚀、抗热震性好的优点，使导弹弹头再入大气层时免遭损毁。固体火箭发动机喷管最早采用的是碳/碳复合材料喉衬，现在已研制出编织型整体碳/碳复合材料喷管，是一种烧蚀型材料。除了上述特性外，还要求耐气流和粒子的冲刷。烧蚀型碳/碳复合材料结构往往只使用一次，高温下的工作时间也很短。航天飞机的鼻锥帽和机翼前缘则要求重复使用，采用非烧蚀型的抗氧化碳/碳复合材料，又称热结构碳/碳复合材料，美国、前苏联已经成功地在航天飞机上应用。世界各国正在研制的航天飞机也都将采用碳/碳复合材料作为鼻锥帽和机翼前缘。热结构碳/碳复合材料还可能用于未来航天飞机的方向舵和减速板、副翼和机身挡遮板等。

2. 刹车片

碳/碳复合材料质量轻、耐高温、吸收能量大、摩擦性能好，20 世纪 70 年代以来，已广泛用于高速军用飞机和大型高超音速民用客机作为飞机的刹车片。飞机使用了碳/碳复合材料刹车片后，其刹车系统比常规钢刹车装置的质量减轻 680kg。碳/碳复合材料刹车片不仅轻，而且特别耐磨，操作平稳，当起飞遇到紧急情况需要及时刹车时，碳/碳复合材料刹车片能够经受住摩擦产生的高温。而到 600℃时，钢刹车片的制动效果就急剧下降。

3. 发热元件和机械紧固件

许多在氧化气氛下工作的 1000～3000℃的高温炉，装配有石墨发热体，石墨发热体强度较低、性脆、加工运输困难。碳/碳复合材料发热元件由于有碳纤维的增强，机械强度高，不易破损，电阻高，能提供更高的功率，可以制成大型薄壁发热元件，更有效地利用炉膛的容积。如高温热等静压机中采用的长 2m 的碳/碳复合材料发热元件，其壁厚只有几毫米，这种发热体可在 2500℃的高温下工作。碳/碳复合材料制成的螺钉、螺母、螺栓、垫片在高温下作紧固件，效果良好，可以充分发挥碳/碳复合材料的高温拉伸强度。

4．吹塑模和热压模

碳/碳复合材料新开发的一个应用领域，是代替钢和石墨来制造超塑成型的吹塑模和粉末冶金中的热压模。采用碳/碳复合材料制造复杂形状的钛合金超塑成型空气进气道模具，具有质量轻、成型周期短、成型出的产品质量好等优点。德国已研制出这种碳/碳复合材料模具，最长达 5m，但质量很轻，两个人就可轻易地搬走。碳/碳复合材料热压模已被用于 Co 基粉末冶金中，比石墨模具使用次数多、寿命长。由于碳/碳复合材料模具能多次重复使用，虽然成本较高，但还是经济可行的。

5．涡轮发动机叶片和内燃机活塞

碳/碳复合材料已用于涡轮发动机叶片，用碳/碳复合材料制成了燃气涡轮陶瓷叶片的外环，碳/碳复合材料外环充分利用了碳纤维高的拉伸强度来补偿叶片的离心力，由于碳/碳复合材料的高温氧化问题，碳/碳复合材料外环需要气体冷却到 400℃以下。1983 年以来，加强了碳/碳复合材料抗氧化涂层的研究，以满足燃气涡轮发动机 1750℃的工作温度。

与金属活塞相比，碳/碳复合材料辐射率高，热导率低，又可去掉活塞外环和侧缘，而且，碳/碳复合材料活塞能在更高的温度和压力下工作。

6．在生物医学方面的应用

碳纤维及碳/碳复合材料与人体组织的生物相容性良好，已成功地用于制造人工韧带、碳纤维血管、食管、人工腱、人工关节、人工骨、人工齿、人工心脏瓣膜等。

7．汽车工业

汽车工业是今后大量使用碳/碳复合材料的部门之一。目前，石油资源日益短缺，要求汽车消耗燃料量逐年下降，促使汽车的车体向轻量化、发动机高效化、车型阻力小等方向发展。其中，车体轻量化将逐步改变目前以金属材料为中心的汽车结构，从目前的整车用料来看，金属材料约占 80%，非金属材料约占 20%，具有轻质和优良力学性能的碳/碳复合材料是理想的选材。碳/碳复合材料可制成各种汽车的零件、部件，大体可归纳为以下四个方面：①发动机系统：推杆、连杆、摇杆、油盘、水泵叶轮、内燃机活塞等；②传动系统：传动轴、万轮箍、变速箱、加速装置及其罩等；③底盘系统：底盘、悬置件、弹簧片、框架、横梁、散热器等；④车体：车顶内外衬、箱板、侧门等。

8.化学工业

碳/碳复合材料主要用于耐腐蚀设备、压力容器、化工管道、容器衬里和密封填料等。

9.电子、电气工业

碳/碳复合材料是优良的导电材料，利用它的导电性能可制成电吸尘装置的电极板、电池的电极、电子管的栅极等。

参 考 文 献

1.江东亮.精细陶瓷材料.北京：中国物资出版社，2000

2.金志浩，高积强，乔冠军.工程陶瓷材料.西安：西安交通大学出版社，2000

3.国家自然科学基金委员会.无机非金属材料科学.北京：科学出版社，1997

4.郭景坤.关于先进陶瓷的研究.无机材料学报，1999，14（2）：193～202

5.郭景坤.中国结构陶瓷研究的进展及其应用前景.硅酸盐通报，1995，4：18～28

6.严东生.先进氮化物陶瓷的材料设计与性能研究.材料科学与工程，1989，8（1）：1～5

7.郭景坤.陶瓷晶界应力设计.无机材料学报，1995，10（1）：27～31

8.李世普.特种陶瓷工艺学.武汉：武汉工业大学出版社，1990

9.《高技术新材料要览》编辑委员会.高技术新材料要览.北京：中国科学技术出版社，1993

10.赵连泽.新型材料学导论.南京：南京大学出版社，2000

11.〔日〕铃木弘茂等.陈世兴译.工程陶瓷.北京：科学出版社，1989

12.〔日〕坂野久夫.厉仁玉译.最新精密陶瓷.上海：同济大学出版社，1990

13.〔英〕理查德，布鲁克 J 等.清华大学新型陶瓷与精细工艺国家重点实验室译.陶瓷工艺（第Ⅱ部分）.北京：科学出版社，1999

14.张劲松，曹丽华，林小利等.Si_3N_4陶瓷的微波烧结.材料科学进展，1992，6（2）：158～161

15.杨建，薛向欣，王文忠.Sialon 基陶瓷制备方法综述.材料导报，2001，15（5）：23～25，29

16.孙维莹.复杂氮陶瓷的相平衡及组分设计.中国科学院院刊，1998，2：129～131

17.She J H，Jiang K L. Attractive way to heal surface defects of some carbide and boride ceramics. Materials Letters，1996，26（6）：313～317

18.Shen Z J，Ekstrom Thomy，Nygren Mats. Ytterbium-stabilized α-sialon ceramics. Journal of Physics D：Applied Physics，1996，29（3）：893～904

19.Mandal H. New developments in α-sialon ceramics. Journal of the European Ceramic Society，1998～1999，19（13～14）：2349～2357

20.Mandal H，Hoffmann M J. Novel developments in α-sialon ceramics. Key Engineering Materials，1999～2000：131～138

21.佘继红，江东亮，谭寿洪等.碳化硅陶瓷及其复合材料的热等静压烧结研究.无机材料学报，1996，11（4）：646～651

22.吕振林，高积强，金志浩.碳化硅陶瓷材料及其制备.机械工程材料，1999，23（3）：1～3，45

23.潘裕柏，谭寿洪，江东亮.SiC-AlN-Y_2O_3复相陶瓷的制备与性能.无机材料学报，1997，12（5）：763～767

24.步文博，徐浩.AlN-SiC固溶体陶瓷研究进展.材料导报，2000，14（3）：34～37

25. Zhou Y，Hirao K，Toriyama et al．Silicon carbide ceramics prepared by pulse electric current sintering of β-SiC and α-SiC powders with oxide and nonoxide additives．J．of Mater．Research，1999，18（8）：3363～3369

26. 郭景坤．陶瓷的脆性与增韧．硅酸盐学报，1987，15（5）：385～393

27. 李见等．新型材料导论．北京：冶金工业出版社，1987

28. 黄勇，曾照强，丁博等．Ce-TZP 陶瓷在应力作用下的相变特性．硅酸盐学报，1990，18（3）：228～236

29. Xu G F，Zhuang H R，Li W L et al．Microwave sintering of SHS-prepared β-sialon powders with Y_2O_3 as additive．Acta Electronics Sinica，1998，26（5）：79～82

30. 周玉．陶瓷材料学．哈尔滨：哈尔滨工业大学出版社，1995

31. 林平．新型 ZrO_2 基陶瓷刀具材料的研制．成都：成都科技大学硕士学位论文，1991

32. 贾成厂，李文霞，郭志锰等．陶瓷基复合材料．北京：冶金工业出版社，1998

33. 陈贻瑞，王建．基础材料与新材料．天津：天津大学出版社，1994

34. 谢希文，过梅丽．材料科学与工程导论．北京：北京航空航天大学出版社，1991

35. 王荣国，武卫莉，谷万里等．复合材料概论．哈尔滨：哈尔滨工业大学出版社，1999

36. Delmonte J．Technology of Carbon and Graphite Fiber Composites．van Nostrand Reinhold Company，1981

第八章 纳米陶瓷

8.1 概　　述[1～7]

8.1.1 纳米陶瓷定义

纳米陶瓷是 20 世纪 80 年代中期发展起来的先进材料，纳米陶瓷是指在陶瓷材料的显微结构中，晶粒尺寸、晶界宽度、第二相分布、气孔尺寸、缺陷尺寸等都是纳米水平的一类陶瓷材料。由于小尺寸效应、表面和界面效应、量子尺寸效应和宏观量子隧道效应，纳米陶瓷呈现出与微米陶瓷不同的独特性能。由此，人们追求的陶瓷增韧和超塑性，以及奇特的功能等问题可望在纳米陶瓷中解决。20世纪 80 年代中期才发展起来的纳米陶瓷，已成为材料科学研究的热点。纳米陶瓷的研究，不仅对先进陶瓷的制备和表征有新的发展和创新，而且对现有的陶瓷理论也将发生重大变革，甚至可形成新的理论体系。

纳米陶瓷是晶粒尺寸在 1～100nm 之间的多晶陶瓷。广义地讲，纳米陶瓷材料包括纳米陶瓷粉体、单相和复相纳米陶瓷、纳米－微米复相陶瓷和纳米陶瓷薄膜。它被认为是陶瓷研究发展的第三个台阶。从微米级的先进陶瓷到纳米级的纳米陶瓷是当前陶瓷研究的三大趋势之一。

著名的诺贝尔奖获得者 Feynman 在 1959 年就曾预言："如果我们对物体微小规模上的排列加以某种控制的话，我们就能使物体得到大量异于寻常的特性，就会看到材料性能产生丰富的变化。"1984 年，德国萨尔大学的 Gleiter 教授等首次采用惰性气体凝聚法制备出具有清洁表面的纳米粒子，然后在真空室中原位加压成纳米固体。美国阿贡实验室的 Siegel 相继以纳米粒子制成了纳米块体材料。令人振奋的是，纳米 TiO_2 陶瓷在室温下表现出良好的韧性，在 180℃时弯曲而不产生裂纹。这一突破性进展使那些为陶瓷增韧奋斗了半个世纪的材料科学家们看到了希望。英国著名材料专家 Cahn 在《自然》杂志上撰文说：纳米陶瓷是解决陶瓷脆性的战略途径。

中国对纳米陶瓷的研究几乎与国际上同时起步。上海硅酸盐研究所等单位进行了大量的研究工作，最近取得了一系列非常可喜的成果。

8.1.2 纳米陶瓷的发展

纳米陶瓷是纳米材料的重要组成部分，纳米陶瓷的发展基本上和纳米材料一样。自 20 世纪 70 年代纳米颗粒材料问世以来，80 年代中期在实验室合成了纳米块体材料。纳米材料至今已有 20 多年的发展历史，大致可以分为 3 个阶段：第一阶段（1990 年以前）主要是在实验室探索用各种手段制备各种各样的纳米粉末，合成块体（包括薄膜）纳米材料，研究评估表征的方法，探索纳米材料不同于常规材料的特殊性能；第二阶段（1990～1994 年），人们关注的热点是如何利用纳米材料奇特的物理、化学和力学性能，设计纳米复合材料；第三阶段（1994 年到现在）纳米组装体系、人工组装合成的纳米结构的材料体系越来越受到人们的关注。纳米陶瓷的发展同样包括制备合成方法的创新、特殊性能的探索、纳米复合陶瓷等几个方面。

陶瓷是一种多晶材料，其显微结构的构成除了晶相和晶界相以外，还存在气孔和微裂纹。对陶瓷性能具有决定性影响的因素主要是晶相及晶界相（包括杂质）的种类、组成、含量、形态及分布，其中晶粒的尺寸大小及分布有时对性能产生着至关重要的影响。现有陶瓷材料的晶粒尺寸一般处于微米级水平，这是由所采用的常规制备工艺所决定的。进入 20 世纪 80 年代中期以后陶瓷材料工作者开始尝试通过工艺上的改进而制备出使晶粒尺寸降低到具有纳米级水平的纳米陶瓷。当陶瓷中的晶粒尺寸减小一个数量级，则晶粒的表面积及晶界的体积亦以相当倍数增加，如晶粒尺寸为 3～6nm 和晶界的厚度为 1～2nm 时，晶界体积约占整个材料体积的 50%。晶粒被高度细化之后，具有巨大的比表面积。处于表面和界面附近的原子的结构既不同于长程有序的晶体，也不同于长程无序的非晶体。实验表明，纳米陶瓷在力、热、光、磁、敏感、吸收或透波等方面具有比通常结构下的同成分材料特殊得多的性能，在化学性质上体现出迥然不同的特性。

纳米陶瓷技术已成为无机低维材料——微粉（零维）、纤维（一维）、薄膜（二维）技术向更深研究层次发展的基础，这是因为低维材料中相当多的原子处在表面和界面上，使得低维材料的物理和化学性质与块状材料很不相同。当材料的线度进入到亚微米尺度时块状材料的热力学统计平均规律开始失效，小尺寸效应显露出来。当材料的线度进一步下降到纳米尺度时，量子尺寸效应变得突出起来，小尺寸效应和量子尺寸效应都使材料的性能发生剧烈的变化。纳米陶瓷技术同时也是精细复合功能材料由微米或亚微米复合材料（复合线度在微米或亚微米量级）向纳米复合功能材料（复合线度进入到纳米量级）发展的基础。在电、磁、声、光等领域中，功能材料的使用频率变得越来越高，电磁波和弹性波在媒质中传播时的波长 λ 非常小（500～5000nm），如果复合线度（复合组元本身及其间隔的尺寸）远大于激励波长 λ，那么复合结构就是一种不连续的媒质，如果复合线度与波长相近，那么波在材料内部传播时，将产生严重的散射或反常谐振，只有当复合线度远小于激励波长时，才能利用复合结构所提供的条件，发挥复合材料的优点。这就是说，对光电子应用来说，复合线度应该在 5～500nm。而对复合线度已达到纳米量级的精细复合材料来说，结构中的低维材料本身的性能变异及奇异的界面效应和耦合效应，将为材料科学开拓更为广泛的研究天地。

由于晶粒细化引起表面能的急剧增加，势必将引起其他物理、化学性质上的一系列变化。这将导致整个陶瓷工艺和陶瓷学研究的变革，很多传统的工艺将不能适应，原有的陶瓷学理论和规律也许也不适用，结果必然导致陶瓷研究的具有变革意义的发展。

纳米陶瓷的产生，为陶瓷材料制备工艺学、陶瓷学理论、陶瓷材料新性能的发现开拓了一系列崭新的研究内容，从而极大地扩展了陶瓷材料的应用范围。

为获得高性能纳米陶瓷，应从以下七个方面进行研究：

(1) 研究制备更细、无团聚陶瓷粉末的新技术，寻求新的表征方法，研究其对成型、烧结和纳米陶瓷性能的影响。

(2) 研究纳米粉体在烧结中出现的新问题。如研究纳米粉体烧结引起的烧结动力学变化和重结晶的新变化，必须研究新的烧结技术及工艺控制。

(3) 研究晶粒尺寸变小到纳米范围，对材料力学、电学、磁学、光学、热学等性能的影响。

(4) 晶粒纳米化将对晶体结构中的其他行为产生影响，如晶体的相变与它的尺寸因素的影响就很明显。此外，晶粒的细化亦将促使产生孪晶、微畴以及取向性等结构上的变化，使陶瓷的结构行为出现突变。

(5) 纳米化晶粒同样可引起材料中的内在气孔或缺陷尺寸的减小。当这种尺寸小到一定程度时，缺陷对材料性质产生的影响，无论在宏观上还是微观上都将出现新的情况，都应予以考虑。

(6) 晶粒纳米化的结果，有可能使陶瓷的原有性能得到很大的改善以至在性能上发生突变或呈现新的性能或功能，这为陶瓷的性能研究提供了新的内容。

(7) 具有高性能或新性能的纳米陶瓷在应用上必将扩展到新的领域，这为材料的应用提出了新的课题。

现代陶瓷工艺的进展已为制备纳米陶瓷准备了充分条件：许多新的粉体制备技术已可能获得几个至几十个纳米的粉末，它能降低烧结温度，获得纳米晶粒陶瓷。新的烧结技术可使陶瓷坯体在更低温度和更短时间内达到致密化，而阻止晶粒长大。

纳米陶瓷的提出将引起整个陶瓷研究领域的扩展，无论从陶瓷的工艺、陶瓷学的研究、陶瓷的性能及应用方面都将带来更多更新的内容。

8.2　纳米陶瓷的制备[1, 3～18, 50]

纳米陶瓷的制备在纳米材料研究中占有极重要的地位。新的材料制备工艺和过程的研究与控制对纳米陶瓷的微观结构和性能具有重要的影响。纳米陶瓷的制备包括纳米粉体、纳米薄膜及纳米块体材料的制备，有关纳米粉体和纳米薄膜的制备详述参见第三、五章。本章主要讲述纳米块体陶瓷材料的制备。

目前，纳米陶瓷的制备 90% 以上是纳米粉体的制备，真正的纳米块体陶瓷还不多。块体纳米晶材料的制备方法主要有两种方式：第一种是由小变大（纳米微粒烧结成块体纳米晶材料），即先由惰性气体冷凝法、沉淀法、溶胶-凝胶法、机械球磨法等工艺制成纳米粉，然后通过原位加压、热等静压、激光压缩、微波放电等离子等方法烧结成大块纳米晶材料；第二种方式是由大变小，即非晶晶化法，使大块非晶变成大块纳米晶材料，或利用各种沉积技术（PVD、CVD 等）获得大块纳米晶材料，如利用电解沉积法制备出厚度为 $100\mu m$～$2mm$ 的大块纳米晶材料。最近有人通过熔渣法直接制备出较大体积的块状纳米晶材料。目前大多数采用第一种方式制备纳米块体材料，但工艺不太成熟，仍处于探索阶段。

纳米陶瓷的制备工艺主要包括纳米粉体的制备、成型和烧结，它包含有大量的研究内容和关键技术。与微米陶瓷相比，原料粉末粒度变小将引起纳米粉体的团聚、成型素坯的开裂以及烧结过程中的晶粒长大，从而影响纳米陶瓷的结构和性能。解决纳米粉体的团聚、素坯的开裂以及烧结过程中的晶粒长大等问题已成为制备或提高纳米陶瓷质量的关键。

8.2.1 纳米粉体的制备

随着现代科学技术的发展和新兴科学技术的出现，迫切要求材料具有纳米级尺寸，以满足日新月异的高性能材料的要求。粉料的特性在相当大的程度上决定或影响其后的陶瓷制备技术以及所获得的陶瓷材料的性能。为此，探索条件温和、粒径及其分布可控、无团聚、产率高的纳米粉体的制备方法，是纳米材料科学面临的一大课题。

8.2.1.1 纳米粉体的制备方法

制备纳米陶瓷，首先要制备出性能优异的纳米粉体。自 1984 年德国的 Gleiter 采用惰性气体冷凝法制备出纳米颗粒以来，大量新工艺、新方法的出现，使纳米粉体的制备成为纳米材料科学中最为活跃的领域。

目前已用气相法、液相法和高能球磨法等制备了大量的各式各样的纳米粉体（详见第三章）。目前在纳米粉体的制备领域里出现了一些新的方法：①爆炸丝法，即利用金属丝在高压电容器的瞬间放电作用下爆炸形成纳米粉体。采用该法已制备出 Al_2O_3、TiO_2 粉体，粉体的尺寸一般为 20～30nm，呈球形。②化学气相凝聚法（CVC），是将 CVD 的化学反应过程与 IGC（惰性气体冷凝法）的冷凝过程结合起来的方法，成功地合成了 ZrO_2、TiO_2 等多种纳米粒子。③微波合成法，采用该法可在较低温度下和极短时间内得到 50～80nm 的 AlN。④超声化学法是利用超声空化原理加速和控制化学反应，已用于合成 SiO_2 纳米材料。⑤激光蒸发-凝聚法采用激光蒸发金属靶材料，合成了纳米尺度（10～50nm）、组分可控的金属氧化物、碳化物和氮化物颗粒。⑥太阳炉蒸发-凝聚法是在 2kW 的太阳反射炉中以溶液为前驱物，采用蒸发-凝聚工艺制备纳米级的 $\gamma\text{-}Fe_2O_3$、Y_xO_{2-y}、SnO_2、InO_3、ZnO 和 $ZnO+Bi_2O_3$。另外，还有气相燃烧合成技术、超声等离子体沉积法、爆炸法等方法。

8.2.1.2 制备纳米微粒的关键技术（团聚体的消除）

纳米微粒制备的技术关键是探讨纳米粉体的通性和个性，控制工艺因素，制备单分散的优质纳米粉体。然而在湿化学法中制备纳米粉体的过程中存在的最大问题是粉末的团聚。团聚体的存在无论对烧结过程还是对制品的性能都非常有害。团聚是当今高技术领域（特别是纳米陶瓷）内一个普遍关注、亟待解决的问题。控制粉末的团聚已成为制备高性能陶瓷材料的一项关键技术。

所谓团聚体，是指微细粉料在一定的力或键的作用下所结合成的微粒团。团聚体根据团聚体的强度可分为软团聚体和硬团聚体。软团聚主要是由颗粒间的范德华力和库仑力所致，特别是随着颗粒尺寸减小到纳米级，微粒之间的距离缩短，范德华力、静电吸引力更强，更易形成团聚体，可以说所有的固态微粉都含有范德华力和库仑力引起的所谓"软团聚体"。这类团聚体易于通过一些化学作用（如使用表面活性剂）或施加机械能（如研磨、成型压力）的方式来消除。粉末的硬团聚体内除颗粒之间的范德华力和库仑力外，还存在化学键作用，使颗粒之间结合牢固。在粉末成型过程中，硬团聚体也不易被破坏，导致陶瓷性能变差。因此，首先必须弄清粉末硬团聚体形成的机理，以便找出消除硬团聚的方法。

1. 粉末硬团聚形成的机理

细小粒子的团聚可能发生在合成阶段、固-液分离过程、干燥过程、煅烧过程和后来的处理中。因此，在粒子制备和处理的每一步都应使微粒稳定而不团聚。

根据粉末的合成和处理的每一阶段，提出不同硬团聚体形成的机理。目前有氢键作用理论、盐桥理论、晶桥理论、毛细管吸附理论和化学键作用理论。

通过制备超细氧化铝的实验研究，认为粉末硬团聚形成的机理为：在干燥过程中自由水的脱除使毛细管收缩，从而使颗粒接触紧密，颗粒表面的自由水与颗粒之间由于氢键作用使颗粒结合更加紧密，随着水的进一步脱除相邻胶粒的非架桥羟基即可自发转变为架桥羟基，并将凝胶中的部分结构配位水排除，从而形成硬团聚（其形成机理如图8-1所示）。因此要消除硬团聚可以从以下两个方面着手：①在干燥前增大粉末之间的距离，从而消除毛细管收缩力，避免使颗粒结合紧密；②在干燥前采用适当方法将水脱除，避免水与颗粒间形成氢键。研究表明从以上两方面采用适当措施，都能有效地消除粉末的硬团聚。

2．防止纳米粉体团聚的方法

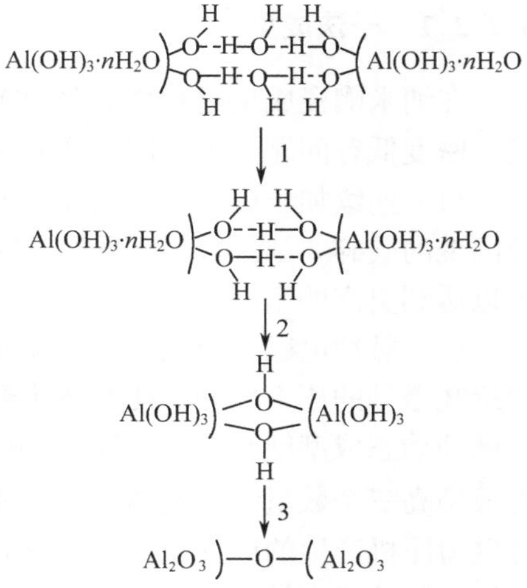

纳米粉体的团聚将导致坯体堆积密度低、形态不均匀，并将引入大量的缺陷和气孔，严重影响烧结体的致密度、强度、韧性、可靠性以及其他性能。另外，团聚体亦将加速粉体在烧结过程中的二次再结晶，形成大晶粒，达不到纳米尺寸的要求，从而失去纳米陶瓷特有的性能。制备无团聚的纳米粉体是制备优良纳米陶瓷的必要前提。防止纳米粉体团聚可在粉体制备中进行，也可在制备后进行。粉体制备过程中防止团聚的方法有：①选择合适的沉淀条件；②沉淀前或干燥过程中的特殊处理，如阳离子脱除、有机溶剂洗涤、干燥时的湿度控制、水热处理等；③最佳煅烧条件的选择。团聚体形成后的消除方法主要有：①沉积或沉降；②超声波处理；③加入分散剂；④高的生成压力。

$$Al(OH)_3 \cdot nH_2O \sim \!\!\! \underset{\text{H H H}}{\overset{\text{H H H}}{O\!-\!H\!-\!O\!-\!H\!-\!O}} \!\!\! \sim Al(OH)_3 \cdot nH_2O$$

$$\downarrow 1$$

$$Al(OH)_3 \cdot nH_2O \langle \overset{O\!-\!H\!-\!O}{\underset{O\!-\!H\!-\!O}{}} \rangle Al(OH)_3 \cdot nH_2O$$

$$\downarrow 2$$

$$Al(OH)_3 \langle \overset{O}{\underset{H}{}} \rangle Al(OH)_3$$

$$\downarrow 3$$

$$Al_2O_3 \!-\! O \!-\! Al_2O_3$$

图 8-1　硬团聚的形成机理模型

1—自由水在干燥过程中被排除；2—进一步干燥使胶粒表面的结构水脱除；3—非架桥羟基转变为架桥羟基

制成纳米粉体后，由于纳米粉末比表面积大、表面能极强，颗粒表面会聚集静电电荷，引起颗粒团聚。同时，颗粒的团聚甚至结块，将严重影响其使用性能，因此应进行防聚结处理。常用的防聚结处理技术是用少量的添加剂（抗静电剂、防潮剂、表面活性剂、偶联剂等）掺在纳米微粒体系中，其作用是产生隔离和防湿作用以消除颗粒间的团聚。

8.2.2　纳米陶瓷的成型

纳米粉体极细的颗粒和巨大的表面积使其表现出不同于常规粗颗粒的成型情况，用传统的陶瓷成型方法成型会出现一些问题，如需要过多的黏结剂、压块产生分层和回弹、湿法成型所需介质过多、双电层改变、流变状态变化、素坯密度低、坯体易干裂等。因此，需要改进传统成型方法或寻求一些新的方法来制备素坯。

由于纳米微粒的比表面积非常大，因此给陶瓷素坯成型带来极大的困难，不仅是素坯密度得不到提高，而且在模压成型或热压烧结装样时，还经常出现粉体在模具里装不下的情况，解决的办法通常有两条：一是用造粒的方法减小粉体的比表面积；二是用湿法成型。一个常用的造粒方法是将纳米粉体加压成块（施加压力的大小是控制造粒的关键），然后再碾细、过筛。这个方法增加了粉体的颗粒度以便于成型，而同时并没有改变晶粒尺寸。

8.2.2.1　干法成型

在纳米陶瓷成型过程中，经常碰到尺寸过小、易于在压制和烧结过程中开裂、密度低等问题，可采用下列方法来解决：

（1）连续加压成型　采用连续加压的方法可避免上述问题，第一次加压导致软团聚的破碎，第二次加压导致晶粒的重排以使颗粒间能更好地接触，这样坯体可以达到更高的密度。

（2）脉冲电磁力成型　采用脉冲电磁力在 Al_2O_3 纳米粉体上产生 $2\sim10GPa$、接续几微秒的压力脉冲，使素坯达到 $62\%\sim83\%$ 的理论密度。Jak M J G 等用磁力脉冲动态成型纳米 Li 离子电池电解质陶瓷（BPO_4-Li_2O），总的离子电导比静态成型高三个数量级。室温下，锂离子电导率达 $2\times10^{-4}S/cm$。Ivanov V 等用脉冲磁力压机产生的脉冲电磁力，在周期为 $100\sim500\mu s$ 和高达 $2.5GPa$ 振幅的软压波下脉冲成型纳米 Al_2O_3 和 ZrO_2 粉，使纳米粉的素坯密度达理论密度的 80%（Al_2O_3）和 82%（ZrO_2），比用相似类型的静态压制的密度高 15%。

（3）超高压成型　由于通常素坯成型所用的冷等静压的最高压力在 $500\sim600MPa$ 左右，所以很难得到高密度的陶瓷素坯。中国科学院上海硅酸盐研究所高濂等用 $5000t$ 六面顶压机实现了高达 $3GPa$ 的超高压成型，获得相对密度达 60% 的 3%（摩尔分数）Y_2O_3-ZrO_2 陶瓷素坯，比在 $450MPa$ 下冷等静压成型所得的素坯密度高出 13%。

8.2.2.2　湿法成型新方法

为了提高陶瓷素坯的密度和均匀性，除了干压成型外，还采用了凝胶注模成型、直接凝固注模成型等湿法成型方法。

（1）凝胶注模成型（详见第六章）　指液固转换过程没有体积收缩，能精确达到设计的尺寸。凝胶注模成型的优点是能获得高密度、高强度、均匀性的坯体，可制备净尺寸成型复杂形状陶瓷部件。刘晓林等研究了纳米四方多晶氧化锆的凝胶注模成型及其力学性能，他们将体积分数为 40.7% 的纳米 ZrO_2 悬浮体，采用凝胶注模成型工艺制得生坯的相对密度为 44.8%，纳米 ZrO_2 坯体在 $1550℃$ 烧结 $2h$，得到平均粒径小于 $1\mu m$、相对密度为 98.4% 的烧结体，强度为 $894MPa$。

孙静等研究了纳米 Y-TZP 凝胶注模成型后发现，有机单体丙烯酰胺和交联剂 N，N-亚甲基双丙烯酰胺的加入，不但起到使浆料凝胶的作用，还可以大大降低浆料黏度，改善浆料的流变性，有利于凝胶注模成型，在优化的有机单体、交联剂、引发剂的用量条件下，将固体含量为 40%（体积分数）的料浆，用凝胶注模成型制得的生坯密度比干压法、等静压法高，且显微结构均匀性好，烧结体的断裂韧性也比等静压烧结成型体高。

（2）注浆成型　干压成型只能制备形状简单的部件，具有较大的局限性，方敏等研究了纳米 ZrO_2 粉末的注浆成型，虽然克服了干法成型的缺点，但生坯密度和强度较低。

（3）直接凝固注模成型　利用生物酶催化反应来控制陶瓷浆料的 pH 值和电解质浓度，使其双电层排斥能最小时依靠范德华力而原位凝固，具有素坯密度高、密度均匀、坯体收缩和形变极小、所得陶瓷制品的强度和可靠性高等优点，特别适用于复杂形状陶瓷部件的成型。

8.2.3　纳米陶瓷的烧结

8.2.3.1　概述

纳米陶瓷烧结的质量好坏将直接影响到纳米陶瓷的显微结构，从而影响其性能。

陶瓷工艺中应用纳米粉体会对烧结过程产生巨大的影响，而且会出现一些新问题。由于纳米陶瓷粉体具有巨大的比表面积，使得作为粉体烧结驱动力的表面能剧增，烧结过程中物质反应接触面增加，扩散速率大大增加，扩散路径大大缩短，成核中心增多，反应距离缩小。这些变化必然使烧结活化能降低，烧结反应速率加快，引起整个烧结动力学的变化，烧结温度大幅度降低。比如氧化锆陶瓷的致密化烧结温度通常超过 1600℃，而纳米氧化锆陶瓷在 1250℃ 条件下即可达到致密化烧结。

烧结过程中的重结晶亦出现新的变化。颗粒变细、颗粒数目增加，晶粒长大的成核点相应增加，使晶粒重结晶的速率加快。但由于烧结速率加快，且烧结温度可以很低，这些因素又减缓晶粒重结晶的发展。这两方面的作用将有一个最佳的选择，可以通过工艺上的控制来达到。

8.2.3.2　纳米陶瓷烧结方法

由上面的讨论可以看出，纳米粉体的一系列特性引起烧结速率的加快，若采用传统的烧结方法，很难抑制住晶粒的长大，而晶粒尺寸的过分长大就有可能使其失去纳米陶瓷的特性。因此，必须进行工艺控制和采用一些特殊的烧结方式。这些烧结方法是：①惰性气体蒸发-凝聚原位加压制备法；②真空（加压）烧结；③快速微波烧结；④放电等离子体烧结；⑤高温等静压烧结；⑥热压烧结；⑦超高压低温烧结；⑧爆炸烧结；⑨常压（加入添加剂的）烧结；⑩有机前驱物法等。除惰性气体蒸发-凝聚原位加压法和有机前驱物法外，其余方法在第六章已作介绍。有机前驱物法见 8.3.2，下面着重介绍惰性气体蒸发-凝聚原位加压法。

惰性气体蒸发-凝聚原位加压法是一步合成纳米陶瓷的新工艺。1984 年，德国 Searlands 大学材料系 Gleiter H 教授领导的研究小组，首次用惰性气体沉积和原位成型方法，研制成功了纳米金属块体材料 Fe、Pd。1987 年，美国阿贡实验室的 Siegles 博士采用同样的方法成功地制备了 TiO_2 纳米陶瓷。我国的吴希俊等也研制出同类型的设备，并成功地实现了 CaF_2 中掺 La 的纳米离子晶体的制备。

1. 制备工艺

Gleiter 用来合成和制备纳米材料的装置示意图如图 8-2 所示。它是惰性气体蒸发—凝聚原位加压成型法制纳米材料的基础。这个装置主要由三个部分组成：第一部分为纳米粉体的制备；第二部分为纳米粉体的收集；第三部分为粉体的压制成型。它包括电阻加热蒸发源、液氮内冷却的纳米粉收集器、刮落输运系统及原位加压成型（烧结）系统，以上各部分都处在高真空室中。

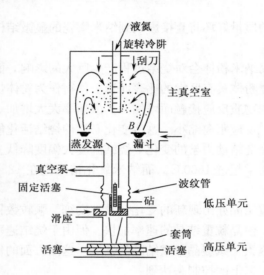

图 8-2　惰性气体蒸发—凝聚原位加压成型法制备纳米
材料装置示意图

该法的工艺过程为：①用涡轮分子泵抽真空至 10^{-5} Pa，排除装置中的污染源；②加热蒸发金属或化合物，通入惰性气体（氦气），将蒸发气带至液氮冷却壁冷凝成纳米粉末，此时真空下降至几百帕；③在超真空下由聚四氟乙烯刮刀从冷阱上刮下经漏斗直接落入低压压实装置；④粉体在此装置中轻度压料成压块，压力为 1～2GPa；⑤送到（落入）高压原位压实装置，用约 10GPa 的压力进一步压实，温度为 300～800K，此时对金属来说，其压实密度可达 95% 左右，而对陶瓷，压实密度仅达理论密度的 75% 左右；⑥对陶瓷进一步烧结，使其致密化。

纳米金属载气是惰性气体氦气。纳米陶瓷是通过先制得金属纳米粉，后通入有化学反应能力的反应气体（如 O_2 等）与先驱金属微粉反应得到陶瓷纳米粉。

2. 工艺特点

惰性气体蒸发-凝聚原位加压成型法制备纳米材料的显著特点，是能原位一步合成纳米陶瓷。纳米级粒度及表面和界面高洁净度，使成型烧结时的物质传递扩散路径缩短，驱动力极大并产生无污染的晶粒间界，克服了相平衡和材料合成动力学方面的很多限制因素，开拓了新材料制备的范围和途径。

目前，惰性气体蒸发-凝聚原位加压成型法正向多组分、计量控制、多副模具、超高压力方向发展，纳米复合材料等高性能材料正在研制中。惰性气体蒸发-凝聚原位加压成型法的不足之处是设备复杂、昂贵、产量不高、不能制取大型制品等。

8.2.3.3 纳米陶瓷烧结的关键技术

为了获得晶粒尺寸小于 100nm 的陶瓷，纳米陶瓷烧结的关键是控制晶粒长大。这可以通过下面两种方法来解决：一是降低烧结温度；二是缩短烧结时间。其目的都是为了抑制烧结过程中的晶粒长大，减小烧结体的平均晶粒尺寸。但是提高陶瓷的致密度与降低烧结温度和缩短烧结时间是一对矛盾。要解决这对矛盾，首先是纳米粉体的晶粒尺寸要适中（不是越小越好），颗粒度要均匀；其次是利用各种新的烧结手段。例如采用热压烧结和高温等静压烧结，通过提高压力来降低烧结温度和缩短烧结时间；采用放电等离子体快速烧结，既提高压力，又革新加热方式来达到降低烧结温度和缩短烧结时间的目的。对于某种确定的烧结方法，烧结制度也是十分重要的。

8.3 单相纳米陶瓷的制备[1,4～10,18～29]

单相纳米陶瓷材料主要通过对纳米微粉加压成型，结合各种致密化手段来制备合成。

8.3.1 TiO_2 纳米陶瓷

纳米 TiO_2 不仅具有特殊的介电性能、光学性能等功能，而且具有良好的力学性能，如低温超塑性以及随强度的增加材料的断裂韧性不会降低等优良的力学性能，因而引起人们的广泛关注。低温下的烧结过程主要是由晶界扩散控制，烧结速率受粒径的影响很大，与粒径（d）的关系为 $1/d^4$，当粒径从 $10\mu m$ 减小到 $10nm$ 时，烧结速率提高 10^{12} 倍，但这个优点在无压烧结中无法体现，因为有颗粒增长和大气孔的问题存在。减少这些问题的重要方法是进行热煅烧，这样可使晶粒在增长很少的情况下达到致密。

应力有助烧结（烧结－煅压法）：无团聚的粉体在一定压力下进行烧结称为应力有助烧结。该工艺与无压烧结工艺相比较，其优点是对许多未掺杂的纳米粉体，通过应力有助烧结可制得较高密度的纳米陶瓷，并且无晶粒明显长大。但该工艺设备和操作都比无压烧结复杂，成本高。

惰性气体蒸发－凝聚原位成型（烧结）法是目前世界上用于制备纳米陶瓷的常用方法。1987 年美国和西德同时报导，成功地制备了具有清洁界面的纳米 TiO_2（12nm）陶瓷，烧结温度比 $1.3\mu m$ 的 TiO_2 低 400℃。美国阿贡实验室的 Siegle 博士在 Gleiter 等的工作基础上用同样的设备制备了晶粒尺寸为纳米级的 TiO_2 陶瓷，在室温下，该材料具有很好的韧性，在 180℃经受弯曲而不产生裂纹。用这种方法晶粒尺寸可控制在 2～20nm。

目前，用这种方法已成功制备了多种纳米氧化物陶瓷（Al_2O_3、Fe_2O_3、NiO、MgO、MnO、ZnO、ZrO_2 和 ErO 等）和纳米离子化合物陶瓷（CaF_2、NaCl、FeF_2、$Ca_{1-x}La_xF_{2+x}$等）。除了易升华的 MgO、ZnO 和纳米离子化合物可用"一步法"直接蒸发形成纳米微粒，然后原位加压成生坯外，大多数纳米氧化物陶瓷生坯制备采用"两步法"。"两步法"的基本过程如下：第一步是在惰性气体中（高纯 He）蒸发金属，形成的金属纳米粒子附着在冷阱上；第二步是引入活性气体，例如氧，压力约为 10^3 Pa，使冷阱上的纳米金属粒子急剧氧化形成氧化物，然后将反应室中的氧气排除，达到约 10^{-5} Pa 的真空度，用刮刀将氧化物刮下，通过漏斗进入压结装置。压结可在室温或高温下进行，由此得到的生坯，经无压力烧结或应力有助烧结可获得高致密度陶瓷。由于惰性气体冷凝法制备的纳米相粉料无硬团聚，因此，在压制生坯时，即使是在室温下进行，生坯密度也能达到约 75%～85%。高致密度的生坯经烧结能够获得高密度纳米陶瓷。

Averback 等用"两步法"制备了纳米 TiO_2 金红石和纳米 ZrO_2 的生坯。为了使生坯的密度达最大值，他们将已压实的粉体在 623K、约 1MPa 的条件下进行氧化，然后在 423K、1.4GPa 的条件下使生坯的密度达 70%～80% 的理论密度。生坯经不同温度烧结 24h 后的相对密度、平均粒径与烧结温度的关系见图8-3和图 8-4。

图 8-3 表明，应力有助烧结（△）与无应力烧结（○）试样相比较，前者在较低的烧结温度（约 770K）下密度达 95%，粒径只有十几纳米，后者在接近 1270K 时才能达到同样的密度，但粒径急剧长大至约 $1\mu m$。图 8-4 也同样表明，ZrO_2 无压力烧结时，当相对密度大于 90% 时，粒径已由原始十几纳米增至 100 多纳米。由此可以说明，应力有助烧结法能获得粒径无明显长大的高致密度的无稳定剂的纳米相陶瓷，同时还可以看出，纳米粉烧结能力大大增强，致密化的烧结温度比常规材料低几百开（尔文）。

在应力有助烧结过程中导致试样致密化的总烧结力（致密化驱动力）可表示如下：

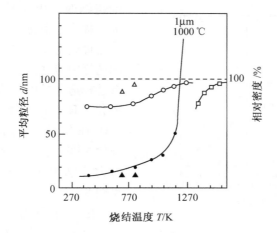

图 8-3　纳米相 TiO_2 块体的相对密度、粒径与烧结温度的关系

密度：○—$n\text{-}TiO_2$，$p=0$；△—$n\text{-}TiO_2$，$p=1GPa$；

□—$n\text{-}TiO_2$，$p=0$

晶粒度：●—$n\text{-}TiO_2$，$p=0$；▲—$n\text{-}TiO_2$，$p=1GPa$

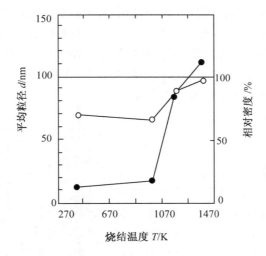

图 8-4　无压力烧结过程中纳米相 ZrO_2 的密度、粒径

与烧结温度的关系

○—相对密度；●—粒径

$$\sigma_s = 2\gamma/r + \sigma_a \tag{8-1}$$

式中，σ_s 为总烧结应力；γ 为表面能；σ_a 为附加应力；r 为粒子半径。应力有

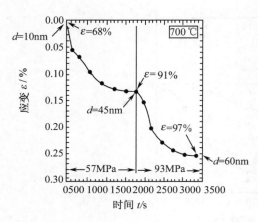

图 8-5　圆柱形纳米 TiO_2 块体在 973K 下应力有助烧
结过程中应变与时间的关系
（开始时应力为 57MPa，然后为 93MPa）

助烧结时，由于致密化驱动力的增加，提高了致密化速率，使最后密度接近理论密度。应当指出，附加应力的选择中应注意一个问题，那就是只有选择适当的附加应力才能实现高致密化。Höfier 等详细地调查了纳米 TiO_2 在 973K 应力有助烧结过程中试样的应变、粒径、密度的变化，附加应力分别为 57MPa 和 93MPa，结果见图 8-5。

由图中可看出，应力为 57MPa 时，由于试样中产生致密化和某些晶粒的长大，致使应变速率单调地下降。密度达 91% 时，应变速率达到一阈值，即应变速率为零。附加应力增加为 93MPa 时，蠕变过程又重新开始，直到密度上升为 97% 为止。这种阈值行为在不同温度下的试验中以及在纳米 ZrO_2 试样中也被观察到。这种现象说明在应力有助烧结过程中只有选择适当的附加应力才能实现高致密度，即附加应力应大于阈值应力才能使密度大幅度提高。对于纳米材料应力有助烧结过程中出现的阈值行为，Höfier 等给以如下解释：应力有助烧结过程中试样的应变行为可用描述常规材料致密化的蠕变方程加以修正后来描述，即在该方程中引入一个与密度有关的函数 $f(\rho)$，因此纳米材料的蠕变（应变）速率可以下式表示。

$$\frac{\partial \varepsilon}{\partial t} = A \frac{\sigma^n}{d^q} \exp\left(\frac{Q}{RT}\right) f(\rho) \qquad (8\text{-}2)$$

式中，A 和 q 为常数；σ 为附加应力；n 为应力指数，它主要取决于试样的开始密度 ρ_0。ρ_0 越大，n 就越大。n 对温度不太敏感，温度升高，n 仅略有增加趋势。R 为摩尔气体常量；Q 为绝对温度 T 时的激活焓。因此，纳米材料的蠕变过程不能用解释常规材料蠕变的扩散模型或位错攀移和滑移模型来解释。纳米材料蠕变过程中的阈值行为是无法用上述描写常规材料蠕变行为的模型来解释的。应当用一个与位错无关的模型来说明阈值行为。模型的基

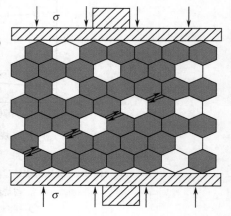

图 8-6　在附加应力作用下的晶粒相互滑移模型
（晶粒滑向孔洞而产生的附加表面导致阈值应力的存在）

本思想是:应力有助烧结过程中的应变如图 8-6 中所示,晶粒沿图中箭头所指的方向作相对的滑移,晶粒向孔洞的滑移就会产生新的附加表面积,这种表面积的产生所需的功由附加应力提供。当压制试样的应力做的功等于晶粒相互滑移产生的新表面积的能量时就呈现出应变的阈值行为,这时的附加应力称为阈值应力。当应力高于阈值应力时,应变才会重新开始。应当指出,上述制备纳米陶瓷的方法不一定是最佳工艺。

起始纳米粉体的特性,对制备纳米陶瓷有很大的影响。若烧结前 TiO_2 纳米粉体为金红石结构,因而烧结过程中不经历由锐钛矿向金红石相的转变,虽然可以得到高达 75% 的素坯密度,在 900℃ 烧结时相对密度达 95%,但晶粒已快速长大至几百纳米,即使再提高烧结温度,材料继续致密已相当困难。为此,高濂等为了改善粉体的性能或提高烧结的密度,将钛酸丁酯水解制得的纳米 TiO_2 粉体(约 13nm)在 500~800℃ 煅烧,发现在 550~750℃ 实现由锐钛矿相向金红石相的转变,加入 0.4%(质量分数)的金红石相作为晶种后,可以降低相变反应温度,抑制相变过程中晶粒长大。粉体在低压(30~57MPa)较难致密,而在 200MPa、800℃ 下热压烧结 6h,制得相对密度达 97.2%、晶粒尺寸约 200~300nm 的 TiO_2 陶瓷,但仍难消除 3~15nm 的小气孔。Hague D C 等认为,要使纳米氧化钛材料的小气孔通过扩散迁移至晶界,至少需将烧结驱动压力增加至 400MPa 以上,但这样高的压力在通常的热压条件下是很难达到的。

采用快速微波烧结方法(200℃/min),在 950℃ 下可使 TiO_2 达到理论密度 98% 的致密度。

8.3.2 纳米 ZrO_2 陶瓷

纳米 Y-TZP 材料是在微米 Y_2O_3-ZrO_2 陶瓷材料的基础上发展起来的陶瓷材料。由于其潜在的优异特性,如常温下的超塑性,引起了国内外材料界的广泛关注。为了抑制晶粒长大,除用常压烧结外,还采用了许多特殊的烧结方法(如快速烧结、热等静压、热压烧结、放电等离子体烧结、真空(加压)烧结以及超高压成型烧结)制备纳米 Y-TZP 材料。这是目前研究最多的纳米陶瓷之一,不仅在制备工艺技术上进行了较多的研究,而且在烧结机理方面也作了一些探索。

1. 烧结机理研究

中国科学院上海硅酸盐研究所徐跃萍、郭景坤等对 Y—TZP 纳米陶瓷的制备和烧结机理作了研究,用 10~15nm 的含 Y_2O_3 [3%(摩尔分数)]的 ZrO_2 粉末,在 1200~1250℃ 烧结,制得密度达理论密度的 98.5%、晶粒为 120nm 的 Y-TZP 陶瓷,比传统的烧结温度低近 400℃,并通过对 Y-TZP 纳米级粉体烧结初期动力学过程的研究,提出了晶界扩散是烧结初期导致素坯收缩的主要因素,并推导出如下烧结初期动力学方程:

$$\frac{\Delta L}{L} = \frac{6\gamma D\Omega}{kTR^3}t \tag{8-3}$$

式中，$\Delta L/L$ 为坯体的线收缩率；γ 为表面张力；D 为晶界扩散系数；Ω 为空位体积；R 为颗粒半径；k 为玻耳兹曼常数；T 为烧结温度；t 为烧结时间。

上述的动力学方程表明，d_{BET} 粉料颗粒越细，越能促进烧结。实验表明，对无团聚体的超细粉末，烧结初期素坯收缩量与烧结时间成线性关系。

为了获得超细晶粒的 Y-TZP 陶瓷，徐跃萍、郭景坤等还用化学共沉淀法制备粉料，采用分散处理湿凝胶和冷冻干燥的方法消除团聚。粉料经 200MPa 双向压制后，再经 300MPa 静水压成型制得无团聚素坯。还研究了烧结过程晶粒生长的机理和气孔变化规律。

Brook 理论是经典的晶体生长理论，现已被广泛用于研究无压、热压、微波、快速烧结等各种不同条件下的晶粒生长情况，并得到较好的验证。根据 Brook 模型，晶粒生长遵循式（8-4）：

$$\frac{dG}{dt} = \frac{CD}{G^n(1-\rho)^m} \tag{8-4}$$

式中，C 是常数；D 是相应的扩散系数。当 $n=3$，$m=4/3$ 时，晶粒生长过程中气孔的表面扩散起主导作用；当 $n=2$，$m=1$ 时，晶格扩散起主导作用；而当 $n=1$，$m=2/3$ 时，蒸发 凝聚过程控制晶粒生长。该实验通过测定样品在不同烧结时间后晶粒尺寸的变化，来决定 Y-TZP 陶瓷的晶粒生长机理。图 8-7 反映了 dG/dt 与 $1/\left[G^3(1-\rho)^{4/3}\right]$ 的相关性，实验结果表明，两者很好地吻合直线关系。因此，对于该素坯而言，烧结过程中，晶粒生长是由气孔的表面扩散起主导作用，随着烧结的继续，晶界迁移将逐渐取代气孔运动，并在正常晶粒生长过程中起主导作用。

根据 Brook 的晶粒生长动力学模型，晶粒尺寸变化可用式（8-5）表达：

$$G^n - G_0^n \propto \frac{D}{T} \cdot t \tag{8-5}$$

$$D = D_0 \exp\left(-\frac{\Delta E}{RT}\right) \tag{8-6}$$

$$\ln(G^n - G_0^n) \propto -\frac{\Delta E}{RT} + \ln D_0 + \ln t - \ln T \tag{8-7}$$

由于 D、t 为常数，$G \gg G_0$，在晶粒生长的某一小温度区间内，式（8-7）可简化为

$$\ln G^n \propto -\frac{\Delta E}{RT} + 常数 \tag{8-8}$$

式中，n 与晶粒生长机理有关；D 是相应晶粒的扩散系数；ΔE 为扩散活化能。从上述 $\ln G$ 与 $1/T$ 的相互关系中可确定晶粒生长活化能。图 8-8 的实验结果表明，在初始阶段，由于气孔的表面扩散起主导作用，$n=4$，$\Delta E=298.5\text{kJ/mol}$；

当进入第二阶段，随着气孔的消失，晶粒的长大，此时晶界扩散占主导，从该段曲线的斜率计算，$\Delta E = 623.6 \text{kJ/mol}$，此值与致密化过程中计算所得的晶界扩散活化能数值极为相似，它们共同反映了原子经晶界跃迁所需克服的活化能。

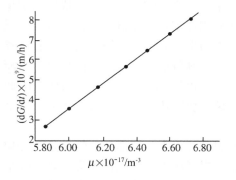

图 8-7　晶粒生长速率 $\mathrm{d}G/\mathrm{d}t$ 与晶粒和密度相
关函数 μ 间的线性关系

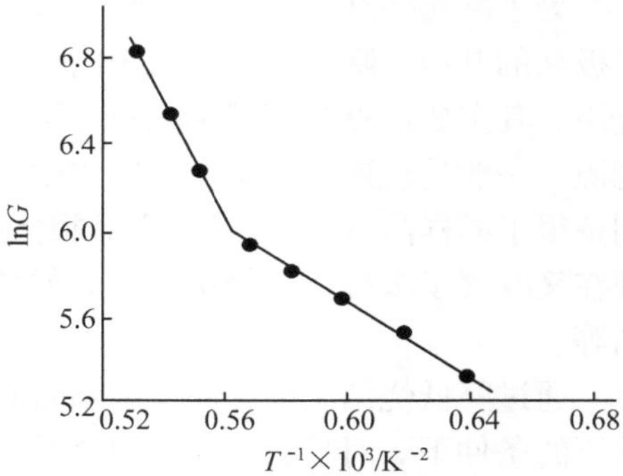

图 8-8　晶粒尺寸 $\ln G$ 与烧结温度 $1/T$ 间的
相互关系

陶瓷的高温烧结过程中，存在致密化和晶粒生长这两个高温动力学过程，3Y-TZP 的素坯在不同烧结温度下密度以及晶粒尺寸变化规律如图 8-9 所示。从图中可见，在低于 1300℃时，材料已达致密且晶粒细小，但随着烧结温度的进一步升高，晶粒生长过程起主导作用，此时晶粒尺寸迅速增加。因此，欲获得致密且晶粒细小的陶瓷体，应选择的最佳烧结条件为 1200～1300℃，保温 2h，如经 1250℃、2h 烧结后材料的晶粒尺寸为 100～150nm。

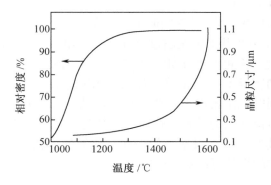

图 8-9　素坯的相对密度和晶粒尺寸随烧结
温度的变化规律

研究结果表明，在烧结初期，晶粒与气孔同时增大；在烧结中期，气孔的表面扩散是晶粒生长的主要机理；在烧结后期，随着烧结温度的提高，晶界扩散是晶粒生长的主要机理。

2. 快速烧结纳米 Y-TZP 陶瓷

为了减缓烧结过程中的晶粒长大，常采用快速烧结的方法。所谓快速烧结是以极高的升温、降温速度和很短的保温时间完成烧结，已在材料制备中得到广泛应用。其主要优点是可减少晶粒在烧结过程中的生长，也可缩短制备周期和节省能源。一般的快速烧结是在梯度炉中进行的。在制备纳米 3Y-TZP 材料时，只能制备很小的样品（<0.1g），样品很大时，往往无法致密化甚至开裂破碎。因此现在又发展了多种快速烧结方法，如微波烧结、快速热压烧结和放电等离子体烧结等。

通过降低烧结温度和缩短烧结时间可抑制晶粒长大。快速热压烧结是在施加外压的条件下，对材料进行快速烧结，它是以提高压力造成塑性变形来降低烧结温度和缩短烧结时间的。放电等离子体烧结（SPS）既通过提高压力，又通过革新加热方式（脉冲电流加热）来活化促进各种传质过程，达到降低烧结温度和缩短烧结时间的目的。

中国科学院上海硅酸盐研究所李蔚、高濂等对快速烧结纳米 Y-TZP 陶瓷的几种方法进行了对比研究，并对其晶粒生长进行了分析。在下列烧结制度下进行烧结：①快速热压烧结的制度为：升温速率为 200℃/min，保温时间 10～15 min，所加压力 80MPa；②SPS 烧结的制度为：升温速率为 600℃/min，保温时间 1～10 min，所加压力 40MPa；③无压烧结的制度为：升温速率为 5℃/min，保温时间 120 min；④普通热压的烧结制度为：升温速率为 20℃/min，保温时间 30 min，所加压力 40MPa。

研究表明，利用快速热压烧结和 SPS 烧结，可在烧结温度为 1200℃、保温 9～10 min 的情况下制得相对密度超过 99% 的 Y-TZP 陶瓷。研究发现，虽然快速热压烧结和 SPS 烧结都可使 Y-TZP 在相同温度下的密度高于普通热压烧结，但两种快速热压烧结所得 Y-TZP 的晶粒都大于无压烧结，如表 8-1 所示。由表 8-1 可以看出，在相同的烧结密度下，快速热压烧结及 SPS 烧结所得样品的晶粒明显大于无压烧结所得样品的粒径。这说明在快速热压烧结及 SPS 烧结时晶粒的生长速率较快．其原因可以根据晶粒表面活化能的变化来解释。根据 Brook 模型，烧结过程晶粒的生长可以式（8-9）表示。

表 8-1 无压烧结、快速热压烧结和 SPS 烧结样品的晶粒大小比较

烧结方式	无压烧结	快速热压烧结	SPS
相对密度/%	99.1	99.4	99.5
晶粒尺寸/nm	120	300	220

$$d^n - d_0^n = Kt \tag{8-9}$$

式中，d 和 d_0 分别为 $t=t$ 和 $t=0$ 时的晶粒尺寸；n 为常数，而 $K = A\exp\left(-\dfrac{Q}{RT}\right)$，$A$ 为与原子跃迁有关的比例常数；Q 为晶粒生长的扩散活化能；R 为摩尔气体常量；T 为绝对温度。因此（8-9）式又可表示为

$$d^n - d_0^n = A\exp\left(-\dfrac{Q}{RT}\right)t \tag{8-10}$$

从式（8-10）可知，当其他条件不变时，活化能 Q 越小，晶粒越容易长大。很多研究已证明在外力作用下，晶粒动态生长的活化能 Q_d（activation energy for dynamic grain growth）小于静态生长的活化能 Q_s（activation energy for static grain growth），从而在相同烧结温度下加快了晶粒的生长，且外力越大，晶粒生长越快。上述的结果同样适用于快速热压烧结。由于在快速热压烧结过程中施加的压力较大，故导致晶粒的迅速增大；而在 SPS 烧结时，虽然所加压力较小，但除了压力的作用会导致活化能 Q 降低外，放电的作用也会使晶粒得到活化而使 Q 值进一步减小，这使得 SPS 烧结所得的晶粒也比较大。这一结果也表明，通过快速热压烧结和 SPS 烧结控制晶粒长大来制备致密的纳米 Y-TZP 材料都是困难的。

同时，经测试发现，快速热压烧结样品结构的不均匀是由热梯度引起的，而 SPS 烧结由于是体烧结，所得 Y-TZP 材料的均匀性较好。

3. 热压烧结制备纳米 Y-TZP 陶瓷

李蔚等分析热压烧结纳米陶瓷效果不理想的原因是外压太低、坯体中的软团聚体未能压碎，使得坯体在烧结过程中团聚体内部首先致密化，与基体之间产生张力，产生裂纹大气孔。同时由于外压较低，不足以产生塑性滑移，因而裂纹状大气孔无法"压碎"，使材料的烧结密度比相同温度下无压烧结密度还低。

针对热压烧结纳米 Y-TZP 材料的局限性，采用热锻压烧结，即首先将粉体经 450MPa 等静压成型以压碎粉体中的软团聚体，并将素坯在一定温度下预烧提高坯体的强度，再进行热压烧结，克服热压的不足。在 1100℃ 的低温下，制得了相对密度达 99%、晶粒尺寸为 85nm 左右的纳米 Y-TZP 陶瓷。

4. 放电等离子体快速烧结纳米 3Y-TZP 陶瓷

由于一般快速烧结方法常常是在样品外部加热，通过热传导传递热量进行的，而纳米 3Y-TZP 材料的热导率很低，因而只能制备很小的样品，大样品往往无法致密，从而限制了快速烧结的应用。放电等离子体烧结技术（SPS）除具有热压烧结的特点外，还通过瞬时产生的放电等离子体使烧结体内部每个颗粒均匀地自身发热并使颗粒表面活化，在相当短的时间（几分钟）内使烧结体达到致

密。如李蔚等利用 SPS 技术将 6～8nm 的粉体在 1300℃保温 3min 的条件下，制得相对密度达 98.2%、晶粒仅 100～130nm 的 Y-TZP 陶瓷。用 SPS 烧结，升温速率高达 600℃/min 时材料仍无开裂现象，是因为 SPS 是在压实颗粒样品上施加了由特殊电源产生的直流脉冲电压产生放电而形成自发热作用，造成粒子高速扩散，通过重复施加开关电压，放电点（局部高温源）在压实颗粒间移动而布满整个样品，这就使样品均匀地发热而烧结，基本上不存在热梯度，从而避免了热应力过高而造成样品开裂。研究还表明，通过提高烧结速率制备晶粒小于 100nm 的 3Y-TZP 陶瓷是比较困难的。只有把 SPS 的烧结温度降低到低于 1300℃才有可能获得小于 100nm 的 3Y-TZP 陶瓷材料。

5. 超高压成型、无压烧结制备纳米 Y-TZP 陶瓷

研究发现温度是控制陶瓷晶粒长大的决定因素，而烧结时间是次要因素。要降低烧结温度，又要使制品致密，增加烧结时施加的压力无疑是最有效的办法。所以目前制备纳米陶瓷的烧结方法主要是采用高温等静压、热压和热煅压等方法。另外，实验表明，加大成型压力，提高素坯的初始密度，也可以降低纳米陶瓷的烧结温度。由于纳米粉体颗粒间相互作用较强，很难用冷等静压成型得到高密度的陶瓷素坯，这就不能进一步降低烧结温度。因此采用大幅度提高成型压力的新方法，是提高素坯密

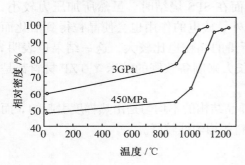

图 8-10　超高压和通常冷等静压成型素坯的烧结曲线

度、降低烧结温度的有效方法。高濂等将 12nm 的 3%（摩尔分数）Y$_2$O$_3$-ZrO$_2$ 微粉在 5000t 六面顶压机上实现了高达 3GPa 的超高压成型，获得相对密度达 60% 的 3%（摩尔分数）Y$_2$O$_3$-ZrO$_2$ 陶瓷素坯，比在 450MPa 下冷等静压成型所得素坯的密度高出 13%。图 8-10 是两种方法成型素坯的烧结曲线。由图可见，在 450MPa 冷等静压下成型的素坯在 1250℃才能烧结致密，而在 3GPa 超高压下成型的素坯，在 1050℃无压烧结 5h，制得了相对密度达 99% 以上、平均晶粒尺寸仅为 80nm 的 Y-TZP 纳米陶瓷。超高压成型素坯烧结性能好的主要原因是素坯的相对密度比较高，颗粒间接触点增加了 50%，从而大大增加了物质迁移通道，降低了烧结温度，抑制了晶粒长大，制得小于 100nm 的纳米陶瓷。

6. 加入稳定剂无压烧结制备纳米陶瓷

无压烧结工艺设备简单，控制方便，有利于工业化生产，成本低。但无压烧结制备纳米陶瓷很困难，这主要是由于无压烧结温度高才能使陶瓷致密化，而烧

结温度提高，易出现晶粒的快速长大，晶粒尺寸很难控制在 100nm 以下。

　　为了防止无压烧结过程中晶粒的长大，在主体粉中掺入一种或多种稳定化粉体使得烧结后的试样晶粒无明显长大并能获得高的致密度。Lee 等在纳米 ZrO_2 粉中掺入 5%（体积分数）MgO 后，放入酒精中经 8～10min 超声波粉碎和混合，并在低温下干燥，通过 200MPa 等静压将粉末压成块体，然后在 1523K 无压烧结 1h，烧结试样相对密度达 95%。掺 MgO 的纳米 ZrO_2 晶粒长大的速率远低于未掺稳定剂 MgO 的 ZrO_2 试样（见图 8-11）。90%（体积分数）Al_2O_3＋10%（体积分数）ZrO_2 的粉末经室温等静压后，经 1873K、1h 烧结，相对密度可达 98%。

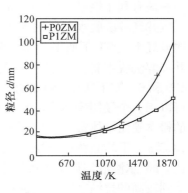

图 8-11　升温过程中粒径的长大
+—ZrO_2 纯试样（粉体）；
□—ZrO_2＋5%（体积分数）MgO 试样（粉体）

　　曾燮榕等将成分为 ZrO_2＋5%（摩尔分数）Y_2O_3＋4%（摩尔分数）Yb_2O_3、粒径为 6.3nm 的三元体系 ZrO_2 纳米粉经 400MPa 单向压力压制成块体，在 1673K 下烧结 1h，相对密度可超过 98%。粒径仍保持纳米级（约 35nm），而相同成分的一般粉料需要在 1973K 以上才能烧结成致密的陶瓷。

　　ZrO_2＋稳定化 Y_2O_3 的纳米粉经 300MPa 等静压成型，在 1520K 烧结 2h，制得相对密度达 99%、晶粒为 150nm 的 Y-TZP 陶瓷。关于添加稳定剂（掺杂质）能有效控制晶粒长大的机理至今尚不清楚。对于这个问题有两种解释：Brook 等认为，杂质偏聚到晶界上并在晶界建立起空间电荷，从而钉扎了晶界，使晶界动性大大降低，阻止了晶粒的长大。在这种情况下晶界动性 M_{sol} 可表示为

$$M_{sol} = M\left(\frac{1}{1 + M\alpha c_0 \, a^2}\right) \tag{8-11}$$

式中，M 为无掺杂时晶界的动性；a 为原子间距；c_0 为夹杂浓度；α 表征含有杂质的晶界间交互作用。

　　Bennison 和 Harmer 不同意这种解释，他们曾报导掺有 MgO 和 Al_2O_3 中晶粒长大被抑制，但未观察到 MgO 在晶界的偏析。他们认为，由于 MgO 的掺入改变了点缺陷的组成和化学性质，从而阻止了晶粒的生长。

　　人们发现，粉体的制备方法对粉体的性能有很大影响，不同方法制备的纳米 ZrO_2 粉体，烧结性能往往有很大的差别。李蔚等研究了醇－水溶液加热法制备纳米 ZrO_2 粉体的烧结行为。其工艺过程是将醇－水溶液加热合成的 7.5nm ZrO_2（3Y）粉体煅烧并经干压成型后，再经 450MPa 冷静压压成 1～7g 不等的素坯，无压烧结在预定温度下等温烧结，保温时间 2h，升温速率为 5℃/min。研究结果表明，不同的制粉工艺最佳煅烧温度往往不同。如徐跃萍等在以 $ZrOCl_2$

为原料通过共沉淀反应利用醇洗脱水制备纳米 ZrO_2 粉体时，煅烧温度为 700℃ 左右最有利于烧结。而 Duran 等以 $Zr(C_4H_9O)_4 \cdot C_4O_9OH$ 为原料，通过共沉淀反应并经醇洗脱水制备纳米 ZrO_2 粉体时，却发现 450℃下煅烧的粉体烧结性能明显好于 500℃下所得粉体。李蔚等以 $ZrOCl_2$ 为原料通过醇－水溶液加热合成，并经醇洗脱水制得的纳米 ZrO_2 粉体，在 450℃下煅烧 5h 的粉体的烧结性能比 400 和 600℃下所得粉体的好。其区别可由硬团聚的大小来解释，硬团聚的大小可以用一个硬团聚体中晶粒间接触颈部的数目 n 来表示。计算表明，450℃煅烧的粉体硬团聚体最小，因而烧结性能最好，在 1150℃烧结 2h 制得相对密度达 98.5%、平均晶粒粒径为 90nm 左右的 ZrO_2 陶瓷。与其他一些粉体制备方法相比，醇－水溶液加热法所得粉体的烧结行为的重复性很好，不经预粗化处理就能达到较高的烧结密度。这表明此法所得粉体及素坯的均匀性好，有利于制备纳米 Y-TZP陶瓷。

8.3.3　其他纳米氧化物的制备

高濂等研究了 Al_2O_3、Y-TZP、YAG、Al_2O_3-ZrO_2 和莫来石等各种氧化物粉体的放电等离子体超快速烧结，采用 2～3min 升温到 1200℃以上、不保温（或保温 2 min）和强制快速冷却的烧结制度（迅速在 3min 之内冷却至 600℃以下的烧结温度），制得了直径为 20nm 的晶粒细、致密度高、力学性能好的烧结样品，在国内外还未见报导，尤其是像 YAG 和莫来石这类很不容易烧结致密的氧化物陶瓷，在低于常规烧结温度下，放电等离子体烧结可实现陶瓷的超快速致密化，这是烧结技术的一大进展。

为了提高有广泛用途的 Al_2O_3 陶瓷的性能，李广海等将平均晶粒尺寸为 37nm 的纳米 Al_2O_3 添加到 $0.2\mu m$ 的粗晶 Al_2O_3 粉体中，经 300MPa 冷等静压成型的素坯，在 1600℃下烧结 4h。结果表明，添加纳米 Al_2O_3 不仅可以显著地提高 Al_2O_3 陶瓷的烧结性能（密度增加），降低烧结体的晶粒度，而且可提高断裂韧性、抗弯强度和抗热震性。除密度增加、晶粒减小能提高 Al_2O_3 陶瓷的性能外，纳米 Al_2O_3 陶瓷的热膨胀系数比粗晶 Al_2O_3 陶瓷的热膨胀系数高，造成热膨胀系数失配，在 Al_2O_3 基体产生一个压应力场，也将降低外应力，阻止裂纹扩展，从而提高断裂韧性、抗弯强度和抗热震性。

8.3.4　SiC 纳米陶瓷的制备

SiC 是一种高强度、耐磨损、高热传导、低热膨胀的优良材料。然而在制备时，添加剂的加入使高温力学性能恶化。纳米 SiC 陶瓷有望提高 SiC 陶瓷的高温力学性能。中国科学院上海硅酸盐研究所董绍明等用 CVD 法制备的纳米 β-SiC 粉料，在 1850℃、200MPa、1h 条件下，高温等静压烧结，制得了结构均匀、晶粒尺寸在 100nm 以下的纳米结构单相 SiC 陶瓷。

8.3.5　纳米 Si_3N_4 陶瓷的制备

研究表明，纳米晶 Si_3N_4 陶瓷表现出超塑性，纳米非晶 Si_3N_4 表现出紫外发光，强压电效应等特性，因而有良好的应用前景。但 Si_3N_4 属强共价键陶瓷，体扩散速率较低，较难烧结，虽然加入烧结剂可促进烧结，但导致力学和物理性能降低。不加烧结剂而又能使烧结体致密，同时抑制晶粒生长，是纳米 Si_3N_4 材料制备的关键。梁勇等研究了纳米 Si_3N_4 粉超高压低温烧结。结果表明，激光法制备的平均粒径为 18nm 的非晶 Si_3N_4 粉，有"冷烧结"特性，即在 5GPa 室温下压制不经过高温烧结就能得到达理论密度 93% 的块体。这是由于超高压可使非晶纳米 Si_3N_4 产生流变引起的，也是外加高压作用下产生了强应力诱导粒子扩散的结果。在高压作用下，纳米粒子经过滑移达到紧密接触后，在纳米粒子间接触区域产生强应力。计算表明，10nm 的粒子，当外压力为 1GPa 时，应力场强可达 10GPa，在此强应力场作用下纳米非晶 Si_3N_4 粒子的高活性的非化学计量的表面结构导致原子从粒子接触区域的快速扩散，同时应力弛豫，由此导致纳米粉出现"冷烧结"。

梁勇等还对未见报导的超高压原位加热烧结纳米非晶 Si_3N_4 粉进行了很好的研究，在超高压（1~5GPa）、加热（800~1000℃和 1300~1500℃温度范围内）的条件下，形成致密的纳米非晶和纳米晶（$\alpha + \beta$ 或 β）Si_3N_4 烧结体，相对密度达 95%~98%，在 1300~1400℃ 时，制得晶粒为 220~340nm、硬度为 8~16GPa 的纯白色纳米晶 Si_3N_4 块体。其烧结密度大于用热等静压在 198MPa 氮气压力、1950℃ 的条件下烧结纳米 Si_3N_4 粉的密度值，但烧结温度降低 450℃，这是应力诱导扩散和热激活扩散共同作用的结果。

8.4　复相纳米陶瓷[1~10,30~44]

8.4.1　概况

复合材料是通过多种组元的复合，使其在结构和性能上得到互补和叠加，从而获得优良的综合性能。虽然以前利用微米级复合使陶瓷材料的性能有很大的提高，但在陶瓷中有许多问题尚待解决。例如，像 Si_3N_4 和 SiC 这类非氧化物陶瓷，由于烧结助剂的添加，在高温时导致晶界软化而引起缓慢的裂纹扩展，使高温力学性能恶化。而对于像 Al_2O_3、MgO、莫来石这类氧化物陶瓷，其强度和韧性较低，高温力学性能和抗热震性也较差。

通过添加第二相（如颗粒、晶须、纤维、片晶等），有望解决陶瓷的脆性断裂。但以前一般所采用的弥散颗粒尺寸都比较大（>1μm），很少有人研究超细颗粒（<1μm）弥散对陶瓷强度和韧性的影响。直到最近，日本大阪大学 Niihara

等发现，把超细 SiC 颗粒（20～200nm）加入到 Al_2O_3、Si_3N_4 和 MgO 等基体中，其室温和高温力学性能都得到了很大提高。Al_2O_3 的室温强度从 350MPa 提高到 1500MPa，他们把这类材料称为纳米复合材料（nanocomposites）。按照纳米结构材料的分类，这种材料属于 0-3 复合的陶瓷基纳米复合材料。中国科学院上海硅酸盐研究所也制备出各种力学性能得到显著提高的纳米碳化硅/氧化物、纳米碳化硅/氮化硅复合材料，并对其增强、增韧机理进行了研究。由于单相纳米陶瓷的制备还存在难点，主要是用目前常用的工艺手段，在烧结过程中的晶粒长大迅速，很难使致密块体材料的晶粒尺寸小于 100nm，因此也就很难得到真正意义上的单相纳米陶瓷。而纳米复相陶瓷的制备工艺比较接近传统陶瓷，用现有的工艺手段可以制备增强、增韧效果明显的纳米复相陶瓷，因而是最接近实用化的纳米结构材料，具有广阔的应用前景。

新型纳米复相陶瓷中各相或至少其中某一相在一维上为纳米级。纳米复合陶瓷一般分为三类：晶界型、晶内型和纳米－纳米复合型，如图 8-12 所示。

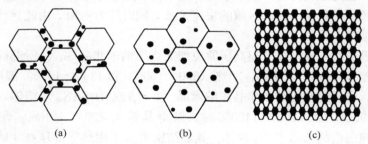

(a)　　　　　　　　(b)　　　　　　　　(c)

图 8-12　不同纳米复合结构示意图
（a）晶界型；（b）晶内型；（c）纳米-纳米复合型

8.4.2　纳米复合陶瓷的制备方法

纳米复合陶瓷的制备通常采用两种方法：前驱体法和烧结法。纳米复相陶瓷的制备方法和具体工艺过程对于不同纳米结构的形成有着重要的影响。

8.4.2.1　前驱体法

前驱体法是以各相的混合前驱体或基体材料的前驱体与纳米增强颗粒的混合粉末为原料，通过反应烧结制取纳米复合陶瓷。

对于非氧化物纳米复相陶瓷系统，目前正致力于从有机前驱体开始来制备碳化物、氮化物陶瓷材料。在 1000℃ 惰性气氛下，热解 $[CH_3SiHNH]_x$ $[(CH_3)_2SiNH]_y$，形成无定形 $[Si_xC_yN_z]$ 氮碳化物，在氮气中 1500℃ 热处理形成晶化的 Si_3N_4 / SiC 复合材料，其显微结构为纳米 SiC（50nm）嵌合于微米 Si_3N_4 中。引入 B 元素后，形成纳米 SiC 和 Si_3N_4（＜50nm）的复合材料，引入 P 元素后，形成亚微米（$0.5\mu m$）的 Si_3N_4/SiC 复合材料。通过热裂解的方法制备碳氮非氧化物复合陶瓷材料是一种新的趋势。有机前驱体的选择、中间工艺步骤的设计和最后的晶化过程决定了最终产物的化学组成和显微结构。

前驱体法的优点是：无须致密化添加剂，避免了粉末的团聚，粉体表面无污染；可以降低陶瓷的制备温度。无定形热解初始粉末在烧结过程中，陶瓷相的原位结晶化可以用来开发可控晶粒尺寸的纳米晶材料和多晶材料。

8.4.2.2 烧结法

烧结法是直接以基体粉末和纳米增强粒子粉末为原料，通过分散混合后烧结来制取纳米复相陶瓷。用这种方法制备了 SiC/Al_2O_3、Si_3N_4/Al_2O_3、SiC/Si_3N_4、MgO/SiC、莫来石/SiC 等多种纳米复相陶瓷，最引人注目的是 Al_2O_3/ZrO_2 纳米复相陶瓷。

8.4.3　Al_2O_3/ZrO_2 纳米复相陶瓷

1. 高温等静压烧结 Al_2O_3/ZrO_2 纳米陶瓷

通常认为，Al_2O_3 和 ZrO_2 不形成固溶体，Al_2O_3 对 ZrO_2 也没有稳定作用，不含稳定剂的 ZrO_2 陶瓷，由于在烧结过程中不可避免地因马氏体相变而开裂。中国科学院上海硅酸盐研究所高濂等对传统的理论提出了挑战，在仔细研究 Al_2O_3/ZrO_2 系统的相变中发现，Al_2O_3 对 ZrO_2 有一定的稳定作用。近来又在 Al_2O_3/ZrO_2 纳米-纳米复相陶瓷的研究中取得重大突破。他们以 $AlCl_3 \cdot 6H_2O$ 和 $ZrOCl_2 \cdot 8H_2O$ 为前驱体，采用共沉淀法制备出平均晶粒尺寸约 $20nm$ 的 20%（摩尔分数）Al_2O_3/ZrO_2 复合粉体，不含有 Y_2O_3 作为四方氧化锆的稳定剂。粉体的煅烧温度为 $750℃$。XRD 结果表明，粉体中含 100% 立方氧化锆相，未发现有 Al_2O_3 结晶相存在。该粉体用高温等静压方法，在 $1000℃$ 和 $200MPa$ 的条件下烧结 $1h$，得到了平均晶粒尺寸为 $50nm$（TEM 表征）的致密陶瓷，样品密度为理论密度的 98% 左右，烧结温度低是样品平均晶粒尺寸特别小的主要原因，同时 Al_2O_3 与 ZrO_2 共存有相互抑制晶粒长大的作用。这一研究的意义在于：①不加稳定剂制出了不开裂的 Al_2O_3/ZrO_2 陶瓷，突破传统理论；②在 $1000℃$ 下，制出了平均晶粒尺寸小于 $100nm$ 的真正意义的 Al_2O_3/ZrO_2 纳米陶瓷。对样品抛光表面的 XRD 定量分析表明，其抛光表面的相组成为：55% t-ZrO_2，39% m-ZrO_2，6% α-Al_2O_3。抛光表面含有 39% 的单斜氧化锆相（m-ZrO_2），是在加工过程中应力诱导的马氏体相变所致。这一研究为纳米陶瓷可能出现的各种特殊性能创造了条件。

2. 微波烧结 Al_2O_3/ZrO_2（3Y）纳米复相陶瓷

李云凯等用平均粒径约为 $50nm$ 的 Al_2O_3 粉和约 $40nm$ 的 ZrO_2（3Y）粉为原

料，对不同成分配比 ［其中 ZrO₂ （3Y）的含量分别为 25％、45％、65％、85％和 100％］ 的 Al₂O₃/ZrO₂ （3Y）复相陶瓷进行了微波烧结研究。实验结果表明，微波烧结可获得很高的致密度 （相对密度＞99％）并提高了断裂韧性，并随 ZrO₂ （3Y）含量增加，致密化过程加快，晶粒长大倾向减小。在 Al₂O₃/35％ ZrO₂ （3Y）和 100％ ZrO₂ （3Y）成分时，断裂韧性比常压烧结高，分别达到 $8.2MPa \cdot m^{1/2}$ 和 $15.6MPa \cdot m^{1/2}$ （1500℃烧结），但晶粒长大倾向大于其他烧结方法。微波烧结纳米－纳米复相陶瓷，无疑是提高陶瓷材料韧性的有效方法之一。

8.4.4 Al₂O₃/SiC 纳米复合陶瓷的制备

Niihara 把纳米复合材料分为晶内型、晶间型和晶内/晶间复合型等几种类型，他认为由于纳米颗粒所处晶内、晶间位置的不同，在两相间产生局部张应力或压应力，从而影响材料的力学性能，而最有利于提高力学性能的结构是大部分 SiC 颗粒都位于基体晶粒内，因而如何在工艺上促进更多的纳米颗粒均匀分布于基体晶粒内，形成晶内型纳米复合陶瓷，成为制备高性能纳米复合陶瓷的关键。

（1）晶内型 Al₂O₃/SiC 纳米复合陶瓷的制备 由于晶内型纳米复合最有利于提高材料的力学性能，已成为纳米复合陶瓷研究的热点之一。目前多采用直接混合法制备 Al₂O₃/SiC 纳米复合陶瓷，但在热压条件下，Al₂O₃ 的晶粒生长有限，要使大部分纳米 SiC 位于 Al₂O₃ 晶粒内是困难的。王宏志等利用 Al₂O₃ 相变制得了晶内型 Al₂O₃/SiC 纳米复合陶瓷，其工艺过程是将 60～100nmSiC 分散在 AlCl₃·6H₂O 中，采用沉淀法，制得 γ-Al₂O₃＋SiC 粉料，SiC 颗粒分布于 γ-Al₂O₃ 多孔结构的骨架或孔道中，这种结构被称为 "Colony" 结构。然后在 1700℃下热压烧结 1h，制得相对密度达 99.4％ 的 Al₂O₃/SiC 纳米复合陶瓷，显微结构分析表明，纳米 SiC 颗粒均匀分布在基体中，大部分位于晶粒内，小部分位于晶界处，晶内型结构的形成是当烧结时，在 1200℃左右，多孔结构的 γ-Al₂O₃ 向 α-Al₂O₃ 转化，这一过程是成核－生长过程，α-Al₂O₃ 以晶核为中心放射状向 γ-Al₂O₃ 中生长，而 SiC 的位置不发生变化，随着温度升高，多孔结构消失，快速生长的 α-Al₂O₃ 将 SiC 包裹在新形成的 Al₂O₃ 晶粒内。这就是利用 Al₂O₃ 从 γ 相到 α 相的蠕虫状生长过程，使大部分纳米 SiC 颗粒位于 Al₂O₃ 晶粒内形成晶内型纳米复合陶瓷的机理。

含有 5％ （体积分数）SiC 的 Al₂O₃/SiC 纳米复合陶瓷，其强度为 467MPa，韧性为 $4.7MPa \cdot m^{1/2}$，与一般的 Al₂O₃ 陶瓷相比有较大的提高。对于这种现象有多种解释，一般认为，如果大部分 SiC 颗粒位于晶粒内，Al₂O₃ 和 SiC 热膨胀系数的不同 （分别为 $8.8 \times 10^{-6} K^{-1}$ 和 $4.7 \times 10^{-6} K^{-1}$），使位于晶粒内的 SiC 颗粒周围产生局部张应力，这种张应力有以下几方面的作用：①通过 Al₂O₃ 晶粒传到晶界上，张应力变成了有利于晶界加强的压应力，这样，纳米 SiC 的加入强化了晶界；②在 Al_2O_3 晶粒内，纳米 SiC 周围的局部应力引发位错，纳米相使位错钉扎或堆积，在基体晶粒中产生亚晶界，从而产生强化效应；③Al_2O_3 晶粒内的强应力导致穿晶断裂，同时裂纹尖端遇到 SiC 颗粒产生偏转，从而达到增韧目的。反之，如果大部分 SiC 颗粒位于晶界上，将在晶界上产生张应力，不利于晶界的加强，也不能促使断裂模式从沿晶到穿晶的改变。由上面的分析可以看出，晶内型复合陶瓷力学性能的提高是通过强化晶界和改变断裂方式来达到的。

(2) 热压烧结制备 Al_2O_3/SiC 纳米复相陶瓷　孙旭东等以沉淀法制备的 $10nm$ α-Al_2O_3 粉和激光气相法合成的 $15nm$ 的 SiC 粉为原料，用热压烧结方法制备了 Al_2O_3/SiC 纳米陶瓷复合材料，在压力为 $30MPa$、温度为 $1600℃$ 时热压烧结 $30min$，材料相对密度大于 99%，SiC 含量为 5% 时强度达到最大值 $(640.9MPa)$ 约为热压单相 Al_2O_3 的两倍。除了晶粒细化强化和表面残余应力强化外，他们提出了内晶颗粒残余应力强化模型，该模型很好地解释了 Al_2O_3/SiC 纳米复合材料的强度和断裂方式随 SiC 颗粒含量的变化规律。内晶型颗粒残余应力强化 $(\Delta\sigma_t)$ 来源于颗粒与基体之间存在的热膨胀系数失配，在一个均匀无限大基体中存在第二相颗粒时，由于热膨胀失配，颗粒将受到一个静应力 P 的作用，这一内应力将在基体中形成径向正应力 σ_r 及切向正应力 σ_t，α_p、α_m 分别为颗粒和基体的热膨胀系数，当 $\Delta\alpha = \alpha_p - \alpha_m > 0$ 时，$P > 0$，$\sigma \geqslant 0$，即第二相粒子在晶界的法线方向造成拉应力，相当于"削弱"了晶界，有利于沿晶断裂，所以不能产生内晶颗粒残余应力强化；当 $\Delta\alpha = \alpha_p - \alpha_m < 0$，$P < 0$，$\sigma \leqslant 0$，即第二相粒子在晶界的法线方向上造成压应力，相当于晶界得到"强化"，同时，第二相颗粒造成晶粒内部切线方向的拉应力，使裂纹倾向于朝颗粒处扩展，相当于"弱化"了晶界，当这些应力达到一定程度时，材料的断裂方式就由沿晶变为穿晶。所以，只有在 $\alpha_p < \alpha_m$ 的情况下，才能产生内晶颗粒残余应力强化。Al_2O_3（$\alpha_p = 4.5 \times 10^{-6}/℃$），SiC（$\alpha_m = 8.6 \times 10^{-6}/℃$）属于晶内颗粒残余应力强化，晶内第二相粒子的含量存在一个最佳值，小于该值时，晶界"强化"的程度不够，材料仍发生沿晶断裂，不能获得最大强度；大于该值时，晶内被过分地"削弱"，虽然材料发生穿晶断裂，但是仍然不能获得最大强度；等于最佳值时，晶界"强化"和晶内"弱化"的程度正好相当，材料发生沿晶和穿晶混合型断裂，很好解释了 Al_2O_3/SiC 纳米复合材料的强度和断裂方式随 SiC 颗粒含量的变化规律。

8.4.5　高温等静压烧结 Si_3N_4/SiC 纳米复相陶瓷

由于人们对纳米/纳米结构的形成还不十分清楚，有待深入的研究。董绍明等对纳米/纳米结构的 Si_3N_4/SiC 复相体系进行了研究，发现初始粉末的结晶形态对烧结体的结构有很大的影响，采用纳米 Si/C/N 非晶态粉末，由于空气氧化过程的存在，导致 HIP 烧结过程中形成 Si_2ON_2，并引起晶粒异常长大。而经预处理的 Si_3N_4 和 SiC 复合纳米粉（平均粒径 $50nm$ 左右）在 $1750℃$、$150MPa$ 条件下 HIP 烧结 1h，可获得晶粒尺寸在 50nm 左右、结构致密、均匀的复相 Si_3N_4/SiC 纳米陶瓷材料。说明 HIP 烧结中无晶粒长大，这主要是由于异相颗粒组成及 HIP 的共同作用抑制了晶粒的长大。

8.4.6　高温高压合成锰镍复合氧化物半导体块状材料

王疆瑛等将溶胶-凝胶法制备的锰镍复合氧化物半导体纳米粉体（平均晶粒尺寸为 22.3nm）经预成型后在高压（4.5GPa）、高温（≤500℃）条件下制得了密度高、晶面无序态结构明显、平均晶粒尺寸 20～100nm 的锰镍复合氧化物半导体块状材料。

此外，王浩等用反应热压法制得 Ca-α-塞龙/SiC 纳米复相材料，纳米相 SiC 的加入对裂纹扩展有较大阻碍作用，从而强化了晶界，使材料强度和硬度都有明显提高。

8.4.7　制备纳米复相陶瓷的技术关键

对于制备纳米复相陶瓷，第二相纳米微粒在基体中的均匀分布和所处的位置（如晶粒内或晶界上）是十分重要的，而最有利提高力学性能的结构是全部或大部分纳米颗粒都位于基体晶粒内。因此，如何将纳米颗粒均匀分布于基体晶粒内形成晶内型结构是制备高性能纳米陶瓷的关键。制备晶内型纳米复合材料的方法主要有以下几种：

第一种方法是直接混合法。由于纳米颗粒极易团聚，球磨混合的方法很难分散。粒子的分散一般是将粒子悬浮于液体中，利用机械和胶体化学技术能有效实现颗粒之间的分散混合。如①采用超声分散，利用超声波振荡打碎粒子间的团聚；②调节溶液的 pH 值，使粒子的 Zeta 电位远离等电点，让粒子带有同种电荷，粒子间靠静电排斥而达到稳定悬浮分散；③加入分散剂，使粒子间通过静电和位阻效应而形成稳定的悬浮分散。通过悬浮-共沉淀法等方法使纳米粒子均匀分布于基体颗粒之间，利用基体晶粒的快速生长把第二相纳米颗粒包起来形成晶内型结构。

第二种方法是利用相变法获取晶内型结构。如前所述，中国科学院上海硅酸盐研究所王志宏等利用 Al_2O_3 从 γ 相到 α 相的相变制取晶内型纳米复合陶瓷，这是一条制备晶内型纳米复合陶瓷的新途径。

第三种方法是包覆烧结法。其中有两个关键技术：一是纳米颗粒的包覆技术；二是按预定最佳晶内/晶界比形成混合结构。David 和 John 就利用包覆烧结法制备出了晶内型结构的纳米复合陶瓷，他们首先是将纳米颗粒用基体粒子包覆起来，然后按照预定最佳晶内/晶界比形成混合结构。近年来，各种超微粒的包覆技术发展很快，青岛化工学院侯耀永等利用非均匀核法成功制备出 Al_2O_3 和 Y_2O_3 包覆的 SiC 纳米复合粒子，并制备出了晶内型结构的纳米复合陶瓷。

第四种方法是前驱体法。Alanpiciacchio 等以 γ-Al$_2$O$_3$（21nm）或勃姆石为原料，通过前驱体法制备了晶内型结构的 Al$_2$O$_3$/SiC 纳米复相陶瓷。

第五种方法是反应烧结法。Sakka 利用反应烧结法成功制备出了具有晶内型结构的复合莫来石陶瓷。

另外，新原皓一认为在烧结过程中，通过适当的工艺过程使基体晶粒迅速长大，而纳米增强粒子不发生长大是形成晶内型结构的关键，通常情况下适当提高烧结温度和烧结升温速率有利于上述条件的实现。此外，纳米增强粒子的粒径和形状同样对材料形成为何种结构有着关键的影响。纳米增强粒子越细，形状越接近球形，越有利于晶内型结构的形成。这些说明了制备方法和具体的工艺过程对于不同纳米复合结构的形成有着重要的影响。

为了获得均匀分散的复合粉末，除采用上述的方法外，还有复合粉末法，它是利用化学、物理方法直接制备二元及二元以上组分的纳米复合粉末，如利用 CVD 技术制备 Si-C-N 复合粉末和 Ti-C-N 复合粉末。此外还可通过喷雾干燥、冷冻干燥、旋转蒸发等工艺手段来获得均匀的多相粉体材料。

8.4.8　纳米复相陶瓷的性能及纳米颗粒增强增韧机理

新原皓一研制的四种纳米颗粒复合材料的特性如表 8-2 所示。可以看出，纳米颗粒复合的增强增韧效果十分显著，断裂韧性可提高 1.5～4 倍，强度提高 2～4 倍，最高使用温度可以提高 300～800℃。新原皓一把纳米颗粒的作用归纳为：①组织的细化作用，抑制晶粒成长和促进异常晶粒的长大；②微裂纹的产生使韧性提高 1～3 倍；③晶粒内产生亚晶界，使基体再细化而产生增强作用；④残余应力的产生使晶粒内破坏成为主要形式；⑤高温时阻止位错运动，提高耐高温性能；⑥通过控制弹性模量、热膨胀系数等来改善强度和韧性等。

表 8-2　纳米复相陶瓷的性能

复合体系	断裂韧性/(MPa·m$^{1/2}$)	断裂强度/MPa	最高使用温度/℃
Al$_2$O$_3$/SiC（p）	3.5→4.8	350→1540	800→1100
Al$_2$O$_3$/SiC（p）	3.5→4.7	350→850	800→1200
MgO/SiC（p）	1.2→4.5	340→700	600→1400
Si$_3$N$_4$/SiC（p）	4.5→7.5	850→1550	1200→1400

另外，Zhao 等认为力学性能的提高是由机械加工造成的表面压应力引起的。浙江大学杨辉等研究了加工条件对 Al$_2$O$_3$/SiC 纳米复相陶瓷抗弯强度和断裂韧性的影响发现，强度对抛光深度很敏感，当抛光深度＞30μm 后，材料强度由未抛光的 550MPa 上升到 850MPa，增强效果好。

对非氧化物系列来说，颗粒的形状控制和界面构造控制是主要的。对 Si_3N_4/SiC（p）系统，新原皓一认为纳米 SiC（p）促进了棒状 β-Si_3N_4 的生长，还利于基体晶粒细化。纳米 SiC（p）直接接合在 Si_3N_4 界面上，能够阻止位错、气孔等引起的缓慢裂纹扩展，由此提高高温强度和抗蠕变性能。Tatsuki 等通过纳米级 SiC 增韧 Al_2O_3 可以使材料的蠕变寿命提高 10 倍以上。

　　为了进一步提高纳米复相陶瓷的韧性，人们根据微米复合（颗粒弥散强化、ZrO_2 相变增韧、晶须或纤维增韧）可使材料韧性得到很大提高的事实，在陶瓷基体中同时引入纳米复合、微米复合，使之协同补强增韧。如申平敦等在 Al_2O_3/SiC 纳米复相陶瓷中添加 20％（体积分数）的 3Y-TZP，使材料的强度和韧性分别由 1050MPa 和 4.7MPa·$m^{1/2}$ 提高至 1700MPa 和 6MPa·$m^{1/2}$；松木龟一等在 Al_2O_3/TiC 纳米复合陶瓷中添加 30％（体积分数）2Y-ZrO_2 后，也使材料的强度和韧性大幅度提高，从 1050MPa 和 3.6MPa·$m^{1/2}$ 提高至 1400MPa 和 6.4MPa·$m^{1/2}$。预计 21 世纪高性能结构材料的主要目标是微米和纳米混杂复合材料。

表 8-3　Si_3N_4（n）和 SiC（n）复合材料的增韧机制

体　　系	增韧强化机制	结构模型
Si_3N_4/SiC（n）	SiC（n）颗粒分布于晶内与晶间，起到强化晶粒与晶界的作用	
Si_3N_4/Si_3N_4（n）	形成了超薄晶界和 Si_3N_4（n）过冷固体颗粒弥散于晶内	
$SiC_{(n)}/Si_3N_4$（n）	形成了超薄晶界与三角晶界及 SiC 晶须	
TiC/SiC（n）	SiC（n）弥散强化与形成 SiC 晶须	

田杰谟等研究了 Si_3N_4（n）和 Si_3N_4（n）复合材料的制备和增韧机制，以平均颗粒度为 $10\sim20nm$ 的非晶 Si_3N_4（n）和 $50\sim70nm$ 的 β-SiC（n）为原料，在 $1650\sim1750℃$ 间热压烧结（20MPa，保温1h）。研究了 Si_3N_4/SiC（n）、Si_3N_4/ Si_3N_4（n）、SiC（n）/Si_3N_4（n）、TiC/SiC（n）纳米体系。根据微观结构的特点，把强化机制和相应的晶体结构模型列于表8-3中。

另外还有纳米复合功能陶瓷，它是复合线度在 $100nm$ 以下，以多晶或无定形无机非金属化合物为主体，具有电、磁、声、光、热等使用功能的陶瓷基复合材料。制备方面最主要的问题是低维材料活性组元的分散、定位和定向技术，目前还在不断的探索和发展中。

8.5 非晶晶化法制纳米陶瓷材料[2,10,45]

前面介绍的前驱体法可以说是一种非晶晶化制纳米陶瓷的方法，它是由两个步骤来完成的：第一步是热解有机前驱体，形成非晶态的氮碳化物；第二步是在一定的气氛和晶化温度下热处理使其结晶化。聚合物热解提供了一种很吸引人的、无须从陶瓷粉末开始的陶瓷部件的制备方法。现在这种热解方法还可以制备块体材料（而不是粉末）。聚合物坯体热解转化为致密无裂纹陶瓷的工艺特点是：①避免了陶瓷粉末的高温合成；②可以在低温下（$800\sim1000℃$）生产致密陶瓷部件；③不需要致密化添加剂；④可以生产无定形、多晶、纳米晶陶瓷材料。这是一种制备纳米陶瓷的新方法，有良好的应用前景，已引起人们的重视。

玻璃陶瓷，又称微晶玻璃，这又是一种非晶态玻璃晶化制备微晶固体材料的方法。微晶玻璃是向玻璃组成中引进晶核剂，通过热处理、光照射或化学处理等手段，在玻璃内均匀地析出大量微小晶体，形成致密的、微晶相和玻璃相的多相复合体。通过控制析出微晶的种类、数量、尺寸大小等，可以获得透明微晶玻璃、膨胀系数为零的微晶玻璃或不同色彩的微晶玻璃以及可切削微晶玻璃、磁性微晶玻璃、光电微晶玻璃和生物微晶玻璃等。

微晶玻璃的组成范围很广，晶核剂的种类也很多，因而微晶玻璃的品种和应用得到迅速的发展。中国是较早研究和应用微晶玻璃的国家之一。微晶玻璃具有优异的力学、热学、电学和光学等性能，在机械、电子、航空航天、生物医学、核工程中得到广泛的应用。目前已大量用作集成电路基板、导弹雷达天线罩、炊具、建筑装饰材料和人体硬组织修复材料等，最近又研制出具有压电、热释电等功能的极性微晶玻璃。

含有均匀分散的小于 $100nm$ 晶粒的微晶玻璃，为目前和未来的信息传输、显示、存储等提供了良好的条件，通过调整组成和控制晶化工艺，能够制得纳米相微晶玻璃。在微晶玻璃中具有均匀分散的晶粒，晶粒尺寸小于 $100nm$ 的显微结构相又称为"纳米相"。George等介绍了两种纳米相微晶玻璃：透明微晶玻璃和精密设计加工的韧性的高弹性模量微晶玻璃。

1. 透明微晶玻璃

透明微晶玻璃是从具有高成核能力和低晶核生长速率的铝硅酸盐玻璃来制备的。必须使材料的光散射性低，离子/原子吸光小，晶粒尺寸大大小于光的波长才能使微晶玻璃透明。当晶粒间距较大时，晶粒半径小于15nm；晶粒间距较小时，晶粒半径小于30nm，微晶玻璃才是透明的。纳米晶相必须有最佳的成核速度才能形成，一般应使最佳成核温度在最佳晶核生长温度以下，比 T_g 高50～100℃，利用成核和生长温度之间一个小温度差，将生长速率控制到最低，以保证纳米晶粒的形成。

目前已制备出多种纳米相透明微晶玻璃，如用于望远镜、光学反射镜等的低膨胀 β-石英微晶玻璃；用于可调激光器和太阳能蓄能器的莫来石透明微晶玻璃；用于平面显示和一些光电基板的透明尖晶石微晶玻璃，尖晶石晶粒直径为10～50nm；用于蓝-绿激光装置中的透明氟氧微晶玻璃，晶粒尺寸20nm。

2. 可设计表面形态的韧性微晶玻璃

最近研制成功了具有高弹性模量、中等强度和韧性的纳米相微晶玻璃，可应用于计算机硬盘驱动器，作为磁盘载体。它是以尖晶石和顽辉石为主晶相，晶粒尺寸小于 100nm 的 SiO_2-Al_2O_3-MgO-ZnO-TiO_2 系玻璃，可抛光到 $R_a = 0.5$～1.0nm。目前，硬盘驱动器大多是镀 NiP 的铝片，也有一些产品是用化学增强的玻璃片。高弹性模量微晶玻璃作为磁盘载体有许多优点，如可提高表面的光洁度、耐磨性以及抗高速旋转振动能力，同时易于制得比玻璃片和铝片更薄的片材。另外，还具有良好的化学稳定性，在极限条件下能避免碱离子引起的杂质污染问题。

高弹性模量和韧性纳米相微晶玻璃的制备是在 SiO_2-Al_2O_3-MgO 三元体系的堇青石区，加入 TiO_2 成核剂，在很宽的成分范围内生成含堇青石、β-石英固溶体、Mg-长石、尖晶石和顽辉石的多相混合物。当加入 TiO_2 含量足够多时，生成尖晶石、顽辉石、钛酸镁铝的亚稳晶相的微晶玻璃，晶粒非常细，尖晶石晶粒小于 25nm，所有晶相晶粒小于 100nm。尖晶石为微晶玻璃提供高弹性模量和表面硬度，顽辉石相提高了断裂韧性。此类材料，最初的晶相是钛酸镁铝，成核是在高度分散的富 SiO_2 和富 TiO_2/Al_2O_3 相分离区进行的。最初的相分离形貌为最终纳米相结构提供了模板，基本上奠定了纳米晶粒的本质，无论热处理制度如何，晶粒始终小于100～200nm。

非晶晶化法制备纳米陶瓷工艺比较简单，易于控制，可避免粉体烧结过程中晶粒长大和孔洞等缺陷的产生，是制备纳米体材料的新工艺，相信随着工艺的不断改进，新技术的开发，将会制备出许多新的纳米晶材料。

8.6 纳米陶瓷的结构与性能[1,4～10,46～50]

纳米材料是由极细晶粒组成，特征维度尺寸在纳米数量级（1～100nm）的固体材料。也有人称纳米材料是晶粒度为纳米级的多晶材料。纳米晶粒和高浓度晶界是它的两个重要特征。纳米晶粒中的原子排列已不能处理成无限长程有序，通常大晶体的连续能带分裂成接近分子轨道的能级，产生所谓小尺寸量子效应，当晶粒尺度为几纳米时，界面体积分数可高达 50%，晶界数目约 10^{19} 个晶界 /cm^3。同时，界面区原子间距分布较宽，且原子密度比晶体低 10%～30%，原子排列产生了新的组态，1 cm^3 纳米晶体中的 10^{19} 个晶界出现 10^{19} 个原子组态，如此巨大数量的晶界和新组态为纳米晶体带来新性能。高浓度晶界和大量处于晶界和晶粒内缺陷中心的原子的特殊结构产生晶界效应，这两种效应将导致材料的力学性能以及磁性、介电性、超导性、光学、热力学性质的改变。

8.6.1 纳米陶瓷的结构

对陶瓷的组成、烧成工艺、结构和性能的研究，是陶瓷科学的重要课题。在当代纳米陶瓷兴起之际，这种研究发展得更加深入，显得更为重要。陶瓷显微结构的研究，对了解显微结构的形成，结构对性能的影响，以及对指导制造工艺，提出改进措施都有重要的意义。

陶瓷是由晶粒和晶界组成的一种多晶烧结体，由于工艺上的关系，很难避免其中存在气孔和微小裂纹。决定陶瓷材料性能的主要因素是：化学组成、物相和显微结构。传统陶瓷主要采用天然的矿物原料，它们在化学组分和构成物相上变化幅度大，因而对材料性能的影响亦很大。而先进陶瓷则是采用人工合成的原料，它的化学组成和杂质含量都可以有效地控制，所制得材料的一致性得以保证。在显微结构方面，主要考虑的是晶粒尺寸大小及其分布，晶界的组成、态别和其含量以及它的分布状态，此外就是气孔和微小裂纹或称宏观缺陷的大小及其分布等。其中最主要的是晶粒尺寸问题。现有陶瓷材料的晶粒尺寸一般是在微米级的水平，这是由所采用的工艺所决定的。人们设想，是否可能通过工艺上的改进而制备出使晶粒尺寸降低到纳米级的水平，即称之为纳米结构陶瓷或称纳米陶瓷。当陶瓷中的晶粒尺寸减小一个数量级，晶粒的表面积及晶界的体积亦以相应的倍数增加。如晶粒尺寸为 3～6nm，晶界的厚度为 1～2nm 时，晶界的体积约占整个体积的 50%。由于晶粒细化引起表面能的急剧增加，必将引起其他物理、化学性质上的一系列变化。

纳米晶材料结构包含两个结构组元：①具有长程有序、不同晶相的晶粒组元；②晶粒间的界面组元。纳米陶瓷的结构也一样包含纳米量级的晶粒、晶界和缺陷。由于晶粒细化，晶界数量大幅度增加，当晶粒尺寸在 25nm 以下，若晶界厚度为 1nm，则晶界处原子百分数达 15% ～ 50% ，单位体积晶界的面积达 $600m^2/cm^3$ ，晶界浓度达 $10^{19}/cm^3$ 。界面组元的特点是：①原始密度降低；②最邻近原子配位数变化；③晶界结构在纳米材料中占的比例较高。它对性能的影响较大，因而晶界结构的研究一开始就引起了人们的兴趣。一些颇有争议的研究结果陆续发表出来。基于不同的实验结果，许多人提出了一些关于纳米材料界面的结构模型：

（1）类气态模型（又称无序模型）　类气态模型是 1987 年 Gleiter 等提出的完全无序说，它的主要观点是纳米微晶界面内原子排列既无长程有序，又无短程有序，是一种类气态的，无序程度很高的结构。由于与大量的事实有出入，1990 年以来文献上不再引用这个模型。

（2）有序模型　这个模型认为纳米材料的界面原子排列是有序的，很多人都支持这种看法，但在描述纳米材料界面有序程度上尚有差别，不同的观点是：①纳米材料界面结构和粗晶材料的界面结构在本质上没有多大差别；②界面原子排列是有序的或局域有序的；③界面是扩展有序的；④界面有序是有条件的，主要取决于界面原子之间的间距 （r_a）和颗粒大小 （d 为粒径），$r_a \leqslant \dfrac{d}{2}$，界面为有序结构，反之界面为无序结构。

（3）结构特征分布模型　这个模型认为界面并不是具有单一的、同样的结构，界面结构是多种多样的。由于在能量、缺陷、相邻晶粒取向以及杂质偏聚上的差别，使纳米材料的界面存在一个结构特征分布。叶恒强、吴希俊的有序无序说认为纳米材料晶界结构受晶粒取向和外场作用以及制备工艺等因素的影响，在有序和无序之间变化。

Siegel 用拉曼谱和高分辨电镜研究纳米 TiO_2 陶瓷，显示的结果与通常的粗晶材料无多大区别。晶粒间界处亦会有短程有序的结构单元，这使它存在着向低能态重排列的趋势，这样的结构单元在从晶粒间界向晶内深入 0.2nm 的范围内受到扭曲。小角中子衍射也显示出纳米 TiO_2 的晶粒间界处可能存在被扭曲的短程有序结构单元的迹象。有人认为是共价键、离子键的作用使纳米陶瓷晶界处短程有序。

张立德等对纳米非晶氮化硅块体材料的 X 光径向分布函数研究表明，纳米非晶氮化硅块材料的界面结构是一种偏离 $Si-N_4$ 四面体的短程有序结构。

内耗是一种研究材料内部微结构和缺陷以及它们之间交互作用的手段，用内耗方法研究纳米材料的结构可以给出用其他手段不能给出的信息。内耗是物质的能量耗散现象，一个自由振动的固体，即使与外界完全隔离，它的机械能也会转化成热能，从而使振动逐渐衰减，这种由于内部的某种原因使机械能逐渐被消耗的现象称为内耗。一般说来，常规的多晶材料晶界具有黏滞性，由晶界黏滞流动引起能量损耗，可近似地认为：能量＝相对位移×沿晶界滑移的阻力。我国科技工作者首先开始纳米氧化物块体材料内耗的研究，通过对纳米 ZrO_2 块体材料在退火过程中结构变化的内耗研究，发现未退火的纳米 ZrO_2 块体界面具有很好的黏滞流变性。高内耗是由压制过程中产生的畸变所致，经高温（973K～1373K）退火后，内耗陡降，内耗峰消失，说明纳米 ZrO_2 块体内畸变消失，界面内黏滞变得很差。这主要是由于纳米材料在退火过程中界面结构的弛豫使原来比较混乱的原子排列趋于有序化。

电子自旋共振研究纳米非晶氮化硅键结构的结果表明，①纳米非晶氮化硅悬键数量很大，比微米级氮化硅高 2～3 个数量级；②纳米非晶氮化硅存在几种类型的悬键（Si-SiN₃、Si-Si₃、N-NSi₂），在热处理过程中以不同的形式结合、分解，最后只存在稳定的 Si-SiN₃ 悬键。

我们知道结构缺陷（点缺陷、线缺陷和面缺陷）对材料的许多性质有着举足轻重的影响，特别是对结构十分敏感的物理量，如屈服强度、超塑性、半导体的电阻率、杂质发光等都与缺陷有关。因此，人们研究了纳米材料中的缺陷。由于纳米材料界面原子排列比较混乱，其体积分数比常规多晶材料大得多，又由于尺寸很小，大的表面张力使晶格常数减小，说明纳米材料是一种缺陷密度很高的材料。实验表明，在合成纳米陶瓷氧化物粒子时，原子缺陷可能很高，生成的氧化物是非化学计量的，纳米晶内存在位错、孪晶等缺陷，另外存在的空位、空位团和孔洞对纳米材料烧结过程及制品的性能有较大的影响。

8.6.2 纳米陶瓷的性能

纳米材料的超细晶粒、高浓度晶界以及晶界原子邻近状况决定了它们具有明显区别于无定形态、普通多晶和单晶的特异性能。

8.6.2.1 扩散和烧结性能

陶瓷的制备和性能与扩散有关。研究结果显示，纳米相材料中的原子扩散，比传统材料快得多，纳米相晶界扩散系数比多晶界扩散系数高几个数量级。这是由于在纳米晶体材料的晶粒边界含有大量的原子，无数的界面为原子提供了高密度的短程环形扩散途径，因此，与体相材料和单晶材料相比，它们具有较高的扩散率。较高的扩散率对蠕变、超塑性、离子导电性等力学和电学性能有显著的影响，同时可以在较低的温度下对材料进行有效的掺杂，也可以在较低的温度下使不混溶的金属形成新的合金相。

增强的扩散能力产生的另一个结果是可以使纳米材料的烧结温度大大降低。以 TiO_2 为例，不需要添加任何助剂，12nm 的 TiO_2 粉料可以在低于常规烧结温度 400～600℃下进行烧结。其他的实验也表明，烧结温度的降低是纳米材料的普遍现象。

8.6.2.2 力学性能

人们认为纳米陶瓷是解决陶瓷韧性和提高强度的战略途径，因而其力学性能的研究就十分重要。与普通陶瓷相比，纳米陶瓷的基本特征是晶粒尺寸非常小，晶界占有相当大的比例，并且纯度高，可使陶瓷材料的力学性能大为提高。过去对材料力学性能建立的位错理论、加工硬化理论、晶界理论是否适用于纳米结构材料，一直是人们十分关注的问题。20 世纪 90 年代，通过对纳米结构的研究，观察到一些新现象，发现了一些新规律，提出了一些新看法，但这是初步的，理论还不成熟。在纳米陶瓷的屈服应力（或硬度）与晶粒尺寸的关系是否符合 Hall-Patch 关系式方面进行了较多的研究。由于强度测量值较少，大多研究硬度（H）和晶粒尺寸（d）的关系，用硬度表示的 Hall-Patch 关系式：

$$H = H_0 + Kd^{-1/2} \tag{8-12}$$

不少纳米陶瓷的硬度和强度比普通陶瓷高 4～5 倍或更高。大量的实验表明，纳米结构材料硬度的变化表现出以下特点：

（1）总的趋势是硬度随着粒径的减小而增加。

（2）硬度和晶粒尺寸的关系有三种不同规律：①正 Hall-Patch 关系（$K>0$），TiO_2 符合这种规律；②反 Hall-Patch 关系（$K<0$），多晶材料未出现过，纳米的 Pd 晶体遵循反 Hall-Patch 关系；③正-反混合 Hall-Patch 关系，纳米 Cu、Ni-P 等均服从混合关系。符合什么规律依材料而定。

（3）在纳米范围时，Hall-Patch 关系式中的斜率 K_H 要比一般尺寸材料小得多。

（4）对纳米结构材料试样进行热处理，使晶粒长大，其硬度值高于那些没有经过热处理而晶粒大小相似的试样。

Hall-Patch 关系式是在单晶和多晶材料位错塞积理论基础上，总结出来的屈服应力（或硬度）与晶粒尺寸的关系为

$$\sigma = \sigma_0 + K_H d^n \tag{8-13}$$

式中，σ 为 0.2% 屈服应力；σ_0 为移动单个位错所需克服的点阵摩擦力；K_H 为常数；d 是平均晶粒直径；n 为晶粒尺寸指数，通常为 $-1/2$。按照 Hall-Patch 关系式，由于晶粒尺寸的减少，纳米结构材料的强度或硬度应该提高；但是，应该看到这一关系式有一定的局限。首先，强度值不可能无限地增长，不能超出理论强度的限制。其次，晶界上的任何弛豫过程都可能导致强度的降低，从而在某一临界粒径下出现反 Hall-Patch 关系式的现象。第三，Hall-Patch 关系式是以位错的塞积理论为基础的，当晶粒比较小时（纳米尺寸），单个的晶粒不能产生多个位错塞积，Hall-Patch 关系式就会失效。因此可以认为纳米结构材料的硬化或软化机制与传统的粗晶材料会有很大的不同。必须建立新的模型，才能解释实验现象。

8.6.2.3 超塑性

纳米陶瓷晶粒细化,晶界数量大幅度增加,扩散性高,可提高陶瓷材料的韧性和产生超塑性。因此,人们追求的陶瓷增韧和超塑性问题可望由纳米陶瓷来解决。

超塑性是指材料在断裂前产生很大的伸长量($\Delta L / L$ 大于或等于 100%,ΔL 为伸长量,L 为原始试样长度)。这种现象通常发生在经历中温($\approx 0.5\ T_m$)以及中等到较低的应变速率($10^{-6} \sim 10^{-2} \mathrm{s}^{-1}$)条件下的细晶材料中。超塑性机制目前还有争论,但是从实验现象中可以得出晶界和扩散率在这一过程中起着主要作用。普通陶瓷只有在 $1000℃$ 以上,应变速率小于 $10^{-4} \mathrm{s}^{-1}$ 时才表现出塑性,而纳米 TiO_2 陶瓷在 $180℃$ 时塑性变形可达 100%。纳米 CaF_2、ZnO 也在低温下出现了塑性变形。

陶瓷材料受压状态下的超塑性是在 20 世纪 80 年代早期发现的。1986 年,WaKai 等在 $t+c$ 两相温度范围内,对晶粒尺寸为 $300nm$ 的 3Y-TZP 多晶体进行拉伸试验,其延伸率大于 100%,证实陶瓷材料在张应力状态下的超塑性。从此人们对结构陶瓷超塑性的研究在国际上引起了普遍关注。WaKai 和 Nieh 等将 20%(质量分数)Al_2O_3-3Y-TZP 制成平均粒径约 $500nm$ 的陶瓷,超塑性达 $200\% \sim 500\%$。Kajihara K 在 ZrO_2 中加入 5%(质量分数)SiO_2,其伸长率达 1038%。1990 年若井史博对细晶 Si_3N_4/SiC 复合材料的超塑性试验显示,拉伸量大于 150%,首次证实了非氧化物陶瓷的超塑性。我国自 1989 年开始陶瓷超塑性研究,南京化工学院与南京航空航天大学合作,对平均晶粒尺寸 $280nm$ 的无压烧结 Y-TZP 材料进行实验,在 $1400 \sim 1500℃$ 空气炉中,初始应变速率 $10^{-4} \sim 10^{-5} \mathrm{s}^{-1}$ 下最大拉伸量为 240%,应变速率敏感性指数 m 等于 0.42。中国科学院上海硅酸盐研究所制得晶粒尺寸为 $120 \sim 150nm$ 的 3Y-TZP 纳米陶瓷。在 $1250℃$($ZrO_2 0.47\ T_m$)的温度和 $73MPa$ 时,起始应变速率达 $3 \times 10^{-2} \mathrm{s}^{-1}$,压缩应变量达 380%。该所郑冶沙等还通过原子力显微镜(AFM)首次在国际上发现和证实了纳米 3Y-TZP 陶瓷($100nm$ 左右)室温循环拉伸断口表面的某些微观区域已发生了超塑性形变,从断口侧面观察到大量弯曲的滑移线,说明晶粒尺寸大小是陶瓷室温循环塑性变形的关键,指出纳米陶瓷裂纹尖端的微区内发生的室温超塑性变形的微观机制为位错的滑移运动所致。研究表明,Al_2O_3、尖晶石、Si_3N_4、羟基磷灰石及复相陶瓷(ZrO_2/Al_2O_3、Si_3N_4/SiC)等也存在超塑性。表 8-4 列出一些陶瓷材料的超塑性的发生条件及最大的应变等特性。

最近研究发现,随着粒径的减小,纳米 TiO_2 和 ZnO 陶瓷的形变率敏感度明显提高。由于纳米陶瓷气孔很少,可以认为这种趋势是细晶陶瓷所固有的。最细晶粒处的形变率敏感度大约为 0.04,几乎是室温下铅的 $1/4$,表明这些陶瓷具有延展性。尽管纳米陶瓷没有表现出室温超塑性,但随着晶粒的进一步减小,这一可能性是存在的，陶瓷的延展性如同金属一样。

表 8-4　一些陶瓷材料的超塑性

陶　瓷　材　料	初始晶粒大小/μm	温度/℃	测试条件	应变率敏感度 m	应变率 ε/s^{-1}	最大应变
3Y-TZP	0.3	1450	拉伸	≈ 0.5	$\approx 10^{-4}$	＞120
3Y-TZP	0.3～0.4	1450	拉伸	≈ 0.53	$\approx 10^{-4}$	＞160
3Y-TZP＋20%（质量分数）Al_2O_3	≈ 0.5	1450	拉伸	≈ 0.5	$\approx 10^{-4}$	＞200
3Y-TZP	0.3	1550	拉伸	≈ 0.3	$\approx 10^{-4}$	800
MgO	0.1～1.4	1054	压缩	≈ 0.83	$\approx 10^{-5}$	＞80
Al_2O_3＋0.05%（质量分数）MgO	0.75	1450	压缩	≈ 0.75	$\approx 10^{-6}$	＞39
α-SiC＋1.5%（质量分数）Al	1.5～2.8	1900	压缩	≈ 1	10^{-4}	＞40
Al_2O_3＋0.25%（质量分数）Ag_2O	1	1420	压缩	—	$\approx 10^{-4}$	＞45
$BaTiO_3$	0.45	1150	压缩	≈ 0.5	$\approx 10^{-4}$	＞39
3Y-TZP	0.5	1297	压缩	—	$\approx 10^{-5}$	39
3Y-TZP	≈ 0.2	1300	压缩	≈ 0.7	$\approx 10^{-4}$	＞41
3Y-TZP	0.54	1380	压缩	≈ 0.5	$\approx 10^{-4}$	60
Al_2O_3＋0.05%（质量分数）MgO ＋0.05%（质量分数）Y_2O_3	0.7	1550	拉伸		$\approx 10^{-4}$	65
3Y-TZP	0.3	1550	拉伸	≈ 0.3	$\approx 10^{-4}$	350
3Y-TZP	0.3	1450	拉伸	≈ 0.5	$\approx 10^{-5}$	246
3Y-TZP＋20%（质量分数）Al_2O_3	0.5	1650	拉伸	≈ 0.5	$\approx 10^{-3}$	500
3Y-TZP	0.53	1372	压缩	≈ 1	10^{-4}	99
3Y-TZP	0.3	1400	拉伸	≈ 0.4	$\approx 10^{-4}$	＞330
3Y-TZP＋80%（质量分数）Al_2O_3	＜1.0	1550	拉伸	≈ 0.5	$\approx 10^{-4}$	＞120
ZTA［22%（质量分数）ZrO_2］	＜0.9	1450	拉伸	—	$\approx 10^{-4}$	＞100
3Y-TZP＋3%（摩尔分数）Mn	0.3	1400	拉伸	≈ 0.4	$\approx 10^{-4}$	230
3Y-TZP	0.2	1400	压缩	—	$\approx 10^{-4}$	70
$Ca_{10}(PO_4)_6(OH)$	0.7	1050	拉伸	≈ 0.22	$\approx 10^{-4}$	153

注：TZA：ZrO 增韧 Al_2O_3；TZP-t-ZrO_2（Y_2O_3 稳定的）。

　　由于陶瓷多为离子键和共价键的结合，故其产生超塑性的条件为：①具有较大的晶格应变能力；②较小粒径，且变形时能保持颗粒尺寸稳定性；③较高的试验温度；④具有较低的应力指数；⑤快速的扩散途径（增强的晶格、晶界扩散能力）。纳米陶瓷具有较小的晶粒及快速的扩散途径，所以晶粒尺寸小于 50nm 的纳米陶瓷有望具有室温超塑性，具有非常高的断裂韧性，从而根本上克服陶瓷材料的脆性。

关于陶瓷材料超塑性的机制至今并不十分清楚，但研究表明，界面的流变性是超塑性出现的重要条件。界面中原子的高扩散性有利于陶瓷材料的超塑性。目前有两种说法：①界面扩散蠕变和扩散泛性；②晶界迁移和黏滞流变。虽然这些机理还不成熟，但对认识陶瓷的超塑性还是有一些帮助的。下面介绍界面扩散蠕变和扩散泛性机制：纳米晶材料在室温附近的延展性在一定程度上与原子在晶界内的扩散流变有关。Gleiter 等在 1987 年解释的纳米 CaF_2 在 353K 出现塑性变形时提出了一个经验公式，即晶界扩散引起的蠕变速率

$$\dot{\varepsilon} = \frac{\sigma \Omega B \delta D_b}{d^3 k_B T} \tag{8-14}$$

式中，σ 为拉伸应力；Ω 为原子体积；d 为平均晶粒尺寸；B 为一常数；D_b 为晶界扩散系数；k_B 为玻耳兹曼常数；T 为温度；δ 为晶界厚度。

由式（8-14）可以看出，晶粒尺寸 d 愈小，$\dot{\varepsilon}$ 愈高。当 d 由常规多晶的 $10\mu m$ 减小到 10nm 时，$\dot{\varepsilon}$ 增加了 10^{11} 倍，同时晶界扩散系数是常规材料的 10^3 倍，这也使 $\dot{\varepsilon}$ 大大增加。这一结果说明，超塑性主要来自于晶界原子的扩散流变（扩散蠕变）。这个结果还告诉我们，理论上纳米材料应该具有很好的超塑性。关于纳米陶瓷的超塑性还需进一步研究。到目前为止，陶瓷发生超塑性时温度很高，如何改变陶瓷内部结构，如晶粒再细小等来降低温度还是一个问题，都需进一步努力来克服。

陶瓷超塑性应用及意义：纳米陶瓷超塑性有重大的应用价值，利用这一特性可进行陶瓷的超塑性成型和超塑性连接。如日本用于发动机活塞环的超塑性弯曲成型制活塞环。陶瓷超塑性的出现将使陶瓷的成型方法发生变革，并使复杂形状部件的成型成为可能。它将变革现有的烧结工艺，使成型和烧结有可能一次完成，为开发新型结构陶瓷开辟了一条新途径。利用陶瓷的超塑性，通过热锻等手段调整、优化结构，从而可以根据材料设计原则来获得所需结构，具备特殊性能的新型材料，但还需各国学者努力，尽快将陶瓷材料的超塑性应用于生产。

纳米结构材料比常规材料的断裂韧性高，是因为纳米结构材料中的界面的各向同性，以及在界面附近很难有位错塞积发生，这就大大地减少了应力集中，使微裂纹的出现与扩展的概率大大降低。TiO_2 纳米晶体的断裂韧性实验证实了上述看法。目前要制备有室温超塑性和具有非常高断裂韧性的、晶粒尺寸小于 50nm 的纳米陶瓷还非常困难，因此还需进一步研究。

8.6.2.4 电学性质

由于纳米材料中庞大体积分数的界面使平移周期性在一定范围内遭到严重破坏，颗粒尺寸愈小，电子平均自由程愈短。纳米材料偏离理想周期场，必将引起

电学性能的变化。

电阻（电导）：一般纳米材料的电阻高于常规材料。主要原因是纳米材料中存在大量的晶界，几乎使大量的电子运动局限在小颗粒范围。晶界原子排列越混乱，晶界厚度越大，对电子的散射能力就越强，界面这种高能垒使电阻升高。对掺 1‰（质量分数）Pt 的纳米 TiO_2 的电导研究发现，电导呈强烈非线性和可逆性，即随温度的升高，$\sigma(\omega)$ 首先下降，温度高于 473K 时，$\sigma(\omega)$ 迅速上升，这种异常行为是由于 Pt 掺杂在 TiO_2 能隙中附加了 Pt 的杂质能级所致。纳米电子陶瓷的易掺杂性，使其具有非常广泛的器件应用性。最近通过对纳米氧化物 $LaFeO_3$、$LaCoO_3$ 和 $La_{1-x}Sr_xFe_{1-y}Co_yO_3$ 的研究，对电导与温度、组成和挤压压力间的关系测试结果的观察发现：尽管电阻很小，但纳米材料的电导温度曲线的斜率比体相材料的要大。改变化合物中具有电导的组分就可以使电导发生数量级的改变。

介电性：目前，通过对不同粒径的纳米非晶氮化硅、纳米 $\alpha\text{-}Al_2O_3$、纳米 TiO_2 和纳米晶体 Si 块材的介电行为的研究发现，纳米材料的介电常数和介电损耗与颗粒尺寸有很强的依赖关系，电场频率对介电行为有极强的影响，并显示出比常规粗晶材料强的介电性。纳米材料有高的介电常数是界面极化（空间电荷极化）、转向极化和松弛极化对介电常数的贡献比常规材料高得多引起的。

压电效应：我国科技工作者在纳米非晶氮化硅块体上观察到强的压电效应，这主要是由于未经退火和烧结的纳米非晶氮化硅界面中存在大量的悬键（如在 Si—Si_3、Si—SiN_3 等中的 Si 悬键，N—NSi_2 中的氮悬键等）以及 N—H、Si—H、Si—O 和 Si—OH 等键。这些键的存在导致界面中电荷分布的变化，形成了局域电偶极矩，在外加压力作用下，使电偶极矩取向、分布发生变化，在宏观上产生电荷积累，而呈现较强的压电性，但经高温退火或烧结后，纳米非晶氮化硅不呈压电性。

8.6.2.5 光学性质

纳米材料的红外吸收研究近年来比较活跃，主要集中在纳米氧化物、氮化物和纳米导体材料上，如在纳米 Al_2O_3、Fe_2O_3、SnO_2 中均观察到了异常红外振动吸收，并在一些纳米材料中观察到了频移。这些现象是由纳米材料的小尺寸效应、量子尺寸效应、晶场效应、尺寸分布效应和界面效应引起的。

通常发光效应很低的 Si、Ge 半导体材料，当晶粒尺寸减小到 <5nm 时，可观察到很强的可见光发射。Al_2O_3、TiO_2、SnO_2、CdS、$CuCl_2$、ZnO、Bi_2O_3、Fe_2O_3、$CaSO_4$ 等，当它的晶粒尺寸减小到纳米量级时，也同样观察到常规材料中根本没有的发光现象。根本不发光的纯 Al_2O_3 和纯 Fe_2O_3 纳米材料复合在一起，所获得的细晶材料在蓝绿光波段出现了一个较宽的光致发光带。此外，纳米材料还有非线性光学效应、光伏特性和磁场作用下的发光效应等。总地来说，纳

米材料的光学性质的研究还处于初始阶段，许多问题值得深入研究。

此外，纳米材料还具有优异的热学、磁学、化学（催化、耐腐蚀）等性能。纳米材料基本物理性质的研究将进一步揭示纳米材料的本质，为开发新材料打下基础。

8.7 纳米陶瓷的应用及展望[1～10,46～50]

尽管纳米陶瓷研究才十多年的历史，还处于初始研究阶段，在工业上还未得到广泛的实际应用，但它具有许多传统晶体和非晶体材料所没有的独特性能，已取得的研究成果表明，纳米陶瓷将在以下几方面显示出有价值的应用前景。

纳米陶瓷的超塑性的产生和韧性的提高已成为推动纳米材料研究的原动力之一。纳米陶瓷的超塑性在电子、磁性、光学以及生物陶瓷方面有潜在应用。超塑性应用于先进陶瓷净尺寸制备成为可能。在材料工程上，利用陶瓷超塑性变形特性，使陶瓷如同金属一样，可用煅压、挤压、拉伸、弯曲和气压膨胀等成型方法，直接制成精密尺寸的陶瓷零件以及超塑性连接(见 8.6.2.3)。纳米陶瓷可能具有的低温超塑性、延展性和极高的断裂韧性，将使其成为兼具陶瓷和金属的优良特性（如高强度、高硬度、高韧性、耐高温、耐腐蚀、易加工等）的新的结构和功能材料，在航空、航天、机械、电子信息等众多领域具有无限广阔的应用前景。

高温结构陶瓷方面 SiC/Si_3N_4、SiC/SiC、SiC/Al_2O_3、$SiC/Y-TZP$ 等纳米-微米复相陶瓷，具有高于一般单相陶瓷的断裂强度和断裂韧性。其中 SiC/Si_3N_4 材料的抗氧化性明显优于 Si_3N_4 陶瓷；SiC/SiC 材料具有良好的机械加工性；SiC/Al_2O_3 纳米-微米复相陶瓷与单相 Al_2O_3 陶瓷相比，断裂强度提高 4 倍，断裂韧性提高近 37%，最高使用温度可从 800℃提高到 1200℃。所有这些特性使得纳米-微米复相陶瓷成为极有希望的一类高温结构材料。

在传感器方面，纳米 ZnO、NiO、$LiNbO_3$、PZT、TiO_2 等可制成各种性能优良的温度、红外检测、汽车排气等传感器。

另外，纳米陶瓷在催化、磁记录、光电器件等方面有良好的应用前景。

纳米陶瓷作为一种新型的高性能陶瓷，越来越受到世界各国科学家的广泛关注。随着科技界对纳米陶瓷材料的研究和开发的深入，人们发现了越来越多的问题。由于陶瓷粉末粒度变小将引起纳米粉体的团聚、成型素坯的开裂以及烧结过程中晶粒快速长大等问题，纳米陶瓷的结构与性能必然会受到影响。因此，无论纳米陶瓷工艺（制粉工艺、成型工艺、烧结工艺），还是纳米陶瓷的理论、性能和应用等都值得深入研究。纳米陶瓷的研究将进一步推动陶瓷学理论的发展，促进陶瓷新工艺的创新。由此，人们追求的陶瓷的韧性和超塑性问题可望在纳米陶瓷中解决。

参 考 文 献

1．张立德，牟季美．纳米材料和纳米结构．北京：科学出版社，2001

2．《高技术新材料要览》编委会．高技术新材料要览．北京：中国科学技术出版社，1993

3．郭景坤，徐跃萍．纳米陶瓷及其进展．硅酸盐学报，1992，20（3）：286～291

4．郭景坤，冯楚德．纳米陶瓷的最近进展．材料研究学报，1995，9（5）：412～419

5．田明原，施尔畏，仲维卓等．纳米陶瓷与纳米粉末．无机材料学报，1998，13（2）：129～137

6．《材料科学技术百科全书》编委会．材料科学技术百科全书．北京：中国大百科全书出版社，1995

7．沈能珏等．现代电子材料技术．北京：国防工业出版社，2000

8．张志焜，崔作林．纳米技术与纳米材料．北京：国防工业出版社，2000

9．高濂，郭景坤．纳米结构陶瓷材料的进展、技术关键和应用前景．首届全国纳米材料应用技术交流会资料．1997

10．严东生．纳米材料的合成与制备．无机材料学报，1995，10（1）：1～6

11．刘志强，李小斌，彭志宏等．湿化学法制备超细粉末过程中的团聚机理及其消除方法．化学通报，1997，7：54～57

12．Jak M J G，Kelder E M，Schoonman J et al．Lithum ion conductivity of a statically and dynamically compacted nano-structured ceramic electrolyte for Li-ion batterid．J Electroceramics，1998，2（2）：127～134

13．Ivanov V，Paranin S，Nozdrin A．Principles of pulsed compaction of ceramic nano-sized powders．Key Engineering Materials，1997，132～136（Pt1）：400～403

14．高濂，李蔚，王宏志等．超高压成型制备 Y-TZP 纳米陶瓷．无机材料学报．2000，15（6）：1005～1008

15．刘晓林，杨金龙，黄勇．纳米级四方多晶氧化锆凝胶注模成型及其力学性能研究．现代技术陶瓷．1998，19（3）增刊：869～873

16．方敏，张宗涛，胡黎明．纳米 ZrO_2 粉体的悬浮流变特性与注浆成型研究．无机材料学报，1995，10（4）：417～422

17．Gao L，Li W，Wang H Z et al．Fabrication of nano Y-TZP Material by superhigh pressure compation．Journal of the European Ceramic Society，2001，21（2）：135～138

18．潘颐，吴希俊．纳米材料制备、结构及性能．材料科学与工程，1993，11（4）：16～25

19．高濂，黄军华．纳米氧化钛陶瓷的烧结．无机材料学报，1997，12（6）：785～790

20．王浚，高濂，宋哲．纳米 TiO_2 的光学特性及烧结行为．无机材料学报，1999，14（1）：170～174

21．徐跃萍，郭景坤，马利泰等．Y-TZP 纳米粉料烧结初期动力学模型的探讨．硅酸盐学报，1993，21（1）：29～32

22．徐跃萍，郭景坤，黄校先等．Y-TZP 陶瓷晶粒生长的控制．硅酸盐学报，1992，20（4）：360～364

23．李蔚，高濂，洪金生．快速烧结制备纳米 Y-TZP 材料．无机材料学报，2000，15（2）：269～274

24．李蔚，高濂，归林华．纳米 Y-TZP 材料烧结过程晶粒生长的分析．无机材料学报．2000，15（3）：536～540

25．李蔚，高濂，归林华等．热压烧结制备纳米 Y-TZP 材料．无机材料学报，2000，15（4）：607～611

26．李蔚，高濂，郭景坤等．放电等离子快速烧结纳米 3Y-TZP 材料．无机材料学报，1999，14（6）：985～988

27．李蔚，王宏志，高濂等．醇-水溶液加热法制备纳米 ZrO_2 粉的烧结行为．硅酸盐学报，2000，28（1）：57～59

28．Li W，Gao L．Compacting and sintering behavior of nano-ZrO_2 powder．Scripta Materialia，2001，44（8～9）：2269～2272

29. 高濂，洪金生，宫本大树等. 放电等离子体超快速烧结氧化物陶瓷. 无机材料学报，1998，13（1）：18～22

30. 董绍明，江东亮，谭寿洪等. 纳米 SiC 及 Si_3N_4/SiC 的高温等静压研究. 无机材料学报，1997，12（2）：191～194

31. 靳喜海，高濂. 纳米复相陶瓷的制备、显微结构和性能. 无机材料学报，2001，16（2）：200～206

32. 高濂，宫本大树. 高温等静压烧结 Al_2O_3-ZrO_2 纳米陶瓷. 无机材料学报，1999，14（3）：495～498

33. 李云凯，钟家湘，张劲松. 纳米 Al_2O_3-SiC（3Y）复相陶瓷微波烧结. 现代技术陶瓷，1998，19（3）增刊：207～209

34. 梁勇，李亚利，吴振刚等. 纳米 Si_3N_4 粉超高压低温烧结. 现代技术陶瓷，1998，19（3）增刊：228～233

35. 李亚利，梁勇，郑丰等. 超高压低温烧结纳米非晶 Si_3N_4 粉. 见：中国材料学会编. '96C-MRS 功能材料 I-Z. 北京：化学工业出版社，1997：32～35.

36. 王宏志，高濂，归林华等. 晶内型 Al_2O_3-SiC 纳米复合陶瓷的制备. 无机材料学报，1997，12（5）：672～674

37. 孙旭东，李继光，张民等. Al_2O_3/SiC 纳米陶瓷复合材料的强化机理. 金属学报，1999，35（8）：879～882

38. 王疆瑛，叶俐，陶明德等. 高温高压合成锰镍复合氧化物半导体块状纳米材料. 见：中国材料学会编. '96C-MRS功能材料 I-Z. 北京：化学工业出版社，1997：76～78

39. 徐利华，丁子上，黄勇. 先进复相陶瓷的研究现状和展望（Ⅲ）. 硅酸盐通报，1997，2：56～59

40. 王浩，高濂，冯景伟. Ca-α-塞龙/SiC 纳米相复合材料. 无机材料学报，1995，10（2）：180～182

41. 新原皓一. セうミックス构造材の新しひ材料设计－ナノ複合材料. 日本セラミックス协会学术论文志，1991，99（10）：974～982

42. 杨辉，张大海，葛曼玲等. Al_2O_3/SiC 纳米复相陶瓷表面加工特性. 现代技术陶瓷，1998，19（3）增刊：422～426

43. 松本龟一等. Al_2O_3/TiC/ZrO_2 複合材料の微细组织と機械の性質. 粉体および粉末冶金，1994，41（10）：1232～1237

44. 田杰谟，董利民. Si_3N_4（n）和 SiC（n）复合材料的增韧机制研究. 现代技术陶瓷，1998，19（3）增刊：238～243

45. Beall G H，Pinchey L R. Nanophase Glass-ceramics. J. Am. Ceram. Soc.，1999，82（1）：5～16

46. 王宏志，高濂，郭景坤. 纳米结构材料. 硅酸盐通报，1999，1：31～34

47. 张显友，董丽敏，霍克山等. 纳米陶瓷超塑性进展. 哈尔滨理工大学学报，1998，3（5）：67～74

48. 卢旭晨，徐迁献. 陶瓷超塑性及其应用. 硅酸盐通报，1997，3：50～51，61

49. 郑冶沙，严东生，高濂. 氧化锆纳米陶瓷室温微区循环超塑性的研究. 无机材料学报，1995，10（4）：411～416

50. 张立德，牟季美. 纳米材料学. 沈阳：辽宁科学出版社，1994

第九章 功能梯度材料

9.1 概 述

9.1.1 功能梯度材料概念的提出

功能梯度材料（functional gradient materials，FGM）是由日本学者新野正之（Masayuki Hino）、平井敏雄（Toshio Hirai）等于 1987 年提出的一个材料设计新概念[1~3]。其设计思想是在材料的制备过程中，选择两种或两种以上性质不同的材料，通过控制材料的微观要素，使其组成、组织、结构连续变化，从而使材料内不存在明显的界面，材料的物性参数也随之呈连续变化。功能梯度材料具有良好的防热隔热和缓冲热应力的双重功能。

功能梯度材料最初的提出是为了解决航天飞机发动机燃烧室对材料的特殊要求。由于燃烧室的内侧要承受近 2000℃的高温及气流的冲刷，因此只有高性能的陶瓷材料可以胜任；而外侧承受液氢或液氮的冷却，还要经受一定的外力冲击，金属材料因其高强度、高韧性、耐冲击和高导热性而成为首选材料。但使用陶瓷一侧承受高温、金属一侧承受低温的复合材料时，由于材料间的结构和物性参数（尤其是热膨胀系数）差异大，一方面金属与陶瓷的结合强度低，另一方面在热膨胀系数差和高达近 2000℃的温差下，陶瓷与金属界面将产生巨大的热应力，极易造成材料的破坏。由于希望航天飞机及其发动机能多次重复使用，采用预应力的方式制备的复合材料虽然在燃烧室工作时能满足要求，但在发动机停止工作时，如此大的温度变化亦会造成类似的问题。功能梯度材料就是在这样的背景下提出的，期望通过特殊的构成方式满足应用的要求，进而在各种技术领域广泛应用。

对于典型的双层复合材料而言，材料在组成、结构和物性参数上固有的差异，必然导致界面结合的脆弱，在经历热环境变化时，热应力的产生也就在所难免。由于双层复合材料的一侧承受压应力，另一侧承受张应力，因而界面上的剪应力对复合层的破坏就十分显著（如图 9-1 所示）。

功能梯度材料是通过连续改变材料构成组分，使其组成、结构和物性参数也随之连续变化的非均质材料，材料中脆弱的界面已不复存在而克服了界面结合差的缺陷，同时物性参数的渐变也能有效地缓和热应力，实现陶瓷/金属（或陶瓷/陶瓷）的有效复合[1]（如图 9-2 所示）。除利用金属-陶瓷功能梯度材料的热应力分散和热障作用应用于航天技术领域外，人们试图通过金属-金属、金属-陶瓷、陶瓷-陶瓷及陶瓷-高分子材料使其体系的功能梯度材料在电子技术、光学材料、磁性材料、生物材料等领域发挥巨大的潜能。

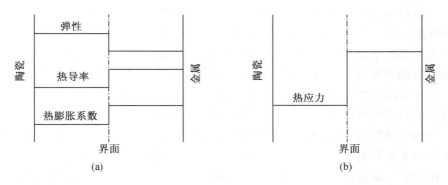

图 9-1　双层复合材料的物性及热应力分布
（a）材料物性分布；（b）材料热应力分布

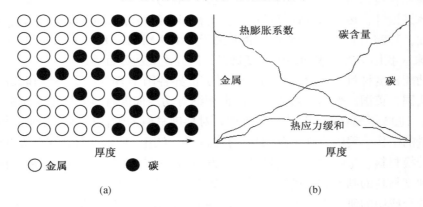

图 9-2　功能梯度材料的组成与性能分布
（a）梯度材料组成；（b）梯度材料性质及热应力缓和

9.1.2　功能梯度材料的发展及研究现状

　　由于功能梯度材料集两种或多种材料的性能于一身，标志着材料复合的新方向。自 1987 年日本学者提出功能梯度材料的概念以来，引起了日本乃至世界各国学者的高度重视，投入了大量的人力进行系统的研究。20 多年来，功能梯度材料得到了迅速的发展。

　　1987 年，日本科技厅以航空航天领域的超高温结构材料的开发为目的，制定了为期五年的"缓和热应力的功能梯度材料开发基础技术研究"的庞大计划[3,4]，先后有近 30 个大学、研究所和产业界参与该项计划。1989 年制备出了直径 30mm，能承受 2000K 高温及 1000K 温差的功能梯度材料，1991 年制备出 300mm×300mm 的 SiC/C 功能梯度材料，并应用于火箭引擎及热遮蔽材料[5]。

1993 年，日本科技厅再次制定了"具有梯度结构的能量转换材料研究"的第二个五年研究计划，以高效率能量转换材料的研究开发和实用化为目标，进一步拓展了功能梯度材料的应用领域。东京工业大学的若岛对梯度材料的设计原则进行了深入的剖析；丰桥科技大学的冈根制备了梯度化的燃料电池材料；庆应大学的小池和京都大学的横尾合成了折射率分布型梯度光学材料；东北大学的井上和早稻田大学的逢坂通过梯度化设计获得了高性能磁性薄膜；东京大学的小久保山崎、国立大阪大学的大西、东北大学的高桥和群马大学的天田等则致力于生物梯度材料的合成与性能表征。目前许多梯度材料已得到实际应用。

我国对梯度材料的研究基本上与日本同时起步。1987 年我国的袁润章教授几乎与日本的新野正之、平井敏雄同时提出了"功能梯度材料"的概念。在此之后，国内多个单位也开始了功能梯度材料的研究工作，取得了较大的进展[6,7]。1991 年国家"863"高技术项目给予了专项资助，1994 年中国材料研讨会首次将功能梯度材料列为一个专门的分会，有数十篇研究论文参加会议，涉及到梯度材料的体系设计、热应力的计算模型、梯度材料的制备方法和梯度材料的应用等多个方面。1996 年的中国材料研讨会上关于梯度材料的研究更加深入和广泛。近20 年来，我国学者发表的关于梯度材料的研究论文达数百篇。

功能梯度材料的概念提出后，引起了世界各国学者的广泛兴趣和关注，美国、法国、英国、德国、俄罗斯等国也相继对功能梯度材料开展了系统的研究。德国于 1992 年成立了专门的研究机构，对梯度材料的物性模型和性能评价进行了大量的工作；美国成立了以 MIT 为核心的研究组，使梯度材料在航天器引擎、能量转换材料、生物材料和热障材料等方面的研究与应用取得较大进展；俄罗斯则对梯度材料的制备方法进行了深入的研究，其将自蔓延高温合成法引入到梯度材料的合成中的研究引起了人们的极大兴趣。此外，瑞士、瑞典、西班牙等国也先后开展了梯度材料的研究。同时，世界各国也加强了在梯度材料研究领域的交流与合作。1990 年在日本仙台、1992 年在美国旧金山、1994 年在瑞士洛桑、1996 年在日本共召开了四次功能梯度材料国际研讨会，有数十个国家和地区的学者参加了会议。

美国的政策性报告《90 年代的材料科学与工程》认为，现代材料研究体系包含四要素：材料的固有性质、材料的结构与成分、材料的使用性能和材料的合成与加工[8]。1994 年在瑞士洛桑举行的第三届功能梯度材料国际会议将梯度材料的研究归纳为三个领域：一是材料物性参数数据库的完善并应用系统分析法进行功能梯度材料成分设计研究；二是功能梯度材料合成技术的研究；三是功能梯度材料的性能评价和应用考评。由此可见，功能梯度材料的研究主要包括材料设计、材料制备和材料评价三大部分，它们之间既有侧重，又相互关联，有着密不可分的联系。梯度材料的研究开发体系如图 9-3 所示。

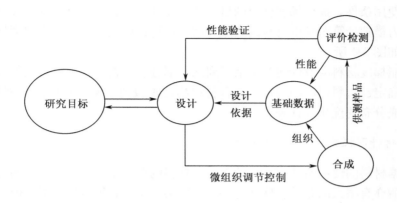

图 9-3 功能梯度材料的研究开发体系

9.2 功能梯度材料的设计及评价

9.2.1 功能梯度材料的设计[18~27]

在功能梯度材料的研究过程中，材料体系的选择、热应力设计与结构优化是一个至关重要的环节，是梯度材料研究的基础。梯度材料设计是根据材料的实际

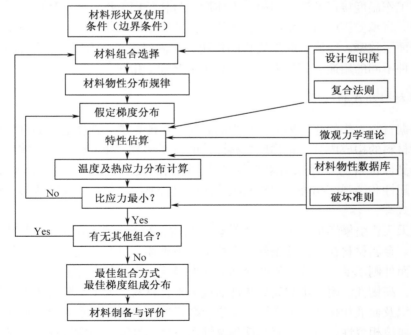

图 9-4 功能梯度材料设计过程示意图

制备与使用条件，提出梯度材料的目标性能要求，结合构成材料的组成分布，通过热应力模拟计算对梯度材料的组成和结构进行最优化设计。功能梯度材料的设计过程如图 9-4 所示。

功能梯度材料的设计通常包括下列几个部分：材料形状及使用条件（边界条件）的确定、材料组成的选择、复合材料物性参数的预测、热应力的模拟计算、梯度组成分布的优化设计等。

1. 材料形状及使用条件的确定

根据材料的使用条件和功能的不同，材料的形状也不同，其使用的条件及承受的载荷亦有很大的差异。梯度材料设计的第一步，必须对材料形状模型（如无限平板、圆板、柱状、空心圆柱、球状、空心球或环状等）、工作环境（常温或高温、恒温或变温、温度均匀或有温度梯度）以及受力情况（压应力、张应力或剪切应力等）进行具体分析。

航天器引擎的燃烧室大致为空心圆柱状，工作时内侧（陶瓷一侧）承受约 2000℃ 的高温，而外侧则承受强冷却，材料内部呈现很大的温度梯度。由于燃烧时燃烧室内产生高压，材料受张应力，还要长期承受热气流的冲刷。飞行器的舱体材料可以近似作为板状，当飞行器的速度达到 25Mach 时，材料承受气流冲刷，飞行器表面温度将超过 2000℃，而舱内温度接近常温。人工骨材料大致为柱状，工作温度接近常温，但植入人体后，材料长期工作于体液环境下，随肢体的活动，将承受压应力、张应力、剪切、扭曲等不同的作用，并且一般希望骨材料的表面层致密、坚实、起皮质骨的作用，而内层疏松多孔、起松质骨的作用。其他各种不同的用途，其受力和温度分布情况皆不相同[1,3]。

2. 材料组成的选择

根据材料工作的介质环境、承受的载荷及功能要求，选择适当的材料作为功能梯度材料的构成成分，是梯度材料设计的重要环节。梯度材料组成体系的确定需根据复合材料的设计原则来进行设计[9]。材料复合的原则包括化学相容性、物理匹配性和微观结构等，即材料组分间的化合成键趋势、微观结构形式和宏观结合方式等。

航天飞机引擎燃烧室中，由于燃烧室的内侧要承受近 2000℃ 的高温及气流的冲刷，金属材料在这样的条件下很快就会被破坏，只有高性能的陶瓷材料可以胜任；而外侧承受液氢或液氮的冷却，还要经受一定的外力冲击，金属材料因其高强度、高韧性、耐冲击和高导热性而成为首选材料。人工心脏瓣膜由于长期与人体组织及血液相接触，工作期内要进行数亿次的启闭，要求表层材料的组织相容性和血液相容性优良，具有长期耐腐蚀耐摩擦的性能，通常选择碳素材料；同时，由于人工心瓣对材料的抗冲击性、易加工性和整体强度有较高要求，所以选择金属材料作为基体。其他各种不同用途的器件，也同样必须根据其工作环境和条件进行材料选择。

梯度材料设计中选择构成成分时，还应注意的另一个重要问题是所选组分之间的相互作用和结合形式的分析，两种（或多种）组分之间是发生化合、固溶还是机械夹杂，是梯度材料设计中不容忽视的问题。

3. 功能梯度材料的梯度成分分布模型

功能梯度材料组元的成分沿着某一方向发生连续变化，物性也随之变化。因此，必须确定体系组分与成分梯度方向位置之间的函数关系，即建立功能梯度材料的梯度成分分布模型。该函数可由一些简单的数学函数来表示，并可通过改变某些参数而任意改变成分分布曲线的形状。目前在功能梯度材料设计中常用的成分分布模型主要有幂函数模型、一元二次函数模型、非连续函数模型等[10,11]。

（1）幂函数模型　Wakashima 等用幂函数（power function）来描述梯度材料的成分分布：

$$f_A(x) = \left(\frac{x}{D} \right)^n \tag{9-1}$$

式中，f_A 为 A 组分体积分数；D 为功能梯度材料层的厚度；n 为梯度指数。通过改变 n 值的大小，可以改变曲线形状，如图 9-5 所示。适当选取梯度指数值可以满足成分设计要求。由于幂函数模型成分分布的可变范围较大，以梯度指数 n 来描述成分梯度时也比较直观[10]，目前在进行功能梯度材料成分设计和热应力分析时大多采用幂函数模型。

（2）一元二次函数模型　Markworth 和 Saunders 等则采用一元二次函数（quadratic function）来描述功能梯度材料的成分分布：

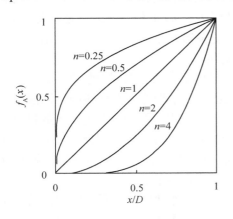

图 9-5　幂函数模型成分分布

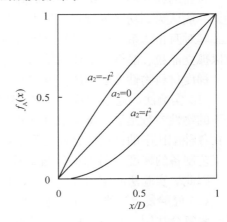

图 9-6　一元二次函数模型成分分布

$$f_A(x) = a_0 + a_1 x + a_2 x^2 \tag{9-2}$$

式中，a_0、a_1、a_2 为可人为调整的常数。根据边界条件：$f_A(0)=0$，$f_A(D)=1$，则 $a_0=0$。a_1、a_2 为相互约束的一对常数，选择 a_2 为可变参数，a_1 就可相应确定。为保证 $0 \leqslant f_A \leqslant 1$，$a_2$ 需要满足 $-D^{-2} \leqslant a_2 \leqslant D^{-2}$。改变 a_1、a_2 的数值，可以改变成分分布曲线形状，如图 9-6 所示。由一元二次函数模型给定的成分分布可调范围比幂函数模型狭窄，但其热应力解析计算则比幂函数模型简便些[10]。

（3）非连续函数及其他模型　对以粉末逐层堆积制备的功能梯度材料，有人采用非连续函数模型来描述成分呈阶梯状过渡的成分分布。Tanak 等则采用了以热应力敏感度为评价标准的优化工艺法来确定最佳成分分布，并用该法模拟了 Al-SiC 系功能梯度材料无限长圆筒在非轴对称温度场中的热应力，确定了最佳成分分布[10,11]。

4. 功能梯度材料的物性参数预测及模型

在确定梯度组成分布函数后，为了对功能梯度材料内部的温度分布及热应力分布进行计算，必须预测出不同混合比梯度层的物性值，即建立其各种物性参数的分布函数。

根据材料的使用环境不同，需要确定不同的物性参数。对于热静态设计，需要确定杨氏模量（Young's modulus，E）、泊松比（Poisson's ratio，ν）、材料强度（strength，σ）、热膨胀系数（thermal expansion coefficient，α）以及气孔率（porosity，δ）等。对于热稳态和动态设计，还需确定热容（thermal capacity，C）、热扩散率（thermal diffusivity，ε）和热导率（thermal conductivity，λ）等。

材料的物性不仅随组成不同而异，同时还与材料的构象和材料的微观结构有关。一般认为，功能梯度材料的组分梯度分布中，各组分并非简单地均匀复合。Nan 等对两相体系进行大量研究后认为，组分晶粒在不同成分分率的范围内，大致以孤立晶粒、晶簇、类渗滤结构三种形式存在。

梯度材料物性推断方法主要有实测法、经验复合法和微观力学模型等。

（1）实测法　通过实验的方法系统测定各种体系功能梯度材料中不同混合组分下的物性参数是最直接也最可靠的方法。但一方面，要全面测定众多的材料体系在各种配比下的材料的物性几乎是不可能的；另一方面，在同样成分分布下不同工艺制备的梯度材料的构象与微观结构有较大差异，而这又与其物性密切相关。因此，实验法测定的数据并不具有普遍的实用价值。

（2）经验复合准则　川崎亮、渡边龙三等在功能梯度材料研究的初期就提出了经验复合法则。其核心是将材料的组成与结构要素进行了简化，以材料构成组分的物性及其体积分数为依据，以体积平均法对梯度材料的物性进行描述。

采用由微观结构决定的混合律，可半定量地推算出非均质材料的物性参数。

Wakashima 等对混合律进行了大量研究，并将其应用于功能梯度材料的设计中[11]。

设功能梯度材料由陶瓷 A 和金属 B 构成，P_A、P_B 分别表示纯陶瓷和纯金属的物性参数，f_A、f_B 为 A、B 的体积分数，$f_A + f_B = 1$。最简单最常用的混合律为线性混合律，梯度材料的有效物性参数为一算术平均值，即

$$P = f_A \cdot P_A + f_B \cdot P_B \qquad (9\text{-}3)$$

调和混合律则将梯度材料的物性参数看作一调和平均值

$$\frac{1}{P} = \frac{1}{P_A} + \frac{1}{P_B} \qquad (9\text{-}4)$$

而更一般的梯度材料有效物性参数表达通式为

$$P = f_A \cdot P_A + f_B \cdot P_B + f_A \cdot f_B \cdot Q_{AB} \qquad (9\text{-}5)$$

式中，Q_{AB} 为与 A、B 两种材料物性有关的函数。采用上述混合律可估算功能梯度材料的有效物性参数值[12,13]。但为获取更准确的物性参数，一些学者分别采用了其他一些推算式。张晓丹等将线性混合律和调和混合律加权平均，并引入可调参数 k 来推算有效杨氏模量：

$$E = k(f_A \cdot E_A + f_B \cdot E_B) + (1-k)\frac{E_A \cdot E_B}{f_A \cdot E_B + f_B \cdot E_A} \qquad (9\text{-}6)$$

式中，$0 \leqslant k \leqslant 1$，为经验参数。而 Williamson 和 Giannakopoulos 均采用了 Tamura 提出的复合材料有效杨氏模量推算式来计算有效杨氏模量：

$$E = \left(f_B\,\frac{q + E_A}{q + E_B} + f_A \right)^{-1} \cdot \left(f_B\,E_B\,\frac{q + E_A}{q + E_B} + F_a \cdot e_a \right) \qquad (9\text{-}7)$$

参数 q 取值为 $4500\mathrm{MPa}$。Ravichardran 也提出了如下两相复合材料杨氏模量推算公式，并应用于梯度材料的设计中：

$$E = \frac{(E_A \cdot E_B - E_B^2) \cdot (1 - f_A^{1/3} + f_A) + E_B^2}{E_A + (E_B - E_A) f_A^{1/3}} \qquad (9\text{-}8)$$

将上述各式进行比较，加权平均法（$k=0.5$）、Tamura 法和 Ravichardran 法的计算结果均低于线性混合律的结果，Ravichardran 法的计算结果则与调和混合律的结果接近。

由于经验复合法则主要考虑组分体积分数的变化，而对材料的结构、形态、组织等因素进行了简化，致使推算结果与实测结果有较大的偏差。若将 A、B 两种材料以固定比例复合，复合材料中组分的体积分数比为定值，根据混合律，其物性参数也应为定值。但实际上，组分在复合材料中的构象随复合方法的不同有较大差异，当某一组分以孤立晶粒（又可分为球状晶粒、针状晶粒、晶须等情况）、晶簇或网状交织的形式存在时，其物性参数显然有很大不同。因此，经验复合准则的应用具有较大的局限性。Hirano 等将材料的各种物性参数与其微观结构相联系，对物性参数的混合律法则作了重要的完善和补充。

（3）微观力学模型　基于实测法和经验复合准则的局限性，若岛健司、南策文等作了重要的改进，提出了微观力学模型及其他一些推算法。微观力学模型在梯度材料组分分布的基础上，考虑了材料的微观结构，其结果更接近实际情况。

若岛健司根据 Eshelby 等效夹杂原理，将大多数材料中存在的椭球形不连续相引入梯度层的物性解析，建立了两相微观力学模型。

在微观力学模型中，将组分作为若干椭圆体按一定方向放置在空间而使之模型化，并对微观构象的形状赋予特定的参数。这些参数可以椭圆体的形状和方位来描述，如长短轴比 c/a，方位角 θ、φ 等。通过改变形状比和方位角的值，可以得到分散相从纤维到圆柱、球体、薄片等在空间的形状和取向，并以此模型来求取材料的物性参数。对于柔性张量的计算，可采用下式求取：

$$\overline{M} - M_0 = \sum f_i (M_i - M_0) \cdot B_i \tag{9-9}$$

式中，$\overline{M}$ 表示待求解的微观柔性张量；M_0 为母相柔性张量；M_i 为第 i 个分散相的柔性张量；f_i 为其体积分数；B_i 为其应力集中因子张量；$\sum$ 表示有关分散相的总和。

在 Eshelby 法中由于未考虑真实微观结构和气孔的影响，模拟结果有时会出现较大的偏差。实际材料中均有一定的气孔存在；复合材料中各相并非简单平板式层状分布，可能为极其复杂的形状；在某一组分含量较低时可能以分散相的形式存在（孤立晶粒），随含量的增高，可能变为晶簇，甚至为网状交织形式；梯度分布层中分散相与连续相也可能会随成分分数的改变而互换；各晶粒在空间的取向可能会有较大差异，这点对各向异性组分特别突出。所有这些导致该设计模型不能实现微观结构与宏观性能的统一。

南策文等发展了自洽弹性微观力学方法，克服了 Eshelby 法只适用于夹杂相体积分数较小情况的局限性，在较大成分变化范围内可对两相体系进行模拟。

实际上，材料中存在的微小气孔也可看作弹性常数为零的分散相。王继辉等用 Eshelby 等效原理和 Mori-Tanaka 平均场理论导出了梯度材料性能预测的三相理论公式，对 MgO-Ni 系梯度材料的物性参数进行了模拟计算，并在此基础上用有限元法进行了热应力计算，推导出了优化梯度分布指数。

对于梯度分布中随组分体积分数变化出现网状交织结构和分散相与连续相互换的情况，Muramatsu 等引入分形理论进行处理，用表面分形研究不连续的弥散结构，用质量分形研究网状交织结构。其对 ZrO₂-不锈钢系功能梯度材料的处理结果与实验结果非常接近。1991 年平野彻与若岛健司将模糊逻辑应用于梯度材料的物性计算中。应用模糊理论中的元函数，将母相（连续相）与分散相也作为一种微观组织形态变化进行处理，提高了微观力学近似法的计算精确性。

围绕各种特定体系梯度材料物性参数的模拟，先后有许多学者进行了大量的研究探讨工作，分别采用了平均场模型（MFM）、Eshelby 模型（EM）、自洽模型（SCM）、能量模型（EM）及精确解等各种模拟计算方法[13~15]。各种模型在各自的适用范围内可以较好地描述复合材料的物性参数。由于各种体系梯度材料的差异及特殊性，物性参数模型的适用情况亦有较大的不同，一般都是以某个典型模型为基础，根据具体体系微观结构的特殊性给予适当修正而进行模拟，因此很难评价各种模型间的优劣。但一般认为，随着对功能梯度材料研究的深入和建模技术、计算方法的发展，梯度材料物性参数推算模型的发展方向是将分形技术、渗滤理论、神经网络和模糊逻辑等先进分析技术应用于材料设计，将复合材料的微观结构及宏观构象与其物性参数完美地结合起来，使模拟计算结果更符合实际。

5. 功能梯度材料的热应力模拟

在功能梯度材料的组成分布模型和物性参数模型确定后，需要对功能梯度材料的热应力进行计算，并将计算的热应力结果以材料的破坏准则进行参比判断。在热应力模拟时，需要考虑梯度材料的温度场模型和应力模型两个方面。

（1）温度场模型　根据材料的热环境、热历史及热初始条件、热边界条件的不同，热应力计算中温度场可以分为热静态、热稳态和热动态三种温度场模型。

①热静态　梯度材料在制备过程中的残余热应力计算和优化就是所谓的热静态问题。在热静态模型中，材料的两侧处于同一恒定的温度下，材料中无热量传递，温度梯度为零，材料任意一处温度不随时间改变，即：$\partial T/\partial x=0$、$\partial T/\partial t=0$。此时梯度材料的热应力主要由材料使用温度与材料制备温度差引起。

②热稳态　梯度材料在隔热过程中的工作应力即所谓热稳态问题。在热稳态模型中，材料两侧各处于某恒定温度下，材料中有稳定的热量传递，但材料任意一处温度不随时间改变，即：$\partial Q/\partial t=0$、$\partial T/\partial t=0$。此时热应力主要由材料两侧的温度差引起。

③热动态　梯度材料在热冲击下的瞬间热应力计算及优化即所谓的热动态问题。在热动态模型中，由于承受热冲击，材料中存在不稳定热量传递，材料任意一处的温度均要随时间而改变，即：$\partial Q/\partial t\neq0$、$\partial Q/\partial x\neq0$、$\partial T/\partial t\neq0$。

④热应力叠加　在实际的材料使用过程中，除热静态外，一般都存在热应力叠加问题。如热稳态时，除由于材料两侧温差引起的热应力外，还应该将材料制备温度与使用温度差的影响叠加进去；而热动态时情况就更为复杂一些。

（2）应力模型　在功能梯度材料的热应力模拟计算中，应力模型主要为热弹性理论模型和热弹-塑性理论模型。

目前使用最多的是热弹性理论模型。该模型将材料的变形全部看作弹性变形，将塑性变形部分忽略，因此计算的热应力值偏大，但在处理和计算时得到较大简化，过程简单方便，且根据偏大的热应力结果进行材料设计提高了使用安全性，目前已被广泛采用。

但梯度材料在制备和使用过程中均存在塑性变形，为得到更精确的热应力计算结果，应将材料的塑性变形考虑在内。在相当一段时间内，弹塑性残余热应力分析的报道不多，主要是对梯度材料弹塑性变形机理的研究较少。目前已提出一些建立在弹塑性理论基础上的应力模型，但由于其自身存在一定缺陷，计算模拟过程也非常繁杂，所以在许多情况下的计算还是以采用弹性模型的居多[11]。

Rivichardran 依据经典弹性力学理论导出了弹性条件下功能梯度材料残余热应力的解析计算式，对 Ni-Al₂O₃ 系无限大平板状试样的残余热应力进行了研究。结果表明：Ni-Al₂O₃ 系在线性成分梯度时残余热应力最小；应尽可能减小纯陶瓷层厚度以降低陶瓷层中的残余热应力；组分弹性模量和热膨胀系数随温度的变化对残余热应力影响不大[11]。

Hojo 等导出了有限边界圆片状梯度材料试样的轴向和径向残余热应力的计算式，分析了采用粉末冶金法制备的 SiC-TiC-Ni 系梯度材料的残余热应力。结果表明，轴向应力集中在径向自由边界附近，而径向应力则集中在中轴附近[11]。

Obata 采用解析法导出了求解不同边界约束条件下的梯度材料平板在稳态和非稳态温度场中温度分布和热应力分布的解析式，并对 ZrO₂/Ti6Al4V 系梯度材料的温度适用范围、加热和冷却条件对热应力的影响等方面进行了研究。

在热弹性应力研究方面，日本学者处于领先地位，Noda N 和 Tanigawa Y 为首的研究小组在这方面研究工作最多、最全面，所提出的研究方法最具代表性。

Noda N 等的研究是将梯度材料热弹性应力问题简化为一维热传导和相应的热弹性应力问题来进行分析，最主要的特点是引入了刻划材料组分变化情况的体积分数和孔隙率等，并将物性参数表示为它们的函数，从而可以采用积分法、摄动法、拉普拉斯变换及傅立叶变换等方法来求得解析解或近似解析解，详细讨论了梯度材料组分变化对热应力的影响，为获得最佳的梯度材料提供了依据。

Tanigawa Y 等则采用了非均匀物体分层的近似方法来研究材料的瞬时热弹性应力问题，就材料的每一层而言，温度场和热弹性场控制方程与均匀材料并无不同，这种方法对研究二维、三维等更为复杂的热传导和相应的热弹性应力问题而言，可得到极大简化，也更适合分析工程实际应用中出现的各种复杂受热情况。

Giannakopoulos 对弹塑性功能梯度材料残余热应力分析进行了开创性的研究，用解析法对处于周期性变温条件下功能梯度材料的弹塑性变形机理进行了分析，建立了用于分析处于周期性变温环境中的功能梯度材料热应力变化过程、塑变起始发生位置和塑变积累的一般理论，并通过量纲分析获得不同组合条件下（几何形状、物理性质、成分梯度等），功能梯度材料热弹性、热塑性变形的临界条件[11]。

（3）热应力求解方法　在热应力的求解即数学-力学问题的处理方法上，主要采用数学解析法和有限元法（finite element method，FEM）两种手段。数学解析法适合于较简单的问题，而有限元法则适合于复杂体系的分析，适用面较广[16]。

川崎亮和渡边龙三用有限元法分析了线弹性条件下钢/Si_3N_4 和 W/ZrO_2 系梯度材料的残余热应力。Williamson 建立了一个应用于弹塑性条件下梯度材料残余热应力分析的有限元分析数值模型，并对比分析了 Ni/Al_2O_3 系梯度材料和非梯度材料的应力、应变的大小及分布情况，以评价梯度层缓和热应力的效果。Giannakopoulos在分析处于周期性变温环境中的 Ni/Al_2O_3 系弹塑性应力应变时也采用了有限元法，证实了梯度结构的优越性[11]。

6. 功能梯度材料的成分结构优化

功能梯度材料的成分结构优化是指根据热应力计算结果和材料破坏准则对比，对梯度材料的梯度分布进行调整优化，找到最佳的热应力缓和结构。在进行功能梯度材料成分分布优化时，需要遵循热应力缓和判断标准和热应力分布的一般性原则。功能梯度材料的成分分布结构优化原则可以概括如下：最大热应力值最小化、最大比热应力值最小化、最大热张应力于富金属区分布、综合应力设计准则等。

在功能梯度材料研究初期，对于热应力缓和的判断标准大都以热应力最小为设计目标。由于梯度层中材料的物性（尤其是材料强度）随成分改变而改变，强度最低处不一定就是热应力最小的区域，简单地以热应力最小化来判断显然不尽合理。优化时，不仅要求热应力最小化，同时还要求将热应力峰值调整到梯度材料的高强度一侧。后来有人提出了以比热应力（热应力与材料强度的比值）最小为判据的优化方法，使梯度材料设计优化更加可靠。我国学者提出的综合设计准则中，强调了陶瓷/金属系梯度材料中陶瓷侧是最易破坏的环节，并注意到通常采用热弹性理论模型进行梯度材料的热应力计算时是将残余热应力、隔热应力和工作应力孤立模拟，从而提出综合设计优化准则应包括热应力和比热应力最小化、纯陶瓷侧处于零应力或弱拉应力状态等[17]。该综合设计优化准则考虑了金属材料和陶瓷材料的特性以及功能梯度材料的实际应用环境，因此更接近于实际情况，目前已得到世界许多学者的认同和高度评价。目前，世界各国对功能梯度材料的设计进行了大量的研究，也获得了非常大的进展，但在功能梯度材料设计数据库、微观结构模型和物性参数模型以及计算机辅助设计专家系统的完备方面还需进行大量的工作，以提高功能梯度材料设计的精度和可靠性。据报导，日本编制成功的逆反设计程序"D^{-1}-PROLOG Inverse Design Prolog"在这方面有较大突破。

9.2.2　功能梯度材料性能评价[29~32]

功能梯度材料性能评价是将经材料设计和制备所制得的梯度材料在模拟的实

际使用环境条件下，测定其各种性能，判断其是否满足使用要求，并将评价结果反馈到材料设计和材料制备中的综合技术。根据梯度材料的应用环境不同，对其性能的侧重点亦有所不同，因而评价的手段、方式和项目有较大差异。由于梯度材料的组成和性能是梯度变化，不能采用常规的测试手段来评价其性能。一般来讲，功能梯度材料的性能评价包括热应力缓和特性评价、热疲劳特性评价、隔热性能评价、热冲击性能评价、超高温机械强度评价和特殊功能性评价等。

1. 热应力缓和特性评价

热应力缓和特性评价是将设计时所得的热应力大小及分布与测定的热应力大小与分布对比来进行分析。热应力的分析一般是采用激光或超声波等方法来进行。宫胁和彦等将 $ZrO_2+8\%\ Y_2O_3/NiCrAlY$ 梯度材料及 $ZrO_2+8\%\ Y_2O_3$ 非梯度材料在激光照射下的温度分布、轴向应力分布及径向应力分布进行了深入研究，证实了该体系功能梯度材料对热应力缓和的作用。

2. 热疲劳特性评价

热疲劳特性评价可通过梯度材料在一定温度下热传导系数随热循环次数的变化来进行。比较热传导系数减小的幅度，可定量或半定量评价材料的热疲劳性能，由此规定材料热疲劳寿命标准。用于航天飞机的热应力缓和型梯度材料的热疲劳评价是在 2000K 下通过模拟真实运行环境的风洞实验来确定热疲劳寿命及热疲劳机理。新野正之等测定了 C/SiC 系梯度材料与纯 SiC 材料的热传导随循环次数的变化规律，证实了该体系梯度材料优异的热疲劳性能[11]。

3. 隔热性能评价

梯度材料的隔热性能是通过模拟实际环境进行试验，测定材料在不同热负荷下的导热系数来加以评价的。常采用的有高温度落差基础评价试验、空气动力加热评价试验、高速回转加热场评价试验等。对稳态下工作的梯度材料也可在稳态场中进行评价，材料的表观导热系数可由下式确定：

$$\lambda = \frac{q \cdot t}{T_{ws} - T_{wb}} \qquad (W/m \cdot K) \qquad (9\text{-}10)$$

式中，λ 为材料的表观导热系数；$T_{ws}-T_{wb}$ 为试样两侧温度差；q 为透过试样的热流量；t 为试样厚度。根据不同材料的导热系数，可以比较其隔热性能。

4. 热冲击性能评价

梯度材料的热冲击性能评价通常是通过激光加热法和声发射探测法（AE）共同来确定的。测试时用激光照射试样表面，随输出功率的增加，材料所受的热负荷亦增加，当激光输出功率达某一极限值时，材料产生声信号（AE 信号），表明材料内部出现裂纹，规定材料产生裂纹的激光输出功率与激光斑面积的比值为临界激光输出功率密度 P_c。对不同的材料，P_c 越大，表明材料耐热冲击的能力越强，据此可评价材料的耐冲击性。宫胁和彦等将 $ZrO_2 + 8\%$ Y_2O_3 非梯度材料及 $ZrO_2 + 8\%$ Y_2O_3/NiCrAlY 梯度材料在激光照射下进行热冲击评价，后者的临界激光输出功率密度大约为前者的 1.5 倍，表明梯度结构的耐热冲击性有较大提高。佐佐木真等采用该法对均质 SiC 材料和 SiC/C 系梯度材料进行了热冲击评价，亦得到相似结果。

5.超高温机械强度评价

超高温机械强度评价是在 2000K 以上的温度下，测定梯度材料的破坏强度，并建立相应标准[10]。

6.特殊功能性评价

不同的功能梯度材料使用于不同的工作环境，对材料的功能性亦有不同的要求，其评价方法有较大差异。航天飞机的舱体隔热材料的功能性主要要求具有较高的强度和隔热性能，而作为制造人工器官的功能梯度材料的功能性则主要要求其具有耐磨性、耐蚀性和良好的生物相容性，对其特殊功能性的评价也应围绕以上性能进行。

9.2.3　功能梯度材料设计举例

目前，制约人工机械心脏瓣膜在临床上广泛采用的主要因素之一是瓣膜构成材料的性能还不十分理想。将优良的耐磨耐蚀性、高强度、高抗冲击性等与优良的组织相容性和血液相容性有机地统一起来，是生物材料界和临床医学界普遍关注的问题。

基于人工机械心脏瓣膜的工作环境和性能要求以及长期的研究实践，选择 Ti6Al4V 合金基类金刚石梯度涂层材料为其构成材料。下面就以 DLC /Titanic Alloy 梯度涂层材料的设计为例，说明功能梯度材料设计的一般过程。

1.类金刚石碳与钛合金的界面问题

对于涂层在基体上的附着强度，一般使用黏附功来衡量，黏附功越大，则两种材料结合越紧密。在材料物理中，黏附功定义为分开单位面积黏附表面所需要的功或能，即

$$W_{AB} = \gamma_A + \gamma_B - \gamma_{AB} \tag{9-11}$$

式中，W_{AB} 为黏附功；γ_A 和 γ_B 分别为 A 和 B 的表面能；γ_{AB} 为 A 与 B 的界面能。在材料体系中 A、B 一定的情况下，γ_A 和 γ_B 均为定值，起决定作用的是界面能，界面能越大则黏附功越小。而影响界面能的主要是两种材料的相似性，包

括原子（离子）排列方式、原子排列面密度、原子键合性质及表面洁净程度等诸多因素。

在类金刚石碳-钛合金体系中，碳为无定形结构，钛合金中的钛主要为六方结构的 α 相，原子排列方式有较大差异，其原子排列面密度亦可能有较大差异；C 原子的电负性为 2.5，Ti 原子的电负性为 1.5，其成键时倾向于生成共价键，当 C 原子与 Ti 原子排列面密度不相匹配时，将引起键的扭转。在通常的碳素涂层制备温度下，碳钛间原子的互扩散也很难进行。因此，当在钛合金表面上直接涂覆碳膜时，界面上碳与钛的结合中可能有相当大的比例为范德华力结合，C-Ti 界面非常显著，不利于两种材料的牢固结合。

即使采用钛合金表面先涂覆 TiC 再沉积碳的方式制备"准梯度材料"，面心立方的 TiC 与六方的 α 相 Ti 在结构上差异仍然很大。虽然在从 TiC 到 C 的梯度层内能有效缓和热应力，但涂层与基体界面的显著存在仍对键合强度十分不利。

基于 C-Ti 体系的性质，采用一定的手段使碳离子注入到钛合金基体的深层，在钛合金内反应生成 TiC，并控制条件使之形成 Ti-(Ti＋TiC)-TiC-(TiC＋C)-C 的梯度结构，或生成固溶体而形成 (Ti_xC_{1-x}) 梯度分布结构，或生成二者的组合，以期消除 C-Ti 界面，有效缓和热应力，实现生物碳素梯度涂层材料与基体材料的牢固结合。

2. 梯度涂层的成分分布及物性参数推算

设有一钛合金基碳素梯度涂层材料，在表面全部为类金刚石碳，随深度增加碳的体积分数逐渐下降而钛合金的体积分数逐渐增加，到基体的深层全部为钛合金。将碳体积分数由 1 下降到 0 的区域定义为梯度分布层，其厚度用 d 表示。不含碳的区域定义为基体层，其厚度用 D 表示。将梯度涂层材料的表面定为 x 轴坐标原点（如图 9-7 所示）。随 x 的增加，碳体积分数下降而 Ti6Al4V 的体积分数增加。

采用幂函数模型对该体系的组成分布进行描述，则沿 x 轴方向组成呈一维连续变化。设钛合金的体积分数是 x 的一元函数：

$$f_{Ti}(x) = \left(\frac{x}{d}\right)^n \tag{9-12}$$

式中，$f_{Ti}(x)$ 为 x 处钛合金的体积分数；d 为梯度分布层厚度；n 为梯度指数（亦称成分分布系数）。通过改变 n 值的大小，可以改变组成分布。组分 C 的体积分数为 $f_C(x) = 1 - f_{Ti}(x)$。不同 n 值下 C-Ti 梯度分布层内的组成分布如图 9-8 所示。

采用线性混合律对梯度层内材料物性参数进行推算。梯度层中材料由钛合金和类金刚石碳构成，P_{Ti}、P_C 分别表示钛合金和类金刚石碳的物性参数，$f_{Ti}(x)$ 和 $f_C(x)$ 为钛合金和碳的体积分数，$f_{Ti}(x) + f_C(x) = 1$。根据线

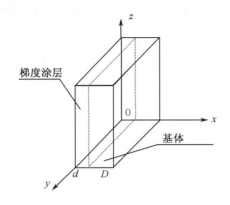

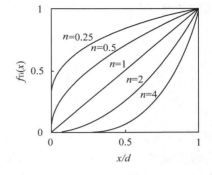

图 9-7 计算模型示意图   图 9-8 梯度涂层中钛的浓度分布

性混合律，梯度材料的有效物性参数 P 为一算术平均值，即

$$P(x) = f_{Ti}(x) \cdot P_{Ti} + f_C(x) \cdot P_C \tag{9-13}$$

将 $f_C(x)$ 和 $f_{Ti}(x)$ 的表达式代入式（3-3），得到梯度材料的有效物性参数的表达式：

$$P(x) = P_C + (P_{Ti} - P_C) \cdot \left(\frac{x}{d}\right)^n \tag{9-14}$$

3. 人工心脏瓣膜材料热应力模型的确定

根据人工心脏瓣膜的实际情况，为简便起见，热应力计算的形状模型采用平板模型，温度模型采用热静态模型，而热应力模型采用热弹性理论模型。在实际的功能梯度材料设计中，需按照具体情况选用适当的模型。

类金刚石与钛合金物性参数列于表 9-1 中。

表 9-1 钛合金及类金刚石的物性参数

材　　料	杨氏模量 E/GPa	热膨胀系数 $\alpha/(10^{-6}/\text{K})$	屈服强度 σ_s/MPa	泊松比 ν
Ti6Al4V	89	10.25	815	0.34
DLC	174	2.3	400	0.20

4. 生物碳素梯度涂层材料的热应力计算

对于无限平面钛合金基生物碳素梯度涂层材料，可以在材料中任意选取一微元进行研究。由于设定材料为无限平板，材料的长度和宽度远大于其厚度，因此所选取的微元主要是在 x 方向的微元。

由于物体在发生纵向变形的同时，横向也要发生相应的变形。根据各向同性体的广义虎克定律，物体的应变应力关系为

$$
\left.
\begin{aligned}
\varepsilon_x &= \frac{1}{E}\left[\sigma_x - \nu(\sigma_y + \sigma_z)\right] \qquad \gamma_{xy} = \frac{1}{G}\tau_{xy} \\
\varepsilon_y &= \frac{1}{E}\left[\sigma_y - \nu(\sigma_z + \sigma_x)\right] \qquad \gamma_{yz} = \frac{1}{G}\tau_{yz} \\
\varepsilon_z &= \frac{1}{E}\left[\sigma_z - \nu(\sigma_x + \sigma_y)\right] \qquad \gamma_{xz} = \frac{1}{G}\tau_{xz}
\end{aligned}
\right\}
\tag{9-15}
$$

式中，ε_x、ε_y、ε_z 分别为 x、y、z 方向的正应变；σ_x、σ_y、σ_z 分别为 x、y、z 方向的正应力；γ_{xy}、γ_{yz}、γ_{xz} 分别为 x、y、z 方向的切应变；τ_{xy}、τ_{yz}、τ_{xz} 分别为 x、y、z 方向的切应力；E 为杨氏模量；G 为切变弹性模量；ν 为泊松比。

设材料制备温度为 T_H，材料的使用温度为 T_L，则温差为 $\Delta T = T_L - T_H$。在经历了 ΔT 的温度变化后，体系内各点均发生漂移，即基体及涂层均在 x、y、z 三个方向发生热伸缩。当材料间相互约束时，由于材料的热变形差异将产生附加应变，从而产生热应力。根据涂层材料无限平面应力近似假设，由材料热变形约束所引起的应力应变有如下约定：在 x 方向上的变形不受约束，材料在 x 方向由热变形约束引起的正应力为零，即 $\sigma_x = 0$；而在 y、z 方向上基体与涂层相互约束将产生应力；在 x、y、z 方向上的剪切应力为零，即 $\tau_{xy} = \tau_{yz} = \tau_{xz} = 0$；对于各向同性材料的无限平面，$y$ 方向的应力和 z 方向的应力完全相同，即 $\sigma_y = \sigma_z$，故在推导过程中对 y、z 方向的应力、应变不再分别说明。此时，系统情况将大为简化。

$$
\left.
\begin{aligned}
\varepsilon_x &= -\frac{1}{E}\nu(\sigma_y + \sigma_z) \\
\varepsilon_y &= \frac{1}{E}(\sigma_y - \nu\sigma_z) \\
\varepsilon_z &= \frac{1}{E}(\sigma_z - \nu\sigma_y)
\end{aligned}
\right\}
\tag{9-16}
$$

由于 $\sigma_y = \sigma_z = \sigma(x)$，对 σ_y 和 σ_z 不需加以区分，对所研究的梯度涂层材料体系将式（9-16）表示为

$$
\sigma(x) = \frac{\varepsilon(x) \cdot E(x)}{1 - \nu(x)}
\tag{9-17}
$$

下面以所制备材料中一微元的应变应力情况进行材料在工作温度下的残余热应力分析。设所制备的材料在制备温度下为无应力（热应力）状态，所选择的微元体初始（制备温度下）无应变。当基体与涂层相互无约束时，使用温度下对应的基体热应变为

$$
\varepsilon'_{Ti} = \alpha_{Ti} \cdot \Delta T
\tag{9-18}
$$

梯度层内 x 处的热应变为

$$\varepsilon'(x) = \alpha(x) \cdot \Delta T \tag{9-19}$$

式中，α_{Ti} 和 $\alpha(x)$ 分别为钛合金热膨胀系数和梯度层 x 处的热膨胀系数；$\varepsilon'_{\mathrm{Ti}}$ 和 $\varepsilon'(x)$ 均在 x、y、z 三个方向同时发生。

当基体与涂层相互约束时，使用温度下实际热应变为 ε''（基体与涂层相同）。此时，在 y、z 方向上，基体和涂层在 $\varepsilon'_{\mathrm{Ti}}$ 和 $\varepsilon'(x)$ 的基础上分别再产生附加应变，残余热应力即由该附加应变所引起。钛合金内应变 $\varepsilon_{\mathrm{Ti}}$ 和涂层内 x 处应变 $\varepsilon(x)$ 分别为

$$\varepsilon_{\mathrm{Ti}} = \frac{(1+\varepsilon'') - (1+\varepsilon'_{\mathrm{Ti}})}{1+\varepsilon'_{\mathrm{Ti}}} = \frac{\varepsilon'' - \alpha_{\mathrm{Ti}} \cdot \Delta T}{1+\alpha_{\mathrm{Ti}} \cdot \Delta T} \tag{9-20}$$

$$\varepsilon(x) = \frac{(1+\varepsilon'') - [1+\varepsilon'(x)]}{1+\varepsilon'(x)} = \frac{\varepsilon'' - \alpha(x) \cdot \Delta T}{1+\alpha(x) \cdot \Delta T} \tag{9-21}$$

钛合金内应力 σ_{Ti} 和涂层内 x 处的应力 $\sigma(x)$ 分别为

$$\sigma_{\mathrm{Ti}} = \frac{E_{\mathrm{Ti}} \cdot \varepsilon_{\mathrm{Ti}}}{1-\nu_{\mathrm{Ti}}} = \frac{\varepsilon'' - \alpha_{\mathrm{Ti}} \cdot \Delta T}{1+\alpha_{\mathrm{Ti}} \cdot \Delta T} \cdot \frac{E_{\mathrm{Ti}}}{1-\nu_{\mathrm{Ti}}} \tag{9-22}$$

$$\sigma(x) = \frac{E(x) \cdot \varepsilon(x)}{1-\nu(x)} = \frac{\varepsilon'' - \alpha(x) \cdot \Delta T}{1+\alpha(x) \cdot \Delta T} \cdot \frac{E(x)}{1-\nu(x)} \tag{9-23}$$

式中，E_{Ti} 和 $E(x)$ 分别为钛合金的杨氏模量和涂层内 x 处的杨氏模量。将 $\alpha(x)$ 和 $E(x)$ 的表达式带入式（9-21），并根据体系平衡条件：

$$\sigma_{\mathrm{Ti}} \cdot D = -\int_0^d \sigma(x)\mathrm{d}x \tag{9-24}$$

采用计算程序进行运算，求取 ε'' 值，得到相互约束下实际应变后，带入式（9-23）即为 $\sigma(x)$ 表达。梯度涂层内残余热应力 $\sigma(x)$ 计算结果比较示于图 9-9 和 9-10 中。

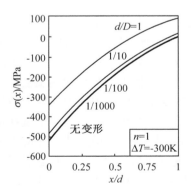
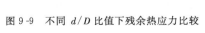
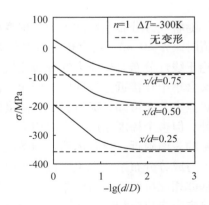

图 9-9　不同 d/D 比值下残余热应力比较　　图 9-10　涂层内不同相对位置的热应力比较

根据以上计算，可以得出以下几点结论：

①在基体厚度一定的情况下，增加梯度涂层的厚度，涂层内残余热应力值将下降；

②当梯度涂层与基体相比厚度很小时（$d/D < 1/100$），可以忽略基体的附加应变，将系统大为简化；

③在成分分布系数一定及涂层很薄（$d/D < 1/100$）的情况下，梯度涂层内热应力的分布只与相对位置（x/d）有关，而与涂层的厚度无关。

5. 不同成分分布系数下的热应力分布

设人工心脏瓣膜使用温度为 310K（37℃），设材料制备温度为 410K（137℃）和 710K（437℃）两种情况，根据前面推导的梯度涂层内残余热应力的解析式对无限平板生物碳素梯度涂层材料的残余热应力分布进行计算，结果示于图 9-11 中。

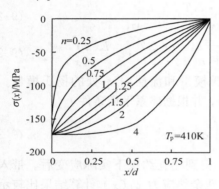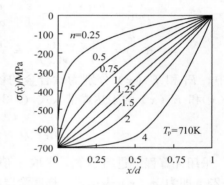

图 9-11　不同制备温度下浓度分布系数 n 对残余热应力的影响

随着成分分布系数的不同，梯度涂层内残余热应力的分布有很大差异。在低 n 值时（$n < 0.5$），残余热应力主要集中在涂层的表面，随 n 值的增加，应力逐渐趋于线性分布，热应力的分布比较平缓。但当 n 值过高时（$n > 2$），残余热应力又会集中在接近基体的区域变化。比较不同温度下制备材料在使用温度下的残余热应力分布可知，随材料制备温度的升高，梯度涂层材料中残余热应力值迅速上升，但整个梯度涂层范围内均无应力极值出现，最大残余热应力均出现在梯度涂层的表面附近。材料体系及制备温度一定后，使用温度下最大残余热应力为定值，与成分分布系数无关，也与涂层的厚度无关（涂层很薄时）。类金刚石与金属基体相比抗剪切能力较差，可以认为梯度涂层中类金刚石成分较多的区域，残余热应力变化应相对平缓，因而成分分布系数 n 应在 $1.0 \sim 2.0$ 之间。

6. 残余热应力分布的二次优化

由于梯度材料中物性参数并非定值，要随成分而改变，为 x 的函数，材料的破坏也有多方面的原因，仅从梯度材料中残余热应力的分布形状来选择成分分布系数 n 会带有一定的片面性。从材料破坏的角度来看，主要有两个方面的原因，一是所承受的正应力超过材料的抗压强度或抗拉强度而引起破坏，再就是由于应力分布的不均匀而产生的剪应力超过材料抗剪切强度引起涂层剥落。在此，从梯度材料的比应力 R（材料所受应力与材料强度之比）及材料中相邻微元体的应力变化率两个方面进行残余热应力分布的二次优化。

（1）比热应力优化　梯度材料中不同区域具有不同的物性参数，其强度亦会不同。由于该体系中涂层主要受压应力，在此主要考虑材料的抗压强度，采用物性参数的线性混合律进行求取。前面已经得到无限平板梯度涂层材料在涂层很薄时的残余热应力解析式，将梯度涂层材料的热应力分布与梯度涂层材料的抗压强度比较，可得出该梯度涂层中的比应力。不同温度下制备的碳素梯度涂层材料在使用温度下的比热应力计算结果示于图 9-12 中。

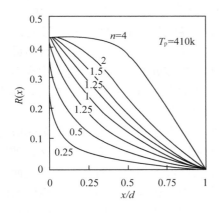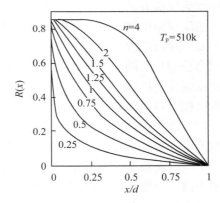

图 9-12　不同温度下制备的生物碳素梯度涂层材料的比热应力

$$\sigma_s(x) = \sigma_{s,C} + (\sigma_{s,Ti} - \sigma_{s,C}) \cdot \left(\frac{x}{d}\right)^n \tag{9-25}$$

$$R(x) = \frac{\sigma(x)}{\sigma_s(x)} \tag{9-26}$$

可以看出，随成分分布系数的不同，使用温度下类金刚石梯度涂层内比热应力的分布有很大差异。对于所选定的体系，梯度涂层范围内无比热应力极值出现，最大比热应力均出现在梯度涂层的表面。对该体系而言，当梯度涂层厚度远小于基体厚度时，最大比热应力与成分分布系数无关，由构成体系的组分本质所决定，说明该梯度涂层材料从压应力破坏的角度来看，其薄弱环节是梯度涂层的表面。由此看来，从比热应力优化的角度无法对成分分布系数进行优化选择。

从图 9-12 中还可以看出，对所选择的体系，随制备温度不同，梯度涂层材

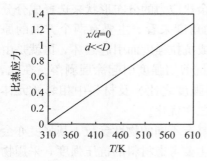

图 9-13 涂层表面比热应力的变化

料的比热应力亦有较大变化，比热应力随材料制备温度几乎呈线性增加。图 9-13 为使用温度下碳素梯度材料表面比热应力（最大比热应力）随材料制备温度的变化曲线。

由图 9-13 可以看出，材料体系一定后，材料表面比热应力（最大比热应力）随材料制备温度相应增加。当该生物碳素梯度涂层材料的制备温度高于 550K 时，使用温度下涂层表面比热应力会超过 1.0，表明该碳素梯度涂层材料表面有被破坏的危险。因此，在涂层厚度远小于基体厚度时，该体系梯度涂层材料的制备温度应该控制在 550K 以下。

这里要说明两点：一是该处比热应力的计算是基于材料热变形应变全部集中在梯度涂层部分的假设，所以多次强调梯度涂层厚度远小于基体厚度的前提条件。当涂层厚度较大，基体应变不容忽略时，涂层表面比热应力（最大比热应力）要随涂层厚度增加而下降（表面残余热应力亦然），同时涂层表面的最大比热应力分布也要随成分分布系数而变化。再就是该处的比热应力优化中类金刚石的抗压强度是以较保守的数值进行计算的。随类金刚石制备方法的不同，其物性参数可能会有所差异，所得的结论亦会有一定变化。

（2）最大应力变化率优化 对于有限平面梯度涂层材料来讲，残余热应力分布与无限平板基本相同，只是在靠近边缘区域出现应力场畸变。涂层材料破坏的另一个原因是由于应力分布的不均匀而产生的剪应力超过材料抗剪切强度而引起涂层剥落。梯度涂层中出现的剪切应力与涂层中两相邻微元体的残余热应力的变化率成正比。因此，考察相邻微元体的残余热应力变化率可以间接反应材料中剪切应力的情况，并以此来对成分分布系数进行优化选择。为避免剪切破坏，要求材料中残余热应力的变化率要趋于均衡，防止局部产生过高的剪切应力。

根据残余热应力的解析表达式，对 x 求一阶导数，即得涂层中 x 处残余热应力的变化率 $K(x)$。各种情况下残余热应力变化率 $K(x)$ 的计算结果示于图 9-14 中。

可以看出，不同制备温度下的残余热应力变化率分布形状基本相同，只是随温度升高，热应力变化率的绝对数值增加。当 $n=1.25$ 时，各种制备温度下残余热应力变化率的最大值均是各种成分分布中最小的，由于热应力分布所产生的对应剪切应力亦最小。因此，在所研究的体系中，成分分布系数 n 在 1.25 左右时热应力缓和的效果最好。

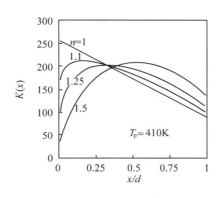 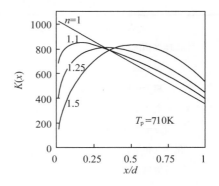

图 9-14　梯度涂层中残余热应力的变化率

9.3　功能梯度材料合成与制备

梯度材料的合成与制备技术在整个功能梯度材料的研究中具有非常重要的地位。功能梯度材料的性能取决于体系选择及内部结构设计，而合理有效的合成与制备技术是实现梯度材料设计构想、控制材料微观结构与成分分布的基本保证。目前世界各国对功能梯度材料的合成与制备技术的研究不断深入，许许多多的合成与制备方法在不断地开发出来，并在梯度材料制备上取得了很好的效果，梯度材料的制备技术正日趋成熟和完善。

功能梯度材料的合成与制备方法从过程来讲，可以分为物理方法和化学方法两大类，如表 9-2 所示，分别适用于不同体系的梯度材料的制备。根据制备途径和材料构型，可以将梯度材料的制备分为整体合成法和涂层法，如表 9-3 所示。

表 9-2　功能梯度材料制备的物理方法与化学方法[32]

过　　程	制备方法	应用体系实例
物理过程	粉末成型法	Al_2O_3/W，ZrO_2/Ni，W/Cu
	等离子体喷涂法	$ZrO_2/NiCrAlY$
	蒸发镀膜法	TiN/Ti，TiC/Ti，C/Cr
	溅射镀膜法	类金刚石$/WC$
化学过程	自蔓延高温合成法	TiB_2/Cu，$MoSi_2/SiC/Al$
	电泳沉积法	Ni/Cu
	化学气相沉积法	SiC/C，TiC/SiC，C/TiC

表 9-3　功能梯度材料的制备方法[11,28,33]

表面涂层	整体合成
物理气相沉积：	注浆法
磁控溅射法	粉末冶金法
离子束混合沉积法	沉淀法
空心阴极法	离心沉淀法
分子束外延法	离心熔铸法
化学气相沉积：	电泳沉积法
等离子体化学气相沉积法	金属渗透法
磁控反应溅射法	可控挥发法
等离子体喷涂法	纤维排列法
电泳沉积法	自蔓延高温合成法
化学气相浸润法	激光梯度烧成法
PVD-CVD 组合技术	

　　整体合成法适用于块体功能梯度材料的制备。块体功能梯度材料（bulk FGM）的制备是根据材料设计的要求，预先将材料的不同组分按一定的梯度分布制成坯体，然后通过熔融、烧结等手段制备成功能梯度材料。目前块体功能梯度材料的制备技术要明显领先于涂层功能梯度材料，采用自蔓延高温合成法、粉末冶金法、离心沉淀法等技术制备的许多体系的块体功能梯度材料已在工程实际中得到应用，取得了明显的效果。

　　涂层法适用于涂层功能梯度材料的制备。涂层功能梯度材料（coating FGM）是在预先制成的基体上通过涂层方法进行制备。涂层梯度材料对于一些特殊的应用具有独到的优越性，但目前在涂层梯度材料的制备中还存在严重的不足。目前采用得较多的等离子体喷涂、化学气相沉积、物理气相沉积、物理－化学气相沉积组合技术等制备方法，基本上都是在涂层中进行组成和结构的梯度分布，虽然可以从一定程度上缓解界面热应力，但由于涂层材料的内渗限制和基体表面不可避免的钝化现象的存在，不可能彻底消除涂层材料与基体材料的界面，仍然存在较大的界面能和界面热应力，不利于涂层材料与基体材料的结合。

9.3.1　注浆法

　　注浆法（slip-casting）系指通过分层浇注不同混合比的料浆到模具中，得到具有一定梯度分布的坯体，然后再进行烧结而制备功能梯度材料。该法对坯体的尺寸和形状适应性强，但注浆速度慢，且是无压成型，坯体密度低而影响材料的强度，故在实际应用中采用得不多。目前有采用注浆法制备 ZrO_2/Ni 系和

ZrO_2/Al_2O_3 系功能梯度材料的报导[33]。

9.3.2 粉末冶金法

采用粉末冶金法（powder metallurgy）制备功能梯度材料是按照材料设计所提供的混合比分布，配置各种浓度的混合粉末，并按某组分浓度依次变化的方向，在压模中依次填充混合粉末，然后压制烧结而成。其工艺包括混合、造粒、梯度组成铺填、压制和烧结等。由于该方法梯度层均是采用粉末铺展法，相邻两层间组分不是连续变化的，故此方法不是精确控制成分梯度变化的理想方法[11]，且铺展工艺控制较复杂，需要设计制造专用模具。粉末冶金法的技术关键是组元混合比的控制和梯度层间的紧密结合。粉末粒径及分布、烧结气氛、升温速度及炉内温度分布等均对烧结致密化有很大影响。该法的坯体制造方式包括颗粒排布法和薄层压制法：颗粒排布法为不同混合比粉末的逐次填充，其最新的手段是采用计算机控制的喷粉排布，利于成分的渐变控制，已成功地应用于 Si_3N_4/SUS-304 系和 ZrO_2/SUS-304 功能梯度材料的制备，但该法对坯体的形状和尺寸适应性较差；薄层压制法是预先制备各种不同混合比的薄片然后压制烧结而成，日本已将该法用于制备 Al_2O_3/Ni 系梯度材料。粉末冶金法的烧结工艺主要有常压烧结、热压烧结、冷等静压-常压烧结、热等静压、热等静压氮化后处理及分级温度梯度烧结等，其中前两种方法为最常使用的烧结方法[28]。

9.3.3 沉淀法

沉淀法（sedimentation forming）系指将混合料浆一次性注入模具中，由于不同组分颗粒的真密度、颗粒形状、颗粒尺寸及分布的不同，其沉降速度也不同，经过一段时间后在竖直方向将形成梯度分布。该法要求不同组分的颗粒间有较显著的真密度差异，对悬浮剂和分散剂的选择也有较高要求。目前有采用沉淀法制备 $Al_2O_3/NiAl$ 系梯度材料的报道。

9.3.4 离心沉淀法

离心沉淀法（centrifugal sedimentation forming）在沉淀法的基础上，采用离心的方法加速不同组分颗粒的偏聚，对具有相近密度的组分构成的体系亦能适用，因而比沉淀法的适应性强。采用该法已成功地制备出 SiC/Al 系梯度材料和环状 $Al_2O_3/CaSO_4$ 系梯度材料。

9.3.5 离心熔铸法

离心熔铸法（centrifugal casting）是在熔体内通过离心的方法使其成分偏析。凝固后，从内到外呈现成分的梯度变化。有人曾经使用该法制备铝铁合金，利用初生相 Al_3Fe 与液相间的密度差，使 Al_3Fe 偏聚于铸件外侧，制备出组织沿径向梯度分布并逐渐过渡到共晶组织的梯度材料[34]。

9.3.6　电泳沉积法

电泳沉积法（electrophoretic deposition）是利用电泳将材料微粒进行沉积的方法。由于不同材料微粒的迁移速率不同，因而实现材料组分的梯度分布。目前已经有研究者采用电泳沉积法制备出了厚度达 6mm 的 ZrO_2/Al_2O_3 系梯度材料。

9.3.7　金属渗透法

金属渗透法（metal infiltration）是一种将熔融的金属渗透到多孔陶瓷或金属基的材料制备技术。由于熔融金属的渗透量会随渗透距离的增加而下降，因而在陶瓷或金属基体内形成梯度分布。采用金属渗透法制备梯度材料时，对熔融金属与基质的润湿性有一定要求，且应考虑金属的熔点是否适合基质材料。目前已采用金属渗透法成功地制备出 W/Cu 系梯度材料。

9.3.8　可控挥发法

可控挥发法（controlled volatilization）是利用材料中组分在不同温度下的挥发性能差异，采用温度梯度烧结实现成分梯度分布的梯度材料制备方法。制备时，将两种或多种组分混合制成坯体，将坯体置于具有预先设定的温度梯度的烧结炉中，由于坯体的不同部位处于不同的温度下，其组分的挥发亦不相同，从而得到具有成分梯度分布的梯度材料。通过调整烧结炉的温度梯度分布可控制梯度材料的成分梯度分布。采用可控挥发法已成功地制备出 MgO/SUS－304 系梯度材料。

9.3.9　纤维排列法

纤维排列法（fiber arrangement）实际上就是纤维增强塑料（fiber reinforced plastics）中纤维密度梯度化排列技术的延伸。以聚合物、金属或陶瓷为基体，以陶瓷纤维或金属纤维为增强相。由于该法对基体相和纤维相的适应面宽，纤维排列容易控制，是制备功能梯度材料的重要发展方向。

9.3.10　自蔓延高温合成法

自蔓延高温合成技术（self-propagating high-temperature synthesis，SHS）是利用参与合成反应的粉末混合反应时放出的大量热量使反应持续进行从而获得功能梯度材料的一种制备方法。制备时，首先将具有可燃性的金属元素粉末与陶瓷粉末混合压制成具有一定成分分布的块状，然后在其一端强热点火，使反应开始进行。随着反应的进行，释放出大量的热，诱发近层的粉末进行反应并不断地蔓延，直至合成反应完成。由于各层的反应物比例不同，反应时发热量及材料的导热、绝热性能不同，在反应体内形成自然温差烧结，烧结的样品冷却后陶瓷侧具有预张应力而金属侧有预压应力，从而形成一定的应力缓和。自蔓延高温合成法是由前苏联科学院化学物理研究所 Merzhanov 等于 1967 年提出并首先用于碳化钛的制备[35]，经不断的改善与发展，已成为制备块体梯度材料的一种重要方法，得到人们的广泛重视，但该法制备的梯度材料密度较低，需在反应时加压来提高致密度[11,34]。

9.3.11 激光梯度烧成法

激光梯度烧成法（laser gradually roasting）是根据梯度材料坯体的成分梯度分布，采用激光熔覆技术，以不同强度的激光依次照射进行烧结。采用该法制备的梯度材料的组织梯度分布十分明显，残余热应力的分布更加合理。采用该法已制备出 Al_2O_3/Ti 系和 PSZ/Mo 系梯度材料。

9.3.12 物理气相沉积法

物理气相沉积法（physical vapor deposition，PVD）是通过蒸发、电离、溅射等物理过程将凝聚态物质转化成气态，然后进行冷凝沉积在基体表面而得到涂层的材料制备方法。因其容易控制镀膜参数而调整膜成分，且沉积温度低，已广泛应用于涂层材料的制备。用于制备梯度材料的物理气相沉积方法主要有：磁控溅射法、离子束混合沉积法、空心阴极法、分子束外延法等。

1. 磁控溅射法

溅射镀膜是指荷能粒子轰击固体表面，使固体原子或分子从表面射出并沉积到基体上的涂层制备技术。磁控溅射（magnetron sputter）在与靶面平行的方向上施加磁场，利用电场与磁场正交的磁控管原理，减少电子对极板的轰击，实现高速低温溅射。该法对靶材适应性强，几乎所有的固体物质均可充当靶材；溅射膜与基体附着性强，膜密度高；膜厚易控。已有人采用磁控溅射法制备出 Ta-W/钢系、TiC/Al 系和 DLC/1Cr18Ni9Ti 系梯度材料，但其梯度分布主要是在涂层内实现，涂层与基体的结合强度依然是一大问题[36]。

2. 离子束混合沉积法

离子束混合沉积法（ion beam combined PVD）是离子束沉积与离子注入的组合。由于引入了离子注入，涂层与基体的结合强度大大提高。该法能在较低温度下进行沉积，涂层厚度和成分易于控制，但普通的离子注入对形状复杂的基体的适应性较差。该法在制备光、电、磁等梯度材料方面应用较多，已有采用该法制备 $Si_3N_4/$金属系和 Super Alloy/MoCrAlY 系等梯度材料的报导。

3．空心阴极法

空心阴极法（hollow cathode deposition）是物理气相沉积方法中制备梯度材料的一种重要方法。目前采用空心阴极法已制备出 TiN/Ti 系、TiC/Ti 系和 CrN/Cr 系梯度材料[34]。

4．分子束外延法

分子束外延（molecule beam epitaxy）技术的出现为制备梯度材料提供了新的手段。有人曾采用该法在玻璃和硅单晶（001）上制备出氮化铁梯度材料。

9.3.13　化学气相沉积法

化学气相沉积法（chemical vapor deposition，CVD）是把含有构成薄膜元素的一种或几种化合物的气体输入反应器，利用加热、等离子体、紫外光或激光等能源，借助气相作用或在基体表面的化学反应（分解或反应合成）生成所需涂层材料。通过调整气相的组成和分压，可以控制涂层的厚度和组成，易于实现梯度分布。可用 CVD 法制备的具有热应力缓和功能的梯度材料的高温侧和低温侧构成材料及特性示于表 9-4 中。

表 9-4　功能梯度材料的构成材料及特性[11]

	材　料	密度/(10^3kg/m^3)	熔点/K	导热系数/$[\text{W/}(\text{m·K})]$	热膨胀系数/$(10^{-6}/\text{K})$	弹性模量/GPa
高温侧材料	SiC	3.22	＞2473	135	4.2	320
	TiC	4.94	3430	25.19 (100℃) 5.9 (1000℃)	7.4	315～450
	TiN	5.43	3223	6.7 (500℃) 12.1 (1000℃)	9.3	251
	TiB$_2$	4.52	3193	35 (24℃) 50 (500℃)	8.6	365～428
	ZrO$_2$	5.4～6.05	2988	9～3.3 (20℃)	11.8	186
	SiO$_2$	1.95	1823	1.3 (25℃)	0.54	172
低温侧材料	C	1.78	3873	9.5	9.3	28
	Ti	4.50	1933	21.9	9～10	106
	Cu	8.96	1356	398	17.5	
	SUS304	8.06	1672～1727	21.5 (500℃) 16.2 (100℃)	17.3	193
	Ni	8.90	1723	90.5	16.5	204

自平井敏雄等采用 CVD 制备 SiC/C 系及 TiC/SiC 系梯度涂层材料开始了 CVD 在梯度材料制备中的应用。但由于 CVD 法中粒子能量低，不能进行离子注入，梯度分布只能在涂层范围内实现，涂层与基体的结合强度不甚理想。用于梯度材料制备的化学气相沉积技术主要有等离子体化学气相沉积和磁控反应溅射等。

1. 等离子体化学气相沉积法

等离子体化学气相沉积（plasma enhanced CVD，PECVD）是利用等离子体作为反应介质，使含材料构成元素的气体在等离子体条件下进行裂解、沉积或经过反应后沉积在基体上得到涂层。根据提供能量的方式不同，可以将其分为高频等离子体化学气相沉积（rf-PCVD）、直流等离子体化学气相沉积（dc-PCVD）、微波等离子体化学气相沉积（MWPCVD）、激光等离子体化学气相沉积（LPCVD）等。等离子体 CVD 对各种复杂形状的基体均能保证较好的均匀性，涂层组分及厚度易控制，是制备涂层梯度材料的重要方法。采用高频等离子体 CVD 法制备 C/SiC/Si/Steel 系及采用微波等离子体 CVD 法制备 C/SiC/Si/Steel 系梯度涂层材料均在一定程度上改善了涂层与基体的附着强度[37,38]。

2. 磁控反应溅射法

磁控反应溅射（reactive magnetron sputter）是在磁控溅射的基础上增加了化学反应。一般是采用多靶溅射或引入反应性气体，使溅射离子间或溅射离子与反应性气体间发生反应，从而合成新的化合物。通过控制溅射离子间的相对量或反应性气体的分压，实现涂层组分的梯度分布。采用磁控反应溅射制备 DLC/Si/Stainless Steel 系梯度材料取得了较好效果。

3. 等离子体喷涂法

等离子体喷涂（plasma arc spray）是在等离子体条件下，将熔融状态的喷涂材料用高速气流使之雾化并喷射在基体表面而形成喷涂层的涂层制备方法。通过调整陶瓷与金属的混合比来控制涂层的成分分布。等离子体喷涂沉积速率高，涂层表层受残余张应力而内层受残余压应力，适于制备较厚的梯度涂层。日本采用多枪等离子体喷涂制备了 ZrO_2（陶瓷相）/Ni-Cr-Al-Y（金属相）功能梯度材料，对提高材料的隔热性能和耐热疲劳性能起到了非常显著的效果。

4. PVD-CVD 组合技术

该技术是制备功能梯度材料的一个新趋势。它利用化学气相沉积温度一般高于物理气相沉积温度的特点，在基体材料低温侧采用 PVD 法而在高温侧采用 CVD 法。采用该技术制备的功能梯度材料对于缓和功能梯度材料的工作应力具有非常显著的效果。如日本住友电气公司在 C/C 复合材料基体上于低温侧用 PVD 制备 TiC/Ti 涂层，而在高温侧用 CVD 制备 SiC/C 梯度层[40]；而 Freller 则采用 CVD 法和溅射法制备了三元功能梯度材料。

综上所述，功能梯度材料的制备方法有很多，各适用于不同梯度材料的制备。目前块体梯度材料的制备技术发展得比较迅速，取得了显著效果。涂层梯度材料对于一些特殊的应用具有其独到的优越性，但目前在其制备中还存在严重的不足，无论是采用等离子体化学气相沉积、磁控溅射，还是一些其他的方法来进行制备，基本上都是在涂层中进行组成和结构的梯度分布，虽然可以大大缓解界面热应力，但由于基体表面不可避免的钝化现象，不可能彻底消除涂层材料与基体材料的界面，仍然存在较大的界面能和界面热应力，不利于涂层材料与基体材料的结合。因此，研究开发新的涂层梯度材料的制备技术是目前功能梯度材料研究的一个重要课题。

9.4 功能梯度材料的应用及展望

9.4.1 功能梯度材料的应用[36~41]

功能梯度材料的研究和应用目标最初是用作新型航天飞机的热应力缓和型超耐热材料，但随着对功能梯度材料研究的不断深入，各种不同体系的功能梯度材料不断被开发制备出来，梯度结构所显现的多功能性日益被人们所认识，其应用领域也越来越广泛。除热应力缓和及隔热功能的应用之外，功能梯度材料的应用目前已扩展到电子工程、核能工程、生物医学工程、光学工程、机械工程、化学化工、信息工程等各个领域。表 9-5 所示为功能梯度材料的多功能性及应用领域。

1. 航天工业中的应用

用于航天工业的功能梯度材料主要是利用其热应力缓和及高耐热性能。工作时，航天器引擎的燃烧室内侧承受约 2000℃ 的高温，而外侧则受强冷却，材料内具有很大的温度梯度，由于燃烧时燃烧室内产生的高压，材料受张应力，材料要长期承受热气流的冲刷。对飞行器的舱体材料而言，当飞行器的速度达到 25Mach 时，在气流冲刷下，飞行器表面温度将超过 2000℃，而舱内温度接近常温。对如此苛刻的工作环境，一般的复合材料难以胜任。日本于 1992 年制备出 150mm×150mm×1mm 的功能梯度材料试件，在 3000K 下进行耐热试验，结果测试材料无明显损伤。目前开发制备出的热应力缓和型耐热功能梯度材料种类有很多，其中主要有 ZrO_2/W 系、ZnO/Mo 系、TiB_2/Cu 系等体系的功能梯度材料。

表 9-5 功能梯度材料的应用领域[10]

应用领域	应 用 范 围	材料组合所期望的效果
核能工程	核反应堆第一层壁及有关材料；电绝缘材料；等离子体测试、控制用窗口材料	耐辐射、耐热应力、低 Z 性；电绝缘性；透光性、耐放射线性
机械工程	陶瓷发动机；耐磨、耐热、耐腐蚀机械构件；其他机械构件	陶瓷/金属、塑料/金属、异种金属等的牢固结合
生物医学工程	人工齿、人工骨、人工关节、人工器官等	控制陶瓷的气孔分布，陶瓷、金属、高分子材料的成分梯度控制
电子工程	陶瓷滤波器；陶瓷振荡器；超声波振子；电磁材料；三维复合电子元件；混合集成电路；半导体化合物；长寿命加热器等	压电体、磁性体梯度成分；金属的梯度成分；硅与化合物的梯度成分
传感器	超声波、声纳诊断仪；固定件整体化传感器；与媒体匹配好的音响传感器	传感器与固定件材料的梯度组成；压电体的梯度组成
光学元件	高性能激光棒；大口径 GRIN 透镜；光盘等	光学材料的梯度组成；光学性能的梯度分布
化学工程	功能性高分子膜；催化剂；燃料电池等	网孔结构梯度分布；不同组分梯度分布

2. 核能工程中的应用

核能工程由于其工作环境的特殊性，对材料的要求非常苛刻，在反应堆的内壁，温度高达 6000K，其壁材料必须具有高隔热、高耐热的性能，通常以陶瓷材料作为反应堆的内壁。但一般的陶瓷/金属双层复合材料结合差，界面应力大，易被破坏。采用热应力缓和型高耐热功能梯度材料可以较好地解决反应堆的壁材料问题。

3. 电子及信息工程中的应用

在电子及信息工程方面，功能梯度材料正发挥出越来越重要的作用。随着电子技术和信息工业的发展，对电子元件和传感器的功能要求越来越高。功能梯度材料在三维复合电子元件、基板一体化电子产品、混合集成电路、超声波和声纳诊断仪、固定件整体化传感器等的制备方面具有独特的优越性。如利用梯度材料制备的压电陶瓷和超声振子可以在预定方向得到压电系数和温度系数的梯度分布。目前制备及应用最成功的有 $Pb_x(NiY_{1/3}Nb_{2/3})_{1-x}(Ti_{0.7}Zr_{0.3})O_3$ 系三维功能梯度材料。

4.化学工程中的应用

化学工程中最常涉及的是化工反应器、容器和管道的腐蚀、磨损和老化问题。作为化工生产设备，必然也对其机械强度有较高要求。采用梯度材料制备技术，反应器及管道的外层使用金属材料，而内层使用耐磨、耐蚀的陶瓷材料，材料的梯度结构使其具有了很高的强度，同时具备相应的功能性。在燃料电池的制备中，使用 Al_2O_3/Cr 系梯度材料成功地解决了分隔器的密封与腐蚀问题。

5.光学工程中的应用

在光学工程领域中，功能梯度材料的出现，推动了非线性光学材料和非线性光电子材料的迅猛发展。梯度材料制备的高性能激光棒、光学透镜，对光学器件的透光性、折射率及折射率分布等产生了神奇的效果，有效地减少了光的传导损失。光导纤维采用径向折射率梯度分布，中心部分折射率高而边缘部分折射率低，使光信号沿光纤中心传输，减少信号损失。而梯度材料制造的光电转换和光热转换材料有效地提高了光的转换率，为太阳能的高效利用开辟了新的途径。

6.生物医学工程中的应用

功能梯度材料在生物医学工程领域显现了超凡的优越性，目前已广泛应用于人工齿、人工骨、人工关节和人工脏器等的制造。

人齿和人骨等是无机羟基磷灰石材料与有机材料的完美结合，其自身的结构就呈梯度分布。如人齿的齿根是多孔结构，能与牙槽牢固结合，而齿的顶部则是致密结构，具有高硬度、高强度和高韧性，以满足牙齿的撕咬咀嚼等功能。采用梯度材料制备人工齿，从顶部到根部亦呈梯度分布状，齿根的多孔利于人工齿与人体组织的嵌合，中部及顶部的致密结构利于发挥材料的高强度和高韧性，而顶部外层涂覆高硬度的陶瓷涂层，可有效提高人工齿的耐磨性。

人的骨骼及关节具有非常高的强度，能够承受压、拉、剪切、扭曲、摩擦等外力作用。人工骨必须要满足人骨的机械性能要求，并且材料的相对密度也要和人骨接近，因此金属材料中的钛合金成为首选材料。但是钛合金表面容易氧化，氧化钛生成后耐磨性能较低，磨屑产生而引起的无菌松动已成为人工关节植入失效的主要原因。此外，由于人工骨和人工关节植入后要长期与体液及人体组织接触，植入材料的组织相容性和血液相容性亦有很高要求。目前用作人工骨和人工关节的植入体主要采用 $HA/Ti6Al4V$ 系、$DLC/Ti6Al4V$ 系或 $TiN/Ti6Al4V$ 系功能梯度材料，取得了很好的效果。

对于人工心脏瓣膜等人工脏器的制作材料，除了对机械强度有一定要求外，其在生理环境中的耐磨性、耐蚀性、组织相容性和血液相容性亦有非常高的要求。目前从材料工程和临床医学的角度认为，为满足人工脏器使用的可靠性和安全性以及人工脏器的功能性，采用金属为基底涂覆以 DLC、HA 等耐磨耐蚀及生物学性能优良的陶瓷所制备的功能梯度材料是其发展方向，已有很多研究者从事该方面的研究。

9.4.2　功能梯度材料的研究及应用展望

功能梯度材料自 20 世纪 80 年代末期产生以来得到了飞速的发展，对梯度材料的研究正向着多学科、多产业合作及国际化的方向发展，其在各个领域的实际应用也不断地深入和发展。但应该看到，功能梯度材料的研究还很不完善，许多问题仍有待解决。

（1）物性参数模型的完善　应当建立适当的微观结构物性模型，以便更精确地推算功能梯度材料的物性参数，如将分形技术、渗滤理论、神经网络和模糊逻辑等先进分析技术用于物性参数的推算。

（2）新的功能梯度材料体系有待开发　由于材料的用途不尽相同，对其性能的要求也千差万别，尤其是对一些有特殊用途的器件，仅靠现有体系的梯度材料远远不能满足要求，需要不断开发新的成分体系和新的结构形式。

（3）功能梯度材料的制备技术有待开发和完善　由于功能梯度材料的种类繁多，现有的制备技术都具有一定的局限性，新的制备技术是开发新的梯度材料体系的基本保证。同时，现有的梯度材料制备大多还是实验室规模的制备，远未达到工业化、规模化生产的水平，这与功能梯度材料在各个领域广泛应用的要求相差甚远。

（4）功能梯度材料的评价技术有待完善　与其他材料的评价技术相比，梯度材料的评价还很不成熟，尤其是对材料设计计算的热应力模型有效性和热应力分布准确性的实验验证手段还需进行深入的研究。

（5）功能梯度材料的计算机辅助设计水平有待提高　为能设计并制备出性能优良的功能梯度材料，需进一步积累和整理大量设计、制备与性能评价的数据库和专家系统，对梯度材料用计算机进行整体设计，建立完备的设计及分析系统。我国在这方面的工作还进行得不多，与日本等先进国家有较大差距。

总而言之，今后功能梯度材料的研究仍将针对具体应用目标，借助先进的分析计算手段，以材料设计为核心，采用新的制备技术，开发各种大尺寸、复杂形状的功能梯度材料，同时引入热应力缓和型以外的梯度功能概念，进一步拓展功能梯度材料的应用领域。

参 考 文 献

1.新野正之，平井敏雄等.倾斜机能材料——宇宙机用超耐热材料应用.日本复合材料学会志，1987，13（6）：257～264

2.唐新峰，张联盟等.具有热应力缓和功能的梯度材料的特性评价技术.材料科学与工程，1993，11

(1)：31～37

3. 新野正之，石桥贤谕．倾斜机能材料的展望．日本复合材料学会志，1990，16（1）：114～121

4. 涂溶，张联盟，袁润章．梯度材料研究回顾与新动向．见·'94 秋季中国材料研讨会论文集，第一卷，新型功能材料，第一分册．姚熹，姜德生，袁润章编．北京：化学工业出版社，1995，347～352

5. 新野正之，若松义男．新素材，1993，1：64～70

6. 王红卫．Ti6Al4V 基新型人工心脏瓣膜生物梯度材料的研究．四川联合大学博士学位论文，1997

7. 张伟．功能梯度材料的研究现状和前景．见·'94 秋季中国材料研讨会文集，第一卷，新型功能材料，第一分册．姚熹，姜德生，袁润章编．北京：化学工业出版社，1995，208～213

8. 雷莉．渐变功能材料的开发动向及展望．国外金属材料，1990，1：13～17

9. 余茂黎，魏明坤．梯度功能材料的研究动态．功能材料，1992，23（3）：184～189

10. 赵军，艾兴，张建华．功能梯度材料的发展及展望．材料导报，1997，11（4）：57～60

11. 曾汉民等．高技术新材料要览．北京：中国科学技术出版社，1993

12. 李臻熙，张同俊，李星国．梯度功能材料的热应力研究与展望．材料导报，1997，11（5）：59～71

13. Wakashima K，Hirano T，Nino M．Space Application of Advance Structure Materials．ESP SP-303（European Space Agency），1990

14. Tanaka K et al．Computer Meth．Appl．Mech．Eng．，1993，106（7）：271

15. 川崎亮，渡边龙三．日本金属学会志，1987，51（6）：207

16. 平野彻，若岛健司．工业材料，1990，38（12）：26

17. 王继辉，张清杰等．复合材料及其结构的力学进展．第四册．王震鸣等编．武汉：武汉工业大学出版社，1994

18. 王继辉，张清杰．金属-陶瓷梯度材料的热弹塑性分析．复合材料学报，1996，13（2）：89

19. 王国红，王卫林．功能梯度材料成分设计．航空制造工程，1996，10：22～23

20. 李克平，张同俊．新型梯度功能材料的研究现状与展望．材料导报，1996，3：11～15

21. 李建明，徐自立．Al-Fe 系梯度功能材料断口特征及其多尺度分形研究．功能材料，1996，27（5）：452～454

22. 张联盟，唐新峰，陈福义等．MgO/Ni 系梯度功能材料的设计与制备．硅酸盐学报，1993，21（5）：406～411

23. 唐新峰，张联盟，袁润章．PSZ-Mo 系梯度功能材料的热应力缓和设计与制备．硅酸盐学报，1994，22（1）：44～49

24. 范秋林，胡行方，郭景坤．功能梯度材料当量热导率的计算方法．无机材料学报，1997，12（1）：115～120

25. Zheng Q J，Zhang L M，Yuan R Z．Functionally Gradient Materials．Cera．Trans．，1993，34：99～106

26. Hirano T．A Design Expert System for Functionally Gradient Material．in：Computer Aided Innovation of New Materials．Eds．M．Doyame．North-Holland：Elsevier Science Publishers B．V．，1991：945～950

27. Williams R L，Rabin B H．Numerical Modeling of Residual Stress in Ni-Al$_2$O$_3$ Gradient Materials．Proc．2 nd Int．Conf．on FGM，San Francisco，USA，Nov．1～4，1992，55～65

28. Pindera M J，Williams T O．Thermoplastic Response of Metal Matrix Composites with Homogenized and Functionally Graded Interfaces．Composites Engineering，1994，4（1）：129～145

29. 许杨健，赵志岗，涂代惠．梯度功能材料热弹性应力的研究进展．材料导报，1998，12（1）：10～12

30. Zhang L M，Yuan R Z．Residual and Working Stresses of a TiC-Ni2Al and Its Structure Optimization．J．of Materials Sci．，1994，5（2）：18

31. Wang J H，Zhang Q J．Micro-Macro Design of Thermal Stress of Ceramic-Mrtal Gradient Composite Materials，Proc．of 9 th ICCM，vol．1，Spain，442～447

32.陈炳贻.功能梯度材料最近的研究进展.材料工程，1993，7：15～17

33.Moya J S，Sanchez-Herencia A J，Requena J，Moreno R，Mater.Lett.，1992，14：333

34.李克平，张同俊.新型梯度功能材料的冶金形状及展望.材料导报，1996，3：11～15

35.汪华林.自蔓延高温合成的过程机理与应用.华东理工大学博士学位论文，1995

36.杨云志.类金刚石/不锈钢生物梯度薄膜材料的设计和研制.四川联合大学博士学位论文，1997

37.陶伯万.DLC/Si 生物梯度薄膜材料的研究.四川联合大学硕士学位论文，1996

38.Cao Y，Ran J G，Zheng C Q et al.Study on Preparation of New Diamond Like Carbon Film Biomaterials Using Microwave Plasma CVD Method，The 3rd Far-Eastern Symposium on Biomedical Materials，July 15～17，1997，Chengdu，China.

39.Yin G F，Wang H W，Zheng C Q et al.Preparation of DLC-Si-Stainless Steel Gradient Biomaterials by Reactive Magnetron Sputtering Method.in：Biomedical Materials Research in Far East（II），Eds：Ikada Y，Zhang X D.Kyoto：Kobunshi Kankokai，1996，91～92

40.条原嘉一，临田一路.倾斜机能材料合成.日本复合材料学会志，1991，17（5）：179～184

41.王昌祥.新型人工关节置换材料的研制及其生物摩擦磨损机理的研究.四川联合大学博士研究生学位论文，1997

第十章 晶 体

10.1 概 述

晶体最早以其美丽的外形和色彩引起人们的注意，随着人类认识的深入和科学技术的发展，人们逐渐了解到晶体的结构及各种性能，并且进行了应用，晶体材料于是发展成为一类重要的功能材料。

从本质上看，晶体是由其构造基元（即组成晶体的原子、分子或离子团）在空间作近似无限的、周期性的重复排列构成的。因而晶体有其共性，如均匀性、各向异性、对称性和固定的熔点。但是由于晶体结构的多样性和晶体组成的千变万化，又决定了晶体各种各样的具体特性，这些性质是晶体材料应用的基础。晶体材料应用的初期，主要是利用天然晶体的物理特性，但是天然晶体无论在品种、数量和质量上都不能满足日益增长的应用需要，因而促进了人工合成晶体的发展，现在应用的许多晶体几乎都是人工晶体。

晶体材料可按不同方法进行分类，按化学组成可分为无机晶体、有机晶体；按状态可分为单晶、多晶、晶体薄膜、晶须或晶体纤维；按物理性质可分为光学晶体、激光晶体、非线性晶体、压电晶体、闪烁晶体、电光晶体、磁光晶体、声光晶体等。晶须和晶体薄膜在第二篇中已经介绍，本章主要介绍块体人工晶体的制备、表征及应用。

10.2 晶体的性能及应用[1~4]

晶体在光、电、声、热、磁等方面的性质，使它在现代科学技术发展中的应用越来越广泛。表 10-1 总结了目前研究较多的无机晶体及应用，对其中重要的晶体性能进行了具体描述。

表 10-1 无机晶体及应用

分类	物理效应	晶体材料	应用举例
光学晶体	透过、折射、色散、双折射	金属卤化物单晶（LiF、NaF、MgF_2 等）氧化物和含氧酸盐（Al_2O_3、SiO_2、TiO_2、MgO 等）IV族与 II～VI族化合物半导体（Ge、Si、ZnS、ZeSe 等）	透过窗口、棱镜、透镜、滤光和偏光元件、相位补偿镜

分类	物理效应	晶体材料	应用举例
非线性光学晶体	倍频、和频、差频、参量振荡、参量放大等非线性光学效应	石英、磷酸二氢钾、铌酸锂、铌酸钡钠、淡红银矿、α-碘酸锂、磷酸钛氧钾等	倍频器、光参量振荡器放大器
激光晶体	光的受激辐射	红宝石、掺钕钇铝石榴石、钇镓石榴石、掺钛白宝石等	固体激光器、激光二极管
电光晶体	电光效应	磷酸二氢钾、磷酸二氘钾、磷酸二氢铵、铌酸锂、钽酸锂、砷化镓、碲化镉等	电光开关、电光调制器、电光偏转器
光折变晶体	光折变效应	铁电体（$BaTiO_3$、$LiTaO_3$ 等） 非铁电氧化物（$Bi_{12}SiO_{20}$等） 半导体（GaAs、InP 等）	光学位相共轭器件、光折变自泵浦位相共轭器、光折变二波耦合、四波混频、光存储
压电晶体	压电效应	水晶、铌酸锂、钽酸锂等	高频谐振器、低频谐振器、高频宽带滤波器、超声波换能器
声光晶体	声光效应	二氧化碲、钼酸铅、硅酸铋、锗酸铋等	声光调制器、声光偏转器、声光滤波器、声光信息处理器
磁光晶体	磁光效应	稀土石榴石型、钙钛矿型、磁铅矿型的铁氧体晶体	快速光开关、调制器、循环器、隔离器、磁光存储介质
热释电晶体	热释电效应	硫酸三甘肽、钽酸锂、铌酸锶钡、钛酸铅等	热释电摄像器、红外探测器
闪烁晶体	辐照效应	碘化钠∶铊，碘化铯∶铊等碱卤化物单晶、硫化锌、钨酸铅（PWO）等	α、β、γ、X 射线探测、甄别

10.2.1 线性光学性质

线性光学性质可以从两方面定义：首先，光在介质中传播时，光电场的作用将导致介质的电极化，引起的电极化强度 P 如果满足式（10-1），则电子极化所辐射的光波与入射光频相同，不会出现其他频率的光波。

$$P = \varepsilon_0 \chi E \tag{10-1}$$

式中，χ 为电极化率；E 为光电场强度。

其次，两束以上的光波在介质中传播时，遵从独立传播原理，光波之间不会发生相互作用或散射，从而不会改变它们各自的频率。而当它们在介质中相遇时，遵从线性迭加原理，即它们是频率不同的非相干光时，光强相加；而当它们是相干光时，则发生光的干涉和衍射等现象。

当光通过具有线性光学性质的晶体材料时，会产生反射、折射、偏振、双折射等效应，利用这些效应可制成棱镜、透镜、偏光镜等各种线性光学器件。

10.2.2 非线性光学效应

线性光学性质中，晶体中引起的电极化强度 P 与感生它的电场之间的关系是线性的。这个关系成立的前提是采用光电场不太强的传统光源。当 20 世纪 60 年代激光出现后，Franken 等首先从实验上发现了激光的二次谐波，非线性光学理论也相继发展起来。从理论上讲，介质的电极化强度 P 与电场 E 之间的关系为

$$P = \varepsilon_0 \left(x^1 E + x^2 EE + x^3 EEZ + \cdots \right) \tag{10-2}$$

通常的光源，可以忽略二级以上效应，表现为线性近似；对于激光的极强光电场强度，例如 $E > 10^6 \, V/cm$，二级以上效应不能忽略，因而产生可观测的非线性光学效应。

10.2.2.1 倍频效应

当一种频率的光束作用于晶体，产生的出射光的频率是入射光的两倍，称为倍频效应。图 10-1 是 Nd：YAG 为激光工作物质、铌酸钡钠为倍频晶体的二次谐波发生器，输入 $1.06 \mu m$ 的激光，输出波长变为 $0.53 \mu m$，恰好是输入波长的 $1/2$，其转换效率接近 100%。

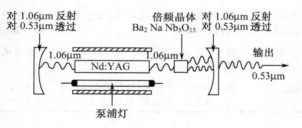

图 10-1　倍频晶体的二次谐波发生器

10.2.2.2 混频效应

当作用于晶体的光束包含两种不同频率 ω_1 和 ω_2 时，会产生第三种频率 ω_3 的光束，$\omega_3 = \omega_1 \pm \omega_2$，相加的称为和频，相减的称为差频，统称光混频。和频过程中，可以将频率升高，例如将红外光变为可见光称为上转换。倍频实际上是和频中的一种，还可以进行三倍频、四倍频等。差频过程可以将频率下降，例如将可见光转变为红外光，称为下转换。上转换和下转换都有重要的实际应用。例如利用上转换，将物体的热辐射在可见光范围成像，以便人们直接观察等。

10.2.2.3 位相匹配

光混频过程中，由于晶体色散等因素影响产生的倍频光之间存在位相差，若位相差为 0，则相干加强，可以观察到二次谐波；反之，则相干相消，观察不到二次谐波。只有基频光与倍频光传播速度相等时，各个倍频光才能位相一致而相干加强，称为位相匹配。

10.2.2.4 光参量放大及振荡

假设有信号频率 ω_s 存在于晶体中，现用一强激光投射到晶体上（称为泵浦光），其频率为 ω_p，且 $\omega_p > \omega_s$，则由于差频效应，产生频率为 $\omega_i = \omega_p - \omega_s$ 的极化波。频率 ω_i 称为空载频率，频率为 ω_i 的光波也在晶体中传播，它与泵浦光 ω_p 相遇，又发生混频，产生 $\omega_p - \omega_i = \omega_p - (\omega_p - \omega_s) = \omega_s$ 的极化波。最后产生的 ω_s 光波如果同最初的 ω_s 光波之间满足位相匹配条件，就使原始的信号波得以放大，这就是光参量放大。根据这一原理可以制成光参量放大器，如图 10-2（a）、（b）所示。当泵浦光提供的增益超过 ω_s 和 ω_i 的腔体损耗时，便产生振荡，这就是光参量振荡。对于现有的非线性材料来说，只有使用激光作为泵浦光源，才能产生光参量振荡。对于一定的 ω_p 和非线性材料，还必须满足以下位相匹配条件，才能在 ω_s 和 ω_i 上产生振荡：

$$\omega_p = \omega_i + \omega_s \tag{10-3}$$

$$k = k_s + k_i \tag{10-4}$$

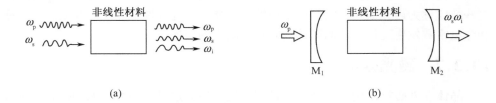

(a)　　　　　　　　　　　　　　　　(b)

图 10-2　光参量放大及参量振荡

（a）参量降频变换；（b）光参量振荡器

10.2.3　电光效应

外加（直流或光频）电场作用下，晶体材料的折射率发生变化的效应，称为电光效应，可以用式（10-5）表示。

$$n - n^0 = aE_0 + bE_0^2 + \cdots \tag{10-5}$$

式中，a，b 为系数，如果忽略二次以上项，即为线性电光效应或普克尔（Pockels）效应；考虑二次项，称为二次电光效应或克尔（Kerr）效应。相应地，

a 称为普克尔系数，b 称为克尔系数，后者比前者小好几个数量级。

线性电光效应只可能在非中心对称的晶体中存在，所有具有压电效应的晶体都具有线性电光效应。原则上，所有物质都可以存在二次电光效应，但在非中心对称的中心晶体中，克尔系数太小，常被线性电光效应掩盖了。

10.2.4 光折变效应

光折变效应（光致折射变化效应）材料在光辐射下，通过光导效应形成空间电荷场，又由于电光效应引起折射率随光强空间分布而发生变化的效应。光折变效应有两个显著特点：首先，它与光强无关，入射光的强度只影响光折变进行的速度；其次，它是非局域效应，即它的建立需要时间，而且折射率改变的最大处并不对应于光辐射的最强处。

10.2.5 压电效应

压电效应是由于晶体在外力作用下发生形变，电荷重心产生相对位移，从而使晶体总电矩发生改变造成的。当晶体在外应力作用下发生形变时，在其某些表面上会产生电荷积累，称为正压电效应；反之，由于电场作用而使晶体产生应力（或应变），称为逆压电效应。压电效应只可能存在于 20 种非中心对称的晶体中。

10.2.6 声光效应

光波和声波同时投射到晶体上，在一定条件下，声波和光波之间的相互作用可用于控制光束。例如光束传播方向的偏转、光束强度的变化、频率的变化等，这些效应称为声光效应。它是由于声波在介质中引起弹性应变，使介质的折射率和介电常数发生变化，从而影响到光在介质中的传播。

10.2.7 磁光效应

晶体在外磁场作用下呈现光学各向异性，使通过晶体的光波的偏振态发生改变称为磁光效应。由透射引起的偏振面旋转叫法拉第效应，由反射引起偏振面旋转叫克尔效应。

10.2.8 热释电效应

极性晶体因温度变化而发生电极化改变，使晶体表面产生热释电荷称为热释电效应。产生的原因是晶体中存在自发极化，温度变化时自发极化也发生变化，当温度变化引起的电偶极矩不能及时被补偿时，自发极化就表现出来。极化矢量的改变可用式（10-6）表示。

$$\Delta \mathbf{P_i} = P_i \Delta T \qquad (10\text{-}6)$$

式中，$\mathbf{P_i}$ 为热释电系数。所谓极性晶体是指极轴和晶向一致的晶体。

10.3　人工晶体的制备[5～8]

天然晶体稀少珍贵，但晶体的需求量却不断增长，因而促进了人工合成晶体的发展。目前，大多数功能晶体是人工合成的晶体。本节在介绍常见的人工合体晶体方法基础上，介绍了人工合成晶体的制备科学和技术的发展趋势。

10.3.1　人工合成晶体的常见方法

人工晶体的制备是从 19 世纪初期开始的，曾经是一种经验工艺。20 世纪 50 年代晶体生长的理论的发展，如晶体生长的热力学及动力学，为人工合成晶体奠定了科学基础。人工晶体的制备方法很多，但归纳起来有几大类，许多方法和技术也是在常见方法的基础上发展起来的。

10.3.1.1　溶液法

从溶液中生长晶体的方法历史最久，应用也很广泛。这种方法的基本原理是将原料（溶质）溶解在溶剂中，采取适当的措施造成溶液的过饱和，使晶体在其中生长。不同的过饱和措施形成了不同的方法，例如降温法（装置如图 10-3 所示）、流动法（环流法）、蒸发法、电解溶剂法。该法的主要优点是设备简单，晶体可以在远低于其熔点的温度下生长，容易长成优质大晶体；主要缺点是组分多，影响晶体生长的因素复杂，生长慢（数天甚至一年以上），生长的晶体有磷酸二氢铵、碘酸锂、氯化钠等许多种类。

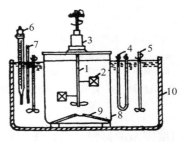

图 10-3　水浴育晶装置

1—掣晶杆；2—晶体；3—转动密封装置；4—浸没式加热器；5—搅拌器；6—控制器（接触温度计）；7—温度计；8—育晶器；9—有孔隔板；10—水槽

10.3.1.2　高温溶液法（助熔剂法、熔盐法）

原料在高温下溶解于低熔点助熔剂熔液内，形成均匀的饱和溶液，然后通过缓慢降温或其他方法，形成过饱和溶液，使晶体析出。该法类似于溶液法，只是生长温度较高。优点是运用性强，几乎所有材料都能找到合适的助熔剂进行生长，晶体完整性好；缺点是不易得到大晶体，晶体易受助熔剂污染，造成缺陷。该法生长的晶体类型很多，例如石榴石晶体、钛酸钡晶体等。

10.3.1.3　水热法（热液法）

在高温高压下，从过热水溶液（或非水溶液）中培养难溶晶体的一种方法。利用原料在溶液中溶解后随温度变化的性质，使溶解区的饱和溶液对流至生长

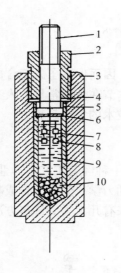

图 10-4　水热法生长晶体的装置
1—塞子；2—闭锁螺母；3—釜体；
4—钢环；5—铜环；6—钛密封垫；
7—钛内衬；8—籽晶；9—水热溶液；
10—营养料

区，变为过饱和溶液，而在晶体上析出。采用特制的高压釜，通过该法合成的人工水晶是用该法合成的典型晶体。图 10-4 是水热法生长晶体的装置。

10.3.1.4　熔体生长法

从熔体中生长晶体，具有生长快、晶体的纯度和完整性高等优点，使它成为制备大单晶和特定形状单晶最常用和最重要的一种方法。我们知道，当温度超过晶体的熔点，晶体熔化成为熔体；为熔体的温度低于凝固点时，熔体凝固成固体，熔体生长晶体就是指熔体在受控的条件下定向凝固形成晶体。

熔体生长的方法有许多种，从生长过程来看，可分为两大类：

(1) 正常凝固法　晶体开始生长时，全部材料均处于熔融态（引入的籽晶除外），在生长过程中，材料体系包括晶体和熔体两部分，生长时不向熔体添加材料，熔体逐渐减少，晶体长大。包括提拉法（引上法、Czochralski 法）、坩埚移动法（Bridgman 法）、泡生法等。图 10-5 是提拉法的示意图。

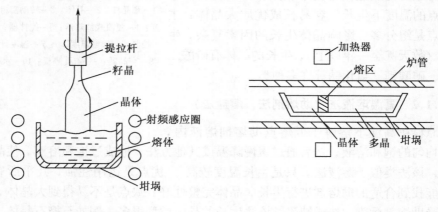

图 10-5　提拉法示意图　　　　　　图 10-6　水平区熔法示意图

(2) 逐区熔化法　固体材料中只有一小段区域处于熔融态，材料体系包括晶体、熔体、多晶原料三部分，存在两个固-液界面，一个界面上发生结晶过程，而另一个界面上发生多晶原料的熔化过程。熔区向多晶原料方向移动，尽管熔区的体积不变，实际上是不断地向熔区添加材料，直到多晶原料耗尽，晶体长大。

• 414 •

包括水平区熔法、浮区法、焰熔法等。图 10-6 是水平区熔法的示意图。

熔体生长的晶体为硅单晶、红宝石等常见晶体，也有 KLN、Y：LiNbO₃、BGO、BaF₂、MgF₂、CaF₂ 等新的功能晶体[7,8]。

10.3.1.5 凝胶法

该法发现虽早，但真正发展起来是 20 世纪 60 年代。以凝胶作为扩散和支持介质，使一些溶液中进行的化学反应通过凝胶扩散缓慢进行。凝胶的主要作用在于抑制涡流和成核数量。该法适用于生长溶解度十分小的难溶晶体。优点在于简单易行、晶体完整性好；缺点是生长慢、晶体尺寸小。已生长的晶体有酒石酸钙、方解石、碘化铅、氯化亚铜等。

为了制造优质单晶，人类一直致力于人工晶体制备技术和理论的研究。有关薄膜单晶、晶须等低维材料单晶，在前面章节已有叙述。块体单晶的制备方法也有许多改进形式，例如助熔剂法和提拉法结合的助熔剂提拉法、助熔剂法和浮区熔区技术结合的移动溶剂熔区法等等，本质还是类似于上述方法，这里不再赘述。

10.3.2 发展趋势

从最新的一些研究来看，2000 年在日本召开了第一届亚洲晶体生长和晶体技术会议，参会 446 篇论文涉及的研究内容主要包括：块体晶体生长与外延薄膜生长；新晶体研究与晶体生长中的挑战；生长缺陷与表征；模型与模拟。生长的晶体包括与硅相关的晶体、化合物半导体、氧化物晶体、氟化物晶体、有机晶体等，生长技术有熔体法、溶液法、外延生长、溶胶-凝胶法等。

总的来说，制备技术发展趋势包括三个方面：

(1) 生长空间微重力条件下的晶体生长研究　由于重力对流体的输运性质有重要影响，假如重力消失，流体的行为将受内分子支配，因此，微重力条件下晶体的生长过程，甚至晶体的性能与地面条件下有很大差异。研究微重力条件下的输运过程、晶体生长形态、晶体组分、结构、完整性等，具有重要的科学意义和应用价值。

(2) 具有量子学效应和超晶格结构的薄膜单晶制备　从晶体的微观层次来看，电子和能带的结构对性能影响很大。由于分子束外延（MBE）、金属有机物化学气相沉积等气相法制备薄膜单晶技术的发展，可以制成微米或亚微米尺寸的周期性或准周期性的调制结构，从而发展晶体新的性能，也使晶体研制达到材料设计的新层次。例如，MBE 技术可在 6in 的基片上一次生长单晶膜，不但实现单晶生产的高产量低成本，还可以通过改变量子阱的膜层层数（而不改变成分）来设计不同波长的激光，如沉积在 GaAs 基片上的 GaAs/AlGaAs 或者在 InP 基片上的 InGaAs/InAlAs[9]。

（3）晶体生长中掺杂的研究　为了改善性能或使晶体具有某种特殊性能，例如激光晶体中的激活离子、晶体改色、抑制相变、消除晶界等，掺杂后晶体的结构、性能、完整性以及生长过程等都有所改变，有关研究将获得许多有重要价值的结果。

10.4　人工晶体的表征[4,6,10,11,12]

人工晶体的表征与其制备工艺应用密不可分。为了实用化，晶体首先是结构完整、缺陷极少的优质单晶，相应的表征包括结构、成分、缺陷（杂质）方面的检测。其次，每一种应用的晶体都有一定功能性，即物理效应，对其功能性也必须进行测试，了解其功能与结构、成分、缺陷等之间的关系，从而改进制备工艺，提高晶体性能。本节重点介绍晶体结构、成分、缺陷、常用特性的主要表征方法。

10.4.1　晶体结构

众所周知，20 世纪初结晶学中的重大进展是晶体 X 射线衍射的发现。晶格的周期性特征决定了晶格可以作为波的衍射光栅，X 射线衍射因此成为表征粒子在晶格上排列情况的常用方法。除 X 射线衍射外，近代的电子衍射和中子衍射起着有力的补充作用。例如电子衍射中，$50kV$ 电子束穿透深度小约 $500Å$，主要用于晶体表面或薄膜的结构表征；中子衍射中，轻的原子受原子核散射强，常用来确定氢、碳在晶体中的位置；此外，中子还具有磁矩，适合于研究磁性晶体。

10.4.2　晶体缺陷

所有晶体（包括天然和人工晶体）都不是理想的完整晶体，那些偏离完整性的区域或结构称为晶体缺陷。晶体是否有缺陷以及缺陷的多少是衡量晶体质量的重要标志。研究缺陷的类型和数量，对晶体的制备与应用都是极为重要的课题。晶体缺陷包括点缺陷（空位、填隙原子、外来原子、色心）、线缺陷（刃型位错、螺型位错）、面缺陷（镶嵌结构间界、层错、孪晶间界）、体缺陷（包裹体、负晶体、幔纱、幻影云雾、固体碎片）。

10.4.2.1　位错的光学观察

1. 侵蚀法

在一定的侵蚀剂和侵蚀条件下，晶体表面会出现有规则形状的侵蚀斑，晶体面上位错露头的地方对应着这种侵蚀斑。侵蚀前，晶体表面要进行抛光，侵蚀后在显微镜下观察，可以获得位错露头的数目，进而分析晶体中的位错密度、位错线走向等。如图 10-7，将在不同工艺下生长的四硼酸锂晶体切片抛光，制成厚度为 1mm 的薄片，在 25% 的乙酸、25℃ 的温度的条件下腐蚀 30min，用光学显微镜观察，振动下的晶片腐蚀坑密度为 $2.5 \times 10^3 cm^{-2}$（图 10-7a），不振动下的晶片腐蚀坑密度为 $6.3 \times 10^3 cm^{-2}$（图 10-7b）[10]。

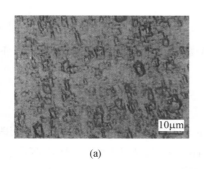
(a)

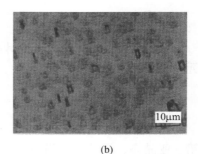
(b)

图 10-7 不同工艺下生长的四硼酸锂晶片腐蚀图
(a) 振动工艺；(b) 不振动工艺

2. 缀饰法

使位错线得到缀饰的方法很多。例如在硅单晶表面上涂一层铜，然后在 900℃ 加热，使铜原子向晶体中位错线处扩散，得到硅单晶中位错线的缀饰。其他方法如室温下曝光或空气中加热等等，不同的晶体可以采用不同的方法。总之，由于位错线附近存在应力场，在适当条件下引入杂质原子，杂质原子会在位错线周围聚集，达到缀饰目的。与侵蚀法相比，该法在较大范围显示出位错线的走向，从而了解位错线的空间分布和形态。

3. 应力双折射法

同样，由于位错周围应力场的存在，在各向同性介质中感生出双折射现象，通过正交偏光显微镜可观察到应力花结，从而了解位错线的走向、位错的滑移面等信息。该法对刃型位错和螺型位错都做了一些研究工作。

10.4.2.2 杂质和缺陷的现代表征方法

1. 激光光谱分析

主要用于测量晶体中组分的变化和晶体中激活离子或杂质离子含量的分布；测量晶体中的缺陷（如气泡、云层、生长条纹）处的组成、杂质含量与完整处的差异等。优点是样品用量少，灵敏度高（相对灵敏度为 $10^{-2}\% \sim 10^{-4}\%$）。

2. 电子探针

用于分析晶体组分的局部变化，相对灵敏度约为 $10^{-2}\%$，样品表面情况直接影响改性结果，不能进行氢元素分析。

3. 离子探针

离子探针的灵敏度比电子探针高出两三个数量级，可用于样品的三维特征及全元素分析。

4. X射线形貌技术

通过分层拍片或拍立体照片，确定缺陷在空间中的位置，这些缺陷包括堆垛层错、亚晶态、沉淀物、滑移带和位错等，还可显示杂质原子、晶片弯曲、损伤、氧化等所产生的应力场。但这种方法分辨率差（$2\mu m$ 左右），过程复杂。图 10-8 是 Bridgman 法生长的四硼酸锂晶体的 X 射线形貌图[11]。样品为（1$\bar{1}$0）面，尺寸为 $62mm \times 83mm \times 0.3mm$，平行于生长方向切割样品，选取靠近籽晶的位置观察，以便确认来自籽晶的缺陷。图中可以看出 A、B、C 三类位错，其中 A、B 类位错都是由于籽晶附近的缺陷延伸到生长的晶体中形成的，因此控制籽晶附近的缺陷生成以及它们的延伸是非常重要的。C 类位错在化学腐蚀后的光学显微镜下也能观察到。

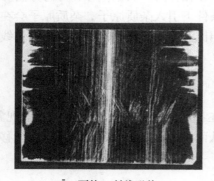

(1$\bar{1}$0) 面的 X 射线形貌

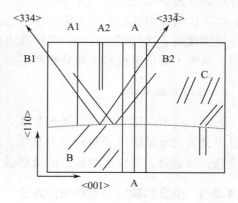

图 10-8　四硼酸锂晶体的 X 射线形貌图

5. 扫描电镜

由于具有空间分辨率高、景深大、分析能力强等优点，扫描电镜是研究材料显微结构的常用工具。通过扫描电镜可观察晶体的二次电子像和背散射电子像，利用电子通道（ECP）技术还可以得到位错、堆垛层错等信息。

6. 透射电镜

特别是高分辨透射电镜，通过直接观察晶体的晶格像和衍射成像，可以对各种缺陷作定性鉴别和定量分析，是分析缺陷的有力工具之一。缺点是制样困难，试样一般要求为 5000Å。

10.4.3　晶体的物理性质[4]

晶体的功能性对应一定的物理性质，这些性质常可用一些常数来描述，常见的可测的一些常数有：

（1）介电系数　谐振法测量电容来推算介电常数，电桥法测量损耗因子。

（2）压电参数　传输法测量弹性常数、机电耦合系数、压电常数；静态法测量压电常数。

（3）声速　相位法、传输法、脉冲法、脉冲回波法。

（4）热释电系数　电荷积分法、动态法、静态法、数学积分法。

（5）居里点温度 T_C　电容电桥法、电滞回线消失观测法、传输线路法。

（6）光学折射率　阿贝折射仪法、最小偏向角法、椭圆偏光仪法、激光干涉法。

（7）光学参数　偏光显微镜测定光轴，观察旋光晶体学。

（8）电学系数　半波电压法。

（9）非线性光学系数　位相匹配法、马克条纹法。

10.5　激 光 晶 体[1,13]

10.5.1　概述

激光自发现以来，经过几十年的研究，激光的功率和效率显著提高，并且改善了激光束在时间（诸如单色性、脉宽、重复率）和空间（诸如发散度、横向光强均匀性等模特性）的质量，开拓了激光的诸多新应用。激光是由能级间的受激辐射克服了损耗，并使辐射通过正反馈而形成的。为了维持受激振荡，激光工作物质必须保证具备粒子数反转，并且受激辐射几率远远大于自发辐射几率，使增益大于损耗。对于晶体材料，维持受激振荡的能量无法由电能、磁能、化学反应能和热能来提供。光泵浦是惟一可能的能量提供形式。

根据激光工作物质的不同，激光器可分为气体激光器、固体激光器、半导体激光器、化学激光器和染料激光器。固体激光器是指以固体物质（晶体固体或玻璃）为工作物质的激光器。目前固体激光器技术发展迅速，能实现激光振荡的固体工作物质已达数百种，激光光谱线已达数千条。固体激光器具有多种工作方式，输出能量大，峰值功率高，光束质量好，结构紧凑，牢固耐用，因此成为人们研究的重点。半导体激光器是以半导体晶体为工作物质，利用半导体激光器作为泵浦源形成的全固态激光器，是目前激光器发展的主流。

激光晶体是晶体激光器的工作介质，它一般是指以晶体为基质，通过分立的发光中心吸收光泵能量并将其转化成激光输出的发光材料。晶体激光器是固体激光器的重要成员，与玻璃激光器相比，它具有较低的振荡阈值，较易实现连续运转。晶体激光器从科学研究到生产，从军用到民用，应用范围广泛，主要应用方面有：材料加工、激光医疗、激光测距和目标指示器等。激光晶体全是人工晶体，而且都是无机晶体。它可分为掺杂型激光晶体、自激活激光晶体、色心激光晶体和激光二极管晶体四类。目前晶体激光器（半导体激光器也归于此列）的最大问题是波长绝大多数仍集中于近红外区，可供实用的激光波长仍满足不了多方面应用的要求。尽管开展了光参量非线性器件（例如倍频、参量振荡、拉曼频移）扩展激光波长的研究，但都不能尽如人意。因此，激光晶体的研究，特别是开拓激光新波段，甚至是可调谐波长的研究仍是重要方向。

对晶体激光特性的研究表明，要产生时间和空间特性好的强激光，激光晶体应具有：宽的吸收带、高的泵浦量子效率、长的上能级寿命和大的受激辐射几率；此外，还要求对激光波长不存在吸收，并有低的综合损耗和稳定的物理化学性能。晶体激光性能研究大致可分为三部分：其一是激活中心的研究；其二是晶体基质性能的研究；其三是激活中心与基质相互影响的研究，这是获得优秀激光晶体的关键。

激光晶体的激活离子大多在具有 3d 电子的过渡金属离子和 4f 电子的稀土金属离子中筛选；基质则在氧化物（硅酸盐、钨酸盐、磷酸盐、铌酸盐和宝石、石榴石等）和氟化物中寻找。由此找到了红宝石、钛宝石、掺钕钇铝石榴石、掺钕钇镓石榴石、掺铬铝酸镧、氟化钇锂等性能较好的激光晶体。

为了改进激光晶体性能，可以通过激光晶体的双掺杂提高激光效率，但这种激光晶体要仔细选择基质，以便能掺入多种离子而不致引起晶体光学质量的变坏。例如 YAG、GSGG 等石榴石和金绿宝石、紫翠绿宝石等晶体就被选作双掺杂的基质。表 10-2 列举了 Er^{3+}-Yb^{3+} 共掺杂的 YCOB 晶体的光谱数据。Yb^{3+} 是敏化离子，以增强 Er^{3+} 的泵浦效率。表中掺 Er^{3+} 的晶体 Yb^{3+}-$^2F_{5/2}$ 寿命缩短是因为 Yb^{3+} 的能量传递给 Er^{3+}，传递速率为 $7579s^{-1}$，与能量转换效率 97% 是一致的。Er^{3+} 强烈的荧光就来源于这样大的能量转换效率。增加 Er^{3+} 的浓度可能会得到更强的荧光[14]。

其次，激活中心的浓度提高，可提高晶体的储能能力，但过高的浓度会引起上能级的浓度猝灭。这种效应对 4f 能级虽然较弱，但一般超过 3% 的原子掺入，浓度猝灭就很严重。从晶体结构考虑，可在激活离子中插入某些"屏蔽"离子，激活离子作为晶体的组分之一而不是作为掺入离子，NPP、LNP、NAB、NYAB即为按此设计而产生的激光晶体。该类晶体提高了激光的效率，但又不可避免地缩短了上能级寿命，因而对泵浦要求更苛刻。这种激光晶体开拓了激光器小型化的前景。

表 10-2　Er^{3+}—Yb^{3+} 共掺杂的 YCOB 晶体的光谱数据

晶体	Yb^{3+}浓度 /cm^{-3}	Er^{3+}浓度 /cm^{-3}	Yb^{3+}-$^2F_{5/2}$ 寿命/μs	Er^{3+}-$^4I_{13/2}$ 寿命/μs	I_{Er}/I_{Yb}[1]	转换效率/%
$Yb_{0.2}Y_{0.8}Ca_4O(BO_3)_3$	9×10^{20}	—	2800	—	—	—
$Er_{0.01}Yb_{0.2}Y_{0.79}Ca_4O(BO_3)_3$	9×10^{20}	4×10^{19}	209	—	0.4	95
$Er_{0.02}Yb_{0.2}Y_{0.78}Ca_4O(BO_3)_3$	9×10^{20}	9×10^{19}	126	1230	1.3	97

1）此处为 $1.535\mu m$ 和 $976.5nm$ 处的值。

第三，利用混晶来适当"稀释"激活中心的浓度，可改善光泵浦条件。多组分晶体的合成和生长较困难，且往往降低晶体对称性，从而使基质成为非中心对称，但获得了倍频、电光和压电性能，由此产生具有激光-倍频复合的自倍频激光晶体或具有激光-调 Q 复合的活性内 Q 开关激光晶体。NAB、NYAB、EYAB和 $Nd^{3+}:Mg^{2+}:LN$ 即为这类晶体的典型例子。这种复合效应晶体由于要满足多种要求而使"最优化"带来困难。例如，自倍频要求基频和倍频激光都要有低损耗，同时就给满足倍频波的高透和光泵的吸收带宽带来很大矛盾。

合成的激光晶体现已达 200 多种，包括：高平均功率密度晶体 Nd:YAG、$Nd:Gd_3Ga_5O_{12}$（Nd:GGG）等；可调谐激光晶体 $Cr^{3+}:BeAl_2O_3$、$Cr^{3+}:LiCaAlF_6$、$Cr^{3+}:LiSrF_6$[15]、$Cr^{3+}:MgSiO_3$、$Ti^{3+}:Al_2O_3$ 等；新波长晶体 Ho:Tm:Cr:YAG（$2.08\mu m$）、Tm:YAG（$2.13\mu m$）以及氟化物、氧化物、含氧酸化合物晶体等等。无论什么激光晶体，采用什么方法制备，其中的关键问题是在制备过程中对杂质和缺陷的控制以及这些杂质和缺陷对晶体性能带来的影响。本节以 Nd:YVO_4 为例阐述晶体生长过程中五种主要杂质和缺陷的产生原因、危害以及控制方法[16]。

10.5.2　Nd:YVO_4晶体的制备

与常用的激光晶体相比，掺杂 Nd^{3+} 的钒酸钇晶体具有低的激光泵浦阈值、较大的发射截面（在 $1.06\mu m$ 时是 YAG 的 2.7 倍，在 $1.34\mu m$ 时是 YAG 的 18倍），而且具有吸收系数大（YAG 的 4 倍）、809nm 处吸收面积宽、激光输出强、抗射线和电子辐射等优点，因此是用于固体激光器的优异晶体。但是制备无缺陷 Nd:YVO_3 晶体很难，研究人员采用了许多方法如提拉法、助熔剂法、坩埚移动法、浮区法、焰熔法等生长晶体，直到现在最成功的方法还是提拉法（CZ），即

将原料 Nd_2O_3、Y_2O_3、V_2O_3 混合后在铱坩埚内生长，生长时间约为 3d。

10.5.3 Nd：YVO₄晶体的缺陷

对激光晶体来说，所有缺陷都是有害的，它们会对激光束造成散射，从而降低激光强度和效率。Nd：YVO₄ 晶体中主要有五类缺陷：

1. 色心

有两个证据说明色心的存在：其一是氧不足造成晶体呈现不同的颜色。由于生长过程中条件的变化，晶体除了呈现的颜色，还会呈现浅黄、黄色、甚至深黄色，而这些颜色是与氧空位的数量成正比的。如果把这些晶体放入富氧的气氛下热处理一段时间，晶体将恢复原本应该有的颜色。其二是使用不同的光源也会引起晶体颜色的变化。例如使用荧光灯时，晶体的正常颜色是蓝色，如果 Nd^{3+} 浓度从 0.5at% 变到 2at%，颜色将从浅蓝变为深蓝；如果使用白炽灯，颜色将从浅紫变为深紫。这些颜色的变化是色心离子 Nd^{3+} 与光源谱线共同作用的结果。

2. 包裹物

包裹物有小气泡、铱晶体碎片，最多的是晶体生长过程中 Y_2O_3 和 V_2O_3 或 V_2O_3 和 YVO_3 二元系化合物的偏析相。例如，在氧不足的气氛下生长的晶体含有许多 YVO_3 黑色颗粒。包裹物破坏了晶体的均匀性。包裹物与 Nd：YVO₄ 晶体的界面区域会散射光，包裹物成了光的散射中心。在黑暗环境下 5mW 或 10mW 的 He-Ne 激光照射晶体，很容易检测包裹物。为了减少包裹物，工艺上应注意原料的充分混合以达到原料充分均匀，另外晶体生长时合适的气氛、温度梯度等都是重要的因素。但是完全消除包裹物很困难。

3. 亚结构

在偏光显微镜下可观察到 Nd：YVO₄ 晶体中有一些层状亚结构，尺寸约为毫米~厘米级。本质上它们是小角度晶界，因为 Nd：YVO₄ 中有许多刃型位错，位错的迁移形成了小角度晶界。为了减少这些晶界，工艺上需仔细挑选无晶界的种晶，并且保证在长时间的生长过程中，生长条件必须稳定。

4. Nd^{3+} 浓度的变化

与 Nd：YAG 晶体不同，Nd：YVO₄ 晶体中会出现一些生长条纹。这是因为 Nd^{3+} 离子的偏析系数比 YAG 晶体大。由于偏析系数不等于 1（0.58 或 0.63），产生沿生长方向浓度的变化。必须通过减小生长晶体与熔体的体积（质量）比例来降低 Nd^{3+} 浓度的变化，这个比例通常选择为 0.1 到 0.15。由于 Nd^{3+} 浓度的变化导致晶体折射的变化，激光晶体应用时，让浓度变化的方向平行于激光束，就不会出现激光束的偏转。这个规律对于激光晶体的切割也有指导意义。

5. 激光元件中的加工应力

实用的激光晶体必须经过机械加工包括切割、粗抛、精抛、镜面抛光等，这些过程复杂、耗时长。由于晶体易从（100）面解理并且 Mohs 硬度为 $4.5\sim5$，加工过程中晶格会受到外力作用。如果晶体产生了应力，在偏光显微镜下可观察到黑色背景下应力中心被带有花瓣像花一样的明亮光斑所包围。这些应力中心会散射激光束，改变它的方向。因此，加工中的每一步都必须仔细控制。

总之，激光晶体在实用化的过程中还有一系列的工作。

10.6 非线性光学晶体[1,5,13,17]

10.6.1 概述

具有非线性光学效应的晶体称为非线性光学晶体。除满足光学晶体的一般要求外，还需具备下列特性：非线性系数大，能实现相位匹配，对入射和混频光的吸收和散射小，无光损伤等。从 20 世纪 60 年代以来，在非线性光学理论发展的同时，非线性光学晶体也得到了长足的发展，包括晶体材料有三硼酸锂（LBO）、三硼酸锂铯（CLBO）、磷酸二氢钾（KDP）、磷酸二氘钾（DKDP）、偏硼酸钡（BBO）、α-碘酸锂（α-LiIO$_3$）、磷酸钛氧钾（KTP）、铌酸锂（LN）、铌酸钾（KN）等，可应用于各种激光频率转换，制作倍频器和光学参量振荡器、放大器等。本节以新型非线性光学晶体 Ca$_4$RO（BO$_3$）$_3$（RCOB）为例，介绍非线性光学晶体的制备、表征与应用。

近十年来，用于蓝/绿光和 UV 波段的非线性光学晶体一直难以得到广泛应用，其中一个重要的原因是没有开发出大尺寸、低成本的非线性光学晶体。KTP、KN、BBO、LBO 等非线性光学晶体大都用助熔剂法生长，成本高、生长速率慢、生长过程中易包裹熔剂，而且不易生长出大尺寸高质量晶体；用水溶液法可以生长大尺寸晶体的 KDP，却易发生潮解，因此迫切需要开发出有实用性的新晶体。

1991 年，Khamaganova 等用助熔剂法生长 Ca$_3$Sm$_2$（BO$_3$）$_4$ 单晶时，意外获得了一种新化合物 Ca$_4$SmO（BO$_3$）$_3$。不久，Norrestam 等用高温固相反应的方法合成了一系列包括 Ca$_4$SmO（BO$_3$）$_3$ 在内的钙-稀土硼酸盐化合物 Ca$_4$RO（BO$_3$）$_3$（R-La^{3+}、Nd^{3+}、Sm^{3+}、Gd^{3+}、Y^{3+}、Er^{3+}）。一年以后，Ilyukhin 和 Dzhurinskii 又合成了化合物 Ca$_4$RO（BO$_3$）$_3$（R-Lu^{3+}、Tb^{3+}、Gd^{3+}）。上述研究者对这一系列硼酸盐晶体结构进行了细致研究，结果表明它们具有相同的空间结构。

1996 年，Aka 等首次用 Czochralski 法（CZ 法）生长出了 Ca₄GdO（BO₃）₃ 晶体和掺 Nd³⁺ 的 Ca₄GdO（BO₃）₃ 晶体。研究表明，Ca₄GdO（BO₃）₃ 晶体具有良好的非线性光学性能，可用于光学倍频、光学混频和光学参量放大；而 Nd：Ca₄GdO（BO₃）₃ 晶体具备激光自倍频特性（SFD）。1997 年 Makoto 等用 CZ 法生长出了 Ca₄YO（BO₃）₃ 晶体，并实现了对 Nd：YAG 激光的二次倍频（SHG）和三次倍频（THG）。上述晶体均具有稳定的物化性能和良好的机械加工性能。

10.6.2　RCOB 晶体的生长

在这一系列同结构化合物中，YCOB 和 GdCOB 晶体生长已取得了较大的进展。迄今为止，所有的文献报导中 YCOB 和 GCOB 均采用射频感应加热的 CZ 法生长。晶体生长原料是高纯的 Y_2O_3/Gd_2O_3、$CaCO_3$、H_3BO_3 或 B_2O_3。YCOB 和 GdCOB 晶体的熔点分别为 1510℃和 1480℃，可采用铂坩锅在大气气氛中、或铱坩锅在保护气氛（Ar 或高纯 N_2）中生长。在生长大尺寸晶体时，铂坩埚形变大，难以保持生长条件的恒定。CZ 法生长 YCOB 和 GCOB 晶体主要遇到以下两方面的问题：一是如何保证原料严格的化学计量配比。加热过程中 B_2O_3 挥发将使原料组分偏离化学计量比，因此需要在原料中补充适量的 B_2O_3。原料的预先加热处理，使其充分地发生固相反应，生成单相的 Ca₄YO（BO₃）₃/Ca₄GdO（BO₃）₃化合物，将更有利于保证晶体品质。二是晶体的开裂。研究发现，YCOB 和 GdCOB 晶体存在两个完全解理面，即（010）和（2̄01）。沿<010>方向生长可以得到不开裂的完整晶体。另外，在生长阶段和降温阶段的开裂也与生长条件有关。Czochralski 法已成功地生长出了（ϕ40mm×150mm）的 YCOB 和（ϕ50mm×100mm）的 GdCOB，晶体品质良好。

考虑到 CZ 法生长 YCOB 和 GdCOB 晶体出现的问题，可以尝试坩埚下降法（Bridgman 法），这是因为 Bridgman 法中坩埚为一封闭体系，可防止组分的挥发，保证原料的化学计量配比，同时 Bridgman 法生长晶体时，轴向温度梯度小于 CZ 法，有利于克服晶体开裂问题。另外，Bridgman 法适合大尺寸、多数量的晶体生长，便于实现产业化。中国科学院上海硅酸盐研究所罗军等人已经开展了 YCOB 和 GdCOB 晶体的 Bridgman 法生长研究，并取得了一定进展，生长出直径达 25mm 的 YCOB 和 GdCOB 单晶。

10.6.3　RCOB 晶体性能

表 10-3 列出了 RCOB 晶体与二次倍频应用有关的重要性能参数。YCOB 和 GdCOB 的吸收边均达到 200nm，但 GdCOB 在 200～320nm 的 UV 波段有若干个吸收峰，将影响其在这一波段的应用，将 YCOB 和 GdCOB 对 Nd：YAG 激光（1.064μm）的二次倍频效应（SHG）（I 型相匹配）与 KDP 的（II 型相匹配）比较可以发现，YCOB 和 GdCOB 的二次有效倍频系数分别达到 KPD 的 2.8 和 3.4

倍，且具有与 KPD 接近的允许角范围和宽得多的允许温度范围。此外，YCOB 可以实现对 Nd：YAG 激光的三次倍频效应（THG）。在 XY 平面内，当 I 型相匹配角（θ，φ）＝（90°，73.2°）时，三次有效倍频系数 d_{eff} 为 0.52pm/V，约为 KPD（II 型相匹配，$d_{\mathrm{eff}}＝0.35\mathrm{pm/V}$）的 1.4 倍。GdCOB 双折射率偏小，不存在 1.064μm 激光 THG 的相匹配角。由于 YCOB 和 GdCOB 晶体可直接从熔体中生长、不发生潮解和易于加工，加之非线性光学性能良好，因此很适合于做 Nd：YAG 激光的二次倍频和三次倍频（YCOB）晶体。

表 10-3 与二次倍频应用有关的重要性能参数

晶体	非线性系数 /(pm/V)	位相匹配 类型	角范围 /(mrad·cm)	温度范围 /(℃·cm)	离散角 /mrad	吸收边 /nm	双折射 (1064nm 和 532nm 处)	化学稳定性
YCOB	1.1	I	1.3	65	23.0	200	0.041/0.043	稳定
GdCOB	1.3	I	1.8	38	32.8	200	0.033/0.035	稳定
KDP	0.384	II	2	11.5	24.5	200	0.034/0.042	潮解

10.6.4 RCOB 晶体性能改进

研究发现，利用其他稀土元素掺杂，例如 Nd^{3+}、Y^{3+} 高掺杂，可以开发 RCOB 晶体的激光性能，因此 RCOB 晶体将成为材料的激光性能和非线性光学性能结合在一起的新型晶体。表 10-4 列出了掺杂后的 YCOB 的激光性能参数。

表 10-4 Nd：YCOB 和 Nd：GdCOB 晶体的激光性能参数

晶体	掺杂剂	运转模式	泵浦源和激光波长/nm	发射波长 /nm	效率	阈值功率 /mW
YCOB	Nd^{3+},5%（原子百分比）	Cw	钛宝石激光,794	1060	46.9%	163
YCOB	Yb^{3+}	Cw	LD,976	1030~1100	73%	55
GdCOB	Nd^{3+},7%（原子百分比）	Cw	钛宝石激光,811	1060	34%	90

结果表明，Nd：YCOB、YbYCOB 和 Nd：GdCOB 晶体作为激光工作物质均已实现了基频激光运转，并展现了较好的激光性能。对以 Nd：GdCOB 晶体为工作物质的自倍频激光器已进行了实验，吸收泵浦功率分别为 820mW（LD 泵浦）和 1W（钛宝石激光泵浦）时，输出绿光（530.5nm）功率分别达到 21mW 和 64mW，与性能最优秀的自倍频激光晶体 NYAB［Nd：YAl₃（BO₃）₄］相比，虽然 Nd：GdCOB 晶体的自倍频效率仍然偏低，但由于能够直接从熔体中生长高品质、大尺寸的晶体，仍具有良好的应用前景。Nd：YCOB 和 Yb：YCOB 晶体的激光自倍频特性也得到了实验验证，只是由于未考虑相匹配等因素，倍频光输出功

率很小。实验还发现，Yb：YCOB 晶体有希望实现频率可调谐的自倍频绿光输出。对上述晶体的自倍频性能尚待更深入的研究。

10.6.5　非线性光学晶体的发展方向

从以上研究例子可以看出，制备大尺寸、低成本、实用的非线性光晶体仍是研究人员不懈努力的方向。在掌握晶体的生长理论、基本制备技术、物理性能的基础上，结合具体材料开展深入研究，大胆创新，才能让更多新的优秀的非线性光学晶体问世。

总之，非线性光学晶体极大地推动了激光技术和光电技术的发展。正是它在科技发展和人类生活中的重要作用，促进我们继续从理论和实践两方面进行更多的工作。

10.7　压　电　晶　体[1,18]

具有压电效应的晶体称为压电晶体。判断一种压电晶体是否有实用价值，除了看其压电系数和机电耦合系数外，还必须考虑压电参数对温度和时间的稳定性以及晶体必备性质如强度、加工性等。压电晶体主要用于制造测压元件、谐振器、滤波器、声表面波换能器等。

本节以最常见的水晶（α 石英）为例，介绍压电晶体研究发展的趋势。

压电石英目前已广泛应用于通讯、导航、广播、时间和频率标准、彩色电视、移动电话、电子手表等。作为频率源的压电石英晶体元件，要求小型化、高稳定性、高可靠性，又要能制造出更高频率特性的器件，因此石英晶体的机械性能、Q 值和晶格完整性要求更高。

10.7.1　石英晶体的压电机理

石英晶体中硅、氧离子的排列，可以等效为图 10-9（a）中的正六边形排列，图中⊕代表硅离子 Si^{4+}，⊖代表两个氧离子 $2O^{2-}$。当晶体不受外力作用时，正、负离子正好分布在正六边形的顶角上，正、负电荷的重心正好重合，电偶极矩的矢量和等于零，即：$p_1 + p_2 + p_3 = 0$，因而晶体表面不荷电。但是，当晶体受到沿 x 方向的压力（即 $T_1 < 0$）时，晶体将沿 x 方向产生收缩，正、负离子的相对位置随之发生变化，如图 10-9（b）所示，正、负电荷中心不再重合，电偶极矩在 x 方向的分量为 $(p_1 + p_2 + p_3)_x > 0$，而在 y、z 方向均为零；当晶体受到沿 x 方向的拉力（即 $T_1 > 0$）时，其变化情况如图 10-9（c）所示。这时，x 方向电偶极矩的分量为 $(p_1 + p_2 + p_3)_x < 0$，而在 y、z 方向均为零，这时在 x 轴的正向出现负的面电荷，在负向出现正面电荷，而在 y、z 方向则不出现电荷。由上述看出，当石英晶体受到沿 x（即电轴）方向的应力 T_1 作用时，在 x 方向

产生正压电效应，而在 y（即机械轴）、z（即光轴）方向则不产生压电效应。

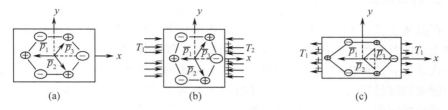

图 10-9　石英晶体的压电机理

在 y 方向的应力作用下，晶体的变化情况类似于 x 作用。

在 z 方向的应力 T_3 作用下，因为晶体沿 x 方向和 y 方向所产生的正应变完全相同，所以正、负电荷中心仍保持重合，电偶极矩矢量和始终为零，因而晶体不产生压电效应。

由此可知，正压电效应是由于晶体在机械力作用下发生形变，从而引起带电粒子的相对位移，使得晶体的总电矩变化造成的。在电场作用下，石英的电偶极矩会发生变化而产生形变，称为石英的逆压电效应。压电晶体应具备如下特点：晶体无对称中心；不导电，至少应是半导体；有离子或离子团存在即必须是离子晶体或由离子团组成的分子晶体。

10.7.2　高质量石英晶体的制备[6,19]

石英晶体一般采用水热法生长，其装置参见 10.3 节水热法。由于应用的要求，石英晶体质量变得越来越重要。例如晶体中有刃型位错和螺型位错，在后续晶片刻蚀工艺中容易形成腐蚀隧道，蒸镀或涂镀电极时就会造成短路或性能下降，严重影响产品的质量和成品率。本节从制备低腐蚀隧道密度石英晶体的角度，介绍水热法石英晶体制备中工艺控制的有关内容。

10.7.2.1　石英晶体制备工艺控制

1. 助熔剂选择

人工合成石英晶体，一般选用 NaOH、Na_2CO_3、KOH 和/或 K_2CO_3 等碱性试剂作助熔剂，目前国内外多选用 NaOH、Na_2CO_3 或二者混合作助熔剂。为了生长低隧道密度晶体，选用的是优级纯 NaOH 作助熔剂。NaOH 在该晶体生长体系中大约有 50℃以上的亚稳区，温度的波动对晶体的稳定生长不会产生太大的影响；而 Na_2CO_3 有较快的生长速率、亚稳区只有 17℃左右。所以，如果追求产量，减少生长周期，可选用或加入部分 Na_2CO_3 作助熔剂。

2. 籽晶选取与加工处理

在晶体生长过程中，晶体沿着籽晶面逐渐长大，籽晶的缺陷往往要延伸到晶体中去，尤其是引起腐蚀隧道的线位错和螺型位错，很难自行消失，而且随着一代一代繁衍，这种缺陷会逐渐增多。选取无位错单晶或者天然水晶作籽晶，是生长低隧道密度晶体的重要保证。晶体各原子面的生长速率和排杂能力具有各向异性，正确的定向和生长面的合理选择，有利于杂质的排除和隧道密度的减少。由于晶体切割工艺不同，加工过程对籽晶表面难免带来不同程度的机械损伤，这种损伤如果不溶蚀掉，很容易影响晶体新生层的晶体结构，这一问题可以通过籽晶处理或者利用升温期间溶蚀解决。籽晶的预处理按照传统工艺，一般使用氢氟酸溶液，由于氢氟酸对石英有很强的腐蚀性，掌握不好很容易在籽晶缺陷部位形成孔道，晶体生长时延伸成缺陷，做器件时出现隧道，所以使用相对缓和的氟氢化铵作腐蚀剂则更容易掌握腐蚀程度。

3. 晶体生长条件

按照晶体生长动力学理论，提高生长区的温度和体系的压力，有利于提高晶体的本征生长速率；增加生长区与溶解区的温度，能够加快二者间溶液的质量输运，增大溶质在生长界面的浓度梯度。Si—O 基团在晶体生长面上的排列与该基团的供应，直接控制着晶体的实际生长速率。实验证明，不足传质或过剩传质，都不利于晶格的完整性，合理地调整生长区的温度、体系的压力和上下温区的温差，是生长优质低隧道密度晶体的重要条件。另外，保持温度的稳定性也是生长高质量晶体的重要条件之一。

4. 升温程序

在开始升温时，体系的上部和下部都处于欠饱和状态，上部籽晶长时间浸泡在欠饱和的溶液中，会造成严重溶蚀，有时候会产生籽晶两面贯穿，经过严重溶蚀的籽晶长大以后，晶体内的缺陷较多。两面贯穿的籽晶，长大以后很容易开裂，但是，如果开始温差太大，上部籽晶来不及溶蚀掉切割造成的表面损伤，很快进入生长，则会使晶体出现较多的双晶。所以，升温过快或过慢，温差过大或过小，都会使晶体的质量下降。升温程序的设定，依整于高压釜的加热方式、加热功率的分布、助熔剂的成分和浓度。

5. 加热与保温

过去，生产石英晶体基本上都使用 $\phi 200\text{mm}$ 以下的小釜，它的生长区或者溶解区较短，生长中不太考虑上下部自身的对流问题。所以，大部分石英晶体生产企业，都采用两段保温。现在，生产用釜长度都在 5m 以上，下部溶解区随着上部晶体的长大，料面会逐渐降低，如果要保持均匀的质量输运，尚需考虑下部的自身对流问题。造成溶解区合适的温度梯度，可以用改变加热功率分配的办法，也可以用改变保温的办法。例如采用美国 Sawyer 公司的技术，在溶解区的下部又加了一层保温，结果不仅改善了溶液的对流状况，提高了晶体质量，节省了部分能源，而且避免了高压釜降温过程中的结底问题。

6．生产工艺的编制和匹配

石英石的精选和清洗、籽晶的加工和腐蚀、高压釜和籽晶架的清洗和防护、水和试剂的纯度和准确计量等等，都直接影响生产工艺的实施和产品的质量。合理的编排工艺过程，合理掌握各工序之间的配合，同样是生产优质低隧道密度石英晶体的重要保证。

10.7.3　压电晶体的性能

评价压电晶体性能的常用参数有：

（1）机械品质因数　反映压电晶体在谐振时的损耗程度，它的定义为

$$Q_m = \frac{谐振时每周晶体储存的机械能量}{谐振时每周晶体机械损耗的能量} \tag{10-7}$$

例如，机械品质因数 Q_m 作为鉴定人造水晶的质量标准，可分为 A～E 级，A、B 级（$Q > 2.4 \times 10^6 \sim 3 \times 10^6$）用于制造高质量谐振器，C 级（$Q > 1.8 \times 10^6$）用于制造高频谐振器，D、E 级（$Q > 0.5 \times 10^6 \sim 1.0 \times 10^6$）只能用于制造低频谐振器。$Q_m$ 越低，晶体的温度稳定性越差。

（2）机电耦合系数　反映压电晶体的机械能与电能之间的耦合关系，定义为

$$k^2 = \frac{通过逆压电效应转换的机械能}{储入的电能总量} \tag{10-8}$$

或

$$k^2 = \frac{通过正压电效应转换的电能}{储入的机械能总量} \tag{10-9}$$

目前常见压电晶体的机电耦合系数，如表 10-5 所示。

表 10-5　压电晶体的机电耦合系数

晶　　体	晶　　系	机电耦合系数
水晶	六方	0.098
铌酸锂	六方	0.68
钽酸锂	六方	0.44
氧化锌	六方	0.28
四硼酸锂	四方	1.0

特别是四硼酸锂，不但机电耦合系数大、温度系数低（0℃），而且密度小

$(2.45\mathrm{g/cm}^3)$、熔点低（917℃）、原料易得，成为压电晶体中引人注目的一种新晶体，很有希望用于声表面波器件[11]。

压电晶体与其他压电材料如压电陶瓷、压电薄膜等相比，优点有传播损耗小，一致性和重现性好，时间稳定性好；缺点是成本相对较高，机电耦合系数和频率温度系数难以兼顾。由于压电器件已广泛用于工程技术的各个领域，例如用于电声器件的扬声器和拾声器、导航中的压电加速计、雷达中的表面波器件、超声换能器等等，开发低成本高质量的压电晶体具有广阔的应用前景。

参 考 文 献

1. 马如璋，蒋民华，徐祖雄. 功能材料学概论. 北京：冶金工业出版社，1999
2. 俞文海，刘皖育. 晶体物理学. 合肥：中国科技大学出版社，1998
3. 刘波，施朋淑，周东方. 新型闪烁体的辐照效应. 无机材料学报，2001，16（1）：1~8
4. 陈春荣，赵新东. 晶体物理性质与检测. 北京：北京理工大学出版社，1995
5. 中国硅酸盐学会. 硅酸盐辞典. 北京：中国建筑出版社，1984
6. 张克从，张乐惠. 晶体生长科学与技术. 北京：科学出版社，1997
7. Kim J S，Lee H S. Growth and Prorerties Of Ferroelectric Potassium Lithium Niobate（KLN）Crystal Grown by the Czochralski Method. Journal of Crystal Growth，2001，223：376~382
8. Evlanova N F，Naumova I I et al. Periodically poled Y：$LiNbO_3$ single crystal：impurity distribution and domain wall location. Journal of Crystal Growth，2001，223：156~160
9. Cho A Y. Quantum devices-MBE technology for the 21 st century. Journal of Crystal Growth，2001，227~228：1~7
10. 周晶，金蔚青等. 低频率振动下四硼酸锂的 Bridgman 生长. 无机材料学报，2001，16（1）：129~133
11. Tsutsui N，Ino Y et al. Growth of high quality 4 in diameter $Li_2B_4O_7$ single crystals. Journal of Crystal Growth，2001，229：283~288
12. 利弗森 E. 材料的特征检测. 见：材料科学与技术丛书 2A 卷，北京：科学出版社，1998
13. 高技术新材料要览编委会. 高技术新材料要览. 北京：中国科学技术出版社，1993
14. Yu Y M，Ju J J et al. Growth and spectroscopic properties of Er，Yb：YCOB crystals. Journal of Crystal Growth，2001，229：175~178
15. Bensalah A，Shimamura K et al. Growth and characterization of $LiSrGaF_6$ single crystal. Journal of Crystal Growth，2001，231：143~147
16. Hu B Q，Zhang Y Z，Wu X et al. Defects in large single crystals Nd：YVO_4. J. Crystals Growth，2001，226：511~516
17. 罗军，钟真武，范世垲等. 新型非线性光学晶体 $Ca_2RO（BO_3）_3$ 的研究进展. 无机材料学报，2000，15（1）：1~8
18. 曲喜新. 薄膜物理. 上海：上海科学技术出版社，1986
19. 韩建儒，周广勇等. 低腐蚀隧道密度压电石英晶体. 山东大学学报（自然科学报），2000，35（1）：69~73

第十一章 敏感陶瓷

11.1 概　述[2,3,5]

在科学技术迅猛发展的今天，工业生产领域、科学研究领域和人们的日常生活中，需要检测、控制的对象（信息）迅速增加。信息的获得有赖于传感器，或称敏感元件。在各种类型的敏感元件中，陶瓷敏感元件占有十分重要的地位。

敏感陶瓷是某些传感器中的关键材料之一，用于制造敏感元件。敏感陶瓷多属半导体陶瓷，是继单晶半导体材料之后，又一类新型多晶半导体电子陶瓷。半导体陶瓷的电阻率约为 $10^{-4} \sim 10^7 \Omega \cdot cm$。在半导体的能带分布中，禁带较窄，所以价带中的部分电子易被激发越过禁带，进入导带而成为自由电子，产生导电性。陶瓷材料可以通过掺杂或者使化学计量比偏离而造成晶格缺陷等方法获得半导特性。半导体陶瓷的共同特点是它们的导电性随环境而变化。敏感陶瓷用于制造敏感元件，是根据某些陶瓷的电阻率、电动势等物理量对热、湿、光、电压及某种气体、某种离子的变化特别敏感的特性而制得的，按其相应的特性，可把这些材料分别称作热敏、湿敏、光敏、压敏、气敏及离子敏感陶瓷。此外，还有具有压电效应的压力、位置、速度、声波敏感陶瓷，具有铁氧体性质的磁敏陶瓷及具有多种敏感特性的多功能敏感陶瓷等。这些敏感陶瓷已广泛应用于工业检测、控制仪器、交通运输系统、汽车、机器人、防止公害、防灾、公安及家用电器等领域。敏感陶瓷按其相应的特性可分为：① 物理敏感陶瓷：光敏陶瓷，如 CdS、CdSe 等；热敏陶瓷，如 PTC 陶瓷、NTC 和 CTR 热敏陶瓷等；磁敏陶瓷，如 InSb、InAs、GaAs 等；声敏陶瓷，如罗息盐、水晶、$BaTiO_3$、PZT 等；压敏陶瓷，如 ZnO、SiC 等；力敏陶瓷，如 $PbTiO_3$、PZT 等。② 化学敏感陶瓷：氧敏陶瓷，如 SnO_2、ZnO、ZrO_2 等；湿敏陶瓷，TiO_2-$MgCr_2O_4$、ZnO-Li_2O-V_2O_5 等。生物敏感陶瓷也在积极开发之中。

11.2　敏感陶瓷的结构与性能[2,3]

陶瓷是由晶粒、晶界、气孔组成的多相系统，通过人为掺杂，造成晶粒表面的组分偏离，在晶粒表层产生固溶、偏析及晶格缺陷；在晶界（包括同质粒界、异质粒界及粒间相）处产生异质相的析出、杂质的聚集、晶格缺陷及晶格各向异性等。这些晶粒边界层的组成、结构变化，显著改变了晶界的电性能，从而导致整个陶瓷电气性能的显著变化。

半导体陶瓷的晶界效应，显示了许多单晶体所不具有的性质。近来又开始研究如何利用水蒸气、某些气体通过气孔向陶瓷体内部扩散，吸附在晶界表面，使陶瓷的电导率发生变化的特性，为湿度和气体敏感陶瓷的开发提供了新的途径。总之，人们可以从宏观上调节化学组分、气孔率（从致密到多孔质）；从微观上控制微区组分（主要是晶界组分）和微观结构（晶粒、晶界等）。通过上述各种因素的组合，产生一系列特殊功能材料。这些功能材料的应用特性虽然与晶粒本身性质有关，但更主要的是利用晶界及陶瓷表面的特性，这是单晶体所不及的。

11.3 热 敏 陶 瓷[1~4]

热敏陶瓷是一类电阻率、磁性、介电性等性质随温度发生明显变化的材料，用于制造温度传感器、线路温度补偿及稳频的元件——热敏电阻（thermistor）。它具有灵敏度高、稳定性好、制造工艺简单及价格便宜等特点。按照热敏陶瓷的电阻-温度特性，一般可分为三大类：

(1) 电阻随温度升高而增大的热敏电阻称为正温度系数热敏电阻，简称 PTC 热敏电阻（positive temperature coefficient）；

(2) 电阻随温度的升高而减小的热敏电阻称为负温度系数热敏电阻，简称 NTC 热敏电阻（negative temperature coefficient）；

(3) 电阻在某特定温度范围内急剧变化的热敏电阻，简称为 CTR 临界温度热敏电阻（critical temperature resistor）。

11.3.1 电阻温度特性

1. PTC 热敏电阻的温度特性

PTC 陶瓷属于多晶铁电半导体。PTC 热敏电阻的阻温特性曲线见图 11-1。这条曲线上有三个特征温度：电阻率随温度升高开始升高的温度 T_{min}，呈现最大的电阻温度系数的温度 T_c（居里温度，亦称相变温度，图 11-1 上温度稍高于 T_a 处）和电阻率随温度升高重新开始下降的温度 T_{max}。

电阻与温度的关系是热敏电阻最基本的特性，可用式（11-1）表示。

$$\alpha_T = (1/R_T) \cdot (dR_T/dT) \tag{11-1}$$

式中，α_T 为电阻温度系数，指零功率电阻值（又称不发热功率电阻值或冷电阻值，是在一定的环境温度下采用引起阻值变化不超过 0.1% 测量功率所测得的实际电阻值）的温度系数，它是温度的函数；R_T 为温度 T 时的电阻值。

温度系数 α_T 有正负之分，相应的材料称为 PTC 和 NTC 热敏陶瓷。

在图 11-1 中，温度低于 T_{min}，陶瓷体呈现负温度系数特性，电阻率变化服从 $\exp[\Delta E/(2KT)]$ 规律，ΔE 值约在 $0.1 \sim 0.2 eV$ 范围。当温度高于 T_{min} 以

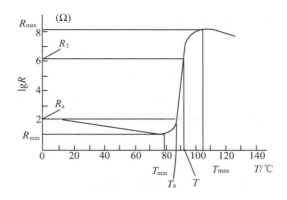

图 11-1　PTC 热敏电阻材料的电阻随温度变化示意图

后，由于铁电相变（铁电相与顺电相转变）及晶界效应，陶瓷体呈正温度系数特征。在 T_c 附近的一个很窄的温区内，随温度的升高（降低），其电阻率急剧升高（降低），约变化几个数量级（$10^3 \sim 10^7$），这个区域便称为 PTC 区域。温度高于 T_{max} 后，电阻率又随 $\exp[\Delta E/(2KT)]$ 的负温度系数特征变化，这时的 ΔE 约在 $0.8 \sim 1.5\text{eV}$ 范围内。

T_c 可通过掺杂而升高或降低，这是 PTC 热敏电阻陶瓷的主要特点之一。例如对 $(Ba_{1-X}Pb_X)TiO_3$ 为基的 PTC 陶瓷，增加 Pb 含量，可提高 T_c；相反，掺入 Sr 或 Sn，可使 T_c 下降。因此，可根据实际需要来调整 T_c 值。

在某一温度范围内发生的突变曲线近似成线性。在此温度范围内，其温度特性可近似表示为

$$R_T = R_a \exp[B_p(T - T_a)]$$

$$B_p = \frac{\ln R_T - \ln R_a}{T - T_a} = \frac{2.303(\lg R_T - \lg R_a)}{T - T_a}$$

$$B_p = \frac{2.303\lg(R_T/R_a)}{T - T_a} \tag{11-2}$$

式中，T_a 和 T 为在 PTC 温度范围内较低的温度点和较高的温度点；R_a 和 R_T 为 T_a 和 T 时的零功率电阻值；B_p 为 PTC 热敏电阻的材料常数，$\alpha_{T_p} = B_p$。

根据我国有关工厂的生产情况，通常规定电阻温度系数大于 $10\%/\text{℃}$ 的为开关型热敏电阻陶瓷；电阻温度系数小于 $10\%/\text{℃}$ 的为缓变型热敏电阻陶瓷。

2. NTC 热敏电阻的温度特性

NTC 热敏电阻陶瓷是指其电阻率随温度升高而呈指数关系减小的一类陶瓷材料，NTC 热敏电阻陶瓷的电阻-温度特性可表示为

$$R_T = R_a \exp\left[B_n\left(\frac{1}{T} - \frac{1}{T_a} \right) \right]$$

$$B_n = (\ln R_T - \ln R_a)/(1/T - 1/T_a)$$

$$= 2.303(\lg R_T - \lg R_a)/(1/T - 1/T_a) \tag{11-3}$$

式中，R_T 为 T 温度时的电阻值；R_a 为标准温度（T_a）时的电阻值，通常 $T_a = 25\,℃$；B_n 为 NTC 热敏电阻的材料常数。

同样可得到

$$\alpha_{T_n} = -B_n / T^2$$

热敏电阻常数 B_n 可以表征和比较陶瓷材料的温度特性，B_n 值越大，热敏电阻的电阻对于温度的变化率越大，即制成的传感器的灵敏度越高。因此，温度系数只表示 NTC 热敏电阻陶瓷在某个特定温度下的热敏性。一般常用的热敏电阻陶瓷的 $B_n = 2000 \sim 6000\,\mathrm{K}$，高温型热敏电阻陶瓷的 B 值约为 $10\,000 \sim 15\,000\,\mathrm{K}$。由 B_n 的定义式计算的值比较符合单晶材料制成的热敏电阻。许多陶瓷材料，由于掺杂化合物的影响，往往有复杂的能带结构，B_n 值往往随温度略有变化，随温度的升高而减小。还应注意，B_n 随材料成分、配比、烧结温度、烧结气氛等变化而不同。

11.3.2 伏安特性

热敏电阻的伏安特性即电流-电压特性，简写为 $U\text{-}I$ 特性。

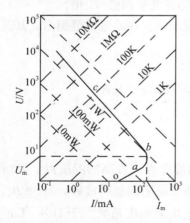

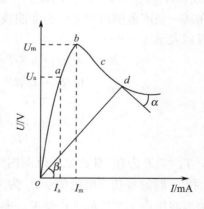

图 11-2　PTC 热敏电阻的 $U\text{-}I$ 特性曲线　　　图 11-3　NTC 热敏电阻的 $U\text{-}I$ 特性曲线

（1）PTC 热敏电阻的 $R\text{-}T$ 曲线中存在电阻率反常特性，因此具有独特的静态伏安特性，如图 11-2 所示。曲线 oa 段为直线，为线性区，其斜率为热敏电阻在环境温度下的电阻值。当通过热敏电阻的电流增大，阻体温度超过环境温度时，电阻增大，曲线开始弯曲，如 *ab* 段。当电压继续增大，PTC 元件的温度超过 T_c，这时电阻迅速增大，电流减小，曲线斜率由正变负，即曲线 *bc* 段。

（2）NTC 热敏电阻的 *U-I* 特性如图 11-3 所示。在曲线开始的 *oa* 段，*U* 与 *I* 保持线性关系，故称线性区。曲线 *ab* 段，曲线表现出非线性。在 *b* 点，$dU/dI=\mathrm{tg}\,\alpha=0$，即微分电阻 $\mathrm{tg}\,\alpha$ 为 0。曲线 *bcd* 段，$dU/dI<0$，称负阻区。由曲线上定义，$\mathrm{tg}\,\beta$ 为静态电阻。

11.3.3 动态特性

它反映热敏电阻对环境温度变化的响应速度，即对热的敏感程度，常用时间常数 τ 表示，其值从几毫秒到几十分钟。热敏电阻的时间常数等于在零功率测试条件下，即在将自热忽略或在自热极小的条件下，当温度突变时，从起始温度 T_s 变至最终温度 T_0，温差 $T_s - T_0$ 的 63.2% 所需的时间。τ 的大小表明热敏电阻对快速变化的信号响应的速度。为了获得 τ 小的热敏电阻，应尽可能减小材料的热容量、元件的体积。通常薄膜状元件的散热情况良好，τ 很小，仅几微秒。

11.3.4 陶瓷热敏电阻材料

11.3.4.1 BaTiO₃ PTC 陶瓷

BaTiO₃ 陶瓷是否具有 PTC 效应，完全由其晶粒和晶界的电性能所决定。纯 BaTiO₃ 具有较宽的禁带，常温下电子激发很少，其室温下的电阻率为 $10^{12}\,\Omega\cdot\mathrm{cm}$，已接近绝缘体，不具有 PTC 电阻特性。将 BaTiO₃ 的电阻率降到 $10^4\,\Omega\cdot\mathrm{cm}$ 以下，使其成为半导体的过程称为半导化，即在其禁带中引入一些浅的附加能级：施主能级或受主能级。一般情况而言，施主能级多数是靠近导带底的，而受主能级多数是靠近价带顶的。它们的电离能一般比较小，在室温下就受到热激发产生导电载流子，从而形成半导体。形成附加能级主要有两个途径：化学计量比偏离和掺杂，使得晶粒具有优良的导电性，而晶界具有高的势垒层，形成绝缘体。

BaTiO₃ 的化学计量比偏离半导化采用在真空、惰性气体或还原性气体中加热 BaTiO₃，由于失氧，BaTiO₃ 内产生氧缺位，为了保持电中性，部分 Ti^{4+} 将俘获电子成为 Ti^{3+}。在强制还原以后，需要在氧化气氛下重新热处理，才能得到较好的 PTC 特性，电阻率为 $1\sim10^3\,\Omega\cdot\mathrm{cm}$。

采用掺杂使 BaTiO₃ 半导化的方法之一是施主掺杂法，该法也称原子价控制法。如果用离子半径与 Ba^{2+} 相近的三价离子（如 La^{3+}、Ce^{3+}、Nd^{3+}、Ga^{3+}、Sm^{3+}、Dy^{3+}、Y^{3+}、Bi^{3+}、Sb^{3+} 等）置换 Ba^{2+}，或者用离子半径与 Ti^{4+} 相近的五价离子（如 Ta^{5+}、Nb^{5+}、Sb^{5+} 等）置换 Ti^{4+}，采用普通陶瓷工艺，即能获得电阻率为 $10^3\sim10^5\,\Omega\cdot\mathrm{cm}$ 的 n 型 BaTiO₃ 半导体。五价离子掺杂浓度对 BaTiO₃ 的

电阻率影响很大。一般情况下，电阻率随掺杂浓度的增加而降低，达到某一浓度时电阻率降至最低值，继续增加浓度，电阻率则迅速提高，甚至变成绝缘体。电阻率降至最低点的掺杂浓度（质量分数）为：Nd 0.05%，Ce、La、Nb 0.2%～0.3%，Y 0.35%。

采用掺杂使 $BaTiO_3$ 半导化的方法之二是 AST 掺杂法，以 SiO_2 或 AST（$1/3Al_2O_3 \cdot 3/4SiO_2 \cdot 1/4TiO_2$）对 $BaTiO_3$ 进行掺杂，AST 加入量 3%（摩尔分数）于 1260～1380℃ 烧成后，电阻率为 40～100Ω·cm。

典型的 PTC 热敏电阻的配方如下：

主成分：（$Ba_{0.93}Pb_{0.03}Ca_{0.04}$）$TiO_3 + 0.0011Nb_2O_5 + 0.01TiO_2$（先预烧）；

辅助成分摩尔分数：Sb_2O_3 0.06%，MnO_2 0.04%，SiO_2 0.5%，Al_2O_3 0.167%，Li_2CO_3 0.1%。

11.3.4.2 NTC 电阻材料

一般陶瓷材料都有负的电阻温度系数，但温度系数的绝对值小，稳定性差，不能应用于高温和低温场合。NTC 热敏电阻材料是用特定组分合成，其电阻率随温度升高按指数关系减小的一类材料，分低温型、中温型和高温型三大类。它们绝大多数是具有尖晶石型结构的过渡金属固熔体。其中二元系主要有：Cu-Mn、Co-Mn、Ni-Mn 等系。其中最有实用意义的为 Co-Mn 系材料，20℃ 时的电阻率为 10^3Ω·cm，主晶相为立方尖晶石 $MnCo_2O_4$。随着 Mn 含量的增大，则形成 $MnCo_2O_4$ 立方尖晶和 $CoMn_2O_4$ 四方尖晶的固溶体，电阻率逐渐增大。三元系有：Mn-Co-Ni、Mn-Cu-Ni、Mn-Cu-Co 等 Mn 系和 Cu-Fe-Ni、Cu-Fe-Co 等非 Mn 系。在含 Mn 的三元系中，随着 Mn 含量的增大，电阻率增大。此外还有 Cu-Fe-Ni-Co 四元系等。

1. 高温热敏电阻材料

工作温度在 300℃ 以上的热敏电阻（NTC）常称为高温热敏电阻。这类材料在高温下其物理、化学性质必须稳定，性能要求苛刻，即要求热敏感性高，电阻温度系数大；热稳定性好，在高温下其 *R-T* 曲线不随时间变化（时效效应小）；通过调整配料比和粒度，能够改变电阻的温度特性；无相变、不易随环境气氛改变而改变、结构稳定等。用陶瓷材料作高温热敏电阻有突出的优点，因此，它有广泛的应用前景，尤其在汽车空气/燃料比传感器方面有很大的实用价值。主要使用的两种较典型材料为：

（1）稀土氧化物材料　Pr、Er、Tb、Nd、Sm 等氧化物，加入适量其他氧化物（如过渡金属氧化物），在 1600～1700℃ 烧结后，可在 300～1500℃ 工作。

（2）$MgAl_2O_4$-$MgCr_2O_4$-$LaCrO_3$〔或（LaSr）CrO_3〕三元系材料　该系材料适用于 1000℃ 以下温区。

2. 低温热敏电阻材料

工作温度在 −60℃ 以下的热敏电阻材料（NTC）称为低温热敏电阻材料。氧化物陶瓷材料受磁场影响小、灵敏度高、热惯性小、低温阻值大以及稳定性、机械强度、抗带电粒子辐射等性能好，且价格低廉。这种材料以过渡金属氧化物为主，加入 La、Nd、Pd 等的氧化物。主要材料有 Mn-Ni-Fe-Cu、Mn-Cu-Co、Mn-Ni-Cu等。

11.3.4.3 CTR 材料

CTR 热敏电阻主要是指以 VO_2 为基本成分的半导体陶瓷，在 68℃ 附近电阻值突变达到 3~4 个数量级，具有很大的负温度系数，因此称为巨变温度热敏电阻或临界（温度）热敏电阻材料。这种变化具有再现性和可逆性，故可作电气开关或温度探测器。这一特定温度称临界温度。电阻值的急剧变化，通常是随温度的升高，在临界温度附近，电阻值急剧减小。V 是易变价元素，它有 5 价、4 价等多种价态，因此，V 系有多种氧化物，如 V_2O_5、VO_2、V_2O_3、VO 等。这些氧化物各有不同的临界温度。每种 V 系氧化物与 B、Si、P、Mg、Ca、Sr、Ba、Pb、La、Ag 等氧化物形成多元系化合物，可上、下移动其临界温度。

11.3.5 热敏电阻的应用

热敏电阻在温度传感器中的应用最广，它虽不适于高精度的测量，但其价格低廉，多用于家用电器、汽车等。PTC 热敏电阻有两种用途：一是用于恒温电热器，PTC 热敏电阻通过自身发热而工作，达到设定温度后，便自动恒温，因此不需另加控制电路，如用于电热驱蚊器、恒温电熨斗、暖风机、电暖器等。二是用作限流元件，如彩电消磁器、节能灯用电子镇流器、程控电话保安器、冰箱电机启动器等。

11.4 气敏陶瓷[1~3]

在现代社会，人们在生活和工作中使用和接触的气体越来越多，其中某些易燃、易爆、有毒气体及其混合物一旦泄露到大气中，会造成大气污染，甚至引起爆炸和火灾。气敏陶瓷是一种对气体敏感的陶瓷材料，陶瓷气敏元件（或称陶瓷气敏传感器）由于其具有灵敏度高、性能稳定、结构简单、体积小、价格低廉、使用方便等优点，得到迅速发展。

11.4.1 气敏陶瓷的分类及结构

气敏陶瓷大致可分为半导体式、固体电解质式及接触燃烧式三种。其中半导体式气敏陶瓷按作用机制可分为表面效应型和体效应型；按结构可分为烧结型、厚膜型及薄膜型；按加热方式可分为直热式和旁热式；但通常是按照主要原料成分来分类，如 SnO_2 型、ZnO 型、$\gamma\text{-}Fe_2O_3$ 型、$\alpha\text{-}Fe_2O_3$ 型、钙钛矿化合物型、TiO_2 型等。固体电解质是一类介于固体和液体之间的奇特固体材料，其主要特征是它的离子具有类似于液体电解质的快速迁移特性，如 ZrO_2 氧敏陶瓷，K_2SO_4、Na_2SO_4 等碱金属硫酸盐等。接触燃烧式气敏陶瓷元件系用铂金丝作母线，表面用陶瓷涂层、触媒材料、防晶粒生长材料以及防触媒中毒材料等涂层所制成。

11.4.2 气敏陶瓷的性能

半导体表面吸附气体分子时，半导体的电导率将随半导体类型和气体分子种类的不同而变化。吸附气体一般分为物理吸附和化学吸附两大类。被吸附的气体一般也可分为两类。具有阴离子吸附性质的气体称为氧化性（或电子受容性）气体，如 O_2、NO_x 等。具有阳离子吸附性质的气体称为还原性（或电子供出性）气体，如 H_2、CO、乙醇等。

以二氧化锡气敏电阻为例，其工作原理为如下：

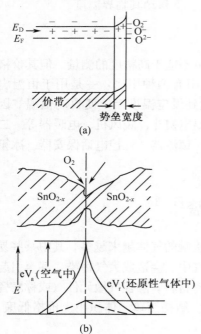

图 11-4　势垒模型示意图
（a）能带势垒；（b）晶界势垒

1. 势垒模型

二氧化锡气敏陶瓷是 n 型半导体微粒的集合体，根据多晶半导体能带模型，当它放到空气中时，吸附氧，氧与电子亲和力大，从半导体表面夺取电子，产生空间电荷层，使能带向上弯曲，电导率下降，电阻上升。在吸附还原性气体时，还原性气体与氧结合，氧放出电子并回至导带，使势垒下降，元件电导率上升，电阻值下降。图 11-4 给出了能带势垒和晶界势垒吸附气体后势垒变化的情况。

2. 吸收效应模型

二氧化锡气敏陶瓷是表面具有受主态的 n 型半导体，烧结体的晶粒中黑点部分是导电电子均匀分布的 n 型区。表面附近的空白区是导电电子的耗尽区。晶粒内部和颈部的能带如图 11-5所示，电子密度较大的晶粒内部的费米能级 E_F 接近导带底 E_C。电子密度较小的颈部 E_F 与 E_C 相距很远，当颈部半径小于空间电荷区宽度时，颈部电阻比晶粒内部电阻大得多。

氧化性气体吸附于 n 型半导体或还原性气体吸附于 p 型半导体气敏材料，都会使载流子数目减少，电导率降低；相反，还原性气体吸附于 n 型半导体或氧化性气体吸附于 p 型半导体气敏材料，会使载流子数目增加，电导率增大。气敏半导体陶瓷传感器由于要在较高温度下长期暴露在氧化性或还原性气氛中，因此要求半导体陶瓷元件必须具有物理和化学稳定性。除此之外，还必须具有下列特性。

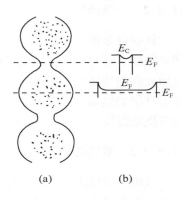

图 11-5　气敏半导体瓷的吸收效应模型
(a) 烧结体模型；(b) 能带模型

11.4.2.1　灵敏度

气敏半导体材料接触被测气体时，其电阻发生变化，电阻变化量越大，气敏材料的灵敏度就越高，可检测气体的下限浓度就越低。假设气敏材料在未接触被测气体时的电阻为 R_0，而接触被测气体时的电阻为 R_1，则该材料此时的灵敏度为

$$S = \frac{R_1}{R_0}$$

图 11-6 是气敏半导体检测灵敏度和温度的关系曲线，被测气体是浓度 0.1% 的丙烷。在室温下 SnO_2 能大量吸附气体，但其电导率在吸附前后变化不大，因此吸附气体大部分以分子状态存在，对电导率贡献不大。100℃以后，气敏电阻的电导率随温度的升高而迅速增加，至 300℃ 达到最大值，然后又下降。在 300℃ 以下，物理吸附和化学吸附同时存在，化学吸附随温度升高而增加。对于化学吸附，半导体陶瓷表面所吸附的气体以离子状态存在，气体与陶瓷表面有电子交换，故对电导率的提高有贡献。超过 300℃ 后，由于解吸作用，吸附气体减少，电导率下降。ZnO 的情况类似于 SnO_2，但其灵敏度峰值温度出现在 450℃ 左右。

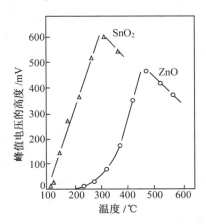

图 11-6　检测灵敏度与温度的关系

11.4.2.2 选择性

选择性是指在众多的气体中，气敏半导体陶瓷元件对某一种气体表现出很高的灵敏度，而对其他气体的灵敏度甚低或者不灵敏，它比可靠性更为重要。提高气敏元件的气体选择性可采用下述几种办法，只有适当组合应用这些方法，才能获得理想的效果。这些方法是：① 在材料中掺杂金属氧化物或其他添加物；② 调节烧结温度；③ 改变气敏元件的工作温度；④ 采用屏蔽技术。

11.4.2.3 稳定性

气敏半导体陶瓷元件的稳定性包括两个方面：一是性能随时间的变化；二是气敏元件的性能对环境条件的忍耐能力。性能随时间的变化，一般用灵敏度随时间的变化来表示：

$$W = \frac{S_2 - S_1}{t_2 - t_1} = \frac{\Delta S}{\Delta t} \tag{11-4}$$

由式（11-4）可知，W 值越小，则稳定性越好。环境条件如环境温度与湿度等会严重影响气敏元件的性能，因此，要求气敏元件的性能随环境条件的变化越小越好。

11.4.2.4 初始特性

由于气敏元件不工作时，可能吸附一些环境气体或杂质在其表面，因此元件在加热工作初期会发生因吸附气体或因杂质挥发造成的电阻变化。另外，即使气敏元件没有吸附气体或杂质，也会因元件从室温加热到工作温度时本身的 PTC 特性和 NTC 特性造成的阻值变化。在通电加热后一般约经 2～10min 后达到稳定状态，这时方可开始正常的气体检测。这一状态称为初始稳定状态，或称为元件的初始特性。

11.4.2.5 响应时间和恢复时间（特性）

响应时间表示气敏元件对被测气体的响应速度，是指气敏元件接触被测气体后元件电阻值稳定所需的时间。给定值一般是气敏元件在被测气氛中的最终值，也有人定义为最终值的 2/3。恢复时间是指气敏元件脱离被测气体恢复到正常空气中阻值的时间，它表征气敏元件的复原特性。气敏元件的响应时间和恢复时间越小越好，这样接触被测气体时能立即给出信号，脱离气体时又能立即复原。

11.4.2.6 元件的加热电压和电流

元件在应用时要给予一定热量，一般烧结型气敏元件的使用温度为 300℃ 左右，这个温度的获得是通过加热元件或电热丝而得到的。电热丝或加热元件的电压和电流统称为加热电压和电流。气敏元件的加热电压和电流越小，功耗越小，这样有利于小型化，使用方便。利用气敏元件检测气体时，气体在半导体表面上的吸脱必须迅速，但一般的吸脱在常温下较为缓慢，至少在100℃以上才会有足够大的吸脱速度，为了提高气敏元件的响应速度和灵敏度，需加热到100℃以上，接近灵敏度峰值温度工作。因此，在制备气敏元件时，要在半导体陶瓷烧结体内埋入金属丝，作为加热丝和电极。

11.4.3 典型的气敏半导体陶瓷

11.4.3.1 SnO_2 系气敏陶瓷

SnO_2 系气敏陶瓷是最常用的气敏半导体陶瓷，是以 SnO_2 为基材，加入催化剂、黏结剂等，按照常规的陶瓷工艺方法制成的。

1. SnO_2 粉料的制备

二氧化锡气敏陶瓷以超细 SnO_2 粉料为基本原料，粉料越细，比表面积越大，对被测气体越敏感。制造高分散的 SnO_2 超细粉料的方法有锡酸盐分解法、金属锡燃烧法、等离子体反应法及化学共沉淀物热分解法等。用 $SnCl_4$ 或 $SnCl_2$ 制备 SnO_2，这两种方法最后均需煅烧，其煅烧条件对于 SnO_2 粉料的晶粒大小、比表面积大小影响很大，应予重视。

2. 添加剂的作用

二氧化锡气敏陶瓷所用添加剂多为半导体添加剂，它们有不同的作用，主要是 Sb_2O_3、V_2O_5、MgO、PbO、CaO 等。二氧化锡气敏陶瓷用添加剂的作用列于表 11-1。

表 11-1　二氧化锡气敏陶瓷用添加剂的作用

添加剂	摩尔分数/%	作用
Sb_2O_3、V_2O_5	0.3～0.5	降低起始阻值，使之半导化
涂覆 MgO、PbO、CaO 等二价金属氧化物		加速解吸
CdO、PbO、CaO		延缓烧结，改善老化性能
Pd（钯石棉、$PdCl_2$）、Mo（钼酸、钼粉）、Ga、CeO_2 等低温活性催化剂		这类材料也称催化剂、触媒剂，提高常温下工作时对烟雾的灵敏度
掺加 Pd，使元件生成 PdO		促使气体在低温下解吸，并使还原性气体氧化，提高元件的灵敏度，加速还原再氧化的作用
SiO_2		防止晶粒长大，使灵敏度恒定，延长使用寿命

3. 二氧化锡气敏陶瓷的性能及应用

SnO_2 系气敏陶瓷制造的气敏元件有如下特点：① 灵敏度高，出现最高灵敏度的温度较低，约在 300℃（见图 11-6）；② 元件阻值变化与气体浓度成指数关系，在低浓度范围，这种变化十分明显，非常适用于对低浓度气体的检测；③ 对气体的检测是可逆的，而且吸附、解吸时间短；④ 气体检测不需复杂设备，待测气体可通过气敏元件电阻值的变化直接转化为信号，且阻值变化大，可用简单电路实现自动测量；⑤ 物理化学稳定性好，耐腐蚀，寿命长；⑥ 结构简单，成本低，可靠性高，耐振动和抗冲击性能好。

利用 SnO_2 烧结体吸附还原气体时电阻减少的特性来检测还原气体，已广泛应用于家用石油液化气的漏气报警、生产用探测报警器和自动排风扇等。SnO_2 系气敏元件对酒精和 CO 特别敏感，广泛用于 CO 报警和工作环境的空气监测等。已进入实用的 SnO_2 系气敏元件对于可燃性气体，例如 H_2、CO、甲烷、丙烷、乙醇、酮或芳香族气体等，具有同样程度的灵敏度，因而 SnO_2 气敏元件对不同气体的选择性就较差。

11.4.3.2 ZnO 系气敏陶瓷

氧化锌系气敏陶瓷元件最突出的优点是气体选择性强，一般加入适量的贵金属催化剂来提高陶瓷元件的灵敏度。氧化锌气敏元件对异丁烷、丙烷、乙烷等碳氢化合物有较高灵敏度，碳氢化合物中碳元素数目越大，灵敏度越高。掺 Pd 的氧化锌气敏陶瓷元件对 H_2、CO 灵敏度较高，对碳氢化合物灵敏度较差。掺 Ag 的氧化锌气敏陶瓷元件对乙醇、苯和煤气较灵敏，且成本也较低。加入 Cr_2O_3 可使氧化锌气敏陶瓷元件达到初始稳定状态所需的时间和恢复时间缩短，提高可靠性和长时间稳定性。氧化锌气敏陶瓷元件的结构与二氧化锡的不同，可以把它做成双层，将半导体元件

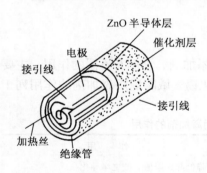

图 11-7 ZnO 气敏元件构造

与催化物分离，这样可以更换催化剂来提高元件的气体选择性，其构造见图 11-7。其缺点是元件的使用工作温度较高。

11.4.3.3 Fe_2O_3 系气敏陶瓷

常见的铁的氧化物有三种基本形式：FeO、Fe_2O_3 和 Fe_3O_4，其中 Fe_2O_3 有两种陶瓷制品：α-Fe_2O_3 和 γ-Fe_2O_3 均被发现具有气敏特性。α-Fe_2O_3 具有刚玉型晶体结构。从热稳定性来看 α-Fe_2O_3 较优，但从灵敏度而言则比 γ-Fe_2O_3 差。

Fe_2O_3 系气敏陶瓷最大的特点是不用贵金属做催化剂也能得到较高的催化性，高温下热稳定性好。

γ-Fe_2O_3 是亚稳态结构，高温将转化成 α-Fe_2O_3，遇还原性气体能转化成 Fe_3O_4。γ-Fe_2O_3 是一种 n 型金属氧化物半导体，具有反尖晶石结构，在还原性气体中易生成 Fe_3O_4，Fe_3O_4 有很大的电导率，这是由于八面体位置上 Fe^{3+} 和 Fe^{2+} 间的电子交换造成的，即 $Fe^{3+} + e \Longrightarrow Fe^{2+}$。$\gamma$-$Fe_2O_3$ 对丙烷气体较灵敏，但对甲烷就不灵敏。α-Fe_2O_3 的化学稳定性好，但是把 α-Fe_2O_3 制成超细晶粒则能产生气敏效应。α-Fe_2O_3 对甲烷乃至异丁烷都非常灵敏，对水蒸气和乙醇等却不灵敏。

制造 α-Fe_2O_3 气敏元件，需采用特殊的工艺，以制成晶粒尺寸小至 0.05～0.2μm、气孔率高达 65% 的多孔 α-Fe_2O_3 烧结体。通常，用含有 SO_4^{2-} 的铁盐通过湿法处理制备而得的 α-Fe_2O_3 有很好的气敏特性。残存的 SO_4^{2-} 能促使 α-Fe_2O_3 微晶的形成，且结晶度低，比表面积很大。另外，在制备过程中，加入四价金属 Ti、Zr、Sn 等，能抑制 α-Fe_2O_3 晶粒的生长和结晶度，从而获得细晶 α-Fe_2O_3 陶瓷，比表面积可达 125m^2/g，平均粒径约为 0.01μm。γ-Fe_2O_3 的工作温度约为 400～420℃。

α-Fe_2O_3 作家庭用可燃气体报警器非常合适。因它对水蒸气和乙醇等不灵敏，故不会因水蒸气及酒精的存在而误报。

此外还有 ZrO_2 氧气敏感陶瓷、TiO_2 和 CoO_2-MgO 系敏感陶瓷等。

11.5 湿敏半导体陶瓷[1~3]

湿度，通常是指空气中水蒸气的含量。湿度与人类的日常生活和生产活动有着十分密切的关系，因此需要随时监测空气湿度。新型湿度传感器可将湿度的变化以电信号形式输出，易于实现远距离监测、记录和反馈的自动控制。

11.5.1 湿敏半导体陶瓷的分类

以湿敏材料制造的湿敏元件配以适当的电路即成为湿度传感器。根据湿敏材料的性能及其使用功能可分为：① 无机盐系，如 LiCl 电解质型。② 有机高分子系，有电解质型（离子交换树脂）、膨润型、电容型。③ 半导体陶瓷系，有电容型、电阻型、阻抗型。④ 半导体型，如半导体硅材料。其中最常用的为半导体陶瓷系湿敏电阻型。

11.5.2 湿敏半导体陶瓷的技术参数及特性

湿度有两种表示方法，即绝对湿度和相对湿度，一般常用相对湿度表示。相对湿度为某一待测蒸气压与相同温度下的饱和蒸气压之比值百分数，用％RH 表示。湿敏元件的技术参数是衡量其性能的主要指标，下面列出一些主要参数：

（1）湿度量程　在规定的环境条件下，湿敏元件能够正常地测量的测湿范围称为湿度量程。测湿量程越宽，湿敏元件的使用价值越高。高湿型适用于相对湿度大于 70％RH 之处；低湿型适用于相对湿度小于 40％RH 之处；全湿性适用于相对湿度 0～100％RH 之处。

（2）灵敏度　湿敏元件的灵敏度可用元件的输出量变化与输入量变化之比来表示。对于湿敏电阻器来说，常以相对湿度变化 1％RH 时电阻值变化的百分率表示，其单位为％／％RH。

（3）响应时间　湿敏元件对湿度的响应速度用吸湿和脱湿时间表示，总称响应时间。响应时间标志湿敏元件在湿敏变化时反应速率的快慢。当湿度由 0 或近于 0 增加到 50％时，达到平衡所需要的时间为吸湿时间。当湿度由 100％或近于 100％下降到 50％时，达到平衡所需要的时间为脱湿时间。也可以在相应的起始湿度和终止湿度这一变化区间内，将 63％的相对湿度变化所需时间作为响应时间。一般说来，吸湿的响应时间较脱湿的响应时间要短些。

（4）分辨率　指湿敏元件测湿时的分辨能力，以相对湿度表示，其单位为％RH。

（5）温度系数　表示温度每变化 1℃，湿敏元件的阻值变化相当于多少％RH 的变化，其单位为％RH／℃。

湿敏陶瓷的主晶相成分一般由氧化物半导体构成，其电阻率 $\rho = 10^{-2} \sim 10^9$ $\Omega \cdot m$，其导电形式一般认为是电子导电和质子导电，或者两者共存。不论导电形式如何，湿敏陶瓷根据其湿敏特性可分为当湿度增加时电阻率减小的负特性湿敏陶瓷和电阻率增加的正特性湿敏陶瓷两种。

11.5.3　湿敏陶瓷的制造工艺及其特性

湿敏陶瓷材料种类繁多，化学组成复杂。按工艺过程可将湿敏半导体陶瓷分为瓷粉膜型、烧结型和厚膜型。这里主要介绍烧结型中的高温和低温烧结型湿敏陶瓷以及瓷粉膜型湿敏陶瓷中的典型湿敏陶瓷。

11.5.3.1　$MgCr_2O_4$-TiO_2 系湿敏陶瓷

$MgCr_2O_4$-TiO_2 系湿敏陶瓷是典型的高温烧结型多孔湿敏陶瓷，尖晶石型结构，气孔率高达 30％～40％，具有良好的透湿性能。

$MgCr_2O_4$-TiO_2 系湿敏陶瓷的制造工艺可采用传统陶瓷的制造方法，但原料必须采用化学纯或分析纯级。其制造工艺流程如下：

MgO、Cr_2O_3、TiO_2→称量→球磨→干燥→造粒→干压

烧结→切片→电极→引线→装配→测试

烧结温度为1360℃，保温时间为2 h。微孔径为0.05～0.3μm，晶粒结构平均为1～2μm，其比表面积为0.1～0.3m^2/g。相互连接的气孔形成一个毛细管网丝结构，依靠这种微孔结构（开口孔隙）和晶粒表面的物理和化学吸附作用，容易吸附和凝结水蒸气，吸湿后使电导变化，据此可检测外界湿度。其元件结构见图11-8。

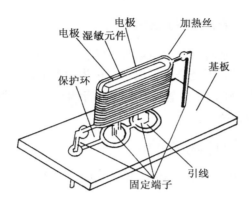

图11-8　陶瓷湿度传感器结构

在$MgCr_2O_4$-TiO_2系统中，当TiO_2含量在0～30%（摩尔分数）内变化时，$MgCr_2O_4$-TiO_2烧结体仍为单一相的$MgCr_2O_4$尖晶石结构，属p型半导体。这是由于配方中MgO过量或烧成过程中少量Cr挥发，造成$MgCr_2O_4$中氧过剩，使结构中出现Cr缺位，为保持电价平衡，部分铬离子升价，出现三价的铬离子受主，因而出现空穴导电。$MgCr_2O_4$-TiO_2系湿敏元件在全湿范围内（0～100% RH）阻值变化约5个数量级。电阻随相对湿度的提高而降低（吸湿过程），或者电阻随相对湿度的降低而提高（脱湿）时，响应时间约为12s。

$MgCr_2O_4$-TiO_2系多孔陶瓷具有很高的湿度活性，湿度响应快，对温度、时间、湿度和电负荷的稳定性高，是很有应用前途的湿敏传感器陶瓷材料，已用于微波炉的自动控制。程序控制的微波炉，根据处于微波炉蒸汽排口处的湿敏传感器的相对湿度反馈信息，调节烹调参数。

此外，目前比较常见的高温烧结型湿敏陶瓷还有$ZnCr_2O_4$为主晶相系半导体陶瓷，以及新研究的羟基磷灰石$[Ca_{10}(PO_4)_6(OH)_2]$湿敏陶瓷。

11.5.3.2　Si-Na₂O-V₂O₅系湿敏陶瓷

Si-Na_2O-V_2O_5系湿敏陶瓷是典型的低温烧结型湿敏陶瓷，其主晶相是具有半导性的硅粉。它的烧结温度较低（一般低于900℃），烧结时固相反应不完全，烧结后收缩率很小。其阻值为10^2～$10^7\Omega$，随相对湿度以指数规律变化，测量范

围为 (25~100)% RH。Si-Na-V 系湿敏陶瓷的感湿机理是由于 Na_2O 和 V_2O_5 吸附水分，使吸湿后硅粉粒间的电阻值显著降低。这种元件的优点是温度稳定性较好，可在 100℃下工作，阻值范围可调，工作寿命长。缺点是响应速度慢，有明显湿滞现象，不能用于湿度变化不剧烈的场合。

此外比较常见的低温烧结型湿敏陶瓷还有 $ZnO\text{-}Li_2O\text{-}V_2O_5$ 系湿敏陶瓷等。

11.5.3.3 瓷粉膜型（涂覆膜型）湿敏陶瓷

这种元件是将感湿浆料（如 Fe_3O_4 等）涂覆在已印刷并烧附有电极的陶瓷基片上，经低温干燥而成，不经烧结。以 Fe_3O_4 为粉料的涂覆型湿敏元件，电阻值为 $10^4 \sim 10^8 \Omega$，再现性好，可在全湿范围内进行测量。其电阻值随相对湿度的增加而下降，具有负湿敏特性。

11.5.4 湿敏半导体陶瓷的应用

湿敏陶瓷的应用很广泛，主要应用于家电、汽车、医疗、工业设备、农、林、畜牧业等领域。

11.6 压敏半导体陶瓷[1~4]

一般电阻器的电阻值可以认为是一个恒定值，即流过它的电流与施加电压成线性关系。压敏陶瓷是指电阻值随着外加电压变化有一显著的非线性变化的半导体陶瓷，用这种材料制成的电阻称为压敏电阻器。制造压敏陶瓷的材料有 SiC、ZnO、$BaTiO_3$、Fe_2O_3、SnO_2、$SrTiO_3$ 等。其中 $BaTiO_3$、Fe_2O_3 利用的是电极与烧结体界面的非欧姆特性，而 SiC、ZnO、$SrTiO_3$ 利用的是晶界非欧姆特性。目前应用最广、性能最好的是氧化锌压敏半导体陶瓷。

11.6.1 压敏陶瓷的基本特性

压敏电阻陶瓷具有非线性伏－安特性，对电压变化非常敏感。它在某一临界电压以下电阻值非常高，几乎没有电流，但当超过这一临界电压时，电阻将急剧变化，并且有电流通过。随着电压的少许增加，电流会很快增大。压敏电阻陶瓷的这种电流－电压特性曲线如图 11-9 所示。

由图可见，压敏电阻陶瓷的 $I\text{-}U$ 特性不是一条直线，其电阻值在一定电流范围内呈非线性变化。因此，压敏电阻又称非线性电阻，用这种陶瓷制造的器件叫非线性电阻器。

实际压敏电阻器特性曲线没有那么强的非线性，图 11-10 示出氧化锌压敏电阻器的 $I\text{-}U$ 特性曲线。曲线分成小电流区（Ⅰ）、中电流区（Ⅱ）和大电流区（Ⅲ）。电流在 $10^{-5}A$ 以下是小电流区，称为预击穿区，该区的 $I\text{-}U$ 特性呈现 $\lg I$

$\propto U^{1/2}$ 的关系。在预击穿区以下更小的电流范围内 I-U 特性是欧姆特性。在 $10^{-5} \sim 10^3$A 区间是中电流区，称为击穿区，与预击穿区相比，曲线呈非常高的非线性。这种非线性特性可由式（11-5）表示：

$$I = \left(\frac{U}{C} \right)^{\alpha} \qquad (11\text{-}5)$$

式中，I 为压敏电阻电流，A；U 为施加电压，V；α 为非线性系数，也称电压指数；C 为常数，非线性电阻值。α 值越大，非线性越强，即电压增量所引起的电流相对变化越大，压敏特性越好。

在击穿区通过实验求得的非线性指数 α 的计算公式为

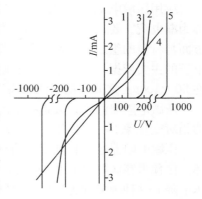

图 11-9　压敏电阻的 I-U 特性曲线
1—齐纳二极管；2—SiC 压敏电阻；3—ZnO 压敏电阻；4—线性电阻；5—ZnO 压敏电阻

$$\alpha = \frac{\lg I_2 - \lg I_1}{\lg U_2 - \lg U_1} \qquad (11\text{-}6)$$

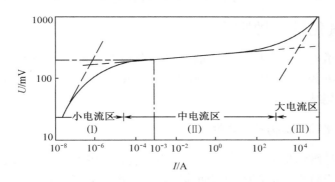

图 11-10　氧化锌压敏电阻的 U-I 特性曲线

令 $I_2 = 10\,I_1$，可得式（11-7）：

$$\alpha = \lg \frac{U_1}{U_2} \qquad (11\text{-}7)$$

10 倍 I_1 时压敏电阻上的端电压与 I_1 时端电压之比称为电压比，用它来表示非线性比 α 方便。

对不同的压敏电阻器 α 达最大值时的电压不同，一般来讲，在一定的几何形状下，电流在 1mA 附近时，氧化锌压敏电阻器的 α 可达最大值。往往取厚度为 1mm 样品上通过 1mA 电流所对应的电压作为 I 随 U 陡峭上升的电压大小的标志，把此电压（$U_{1\text{mA}}$ 或 U_c）称为压敏电压。

应用压敏电阻器的线路、设备、仪器正常工作时，所流过压敏电阻器的电流称为漏电流。要使压敏电阻器可靠地工作，漏电流应尽可能小。漏电流的大小一方面与材料的组成和制造工艺有关，另一方面与选用的压敏电压有关。选取压敏电压的主要依据是工作电压。压敏电阻器的工作电压选得合适，漏电流可以控制在 $50 \sim 100 \mu A$ 之间。漏电流若高于 $100 \mu A$，则工作可靠性较差。

压敏电阻器温度系数是指温度每变化 1℃ 时，零功率条件下测得的压敏电压的相对变化率，一般控制在 $(-10^{-4} \sim -10^{-3})$ /℃。

压敏电阻器经过长期交、直流负荷或高浪涌电流负荷的冲击后 I-U 特性变坏，使预击穿区的 I-U 特性曲线向高电流方向移动，因而漏电流上升，压敏电压下降，这种现象称为压敏电阻器的蜕变。蜕变发生在线性区和预击穿区，对击穿电压以上的特性无影响。由于蜕变现象的存在，导致压敏电阻器的操作功率下降，甚至会导致热击穿。另外，值得注意的是，温度对 I-U 特性有很大影响。

针对蜕变现象，必须对经高浪涌电流冲击后压敏电压 U_{1mA} 的下降有所限制，通常把满足 U_{1mA} 下降要求的压敏电阻器所能承受的最大冲击电流（按规定波形）叫作压敏电阻器的通流容量，又称通流能力或通流量。压敏电阻器的通流量与材料的化学成分、制造工艺及其几何尺寸等因素有关。

11.6.2 氧化锌压敏陶瓷

ZnO 系压敏电阻陶瓷材料是压敏电阻陶瓷中性能最优的一种材料。其主要成分是 ZnO，并添加 Bi_2O_3、CoO、MnO、Cr_2O_3、Sb_2O_3、TiO_2、SiO_2、PbO 等氧化物经改性烧结而成。

11.6.2.1 氧化锌的结构及半导性

ZnO 属于纤维锌矿型（六方 ZnS）结构，氧离子按六方最紧密堆积的方式排列，锌离子处于氧离子堆积体的四面体间隙内，组成氧离子六方晶格和锌离子六方晶格的穿插结构。

ZnO 在低氧分压经高温处理极易失去一部分氧，而呈现非化学计量组成：

$$ZnO - xO_2^{2-} \longrightarrow Zn_{1-x}^{2+}Zn_x^0O_{1-x}^{2-}$$

这种非化学计量组成的氧化锌晶格中出现了结间原子。Zn 的外层电子极易脱离 Zn 原子，使氧化锌成为 n 型半导体。

11.6.2.2 氧化锌压敏陶瓷的导电机理

纯 ZnO 陶瓷的伏安特性是线性的。在 ZnO 中加入 Bi、Mn、Co、Cr 等氧化物改性，这些氧化物大都不是固溶于 ZnO 中，而是偏析在晶界上形成阻挡层。ZnO 压敏陶瓷的显微结构由三部分组成：由主晶相 ZnO 形成的导电良好的 n 型半导体晶粒、晶粒表面形成的Zn 耗尽的内边界层以及添加物所形成的绝缘晶界层。内边界层与晶粒形成肖脱基势垒，晶粒与晶粒之间形成 n 型晶粒-内边界层-绝缘层-内边界层-n 型晶粒的 N-C-i-C-N 三层结构，其显微结构示意图如图 11-11 所示。这层绝缘性的边界层是 p 型半导体，电阻率很低的 ZnO n 型半导体晶粒被电阻率很高的边界层所包围。因此，当对整个瓷体施加电压时，电压基本上集中在边界层上，当外加电压达到击穿电压时，高场强（$E > 10^5$ kV/m）使界面中的电子穿透势垒层，引起电流急剧上升，从而表现出很好的非线性。其通流容量由 ZnO 的晶粒电阻率所决定。

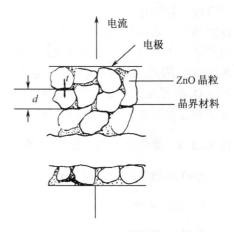

图 11-11　氧化锌压敏陶瓷显微结构

11.6.2.3　氧化锌压敏陶瓷电阻器的制造工艺

氧化锌压敏陶瓷电阻器的制造工艺与传统陶瓷工艺基本相同，其工艺流程如下：

配料→混磨→造粒→成型→烧成→喷涂电极→检测→组装→打标志→入库

混磨可以用一般球磨机、振动磨或具有行星针轮摆线式减速器的微粒球磨机。造粒后干压成型，在空气气氛中烧成，烧成温度视不同配方而定，大约在 1150～1350℃ 都可得到良好的非线性产品。对于特定配方来讲，只有一个最适宜的烧成温度。

ZnO 压敏电阻陶瓷材料的性能参数与 ZnO 半导体陶瓷的配方有密切关系。下式是目前生产中使用的典型组分之一：

$$(100 - x)\text{ZnO} + \frac{x}{6}(\text{Bi}_2\text{O}_3 + 2\text{Sb}_2\text{O}_3 + \text{Co}_2\text{O}_3 + \text{MnO}_2 + \text{Cr}_2\text{O}_3)$$

式中，x 为添加物的物质的量。

当工艺条件不变时，改变 x 值，则产品的 C 值随 x 的增加而增加。在 $x = 3$ 时，α 值出现最大值（$\alpha = 50$），这时 C 值为 150V/mm。在 ZnO 压敏电阻器制造过程中，最重要的是要保证生产工艺上的均匀

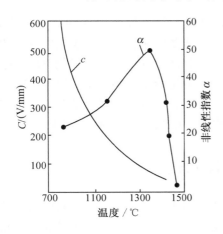

图 11-12　烧结温度对非线形影响

一致性，特别是烧结工艺对压敏电阻器的性能影响最大，因此应根据产品性能参数的要求来选择烧结温度。图 11-12 是当 $x=3$ 时产品的 α 值和 C 值与烧结温度的关系。由图可知，C 值随烧结温度的增加而下降，这是由于晶粒长大造成的。在 1350℃附近 α 值出现峰值，这与 $Bi_2O_3 14 \cdot Cr_2O_3$ 的四方相转变为 β-Bi_2O_3 和 δ-Bi_2O_3 相有关。随着这种相的转变，α 值逐渐增高。当烧结温度高于 1350℃时，由于富铋相消失，α 值急剧下降。

11.6.2.4　氧化锌压敏电阻的应用

ZnO 压敏电阻器的应用很广，可归结为如下两方面：

1. 过压保护

各种大型整流设备、大型电磁铁、大型电机、通讯电路、民用设备在开关时，会引起很高的过电压，需要进行保护，以延长使用寿命。故在电路中接入压敏电阻可以抑制过电压。此外，压敏电阻还可作晶体管保护、变压器次级电路的半导体器件的保护以及大气过电压保护等。

2. 稳定电压

由于氧化锌压敏电阻具有优异的非线性和短的响应时间，且温度系数小、压敏电压的稳定度高，故在稳压方面得以应用。压敏电阻器可用于彩色电视接收机、卫星地面站彩色监视器及电子计算机末端数字显示装置中稳定显像管阳极高压，以提高图像质量等。

11.6.3　其他压敏电阻陶瓷

由于集成电路（IC）、大规模集成电路（LSI）等半导体器件的广泛采用，电子设备日趋小型化、多功能化，而由设备外进入的电源、信号以及空中进入的噪声浪涌、人体静电等，常使设备产生误动作或损坏半导体器件。氧化锌压敏电阻虽能吸收噪声，产生浪涌电流，但它的缺点是静电容小、响应慢，故噪声吸收性能差。由此，国外已研制开发了压敏性能良好的钛酸锶、二氧化钛及复合烧结独石压敏电阻器。此外常用的还有 SiC 压敏电阻、$BaTiO_3$ 系压敏电阻等。

11.7　光敏半导体陶瓷[1,2]

光敏陶瓷也称光敏电阻瓷，属半导体陶瓷。由于材料的电特性不同以及光子能量的差异，它在光的照射下吸收光能，产生不同的光电效应：光电导效应、光电发射效应和光生伏特效应。利用光电导效应来制造光敏电阻，可用于各种自动控制系统；利用光生伏特效应则可制造光电池或称太阳能电池，为人类提供了新能源。

11.7.1 光电导效应(PC)和光生伏特效应(PV)

当光线照射到半导体时，在光子作用下产生的光生载流子使电导增加的现象，称为光电导效应。光电导效应可分为本征光电导和杂质光电导两种。对于本征半导体，当入射光子能量 $h\nu \geqslant E_g$（禁带宽度）时，价带顶的电子就跃迁到导带，而在价带产生空穴，这种电子–空穴对就是产生附加电导的载流子源，这种光电导效应称为本征光电导效应。对于杂质半导体，在杂质原子还没有全部电离的范围内，由于杂质能级的电子和空穴受到光的激发而产生自由载流子的非本征光电导效应又称为杂质光电导效应。不同的本征半导体材料，具有不同的禁带宽度 E_g 和光谱特性，如图 11-13 所示。它们只对波长小于某一特定值的光产生光

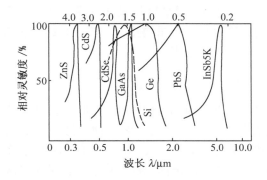

图 11-13　各种光导材料的光谱特性

电导效应，这一特定值 λ_0 称为长波限，可通过下式进行计算：

$$\lambda_0 \leqslant \frac{hc}{E_g}$$

式中，h 为普朗克常量；c 为光速。

当光线照射到半导体的 p-n 结上时，如果光子能量足够大，$h\nu \geqslant E_g$，就在 p-n 结附近激发出电子–空穴对。在自建电场的作用下，n 区的光生空穴被拉向 p 区，p 区的光生电子被拉向 n 区，结果 n 区积累了负电荷，p 区积累了正电荷，产生光生电动势。若将外电路接通，就有电流由 p 区流经外电路至 n 区，这种效应称为光生伏特效应。光电二极管、太阳能电池和光电晶体管就是利用光生伏特效应制成的光电转换元件。

通常不同的材料具有不同的光敏光区，并在某一波长有最大的灵敏度。由图 11-13 可见，在可见光区（0.4～0.76μm）最适用的光敏材料为 CdS 和 CdSe；而在近红外区（0.76～3μm）最适用的光敏材料为 PbS。由图 11-13 还可知，当波长短于 λ_0 时，相对灵敏度迅速上升至峰值后又随波长减短而下降。这是由于随

着波长减短，光的能量增加，所吸收的光能也增加，虽然载流子浓度也因之剧增，但同时电子与空穴的复合速率也大大加快（一旦复合就不能形成光电流），致使载流子的复合消亡速率大于其生成速率所致。目前，常用于制造光敏电阻的光敏材料有 CdS、CdSe 和 PbS 等。

11.7.2　光敏电阻瓷的制造工艺

11.7.2.1　光敏电阻瓷

1. 原料

制造光敏电阻时一般选用 CdS、CdSe 等 II～VI 族化合物作为原料。原料要有极高的纯度，一般要求 5 个 9（即 99.999%）。对有害杂质要严加控制，如铁含量达 0.001% 时，光敏电阻的灵敏度将显著下降。当然，使用掺杂剂也必须十分注意纯度。原料的粒度也是一个重要指标，应该是超细粉末，以得到好的光导性能，一般粒径在 $0.05 \sim 1 \mu m$ 范围内。

2. 掺杂

掺杂物分为两类：一类是施主掺杂剂，有 III A 和 VII A 族元素，如 Al、Ga、In 等三价金属的化合物，NH_4Cl 及其他卤化物；另一类敏化剂（活化剂）是受主掺杂剂，有 I 族和 V 族元素，如 Cu、Ag、Au 的卤化物、硫酸盐、硝酸盐等。

CdS 光敏电阻由于能够自由选择元件的形状，在可见光区有较大的输出电信号，并能在交流状态工作，且抗噪声能力较强，价格便宜，故应用十分广泛。CdS 光敏电阻是以光谱纯的 CdS 为主要原料，掺入 Cl^- 后烧结成的多晶 N 型半导体。

纯 CdS 的灵敏度峰值在波长 $0.52 \mu m$ 处，掺入 Cu、Ag 等杂质后，由于禁带中出现附加能级，峰值移至长波一侧，可移至 $0.6 \mu m$ 处。由于 CdS 和 CdSe 有非常好的固溶性，能按任意配比烧结，纯 CdSe 的峰值波长为 $0.72 \mu m$，因而可以调节它们的配比，使 CdS 和 CdSe 固溶体的峰值波长在 $0.52 \sim 0.72 \mu m$ 之间连续变化，以适应对光谱特性的不同需要。光敏半导体陶瓷可以通过掺杂和调整成分来改变其相应的光谱范围，因此，使得光敏陶瓷的适用波段范围较宽。

作为光电导元件，希望具有足够的灵敏度。灵敏度的高低，可用亮电导（受光照时的电导）与暗电导（未受光照射时的电导）之比表示，比值越大，灵敏度越高。暗亮电阻之比（或电导之比）即为光电导元件的灵敏度，可在生产时通过控制 Cu^{2+} 和 Cl^- 的相对含量来提高。

3. 助熔剂

CdS 的熔点为 1750℃，为了降低烧成温度，要加入助熔剂，常用的助熔剂有 CdCl$_2$、ZnCl$_2$、NaCl、CaCl$_2$、LiCl 等卤化物。

4．分散剂

助熔剂虽然能促进烧结，但会使 CdS 形成粗晶。而光敏电阻及其他光导材料都要求获得细晶，以使颗粒之间接触点增加，电阻增加，即暗电阻高，这正是光敏电阻所需要的。常用的分散剂有 NaF、CaI$_2$、NaBr、CaBr$_2$、NaCl、CaCl$_2$、Na$_2$SO$_4$、CaCO$_3$、Na$_2$CO$_3$、CaO 等。由于不同物质的烧成温度不同，同一物质有时可作助熔剂，有时亦可作为分散剂。

11.7.2.2 CdS 烧结膜光敏电阻瓷制备

CdS 光敏电阻生产的主要原料是光谱纯 CdS 细粉，加入质量分数为 10% ～20% 的 CdCl$_2$ 以及 0.001% ～0.1% 的 CuCl$_2$ 水溶液，制成良好的悬浮液，均匀涂布或喷涂到绝缘陶瓷基片上，在惰性气体或 N$_2$ 气氛于 500～600℃ 烧结 10min，然后再真空镀膜于电极、涂银、烘干、装配制成元件。也可采用真空镀膜方法制备 CdS 薄膜。

11.7.3 光敏电阻瓷的应用

太阳能电池是利用光生伏特效应将太阳能转换为电能的器件。虽然能量 $h\nu \geqslant E_g$ 的光子均可产生激发，但只有能量相当于 E_g 的部分才能转变为电能。光子吸收材料的禁带在 $E_g \approx 0.9eV$ 附近时，光子激发利用率最高。太阳能电池的转换率不仅受光子激发利用率的限制，还受其他因素的影响。一般太阳能电池目前的转换率大都在 10% 以下。综合考虑影响转换效率的因素，光子吸收材料的禁带宽度在 1.0～1.6eV 较合适，因此，Si、Cu$_2$S、GaAs、CdTe 等均可用作太阳能电池材料。Cu$_2$S、CdTe 常用作陶瓷太阳能电池的光子吸收材料，制成 Cu$_2$S-CdS 电池与 CdTe-CdS 电池。

参 考 文 献

1．钦征骑，钱杏南，贺盘发．新型陶瓷材料手册．南京：江苏科学技术出版社，1995

2．徐政，倪宏伟．现代功能陶瓷．北京：国防工业出版社，1998

3．李世普．特种陶瓷工艺学．武汉：武汉工业大学出版社，1990

4．沈继耀等．电子陶瓷．北京：国防工业出版社，1979

5．《高技术新材料要览》编辑委员会．高技术新材料要览．北京：中国科学技术出版社，1993

第十二章　机敏(智能)无机材料

12.1　概　　述[1~6]

　　现代科学技术的发展对材料提出了更高的要求，在材料高性能化、高功能化、复合化、精细化的基础上，又提出了智能化的要求，希望材料具有生物那样的智能功能，如预知与预告能力、认识与鉴别能力、刺激响应与环境应变能力、自修复与自增殖能力等等。智能材料是高技术新材料发展的一个重要方向，有人认为它是继天然材料、人造材料和精细材料后的第四代材料。从功能材料到智能材料是材料科学的一大飞跃。

　　20世纪80年代末才问世的智能材料尚无统一的定义。1989年，日本的高木俊宜教授提出智能材料是指对环境具有可感知、可响应，并具有功能发现能力的新材料。目前比较完整、科学的智能材料定义是仿生命系统，能感知环境变化，并能实时地改变自身的一种或多种性能参数，作出所期望的、能与变化后的环境相适应的复合材料或材料的复合。简单地说智能材料是具有某些生物智能功能的功能材料，到目前为止，集传感、执行及控制于一体的智能材料尚未见报导。现在所谓的智能材料是指由传感器、驱动系统和反馈系统结合起来的智能材料系统或结构。如图12-1所示，它能适时感知与响应外界环境的变化，实现自检测、自诊断、自修复、自适应等多种功能。

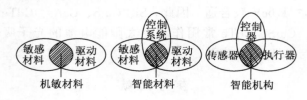

图 12-1　智能材料与机构

　　由于智能材料和系统的性能可随环境而变化，其应用前景十分广泛。例如，最早引起社会兴趣和工业界重视的智能结构是美国研制的具有减振效果和诊断功能的"智能材料机翼"，将来希望像鱼尾一样自行弯曲，自动改变形状，从而改进升力和阻力；进入太空的灵巧结构上设置消振系统，能补偿失重，防止金属疲劳；飞行器和潜水艇的机敏蒙皮可降低噪声，达到隐形目的；金属智能结构材料能自行检测损伤和抑制裂缝扩展；高技术汽车中采用了许多灵巧系统，如空气-燃料氧传感器、压电雨刷以及智能变色灵巧窗、智能药物释放系统等。

智能材料是材料领域中正在形成的一门新兴学科。智能材料系统和结构是当前工程学科发展的前沿，智能材料将是 21 世纪的新材料，它的问世将发生一场划时代的材料革命，因而引起世界各国科学家的高度关注，投入大量的人力、物力进行研究和开发，并取得重大进展和一些成果。

另外，也有人提出机敏材料或灵巧材料的概念。兼具敏感材料与驱动材料之特征，即同时具备敏感与驱动双重功能的材料，称为机敏材料。它又分为无源机敏材料和有源机敏材料，前者不需要帮助便能响应外界环境的变化，而后者有一个反馈回路，使得它能识别外界的变化并通过驱动器线路而作出响应。

智能材料的分类方法很多，根据材料的来源，智能材料包括金属智能材料、无机智能材料和智能高分子材料。

目前用于智能系统的材料主要有：仿生聚合物、导电聚合物、电致流变流体（ER 流体）、光纤传感系统、磁致伸缩材料、微机电系统、压电及电致伸缩陶瓷、压电聚合物、压电陶瓷/聚合物复合材料、其他功能材料及形状记忆合金及聚合物等。

到现在为止，真正意义上的智能材料系统还没有制造出来，正在研制的和应用的"智能"材料系统，通常仍是机敏材料系统，这里的敏感器和驱动器仍是分立的，而不是微观连续分布的。

对于无机智能材料，至少需要信号感知和反馈驱动的联动性。传感器只有感知功能而不能自行反馈驱动，驱动器能驱动但是需要外部的指令才能启动。所以，智能材料是一种能够"动"的传感材料，目前有三种：压电陶瓷、形状记忆合金、电磁流变体。它们的共同点是本身能感受电磁信号或热能等物理信号，并随之发生明显的内部结构状态的变化或者形状体积的变化。因此，目前研究和发展智能材料和器件的一条重要途径，是将具有某些智能化属性的功能材料、驱动器和反馈系统等结合起来组成智能材料系统和器件。例如，常用压电材料作为传感器或驱动器，嵌入到结构中或制成薄膜（厚膜）与结构表面结合在一起构成智能材料系统和器件，对结构的振动、噪声和破坏等进行主动检测和控制。

对于其他的智能材料，一般就要把感知组元与驱动组元组合在一起，捆绑式地一起埋入到材料中。其组合的方式和埋入的部位，都有一定的讲究，需要有比较巧妙的结构上的布局和设计。所以，将两个独立的传感元件与驱动元件进行组合而形成的材料结构体系，往往成为智能材料结构。

随着航空航天、能源及国防尖端技术的发展，结构材料所处的环境极其恶劣、极其复杂，材料损坏引起事故的危险性不断增加，研究与开发对损坏能自诊断并能具有自行修复能力的结构材料是十分重要而急迫的任务。由于无机智能材料优于生命有机物的地方是可以在某些危险或恶劣（高温、辐射等）的条件下工作，这就可以满足上述苛刻的要求。因而无机材料在智能材料中有特殊的作用和广泛的应用前景。

目前研究和应用的无机机敏材料系统和结构或用于智能材料系统和结构的材料有：压电陶瓷、电致伸缩陶瓷、形状记忆陶瓷、光导纤维、电致流变（ER）流体、自修补和自愈合陶瓷以及机敏无机复合材料、变色玻璃等。

本章将主要介绍无机智能材料，重点讲述机敏陶瓷和智能陶瓷。

12.2 压电陶瓷和电致伸缩陶瓷[1~3,5,6,8~17]

由于压电材料受力的作用产生电。相反，施加电场便会产生形变。因此压电材料在智能机构中被广泛地用作传感器和驱动器（即执行器），并且，这类传感器和驱动器比其他类型的传感器和驱动器具有更为优良的频率特性和可集成特性，若将它们与其他组元有效地组合起来，则可构成一个结构控制极为有效的智能材料系统，这个系统几乎可以完全根据设计者的意图调整结构的阻尼和自振频率等动力学特性。同时还可对结构的位移、应变、应力、加速度和破坏情况进行自动监测。

在某些晶体材料上施加机械力时，晶体表面会产生电荷，这种现象称正压电效应。在一定范围内，电荷密度与作用力成正比。相反，在晶体上施加电场时，晶体会产生几何变形，称逆压电效应。晶体能否显示压电性，由其对称性来决定，显然压电效应只存在于没有对称中心的晶体中。晶体的压电效应的本质是因为机械作用（应力与应变）引起了晶体的极化，从而导致介质两端表面出现相反的束缚电荷。一般陶瓷是由许多细小晶粒无规则地排列在一起的多晶体，宏观上表现出各向同性，不具备压电性，但铁电陶瓷由于正负电荷中心不重合产生沿 C 轴方向的自发极化。自发极化取向一致的微小区域称铁电畴。由于铁电畴随机混乱取向，所以多晶铁电陶瓷总的宏观极化强度为零，只有在足够高的直流电场作用下，电畴沿电场方向定向排列后铁电陶瓷才具有压电效应。

无机压电材料有压电晶体（石英 SiO_2）和压电陶瓷两种。压电陶瓷是经极化处理的铁电陶瓷，具有很好的压电特性。提高驱动、传感特性有两条途径：一是提高材料自身的性能，即各类压电常量、电致伸缩系数等；二是改进结构，如改进放大机构等。

压电陶瓷材料的组成与种类十分广泛，压电陶瓷在组成上可以是二元、三元和四元系统，在结构上可以有 ABO_3 型钙钛矿结构或钨青铜结构。最常用的压电陶瓷有钛酸铅 $PbTiO_3$（PT）、锆钛酸铅 $Pb(Ti_{1-x}Zr_x)O_3$（PZT）、改性锆钛酸铅及三元系压电陶瓷。所谓三元系是指在 PZT 二元系基础上添加第三组元化合物。一般第三组元化合物大都是 A$(B'B'')O_3$ 型复合钙钛矿型化合物。如铌镁锆钛酸铅 $Pb(Mg_{1/3}Nb_{2/3})_xZr_yTi_zO_3$、铌锌锆钛酸铅 $Pb(Zn_{1/3}Nb_{2/3})_xZr_yTi_zO_3$ 等。三元、四元系压电陶瓷具有在更宽广范围内调整组成和性能的优点，有利于制备高性能的压电陶瓷。

压电陶瓷的原料为 PbO、ZrO$_2$、TiO$_2$、Nb$_2$O$_5$、SrO、MgO 等，按化学组成配料，球磨混合后，经 700～800℃预烧合成，磨细后成型，在 1100～1300℃烧成，被覆银电极后，经高压电场极化处理即获得所需的压电陶瓷。为了改善和调整材料性能，常采用添加物改性，包括等价置换，如加一些与铅离子半径相近而价态相等的元素如 Mg^{2+}、Ca^{2+}、Sr^{2+}、Ba^{2+} 等在 A 位置换部分 Pb^{2+}，也常加入一些不等价离子如 La^{3+}、Bi^{3+} 取代 A 位的 Pb^{2+} 或加入 Nb^{5+}、Ta^{5+}、W^{6+} 等取代 B 位的 Ti^{4+}、Zr^{4+} 进行改性。例如，周静等为提高压电陶瓷的压电与机械性能，拓宽应用领域，通过采用预先合成 PZT（以确保基体具有单一的四方相钙钛矿结构）、多次预烧、加入过量的 Pb、掺入若干微量元素等方法成功研制出 PZSN 系材料，即 Pb［(Zn$_{1/3}$Nb$_{2/3}$)(Sn$_{1/3}$Nb$_{2/3}$)］(ZrTi)O$_3$ 系材料，实验表明这类材料具有优良的压电性能，尤其是微量元素 Mn、Sb 的掺入，可使其压电系数 d，机电耦合系数 K_p 和机械品质因数 Q_m 得到大幅度提高。控制掺杂元素与掺杂量，可使材料适用多个领域应用的要求。还可用共沉淀法、溶胶-凝胶法等制备高纯铁电纳米粉来降低烧结温度和提高制品性能。

电致伸缩陶瓷是具有电致伸缩效应的功能陶瓷。电致伸缩效应是一种高阶非线性机电耦合效应。压电材料加上电场之后，不仅存在逆压电效应产生的应变，而且还存在一般电介质在电场作用下产生的应变，并且该应变与电场强度的平方成正比，后一效应称为电致伸缩效应。即外加电场 E 所产生的应变 S 可表示为

$$S = dE + ME^2 + NE^3 + \cdots \tag{12-1}$$

式中，dE 是一阶的线性耦合效应，即压电效应；系数 d 称为压电常数；ME^2，NE^3，…为高阶的非线性耦合效应，或电致伸缩效应；系数 M、N 等为电致伸缩常数。由于高阶耦合效应非常微弱，通常电致伸缩效应是指二阶效应。大多数物体的电致伸缩效应都非常小，而在电致伸缩陶瓷中，此效应为应变的主体，从而引起人们的关注。

电致伸缩陶瓷是利用电致伸缩效应产生微小应变，并能由电场非常精确地加以控制的陶瓷。弛豫型铁电陶瓷，在相当宽的温度范围内具有很大的电致伸缩效应，应变量可以达到 10^{-3} 以上。

陆佩文等以 PMN［Pb(Mg$_{1/3}$Nb$_{2/3}$)O$_3$］基弛豫铁电体为主，通过掺杂和优化材料工艺研究表明，PT 的加入可以明显增大电致伸缩效应，而少量的 BT (BaTiO$_3$) 的掺入可以增加材料的有序度，提高扩散相变程度，抑制滞后效应，最后制得的 PMN-PT-BT 系材料，室温附近的最大介电常数大于 15000，外加电压 $E = 1$kV/mm 时，电致伸缩应变量达到 0.9%，并且滞后小，是一种有良好应用前景的材料。

1997 年，美国成功生长出弛豫铁电单晶 Pb(Mg$_{1/3}$Nb$_{2/3}$)O$_3$-PbTiO$_3$ (PMN-PT)、Pb(Zn$_{1/3}$Nb$_{2/3}$)O$_3$-PbTiO$_3$ (PZN-PT) 等，被认为是铁电领域 50 年来的一次重大突破，这类单晶非凡的压电性能（异常高的 d_{33} 与 K_{33} 值），如

$d_{33} > 2200$ pC/N，滞后小，而且对应 0.5% 的高应变，比普通各种改性 PZT 铁电陶瓷的应变高一个数量级。有可能引发一场超声换能器材料和器件的革命。上海硅酸盐研究所率先用熔融法制成了具有纯钙钛矿相结构的 PMNT 单晶，其尺寸已达 25mm，压电常数可达 1700 pC/N，可望成为新一代大频带宽度、高分辨率传感器材料和重要的微驱动材料。

兼具传感与驱动性能的压电陶瓷，在构筑智能系统的功能材料中，是重要的材料之一。压电材料具有机电、声、光、热、弹等多种功能及其耦合效应，可用作压力、温度、光等多种传感器。压电驱动器又具有位移控制精度高（$0.01\mu m$）、响应快（$10\mu s$）、推动力大（40MPa）、驱动功率低和工作频率宽等优点。因此，常将压电材料用于结构减震、控制振动、结构破坏及有源消声等。除在机敏陶瓷中介绍的机敏蒙皮和声纳外，以下将介绍一些已实用化及正进行研究的压电类智能材料系统。

（1）智能雨刷　这是利用 $BaTiO_3$ 陶瓷的压阻效应制成的，它可以自动感觉雨量并自动调节挡风玻璃上的雨刷至最佳速度。

（2）高级轿车中的减震装置　这是利用正压电效应、逆压电效应和电致伸缩效应的叠合研制成的智能减震器，这套智能系统具有识别路面（粗糙度）并进行自我调节的功能，可以使粗糙路面产生的振动减至最低，从而提高乘坐舒适性，整个调节过程仅需 20ms。这类减震装置还可以用于精密制造技术的稳固工作平台。

（3）有源消声（active noise cancellation）　主要用于振动频率低于 500Hz 的消声，是由压电陶瓷拾音器、谐振器、模拟声线圈和数字信号处理集成电路组成。

（4）智能安全系统及智能传输系统等

（5）利用组合功能效应来设计和制备新型智能材料和器件　这是另一类智能材料系统，这类系统是由两种或两种以上功能陶瓷进行组合后形成的一种新型复合陶瓷功能块，这种复合功能块会呈现一些新效应，称为组合功能效应。如利用正、逆压电效应和电致伸缩效应的叠合研制成功的智能减震器，以及利用光伏效应和铁电效应的叠合发展的光存储器件等。最近研制的热释电电压变压器，利用热耦合将 PTC 陶瓷的电阻效应和 PZT 相应陶瓷的热释电效应叠合起来，实现了低电压到高电压的转换。热释电电压变压器由一片半导性 PTC 陶瓷厚膜（输入部）和一片具有热诱导相变特性的 PZT95/5 型陶瓷厚膜（输出部）组合而成（图12-2）。其工作原理是基于输入和输出部之间的热耦合。当输入低电压施加到 PTC 热敏电阻片上时，会

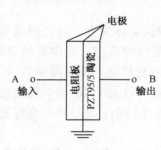

图 12-2　热释电电压变压器的结构示意图

（图中标注：电极、电阻板、PZT95/5 陶瓷、A 输入、B 输出）

导致电阻片发热，且同时把热量传送给 PZT95/5 陶瓷。由于 PTC 热敏电阻的温度会随时间变化，使 PZT95/5 陶瓷的温度也随之变化，由此产生诱导相变：$FE_R \rightleftharpoons FE_{RH}$，相变过程中产生的自发极化变化 ΔP 会向外电路输出高电压。显然，热释电电压变压器的工作原理完全不同于压电变压器。

（6）用压电陶瓷制备仿生物　仿生就是模仿自然界生物具有的特性构思仿生物，如正在研究鲸鱼和海豚的尾鳍和飞鸟的鸟翼，希望有朝一日能研究出像尾鳍和鸟翼那样柔软，能折叠又很结实的智能材料用作智能机翼，并有效利用自然界的波浪和风能。下面介绍应用压电陶瓷等材料制备仿生物的研究。

①用失蜡方法制备仿珊瑚结构的复合材料传感器　它是根据珊瑚骨架孔径分布很窄、孔体积与实体体积几乎相等以及孔与孔之间完全相通的特点来制备传感器的。其方法是将一块珊瑚用蜡进行真空浸渍，冷却硬化后再用盐酸将珊瑚基质——碳酸钙骨架溶出，制得的结构称为负性蜡板。再用真空浸渍的方法将压电陶瓷锆钛酸铅（PZT）浆料填充于多孔负性蜡板中，然后赋形，于 300℃ 下煅烧，得到 PZT 骨架的“珊瑚”，因为它具有增强的 PZT 骨架，与一般煅烧结构相比，收缩率很小（～13%），最后再用高柔性的弹性体材料（如硅橡胶）填充到 PZT 骨架中，接线后挤压此复合材料，就得到高韧性低介电常数的仿珊瑚结构的传感器。

②用压电陶瓷做仿生水声器　研究人员用复合材料来模拟鱼的发状物，填充胶状帽，如将压电陶瓷 PZT 与聚合物基材料组合成复合材料来制备水声器，材料的水声器特征值（$d_h \cdot g_h$）比均质的 PZT 材料好。

又如用图 12-3 模拟鱼类泳泡运动的弯曲应力传感器，传感器中两个金属电极之间有一个很小的空气室，PZT 压电陶瓷起覆盖泳泡肌肉的作用。因空气室的形状类似于新月，故称为月牙板（moonien）复合物。此压电水声器应用特殊形状的电极，通过改变应力方向，使压电常数 d_h 增至极大值。当厚金属

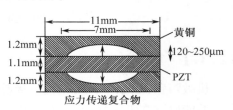

图 12-3　具有“Moonie”形状的传感器

电极受到声波静水压时，厚金属电极把 Z 方向的一部分应力变为符号相反的径向和切向应力，使压电常数 d_{31} 由负值变为正值，它与 d_{33} 叠加，使 d_h 值增加，这类复合材料的 $d_h \cdot g_h$ 值比纯 PZT 材料的值大 250 倍。应用 PZT 纤维复合材料和“Moonie”型复合物设计开发的执行元件，可以消除因声波造成的湍流和噪声。主要用于潜水艇、海上石油平台、地球物理勘探设备以及鱼群探测器和地震监测器等。

（7）压电陶瓷声马达　它是利用压电陶瓷的逆压电效应，直接把电能转换成机械能输出而无需使用通常的电磁线圈的新型马达。它具有结构简单、起动快、

转矩大、体积小、功耗低等特点，主要用作自动控制、机器人等的致动器。

（8）压电陶瓷 Pachinkol 游戏机　Pachinko 游戏机在日本广为流行，它是由若干层锆钛酸铅（PZT）压电陶瓷块构成的，压电块既作为传感器又作为执行器，当金属球落到陶瓷压电块上时，球的冲击力产生压电电压，电压脉冲通过反馈系统加以放大和调整。然后返回并施加到压电块的执行器部分，使陶瓷块突然膨胀变形，把金属球抛出压电块所在的孔，使球沿着螺旋轨道爬出，落入另一孔内，再盘旋上升，如此周而复始，如图 12-4 所示。录像磁头的自动定位跟踪系统也应用了类似的原理。由上可以看出，传感、执行和反馈是机敏材料工作的关键功能所在。

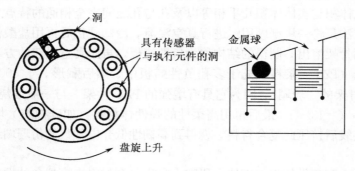

图 12-4　压电陶瓷 Pachinkom 游戏机

12.3　机敏陶瓷[1,3,8,9,19]

12.3.1　概述

机敏陶瓷（smart ceramics）能直接或间接感受到外部环境或内部状态发生的变化，并能通过改变其物理性能作出优化反应的功能陶瓷。机敏陶瓷可分为无源机敏性陶瓷和有源机敏性陶瓷两大类。无源机敏性陶瓷不需要外部的能源支持系统便能对外部环境或内部状态所发生的变化作出反应。有源机敏性陶瓷则需要有外部的支持系统。机敏陶瓷是在 20 世纪 80 年代后期发展起来的一种新型材料。

许多功能陶瓷具有无源机敏性，可视为机敏陶瓷。例如，氧化锌陶瓷压敏变阻器能够感受到电路上出现的过电压浪涌，并迅速改变其晶界状态，使其电阻值下降，从而通过增大电流，吸收在电路上所出现的过电压浪涌，保持其两端的电压恒定。又如，钛酸钡陶瓷热敏电阻器能够感受到外界温度或热耗散所发生的变化，从而改变其晶界状态，增加（或降低）其电阻值，减少（或增加）所消耗的功率，以保持恒温状态。再如，相变增韧氧化锆陶瓷能够感受到材料内部微裂纹出现时的应力，触发处在亚稳状态的四方相晶粒使其转变为单斜相，由于这种相变伴随着约 8% 的体积膨胀，从而使得裂纹重新封闭，阻止了裂纹的扩展，改善了材料的韧性（见氧化锆增韧陶瓷）。制造变色眼镜的玻璃也是一种无源机敏性材料。在阳光的照射下，玻璃吸收了光子，析出胶体状的金属微粒，使其颜色变深，从而阻止了阳光的透射。有人将无源机敏性归结为以英文字母"S"开头的一系列性质，如自诊断、自调谐、自恢复、自修复等，称为无源机敏的 S 特性。

有源机敏性需要有外部的支持反馈系统，这种支持反馈系统把材料感受到的外部环境或内部状态所发生的变化加以放大、变换和处理，然后再反馈给材料作出反应。因此灵敏（机敏）程度要比无源机敏材料高，如由两个多层压电陶瓷传感器和驱动器构成的陶瓷模块就具有有源机敏性。

机敏陶瓷和非常机敏陶瓷是在陶瓷元件微型化和集成化以及三维电子陶瓷电路发展的基础上提出的新概念。机敏陶瓷是机敏材料中的一种。机敏材料能够感知环境变化并能通过反馈系统作出有益的响应，同时能起传感器和执行器（或叫致动器）的双重作用。非常机敏材料（very smart materials）或者说"更灵巧"的材料，在感受环境多方面变化时，可以改变其中一个或多个性能参数作出响应，并能够调制到使传感器和执行器功能在时间和空间上达到最优值。机敏材料和非常机敏材料的区别在于性能上的线性和非线性。非线性材料的物理性能可以通过外偏置场或外力加以调整从而控制其响应，这可以用压电陶瓷和电致伸缩陶瓷来说明，PZT 压电陶瓷的应变和电场成线性正比关系，即压电系数为常数，不能通过偏置电场改变其压电系数。而铌镁酸铅(PMN)-Pb(Mg$_{1/3}$Nb$_{2/3}$)O$_3$ 陶瓷在室温时不是压电陶瓷，这是因为其居里温度约为 0℃，由于铁电体在相变点附近的扩散特性，表现出很大的非线性电致伸缩效应，如图 12-5 所示，利用它的应变与电场的非线性关系可以调整其压电系数。比如在电场强度为 3.7kV/cm 时，反映应变与电场关系的 d_{33} 可达 1500×10^{-12}C/N，比一般 PZT 高 3 倍。当然，有

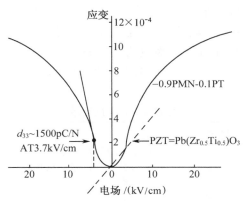

图 12-5　电致伸缩（PMN-PT）和压电陶瓷（PZT）
的机电耦合

源机敏陶瓷还必须有反馈系统将传感器和执行器联系起来。虽然目前尚无实现此目的的简单方法，但借助于陶瓷集成技术和硅集成技术，完全有可能提供解决的途径，其中，反馈电子电路将完全被沉积在材料中，实现这种智能复合材料已为时不远。

12.3.2　陶瓷传感器与执行器

机敏陶瓷是新发展起来的一种重要的敏感材料，表 12-1 中列举了一些重要的陶瓷敏感材料。传感器的主要功能是感知外界信息，将不易测量的非电量 x 转化为易测量的电学量 y，这可由传感函数 $U(x)$ 实现上述转化。最简单的传感函数是线性函数，然而许多敏感材料的传感函数是非线性的，如指数函数和对数函数等。x 与 y 的关系为 $y= U(x)$。

表 12-1　陶瓷敏感材料

传感类型	典型材料	主要性质
压力	$Pb(Zr_{1-x}Ti_x)O_3$	压电性
电压	$ZnO\text{-}Bi_2O_3$	晶界隧道效应
温度（NTC）	$Fe_{2-x}Ti_xO_3$	电子电导
温度（PTC）	$Bi_{1-x}La_xTiO_3$	晶界势垒
温度（CTR）	VO_2	半导体-金属相变
温度	$MgCr_2O_4\text{-}TiO_2$	表面电导
酸度	IrO_2	表面化学反应
气体	$Zr_{1-x}Ca_xO_{2-\delta}$	离子电导
光	CdS	光电导

执行器又叫致动器，包括更广泛的众多种响应类型，例如显示、开关、信号传输、电场和磁场的调节等，表 12-2 列出了一些常见的陶瓷执行器件。执行器的主要功能是根据输入的驱动信号 z，输出相应的响应动作 w。执行器的功能比较复杂，其中某些功能可用驱动函数描述：$w= V(z)$；$V(z)$ 就是驱动函数。驱动函数通常是非线性的，有时甚至是非连续的，如阶跃函数或 δ 函数等。

表 12-2　陶瓷执行器

类型	典型材料	主要用途
驱动	PZT 陶瓷	喷墨头，喷射阀，点阵打印头
定位	PMN 陶瓷	跟踪磁头、激光头、机器人、精密加工机械的微定位
开关	PZT 陶瓷	控制系统
调整	PMN 陶瓷	实时光学变形镜
显示	ZnS 陶瓷	信号显示，光电转换
报警	PZT 陶瓷	扬声器，号角

12.3.3　反馈系统

反馈系统是使陶瓷变得机敏的关键所在。反馈系统把传感器输出的信号 y 经过处理、加工，赋予机敏材料整体设计所要求的特性后，把驱动信号 z 输出给执行器，控制执行器完成人们所要求的机敏反应。反馈系统的性质通常采用反馈函数来表示：$z = f(y)$。

通常，反馈系统要先对传感器的输出信号进行辨别，除去虚假信号，并排除噪声干扰。因传感器的输出信号有时很弱，为此必须在处理前对信号进行放大，经放大后的信号按照机敏材料的整体设计要求经处理使其输出能满足反馈函数的要求。对于非常机敏材料，反馈函数可以随输入条件、时间而改变，以满足非常机敏材料按时间和空间的变化并调整其性能，以适应环境的变化。在大多数情况下，反馈系统的自适应调整特性是预先设定的（即预置程序化）。如果在反馈系统中运用现代计算机微处理技术，那么传感－反馈－执行这一整体系统就可达到"智能化"，这时的机敏材料也就成为"智能材料"。

12.3.4　陶瓷集成与硅集成技术

可以说，没有陶瓷集成技术及硅集成技术，是无法发展机敏材料的，机敏系统充其量也只不过是一些分立部件，并无多大实用意义。只有当陶瓷集成技术、硅集成技术（包括陶瓷与硅相容技术）得到很大发展的时候，才有可能把陶瓷传感器、反馈系统和执行系统集成为紧密联系的基本单元，许多单元的组合构成了机敏陶瓷。由 $w = V(f(U(x)))$ 可知，假如 w 和 x 是由热、力、声、电、光、磁、化学量等按矩阵组合的，那么传感器－执行器将有数百种组合方式，再加上反馈系统的变化多端，就不难设想机敏材料的可能构成方式也该是千变万化的。

目前对机敏材料的研究尚处于可行性论证阶段，还没有获得实际应用，但是机敏材料本身的潜力及对科学技术的潜在影响是非常大的。这里介绍机敏陶瓷材料在水下（海洋）系统的应用。能对压力和温度变化作出响应的机敏材料，预期在工业和军事上的应用一定极富吸引力。例如一种称为机敏蒙皮（smart skin）的机敏陶瓷可以降低飞行器和潜水器高速运动时的流动噪声，防止发生紊流，从而可以提高运行速度，减少红外辐射和声辐射，达到隐形的目的。图 12-6 是作为机敏蒙皮的机敏陶瓷结构示意图，其表面是一层压电陶瓷传感器，传感器把感受到的表面压力变化通过反馈放大系统施加到由多层压电陶瓷或电致伸缩陶瓷构成的驱动器上，一旦由于紊流产生压力波动时（例如压力增大时），反馈系统使得驱动器形状发生改变（例如沿着压力增大方向收缩），从而消除紊流的产生。实际上，这意味着在一定的压力波动范围内，材料的弹性劲度系数接近或甚至等于零。如果在飞行器或潜水器最容易产生紊流的部位使用这种蒙皮铺设，就相当于用非常柔顺的材料安置在表面，可大大减小声反射，将起到吸波隐形的作用。试验表明，对于压力波动，可获得比橡胶高 6 倍的柔顺性，这是目前所有固体材料都难以达到的。反之，假如改变反馈系统的极性，那么，材料对压力变动的劲度系数将变得非常大，这就是说，同一种材料，既可变得很软，又可变得很硬。若把这种材料排成阵列，并对每一单元的反馈系统分别进行控制，则能形成非常复杂的表面特性。图 12-7 示出机敏压电陶瓷减小声反射的情况，从图中可以看出，具有反馈系统的机敏材料的作用是大大减小了声反射。

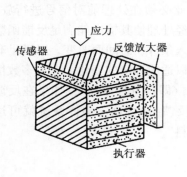

图 12-6　机敏蒙皮的结构示意图

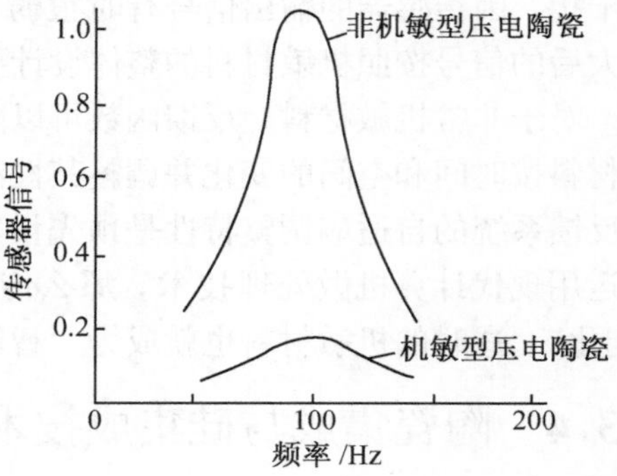

图 12-7　机敏压电陶瓷减小声反射示意图

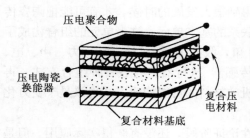

图 12-8　收-发声纳用复合机敏陶瓷体结构示意图

当然，单一压电材料是很难做到发射和接收特性兼优的，同样，对传感器和执行器的最佳材料也是难以相同的，所以发展了机敏复合材料，即将最好的传感器和最佳的执行器组合在一起，图 12-8 示出了这种复合结构图。该结构由四层元件组成：PVDF 有机聚合物压电体、3-3 模式 PZT-聚合物复合材料、PZT 陶瓷和 0-3 复合模式的钨-聚合物基底，层间设电极以控制三层压电体。这一机敏复合体的特点是，声阻抗沿刚性 PZT 陶瓷到 PZT-聚合物到柔性 PVDF 呈梯度变化，这将大大消除超声信号传输过程从 PZT 到水中的反射损失，同时改善换能器的频率响应、灵敏度及带宽。

12.4　智能陶瓷[1,3,5,6,8,9]

12.4.1　关于智能陶瓷的概念

智能陶瓷是一种具有自诊断、自调整、自恢复、自转换等功能的功能陶瓷。

通常认为智能陶瓷是机敏陶瓷的高级阶段,提出智能陶瓷材料的概念,是为了应用新的观点来研制和设计材料,它会使新材料的研究和开发更为有效和更具新意,也使近代功能陶瓷的应用领域更加广阔。

为了说明智能陶瓷的上述概念,不妨列举一些应用实例。比如 CuO/ZnO 两者的 P-N 型接触,就是一种自恢复的湿敏元件。从功能陶瓷的情况来理解智能材料的概念,就更加清楚明了。比如 NTC 热敏电阻器的电阻随温度升高而减小,这是一种正反馈效应,难以控制。当 NTC 热敏电阻用作加热元件时,必须装有温度控制电路。而 PTC 热敏电阻器在居里温度附近是一种加热元件,也是典型的温度传感器,同时还是一种热开关,因为在居里温度以上其电阻温度急剧增加,这样在开关温度附近可以自动恒温,所以相当于一种发热、测量和控温的多功能材料。显然,PTC 热敏电阻器,由于其温度与电阻的关系特性产生很强的负反馈机制,不需要另设电路装置来控温,而材料本身就相当于一种负反馈电路,也就具有自调谐机制。所以说,智能化机制主要并不是从多功能的角度而言,而是就自调谐机制而言的。自调谐机制也可看成是一种变阻器,通过自调谐使电流增大。再比如,形状记忆材料的形状自我恢复,则是另一种自调谐机制。

12.4.2 关于智能材料的智能化机制问题

智能化机制一般认为只有生命有机体或至少是仿生材料才具有的,而在上面所讲的无机材料中也可以具有某种智能化的功能。从某种意义上讲,由无机物制备的智能材料甚至可以优于生命有机体,如无机智能材料可以用在某些危险或恶劣的(如辐射或高温等)条件下。

在研究中发现,材料的功能效应与非均匀结构密切相关。具有相反性质的两种异质材料之间的非线性作用是很有趣的特征,比如酸/碱、p 型/n 型半导体、还原/氧化、基质/添加物等的成对性能。尽管很准确的机制尚不清楚,但利用这些成对的性质已制备出了一些很有趣的陶瓷材料。表12-3 中所列,都是一些非均匀结构和易于产生非线性互作用的陶瓷材料。

表 12-3 由强的非线性互作用产生的现象

材料	相关机制	现象/应用
MgO/ZrO_2	酸/碱	湿敏传感器
NiO/ZnO	p/n 接触	湿敏传感器
CuO/ZnO	p/n 接触	湿敏传感器 CO 气敏传感器
SiC/BeO	p/n 结	IC 衬底
AlN/CaO	还原/氧化	IC 衬底
ZnO/Bi_2O_3	还原/氧化	变阻器
ZnO/Li_2O	基质/添加物	湿敏传感器

各种类型的界面和界面现象，对上面所说的非线性互作用也很重要。表12-4列出各种界面，包括相同材料或不同材料之间、开启或封闭、跨越（通过）或沿界面。

表 12-4　界面类型

界面	相同/不同（材质）	封闭/开启	沿表面/通过表面
晶界	相同	封闭	GB_a，GB_p
不均匀结	不同	封闭	Hj_a，Hj_p
颈部	相同	开启	NK_a，NK_p
不均匀接触	不同	开启	HC_a，HC_p
表面	不同	开启	SF_a，SF_p

GB_p 的例子是电流通过晶界，而 GB_a 是晶界扩散。陶瓷材料的许多有趣现象来源于 GB_p，如 ZnO 变阻器的非线性电流-电压特性、$BaTiO_3$ 半导体陶瓷的 PTC 效应、掺有少量 BeO 的 SiC 陶瓷的高热导和低电导性等。晶界扩散也是陶瓷材料的重要现象，ZnO 陶瓷中氧沿晶界扩散形成耗尽层对电子运动起阻碍作用。通过不同材料之间封闭界面的电传输现象 Hj_p 相当于 p-n 结整流器的情况，而沿异质材料界面的电传输则提高离子电导。

相同材料之间的开启界面存在于多孔陶瓷的孔隙颈部。通过界面或颈部的电子传输，NK_p 随气氛而变化，这是气敏传感的特性。如果水分子被吸附于颈部周围，则是另一种电流的传输渠道。质子通过水吸附层而迁移，这是湿敏传感特性。湿度对电导特性的关系存在滞后，因而电导性与湿度值不相对应。

常规多孔氧化物半导体湿敏传感器，为了获得新鲜表面，通常要求进行热处理即所谓热清洗处理，除去吸附水。有的学者提出异质材料之间的开口界面，如图 12-9 所示。并且观察到了通过界面 HC_p 电压-电流特性随湿度变化的现象，如图 12-10 所示。这种 CuO/ZnO 的非均匀接触可用来检测 CO 气体的特性，如图 12-11 所示。

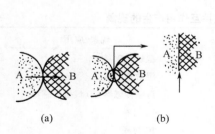

图 12-9　异质材料之间的开启界面
产生通过界面现象

（a）沿界面现象；（b）通过界面现象

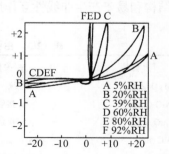

图 12-10　CuO/ZnO 的电压-电流
特性随湿度的变化

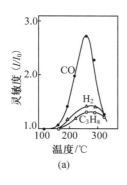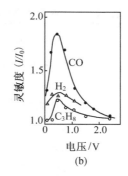

图 12-11　CuO/ZnO 非均匀接触型 CO 气敏传感特性（气体浓度 0.8%）

(a) 温度与气敏特性的关系（测试电压 0.5V）；

(b) 气敏特性与偏置电压的关系（测试温度 260℃）

━●━CO；━○━C₃H₈；━△━H₂

这些现象的产生被认为是通过化学吸附电荷从 p 型到 n 型半导体电极的电荷传输。湿敏传感的情况是 p-n 电极之间接触点附近，产生吸附水的电解。而酸/碱混合机制的湿敏传感被认为是沿界面产生质子迁移，即沿异质材料之间的开启界面产生这一现象 HCₐ。

如果对比 CuO/ZnO 和一般多孔陶瓷两种湿敏传感器，将更有益于帮助我们加深对智能陶瓷的智能化机制含义的理解。CuO/ZnO 非均匀接触的湿敏传感器基于一种自清洁或自恢复机理，即吸附水分子在接触点周围电解，其接触点总保持清洁新鲜，这就是一种自清洁或自恢复机理，而多孔陶瓷湿敏传感器则需要热处理即需进行所谓热清洗处理。

再看气敏传感器的情况。如图 12-11 所示，CuO/ZnO 这种非均匀接触界面，可以在检测 CO 和 H₂ 气体时有很好的选择性，用 ZnO 或 SnO₂ 的多孔陶瓷则很难区别 CO 和 H₂ 的响应特征。因此，CuO/ZnO 的这种气敏选择性和灵敏度，也是一种对外界环境变化表现出的性能调节能力，材料的这种自调整功能，也正是智能陶瓷材料所要求的机制。

表 12-5 列出两种湿敏传感器的对比，可以看出 CuO/ZnO 非均匀结构具有自恢复、自调整等智能特性。

近年来，围绕机敏和智能材料及其相关技术，美、日等国掀起一股研制新型固态致动器（执行器）的热潮，包括压电致动器、超声电动机和换能器等。可以预测，一个以压电陶瓷为主要材料，以机敏和智能材料及系统为结合点，集驱动、传感和执行功能于一体的新材料、新器件以及相关应用的新技术将在世界范围内得到发展，一些新型功能陶瓷的高新技术产业也会出现并得到相应发展。

表 12-5　　从智能材料角度比较两种湿敏传感器

项　　目	ZnO 多孔陶瓷	CuO/ZnO 陶瓷
结构	相同材料间开启界面 NK_p	异质材料间开启界面 HC_p
测量参数	电导率	电压/电流特征
机制	通过颈部吸附水的质子迁移	非均匀接触点附近吸附水电解
滞后性	滞后	无滞后
清洗	需要	不需要，自清洗，自恢复
自恢复性	无效，需要经常热清洗	有效，不需要热清洗处理

12.5　具有形状记忆效应的陶瓷材料[1,5,6,8,9]

同时具有铁弹性和铁电性的陶瓷材料有很好的形状记忆效应。铁弹性是指某些电介质材料在一定温度范围内的应力-应变关系曲线相似于铁磁体的磁滞回线特征的性能，铁弹性在没有外力作用下的晶体内存在自发应变区，故具有恢复自发应变的能力，产生形状记忆效应。若陶瓷材料还有铁电性，则不但在一定温度范围内可自发极化，而且在外电场下，此自发极化随外电场取向，这种铁弹-铁电材料的自发应变能力不仅可通过机械力控制，而且能由电场调节。

锆钛酸铅镧（PLZT）陶瓷是一种重要的铁电-铁弹材料，因具有形状记忆效应，其应用前景非常广泛，利用含有（Pb、Nb）（Zr、Sn、Ti）O_3 的金属氧化物陶瓷，可制造多层形状记忆元件。如将 20 层长方形陶瓷片叠成多层陶瓷电容器型（MLCC）结构，可产生 $3\sim4\mu m$ 的应变，此值虽比大多数形状记忆合金小，却是一般压电执行元件应变的 3 倍。

12.6　可相变氧化锆(ZrO_2)陶瓷[1,3,5,6,8,9,12]

氧化锆（ZrO_2）增韧陶瓷（ZTC）具有优良的力学、热学等性能，是一类很重要的新型结构材料，它最可贵的是能响应外界环境的变化，吸收环境冲击能，防止结构整体破坏，具有自诊断和自修复功能。氧化锆相变增强增韧机理见相变和氧化锆陶瓷章节。

在 ZTC 系复合陶瓷中，相变增韧是一种智能化机制。当外力作用达到一定程度后，它能迅速作出反应，发生四方相向单斜相的马氏体相变，吸收外力作用而阻止裂纹继续扩展，从而提高材料的强度和韧性，达到"自增韧"的目的。相变发生处的材料组成一般不均匀，因结晶结构的变化，导热率和导电率等性能也随之而变。这种变化就是材料受到外力作用的信号，从而实现了材料的自诊断。

例如，对于材料使用中的疲劳强度和膨胀状况等，可通过材料尺寸，声波传播速度、导热和导电率的变化进行原位观测，以评价材料老化的程度。又如，对氧化锆材料受压力而产生的裂纹，在 300℃ 热处理 50h 后，可以再弥合，实现了材料的自修复，这是因为 t 相转变为 m 相过程中的体积膨胀补偿了裂纹空隙。但是这种修复只是部分的。此外，氧化锆陶瓷还具有形状记忆效应，可用于制金属管的密封外接套。

12.7　自修补自愈合陶瓷材料[1,3,5,10,24~27]

氮化硅等高温陶瓷材料，由于具有优异的高温性能，是未来发动机陶瓷的候选材料，但存在高温氧化腐蚀使材料失效的问题。研究发现，陶瓷材料在高温状态下的破坏机理主要是陶瓷组分高温氧化和表面裂纹纵深发展的相互促进造成的，即组分在高温下的氧化，容易形成表面微细裂纹，而表面微细裂纹的产生，又会促使高温氧气向材料内部移动而导致内组分的进一步氧化。如果有一种物质在高温下自动"流入"裂纹并屏蔽内部组织与氧气接触，就可有效阻止陶瓷材料在高温下的氧化破坏过程。清华大学孔向阳等在氮化硅陶瓷中加入少量铌（Nb）的化合物，发现能够有效阻止氮化硅陶瓷在 1000℃ 高温下的氧化。这是因为氮化硅陶瓷表面高温氧化生成氧化硅层，此氧化硅层极容易进一步结晶化并伴随体积收缩，并在表面形成微细裂纹，而当添加一定量的铌化合物时，铌在氮化硅表面形成 NbC-Nb_2O_3-NbO_2-Nb_2O_5 的过渡氧化物层，这些氧化物为玻璃态，呈致密状覆盖在表面，隔断了氧气向内部的侵入，提高了陶瓷的抗氧化性能，表明添加氮化铌（NbN）的 Si_3N_4 陶瓷的高温氧化层具有一定的抗氧化自适应性。

张伟刚等利用弥散在基体中的非氧化物纳米陶瓷颗粒氧化成膜，实现了碳材料的自愈合抗氧化性。如他们在 C-B_4C-SiC 中弥散纳米 SiC，在高温下，陶瓷相大量氧化，特别是碳化硼氧化成黏度很小的 B_2O_3，由于毛细管作用引起脱碳层颗粒收缩致密化，使氧由分子扩散转变为努森扩散，扩散系数（$D = D_0RT^{0.5}$）大大降低，并随孔径的减小而减小。同时，生成的 B_2O_3 与 SiO_2 熔融形成液态玻璃薄膜，覆盖在表面上，氧气再由努森扩散转变为物质内的原子扩散，由于氧在陶瓷中的扩散系数极小，因而实现自愈合抗氧性。纳米颗粒的作用可能在于：①低温下即可生成 SiO_2 引起颗粒体积膨胀，降低脱碳层的孔隙，缩短氧气由分子扩散到努森扩散的时间；②高的反应活性使 SiO_2 可以在较低的温度下大量生成，与 B_2O_3 形成固熔体，降低了 B_2O_3 的蒸气分压，使复合玻璃相稳定致密。

清华大学李建保等利用微波的选择性加热，使陶瓷复合材料得到裂纹自愈合和性能自恢复的效果，其方法是将微波吸收性强的 TiC 或 NbC 颗粒，加入到氮化硅复合材料中，在微波照射下，碳化物优先加热，温度高于周围的基质氮化硅和晶界，从而促使碳化物颗粒向周围扩散并愈合周围的微细裂纹和孔隙。研究发现，氮化硅复合材料在 500℃高温淬火热震使材料内部形成裂纹，导致强度从 550MPa 下降到 360MPa。但是经微波辐射处理后，强度又恢复到起初的 550MPa，这为陶瓷微细裂纹的自愈合和材料性能的自恢复开辟了新的途径。

吕珺等利用热处理使氧化铝基陶瓷复合材料表面裂纹得到自愈合的效果。研究发现，当 TiC（p）/Al$_2$O$_3$ 及 SiC（w）/Al$_2$O$_3$ 材料在空气气氛中，经 1000～1400℃热处理 1h，表面压痕裂纹均出现自愈合现象。其机理主要是扩散作用及材料表面的氧化反应。SiC（w）/Al$_2$O$_3$ 经 1000℃热处理 1h，强度由 276MPa 升至 664MPa，压痕残余应力松弛及压痕裂纹的自愈合是材料强度提高的主要原因。

12.8　陶瓷基复合材料的自诊断[1,5,10,20～23]

结构陶瓷具有耐高温、耐磨损、耐腐蚀、强度高等一系列优异性能，其致命的缺点是脆性和使用可靠性低，易突然断裂造成灾难性破坏，因此，提高陶瓷的韧性和使用可靠性是材料界的重要课题。提高使用可靠性的途径之一，首要的任务是陶瓷的自诊断（或在线监测）。比较理想的自诊断方法是增韧机制与自诊断能够同时并存。目前，常用的增韧机制有：相变增韧、弥散强化、纤维补强增韧和复相增韧以及晶体结构细化等。断裂感知功能来自于导电相（连续长纤维、分散增韧相）、晶界相、多层结构、介电体、压电体等的应用。各种强韧化技术对增韧及自诊断效果的潜在贡献列于表 12-6。

表 12-6　陶瓷的强韧化技术与缺陷诊断技术的关系

强韧化技术	增韧效果	断裂及缺陷诊断效果	实例
连续长纤维	大	有	金属纤维、碳纤维
晶须及短纤维	中	有	陶瓷晶须、碳纤维
弥散相	小	小	TiN
层状结构	中	中	导电层
相变增韧	中	小	ZrO$_2$
晶界相	小	有	
纳米结构	小	超塑性及断裂预兆	

本节主要讲述碳化硅晶须 SiC（w）复合陶瓷和碳纤维复合水泥材料的在线电检测或智能诊断。为使不导电的基质（陶瓷、水泥等）变成有一定导电性的材料，常在陶瓷等中加入一定量的导电物质（TiN、TiC 颗粒或 SiC 纤维及碳纤维）。使非导电的基质导电性能由绝缘变成为导通的导电相的临界添加量，称为导电复合材料的"导电阈值"（CPT）。根据渗流导电模型，为了达到断裂检测的

目的，在添加晶须的同时，还需要添加少量的等轴导电颗粒（如 TiC 或 TiN 等），这样既满足渗流值，又不引起晶须桥接和直接连接而使材料性能降低，从而达到强韧化和自检测的双重目的，这可用下面的例子来说明。

（1）柳田等在 CaF_2 中添加 10%（体积分数）SiC（w），不仅大大提高了材料的断裂韧性，而且在研究陶瓷复合材料的形变与导电性的关系时发现，这种材料在完全断裂前的总拉伸形变量为 7%，但当形变量达到最大许可形变量的一半时，电阻值呈现急剧增加的趋势，这是断裂的前兆，由此显示了裂纹预测的可能性。也从疲劳试验的第三阶段——电阻值快速升高预示了检测断裂前兆的可能性。

（2）Chung 等研究了 30%（体积分数）SiC（w）/Si_3N_4 复合陶瓷材料体系的自诊断效应。当给材料循环施加相当于抗拉强度（400MPa）40%～85% 的负载时，材料总应变达 0.1%，而体电阻值随拉力的增加而增加，并且是可逆的，其最大的电阻变化率 $\Delta R/R_0$ 为 0.1%，他们认为可以据此预测陶瓷内部拉伸应力的大小。但对于晶须增韧陶瓷材料，用电阻值变化不能检测压力破坏的情况，这是由于压力载荷的循环并不能引起电阻的明显变化，只会引起大的噪声。

（3）松原等研究了氧化硅陶瓷中加入 TiN 颗粒后的自检测效果。在氧化硅中加入 40%（体积分数）TiN 后，材料在完全断裂前的电阻急速增加，而且认为可用残余电阻值估测材料的负载历史。

（4）层状结构复合的氮化硅不仅能提高陶瓷的韧性和强度，而且使其具备了一定的自检测可能性。层状氮化硅陶瓷通常是将氮化硅层（厚 $100\mu m$）与 BN 层（厚 $10\sim20\mu m$）相间叠层，经压制、除碳及烧结而成。当氮化硅主层中添加的导电 TiN 颗粒量达到 25%～30% 时，层状材料成为导体材料，电阻率大约为 $10^{-2}\Omega\cdot m$，这远低于形成连通的阈值，当层间加入一定量的 Al_2O_3 或 Si_3N_4 粉末时层间的结合强度大大改善，材料的强度显著提高。对断裂韧性比较好的层状陶瓷材料，通过检测其电阻的变化能可靠地监测和预报材料是否发生断裂。

12.9　混凝土材料的诊断和自愈合混凝土[1,10,28,31]

对桥梁、水坝、高大建筑等大型混凝土结构的安全性诊断或自愈合，是国内外智能材料系统研究的重点之一。日本柳田博明等将碳纤维和玻璃纤维组合，埋入混凝土中，利用碳纤维拉伸形变时电阻的变化检测混凝土结构内部的应力状态、形变程度和破坏情况，起到诊断裂纹和预警的目的，同时组合的纤维束还能达到增强增韧的作用。我国沈大荣等研究了一种对压力敏感的压敏混凝土，较有特色，他们在混凝土中加入 1% 的短碳纤维后，其电阻随承受压力而明显变化，根据电阻变化特征，可以判断出混凝土材料的安全期、损伤期和破坏期，达到诊断效果。将这种复合材料做成块状传感器，埋入大型混凝土结构中，并辅以网络结构系统，可测定受力情况。如果各部位的温度不同，会产生电势差，通过检测电动势的变化，来了解大型结构内部温度场分布，形成所谓温敏混凝土。

通常建筑物在修建完工后会产生大量裂纹，抗震能力差。如果在混凝土中加入黏结剂，当混凝土开裂时，可在裂纹处释放出来，达到修补裂纹和提高强度的作用。为长期保持黏结剂性能，通常将黏结剂装入中空玻璃纤维中，直到结构开裂导致玻璃纤维断裂时才释放出来，埋入装有黏结剂的混凝土有自愈合裂纹的能力，故称自愈合混凝土。

12.10 光 导 纤 维[1,2,5,18]

光纤是用高透明电介质材料制成的非常细（外径约 $125\sim200\mu m$）的低损耗导光纤维，它不仅具有束缚和传输红外到可见光区域内的光功能，而且也有传感的功能，因而有时亦称为智能光纤。它是利用全反射的原理来传输光的。

智能材料系统最关键的功能之一是"传感"。由于光纤具有其他任何材料都无法比拟的优异的传输功能，可以随时提供描述系统状态的准确信息，因此成了最重要的信息传输材料，广泛地应用于各通信领域，并充当了智能材料系统中"神经网络"的关键角色。同时，又由于通过分析光的传输特性（强度、位相等），可获知光纤周围的力、密度、温度、压力、电场、磁场、化学成分、X 射线、γ 射线、光电子流等物理特性与环境条件的变化情况，故光纤还可用作传感元件或智能材料系统中的"神经单元"。

光纤传感器是 20 世纪 70 年代中期出现的一种新型光学传感器，它是光纤和光通信技术迅速发展的产物，是以电为基础的传统传感器的革命性变革，它用光而不是用电来作为敏感信息的载体，用光纤而不是金属导线来作为传递敏感信息的媒质，因此它具有灵敏度高、电绝缘、抗电磁干扰能力强、耐高温、耐腐蚀，并且能耗低、频带宽、传输速率高的特点，加之光纤直径细、易弯曲、体积小、质量轻、韧性好、埋入性佳，且兼具信息感知与信息传输的双重功能，便于波分与时分复用、分布传感与传感器复用，同时还耐高温、耐腐蚀，因此被世界公认为智能材料系统与结构首选的材料。

含有光纤传感器的智能材料可分为智能结构和智能蒙皮。智能结构指大型智能构件（如桥梁、建筑物、大坝的水泥预制件，核反应堆、火箭发射台的基座、航天飞行器、陆地战车和潜水艇的框架等）。它可测量结构的载荷大小、振动幅度、温度和应力分布、应变、扭曲蠕变、层解、微裂及其他损伤，广泛用于载荷引起的结构疲劳和地震灾害预测等军用及民用大型设施。智能蒙皮则用于机翼、潜艇外壳、推进器叶片等。它除具有智能结构的性能外，与内部执行器配合，还可自动检测和控制壳体振动、流体与表面引起的噪声，自动检测和调节材料的多种性能（如反光性能、反辐射性能、电或热导性能、通风渗透性能等）或改变自身形状。

光纤的研究和应用是一个跨学科、多技术、充满挑战性的新领域，具有广阔的应用前景，20 世纪 70 年代，人们开始将光纤埋入复合材料结构中，用来测量结构内部的应力、应变和温度以及结构振动和损伤、裂缝的产生与扩展、复合材料的固化等，随后又在航空航天领域获得了成功的应用，并逐渐形成了一种无损检测技术。20 世纪 90 年代初，光纤智能蒙皮完成了关键技术研制和飞行性能评估，进入应用研究阶段，如将光纤材料植入机翼可避免因金属疲劳而造成飞机在空中解体的重大恶性事故，提高战斗装备的生存能力。近年来美、英等国家在飞机上安装了埋入传感系统的真实机翼或机翼前缘并进行了成功的试飞。同时，随着桥梁、隧道、水坝、电站、油库等土木结构与基础设施越来越大型化，如何保证其具有良好的工作状态已成为各国高度重视的难题。因此，人们把光纤的研究热点渐渐转向土木结构的安全监测上。自 1989 年美国布朗大学将光纤用于混凝土检测开始，其后许多国家相继开展这方面研究，研究表明在土木结构中埋入光纤传感器，可赋予土木结构以一定程度的生命与智能特征，使土木结构的离线、静态、被动的检查，转变为在线、动态、实时主动的监测与控制。我国已开始试验在水坝、桥梁、路面告示水泥结构体中埋入光纤传感系统，监测这些设施的压力、变形和微裂等，并成功应用于虎门大桥的建设中。

由于用于智能材料的光纤传感器与用于一般场合的传统传感器不尽相同，前者嵌埋在智能机构或复合材料中，后者则处于自由空间中，因此对智能光纤的尺寸、结构、涂层等均有不少特殊要求，如要求直径细、强度高、耐疲劳、抗高温等，为满足这些要求已研制和开发了细径光纤（最细光纤直径 $35\sim40\mu m$）、特种涂层光纤（如涂碳光纤等）、抗疲劳光纤、单模保偏光纤、双模光纤、同心双通道光纤等，应根据不同的使用目的与场合，选用不同功能特征的光纤。

12.11 变色材料[1,2,5,12]

1. 光致变色玻璃

光致变色玻璃是一种能在光的激发下发生变色反应的玻璃。含卤化银的碱铝硼硅酸盐光色玻璃受到紫外光和可见光照射时发生下列反应：

$$Ag^+ + Cl^- (Br^-, I^-) \xrightleftharpoons[h\nu_2, \triangle]{h\nu_1} Ag^0 + Cl^0 (Br^0, I^0) \qquad (12\text{-}2)$$

式中，$h\nu_1$ 为短波激活光能；$h\nu_2$ 为长波光源光能；$\triangle$ 为加热退色效应。玻璃中的氯化银晶体分解为 Ag 和 Cl 原子，析出的银原子团簇使玻璃颜色变深，从而阻止阳光的透过，在没有紫外线照射时分解产生的银和卤素原子又重新结合恢复为无色的氯化银 AgCl，原子团簇解体，玻璃（镜片）褪色。这就是变色眼镜在阳光下变深，在室内则恢复透明的原理。若配料中加入少量敏化剂，就能显著地提高敏感性，并增大光致变色的变暗能力。如加入氧化亚铜 Cu_2O 时，亚铜离子 Cu^+ 是一种增感剂，它在氯化银晶体中作为空穴的捕获中心：

$$Ag^+ + Cu^+ \underset{h\nu_2,\triangle}{\overset{h\nu_1}{\rightleftarrows}} Ag^0 + Cu^{2+} \qquad (12\text{-}3)$$

Cu^+ 的存在增加了光解银原子 Ag^0 的浓度，使玻璃的变暗灵敏度大大提高。也有使用铝磷酸盐系统玻璃来提高"响应特性"和改良色调的，为了获得特定的色调，也可引入着色剂（锰、钴、镍、铒、钕等氧化物）。由于光致变色玻璃具有随环境中光的波长和强度的变化而自动调节光的透过率等自适应特性，因而被称为光敏型智能玻璃，它在科学技术和日常生活中有广泛的用途。除用作变色眼镜外，还用作汽车防护玻璃、航天器窗口、激光防护、全息术、光信息存储和各种新仪器的光子开关以及装饰等。

2. 电致变色材料

电致变色的原理是在外加电场作用下，材料由于电子、离子的双注入导致结构或价态发生可逆变化，进而调节材料的透过与反射特性，表现为材料颜色的变化。无机电致变色材料有 NiO、$\alpha\text{-}WO_3$ 等。电致变色器件通常由多层结构组成，即透明电极/电致变色薄膜/离子储备层/电极。当两组电极之间建立电场时，离子由离子储备层经过离子导体在电致变色膜中发生注入和抽出，从而导致电致变色薄膜的光学性能发生变化。近年来利用薄膜材料的电致变色特性制造了"电开关"自动控制灵巧窗，用于建筑采光等。

12.12 电(磁)致流变流体材料[1,2,5]

电致流变流体（简称 ER 流体）和磁致流变流体（简称 MRF）是很细的介电颗粒（$1\sim100\mu m$）均匀弥散地悬浮于另一种互不相容的绝缘液体中形成的悬浮液体。由于电（磁）致流变流体是在外电（磁）场作用下，能于微秒内产生响应变为固体的一种流体，所以，它也是一种机敏材料。在外加电场的作用下，电致流变液颗粒将被极化，由于极化颗粒间产生静电引力使颗粒沿电场方向呈有序链状或柱状排列，从而使流变特性如黏度、阻尼性和剪切强度等发生迅速而巨大的变化，或者由黏滞性液体转变成固体凝胶，或者流体阻力发生难以想象的变化（剧增）。相反，当电（磁）场减弱或消失时，它又可快速地恢复到原始状态（即这种变化是可逆的）。

如图 12-12 和图 12-13 所示，无电场时粒子分散无序，施加电场后粒子极化，结合成团簇并形成网络在平行电极的方向发生剪切变形而产生了阻力，即产生了剪切应力，流体黏度显著增大，最终全部凝胶化，剪切应力的大小可以表征电致流变效应的强弱。这种材料能感知环境变化作出响应，进而调节材料的主要特性，以补偿外来的变化。例如利用 ER 流体的黏度变化进行冲击吸收、动力传递和姿势控制，因此可在汽车、大坝的地震装置以及组合机器人的肌肉和液压机器的传动液等方面得到广泛应用。

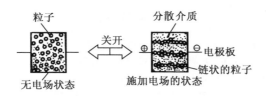

图 12-12　粒子分散型 ER 流体黏度上升的机理

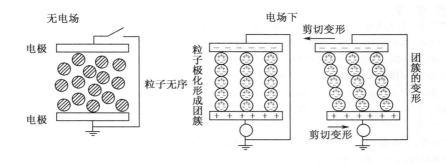

图 12-13　粒子分散型 ER 流体的电致流变效应

无机电致流变材料是将压电陶瓷、高岭土、硅藻土、硅石、沸石、TiO_2 等介电微粒分散到硅油或矿物油等载液中，并添加适量的稳定剂和添加剂而制成的悬浮液体。尽管传统的无机材料（如金属氧化物或金属盐类）有较高的介电常数，却未给人们带来满意的 ER 效应。因此在利用无机材料固有的潜在功能时，必须重新设计。西北工业大学在二氧化钛中掺入稀土元素可使材料的介电常数、电导率大幅度改善，$E=4kV/mm$ 时的剪切强度由 $320Pa$ 变化到 $10kPa$。利用无机材料的最大优点是功能性强，可以通过物理或化学方法对无机微粒的形态和结构进行调整以改变其电性能，也可通过掺杂方法给材料引入少量活性离子或使之半导化来完善材料的物化性质，设计并制备性能更佳的新型无机 ER 材料。

由于电（磁）致流变体（又称机敏流体）具有响应快速、连续可调、能耗低等优点，是智能系统与结构中执行器的主选材料，故其应用会给许多新技术和新学科的发展带来革命性变化。据报导，电（磁）致流变体的出现已导致全世界50% 以上的液压系统和器件需待重新设计。目前在国外已被广泛用于航空、航天、机电等领域作液压阀、离合器、减振器、机械卡具、汽车刹车器、智能复合材料等。

　　智能材料的问世，推动了材料科学的发展，预计在 21 世界智能材料将引导材料科学的发展方向，其应用和发展将使人类文明进入更高的阶段。

参 考 文 献

1. 杨大智.智能材料与智能系统.天津：天津大学出版社，2000

2. 杨亲民.智能材料的研究与开发.功能材料，1999，30（6）：575～581

3. 田增英等.精密陶瓷及应用.北京：科学普及出版社，1993

4. 肖纪美.智能材料的来龙去脉.世界科技研究与发展.1996，3：120～125

5. 姚康德等.智能材料.天津：天津大学出版社，1996

6. 马如璋，蒋民华，徐祖雄等.功能材料学概论.北京：冶金工业出版社，1999

7. 魏中国，杨大智.智能材料及自适应结构.高技术通讯，1993，3（6）：37～39

8. 徐政，倪宏伟.现代功能陶瓷.北京：国防工业出版社，1998

9. 《高技术新材料要览》编委会.高技术新材料要览.北京：中国科学技术出版社，1993

10. 李建宝，黄勇.智能无材料的研究进展.现代技术陶瓷，1998，19（3）：8～12

11. 田莳，徐永利.智能材料系统和结构中的压电材料.功能材料，1996，27（2）：103～108

12. 江东亮等.精细陶瓷材料.北京：中国物资出版社，2000

13. 周静，陈文，徐庆等.PZSN 系压电陶瓷材料的研究.功能材料，1998，29（增刊）：505～506，519

14. 陆佩文，徐熙临，吕忆农等.电致伸缩材料的制备与研究.现代技术陶瓷，1998，19（3）增刊：568～573

15. 许桂生，罗豪甦，齐振一等.新型超声换能器材料 Pb（Mg$_{1/3}$Nb$_{1/3}$）O$_3$-PbTiO$_3$ 单晶电畴结构的特征.功能材料，1998，29（增刊）：520～522

16. 许桂生，罗豪甦，齐振一等.弛豫型铁电体 PZNT 制备与性能研究进展.无机材料学报，1999，14（1）：1～11

17. 王永龄，愈大畏，董显林.智能材料与器件的发展设想.无机材料学报，1999，14（2）：211～217

18. 关铁梁.智能材料中光纤传感技术的研究进展.光通讯技术，1995，19（1）：50～55

19. 《材料科学技术百科全书》编委会.材料科学技术百科全书（第一版）.北京：中国大百科全书出版社，1995

20. Ishida A，Miyayama M，Yanagida H J. Prediction of fracture and detection of fatigue in ceramic composites from electrical resistivity measurements. J. Am. Ceram. Soc.，1994，77（4）：1057～1061

21. Wang S K，Chung D D L. Self-monitoring of strain in silicon carbide whisker reinforced silicon nitride. Smart Mater. Struct.，1997，6：199～203

22. 松原，石田.陶瓷的自诊断.机能材料，1995，15（1）：34～40

23. Huang Y，Wang C A，Li J B et al. The dual effect of whiskers on toughening and conducting properties in aligned SiC whisker-reinforced Si$_3$N$_4$-matrix composites：ceramic materials systems with composites structures. Ceramics Transactions，1998，99：433～439

24. 孔向阳，李建保，黄勇.添加 NbN 的氮化硅陶瓷高温氧化自适应性.科学通报，1998，43（11）：1219～1222

25. 张伟刚，成会明，周龙江等.纳米陶瓷/碳复合材料自愈合抗氧化行为.材料研究学报，1997，11（5）：487～490

26. Li J B，Kong X Y，Xie Z P et al. Improved strength recovery of a titanium carbide/silicon nitride composite from thermal shock damage via microwave heating. J. Am. Ceram. Soc.，1999，82（6）：1230～1236

27. 吕珺，郑治祥，丁厚福等. 氧化铝基陶瓷复合材料表面裂纹的自愈合. 无机材料学报，2001，16（3）：535～540

28. 孙明清，李卓球，沈大荣等. 具有温度自诊断特性的混凝土研究. 见：'97 中国材料研究讨论会论文集. 北京：冶金工业出版社. 320～322

29. Sugita M，Yanagida H，Muto N Materials design for self-diagnosis of fracture in CFGFRP composite reinforcement. Smart Mater. Struct.，1995，4：A52～A54

30. Dry C. Smart earthquanke resistant materials（using time released adhesives for damping stiffening，and deflection control）. Proceeding of SPIE-The International Society for Optical Engineering，1996，2779：958～967

31. 赵晓鹏，王景华，刘建伟等. 智能材料自愈合机理研究. 见：'94 智能材料研讨会论文集. 1994

第十三章 快离子导体陶瓷

13.1 概 述[1,2]

快离子导体陶瓷是指电导率可以和液体电解质或熔盐相比拟的固态离子导体陶瓷，又称电解质陶瓷。其离子电导率可达 $10^{-1} \sim 10^{-2}$ S/cm，活化能低至 $0.1 \sim 0.2$ eV。电导率比经典离子导体，如碱金属的卤化物，高十几个数量级。在已发现的快离子导体中，绝大多数是快离子导体陶瓷。

离子运动引起的固体导电现象早就被人们发现并得到应用。最早发现并应用的是 19 世纪末用掺杂氧化锆做成的宽带光源（通常称为能斯脱光源），以及 PbF_2 都是阴离子导体。20 世纪 30 年代中期斯托克（Strock）又发现 AgI 是在 146℃从低温相转变为高温 α 相后具有高离子导电率的阳离子导体，电导率增加了 3 个数量级以上，达到 1.3S/cm。它是结构相变和快离子传输紧密联系的一个例子。到 20 世纪 60 年代中期，发现了以银离子为载流子的复合碘化银化合物（$RbAg_4I_5$ 室温电导率达 0.27S/cm）为代表的一系列室温阳离子导体，把固体电解质的应用由高温推向室温。几乎同时还发现了以钠离子为载流子的 β-Al_2O_3 在 200～300℃有很高的离子导电率（达 10^{-1} S/cm）相当于熔盐电导的水平，这是固体电解质的又一次突破，它导致大功率 Na/S 电池的出现，有可能用作高能钠硫电池的隔膜材料。这些发现很快引起人们的高度重视，是由于快离子导体具有重大的理论和实用价值。从此以后，国际上对快离子导体开展了极为广泛的研究：一方面对已发现的快离子导体进行深入的性能和应用研究的同时，进一步探索新的快离子导体；另一方面对快离子导体的导电机制从晶体结构、离子传导机理及传导动力学等角度进行了广泛研究，以求对快离子传导理论获得一个统一的、具有一定概括性的认识。到 20 世纪 70 年代中后期逐渐形成一门新的学科分支——固体离子。同时召开了若干次国际会议，1980 年创刊了专门的国际性月刊 "Solid State Ionics"（固态离子学），国内外出版了有关专著。我国在 20 世纪 60 年代末开始以稳定氧化锆为隔膜材料的高温燃料电池的研究，20 世纪 70 年代初开始以 β-Al_2O_3 为隔膜材料的钠硫电池的研究，以后进行了其他快离子导体的研究，并在某些方面获得了应用。

上述发现和研究之所以引起人们的极大重视，是由于快离子导体具有重大的理论和实用价值，已在众多实际应用领域发展成为很有价值的材料或器件。近年来，各国科学家十分重视与能源有关的问题，而快离子导体用作无污染高能钠硫电池、燃料电池新能源材料，氧分析器等的研究就备受关注。

13.2 离子导电机理[2~8,13~14,17]

13.2.1 概述

绝大部分陶瓷属于绝缘体，在室温或不太高的温度下，材料的离子导电率都比较低，电导的活化能都比较高，因而很少显示离子导电性。但快离子导体（离子导电陶瓷）在一定的温度条件下具有和强电解质液体相似的离子电导特性，许多陶瓷都是离子晶体，离子晶体电导主要为离子电导。离子电导可分为两类：第一类源于晶体点阵的基本离子的运动，称为固有离子电导（或本征电导），这种离子自身随着热振动离开晶格形成热缺陷（肖特基缺陷、弗伦凯尔缺陷）。这种热缺陷无论是离子或者空位都是带电的，因而都可作为离子导电载流子。热缺陷的浓度决定于温度 T 和离解能 E，只有在高温下热缺陷浓度才大，所以固有电导在高温下才显著。第二类是由固定较弱的杂质离子的运动造成的，因而常称杂质电导、杂质离子是弱联系离子，所以在较低温度下，杂质导电显著。

某些离子晶体能够导电主要是由于离子的扩散运动引起的。离子扩散主要有空位扩散、间隙扩散、亚晶格间隙扩散。在没有外场时，这些缺陷作无规则的运动，不产生宏观电流，但是当有外场存在时，外电场对它们所带的电荷作用，使离子沿一定的方向运动，从而产生宏观电流。这说明离子导电和离子在晶体中的扩散跃迁有关。电导率和扩散系数间的关系可由能斯特-爱因斯坦（Nernst-Einstein）方程表示：

$$\frac{\sigma}{D_i} = \frac{n_i q_i^2}{kT} \tag{13-1}$$

式中，σ 为电导率；D_i 为间隙原子的扩散系数；n_i 为单位体积的离子数；q_i 为 i 离子所带电荷；k 为玻耳兹曼常数；T 为绝对温度。由式（13-1）可见，离子电导受晶格性质的影响，而不受电子性质的影响，这与电子电导完全不同。

由式（13-1）可推导出离子电导与温度关系的重要方程——阿累尼乌斯（Arrhenius）方程：

$$\sigma = \frac{\sigma_0}{T} \exp\left(-\frac{E_a}{RT}\right) \tag{13-2}$$

式中，σ 为电导率；σ_0 为指前因子；E_a 为电导活化能；R 为摩尔气体常量；T 为绝对温度。此方程表示离子电导率和温度之间的关系，由方程可以看出，随着温度的升高，电导率按指数规律增加。对某一种离子，当活化能 E_a 为定值时，电导率的对数 $\lg\sigma$ 与温度的倒数 $1/T$ 之间是线性关系。E_a 的数值可由直线的斜率得到。

当导电物质中同时存在数种载流子时，i 离子电导 σ_i 对总电导 σ 的贡献可用

离子迁移数 t_i 表示：

$$t_i = \frac{\sigma_i}{\sigma} \tag{13-3}$$

作为固体电解质，要求离子迁移数接近 1。通常把离子迁移数 $t_i > 0.99$ 的导体称为离子电导体。

在化学势梯度或电势梯度的作用下，离子通过间隙或空位发生迁移。表13-1 列出了在固体中容易移动的离子和目前所知的具有代表性的快离子导体。由表可知，迁移离子可以是阳离子或阳离子团，也可以是阴离子，在已发现的快离子导体中，可移动离子有 H^+、H_3O^+、NH_4^+、Li^+、Na^+、K^+、Rb^+、Cu^+、Ag^+、Ga^+、Tl^+ 等阳离子和 O^{2-}、F^- 等阴离子。由表 13-1 还可看出，作为导电性离子都是那些离子半径较小，原子价又低的离子，这些低价离子在晶格内的键型主要是离子键。与晶格中固定的电荷符号相反，离子间的库仑引力较小，故易迁移。因此，Li^+，Ag^+ 等阳离子在室温下就呈现出高的离子导电性，而像 F^-、O^{2-} 等阴离子，由于半径大，仅在高温下才能显示出离子导电性。快离子导体除具有导电离子本身的电性特征外，还有独特的晶体结构。

表 13-1 一些典型固体电解质

	导电性离子	固体电解质	电导率 S/cm
阳离子导电体	Li^+	Li_3N	3×10^{-3}（25℃）
		$Li_{14}Zn$（GeO_4）$_4$（锂盐）	1.3×10^{-1}（300℃）
	Na^+	$Na_2O \cdot 11Al_2O_3$（β-Al_2O_3）	2×10^{-1}（300℃）
		$Na_3 Zr_2 Si_2 PO_{12}$（钠盐）	3×10^{-1}（300℃）
		$Na_5 MSi_4 O_{12}$（M＝Y，Cd，Er，Sc）	3×10^{-1}（300℃）
	K^+	$Kx Mg_{x/2} Ti_{8-x/2} O_{16}$（$x$＝1，6）	1.7×10^{-2}（25℃）
	Cu^+	$Rb Cu_3 Cl_4$	2.25×10^{-3}（25℃）
	Ag^+	α-AgI	3×10^0（25℃）
		$Ag_3 SI$	1×10^{-2}（25℃）
		$Rb Ag_4 I_5$	2.7×10^{-1}（25℃）
	H^+	H_3（$PW_{12} O_{40}$）$\cdot 29H_2O$	2×10^{-1}（25℃）
阴离子导电体	F^-	β-PbF_2（＋25% BiF_3）	5×10^{-1}（350℃）
		（CeF_3）$_{0.95}$（CaF_2）$_{0.05}$	1×10^{-2}（200℃）
	Cl^-	$SnCl_2$	2×10^{-1}（200℃）
	O^{2-}	（ZrO_2）$_{0.85}$（CaO）$_{0.25}$（稳定二氧化锆）	2.5×10^{-2}（1000℃）
		（Bi_2O_3）$_{0.75}$（Y_2O_3）$_{0.25}$	8×10^{-2}（600℃）

13.2.2 快离子导体的晶体结构及离子导电机理

离子在晶体中的运动特征，取决于晶体结构和化学键性质。离子迁移变成快离子导体一般应具有下列条件：①固体结构中存在大量的晶格缺陷；②亚晶格结构的存在，即迁移离子附近应存在可能被占据的空位，而空位数目应远较迁移离子本身的数目为多，迁移离子具有在其空位上统计分布的结构。这种快离子导体的特征是离子的移动非常容易；③固体有层状或网状结构，应存在提供离子迁移所需的通道。即离子迁移所需克服的势垒高度应相当小。在单晶或多晶体中，离子迁移时有它的特殊通道。按离子传导时的通道类型可分为一维传导、二维传导和三维传导三大类：一维传导指的是晶体结构中的传输通道都是同一指向的，这种传导特征都出现在具有链状结构的化合物中；二维传导指的是离子在晶体结构中的某一个面上迁移，这种传导特征都出现在层状结构的化合物中；三维传导的特点是，在某些骨架结构的化合物中，离子可以在三维方向上迁移，因而传导性能基本上是各向同性的。与晶态物质相比，在非晶态离子导体结构网络内，没有明确而特定的离子传输通道，所以非晶态离子导体的传输性能是各向同性的。

目前已发表的有关快离子导体的一些理论尚不十分完整。其导电机制可简单看作是在外电场作用下，离子在晶格间隙或空位中的跃迁运动。下面根据一种模型假设来讨论离子导电机理，它认为快离子导体的晶体结构一般由两种晶格组成：一种是由不运动的骨架离子构成的刚性晶格，为迁移离子的运动提供通道；另一种是由迁移离子构成的亚晶格。在迁移离子的亚晶格中，缺陷浓度可高达 $10^{22}/cm^3$，以至于迁移离子位置的数目大大超过迁移离子本身的数目，这种少数离子统计分布在大量位置上的状态，造成了很高无序度，称为亚晶格无序，即迁移离子亚晶格具有液体结构特征。这种无序状态使所有离子都能迁移，增加了载流子的浓度。同时还可发生离子的协同作用降低电导活化能，使电导率大大增加。

但是，这种模型假设还不能对已发现的快离子导体的传导过程进行圆满解释，为此，还需深入研究。

13.2.3　影响离子迁移的因素

快离子导体的单晶体难以制得所需的各种形状和尺寸，因而在快离子导体材料中，有实用价值的主要是多晶陶瓷材料。在多晶体内离子最低能量传输通道在晶界处受阻，因此多晶体的电导率通常低于单晶体的电导率，陶瓷材料的电阻率包括晶内电阻率和晶界电阻率两部分，由于晶粒和晶界的电导率和电导活化能不同，因此在不同的温度范围内，陶瓷的离子传导过程分别由晶粒或晶界所控制。通常在低温区，晶界电阻较大，所以电导率主要取决于晶界电导；在高温区，晶界电阻变小，电导主要取决于晶粒电导。由电导率公式：$\sigma = nq\mu$ 和式（13-1）还可建立扩散系数 D 和离子迁移率 μ 的关系：

$$D = \frac{\mu}{q}kT = BkT \tag{13-4}$$

式中，B 称为离子绝对迁移率。由式（13-4）可以看出快离子导体的导电性能与迁移率有关，迁移率大，快离子导体的电导率就高。除离子导体随温度升高、电导按指数规律增加外，陶瓷材料的电导性质还与它的化学组成、晶体结构、相组成和显微结构有关。影响迁移率的因素包括：①离子迁移通道的尺寸。一般相互连通的通道其瓶颈的尺寸应大于传导离子和骨架离子半径和的两倍，但太大也不好。②迁移离子浓度需高，活化能需低。③一般说来，迁移离子在结晶学上不相等的位置在能量上应相近，这样离子从一个位置到另一位置时越过的势垒低，从而降低了活化能。④离子从一个位置迁移到另一位置时，必须通过一个或多个中间状态，即一系列的配位多面体。配位数的大小直接影响离子迁移的难易。一般配位数愈小，离子愈易迁移。⑤不论是骨架离子或迁移离子，都希望能有较大的极化率，因为极化率表征离子的可变形性，极化率高有助于离子迁移。⑥从化合物的稳定性角度出发，希望刚性骨架内具有较强的共价键，而骨架离子与传导离子之间则希望是较弱的离子键，使传导离子易于迁移。

上述各种影响离子迁移的因素并不是绝对的，实际往往决定于综合效果，因此还需实验的验证，并优化工艺以获得高的离子电导率和其他性质。

13.3 典型离子导电陶瓷

现已发现的快离子导体材料有数百种之多，不可能一一介绍，下面主要介绍几种典型的快离子导体。

13.3.1 氧离子导体[2,4,5~10]

以氧离子（O^{2-}）为主要载流子（或导电性离子）的快离子导体，称为氧离子导体。早在 19 世纪末就发现了氧离子导体并用作宽带光源，以后发现氧化锆存在大量氧空位，其电导主要是氧离子（O^{2-}）电导。氧离子导体具有特殊的功能，已在工业上得到应用，如作为高温燃料电池、氧泵的隔膜材料和氧传感器等。

在已发现的氧离子导体中，主要是适用于 600～1600℃和中、高氧分压区间的萤石型和钙钛矿型结构的氧化物。发现最早、应用最广的是以二价碱土氧化物和三价稀土氧化物稳定的 ZrO_2 固溶体。此外，掺杂的 Bi_2O_3 固溶体在低温下的离子传导性超过了 ZrO_2 固溶体，引起了人们的注意。

13.3.1.1 萤石型结构的氧离子导体

为什么萤石型结构有利于氧离子导电，这可以由萤石（CaF_2）的晶体结构加以说明，在萤石结构中（图 13-1）阳离子（Ca^{2+}）位于阴离子（F^-）构成的简单立方点阵的体心，配位数为 8，由于阴离子构成的简单立方点阵的体心部位只有一半被阳离子占据，所以在这种结构中存在空位，有利于离子迁移。而由阴离子构成的简单立方点阵则处于按面心立方堆积的阳离子晶格内，阴离子处于阳离子构成的四面体的中心，配位数为 4。

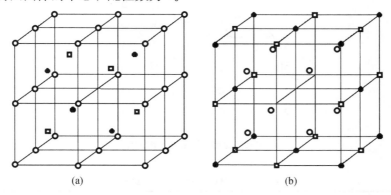

图 13-1　萤石型结构

（a）F 面心立方体；（b）Ca 面心立方体

●—Ca；○—F；□—缺位

萤石型结构的四价氧化物 MO_2 在掺杂碱土金属氧化物 RO 或稀土氧化物 Ln_2O_3 后，为了保持晶体的电中性，在 $M_{1-x}^{4+} R_x^{2+} O_{2-x}$ 或 $M_{1-2x}^{4+} Ln_{2x}^{3+} O_{2-x}$ 固溶体晶格内出现氧离子空位。加入一个 2 价阳离子产生 1 个氧离子空位，加入一个 3 价阳离子产生 1/2 个氧离子空位，这些氧离子空位和萤石结构中存在的空隙均赋予某些四价氧化物 MO_2（ZrO_2、HfO_2、ThO_2、CeO_2、UO_2 等）氧离子传导特性。

1. ZrO_2 基固溶体

目前研究得最彻底和应用最广的是氧化锆基固溶体。纯氧化锆没有离子导电性，还由于相变引起烧结体开裂。在第七章中已讲到，为防止相变引起的开裂，可在氧化锆中加入少量碱土金属氧化物（MgO、CaO 等）或稀土氧化物（Y_2O_3、CeO_2 等），使 ZrO_2 稳定为萤石结构的立方固溶体。在防止开裂的同时，由于晶体结构中产生了大量的氧离子空位，在电场或外压力下，氧离子可通过氧空位扩散而导电，但其间只允许氧离子通过，而其他气体离子因离子半径及电价的不同则不能通过氧空位参与导电。因此这类陶瓷又被称为氧离子导电陶瓷，如在氧化锆中加入 CaO，每加一个 Ca^{2+} 就产生一个氧离子空位，其反应为

$$(1-x) ZrO_2 + x CaO = Zr_{1-x} Ca_x O_{2-x} + x \square O^{2-} \tag{13-5}$$

图 13-2 为稳定氧化锆导电机制示意图。CaO 的加入产生了大量的氧离子空位，在空位附近的氧离子向空位移动时，空位便向其相反方向移动而导电。表13-2列出几种稳定氧化锆的导电性能。

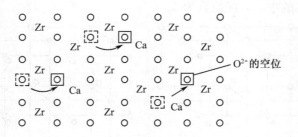

图 13-2　稳定二氧化锆的导电机构

表 13-2　稳定氧化锆的导电性能

固体电解质 （摩尔分数）	阴离子空位 /%	电导率 σ（1000℃） /(S/cm)	活化能 E_a/eV
$ZrO_2 \cdot 12\%\ CaO$	6.0	0.055	1.1
$ZrO_2 \cdot 9\%\ Y_2O_3$	4.1	0.12	0.8
$ZrO_2 \cdot 10\%\ Sm_2O_3$	4.5	0.058	0.95
$ZrO_2 \cdot 8\%\ Yb_2O_3$	3.7	0.088	0.75
$ZrO_2 \cdot 10\%\ Sc_2O_3$	4.5	0.25	0.65

在高温下氧离子容易移动，电导率大，CaO 和 Y_2O_3 稳定的 ZrO_2 材料在 1000℃时氧离子电导率可分别达到 10^{-2} 和 10^{-1} S/cm。在选择添加剂时，除考虑电导率的大小外，还要考虑应用场合对离子导体在化学稳定性和抗热冲击性以及经济等方面的要求。部分稳定 ZrO_2 的电导率虽然不如全稳定 ZrO_2，但可提高抗热冲击性。若在添加 Y_2O_3 的同时引入少量 Al_2O_3，则能提高机械强度和降低烧结温度，又不降低其电化学性能。近来发现四方相 Y_2O_3 稳定的 ZrO_2 的力学性能较好，同时也具有足够的电导率，见表 13-3。

表 13-3　TZP、PSZ 和 FSZ 在 300℃的电阻率

样品	名义组成 Y_2O_3 的摩尔分数 /%	电阻率 $\times 10^3$/(Ω·cm)		
		R_{gi}（晶内）	R_{gb}（晶界）	R_t（总）
TZP1	3.0	1.7	4.6	6.3
TZP2	3.0	1.3	6.1	7.4
PSZ	4.7	2.6	1.4	4.0
FSZ	6.0	1.8	0.8	2.6

注：TZP 为掺杂 Y_2O_3 的 ZrO_2 四方多晶体；PSZ 为部分稳定的 ZrO_2；FSZ 为全稳定 ZrO_2。

ZrO_2 基离子导电材料的制备，一般是先制成 ZrO_2 固溶体粉末，然后进行等静压成型和烧结。除采用新技术提高掺杂 ZrO_2 粉末性能外，还采用新的烧结方法，

如辜建辉等用连续 CO_2 激光束在非平衡条件下熔凝 CaO 及 MgO 稳定的 ZrO_2 预热压样品，几分钟就制得了 ZrO_2 快离子导体。其电导率与常规方法相当。

2.氧化铈为基的固溶体

目前燃料电池中普遍使用的稳定氧化锆电解质，仅在高温（约 1000℃）才具有较高的离子电导率。在高温运行时出现电极–电解质界面反应、阳极烧结等问题，因此迫切需要开发在中低温有较高离子电导率的电解质材料。掺杂的 CeO_2 基电解质受到最多的重视。

CeO_2 为萤石型立方结构，在 CeO_2 中加入少量碱土氧化物或稀土氧化物也能生成萤石型固溶体产生氧缺位而成氧离子导体，其电导率比稳定氧化锆高 1 个数量级，在 600～800℃工作就可得到较高的输出功率，且电解质在使用过程中也不易极化。但在高温或低氧分压下 Ce 易被还原而产生电子导电，使电池的开路电压降低，从而限制了它的应用。经研究，使铈离子始终保持高价状态（Ce^{4+}）的途径是：①加入与 CeO_2 结构相同、离子半径相近的四价金属氧化物。如在 CeO_2-La_2O_3 系中加入 ThO_2，用 $(CeO_2)_{0.3}$ $(ThO_2)_{0.4}$ $(LaO_{1.5})_{0.3}$ 为隔膜材料的燃料电池，开路电压较高，机械强度也较大。②在萤石型结构的组成范围内添加三价或二价金属氧化物，以增加氧缺位浓度，可以抑制 Ce^{4+} 的还原。如加入 Gd_2O_3 和 CaO 得到的 $(CeO_2)_{0.75}$ $(GdO_{1.5})_{0.20}$ $(CaO)_{0.05}$ 在 900℃时的电导率为 $1.2 \times 10^{-1} S/cm$。

CeO_2 基电解质除易被还原而出现电子性电导外，还存在强度低、不易烧结等缺点，妨碍了应用。为降低烧结温度，梁广川等用复合掺杂的方法通过"少量元素"的掺杂，使系统的熵值增加，固溶点降低，达到降低烧结温度，提高性能的目的。当用 Sm_2O_3 和 Gd_2O_3 共同掺杂时，可使 CeO_2 基电解质的烧结温度从 1600℃左右降低到 1400～1450℃。$(CeO_2)_{0.9}$ $(Sm_2O_3)_{0.05}$ $(Gd_2O_3)_{0.05}$ 的电导率约为 $1.4 \times 10^{-2} S/cm$。

3.Bi_2O_3 基固溶体

掺杂的氧化铋 Bi_2O_3 固溶体由于在低温下的离子传导性超过 ZrO_2 固溶体而受到重视。Bi_2O_3 有四种晶型，在低温稳定的是单斜相，在 645℃左右可以得到介稳的四方相和体心立方相，加热到 730±5℃转变为面心立方相（fcc），该晶相可以看作含有氧缺位的萤石结构，相对于萤石结构来说，四分之一的氧离子晶格位是空的，这样高的空位，有高的氧离子电导率，但相变时产生很大的体积变化（约 6.9%）因而无实用价值。当在 Bi_2O_3 中加二价、三价、五价或六价金属氧化物（Ca^{2+}、Sr^{2+}、Ba^{2+}、La^{3+}、Gd^{3+}、V^{5+}、Nb^{5+}、Mo^{2+}、W^{6+} 等）作为添加剂时，可使 Bi_2O_3 的高温相（fcc）萤石型结构稳定至室温，成为优良的氧离子导体，它们在低温的电导率比 Y_2O_3 稳定的 ZrO_2 高一个数量级以上。用 Bi_2O_3 为基的氧离子导体制成的电池放电电流高，电极反应可逆，没有极化现象，在制备工艺上也容易烧结成致密陶瓷。但它们在低氧分压下会被部分还原为金属铋，因此只能作高氧分压的氧分析器。为此，何岚鹰等制备了带有 $(ZrO_2)_{0.92}$ $(Y_2O_3)_{0.08}$ 保护膜的 Bi_2O_3 基稀土氧化物电解质 $(Bi_2O_3)_{0.75}$ $(Y_2O_3)_{0.25}$ 和 $(Bi_2O_3)_{0.65}$ $(Gd_2O_3)_{0.35}$，在较低温度（500~800℃）既具有高离子导电性又有好的稳定性，600℃时电导率达 5.5×10^{-3} S/cm。除此之外，还有 ThO_2、HfO_2 基固溶体等氧离子导体。

13.3.1.2　钙钛矿型的氧离子导体

和萤石型结构的氧化物类似，钙钛矿型结构氧化物 ABO_3（A＝M^{2+} 或 M^{3+}，B＝M^{4+} 或 M^{3+}）中的 A 或 B 被低价阳离子部分取代时，为保持晶体的电中性，也会产生氧离子空位，从而出现氧离子传导，而成为离子导体。钙钛矿型结构不像萤石结构在晶胞中心有很大空隙，因而对 O^{2-} 迁移不利，所以钙钛矿型结构固溶体的 O^{2-} 传导性不如萤石结构固溶体。ABO_3 型氧离子导体主要有以 $CaTiO_3$、$SrTiO_3$ 和 $LaAlO_3$ 为基的三个系统。$CaTi_{0.95}Mg_{0.05}O_{2.95}$、$CaTi_{0.5}Al_{0.5}O_{2.75}$ 和 $CaTi_{0.7}Al_{0.3}O_{2.85}$ 在 1000℃ 的电导率可达 10^{-2} S/cm 数量级，且后者在低氧分压下的离子迁移数在 0.9 以上，可作为高温燃料电池的隔膜材料。与 ZrO_2 相比，它们的烧结温度较低（约为 1400℃）、易于制造、价格低廉。缺点是离子迁移数不够高，从而影响输出功率。

13.3.2　钠离子导体[2,4,7,8,11,13,14]

自从 1966 年美国福特汽车公司发现以钠离子为载流子的 β-Al_2O_3 在 200~300℃有特别高的离子电导率后，钠离子导体发展成为一类重要的快离子导体，其中 β-Al_2O_3 具有重大的理论和实践意义。除此之外，骨架结构钠离子导体的研究也取得显著进展。

13.3.2.1　β-氧化铝的结构

β-氧化铝是一类非化学计量、通式为 $M_2^+O \cdot xA_2^{3+}O_3$（$M^+$＝$Na^+$、$K^+$、$Li^+$、$Rb^+$、$Ag^+$、$Cu^+$、$Ga^+$、$Tl^+$、$H_3O^+$、$NH_4^+$、$H^+$ 等；A^{3+}＝Al^{3+}、Ga^{3+}、Fe^{3+}）的化合物（铝酸盐）的总称，其中 x 可以是 5~11 之间的各种数值，当 x 不同时可有不同结构。研究最多的两种结构是铝酸钠的两种变体：β-Al_2O_3（$NaO \cdot 11Al_2O_3$）和 β'-Al_2O_3（$NaO \cdot 5.33Al_2O_3$）。由于 M^+ 在结构的松堆积面中扩散，产生很高的离子电导，使 β-氧化铝簇化合物成为快离子导体中一组重要的材料。

在 β^- 氧化铝中，一价离子的导电率高是由于它有不寻常的晶体结构，它由氧离子的密堆积层三维堆叠而成，可是每第五层上氧原子缺失四分之三。Na^+ 位于这些缺氧层中，移动很容易，因为：①可以被占用的空位比起要占有这些空位的 Na^+ 更多；②Na^+ 的半径比 O^{2-} 小。β-Al_2O_3 和 β'-Al_2O_3 的差别在于层的堆积顺序不同。β' 型由更富钠的晶体产生，x 约为 $5\sim7$，而 β 型是 x 约为 $8\sim11$。β-Al_2O_3 属六方晶系，β 和 β' 两种结构都与尖晶石 $MgAl_2O_4$ 密切相关，铝、氧原子在晶格中的排列类似于镁铝尖晶石的排列，氧原子成立方密堆积顺序 ABCA 排列，铝原子占据密堆积氧原子间的四面体和八面体间隙，四个密堆积氧原子层构成一个尖晶石基块，基块之间被疏松的钠氧层隔开呈层状结构 ［见图 13-3 （a）］。β-Al_2O_3 的单位晶胞含有两个尖晶石基块和两个钠氧层。钠氧层为镜面，上下两个尖晶石基块通过钠氧层成镜面对称，由于尖晶石基块内氧是密堆积的，钠离子只能在疏松的钠氧层内迁移，所以 β-Al_2O_3 具有二维导电性。β'-Al_2O_3 一般需加少量 Li_2O 或 MgO 才稳定。它属于三方晶系，结构和 β-Al_2O_3 类似，也是由尖晶石基块沿 C 轴呈层状排列，不同的是它的单位晶胞含有三个尖晶石基块，另外，钠氧层不再是镜面，因而其上下两层氧原子的排列不再是镜面对称，而是错开的 ［见图 13-3 （b）］。

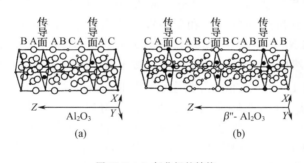

图 13-3 β^- 氧化铝的结构

$\circ$—Al^{3+}；●—Na^+；○—O^{2-}

13.3.2.2 电导率和导电机理

β-Al_2O_3 是二维导体，碱金属离子可以自由地在导电面内移动，因而 β-Al_2O_3 和 β'-Al_2O_3 都有较高的钠离子电导率，在 $300\sim350℃$ 可达 $10^{-1}S/cm$，β'-Al_2O_3 的电导率比 β-Al_2O_3 大 2 至 3 倍。β-Al_2O_3 的电导率数据在较广的温度范围（达 $1000℃$）和电导率范围（高达 7 个数量级）内都很好地符合 Arrhenius 方程。对 β-Al_2O_3 中的 Na^+，有三种类型的位置可供选择：①氧的中间位置 m；②Beevers-Ross 位置 br；③反-Beevers-Ross 位置 abr。Na^+ 离子迁移导电，有人用撞击或推填子机理来说明，Na^+ 常不是独立迁移，而是多粒子的协同运动，β 相中 Na^+

占有 br 位，而 abr 位和 m 位则经常是空位，如果有一个 Na^+ 离开原有的 br 位，它必然先经过邻近的 abr 位，但这又将与附近 br 位上的 Na^+ 靠得太近。因此，移动的 Na^+ 只能有两种选择，即回到自己原来的 br 位置，这样就不存在导电现象；或者移动的 Na^+ 将"挡路的" Na^+ 撞出，结果产生了双倍填隙子，或者形成一个链反应，这便是协同运动导电过程。

13.3.2.3 β-Al_2O_3 快离子导电陶瓷的制备

多晶 β-Al_2O_3 陶瓷的制备方法和一般陶瓷的工艺类似，包括粉料制备、成型和烧结等步骤。粉料的制备方法有固相反应法和化学法（见第三章超细粉末的制备）。固相反应法是将组成氧化物或其盐类混合后煅烧合成，制得粉末。化学法是用组成氧化物的可溶性盐按比例配成溶液，喷雾、冷冻干燥后热分解，或者将溶液制成凝胶，真空脱水后热分解制成粉料。"泥浆溶液喷雾干燥法"则是介于以上两种方法之间的方法，它是将钠和锂的可溶性盐溶在 α-Al_2O_3 的悬浮液中，然后喷雾干燥，所得的粉料直接用于等静压成型。β-Al_2O_3 的烧结温度为 $1650\sim1700℃$，而 β'-Al_2O_3 为 $1545\sim1650℃$。由于 Na_2O 易挥发，需采取防止措施，例如采用相同组成的埋粉烧结。

烧成方法除反应烧结外，以部分合成法为好。所谓部分合成法是采用高纯超细 α-Al_2O_3 粉、分析纯的草酸钠和草酸锂（或碳酸钠和碳酸锂）作原料，先按 $Li_2O\cdot5Al_2O_3$ 和 $Na_2O\cdot5Al_2O_3$ 配料，在 $1250℃$、$2h$ 分别预合成 $Li_2O\cdot5Al_2O_3$ 和 $Na_2O\cdot5Al_2O_3$。然后以它们作二次原料，按 Li_2O 稳定的 $Na\beta$-Al_2O_3 组成配料，由于原料中没有 $LiAlO_2$，在烧成或退火过程中不会出现 $LiAlO_2$-$NaAlO_2$-β'-Al_2O_3（或 α-Al_2O_3）的三元低共熔液相而导致晶体过分生长。同时，前驱粉料中含有相当多的 β'-Al_2O_3 晶核，加之前驱组成中少量的 Li_2O 以大量的 $Li_2O\cdot5Al_2O_3$ 粉形式加入，增加了 Li_2O 在配料中分布的均匀性，在烧成和退火过程中能加快 β'-Al_2O_3 相的生成，有利于制备细晶、显微结构均匀的 β'-Al_2O_3 陶瓷。

13.3.2.4 NASICON 系和 $Na_5MSi_4O_{12}$ 系

NASICON 是钠离子导体的缩写，最初是指 $Na_3Zr_2Si_2PO_{12}$，后来泛指对 $NaZr_2(PO_4)_3$ 进行离子取代的一系列化合物为 NASICON。NASICON 和 $Na_5MSi_4O_{12}$（M＝Gd、Y、Fe、Sc、Sm）系等材料是三维骨架结构的钠离子导体。三维骨架结构赋予电导率各向同性，因而比层状结构的 β'-Al_2O_3 二维导电优越。$Na_5YSi_4O_{12}$ 在 $300℃$ 时的电导率为 $1.5\times10^{-1}S/cm$，电导活化能为 $0.15eV$。

其中多晶钠离子导体 $Na_5YSi_4O_{12}$ 因具有较大的应用价值而引起人们的兴趣，这类材料目前常用固相反应和溶胶-凝胶法合成，由于存在合成时间长（达数天）、反应温度高（$900\sim1100℃$）、中间步骤多等缺点，使这种材料制备存在很大困难。傅戈妍等用微波方法在 $2\sim3h$ 内即可将研细溶胶合成出固相反应难于制

备的 $Na_5YSi_4O_{12}$ 纯相粉末，烧结样品在 483K 和 583K 的电导率分别为 3.0S/cm 和 4.0S/cm，电导活化能 9.18kJ/mol，比溶胶—凝胶法小。这是因为微波法反应速率快、选择性强，合成的样品具有晶粒细、均匀呈球形等特征，从而提高了电导率，降低了电导活化能。

13.3.3 锂离子导体[2,5~8,12,17]

随着高能电池研究的进展，以锂离子导体作为隔膜材料的室温全固态锂电池，由于寿命长、装配方便、可以小型化等优点引起人们的重视。

锂离子导体的种类很多，按离子传输的通道分为一维、二维、三维传导三大类。

一维传导有 β^-锂霞石（β-LiAlSiO$_4$）和钨青铜结构 $Li_xNb_xW_{1-x}O_3$ 固溶体。锂离子的迁移通道平行于 C 轴，$Li_2Nb_{18}W_{16}O_{94}$ 和 $Li_4Nb_{20}W_{14}O_{94}$ 在 300℃时的电导率达到 10^{-1}S/cm。

二维传导有 $Li\beta$-Al_2O_3 和 Li_3N 及其他锂的含氧酸盐，锂离子迁移一般发生在层状结构中。$Li\beta$-Al_2O_3 和 Li_3N 晶体中，Li^+ 在垂直于 c 轴方向的 a-b 面上迁移，和一维导体相比，二维传导的锂离子导体的迁移途径较多，电导率较高，$Li\beta$-Al_2O_3 的室温电导率为 3×10^{-3}S/cm，电导活化能为 $E_a=0.38eV$，可能是室温下电导率最高的锂离子导体之一。由于 $Li\beta$-Al_2O_3 在制备、纯化和去水方面存在技术困难，所以目前尚难应用。层状结构的 Li_3N 的室温电导率达 10^{-3}S/cm，是另一种室温下电导率高的锂离子导体。虽然 Li_3N 对锂的稳定性好，在 400℃的电导率能达 $10^{-1}\sim10^{-2}$S/cm，但分解电压低（25℃时为 0.44V），使其实际应用受到限制。

三维传导的锂离子导体是骨架结构，迁移通道更多，由于传导性更好，又是各向同性，因而引起更多兴趣和更多的研究。$Li_{24}Zn$（GeO_4）$_4$（称为 LISICON）是具有三维传导性能最好的快离子导体。在 300℃时电导率为 0.125S/cm，并兼有烧成温度低（1100~1200℃）、制备方便等优点。但它对熔融锂不稳定，对 CO_2 和 H_2O 很敏感，因此使应用受到限制。反萤石型结构性能最好的 $Li_{1.8}N_{0.4}Cl_{0.6}$，在 300℃时电导率为 5.8×10^{-3}S/cm，分解电压高，对金属锂稳定，有可能在高温锂电池中应用。含 MO_4 骨架结构的化合物也属三维导电，由于氧原子采用四方堆积，形成开放的离子迁移通道，使其晶体具有一定的锂离子导电性。人们试图通过掺杂以制造 Li^+ 空位和间隙来提高电导率。用部分 Al^{3+} 掺杂后的 $Li_{4-3x}Al_xSiO_4$ 在 100℃时的电导率可达 4.8×10^{-5}S/cm。Li_4SiO_4［40%（摩尔分数）Li_3PO_4］固溶体性能较好，室温电导率为 10^{-6}S/cm，在 450℃时达 10^{-1}S/cm。并有制备容易、对熔融锂稳定的优点。虽然研究了很多无机固体锂离子导体，但至今尚未有一种完全令人满意的，人们正在寻找新的性能更好的锂离子导体。另外还有性能良好的聚合物锂离子导体、以聚合物为隔膜材料的锂电池已商品化。但目前尚未找到能和晶态离子导体相比的高电导率材料。

13.3.4　氢离子导体[2,6,7]

氢离子导体又名质子导体，由于它在能源及电化学器件等方面良好的应用前景，引起人们的重视，化学键储能是一种无污染的储能方式。例如将水电解得到氢，再将氢作为燃料通过氢氧燃料电池发电，在此过程中氢和氧又化合成水。在这个循环中，无论是水电解，还是氢氧燃料电池发电，都需要氢离子导体或氧离子导体作为隔膜材料。

质子在固体中的传导可以分为两类：一类是在具有氢键的化合物（如杂多酸、有机氢离子导体）中通过质子的跃迁并伴随着分子的转动而传导；另一类是在没有氢键的化合物（如黏土系统、质子 β-Al_2O_3）中通过质子的间隙运动而传导。主要的氢离子导体有：

（1）杂多酸是一大类通式为 H_m $[X_xY_yO_z]$ · nH_2O 的化合物（式中 X、Y 代表各种元素，x、y、z 和 m、n 表示原子或分子的数目），如钼或钨的杂多酸、磷或砷酸氢双氧铀。H_3 $(PMo_{12}O_{40})$ · $30H_2O$ （PMA）和 H_3 $(PW_{12}O_{40})$ · $29H_2O$ （PWA）的室温电导率可达到 10^{-1} S/cm，质子迁移数为 1。其晶体结构是由 $(PW_{12}O_{40})^{3-}$ 复合阴离子和 $(H_3 \cdot 29H_2O)^{3+}$ 阳离子交互形成的金刚石晶格，质子沿着水分子之间的氢键迁移。

（2）在黏土系统中蒙脱石通式为

$$(1/2Ca、Na)_{0.7} (Al、Mg、Fe)_4 (Si、Al)_8O_{20} (OH)_4 \cdot nH_2O$$

用 H^+ 取代其中的碱和碱土离子，并在不同程度上取代 Al^{3+}，可得到三种氢蒙脱石，它们在 290K 时的电导率为 $1×10^{-4}～4×10^{-4}$ S/cm，且稳定性较好。

（3）质子 β-Al_2O_3，如 H^+ β-Al_2O_3、H_3O^+ β-Al_2O_3 和 NH_4^+ β-Al_2O_3。它们是由一价氢离子（H^+）和能产生氢离子的 H_3O^+ 和 NH_4^+ 离子置换 $Na\beta$-Al_2O_3 钠氢层中的钠离子后生成的氢离子导体。其室温电导率一般在 $10^{-6}～10^{-11}$ S/cm 之间。

氢离子导体是用离子交换的方法来制备的。H^+ β-Al_2O_3 的制备是将 $Na\beta$-Al_2O_3 放入 300℃ 的熔融硝酸银中置换成 $Ag\beta$-Al_2O_3，然后将 $Ag\beta$-Al_2O_3 在 300℃ 以上用氢还原，Ag 以金属单质形式沉淀出来而生成 H^+ β-Al_2O_3。

H_3O^+ β-Al_2O_3 可用离子交换法制备，将 $Na\beta$-Al_2O_3 （$1.3Na_2O \cdot 11Al_2O_3$）置于浓硫酸中加热至 290～300℃，10d 左右可以和 H_3^+O 离子发生完全交换，然后用蒸馏水洗净，在空气中干燥即得 H_3O^+ β-Al_2O_3。此法适宜于制备小块的 H_3O^+ β-Al_2O_3 和单晶，用于制备大块的多晶体易碎。用 β'-Al_2O_3 作原料，在 240℃ 的浓硫酸中进行离子交换，可制得比用 β-Al_2O_3 作原料制得的 H_3O^+ β'-Al_2O_3 有更高的电导率，在 25℃ 时约为 $10^{-7}～10^{-5}$ S/cm。

$NH_4^+ \beta'\text{-}Al_2O_3$ 的制备是将 $Na\beta'\text{-}Al_2O_3$ 浸在熔融的硝酸铵（200℃）中，全部 Na^+ 可被置换，但产物不是 $NH_4^+ \beta'\text{-}Al_2O_3$，而是混合组成。典型的如 $(NH_4)_{1.00}(H_3O)_{0.67}Mg_{0.67}Al_{0.33}O_{17}$。

尤其应指出的是目前纳米快离子导体材料的制备及离子导电性研究日益引起重视。吴希俊等在 1993 年研制的纳米 CaF_2（16nm），在 300～350℃ 下电导率比多晶和单晶分别提高 1～2 个数量级。Li_2SO_4-Al_2O_3 复合纳米粒子导体（10nm）的离子导电性也得到了提高。Jac M J G 等用动态（磁力脉冲）成型的纳米结构锂离子电池陶瓷电解质（BPO_4-Li_2O）总电导率比静态成型高 3 个数量级。在室温下，总的锂离子电导率达 $2\times10^{-4}S/cm$，可以和高分子电解质相媲美。快离子导体纳米化可能成为提高快离子导体导电性的一条新途径。

除上面介绍的阳离子和阴离子导体外，还有许多重要的快离子导体材料：①如发现较早、研究较多的银离子导体（AgI、$AgSI$、$RbAg_4I_5$ 等）；②电导性质和银离子导体类似、价格比较便宜的铜离子导体，如 $RbCu_4Cl_3I_2$ 和 $Rb_4Cu_{16}Cl_{13}I_7$ 是目前室温下电导率最高的快离子导体，电导率分别达 $0.44S/cm$ 和 $0.34S/cm$；③氟离子导体，如 CaF_2、PbF_2 基固溶体；④离子迁移数 t_i 偏离于 1 较大的导电体是离子导电和电子导电的混合导体，它们的代表是离子插入（嵌入）化合物，如 Li_xTiS_2 等；⑤玻璃快离子导体；⑥聚合物离子导体等。尤其是以聚环氧乙烯（PEO）为基的高分子锂离子导电复合物的问世，大大促进了全固态高比能锂电池的研制。

13.4　快离子导电陶瓷的应用及发展前景

快离子导体和电子导体不同的是电荷载体是离子。因此，快离子导体在传输电荷的同时还伴随有物质迁移，这使它们具有不同于电子导体的特殊用途。目前离子导电陶瓷主要有两大方面的应用：①用作各种电池的隔膜材料；②可用作固体电子器件。

人们对固体电解质的重视是它可用作新型的固体电解质电池。固体电解质电池与过去所用的水溶液电解质电池相比具有可同时获得高的比能量（$W\cdot h/kg$）和比功率（W/kg）、容易作到小型化、薄膜化等优点，而且使用温度范围特别广，可用在许多不能使用液体电解质电池的科学技术领域中，因而许多国家投入了大量人力和财力进行研究和开发，已实用化的有燃料电池、常温一次电池、蓄电池等。

在低能电池应用方面有银离子、铜离子、锂离子和氟离子固体电解质电池。其中锂碘电池由于具备高可靠性和长寿命特性，已用作心脏起搏器电源，该电池 1972 年在意大利首次作为心脏起搏器电池应用于临床，目前发达国家每年植入人体的起搏器有 20 万～30 万台，其中 90% 以上由锂碘电池供电，我国第一代锂碘电池于 1979 年定型后发展迅速，正逐步应用于临床。

正在研究的高能电池有钠硫电池、燃料电池、锂电池等，下面将对这几种也作较详细的介绍。

13.4.1 钠硫电池[2,4,7,8,13]

钠硫电池是 20 世纪 60 年代中期发展起来的一种新型高能固体电解质蓄电池。它的理论比能量可达760W·h/kg，是铅酸蓄电池的 10 倍，而且电池放电电流大、充电效率高、时间短、无污染、原料来源丰富、价格低、便于制造，是一种潜力很大的新能源，目前正在积极研究用于电动汽车动力源、火车辅助电源以及电站储能装置。1972 年在英国、1977 年在日本和我国分别进行了电池装车试验，显示出钠硫电池无废气、无噪声、起动平稳、乘坐舒适、驾驶操作简便等优点。

由于 β'-Al$_2$O$_3$ 有优异的钠离子传导功能，在钠硫电池和钠热机中有重要的应用，人们已制成了用 β'-Al$_2$O$_3$ 陶瓷作电解质隔膜材料的蓄电池－钠硫电池（现称 Beta 电池），它是用钠为阴极，硫为阳极，β'-Al$_2$O$_3$ 为固体电解质的高能蓄电池，工作温度在 300～350℃ 之间。电池组成为

$$Na\,|\,\beta\text{-}Al_2O_3\,|\,Na_xS_x, \text{ S (C)} \tag{13-6}$$

钠硫电池的结构原理如图 13-4 所示，它是用一端封口的 β'-Al$_2$O$_3$ 陶瓷管隔开熔融钠阴极和熔融硫阳极。钠在管内硫在管外（或反过来），由于熔融硫是共价键结合的材料，它是电的非导体，为了降低硫极电阻，因而在硫极中加入多孔石墨、碳、石墨毡等。电池外套由不锈钢制成，它起着电流收集器的作用。

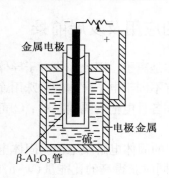

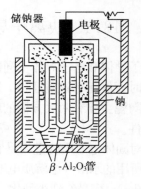

图 13-4　钠硫电池结构简图　　　　图 13-5　多管钠硫电池

电池充放电反应为

$$2Na + xS \underset{\text{充电}}{\overset{\text{放电}}{\rightleftharpoons}} Na_2S_x \tag{13-7}$$

因为反应是可逆的，所以可作为能充电的蓄电池。这里的 x 取决于电池的充电水平，在放电的开始阶段 x 通常是 5，它相当于含硫最高的硫化钠的化学式 Na$_2$S$_5$，但继续放电后，x 就下降。钠硫电池之所以要在 300～350℃ 下工作，这

是放电产物在很大组成范围内呈熔化状态的最低温度。同时，β-Al_2O_3 只有在高温下，才具有较低的比电阻，从而输出较大的电流。电池的开路电压取决于充电水平和温度两个方面，它的最高开路电压在 300℃时是 2.08V，放电到 $x=3$ 时，下降到 1.8V。这样的电池仅仅是单体电池，能量太低，工作电压只有 1.6V，如果放电电流为 10A，只能维持 2h（即电池容量为 20A·h），所以只能有 32W，缺乏实际意义。要增加容量，只有增加它储藏钠的数量。因而人们采用多管钠硫电池组结构（图 13-5）来增大放电电流和延长放电时间。还可把多管电池根据要求串联来提高工作电压。高质量的 β-Al_2O_3 管可以完成充放电 1000 次以上，比普通铅酸电池高 5～10 倍。

发展电动车辆被列为高科技七大潮流之一，是因为它可以清洁环境，减少污染。以钠离子导体 β'-Al_2O_3 为固体电解质的钠硫电池由于其高比能量（理论比能量达 760W·h/kg，而铅酸电池仅 12W·h/kg）和高比功率以及原料来源丰富、结构简单、无污染等特点作为电动车辆的候选电池之一，有良好的发展前景。据1988 年报导，德国 ABB 公司研制的 B_{11} 型钠硫电池组已成功地用于 VWJETTA电池动力客车，累积使用的里程数超过 60 000km，电池组是由 360 个 38Ah 的单体电池组成，质量 276kg，行程范围大于 120km。而同样功率的铅酸蓄电池质量为 400kg，行程范围仅 40km。

人体温度是 37℃，起搏器的工作电流是微安量级，因此，β-Al_2O_3 的电阻足以能使电池输出微安级电流，可是钠和硫在 37℃是固态，为此必须有两种流动性好的物质代替钠和硫，又要保证钠离子运动，钠和汞的合金（钠汞齐）在21.5℃以上是液态，而且钠和液态溴很容易反应，于是就产生了新型微电池（钠-溴电池），作起搏器电池寿命超过 5 年，还可用于电子手表、电子照相机、助听器等低电流、长寿命的电源。

钠热机是将热能直接转换成电能的一种能量转换装置，这种小型发电机适于边远地区就地供电避免传输损失。还由于其结构简单、质量轻，特别适用于作空间电池。

13.4.2 高温燃料电池[2,4～12,13～19]

燃料电池（FC）是一种在等温下直接将储存在燃料和氧化剂中的化学能高效（50%～70%）而与环境友好地转化为电能的发电装置。燃料电池是继水力、热能、核能发电后的第四代发电设备。1889 年首次提出燃料电池概念，1959 年8 月开发并试验了一个 5kW 的燃料电池系统，可作为电焊机或 2t 叉车电源，此后燃料电池技术开始迅速发展。20 世纪 60 年代美国大力发展航天技术，发现用燃料电池作航天器电池有许多优点，美国政府投入巨资，结果用燃料电池作阿波罗（Apollo）登月舱的电源实现了人类登上月球的梦想。但由于用氢作燃料造价高、催化剂寿命太短，因而限制了其商业应用。近年来由于全球要求提高能源利用率及减少环境污染，燃料电池再次受到广泛重视，以离子导电陶瓷作为隔膜材料的高温燃料电池（或称固体氧化物燃料电池，简称 SOFC）具有可使用未经处理的燃气，耐腐蚀、能量密度高等优点而受到重视。

高温燃料电池是以 H_2 或 H_2 与 CO 混合物以及 CH_4 等为燃料的化学电源，其燃气为阳极，氧或空气为阴极，中间以 ZrO_2 固体电解质为隔膜。这种氧化物在较高温度下具有传递 O^{2-} 的能力，在电池中起传递 O^{2-} 和分离空气、燃料的作用。高温燃料电池的工作原理如图 13-6 所示。氧化锆上镀有多孔的金属电极。其电池反应如下。

$$\text{阴极反应：} \quad O_2 + 4e \longrightarrow 2O^{2-} \tag{13-8}$$

$$\text{阳极反应：} \quad 2O^{2-} + 2H_2 - 4e \longrightarrow 2H_2O \tag{13-9}$$

$$\text{或} \quad 4O^{2-} + CH_4 - 8e \longrightarrow 2H_2O + CO_2 \tag{13-10}$$

$$\text{电池总反应：} \quad 2H_2 + O_2 \longrightarrow 2H_2O \tag{13-11}$$

$$\text{或} \quad CH_4 + 2O_2 \longrightarrow 2H_2O + CO_2 \tag{13-12}$$

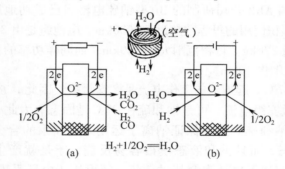

图 13-6　高温燃料电池的原理

(a) 电化学发电；(b) 水蒸气电解

▨—固体电解质 ZrO_2（Y_2O_3）；◧—空气电极金属氧化物；◩—燃烧电极 Ni，Co

从电池反应可看出氧分子在阴极得到电子，被还原成氧离子，氧离子在电池两侧氧浓度差驱动力的作用下，通过 ZrO_2 电解质中的氧空位定向跃迁，迁移到阳极燃料电极上与燃料（如 H_2）进行氧化反应，在生成水蒸气的同时，产生自由电子 e，通过电路将电子不断地引走，电子通过外电路又回至阴极，氧离子不断地在氧分压低的一侧出现，这是一种新型燃料电池，称为高温固体电解质燃料电池。只要连续不断地提供可燃性气体（H_2、CO、CH_4 等）和氧化剂（O_2 或空气）就可连续发电，在这一点上同一次电池或二次电池有很大的不同。高温燃料电池的优点是发电效率高，理论上达 100%，实际上也高于火电厂而达到60%～70%，可用固体电解质代替腐蚀性液体或熔盐电解质；此外，由于工作温度较高，反应容易进行，不需用贵金属作催化剂，且可用天燃气代替氢作燃料；高温燃料电池的另一优点是也能用作电解池，利用其逆反应可将燃料电池的产物水蒸气进行高温电解，又生成 H_2 和 O_2，二者联用可以得到一个既无污染又很经济的循环（图 13-6）。然而全稳定 ZrO_2（FSZ）的机械强度不够高，影响电池寿命。近来提出用四方相代替立方相，YSZ 的四方相（TZP）是通过晶粒细化的途径得以稳定的，它不但有较高的机械强度，而且电导率也较高，YSZ 存在的一个问题是长期使用过程中有电导退化的现象。Y_2O_3 稳定的 ZrO_2 固体电解质燃料电池工作温度在 $800 \sim 1000 \text{℃}$ 之间。为了降低电池的内阻，一般将固体电解质做成厚膜，必须用等离子体喷涂等成膜技术。

目前国际上固体氧化物燃料电池发展趋势是适当降低电池的工作温度至 800℃ 左右，中温固体氧化物燃料电池的优点是可以使用价格比较低廉的合金材料作连接板，对密封材料的要求也较低，使用寿命大幅延长。降低工作温度的途径之一是寻找新型氧化物电解质，日本首先发现 $La_{0.9}Sr_{0.1}Ga_{0.8}Mg_{0.2}O_3$（LSGM）钙钛矿结构氧化物具有较高的氧离子导电性能，因而在国际上引起轰动，被认为是最有希望作为中温氧化物燃料电池的电解质材料之一，在 800℃ LSGM 制备的电池功率密度达到 $0.44 \text{W}/\text{cm}^2$。降低电池工作温度的另一途径是减薄 YSZ 厚度，若减至 $20 \mu m$，在 800℃ 工作时电池输出功率可达 $0.35 \text{W}/\text{cm}^2$ 以上。

目前主要由美国、日本等国进行第三代固体氧化物燃料电池的研究，研究目的是使其成为汽车、航天器、潜艇的动力源或组成区域供电。美国研制成功 50kW 级圆筒型电池，日本也正在计划研制平板型 10kW 级电池，欧共体中德国 BBC 的 SOFC 工作寿命已超过 50 000h。固体氧化物燃料电池最适宜的应用是在大型工业电站。

高温燃料电池中的氧离子从高氧压部分迁移到低氧压部分，于是在外电路上有电流通过。反之，假如在外电路上接上一个直流电池，把人体呼出的 CO_2 气体和水蒸气收集到阴极上，这时 CO_2 和水蒸气从电源得到电子发生分解，生成 CO 和 H_2，同时放出氧离子，氧离子透过 $\beta\text{-}Al_2O_3$ 陶瓷管到达阳极，放出电子回到电池中去，成为新鲜氧（见图 13-6）。这一过程对宇航技术的生命支持系统非常有用。还可用于使液态金属脱氧。

13.4.3　氧传感器[2,6~7]

固体离子选择电极比较典型的是氧敏传感器（氧离子选择电极），氧传感器是用氧离子导体构成的浓差电池。当氧离子导体两侧的氧分压（或浓度）存在压差时，高压侧的氧通过氧离子导体中的氧空位，以 O^{2-} 的状态向低氧压侧迁移而形成电位差，这时的电位差 E 可由下式计算：

$$E = \frac{RT}{4F} \lg \frac{p_{O_2(\text{I})}}{p_{O_2(\text{II})}} \tag{13-13}$$

式中，T 为温度，K；$p_{O_2(\text{I})}$ 为阴极侧（高氧浓度侧）气体的氧分压；$p_{O_2(\text{II})}$ 为

阳极侧（低氧浓度侧）气体的氧分压；R 为摩尔气体常量；F 为法拉第常量。

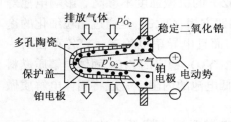

图 13-7　汽车引擎中控制燃烧用的敏感器的基本结构

因此，只要知道电池一测的氧分压，（如已知空气中的氧分压），就可由式 (13-13)计算（或测定）另一侧的氧分压，这就是氧敏传感器的原理。这种氧传感器可直接插入高温待测物质中使用。它具有测量范围宽、响应快、精度高、结构简单等优点，在冶金、化工、电力、原子能、机械工业中已广泛应用，如为保证钢的质量，用稳定氧化锆氧敏传感器测定钢液中的氧。也用于各种加热炉的烟气中的氧含量分析。汽车尾气分析及空燃比控制是 ZrO_2 高温氧传感器的一项十分重要的应用。目前不少国家对汽车废气中的 NO_x、CO 和碳氢化合物有害气体排放量有严格要求，为此应控制进入发动机的汽油和空气比例，用稳定氧化锆氧敏传感器(见图13-7)检测出氧的浓度来控制供给引擎的空气量，在提高燃烧效率的同时，减少或消除有害气体排放，避免对环境的污染。

基于每一种快离子导体都有一种起主宰作用的迁移离子，因此具有很好的离子选择性，可望用于制造每种快离子导体的离子选择电极。利用离子导电陶瓷对离子的选择性，可用于物质的提纯，如用钠 $\beta\text{-}Al_2O_3$ 隔膜法提纯钠，镓 $\beta\text{-}Al_2O_3$ 隔膜法提纯金属镓等。

13.4.4　电化学器件[6,7,13,14,20]

快离子导体电化学器件是利用离子在外电场或浓度梯度等作用下定向运动的定量规律，或根据充放电特性，制成信息转换、放大、传输、控制元件，如库仑计、可变电阻器、电化学开关、电积分器、记忆元件、标准电池、氧泵等。

电积分器和记忆元件由银离子固体电解质制成电池器件，在充、放电时可分别表示逻辑"1"、"0"，这种方式不因停电而失效，可用作永久性的记忆元件。图 13-8 所示的记忆器件的电池为：

$$Ag\,|\,Ag^+ \text{导体}\,|\,AgX \quad (X 若为 I 或 Se，就为 AgI 或 AgSe)$$

电池在充放电过程中，由于 AgX 中的 Ag 活度改变，导致电池输出电压随时间线性变化，利用 $E\text{-}t$ 的线性变化部分（见图 13-9）可以作积分器或定时元件。根据输电压的恒定特性，可用于家用电器的定时开关以及收音机、电视机的自动调谐等。

利用 Na^+ 导体，Li^+ 导体等快离子导体内某些离子的氧化$^-$还原着色效应，可用于制造对比度大、能大面积显示和记忆的电色显示器。

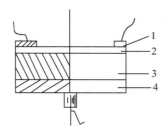

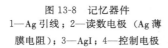

图 13-8　记忆器件

1—Ag 引线；2—读数电极（Ag 薄

膜电阻）；3—AgI；4—控制电极

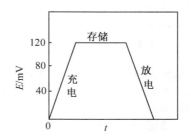

图 13-9　记忆管的特性

由于快离子导体在国民经济和国防中有重要的地位和作用，以及无机固体电解质具有的特殊物理化学性质及潜在的应用前景，近年来无机固体电解质的研究受到重视。大多数无机固体电解质只有在较高温度下才表现出可观的电导率，因此，发展室温下工作的高性能无机固体电解质一直是研究的重点。目前的理论尚不能预测确定结构的晶体材料的电导率和电导率高的材料所必须具备的可能结构特征，对无机固体电介质的探索仍会集中在以下三方面：

（1）进一步研究晶格结构和离子传输机理，探索和合成具有高离子迁移骨架的化合物；

（2）发展新型非晶态无机固体电解质；

（3）进一步提高已发现无机电解质的性能和完善现有的应用，并开发新的应用领域。

参 考 文 献

1.《材料科学技术百科全书》编委会. 材料科学技术百科全书. 北京：中国大百科全书出版社，1995

2. 江东亮等. 精细陶瓷材料. 北京：中国物资出版社，2000

3. 吴振铎，张中太，焦金生. 无机材料物理性能. 北京：清华大学出版社，1992

4.〔日〕足立吟也，岛田昌彦. 王福元，李玉秀译. 无机材料科学. 北京：化学工业出版社，1988

5. 哈根穆勒 P 等. 陈立泉等译. 固体电解质. 北京：科学出版社，1984

6.《功能材料及其应用手册》编写组. 功能材料及其应用手册. 北京：机械工业出版社，1991

7. 徐政，倪宏伟. 现代功能陶瓷. 北京：国防工业出版社，1998

8.《高技术新材料要览》编辑委员会. 高技术新材料要览. 北京：中国科学技术出版社，1993

9. 梁广川，刘文西，陈玉如. 复合掺杂 CeO_2 基电解质性质与烧结温度关系. 河北工业大学学报，1999，28（5）：41～44

10. 辜建辉，郑启光，陶星之等. 连续 CO_2 激光制备 ZrO_2 快离子导体研究. 激光技术，1994，18（3）：149～152

11. 傅戈妍，崔得良，庞广生等. 微波固相合成钠离子导体 $Na_5YSi_4O_{12}$. 高等学校化学学报，1996，17（5）：672～675

12. JaK M J G, Kelder E M, Schoonman J et al. Lithium ion Conductivity of a Statically and dynamically Compacted nano-Structured Ceramic electrolyte for Li-ion batteries. J. Electroceramics, 1998, 2 (2): 121~134

13. 〔美〕Anthony R W. 苏勉曾，谢高阳，申泮文等译. 固体化学及其应用. 上海：复旦大学出版社，1989

14. 史美伦. 固体电解质. 重庆：科学技术文献出版社重庆分社，1982

15. 何岚鹰，陈广玉，刘江等. 用于燃料电池的 Bi_2O_3 稀土固体电解质的研制. 中国稀土学报，1995，13 (4): 371~373

16. 刘金芳，王彦起，姜兆清等. 纳米快离子导体的研究进展. 材料导报，1999，13 (2): 30~31

17. 雷永全等. 新能源材料. 天津：天津大学出版社，2000

18. 刘世友，李京萍. 燃料电池的开发与展望. 新能源，1999，21 (2): 39~41

19. 沈培康. 清洁能源——燃料电池. 新能源. 1995，17 (5): 43~46

20. 陈艾、邓宏. 快离子导体及器件. 北京：电子工业出版社，1993

第十四章　高温超导陶瓷

超导材料是 20 世纪材料领域最重要的发现之一，其潜在的巨大实用价值激励着人们坚持不懈地研究与探索，并伴随着高临界温度超导氧化物陶瓷（简称高温超导陶瓷，HTS）的出现而达到高潮，掀起了 20 世纪蔚为壮观的"高温超导热"。为了便于了解 HTS，先简要地介绍一下超导电性与超导材料的研究历程。

14.1　超导电性与超导材料

14.1.1　超导电性及其应用[1,2,14,17]

1911 年，荷兰物理学家昂内斯（Onnes H K）在成功地将氦气液化、获得 4.2K 的超低温后，开始研究超低温条件下金属电阻的变化，结果奇迹般地发现：当温度下降至 4.2K 时，汞电阻突然消失了！这就是超导现象，此时的温度称为超导临界温度 T_c。零电阻是超导体最基本的特性，它意味着电流可以在超导体内无损耗地流动，使电力的无损耗传输成为可能；同时，零电阻允许有远高于常规导体的载流密度，可用以形成强磁场或超强磁场。

发现超导电性后，昂内斯即着手用超导体来绕制强磁体，但出乎他的意料，超导体在通上不大的电流后，超导电性就被破坏了，即超导体具有临界电流强度 I_c 或临界电流密度 J_c。此后又发现了超导体的临界磁场 H_c。J_c 和 H_c 也是超导体的基本特性，是实现超导体强电应用的必要条件。

T_c、J_c、H_c 是"约束"超导现象的三大临界条件，三者具有明显的相关性，只有当超导体同时处于三个临界条件以内，即处于图 14-1 所示的三角锥形曲面内侧，才具有超导电性。

1933 年，迈斯纳（Meissner W）发现，只要温度低于超导临界温度，则置于外磁场中的超导体就始终保持其内部磁场为零，外部磁场的磁力线统统被排斥在超导体之外。即便是原来处在磁场中的正常态样品，当温度下降使它变成超导体时，也会把原来在体内的磁场完全排出去，即超导体具有完全的抗磁性。这一现象被称为迈斯纳效应，是超导体的另一个独立的基本特性。利用这一特性，可以实现磁悬浮。

在上述超导特性被发现后，对超导电性的理论研究即已开始，但直到 20 世纪 50 年代建立了超导电性的微观理论，人们才对金属超导体的超导行为获得了满意的解释。1950 年弗勒利希（Fröhlich H）指出，金属中电子通过交换虚声子

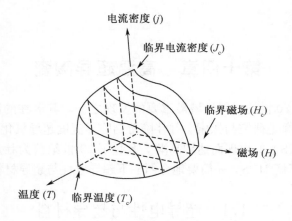

图 14 -1　超导电性的 *T-J-H* 临界面

可以产生吸引作用，从而把两个电子耦合在一起。1956 年，库珀（Cooper L H）从理论上证明，费米面附近的两个电子只要存在净吸引作用，那么不管吸引多微弱都能形成束缚态（即形成"库珀对"），且库珀对的能量小于费米能。在此基础上，1957 年巴丁（Bardeen J）、库珀和施里弗（Schrieffer J R）建立了金属超导电性的量子理论（又称 BCS 理论）。其要点可概念性地表述为：①所有由电子-声子相互作用形成的库珀对都集结（凝聚）在比正常费米能更低的能量状态，形成总能量最低的超导基态。库珀对通过相互作用而牢固地成为一个整体，即库珀对所对应的超导态是一种整体行为，并可以用一个多电子波函数来描述；②超导基态与最低激发态之间的能隙 Δ 是温度的函数，温度越高，能隙越小。当温度上升到临界温度 T_c 以上时，能隙变为零，库珀对不再存在。

　BCS 理论从微观角度成功地阐明了金属超导电性的实质，也可以说明超导体持久电流的存在，解释其临界温度、同位素效应、电子比热和红外吸收等物理现象。根据这一理论，英国剑桥大学研究生约瑟夫逊（Josephson B O）在研究电子对通过超导金属间的绝缘层时预言：当两块超导体之间的绝缘层薄至接近原子尺寸（10～20Å）时，超导电子可以穿过绝缘层产生隧道效应，即超导体-绝缘体-超导体这样的超导结（约瑟夫逊结或 SIS 结）具有超导性；当通过超导结的电流大于 I_c 时，超导结两端会出现电位差 U，这时除有正常的隧道电流外，还存在频率 $f=2eV/h$（h 为普朗克常量）的交流超导电流。当一频率为 f 的电磁波信号照射到结上，在超导结直流 I-U 曲线上电压 $U=nhf/2e$（n 为整数）的地方将出现电流台阶（Shapiro 台阶）。翌年，这些现象均得到实验证实，称为约瑟夫逊效应，它为超导电性的电子学（弱电）应用奠定了基础。半导体的禁带宽度一般在 eV 数量级，而超导体的能隙通常仅为 1meV 左右，只需很小的信号就能使超导体中的状态产生很大变化，因此与半导体相比，超导电子器件具有低功耗、超高速和高灵敏等优点。

超导电性的应用可概括如图 14-2 所示。

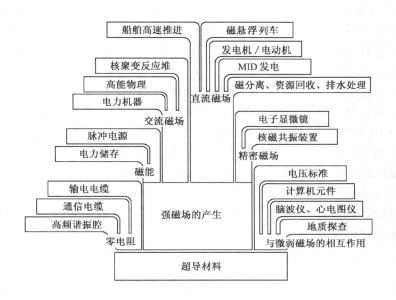

图 14-2　超导电性的应用

14.1.2　超导材料研究概况[1~3,13]

为使超导材料实用化，首要的是突破温度屏障，即提高 T_c。所以在超导材料的研究开发中，高 T_c 始终是人们追求的首要目标，而高 J_c 和高 H_c 也是实用化特别是强电应用的必要前提。

早期对超导的研究集中于金属、合金和金属间化合物上，历经 70 多年的探索，已发现有 28 种元素、近 5000 种合金及金属间化合物具有超导电性，其中 Nb 的 $T_c=9.26K$ 是元素中最高的，Nb_3Ge 的 $T_c=23.2K$ 是合金和金属间化合物中最高的。这一类超导材料称为低温（T_c）超导材料。低温超导材料虽然 T_c 很低，但往往具有较高的 J_c，允许通过几百倍于铜导体的电流强度，可以做成具有很高磁场强度和很低功率消耗的磁体（已做成 18 T 的超导磁体），这是常规手段无可比拟的。目前已开发了多种大电流、强磁场应用，如阿贡实验室用的口径为 4.62m、场强为 3.5T 的氢泡室磁体、费米实验室由 1060 个长为 1.5～6.6m 的超导磁体组成的 7km 长的加速磁体、美国超级超导对撞机用的磁体、核磁共振谱仪中的超导磁体、运用磁悬浮原理制成的超导陀螺仪以及正在研究开发中的稳定电力系统电网用的超导贮能电抗器、超导磁悬浮列车、超导直流电机、超导同步发电机等。主要的实用超导材料为 Nb-Ti 合金和 Nb_3Sn。

最早在非金属体系发现超导电性是 1964 年的 $SrTiO_{3-x}$ 和 1965 年的 Na_xWO_3，它们的 T_c 为 0.3K。1973 年发现 $Li_2Ti_2O_3$ 的超导电性（$T_c=13.7K$），1975 年又发现 $BaPb_xBi_{1-x}O_3$ 的 $T_c=13K$。虽然这些氧化物陶瓷的临界温度不高，但却给了科学家们十分有意义的启迪，一些颇具慧眼的物理学家和材料科学家开始把注意力转向金属氧化物陶瓷。1986 年 4 月，IBM 苏黎世研究所的贝德诺兹（Bednorz J G）和缪勒（Müller K A）发现 $La_{2-x}Ba_xCuO_4$ 氧化物陶瓷的 T_c 为 35K，这在当时是最高的，并观察到该材料的抗磁性，确定了该体系陶瓷的超导电性，为高温超导体的研究做出了历史性贡献。在此基础上进行元素替换，1987 年美国休斯敦大学朱经武、中国科学院物理所赵忠贤和日本的 Hikami S 等相继独立地报道获得了 T_c 为 90～93K 的 YBaCuO 超导陶瓷。将超导材料的 T_c 由液氢温区提升至液氮温区（77K），不但可提高致冷体系维修的方便与可靠性，降低成本（液氢约为 5 美元/L，液氮 0.5 美元/L），同时由于简化了致冷设计，也使超导器件的制造更为紧凑和有效。通常将 T_c 超过 77K 的超导氧化物材料叫做高温超导材料或高温超导陶瓷。

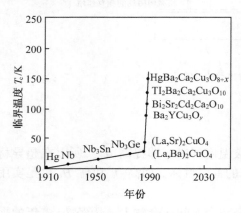

图 14-3　超导材料的研究历程[3]

液氮温区超导材料的出现，在世界范围内激发起一场空前的竞相寻找接近室温的高 T_c 超导材料的研究热潮。到 1993 年，主要发现了钇系（1987）、铋系（1988）、铊系（1988）和汞系（1993）四大类，约 100 余种高温超导陶瓷，将 T_c 由钇钡铜氧（YBCO）的 93K 提高到汞钡钙铜氧（HBCCO）的 134K。1993 年采用高静液压力（3～15GPa）工艺获得了 T_c 达 164K 的汞系铜氧化物超导体，比在大气压力下提高了 30℃。但是由于没有统一的理论作指导，至今仍难以逾越这一温度壁垒。

1993 年以后，高温超导的研究重心开始向实用化转移，在高温超导粉体、块材、薄膜的合成方法，线材、线圈及缆线的加工工艺以及开发高温超导陶瓷在弱电和强电领域的应用或潜在应用，探讨其产品的产业化途径等方面取得了较大进展。

以提高 T_c 为主线，可将超导材料的研究概括如图 14-3。

14.2　高温超导陶瓷的结构[1,4,5,13~15]

HTS 的典型结构是 ABO_3 型层状钙钛矿结构。以钇系超导陶瓷为例，其化学通式为 $YBa_2Cu_3O_{7-x}$，简记作 Y-123，结构如图 14-4 所示。它有两种结构相，四方结构相是半导体，正交结构相为超导体，两种结构都是由 ABO_3 型钙钛矿结构衍变而来。c 轴为 ABO_3 结构单胞常数的 3 倍，A 位由 Ba 或 Y 占据，B 位被 Cu 占据，c 方向金属原子顺序是…Y-Ba-Ba-Y-Ba-Ba-Y…，垂直于 c 方向有 3 种基本的原子面：Y 面（无氧），Ba-O 面和 Cu-O 面。Y 原子面上、下方的 Cu-O 面是皱折的，氧在其中呈有序排列，Ba-O 平面之间的 Cu1 平面中有氧空位。对于正交结构，氧空位分布在 a 方向的两个 Cu 原子之间，b 方向两个 Cu 原子间的氧原子位的占有率为 1，造成晶格常数 a 和 b 不同。随着温度升高，氧原子的填充开始变得无序，a 和 b 的差别减小，到 600℃左右，材料失氧，无序化加剧，a 和 b 很快变成相等，两种位置氧的填充概率一样，对称性也从正交转化为四方。到 850～900℃，Cu1 平面上的氧几乎没有了，材料近于 $YBa_2Cu_3O_6$，从这个温度降温时的气氛与降温速率将严重影响 $YBa_2Cu_3O_{7-x}$ 中的 x 值。一般认为 $0 < x < 0.5$ 时，为正交结构；当 $x > 0.5$ 时，为四方结构，因而要从制备技术上保证超导单相的形成。

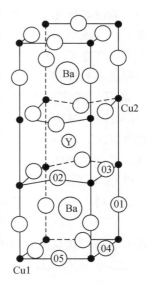

图 14-4 $YBa_2Cu_3O_{7-x}$ 的晶体结构[14]

目前已证实的最高 T_c 是在 HgBaCaCuO 体系中出现的，该体系的结构如图 14-5 所示：

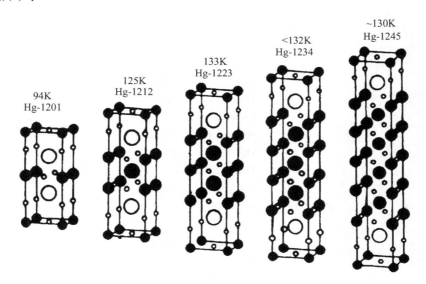

图 14-5 HgBaCaCuO 超导体的结构和 T_c 值[4]

●—Hg；○—Ba；●—Ca；●—Cu；○—O；

通过类比几十个铜酸盐超导体系后发现，高温超导体可以从晶格上划分为载流子层（或电子通道层）和电荷库层（提供和调节超导传输面上的载流子），载流子出现在 Cu-O 面上，即超导电性主要发生在 Cu-O 层上，而 Ca、Sr、Ba 主要是起稳定晶体结构的作用。并且发现，相邻 Cu-O 层越多，Cu-O 层耦合越强，T_c 越高。考虑到加压会增强层间耦合和改善载流子浓度，于是将压力增至 15GPa 时，获得了 $T_c=164K$ 的结果，这是首次使 T_c 越过液氮温区进入氟里昂致冷温区。1993 年 12 月法国的拉盖宣布，他们在 $SrTiO_3$ 单晶上通过分子束外延一层一层叠加 Bi、Sr、Ca、Cu、O 时，当 Cu-O 层长到 8 层，Sr、Ca 作为夹层嵌进 Cu-O 层中，获得了 T_c 为 250K 的高温超导体，这是已报导的最接近室温超导的材料，不过这一结果尚未得到其他实验室的独立证实。

T_c 不仅同 Cu-O 层的数目有关，而且还和 Cu-O 层中 Cu 的配位情况有关。我国学者[5]从晶体配位出发总结出，正方形四配位晶体的 $T_c>$ 正方角锥 5 配位的 $T_c>$ 六配位八面体的 T_c，如表 14-1 所示。

表 14-1　铜酸盐超导体中铜的配位状态和临界温度的关系[5]

Cu^{2+} 的配位数	Cu-O 空间结构	组　　成	T_c/K
6	八面体	$La_{2-x}M_xCuO_{4-y}$ ($M=Ba$, Sr, Ca, Na)	30
		$Bi_2Sr_2CuO_{6-y}$ (Bi-2201)	22
		$Tl_2Ba_2CuO_{6-y}$ (Tl-2201)	20
		$TiBa_2CuO_{5-y}$ (Tl-1201)	17
		$HgBa_2CuO_{4-y}$ (Hg-1201)	94
5	正方角锥	$LnBa_2Cu_3O_{7-y}$	90
		$YBa_2Cu_4O_{8+y}$ (Y-124)	80
		$Bi_2Sr_2CaCu_2O_{8-y}$ (Bi-2212)	80
		$Tl_2Ba_2CaCu_2O_{8-y}$ (Tl-2212)	98
		$TlBa_2CaCu_2O_{7-y}$ (Tl-1212)	80
		$Pb_2Sr_2LnCu_3O_{8-y}$	80
		$Pb_{0.5}Sr_{2.5}Y_{1-y}Ca_xCu_2O_{7-y}$	70～100
		$Tl_{0.5}Pb_{0.5}Sr_2C_8Cu_2O_{7-y}$	85
		$TlCa_{1-x}Ln_xSr_2Cu_2O_{7-y}$	60～90
		$HgBa_2CaCu_2O_{6-y}$ (Hg-1212)	121
4	平面四方形	$Bi_2Sr_2Ca_2Cu_3O_{10-y}$ (Bi-2223)	110
		$Tl_2Ba_2Ca_2Cu_3O_{10-y}$ (Tl-2223)	125
		$TlBa_2Ca_2Cu_3O_{9-y}$ (Tl-1223)	118
		$TlBa_2Ca_3Cu_4O_{11-y}$ (Tl-1234)	122
		$TlBa_2Ca_4Cu_5O_{13-y}$ (Ti-1245)	120
		$Tl_{0.5}Pb_{0.5}Sr_2Ca_2Cu_3O_{9-y}$	120
		$HgBa_2Ca_2Cu_3O_{8-y}$ (Hg-1223)	150

对高温超导体的早期研究即发现，晶粒边界对超导体的输运性质有决定性的影响。在所有高温超导体材料中，J_c 受到晶粒边界的严重影响，特别是那些微观取向大于 $10°$ 的大角度晶界成为超导体中的弱连接，从而限制了存在大角度晶界的多晶材料中所能通过的超导电流的密度。这使得人们不得不用单晶衬底上的外延膜来实现理想的材料性质和器件功能，同时也就意味着要获得具有很高电流承载能力的 HTS（如 HTS 线材），就需要能生产出几乎不存在大角度晶界的高度取向材料的制造技术（如织构化或使晶粒呈取向排列）。

某些微观缺陷或弥散的第 2 相，对提高强磁场条件下的 J_c 值具有重要意义，这种作用被称为磁通钉扎。通过磁通钉扎可在一定程度上阻止耗散能量的磁通运动，从而在强磁场下保持较高的 J_c。如在 Y-123 块材中引入 Y-211（Y_2BaCuO_5）相细小颗粒时就显示出极好的磁通钉扎性能。

14.3　高温超导电性的微观机制[6~9]

与低温下已建立起 BCS 理论的情况不同，对于高温超导电性目前还没有形成统一的理论，而呈现多种理论模型并存的格局。但对高温超导电性的已有研究表明，它本质上和液氦温区的金属超导电性一样，仍然是一种宏观量子现象，是配对电子的量子凝聚。这一点已基本达成共识，只是"什么样的微观机理导致了电子的配对和凝聚？"、"为什么 T_c 会这么高？"这样的问题上还没有一个令人满意的回答，这方面的理论研究仍处于探讨阶段。一个完善的理论必须面对和解释高温超导电性的如下一些重要的实验事实或问题：

（1）它是一个强关联的电子体系。

（2）有费米面存在，测量的态密度有陡峭的边界。

（3）相干长度（两个电子能产生相互作用而配对的极限距离）很短，仅为 10^{-7} cm，而普通超导体为 10^{-4} cm，说明 Cu-O 面耦合弱。

（4）目前研究最多的是高温超导铜氧化物，发展的理论模型很多是针对 Cu-O 平面的，讨论的主要是强关联导致磁有序背景中一定数目的载流子的行为。问题是 Cu-O 双层甚至多层对高 T_c 是否具有决定性意义？这个问题还有待观察。

（5）已知的几类 HTS 从本质上看都是掺杂绝缘体（半导体），掺杂（或改变氧的含量）才提供它们以载流子，因此杂质、氧含量对于 HTS 有着关键的作用，这是 HTS 与传统超导体相比的一个很重要的特点。

（6）具有很强的各向异性；超导电性是三维的性质，必须考虑层间的耦合。

（7）如果认为仍是电-声作用机制，则其电声子作用常数太大了，很难想象这时晶格还能是稳定的。而且很弱的同位素效应也表明，其超导机理很可能是非声子的。

安德逊（Anderson P W）提出的共价键模型一度是相当有影响的。其主要思想是，认为氧化物超导体的母晶体（如 La_2CuO_4）是 Mott 绝缘体，其上的各个电子由于很强的相互关联作用而定域在各个格点附近，相邻格点上的两个电子自旋相反而构成单重态共价键。如果通过某种手段（如掺 Sr）给这种空间局域化的共价键以某种驱动，则超交换作用将会使之退局域化而在空间流动起来，即大量定域共价键发生共振而形成一种超流的库珀对集合，系统则由绝缘体转化为超导体。这种独立于费米液体理论和 BCS 理论体系之外的全新尝试，曾预言了一些与实验吻合得很好的结果，但由于实验证实 HTS 有类似于费米液体的图像，其数值模拟又没有得到预想的结果而没有被大多数人所接受。

目前从多种理论模型中经过筛选已形成两大派系，这两派在解释高温超导电性时都认为和低温下的超导电子配对运动一样，高温下电子也是配对运动，但在配对运动方式的解释上各执一词。一派依声子理论推测电子配对是电子电荷与其外部环境相互作用的产物，电子对在任何方向上的运动概率都相同，即库珀对波函数是球形对称的，故称 s⁻波对称理论；另一派持自旋涨落理论的人士则认为电子对主要按两个垂直方向运动，产生 d⁻波对称。

近年来一些实验数据似乎更有利于 d⁻波对称理论，如钇系和铊系超导体表现的行为主要为 d⁻波对称。有新的观点认为，不仅磁自旋可导致涨落机制，同时晶格内电荷和电流的再分配也造成涨落，限制电子运动的方向，产生 d⁻波对称。如此看来，d⁻波对称也许有助于说服某些理论上的争辩者，但一方面它在阐释高温超导电性方面不能给出确切的回答；另一方面也有一些 HTS 如钕铈铜氧是 s⁻波对称主导其超导行为。因此有人主张，或许应该对不同的 HTS 采用不同的理论解释其电子配对运动机制。

14.4 高温超导陶瓷的制备方法[10,11]

在实际应用中 HTS 主要做成体材和薄膜。高温超导体的特点是 T_c 高，但存在的问题是 J_c 和 H_c 小（一般在 $10^3 \sim 10^4 A/cm^2$），性能稳定性和重复性较差，可加工性不好，因而发展受到限制；而 HTS 薄膜的 J_c 可以大幅提高，美、日和中国等都已研制出 $J_c \geqslant 1 \times 10^6 A/cm^2$、$T_c > 80K$ 的 HTS 薄膜。因此，与体材相比，薄膜的制备技术和应用发展得更快。

14.4.1 高温超导体的制备

制备高温超导体的方法有干法和湿法，以干法为主。干法工艺有高温烧结法和熔融生长法。

高温烧结法分二次烧结法和三次烧结法，是制造高温超导体的主要方法。其关键是应使其缺氧以保证元素组成中的氧小于 7。例如，将 $BaCO_3$、RE_2O_3、CuO 按一定比例混合装入氧化铝坩埚中，于管式炉内 960℃空气中保温 72h 后，

2h 内冷却到 300℃，取出，经捣粉、研磨、冷压成型，重新在 940℃下通氧处理 2d，再在 2h 内冷却到 400℃，即可制得正交结构的超导陶瓷。

影响超导电性的主要因素是元素组成和热处理条件等。在其层状钙钛矿结构中，通过掺杂和元素替换，已制得三元、四元和五元超导体。也有研究在用氟、氮、碳取代部分氧，以期获得室温超导体。前已述及，还可采用高压工艺来提高 T_c。

高温超导体 J_c 不高的原因是超导颗粒之间存在弱连接，而且氧化物超导陶瓷的层状结构引起的各向异性使其在 c 轴方向和 a、b 轴方向的传输电流能力相差很大。采用熔融织构生长法能提高样品的致密度，减少缺陷，从而大幅度提高 J_c。美国贝尔实验室用熔融织构生长法已成功地生长出直径达 4mm 的 Y-123 单晶体。

14.4.2　高温超导薄膜的制备

能制备 HTS 薄膜的方法很多，下面只介绍几种主要的方法：

1. 蒸发法

该法是把原料加热蒸发或升华，气相原子或分子穿过真空在衬底上凝结成膜的方法。蒸发的手段有电阻加热、激光加热、等离子体蒸发、等离子辅助激光蒸发和电子束蒸发等。在实用中可采用三源共蒸发和多层膜法形成超导薄膜。

三源共蒸发是使用具有三个电子束源的超高真空系统，同时从三个电子束源蒸发三种金属或合金，并向衬底吹氧，在衬底上获得所需的超导薄膜。该法的特点是：①三个源的蒸发速率可以独立控制，易于控制膜的化学计量比；②可采用高纯金属态原料来实现稳定蒸发，不易引入杂质；③可用吹氧的方法形成超导膜，减少了后序处理。三源共蒸发在高 T_c 超导膜的制备上取得了理想的结果，日本 NEC 公司在 MgO 基体上制得的 BiSrCaCuO 膜的 $T_c = 100 \sim 107K$，美国 AT&T 公司在 SrTiO₃ 基体上制得的 YBCO 膜的 $T_c > 90K$。

蒸发多层膜法是交替地从不同组元的靶上蒸发，形成多层膜，通过随后的热处理扩散混合并反应成相，形成超导薄膜。薄膜的化学计量比通过调节各层厚度比的方法来实现。该法的优点是可以使用普通的真空系统，简便易行。

2. 溅射法

该法利用高能粒子轰击靶材，使靶材表面原子或分子逸出，沉积在衬底上而获得薄膜。该法成膜速率快，膜层与衬底附着牢固，膜层均匀。在离子束溅射中，靶材和衬底间设有外加电场，成膜条件易于控制，离子束的能量和束流也可精细调节，可以获得高质量的超导薄膜。溅射聚积成的膜是非晶态的，经过适当热处理使其结晶，即成超导膜。美国 Hughes 实验室采用三靶磁控溅射制得了 T_c

为 90K 的 YBCO 超导膜。AT&T 公司用阴极溅射法制成了 T_c 为 102K，J_c（77K）在 10^5 A/cm^2 以上的 TlBaCaCuO（TBCCO）薄膜。

3. 化学气相沉积法

化学气相沉积法（CVD）近年来已发展成为制备高 T_c 超导薄膜的重要手段之一。其特点是：①成膜在常压下进行，因而可造成一个高浓度氧的环境，适当地控制衬底温度和反应速率，就可直接形成晶态的或外延生长的薄膜，而无需附加的热处理；②成核和生长阶段的质量输运是以气相方式进行，因而比固相扩散容易；③如选用合适的基带，可在基带的运动过程中连续成膜，从而得到有实用意义的带材。CVD 的方法很多，如激光 CVD、金属有机化合物 CVD（MOCVD）等。美国 Naval Research 实验室用 MOCVD 制取了 T_c 在 90K 以上的 BiSrCaCuO（BSCCO）薄膜。

4. 溶胶-凝胶法

溶胶-凝胶（Sol-Gel）法制膜有许多优点：①反应在室温附近进行；②具有原子水平上的均匀性；③纯度高，致密烧结温度低；④不需大型设备和复杂的真空系统；⑤可制备大面积薄膜。Sol-Gel 法的制膜工艺简单，使用甩胶、喷涂或浸渍等方法将醇盐溶胶或溶液涂在基片上，醇盐吸收空气中的水分后水解、聚合而形成溶胶，最后变为凝胶，经干燥及热处理除去剩余有机基团、残余水分、有机溶剂等，再经过致密烧结即可制得薄膜。日本 NTT 公司用该技术制备了 T_c 分别为 90K 和 83K 的 YBCO 系和 BSCCO 系超导膜，但 J_c 不高，原因是制膜过程中出现比较大的收缩率，膜内残留有微气孔、羟基及碳等。

5. 分子束外延法

分子束外延法（MBE）制备超导薄膜的原理是在一个多功能的超高真空系统（本底真空度为 2.7×10^{-8} Pa）中，来自独立原子束源的 Ba、Cu 原子束和由电子束加热蒸发得到的 Y 原子共同射向衬底，并同时向衬底吹氧。三种金属原子和氧分子束在衬底附近混合、反应并凝结在衬底上而成膜。该原理类似于三源共蒸发，只是控制更加精细。不过，该法所用的 MBE 设备系统复杂，因而应用受到限制。美国 AT&T 公司用该法在 SrTiO$_3$（110）衬底上获得了高质量的 YBCO 膜。

6. 液相外延法

液相外延法（LPE）是先将衬底与所要生长材料的饱和溶液（或熔液）加热到相同温度后使之接触，然后让体系冷却，这样由于溶解度的降低，就在基片（衬底）表面外延生长出一层所需的薄膜。通过控制降温速率及生长时间可控制膜厚度。美国加州大学采用该法分别将BaO-Y$_2$O$_3$-CuO 和 Bi$_2$O$_3$-CuO-(Sr，Ca)O 的混合物加热熔化，然后控制降温，在 Al$_2$O$_3$ 和 MgO 衬底上制备出 YBCO 和 BSCCO 膜。该法设备简单，并可生长出单晶膜，可能是制备高 T_c 超导膜的一种比较有前途的方法。

7.等离子体法

这是一种低温下制备超导薄膜的方法。为了把超导体用于电子元件，低温制造技术是不可缺少的。因半导体加热到 $500\sim600℃$ 以上时，其导电性质会发生变化，因此必须开发在这个温度以下在半导体上形成超导电极的技术，而现在制得的陶瓷超导体一般要经过 $900℃$ 以上的热处理才能成为超导体。为解决这一矛盾，日本富士通研究所研究了在低温下制取超导薄膜的方法：把厚度约 $0.5\mu m$ 的非超导的钇钡铜氧化合物薄膜在氧等离子体中暴露 1h。经这样的处理，薄膜在 85K 呈超导状态。

8.等离子喷涂法

该法是将超导材料在等离子弧的高温作用下气化，再喷涂在物体上。由于该法可以喷涂在各种复杂表面上，其喷涂速度像给汽车喷漆一样快，而且不昂贵，可使超导材料得到具体应用，如用作磁场屏蔽、高速电子的减速等。

除上述方法外，还有丝网印刷、激光区熔等。人们还在努力寻找和研究各种制备高 T_c 和室温超导材料的工艺方法。

14.5 高温超导陶瓷的应用

HTS 的应用基本上还处于研究开发阶段，很多人相信今后 10 年左右将是 HTS 走向实用化和商品化的关键时期。和传统的超导材料一样，HTS 也可分为强磁场、大电流的强电应用和电子学（弱电）应用两个方面。

14.5.1 高温超导陶瓷的强电应用[12,13,17]

HTS 的强电应用研究目前主要集中在传输与配电电缆、大电流引线、变压器、故障电流限制器、磁共振成像仪（MRI）磁体等中小型磁体、高温超导电机、磁悬浮列车和超导磁性储能等方面。

国外 HTS 电缆已进入全规模样机验证阶段，其断面结构如图 14-6 所示。绝热管内为三相电缆导体。致冷剂在导体内和电缆外反向对流。带状导体绕在铝管上，内导体产生的磁场由外超导体所屏蔽。绝缘材料为低损耗的聚合物多层超绝热材料。冷却站间距为 10km，致冷剂温升在 15K 以下。HTS 电缆的优越性在于体积小、损耗低、质量轻（为铜电缆的 1/72）、载流大（比现有动力线高 1 倍）、寿命长（为铜电缆的 3 倍多）。

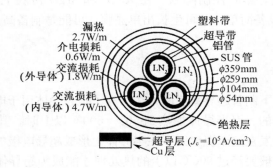

图 14-6 275kV、10kA 高温超导电缆的结构

用 HTS 制造大电流引线，可充分利用其零电阻和低热导的优势，大幅降低超导磁体体系电流引线漏热所造成的高功率消耗。而与常规变压器比较，HTS 变压器的特点则在于总损耗小、质量轻、总成本低、体积小、过载能力强、无油运行可避免火灾和环境污染问题、运行阻抗小、有限流功能、可以起保护电站和节约成本的作用、降低故障冲击、改善电网电压稳定性、提高发电机的有效功率。

HTS 故障电流限制器（FCL）被认为是 HTS 电力应用最有吸引力的项目，它利用的是超导体的本征失超特性：当通过超导体的电流一旦超过其临界电流 I_c，或脉冲磁场超过其临界磁场 H_c 时，超导体就从超导态变为正常态，其瞬间的电阻增加限制了故障电流，直至最终由与超导体串联的常规剩余电流断路器的动作而消除故障，保护电力系统。

医疗诊断用超导磁共振成像仪是惟一已商品化的超导产品，它成像质量高，任何方向断层无死角，图像分辨率强，无损伤，无放射性危害，诊断迅速，成为肿瘤早期诊断的有力手段。HTS 磁体用于 MRI 可降低磁体运行费用，促进 MRI 和 HTS 的应用。

发电机的输出功率与转矩及磁感应强度的平方成正比。增大转矩受到电机的结构和制造水平的限制，目前 100 万 kW 的电机已经快达到电机制造的极限，因此增加磁感应强度无疑是提高单机功率的有效途径。用普通导线制成的常规电机，由于磁化强度的饱和限制，磁感应强度难以大幅度提高，而采用超导材料线圈，磁感应强度可以提高 5～15 倍。此外，超导线的载流能力可高达 $10^4\,\mathrm{A/cm^2}$ 以上，这样，与常规电机相比，超导电机输出功率可提高 200～300 倍。有计算表明，功率提高 10 倍，可使电机截面缩小 1/10，这种小而轻、输出功率高、损耗小的超导电机的出现，不仅对大规模电力工程是至关重要的，而且将导致海、陆、空各种交通工具的变革。

超导磁悬浮列车是利用超导磁体和路基导体中的感应涡流之间的磁性排斥力将列车悬浮起来运行，其结构原理如图14-7所示。车辆底部安装超导磁体，在轨道两旁埋设一系列闭合的铝环，整个列车由埋在地下的线性同步电动机来驱动。当列车运行时，超导磁体产生的磁场相对于铝环运动，由电磁感应原理，在铝环内将感生电流。根据楞次定律，超导磁体和导体中感应电流之间的电磁相互作用将产生向上的排斥力（浮力），当浮力大于重力时，列车就凌空浮起。列车停止时，铝环内感应电流也随之消失，所以在开车和停车时，仍需车轮。

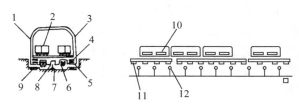

图14-7　超导磁悬浮列车原理图

1、3—车窗；2—座席；4—致冷剂储槽；5—超导磁体；

6—车轮；7—驱动用轨道；8、12—驱动用线性同步电机；

9、11—闭合铝环；10—车上磁悬浮装置

超导磁性储能系统（SMES）主要用于均衡电力负载，对电源的不同要求迅速作出响应，可改进电源质量和可靠性，提高电网能力。

HTS在高场磁体、输电线路、马达、变压器等方面应用取得成功的关键是将线（带）材制成实用的长度，具有高的J_c值和机械上的可靠性。要求超导线（带）在液氮温区和大于2T的磁场中J_c值超过$10^5 A/cm^2$。1989年国内外出现粉末套管法（PIT），即把氧化物或前驱体粉末混合后封装到高纯银或银合金管内，然后通过模具进行锻造、拉拔形成直径2mm的单股包层线，再经轧制即形成最终厚度为0.1mm的线（带）材。将多个单股线重排在直径更大的银管内，通过类似的变形处理还可以得到多股缆线。

通过单向压制和热处理可使HTS带实现织构化和晶粒取向排列，从而使J_c提高。近年来运用该法在铋系短带上获得的J_c十分接近$10^5 A/cm^2$水平，已能满足实用超导线的最低要求。然而仅靠单向压制和热处理并不能得到可以实用的长带，因此1991年又出现了轧制加工长带的工艺。美国IGC和ASC公司采用两步轧制和热处理的方法，通过精确控制变形热处理的工艺参数已成功地制出了数百至上千米长的单股和多股优质长带。在其1260m长、37股的多股带上获得了$1.2×10^4 A/cm^2$（77K，0T）的J_c值，但和短带比，其载流性能还有待提高。

不过，令人鼓舞的是日本占河电气公司制备的Bi-2212线带材在30T下的J_c

达 $10^5 A/cm^2$，比传统超导体 NbTi、Nb_3Sn 在强场下的 J_c 值高得多，这使人们有理由对 HTS 在强电方面的发展前景保持乐观。

14.5.2 高温超导陶瓷的电子学应用[1,14~16]

HTS 的弱电应用研究项目主要有无源微波器件、超导量子干涉仪（SQUID）、超导高速逻辑运算元件（超导计算机）、超导红外探测器等。

在 HTS 电子学应用中最先能形成商业冲击的一个工业领域可能是微波通讯。传统的无源微波器件，例如滤波器、延迟线、天线、谐振器所采用的材料是铜，因铜的表面电阻（R_S）较低。而高质量超导膜的 R_S 极小（比铜低近 100 倍），这使 HTS 薄膜器件在低插入损耗、超窄带宽、尖锐的边频特性、紧凑的器件结构及温度稳定性等方面优于传统器件。例如，由于频段过于拥挤，相邻波段的电信号相互干扰，影响了移动电话的接收质量，寻呼站使用 HTS 滤波器后可使抗干扰的能力比普通的铜滤波器提高 1000 倍。

利用约瑟夫逊结零电压态或非零电压态作记忆元件中的"0"与"1"，两个态间转变一般小于 10^{-13} s，而且超导体的低功耗允许高速特性被充分利用。对于组装密度为 $10^5/cm^2$ 的超导锁存器件，功耗密度仅为 $10 mW/cm^2$，而对高速半导体，这一数值可达数百 W/cm^2，传统的冷却方法难以胜任。因此超导计算机具有速度快、体积小（集成密度大）、功耗低等特点，这对革新军事、航天和天气预报等方面的技术具有十分重大的意义。所以美国始终把超导计算机和高速数字信号处理作为超导电子学的首位研究和发展领域。

超导量子干涉仪是利用约瑟夫逊效应制成的高灵敏的磁通－电压变换器。其原理如图 14-8 所示。它由单个约瑟夫逊结闭合超导环 14-8（a）做成，当外磁通 φ 通过超导环时，环路感应电流 I_S 通过约瑟夫逊结会产生特殊的量子现象。在

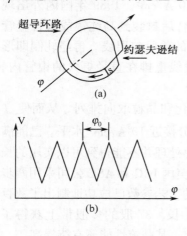

单结约瑟夫逊超导器件的旁边放置 LC 共振回路，通过共振回路的电感线圈与单结超导环路的耦合，获取单结超导器件产生的信号。从示波器观察到的检测信号是三角波电压信号 14-8（b），由变化的三角波个数可知磁通变化量，从而测出外磁场变化。利用 SQUID 器件制成的测量仪器有磁强计、磁场梯度计、检流计及电压表等。其优点是灵敏度极高、动态范围很大和响应范围极宽。它能对 10^{-15} T 的弱磁信号敏感，因而可广泛应用于地质、生物、通讯、探测和军事领域。以航磁反潜为例，潜艇在其周围产生的磁场强度大致按距离的立方成反比衰减，常规磁力仪的灵敏度在 10^{-11} T 以内，难以发现距飞机 300m 以外的目

图 14-8　RF-SQUID 器件工作原理

标。为了搜索准确，只好飞行到距海面 50～100m 的高度，如此超低空飞行是很危险的。而用超导磁强计，探测距离可达 1000m，使航磁反潜更为安全有效。

HTS 红外探测器是美、日等国加快研究的一类超导电子器件，它是利用约瑟夫逊效应制作的一种新型红外探测器。如 14.1.1 所述，当电流 $I > I_c$ 通过超导结时，超导结两端将出现电位差 U，并产生频率为 $f = 2eU/h$ 的交流超导电流，此时超导结若受到相同频率的红外辐射，则会在其直流 I-U 曲线 $U = nhf/2e$ 处诱发产生电流台阶。利用这一特性就可在适当的偏压下实现对红外信号的检测。与半导体探测器相比，其突出优点是灵敏度高、频带宽（可以在从长波一直到 $100\mu m$ 以下的红外波段工作）、噪声低（比半导体的热噪声约低 100 倍）、响应速度快（预计可达 $10^{-13}s$），这是常规探测器无法比拟的。

HTS 在电子学方面应用的发展很大程度上取决于能否研究出一种可重复生产约瑟夫逊结（SIS）的大规模生产工艺。由于 HTS 的相干长度太短，要求约瑟夫逊结绝缘层的厚度不能超过 2nm，而现在的技术水平难以保证这样薄的绝缘层的性能，加上还要在绝缘层上再长一层超导层，更难以保证绝缘层上超导层的品质。后来的研究发现，不只是 SIS 结，任何一种足够局域的超导弱连接都会有约瑟夫逊效应，如超导体横截面上一个足够短的"缩颈"-微桥、两块超导体间的点接触、超导体-正常金属薄层-超导体结（SNS 结）等。因此现在研究的重点是

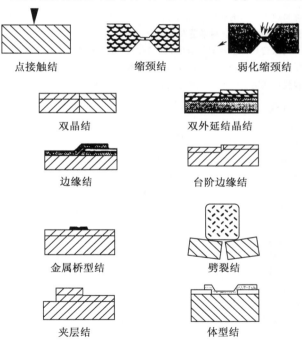

图 14-9　高温超导 Josephson 结的类型[16]

具有约瑟夫逊效应的其他类型的结技术，如图 14-9 所示。近几年这方面已取得长足的发展。

参 考 文 献

1.《高技术新材料要览》编委会．高技术新材料要览．北京：中国科学技术出版社，1993

2.《材料科学技术百科全书》编委会．材料科学技术百科全书．北京：中国大百科全书出版社，1995

3. Cava R J. Update on Copper Oxide Superconductors. American Ceramic Society Bulletin, 1995, 74 (5)：85～88

4. 李言荣，杨邦朝，何晓平等．高温超导研究的新进展．功能材料，1994，25 (5)：389～396

5. Zeng Z T. Coordination Chemistry and Superconductivity. J Phys Chem Solids, 1991, 52 (5)：659～663

6. Anderson P W. The Resonating Valence Bond State in La_2CuO_4 and Superconductivity. Science, 1987, 235：1196～1204

7. Service R F. Superconductivity Turns 10. Science, 1996, 271 (5257)：1804～1806

8. Kirtley J R, Tsuei C C. Probing High-Temperature Superconductivity. Scientific American, 1996, 275 (2)：50～55

9. 韩汝珊，伍勇．与高温超导机制相关的理论研究．物理，1996，25 (11)：646～652

10. 郑昌琼，冉均国，雷文化．高温超导材料制备．材料导报，1988，(3)：15～18

11. 肖志力，肖定全．高 T_c 超导薄膜研究近况．材料导报，1989，(4)：2～6

12. 汪京荣，冯勇，张平祥．高温超导体材应用进展和展望．稀有金属材料与工程，2000，29 (5)：293～297

13. 杨遇春．高温超导材料十年来的研究开发与进展．稀有金属，1997，21 (6)：430～438

14. 田增英．精密陶瓷及应用．北京：科学普及出版社，1993

15. 陈默轩，何元金．高温超导薄膜及器件应用．工科物理，2000，10 (3)：27～31

16. 李言荣，恽正中．电子材料导论．北京：清华大学出版社，2001

17. 徐政，倪宏伟．现代功能陶瓷．北京：国防工业出版社，1998

第十五章 功能精细复合材料

15.1 概　　述[1~4]

　　功能复合材料是指除机械性能以外还提供其他物理性能的复合材料，如导电、超导、半导、磁性、压电、阻尼、吸声、摩擦、吸波、屏蔽、阻燃、防热、隔热等功能复合材料。功能复合材料主要由功能体（活性组元）和基体组成，或由两种（或两种以上）功能体组成。由于复合效应，功能复合材料可能具有比原有材料性能更好或原材料不具有的性质。

　　在微米至纳米线度上进行复合，以获得优良功能效应的材料，称功能精细复合材料。材料的复合线度进入到纳米量级，可称之为纳米复合材料（nano composite）。20 世纪 80 年代以来，精细复合材料的研究工作相当活跃，它是材料科学领域中探索性较强的重要发展前沿之一。

　　把低微（纳米级）形态的半导体、无机氧化物、有机化合物、金属用不同的方式非常精细地复合起来，发现了许多有趣的光学现象，如光放大、光吸收、荧光和非线性光学特性等。纳米复合材料所具有的结构稳定性和可处理性，将会为光电子技术的发展提供一大类功能复合的新材料。

　　在微米以至纳米的线度上，对功能材料进行复合，是因为在电、磁、声、光等领域中，功能材料的使用频率越来越高。电磁波和弹性波在媒质中传播时的波长 λ 非常小，仅为 500~5000nm。如果复合线度 d，即复合组元本身及其间隔的尺寸远大于激励波长 λ，那么复合结构就是一种不连续的媒质。如果，复合线度与波长相近，那么波在材料内部传播时，将产生严重的散射或反常谐振，严重影响波的传播，在这两种情况下，复合材料的优点都难以发挥。只有当复合线度 d 远小于激励波长 λ 时，才能发挥复合结构所提供的优越性能。这就是说，材料的复合线度应该在 5~500nm 左右。实际上，这就是微米复合材料或纳米复合材料，二者可以统称为精细复合材料。

　　精细复合材料的出现，是与低维材料的发展密切相关的。当材料的线度进入到亚微米尺度时，块状材料的热力学统计平均规律开始失效，热力学尺寸效应便显露出来。当材料的线度进一步下降到纳米尺度时，量子尺寸效应变得突出起来。热力学尺寸效应和量子效应都使材料的性能发生剧烈的变化。采用精细复合技术就是利用低维材料特殊性能的一种有效途径。另一方面，低维材料在精细复合结构中的界面效应和耦合效应究竟会出现些什么新的现象可资利用，则更是材料科学家非常关心的热门问题。

15.2　功能复合材料的复合效应[1~3,5,7]

功能复合材料的优良性能的获得必须通过其复合效应的作用。功能复合材料的复合效应包括线性效应和非线性效应两类，介绍如下。

15.2.1　线性效应

线性效应是指复合材料的性质与功能体组元的含量具有线性关系。线性效应的内容有：平均效应、平行效应、相补效应、相抵效应等。常用平均效应"混合率"来估算功能体与基体在不同体积分数情况下性能的混合率，即

$$P_C = V_R P_R + V_M P_M \qquad\qquad (15\text{-}1)$$

式中，P_C 为某一功能性质；P_R、P_M 分别为功能体和基体的该性质；V_R、V_M 分别是两者的体积分数。复合材料的某些功能性质，例如，电导、热导、密度、膨胀系数、介电常数等服从这一规律。另外，关于相补效应和相抵效应常常是共同存在的。相补效应是希望得到的，而相抵效应要尽可能避免，这可通过设计来实现。

15.2.2　非线性效应

非线性效应指的是复合材料的性质与功能体的含量无直接关系，复合后可能产生一些新的性质。非线性效应有乘积效应、诱导效应、共振效应和系统效应等。利用复合材料的非线性效应，可以设计出许多新型功能材料与器件。其中，有的效应已被认识和利用，如乘积效应，下面将作进一步介绍。有的效应正在被认识和利用，功能体界面附近的晶型通过界面，导致基体结构发生变化（可能形成界面相），这就是诱导效应。因此，界面在复合材料中有特殊的重要意义。两个相邻物体，在特定的条件下发生共振现象，在复合材料中表现出的就是共振效应。彩色胶片（或彩电）中的感光层由红、黄、蓝三种感光色素组成，在光照下可产生五彩画面，这就是系统效应。最近，在实验中发现，复合涂层会使材料的表面硬度大幅度提高，超过了由混合率〔平均效应〕的估算值，这是一种非线性效应。可能是诱导效应和系统效应在起作用。

乘积效应是指把一种具有 X/Y 转换功能的材料〔X 作为输入时产生 Y〕与另一种具有 Y/Z 转换功能的材料（Y 又作为第二次的输入产生出 Z），进行复合后，会产生 $(X/Y)(Y/Z) = X/Z$ 的功能。表 15-1 给出了一些具有乘积效应复合材料的实例。

表 15-1　功能复合材料的乘积效应

第一相功能 X/Y	第二相功能 Y/Z	复合材料的耦合功能 $(X/Y)(Y/Z)=X/Z$
磁致伸缩（磁场/应变）	压电效应（应变/电场）	磁电效应（磁场/电场）
霍尔效应（磁场/应变）	电导（应变/电阻变化）	磁阻效应（磁场/电阻变化）
光电性（光/电场）	电致伸缩（电场/应变）	光致伸缩（光/应变）
热膨胀（热变化/应变）	电导（应变/电阻变化）	热敏开关（热变化/电阻变化）
压磁性（压力/磁场）	磁阻性（磁场/电阻变化）	压阻效应（压力/电阻变化）
压电性（压力/电场）	电场场致发光（电场/发光）	压光性效应（压力/发光）（压力/发光））
同位素辐射发光（闪烁现象）（辐射/光）	光导性（光/导电性）	辐射诱导导电（辐射/导电）
压磁效应（压力/磁场）	磁阻效应（磁场/电阻变化）	压敏电阻效应（压力/电阻变化）
压电效应（压力/电场）	电光效应（电场/光）	压力光亮度（压力/光亮度）

　　这种效应往往比任何单一材料强得多，甚至还可利用乘积效应，创造出任何单一原材料都不具备的新的功能效应。

15.3　功能复合结构材料的结构参数[1,3,6]

　　复合材料有着不同于单一材料的结构参数，改变这些结构参数，可以使复合材料的性质发生明显的变化，这对功能复合材料更为重要，复合材料的主要结构参数如下。

15.3.1　复合度

　　复合度（compositivity）是复合材料中各个组元所占的体积或质量分数，以 x_i 表示。

$$x_i = \frac{v_i}{\sum v_i} \qquad (15\text{-}2)$$

式中，v_i 为第 i 个组元所占体积。显然，$\sum x_i = 1$，复合度对复合材料性能有很大影响，改变复合度是调整复合材料性能最为有效的手段之一。

　　图 15-1 是复合材料的介电常数 ε 在串联和并联两种极端情况下随复合度的变化。对于像介电常数这类基本物性参数，复合材料的性质介于两个原始组

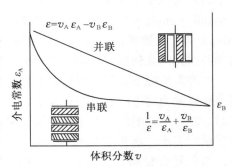

图 15-1　复合材料的介电常数与复合度的关系

元之间，并随复合度的改变而单调变化，遵循加和法则。当然具体的加和规律还与复合结构的配置方式有关。

对于由两种或多种基本物性参数构成的结合特性，情况比较复杂。这时，复合材料的性质仍然遵循某种加和法则，但其数值有可能大于或小于两种原始组元的最大值或最小值。复合材料的性质有可能在某一复合度下取极大值或极小值。

15.3.2　联结型

联结型（connectivity）是指在复合结构中，各组元在三维空间自身相互联结的方式。在功能复合材料的设计中，广泛采用 Newnham R E 提出的命名方法。在这个方法中采用"0"表示微粉或小颗粒，"1"表示纤维或条状物，"2"表示薄膜或片状物，在三维空间以网络或枝状相互连接、连通时，则用"3"表示。例如，活性微粉分散在连续媒质中可用"0-3"型表示，纤维分散在连续媒质中则可用"1-3"型表示，多层薄膜则为"2-2"型。习惯上把对功能效用起主要作用的组元放在前面，称为活性组元。因此，0-3 型和 3-0 型，尽管有相同的联结型，却是两种不同性质的复合材料。

可能形成的联结型数目是与复合材料的组元个数 n 有关的，可按公式 $(n+3)!/(n!\cdot 3!)$ 进行计算。对于双组元材料（$n=2$），有 10 种联结型，对三组元材料（$n=3$），有 20 种联络型，四组元材料（$n=4$）则有多达 35 种联结型。

对于场特性（field property），联结型实际上影响复合材料中的场分布方式，使电磁场或应力场集中在能够产生最强烈功能效应的部位。对于输运特性（transport property），联结型对于渗流（percolation）途径有非常大的影响。

15.3.3　对称性

复合材料的对称性（symmetry），是材料各组元内部结构及其在空间几何配置上的对称特征。复合材料可以用多种类型的对称群来描述，如结晶学点群（crystallographic point group）、居里群（Curie group）、黑‐白群（black and white group）等。按照居里的对称素叠加原理，复合材料的对称素只能包括各组元本身和各组元的几何配置所同时具有的对称素。

在许多情况下，复合材料的对称性仍可用结晶学中的 32 类点群来描述，其基本对称素为对称中心，对称面，1、2、3、4、6 次旋转对称轴和象转对称轴。有时，复合材料的对称性不能用结晶学点群来描述，需要引入无限转轴，这时可用居里群表示。居里群只有 $\infty\infty$m，∞m/m，$\infty\infty$，∞m，∞/m，∞2 和 ∞ 等 7种。如果复合材料涉及磁性，那么在考察其对称性时，就必须引用更复杂的黑‐白居里群。

复合材料的对称性对其性能有很大的影响。一般可以用晶体物理学中的诺埃曼原理（Neumann principle）来处理，即复合材料物理性质的对称性一定高于复合材料结构上的对称性。这样，从复合材料结构上对称性出发，根据广义 Neumann 原理，便可以推断复合材料物性张量的非零组元数。对于 32 种结晶学点群，各阶物性张量的独立非零组元数是晶体物理中所熟知。表 15-2 给出了七种居里群的各阶物性张量的独立非零组元数。

表 15-2　七种居里群的独立非零系数

居里群	$\infty\infty m$	$\infty\infty$	$\infty m/m$	∞/m	∞m	$\infty 2$	∞
P	0	0	0	0	1	0	1
ε	1	1	2	2	2	2	2
d	0	0	0	0	3	1	4
s	2	2	5	5	5	5	5

表中 1 至 4 阶张量采用热释电系数 P，介电常数 ε、压电常数 d 和弹性柔顺常数 s 来代表。

由上所述可见，复合材料的物理性质（物性张量中的组元）可以通过改变其对称性加以调整。以 0-3 型复合材料的折射率为例，来说明对称性与复合材料性能间的关系。如果把球型粉分散到折射率与微粉不一样的各向同性均匀媒质中，形成的复合材料的折射率也是各向同性的，其居里群为 $\infty\infty m$，光折射率体（光率体）为一圆球，表示折射率是各向同性的。如果采用定向排列的针形微粉，则其居里群为 $\infty m/m$，这时，复合材料的折射率呈现各向异性，具有双折射，它的光率体为一旋转椭圆球，其长轴平行于针形微粉的轴，属于正光性。如果定向微粉是片状的，其居里群仍为 $\infty m/m$，复合材料仍然是光学各向异性的，光率体也是一个旋转椭圆球，但其短轴平行于定向片状微粉的法线方向，复合材料是负光性的。复合度还将改变材料的折射率和双折射的大小。可见，利用复合技术，可以用两种同样成分的材料，制备出光学性质完全不同的复合材料。对于电阻率、介电常数和压电性等也存在类似的情况。

15.3.4　标度

复合材料中的标度（scale）是指活性组分的线度大小。这一点对功能复合材料尤为重要。当活性组分的尺寸接近微米或纳米量级，必须考虑在微米和纳米材料中经常出现的热力学效应与量子力学效应。功能复合材料经常采用铁磁、铁电、铁弹等铁性体作为活性组元。铁性体在一般尺度下，由于热力学原因分裂为畴（电畴或磁畴），当材料的尺度下降到微米和亚微米量级时，多畴状态在热力学上变得不稳定，这时只能以单畴状态存在，尺寸进一步下降，系统变得越来越小，热涨落增强，以至摧毁铁性体中的有序化状态，使铁性状态转变成超顺状态。尺寸继续下降，超顺状态的协同作用也难于维持而消失。当尺度进入纳米量级时，量子尺寸效应开始起主导作用。在以上一系列变化中，材料的性能发生很大的，有时甚至是根本性的变化。复合材料中活性组元的性质与尺寸的变化将影响到复合材料的性能。精细复合材料和纳米复合材料正是利用这一系列变化来获得特殊的功能效应的。又如透光性陶瓷的光透过率随第二相或气泡的尺寸而发生变化，在第二相同样体积的情况下，随第二相尺寸的减小，光的透过率和传播距离都增加。当第二相的尺寸与光的波长相比充分小时，如小至1nm，即使是第二相的体积分数达50%，也可以制出透明性好的材料。

15.3.5 周期性

周期性（periodicity）是指复合材料中组元几何分布的周期特征。对于一个随机分布的复合系统，不存在严格的周期性，只存在一个统计平均的分布周期。当需要利用复合材料中的谐振和干涉所产生的效应时，就必须严格控制复合材料在结构上的周期特征。一般要求激励波（电磁波或超声波）波长应与复合材料结构上的周期相当，这时复合材料已不再是均匀物体，所以在超晶格材料和微米超晶格材料中应严格控制各层的厚度。

把极化过的陶瓷纤维周期性地排列在环氧树脂中，制成的复合换能器是一个有趣的例子，当这种换能器以厚度谐振方式驱动时，在空间周期性有序分布的压电陶瓷纤维，使得比陶瓷柔顺得多的聚合物基体以比陶瓷大得多的振幅发生振动，这时复合材料实际上起着机械放大的作用。

15.4 复合材料的界面[3]

1. 界面在复合材料中的重要性

界面是复合材料的重要组成部分。两种或多种材料形成复合材料，其性质不仅取决于本身的结构与性能，而且，在很大程度上受到界面状态的影响，对于精细复合和纳米复合材料来说更是如此。在复合材料中，其界面是一个过渡区，具有亚微米的尺度，成为一种界面相或界面层。由于界面相具有与原先组分不同的化学组成和物理性质，因此，可能产生界面热应力（由于两种不同材料的热导率或热膨胀系数失配而致）、界面化学反应（异向材料表面官能团之间、原子分子之间作用或化学反应）、界面组分偏析、界面结晶效应（异质材料成核诱发结晶形成横晶或因界面反应生成界面结晶化合物）等界面效应，导致界面在成分与结构上的特殊性。由于界面在复合材料中占很大的比例，从而影响到复合材料的许多性质，为此，复合材料界面的研究是当前材料科学中极为活跃的课题。

在复合材料中界面层（界面相）对发挥材料的功能（力、电、声、光、磁等）起着传递、阻挡、吸收和诱导等作用，它们会使复合材料组分间产生出协同效应。实际上复合材料界面层中的化学组成、原子分子排列、物理化学性质等可以呈现出梯度性、渐变性或突变性。同样的复合组元，可因界面状态不同而使复合材料具有不同的宏观性能，因此，近期提出界面工程的概念。

界面工程是试图通过添加物相（纤维、晶须或颗粒），进行表面（界面）改性和基体改性；或加入使异质材料之间易于浸润的某些调节剂，使得复合材料界面具有适当的黏性，形成最佳的界面层。界面工程还须考虑选择最佳的复合工艺，以实现预定的界面和控制，从而获得具有优良的综合使用性能的材料。

2. 界面反应

在大多数复合材料中，活性组分与基体之间通常并非处于热力学平衡状态，它们之间存在化学势梯度，所以，化学反应总是避免不了的，实际反应的程度则取决于制备材料采用的工艺。对界面反应和界面性质的研究，是提高复合材料性能的非常关键的一项工作。目前，已引起普遍注意。

3. 界面反应与材料的老化

界面反应不仅发生在材料的制备过程中，也可能发生在材料的使用中。在使用时可能发生界面间的互扩散、氧化、受环境腐蚀或污染等，导致复合材料的老化或退化。为了更好地了解界面反应的规律和复合材料的老化原因，必须了解工艺过程的细节，材料使用时的环境和条件。

15.5 精细功能复合材料的制备[1,7,8]

要在微米以至纳米的线度上，把两种或多种材料按照一定的联结型、对称性和周期性均匀地复合起来，从技术上来看是十分复杂的。事实上，功能精细复合材料的出现，受到了有关弛豫型铁电体（relaxor ferroelectrics）的启示，这种材料从复合材料的观点来看可以称为自组合极性纳米复合材料（self assembling polar nano composite）。弛豫型铁电体是一类化学组成复杂的物体，通常在晶格的同一晶位上，同时存在着两种或两种以上的离子。这种材料在纳米线度上是不均匀的，存在着组成和结构的波动。铁电体中的组成和结构波动导致了极性和非极性两种状态在纳米线度上的复合。研究发现，采用温度、电场、掺杂等可以有效地改变这类材料的纳米结构，从而大幅度地改变其各种性能。弛豫型铁电体已经在高技术的许多重要领域中获得了应用，成为一种非常重要的功能陶瓷材料。弛豫型铁电体可以说是一种自然形成的纳米复合材料，研究工作所进行的，只是尽可能地控制和调整其纳米结构以定向地优化其性能。

对弛豫型铁电体纳米非均匀性的研究成果表明，如果能够人为地制备出在微米或纳米线度上，按照一定的结构要求复合起来的材料，那么，效果可能会更好。于是，人们开始了这一方向的探索和研究。对于双组元复合材料，从现有的技术来看，比较容易实现的复合结构为 0-3、1-3、3-3 和 2-2 型复合结构。其中 0-3 型和 1-3 型是把活性微粉或纤维分散到连续的基体中；3-3 型是两相各自呈珊瑚状的连续空间网格并相互交织在一起的复合结构；2-2 型则为复层交替复合结构。

制备精细复合材料经常是把活性组元均匀分布在基体媒质中。

1. 活性组元材料的制备

用来制备精细复合材料的活性组元材料多种多样，取决于对材料功能效应的要求。研究得较多的活性组元材料有金属、半导体以及极性和磁性氧化物等。活性组元经常是以低维状态用在复合结构中。因此，制备这些低维活性组元的方法，就是超微粉体、晶须和纤维以及薄膜制备中常用的方法，如溶液-溶胶-凝胶（SSG）水热法等湿化学方法、各种物理与化学气相沉积方法（PVD、CVD）、各种蒸发与溅射法、等离子体化学气相沉积法（PCVD）、气相与液相渗透法（GIF&LIF）等。湿化学法制备陶瓷粉末，纯度高，均匀性好。其中，水热法制得的陶瓷粉末结晶度高、团聚小，溶胶-凝胶法制造的粉末纯度高、均匀性好、温度低，该法是采用金属醇盐为原料，通过水解-聚合反应生成透明凝胶，然后在较低温度下加热，即可得到纳米级的陶瓷粉末。陶瓷纤维的制备，采用溶胶-凝胶工艺，克服了传统熔融法采用氧化物为原料熔融纺丝需要高温、不易制成纤维的缺点。例如，Yoko 等采用溶胶-凝胶工艺制备了 $BaTiO_3$ 纤维，前驱体溶液由 $Ti(OC_3H_7)_4$-$Ba(OC_2H_5)_2$-H_2O-C_2H_5OH-CH_3COOH 组成，制得可拉丝的溶胶后，把凝胶纤维加热到 600℃ 以上，可获得单相钙钛矿 $BaTiO_3$ 纤维。Kamiya 等人采用 $Ti(OC_4H_9)_4$-$Pb(OC_2H_5)_2$-H_2O-CH_3OH 作为前驱体溶液，制得了 $PbTiO_3$ 纤维，并通过加入 1‰ Mn_2O_3（质量分数）的办法，有效地避免了纤维开裂现象，采用该工艺还制得了性能良好的 PZT 纤维。其他制备超微粉体、纤维和薄膜的方法见第二篇有关章节。3-3 联结型的活性组元如是多孔陶瓷，以 PZT 为例，将 PZT 粉末与一定比例的有机物混合，然后按照 PZT 的烧结方式除去有机基团，即可得到 PZT 多孔陶瓷。

2. 基体材料的采用

经常用作基体的媒质材料有聚合物、凝胶和玻璃。为了制备方便，也可以采用液体媒质。当然，究竟采用什么基体材料需要从复合材料的具体性能要求和制备技术两方面来综合考虑。

3. 各种联结型精细复合材料的复合工艺

以陶瓷/聚合物复合材料为例，介绍各种联结型复合材料的复合工艺。

（1）0-3 型　这种联结型的陶瓷/聚合物复合材料是在三维互连的聚合物基体中填充活性陶瓷颗粒而形成的复合材料。按一定的比例将活性陶瓷粉末与高聚物粉末混合均匀后，加压加温成型固化，脱模后即得到 0-3 型陶瓷/聚合物复合材料。近来还开发出一些 0-3 型陶瓷/聚合物复合材料制备的新工艺，如①水解-聚合法，选择适当的金属有机化合物（含有共轭双键）与金属有机醇盐，使之在溶剂中相互反应，再水解生成活性组元粒子，然后除去水，加入适量引发剂引发共轭单体聚合，利用所得的粉末热压成膜而得 0-3 型复合材料。以压电陶瓷/聚合物复合材料为例，日本 Nagoya 大学的 Yogo 等利用甲基丙烯酸铅〔$(CH_2\!=\!C(CH_3)\!-\!COO)_2Pb$〕和异丙醇钛通过水解-聚合法制备了 PT/PMMA 0-3 型复合材料。②凝聚-胶体法，此种方法分几个步骤：（a）将陶瓷粉末分散于稀释了的聚合物中，使聚合物吸附在陶瓷粒子的表面；（b）加入一种聚合物的不良溶剂（如水），使聚合物-陶瓷粉末凝聚体从悬浮液中分离出来；（c）聚合物-陶瓷粉末凝聚体的过滤；（d）冷压得到 0-3 型陶瓷/聚合物复合材料。③溶液聚合法，将陶瓷粉末与单体和溶剂按一定比例称量后，在高温下进行热引发聚合，或者加入引发剂在一定条件下引发单体聚合物。然后，进行真空干燥去除溶剂，研磨后进行冷压成型，得到 0-3 型陶瓷/聚合物复合材料。

（2）1-3 型　这种联结型的陶瓷/聚合物材料是由一维的陶瓷柱平行地排列于聚合物中形成复合材料。1-3 型复合材料制备工艺难度较大，主要是因为要保持陶瓷的规则排列十分困难。制造 1-3 型复合材料的可行性方法主要有排列-浇铸法和切割-填充法两种工艺。前者是将陶瓷棒事先在模板上插好，然后向其中浇铸聚合物，固化后得到 1-3 型复合材料。后者是沿着与陶瓷块极化相垂直的两个水平方向上通过准确的锯切，在陶瓷块上刻出许多深槽，在槽内填充聚合物，并进行固化，最后把剩余的陶瓷基底切除就得到 1-3 型复合材料。

（3）2-2 型　这种联结型的陶瓷/聚合物复合陶瓷材料各相联结的方式，是陶瓷相和聚合物相分别在二维空间各自连续而在一维方向上互相平行。以 2-2 型 PZT/环氧复合材料为例介绍其制备工艺。首先，取一对薄铝片，同轴平行固定在支架上，在两铝片的相对位置上打一排方孔，方孔的数量和大小由复合材料中 PZT 的体积分数和 PZT 单元小柱尺寸决定。然后，将 PZT 矩形薄片切割成适当大小的矩形小柱，经 KH550 硅烷偶联剂处理后，将这些矩形小柱按一定规律插排在两铝片之间，再将插排有 PZT 小柱的支架放入矩形塑料槽中，在真空条件下浇注环氧 618 树脂，并于 45℃下固化 24h，最后切掉支架及多余的环氧树脂，即得到 2-2 型 PZT/环氧复合材料。

（4）3-3 型　这种联结型的陶瓷/复合材料是指陶瓷材料相和聚合物相在三维空间互相交织，相互包络而形成的一种空间网络复合结构。3-3 型陶瓷/聚合物复合材料的制备有：①有机物烧去法。将塑料球粒与陶瓷粉末在有机黏结剂中均匀混合，烧去后形成多孔陶瓷框架网络，然后再填充聚合物，经固化后得到

3-3 型复合材料。② 纤维复合材料成型法。该法是常用的复合材料成型技术。③ "Relic" 纤维复合法。这是一种制备 3-3 型复合材料的新方法。David 等用溶胶-凝胶工艺制备的活性组元溶胶去浸渍碳纤维，经烧结在碳纤维表面附着一层活性组元陶瓷，然后，采用纤维复合材料成型技术与树脂固化，即得到 3-3 联结型复合材料。

4. 极化

制备压电陶瓷/聚合物一类复合材料，上电极，极化是关键工序之一，材料经过人工极化才具有压电性。要使复合材料具有很高的极化程度，充分发挥其潜在的压电性能，就必须合理的选择极化条件，即极化电场、极化温度和极化时间，这三个因素又互相关联。

功能精细复合材料在制备方面的主要困难，是低维活性组元的分散、定向和定位技术。在这一方面，现有技术并不是很有效的。常用的分散方法不外乎机械分散、超声分散等。近年来，开始研究的水锤分散方法对液态媒质来说有着良好的发展前景。至于低维组元的定向和定位技术，还没有什么有效的方法，尚在探索之中。玻璃在高温度梯度下的定向析晶及毛细管内的定向渗滤是有一定效果的方法。总的看来，精细复合材料的复合技术是整个研究工作中的难点，还在探索和发展中。

15.6 功能精细复合材料的现状及应用[1,2,5~8]

在电子技术中，功能精细复合材料的主要应用是制造各种敏感和传感器件，效能常常优于一般单质功能材料。下面举几个例子加以说明。

15.6.1 压电性功能复合材料

压电材料能够自适应于环境的变化，实现机械能和电能之间的相互转化，具有集传感器执行和控制于一体的特有属性，是智能系统中的主导材料。压电材料已由最初的压电晶体（石英晶体）发展到压电陶瓷，进而发展到压电聚合物及其复合材料。其压电功能的应用也由最初的检音器、简单的换能器、滤波器被扩展到能源、信息、军事科学、超声医学及其他高技术领域。

压电陶瓷材料（如 $BaTiO_3$、锆钛酸铅 PZT 和 $PbTiO_3$）具有很高的介电性、较强的压电性和大的机电耦合系数等优点。但其成形温度较高，制备工艺较复杂，不易制得很薄的薄膜材料。并且，由于它固有的脆性，不能承受冲击力，密度较大，使压电陶瓷的应用受到很大的限制。以锆钛酸铅（PZT）为例，如果将锆钛酸铅粉与高分子树脂复合，不仅能制成柔性易加工成型的压电材料，且压电系数 g_h 还有所提高，这是因为

$$g_h = \frac{K \overline{d_h}}{\varepsilon} \tag{15-3}$$

式中，$\overline{d_h}$ 为材料的平均流体静压压电系数；ε 为材料的介电常数；K 为机电耦合系数。由于锆钛酸铅的介电常数太大，所以尽管 $\overline{d_h}$ 也大，但仍不能使 g_h 值得到提高。与高分子复合后，ε 明显降低，从而提高了 g_h 值。特别是在高分子基体中，再加入导电填料（如碳、锗、硅等）使极化电场均匀，则 g_h 还能进一步提高。这些数据列入表 15-3。

表 15-3 PZT 及其功能复合材料的压电性能

材　　料	ε	d_h	g_h
固体 PZT	1800	30	2
PZT（70%）＋高分子树脂（30%）	100	10	10
PZT（UEI）＋C 粉（1.5%）＋树脂（30%）	120	30	30
PZT（66%）＋Ge 粉（4%）＋树脂（30%）	90	17	22
PZT（68.5%）＋Si 粉（1.5%）＋树脂（30%）	30	18	23

压电陶瓷/聚合物复合材料的性能，不仅与材料的组成成分、各组分的比例有关，而且，与两相材料联结型密切相关。按照两相材料的不同联结型，压电陶瓷/聚合物复合材料有十种基本类型：0-0、0-1、0-2、0-3、1-1、1-2、1-3、2-2、2-3、3-3 型，前一数字代表压电陶瓷的联结维数，第二个数字代表聚合物的联结维数。

由 PZT 压电陶瓷微粉、纤维和聚合物复合而成的压电复合传感器，是真正的 0-3 型和 1-3 型精细复合材料。这种传感器使水声探测器以及医学用超声阵列探测器的灵敏度提高好几个数量级，从而可以截取到微弱的信号和更加清晰的图像。此项研究被认为是 20 世纪 70～80 年代，100 项重大科技成果之一。

15.6.2 吸收屏蔽性功能复合材料（隐身复合材料）

隐身复合材料的名称来自于降低军事目标可探测性的材料。由于探测技术的飞速发展和各种探测器的综合使用，隐身材料也必须朝着多功能化、多频带方向发展，以往单质，如金属、陶瓷、半导体、高分子隐身材料很难适应这一要求，因此，隐身材料的发展就显得格外重要。

隐身材料的基本原理是：降低目标自身的或反射外来的信号的强度；或者减小目标与环境的信号反差，使其低于探测器的门槛值；或者目标与环境反差规律混乱，造成目标几何形状识别上的困难。

铁氧体有吸收电磁波的特性，但其加工工艺限制了其应用。如果把铁氧体粉末与树脂复合则很容易用加热压制的方法，做成各种形状的屏蔽零件。也可采取涂覆的方法，制成表面吸收涂层以满足需要，特别是采用吸收层与共振层复合叠层的方法，可以收到更佳的效果。如表 15-4 所示。

表 15-4　单层与双层吸收屏蔽复合材料的性能

材料	单层	双层
吸收频带/GHz	9.6～10.1	8.7～12.7
带宽/GHz	5	40
衰减/dB	20	20
层厚/mm	2	4
使用温度/℃	−40～150	−40～150

隐身材料按照电磁波吸收剂的作用，可分为涂料型和结构型两类，它们都是以树脂为基体的复合材料。

1. 涂料型隐身复合材料

能使被涂目标与它所处的背景有尽可能接近的反射性、透过性、吸收电磁波和声波特性的一类无机涂层，又称为伪装层。隐身涂层种类很多，有防紫外侦察隐身涂层、防红外侦察隐身涂层以及防可见光、防激光、防雷达等侦察隐身涂层，还有吸声涂层等。

隐身涂层多采用涂料涂覆工艺。涂料由黏结剂、填料、改性剂和稀释剂等组成。黏结剂可以是有机树脂，也可以是无机胶黏剂。填料是调节涂层与电磁波、声波相互作用特性的关键性粉末状原料。可选择金属、半导体、陶瓷等不同类型的粉末作为填料，由于它们在能带结构上的差别，可针对不同的探测装置进行隐身。由于探测技术不断提高，隐身涂层也向具有多功能的 2-2 型多涂层复合膜方向发展。

2. 结构型隐身复合材料

由于涂料型隐身材料存在质量、厚度、黏结力等问题，在使用范围上受到了一定限制，因此兼具隐身和承载双功能的结构型隐身材料应运而生。电磁波在材料中传播的衰减特性是复合材料吸波的关键。实际上，振幅不同的波来往传播，包括折射和散射，最后使射入复合材料的电磁波能得到衰减，达到吸收的目的。此外，在设计中使复合材料表面介质的特性尽量接近空气的特性，就会使表面反射小，从而起到隐身作用。

作为兼具隐身和承载双功能的材料的设计，主要有混杂型和蜂窝结构型复合材料两大类：

（1）混杂型　基体为高聚物，增强体是不同类型的纤维材料。例如选择酚醛树脂为基体，选择碳纤维、玻璃纤维、芳纶等为增强体，选择合适的混杂结构参数，界面尽量增多，这种复合材料不仅有较好的承载功能，同时也具有良好的吸收雷达波的性能。

(2) 蜂窝结构型　它是一种外形上类似于泡沫塑料的纤维增强材料，对电磁波有极好的吸收效果。如采用多层结构，频率为 $8 \sim 12 GHz$ 时，吸收性能达到 15dB。

采用金属、铁氧体等超微粉与聚合物形成的 0-3 型复合材料和采用多层结构的 2-2 型复合材料，在吸收、衰减电磁波和声波以及减少反射和散射，从而达到电磁隐身和声隐身方面取得了很好的结果，已经进入到实际应用阶段。

15.6.3　抗声的复合材料

声波在材料内传递时，在声能的作用下材料的分子也随之运动。但材料分子运动的位相滞后，使材料内部的部分声能变为热能而被吸收。为获得良好的吸声性能，水内吸声材料必须满足两个重要的条件：①材料的特征阻抗（材料中声速同材料密度的乘积）同水的特征阻抗（水中的声速同水的密度乘积）匹配。这样在水内吸声材料界面上，声波才能几乎无反射地进入吸声材料内。②材料应有大的损耗因子（表示波传播单位距离衰减的分贝数，单位为 dB/cm），使进入材料内的声波能迅速衰减。

为满足上述要求，在动态力学黏弹曲线上，选择内耗峰较宽且较高的黏弹材料，如合成橡胶、聚氨酯作为吸声复合材料的基体。将基体同金属粉末、多孔或片状材料共混构成复合材料。加入多孔或片状材料有利于将在声能作用下产生的压缩形变转变成剪切形变，使声能损耗增大。从结构设计上，复合材料可以制成类似梯度材料原理的阻抗连续过渡吸声材料以及共振吸收结构吸声复合材料等。显然，抗声纳吸声材料的吸声是基本填料和声学结构共同作用的效果。一般把上述结构的吸声复合材料称作消声瓦。

15.6.4　磁电效应功能复合材料

磁电效应功能复合材料是对材料施加磁场时产生电流的一类材料。这类材料在传感器、电子回路元件中得到了实际应用。把钴铁氧体的微粉和钛酸钡铁电微粉复合，利用钴铁氧体在磁场中的磁致伸缩产生应力，传送到钛酸钡微粉上，通过钛酸钡的压电效应把应力转变为电势，从而完成磁和电之间的变换。这种复合材料的磁电效应，是目前最好的单晶材料的 100 倍。

15.6.5　自控发热功能复合材料

将一种导电粉末（如碳粉）分散在高分子树脂中，并使导电粉末构成导电通道，这种材料称为自控发热功能复合材料。用这样的复合材料加上电极制成扁形电缆，即可绕在石油或化工管道外面通电加热。它的特点在于通电后，材料发热使高分子膨胀，拉短一些导电粉末通道，从而使材料电阻增大，降低发热量，温度降低后，高分子收缩又使导电通道复原，产生控制恒温的效果。这种热-变形-变阻的相乘效果，成为热-变阻的方式（热敏开关）。

15.6.6　X射线-光效应功能复合材料

可将 X 射线变换为可见光的材料。有机材料蒽（$C_{14}H_{10}$）可以将 X 射线变为可见光而发出荧光，但是，由于构成蒽的元素的原子序数过小，对 X 射线的吸收能力低，因此，将 X 射线变换为可见光的效率也低。为了提高其对 X 射线的吸收能力，将含有原子序数较大的原子的 $PbCl_2$ 与蒽混合而成复合材料。当 X 射线照射复合材料时，其结果为，X 射线首先与 $PbCl_2$ 颗粒作用而产生二次电子，接着二次电子再使蒽分子受激励产生可见光，从而达到复合效果，复合后发光强度提高了数倍。

15.6.7　其他功能复合材料

功能材料还有许多种，比较重要的有导电功能复合材料，预计它可代替铜作为馈电线。导磁材料与聚合物复合压成薄片作为变压器等的铁芯材料、微型电机磁圈、复印机磁辊等有着广阔的市场前景。在高分子阻尼材料中加入片状和纤维填料可以明显加宽、加高动态内耗-温度谱中的内耗峰，从而改善了原材料的阻尼功能。

利用陶瓷、金属、半导体结合起来的 2-2 型多层复合结构是厚膜电路和混合集成电路的发展基础，已经开发出品种繁多的各种电子器件。这种复合结构也是发展机敏材料（smart materials）的重要途径。由周期性多层复合结构发展起来的声学超晶格有可能成为在微波频段的超高频换能器和滤波器。

光电子技术是精细复合材料特别是纳米复合材料的重要应用领域。研究工作表明，分散在液体、聚合物和玻璃中的金属、半导体和极性氧化物具有明显的光学非线性效应。微粉悬浮系统的光学位相共轭、二波混频以及微粉复合体的相干和频、差频效应和光学双稳效应都已取得了有希望的实验结果。

应该指出，功能精细复合材料是材料科学的新兴领域，理论和技术都还不成熟。目前的研究重点主要还是侧重在制备技术方面，有关应用方面的研究主要侧重在原理性和可行性的研究。要使这种材料真正进入实际应用还有很长的路要走。

参 考 文 献

1.《高技术新材料要览》编辑委员会. 高技术新材料要览. 北京：中国科学技术出版社，1993
2. 马如璋，蒋明华，徐主雄. 功能材料学概论. 北京：冶金工业出版社，1999

3．李言荣，恽正中．材料物理学概论．北京：清华大学出版社，2001

4．汪敏强，李广社，易文辉等．功能纳米复合材料的研究现状和展望．功能材料，2000，31（4）：337～340

5．吴人洁．复合材料的现状和进展，见：师昌绪主编，新型材料与材料科学．北京：科学出版社，1988

6．贾成广，李文霞，郭志猛等．陶瓷基复合材料概论．北京：冶金工业出版社，1998

7．王树斌，韩杰才，杜善义．压电陶瓷/聚合物复合材料的制备工艺及其性能研究进展．功能材料，1999，30（2）：113～117

8．李小兵，田莳，张跃．0-3 型压电陶瓷/聚合物复合材料的制备工艺新进展．功能材料，2001，32（4）：356～358

第四篇　无机生物医学材料

第十六章　生物医学材料概论

16.1　生物医学材料学与相关学科

　　生物医学材料学是生物医学工程学的一大分支，也是生物医学工程其他分支如人工器官、组织工程、生物传感器等的物质基础。生物医学材料与生物医学工程学本身一样也是一门涉及多个学科交叉、渗透、综合的边缘学科。生物材料学是生物学与材料学交叉的学科。生物医学材料学是生物学、医学与材料学交叉的学科。生物学、工程学、材料学的交叉形成仿生工程材料（或称受生物启发的材料）、智能材料或灵巧材料。

16.2　生物医学材料发展简述

　　生物医学材料很少单独使用，通常是结合在医学装置中替代发生病变和失去功能的生命体器官（称为人工器官），生物医学材料的发展总是和人工器官一起发展的。据历史记载：远古时代，公元前约 3500 年，古埃及人用棉花纤维、马鬃作缝合线缝合伤口；墨西哥的印第安人使用木片修补受伤的颅骨。公元前约 2500 年前，中国、埃及的墓葬中就发现有假牙、假鼻、假耳[1]。2000 多年前，罗马、中国和埃及就用黄金修补缺损的牙齿[2]。文献记载，1588 年，用黄金板修复颚骨。1775 年，用金属固定内骨折。1800 年有大量关于金属板固定骨折的报道。1809 年，有人用黄金制成种植牙。1851 年，有人用天然硫化橡胶制成人工牙托和颚骨[1]。进入 20 世纪，高分子材料开始用于制备人工器官[2]。1937 年，聚甲基丙烯酸甲酯（PMMA）用于牙科；第二次世界大战后，将跳伞织物（维尼龙 N）用于制造血管修复件；1958 年，用涤纶制造动脉修复物；20 世纪 60 年代初，Charnley 用聚甲基丙烯酸甲酯骨水泥固定超高相对分子质量聚乙烯（UHMPE）/不锈钢配对人工全髋关节成功[2]；20 世纪 50 年代以来，生物医用材料相继用于人工心脏瓣膜、人工心肺、人工心脏（短期）等。生物医学材料的发展给人类健康与长寿带来了福音。

　　近 20 年，生物医学材料及其制品飞跃发展并形成规模性产业。以美国为例，在先进材料加工计划中，将生物医学材料作为第一位发展。美国已有约 1100 万人体内植入 1 个人工器官；200 万人体内植入 2 个人工器官。据有关资料统计，生物医学材料和人工器官所占世界医疗器械市场份额已接近 60%，1995 年已逾 700 亿美元，其年增长率持续保持在 15%～20%。日本将生物医学材料列入高技术新材料发展的前沿。估计欧洲和日本总销售额约为美国的 1.5～2 倍。生物医学材料在世界上已形成新兴产业，将成为 21 世纪国际经济的主要支柱产业之一。

我国有 13 亿人，医疗保健服务的基数大，生物医学材料和人工器官的需求量大：据民政局调查[3]，肢体不自由患者就约 1500 万，其中，残疾约 780 万，过去，由于缺乏重建手术，已有 300 余万人截肢，全国每年骨缺损和骨损伤近 300 万。北方大骨节病患者约数百万。牙缺损、牙缺失患者人数达总人口的 1/5～1/3，口腔材料需求量巨大。以四川省为例就有约占人口数的 0.8% 的人患心脏瓣膜病，需要换取瓣膜。由于多种原因，我国生物医学材料产业基础薄弱，绝大部分依靠进口。数以千万计的病患者的需求和研究开发及生产的薄弱基础，形成尖锐矛盾，如何发展生物医学材料，既是一个难得的机会，又是一个巨大的挑战。国家已采取措施，1999 年制定了生物医学工程发展行动纲要，指出必须加强基础研究，重视生物医学材料新兴产业的培育和形成，加速人才的培养。

生物医用材料的蓬勃发展方兴未艾，是当代迅猛发展的领域。

16.3 生物材料和生物医学材料的定义

生物医学材料的定义随科学技术的发展而演变：20 世纪 60 年代末期和 70 年代初期，美国 Clemson 大学早期的一系列生物材料学术讨论会，提出了 "Biomaterials（生物材料）" 这一概念[2]，又称为生物医学材料或医用材料（biomedical materials or materials used for medical application），其定义随生物医学材料学的发展而演变。Clemson 大学 "生物材料"（biomaterials）顾问委员会将其定义为："一种植入活体内或与活体结合而设计的与活系统不起药物反应的惰性物质"[4]，这一定义表明生物医学材料是人造的、非生命的、用于医学的和具有生物相容性的材料。它与天然生物材料（biological materials，指生物系统中形成的材料，如胶原纤维、蚕丝、骨、牙、贝壳等）有所区别，后者含义明确而固定。20 世纪 80 年代以来，许多专著[5,6]将生物医学材料定义为："用于取代、修复活体组织的人造的或天然的材料"。特别是随着组织工程学的发展，这种生物材料的定义将逐渐增大生物过程形成材料的成分。这样，两种定义就越来越多地重叠[7]。生物医学材料除应用于医学外还可用于生物学领域，如细胞培养、蛋白质处理装置、牲口生育力调节装置、牡蛎水性培养场以及可能用于工程领域制造计算机中的细胞–硅 "生物芯片" 等，这些均可统称为 "生物材料（biomaterials）"。

综上所述，广义而言，生物材料（biomaterials）一是天然生物材料（biological matericals），即生物体系中形成的材料；一是生物医学材料（biomedical materials），用于和生物活体系统接触或结合，以诊断、治疗或替换机体中的组织、器官或增进其功能的材料。它可以是人造的、也可以是天然的或者是二者相结合的材料，也可以是有生命的生物活性分子、细胞或活体组织与无生命的材料结合的生物功能材料（或杂化材料）或组织工程材料。应用上，两类材料除医学外还可用于生物学，也可用于工程领域，如生物传感器、"生物芯片"、仿生工程材料等。

16.4　生物医学材料的生物功能性

生物医学材料的生物功能性是指生物医学材料在植入位置行使功能的能力，或称为执行功能，其自身和植入位置应当满足适当的物理化学要求；生物医学材料能否有效地行使功能，除与其自身的物理化学性质相关外，还和其所处的生物环境相关。生物功能性既指材料本身行使功能必须具有的物理化学性质，也包括材料对其植入位置的物理化学要求。

16.5　生物医学材料的生物相容性

材料的生物相容性是任何生物医学材料必须满足的性质。早期是指材料为有机体或组织接受相容，即材料不引起宿主反应。随着生物材料学的发展，对生物相容性概念的认识不断加深，认为生物相容性是指生命体组织与非生命材料产生合乎要求的反应的一种性能，即生物相容性表征生物医学材料的生物学性能，它决定于材料和活体系统间的相互作用，这种相互作用包括两个方面：

（1）宿主反应　包括局部和全身反应，如炎症、细胞毒性、溶血、刺激性、致敏、致癌、致诱变、致畸和免疫反应等，其结果可能导致对有机体的毒副作用和有机体对材料的排斥。

（2）材料反应　主要来自生物环境对材料的腐蚀和降解，可能使材料性质发生变化，甚至破坏。因此，对生物医学材料必须进行生物相容性评价，要求植入体内后，宿主与材料相互作用，保持在可接受水平。

材料的生物相容性与其使用目的和条件密切相关，与血液直接接触的材料主要考察与血液的相互作用，称血液相容性；与肌肉、骨骼、皮肤等组织接触的材料的生物相容性，称为组织相容性。

生物相容性及其评价是十分复杂的问题，是生物医学材料长期研究的课题。

16.6　生物医学材料的生物安全性评价

生物医用材料安全性的生物学评价是医用材料学的一个重要组成部分，它指采用生物学方法检测材料对受体的毒副作用，从而预测该材料在医学实际应用中的安全性。它包括：材料对受体局部组织、血液和整体的反应、对受体的遗传效应。任何一种医用材料与有机体接触一定时间后，都可能引起一时性不同程度的反应，有的反应很轻，能被受体和人体所接受，无远期毒副作用，可认为不影响其安全性。

16.7　生物医学材料的消毒与灭菌

医用材料的消毒和灭菌常用的方法有[8]：

（1）高压蒸汽灭菌法　高压蒸汽穿透性强，使细胞原生质含水量增高，发生变性凝固，是普遍使用的可靠的灭菌方法。高压蒸汽灭菌条件通常为：115℃（0.07MPa），30min；121℃（0.1MPa），20min；126℃（0.14MPa），15min。高压蒸汽灭菌法对高分子材料灭菌，要求材料至少能承受115℃以上的高温，除聚丙烯、硅橡胶、聚四氟乙烯、聚碳酸酯外，大部分高分子材料均不能采用此法灭菌。

（2）化学消毒与灭菌法　它是化学品渗入到微生物的细胞内，与其反应形成化合物，破坏了细胞的生理机能而导致细胞死亡，达到灭菌效果。化学杀菌剂很多，分液态和固态。液态杀菌剂在低浓度下只能起到消毒作用。气体灭菌有甲醛、环氧乙烷、β-丙内酯、溴甲烷、乙撑亚胺等。常用环氧乙烷，它对一切微生物都有很强的杀灭作用。一般灭菌条件为：环氧乙烷浓度为450～1000mg/L，25℃时灭菌6～12h；50～60℃时灭菌4h。

（3）辐射灭菌　包括日光、紫外线、微波、红外线、γ-射线、电子射线等。微生物被照射后，可引起细胞内成分，特别蛋白质与酶发生脱氧核糖核酸化学变化，使之死亡。其中，红外线和微波可产生热，仍属热力作用。紫外波长一般以2500～2650Å杀菌力最强，常用2537Å。γ-射线可以杀灭一切微生物，是近年来较多采用的灭菌技术之一，主要用于大批量的"一次性使用"制品如注射器、导管、插管、缝合针线、药品以及手术器械等的灭菌。电子射线的穿透能力一般较弱，故灭菌时包装的体积不能过大。高分子材料经辐照后依据其化学结构的不同，可能发生降解或交联，导致力学性能降低或增加，视具体情况，选择辐射方法和辐射剂量。

16.8 生物医学材料的范围及其分类

从材料本身及其应用两个方面来分类，有以下几类：

1. 按材料化学组分

（1）无机生物医学材料（inorganic biomedical materials） 又称生物陶瓷（bioceramics），如生物玻璃、生物玻璃陶瓷、氧化铝与氧化锆陶瓷、碳素材料、羟基磷灰石、磷酸钙陶瓷等。

（2）金属及合金生物医学材料（metallic biomedical materials） 主要为不锈钢、钴基合金、钛及钛合金。

（3）高分子生物医学材料（polymeric biomedical materials） 又称医用高分子材料（polymers for medical use），如聚硅氧烷（硅橡胶）、聚氨酯、聚甲基丙烯酸甲酯、聚乙烯、聚醚、聚砜、聚氯乙烯、聚四氟乙烯、涤纶、尼龙、聚丙烯腈、聚碳酸酯等。

（4）复合生物医学材料（composite biomedical materials；biomedical composite） 广义地讲，是由两种或多种的有机高分子、无机非金属、金属或天然生物（包括活体和再生的）等几类不同材料通过物理、化学或生物复合工艺组合而成的具有生物相容性的材料，又称医用复合材料（biomedical composite）。它能保持原组分的特色，通过复合获得原组分不具备的性能。就增强医用复合材料而言，它由一种或多种不连续相的材料嵌合到连续相材料中而组成。不连续相通常比连续相更硬、更强，称之为增强体或增强材料，而连续相将分散的增强体黏合在一起增加其韧性，称之为基体。常用于医用复合材料的增强体有碳纤维、高分子纤维、陶瓷和玻璃，取决于应用要求可以是惰性的也可以是可吸收的。基体是非降解吸收的或可降解吸收的，如聚砜、超高相对分子质量聚乙烯、聚四氟乙烯、聚甲基丙烯酸甲酯，用碳纤维、陶瓷粉料增强后用于制备人工髋关节、人工齿根、骨水泥。可生物降解吸收的高聚物聚乳酸和聚乙二醇，增强后可用作缝线和硬、软组织修复材料。就材料的功能而言，复合将赋予材料新的功能，如将磷酸钙陶瓷粉引入高聚物中构成的复合材料具有骨传导活性；将羟基磷灰石喷涂在钛合金表面成为具有生物活性的涂层复合材料，它既保持了金属的强度又赋予了材料的骨传导活性，这类材料也广泛用于骨、牙的修复。此外，人造材料也可与经特殊处理后的天然生物材料复合构成复合生物医学材料，如胶原与聚乙烯醇构成的杂化材料，可以增进组织生长。如果引入活性生物分子（或细胞）固定在人造材料的表面上或内部构成生物功能系统。这类型的复合生物医学材料，称为生物功能材料[2]或杂化生物医学材料[1]，如具有骨诱导作用的骨形态发生蛋白（BMP）/磷酸钙复合人工骨材料、高分子表面肝素化材料等。

（5）生物功能材料（biologically functional materials）[2]　采用物理的或化学的方法将生物活性分子如酶、抗体、抗原、多体、多糖类、酯类、药物以及细胞固定在人工材料表面或内部构成具有生理功能的生物医学材料，是活体材料与非活体材料杂化组成的新型复合生物医学材料，也称之为杂化生物医学材料[1]。在这方面高分子材料是人工材料中易于与生物分子结合产生生物功能系统的一类材料。固体高聚物或可溶性高聚物都可考虑作固定生物分子的支撑或骨架，它们可以是各种形式如颗粒、纤维、织物、膜、管、中空纤维和多孔系统。当某些高分子是水溶胀性的，它们即变成水凝胶，生物分子和细胞可固定于其中。已有不少的生物功能材料用于临床，如肝素化处理的各类抗凝血导管、插管、分流管，已有商品在临床上较为广泛地应用。将酶固定在高分子微胶囊内，利用高分子半透膜，将酶与体内蛋白分开，避免了免疫反应，小分子物质和酶反应产物又可以自由通过高分子膜，达到治疗目的。用类似方法，利用生物活性分子固定在材料上以制备各种杂化人工器官，代替和修复人体器官，可实现生物功能的目的。

2. 按材料来源

（1）天然生物材料（natural biological materials）和生物衍生材料（biologically derived materials）　是天然高分子材料。包括来自人体自身组织、同种异体（如人尸体）和异种（如动物）同类器官与组织以及由天然生物材料提取与改性得到的材料。人类和动物有机体的皮肤、肌肉和器官都是高分子化合物。构成有机体的基本物质，如蛋白质、多糖和核糖核酸都是高分子化合物，他们在有机体内行使各式各样的生理功能，进行新陈代谢。天然高分子材料由于其多功能性、生物相容性和可生物降解性，是人类最早使用的医用材料之一。直接使用它会发生免疫反应，目前已成功研究采用物理和化学方法对其进行处理形成生物医用材料，称为生物衍生材料或生物再生材料（bio-regeneration materials）。生物组织可取自同种或异种动物体的组织，特殊处理为：①维持组织原有构型而进行的固定、灭菌和消除抗原性的较轻微的处理，如经戊二醛处理固定的猪心瓣膜、牛心包、牛颈动脉、人脐动脉、冻干的骨皮、猪皮、牛皮、羊膜、胚胎皮等；②拆散原有构型，重建新的物理形态的强烈处理，如用再生的胶原、弹性蛋白、透明质酸、硫酸软骨素和壳聚糖等构成的粉体、纤维膜、海绵体等。经过处理的生物组织已失去生命力，生物衍生材料是无生命的材料，但由于衍生材料，或是具有类似于自然组织的构型和功能，或是其组成类似于自然组织，在维持人体动态过程的修复和替换中具有重要的作用，主要用作人工心脏瓣膜、血管修复体、皮肤掩膜、纤维蛋白制品、巩膜修复体、鼻种植体、血液吸筒、血浆增强剂和血液透析膜等。目前天然高分子医用材料使用较多的为天然蛋白质材料和天然多糖类材料。

（2）合成的生物医学材料　为人工制取的材料如硅橡胶、聚氨酯、生物陶瓷。

3. 按使用要求

植入材料与非植入材料、血液接触材料、一次性使用材料与重复使用材料、可生物降解吸收材料与非降解吸收材料。

4. 按应用部位及功能

硬组织材料，软组织材料，心血管材料，血液代用材料，牙科材料，分离、过滤、透析膜材料，根据功能要求制成各类人工器官及组织。

16.9 无机生物医学材料

无机生物医学材料是一类正在发展的生物医学材料，它是用于医学并具有生理功能的高技术陶瓷材料，故又称生物医学陶瓷材料或简称生物陶瓷（bioceramics）。几千年前，人类将黏土烧成陶瓷，是人类文明的一大进步，导致了人类生命质量和寿命的改善。近 40 年期间，陶瓷应用于改善人类生命质量上出现了又一次革命，特别是将设计和制造的陶瓷用于机体病变、破坏或磨损部件的修复和重建。用于此目的的陶瓷称为生物陶瓷[11]，它包括广阔系列的无机的或非金属的合成材料。

16.9.1 生物陶瓷的优点、缺点及医学应用

由于生物陶瓷无毒，与活体有良好的生物相容性和生物耐腐蚀性，化学稳定性高，耐高温，便于采用各种方法消毒，因此越来越受到重视。使之用于置换人体的部件，特别是骨，由于它对体液呈惰性，压缩强度高而且令人有舒适感，所以可用于齿科作牙冠。碳素材料已作为植入体应用，特别是作为表面与血液接触的应用，如心脏瓣膜。由于陶瓷纤维具有高的比强度和血液相容性，陶瓷也用作复合植入材料的增强体。由于承受张力负荷，应用于如人工肌腱和人工韧带[4,9]。氧化铝髋关节植入体已用了 20 多年[10]。陶瓷由于其价键的特性，使之为非可延性，它对裂痕或裂缝非常敏感，在裂缝一开始出现即发生裂纹。在裂纹尖端应力最集中，材料变得相当脆弱。陶瓷的破坏很难预测。陶瓷的脆性、易于断裂是其致命的弱点。

用作植入体的生物陶瓷，要求其无毒、不致癌、不过敏、不发炎、生物相容性好、能保持宿主终生的生物功能。

16.9.2 生物陶瓷的分类

一般可分为以下四类[4]：

（1）非吸收或接近生物惰性的生物陶瓷，如氧化铝、氧化锆、非活性玻璃和玻璃陶瓷、碳素和氮化硅等。

（2）生物可降解或可吸收的生物陶瓷，如羟基磷灰石（HA）、α，β-磷酸三钙（α，β-TCP）、磷酸铝钙（ALCAP）、锌钙磷氧化物（ZCAP）、硫酸锌-钙磷氧化物（ZSCAP）、铁钙磷氧化物（FECAP）等陶瓷。这类材料也可视为生物活性陶瓷。

（3）生物活性或表面反应陶瓷，如生物活性玻璃和玻璃陶瓷、磷酸钙类（羟基磷灰石，α，β-磷酸三钙）陶瓷、磷酸钙生物活性骨水泥。这类材料在体内与骨组织形成强的化学键结合。

（4）无机生物医学复合材料，以无机材料作基体或增强体构成的复合材料，根据应用需要满足生物活性或力学性能要求，采用多种技术进行制备和复合。

16.9.3 生物陶瓷的形状和相[9]

生物陶瓷可以制成具有不同形状和相的材料，在修复基体中提供多种不同的功能。在许多应用中，陶瓷是以特殊形状的块体应用，称为植入体。也采用粉末形式用以填充空位、治疗处理或组织再生。在一种基体上涂层陶瓷或在复合材料中作为第二相，将两种材料的特性结合到一种新材料中，以增强力学和化学性能。在相方面，陶瓷可以是单晶（如蓝宝石）、多晶（如氧化铝或羟基磷灰石）、玻璃（如生物玻璃）、玻璃陶瓷（如 A/W 玻璃陶瓷）或复合材料（如聚乙烯-羟基磷灰石），单相或多相取决于性质和所要求的功能，如蓝宝石具有高的强度作为牙齿植入体；A/W 玻璃陶瓷由于其具有高强度而与骨键合用作置换椎骨；生物活性玻璃由于其强度低，但与骨结合快，故用作骨缺损的修复。

16.9.4 生物陶瓷-组织反应的影响因素、反应和结合的类型[2,11]

1. 生物陶瓷-组织反应的影响因素

到目前为止，还没有一种材料是完全惰性的物质，所有的材料都要引起宿主反应。反应发生在组织-植入体界面上，同时取决于许多因素。组织一方的影响因素有：组织的类型、组织的健康、组织的老化、组织中的血液循环、界面上的血液循环、界面上的运动、结合的紧密和机械负荷等。植入体一方的影响因素有：植入体的组成、植入体的相、边界相态、表面孔隙率、化学反应、结合的紧密和机械负荷等。

2. 生物陶瓷-组织反应类型

在组织-植入体界面上反应类型有四种：①如果材料是毒性的，周围组织坏死；②材料无毒且接近生物惰性的，在植入体周围形成一层不同厚度的纤维膜；③材料无毒且为生物活性材料的，形成一种界面键；④材料无毒，是溶解的，周围组织将取代材料。

3. 生物陶瓷－组织结合的类型

组织与植入体结合机理，直接与在植入体界面上的组织反应有关。生物陶瓷与植入体结合类型有四种：①致密、无孔，接近生物惰性的生物陶瓷，如单晶或多晶 Al_2O_3、ZrO_2 与组织的结合为机械结合，称为"形态固定"；②多孔惰性植入体，如多孔 Al_2O_3，骨组织向植入体内生长，机械地结合于材料上，称为"生物固定"；③致密、无孔表面－反应陶瓷、玻璃，如生物活性玻璃和玻璃陶瓷及羟基磷灰石与骨通过化学键直接结合，称为"生物活性结合"；④致密、无孔（或多孔）可吸收陶瓷，如硫酸钙（熟石膏）、磷酸三钙和磷酸钙盐缓慢降解为骨所取代。

对过去 20 年植入材料失败的分析表明，失败来自于生物材料－组织的界面。第一种结合类型，接近惰性生物材料的界面不是化学或生物键合，在软组织上的纤维膜，存在相对的运动，最终导致植入体或组织或二者功能损坏。界面膜的厚度取决于材料和存在的相对运动。致密 Al_2O_3 界面上的纤维组织相当薄。如果 Al_2O_3 植入体用一种非常牢固的机械配合，同时承受的负荷为压力，则植入会非常成功。如承受的负荷能使界面发生移动，纤维膜的厚度将变成几百微米，同时植入体会很快松动。第二种结合类型，为惰性微孔材料，组织通过材料表面孔穴长入植入体。植入体和组织之间界面面积的增加导致植入体移动阻力增加，这种界面是为孔穴中活组织所建立的。因此，这种结合方法，通常称为"生物固定"。它比第一种类型"形态固定"，具有抵抗更复杂应力的能力。对第二种结合类型，多孔植入体的限制是孔穴必须大于 $50\sim150\mu m$，以保持组织的成活性和健康。对孔穴大小的要求是：由于需要保证血管组织的长入，小于 $100\mu m$ 的孔不会出现血管组织。另外，如果在多孔植入体界面上发生微小移动，毛细管就可能被切断，导致组织坏死，发生炎症，界面稳定性就遭到破坏。如果植入材料是多孔的金属，大的界面面积将使植入体腐蚀性增大，腐蚀下来的金属离子将进入组织造成多种医学问题。这可采用生物活性陶瓷，如羟基磷灰石涂层在金属上加以解决。孔径和孔的体积分数越大，材料的强度越低，这就限制多孔固定方式在负荷大的情况下使用，这种材料可作为无负荷的组织缺损填充物或用于金属材料的涂层。第三种结合类型，为生物活性材料，生物活性材料是介于生物惰性和可吸收之间的中间材料。生物活性材料在材料界面上引发出一种特殊的生物反应，结果在组织和材料间形成一种键而结合。这种概念目前已扩展到包括大量的材料表面具有键合能力的生物活性材料，包括生物活性玻璃和玻璃陶瓷或可加工玻璃－陶瓷、致密 HA、以及生物活性复合材料如 HA－聚乙烯、HA－玻璃和不锈钢纤维增强生物玻璃，所有这些材料都与邻近组织生成界面键。然而，键合的时间关系、键的强度、键合机理、键合带的厚度随材料而异。第四种结合类型，为可降解吸收生物材料，将材料设计成随时间逐步降解的同时，逐步为天然宿主骨所取代，最终生成一层非常薄的界面层或无界面层存在的结果。如果组织再生时，植入体的强度和短期机械性能能满足要求，便是解决界面稳定的适宜办法，因为，天然组织本身修复和置换的能力贯彻人的一生。可吸收生物材料的修复则是建立在这种生物修复原理基础上的，而这种原理已超过百万年的进化。开发可吸收生物陶瓷的复杂性和困难，在于：①在降解和被天然宿主组织取代期间，保持界面强度和稳定性；②吸收速率与活体组织修复速率相匹配（有的材料溶解太快，有的又太慢）。由于材料大量地被取代，这就要求可吸收的生物材料的组成只含新陈代谢可吸收的物质。可吸收生物材料成功的例子，有用作缝合线的聚乳酸和聚乙醇酸，他们进行新陈代谢产生的 CO_2 和 H_2O 能在适当时间内起作用，然后溶解和消失。多孔或颗粒状磷酸钙陶瓷，如磷酸三钙（TCP）已成功地用于低负荷的硬组织置换。

关键之处在于一种生物材料组成比较小的变化便能显著影响它的生物惰性、生物活性或可吸收性。组成对表面反应的影响在以后章节中讨论。

参 考 文 献

1. 顾汉卿．徐国风．生物医学材料学．天津：天津科技翻译出版公司，1993

2. Ratner B D，Hoffman A S，Lemons J E et al．Biomaterials Science—An Introduction to Materials in Medicine．New York：Academic Press，1996

3. 王勃生，孟庆思，高振英等．生物材料的战略意义及近期发展方向．材料导报，1993，3：1～5

4. Park J B．Biomaterials．in：Biomedical Engineering Handbook．CRC Press，1995

5. Bruck S D．Properties of Biomaterials in the Physiological Environment．CRC Press，1980

6. Williams D F．Definitions in Biomaterials．Progress in Biomedical Engineering，1987，4：67

7. 崔福斋，冯庆玲．生物材料．北京：科学出版社，1996

8. 中国医学百科全书编辑委员会．中国医学百科全书，生物医学工程学卷．上海：科学技术出版社，1989

9. Park J B，Lakes R S．Biomaterials：An Introduction，2rd ed．New York：Plenum Press，1992

10. Hulbert S E，Bokros J C，Hench L L et al．Ceramic in Clinical Application：Past，Present and Future．High Tech．Ceramics，1987：189～213

11. Hench L L，Wilson J．An Introduction to Bioceramics．Advanced Series in Ceramics vol．1，World Scientific，1993

第十七章　接近惰性的生物陶瓷

17.1　概　　述

接近惰性的生物陶瓷，在宿主内能维持其物理和力学性能。它们应当是无毒、不致癌、不过敏、不发生炎症的，在宿主内能终生保持生物功能[1]。接近惰性的生物陶瓷有：致密和多孔的氧化铝陶瓷[2~4]、ZrO_2 陶瓷[3,5,6]、单相铝酸钙陶瓷[7]、碳素材料[1,8~14]。接近惰性的生物陶瓷主要用作结构–支撑植入体，有的用作骨片、骨螺钉[1]、股骨头[15]、髋关节或其部件[3]。用于非结构支撑，如通风管、消毒装置及给药装置等[1]。陶瓷也广泛用于牙科作修复材料[16]。

以下分别介绍各种接近惰性的生物陶瓷。

17.2　氧化铝陶瓷

17.2.1　氧化铝陶瓷的结构与性能

氧化铝（Al_2O_3）陶瓷是指主相为刚玉（$\alpha\text{-}Al_2O_3$）的陶瓷材料。刚玉具有最稳定的六方晶系结构（$a=4.758\text{Å}$，$c=12.991\text{Å}$）[1]。从显微结构来看，氧化铝陶瓷主要是由取向各异的氧化铝晶粒，通过晶界集合而成的多晶集合体。

多晶 $\alpha\text{-}Al_2O_3$ 的强度、抗疲劳性、断裂韧性是氧化铝晶粒大小和纯度的函数，晶粒越大，材料的强度就越差。平均粒径小于 $4\mu m$、纯度大于 99.7% 的氧化铝，呈现良好的抗弯强度和优良的抗压强度。当平均粒径增加至大于 $7\mu m$ 时，机械强度将降低 20% [17]。美国测试和材料学会（ASTM）规定 Al_2O_3 植入体含 Al_2O_3 应为 99.5%，SiO_2 和碱金属氧化物（主要是 Na_2O）含量应小于 0.1% [1]。表 17-1 列出了 Al_2O_3 生物陶瓷的特性[17]。

Al_2O_3 烧结时，应避免使用高含量的烧结助剂，否则，它们将遗留在晶界中，降低抗疲劳性能[17~19]。

由氧化铝陶瓷主晶相 $\alpha\text{-}Al_2O_3$ 的结构决定，其表面有优良的亲水性[20]。氧化铝结晶中的氧离子排列在晶体的晶格中，结晶表面电场使极化作用局限在晶格的表面，水分子的偶极子被牢固地吸引在结晶表面的电场中，在氧化铝的表面形成一层稳定的水分子膜，从而使氧化铝有亲水性，与生物体有优良的亲和性。制成的人工关节摩擦系数较低。

表 17-1　Al₂O₃ 生物陶瓷的物理特性[17]

项　目	高纯氧化铝陶瓷	ISO 标准 6474
Al₂O₃ 含量(质量分数)/%	>99.8	≥99.5
密度/(g/cm³)	>3.93	≥3.90
平均粒径大小/μm	3～6	<7
表面粗糙度 Ra/μm	0.02	
维氏硬度/HV	2300	>2000
抗压强度/MPa	4500	
抗弯强度/MPa,Ringer 溶液试验后	550	400
杨氏模量/GPa	380	
断裂韧性 K_{IC}/(MPa·m$^{1/2}$)	5～6	

氧化铝陶瓷的硬度高于金属，为金属的 5～10 倍。在所有的材料中，它的硬度仅次于金刚石、碳化硼、立方氮化硼、碳化硅，居于第五位。杨氏模量为金属的 2 倍或 2 倍以上，故氧化铝陶瓷受外力不易变形，抗压强度高，与金属相比，易于加工成球形。将全人工关节用金属制的股骨头与用氧化铝陶瓷制的股骨头比较，后者的条纹为同心圆，加工后得到球形率高的表面。而前者的条纹则是呈不规则状，表面有微小的条纹。当金属制的股骨头与高密度聚乙烯制的髋臼相互滑动时，这些条纹就会加剧滑动的磨损。金属与聚乙烯、Al₂O₃ 与 Al₂O₃ 配对（金属/PE、Al₂O₃/Al₂O₃ 摩擦副），对磨的摩擦磨损性能如图 17-1 所示[3,17,18]。长时间对磨，Al₂O₃/Al₂O₃ 摩擦副的摩擦系数降至一定值，其表面磨损比金属/聚乙烯表面低约 10 倍。氧化铝陶瓷具有优异的摩擦磨损性能，一方面是氧化铝陶瓷表面具有亲水性，另一方面是由于材料极低的表面粗糙度和极高的表面能，导致摩擦分子快速和强烈地吸附，形成一层类液态层覆盖在关节固体表面，从而限制它们直接接触。

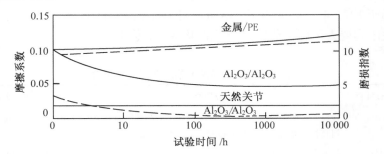

图 17-1　金属/聚乙烯和 Al₂O₃/Al₂O₃ 人工髋关节的摩擦系数
和磨损性能比较（体外试验）[3]
（—摩擦；－－－磨损）

17.2.2　氧化铝陶瓷的制备

17.2.2.1　多晶氧化铝陶瓷的制备

制备高纯氧化铝陶瓷的原料主要为铝矾土和天然刚玉。先制得 $\gamma\text{-}Al_2O_3$ 粉末，在 1300℃下煅烧成 $\alpha\text{-}Al_2O_3$ 粉，经成型，1600～1700℃下烧结生成细粒多晶 $\alpha\text{-}Al_2O_3$ 陶瓷。烧结时加入少量 MgO（＜0.5%）以限制晶粒生长[17,18]。

17.2.2.2　单晶氧化铝陶瓷的制备

单晶氧化铝（宝石）制备的方法比较多，有提拉法、导模法、气相生长法、焰熔法等。由于焰熔法生长宝石的设备和工艺简单、经济，无需昂贵的铱金坩埚作容器，故有些国家仍采用焰熔法生长宝石。用这种方法生长宝石的初始原料与氧化铝陶瓷相同，先制得 $\gamma\text{-}Al_2O_3$，在焰熔生长炉中完成 $\gamma\text{-}Al_2O_3$ 熔化和 Al_2O_3 单晶的生长。火焰是熔融粉料和适当的结晶温度的热源，最常用的是氢氧焰。将籽晶装在籽晶晶杆上，并一同装在下降器的托盘上，这样随着晶体不断长大，下降装置不断下移，最后即可生长出各种规格的 Al_2O_3 单晶[20]，另见第十章晶体生长部分。

17.2.3　氧化铝生物陶瓷的应用

由于 Al_2O_3 陶瓷具有优良的抗腐蚀性能、良好的生物相容性、高的强度和耐磨性，将其用于承重髋和膝关节置换体以及牙科植入体[17～19,21,22]。一些牙科植入体采用 Al_2O_3 单晶，大多数部件是采用烧结多晶 Al_2O_3 陶瓷。每年至少有 10 万人用 Al_2O_3 球形件置换坏死的股骨头。

1972 年，Boutin 报导[23]，Al_2O_3/Al_2O_3 人工全髋关节植入体临床应用的第一例开始于 1971 年。至 90 年代，Al_2O_3 用于矫形外科已有 20 多年的历史，其间有很多关于陶瓷人工髋关节置换结果的报导，汇总于表 17-2。

表 17-2　人工全髋关节临床应用研究汇总表

股骨头/臼材料	临床应用结果	时间及来源
Al_2O_3/Al_2O_3	1981～1991 年，11 年以来，1330 例，4 例髋臼断裂，6 例股骨头断裂，3 例关节指断裂，7 例严重磨损	1981 年，Boutin[24]
Al_2O_3/Al_2O_3	磨损率为 5～9μm/a	1981 年，Boutin 等[25]
Al_2O_3/Al_2O_3	回收的 20 副陶瓷/陶瓷全髋关节假体平均磨损率为 0.025μm/a，远低于金属/UHMWPE 和陶瓷/UHMWPE 组合的磨损率	1988 年，Doriot 等[26]

股骨头/臼材料	临床应用结果	时间及来源
Al$_2$O$_3$/Al$_2$O$_3$	1974~1979 年间，植入 100 个病人，置换 10~14 年，结果，23 个病人未能随访到底，25 个病人需要修补，其中 8 个球断裂。52 个假体有较好的临床结果	1989 年，Winter 等[27]
Al$_2$O$_3$/Al$_2$O$_3$	接受 Al$_2$O$_3$ 球/Al$_2$O$_3$ 臼全髋关节修复 603 个病人的情况，8 年后，成功率 88%。失败的，其原因是在臼黏结界面的松动，即弹性模量不匹配造成的松动。小于 50 岁的病人中，陶瓷臼成活率高于 UHMWPE 臼	1988 年，Wirvoet 等[28]
Al$_2$O$_3$/Al$_2$O$_3$	10 年来，187 例陶瓷/陶瓷全髋关节置换临床研究，15 例失败的原因是髋臼部件无菌松动。臼和（或）股骨头断裂 5 例。所有发生机械失败的部件都是 1979 年以前制造的。按照 ISO 标准制造的 Al$_2$O$_3$ 陶瓷，在 Sedel 等应用情况下，均未发生机械失败，10 年来存活率 82.6%。臼的外径是失败的主要变数，另一因素是病人的年龄	1991 年，Sedel 等[29]
Al$_2$O$_3$/Al$_2$O$_3$	1977~1988 年以来，116 个 50 岁以下的病人置换陶瓷/陶瓷全髋关节的情况，10 年以上保持率 98.5%	1988 年，Sedel 等[30]
Al$_2$O$_3$/UHMWPE 与金属/UHMW-PE 比较	二者比较，后者 10 年内，42% 的 UHMWPE 的髋臼部件需要修理。每对组合的磨损率具有不同的数值，但总的来说，系统的磨损率，金属球的远远大于 Al$_2$O$_3$ 球	1990 年，Harris 等[31]
Al$_2$O$_3$/UHMWPE 与金属/UHMW-PE 比较	1977~1988 年 956 例 Al$_2$O$_3$/UHMWPE 与 1975~1981 年 117 例金属/UHMWPE 全髋关节的性能比较，前者组合的磨损率为 0.098mm/a，后者为 0.245mm/a	1988 年，Oonishi[32]
Al$_2$O$_3$/UHMWPE 与金属/UHMW-PE 比较	超过 13 年的 131 例金属头和 187 例 Al$_2$O$_3$ 头的全髋关节假体情况。用 X-射线计数测定磨损量，Al$_2$O$_3$ 头的磨损率为 0.025mm/a，金属头的磨损率为 0.043mm/a	1988 年，Ohashi[33]
Al$_2$O$_3$/UHMWPE 与金属/UHMW-PE 比较	1981~1988 年，105 例全髋关节，其中 73 例用 Al$_2$O$_3$ 球，其余为金属球与 UHMWPE 臼配对，球的磨损量用 X-射线技术测定，与 Al$_2$O$_3$ 球配对臼的磨损率为 0.08mm/a，与金属球配对臼的磨损率为 0.14mm/a	1988 年，Okumuta[34]
Al$_2$O$_3$/UHMWPE 与金属/UHMW-PE 比较	Al$_2$O$_3$/UHMWPE 组合比金属/UHMWPE 组合磨损小 3 倍	1990 年，Oonishi[35]
Co-Cr-Mo 合金/UHMWPE	16 年临床经验全髋关节连接表面平均磨损率为 200μm/a	1991 年，Dorre[21]
Al$_2$O$_3$/UHMW-PE	平均磨损率为 20~130μm/a[1]	1991 年，Dorre[21]
Al$_2$O$_3$/Al$_2$O$_3$	平均磨损率为 2μm/a	1991 年，Dorre[21]

1）UHMWPE/Al$_2$O$_3$ 磨损率 20μm/a 是指测得的移植体部件磨损量，130μm/a 是使用放射分析测得的股骨头和臼之间的透过量，不仅包括磨损量，还有弹性流体。

从表 17-2 看出，各种情况下测得的磨损率有差异，但总的趋势是 Al₂O₃ 陶瓷股骨头优于金属股骨头；Al₂O₃/Al₂O₃ 人工全髋关节优于 Al₂O₃/UHMWPE 和金属/UHMWPE 人工全髋关节。

Al₂O₃ 陶瓷作为植入材料，还在其他方面应用。1982 年 Oonishi 等[36]开展了用 Al₂O₃ 作股骨头，UHMWPE 作胫骨的全膝关节的修复临床试验。1988 年 Inoue[37]报导了上述材料全膝关节修复 52 例临床研究。研究期间，1982～1988 年无一例返回修理。

Al₂O₃ 陶瓷踝关节[38]、肘[39]、肩[40]、腕[41]和指[18]已为临床证明成功，相当于或优于其他材料体系。

1964 年，Sandhaus[42]申请了一项 Al₂O₃ 陶瓷牙种植体专利。1975 年，在动物实验之后，Schulte 等采用了称之为 "Tubingen 种植体" 的致密 Al₂O₃ 陶瓷牙种植体[43,44]。牙种植体用于拔牙后或在无牙区的直接种植。对 610 例 "Tubingen 种植体" 随访 10 年，成功率84.5%[45]。文献 [46] 对 1300 多例 "Tubingen 种植体" 调研表明，长时期成功率为 92.5%。

文献 [47～49] 均报导用多晶 Al₂O₃ 牙种植体得到优良结果。

单晶 Al₂O₃ 牙种植体的抗弯强度三倍于多晶 Al₂O₃[50]。Yamagami[51]报导了用 617 例单晶 Al₂O₃ 牙种植体为 402 个病人植入，5 年成活率为 97.3%，10 年为 96.2%。

Al₂O₃ 陶瓷已用于耳鼻喉（ENT）和上颌面手术[18]。文献 [52，53] 开发和试验了全部或部分耳小骨用 Al₂O₃ 置换。12 年的临床经验证明，单晶 Al₂O₃ 比多晶 Al₂O₃ 有较好的成功率[54]。

在修复气管时，由于病理情况和创伤的需要，防止气管塌陷的软骨需要除去，为此，必须插入一支撑结构物以维持气管的开放。Zoliner 等[55]设计和试验了用 Al₂O₃ 作的气管支持环。由于 Al₂O₃ 优异的生物相容性和强度，得到较以往用聚合物还好的结果。

Al₂O₃ 植入体已用于神经外科手术，如修复颅骨凸面和枕骨下区域的骨缺损和蝶鞍层与眶壁重建的颅形状技术[56]。

人工义眼由蓝宝石单晶光学部分和 Al₂O₃ 陶瓷支撑环组成[57]。

激素、疫苗和药物的供给常采用口服或注射进行，这些办法很少以稳定的剂量水平给药。Buykx 等[58]开发了多孔 Al₂O₃ 植入药物释放器，可按需要控制药物的有效释放量，又不致发生毒性。

17.3　氧化锆陶瓷

17.3.1　氧化锆陶瓷的结构与性能

氧化锆（ZrO₂）具有高的熔点（$T_m = 2953K$）和化学稳定性。晶格常数

$a5.145\text{Å}$，$b=0.521\text{Å}$，$c=5.311\text{Å}$，$\beta=99°14'^{[59]}$。纯氧化锆有三种同素异形体结构，具有相变特征（详见第七章 7.5.1 节）。由于可相变的四方相（t 相）含量很高，在应力作用下发生 t 相→m 相的转变，这种相变过程吸收能量，使裂纹尖端的应力场松弛，增加裂纹扩展阻力，从而实现增韧[60]。

氧化锆在生理环境中也呈现特别惰性[61,62]，呈现优良的生物相容性，当其与 UHMWPE 组合时具有良好的摩擦磨损性能[63,64]。ZrO_2 具有比 Al_2O_3 高的断裂韧性，高的抗弯强度和低的弹性模量[18,65,66]，特别是具有相变增韧增强作用。

ZrO_2 与 Al_2O_3 陶瓷植入材料性能比较列于表 17-3。

表 17-3　用于外科植入体的 Al_2O_3、ZrO_2 陶瓷性质比较

性　质	Al_2O_3	TZP	Mg-PSZ
纯度 /%	＞99.7	97	96.5
（Y_2O_3/MgO）/%	＜0.3	3（摩尔分数）	3.4（质量分数）
密度 /（g/cm³）	3.98	6.05	5.72
平均颗粒大小 /μm	3.6	0.2～0.4	0.42
抗弯强度 /MPa	595	1000	800
抗压强度 /MPa	4200	2000	1850
杨氏模量 /GPa	400	150	208
硬度 /HV	2400	1200	1120
断裂韧性 K_{IC}/（MN/m$^{3/2}$）	5	7	8

17.3.2　氧化锆陶瓷的制备

自然界有丰富的锆英石（$ZrSiO_4$）矿藏资源，纯氧化锆是从锆英石矿采用化学法转化制得[59]。氧化锆（ZrO_2）陶瓷的制备详见 7.5.2 节。

17.3.3　氧化锆生物陶瓷的应用

氧化锆（ZrO_2）陶瓷由于其优良的生物相容性、良好的断裂韧性、高的断裂强度和低的弹性模量，适合作全髋关节假体负荷表面。然而，对其应用有三点争议：①有报导提出 ZrO_2 在生理流体中其强度会下降[67]。然而，文献 [68～70] 报导，在模拟体液中和动物实验中 ZrO_2 的断裂强度和韧性只有轻微的下降。两年以后观测到的强度仍然比在类似实验条件下 Al_2O_3 的强度高许多[70]。②耐磨性问题：Sudanese 等[71] 对 ZrO_2/ZrO_2（环/盘）对磨，其磨损率 5000 倍于 Al_2O_3/Al_2O_3 对磨的磨损率。③关于 ZrO_2 潜在的放射性问题。ZrO_2 常常含有半衰期很长的钍、铀放射性元素。从 ZrO_2 中分离除去它们非常困难，而且花费很大。Sato[72] 观测到在 ZrO_2 基的生物陶瓷中 U^{235} 含量为 5×10^{-5}%。ZrO_2 中的放

射性涉及两种类型：α射线和γ射线。已测得Al_2O_3、ZrO_2和Co-Cr合金的股骨头假体中的γ放射线[73]，其中Al_2O_3的γ放射性最低，ZrO_2和Co-Cr合金大致相同，与法国大气中的放射性具有相同数量级[73]。从这些数据分析，提出：ZrO_2生物陶瓷中的γ放射性不是主要问题。然而，观测到ZrO_2陶瓷中具有显著量的α放射性[74]。由于α粒子具有高电离能力，要破坏软、硬组织细胞，因此，从ZrO_2股骨头中观测到的α射线发射是一个问题。尽管α射线活性小，但从ZrO_2陶瓷中长期发射的问题必须考虑，并予以解决[18]。

17.4 碳素材料

17.4.1 概述

碳在自然界分布很广，有单质形式，但更多的以化合物形式存在，碳在生物过程中起重要作用。单质形式的碳随着其结构不同，物理化学性质有很大的差异。单质碳有多种同素异形体，主要有金刚石结构、石墨结构和无定形乱层结构（涡轮层结构，turbostratic structure）三种。其中以无定形乱层结构形式最多，医学领域主要应用这类结构形式的碳，这种结构中点阵是无序排列、各向同性的。

碳是生物惰性的材料，在人体中化学稳定性好，无毒性，与人体亲和性好，无排异反应，它虽然不能与人体组织形成化学键合，但容许人体软组织长入碳的空隙中。有人认为碳周围软组织的迅速再生，说明碳表面实际上有诱发组织生长的作用。碳在医学领域中应用，特别是在心血管方面的应用，主要是因为各向同性碳的抗凝血作用，不会诱发血栓。另一原因是其具有优良的机械性质（强度、弹性模量、耐磨性等），可通过不同工艺（包括涂层）对其结构进行调整，以满足不同用途的需要，包括修复生物体功能和形态损伤的使用[1,18]。

近40年来，世界各国对碳素材料进行了许多研究，开发了各式各样的医用碳素材料。在医学领域常用的碳，有低温各向同性热解（LTIP）碳（或称LTI碳、热解碳）、玻璃状碳，超低温各向同性（ULTI）碳（又称ULTI蒸气沉积碳）[1,18]，这几种形式的碳，具有无序的晶格结构，统称之为涡轮层碳（turbostratic carbon）。另外具有无定形结构的类金刚石碳（DLC）[75~83]，在医学上也有应用前景。用碳纤维增强复合碳材料也已用于制造植入体。然而，碳/碳复合材料是高度各向异性的[60]。下面分别介绍医学领域中常用的碳素材料的结构、性质、制备工艺及应用。

17.4.2 涡轮层碳的结构[1,18,84,85]

涡轮层碳的微观结构由于其无序的性质，看来很复杂，实际上与石墨结构十分相似。石墨具有平面六角形排列结构，其晶粒大小约为 1000Å。平面内 C—C 键能大（114kcal/mol 或 477kJ/mol），而平面内靠范德华力结合，键合力则很小（4kcal/mol 或 16.7kJ/mol）[84]。石墨晶体形成有规则而连续的三维晶格，如图 17-2[85] 所示。平面间弱结合导致石墨单晶高度各向异性，然而，当一种固体由许多具有随机取向的小晶体组成时，这种块材则表现出各向同性的性质。

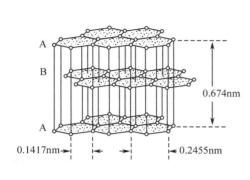

图 17-2　石墨晶体结构[85]

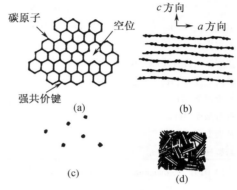

图 17-3　结晶性差的碳的图形[10]

(a) 单晶平面；(b) 微晶中的平面层；(c) 未结合的碳；(d) 微晶聚集体、单层和未结合的碳

　　在石墨中，平面层是按 ABAB 顺序规则排列的，可能通过随机的旋转或相关的平面层彼此位移、堆积被破坏而打乱了平面的顺序。具有这种晶格无序堆积平面的碳，称为涡轮层结构碳。在石墨中，晶粒粒径大致为 100nm。而涡轮层碳的晶粒只有 10nm 左右，随机取向的涡轮层碳微晶聚集起来产生的块材如图 17-3 所示[10]。

　　如果微晶是随机地聚集，则聚集体的机械物理性质变成为各向同性。在涡轮层碳每层平面中失去一些碳原子而导致晶格空位，平面上若干小片段形成不完善的匹配，导致平面层畸变，而形成涡轮层碳（见图 17-3）。此外，在块材中微晶之间分裂的碳原子也是基本部分。这种在结构中平面层的畸变和原子的离去，可能对涡轮层碳的密度和强度产生影响。所以，其密度是在从 1.400kg/m³ 到理论值 2.200kg/m³ 之间变化。高密度的 LTI 碳是涡轮层碳中最强的块材，加入硅，其强度还能提高。也能制得高密度和高强度的 ULTI 碳，但沉积层很薄（0.1～1.0μm）。玻璃状碳本来就是一种低密度的碳材料，同时其力学强度较低。

17.4.3　涡轮层碳素材料的性质

17.4.3.1　涡轮层碳的机械性质

　　各种涡轮层碳的机械性质与其微观结构有关，且大多数性质与其密度密切相关。其他微观结构特性，如晶粒大小、结构和取向、颗粒大小以及组成，也是决定性质的重要因素。临床应用的涡轮层碳及在多晶石墨基体上涂层的涡轮层碳的一些重要机械性能列于表 17-4[18]。

表 17-4　石墨和医用涡轮层碳的机械性能[18]

性　能	多晶石墨基体	含 SI-LTI 热解碳	玻璃状碳	ULTI 蒸气沉积碳
密度/(kg/m³)	1.500～1.800	1.700～2.200	1.400～1.600	1.500～2.200
晶粒大小/nm	15～250	3～5	1～4	8～15
热膨胀系数/(×10⁻⁶/K)	0.5～5	5～6	2～6	—
威氏硬度/DPH[1)	50～120	230～370	150～200	150～250
杨氏模量/GPa	4～12	27～31	24～31	14～21
抗弯强度/MPa	65～300	350～530	69～206	345～690
断裂变形/%	0.1～0.7	1.5～2.0	0.8～1.3	2.0～5.0
断裂韧性/(MPa·m^{1/2})	约 1.5	0.9～1.1	—	—

1) DPH——diamond pyramid hardness，威氏硬度。

1. 强度与模量

由于多晶石墨的高度各向异性，多晶碳的宏观机械性能取决于晶体的取向程度。另外，孔隙率也影响材料的强度，孔隙率越大，产生高应力的区域越多。同时，具有高取向度和高密度的碳，在平行于取向层方向是极强和极硬的。另一方面，在涡轮层碳中，晶体是无规则排列的，材料不完全致密，测得的强度和弹性模量均低。而某些典型的 LTI 热解碳和 ULTI 蒸气沉积碳材料仍保持比较高的强度和不很低的弹性模量。玻璃碳高的孔隙率使其强度低，但仍然比多晶石墨强度高。涡轮层碳的弹性模量接近 21GPa，与人骨的模量数量级相近（人骨皮质骨弹性模量 7～30GPa），当承受生理负荷和与骨接触时能产生弹性变形和产生最小的应力集中。而骨外科应用的不锈钢和钛合金的模量比骨几乎高一个数量级（钛合金弹性模量约为 100GPa，316L 不锈钢的弹性模量约为 200GPa）[18]。

2. 硬度与耐磨性

与大多数材料一样，抗压痕硬度是涡轮层碳的一个重要性质，它与耐磨性密切相关。硬度对 LTI 热解碳也是重要的，它与 SiC 含量、碳的晶粒大小、沉积温度相关，是这些参数的间接指示器。另外，磨损率随硬度增高显著下降。含 Si-LTI 热解碳比石墨、其他形式的碳或未含 Si 的 LTI 碳具有更好的耐磨性。优良的耐磨性对人工心脏瓣膜构件特别重要[8]。人工心脏瓣膜由瓣架和瓣叶两部分构成，随心瓣的启闭，瓣架与瓣叶的连接部分会形成长期的摩擦。因此，要求心脏瓣膜具有优良的耐磨性、良好的抗冲击性、耐腐蚀性及良好的抗气蚀性等[18]。

3. 抗断裂性

涡轮碳的高强度和低模量使它比其他脆性陶瓷有大的断裂变形。例如，氧化铝试样的破裂变形不小于 0.1%，多晶石墨破裂变形在 0.1%～0.7% 范围，LTI 热解碳断裂变形为 1.5%～2.0%，而 ULTI 蒸气沉积碳高至 5%，高的断裂变形被认为是由石墨层平面强的 C—C 共价键网络所造成。这些大的断裂变形对柔性的聚合物基体的涂层来说是重要的性质，聚合物基体能经受重大的弯曲和拐折而无涂层的破裂。用机械方法，测得的含 Si 热解碳的韧性（或抗断裂性）在 0.9～1.1MPa·m$^{1/2}$ 之间，比钠石灰玻璃的断裂韧性略高，比氧化铝和碳化硅陶瓷低[18]。

4. 循环疲劳

循环疲劳在人工心脏瓣膜应用中特别重要。一般人的心脏每年能跳动 380 万次。人工心瓣的结构设计的疲劳寿命，应超过病人的寿命，即应超过 10^9～10^{10} 次循环。实际上用热解碳制备的人工机械心瓣的一些结构失效归结于疲劳造成的断裂[18]。

5. 应力腐蚀裂缝

与其他陶瓷类似，涡轮碳在负荷和潮湿（或腐蚀）环境的共同作用下，易于发生裂纹生长。人工机械瓣膜植入后，长期和具有腐蚀性的血液相接触，瓣架和瓣叶连接部分承受各种负荷，应力 腐蚀（静态疲劳）裂缝 生长行为，与循环疲劳对涡轮碳来说是同样重要的[18]。

6. 残余应力

医用涡轮层碳涂层与大多数涂层一样，从较高的制备温度下冷却时，存在一种残余应力状态，这种残余应力状态与涂层和基体材料之间的热膨胀系数不匹配有关。从涂层与基体的界面到涂层表面结构和晶粒大小的变化均可能影响残余应力的状态。二者的效应取决于涂层的厚度。对石墨部件上涂层 LTI 热解碳，热解碳的热膨胀系数高于石墨，这将使涂层产生抗张残余应力，取决于制备工艺和微观结构的变化，测得的涂层抗张应力达 60 MPa。这样的残余应力将有损于涂层的完整性。当评价涂层断裂时，应将残余应力加到标称的应用应力中去[18]。

17.4.3.2 生物相容性[18]

从生物医学材料的观点出发，涡轮碳最大的特点是它们优良的细胞生物相容性和抗凝血性，对高纯的 LTI 热解碳和 ULTI 蒸气沉积碳来说尤其如此。玻璃碳键取决于聚合物前驱体、制备工艺温度和玻璃碳纯度的不同，并导致其不同的生物相容性。涡轮碳的生物相容性已广泛地进行了研究，尚无理论解释其具有的优良性质之所在。

在心血管应用中，LTI 热解碳与血液相容性已被普遍接受。不像那些要与软硬组织反应的植入材料，发展趋势慢。LTI 碳在血液中抑制反应是惊人的和敏捷的，大多数材料在与血液接触时，很快地激活组织的凝血机制。LTI 碳引起的血液破坏很小，与硅烷化玻璃相当。理论上解释 LTI 碳与血液体系接触，具有优良的细胞生物相容性，是由于碳表面通过选择性吸附上一层钝化的蛋白质的结果。众所周知，光滑或抛光的表面比粗糙表面好，可能是因为粗糙度提供细胞黏附的位置，作为凝血的晶核[8]。

研究也已表明，ULTI 蒸气沉积碳具有优良的生物相容性和抗凝血性。已经研究了玻璃碳与软硬组织的结合，一般来说，玻璃碳不引起邻近组织炎性反应，与 LTI 碳和 ULTI 碳已报导的行为类似。虽然，光滑的表面能促进较好的抗凝血，然而，粗糙表面可使组织长入和结合，提供与软组织或硬骨组织更强的界面。

17.4.4 医用涡轮层碳素材料的制备工艺

17.4.4.1 低温各向同性碳（热解碳）的制备

20 世纪 60 年代初期，在研究人工血管用的抗血栓材料中，发现碳具有优异的抗血栓性能，便开始将碳作为医用材料进行研究。热解碳起初是为了核工业的应用而开发的。美国核工艺学小组 Bokros 等[11]将核技术中的热解碳涂层工艺用来开发医学上的人工心脏瓣膜和人工齿根材料，后来逐渐发展成为独立的医用碳素公司。国内，20 世纪 70 年代以来也进行了碳素人工心脏瓣膜和碳质人工骨等的生产[8]。

热解碳是气体碳氢化合物在 1000～2100K 的温度范围内，热解碳通过化学气相沉积在适当基体（如石墨、金属、陶瓷等）上涂层而得的一种碳素材料。一般用于制备热解碳的碳源有甲烷、乙烷、丙烷、乙炔等。随沉积条件（温度、碳氢化合物的种类、浓度、流动速度、基体表面积等）的不同，热解碳的微观结构相差很大，其结构分为各向同性的、层状的、呈晶粒或柱状的等。医用热解碳是碳氢化合物在低于 1500℃下热分解，生成半液体微滴，沉积出的各向同性结构的碳[11]。美国 1964 年开始研究 LTI 碳人工心脏瓣膜，1969 年首次应用于临床。温度在 2400℃以上沉积的碳称为热解石墨（PG），具有致密的结构，显示出各向异性。这种材料已用于火箭、宇航、原子能、电子、冶金及仪表工业等领域。

为制取高密度的 LTI 碳，在碳氢化合物中加入含硅气体，在基体上共沉积出 C 和 SiC。一般所得材料含 10% （质量分数）的硅，碳化硅以不连续的亚微米 β-SiC 颗粒形式无规则地分散于球状微米级大小的热解碳颗粒基体中，碳本身具有亚晶态涡轮结构，晶粒大小一般小于 $10\mu m$[18]。

生产热解碳涂层的流化床装置系统如图 17-4[18] 所示。

流化床涂层器由一垂直的管式炉（或反应器）组成，其中放入粒状颗粒，通常用氧化锆。反应气体进入反应器，同时流态化（即支撑和搅拌），在流化装置中器件悬浮起来并被涂层。高温（1000～1500℃）碳氢化合物和含硅的碳氢化合物，按下列反应被热解：

$$C_3H_8 \longrightarrow 3C\downarrow + 4H_2 \qquad (17\text{-}1)$$
$$CH_3SiCl_3 \longrightarrow SiC\downarrow + 3HCl \qquad (17\text{-}2)$$

热解的固体产物是 C 和 SiC，涂层在沸腾床中的石墨器件上，流态化床系统中装配有流量计，以保证载体气体、碳氢化合物和含硅碳氢化合物能得到控制，以及沉积有适宜的气体浓度。

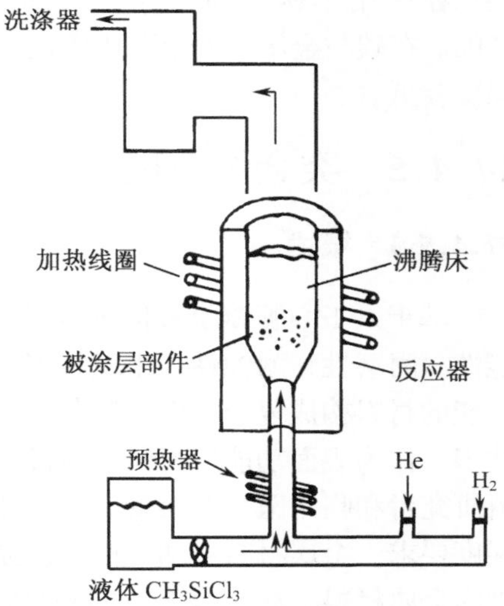

图 17-4　LTI 碳涂层流化床装置系统[18]

17.4.4.2　玻璃状态碳的制备[1,18]

玻璃状态碳（glass like carbon）是一种不可石墨化的单块碳，具有很高的各向同性结构和物理性质，原生表面及断面均有玻璃体外貌特征。人们通常将玻璃碳（glassy carbon）或玻璃质碳（vitreous carbon）作为玻璃状碳的同义语使用。它只有玻璃一样的外观表面，而无硅酸盐玻璃的结构。玻璃碳的制备工艺与石墨碳不同，玻璃碳是由热固性树脂，如人造纤维素或酚醛树脂经缓慢加热而形成的。在形成过程中加热速率必须小心控制使挥发性物质通过聚合物扩散并防止局部形成气泡，这就要求玻璃碳器件的厚度小于 7mm。玻璃碳是由无规则的大约 5nm 大小的晶粒组成的。玻璃碳能达到的最大密度约为 $1.500kg/m^3$。玻璃碳具有十分低的孔隙率，由于孔隙间不连通而导致其对液体和气体的渗透性非常低。

17.4.4.3　超低温各向同性碳（ULTIC）的制备[18]

采用真空工艺，在催化剂作用下，从含有碳的前驱体中沉积碳，能够制得具有高密度和高强度的超低温各向同性（ULTI）碳，但是只能提供一层薄的 $0.1～1.0\mu m$ 范围的涂层。随着工艺参数的改变，涂层的密度、晶粒大小和各向同性在很宽的范围内变化。另外，低温涂层可以使低熔点材料，如涤纶、聚四氟乙烯和聚氨酯的部件或片材进行 ULTI 碳涂层。ULTI 碳具有优良的血液相容性，可做心脏瓣膜缝合环和心血管材料。

ULTI 碳涂层与基体的结合是设计考虑的重要因素，特别是对柔性基体的涂层。在医用不锈钢和钛合金（Ti6Al4V）上涂层 ULTI 碳，结合强度超过 70 MPa，在碳与金属界面上形成碳化合物，结合强度就好，不形成碳化合物，结合强度就低。

17.4.5　类金刚石碳

17.4.5.1　概述

基于人工心脏瓣膜对材料结构性能（高强度、抗冲击、抗疲劳等）和表面功能性（耐磨性、耐蚀性、组织相容性、血液相容性）的极高要求，采用具有不同性能的材料构成复合材料来制备人工心脏瓣膜，已成为材料学界和临床医学界的共识。作为表面功能层材料，经过几十年的研究和临床验证，LTI 热解碳已被材料研究者和临床医生所接受。以石墨为基体涂层 LTI 热解碳作为瓣架不能满足强度要求。金属材料可加工性好、强度高、抗冲击能力强，直接使用未经表面处理的金属材料，如钛合金（Ti6Al4V），由于其表面易于氧化形成氧化钛膜，所以尽管氧化钛膜有较好的血液相容性，但氧化钛膜对有接触摩擦的人工心脏瓣膜（瓣叶和瓣架连接部分随心瓣的启闭长期摩擦）和人工关节（臼与股骨头接触摩擦）是极其有害的。日本学者森田真史[91]的研究证实：在未经表面处理的 Ti6Al4V 试件上发生的是氧化磨损。氧化钛的硬度低，在摩擦接触中易破裂剥落，使试件表面粗糙而加速表面磨损。生物摩擦学试验也表明，二氧化钛生成后的耐磨性能较低，从而磨损率较高[92,93,95]。磨屑的产生将引起无菌松动，这将成为人工植入体失效的主要原因，心血管中存在磨屑是极为有害的。迄今为止，生物碳素材料作为人工植入体表面涂层仍占据不可替代的地位。低温各向同性热解（LTI）碳硬度高，血液相容性好，是公认的人工心脏瓣膜的理想材料。1964年开始研究 LTI 碳质人工心脏瓣膜，1969 年首次应用于临床。国内于 1978 年首次应用于临床。目前，已有数十万人使用了碳质人工心脏瓣膜，效果良好。这种人工心脏瓣膜的瓣叶以石墨作基体，LTI 碳是在高于 1200℃的流态化床中制得的，此工艺对在金属瓣架上涂层热解碳却不适合，一是温度高，会造成金属材料的破坏；二是流态化床难将金属瓣架升举。为解决金属瓣架材料的耐磨性和提高其血液相容性，编著者所在单位采用辉光放电等离子体[75~77]、微波等离子体[78]化学气相沉积在金属基体上沉积类金刚石（DLC）薄膜。为解决 DLC 膜与金属基体结合的牢固问题，曾采用过渡层（金属基体–非晶硅–SiC-DLC）[79]，结合力有一定改善。之后，采用多种技术，包括低温等离子体[80]、磁控溅射[81]、等离子浸没离子注入–离子束增强沉积（PIII-IBED）[82,83]等技术制备类金刚石梯度涂层材料，有效地解决了金刚石薄膜与金属基体的结合问题。下面重点介绍 PIII-IBED 技术制备类金刚石生物梯度涂层材料。

17.4.5.2 PIII-IBED 技术制备类金刚石生物梯度涂层材料[82,83]

1.PIII-IBED 技术概述

等离子体浸没离子注入-离子束增强沉积（plasma immersion ion implantation-ion beam enhanced deposition，PIII-IBED）技术也称为等离子体源（或全方位）离子注入-离子束增强沉积技术（plasma source ion implantation-ion beam enhanced deposition，PSII-IBED），是 20 世纪 80 年代末、90 年代初新发展起来的一种新型材料表面改性和涂层材料制备技术，它集离子注入和表面沉积的优点于一身，可进行单独的离子注入，或进行单独的表面沉积，或进行离子注入和表面沉积的结合（注镀结合），从而为制备严格意义上的梯度涂层材料奠定了基础。

等离子体浸没离子注入（PIII）是将待处理试样置于等离子体中，在试样上加脉冲负高压，高能离子垂直注入到试样表面，达到表面改性的目的。它克服了常规束线离子注入（ion beam ion implantation，IBII）所固有的束线限制，对形状复杂的试件具有独特的优越性。PSII 技术起初基于电离气体产生的等离子体，由于受注入离子能量的限制，它所形成的表面改性层很薄，一般只有 1000Å。为了增加改性层的厚度或进行功能薄膜的沉积，后来将离子束增强沉积（IBED）引入，发展了基于PIII技术的 PIII-IBED 技术，利用热阴极放电等离子体源、蒸发源、溅射源或金属源在待处理试样表面进行单种离子注入或多种离子混合注入，或动态、静态增强沉积，拓宽了其应用范围[86~88]。

PIII-IBED 技术出现以来，引起了世界各国学者的极大兴趣。日本、美国、澳大利亚等国家都有学者从事这方面的研究。我国也有一些单位开展了 PIII-IBED 技术和装置的研究。目前已有采用该技术对 Cr12MoV、Ti6Al4V 等进行氮离子注入和金属离子注入以及在 Ti6Al4V 上沉积 TiN 涂层的报道[88]。

我国于 20 世纪 90 年代中期成功地开发出了 PIII-IBED 工业装置，达到国际先进水平。该装置的主要特点在于采用多极会切永磁壁有效约束等离子体，采用热阴极放电、射频放电和金属阴极真空弧放电产生多种气态和固态元素离子的等离子体，并配以溅射靶，能实现多种离子的全方位离子注入、增强沉积等多功能表面处理[89]。根据以上特点，PIII-IBED 技术能够满足人工心脏瓣膜生物碳素梯度涂层材料制备的特殊要求。

2.PIII-IBED 制备生物碳素梯度涂层材料的装置

等离子体浸没离子注入最先由美国 Wisconsin 大学的 Contrad 在 1987 年研制成功[86,90]。为了增加改性层的厚度或进行功能薄膜的开发研究，发展了基于

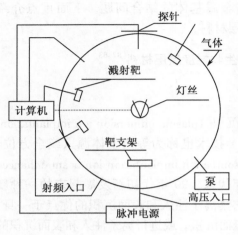

图 17-5　PIII-IM 装置结构示意图

PIII技术的等离子体浸没离子注入-离子束增强沉积技术（PIII-IBED）。利用热阴极放电等离子体源、蒸发源、溅射源或金属源在待处理试件表面进行多种离子混合注入或动态、静态增强沉积而制得性能优异的薄膜，使 PIII 技术具有广阔的应用前景[87,88,91]。其基本结构示于图 17-5 中。

该装置的主要特点在于：①采用多极会切永磁壁有效约束等离子体，形成大体积、均匀的等离子体；②采用热阴极放电、射频放电和金属阴极真空弧放电产生多种气态和固态元素离子的等离子体，并配以溅射靶，实现多种离子的全方位离子注入、增强沉积等多功能处理；③质量流量计控制供气以精确控制真空室内的工作气体压强，保证等离子体密度基本恒定；④配备了冷、热靶台，增强了工业开发能力；⑤采用脉冲变压器输出，可提供 100kV、10A 的脉冲高压和电流；⑥配置了计算机系统，可进行手动、部分手动和全计算机多种控制形式。该装置已成功地应用于航空工业中飞机用 YZB-5 液压泵主要摩擦副配流盘的改性处理。在该装置上已进行了生物材料表面离子注入的试验，取得了良好效果。其主要技术参数如表 17-5。

表 17-5　PIII-IM 装置主要技术参数

技术参数	数值
本底真空压力 /MPa	<0.1
工作真空压力 /MPa	$2\sim50$
等离子体密度 /(g/cm^3)	$10^8\sim10^{10}$
脉冲重复频率 /Hz	$10\sim500$
负脉冲振幅 /kV	$10\sim90$
真空室尺寸 /$(mm\times mm)$	$\phi1000\times1070$

针对人工机械心脏瓣膜形状复杂、加工精度要求高、材料性能要求高的特点以及全方位离子注入-离子束增强沉积技术的优越性，采用 PIII-IBED 技术制备钛合金基类金刚石梯度涂层作为人工机械心脏瓣膜构成材料的主要依据包括如下几个方面：

（1）PIII 技术消除了一般束线离子注入的束线限制，在形状复杂的人工机械心脏瓣膜表面能得到均匀度较高的涂层。

（2）离子注入中的高能碳离子能深入金属基体内，有利于提高碳素涂层与金属基体的结合强度。

（3）以碳作为注入和沉积元素，利用离子注入、离子束增强沉积及注镀结合，能方便地通过控制碳离子注入的能量与剂量、控制离子束增强沉积的条件等，使所制备材料的组成与结构从基体深层到涂层表面呈梯度变化。

（4）利用制备过程中的反冲效应、反应性动态反冲混合效应等，最大限度地消除涂层与基体间的界面，基体材料与涂层材料形成统一的整体，提高人工心脏瓣膜构成材料工作的可靠性。

（5）所选用的装置为工业样机，材料处理能力大，为新型人工机械心脏瓣膜材料的实际生产和应用奠定基础。

3. PIII-IBED 技术制备生物碳素梯度涂层材料的具体操作过程

采用 PIII-IBED 工业装置对 Ti6Al4V 钛合金进行碳离子注入及离子束增强沉积。反应腔本底真空压力为 8.5×10^{-4} Pa，工作压力为 5.7×10^{-3} Pa。制备过程分为两个阶段：第一阶段为离子注入，以甲烷为碳源，采用二级能量碳离子注入，以使注入的碳离子在钛合金内呈单调连续分布。第二阶段为动态混合注入（注镀结合），采用脉冲负高压的形式，在脉冲期进行碳离子注入，而在脉冲间歇期进行碳沉积。脉冲宽度为 $100\mu s$，脉冲频率为 100Hz，脉冲幅度为 50kV。为提高碳膜的沉积速率，增加了石墨溅射靶。为避免试样温度过高，靶台进行冷却，控制靶台温度为 $200 \sim 250$℃。优化后的制备条件如表 17-6、17-7 所示。

表 17-6 逐级能量碳离子注入条件

级号	注入能量/keV	注入剂量/（离子/cm²）	注入时间/min	碳源
1	65	1×10^{17}	20	甲烷
2	45	2×10^{17}	40	甲烷

注：本底真空 8×10^{-4}Pa；工作真空 5.2×10^{-3}Pa。

表 17-7 动态混合注入条件

工艺	粒子能量/keV	束流/mA	时间/min	碳源
注入	40	5.0	30	甲烷
溅射	1.5	60	30	甲烷＋石墨

注：本底真空 8×10^{-4}Pa；工作真空 5.2×10^{-3}Pa；脉冲周期 $100\mu s$；脉冲频率 100Hz。

17.4.5.3 类金刚石/Ti6Al4V 梯度涂层材料组成、结构

1. 类金刚石梯度涂层材料的 SIMS

用二次离子质谱仪（SIMS），对 PIII-IBED 技术在 Ti6Al4V 基体上所制备的 DLC/Ti6Al4V 梯度涂层试样进行分析，结果如图 17-6 所示。涂层中的碳在一定深度内基本维持不变，对应于所制备材料的纯碳沉积层，然后，随深度的增加碳含量呈梯度缓慢下降趋势。涂层中 CH 和 CH_2 基团的含量分布，在梯度涂层的表面部分，CH 和 CH_2 的含量均较高，随深度的增加其含量下降较快，说明在碳离子的注入和动态混合沉积中，CH 和 CH_2 基团基本上不参与注入过程，主要参与沉积，这与 CH 和 CH_2 基团较大不易入射到钛合金基体内部等诸多因素有关。

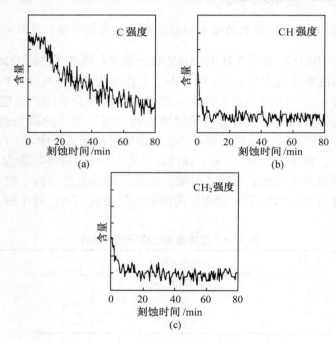

图 17-6　DLC/Ti6Al4V 梯度涂层的 SIMS 分析图
（a）C 含量；（b）CH 含量；（c）CH_2 含量

测试结果证明，梯度涂层中的表面层中含有 CH 和 CH_2 等，所制备的碳素涂层是含氢碳层。由于 CH 和 CH_2 具有极性，亦具备生成氢键的必要条件，因此会对涂层材料的亲水性、极性色散比、氢键的生成等产生较大影响，这些都与材料的血液相容性有很大的关系。

在 PIII-IBED 制备生物碳素梯度涂层材料的过程中，CH 和 CH_2 主要来源于离子注入碳源甲烷的不完全裂解。若适当控制离子注入电参数及碳源甲烷和石墨

的相对比例，有可能调整梯度涂层表面层的 CH 和 CH₂ 含量，从而相应调整涂层的表面性能。

2. 类金刚石涂层材料的 XRD 分析

分析所制备的碳素梯度涂层材料的 XRD 分析谱，发现无明显的晶体衍射峰，说明所制备的碳素梯度涂层基本上是无定形结构。结合涂层中有 CH 和 CH₂ 存在的 SIMS 分析结果，可以判定该梯度涂层材料的表面层为含氢无定形碳（a-C:H），属于类金刚石碳的范畴。这与等离子体化学气相沉积所制备的类金刚石碳膜基本上是一致的。

17.4.5.4　类金刚石梯度涂层材料的性能

1. 类金刚石梯度涂层材料的表面硬度[83]

所制备的类金刚石梯度涂层材料表面硬度测试结果列于表 17-8。可以看出，材料的表面组合硬度值提高很多，其表面组合硬度（平均 $1377kg/mm^2$）约为钛合金基体的表面硬度（平均 $376kg/mm^2$）的 3.6 倍，是氮离子注入钛合金表面组合硬度的 2 倍，是碳离子注入钛合金表面组合硬度的 1.7 倍。根据同类材料表面硬度与其耐磨性能的关系，可以判定采用 PIII-IBED 技术制备的 DLC/Ti6A14V 梯度涂层材料的耐磨性有很大提高。

表 17-8　碳素梯度涂层材料的表面组合硬度

试件编号	1	2	3	4	5	平均
组合硬度 HV/(kg/mm^2)	1345	1380	1420	1375	1365	1377

对于类金刚石涂层材料来讲，其硬度与其结构中碳的成键方式有很大关系，一般成键中 sp^3：sp^2 比例越大，其硬度值也就越高。在涂层中以 sp^3C—C 键存在的碳有利于硬度的提高，而以 sp^2C—C 键存在的石墨相则对涂层的硬度不利。因此，要提高类金刚石涂层的硬度，主要应减少其中的石墨相。

2. 类金刚石梯度涂层材料的摩擦磨损特性[94,95]

人工心脏瓣膜的瓣叶与瓣架连接部分，和全人工关节股骨头与臼，都存在接触摩擦。因此，作这些器官的植入材料，摩擦磨损特性非常重要。文献[94，95]进行了类金刚石（DLC）梯度涂层与超高相对分子质量聚乙烯配对的生物摩擦磨损特性研究。并与 Ti6Al4V 合金进行了对比。

实验部分：将 Ti6Al4V 合金加工成尺寸为 $\phi24.0mm \times 7.8mm$ 的圆柱形试

件，Ti6Al4V 表面用 Al₂O₃ 粉及金刚石研磨膏抛光至镜面，表面粗糙度 Ra 为 $0.2\mu m$。用 PIII-IBED 方法在 Ti6Al4V 合金基体上制备厚度为 $1.0\sim2.0\mu m$ 的 DLC 梯度薄膜（DLC 薄膜/Ti6Al4V），DLC 梯度膜与 Ti6Al4V 合金的平均硬度分别为 $1377kg/mm^2$ 和 $367kg/mm^2$。DLC 膜表面粗糙度为 $0.1\mu m$。将超高相对分子质量聚乙烯（UHMWPE）按 $\phi20.0mm\times16.9mm$ 的尺寸模压成型，然后加工成 $\phi10.0mm\times5.0mm$ 的偶件试样；采用图 17-7 所示的面接触方式，在德国产 Optimol-SRV 型微动摩擦磨损试验机上进行摩擦磨损试验，由公式（17-3）计算体积磨损率 W。

$$W = \frac{\Delta m}{\rho p L} \tag{17-3}$$

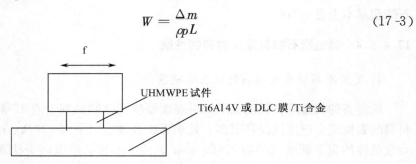

图 17-7　摩擦副接触示意图

式中，Δm 为 Ti 合金或 DLC 膜/Ti 合金试样的磨损质量，g；ρ 为试样密度，g/cm^3；p 为施加的载荷，N；L 为滑动距离，m。尽可能模拟体内髋关节的载荷情况，施加 200N 的载荷（名义接触应力 2.55MPa）。试件往复滑动频率 40Hz，振幅 1mm，滑动距离 2000m，试验温度 37℃。分别采用生理盐水（0.9% NaCl）以及与体液相近的 Hank's 溶液作为润滑介质，Hank's 溶液的组成为：2.26g NaH₂PO₄·2H₂O，1.60g Na₂HPO₄·12H₂O，20g 葡萄糖，2mLCHCl₃，800mL H₂O。用扫描电子显微镜观察试样磨损表面形貌，并探讨其磨损机理。

摩擦磨损试验表明：

（1）钛合金上的 DLC 涂层具有减摩效应　试验分别考察了 Ti6Al4V/UHMWPE 和 DLC 薄膜/UHMWPE 摩擦副在干摩擦及 Hank's 溶液和 0.9% NaCl 溶液润滑条件下的摩擦系数，经过 500m 磨合后，摩擦系数趋于稳定，试验结果见表 17-9。

由表 17-9 看出，DLC 膜/UHMWPE 的摩擦系数比 Ti6Al4V/UHMWPE 的低；在干摩擦、Hank's 溶液和 0.9% NaCl 溶液的润滑条件下，前者的摩擦系数比后者的摩擦系数分别降低约为 24%、5% 和 10%。

（2）钛合金上的 DLC 涂层的抗磨性能　DLC 膜/UHMWPE 和 Ti6Al4V/UHMWPE 在干摩擦、Hank's 溶液和 0.9% NaCl 溶液润滑条件下，经过 2000m 摩

擦磨损试验后的体积磨损率表示于图 17-8。

表 17-9　滑动距离为 500m 时的摩擦系数

摩擦副	表面粗糙度 $Ra/\mu m$	润滑介质	摩擦系数 μ
Ti6Al4V/UHMWPE	0.2/0.2	干摩擦	0.181 ± 0.004
	0.2/0.2	Hank's 溶液	0.152 ± 0.002
	0.2/0.2	0.9% NaCl 溶液	0.122 ± 0.002
DLC/UHMWPE	0.1/0.2	干摩擦	0.137 ± 0.002
	0.1/0.2	Hank's 溶液	0.114 ± 0.002
	0.1/0.2	0.9% NaCl 溶液	0.111 ± 0.002

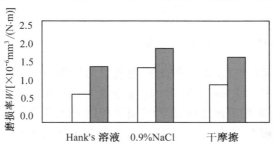

图 17-8　干摩擦和润滑条件下滑动 2000m 后

DLC 及 Ti6Al4V 合金的磨损率

□—DLC ； ■—Ti6Al4V

由图 17-8 可知，在干摩擦和润滑条件下，DLC 的体积磨损率约为 Ti6Al4V 的体积磨损率的 50%，说明 DLC 膜有较好的耐磨性，这是由于 DLC 膜保护了 Ti6Al4V 表面，防止其氧化和由脱落的 TiO_2 磨屑导致的磨粒磨损。此外，DLC 膜和 Ti6Al4V 的抗磨性能，随润滑条件的不同而异。Hank's 溶液润滑时，DLC 膜和 Ti6Al4V 的体积磨损率比干摩擦和生理盐水润滑时低。

（3）UHMWPE 的磨损　Ti6Al4V/UHMWPE 人工关节的无菌松动既可能由 Ti6Al4V 合金的磨屑引起，也可能由 UHMWPE 的磨屑引起[96,97]。DLC 膜/UHMWPE 和 Ti6Al4V/UHMWPE 组成摩擦副，在 Hank's 溶液和 0.9% NaCl 溶液两种润滑条件下，DLC/UHMWPE 摩擦副的 DLC 膜对磨的偶件 UHMWPE 的初期磨损率较高，随滑动距离的延长，UHMWPE 的磨损率降低，与 Ti6Al4V/UHMWPE 相比，DLC 膜对应的偶件 UHMWPE 的磨损率较低，因此可以认为，DLC 膜减轻了 UHMWPE 偶件的磨损。

（4）DLC 膜的磨损机理　研究表明，Ti6Al4V 的主要磨损机理是氧化磨损[91,98,100]。Ti 合金表面的 Ti 容易形成 TiO_2 膜，而 TiO_2 膜脆性较大，在接触应力的作用下易脱落，裸露的表面又继续生成新的氧化薄膜而产生氧化磨损[91]。

另外，剥落的 TiO_2 磨屑不能及时排出，还会导致磨粒磨损。上述实验与文献 [91，98，100] 一致。DLC 膜/UHMWPE 和 Ti6Al4V/UHMWPE 摩擦副在 Hank's 溶液和 0.9% NaCl 溶液润滑下，SEM 照片表明 Ti6Al4V 合金磨损表面呈现不同程度的擦伤迹象，对磨的偶件 UHMWPE 磨损表面呈严重擦伤和块状黏着剥落迹象。就 DLC 膜/UHMWPE 摩擦副而言，由于 DLC 梯度膜的硬度较高，膜基结合致密，DLC 膜可屏蔽氧的渗入，从而抑制甚至消除严重氧化磨损。SEM 照片表明，DLC 膜磨损表面只见轻微的划痕，这可能是由于 DLC 膜表面少量碳在摩擦剪切应力作用下脱落并起磨粒磨损作用所致。随着 UHMWPE 的转移，磨粒磨损得以抑制；对磨的偶件磨损表面未见明显划痕，而主要呈现塑性变形迹象。

3. 类金刚石梯度涂层材料的结合强度[83]

采用 WS-88 型全自动声发射薄膜划痕仪对所制备的碳素梯度涂层材料进行了测试，压头半径 0.1 mm，从 0~10kg 连续加载，加载速度 10kg/min，划行速度 7.6mm/min。采用等离子体化学气相沉积制备的类金刚石涂层在声发射划痕仪上测试时，一般在载荷 3.5~4.0kg 时有明显的声发射信号，对应于基体表面的类金刚石涂层在剪切作用下脱落。而对于采用 PIII-IBED 制备的类金刚石梯度涂层材料在声发射划痕仪上测试时，划头从涂层表面开始直至深入基体深层均未出现声发射信号。一方面可能是材料中不同组分实现了较为理想的梯度结构，无明显的剪切剥离破坏，从试样的测试划痕显微照片上看，划痕两旁无明显的涂层脱落块出现。另一方面，也可能是因为其他尚未确定的因素所致。由此看来，声发射划痕法测试对于梯度材料结合强度的适用性值得探讨，但目前尚未找到更好的测试方法。

4. 类金刚石梯度涂层材料的耐蚀性能测定[83]

采用质量法进行类金刚石梯度涂层的耐蚀性试验。将所制备的类金刚石梯度涂层材料用环氧树脂进行包封，只露出其中的涂层部分，以避免腐蚀试验中钛合金基体的腐蚀，并使每个样品的腐蚀面积相同。包封后试样分别在 10% HCl、10% H_2SO_4、10% NaCl 和 0.9% NaCl 的介质中浸蚀 120h（50℃），然后仔细溶去包封层。浸蚀前后分别用十万分之一的精密天平进行称量，以浸蚀前后质量差与浸泡时间之比作为涂层的腐蚀量速率。结果观察不到试样质量的明显变化，表明所制备的类金刚石生物梯度涂层材料基本上无腐蚀现象发生。实际上，所制备的类金刚石梯度涂层基本上为化学惰性很高的类金刚石结构，在低于 700℃ 情况下，几乎不和其他物质发生化学反应，因而表现出良好的耐蚀性。

5. 类金刚石涂层的生物相容性[83]

进行了类金刚石梯度涂层材料试件与平滑细胞和内皮细胞培养试验，结果表明，DLC 梯度涂层材料对细胞增殖几乎无明显影响，对细胞损害作用非常微弱，基本无生物毒性。

采用体外法，以体外动态凝血时间、溶血率和血小板消耗为指标，对 PIII-IBED 技术制备的类金刚石梯度涂层材料和几种参比材料进行血液相容性评价。对所得数据采用模糊数学原理进行处理，得到各种材料的综合血液相容性评价。各种材料综合血液相容性的顺序为（从优到劣）：① 低温各向同性（LTI）碳，② PIII-IBED 技术制备的类金刚石（DLC）梯度涂层材料，③ 碳离子注入的钛合金，④ 等离子体化学气相沉积碳，⑤ 氮离子注入的钛合金，⑥ 氮化钛涂层，⑦ 石墨，⑧ 碳化钛涂层，⑨ 金刚石薄膜，⑩ Ti6Al4V 钛合金。

材料血液相容性综合评价结果表明，PIII-IBED 技术制备的类金刚石/钛合金梯度涂层材料综合血液相容性优于碳、氮离子注入的钛合金、等离子体化学气相沉积碳及碳化钛和氮化钛涂层等，接近公认血液相容性优良的低温各向同性碳比钛合金的综合血液相容性有了明显的提高，有望成为理想的人工心脏瓣膜材料。

17.4.6 医用碳素材料的应用

制备人工心脏瓣膜是医用碳素材料成功的应用。先天性的心脏瓣膜缺损，以及由于风湿性心脏病诱发的心脏瓣膜病变，是世界上常见的心脏病之一。在我国人群死亡原因中，心血管疾病所占的比例居高不下。目前，心脏瓣膜病患者就高达数百万人，其中约 10% 的病人需要进行换瓣治疗。因此，人工心脏瓣膜的需求量非常可观[101]。自 1960 年美国的 Starr-Edwards 首次将人工机械瓣膜进行二尖瓣换瓣手术以来，人工机械瓣膜越来越受到人们的关注，人工心脏瓣膜的研究与开发得到迅速的发展。目前，人工心脏瓣膜置换已成为外科治疗心脏瓣膜病变不可缺少的手段之一[102]。人工心脏瓣膜植入后，其部件要经受生理环境下的循环负荷，瓣叶和瓣架连接部分在摩擦磨损和血流冲击下，造成表面磨损和气蚀，应用表明，含硅 LTI 热解碳用于人工心脏瓣膜，是生物陶瓷最成功的应用之一。

人工心脏瓣膜的设计基于随心脏的搏动要不停地开启和关闭以保证血液正常循环的原理。目前，采用双叶瓣代替原先的单叶瓣，双叶瓣是两个半圆形叶片装配到一个圆形的瓣架上，瓣架外面包有织物缝合环，以便使瓣环缝合到心脏上。瓣叶由石墨涂层 LTI 热解碳制造，瓣架采用钴铬、钛合金或碳/碳复合材料。某些瓣架的复杂形状在制造中需要采用铸造和焊接技术，瓣架的循环疲劳、应力腐蚀[18,84]将会导致这些装置的失效。

至于在牙科方面的应用，玻璃碳和 LTI 碳由于弹性模量与骨的弹性模量相近、相匹配，故可作为承重牙科种植体的候选材料。用玻璃碳已制造出长度为11mm、直径为5mm的人工齿根。具有优良强度的 LTI 碳已用于更复杂的种植体设计。当种植体的大小和复杂形状不适于直接用碳素材料制造时，其构件可以用合金作基体，涂覆一薄层 ULTI 蒸气沉积碳。用此技术制造了骨膜下牙种植体，这种设计综合利用了金属材料的优良机械性质和碳素材料的化学性质[18]。

　　医用碳素材料优良的细胞生物相容性，加上某些选择性机械性能，使之在广泛的范围内得到应用。表 17-10 列出了医用碳素材料的一些应用[18]。

表 17-10　玻璃碳、LTI 碳和 ULTI 蒸气沉积碳的成功应用实例[18]

应　用	材　料	提供成功的材料特性			
		细胞相容性	强度	耐磨性	刚性
二尖瓣和主动脉瓣	LTI	√	√	√	
涤纶和特氟隆心瓣缝合环涂层	ULTI	√			
血液通道器件	UTI/Ti	√			
涤纶和特氟隆管架涂层	ULTI	√			
涤纶、特氟隆和聚丙烯隔膜和动脉瘤补片涂层	ULTI	√			
起搏器电极	多孔玻璃碳–ULTI 在 Ti 基上涂层	√			
血液氧合微孔分离膜涂层	ULTI	√			
耳通道管	LTI	√	√		
骨膜下齿科植入架涂层	ULTI	√			
牙根状或片状植入体涂层	LTI	√		√	√
为增强牙槽峰的涤纶增强聚氨酯塑料托盘的涂层	ULTI	√			
经皮片连接器涂层	LTI	√	√		
手关节	LTI	√	√	√	√

17.4.7　医用碳纤维及其复合材料[8]

　　前已介绍，碳纤维是非石墨组成的丝，它是由有机合成的纤维或天然纤维或从有机母体（如树脂、沥青等）拉制而成的纤维，经过碳化，随后热处理（温度直至 3000K 以上）而得到的。它不仅可制得长丝，而且，还可制得各种形状的织物。1974 年，国外将碳纤维作为人工韧带和人工肌腱植入动物体进行研究，发现动物在短期内恢复正常。碳纤维置入人体后，由于体内组织在碳纤维之间及其周围生长，而碳纤维则慢慢融化消失，长成新的韧带和肌腱，甚至比原来更结实。实验研究表明，碳纤维和骨的结合性好，可用作膝韧带的修复等。碳纤维血管、食道已临床应用。

　　碳纤维增强复合材料有更高的强度和韧性、质量轻，具有和骨骼相匹配的弹性模量，与人体亲和性好。碳的复合材料主要用作人工关节、人工骨、人工齿根和人工心脏瓣膜等。

17.5　接近惰性的生物玻璃材料

　　生物玻璃材料包括硅酸盐玻璃和玻璃陶瓷。玻璃是将原料粉末按要求配比混合均匀，经高温熔化浇铸成型而得。如果将某些玻璃在适当的高温进行晶化处理，则在玻璃中可以析出大量微小晶体，这样的玻璃称作微晶玻璃、结晶化玻璃或称作玻璃陶瓷。它较玻璃的机械强度和硬度为高。生物玻璃材料具有良好的生物相容性。作为植入材料，随其组成变化具有不同的生物学性能，分为接近生物惰性、生物活性及生物可吸收的玻璃和玻璃陶瓷。接近生物惰性的玻璃和玻璃材料又称为非生物活性玻璃材料。生物惰性玻璃和玻璃陶瓷植入后，材料与组织界面上生长出一层纤维膜；生物活性玻璃和玻璃陶瓷植入后，与骨形成骨性键合；生物可吸收玻璃和玻璃陶瓷植入活体后，随时间增长而消失，逐渐为体内新生组织代替。几类生物玻璃材料广泛用作人工骨和人工齿材料[103]。含 MnO、Fe_2O_3 的硅酸盐玻璃陶瓷（如 $Li_2O\text{-}MnO\text{-}Fe_2O_3\text{-}SiO_2$）具有强磁性，可将其埋入肿瘤附近，通过材料在交变磁场作用下滞损耗发热而杀死癌细胞[104]。

参 考 文 献

1．Park J B．Biomaterials．in：Biomedical Engineering Handbook．ed：Bronzino J D．CRC Press，1995

2．Ritler J E J，Greenspan D C，Palmer R A et al．Use of Fracture of An Alumina and Bioglass Coated Alumina．J．Biomed．Mater．Res．，1997，13：251

3．Hench L L．Bioceramics：From Concept to Clinic．J．Am．Ceramic Soc．，1991，74(7)：1487～1510

4．Park J B．Aluminum Oxides：Biomedical Applications．in：Concise Encyclopedia of Advanced Ceramic Materials，ed：Broor R J．New York：Pergamon Press，1991，13～16

5．Drennan J，Steel B C H．Zirconia and Hafnia．In：ibid，1991，525～528

6．Barinov S M，Bashenko Yu V．Application of Ceramic Composites as Implants：Result and Problem．in：A．Ravaglioli，A．Krajewski(eds)，Bioceramics and the Human Body，London：Elsevier Applied Science，1992

7．Hammer J Ⅰ Ⅰ Ⅰ，Read O，Greulich R．Ceramic Root Implantation in Baboons．J．Biomed．Mater．Res．，1992，6：1

8．中国医学百科全书编辑委员会．中国医学百科全书，生物医学工程学卷．上海：上海科学技术出版社，1989

9．Kase J L．Structure and Mechanical Properties of Isotropic Pyrolitic Carbon Deposited below 1600℃．J．Nucl．Mater．，1971，38：42

10．Bokros J C．Deposition Structure and Properties of Pyrolitic Carbon．Chem．and Phys．of Carbon，vol.5，

New York: Marcel Dehker 1972, 70~81

11. Bokros J C, LaGrange L D, Schoen G J. Control of Structure of Carbon for use in Bioengineering, in: Chem. and Phys. of Carbon, vol.9, ed:Walker P L, 1972

12. Adams D, Williams D F. Carbon Fiber-reinforced Carbon as a Potential Implant Material. J. Bioned, Mater. Res., 1978, 12:35

13. Shimm H S, Haubold A D. The Fatigue Behavior of Vapor Deposited Carbon Films. Biomater. Med. Dev. Aritif. Org., 1980, 8: 333

14. More R B, Silver M D. Pyrolite Carbon Prosthetic Heart Valve Occluder Wear: In Vitro Results for the Bjork-Shiley Prosthesis. J. Appl. Biomater., 1990, 1: 267

15. Dörre E. Problems Concerning the Industrial Production of Alumina Ceramic Components for Hip Prostheses. in: A Ravaglioli, A. Krajewski (eds). Bioceramics and the Human Body, London and New York: Elsevier Applied Sience, 1991

16. 陈治清等.口腔材料学.北京:人民卫生出版社,1999,454~460

17. Ratner B D, Hoffman A S, Frederick J Schoen et al. Biomaterials Science——An Introduction to Materials in Medicine. San Diego, London, Boston, New York, Sydney, Tokyo, Toronto:Academic Press, 1996

18. Hench L L,Wilson J. An Introduction to Bioceramics, Advanced Series in Ceramics vol.1, World Scientific, 1993

19. Miller J A, Talton L D, Bhatia S. in: L.L.Hench and J. Wilson, (eds), Clinical Performance of Skeletal Prostheses, London:Chapman and Hall, 1996

20. 李世普,陈晓明.生物陶瓷.武汉:武汉工业出版社,1998

21. Dörre E. Problems Concerning the Industrial Production of Alumina Ceramic Components for Hip Joint Prosthesis.in: A. Ravaglioli, A. Krajewski(eds), Bioceramics and the Human Body, London and New York:Elsevier Applied Science, 1991

22. Hulbert S E, Bokros J C, Hench L L et al. Ceramic in Clinical Application:Past, Present and Future. in: High Tech. Ceramics, ed: P. Vincenzini. Amsterdam:Elsevier, 1987

23. Boutim P. Arthroplastic Totale de la Hanche Par Prothese en Alumine Fritle. Rev. Chir. Orthop., 1972, 58: 229

24. Boutin P. Using Alumina-Alumina Sliding and a Metallic Sterm: 1330 Cases and an 11-Year Follow-up, Orthopaedic Ceramic Implants, vol.1, eds:Oonish H, Ooi Y(Proceedings of Japanese Society of Orthopaedic Ceramic Implants, 1981)

25. Boutin P, Blanquaert D. A Study of the Mechanical Properties of Alumina Total-on-Alumina TotalmHip Prosthesis(Author's Transl). Rev. Chir. Ortho., 1981, 67(3): 279~287

26. Doriot J M, Christel P, Meunier A. Alumina Hip Prostheses: Long term Behaviors. in: Proceedings of 1st International Symp. on Ceramics in Medicine, eds: H.Oonishi, H. Aoki and K. Sawai, Ishiyaku EuroAmerica Inc., 1988,236~301

27. Winter M, Griss P, Scheller G et al. 10~12 Year Results of a Ceramic-Metal-Composite HIP Prostheses with a Cementless Socket. in: Proceedings of 2th International Symp.on Ceramics in Medicine, ed:Heimke G, German Ceramic Society, 1989, 436~444

28. Wirvoet J, Christel P, Sedel L et al. Survivorship Analyses of Cemented Al$_2$O$_3$ Sockets. in: Proceedings Of 1st International Symp. on Ceramics in Medicine eds: H.Oonishi, H. Aoid, K.Sawai, Ishiyaxu EuroAmerica, Inc., 1998, 314~319

29. Sedel L, Meunier A, Nizard R S et al. Ten Year Survivorship of Cemented Ceramic-Ceramic Total Hip Replacement. in: Bioceramics, vol.4, eds: Bonfield W, Hastings G W, Tanner K E, London: Butler worth-

Heinemann Ltd.,1991, 27~37

30. Sedel L, Christe P, Meunier A et al. Alumina/Bone Interface-Experimental and Clinical Data. in: Proceedings of 1st International Symp. on Ceramics in Medicine, eds: H.Oonishi, H. Aoid, K. Sawai. Ishiyaku EuroAmerica, Inc., 1988,262~271

31. Muiroy R D, Harris J W H. Improved Cementing Techniques: Effect on Femoral and Socket Fixation at 11 years. Transactions of the Society for Biomaterials, 1990, 13:147

32. Oonishi H, Igaki H, Takayama Y, Comparison of Wear of UHMW Polythylene Sliding against Metal and Alumina in Total Hip Prostheses. in: Proceedings of 1st International Symp. on Ceramics in Medicine, eds: H. Oonishi, H. Aoki, K. Sawai. Ishiyaka EuroAmerica, Inc., 1988, 272~277

33. Ohashi T, Inoue S, Kajikawa K et al. The Clinical Wear Rate of Acetabular Component Accompanied with Alumina Ceramic Head. in: ibid, 278~283

34. Okumuta, Yamamuro T, Kuma T et al. Socket wear in Total Hip Prosthesis with Alumina Ceramic Head. in: ibid,284~289

35. Oonishi H. Bioceramics in Orthopaedic Surgery-Our Clinical Experinces. Abstracts 3rd International Symp on Ceramics in Medicine, 1990

36. Oonishi H, Okabe N, Hamagchi T et al. Cementless Alumina Ceramic Total Knee Prosthesis. Orthop. Ceramic Implants, 1982, 1: 157~160

37. Inoue H, Yokoyama Y, Tanabe G. Follow-up Study of Alumina ceramic Knee (Kc-1 Type)Replacemeat. in: Proceedings of 1st International Symp. on Ceramics in Medicine, eds: H. Oonishi, H. Aoki, K.Sawai, Ishiyaku EuroAmerica, Inc., 1988, 301~307

38. Ukon Y, Oonishi H, Murata N et al. Clinical Experience of KOM Type Cementless Alumina Ceramic Artificial Ankle Joint. Orthopaedic Ceramic Implants, 1986, 6: 125~129

39. Murasawa A, Hanyu T, Nakazone K et al. Indication and Its Limits of Ceramic Prosthesis for Rheumatoid Elbows. Orthpaedic ceramic Implants, 1985, 5: 43~49

40. Yoshikawa H, Tokumaru H, Aoki Y et al. Total Shoulder Replacement with Ceramic Prosthesis Following the Tikhoff-Linberg Procedure. Orthopaedic ceramic Implants, 1983, 1: 113~116

41. Moritani M, Hirako H, Sakata H et al. Ceramics-to-HDP Total Wrist Joint Prosthesis. Orthopaedic Ceramic Implants, 1982, 2: 147~150

42. Sandhaus S. Bone Implants and Drills and Taps for Bone Surgery. British Patent 1083769, 1967

43. Schulte W, Busing C M, d'Hoedt B et al. Enosseous Implants of Aluminum Oxide Ceramics-a 5-Year Study in Human. in: Proceedings of International Congress on Implantology and Biomateriats in Stomatology ,ed Kawahara, Kyoto, Japan. 1980, 157~167

44. Schulte W. The Intra-osseous Al$_2$O$_3$(Frialit) Tubingen Impant. Development Status after Eight Years(1-3). Quintessence Interational, 1984 ,15: 1~39

45. Heimke G, d'Hoedt B, Schulte W. Ceramics in Dental Implantology. In: Biomaterials and Clinical Applications, eds: Pizzoferrato A ,Marchetti P G, Ravaglioli A and Lee A J C, Amsterdam :Elsevier Science Publishers, 1987, 93~104

46. Schulte W. The FRIALIT Tubingen Implant System. in: Osseo-Integrated Implants, vol. II, Implants in Oral and ENT Surgery ,ed: G. Heimke, Florida, Boca Raton: CRC Press, 1990 ,12~32

47. Driskell T D, Heller A L. Clinical Use of Aluminum Oxide Endosseous Implants. Oral Implantal, 1977, 7: 1

48. Mutsschelknaus E, Dörre E. Extension-Simplantate aus Aluminimum-oxidkeramik. Quintessenz, 1977, 28: 1 ~10

49. Ehri P A, Frenkel G. Experimental and Clinical Expenriences with a Blade Vent-Abutment of Al$_2$O$_3$-Ceramic

in the Shortended Dental Raw-Situation of the Mandible . in : Dental Implants , eds : G . Heimke Munchen , Hanser Verlag , 1980 , 63~67

50. Kawahara H , Hirabayash M , Shikita T . Single Crystal Alumina for Dental Implants and Bone Screws . J . Biomed . Mat . Res . , 1980 , 14 : 597~605

51. Yamagami A . Single-Crystal Alumina Dental Implant-13-Year Long Following-ups and Statistical Examina- tion . in : Proceedings of 1st International Symposium on Ceramic in : Medicine , eds . : H . Oonishi , H . Aoki , and K . Sawai , Ishiyaku EuroAmerica , Inc . , 1988 , 332~337

52. Plester D ,Jannke K . Ceramic Implants in Otologic Surgery . Am . J . Otology , 1981 , 3 : 104~108

53. Jannke K . Otologic Surgery with Aluminum Oxide Cermic Implants . in : Biomaterials in Otology , ed :Grote J J , Martinus Nijhoff , The Hauge , 1984 , 205~209

54. Jahnke K , Schaderu M , Silberzann J . Osseio-Integrated Implants in Otorhinolaryngology , in : Osseo-integrat- ed Implants , vol . Ⅱ , Implanis in Oral and ENT Surgery , ed . :Heimke G , Boca Raton : CRC Press , 1990 , 287

55. Zoliner C , Weerda H , Strutz J . Aluminiumoxid-Keramikals Stutzgerust . in der Trachealchirurgie , Archieves of Oto-Rhino-Laryngology , Supplement II , Springer Verlag , 1983 , 214~216

56. Okudera H , Kobayashi S , Takemae T . Neurosurgical Applications of Alumina Ceramic Implants . in : Bio- ceromics , Proceedings of the 1st International Symp . on Ceramics in Medicine , eds . : H Oonishi , H . Aoki , and K .Sawai , Ishiyaku EuroAmerica , Inc . , 1988 , 320~325

57. Polack F M , Heimke G . Ceramic keratoprostheses . Ophthalmology , 1980 , 87 : 693

58. Buykx W J , Drabaretk E , Reeves K D et al . Development of Porous ceramics for Drug Release and Other Ap- plications . Abstracts ,3rd International Symposium on Ceramics in Medicine , Terre Haute , IN . November 1990

59. Park J B , Lakes R S . Biomaterials : An Introduction . 2d ed . New York : Plenum Press , 1992

60. 贾广成,李文霞,郭志猛等.陶瓷基复合材料导论.北京:冶金工业出版社,1998

61. Garvie R C , Urbar D , Kennedy D R et al . Biocompatibility of Magnesium Partially Stabilized Zirconia (Mg- PSZ Ceramics) . J . Mat , Sci . , 1984 , 19 :3224

62. Tateishi T , Yunoki H . Ressarch and Development of Advanced Biomaterials and Application to the Artificial Hip Joint . Bull . Mech . Engr . Lab . , 1987 ,45 : 1

63. Kumar P , Shimizu K , Oka M et al . Biological Reaction of Zirconia Ceramics . in : Proceedings of 1st Interna- tional Sump . on Ceramics in Medicine , eds : H . Oonishi , H . Aoki ,K . Sawai , Ishiyaku EuroAmerica Inc . , 1988 , 341~346

64. Murakami T , Ohtsuki N . Friction and Wear Characteristics of Sliding Pairs of Bioceramics and Polyethylene . in : ibid , 225~230

65. Streicher R M , Semlisch M , Schom R . Articulation of Ceramic Surfaces against Polyethylene . in : Bioceramics and the Human Body , eds : Ravaglioli A and Kraiewski A , London and New York :Elsevier Applied Science , 1991 ,118~123

66. Streicher R M , Semlisch M , Schom R . Ceramic Surfaces as Wear Partners for Polyethylene , Bioceramics , vol .4 , eds : Bonfield W , Hastings G W , Tanner N E . London : Butter worth , Heinemann Ltd . , 1991

67. Sato T , Shimada M . Transformation of Ytria-Doped Zirconia Polycrystals by Annealing in Water . J . Am . Ce- ram . Soc . , 1985 , 68 : 356~359

68. Christel P , Meunier A , Heller M et al . Mechanical Properties and Short-Term in Vivo Evaluation of Ytrium- Oxide-Partialiy Stabilized Zirconia . J . Biomed . Mat . Res . , 1989 , 23 : 45~61

69. Mandrino A , Moyer B , Ben A . Abdallar et al . Bioceramics , vol .4 , eds :Hulbert J E and Hulbert S F . Rose-

Hulman Institute of Technology，Terre Haute，IN，1992

70．Drummond J L．Aging Study of Magnesia Stabilized Zirconia，Bioceramics，vol.4，eds：Hulbert J E and Hulbert S F Rose-Hulman Institute of Technology，Terre Haute，1992

71．Sudanese A，Toni A，Cattaneo G L et al．Alumina vs Zirconium Oxide：A Comparative Wear Test．in：Proceedings of 1st International Symp On Ceramics in Medicine，eds：Oonishi，H．Aoki and K．Sawai，Ishiyaku EuroAmerica，Inc．，1988，237～240

72．Sato Y．Aichi Medical University，Osaka，Private Communication，3rd International Symp．on Ceramics in Medicine，Terr Hante，Indiana，USA，Nov，1990

73．Cales B，Peille C N．Radioactive Properties of Ceramic Hip Joint Heads，in：Proceedings of 1st International Symp．on Ceramics in Medicine，eds：Oonishi H，Aoki H，Sawai K，Ishiyaku EuroAmerica，Inc．，1988，152～155

74．Ciear S，Heindl R，Robert A．Radioactivity of Femoral Head of Zirconia Ceramics，Bioceramics，vol.3，eds：J．E．Hulbert，S．F．Hulbert，Rose-Hulman Institute of Technology，Terre Haute，IN，1991，367～371

75．冉均国，周勇，郑昌琼等．辉光放电等离子体沉积生物碳素材料的研究．生物医学工程学杂志，1987，4（3）：178～181

76．尹光福，冉均国，郑昌琼等．射频等离子体制备非晶碳碳膜及其结构、性能及应用．见：全国第五届等离子体科学与技术讨论会论文集（下）．大连：大连理工大学出版社，1989，150～152

77．Zheng C Q，Ran J G，Yin G F et al．Application of Glow-discharge Plasma Deposited Diamond-like Carbon Film on Prosthetic Artificial Heart Valves．in：Application of Diamond Films and Related Materials，ed：Y．Tzeng，Amsterdam，Elsevier Science B．V．1991，711～716

78．Cao Y，Ran J G，Zheng C Q et al．，Study on Preparation of New Diamond Like Carbon Film Biomaterials Using Microwave Plasma CVD Method．in：Biomedical Material Research in Far East（Ⅲ），eds：Y．Ikada，X．D．Zhang．Kyoto：Kobunshi Kanhokai，Inc．，1997，206～207

79．尹光福，韦庆，郑昌琼等．硅－碳过渡层对改善金刚石生物涂层材料性能的影响．见：94中国材料研究会论文集，第二卷：低微材料，一分册，薄膜材料与薄膜技术，闻立时编．北京：化学工业出版社，1995，356～359

80．Wang H W，Yin G F，Zheng C Q et al．Preparation of Gradient Biomaterial Used for AMHV．Chinese J．Biomedical Engineering（English Edition），1999，8(1)：1～6

81．Yang Y Z，Ran J G，Zheng C Q．Preparation of DLC／Stainless Steel Biomedical Gradient for AMHV With magnetron Sputtering．in：Biomedcal Materials Rresearch in Far East（Ⅲ），eds：Ikada Y，Zheng X D．kyoto：Kobunshi Kankokai Inc．，1997，88～89

82．Yin G F，Luo J M，Zheng C Q et al．Preparation of DLC Gradient Biomaterials by Means of Plasma Source Ion Implantation-Ion Beam Enhanced Deposition，Thin Solid Film，1999，345：67～70

83．尹光福．人工心脏瓣膜材料设计及生物碳素梯度涂层材料的研究．四川大学博士学位论文，1998

84．威廉姆斯 D F．朱鹤孙等译．医用与口腔材料．北京：科学出版社，1999

85．Shobert E I I I．Carbon and Graphite．New York：Academic Press，1964

86．Contrad J R et al．J．Appl．Phys．，1987，62：4591

87．Contrad J R et al．Proceeding of International Conference on Tool Materials，Chicago，USA，1988

88．Geng M L et al．Material Modification for Cr12MoV，3rd International Workshop on PBII，Germany，1996

89．尚振魁，耿曼，童洪辉．中国核科技报告．北京：原子能出版社，1997

90．张通和，吴瑜光．离子注入表面技术．北京：冶金工业出版社，1993

91．森田真史．人工関節の摩擦試験上耐磨耗の評価．トライボツスト，1992，37(4)：1～7

92．Katsuaki K，Takashi K．J．Biomed．Mater．Res．，1982，16：757

93. 王昌祥.新型人工关节置换材料的研制及其生物摩擦磨损机理的研究.四川大学博士学位论文,1997

94. 蒋书文,尹光福,郑昌琼等.DLC 膜/Ti6Al4V 梯度材料的生物摩擦学研究.航天医学与医学工程,2001,14(4):282~285

95. 蒋书文,尹光福,郑昌琼等.钛合金表面类金刚石碳素梯度材料的摩擦磨损性能研究.摩擦学学报,2001,21(3):167~171

96. Rose R M, Radin E L. Wear of Polyethylene in the Total Hip Prosthesis. J .Clin. Orthop, 1982,190;107~115

97. Wroblewski B M, Lynch M, Alkinson I R et al. External Wear of the Polyethylene Socket in Cemented Total Hip Arthroplasty. J. Bone Joint Sury, 1987,69B;165~168

98. Khan M A, Williams R L, Williams D F. Titanium Alloys Corrosion and Wear Studies in-vitro, Abstract 480. in: Transactions of 5 th World Biomaterials Congress, Toronto, 1996

99. Clark I C, Mckellop H A. Handbook of Biomaterials Evaluation. ed:Recum A V, New York: Macmillian, 1986, 3~20

100. Thompson N G, Buchanan R A. Vitro Corrsion of Ti6Al4V and Type 316L Stainless when Galvanically Coupled with Carbon. J. Biomater. Res., 1979, 13;26~44

101. 杨国忠.人工心脏瓣膜发展概况及市场分析(上).世界医疗器械,1995,1(3);48

102. 蔡用之.人工心脏瓣膜与置换技术.北京:人民卫生出版社,1981

103. 郑昌琼主编.简明材料词典.北京:科学出版社,2002

104. 陈百万.生物医学工程学.北京:科学出版社,1997

第十八章　生物活性陶瓷

18.1　概　　述

生物活性材料的概念是由 Hench 提出的[1~3]，按其定义，生物活性材料是一类能在材料界面上诱发出特殊生物反应的材料，这种反应导致组织与材料之间形成键合。生物活性陶瓷包括表面活性生物陶瓷和可生物降解陶瓷。这类材料的组成中含有能够通过人体正常的新陈代谢途径进行置换的钙、磷等元素，或含有能与人体组织发生键合的羟基（OH）等基团。它们的表面同人体组织间可通过形成强的化学键达到完全亲和。因此，生物活性陶瓷可作为身体渗入或取代的支架和空位填补体。这类材料包括生物活性玻璃和玻璃陶瓷、磷酸钙类陶瓷和可生物降解或可吸收陶瓷以及这类材料对金属修复体的涂层复合材料[1]。下面分别进行介绍。

18.2　生物活性玻璃和玻璃陶瓷

生物活性玻璃和玻璃陶瓷，最显著的特征是在植入后，表面状况随时间而动态变化，表面形成生物活性的碳酸羟基磷灰石（HCA）层。HCA 层为组织提供了键合界面，由于 HCA 相化学组成和结构与骨中的无机相相同，故能使界面键合[4]。

18.2.1　生物活性玻璃和玻璃陶瓷组成

生物活性玻璃陶瓷是由生物活性玻璃控制晶化而制得的多晶固体。晶化就是在仔细制定的热处理制度下控制玻璃的成核与生长[5]。大多数生物活性玻璃的组成为 SiO_2、Na_2O、CaO 和 P_2O_5，它们各自占不同比例，如表 18-1 所示[4]。

表 18-1　生物活性玻璃和玻璃陶瓷组成（质量分数/%）

型号[1)	45S5	45S5F	45S5.4F	40S5B5	52S4.6	55S4.3	KGC	KGS	KGy213	A-W GC	MBGC
SiO_2	45	45	45	40	52	55	46.2	46	38	34.2	19~52
P_2O_5	6	6	6	6	6	6				16.3	4~24
CaO	24.5	12.25	14.7	24.5	21	19.5	20.2	33	31	44.9	9~3
Ca_3（PO_3）$_2$							25.5	16	13.5		
CaF_2		12.25	9.8							0.5	

型号[1]	45S5	45S5F	45S5.4F	40S5B5	52S4.6	55S4.3	KGC	KGS	KGy213	A-W GC	MBGC
NgO							2.9			4.6	5~15
MgF$_2$											
Na$_2$O	24.5	24.5	24.5	24.5	21	19.5	4.8	5	4		3~5
K$_2$O							0.4				3~5
Al$_2$O$_3$									7		12~33
B$_2$O$_3$				5							
Ta$_2$O$_5$/TiO$_2$									6.5		
结构	玻璃	玻璃	玻璃	玻璃	玻璃		玻璃-陶瓷	玻璃-陶瓷		玻璃-陶瓷	玻璃-陶瓷
Reference	Hench et al [6]	Hench et al [6]	Hench et al [6]	Hench et al [6]	Hench et al [6]	Hench et al [6]	Gross et al [7]	Gross et al [7]		Nakamura et al [8]	Höland & Vogel [9]

1) 型号全名分别为：45S5 Bioglass；45S5F Bioglass；45S5.4F Bioglass；40S5B5 Bioglass ；52S4.6 Bioglass；55S4.3 Bioglass.；KGC Ceravital；KGS Ceravital；KGy 213 Ceravital.

与传统的钠钙硅玻璃体系相比较，这些生物活性玻璃有三大关键组成特征：①SiO$_2$ 含量小于 60% （摩尔分数）；②Na$_2$O 和 CaO 含量高；③CaO/P$_2$O$_5$ 比例高。这些组成特性，使得玻璃暴露在液体介质中时，其表面具有高的反应性[4,6]。这类玻璃或玻璃陶瓷，通常被命名为 Bioglass®。Bioglass® 45S5 的质量分数/% 为：SiO$_2$ 45，Na$_2$O 24.5，CaO 24.5 和 P$_2$O$_5$ 6，S 代表网络形成剂，CaO/P$_2$O$_5$ 比为5:1。CaO/P$_2$O$_5$ 比低，与骨不键合。用 5% ～15% （质量分数）B$_2$O$_3$ 取代 45S5 玻璃中的 SiO$_2$ 或用 12.5%（质量分数）CaF$_2$ 取代 CaO 或热处理生物活性玻璃，使其形成玻璃陶瓷，对材料形成骨性结合具有不可估量的影响。然而，加入小于 3% （质量分数）的 Al$_2$O$_3$ 到 45S5 玻璃中，将阻碍其与骨键合[4]。Hench 等[6]研究了 SiO$_2$-Na$_2$O-CaO 和 P$_2$O$_5$ 系玻璃及玻璃陶瓷骨和软组织结合的组分关系。在四组分体系中 P$_2$O$_5$ 均为 6% （质量分数），所得 SiO$_2$-Na$_2$O-CaO 三元相图如图 18-1 所示。

图 18-1 中部区域 A 内，玻璃与骨形成化学键，区域 A 称为活性骨性结合区。在区域 B 内的玻璃（如窗、瓶或显微镜玻璃），表现为接近生物惰性的材料，植入后被非连接性的纤维组织包围。在区域 C 内的玻璃，植入 10d 或 10d 后被吸收和消失。区域 D 内的玻璃，技术上无实际意义，未进行过作为植入体的试验。在区域 A 内，中部有一小区

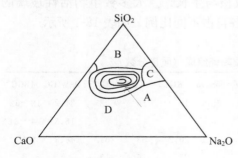

图 18-1 Na$_2$O-CaO-SiO$_2$ 体系相平衡图

域（从外到内第三范围的）的玻璃植入后，软组织的胶原组分要强烈的黏附在活性硅酸盐玻璃上，也发生与软组织结合的反应，被非连接性的纤维组织包围[1,4,6]。

与骨键合的还有低碱 [Na_2O，K_2O 含量为 $0\sim5\%$（质量分数）] 生物活性硅酸盐玻璃陶瓷，称为 Ceravital 玻璃陶瓷，例如 Gross 等[7]研究的 KGC Ceravital 和 KGS Ceravital、KGy213 Ceravital（见表 18-1）。Gross 等[7]发现加入少量 Al_2O_3、Ta_2O_3、TiO_2、Sb_2O_3 或 ZrO_2 会抑制骨性结合。由磷灰石 [Ca_{10}（PO_4）$_6$（OH，F）$_2$] 和硅灰石（$CaO \cdot SiO_2$）晶体组成的氧化硅-磷酸盐和剩余的氧化硅玻璃态基体两相玻璃陶瓷，称为 A-W 玻璃陶瓷（A-WGC）[8]（见表 18-1），也与骨键合。加 Al_2O_3 或 TiO_2 到 A-W 玻璃陶瓷中，也会抑制骨性结合，而加入一个第二磷酸盐相 β - 磷钙矿（$3CaO \cdot P_2O_5$）就不会发生抑制[4]。

另一类含金云母（Na，K）Mg_3（$AlSi_3O_{10}$）F_2 和磷灰石 Ca_{10}（PO_4）$_6$（OH，F）$_2$的磷硅酸盐多相生物活性玻璃陶瓷，甚至组成中有 Al 存在时，也与骨直接结合[9]。Al^{3+} 掺入到晶相中而不改变材料的表面反应动力学。在这类玻璃陶瓷中，金云母使玻璃陶瓷具有可切削性，磷灰石相赋予生物活性，称为可切削生物活性玻璃陶瓷（MBGC）[9~11]（见表 18-1）。通过控制析晶可形成一种新型可切削玻璃陶瓷[12]。氟金云母相呈卷曲状，称为"卷曲形（cabbage-shaped）"。这种材料的可切削性，是含平板形云母玻璃陶瓷的 $4\sim5$ 倍，可用一般金属加工工具加工。其成分主要是：SiO_2 44.5%，Al_2O_3 29.9%，MgO 11.8%，CaO 0.2%，Na_2O 4.4%，K_2O 4.9%，P_2O_5 0.2%，F 2.2%。

18.2.2　生物活性玻璃和玻璃陶瓷的性质

生物活性玻璃的主要优点是其快速的表面反应，从而导致快速与组织的结合。其主要缺点是由其无定形的两维玻璃网络结构造成的力学上的弱点和低的断裂韧性。大多数生物活性玻璃，其抗弯强度都在 $40\sim60MPa$，故不能在承重下使用。它具有低的弹性模量（$30\sim35$ GPa），接近于人的皮质骨弹性模量（$7\sim30$ GPa）。低强度不影响生物活性玻璃作为涂层应用，在这种情况下，金属与涂层之间的界面强度是限制因素。低强度也不影响生物活性玻璃作为在低负荷或低压力下的植入体应用，以及以粉末形式或在复合材料中作为生物活性相的应用[1]。

可切削生物活性玻璃（MBGC）具有良好的加工性，其加工性来自云母晶体的解理、次级解理及其相互交错的结构。层与层之间通常以碱金属或碱土金属结合，结合力十分薄弱。在外力作用下，裂纹沿薄弱层进行传播，而相互交错的晶体框架又控制裂纹运行方向，抑制裂纹的自由扩展。裂纹在刃具周围扩展，实现精细加工[13]。

18.2.3　生物活性玻璃和玻璃陶瓷的制备工艺

生物玻璃的生产采用传统的玻璃制备工艺。原料的选用影响玻璃的性质，为了保持材料的化学反应性，必须避免玻璃沾污，大多数组分应采用分析纯化合物。化学法制取无吸收水分和无凝聚水分的氧化硅很困难，氧化硅以高纯玻璃砂形式加入。研究表明，采用含有结晶水的磷酸钙化合物，比使用无结晶水的化合物更易晶化。此影响是由于玻璃结构中 OH^- 的溶解与黏度的降低有关，黏度对玻璃的形成和晶化有影响。熔体的优先蒸发也将影响玻璃的黏度、晶化趋势或相分离以至改变最终的玻璃组成[1]。

制备工艺包括称重、熔合、熔化、均匀化和玻璃的形成等过程，其中必须无杂质的引入，无易挥发组分如 Na_2O 或 P_2O_5 的损失。熔化取决于组成，通常在 $1300 \sim 1450℃$ 范围内完成。熔化只能使用铂金坩埚或玻璃容器，以避免熔体的沾污。在 $450 \sim 550℃$ 下，晶化是关键的一步，因为生物活性玻璃组成的热膨胀系数均高。每类器件都建立有各自的退火制度。生物活性玻璃是软玻璃材料，最终的形状用机械加工很容易完成。如果需要颗粒或粉体玻璃，将熔体在水或空气中骤冷，然后碾磨、筛分至所需的颗粒尺寸[1]。

18.2.4 生物活性玻璃和玻璃陶瓷的临床应用

1.45S5 生物活性玻璃（45S5 Bioglass®）

由于生物活性玻璃能与硬软组织结合，它成功地应用于中耳小骨置换；在口腔手术中，将 45S5 Bioglass® 制成锥形器件用于修复颌骨缺损、牙周缺损的修复（块体或颗粒）[1,4,14,15] 以及用作内骨嵴维护植入体等[16]。在组织中，45S5 活性玻璃颗粒不引起细胞损伤，也没有产生降解产物，植入体周围无感染[1]。

2.Ceravital 生物活性玻璃陶瓷

它是一类低 Na_2O、K_2O 含量的生物活性玻璃陶瓷。用于中耳外科手术非常成功[2]。

3.磷灰石-硅灰石活性玻璃陶瓷（A-WGC）

A-W 玻璃陶瓷用作脊椎假体，胸、额骨修复和骨缺损修复[1,17]，已成功应用于万名以上患者。

4.可切削生物活性玻璃陶瓷（MBGC）

以金云母和硅灰石为主晶相的可切削生物活性玻璃陶瓷，具有良好的可加工性和与骨结合的生物活性。其硬度与牙釉质相似，具有良好的力学相容性，易于与玻璃质水门汀化学结合，很容易实现定点黏结而无需进一步处理[12]。MBGC在临床上用作颌面、脊椎及牙槽嵴萎缩等硬组织修复[18,19]。可切削玻璃陶瓷，可用普通金属加工机床进行车削、锯、铣等加工，从而使玻璃陶瓷在修复领域得到应用。在口腔修复术中，由于人类个体的差异性，牙修复体制造过程繁琐、周期长。计算机辅助设计/计算机辅助加工（CAD/CAM）技术的介入，带来了修复与加工工艺的更新。CAD/CAM 技术与可加工玻璃陶瓷结合，缩短了修复体的加工周期，提高了加工精度，使一次就诊、一次修复成为可能，在现代修复学领域引起一次革命，CAD/CAM 加工技术与传统牙科修复体的制造方式比较，显示出无比的优越性[20]。从西门子公司开始，各大公司先后推出了十二种齿科修复体 CAD/CAM 加工系统[21]。加工材料主要是可切削玻璃陶瓷，可切削材料的种类、强度、美观与加工性，是今后研究的重点。

18.3　磷酸钙生物活性陶瓷

18.3.1　概述

磷酸钙陶瓷（CPC）是生物活性陶瓷的一大类生物医学材料。目前研究和应用较多的为羟基磷灰石（HA）和磷酸三钙（TCP）。磷酸钙陶瓷含有 CaO 和 P_2O_5 两种成分，是构成人体硬组织的重要无机物质，植入人体后，其表面同人体组织可通过键的结合而达到完全亲和。磷酸钙陶瓷中，羟基磷灰石在组成和结构上，酷似人骨和牙齿的无机质。纯的 HA 陶瓷的力学性能较其他生物活性陶瓷为优，如纯 HA（100%）陶瓷块料的断裂强度优于含有杂相（13% TCP，87% HA）的 HA 陶瓷。纯 HA 陶瓷在体液中的耐疲劳性能，优于含有杂相（玻璃）的 HA 陶瓷。因此 20 世纪 70 年代国际上很多研究者开始对 HA 的制备、结构和性能及其在医学上的应用，进行了较系统的研究，并取得一些成功的结果。由于其优异的化学和生物学性能，磷酸钙生物活性陶瓷是目前齿科和骨科临床上受欢迎的和有希望的植入材料，国内外均有商品供销。TCP 与骨结合好，也无排异反应。TCP 在水溶液中的溶解度较 HA 为大，能缓慢地被体液降解、吸收，如此，TCP 的降解为新骨的形成提供了较 HA 丰富的 Ca、P，在体内可通过新陈代谢途径促进新骨组织的生成。TCP 降解，并逐步为新骨组织置换。由于其具有上述的优良性能，对它研究及医学应用，也引起材料界和医学界的重视，这方面也有不少报导。以 TCP 为基料的各种复合人工骨、β-TCP 作组织工程材料的支架也正在研究中，也是当今生物陶瓷发展的活跃领域。以磷酸钙为原料发展的磷酸钙骨水泥也是目前研究的热点之一。磷酸钙生物陶瓷还包括可降解、吸收的锌-钙-磷氧化物陶瓷（ZCAP）、硫酸锌-磷酸钙陶瓷（ZSCAP）、磷酸铝钙陶瓷（ALCAP）和铁-钙-磷氧化物陶瓷（FECAP）等。

本节重点介绍磷酸钙陶瓷的物理化学基础，主要生物活性磷酸钙陶瓷 HA 和 TCP 及磷酸钙骨水泥制备工艺、理化性能、生物学特性及临床应用，简要介绍其他磷酸钙生物陶瓷及磷酸钙复合人工骨材料情况。

18.3.2 磷酸钙的物理化学基础

了解磷酸钙化合物的物理化学性能，将为其制备工艺和其在体内的作用变化提供依据。

18.3.2.1 有关磷酸钙化合物

磷酸钙化合物的分类，通常是按其具有的 Ca/P 原子比（Ca/P 比）进行的，所以，磷酸钙化合物是包括不同 Ca/P 比的一系列磷酸钙化合物。磷酸钙类陶瓷是具有不同 Ca/P 比磷酸钙陶瓷的总称，简称磷酸钙陶瓷（CPC）。具有不同 Ca/P 原子比的各种磷酸钙，如表 18-2 所示[22]。

表 18-2　各种磷酸钙 (calcim phosphates)

Ca/P 原子	分子式	名　称	简　写
2.0	Ca_4O $(PO_4)_2$ 或 $Ca_4P_2O_9$，	磷酸四钙	TeCP 或 TTCP
1.67	Ca_{10} $(PO_4)_6$ $(OH)_2$	羟基磷灰石	HA
<1.67	$Ca_{10-x}H_{2x}$ $(PO_4)_6$ $(OH)_2$	无定形磷酸钙	ACP
1.5	Ca_3 $(PO_4)_2$ (α, β, γ)	磷酸三钙 (α, β, γ)	TCP (α, β, γ)
1.33	Ca_8H_2 $(PO_4)_6 \cdot 5H_2O$	磷酸八钙	OCP
1.0	$CaHPO_4 \cdot 2H_2O$	二水磷酸氢钙（二水磷酸二钙）	DCPD
1.0	$CaHPO_4$	磷酸氢钙（磷酸二钙）	DCP
1.0	$Ca_2P_2O_7$ (α, β, γ)	焦磷酸钙 (α, β, γ)	CPP
1.0	$CaP_2O_7 \cdot 2H_2O$	二水焦磷酸钙	CPPD
0.7	Ca_7 $(P_5O_{16})_2$	磷酸七钙	HCP
0.67	$Ca_4H_2P_6O_{20}$	磷酸二氢四钙	TDHP
0.5	Ca $(H_2PO_4)_2 \cdot H_2O$	一水磷酸一钙	MCPM
0.5	Ca $(PO_3)_2$ (α, β, γ)	偏磷酸钙 (α, β, γ)	CMP (α, β, γ)

在磷酸钙化合物中，研究得最多的是磷灰石，其化学通式为 M_{10} $(XO_4)_6Z_2$。M 代表二价的金属离子 M^{2+}；XO_4 代表负三价的阴离子 XO_4^{3-}，如 PO_4^{3-}、AsO_4^{3-}、VO_4^{3-}、CrO_4^{3-}、MnO_4^{3-} 等；Z 代表一价阴离子 Z^-，如 F^-、OH^-、Br^- 等。目前，医用上应用最多的为 HA，它具有六方晶系晶体结构，其化学式为 Ca_{10} $(PO_4)_6$ $(OH)_2$，理论质量分数为：Ca 39.9%，P 18.5%，OH 3.38%，其 Ca/P 原子比为 1.67。

$Ca_{10}(PO_4)_6$ $(OH)_2$、$Ca_{10-x}H_{2x}$ $(PO_4)_6$ $(OH)_2$、Ca_3 $(PO_4)_2$、Ca_8H_2 $(PO_4)_6 \cdot 5H_2O$、$CaHPO_4 \cdot 2H_2O$、$CaHPO_4$、$Ca_4H_2P_6O_{20}$、$Ca(H_2PO_4)_2 \cdot H_2O$ 等磷酸钙，可以用溶液反应的方法在酸性或碱性条件下，从有 Ca^{2+} 和 PO_4^{3-} 的混合溶液中合成得到。在空气中加热至 1500℃ 以前，不同温度下得到不同的磷酸钙产物，用 X 射线衍射法鉴定其

结构,产品的化学组成用差热分析、红外光谱分析和化学分析确定。

18.3.2.2 各种磷酸钙的热特性[22,23]

在加热情况下,各种磷酸钙发生如下的热转化:

(1) 计量 (Ca/P＝10/6) HA

$$Ca_{10}(PO_4)_6(OH)_2 \xrightarrow[\text{脱吸附水}]{25\sim200℃} Ca_{10}(PO_4)_6(OH)_2 \xrightarrow[\text{脱晶格水}]{200\sim400℃} Ca_{10}(PO_4)_6(OH)_2$$

$$\xrightarrow[\text{脱水}]{>850℃} Ca_{10}(PO_4)_6(OH)_{2-2x}O_x\square_x \xrightarrow[\text{脱水}]{>1050℃} 2\,\beta\text{-}Ca_3(PO_4)_2 + Ca_4P_2O_9$$

$$\xrightarrow{>1350℃} 2\,\alpha\text{-}Ca_3(PO_4)_2 + Ca_4P_2O_9$$

(2) 非计量 (或缺钙,Ca/P＜10/6) HA

$$Ca_{10-x}H_{2x}(PO_4)_6(OH)_2 \xrightarrow{800℃} \beta\text{-}Ca_3(PO_4)_2 + Ca_{10}(PO_4)_6(OH)_2$$

$$\xrightarrow{1200℃} \alpha\text{-}Ca_3(PO_4)_2 + Ca_4P_2O_9$$

(3) $Ca_3(PO_4)_2 \cdot nH_2O \xrightarrow{680\sim720℃} \beta\text{-}Ca_3(PO_4)_2 \xrightarrow{1290℃} \alpha\text{-}Ca_3(PO_4)_2$

$$\xrightarrow{1540℃} 超\ \alpha\text{-}Ca_3(PO_4)_2$$

(4) $Ca_8H_2(PO_4)_6 \cdot 5H_2O \xrightarrow{200℃} Ca_8H_2(PO_4)_6 \cdot H_2O \xrightarrow{400℃}$

$$Ca_{10}(PO_4)_6(OH)_2 + \gamma\text{-}Ca_2P_2O_7$$

(5) $CaHPO_4 \cdot 2H_2O \xrightarrow{100\sim260℃} CaHPO_4 \xrightarrow{400\sim440℃} \gamma\text{-}Ca_2P_2O_7$

$$\xrightarrow{750\sim1200℃} \beta\text{-}Ca_2P_2O_7 \xrightarrow{1250℃} \alpha\text{-}Ca_2P_2O_7$$

(6) $CaHPO_4 \xrightarrow{400\sim450℃} \beta\text{-}Ca_2P_2O_7 \xrightarrow{1250℃} \alpha\text{-}Ca_2P_2O_7$

(7) $Ca_4H_2P_6O_{20} \xrightarrow{400\sim630℃} Ca_7(P_5O_{16})_2 + \gamma\text{-}Ca(PO_3)_2 \xrightarrow{500℃} 无定形\ Ca(PO_3)_2$

$$+ \beta\text{-}Ca_2P_2O_7 \xrightarrow{1500℃} \beta\text{-}Ca(PO_3)_2 + \beta\text{-}Ca_2P_2O_7$$

$$\xrightarrow{1300℃} 玻璃态\ Ca(PO_3)_2 + Ca_2P_2O_7$$

(8) $Ca(H_2PO_4)_2 \cdot 2H_2O \xrightarrow{250℃} Ca(H_2PO_4)_2 \xrightarrow{300℃} 无定形\ Ca(PO_3)_2$

$$+ Ca_4H_2P_6O_{20} \xrightarrow{400\sim450℃} \gamma\text{-}Ca(PO_3)_2 \xrightarrow{540\sim640℃} \beta\text{-}Ca(PO_3)_2$$

$$\xrightarrow{950\sim970℃} \alpha\text{-}Ca(PO_3)_2 \xrightarrow{1000℃} 玻璃态\ Ca(PO_3)_2$$

由此可以看出,各种磷酸钙化合物高温下的结构与其 Ca/P 原子比、温度、加热速率、气氛等有关。另外合成工艺也会影响其热性能,如沉淀法制得的 HA 比水热法制得的 HA 分解温度为低。在非水体系中制备的 HA,晶格水就不存在。在真空或无水气氛中加热 HA,HA 直接热解则生成氧羟基磷灰石

Ca_{10} （PO_4）$_6$ （OH）$_{2-2x}O_x\square_x$。化学计量 （Ca/P 比） 不同的磷酸钙经热处理后制得不同的磷酸钙陶瓷粉末，总结如下：

$$Ca/P=10/6 \quad Ca_{10}(PO_4)_6(OH)_2 \xrightarrow{1100℃} Ca_{10}(PO_4)(OH)_2 \tag{18-1}$$

$$Ca/P=9/6 \quad Ca_9(PO_4)_6 \xrightarrow{700℃} 3Ca_3(PO_4)_2 \tag{18-2}$$

$$Ca/P=8/6 \quad Ca_8(PO_4)_6\cdot 5H_2O \xrightarrow{700℃} Ca_{10}(PO_4)_6(OH)_2 + \beta\text{-}Ca_2P_2O_7 \tag{18-3}$$

具有中间数值的 Ca/P 比的磷酸钙，加热产生相应产物的混合物，也可通过湿法用某种磷酸钙制取其他磷酸钙。

18.3.2.3 磷酸钙热力学分析[24]

1. 磷酸在水溶液中的离解

由于磷酸系多元酸，在水溶液中是多元离解，各级磷酸根阴离子的分布与体系 pH 值有关，而各种磷酸盐的生成与磷酸根赋存的阴离子的形式及浓度有关。所以，首先对磷酸及磷酸根阴离子分布系数 （α_i） 进行计算，并作 α_i-pH 图。

磷酸在水溶液中的离解反应如式 （18-4） ～ （18-6）。

$$H^+ + PO_4^{3-} \Longleftrightarrow HPO_4^{2-} \qquad pK_4 = -12.35(25℃)^{[25]} \tag{18-4}$$

$$H^+ + HPO_4^{2-} \Longleftrightarrow H_2PO_4^- \qquad pK_5 = -7.2(25℃)^{[25]} \tag{18-5}$$

$$H^+ + H_2PO_4^- \Longleftrightarrow H_3PO_4 \qquad pK_6 = -2.15(25℃)^{[25]} \tag{18-6}$$

磷酸及各种磷酸根的总浓度：

$$[P]_T = [PO_4^{3-}] + [HPO_4^{2-}] + [H_2PO_4^-] + [H_3PO_4]$$

$$= [PO_4^{3-}](1 + 10^{-pK_4-pH} + 10^{-pK_5-pK_4-2pH} + 10^{-pK_6-pK_5-pK_4-3pH})$$

令

$$\varphi_P = 1 + 10^{-pK_4-pH} + 10^{-pK_5-pK_4-2pH} + 10^{-pK_6-pK_5-pK_4-3pH}$$

则

$$[P]_T = [PO_4^{3-}]\varphi_P \tag{18-7}$$

磷酸及各种磷酸根在水溶液中的分布系数 α_i：

$$\alpha_{PO_4^{3-}} = \frac{[PO_4^{3-}]}{[P]_T} = \frac{1}{\varphi_P} \tag{18-8}$$

$$\alpha_{HPO_4^{2-}} = \frac{[HPO_4^{2-}]}{[P]_T} = \frac{10^{-pK_4-pH}}{\varphi_P} \tag{18-9}$$

$$\alpha_{H_2PO_4^-} = \frac{[H_2PO_4^-]}{[P]_T} = \frac{10^{-pK_5-pK_4-2pH}}{\varphi_P} \tag{18-10}$$

$$\alpha_{H_3PO_4} = \frac{[H_3PO_4]}{[P]_T} = \frac{10^{-pK_6-pK_5-pK_4-3pH}}{\varphi_P} \tag{18-11}$$

在不同 pH 值下，计算出磷酸及各级磷酸根的分布系数 α_i，作 α_i-pH 关系图，如图 18-2 所示。

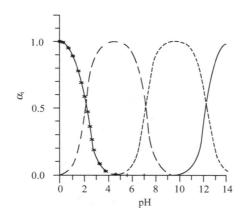

图 18-2　水溶液中磷酸和磷酸根阴离子分布图 (25℃)

＊＊＊＊　H_3PO_4 ；———— HPO_4^{2-} ；

————　$H_2PO_4^-$ ；———— PO_4^{3-}

从图 18-2 看出，随 pH 值的增大，溶液中含磷的优势组分从 H_3PO_4（水）变成 PO_4^{3-}。

2. 磷酸氢钙、磷酸三钙和羟基磷灰石的溶解平衡

许多研究讨论了水溶液中各种磷酸钙的溶解度，报导了测得的一些溶解度常数数据，不同研究者测出的数据不一致，如 HA 的溶解度常数就在 $10^{-49} \sim 10^{-58}$ 较大范围内变化。提出几种机理解释造成 HA 溶解度常数不同的原因：①由于表面上中间固相物如 $CaHPO_4 \cdot 2H_2O$ 和 $CaHPO_4$ 的形成和溶解速率不同的影响；②粉末质量对液体体积比例不同的影响；③HA 溶解度随 pH 值的降低而增加，其影响胜过固液比的影响；④比表面积不同的影响；⑤高极性的 HA 表面水化的情况不同的影响；⑥晶体缺陷，如杂质或空位对溶解现象的影响；⑦一些阴离子如 F^- 取代 OH^-，FPO_3^{2-} 和 $P_2O_7^{4-}$ 掺入 HA 结构将降低 HA 溶解度。Na^+ 和 CO_3^{2-} 离子掺入 HA 结构中将大大增加生物 HA 的溶解度。

文献［26］介绍了 $CaO-P_2O_5-H_2O$ 体系中几种磷酸钙的溶解度等温线（pH＝4～8），如图 18-3 所示。

从图 18-3 看出，在中等 pH 值下，HA 的溶解度是几种磷酸钙中最小的，是最稳定的。在偏弱酸性（pH＜4.8）$CaHPO_4$ 溶解度最小，HA 的溶解度等温线与 $CaHPO_4 \cdot 2H_2O$ 相交于 pH 为 4.3 处，pH＜4.3，$CaHPO_4 \cdot 2H_2O$ 最稳定。$\beta\text{-}Ca_3(PO_4)_2$ 的溶解度常数较 HA 的高，其溶解度等温线与 $CaHPO_4 \cdot 2H_2O$ 和 $CaHPO_4$ 的等温线相交在较高的 pH 处。了解到这些，对在磷酸钙制备工艺条件

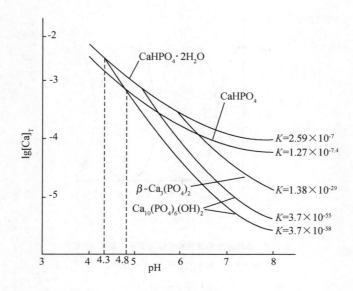

图 18-3   CaO-P_2O_5-H_2O 体系各相溶解度等温线（pH＝4～8，25℃）[26]

下，判断哪些相可能存在是很重要的。图 18-3 表明，在人体体液 pH 值环境下，TCP 显然比 HA 更易溶解。也可以说在人体环境下，HA 热力学上最稳定，这便从化学热力学上，很好地解释了为什么骨和牙齿的无机质主要是 HA。图 18-3 只绘制了 pH＝3～8 范围内的几种主要的磷酸钙的溶解度等温线，那么，pH＞8 碱性条件下曲线走向如何呢？有必要在较大 pH 值范围（酸性到碱性）进行 CaO-P_2O_5-H_2O体系的热力学分析，以了解不同 pH 值下，各主要磷酸钙的稳定和转化情况，为磷酸钙粉体制备工艺的改进提供参考依据。

考虑磷酸钙化合物在水中的溶解平衡：

$$CaHPO_4 = Ca^{2+} + HPO_4^{2-} \qquad\qquad pK_{12} = 6.57(25℃)^{[27]} \qquad (18\text{-}12)$$

$$Ca_3(PO_4)_2 = 3Ca^{2+} + 2PO_4^{3-} \qquad\qquad pK_{13} = 28.7(25℃)^{[27]} \qquad (18\text{-}13)$$

$$Ca_5(PO_4)_3OH = 5Ca^{2+} + 3PO_4^{3-} + OH^- \quad pK_{14} = 57.8(25℃)^{[27]} \qquad (18\text{-}14)$$

$CaHPO_4 \cdot 2H_2O$ 与 $CaHPO_4$ 溶解常数相差无几，故不再列入计算。

（1）对 $CaHPO_4 = Ca^{2+} + HPO_4^{2-}$

$$lg[Ca^{2+}] + lg[HPO_4^{2-}] = -6.57(25℃)$$

$$lg\{[Ca]_T \cdot \alpha_{Ca^{2+}}\} + lg\{[P]_T \cdot \alpha_{HPO_4^{2-}}\} = -6.57 \qquad (18\text{-}15)$$

在此，$[Ca]_T : [P]_T = 1:1$，$[P]_T$ 为溶液中含 P 组分的总浓度，所以 $\qquad\qquad (18\text{-}16)$

$$lg[Ca]_T = -3.29 - 0.5\,lg\,\alpha_{Ca^{2+}} - 0.5\,lg\,\alpha_{HPO_4^{2-}} \qquad (18\text{-}17)$$

（2）对 $Ca_3(PO_4)_2 = 3Ca^{2+} + 2PO_4^{3-}$

$$3\lg[\mathrm{Ca}^{2+}] + 2\lg[\mathrm{PO}_4^{3-}] = -28.70\,(25℃)$$

$$3\lg\{[\mathrm{Ca}]_\mathrm{T} \cdot \alpha_{\mathrm{Ca}^{2+}}\} + 2\lg\{[\mathrm{P}]_\mathrm{T} \cdot \alpha_{\mathrm{HPO}_4^{3-}}\} = -28.70 \tag{18-18}$$

在此,$[\mathrm{Ca}]_\mathrm{T}:[\mathrm{P}]_\mathrm{T} = 3:2$,即$[\mathrm{P}]_\mathrm{T} = 2/3[\mathrm{Ca}]_\mathrm{T}$,所以 $\tag{18-19}$

$$\lg[\mathrm{Ca}]_\mathrm{T} = -5.670 - 0.6\lg\alpha_{\mathrm{Ca}^{2+}} - 0.4\lg\alpha_{\mathrm{PO}_4^{3-}} \tag{18-20}$$

（3）对 $\mathrm{Ca}_5(\mathrm{PO}_4)_3\mathrm{OH} \Longrightarrow 5\mathrm{Ca}^{2+} + 3\mathrm{PO}_4^{3-} + \mathrm{OH}^-$

$$5\lg[\mathrm{Ca}^{2+}] + 3\lg[\mathrm{PO}_4^{3-}] + \lg[\mathrm{OH}^-] = -57.8\,(25℃)$$

$$5\lg\{[\mathrm{Ca}]_\mathrm{T} \cdot \alpha_{\mathrm{Ca}^{2+}}\} + \{[\mathrm{P}]_\mathrm{T} \cdot \alpha_{\mathrm{PO}_4^{3-}}\} + \mathrm{pH} - 14 = -57.8 \tag{18-21}$$

在此,$[\mathrm{Ca}]_\mathrm{T}:[\mathrm{P}]_\mathrm{T} = 5:3$,即$[\mathrm{P}]_\mathrm{T} = 0.6[\mathrm{Ca}]_\mathrm{T}$,所以 $\tag{18-22}$

$$\lg[\mathrm{Ca}]_\mathrm{T} = -5.39 - 0.125\mathrm{pH} - 0.625\lg\alpha_{\mathrm{Ca}^{2+}} - 0.375\lg\alpha_{\mathrm{PO}_4^{2-}} \tag{18-23}$$

上述各计算式中涉及的 $\alpha_{\mathrm{Ca}^{2+}}$ 由以下计算得到：

$$\mathrm{Ca}^{2+} + \mathrm{OH}^- \Longrightarrow \mathrm{CaOH}^+ \qquad \mathrm{p}K_{24} = -1.30\,(25℃)^{[25]} \tag{18-24}$$

$$[\mathrm{Ca}]_\mathrm{T} = [\mathrm{Ca}^{2+}] + [\mathrm{CaOH}^+] = [\mathrm{Ca}^{2+}]\{1 + 10^{\mathrm{pH}-14-\mathrm{p}K_{24}}\} \tag{18-25}$$

$$\alpha_{\mathrm{Ca}^{2+}} = [\mathrm{Ca}^{2+}]/[\mathrm{Ca}]_\mathrm{T} = 1/(1 + 10^{\mathrm{p}K-14-\mathrm{p}K_{24}}) \tag{18-26}$$

根据方程式（18-17）、（18-20）、（18-23）作出 25℃时,CaHPO_4、$\mathrm{Ca}_3(\mathrm{PO}_4)_2$ 和 $\mathrm{Ca}_5(\mathrm{PO}_4)_3\mathrm{OH}$的溶解度随 pH 值从 3～14 范围内变化的情况,如图 18-4 所示。

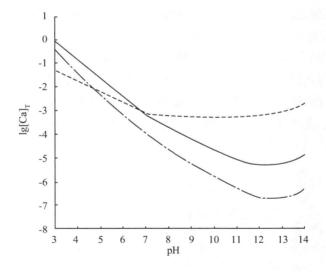

图 18-4　CaO-P$_2$O$_5$-H$_2$O 体系各相溶解度等温线(pH=3～14,25℃)

—— DCP;——TCP;—·—HA

从图 18-2、18-4 可以看出,由于 $\mathrm{H}_3\mathrm{PO}_4$ 的三级电离平衡,pH 在 7～12 范围内时,HPO_4^{2-} 为优势组分,因而,CaHPO_4 在这个 pH 值范围内有最小的溶解度。

PO_4^{3-} 离子的分布系数随 pH 值增加而增加,当 pH＞12 时,PO_4^{3-} 成为优势组分。$Ca_3(PO_4)_2$ 和 $Ca_5(PO_4)_3OH$ 的溶解度随 pH 值增加而减少,但是由于 $CaOH^+$ 的生成又增加了它们的溶解度,故当 pH＞13 后,它们的溶解度又明显地增加。总的说来,控制 pH＜5,有利于生成 $CaHPO_4$;控制 pH 值在 8～11,有利于生成 $Ca_5(PO_4)_3OH$。图 18-4 表明,如果采用中和法制磷酸钙化合物,将 H_3PO_4 往石灰乳[$Ca(OH)_2$]液中滴加与反加(石灰乳往 H_3PO_4 中滴加),反应至终点生成的沉淀物过滤性能不一样。反加,在酸性条件下,先生成 $CaHPO_4 \cdot 2H_2O$ 晶体,反应到终点,沉积物为含 $CaHPO_4 \cdot 2H_2O$ 和 HA 的混合物,沉淀物过滤性质比顺加的好。

18.3.2.4 羟基磷灰石和磷酸三钙的结构

1. 羟基磷灰石的结构与组成

人工合成的 HA 陶瓷酷似人骨和牙齿的无机质的组成和结构,它是由 HA 粉末经成型、烧结而制成的 Ca/P 原子比为 1.67 的 HA 陶瓷。

羟基磷灰石晶体为六方晶系,属 L^6PC 对称性和 P63m 空间群,晶胞参数 $a=4.432～9.38Å$,$c=6.881～6.886Å$,$z=2$。羟基磷灰石的结构比较复杂,在 (0001) 面上的投影如图 18-5 所示。从图 18-5 可见,一种 Ca^{2+} 位于上下两层的 6 个 PO_4^{3-} 四面体之间与 6 个 PO_4^{3-} 四面体当中的 9 个角顶上的 O^{2-} 相连接。这种 Ca^{2+} 的配位数为 9,这样连接的结果,在整个晶体结构中形成了平行于 c 轴的较大通道。附加阴离子 OH^- 则与其上下两层的 6 个 Ca^{2+} 组成 OH-Ca_6 配位八面体,角顶的 Ca^{2+} 则与其邻近的 4 个 $[PO_4]^{3-}$ 中的 6 个角顶上的 O^{2-} 及 OH^- 相连接。这种 Ca^{2+} 的配位数是 7。羟基磷灰石的晶体结构,很好地阐明了它常以六方柱的晶体出现的事实,见图 18-6。羟基磷灰石的主要单形有:六方柱 $m\{1010\}$,$h\{1120\}$,六方双锥 $x\{1011\}$,$s\{1121\}$,$u\{2131\}$ 及平行双面 $c\{0001\}$[28]。

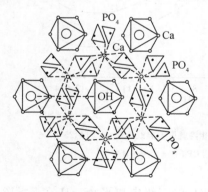
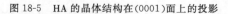
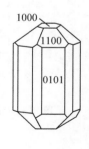

图 18-5 HA 的晶体结构在(0001)面上的投影   图 18-6 磷灰石的晶形

在合成羟基磷灰石的过程中，一部分结构水在 800℃ 左右以 OH^- 的形式进入磷灰石结构中，形成 HA，从前面的羟基磷灰石的晶体结构在 (0001) 面上的投影图中可见，OH^- 被包围在 Ca 的八面体中间，与 Ca^{2+} 形成紧密的化学键合，化学键的断裂及重新组合需要很大的能量，根据实验得到证实，在 1310℃ 高温情况下，OH^- 仍然存在[27]。

2. 磷酸三钙的结构与组成[23]

从水溶液中新沉淀出来的 TCP 是无定形的，具有类磷灰石 (Apatite-like) 结构和化学式 $Ca_9(PO_4)_6$。在水存在下，沉淀的磷酸盐发生如下水解反应：

$$PO_4^{3-} + H_2O \longrightarrow HPO_4^{2-} + OH^- \tag{18-27}$$

PO_4^{3-} 转化为 HPO_4^{2-}，造成 $Ca_9(PO_4)_6\square_2$ 中 Z 空位部分为 OH^- 所填充。水解反应系吸热反应，20℃ 下放置 24h，生成 $Ca_9\square(PO_4)_{6-x}(HPO_4)_x\square_{2-x}$，与水解反应发生的同时，还导致磷灰石结构晶形化，水解反应可以控制产物的晶形。如果抑制水解，无定形的结构得以保持。一些离子如 Mg^{2+} 的存在，由于生成 $[Mg(H_2O)_6]^{2+}$，阻碍晶形化而减缓内部水解。$P_2O_7^{4-}$ 和 CO_3^{2-} 阴离子的存在，也可从一定程度上抑制水解。这些离子同时存在可能引起协同效应，有利于制取无定形 TCP[23]。用湿法制取 TCP 粉末要求较长的陈化时间，使沉淀物晶形化，即使如此，过滤洗涤相当困难，有待改进。

TCP 沉淀物在不同的温度下，煅烧分别得到 β、α 和 γ 型 TCP。α-TCP 为高温相。

18.3.3　磷酸钙陶瓷粉末的制备

制备 HA 和 β-TCP 陶瓷粉末的方法，可分为固相反应法 (干法) 和溶液反应法 (湿法)。因固相反应生成的产物粒径较大，原料粉需要长时间磨混，其过程易沾污；而湿法装置简单[22,30]，易得到组成均匀、粒度细的陶瓷粉末。所以，制备 HA 和 β-TCP 粉末，通常采用湿法。湿法中的两种典型方法是：一种为可溶性钙盐溶液与磷酸盐 $[Ca(NO_3)_2/(NH_4)_2HPO_4]$ 反应工艺[29]；另一种为氢氧化钙与磷酸 $[Ca(OH)_2/H_3PO_4]$ 的中和反应[22,30]。两种方法比较，后者反应惟一的副产物是水，无需洗涤，较前者简单。用湿法制取 TCP 粉末要求较长的陈化时间，使沉淀物晶形化，即使如此，过滤洗涤仍相当困难，有待改进。

18.3.3.1　磷酸钙陶瓷粉末制备干法工艺

干法是在高温下，让钙盐与磷酸盐在空气或水蒸气气氛中发生反应，生成磷酸钙陶瓷粉末[28]。

合成 HA 所使用的原料为：$CaHPO_4 \cdot 2H_2O$，$CaCO_3$ 和 $Ca(OH)_2$，HA 中的 P_2O_5

由 $CaHPO_4 \cdot 2H_2O$ 提供,CaO 由 $CaHPO_4 \cdot 2H_2O$ 提供外,可由 $CaCO_3$ 和 $Ca(OH)_2$ 提供,配料 Ca/P＝1.67。具体配方如表 18-3 所示。

表 18-3　干法制取羟基磷灰石配方

配方编号	Ca/P 原子比	$w_{CaHPO_4 \cdot 2H_2O}$ /%	w_{CaCO_3} /%	$w_{Ca(OH)_2}$ /%	$w_{外加剂}$ /%
1	1.67	77.67	—	22.40	CaF_2 0.86
2	1.67	71.97	28.03	—	—
3	1.67	74.70	10.70	16.60	—

合成 HA 的过程中,物理化学变化是比较复杂的。其中,配方 2 差热图谱如图 18-7 所示。

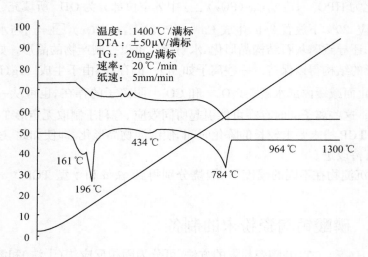

图 18-7　配方 2 的差热图谱

从图 18-7 可见,161℃和 196℃处的吸热峰是 $CaHPO_4 \cdot 2H_2O$ 脱水所致:

$$CaHPO_4 \cdot 2H_2O \longrightarrow CaHPO_4 + 2H_2O \uparrow \qquad (18\text{-}28)$$

在这一变化中,196℃下脱水比较激烈。

在 430℃处吸热峰是 $CaHPO_4$ 发生化学变化,即生成焦磷酸钙的结果:

$$2CaHPO_4 \longrightarrow \gamma\text{-}Ca_2P_2O_7 + H_2O \uparrow \qquad (18\text{-}29)$$

在 784℃处的吸热峰是 $\gamma\text{-}Ca_2P_2O_7$ 晶型转变、$CaCO_3$ 分解及 $\beta\text{-}Ca_3(PO_4)_2$ 生成所致:

$$\gamma\text{-}Ca_2P_2O_7 \longrightarrow \beta\text{-}Ca_2P_2O_7 \qquad (18\text{-}30)$$

$$CaCO_3 \longrightarrow CaO + CO_2 \uparrow \qquad (18\text{-}31)$$

$$\beta\text{-}Ca_2P_2O_7 + CaO \longrightarrow \beta\text{-}Ca_3(PO_4)_2 \qquad (18\text{-}32)$$

由于 HA 生成是由 $\beta\text{-}Ca_3(PO_4)_2$ 和 CaO 及 H_2O 三者相互作用的结果。将配

方 2 在 850℃下煅烧,通过 X-射线衍射分析,得知在 850℃下确有 HA 生成。随着煅烧温度的不断提高,HA 的生成量相应增加。由配方 2 分别经 1050℃、1300℃和 1330℃煅烧后的 X-射线衍射图谱分析显示,在合成料中,主要有如表 18-4 所示的各种矿物。

表 18-4　配方 2 煅烧后的矿物分析

温度/℃	合成料中存在的主要矿物
1050	$Ca_{10}(PO_4)_6(OH)_2$、CaO、$\beta\text{-}Ca_3(PO_4)_2$
1300	$Ca_{10}(PO_4)_6(OH)_2$、CaO
1330	$Ca_{10}(PO_4)_6(OH)_2$、CaO、$Ca_4P_2O_9$

由表 18-4 可见,由于 $Ca_{10}(PO_4)_6(OH)_2$ 的分解而形成了 $Ca_4P_2O_9$ 的矿物,这主要是由于随温度的升高,(OH)的耦合作用减弱之故,分解合成反应为

$$Ca_{10}(PO_4)_6(OH)_2 + 2CaO \longrightarrow 3Ca_4P_2O_9 + H_2O \uparrow \qquad (18\text{-}33)$$

综上所述,在合成 HA 过程中,温度不能高于 1330℃,否则会引起 HA 不断分解。根据配方 2 情况,以采用 1310℃为佳,合成的 HA 含量可达 95% 以上。

18.3.3.2　磷酸钙陶瓷粉末制备的湿法工艺

1. 可溶性钙盐和磷酸盐($Ca(NO_3)_2$/$(NH_4)_2HPO_4$)反应工艺

(1)$Ca(NO_3)_2$/$(NH_4)_2HPO_4$ 工艺制备 HA 陶瓷粉末

HA 沉淀生成反应:

$$10Ca(NO_3)_2 + 6(NH_4)_2HPO_4 + 8NH_4OH \longrightarrow$$

$$Ca_{10}(PO_4)_6(OH)_2 + 20NH_4NO_3 + 6H_2O \qquad (18\text{-}34)$$

用高纯水配制 1L 含 1.0 mol$Ca(NO_3)_2$ 及 1L 含 0.6 mol$(NH_4)_2HPO_4$ 的稀溶液,加浓 NH_4OH 将溶液分别调整到强碱性,pH 值约为 12。在强力搅拌下,将 $(NH_4)_2HPO_4$ 溶液缓慢滴入 $Ca(NO_3)_2$ 溶液中进行合成反应,反应温度 25℃,反应搅拌时间 7h,反应结束,静置、陈化、过滤、洗涤,90～100℃下烘干,1100℃下煅烧成 HA 陶瓷粉末。

pH 值对制备的 HA 沉淀 Ca/P 比的影响如表 18-5 所示[31]。

从表 18-3 看出,pH 值在 10.5～12.0 范围内制得的 HA,沉淀的 Ca/P 比接近 HA 的理论 Ca/P 比 1.67,所得结果与热力学分析(图 18-4)的结果 pH=10～12 一致。制得的 HA 陶瓷粉末,经 XRD 分析表明与 ASTM 标准(9-432)的 HA 一致。

表 18-5　pH 值对 HA 沉淀物的 Ca/P 比的影响[31]

pH 值	$w_{Ca}/\%$	$w_P/\%$	Ca/P 原子比
7.5	34.0	18.6	1.42
8.5	35.6	18.2	1.52
9.5	36.7	17.8	1.60
10.5	36.8	17.2	1.66
11.5	37.1	17.0	1.69
12.0	37.2	17.2	1.68
12.5	36.5	17.5	1.62

(2)$Ca(NO_3)_2/(NH_4)_2HPO_4$ 反应工艺制备 TCP 陶瓷粉末

TCP 沉淀物生成反应:

$$9Ca(NO_3)_2+6(NH_4)_2HPO_4+6NH_4OH \longrightarrow$$

$$3Ca_3(PO_4)_2+18NH_4NO_3+6H_2O \tag{18-35}$$

采用 $Ca(NO_3)_2/(NH_4)_2HPO_4$ 反应工艺制取 β-TCP 陶瓷粉末的工艺和操作,除料液按 Ca/P 比为 1.5 配料外,大体与制备 HA 粉末相同。反应结束后,静置、陈化、过滤、洗涤,TCP 沉淀物在 900℃下焙烧得到 β-TCP 陶瓷粉末。所得焙烧产物经 XRD 分析确认为高纯 β-TCP 陶瓷粉末[31,32]。

用 $CaCl_2$ 代替 $Ca(NO_3)_2$ 同样可制得 TCP 前驱体沉淀物,经焙烧得到 β-TCP 陶瓷粉[31],此法的优点是通过检查洗液中 Cl^- 离子可得知沉淀物洗涤干净与否。

2.$Ca(OH)_2/H_3PO_4$ 中和反应工艺

(1) 中和法制备 HA 陶瓷粉末

HA 沉淀物生成反应:

$$10Ca(OH)_2+6H_3PO_4 \longrightarrow Ca_{10}(PO_4)_6(OH)_2+18H_2O \tag{18-36}$$

用高纯水配制 1L 含 0.3mol 的 H_3PO_4 溶液,将其滴加至 1L 含 0.5mol $Ca(OH)_2$ 的悬浮液中,反应开始时,$Ca(OH)_2$ 溶液的 pH 值为 12.4,反应终点(计量的磷酸加完)pH 值为 8.7[22]。反应结束后,静置、陈化 24h,过滤,烘干,1100℃焙烧成 HA 陶瓷粉末。经 XRD 分析表明为高纯 HA 陶瓷粉末[31]。$Ca(OH)_2/H_3PO_4$ 中和法与 $Ca(NO_3)_2/(NH_4)_2HPO_4$ 反应工艺比较,中和法体系惟一的副产物是水,沉淀无需洗涤,简化了工艺,节约了时间。

(2) 中和法制备 TCP 陶瓷粉末

TCP 沉淀物生成反应:

$$9Ca(OH)_2+6H_3PO_4 \longrightarrow 3Ca_3(PO_4)_2+18H_2O \tag{18-37}$$

①常规加料方式(顺加)制备 TCP 沉淀物　采用中和法工艺制取 β-TCP 陶瓷粉末,除料液按 Ca/P 比为 1.5 配料外,操作大体与中和法制取 HA 粉相同,即将磷酸滴加(顺加)至 $Ca(OH)_2$ 悬浮液中,将生成的 TCP 沉淀物静置、陈化 24h,过滤、

烘干,900℃下焙烧成 β-TCP 陶瓷粉末,经 XRD 分析表明为高纯 TCP 陶瓷粉末[31]。中和法沉淀无需洗涤,简化了工艺。但是从水溶液中制备 TCP,新生成的沉淀物是具有类磷灰石结构的无定形沉淀物 $Ca_9(PO_4)_6\square_2$,在水存在下放置 24h 转化为缺钙 HA:$Ca_9\square(PO_4)_{6-x}(HPO_4)_x(OH_x)\square_{2-x}$[23],仍然存在固液分离困难、费工费时问题。这是扩大批量生产磷酸钙生物陶瓷、降低成本的技术关键问题。为此,文献[31]通过对磷酸盐水溶液热力学和磷酸盐热性能的分析,对 $Ca(OH)_2/H_3PO_4$ 中和法进行了改进,采用反加料方式。

②反加料方式制备 TCP 沉淀物[31] $Ca(OH)_2$ 悬浮液、H_3PO_4 溶液配料完成后,将 $Ca(OH)_2$ 悬浮液滴加到 H_3PO_4 溶液中,生成 TCP 前驱沉淀物。此工艺除保持中和法无需洗涤沉淀的优点外,还具有以下独特的优点:沉淀反应时间短;沉淀物无需静置、陈化;沉淀物过滤分离迅速。由 $CaO-P_2O_5-H_2O$ 体系的各种磷酸钙溶解度等温线图(图 18-4)可知,从酸性到碱性范围是不能从水溶液中得到纯 TCP 沉淀物的。当 pH<5 时,DCPD($CaHPO_4\cdot 2H_2O$)最稳定,随着 $Ca(OH)_2$ 的滴加,有缺钙 HA 生成,到反应终点,得到的是含有 DCPD、缺钙 HA 的混合沉淀物。此混合物具有良好的固液分离性能,过滤得到混合沉淀物,再经热分解反应得到 β-TCP。

综上所述,改进的制取 β-TCP 中和法工艺,采用反加料($Ca(OH)_2$ 悬浮液往 H_3PO_4 溶液滴加)的操作方式,第一步制取过滤性能较好的含 DCPD 和缺钙 HA 混合的沉淀物,第二步焙烧热分解反应,制得 β-TCP 陶瓷粉末。XRD 分析表明它为纯 β-TCP 相产物。

18.3.3.3　水热法制备羟基磷灰石

在常压下,湿法制得的 HA 晶粒细,但有晶格缺陷。为了制取大的完整的 HA 单晶而采用水热法技术[22]。制备在不锈钢高压釜中完成,按下列反应生成 HA:

$$6CaHPO_4 + 4CaCO_3 \xrightarrow[\text{约 15atm}]{\text{约 200℃}} Ca_{10}(PO_4)_6(OH)_2 + 4CO_2 + 2H_2O \quad (18\text{-}38)$$

$$6CaHPO_4 + 4Ca(OH)_2 \xrightarrow[\text{约 15atm}]{\text{约 200℃}} Ca_{10}(PO_4)_6(OH)_2 + 6H_2O \quad (18\text{-}39)$$

水热法生长 HA 单晶,1956 年,Peroff 等成功制得 0.3mm 的 HA 晶体。1973 年,Mengeot 等合成出 7mm×3mm×3mm 的 HA 单晶体。近年,日本东京医科齿科大学 Aoki H 等成功制得 10mm 的 HA 大单晶[22]。

18.3.4　致密磷酸钙陶瓷的制备和性能

18.3.4.1　概述

致密磷酸钙陶瓷具有低于 5%（体积分数）的孔隙率,也可描述为具有微孔的磷酸钙陶瓷。微孔率并非有意的引入,而是取决于烧结的温度和时间,致密磷酸钙陶瓷最大孔的直径小于 $1\mu m$。大孔陶瓷则要求在粉中混合以挥发组分如过氧化氢和萘。在烧结前，在低温约 80℃ 使之挥发逸出。孔隙率越小，陶瓷的力学性能越好。

18.3.4.2　致密羟基磷灰石的制备

1.常压烧结

将 HA 陶瓷粉加 1‰（质量分数）玉米淀粉和少量水混合，在压力为 60～80MPa 下压制成型。在 1150℃、1200℃、1250℃ 和 1300℃ 下分别烧结 3h，得到 HA 陶瓷体。用 X-射线衍射分析未发现 β-TCP 和 α-TCP 相[22]。

2.热压烧结

在热压装置中，将陶瓷原料在高温高压下烧结。热压装置包括压机和炉子。通常，热压技术用于比常压技术温度低的（900～1300℃）致密陶瓷的制备[1,22]。

3.热等静压

热等静压是在高温下，用气体压力等静压压制材料的技术。采用热等静压技术，能在较低烧结温度下，制得小晶粒和小孔的陶瓷。先在 80MPa 下，将 HA 压制成型，然后在 160MPa 氩气气压下烧结 1h 即成[22]。

18.3.4.3　致密羟基磷灰石的力学性能

多晶磷酸钙陶瓷的力学性能在很大范围内变化，这主要是由于结构和制造工艺不同所致，其中主要取决于烧结情况。HA 和 β-TCP 两种结构可能同时存在于同一产品中[33]。多晶 HA 具有高弹性模量（40～117GPa），硬组织如骨、牙质和牙釉质含羟基磷灰石矿物及蛋白质及其他有机物和水。牙釉质是最硬的组织，含矿物质最多，其弹性模量高。牙质、皮质骨含矿物质相对少，其弹性模量分别为 21GPa 和 12～18GPa。合成 HA 的泊松比约为 0.27，与骨的泊松比（约 0.3）相近[33]。HA 与人体硬组织的力学性能比较列于表 18-6。

表 18-6　HA 与人体硬组织力学性能

骨及材料	抗压强度/MPa	抗弯强度/MPa	弹性模量/GPa	文献来源
HA	294	147	40～117	[33]
皮质骨	88.3	88.9	3.88	[22]
	163.8	113.8	11.7	[22]
牙质	295	51.7	18.2	[22]
牙釉质	384	10.3	82.4	[22]

18.3.5 多孔磷酸钙陶瓷的制备与性能

18.3.5.1 概述

硬组织的植入体的形态是影响力学和生物学性能的重要因素，用作硬组织的磷酸钙陶瓷（CPC）材料的形态有粉末型、颗粒型、致密块体型和多孔块体型四类。根据使用的部位、手术的要求，采用具有不同形态的磷酸钙陶瓷。焙烧可直接得到磷酸钙陶瓷粉，颗粒型料可通过造粒而方便制得，致密块体型的磷酸钙陶瓷通过成型后热压烧结或冷等静压成型后烧结得到。致密块体型磷酸钙陶瓷如HA 较其他形态具有更好的力学强度，但材料本身无孔隙或孔隙小，植入机体后宿主血管、组织不能长入材料，不能达到良好的"生物固定"结合，不足以达到修复缺损的目的。多孔型陶瓷具有类似自然骨的形态，有利于组织长入，而且还为携载骨诱导物质（如骨形态发生蛋白，BMP）和药物（消炎、防感染或抗癌药物）提供空间。这样使人工骨具有类似自然骨的结构，利于组织长入和骨再生。因此，多孔磷酸钙陶瓷的制备引起关注。

人工骨多孔型材料的孔径多大适合，文献报导有不同的看法[34]。Klawitter等[35]认为人工骨材料最小孔径为 $100\sim150\mu m$ 是骨长入的理想孔径，但Flatley[36]认为孔径 $500\mu m$ 是合适孔径。目前，一般采用 $100\sim500\mu m$ 之间的孔径。所选定的材料孔径大小应与修复骨缺损部位的骨孔径相近，孔径大者应用于修复松质骨，孔径小者用于修复皮质骨。

18.3.5.2 多孔磷酸钙陶瓷的制备与性能

多孔 CPC 陶瓷制备工艺过程包括：CPC 瓷粉末与致孔剂的混合，在模具中成型、烘干、制坯和烧结，制得多孔 CPC 陶瓷体。多孔磷酸钙陶瓷制备的致孔，常用的方法有：①气体分解法，将 CPC 粉末用 H_2O_2 调成浆，注入模具内成型，在坯块干燥过程中 H_2O_2 挥发，使坯块留下许多连通孔道，然后将多孔状坯块烧结，制成多孔 CPC 陶瓷。②浸渍法，将 CPC 粉料与水、黏合剂一并混合，所得浆料用有一定孔径的聚氨酯（PU）泡沫饱和浸渍，经干燥、烧结后，泡沫烧掉，留下一定空间，形成气孔。③有机高聚物填加法，将 CPC 粉料与适当大小的有机高聚物颗粒（萘、蔗糖、聚苯乙烯、硬脂酸、聚甲基丙烯酸甲酯等）混合在一起，然后加压成型，在坯块烧结过程中有机高聚物挥发而留下许多孔道，使陶瓷材料成为多孔结构。此外，还有注浆法等。常采用方法①和③。多孔 CPC 陶瓷孔隙率与其抗压强度是相关联的，随孔隙率的增加，抗压强度会减少。以多孔 β-TCP 陶瓷为例，孔隙率与抗压强度的关系如表 18-7 所示[31]。

表 18-7　多孔 β-TCP 陶瓷孔隙率与抗压强度的关系

孔隙率/%	35	42.3	64.8
抗压强度/MPa	6.96	3.41	0.88

　　该多孔 β-TCP 陶瓷的大孔约为 $300\sim500\mu m$，孔与孔之间壁有 $3\sim10\mu m$ 的微孔相连，形成具有大孔/微孔织构的多孔陶瓷[31]。多孔陶瓷的大孔由致孔剂颗粒粒径和用量来控制。致孔剂用量大、粒径大，孔隙率就越多，强度下降也越多。文献［37，38］采用增加微孔数量，提高孔隙率而又不降低抗压强度，微孔的孔隙分布可通过调节原料组成来控制。在 Ca（OH）$_2$/H$_3$PO$_4$ 中和法制备 TCP 陶瓷粉末前驱体工艺中配加 CaCO$_3$ 粉，通过调整体系中 Ca（OH）$_2$ 和 CaCO$_3$ 比例以调控孔隙结构，提高孔隙率。加入 CaCO$_3$ 对孔隙率的影响，如表 18-8 所示。

表 18-8　不同工艺制备的多孔 β-TCP 的孔隙率和抗压强度

TCP 原料粉末 制备工艺	CaCO$_3$/Ca(OH)$_2$ （质量比）	硬脂酸/TCP 粉（质量比）	大孔孔 径/μm	孔隙 率/%	抗压强度 /MPa
Ca(OH)$_2$/H$_3$PO$_4$,反加料	0	1	400$\sim$500	58.1	1.72
Ca(OH)$_2$-CaCO$_3$/H$_3$PO$_4$,反加料	0.676	1	400$\sim$500	68.5	6.71

　　由表 18-8 看出，在制备 TCP 陶瓷粉末前驱体过程中加入 CaCO$_3$，在相同硬脂酸的加入量下，陶瓷的孔隙率得到提高，抗压强度亦得到提高。硬脂酸加入量与 CaCO$_3$ 的加入量均影响多孔 β-TCP 陶瓷的孔隙率，可通过二者加入量之比调节孔隙率大小，如表 18-9 所示。

表 18-9　CaCO$_3$/Ca（OH）$_2$ 比例及硬脂酸用量对多孔 β-TCP 孔隙率的影响

CaCO$_3$/Ca(OH)$_2$(质量比)	硬脂酸/TCP 原料（质量比）	孔隙率/%
0.338	1	60.2
0.450	1	66.4
0.676	1	68.5
0.338	0.5	47.5
0.450	0.5	53.45
0.676	0.5	56.81

　　从表 18-9 看出，在硬脂酸加入量一定的情况下，孔隙率（和微孔）随 CaCO$_3$ 加入量的增加而增加。CaCO$_3$ 加入量一定下，孔隙率（和大孔）随硬脂酸加入量的增加而增加。因此，可通过二者加入量之比调节多孔陶瓷孔隙率及大孔/微孔织构，在需要孔隙率高、抗压强度也高的情况下，可选择适当的致孔剂量，

用 $CaCO_3$ 加入量调节孔隙率。

18.4 磷酸钙骨水泥

18.4.1 概述

在临床骨外科中，常使用聚甲基丙烯酸甲酯（PMMA）骨水泥。PMMA 是 1960 年由 Charnley[39] 首先用于外科手术中，使假肢与人体骨固定的。20 世纪 70 年代，聚甲基丙烯酸甲酯（PMMA）骨水泥也一直作为骨癌刮除后空洞的填充和关节置换手术中假肢和人体骨的固定之用[40]。虽然，聚甲基丙烯酸甲酯（PMMA）骨水泥成型容易，使用方便，但由于其自身固有的缺点，如使用过程中，放热量大，局部温度高，灼伤组织，引起周围组织坏死[41]；具有黏弹性，产生蠕变；生物相容性差，与人体骨是非骨性结合，使关节植入后期发生松动和下沉，导致人工关节置换失效等。为了克服 PMMA 骨水泥自身的不足和缺陷，不少研究者对 PMMA 骨水泥进行了改进，采用增强剂与 PMMA 骨水泥复合以改善其力学性能。如加入碳纤维[42]、不锈钢丝和钴—铬金属丝[43] 以及无机填料粉末弥散增强 PMMA，均使 PMMA 骨水泥的强度得到提高。除力学性能方面改进外，许多研究着重对 PMMA 骨水泥的表面界面性能、生物相容性等方面进行改进[44~50]。为改进 PMMA 骨水泥与骨结合状况，将 PMMA 骨水泥制成多孔结构[44]，使骨组织长入骨水泥达到生物固定结合。在一定程度上减缓了松动发生。王善沅等[45] 将具有网孔结构的 PMMA 骨水泥材料作为药物载体，进行了加载甲氨喋呤（MTX，一种广谱抗肿瘤药物）的释放研究。将庆大霉素加载于具有网孔结构的 PMMA 骨水泥中，临床使用表明，其界面剪切应力比普通 PMMA 骨水泥提高 30%[46]。在 PMMA 骨水泥中，加入磷酸钙陶瓷粉末，可以提高其生物相容性[47~49]。将磷酸钙粉末加入具有网孔结构 PMMA 骨水泥中，其活性不但不被 PMMA 骨水泥掩盖，而且更有利于界面结合。文献 [50] 将 HA 与具有网孔结构 PMMA 骨水泥复合，动物模型试验表明新的骨层与骨水泥紧密结合。

综上所述，对 PMMA 骨水泥的改进，虽然能改善某些性能，但毕竟 PMMA 骨水泥是非降解的高聚物，植入体内始终是异物，且 PMMA 骨水泥中的甲基丙烯酸（MMA）单体对人体有害。因此，人们一直在寻求新型骨水泥来替代。20 世纪 80 年代，Brown 和 Chow 开发出第一个磷酸钙水泥[51]，并于 1985 年获得了美国专利[52]。自此，世界各国都投入大量人力物力对这种骨水泥进行研究，并成为当前的研究热点。

18.4.2 磷酸钙骨水泥的组成

磷酸钙骨水泥（CP 骨水泥）是一种或多种磷酸钙粉末和其他含钙化合物粉

末混合物与适当比例的水或水溶液调合形成糊状物 (paste)，在高温下或生理温度下，通过溶解–沉淀反应固化形成，并具有一定结构强度的材料[53]。文献[54，55]介绍了 $CaO-P_2O_5-H_2O$ 体系中几种磷酸钙的溶解度等温线图，如图18-8所示。

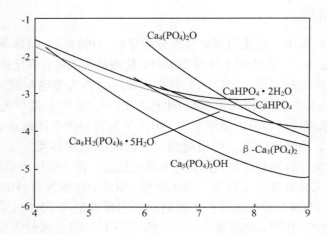

图 18-8　$CaO-P_2O_5-H_2O$ 体系中几种磷酸钙的溶解度等温线图

图 18-8 表明，pH＝5～9 范围内，HA 的溶解度是几种常用磷酸钙:磷酸四钙 (TTCP,$Ca_4(PO_4)_2O$)、二水磷酸氢钙 (DCPD,$CaHPO_4 \cdot 2H_2O$)、磷酸氢钙 (DCP, $CaHPO_4$)、磷酸八钙 [OCP, $Ca_8H_2(PO_4)_6 \cdot 5H_2O$]、$\beta$–磷酸三钙 [$\beta$-TCP, β-$Ca_3(PO_4)_2$]中最小的，是最稳定的。故 CP 骨水泥其成分最终转为 HA。虽然 $CaHPO_4$ 比 $CaHPO_4 \cdot 2H_2O$ 更稳定，但后者动力学更有利。

与其他水泥系统一样，CP 骨水泥系统也含有固相、液相和其他添加剂。

1. 固相

由各种磷酸钙和钙盐组成，其组成可随预期生成物的性质(Ca/P 比等)的不同而变化，不同研究者研制出不同种类的磷酸钙骨水泥，列举部分代表性 CP 骨水泥如表 18-10 所示。

从以上各类磷酸钙骨水泥看出，CP 骨水泥一般采用两种(也有某一种如 α-TCP)或两种以上的磷酸钙粉末和钙化合物混合后，用水或水溶液调合，在室温或接近人体环境温度下，发生水解反应和(或)产物间反应固化为骨水泥。采用何种组成为好，一直是研究者们近年来研究的重点之一。文献[75]对 CP 骨水泥的 Ca/P 演变进行了系统的研究，按所采用的磷酸钙化合物及钙的化合物 Ca/P 比大小排成下面的顺序:MCPM＜DCP＝DCPD＜OCP＜α-TCP≈β-TCP＝CDHA＜PHA＝SHA＜TTCP＜CaO＝$Ca(OH)_2$。原则上任何位置在左边的磷酸钙化合物

表 18-10 不同种类磷酸钙组成的骨水泥

编号	CP 骨水泥粉末组成[1]	简　介	作者与文献
1	TTCP-DCP 类水泥		
	(1)TTCP+DCPD	(1)研制出的第一个 CP 骨水泥	Brown 和 Chow[52]
	(2)TCP+DCPD+HA	(2)加入 HA 自凝时间从 22min 降至 8min	
	(3)TTCP+DCP	(3)研究了骨水泥水化反应的机理及制备条件对抗压强度的影响;已临床应用和产业化	沈卫,刘昌胜等[56,57]
2	β-TCP 类水泥		
	(1)β-TCP+MCPM	(1)基于 β-TCP 可作为可降解吸收植入材料,与 MCPM 研磨后用水调和生成 DCPD 水化物凝固;但 DCPD 酸性较大,对有机体有刺激作用,另外,凝结时间较快(30s),因而提出配方(2)	(1)Mirtichi 等[58]
	(2)β-TCP+MCPM+CPP+CSH+CSD	(2)配料除 β-TCP+MCPM 外,添加 CPP,CSH,CSD 最佳组成为 64% TCP,16% MCPM,15% CSH,5% CPP	(2)Mirtichi 等[59]
	(3)β-TCP+DCPD+CC	(3)1990 年 Mirtichi 等研究了 β-TCP 类水泥的新体系:β-TCP+DCPD+CC,用 DCPD 和 HA 饱和液调合反应中生成的 HA 晶粒与 β-TCP 聚集体起桥连接作用,从而提高了强度;反应中生成的 CO_2 则增加水泥的孔隙度	(3)Mirtichi 等[60]
	(4)β-TCP+DCP+HA	(4)研究了 β-TCP 粒度对 CP 骨水泥凝结时间和强度的影响,S/L=1.5,调合液含 H_3PO_4、H_2SO_4、$Na_4P_2O_7$	Andrianjatove[61]
3	α-TCP 类水泥		
	(1)α-TCP+DCPD	(1)用去离子水调合,9~30min 硬化产物是 OCP	(1)Monma 等[62]
	(2)α-TCP+DCPD	(2)用琥珀酸钠的水调和,可控制凝结时间,加入硫酸软骨素易于混合,这种骨水泥在体内与骨组织直接连接,有很好的相容性,并在体内降解吸收	(2)Kurnshina[63,64]
	(3)α-TCP+DCPD+TTCP	(3)为提高 α-TCP+DCPD 水泥的硬化体强度,增加 TTCP,此种水泥可作为骨替代物、骨水泥或牙科材料	(3)Kurashina 等[65]
	(4)α-TCP+MPCM+CaO+HA(晶种)	(4)用去离子水调合,进行了组分、固液比、粉末尺寸大小、HA 加入量等对骨水泥强度的影响优化实验	(4)Bermudez 等[66]
	(5)α-TCP+MCPM+CaCO_3	(5)Constantz 等分析人体骨的矿物是含有碳酸盐的磷灰石[Dahllite,$Ca_{10}(PO_4)_6CO_3 \cdot H_2O$],报导了以 α-TCP 为基料配以 MCPM+CaCO_3 经干混用磷酸钠溶液调合几分钟后形成糊剂,注射到修复部位,10min 后由于 Dahllite 晶化而变硬,初始抗压强度为 10MPa,12h 后材料已有 85%~90% 的 Dahllite,最大抗压强度为 55MPa,抗张强度为 2.1MPa。Ca/P≈1.67,CO_3^{2-} 含量 4.6%(质量分数),分子式可表示为 $Ca_{8.8}(HPO_4)_{0.7}(PO_4)_{4.5}(CO_3)_{0.7}(OH)_{1.3}$,并含少量 Na^+,这种组成与天然骨近似	(5)Constantz 等[67]

编号	CP 骨水泥粉末组成[1]	简 介	著者与文献
	（6）α-TCP ＋ β-TCP ＋ PHA	（6）用 Ha_2HPO_4 溶液调和，α-TCP 转化为 CDHA，β-TCP 未发生变化。37℃反应 24h，抗压强度达 35MPa 左右	（6）Ginebra 等[68]
4	含 MCPM、DCPD、TTCP、α-TCP、β-TCP、OCP、CaO、$CaMgO_2$ 的 108 个配方	不同配方混合物用去离子水调和，测定它们的自凝时间，以评价骨水泥的性能，未研究反应及产物	Driessens 等[69]
5	含 MCPM、DCPD、DCP、$Ca(OH)_2$、α-TCP、β-TCP、TTCP、SHA、CaO、MgO 的 450 个配方	不同配方混合物用去离子水调和，根据预定产物是否生成，是否在 60min 内终凝，在 Ringer′s 溶液中浸泡 1d 后的抗压强度是否高于 2MPa 的原则对450 种不同配方进行了研究。结果发现 15 种配方完全满足上述筛选原则，15 种配方归结为 4 种类型，即 3 种 DCPD 型，6 种 OCP 型，3 种 CDHA 型，3种 CMP 型，其中 DCPD 型水泥凝固过程中呈酸性，并保持较长时间；OCP 型凝固过程中及凝固反应完成后均呈中性；CDHA 型凝固中呈中性或碱性，完成后呈中性；CMP 型一种凝固中及反应完成后呈中性，另两种呈碱性，这几种骨水泥抗压强度较高	Driessens 等[70]
6	MCPM、DCPD、α-TCP、β-TCP、TTCP、CaO、MgO、$MgHPO_4 \cdot 3H_2O$	用 50% 甘油溶液调和，测定了自凝时间、抗压和抗拉强度，讨论了影响因素	Ginebra 等[71]
7	MCPM＋CaO	混合物最佳 Ca/P 比为 1.36±0.03，产物为 OCP，在骨水泥中加入 2% 的 HA	Bermudez[72]
8	CaO ＋ SiO_2 ＋ P_2O_5 ＋ CaF_2 生物玻璃陶瓷粉	研磨至 5μm 用磷酸铵溶液调和，糊状料在几分钟内固化，在几周之内能与生物骨形成骨性结合，$CaO/SiO_2/P_2O_5$ 的比值极小的变化会导致骨水泥的抗压强度极大的变化。CaF_2 的加入将提高骨水泥的抗压强度，相反，MgO 的加入会降低骨水泥的抗压强度。CaO47.1，$SiO_2$35.8，$P_2O_5$17.1，$CaF_2$0.75(质量分数/%) 的骨水泥固化 1h 后，在模拟体液中浸泡 23h 和 3d 后的抗压强度分别为56MPa，强度变化是由于骨水泥晶界上生成不同量 HA 的结果	Nishimura[73] Yoshihara[74]

1) TTCP:磷酸四钙[$Ca_4(PO_4)_2$]；DCPD:二水磷酸氢钙($CaHPO_4 \cdot 2H_2O$)；DCP:磷酸氢钙[$CaHPO_4$]；β-TCP:磷酸三钙[β-$Ca_3(PO_4)_2$]；CPP:焦磷酸钙($Ca_2P_2O_7$)；CSH:半水硫酸钙($CaSO_4 \cdot 0.5H_2O$)；CSD:二水硫酸钙($CaSO_4 \cdot 2H_2O$)；CC:碳酸钙($CaCO_3$)；α-TCP:α-磷酸三钙[α-$Ca(PO_4)_2$]；HA:羟基磷灰石[$Ca_{10}(PO_4)_6(OH)_2$]。OCP:磷酸八钙[$Ca_8H_2(PO_4)_6 \cdot 5H_2O$]；SHA:烧结羟基磷灰石[$Ca_{10}(PO_4)_6(OH)_{2-2x}O_x$]；PHA:沉淀羟基磷灰石；MCPM:一水磷酸一钙[$Ca(H_2PO_4)_2 \cdot H_2O$]。

（当作酸性化合物），能够结合位置在右边的化合物（当作碱性化合物）。根据产物 Ca/P 比要求位置处于中间，如 TCP 或 CDHA 可单独或结合左边或结合右边的磷酸钙化合物，但必须受到一个限制，产物必须是生物相容性的，并且，要求满足临床要求的初凝和终凝时间，以及必要的抗压、抗张强度。

十余年来，各类 CP 骨水泥按固相组成的 Ca/P 比可归结以下几类[76]：

（1）磷酸氢钙（DCPD 或 DCP）型 CP 骨水泥　如 MCPM ＋ β-TCP，MCPM ＋ TCP，MCPM ＋ Ca（OH）$_2$ 等，其固相组成的 Ca/P 比为 1.0。

（2）磷酸八钙（OCP）型 CP 骨水泥　如 MCPM ＋ α-TCP，DCPD（DCP）＋ α-TCP 等，其固相组成的 Ca/P 比为 1.33。

（3）缺钙羟基磷灰石（CDHA）型 CP 骨水泥　如 TTCP＋MCPM，TTCP＋DCPD（DCP）等，其固相组成的 Ca/P 比为 1.5。

（4）羟基磷灰石（HA）型 CP 骨水泥　如 MCPM ＋ CaO，TTCP＋DCPD（DCP）等，其固相组成的 Ca/P 比为 1.67。

围绕各类 CP 骨水泥的组成变化和提高其性能的研究的总趋势是：①主成分由 β-TCP 演变为 α-TCP（TTCP＋DCPD 体系除外）；②骨水泥的 Ca/P 比逐渐提高，一般 Ca/P＞1.5，接近动物骨骼中的 Ca/P 比；③组成由单纯的磷酸钙化合物变化到含有 CO_3^{2-}、F^- 的复杂的磷酸钙化合物，更接近动物骨骼和牙齿中无机质的实际组成；④骨水泥的性能也从最初的能形成凝结块到满足临床手术操作要求的凝结时间和生理功能要求的力学强度，研究了影响初凝时间、终凝时间和抗压、抗张强度等性能的因素。在考虑到手术中与体液和血液接触时提出了黏结性能的要求[24]。

2. 液相

水是 CP 骨水泥常用的液相，它在骨水泥的凝固反应中有时作为反应介质，溶解起始的磷酸钙化合物，使之形成糊状物并向生成物转化；有时又是生成物，在形成 DCPD 或 OCP 时起结晶的作用，最后又释放出来。在水泥形成中实际需要的水量是少量的，因此，液固比约为 0.3。稀磷酸、稀盐酸（Na 或 NH_4 盐）、血液、生理盐水都可作为 CP 骨水泥的液相。有的在水中加入琥珀酸钠，可控制凝结时间，加入硫酸软骨素易于混合。

3. 附加组分

附加组分包括加入的人体骨中所含的微量元素、CO_3^{2-}、F^- 等的化合物；加快骨水泥反应速率的物质；提高骨水泥强度而添加的各种成分。如缩短终凝时间，提高 CP 骨水泥抗压强度加入的沉淀 HA（PHA）晶种；促进 CP 骨水泥凝结而加入的氟化物（CaF_2）、$(NH_4)_2HPO_4$、K、Na 磷酸盐、NH_4Cl 等促凝剂。

18.4.3　磷酸钙骨水泥的性能

与其他水泥系统一样，CP 骨水泥最重要的性质是凝结时间和强度。与烧结陶瓷和粒状陶瓷相比，CP 骨水泥具有可在临床手术时方便成型、与缺损骨吻合较好的优点。为临床使用方便，可以配制成高黏度的控塑体，成型硬化后作植入体用，也可以配制成低黏度糊状物供注射用。后者更好地填充任何缺损，在手术时整个植入体表面都能与宿主骨密切接触[67,77]。但是，骨水泥的操作性能也有不尽人意的地方：有的骨水泥试样，在做动物实验时消失了[77]；有的骨水泥在使用时要求必须止血，患处作干燥处理才能避免骨水泥糊状物开裂[78]；有的试样在初凝后放入生理盐水中也可能破裂。最近，Khairoun 等[79]提出评价 CP 骨水泥的性能，除考虑初凝时间（It）、终凝时间（Ft）（一般采用 Gilmore 针测试法[80]测定）和抗压强度（CS）外，还应考虑黏结时间（cohesion time）（Ct），并满足 $It \leqslant 8\min$、$It - Ct \geqslant 1\min$、$Ft \leqslant 15\min$、$CS \geqslant 30\mathrm{MPa}$ 四个条件。在这之前，Fernandez[81]等建立了 CP 骨水泥膨胀时间（period of swelling time）的三种测量方法，这个时间即是所谓的黏结时间，换句话说，在这个时间周期以后，骨水泥浸入 Ringer's 溶液不再破裂。由于手术过程中不可避免地要接触到血液和体液，因而研究提高 CP 骨水泥的黏结性能，缩短 Ct，适当增大（It-Ct）以便于操作，是很必要的。

影响 CP 骨水泥强度的因素很多，主要包括粉体组成的水化性能、粉末粒度和 CP 骨水泥空隙率。CP 骨水泥空隙率较高，大约 47%，因此一般强度不高，降低其孔隙率能提高其强度。

18.4.4　磷酸钙骨水泥水化凝固机理及动力学

由于 CP 骨水泥组合的多样性，各派学者对各自的组成体系进行了自凝机理及动力学研究，也就有差异，分别加以简述。

1.TTCP-DCP 骨水泥生成 HA 和 CDHA 凝结机理及动力学

Brown 等[82]采用热导式自动热量计，研究了 TTCP-DCP 骨水泥生成 HA 和 CDHA 的反应，实验研究温度为 5～38℃。结果表明，固化反应初期，HA 形成的速度主要受表面化学的控制，随固化进行，转化为生成物 HA 层扩散控制，从而减慢反应速率，表观活化能为 20.92kJ/mol。HA 晶核在反应初期可加速反应。用较高浓度的 NaCl（1mol/L）溶液，反应得到加速。

1996 年，Brown 等[83]又进行了机理研究，体系为 TTCP-DCPD，温度范围扩大到 15～70℃。

下列两个反应：

$$6CaHPO_4 \cdot 2H_2O + 3Ca_4 (PO_4)_2O \longrightarrow 2Ca_9 (HPO_4)(PO_4)_5OH + 13H_2O$$

$$(18\text{-}40)$$

$$2CaHPO_4 \cdot 2H_2O + 2Ca_4 (PO_4)_2O \longrightarrow Ca_{10}(PO_4)_6(OH)_2 + 4H_2O \quad (18\text{-}41)$$

其实验结果在速率图上有两个峰，由此判断反应分两步进行。

式（18-40）为

$$6CaHPO_4 \cdot 2H_2O + (3-x)Ca_4 (PO_4)_2O \longrightarrow NCP + HAP \qquad E_a = 118kJ/mol$$

$$(18\text{-}42)$$

$$xCa_4 (PO_4)_2O + NCP + HA \longrightarrow Ca_9 (HPO_4)(PO_4)_5OH \qquad E_a = 83kJ/mol$$

$$(18\text{-}43)$$

式（18-41）为

$$2CaHPO_4 \cdot 2H_2O + (2-x)Ca_4 (PO_4)_2O \longrightarrow NCP + HAP \qquad E_a = 120kJ/mol$$

$$(18\text{-}44)$$

$$xCa_4 (PO_4)_2O + NCP + HA \longrightarrow Ca_{10}(PO_4)_6(OH)_2 \qquad E_a = 90kJ/mol$$

$$(18\text{-}45)$$

式中，NCP 为非晶态中间相，$1.2 \leqslant Ca/P \leqslant 1.5$；HAP 为纳米晶相，$1.5 \leqslant Ca/P \leqslant 1.67$。

在 $15 \sim 70℃$ 范围内，HAP 的生成反应都是放热的，在所有实验中其总放热接近相同，约为 $290 \sim 300kJ/mol$。

沈卫等[56,84]研制的 CP 骨水泥体系仍为 TTCP-DCP，其比例为 $1:1$，即 $Ca/P = 1.67$，前期反应速率很快，4h 后，速率逐渐变慢。参考传统硅酸盐水泥水化动力学控制机理的动力学方程[85]，水化反应初期符合原料粉末表面的溶解控制：

$$G_I = r_0 [1 - (1-\alpha)^{1/3}] = K_I t \qquad (18\text{-}46)$$

而反应后期符合水分子通过水化产物层的扩散控制：

$$G_D = r_0^2 [1 - (1-\alpha)^{1/3}]^2 = K_D t \qquad (18\text{-}47)$$

式中，G_I、G_D 为反应完全函数；K_I、K_D 为反应速率常数；α 为转化率；t 为反应时间；r_0 为原料颗粒初始半径。

在 $P/L = 4$、$RH = 100\%$、$T = 37℃$ 的实验条件下，得到

$$K_I = 0.1068 r_0 \quad 和 \quad K_D = 0.02552 r_0^2$$

动力学公式表明，反应速率与原料颗粒的半径密切相关。

2. TTCP + β-TCP + MCMP 反应生成 HA 的水化凝结机理[86]

反应机理被认为是先生成 $CaHPO_4 \cdot 2H_2O$：

$$Ca(H_2PO_4)_2 \cdot H_2O + Ca_3 (PO_4)_2 \xrightarrow{H_2O} 4CaHPO_4 \cdot 2H_2O \qquad (18\text{-}48)$$

然后，TTCP 与 $CaHPO_4 \cdot 2H_2O$ 和 $Ca_3(PO_4)_2$ 反应生成 HA：

$$2Ca_4(PO_4)_2O + 2CaHPO_4 \cdot 2H_2O \longrightarrow Ca_{10}(PO_4)_6(OH)_2 + 4H_2O \quad (18\text{-}49)$$

$$Ca_4(PO_4)_2O + 2Ca_3(PO_4)_2 \xrightarrow{H_2O} Ca_{10}(PO_4)_6(OH)_2 \quad (18\text{-}50)$$

水泥水化反应机理如图 18-9 所示。

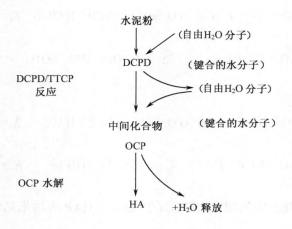

图 18-9　水泥水化反应机理

从图 18-9 可以看出，与 CP 水泥粉末混合的水分子一度作为 DCPD（$CaHPO_4 \cdot 2H_2O$）和中间产物 OCP[$Ca_8H_2(PO_4)_6 \cdot 5H_2O$]键合的水，然后，OCP 水解生成 HA 并释放出水[86]。

3. β-TCP 类骨水泥水化凝结机理

β-TCP 与 MCPM 与 DCP 研磨用水或水溶液调和后，生成 DCPD 而凝固，加入 HA 或过程中生成 HA 与 β-TCP 团聚体起桥连接作用有利于提高强度。

4. α-TCP 类骨水泥水化凝结机理及动力学

这类骨水泥水化过程主要是 α-TCP 水化可一次形成缺钙羟基磷灰石[87]，即

$$3Ca(PO_4)_2 + H_2O \longrightarrow Ca_9(HPO_4)(PO_4)_5OH \quad (18\text{-}51)$$

实验时，称取 1g 200 目的自制 α-TCP 粉末，在室温下，在 25mL 无离子水中浸泡 30d，过滤，在 80℃干燥 24h，经 XRD 分析，大部分 α-TCP 已转化为晶形较差的非计量的磷灰石结构（缺钙羟基磷灰石）。这在体内骨形成过程中特别重要，因人骨中的磷灰石也是不良结晶的非计量磷灰石[88]。将浸泡后的粉末在 1000℃下烧结 1h，其结构又恢复为 β-TCP。

张昭等[24,89]针对采用不同调和液调成的 α-TCP 糊状物浸入 Ringer's 溶液中

的水化过程特点，采用 CA6300 数字图像处理和分析系统的光学显微镜（透射成像）观察，揭示了 α-TCP 水化的微观过程。说明骨水泥浆料由固-液分散系统转变到硬化结构中，水由于与 α-TCP 的化学结合生成大量含结晶水的水化物和溶剂化物（从图像观察到水化物生成），以及被具有高表面积的新生水化物吸附转变成薄膜的物理结合而被固定，水泥硬化得以形成。对 α-TCP 水化产物的 FTIR 和 XRD 分析，揭示了磷酸钠溶液不仅增加 α-TCP 的溶解度和提供沉淀反应所需的 PO_4^{3-}，而且 Na^+ 还可能代替 Ca^{2+} 进入水化产物的晶格中，形成 Ca 和 Na 的复合磷酸盐，这对于促进 α-TCP 水泥凝结液具有重要意义。且人体硬组织中含有 Na^+，Na^+ 的引入是有益的。将磷酸盐溶液或磷酸盐与柠檬酸的混合溶液调至稀糊状，立即浸入 Ringer′s 溶液中，也能在 30℃ 环境温度下硬化。而且，硬化体有较预成型硬化体更高的抗压强度，使得这种糊状水泥可注入到骨缺损处进行修复，而无需对创口进行止血和干燥的预处理，使手术变得简化。

18.5 磷酸钙复合人工骨材料

18.5.1 概述

磷酸钙生物活性陶瓷材料临床实践证明，它具有骨传导性和与骨组织的直接结合性，是生物活性和生物相容性的优良骨植入材料，不足之处为：①缺乏骨诱导性，骨组织渗入材料的速度和深度是有限的。②力学强度差。显然致密的磷酸钙陶瓷比多孔材料强度要高，但作为大型人工承重骨如骨片、髋关节等，其强度仍显太低，这主要是陶瓷材料本性所决定的。且致密 HA 不能提供有效的生物吸收速率，块状料基本不宜于作耐冲击、扭转和弯曲应力部位骨的置换，只适合用于不承受力及小形态种植体，如耳骨和骨缺损的填充。由于力学性能较差，限制了作为硬组织修复的广泛应用。③粉末型、颗粒型材料植入后固定困难，易于流失，手术充填方法尚待改进。为此国内外学者以磷酸钙陶瓷材料为基础与其他材料进行复合以发挥其生物活性的优点，弥补其不足之处，已更广泛地应用于骨的修复。

18.5.2 金属基体上涂层磷酸钙陶瓷复合人工骨

解决磷酸钙陶瓷力学性能的一个普通方法，是在一强基体上涂层磷酸钙陶瓷，使得到的复合体不仅具有良好的生物活性，而且有足够的抗拉强度和断裂强度。国内外用等离子喷涂技术，在金属基体上涂层磷酸钙陶瓷[90~94]。HA 喷涂的牙种植体和人工髋关节具有优良的机械性能和生物相容性，在硬组织种植中有极好的前景，国内外均已有产品在推广。

18.5.3 磷酸钙/聚甲基丙烯酸甲酯复合人工骨

（1）在聚甲基丙烯酸甲酯（PMMA）骨水泥中添加磷酸钙粉末，弥散增强，可提高二者的力学性能。但磷酸钙的生物活性在密实的 PMMA 中不能完全发挥作用。

（2）在具有网孔的聚甲基丙烯酸甲酯骨水泥中添加磷酸钙粉末制得的骨水泥，植入后与骨直接结合[50]，能加强界面结合的稳定性，防止假体松动。

磷酸钙陶瓷粉末如 HA 也可与其他聚合物共混，制得复合人工骨修复材料。为解决共混相容性，可用水溶性的高聚物对 HA 进行表面改性，制得的材料既增强又具有生物活性。

18.5.4 骨形态发生蛋白/磷酸钙复合人工骨

如前所述，磷酸钙和 CP 骨水泥具有优良的骨传导性。骨传导的特性主要发生在与宿主骨接触的部位，其成骨作用有限。为了赋予磷酸钙或 CP 骨水泥优良的骨诱导性，促使大量新骨能尽早在植入部位形成，促进骨缺损的修复，将具有骨诱导能力或成骨作用的活体物质，如骨形态发生蛋白（BMP）、异体脱矿骨基质（DBM）、骨髓转化因子与磷酸钙或 CP 骨水泥复合成既有优良的骨传导作用又有优良的骨诱导成骨作用的 CP 复合人工骨。

1. 骨形态发生蛋白研究进展

骨形态发生蛋白（BMP）是 1965 年由 Urist[95] 首先发现的骨组织内含有的一种化学物质。它是不溶于水的大分子蛋白，是一种酸性的多肽，能够诱导间质细胞，分化为软骨细胞和成骨细胞，从而产生大量骨组织。Urist 首先从骨基质中将 BMP 分离出来[96]，三十多年来，不少学者进行了广泛深入的研究，取得很大的进展。目前，BMP 不仅从骨基质中，还从牙本质及成骨肉瘤组织中被分离出来。已经明确 BMP 不仅能正位（在骨内）诱导新骨形成，而且，能异位（在皮下或肌肉中）诱发骨形成，从而肯定了它在诱导成骨中的作用。1979 年，Urist 等[97] 从兔骨中提出 BMP。1982 年，Urist 等[98] 从牛的骨基质明胶（BMG）中提出纯度较高且具有诱导活性的牛骨形态发生蛋白（bBMP）。另外，还从猪等动物和人的骨基质中纯化出 BMP，以及从骨肉瘤中提取出 BMP。但提取的 BMP 的完全纯化工作是非常复杂的，其操作步骤超过 15 个，从而限制了它的产量与临床应用[99]。目前，利用现代基因工程技术进行人工重组合 BMP，为 BMP 的临床应用开辟了良好的前景。BMP 的研究重点是：简化提取 BMP 的纯化工艺；彻底解决异体 BMP 的免疫反应；应用 BMP 分子微观结构功能识别及基因重组人骨形态发生蛋白（rhBMP）基因工程。

2. 骨形态发生蛋白/磷酸钙复合人工骨

Urist 等[100,101]应用吸附方法将 BMP 与 TCP 陶瓷复合制得 BMP/TCP 复合人工骨材料，将这种复合材料植入小鼠股肉内，12d 可诱导产生出软骨和编织骨，21d 出现板层骨，诱导产生的新骨量比单用 BMP 诱导的新骨量提高 12 倍。用该复合材料修复狗的颅骨缺损，术后 4 个月全部缺损已基本被新骨修复，而单用 TCP 陶瓷的对照组则形成较少新骨。

国内也进行了具有可降解、诱导成骨的 bBMP/多孔 β-TCP 复合人工骨的研究[31,102]，并采用多种手段，包括 SEM-X 射线能量散射（EDAX）分析、光电子能谱（XPS）分析、大体标本灼烧失重法[103]和组织切片计算机图像分析[102]等对兔桡骨缺损部位修复、材料的降解和新生骨的生长进行了定量评价，并和 HA、β-TCP 对照组进行了比较，结果表明 bBMP/多孔 β-TCP 复合材料比单纯的磷酸钙陶瓷成骨速率快。种植的 bBMP/多孔 β-TCP 复合人工骨，2 周后材料的降解为 12%，16 周后达 53%。而 16 周后，种植的 β-TCP 材料的降解仅 30%，HA 仅 21%。

国内还进行了采用基因工程技术制备的重组人骨形态发生蛋白（rhBMP）与 TCP 复合制成 rhBMP/多孔 β-TCP 复合人工骨，并进行了兔桡骨缺损修复动物模型实验研究[37,104]。基因工程表达的 rhBMP 以产量高、纯度高、活性好、稳定、质量易控制而明显优于天然骨中提取出来的 BMP。进行兔桡骨缺损修复动物模型实验表明，植入 24 周成骨量达 97.39%，材料降解剩余 2.61%，降解高于单纯的多孔 β-TCP 组。

Kawamura 等[105]将 BMP/HA 复合材料植入兔股骨缺损区，3 周即可见软骨及网状骨形成，6 周则有板状骨及具有造血功能的骨髓组织。王士斌[31,32]将 bBMP/HA 复合人工骨植入股骨缺损中，实验结果与此相近。植入后 16～24 周，材料孔内和材料界面充满大量成熟板层骨，与宿主骨结合紧密，骨髓组织增多。SEM 照片表明新骨组织形态与宿主骨无明显差异。

3. 大鼠骨髓基质细胞/聚乳酸-β磷酸三钙复合人工骨

陈锐等[106,107]采用溶液浇注-模压成型-沥滤三步法制成具有一定孔隙率、孔径的 PLLA/β-TCP 多孔复合材料。同时，采用密度梯度分离培养法，通过换液除去造血系细胞得到较纯化的大鼠骨髓基质细胞（rMSCs），在成骨诱导剂地塞米松（Dex）、β-甘油磷酸钠（β-GP）、抗坏血酸（AA）作用下，促进 rMSCs 成骨，将多次传代的 rMSCs 与 PLLA/β-TCP 多孔复合材料复合，成为具有骨生成性、骨传导性和骨诱导性的组织工程复合材料，是骨缺损理想的修复材料。

4. 骨形态发生蛋白/磷酸钙骨水泥复合人工骨

磷酸钙骨水泥临床塑形方便与骨组织直接结合，加入 BMP 增加骨诱导性以提高成骨速率。尹绍雅[108]将牛 BMP 与 α-TCP 基骨水泥复合，制得 BMP/α-TCP骨水泥复合人工颅骨材料。具体制备是将 α-TCP 基骨水泥粉与 bBMP 冻干粉混合，用 $0.25mol/L$ NaH_2PO_4/Na_2HPO_4 溶液（液固比为 0.4）调和，骨水泥其初凝时间为 7min，终凝时间为 35min，在生理盐水中浸泡 5d，抗压强度达 35MPa。然后对其进行了体外蛋白质释放试验（在乳酸格林氏液中），BMP 释放量与时间平方根成直线关系，符合 Higuchi 动力学方程。用 BMP/α-TCP 基骨水泥修复兔较大颅骨缺损，材料以诱导和传导两种方式促进骨生长，16 周新生骨组织完全覆盖骨缺损。

18.6　磷酸钙生物活性材料的医学应用

磷酸钙生物活性材料的医学应用，举例如表 18-11 所示。

表 18-11　磷酸钙生物活性材料的医学应用举例

材料	医学应用	文献来源
羟基磷灰石	牙和矫形外科骨缺损修复	[109～125]
	牙根修复	[116，117]
	牙槽嵴的增强	[110，118，119]
	金属植入部位的辅佐	[119，120]
	盖髓术材料	[121，122]
	引导组织再生的增强	[123]
	上颌面重建	[29]
	经皮器件	[22，124]
	中耳重建	[125]
	生物反应器、胃细胞骨架	[126]
	股骨缺损修复	[124]
	人工血管，人工气管	[124]
多孔磷酸钙陶瓷（HA，βTCP）	上颌面修复	[127]
	矫形外科	[128]
	人工眼	[129，130]
	牙槽嵴增强	[131]
	骨缺损修复	[132，133]
	用作骨架	[134，135]
	药物缓释载体	[28，124，136]
磷酸钙骨水泥	颅骨骨缺损	[76]
	颌骨骨缺损	[137]
	载药系统	[138～141]
	脑外科手术中密封	[142]
	用骨水泥增强松质骨螺钉	[143]
	用注射骨水泥增强股骨颈断裂的固定	[144]
羟基磷灰石涂层	人工髋关节	[124]
	人工膝关节	[1]
	齿根种植体	[1，124]

参 考 文 献

1. Hench L L, Wilson J. An Introduction to Bioceramics. Advanced Series in Ceramics vol.1, World Scientific, 1993

2. 郑昌琼等.简明材料词典.北京:科学出版社,2002

3. Hench L L, Splinfer R J, Allen W C et al. Bonding Mechanisms at the Interface of Ceramic Prosthetic Materials. J. Biomed. Mater. Res., 1971, 2(1):19~71

4. Ratner B D, Hoffman A S, Schoen F J et al. Biomaterials Science——An Introduction to Materials in Medicine. Academic Press, 1996

5. Kingery D. Introduction to Ceramic. New York:John Wiley and Sons, 1976

6. Hench L L, Splinter R J, Allen W C et al. Bonding Mechanisms at the Interface of Ceramic Prosthetic Materials, J. Biomed. Res. Symp. No.2. New York: Interscience,1972

7. Gross V, Kinne R, Schmitz H J et al. The Response of Bone to Surface Active Glass/Glass-ceramics, CRC Crit. Rev. Biocompatibility, 1998,4:2

8. Nakamura T, Yamumuto T, Higashi S et al. A New Glass-ceramic for Bone Replacement: Evaluation of Its Bonding to Bone Tissue. J. Biomed. Mater. Res., 1985, 19:685

9. Holand W, Vogel V. Machineable and Phosphate Glass-ceramic, in:[8],125~138

10. 朱光明,黄占杰.可切削生物活性陶瓷及其在颌面整形外科的应用.硅酸盐学报,1988,16(5):416~419

11. 黄占杰,陈小平等.可切削生物活性玻璃的研制.中国生物工程学学报,2000,19(1):66~69

12. Holand W et al. A New Type of Phlogopite Crystal in Machinable Glass-ceramics, Glass Technology. J. Non-crystal Solid, 1991, 129:152

13. Baik M S, Chun J S. Comparative Evaluation Method of Machinability for Mica-based Glass-Ceramics. J. Mater. Sci., 1995, 30:1801~1806

14. Hench L L, Wilson J W. Clinical Performance of Skeletal Prostheses. London: Chapman and Hall, 1996

15. Wilson J. Clinical Applications of Bioglass Implants. in: Bioceramics-7.ed:Anderssor O H. Oxford:Butterworth-Heinemam, 1994

16. Stanley H R, Clark A E, Hench L L. Alveolar ridge Maintenance Implants.in:[4].237~254

17. Yamamuro T, Hench L L, Wilson J. Handbook on Bioactive Ceramics,vol. I: Bioactive Glass and Glass-ceramics, vol. II: Calcium-phosphabe Ceramics, Boca Ration:CRC Press, 1990

18. Holand W et al. A New Type of Phlogopite Crystal in Machinable Glass-ceramics. Glass Technology, 1983, 24(6):318

19. Hench L L. Bioceramics. J. Am. Ceram. Soc., 1998, 81(7):1705

20. 马轩祥.口腔修复学.沈阳:辽宁科学出版社,1999.327

21. Sindel J, Petschelt A, Grellner F et al. Material in Medicine. J. Material Science, 1998,(9):291

22. Aoki H. Science and medical Applications of Hydroxyapatite, JAAS. Tokyo:Takayama Press System Center Co., Inc., 1991

23. Ducheyne P, Hastings G W. Metal and Ceramic Biomaterials, vol. I and II.Boca Ration:CRS Press, 1984

24. 张昭.α-磷酸三钙类生物骨水泥的化学基础研究.四川大学博士学位论文,1998

25. Smith R M, Martell A E. Critical Stability Constant, vol.4.New York:Plenum Press, 1976

26. Young R A. Some Aspects of Crystal Structure Modeling of Biological Apatite. in: Calloques Internationaux du CNRS, Physico-Chimie et Cristallographie des Apatites d'Interet Biologique. Paris: CNRS, 1975. 21

27. 中南矿冶学院分析化学教研室等.化学分析手册.北京:科学出版社,1991

28.李世普,陈晓明.生物陶瓷.武汉:武汉工业大学出版社,1998

29.Jarcho M , Bolen C M . Hydroxylapatite Synthesis and Characterization in Dense Polycrystalline form . J . Mater . Sci . , 1976 , 11 : 2027~2035

30.Osaka A , Miura Y , Takeuchi K et al . Calcium Apatite Prepared from Calcium Hydroxide and Orthophosphoric Acid . J . Materials in Medicine , 1999 , 2 : 51~55

31.王士斌.可诱导成骨和生物降解的复合人工骨的研究.四川大学博士学位论文,1996

32.王士斌,翁连进,郑昌琼等. 骨形态发生蛋白/多孔 β-磷酸三钙陶瓷复合人工骨.四川联合大学学报(工程科学版),1999,3(5):76~82

33.Park J B , Lakes R S . Biomaterials : An Introduction , 2rd ed . New York : Plenum Press ,1992

34.Bucholz R W , Carlton A , Holme R E . Hydroxyapatite and Tricalcium Phosphate Bone Graft Substitutes . Orthop . Clin . , North Am . , 1987 , 18(2) : 323~334

35.Klawitter J , Hulbert S . Application of Porous Ceramics for the Attachment of load Bearing Orthopaedic Application . J . Biomed . Mater , Res . , 1971 , 2 : 161~167

36.Flatley T , Lynch K , Benson M . Tissue Response to Implants of Calcium Phosphate Ceramic in the Rabbit Spine . Clin . Orthop . , 1983 , 179 : 246~252

37.谢克难.可诱导成骨和可控制降解速率的复合人工骨的研究.四川大学博士学位论文,1998

38.谢克难,王方瑚,郑昌琼等.可控制 β-磷酸三钙生物陶瓷的大孔/微孔结构的制备工艺研究.功能材料,1998,29(4):424~428

39.Charnley J . Bone Joint Surg . , 1960 , 42 : 28~30

40.Charnley J . Acrylic Cement in Orthopaedic Surgery . Edinburgh and London :E . and S . Living Stone ,1970

41.Jeffer C D , Lee A J C , Ling R S M . J . Bone Joint Sury . , 1975 , 578 : 511~518

42.Schnur D S , Lee D . Stiffness and Inelastic Deformation in Acrylictitanium Composite Implant Materials under Compression . J . Biomed . Mater . Res . , 1983 , 17(6) : 973~991

43.Saha S , Pal S . Mechanical Properties of Bone Cement : A Review . J . Biomed . Mater , Res . , 1984 , 18(4) : 435~462

44.Rejda B , Rieger M R . Porous Acrylic Cement . J . Biomed . Mater . Res . , 1997 , 1 : 373

45.王善沅,陈剑宏.影响 MTX 骨水泥药物释放速度因素的研究.生物医学通报,1992,4(1):124~127

46.刘成安,王善沅.庆大霉素骨水泥在人工髋关节置换中的应用.见:人工关节的基础与临床研究,戴克成,卢世璧,张方成主编.北京:人民卫生出版社,1993

47.Gerhart T N , Miller R L , Kleshinski S J et al . In Vitro Characterization and Biomechanical Optimization of A Biodegradable Particulate Composite Bone Cement . J . Biomed . Mater . Res . , 1988 , 22(11) : 1071~1082

48.Gerhart T N , Renshaw A A , Miller R L et al . In Vivo Histologic and Biomechanical Characterization of A Biodegradable Particulate Composite Bone Cement . J . Biomed . Mater . Res . , 1989 , 23(1) : 1~16

49.Dandurand J . Study of Mineral-Organic Linkage in An Apatite Reinforced Bone Cement . J.Biomed . Mater , Res . , 1990 , 34 : 1373~1384

50.郑昌琼,王士斌,冉均国等.HA/网孔 PMMA 复合骨水泥的研制及其种植的动物实验.见:中国材料学会编,96'CMRS & MRS-K 论文专辑,vol.Ⅲ,生物及环境材料,Ⅲ分册,生物,仿生及高分子材料.北京:化学工业出版社,1997.65~69

51.Brown W E , Chow L C . A New Calcium Phosphate Setting Cement . Dent . Res . , 1983 , 62 : 672

52.Brown W E , Chow L C . Dental Restorative Cement Pastes . U . S . Patent 4 ,518,430 , Oct . 20 , 1985

53.Miyazakik et al . Polymetic Calcium Phosphats :Setting Reaction Modifiers ,Dent . Mater . , 1993 9 :46~50

54.Brown W E . Solubilities of Phosphate and Other Sparingly Soluble Compounds . in : Environmental Phosphous Handbook . John Wiley & Sons , 1973

55. Brown P W. Phase Relationships in the Ternary System CaO-P$_2$O$_5$-H$_2$O 25℃. J. Am. Ceam .Soc., 1992, 75(1): 17~22

56. 沈卫,刘昌胜等.磷酸钙骨水泥的水化反应机理研究.无机材料科学学报,1996,11(4):685~690

57. 沈卫,刘昌胜等,磷酸钙骨水泥的制备件对抗压强度的影响.华中理工大学学报,1997,23(5):580~584

58. Mirtchi A A et al. Calcium Phosphate Cements: Study of the β-tricalcium Phospate-monocalcium Phosphate System. Biomaterials, 1989, 10: 475~480

59. Mirtchi A A, Lemaitre J. Calcium Phosphate Cement: Action of Setting Requlators on the Properties of the β-tricalcium Phosphte-monocalcium Phosphate Cements. Biomaterials, 1989, 10: 634~638

60. Mirtchi A A et al. Calcium Phosphate Cement: Study of the β-tricalcium Phosphate-dicalcium Phosphate-Calcite Cements. Biomaterials, 1990, 11: 83~88

61. Andrianjatove H, Jose F, Lemaitre J. Effect of β-TCP Granularity on Setting Time and Strength of Calcium Phosphate Hydraulic Cemeats. J. Mater. Sci.,Mater. Med., 1996, 2: 34~39

62. Monma H, Makishima A, Mitomo M et al. Hydraulic Properties of the Tricalcium phosphate-Dicalcium Phosphate Mixture. Nippon Seramikkusu Kyoka Gakujutsu Ronbunshi/J.Ceramic Society of Japan, 1988, 96(8): 878~880

63. Kurashina K et al. Oral Maxillofac .Sury., 1992, 38: 325

64. Kurashina K et al. Ibid, 1992, 38: 351

65. Kurashina K et al. Calcium Phosphate Cement: in Vitro and in Vivo Studies of the α-tricalcium Phosphate-Dicalcium Phosphate Dibasic-Tetracalcium Phosphate Monoxide System. J.Mater. Sci.: Mater in Med., 1995, 6: 340~347

66. Bermudez et al. Development of Some Calcium Phosphate Cement from Combinations of α-TCP, MCPM and CaO. J. Mater. in Med., 1994, 5: 160~163

67. Constantz B R, Ison I C, Fulmer M T et al. Sheletal Repair by Situ Formation of the Mineral Phase of Bone. Science, 1995, 267: 1796~1799

68. Ginebra M P, Fernanez E, Driessens F C M et al. The Effects of Temperature on the Behaviour of An Apatitic Calcium Phosphate Cement. J. mater. Sci.: Mater. in Med., 1955, 6: 857~860

69. Driessens F C M, Boltong M G, Bemudze O et al. Formulation and Settling Time of Some Calcium Orthophosphate Cements: A Pilot Study. J. mater. Sci.: Mater .in Med., 1993, 4: 503~508

70. Driessens F C M, Boltong M G, Bermudey O et al .Effective Formulations for the Preparation of Calcium Phosphate Bone Cements. J. Mater. Sci.: Mater. in Med., 1994, 5: 164~170

71. Ginebra M P, Boltong M G, Driessens F C et al. Preparation and Properties of Some Magnesium-Containing Calcium Phosphate Cements. J. Material Sci.: Mater in Med., 1994, 5: 103~107

72. Bermudez O et al. Development of An Octocalcium Phosphate Cement. J. Mater. Sci.: Mater. in Med., 1994, 5: 144~146

73. Nishimura N, Yamamuno T, Taguchi Y et al. J. Appl. Biomater., 1994, 2: 219

74. Yoshihara S et al. Effects of Glass Composition on Compressive Strength of Bioactive Cement Based on CaO-SiO$_2$-P$_2$O$_5$ Glass Powders. J. Mater, Sci.: Mater. in Med., 1994, 5: 123~129

75. Driessens F C M et al. Formulation and Setting Times of Some Calcium Orthophosphate Cements: A. Pilot Study. J. mater. Sci.: Mater. Med., 1993, 4: 503~505

76. 周馨.新型磷酸钙生物活性骨水泥的合成、自凝动力学及兔颅骨缺损修复动物模型试验研究.四川大学博士学位论文,1998

77. Kurashina K, Kurita H, Hirano M et al. In Vivo Study of Calcium Phosphate Cements: Implantation of An α-Tricalcium Phosphate/Dicalcium Phophate Dibasic/Tetracalcium Phosphate Monoxide Cement Paste. Biomate-

rials，1997，18(7)：539～543

78. Munting E，Mirtch A A，Lemaitu J. Bone Repair of Defects Filled with A Phosphocalcicaulic Cement：An in vivo Study. J. Mater. Sci.：Mater. in Med.，1993，4：337～344

79. Khairoun I，Boltong M G，Driessens F C M et al. Effect of Calcium Carbonate on the Compliance of An Apatitic Calcium Phosphate Bone Cement. Biomaterials，1997，18(23)：1535～1539

80. Brown W E，Chow L C. in：Cement Research Progress. ed：Brown P W. Am. Ceram. Soc.，1986，352～379

81. Fernandez E et al. Development of a Method to Measure the Period of Swelling of Calcium Phosphate Cement. J. Mater. Sci. Lett.，1996，15：1004～1005

82. Brown P W，Fulmer M. Kinetics of Hydroxyapatite Formation Low Temperatute. J. Am. Ceram. Soc.，1991，74(5)：934～940

83. TenHuisen K S，Brown P W. The Kinetics of Calcium Deficient Stoichiometric Hydroxyapatite Fometion from CaHPO$_4$·2H$_2$O and Ca$_4$(PO$_4$)$_2$O. J. Mater. Sci.：Mater. in Med.，1996，7：309～316

84. 沈卫，刘昌胜等. 磷酸钙骨水泥的水化反应、凝结时间及抗压强度. 硅酸盐学报，1988，26(2)：129～135

85. Barnes P. 吴兆琦，汪瑞芬译. 水泥的结构和性能. 北京：中国建筑工业出版社，1991. 253

86. Lacout J L，Mejdoubi E，Hamad M. Crystallization Mechanisms Of Calcium phosphate Cement for Biologicod use. J. Mater. Sci：Mater. in Med.，1996，7：371～374

87. Li Y B，Zhang X D，de Groot K. Hydrolysis and Phase Transition of Alpha-Tricalcium Phosphate. J. Biomterials，1997，18：737～747

88. Posner A S. The Mineral of Bone. Clin. Orthop. Rel. Res.，1985，200：87～99

89. 张昭，郑昌琼，彭少方. α-磷酸三钙骨水泥在 Ringer's 溶液中硬化和水化合物的结构分析. 生物医学工程学杂志，1999，16(S)：60～62

90. de Groot K，Gessink R，Klein C P A T et al. Plasma Sprayed Coating of Hydroxylapatite. J. Biomed. Mater. Res.，1987，21(12)：1375～1381

91. Koch B，Wolke J G C，de Groot K. X-ray Diffraction Studies on Plasma-Sprayed Calcium Phoaphate-Coated Implants. J. Biomed. Mater. Res.，1990，24(6)：655～667

92. Chen J，Zhang X et al. A Study on HA-Coated Titanium Dental Implants，Part Ⅰ：Stress Analysis of Dental Implant. in：Bioceramics and the Human Body. eds：Ravanglioli A，Krajewski A. Elsevier Applied Science，1991

93. Chen J，Zhang X et al. A Study on HA-Coated Titanium Dental Implants，Part Ⅱ：Coating Properties in Vivo. Implant Design and Clinical Evalution，1989

94. Chen J，Tong W，Cao Y et al. Effect of Atmosphere on the Phase Transformation in Plasma Sprayed Hydroxyapatite Coating during Heat Treatment. J. Biomed. Mater. Res.，1997，34(1)：15～20

95. Urist M R. Formation by Auotoinduction. Science，1965，150(698)：893～899

96. Urist M R，Strates B S. Bone Morphogenetic Pretein. J. Dent. Res.，1971，50(6)：1392～1406

97. Urist M R et al. Proc. Nalt. Acad. Sci.，1997，76(4)：1828

98. Urist M R，Lietze A，Mizutani H et al. A Bovine Low Molecular Weight Bone Morphogenetic Protein(BMP) Fraction. Clin. Orthop.，1982，162：219

99. 肖健德. 人工骨研究概况. 中华骨科杂志，1990，10(6)：454～456

100. Urist M R，Lietze A，Dawson E. Beta-Tricalcium Phosphate Delivery System for Bone Morphogenetic Protein. Clin，Orthop.，1984，(187)：227～280

101. Urist M R，Nilsson O，Rasmussen J et al. Bone Regeneration under the Influence of A Bone Morphogenetic Protein(BMP)Beta-Tricalcium Phosphat(TCP)Composite in Skull Trephine Defects in Dogs. Clin. Orthop.，

1987，214：295～304

102.梁戈,胡蕴玉,郑昌琼等.多孔 β-TCP/BMP 复合人工骨的研制和动物体的相关研究.中华骨科杂志，
    1998，18(2)：29

103.王士斌,郑昌琼,王方瑚等.BMP/β-TCP 陶瓷骨科修复兔桡骨缺损成骨过程中降解的定量研究.见：中
    国材料学会编,96'CMR & MRS-K 论文专辑,vol.Ⅲ，生物及环境材料,Ⅲ-1 分册,生物,仿生及高分子
    材料.北京：化学工业出版社,1997

104.王丹,胡蕴玉,郑昌琼等.可降解多孔 β-TCP/rhBMP-2 人工骨的诱导活性研究.中华骨科杂志,1998，18
    (11)：689～691

105.Kawamura M , Iwata H , Sato K et al . Chondroosteogenetic Response to Crude Bone Matrix Proteins Bound to
    Hydroxyapatite . Clin . Orthop . , 1987 , 217：281～292

106.陈锐.新型骨组织工程复合材料的研究.四川大学博士学位论文,2001

107.陈锐,陈槐卿,韩君等.聚 L-乳酸(PLLA)/β-磷酸三钙(β-TCP)多孔复合材料的制备及其性能研究.生
    物医学工程学杂志,2001,18(2)：181～184

108.尹绍雅.生物活性颅骨成形复合材料 BMP/α-TCP 骨水泥的实验研究.华西医科大学博士论文,2000

109.Ney E B , Lynch K L , Hirth W M et al . Bioceramic Implants in Surgically Produced Infrabony Defects . J .
    Periodont . , 1975 , 46：328～329

110.Cranin A N , Tobin G P , Gelbman J . Applications of Hydroxyapatite in Oral and maxillofacial Surgery , Part
    Ⅱ：Ridge Augmentation and Repair of Major Oral Defects . Compend . , Contin . Educ . Dent . , 1987 , 8：334
    ～345

111.Wilson J , Low S B . Bioactive Ceramics for Periodontal Treatment Comparative Studies in the Patus Monkey .
    J . Appl . Biomat . , 1992 , 3：123～129

112.Niwa S , Sawai K , Takahashi S et al . Experimental Studies on the Implantation of Hydroxyapatite in the
    medullary Canal of Rabbit . Biomat . , 1980 , 1：65～71

113.Ogiso M , Kaneda H , Arasaki J et al . Epithelial Attachment and Bone Tissue Formation on the Surface of Hy-
    droxyapatite Ceramic Dental Implants . Biomaterials , 1980 , 1：59～66

114.Ganeles J , Listgarten M A , Evian C I . Ultrastructure of Durapatite-Periodontal Tissue Interface in Human
    Intrabony Defects . J . Periodontol . , 1986 , 57：133～140

115.Ellinger R F , Nery E B , Lynch K L . Histological Assessment of Periodontal Osseous Defects Following Im-
    plantation of Hydroxyapatite and Biphasic Calcium Phosphate Ceramics A Case Report . Int . J . Perio . Restor .
    Dent . , 1986 , 3：223～233

116.Quinn J H , Kent J N . Alveolar Ridge Maintenance with Solid Nonporous Hydroxyapatite in Oral . Surg . ,
    1984 , 58：511～516

117.de Putter G L , de Groot K . Histology of the Attachment of Gingival Fibres to Dental Root Implants of
    Ca-Hydroxyapatite . Biomater . Biochem . , 1983 , 5：452～462

118.Kay M I , Young R A , Posner A S . Crytal Structure of Hydroxyapatite . Nature , 1964 , 204：1050～1053

119.Jarcho M . Calcium Phosphate Ceramics as Hard Tissue Prosthetics . Clin . Orthopaed . , 1981 , 157：259～
    278

120.Linkow L . Bone Trasplants Using Symphysis , the Iliac Crest and Synthetic Bone Materials . J . Oral . Implan-
    tol . , 1984 , 11：211～217

121.Jean A , Kerebel B , LeGeros R Z . Effects of Various Calcium Phosphate Materials on Reparative Dentin
    Bridge . J . Endo . , 1988 ,14：83～87

122.Frank R M , Widermann P , Jhemmerle et al . Pulp Capping with Synthetic hydroxyapatite in Human Premo-
    lars . J . Appl . Biomat . , 1991 , 2：243～250

123. Seibert J, Nyman S. Localized Ridge Augmentation in Dogs: A Pilot Study Using Membranes and Hydroxyapatite. J. Periodontol., 1990, 61: 157~165

124. Jansen J A, van der Waerden J P C M, van der Lubbe H B M et al. Tissue Response to Percutaneous Implants in Rabbits. J. Biomed. Mater. Res., 1990, 24: 295~307

125. van Blitterswijk C A, Hesseling S C, Grote J J et al. The Biocompatibility of Hydroxyapatite Ceramic: A Study of Retrieved Human Middle Ear Implants. J. Biomed. Res., 1990, 24: 433~453

126. Frayssinet P, Primout I, Rouquet N et al. Bone Cell Grafts in Bioreactor: A Study of Feasibility of Bone Cell Autograft in Large Defects. J. Mater. Sci.: Mater. inmed., 1991, 2: 217~221

127. Friedman C D, Costantino P D, Jonse K et al. Hydroxyapatite Cement: II, Obliteration and Reconstruction of the Cat Frontal Sinus. Arch. Otolaryngol Head Neck Surg., 1991, 117: 385~389

128. Bucholz R W, Carlton A, Holmes R E. Hydroxyapatite and Tricalcium Phosphate Bone Graft Substitute. Orthop. North. Am., 1987, 18: 323~334

129. 杨爱平, 李玉宝, 徐谡. 磷酸钙四孔穿线生物陶瓷人工眼球的研制. 电子科技大学学报, 2000, 29(2): 158~160

130. 李晓生, 武广富, 林蔚等. 生物活性义眼台. 齐齐哈尔轻工学院学报, 1996, 12(4): 7~10

131. Holmes R E, Roser S M. Porous Hydroxyapatite as a Bone Graft Substitute in Alveolar Ridge Augmentation: A Histometric Study. Int. J. Oral Maxillofac. Surg., 1987, 16: 718~728

132. Hogendoom H A. Long Term Study of Large Implants (Porous Hydroxyapatite) in Dog Femora. Clin. Orthop., 1984, 187: 289~297

133. 郑启新, 朱通伯, 林清远等. 多孔磷酸三钙陶瓷人工骨的研制及临床应用. 同济医科大学学报, 1990, 19(6): 382~385

134. Mors W A, Kaminski E J. Ostegenic Replacement of Tricalcium Phosphate Ceramic Implants in the Dog Plate. Arch. Oral. Biol., 1975, 20: 365

135. Ferraro J W. Experimental Evaluation of Ceramic Calcium Phosphate as A Substitute for Bone Grafts. Plast. Reconstr. Surg., 1992, 63(5): 634~640

136. Uchida A, Shinto Y, Araki N et al. Slow Release of Anticancer Drugs from Porous Calcium Hydroxyapatite Ceramic. J. Orthop. Res., 1992, 10(3): 440~445

137. Fujikawa, Sugawarra A, Murai S et al. Histopathological Reaction of Calcium Phosphate Cement in Periodontal Bone Defect. J. Dent. Mater., 1995, 14(1): 45~57

138. Ostsuka M, Suwa Y et al. A Novel Skeletal Drug System Using Self-setting Calcium Phosphate Cement, 3. Physiochemical Properties and Drug-release Rate of Bovine Insulin and Bovine Albumin. J. Pharm. Sci., 1994, 83(2): 255~258

139. Ostsuka M, Suwa Y et al. A Novel Skeletal Drug System Using Self-setting Calcium Phosphate Cement, 4. Effect of the Mixing Solution Volume on the Drug-release Rate of Heterogeneous Aspirin-loaded Cement. J. Pharm. Sci., 1994, 83(2): 259~263

140. Ostsuka M, Suwa Y et al. A Novel Skeletal Drug System Using Self-setting Calcium Phosphate Cement, 5. Drug Release Behaviour from A Heterogeneous Drug-load Cement Containing an Anticancer Drug. J. Pham. Sci., 1994, 83(11): 1565~1568

141. Ostsuka M, Matsuda Y, Suwa Y et al. A Novel Skeletal Dryg System Using-setting Calcium Phosphate Cement, 7. Effect of Biological Factor on Indomethacin Release From the Cement Loaded on Bovin Bone. J. Pham. Sci., 1994, 83(1): 1569~1573

142. Kamerer D B, Hirsch B E, Snyderman C H et al. Hydroxyapatite Cement: A New Method for Achieving Watertight Closure in Trastemporal Surgery. Am. J. Otol., 1994, 15(1): 47~49

143.Mermelstein L E , Chow L C , Friedman C et al . The Reinforcement of Cancellous Bone Screw with Calcium Phosphate Cement . J . Othop . Truma , 1996 , 10(1)：15~20

144.Stankewich C J , Swiontkowski M F , Tencer A F et al . Augmentation of Femoral Neck Fracture Fixation with An Injectable Calcium Phosphate Bone Mineral Cement . J . Othop . Res . , 1996 , 14(5)：786~793